# VORLESUNGEN ÜBER
# ELEKTRIZITÄT

VON



PROFESSOR A. EICHENWALD
DIPL.-ING. (PETERSBURG) · DR. PHIL. NAT. (STRASSBURG)
DR. PHYS. (MOSKAU)

MIT 640 ABBILDUNGEN

BERLIN
VERLAG VON JULIUS SPRINGER
1928

ISBN-13: 978-3-642-47156-8 e-ISBN-13: 978-3-642-47454-5
DOI: 10.1007/ 978-3-642-47454-5

Softcover reprint of the hardcover 1st edition 1928

DEM ANDENKEN
AN PROFESSOR DR.
FERDINAND BRAUN
GEWIDMET

# Vorwort.

Dieses Buch ist aus Experimentalvorlesungen entstanden, die ich an den technischen Hochschulen und an der Universität in Moskau gehalten habe; es hat auch an mehreren Stellen den Charakter einer Vorlesung beibehalten.

Der Zweck des Buches ist, als Einführung in die Elektrizitätslehre zu dienen, eine Übersicht über ihre mannigfaltigen Gebiete zu gestatten und zum weiteren Studium anzuregen.

Das Buch besteht aus *drei* Teilen. — Der *erste* Teil, der wichtigste, ist den anderen zwei an Umfang weit überlegen. — Er führt den Leser von den einfachsten uralten Experimenten allmählich bis an die Grenze der modernen Relativitätstheorie; die letztere liegt aber außerhalb des Rahmens dieses Buches. Das Studium dieses ersten Teiles ist in unserer Zeit, noch mehr als zuvor, dem Physiker wie dem Ingenieur von grundlegender Bedeutung. — Der *zweite* Teil beschreibt kurz die Erscheinungen, die mit dem atomistischen Bau der Elektrizität, also mit Elektronen eng zusammenhängen, wie Elektrolyse, Gasentladungen und Radioaktivität. — Der *dritte* Teil behandelt die periodischen Bewegungen der Elektrizität, Wechselströme, elektrische Schwingungen und Wellen mit ihren wichtigsten technischen Anwendungen und schließt mit der Quantentheorie der Strahlung.

Die Darstellung ist durchweg elementar gehalten. Nichtsdestoweniger habe ich auf quantitative Beziehungen besonderen Wert gelegt, und im Anhang ist ein Abriß der MAXWELLschen Theorie gegeben. Dieser Anhang soll das im ersten Teile Dargelegte kurz zusammenfassen und einen Übergang zum weiteren Eindringen in die moderne Elektrizitätslehre bilden.

Das Buch ist nicht jetzt erst entstanden, denn in russischer Sprache sind seit 1911 schon 5 Auflagen in etwa 35000 Exemplaren erschienen; die deutsche Ausgabe kann demnach als die 6., und zwar völlig umgearbeitete Auflage angesehen werden.

Den Firmen Leibolds Nachf., Köln, Hartmann & Braun, Frankfurt a. M., Siemens & Halske, Berlin, danke ich für die Erlaubnis, ihre Abbildungen zu benutzen. Besonders aber spreche ich dem Verlag Julius Springer, Berlin, für die schöne Ausstattung des Buches meinen verbindlichsten Dank aus.

Prag, Dezember 1927.

A. EICHENWALD.

# Inhaltsverzeichnis.

## Erster Teil.

## Das elektromagnetische Feld.

### I. Elektrostatik.



### II. Der konstante elektrische Strom.



### III. Der Magnetismus.



### IV. Elektromagnetismus.



### V. Das elektromagnetische Feld.

## Zweiter Teil.

## Elektronen.

### VI. Elektrolyte.



### VII. Elektrischer Strom in Gasen.



### VIII. Radioaktivität.



### IX. Elektronentheorie.



## Dritter Teil.

## Wechselströme, elektrische Schwingungen und Wellen.

### X. Wechselströme.



### XI. Elektrische Schwingungen und Wellen.



### XII. Elektromagnetische Atomstrahlung.



## Anhang.

## Die MAXWELLsche Theorie.

## Abbildungen.

Die Mehrzahl der in diesem Buche reproduzierten Abbildungen (etwa 500) sind von mir selbst oder nach meinen Skizzen ausgeführt worden. Die aus Originalarbeiten stammenden Zeichnungen und Photographien sind mit Quellenangabe versehen. Außerdem sind von mir noch die folgenden Abbildungen als Vorlagen benutzt worden:

Abb. 66: Kraftlinien eines ebenen Kondensators, aus MÜLLER-POULLIETS Lehrbuch der Physik und Meteorologie, 10. Aufl., IV. Bd. Braunschweig: F. Vieweg & Sohn 1909.

Abb. 361, 362, 373, 374: aus G. BENISCHKE: Die wissenschaftlichen Grundlagen der Elektrotechnik. 6. Aufl. Berlin: Julius Springer 1922.

Abb. 519, 532, 533: aus J. ZENNECK, Elektromagnetische Schwingungen und drahtlose Telegraphie. Stuttgart: F. Enke. 1905.

Abb. 603: verdanke ich Herrn Dr. B. POLLAND in Prag.

Die folgenden Firmen stellten mir ihre Zeichnungen und Photographien zur Verfügung:

HARTMANN & BRAUN, Frankfurt a. M. — Meßinstrumente.

Abb. 130, 131, 158, 278, 280, 283, 285, 292, 293, 337, 468, 469.

LEIBOLDS NACHFOLGER, Köln a. Rh. — Elektrische Apparate.

Abb. 78, 83, 84, 85, 87, 90, 118, 133, 134, 157, 163, 164, 165, 166, 174, 187, 190, 193, 220, 251, 271, 304, 330, 338, 339, 343, 345, 477, 523, 556, 557, 558.

SIEMENS & HALSKE, SIEMENS-SCHUCKERT, SIEMENS-REINIGER-VEIFA, Berlin.

Abb. 81, 276, 277, 377, 378, 476, 507, 508, 583, 590, 601, 602, 604, 605.

## Berichtigung.

Auf Seite 312, 313 muß überall POYNTING statt POINTING stehen.

Erster Teil.

# Das elektromagnetische Feld.

## I. Elektrostatik.

### 1. Reibungselektrizität.

**1. Elektrisierung durch Reibung.** Jedermann hat wohl selbst einmal beobachtet, wie eine Siegellackstange, nachdem sie an irgendeinem wollenen Stoff, z. B. am Rockärmel, gerieben wird, leichte Körperchen — Papierschnitzel, kleine Federchen oder Strohhalme — anzieht (Abb. 1). Die angezogenen Papierschnitzel bleiben am Siegellack eine Zeitlang haften, fallen dann herunter; manchmal werden sie aber sogar sehr lebhaft abgestoßen.

Wie unbedeutend dieser einfache Versuch auch scheinen mag, ist er dennoch für die Elektrizitätslehre von fundamentaler Bedeutung, und wir werden im folgenden mehrmals auf ihn zurückkommen.

Wir wählten Siegellack, Wolle und Papierschnitzel nur, weil diese Gegenstände am bequemsten zu haben sind. Aber wir könnten statt Siegellack auch Glas, Hartgummi oder Bernstein nehmen; statt Wolle könnten wir ebensogut irgendein Fell, Seide, Leder u. a. Stoffe als Reibzeug benutzen. Mit einigen Vorsichtsmaßregeln, welche wir weiter unten kennenlernen werden, gelingt der Versuch überhaupt mit jedem beliebigen Stoff, und es gilt eine ganz allgemeine Regel: Alle Körper werden durch Reibung in einen besonderen Zustand versetzt, in welchem sie auf andere Körper gewisse Kräfte — Anziehung oder Abstoßung — ausüben.

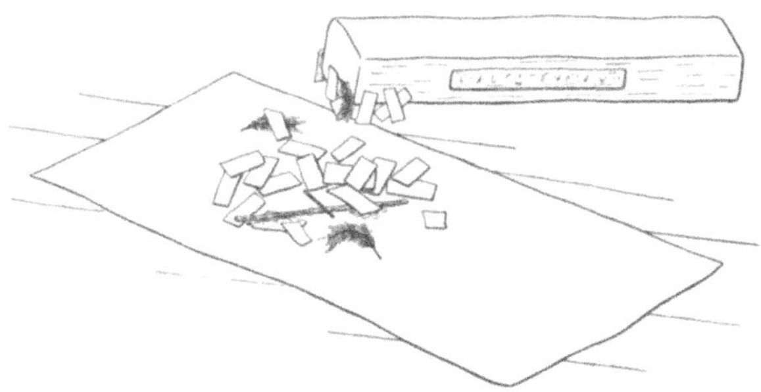

Abb. 1. Elektrisierte Siegellackstange.

Diese Kräfte unterscheiden sich wesentlich von anderen Naturkräften, z. B. von der Gravitation und vom Magnetismus. Der englische Arzt W. GILBERT (1600), der diesen Unterschied besonders hervorhob und durch Versuche klarstellte, hat auch deswegen für sie einen besonderen Namen vorgeschlagen: er nannte sie *elektrische Kräfte*, vom griechischen Worte Elektron, d. h. Bernstein (Bernsteinkräfte); am Bernstein wurde nämlich die Anziehung leichter Strohhalme schon im Altertum beobachtet. Die GILBERTsche Terminologie hat sich eingebürgert. Man sagt jetzt von den Körpern, welche elektrische Kräfte äußern, sie sind *elektrisiert*, oder sie sind im *elektrischen* Zustande, oder endlich sie sind mit *Elektrizität* geladen.

Der letzte Ausdruck deutet schon darauf hin, daß wir die elektrischen Kräfte nicht den Körpern selbst zuschreiben, sondern vielmehr einem besonderen Agens, nämlich der *Elektrizität*, welche auf den Körpern nach der Reibung zum Vorschein kommt. Diese Auffassug enthält eigentlich eine gewisse Hypothese; aber diese Hypothese hat sich im weiteren durchweg bestätigt, und wir können diese Terminologie auch jetzt unbedenklich gebrauchen, zumal sie sehr bequem und anschaulich ist.

Wir werden im folgenden sehen, daß die Elektrizität nicht allein durch Reibung, sondern auch durch Einwirkung von Wärme, Licht, Magnetismus und sogar auf chemischem Wege erzeugt werden kann. Aber alle diese Mittel wollen wir vorläufig beiseite lassen, denn unser nächster Zweck wird das allseitige Studium der elektrischen Kräfte sein, und hierfür ist die Elektrizitätserregung durch Reibung am bequemsten.

**2. Gegenseitige Elektrisierung.** Vor allem müssen wir bemerken, daß, wenn ein Körper $A$ am Körper $B$ gerieben wird, sich gleichzeitig der Körper $B$ am Körper $A$ reibt. Wenn also Siegellack beim Reiben mit Wolle elektrisch wird, so ergibt sich eine natürliche Frage, ob dabei die Wolle nicht ihrerseits elektrisiert wird. Der Versuch zeigt, daß dieses in der Tat so ist: die Wolle ebenso wie der Siegellack werden elektrisch. Bei einiger Übung im Experimentieren kann man nämlich zeigen, daß auch die Wolle nach dem Reiben am Siegellack kleine Papierschnitzel anzuziehen vermag. Überhaupt zeigen alle Versuche, daß bei gegenseitiger Reibung zweier beliebiger Körper auch die Elektrisierung eine *gegenseitige* ist.

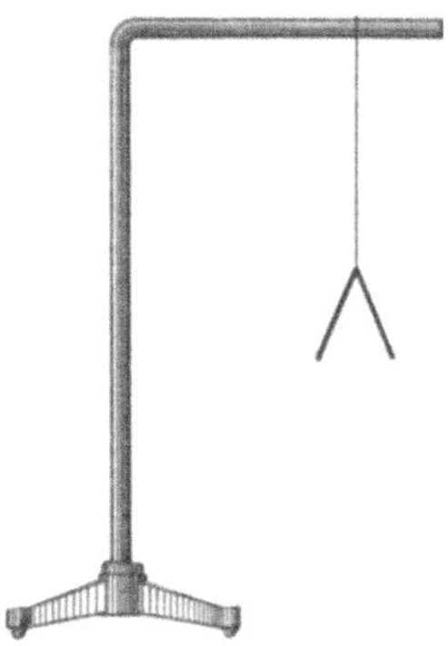

Abb. 2. Zwei Zigarettenhülsen am Seidenfaden.

**3. Übergang der Elektrizität.** Der elektrische Zustand kann einem Körper, auch ohne Reibung, durch bloße Berührung mit einem andern schon elektrisierten Körper erteilt werden. Um das zu zeigen, hängen wir irgendeinen leichten Körper, z. B. einen Strohhalm oder eine Zigarettenhülse, an einem Seidenfaden auf (Abb. 2). Berühren wir den Strohhalm mit einem Stück an Wolle geriebenen Siegellacks, so werden leichte Papierschnitzel auch von diesem Strohhalme in kleiner Entfernung angezogen und bleiben an ihm haften. Das bedeutet eben, daß die auf dem Siegellack durch Reibung entstandene Elektrizität beim Berühren des Strohhalmes, wenigstens teilweise, auf den letzteren übergegangen ist.

**4. Elektrische Abstoßung.** Wenn wir den zuletzt beschriebenen Versuch aufmerksam verfolgen, so werden wir folgendes bemerken: Beim Annähern des Siegellacks an den hängenden Strohhalm und bevor sie sich noch berührt haben, zieht der Siegellack den Strohhalm an, aber unmittelbar nach ihrer gegenseitigen Berührung wird der Strohhalm vom Siegellack abgestoßen. Hängen an dem Seidenfaden zwei Strohhalme oder zwei Zigarettenhülsen, so werden sie nach erfolgter Elektrisierung nicht nur vom Siegellack abgestoßen, sondern sie stoßen sich auch gegenseitig ab, wie es in der Abb. 2 gezeichnet ist.

Aus derartigen Versuchen könnte man zunächst schließen, daß die elektrische Anziehung dann erfolgt, wenn der eine Körper elektrisiert ist und der andere nicht; sind beide Körper elektrisch, so stoßen sie sich ab. Aber diese Regel wird sich im weiteren nicht bestätigen und ein solcher Schluß muß als verfrüht angesehen werden.

**5. Elektroskop.** Ehe wir durch weitere Versuche zu einer richtigen Regel kommen, können wir die gewonnenen Tatsachen schon jetzt benutzen, um einen

Apparat zu bauen, welcher uns den elektrischen Zustand eines Körpers bequem nachzuweisen und sogar die Stärke der Elektrisierung, wenigstens annähernd, zu schätzen erlaubt. Einen solchen Apparat nennt man Elektroskop.

Das einfachste Elektroskop besteht aus zwei Papierstreifen, die an einem Seidenfaden aufgehängt sind (Abb. 2). Elektrisiert man die Papierschnitzel durch Berührung mit einem elektrisierten Körper, so stoßen sie sich ab und bilden einen Divergenzwinkel, dessen Größe uns als ein Maß der Elektrisierung dienen kann. Dieses einfache Elektroskop hat aber verschiedene Nachteile, die bei unsern weiteren Untersuchungen über die Eigenschaften der Elektrisierung allmählich zum Vorschein kommen werden. Viel besser ist ein Elektroskop folgender Konstruktion (Abb. 3). An einem dicken Kupferdraht *D*, welcher oben mit einer glatten Kugel versehen ist, hängen zwei sehr dünne Aluminiumblättchen *EE* aus Aluminiumfolie, etwa 0,1 mm dick. Der Draht *D* wird von einem Hartgummipfropfen *B* getragen derart, daß die Aluminiumblättchen in die Mitte einer metallischen zylinderförmigen Blechdose *A* zu hängen kommen. Die ebenen Seiten der Dose sind mit Glasfenstern versehen, durch die man die Divergenz der Aluminiumblättchen beobachten kann.

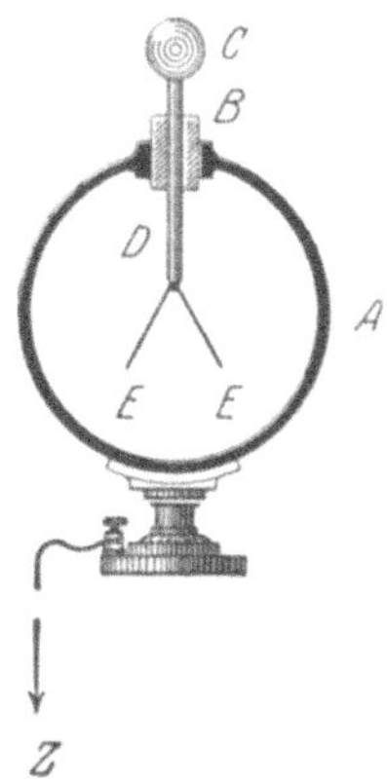


Abb. 3. Aluminiumblättchen-Elektroskop.

Berühren wir die Kugel *C* mit irgendeinem elektrisierten Körper, so verteilt sich die Elektrizität auf die Kupferstange und auf die beiden Aluminiumfolien; die Aluminiumfolien stoßen einander ab und bilden einen Winkel, den man durch die Glasfensterchen beobachten kann. Je stärker die Aluminiumblättchen elektrisiert werden, desto größer wird auch der Divergenzwinkel sein.

Mit diesem Apparat können wir bequem die Elektrisierung der verschiedensten Körper bei ihrer gegenseitigen Reibung oder Berührung nachweisen.

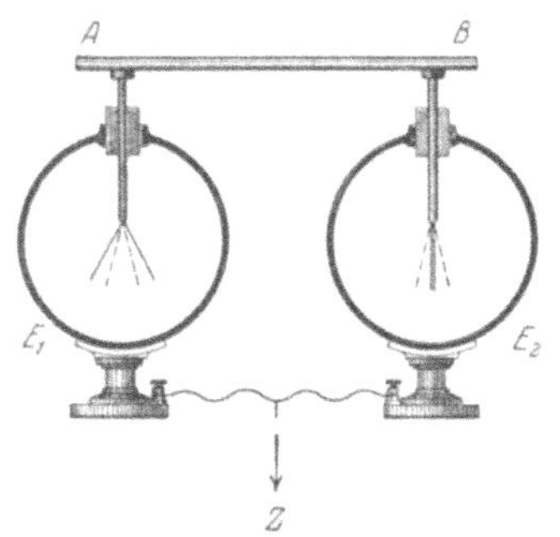


Abb. 4. Übergang der Elektrizität von einem Elektroskop zum andern.

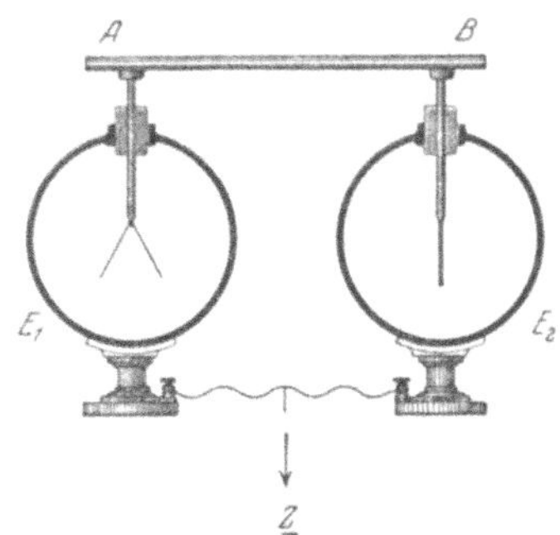


Abb. 5. Zwei Elektroskope durch einen Nichtleiter verbunden bleiben elektrisch isoliert voneinander.

**6. Leiter und Isolatoren.** Mit zwei Elektroskopen der angegebenen Bauart kann man sehr demonstrativ den Übergang der Elektrizität von einem Elektroskop zum anderen zeigen. Man braucht dabei die Kugeln der Elektroskope nicht in unmittelbare Berührung zu bringen; es genügt, die beiden Kugeln durch irgendeinen dritten Körper zu verbinden. Aber nicht alle Körper sind dazu in gleichem Grade geeignet.

Es seien $E_1$ und $E_2$ zwei möglichst gleiche Elektroskope (Abb. 4 u. 5). Auf ihre Kupferstangen setzen wir statt Kugeln ausgehobelte Kupferstücke oder Haken auf, die uns die verschiedenen Verbindungsstäbe, wie *AB*, auf die beiden Elektroskope bequem aufzulegen erlauben. Ist der Verbindungsstab aus Metall und wir elektrisieren das eine, z. B. das linke Elektroskop $E_1$, so werden wir sehen, daß auch die Blättchen des zweiten Elektroskops $E_2$ divergieren. Die Zeit, während welcher die Elektrizität vom ersten Elektroskop zum zweiten übergeht, ist so klein, daß wir gar nicht beobachten können: beide Elektroskope laden sich scheinbar gleichzeitig. Der metallische Verbindungsstab könnte bei solchen Versuchen auch vielmal länger, sogar mehrere Kilometer lang genommen werden; es wird uns immer scheinen, daß beide Elektroskope sich gleichzeitig laden. So schnell bewegt sich die Elektrizität in den Metallen. — Man nennt deshalb die Metalle gute *Leiter* der Elektrizität.

Etwas anderes beobachtet man, wenn das Verbindungsstück $AB$ nicht aus Metall, sondern etwa aus Holz oder Karton gemacht ist. Dann können wir das linke Elektroskop $E_1$ mit Elektrizität laden und ruhig einige Sekunden abwarten, bis die Ladung auch auf dem zweiten Elektroskope $E_2$ erscheint. — Solche Körper, wie Holz und Papier, nennt man schlechte Leiter der Elektrizität oder auch *Halbleiter*.

Nehmen wir endlich den Stab $AB$ aus trockenem Glas (Abb. 5), aus Hartgummi oder aus Siegellack, so wird sich das zweite Elektroskop $E_2$ überhaupt nicht laden, wie stark wir das erste Elektroskop $E_1$ auch laden mögen. Die zwei Elektroskope verhalten sich so, als ob sie durch den Stab $AB$ gar nicht verbunden wären und ganz unabhängig oder, wie man sagt, *isoliert* voneinander bleiben. Körper wie Glas, Hartgummi oder Siegellack nennt man daher *Nichtleiter* der Elektrizität, oder auch *Isolatoren*. Für diese Körper wird auch oft die Bezeichnung *Dielektrika* gebraucht aus Gründen, die wir später erörtern werden.

In der angegebenen Weise können wir die verschiedensten Körper auf ihre Fähigkeit, die Elektrizität fortzuleiten, untersuchen, und so alle Körper in drei Klassen einteilen: Leiter, Halbleiter und Isolatoren. Am wichtigsten werden für uns die folgenden Materialien sein.

*Gute Leiter*: alle Metalle, unter ihnen auch Quecksilber; Wasserlösungen von Säuren und Salzen; der menschliche Körper, feuchte Erde; auch Flammen und sehr verdünnte Gase leiten verhältnismäßig gut.

*Halbleiter*: Holz, Papier, Stroh, Schiefer, Marmor u. a. m.

*Isolatoren*: vor allem Bernstein und Quarz, sodann Flintglas, Paraffin, Harze, Siegellack, Hartgummi, Schwefel, Seide, Wolle, Porzellan, Öle, Gase und Dämpfe in normalem Zustande und endlich der leere Raum (Vakuum oder Weltäther).

Es versteht sich von selbst, daß diese Einteilung der Körper in drei Klassen nur den Zweck einer vorläufigen Orientierung hat und daß in der Natur die Leiter von den Isolatoren überhaupt nicht scharf zu trennen sind, denn bei strengerer Untersuchung erweisen sich alle Naturkörper für die Elektrizität als mehr oder weniger gut leitend. Außerdem muß man beachten, daß die Fähigkeit, die Elektrizität zu leiten (die elektrische *Leitfähigkeit*) eines und desselben Körpers oder Materials noch von verschiedenen Nebenbedingungen abhängen kann.

So ist z. B. das Wasser, wenn es mit der größten Peinlichkeit gereinigt ist, ein Halbleiter; aber schon die geringsten Verunreinigungen, d. h. gelöste Stoffe in geringster Menge, machen es zum guten Leiter der Elektrizität. Das Wasser, das sich aus der feuchten Luft sehr oft an den elektrischen Apparaten niederzusetzen pflegt, ist nicht mehr rein und leitet die Elektrizität sehr gut.

Gase und Dämpfe sind, wie wir schon gesagt haben, sehr gute Isolatoren. Unsere zwei Elektroskope (Abb. 5), auch ohne den Verbindungsstab $AB$, sind ja stets mit derselben Luft in Berührung und bleiben dennoch in elektrischer

Beziehung isoliert voneinander. Aber bei sehr hohen Temperaturen, wie in Flammengasen, und bei sehr großer Verdünnung, wie in den bekannten Geislerröhren, sind Gase und Dämpfe keine Isolatoren mehr.

Manchmal leitet ein Körper nur auf seiner Oberfläche, indem sein Inneres die Isolationsfähigkeit nicht verliert. So ist z. B. Glas als Material ein Isolator, aber wenn die Luft im Experimentierzimmer feucht ist und die Feuchtigkeit sich auf dem hygroskopischen Glase in Form von einer dünnen Wasserhaut niedersetzt, die ja als eine Wasserlösung verhältnismäßig gut leitet, so verliert auch der Glaskörper seine Isolierfähigkeit. Solch ein feuchter Glasstab, wenn auch dessen Feuchtigkeit nicht direkt wahrgenommen wird, wird in dem Versuche Abb. 4 sich etwa ebenso verhalten wie ein Holzstab. Erwärmt man den Glasstab, so verdampft die Wasserhaut und seine Isolierfähigkeit stellt sich wieder ein. Erwärmt man das Glas so stark, daß es weich wird, so leitet nicht nur seine Oberfläche, sondern der ganze Glaskörper wird leitend. Das englische Flintglas (Bleiglas) ist nicht so hygroskopisch wie das gewöhnliche Glas, und auf seiner Oberfläche wird eine Wasserhaut nicht so leicht gebildet; deshalb wird Flintglas oft in den elektrischen Apparaten verwendet, welche gut isolieren sollen. Sonst verwendet man meistens gewöhnliches Glas und bedeckt seine Oberfläche mit einer dünnen Schicht von Schellack, welcher nicht so hygroskopisch ist wie das Glas.

Hartgummi ist ein vorzüglicher Isolator, und dank seiner Festigkeit wird er sehr oft in den verschiedensten elektrischen Apparaten benutzt; er ist auch nicht so hygroskopisch wie Glas. Aber auch Hartgummiisolatoren können mit der Zeit ihre Isolierfähigkeit verlieren, denn ihre Oberfläche, namentlich durch langdauernde Belichtung, erleidet eine chemische Zersetzung, nimmt Feuchtigkeit an und wird leitend. Man sieht das schon an der braungewordenen Oberfläche des schwarzen Hartgummis. Um bei solchem Hartgummi seine Isolierfähigkeit wieder herzustellen, ist es ratsam, seine Oberfläche mit metallfreiem Sandpapier abzureiben. Die leitende Schicht wird dabei entfernt.

Der beste Isolator für die feinsten elektrischen Apparate ist Bernstein und Quarzkristall.

**7. Ableitung zur Erde.** Der Erdboden enthält größtenteils genügend Feuchtigkeit, um als Leiter der Elektrizität qualifiziert zu werden. Wird irgendein elektrischer Leiter mit der Erde leitend verbunden, so verbreitet sich seine Elektrizität im Erdboden, und der betreffende Leiter verliert fast seine ganze Ladung. Das kann man leicht an jedem Elektroskope zeigen. Laden wir ein Elektroskop und berühren sodann seine Kugel mit dem Finger, so klappen die Elektroskopblättchen sofort zusammen: die Elektrizität ist verschwunden. Die Erklärung ist die: unser Körper ist ein Leiter, wir stehen auf einem leitenden Boden, welcher mit der Erde auch leitend (vermittels Wasser- oder Gasleitungen) verbunden ist; die Elektrizität kann also vom Elektroskope frei zur Erde abfließen. Dasselbe Resultat erhalten wir auch dann, wenn wir die Elektroskopkugel nicht direkt mit dem Finger berühren, sondern mit irgendeinem Metallstab, den wir in der Hand halten.

Daraus sehen wir, daß jeder Leiter, den wir mit Elektrizität dauernd laden wollen, vor allem von der Erde isoliert sein muß. Das ist der Grund, warum wir den Strohhalm (Abb. 2, S. 2), den wir elektrisieren wollten, an einem Seidenfaden und an einem Glashaken aufgehängt haben: denn Glas und Seide sind gute Isolatoren.

Dementsprechend sind auch die Materialien der einzelnen Teile des Elektroskops (Abb. 3, S. 3) gewählt worden. Die äußere Metallhülle des Elektroskops *A* pflegt man mit der Erde leitend zu verbinden oder, wie man sich ausdrückt, „zur Erde ableiten" (Abb. 3, *Z*). Der Kupferdraht *D* mit den Blättchen *E* muß von der Außenhülle *A* und von der Erde *Z* gut isoliert bleiben, was durch den Hartgummipfropfen *B* genügend gesichert ist. Ist aber dieser Hartgummipfropfen auf seiner Oberfläche aus irgendwelchen Ursachen leitend geworden (Feuchtigkeit aus der Luft), so hält das Elektroskop keine Ladung mehr; man muß den Hartgummipfropfen sorgfältig reinigen.

**8. Elektrisierung der Leiter durch Reibung.** Früher war man der Meinung, daß nicht alle Körper durch Reibung elektrisiert werden könnten; unter anderem bildeten alle Metalle eine solche Ausnahme. Das war aber ein Irrtum, der dadurch entstand, daß man auf die Isolation der Metalle von der Erde nicht geachtet hat.

Nehmen wir einen Metallstab in die Hand, wie wir es mit der Siegellackstange gemacht haben, und reiben ihn an einem Seidenstoff, so wird der Seidenstoff elektrisch, aber auf dem Metallstab werden wir vergebens nach der Elektrizität suchen. Ist jedoch der Metallstab mit einem isolierenden Handgriff versehen oder ziehen wir zu diesem Versuch Gummihandschuhe an, so gelingt es auch, einen Metallstab durch Reibung zu elektrisieren. Ohne diese Vorsichtsmaßregeln würde ja die ganze auf dem Metallstab durch Reibung entstandene Elektrizität durch unsere Hand und unseren Körper sofort zur Erde abfließen. Die Entdeckung dieser Tatsache verdanken wir dem englischen Physiker GRAY (1729), welcher somit experimentell bewiesen hat, daß die Leiter keine Ausnahme bilden und ebenso wie Isolatoren durch Reibung elektrisiert werden können.

Der Unterschied zwischen den Isolatoren und den Leitern offenbart sich auch in folgender Erscheinung. Berühren wir mit einer elektrisierten Siegellackstange die Elektroskopkugel, so erhalten die Elektroskopblättchen zunächst nur eine kleine Divergenz; es geht nämlich auf die Elektroskopkugel nur die Elektrizität über, welche auf der Siegellackstange in umitttelbarer Nähe der Berührungsstelle des Siegellacks mit der Kugel saß. Bringen wir einen anderen Punkt der Siegellackstange mit der Kugel in Berührung, so geht auf das Elektroskop auch von diesem Punkt neue Elektrizität über. Es ist also zweckmäßig, beim Laden des Elektroskops mit einer Siegellackstange diese letztere der Länge nach zu verschieben, um verschiedene Punkte derselben mit der Elektroskopkugel in Berührung zu bringen. Wiederholt man aber denselben Versuch mit einem geriebenen Metallstabe, so ist dieser letzte Kunstgriff belanglos, denn beim Berühren der Kugel mit einem Metallstabe verteilt sich sofort die ganze Elektrizität auf beide Leiter, und eine Änderung des Berührungspunktes kann nichts mehr nützen.

**9. Zwei Arten der Elektrizität.** Jetzt nehmen wir eine Glasplatte und eine Hartgummiplatte und reiben sie gegeneinander. Beide Platten werden dabei elektrisch und können leichte Gegensätze anziehen.

Sammeln wir die Glaselektrizität von verschiedenen Stellen der Glasplatte auf irgendeinem Elektroskope, so werden seine Aluminiumblättchen allmählich mehr und mehr auseinandergehen. Ist die Ladung genügend groß, so können wir durch vorsichtige und nicht zu lange dauernde Berührung der Elektroskopkugel mit einem Holzstab oder mit einem Taschentuch einen Teil der Elektrizität vom Elektroskope zur Erde ableiten. Beim Berühren der Kugel mit dem Finger geht die ganze Elektrizität zur Erde.

Ganz dieselbe Folge von Versuchen können wir auch mit der geriebenen Hartgummiplatte wiederholen.

Etwas anderes bekommen wir, wenn wir das Elektroskop zuerst mit der Glasplatte laden und dann mit der Hartgummiplatte berühren. In diesem Falle wird die von der Hartgummiplatte hinzugefügte Elektrizität die Divergenz der Aluminiumblättchen nicht vergrößern, sondern verkleinern. Auch umgekehrt, wenn wir den Versuch mit Hartgummi anfangen und dann das mit Hartgummi geladene Elektroskop mit der Glasplatte weiter laden, gehen die Blättchen zusammen. Bei einiger Vorsicht, wenn man die Ladungen nur in ganz kleinen Portionen zusetzt, kann man die Aluminiumblättchen zum vollständigen Zusammenklappen bringen.

Wohin ist denn die Elektrizität verschwunden?

Glas und Hartgummi sind sehr gute Isolatoren, und die Elektrizität konnte bei unseren Versuchen nicht zur Erde abfließen, wie es beim Berühren mit dem Finger der Fall war. Wir müssen also annehmen, daß Glaselektrizität und Hartgummielektrizität etwas Verschiedenes sind, und zwar so, daß die Wirkung der einen Elektrizität auf dem Elektroskope die Wirkung der anderen annullieren kann. Zwei Quantitäten, die sich gegenseitig annullieren können, müssen verschiedene Vorzeichen haben: die eine muß positiv, die andere negativ angenommen werden. Welches Zeichen — Plus oder Minus — wir der Glaselektrizität und welches Zeichen wir der Hartgummielektrizität zuschreiben, das ist offenbar gleichgültig; denn der Versuch fordert ja nur für die beiden Elektrizitäten, die auf dem Glase und auf dem Hartgummi bei ihrer gegenseitigen Reibung entstehen, *entgegengesetzte* Zeichen.

Schon bei den ersten derartigen Versuchen hat man die Glaselektrizität positiv genannt; die Hartgummielektrizität muß sonach als *negativ* gelten. Diese Festsetzung, welche ja willkürlich ist, hat sich bis jetzt erhalten.

Wir haben soeben den Versuch mit Glas und Hartgummi gemacht; wie verhält es sich aber mit anderen elektrischen Körpern, mit Siegellack, Bernstein, Wolle, Seide usw.? — Entstehen auf diesen verschiedenen Körpern auch verschiedene Elektrizitäten? — Der Versuch bejaht diese Frage, aber es ist klar, daß diese Verschiedenheit in bezug auf die von uns wahrgenommenen elektrischen Kräfte lediglich im *Vorzeichen* der Elektrizität bestehen kann. Laden wir z. B. das Elektroskop mit einem am Fell geriebenen Glasstab, also positiv, so wird jede neu hinzugefügte Ladung von einem anderen Körper, er mag elektrisiert sein wie man will, entweder die Divergenz der Blättchen vergrößern oder verkleinern. Im ersten Falle werden wir sagen, der untersuchte Körper trägt dieselbe Ladung wie das Glas, ist also positiv geladen; im zweiten Falle ist seine Ladung entgegengesetzt der Glaselektrizität, also negativ.

Laden wir beim Beginn unseres Versuches das Elektroskop mit Hartgummi, also negativ, so werden alle Angaben des Elektroskops beim Laden mit irgendeinem andern Körper entgegengesetzt den früheren ausfallen. Dabei wird die Vergrößerung des Divergenzwinkels der Blättchen bedeuten, daß die Elektrizität des betreffenden Körpers gleichnamig mit der Hartgummielektrizität, also negativ ist, im entgegengesetzten Falle werden wir sie positiv nennen.

Es gibt demnach in der Natur zwei Elektrizitäten, die man positiv und negativ nennt, weil ihre Wirkungen sich gegenseitig aufheben können. Glas elektrisiert sich beim Reiben mit Seide, Fell, Hartgummi und Metall immer gleich, und zwar positiv, wie wir es definitionsmäßig festgesetzt haben. Metalle, auch Quecksilber und Amalgame der Metalle, beim Reiben mit Glas, Wolle oder Fell elektrisieren sich negativ. Bernstein, Siegellack, Hartgummi und verschiedene Harze elektrisieren sich beim Reiben mit Glas, Wolle oder Fell immer negativ.

Es muß aber hinzugefügt werden, daß solche Angaben nicht ohne Ausnahmen sind. Es kommt zuweilen vor, daß z. B. zwei Glasstäbchen aus demselben Material und an einem und demselben Fell gerieben, sich dennoch verschieden laden, das eine positiv und das andere negativ. Allgemein gültige

Regeln sind deswegen schwer aufzustellen, weil die Elektrisierung eines Körpers nicht nur von seinem Material, sondern auch von der Beschaffenheit seiner *Oberfläche* und der Oberfläche des Reibzeuges abhängen kann; die Oberfläche eines Körpers kann aber durch unkontrollierbare Ursachen leicht verändert werden. Für uns genügt es, sich folgendes zu merken.

Glas, am amalgamierten Leder gerieben, ladet sich immer positiv. Das Leder dient hier nur als isolierende Unterlage, auf welcher eine dünne Schicht Zinkamalgam, also eine Metallschicht, aufgetragen ist. Metallamalgam auf Leder schmiegt sich beim Reiben besser an den Glasstab an, als etwa eine feste Metallplatte.

Ebenso sicher ist es, daß wir auf Hartgummi, Bernstein oder Siegellack negative Elektrizität erhalten, wenn wir diese Körper mit irgendeinem Fell, also Wolle, reiben; das Fell und die Wolle wird dabei positiv elektrisch.

Die einzige allgemeine und für uns auch die wichtigste Regel, die man für alle diese Fälle aufstellen kann, ist folgende: Bei gegenseitiger Reibung zweier Körper entstehen an ihnen stets Elektrizitäten von entgegengesetzten Zeichen.

**10. Elektrische Kräfte zwischen elektrisierten Körpern.** Schon am Anfang unserer Untersuchung haben wir erfahren, daß elektrisierte Körper gewisse Kräfte auf andere elektrisierte

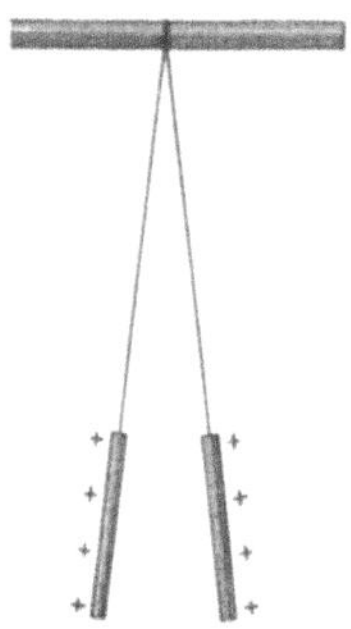

Abb. 6.

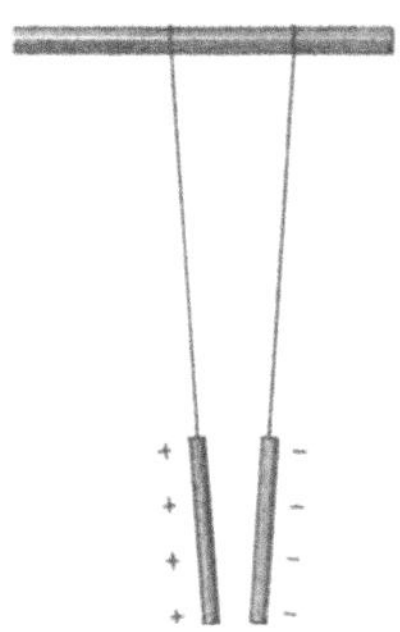

Abb. 7.

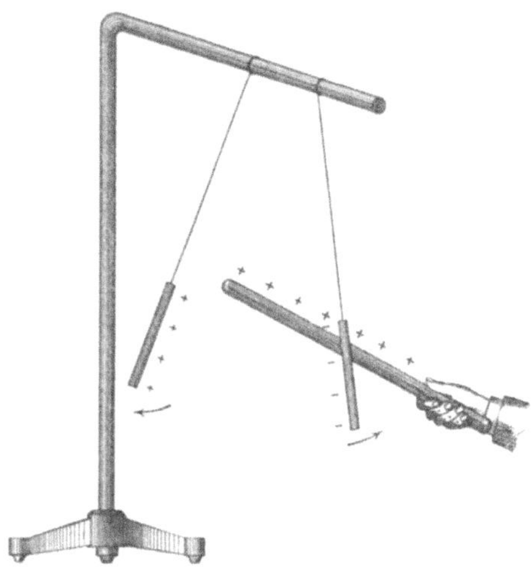

Abb. 8.

Gleichnamige Elektrizitäten stoßen sich ab, ungleichnamige ziehen sich an.

oder auch unelektrisierte Körper ausüben. Wir wollen zunächst die Kräfte untersuchen, mit welchen *elektrisierte* Körper aufeinander wirken.

Zu diesem Zweck hängen wir isoliert von der Erde, an Seidenfaden zwei leichte Zigarettenhülsen (Abb. 6). Laden wir beide Hülsen positiv (mit Glas, oder beide negativ (mit Hartgummi), in beiden Fällen werden wir beobachten) daß die Zigarettenhülsen sich gegenseitig abstoßen. Laden wir aber die eine Hülse negativ, die andere positiv, so erhalten wir eine Anziehung (Abb. 7).

Beim Annähern einer am Fell geriebenen Glasstange (positive Elektrizität) wird auch die negativ geladene Hülse vom Glasstabe angezogen, die positiv geladene dagegen abgestoßen (Abb. 8). Beim Annähern eines elektrisierten Hartgummistabes (negative Elektrizität) wird die positiv elektrisierte Hülse angezogen und die negativ elektrisierte abgestoßen.

Wir haben somit folgende zum ersten Male von DUFAY (1754) aufgestellte Regel: Gleichnamige Elektrizitäten stoßen sich ab, ungleichnamige ziehen sich an.

**11. Das Gesetz von COULOMB.** Die DUFAYsche Regel bestimmt nur die Richtung der elektrischen Kräfte, nicht ihre Größe, hat also nur einen qualitativen Charakter. Ein *quantitatives* Gesetz für die elektrischen Kräfte wurde von COULOMB (1785) aufgestellt und durch sorgfältige Versuche bewiesen. Das COULOMBsche Gesetz lautet so:

Die gegenseitigen Kräfte, welche zwischen zwei elektrisierten Punkten wirken, haben die Richtung der die Punkte verbindenden Geraden; ihre Größe ist proportional zu jeder der beiden elektrischen Ladungen und umgekehrt proportional dem Quadrate ihrer gegenseitigen Entfernung.

Bezeichnen wir die Größe der Kraft mit $F$, die in den zwei Punkten konzentrierten Elektrizitätsmengen mit $e_1$ und $e_2$ und ihren gegenseitigen Abstand mit $r$, so können wir das COULOMBsche Gesetz in folgender Form schreiben:

$$F = K \frac{e_1 e_2}{r^2}.$$

Der Proportionalsfaktor $K$ hängt von den gewählten Einheiten ab, wir werden ihn weiter unten näher festsetzen.

Aus der DUFAYschen Regel wissen wir, daß die Kraft $F$ eine anziehende ist, wenn die beiden Elektrizitäten verschiedene Vorzeichen haben. Daraus schließen wir, daß eine *negative* Kraft $F$ eine *Anziehung* bedeutet. Sind beide Elektrizitäten positiv oder beide *negativ*, also gleichnamig, so ist das Produkt $(e_1 \cdot e_2)$ und auch die Kraft $F$ positiv; demnach bedeutet *positives* Zeichen der Kraft $F$ eine gegenseitige *Abstoßung*.

Zu der COULOMBschen Formel müssen wir noch eine Bemerkung hinzufügen, die auch eine allgemeine Bedeutung besitzt. Von einer bestimmten Entfernung $r$ zwischen zwei Elektrizitäten kann man nur dann sprechen, wenn diese Elektrizitäten in *Punkten* konzentriert sind, wie es auch im COULOMBschen Gesetz präzis ausgedrückt ist.

In Wirklichkeit aber nehmen die elektrischen Ladungen stets ein gewisses Volumen ein. Wir können dennoch das COULOMBsche Gesetz auch für Volumenladungen anwenden, wenn die geladenen Volumina so klein in Vergleich zu ihrem gegenseitigen Abstande so klein sind, daß man sie mit genügender Genauigkeit als Punkte betrachten kann.

Überhaupt ist ja die Form des COULOMBschen Gesetzes dem NEWTONschen Gesetze der allgemeinen Gravitation genau nachgebildet. Nach dem NEWTONschen Gesetze ist die gegenseitige Anziehung zweier Massen $m_1$ und $m_2$

$$F = K \frac{m_1 m_2}{r^2}.$$

Auch dieses Gesetz gilt, streng genommen, nur für Punktmassen. In Wirklichkeit aber nehmen endliche Massen auch endliche Volumina ein.

Wollen wir diese Punktgesetze auf wirkliche Körper anwenden, so müssen wir folgendermaßen verfahren: Wir teilen zuerst die zwei betreffenden Körper in kleine Volumina ein, die so klein gewählt werden, daß ihre Dimensionen im Vergleich zu den Entfernungen $r$ vernachlässigt werden können. Dann berechnet man nach dem NEWTONschen oder im elektrischen Falle nach dem COULOMBschen Gesetze die Kräfte, welche zwischen irgendeinem kleinen Volumen des einen Körpers und einem kleinen Volumen des anderen Körpers wirken. Alle so berechneten Kräfte summiert man nach den Regeln der Statik, d. h. *geometrisch*, und erhält eine resultierende Kraft zwischen den zwei betreffenden Körpern. — Die gleiche Form der beiden Gesetze ermöglicht uns, die in der Gravitationslehre schon gelösten Fälle für den elektrischen Fall direkt zu benützen.

Dennoch besteht zwischen den elektrischen und den gravitierenden Kräften ein großer Unterschied.

Erstens sind die Gravitationskräfte im Vergleich zu den elektrischen Kräften so klein, daß man sie zwischen einer Siegellackstange und einem Strohhalme überhaupt nicht beobachten könnte; die Gravitation würde etwa milliardenmal kleiner als die elektrische Anziehung sein.

Zweitens sind die Massen $m$ stets positiv und wirken immer anziehend; die Elektrizitäten können dagegen positiv und negativ sein und können anziehend sowie abstoßend wirken.

Zudem reiht sich noch ein formeller Unterschied an. In der NEWTONschen Formel bedeutet eine positive Kraft eine Anziehung, in der COULOMBschen Formel dagegen, wie wir schon oben gesagt haben, bedeutet eine positive Kraft gegenseitige Abstoßung.

**12. COULOMBsche Drehwage.** Das Grundgesetz der elektrischen Kräfte hat COULOMB experimentell mit einem empfindlichen Apparat bewiesen, den man Drehwage nennt; ihre Konstruktion ist im wesentlichen die folgende:

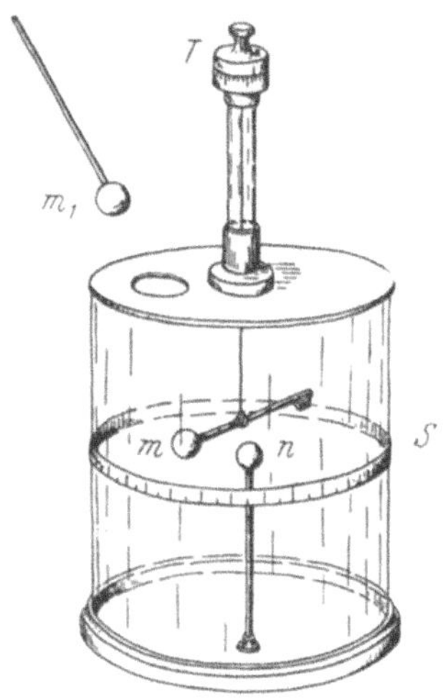

Abb. 9. COULOMBsche Drehwage.

Im oberen Deckel eines zylindrischen Glaskastens (Abb. 9) ist eine vertikale Glasröhre angebracht, in welcher ein sehr feines Drähtchen aufgehängt ist. Das obere Ende des Drähtchens ist an einem metallischen Kopfe $T$ befestigt, den man um die vertikale Achse drehen und dabei den Drehwinkel an einer Gradteilung ablesen kann. Am unteren Ende des Drähtchens hängt horizontal ein leichtes Stäbchen aus Schellack, welches an einem Ende eine mit Goldfolie beklebte leichte Kugel $m$ trägt und am anderen Ende ein Gegengewicht. Eine zweite ebensolche Kugel $n$ auf einem Isolierständer befestigt, kann man in der Nähe der ersten Kugel aufstellen.

Die Versuche werden in etwa folgender Reihenfolge ausgeführt:

Zunächst merkt man sich an der Gradteilung $s$ die neutrale Lage des hängenden Stäbchens bei ungeladenen Kugeln. Dann bringt man beide Kugeln in Berührung und ladet sie mit gleichnamiger Elektrizität. Die Kugeln stoßen sich ab; man kann aber durch entgegengesetztes Drehen des oberen Torsionskopfes bewirken, daß beide Kugeln in einer gewissen Entfernung $r$ zur Ruhe kommen. In dieser Lage halten sich die elektrische Kraft und die Torsionskraft des Drähtchens das Gleichgewicht. Die Torsionskraft ist proportional dem Torsionswinkel, den man oben am Torsionskopf ablesen kann. Wenn man den Torsionskoeffizient für das Drähtchen schon früher durch besondere Versuche bestimmt hat, so ist man imstande, für jeden Torsionswinkel auch die entsprechende Kraft zu berechnen. Aus solchen Bestimmungen der elektrischen Kräfte bei verschiedenen gegenseitigen Abständen der beiden Kugeln kann man sich überzeugen, daß diese Kräfte tatsächlich umgekehrt proportional der gegenseitigen Entfernungen von $m$ und $n$ wirken. Die Ladungen der beiden Kugeln müssen während dieser Versuche ungeändert bleiben.

Jetzt ändern wir die Ladungen, indem wir von jeder Kugel einen Teil ihrer Elektrizität wegnehmen. Das können wir am einfachsten so tun: Wir nehmen eine dritte, ebenso große, unelektrisierte und gut isolierte Hilfskugel $m_1$ und berühren damit eine von unseren Kugeln $m$ oder $n$. Da alle drei Kugeln gleich groß sind, so geht beim Berühren z. B. der Kugel $m$ mit $m_1$ die Hälfte der Elektrizität von $m$ zu $m_1$ über. Die Abstoßungskraft zwischen $m$ und $n$ wird bei derselben

Entfernung auch zweimal kleiner. Nehmen wir auch von der Kugel $n$ die Hälfte der Elektrizität weg, so wird die Abstoßung der Kugeln viermal kleiner usf. Durch derartige Versuche können wir die Gültigkeit des COULOMBschen Gesetzes verifizieren.

Man muß aber beachten, daß diese Versuche nicht so leicht auszuführen sind. Zunächst stellt sich das horizontale Stäbchen $m$ nicht sofort in seiner Gleichgewichtslage ein, sondern es wird ziemlich lange hin und her pendeln; man muß sich dabei die mittlere Lage des Stäbchens merken (wie bei einer Wage). Anderseits werden die Ladungen der Kugeln wegen unvermeindlicher Isolationsfehler sich mit der Zeit allmählich vermindern. Ideale Isolation ist überhaupt nicht zu erzielen, und man muß die zeitliche Abnahme der elektrischen Ladungen auf den Kugeln durch besondere Versuche bestimmen, um dann diese Abnahme bei Bearbeitung der Versuchsresultate als Korrektion einzuführen. Obgleich COULOMB alle diese Umstände bei seinen Versuchen berücksichtigt hat, konnte er dennoch keine große Genauigkeit erreichen.

Wir werden aber unten eine andere indirekte Methode (CAVENDISH) kennen lernen, welche die Gültigkeit des COULOMBschen Gesetzes viel genauer zu beweisen erlaubt.

**13. Absolute Einheiten.** Die Messungen des vorigen Paragraphs sind relativ: sie beweisen nur, daß die gemessene Kraft *proportional* gewissen anderen Größen ist. Damit diese Messungen absolut genannt werden können, müssen alle in die Formel eingehenden Größen auf das sog. absolute Maßsystem reduziert werden, wobei auch der Faktor $K$ im COULOMBschen Gesetze festgesetzt sein muß. Das absolute Maßsystem gründet sich auf drei Urmaße:

Die Einheit der Entfernung ist das Zentimeter (cm).

Die Einheit der Masse ist das Gramm (g).

Die Zeiteinheit ist die Sekunde (sek).

Dieses Maßsystem wird durch die Buchstaben CGS (Zentimeter-Gramm-Sekunde) gekennzeichnet.

Die Einheit der Kraft im absoluten Maßsystem heißt *Dyne*. Das ist eine Kraft, welche im Verlauf von einer Sekunde der Masse von einem Gramm die Beschleunigung von einem Zentimeter in einer Sekunde erteilen kann.

Die Erdbeschleunigung in mittleren Breiten und auf Meereshöhe wird gleich 980 CGS-Einheiten angenommen, d. h. daß jedes Gramm (Masse) von der Erde mit einer mittleren Kraft von 980 Dyne angezogen wird. Die Anziehungskraft der Erde nennt man Gewicht. Das Gewicht einer Masse von einem Gramm ist also bei den angegebenen Bedingungen im absoluten Maßsystem ausgedrückt gleich 980 Dynen. In der Praxis hat man (leider!) dieses Gewicht mit demselben Namen *Gramm* bezeichnet wie die Masse, und um Verwechslungen vorzubeugen, wollen wir das Gramm-Gewicht zum Unterschied vom Gramm-Masse mit einem Sternchen schreiben: g*.

Ebenso wird bei uns das Gewicht Kilogramm mit kg* bezeichnet. Es ist leicht einzusehen, daß

$$1\ \text{kg}^* = 0{,}98 \cdot 10^6\ \text{Dynen}$$

ist oder rund gleich einer Million Dynen.

Umgekehrt ist

$$1\ \text{Dyne} = \frac{1}{980}\ \text{g}^*,\ \text{oder rund}\ 1\ \text{Milligramm} = (\text{mg}^*).$$

Wollen wir die COULOMBschen Messungen auf das absolute Maßsystem reduzieren, so müssen wir zunächst die Entfernung $r$ in Zentimeter und die Kraft $F$ in Dynen ausdrücken. Für den letzten Zweck müssen wir die Torsionskraft des Hängedrahts in Dynen kennen, was ja keine große Schwierigkeit mit sich bringt.

**14. Elektrizitätseinheit.** Es erübrigt noch, die in der COULOMBschen Formel eingehenden Elektrizitätsmengen in absoluten Einheiten auszudrücken. Dazu müssen wir aber bemerken, daß wir die Elektrizität oder die elektrische Ladung nicht direkt beobachten können. Das einzige Mittel, die Anwesenheit der Elektrizität auf irgendeinem Körper zu erkennen, welches uns vorläufig (d. h. in diesen ersten Kapiteln des Buches) zur Verfügung steht, sind die an den elektrisierten Körpern wahrgenommenen Kräfte. Wir wissen, daß diese Kräfte dem COULOMBschen Gesetze unterliegen. Es bleibt uns somit nichts anderes übrig, als uns auf eben dieses Gesetz zu stützen, um die Einheit für die elektrische Ladung festzusetzen.

Das können wir in folgender Weise tun.

Wir wollen als Elektrizitätseinheit jene Elektrizitätsmenge annehmen, welche auf eine ihr gleiche Elektrizitätsmenge in einer Entfernung von einem Zentimeter mit einer Kraft gleich einer Dyne wirkt.

Mathematisch ausgedrückt, wollen wir in der COULOMBschen Formel dann $e_1 = e_2 = 1$ setzen, wenn bei $r = 1$ cm ihre gegenseitige Abstoßung mit einer Kraft $F = 1$ Dyne erfolgt. Bei solcher Festsetzung müssen wir $K = 1$ setzen und erhalten für das COULOMBsche Gesetz in diesen Einheiten die Form:

$$F = \frac{e_1 e_2}{r^2} \text{ Dynen.}$$

Die durch unsere Verabredung festgestellte Elektrizitätseinheit heißt *absolute elektrostatische Einheit*, weil sie erstens auf absolute Einheiten (Zentimeter, Dyne) bezogen ist und zweitens, weil sie auf dem Grundgesetze der Elektrostatik, d. h. auf dem COULOMBschen Gesetze gegründet ist.

Absolute elektrostatische Einheiten wollen wir mit dem Zeichen CGS-E bezeichnen.

Wir werden später sehen, daß man auch eine andere Einheit für die Elektrizitätsmenge festsetzen kann, die sich nicht auf die elektrostatischen, sondern auf die magnetischen Erscheinungen gründen läßt. Diese Elektrizitätseinheit werden wir auch *absolute* aber *elektromagnetische* Elektrizitätseinheit nennen, und werden sie mit CGS-M bezeichnen.

Die absolute elektrostatische Einheit der Elektrizitätsmenge ist für den praktischen Gebrauch, z. B. in der Elektrotechnik, nicht bequem, weil sie zu klein ist; die in der Praxis oft vorkommenden Elektrizitätsmengen würden, in dieser Einheit ausgedrückt, zu große Zahlen ergeben. Deswegen benützten die Elektrotechniker vorzugsweise eine viel größere Elektrizitätseinheit, welche Coulomb genannt wird und folgendermaßen mit der absoluten elektrostatischen Einheit in Beziehung gesetzt wird;

$$1 \text{ Coulomb} = 3 \cdot 10^9 \text{ CGS-E}.$$

Setzen wir in die COULOMBsche Formel die Elektrizitätsmengen in Coulombs ausgedrückt, so erhalten wir

$$F = 3^2 \cdot 10^{18} \cdot \frac{e_1 e_2}{r^2} \text{ Dynen}.$$

Die Einheit für die Kraft — eine Dyne ist für die Praxis auch zu klein. Nehmen wir als Einheit der Kraft das in der Praxis eingeführte Kilogramm*, welches gleich $0{,}98 \cdot 10^6$ Dynen ist, dann erhalten wir

$$F = 8{,}8 \cdot 10^{12} \cdot \frac{e_1 e_2}{r^2} \text{ kg*}.$$

Wir sehen, daß in diesen Einheiten (Coulomb, Kilogramm, Zentimeter) der Koeffizient $K$ nicht mehr gleich Eins, sondern gleich $8{,}8 \cdot 10^{12}$ ist. Je nach den gewählten Einheiten erhalten wir auch verschiedene Zahlen für den Koeffizienten $K$ im COULOMBschen Gesetze.

**15. Ein Beispiel.** Zwei kleine Kügelchen hängen nebeneinander an Seidenfäden (primitives Elektroskop). Erteilt man ihnen eine elektrische Ladung, so stoßen sie sich ab (Abb. 10) und bleiben in einer Entfernung von 5 cm im Gleichgewicht. Wie groß ist die Elektrizitätsmenge auf jeder Kugel, wenn jedes Kügelchen ein Gewicht von 0,1 g* hat und die Länge der Seidenfäden 25 cm ist?

Aus unserer Zeichnung (Abb. 10) ist leicht einzusehen, daß nach erfolgter Ablenkung auf jedes Kügelchen zwei Kräfte wirken: erstens die elektrische Kraft nach dem COULOMBschen Gesetze

$$F = \frac{e^2}{r^2} \text{ Dyn.}$$

und zweitens die Anziehung der Erde nach dem NEWTONschen Gesetze

$$f = mg \text{ Dyn}.$$

Die Resultierende beider Kräfte wird durch die Spannung des Seidenfadens aufgehoben; sie muß demnach in der Verlängerung des Fadens liegen. Aus der Ähnlichkeit der Dreiecke in der beistehenden Abbildung schließen wir, daß

$$\frac{r}{2} : l = \sin\alpha, \qquad F : mg = \operatorname{tang}\alpha.$$

Bei der Kleinheit des Winkels $\alpha$ können wir für unseren Zweck mit genügender Genauigkeit $\sin\alpha = \operatorname{tang}\alpha$ setzen und erhalten dann

$$\frac{r}{2} : l = F : \text{mg}.$$

Setzen wir hier die oben angegebenen Zahlen ein, so bekommen wir für die gegenseitige Abstoßungskraft der beiden Kügelchen

$$F = \frac{rmg}{2l} = \frac{5 \cdot 0{,}1 \cdot 980}{2 \cdot 25} = 9{,}8 \text{ Dyn.}$$

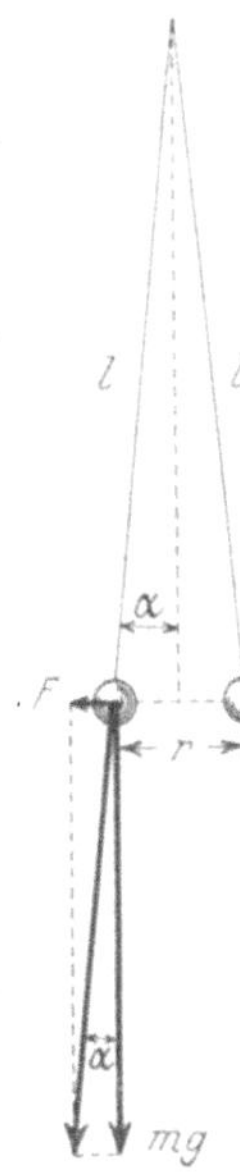

Abb. 10. Berechnung der Elektrizitätsmengen nach ihrer Kraftwirkung.

Für die Elektrizitätsmenge auf jedem Kügelchen erhalten wir

$$e = r\sqrt{F} = 5\sqrt{9{,}8} = 15{,}6 \text{ CGS-E}$$

oder in Coulomb ausgedrückt

$$e = \frac{15{,}6}{3 \cdot 10^9} = 5{,}2 \cdot 10^{-9} \text{ Coulomb}.$$

Aus diesem einfachen Beispiel sehen wir, daß schon sehr kleine Bruchteile eines Coulombs — etwa ein Milliardstel — auf einem verhältnismäßig grobem Elektroskope leicht nachgewiesen werden können.

Zwei Coulombs in einer gegenseitigen Entfernung von 5 cm würden sich mit einer kolossalen Kraft von etwa einer Billion Kilogramm* abstoßen. Aber so ein Versuch ist überhaupt nicht zu realisieren, denn so große elektrische Mengen sind auf unserem Kügelchen gar nicht zu erhalten.

**16. Verteilung der elektrischen Ladungen.** Elektrisieren wir irgendeinen Isolator durch Reibung oder durch bloße Berührung, so bleibt die Ladung auf denselben Stellen sitzen, wo wir sie erzeugt oder hingebracht haben. Die Verteilung der Ladungen auf Isolatoren hängt gewissermaßen von unserer Willkür ab: wir können z. B. das eine Ende einer Glasröhre positiv laden und das andere Ende frei von Ladungen lassen oder sogar negativ laden.

Ganz anders verhält sich die elektrische Ladung auf einem Leiter, wo sie sozusagen freibeweglich ist. Auf einem Leiter bleibt nicht jede Ladungsverteilung bestehen. Denken wir uns irgendeine willkürliche Ladungsverteilung auf einem Leiter, welcher weit vom anderen geladenen Körper isoliert aufgestellt ist, so werden erstens die ungleichnamigen Elektrizitäten durch ihre Anziehung gegeneinander bewegt, bis sie zusammenfließen und, soweit es geht, gegenseitig vernichten. Die übriggebliebenen gleichnamigen Elektrizitäten werden sich im Gegenteil voneinander abstoßen und so lange auseinandergehen, bis sie die Oberfläche des Leiters erreichen, da, wo der Leiter an irgendeinen Isolator (es kann z. B. die Luft sein) angrenzt. Wir können also eine allgemeine qualitative Regel aufstellen, daß die Elektrizität sich stets auf der Oberfläche des Leiters ausbreitet.

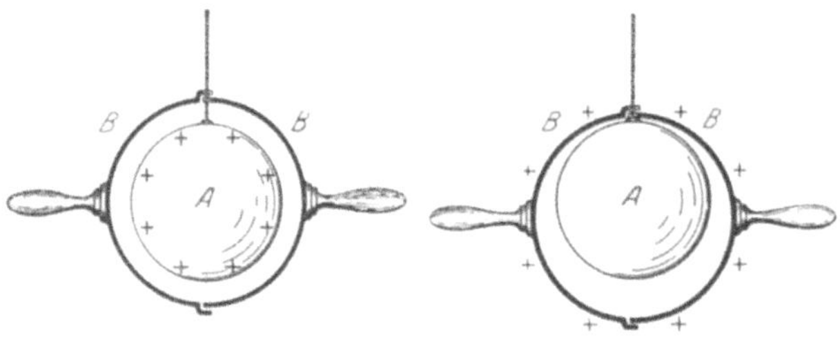


Abb. 11 a. Abb. 11 b.
Die Elektrizität verteilt sich auf der äußeren Oberfläche des Leiters.

Ist der Leiter ein hohler Körper, welcher eine äußere und eine innere Oberfläche besitzt, so wird sich offenbar die Elektrizität auf seiner *äußeren* Oberfläche verteilen.

**17. Versuche von Cavendish und Faraday.** Die Verteilung der Elektrizität auf der äußeren Oberfläche eines hohlen Leiters kann man in sehr verschiedener Weise zeigen.

Eine Messingkugel wird an einem gut getrockneten Seidenfaden aufgehängt und geladen. Die Kugel kann mit zwei etwas größeren hohlen Halbkugeln, die mit Isoliergriffen versehen sind, vollständig bedeckt werden (Abb. 11). Bevor die äußere Kugel die innere berührt (Abb. 11a), bleibt selbstverständlich die Elektrizität auf der inneren Kugel sitzen; bringen wir aber die beiden Kugeln durch eine exzentrische Verschiebung der Halbkugeln in Berührung (Abb. 11b), so geht sofort die ganze Elektrizität von der inneren Kugel auf die äußere Hülle über, was mit einem Elektroskop leicht nachzuweisen ist. Allerdings fordert dieser Versuch eine gewisse Vorsicht, denn hat man die Halbkugeln schon geöffnet, so dürfen sie die innere Kugel nicht mehr berühren, sonst wird ein Rest der Elektrizität auch auf der inneren Kugel übrigbleiben.

Viel bequemer läßt sich dieselbe Erscheinung am folgenden Apparat demonstrieren (Abb. 12a). Wir nehmen einen Zylinder aus Drahtnetz, welcher oben und unten mit Metallböden versehen und auf Ebonitstützen *s* aufgestellt ist. Die kleinen Öffnungen im Drahtnetz sind für unseren Versuch ohne Nachteil, sie erlauben uns aber das Innere des Zylinders zu beobachten. An der äußeren wie an der inneren Oberfläche des Zylinders hängt man mehrere Papierstreifen, die als Elektroskope dienen. Man kann diesen Käfig so stark laden, daß lange elektrische Funken aus ihm zu unserer Hand überspringen und die äußeren Elektroskope stark divergieren; die inneren Papierstreifen bleiben aber dabei in Ruhe. Auch wenn wir durch eine Öffnung der inneren Oberfläche des Käfigs eine elektrische Ladung erteilen, erhalten wir dasselbe Resultat: die Ladung geht sofort auf die äußere Oberfläche über. Eines von den inneren Elektroskopen *a* ist so eingerichtet, daß man ihn samt der Metallscheibe *b* an einem Seidenfaden *c* bis zum unteren Boden des Zylinders herunterlassen kann; dabei gehen die Elektroskopblättchen durch eine Öffnung im Boden nach außen durch und die Öffnung wird dann durch die Metallscheibe *b* wieder geschlossen (Abb. 12b). In dieser Stellung bilden die Papierstreifen *a* einen Teil der äußeren Oberfläche des Käfigs, und sie divergieren ebenso wie alle anderen äußeren Elektroskope. Ziehen wir die Scheibe *b* wieder empor, so behalten die Papierstreifen *a* ihre Ladung auch im Inneren des Käfigs, solange sie vom Käfig isoliert bleiben; aber in dem Moment, wo die Scheibe *b* den oberen Deckel des Käfigs von innen berührt, klappen die Papierstreifen sofort zusammen.

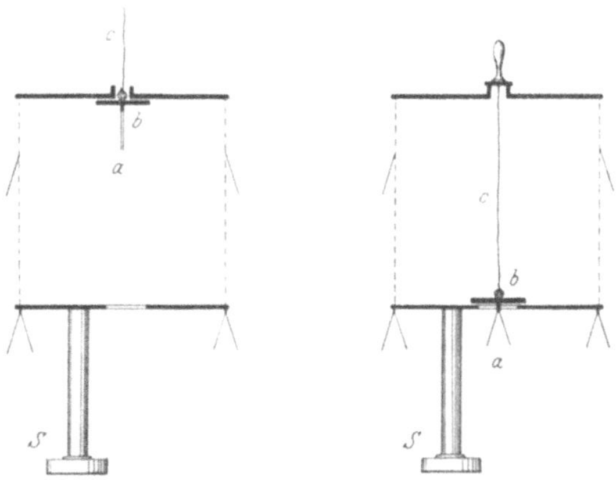


Abb. 12a. Abb. 12b.
Auf der inneren Oberfläche des Leiters bleibt keine Elektrizität übrig.

**18. Der Faradaysche Zylinder.** Aus dem Bestreben der Elektrizität, sich immer auf der äußeren Oberfläche der Leiter auszubreiten, hat Faraday eine Methode gegründet, um eine Ladung von einem Körper zum anderen ohne Rest übergehen zu lassen.

Stellen wir uns vor, es sei auf dem Stiel des Elektroskops (Abb. 13a) ein hohler Leiter befestigt, z. B. ein hohler Messingzylinder, und wir wollen diesem Zylinder *A* die Ladung einer kleinen Kugel *B* erteilen. — Wenn wir mit der geladenen Kugel *B* die *äußere* Oberfläche des Zylinders berühren, so bildet die Kugel mit dem Zylinder eine gemeinsame äußere Oberfläche eines zusammengesetzten Leiters, und die Elektrizität verbreitet sich auf dieser ganzen Oberfläche. Dabei bleibt aber ein gewisser Teil der Elektrizität stets auf der Kugel *B*. Wie groß diese Restladung sein wird, hängt von der relativen Größe und der Form beider sich berührenden Leiter ab und ist im allgemeinen schwer zu bestimmen.

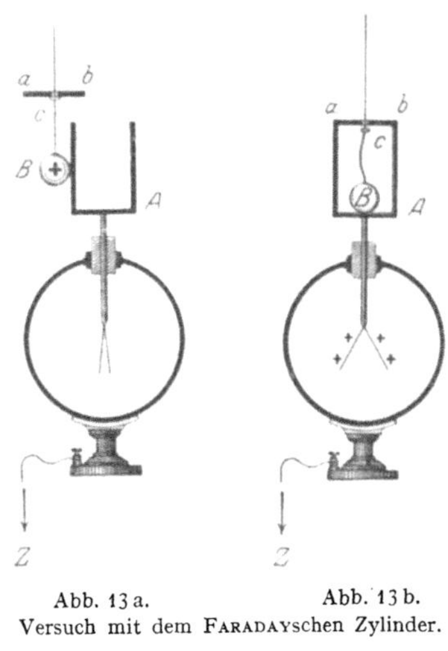


Abb. 13a. Abb. 13b.
Versuch mit dem Faradayschen Zylinder.

Wiederholen wir aber den Versuch in der Weise, daß wir die geladene Kugel ins *Innere* des Zylinders eintauchen und sie dort mit der inneren Oberfläche des Zylinders in Berührung bringen (Abb. 13b), dann muß die Elektrizität sich wieder auf der äußeren Oberfläche ausbreiten; aber in diesem Falle bildet unsere Kugel einen Teil der *inneren* Oberfläche des ganzen Leiters — Zylinder und Kugel zusammen — und auf der Kugel kann keine Ladung mehr übrigbleiben: die ganze Elektrizität ist zum Zylinder übergegangen.

Strenggenommen gilt die Regel für die äußere Oberfläche nur für vollständig geschlossene hohle Leiter ohne jede Öffnung, aber je kleiner die Öffnung des Zylinders ist, desto genauer wird das Resultat. Da die vollständige Geschlossenheit des Hohlkörpers nur im Moment der Berührung wichtig ist, so kann man noch in folgender Weise verfahren. An demselben Seidenfaden, der die Kugel trägt, wird ein Messingdeckel *ab* befestigt, welcher beim Hineinbringen der Kugel ins Innere des Zylinders diesen letzteren von oben vollständig schließt. Es bildet sich somit ein vollständig geschlossener hohler Leiter, und bei der Berührung der geladenen Kugel mit seiner inneren Oberfläche geht die ganze Ladung ohne Rest auf den Zylinder über.

Die zylindrische Form des Gefäßes ist für das Gelingen des Versuches natürlich nicht wesentlich. Aber der Name FARADAYscher Zylinder ist geblieben, weil FARADAY selbst den Versuch mit einem Zylinder (Eimer) gemacht hat.

**19. Die Dichte der Elektrizität.** Wir haben eben gezeigt, wie man eine Elektrizitätsmenge messen kann. Erfüllt eine gewisse Elektrizitätsmenge irgendein Volumen des Körpers gleichmäßig, so können wir von einer Dichte der Elektrizität sprechen, indem wir darunter den Quotient aus der Elektrizitätsmenge $e$ und dem von dieser Elektrizität gleichmäßig erfüllten Volumen $v$ verstehen. Die Elektrizitätsdichte wird also durch die Formel definiert:

$$\varrho = \frac{e}{v}.$$

Ist die Elektrizität im Körper zwar stetig aber nicht gleichmäßig verteilt, so definiert die oben angegebene Formel eine Durchschnittsdichte oder eine *mittlere* Dichte. Wir können uns aber den ganzen Körper in so kleine Volumina zerteilt denken, daß in jedem Volumenelement die Verteilung der Elektrizität als gleichmäßig angesehen werden kann und die mittlere Dichte möglichst wenig von der wahren Dichte abweicht. Dann bleibt unsere Definition für jedes Volumenelement erhalten, nur wird die Größe $\varrho$ in verschiedenen Punkten (Volumenelemente) des Körpers verschiedene Werte haben. Wir verfahren hier ganz nach demselben Schema wie bei der Bestimmung der Massendichte eines Körpers, die dem Quotienten aus der Masse und dem entsprechenden Volumen gleich ist. Auch die Massendichte, ebenso wie die Elektrizitätsdichte, kann in verschiedenen Punkten ein und desselben Körpers verschieden sein.

Die Verteilung der elektrischen Ladung in einem Volumen kann nur in Isolatoren stattfinden, bei den Leitern verbreitet sich die Ladung, wie wir wissen, nur auf der Oberfläche. Wir können also in den Leitern von einer Oberflächendichte der Elektrizität sprechen und definieren ihre Größe $\sigma$ als den Quotient aus der Elektrizitätsmenge $e$ und der von ihr gleichmäßig bedeckten Oberfläche $S$

$$\sigma = \frac{e}{S}.$$

Auch die Oberflächendichte kann in verschiedenen Teilen der Oberfläche verschieden sein. Dann wird $\sigma$, aus $e$ und $S$ für ein kleines Oberflächenelement bestimmt.

Die Oberflächendichte der Elektrizität auf einem Leiter kann man ungefähr abschätzen, wenn man an verschiedenen Stellen kleine Papierstreifen aufhängt (Elektroskope). Je größer die Divergenz der Papierschnitzel ist, desto größer wird auch die elektrische Dichte sein. Nimmt man z. B. einen länglichen Körper (Ellipsoid) und ladet ihn, so wird man bemerken, daß die Papierschnitzel auf seinen Enden mehr divergieren als in seiner Mitte; die Elektrizitäten werden nämlich durch gegenseitige Abstoßung von der Mitte zu den Enden weggedrängt. Die Oberflächendichte der Elektrizität ist also an den Enden eines langen Körpers größer als in der Mitte.

## 2. Influenzelektrizität.

**20. Elektrisierung durch Influenz.** Beim Laden des Elektroskops mit irgendeinem elektrisierten Körper können wir leicht folgende interessante Erscheinung beobachten. Bevor der elektrisierte Körper die Elektroskopkugel berührt und noch in einer gewissen Entfernung von der Kugel sich befindet, gehen die Aluminiumblättchen schon merklich auseinander. Ihre Divergenz wird immer größer und größer, je näher wir den elektrisierten Körper an die Kugel bringen. Die Divergenz der Aluminiumblättchen zeigt uns, daß auf dem Elektroskope Elektrizität entstanden ist. Aber diese Elektrizität bleibt nicht dauernd bestehen, sie ist nur *temporär*, und wenn wir, ohne das Elektroskop zu berühren, den elektrisierten Körper wieder entfernen, so verschwindet auch die Ladung: die Aluminiumblättchen klappen wieder zusammen. Diese temporäre Ladung des Elektroskops kommt demnach nur dann zum Vorschein, wenn der geladene Körper sich in seiner Nähe befindet.

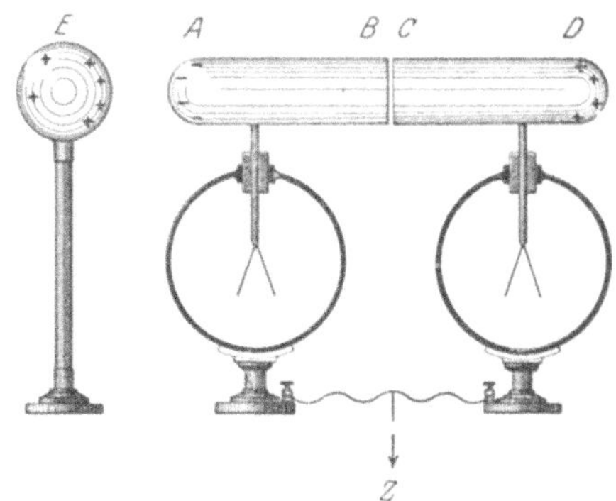

Abb. 14. Elektrische Influenz.

Die soeben beschriebene Erscheinung heißt Elektrisierung durch *Influenz* oder durch Induktion.

**21. Erklärung der Influenzerscheinung.** Auf den ersten Blick scheint es sehr merkwürdig und schwer verständlich, woher denn die Elektrizität auf einem vollständig isolierten Leiter, wie es die Elektroskopblättchen sind, kommen könnte. Nicht weniger merkwürdig erscheint auch der Umstand, daß die auf dem Elektroskop einmal entstandene Elektrizität, ungeachtet der guten Isolation, beim Entfernen des geladenen Körpers wieder verschwindet.

Die Verhältnisse werden klarer aus folgendem Versuche hervorgehen: Wir nehmen zwei gleiche Elektroskope (Abb. 14), setzen auf ihre Kugeln zwei zylinderförmige Leiter $AB$ und $CD$ auf und schieben die Elektroskope so zueinander, daß die Leiter sich berühren und einen einzelnen leitenden Körper $ABCD$ bilden. Nähern wir diesem Leiter einen positiv elektrisierten Körper $E$ (Abb. 14, links), so werden wir sehen, daß sich beide Elektroskope durch Influenz gleichzeitig laden. Wir lassen den influenzierenden Körper $E$ und das ihm näherstehende Elektroskop $AB$ einstweilen an ihrer Stelle und schieben das rechtsstehende Elektroskop ein wenig nach rechts, so daß $AB$ und $CD$ voneinander durch einen schmalen Luftzwischenraum isoliert bleiben. Jetzt können wir den influenzierenden Körper $E$ entfernen, ohne daß die beiden Elektroskope sich entladen. Durch den beschriebenen Kunstgriff haben wir die beiden *temporär* influenzierten Ladungen abgefangen und *dauernd* gemacht. Bei der Untersuchung finden wir, daß $AB$ negativ geladen ist und $CD$ positiv. Würden wir den influenzierenden Körper statt mit positiver mit negativer Elektrizität laden, so würden wir dieselben Erscheinungen erhalten, nur mit dem Unterschied, daß jetzt auch die influenzierten Ladungen entgegengesetztes Zeichen erhalten. In jedem Falle elektrisiert sich die zum influenzierenden Körper nähere Seite $AB$ des Leiters $ABCD$ mit einer Ladung, die der influenzierenden Ladung $E$ entgegengesetzt ist.

Die beiden Elektrizitätsmengen, die man auf diese Weise auf den Elektroskopen erhält, sind einander gleich. Das beweisen wir, indem wir bei Abwesenheit des influenzierenden Körpers die beiden Elektroskope wieder zusammenschieben, bis $AB$ und $CD$ sich berühren. Sofort verschwinden beide Ladungen. Das bedeutet eben, daß die Ladungen entgegengesetzte Zeichen hatten und in gleicher Menge vorhanden waren.

Was den Körper $E$ betrifft, so bleibt seine Ladung, wenn er gut isoliert ist, nach diesem Versuche völlig unverändert, und man kann mit demselben Körper $E$ denselben Versuch mehrmals wiederholen.

Es ist wichtig, sich zu merken, daß, wenn wir die beiden entgegengesetzten Elektrizitäten *dauernd* trennen wollen, das Auseinanderschieben der zwei Leiter $AB$ und $CD$ bei *Anwesenheit* des influenzierenden Körpers geschehen muß. Sind die beiden Leiter schon isoliert voneinander und bringen wir in ihre Nähe den geladenen Körper $E$, so bilden sich auf jedem von ihnen Elektrizitäten *beider* Art, welche sich nach dem Entfernen des Körpers wieder gegenseitig aufheben.

**22. Latente Elektrizität.** Die soeben beschriebenen Versuche drängen uns zu der Hypothese, daß in jedem Leiter positive sowie negative Elektrizität und zwar in gleichen Mengen schon vorhanden sind, auch dann, wenn der Leiter in einem unelektrischen Zustande sich befindet. Bei Abwesenheit irgendeines influenzierenden Körpers sind diese beiden entgegengesetzten Elektrizitäten vermischt und bleiben für uns unmerkbar, weil ihre Wirkungen sich gegenseitig aufheben. Nähert man aber einen elektrisierten Körper, so zieht er die ungleichnamige Elektrizität zu sich hin und stößt die gleichnamige Elektrizität von sich ab. Da beide Elektrizitäten im Leiter frei beweglich sind, so kommen sie an verschiedenen Stellen des Leiters zum Vorschein, und ihre Wirkungen werden dadurch für uns bemerkbar. Die dem influenzierenden Körper nähere influenzierte Ladung muß demnach stets der Ladung des Körpers entgegengesetzt sein. Das haben wir auch tatsächlich beobachtet.

Die Hypothese von der Existenz der Elektrizitäten auch in ungeladenen Körpern wird uns im weiteren noch öfter von Nutzen sein.

**23. Verteilung der Influenzladung auf dem Leiter.** Wir haben oben (S. 14, **17**) gezeigt, daß beim Laden eines Leiters durch Reibung oder durch Berühren die ganze Elektrizität sich auf seiner Oberfläche verbreitet. Wir finden dieselbe Regel auch für Influenzladung richtig. Nur unsere weitere Folgerung, daß auf dem geladenen Leiter die entgegengesetzten Elektrizitäten zusammenfließen und sich teilweise vernichten, paßt für die Influenzelektrizität nicht mehr, denn bei Influenz kann ein und derselbe Leiter an seinen verschiedenen Stellen auch mit ungleichnamiger Elektrizität geladen werden, wie wir das z. B. an dem Körper $ABCD$ schon beobachtet haben.

Betrachten wir die Zeichnung Abb. 14 noch einmal. Es ist leicht einzusehen, daß die Wirkung der neuentstandenen Influenzladungen in jedem *inneren* Punkte des Leiters $ABCD$ immer entgegengesetzt sein wird der Wirkung der influenzierten Ladung des Körpers $E$. Wir können sogar behaupten, daß das Auseinanderschieben der entgegengesetzten Elektrizitäten im Leiter sich so lange vollziehen wird, bis alle Wirkungen — wie der influenzierenden, so auch der durch Influenz entstandenen elektrischen Ladungen — sich in jedem inneren Punkte des Leiters aufheben. Ist das geschehen, dann kommt die Elektrizität zur Ruhe oder, wie man sagt, ins Gleichgewicht.

Das Gleichgewicht der Kräfte im allgemeinen wird in der Statik behandelt; das Gleichgewicht der elektrischen Kräfte studiert man in der Elektrostatik.

In der Elektrostatik können wir demnach schon jetzt die folgende Bedingung aufstellen:

Für das elektrische Gleichgewicht ist es erforderlich, daß die Wirkungen aller Elektrizitäten — der gegebenen wie der durch Influenz entstandenen — in jedem inneren Punkte eines Leiters sich gegenseitig aufheben.

**24. Ableitung zur Erde.** Wir haben früher gesagt (S. 5, **7**), daß jeder Leiter, der mit der Erde leitend verbunden wird, seine ganze Elektrizität verliert. Auch diese Regel ist auf influenzierte Ladungen nicht ohne weiteres anwendbar.

Wir stellen wieder die zwei Elektroskope mit dem zylinderförmigen Leiter *ABCD* (Abb. 14) zusammen. Beim Annähern des influenzierenden Körpers divergieren beide Blättchenpaare, und wir wissen schon, daß sie entgegengesetzt geladen sind. Jetzt berühren wir den Körper *ABCD* mit der Hand, d. h. wir verbinden ihn leitend mit der Erde. Sofort klappen die Blättchen des Elektroskops *CD* zusammen, während die Blättchen bei *AB* ihre Divergenz beibehalten. Die positive Elektrizität ist also zur Erde übergegangen, während die negative durch die Wirkung des influenzierenden Körpers *E* auf ihrem Platze festgehalten wird. Dieses Resultat müßten wir eigentlich erwarten, denn durch Berührung mit der Hand machen wir den Körper *ABCD* und die ganze Erde zu einem zusammenhängenden Leiter, und aus früheren Versuchen wissen wir schon, daß in diesem Falle die mit *E* gleichnamige Elektrizität möglichst weit von *E*, also in unserem Falle zur Erde, abgestoßen wird.

Heben wir die Hand vom Körper *CD* wieder ab, so bleibt die positive Ladung auf der Erde, die negative auf dem Körper *ABCD*. Wir können uns davon leicht überzeugen, wenn wir den Körper *E* entfernen und die Ladung der Elektroskope untersuchen: beide Elektroskope ergeben sich negativ elektrisch.

Dieser Versuch ist eigentlich nur eine Abänderung unseres Versuches in Abb. 14 (S. 17, **21**). Nur haben wir früher in Gegenwart des influenzierenden Körpers *E* die zwei Teile des Leiters *AB* und *CD* voneinander getrennt, jetzt, beim Abheben unserer Hand, trennen wir den Leiter *ABCD* von der Erde. Beide Versuche sind also prinzipiell nicht verschieden.

Es ist vielleicht nützlich hier noch hervorzuheben, daß wir bei diesem Versuche mit unserer Hand einen *beliebigen* Punkt des Leiters *ABCD* berühren können, sogar den Punkt *A*, ohne zu befürchten, daß die bei *A* sitzende negative Elektrizität zur Erde abfließe und die bei *D* sitzende positive Elektrizität auf dem Körper bleibe. Die negative Elektrizität wird nämlich in jedem Falle durch den Einfluß des influenzierenden Körpers an ihrer Stelle festgehalten, die positive dagegen abgestoßen.

Wir wollen den letzten Versuch noch einmal mit Hilfe eines einzigen Elektroskops wiederholen, und zwar in folgender Form. Wir nehmen dazu ein gewöhnliches Elektroskop mit einer Messingkugel am oberen Ende (Abb. 15 a, S. 20) und nähern ihm einen positiv geladenen Glasstab, den wir z. B. in der linken Hand halten. Die Kugel ladet sich dabei durch Influenz negativ, und zu den weitergelegenen Aluminiumblättchen wird die positive Elektrizität abgestoßen; die geladenen Blättchen divergieren. Wir berühren dann die Kugel mit der rechten Hand (Abb. 15 b), ohne die linke Hand und den Glasstab zu entfernen; die positive Elektrizität fließt zur Erde ab, und die Blättchen klappen zusammen. Wenn wir jetzt die rechte Hand entfernen, den Glasstab noch immer an derselben Stelle haltend, so bleibt die negative Ladung noch auf der Kugel; die Blättchen bleiben frei von Ladungen und hängen zusammengeklappt. Entfernen wir endlich auch den geladenen Glasstab, so wird die negative Elektrizität auf der Kugel frei und kann sich längs des Stieles auf die Blättchen verbreiten, welche sofort divergieren (Abb. 15 c).

Durch den soeben beschriebenen Prozeß haben wir das Elektroskop geladen, ohne ihn mit dem elektrisierten Glasstab zu berühren.

Diese Methode, einen Körper durch Influenz zu elektrisieren, ist in vielen Fällen viel bequemer als durch unmittelbare Berührung; denn je nachdem wir den Stab näher oder weiter von der Kugel halten, können wir nach unserem Belieben dem Elektroskope größere oder kleinere Ladungen erteilen. Beim Berühren geht manchmal zu wenig, manchmal zu viel Elektrizität über.

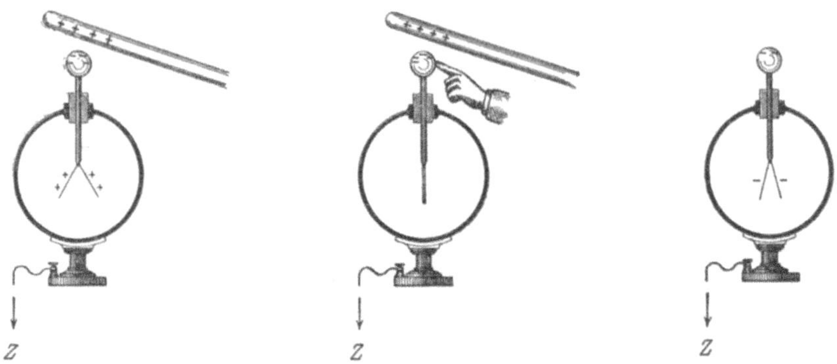


Abb. 15a. Abb. 15b. Abb. 15c.
Ladung des Elektroskops durch Influenz.

Der Unterschied beim Laden durch Berührung und durch Influenz bleibt aber der, daß im ersten Falle die Ladungen des Elektroskops und des Körpers gleichnamig sind, während bei der Ladung durch Influenz das Elektroskop eine Ladung erhält, die der Ladung des influenzierenden Körpers *entgegengesetzt* ist.

**25. Der Mechanismus der Elektrizitätsleitung.** Gestützt auf die soeben beschriebenen Versuche, die uns einer ganz neuen Tatsache gegenüberstellen, nämlich die Elektrisierung durch die Influenz, wollen wir jetzt etwas näher den Vorgang betrachten, den wir früher als den Übergang der Elektrizität von einem Körper zum anderen schlechthin benannt haben.

Wir wissen jetzt, daß noch ehe der elektrisierte Körper $E$ den unelektrisierten Körper $A$ berührt, auf dem letzteren durch Influenz zwei entgegengesetzte Elektrizitäten getrennt werden; bei der danach stattfindenden Berührung wird die zum Berührungspunkt nähere Elektrizität entgegengesetzten Zeichens durch die Ladung des Körpers $E$ neutralisiert, und als Resultat bleibt auf dem Körper $A$ nur die mit $E$ gleichnamige Elektrizität übrig.

Demnach hat es nur den Anschein, daß die Elektrizität des Körpers $E$ auf den Körper $A$ durch den Berührungspunkt übergegangen ist. In Wirklichkeit ist der Prozeß viel komplizierter: zuerst ladet sich der Körper $A$ durch Influenz, um dann durch Neutralisation die entgegengesetzte Ladung zu verlieren.

Ein analoger Vorgang spielt sich auch bei jeder Ableitung zur Erde ab. Nähern wir unsere Hand einem geladenen Körper, so ladet sich die Hand durch Influenz mit entgegengesetzter Elektrizität, während die gleichnamige Elektrizität zur Erde abfließt. Beim Berühren des geladenen Körpers mit der Hand vereinigen sich die influenzierende Ladung des Körpers und die influenzierte Ladung auf unserer Hand und neutralisieren sich gegenseitig.

Derselbe Vorgang muß sich auch beim Übergang der Elektrizität von *einem Teile* irgendeines Leiters zu dem nächstliegenden Teile desselben Leiters abspielen, z. B. bei der Fortleitung der Elektrizität durch einen Stab aus leitendem Material (Abb. 4, S. 3). Da wir den Vorgang selbst nicht direkt in allen Einzelheiten beobachten können, und nur das Endresultat unserer Beobachtung zugänglich ist, können wir auch nicht entscheiden, ob bei der Elektrizitätsleitung in einem

Leiter die Elektrizität einfach wie eine Flüssigkeit in einem Rohre weiterfließt, oder ob dabei eine kompliziertere Erscheinung, nämlich eine Influenz und eine darauffolgende Neutralisation stattgefunden hat.

**26. Untersuchung der Elektrisierung mittels der Influenz.** Bei unseren früheren Untersuchungen der elektrischen Ladung eines Körpers haben wir folgendermaßen verfahren. Wir ladeten ein Elektroskop mit einer bestimmten Elektrizität, z. B. mit der positiven, und berührten dann seine Kugel mit dem zu untersuchenden Körper. Divergierten dabei die Elektroskopblättchen noch mehr, so war der untersuchte Körper auch positiv geladen; wird die Divergenz kleiner, so ist der Körper negativ.

Dank der Influenzerscheinung brauchen wir bei solchen Untersuchungen die Elektroskopkugel mit dem zu untersuchenden Körper gar nicht zu berühren, es genügt schon eine bloße Annäherung des Körpers an die Elektroskopkugel. Die durch Influenz entstandene und zu den Blättchen abgestoßene Ladung kann uns ebensogut zur Bestimmung der Art der Ladung des zu untersuchenden Körpers dienen, wie eine unmittelbare Berührung.

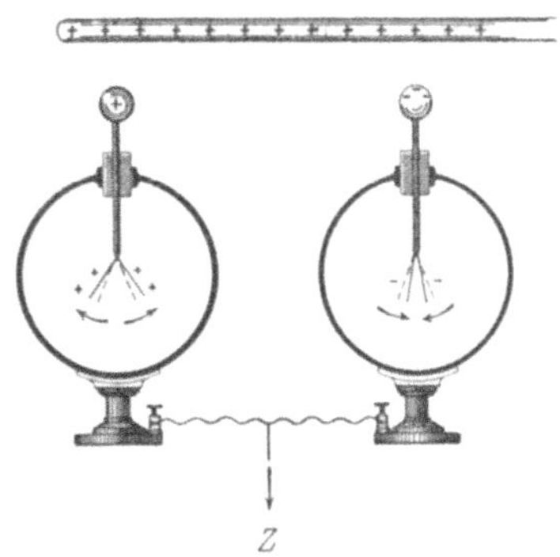


Abb. 16. Untersuchung der Ladung vermittels der Influenz.

In der Abb. 16 sind zwei Elektroskope abgebildet, von denen der eine mit $+e$ und das andere mit $-e$ geladen ist. Nähert man den beiden Elektroskopen einen positiv geladenen Glasstab, so wird die Divergenz der Blättchen in einem Elektroskope größer, im andern kleiner.

Die Methode der Influenz hat aber außer ihrer Bequemlichkeit noch wichtige Vorzüge. Erstens bleibt bei dieser Methode die Ladung des untersuchten Körpers unverändert bestehen, und zweitens können dabei Fehlschlüsse umgangen werden, welche bei der Berührungsmethode leicht entstehen können. Ist nämlich der zu untersuchende Körper sehr stark und entgegengesetzt der Ladung des Elektroskops geladen, so werden wir beim Annähern folgendes beobachten. Zunächst wird die Divergenz der Blättchen kleiner und kleiner, bis die Blättchen völlig zusammenklappen; nähern wir den geladenen Körper noch mehr, so fangen die Blättchen an wieder zu divergieren. Das erklärt sich auch ganz einfach dadurch, daß die influenzierte Ladung nicht nur die Ladung der Blättchen neutralisierte, sondern sich sogar im Überschuß gebildet hat, weshalb auch die Divergenz der Blättchen sich wieder vergrößerte. Nähert man den geladenen Körper so schnell, daß der Übergang über Null unbemerkbar bleibt, so würde man aus der Divergenz der Blättchen schließen können, daß die Ladung des Körpers gleichnamig mit der Ladung des Elektroskops sei, während es gerade das Entgegengesetzte der Fall ist. Um diesem Fehler zu entgehen, muß man den stark geladenen Körper nur langsam zum Elektroskope nähern, damit man die etwa stattfindende Konvergenz der Blättchen bis zu Null nicht versäumt. Bei der Berührungsmethode kann dieser Fehler sehr leicht entstehen.

**27. Elektrisieren heißt, entgegengesetzte Elektrizitäten voneinander trennen.** Die Methode der Influenz erlaubt uns ein sehr wichtiges Naturgesetz experimentell zu beweisen, nämlich daß nicht nur bei der Influenz, sondern auch beim Reiben stets zwei entgegengesetzte Ladungen entstehen, und zwar in gleichen Mengen.

Wir nehmen ein Stück Glas, z. B. eine runde Scheibe von etwa 5 cm Durchmesser und ein ebenso großes Stück Leder, auf welchem von einer Seite eine

Zinkamalgamschicht aufgetragen ist. Reiben wir das Glas am Zinkamalgam, so wird jede Scheibe elektrisch: das Glas positiv und das Amalgam negativ, was wir leicht am Elektroskop nach der Methode der Influenz nachweisen können. Legen wir aber beide Scheiben dicht aufeinander, so influenzieren sie das Elektroskop gar nicht, obgleich, wie wir schon gezeigt haben, sie beide elektrisiert sind. Das beweist, daß ihre Ladungen entgegengesetzt gleich sind.

Diesen Versuch kann man auch mit einem beliebigen anderen Körperpaar anstellen und mit demselben Resultat. Wir können demnach ein ganz allgemeines Naturgesetz aussprechen: Bei jeder Elektrisierung, sei es durch Reibung, durch Influenz oder durch Berührung, entstehen stets beide Arten von Elektrizitäten, und zwar in gleicher Menge.

Fügen wir noch unsere Hypothese von der in allen Körpern schon vorhandenen *latenten* Elektrizität hinzu, so erhalten wir den folgenden Satz: Elektrisierung besteht in einer Trennung der in jedem Körper schon vorhandenen entgegengesetzten Elektrizitäten. Diese Trennung kann durch Reibung oder auch durch Influenz erzielt werden.

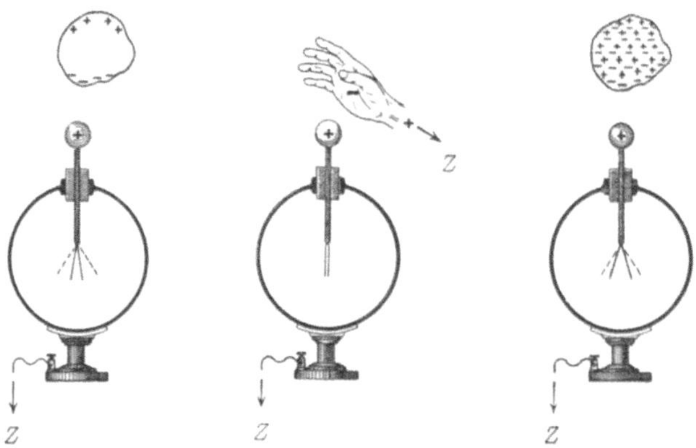


Abb. 17. Abb. 18. Abb. 19.
Einfluß ungeladener Leiter und Isolatoren auf das geladene Elektroskop.

**28. Einfluß ungeladener Leiter auf das Elektroskop.** Betrachten wir jetzt den Fall, daß der zu untersuchende Körper ein isolierter Leiter ist und völlig frei von Ladungen. Wenn wir einen solchen Leiter unserem *geladenen* Elektroskope nähern, so werden wir bemerken, daß die Divergenz der Blättchen kleiner wird, obgleich der Leiter ungeladen ist. Wie ist diese Erscheinung zu erklären? Die Erklärung ist einfach: in diesem Falle spielt nämlich das Elektroskop die Rolle des influenzierenden Körpers, und auf dem genäherten Leiter entstehen die Influenzelektrizitäten. Da die entgegengesetzte Elektrizität dem Elektroskope näher ist, so wirkt sie ihrerseits influenzierend: ein Teil der Elektrizität wird im Elektroskope zu der Kugel fließen, die Blättchen werden schwächer geladen und konvergieren (Abb. 17).

Die Erscheinung wird um so bemerkbarer, je größer der genäherte Leiter ist; am größten ist ja der Leiter dann, wenn er mit der Erde verbunden wird. In diesem Falle wird die gleichnamige Elektrizität so weit abgestoßen, daß sie die Wirkung der zum Elektroskope näheren und entgegengesetzten Ladung nicht stört. Wir können diesen Versuch noch dadurch vereinfachen, daß wir statt eines besonderen Leiters einfach unsere eigene Hand der Elektroskopkugel nähern. Die Divergenz der Blättchen wird um so kleiner, je näher unsere Hand an die Kugel kommt (Abb. 18).

Wir sehen also, daß ein ungeladener Leiter auf ein geladenes Elektroskop ähnliche Wirkungen ausübt wie ein Körper, welcher mit einer der Elektroskopladung entgegengesetzten Ladung geladen ist; denn in beiden Fällen beobachtet man eine Konvergenz der Blättchen. Dennoch sind beide Erscheinungen leicht zu unterscheiden. Ist der Leiter isoliert und seine Dimensionen nicht sehr groß, so werden wir beim Annähern des Leiters nur eine sehr kleine Verminderung der Divergenz der Blättchen beobachten; bei gegenseitiger Berührung des Körpers und der Kugel geht ein Teil der Ladung vom Elektroskope zu dem isolierten Leiter. Ist jedoch der Leiter mit der Erde verbunden, so geht bei der Berührung der Kugel die gesamte Elektrizität zur Erde, und die Blättchen klappen völlig zusammen. Aber in keinem Falle kann nach dem Zusammenklappen der Blättchen eine neue Divergenz der Blättchen eintreten, wie es bei einem stark geladenen influenzierenden Körper der Fall sein kann.

**29. Einfluß ungeladener Isolatoren. Influenz auf Isolatoren.** Die Isolatoren werden auch durch Influenz elektrisch, aber in diesem Falle hat die ganze Erscheinung einen etwas anderen Charakter, was wir sofort an einigen einfachen Versuchen sehen werden.

Der Versuch mit zwei Elektroskopen (Abb. 14, S. 17), welchen wir mit einem Leiter *ABCD* angestellt haben, gelingt mit einem Isolator nicht. Um aber zu zeigen, daß auch die Isolatoren durch Influenz elektrisiert werden können, machen wir den folgenden Versuch. Wir befestigen auf irgendeinem Stativ vertikal ein Stück Glas (Abb. 20) und nähern ihm von oben eine elektrisierte Kugel und von unten leichte Papierschnitzel oder Federchen. Wir werden bemerken, daß das Glas bei Anwesenheit des influenzierenden Körpers — bei uns die elektrisierte Kugel — leichte Körperchen anzieht. Entfernen wir die Kugel, oder führen wir ihre Elektrizität durch Berührung mit der Hand zur Erde ab, so fallen auch die Papierschnitzel vom Glaskörper herab.

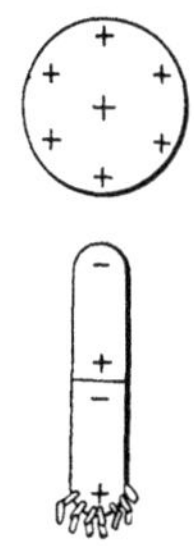

Abb. 20. Elektrisierung der Isolatoren durch Influenz.

Wir können mit einem Isolator denselben Versuch wiederholen, den wir im vorigen Paragraphen mit einem Leiter gemacht haben. Wir nehmen ein größeres Stück Glas oder Hartgummi und überzeugen uns zuerst, mit Hilfe eines ungeladenen Elektroskops, daß sie keine bemerkbare Ladung tragen. Ist das nicht der Fall, d. h. sind die Isolatoren schon geladen, was leicht möglich ist, so bestreichen wir sie mit einer Gasflamme, bis die letzten Spuren der etwa vorhandenen Ladung verschwunden sind. Sodann laden wir das Elektroskop mit irgendeiner Elektrizität und nähern den Isolator der Elektroskopkugel (Abb. 19). Wir werden bemerken, daß die Divergenz der Blättchen sich dabei ein wenig verringert. Die Erscheinung ist viel schwächer als im Falle eines Leiters, aber dennoch gut bemerkbar. Prüfen wir jetzt unseren Isolator wieder am ungeladenen Elektroskop, und haben wir beim Experimentieren jede Reibung der Isolatoren vermieden, so wird der Isolator nach diesem Versuche wieder im normalen ungeladenen Zustande gefunden. Die influenzierten Ladungen haben sich beim Entfernen des influenzierenden Körpers wieder gegenseitig neutralisiert.

Diese Versuche zeigt also erstens, daß die Isolatoren auch durch Influenz geladen werden können, und daß zweitens auf dem Isolator zwei entgegengesetzte Ladungen und in gleichen Mengen entstehen. Soweit sind die Isolatoren dem Leiter wenn nicht gleich, so wenigstens analog. Wollen wir aber den Versuch (Abb. 14) mit einem Isolator wiederholen, um die latente Elektrizität abzufangen, so wird er nicht gelingen. Machen wir z. B. den Zylinder *ABCD* aus Glas oder Hartgummi und teilen wir denselben in zwei Teile *AB* und *CD* bei Anwesenheit eines geladenen Körpers, so erhalten wir nach erfolgter Trennung *AB* von *CD* auf beiden diesen Teilen positive und negative Elektrizitäten in gleicher Menge (vgl. Abb. 20). Nach dem Entfernen des influenzierten Körpers bleiben beide Teile *AB* und *CD* unelektrisch. Wir schließen daraus, daß die Trennung beider durch Influenz entstandenen Elektrizitäten, wie es bei den Leitern möglich war, in den Isolatoren nicht zu verwirklichen ist.

**30. Polarisation der Dielektrika.** Um diese neue Tatsache zu erklären, können wir die schon früher bei den Leitern gemachte Hypothese von der latenten Elektrizität auch hier verwenden, aber natürlich mit entsprechender Abänderung.

Wir nehmen also auch bei den Isolatoren an, daß sie im Inneren positive und negative Elektrizität in gleichen Mengen enthalten. Bei normalem Zustande neutralisieren sich die Wirkungen beider dieser Elektrizitäten. In Gegenwart eines geladenen Körpers gehen diese Elektrizitäten auseinander, aber nicht so weit, wie es bei den Leitern möglich ist, wo die Elektrizitäten ja frei beweglich sind, sondern nur im Bereiche einzelner Moleküle des den Isolator bildenden Stoffes. Unter der Wirkung eines geladenen Körpers erscheint also nach dieser Anschauung jedes Molekül des Isolators auf seinen entgegengesetzten Seiten geladen, wie unser ganzer Leiter $ABCD$ (Abb. 14).

Jedes Molekül verhält sich also wie ein Leiter und erhält bei der Influenz zwei Pole, einen positiven und einen negativen. Der ganze Isolator wird dabei in einen besonderen Zustand versetzt, den man *Polarisation* nennt. Als Resultat der Polarisation erhalten wir an den Enden des Isolators Influenzladungen, wo sie auch, wie wir soeben gesehen haben, nachweisbar sind. In der Mitte des Isolators sind die paarweise entstandenen Ladungen nicht nachweisbar, weil hier ihre Wirkungen sich gegenseitig aufheben (vgl. Abb. 20).

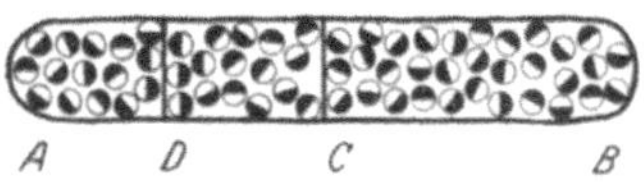


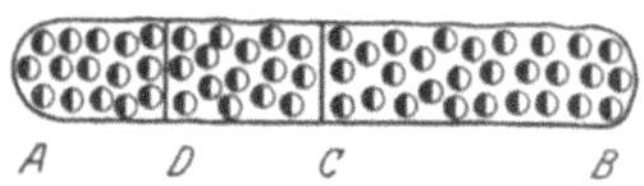


Abb. 21 a. Unpolarisiertes Dielektrikum.
Abb. 21 b. Polarisiertes Dielektrikum.

Wir können uns diesen Prozeß der Polarisation auch etwas anders vorstellen. Jedes Molekül kann nämlich schon vor der Influenz positive und negative Elektrizität in gleichen Mengen an seinen Enden tragen, also schon polarisiert sein, aber diese Pole haben im Körper im normalen Zustande die verschiedensten Richtungen (Abb. 21a), welche noch dazu wegen Wärmebewegung immerwährend geändert werden; im Durchschnitt werden dann alle Wirkungen dieser Pole auf einen äußeren Punkt sich völlig aufheben und unbemerkbar bleiben. Wird der Isolator von einem geladenen Körper influenziert, so orientieren sich die Moleküle (Abb. 21b), indem sie der influenzierenden Ladung ihren entgegengesetzten Pol zukehren, und je niedriger die Temperatur, desto weniger werden die unregelmäßigen Zusammenstöße der Molekel auf ihre Orientierung Einfluß haben und desto mehr wird diese Orientierung als Mittelwert hervortreten, und desto stärker wird der Isolator polarisiert erscheinen. Gleichzeitig werden auch die Ladungen an den Enden, d. h. auf der Oberfläche des Isolators, stärker zum Vorschein kommen.

**31. Anziehung leichter Körper.** Ganz am Anfang unseres Studiums der elektrischen Erscheinungen haben wir die Anziehung beobachtet, welche elektrisierte Körper auf leichte Papierschnitzel und Federchen ausüben (S. 1, Abb. 1). Die angezogenen Körperchen brauchten dazu nicht elektrisiert zu werden. Diese Tatsache scheint dem Gesetze von COULOMB zu widersprechen, denn die COULOMBsche Kraft

$$F = \frac{e_1\, e_2}{r^2}$$

ist den beiden aufeinanderwirkenden Elektrizitätsmengen proportional. Trägt der eine Körper keine Elektrizität, so ist für ihn $e$ gleich Null, und die COULOMBsche Kraft muß auch verschwinden. Nichtsdestoweniger wissen wir, daß der elektrisierte Bernstein den unelektrisierten Strohhalm anzieht.

Dieser Widerspruch schwindet sofort, wenn wir die Erscheinung der Influenz berücksichtigen. Wir haben nämlich gesehen, daß bei Annäherung eines elektrisierten Körpers an einen Leiter oder einen Isolator auf diesen durch Influenz gleichzeitig zwei Arten von Elektrizitäten erzeugt werden. Auf jede von diesen Elektrizitäten wirkt die influenzierende Elektrizität nach dem COULOMBschen Gesetze. Da aber die dem influenzierenden Körper nächstliegende Elektrizität immer die entgegengesetzte ist, so erhalten wir im Resultat immer eine Anziehung (Abb. 22a).

Nehmen wir also die Influenzelektrizität auch in Betracht, so können wir sagen, daß eigentlich die elektrischen Kräfte immer zwischen elektrisierten Körpern wirken, wie es auch das Gesetz von COULOMB fordert.

Wir wollen folgende Erscheinungen noch etwas näher hier analysieren.

Es sei der angezogene Körper ein guter Leiter, z. B. ein dünnes Aluminiumblättchen. Dann beobachtet man folgendes: Beim Annähern eines durch Reibung elektrisierten Glasstabes (positiv) werden die Aluminiumblättchen durch Influenz elektrisiert; die negative Elektrizität wird zum Glasstab näher sein und die positive zu den weiterliegenden Teilen des Blättchens abfließen. Im Resultat wird das Blättchen vom Glasstabe angezogen. Kommt das Aluminiumblättchen dabei mit dem Glasstab in Berührung, so neutralisieren sich die entgegengesetzten Elektrizitäten an der Berührungsstelle, und das Blättchen mit der nachgebliebenen gleichnamigen Elektrizität geladen, wird vom Glastab sofort abgestoßen.

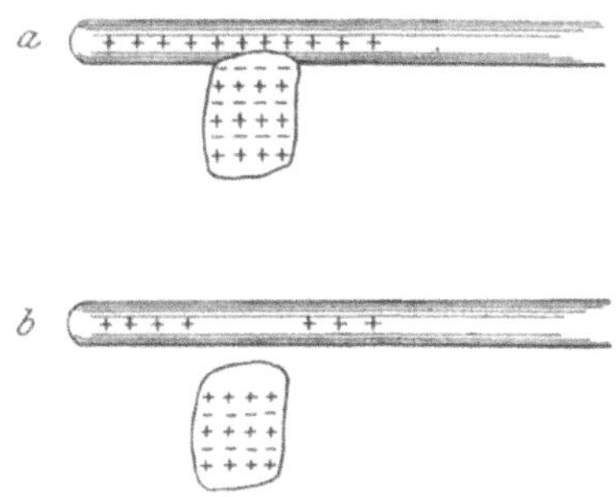

Abb. 22a u. b.
Anziehung und Abstoßung leichter Körperchen.

Ist der angezogene Körper ein schlechter Leiter, z. B. ein Strohhalm oder ein Papierschnitzel, so wird zunächst dasselbe eintreten wie beim Aluminium, das Papierschnitzel wird angezogen (Abb. 22a). Aber bei der Berührung des Papierschnitzels mit dem Glasstab können sich nur die Elektrizitäten neutralisieren, die unmittelbar an der Berührungsstelle sitzen. Die noch übriggebliebenen, auf dem Papier influenzierten negativen Elektrizitäten können stärker wirken als die weiter entfernten positiven Elektrizitäten, und der Papierschnitzel bleibt am Glasstab haften (Abb. 22a). Nach einer gewissen Zeit wird die stets vorhandene schwache Leitung des Papiers auch die übriggebliebenen positiven Elektrizitäten zum Glasstab führen und sie neutralisieren (Abb. 22b). Das Abspringen erfolgt also hier nicht so momentan wie im Falle eines Aluminiumblättchens.

**32. Die Wirkung der elektrisierten Körper aufeinander im Dielektrikum.** Die Kräfte, die man an zwei elektrisierten Körpern beobachtet, werden im allgemeinen geändert, wenn man in ihre Nähe einen dritten Körper — sei es ein Leiter oder ein Isolator — hinbringt, denn auf diesen Körpern werden Elektrizitäten durch Influenz entstehen, die ihrerseits neue Kräfte hinzufügen. Die Aufgabe, die Kräfte zu berechnen, welche auf einen gegebenen elektrisierten Körper wirken, wird also durch die Erscheinung der Influenz sehr kompliziert. Wir wollen aber hier einen besondern Fall betrachten, der für uns eine große Bedeutung haben wird: wir nehmen an, daß der dritte Körper ein Dielektrikum sei und den ganzen Raum zwischen den zwei elektrisierten Körpern ausfülle.

Wir bestimmen also die Kraft, mit welcher zwei elektrisierte Kugeln zuerst in der Luft und dann in irgendeiner isolierenden Flüssigkeit, z. B. in Petroleum, aufeinander wirken. Der Versuch zeigt, daß im Petroleum dieselben Elektrizitäten in denselben Entfernungen voneinander nur mit der Hälfte der

Kraft aufeinander wirken als in der Luft. Die Verminderung der Kraft entstand augenscheinlich dadurch, daß das Petroleum selbst durch Influenz geladen wurde. An der positiv elektrisierten Kugel hat sich dabei eine negativ elektrisierte Oberfläche des Petroleums gebildet, und an der negativ elektrisierten Kugel eine positiv elektrisierte Oberfläche (Abb. 23). Diese durch Influenz entstandenen neuen Ladungen müssen natürlich auch auf die elektrisierten Kugeln wirken; aber ihre Wirkungen werden denen der Kugelladungen selbst stets entgegengesetzt sein. Als Resultat aller Wirkungen zusammen — der auf den Kugeln gegebenen Elektrizitäten und der durch Polarisation des Petroleums neu entstandenen —, wird eine *Verminderung* der gegenseitigen Anziehung beider Kugeln entstehen.

Um dieser Erscheinung Rechnung zu tragen, wollen wir einfach in die COULOMBsche Formel einen Koeffizienten einführen, dem wir, je nach der Eigenschaft des umgebenden Dielektrikums, verschiedene Werte beilegen werden.

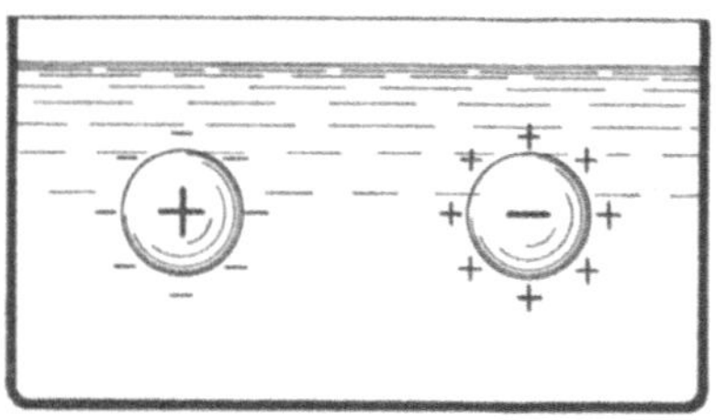

Abb. 23. Wirkung des umgebenden Mediums.

Wir wollen demnach von jetzt ab das COULOMBsche Gesetz in folgender Form schreiben:

$$F = \frac{e_1 e_2}{\varepsilon r^2}.$$

Der Koeffizient $\varepsilon$ heißt *Dielektrizitätskonstante* des umgebenden Mediums. Für das Vakuum (Weltäther) ist nach unserer Annahme (S. 12, **14**) $\varepsilon = 1$; für alle Gase ist er sehr nahe gleich 1 und für Petroleum ist $\varepsilon = 2$.

Wir werden weiter unten lernen, wie man diese Größe $\varepsilon$ für die verschiedenen Körper bestimmen kann.

**33. Hypothesen über Elektrizität.** Für die Erklärung der bis jetzt von uns untersuchten Erscheinungen haben wir die Hypothese aufgestellt, daß es in der Natur zwei Arten von Elektrizitäten gibt, eine positive und eine negative, und zwar in gleichen Mengen; ihre Summe ist stets gleich Null. Wenn die ungleichnamigen Elektrizitäten an verschiedenen Orten sich befinden, so beobachtet man eine Elektrisierung.

Diese Hypothese heißt „dualistische Hypothese", zum Unterschied von einer anderen sog. „unitarischen Hypothese". Man könnte nämlich annehmen, daß in der Natur eigentlich nur *eine* Art Elektrizität existiere, z. B. die positive (oder auch die negative, weil die Benennungen positiv und negativ nur relative Bedeutung haben S. 7, **9**). Wenn diese Elektrizität in irgendeinem Körper in normaler Menge verbreitet ist, übt der Körper keine wahrnehmbaren elektrischen Wirkungen auf andere Körper aus. Ist aber in dem Körper ein Überschuß oder ein Mangel dieser positiven (oder negativen) Elektrizität vorhanden, so erscheint er elektrisiert in dem Sinne, wie wir dieses Wort bis jetzt gebraucht haben.

Welche Hypothese ist nun vorzuziehen, die dualistische oder die unitarische? Halten wir uns streng an die Versuchsergebnisse, so müssen wir zugeben, daß beide Hypothesen völlig äquivalent sind. In der Tat, nach der dualistischen Hypothese bedeutet $+e$ einfach eine Elektrizität, welche der Elektrizität $-e$ entgegengesetzt ist, und wenn irgendein Körper mit $+e$ elektrisiert wird, muß irgendwo ein anderer Körper mit $-e$ elektrisiert sein. Nach der unitarischen Hypothese bedeutet $+e$ einen Überschuß der Elektrizität gegen den normalen unelektrischen Zustand des Körpers, und dieser Überschuß könnte nur dann entstehen, wenn an irgendeinem andern Körper ein Mangel der normalen Elektrizitätsmenge $-e$ entstanden ist.

Es ist leicht einzusehen, daß beide Darstellungen völlig äquivalent sind. Für die Beschreibung der Erscheinungen ist es aber bequemer, die dualistische Ausdrucksweise zu gebrauchen, und wir werden es im folgenden auch immer tun.

Wenn wir zum Studium der elektrochemischen Erscheinungen übergehen so werden wir sehen, daß die Elektrizität ebenso wie die Materie nicht stetig den Raum erfüllt, sondern aus diskreten Teilchen oder Atomen besteht. Es ist sogar gelungen, die Atome der negativen Elektrizität, sog. *Elektronen*, außerhalb der Materie zu beobachten (s. Kathodenstrahlen), während die positive Elektrizität stets an die Materie gebunden erscheint.

Bedenkt man, daß die Elektronen etwa millionenmal kleiner sind als die kleinsten Moleküle der Materie, so wird es klar, daß in den Erscheinungen, die wir jetzt studieren wollen, die atomistische Struktur der Elektrizität keine Rolle spielen kann, und wir können ebensogut die Elektrizität als eine *stetige* Flüssigkeit auffassen, was für uns viel einfacher ist.

Dieselbe Vereinfachung machen wir auch beim Studium der Hydrodynamik. Wir betrachten z. B. das Wasser als eine stetige Flüssigkeit und untersuchen die Gesetze ihrer Bewegung und die Kräfte, welche auf sie wirken, ohne daß wir zu berücksichtigen brauchen, daß das Wasser in Wirklichkeit aus Molekülen und Atomen besteht. Diese Auffassung vereinfacht uns das Studium der allgemeinen Gesetze der Hydrodynamik.

Ganz ebenso wollen wir auch in der Elektrodynamik verfahren. Nur wenn wir zu den elektrochemischen Fragen kommen bei der Untersuchung des Atombaues und bei radioaktiven Prozessen, wird uns die Annahme der Existenz der Elektrizitätsatome, d. h. der Elektronen, unentbehrlich.

Zuletzt noch eine Bemerkung. — Es wird sich weiter unten herausstellen, daß die Elektronen einen wesentlichen Bestandteil der Atome aller Körper bilden; verlieren die einzelnen Atome eines Körpers einige ihrer Elektronen, so erscheint der betreffende Körper positiv elektrisiert; erhalten die Atome durch irgendwelchen Umstand Elektronen im Überschuß, so erscheint der Körper negativ elektrisiert. Wir sehen daraus, daß die Elektronen sehr gut auch zu der unitarischen Hypothese passen.

Den Mangel oder den Überschuß der Elektronen im Vergleich zu ihrer normalen Zahl im Atom können wir, wenn wir wollen, als einen besonderen Zustand der Atome selbst betrachten, und in diesem Sinne können wir auch von einem besonderen *elektrischen Zustand* der Materie sprechen.

## 3. Das elektrostatische Feld.

**34. Die elektrische Kraft.** In den vorigen Abschnitten haben wir die Grunderscheinungen der Elektrostatik experimentell untersucht und konnten sogar einige vorläufige Regeln aufstellen, wie z. B. die Elektrizität verbreitet sich auf der Oberfläche des Leiters, die Elektrizität fließt zur Erde ab usw. Aber die meisten dieser Regeln waren nur qualitativen Charakters. Damit wir eine sichere Grundlage für unser weiteres Studium erhalten, müssen wir vor allem die beobachteten Erscheinungen *quantitativ* darstellen können. Der erste Schritt in dieser Richtung ist schon im COULOMBschen Gesetze getan, und wir wollen jetzt die Folgerungen, die aus diesem Gesetze herausfließen, möglichst eingehend studieren.

Wir haben dem COULOMBschen Gesetz die folgende Form gegeben:

$$F = \frac{e_1 e_2}{\varepsilon r^2}.$$

Auf Grund des COULOMBschen Gesetzes können wir in jedem Einzelfalle die elektrischen Kräfte für ein beliebiges System von elektrisierten Körpern bestimmen, wenn die elektrischen Ladungen und die Lage der einzelnen Körper uns gegeben ist. In vielen Fällen wird diese Rechnung nicht sehr einfach sein, und wir tun gut, wenn wir mit den einfachsten Fällen anfangen.

Es seien uns zwei Ladungen, $e_1$ und $e_2$, gegeben, und wir wollen die Kraft bestimmen, welche von diesen Ladungen auf eine dritte Ladung $e$ ausgeübt wird, deren Abstände von $e_1$ und $e_2$ wir mit $r_1$ und $r_2$ bezeichnen (Abb. 24).

Zunächst berechnen wir die Teilkräfte $F_1$ und $F_2$, mit welchen jede Ladung $e_1$ und $e_2$ einzeln auf die Ladung $e$ wirkt. Diese Kräfte werden in leichtverständlichen Zeichen durch die Formeln ausgedrückt:

$$F_1 = \frac{e_1 e}{\varepsilon r_1^2}, \qquad F_2 = \frac{e_2 e}{\varepsilon r_2^2}.$$

Die Resultierende dieser beiden Kräfte $F$ erhalten wir nach bekannten Sätzen von der Addion der Vektoren*. Wenn wir graphisch verfahren und diese Kräfte als gerade Strecken bestimmter Größe und Richtung zeichnen, so erhalten wir auf unserer Zeichnung die Richtung und die Größe der resultierenden Kraft als Diagonale des Parallelogramms, dessen Seiten aus $F_1$ und $F_2$ gebildet werden. Und damit ist die Aufgabe gelöst.

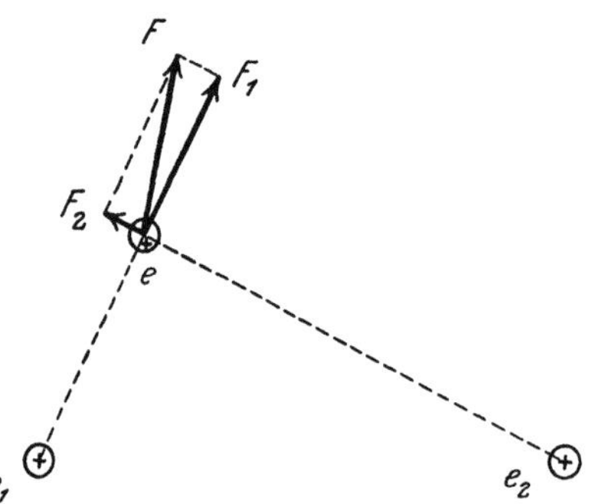

Abb. 24. Addition der elektrischen Kräfte.

Hierzu ist folgendes zu bemerken. Beide Kräfte $F_1$ und $F_2$ sind proportional zu der Elektrizitätsmenge $e$, auf welche sie wirken. Also wird auch die resultierende Kraft $F$ ebenso proportional zu $e$ sein. Zweitens wird die Richtung der Kraft $F$ unabhängig von der Elektrizitätsmenge $e$ und auch von dem Koeffizienten $\varepsilon$ sein. In der Tat, wenn die Größen $e$ und $\varepsilon$ sich irgendwie ändern, so werden beide Kräfte, $F_1$ und $F_2$, proportional geändert. Das ganze Parallelogramm wird vergrößert oder verkleinert, aber bleibt sich ähnlich; die Richtung seiner Diagonale bleibt also unverändert, und nur ihre Größe wird proportional zu $\frac{e}{\varepsilon}$ verändert.

**35. Das elektrische Feld und die Feldstärke.** Der Raum, in welchem sich irgendwelche Erscheinungen abspielen, heißt *das Feld dieser Erscheinungen*. Wir haben demnach in der Elektrostatik ein elektrostatisches Feld, im Magnetismus — ein magnetisches Feld, und endlich, überall haben wir das Feld der allgemeinen Massengravitation. Beim Studium des elektrostatischen Feldes können wir sogleich den Umstand benützen, daß die elektrische Kraft in einem beliebigen Punkte des Feldes immer proportional der Elektrizitätsmenge $e$ ist, auf welche diese Kraft wirkt. Wir können also zunächst alle unsere Rechnungen so aus-

* In der Physik unterscheidet man zwei Arten von Größen: die *Skalare* und die *Vektoren*.

Die Skalare werden durch eine Zahl charakterisiert, welche ihr Verhältnis zu der gewählten Einheit angibt. Zu den Skalaren gehören z. B. die Masse des Körpers, die Dichte, die Elektrizitätsmenge usw.

Die Vektoren haben außer der Größe noch eine bestimmte Richtung. Zu den Vektoren gehören z. B.: Verschiebung eines Punktes, eine Geschwindigkeit, Beschleunigung und Kraft usw.

Die Skalaren werden wie *algebraische* Größen behandelt. Die Vektoren dagegen addiert man *geometrisch*, d. h. nach dem Parallelogrammsatz.

führen, als ob die Elektrizitätsmenge $e = 1$ sei und so das Kraftfeld in möglichst vielen Punkten bestimmen. Wird dann in irgendeinem Punkte die Elektrizitätsmenge $e$ tatsächlich eingeführt, so brauchen wir nur unsere Rechnungsresultate mit $e$ zu multiplizieren, um die Kraftwirkung auf die Ladung $e$ in diesem Punkte zu erhalten.

Die elektrische Kraft auf die Elektrizitätseinheit $e = 1$ bezogen, nennt man die elektrische *Feldstärke* oder *Feldintensität* in dem betreffenden Punkte des Feldes.

Der allgemeine Ausdruck für die Feldstärke wird nach dieser Definition

$$E = \frac{F}{e}.$$

Es ist klar, daß in verschiedenen Punkten des Feldes die Feldstärken verschiedene Größen und auch verschiedene Richtung haben können.

Für das Feld eines einzigen mit der Elektrizität $e_1$ geladenen Punktes ist die Feldstärke in einer Entfernung $r_1$ gleich

$$E_1 = \frac{e_1}{\varepsilon r_1^2}.$$

Für eine andere Ladung $e_2$ erhalten wir ebenso

$$E_1 = \frac{e_2}{\varepsilon r_2^2}.$$

Sind diese Ladungen gleichzeitig zugegen, so bilden sie ein Feld, dessen Feldstärke in jedem Punkt als die Resultierende der beiden Feldstärken $E_1$ und $E_2$ sich bestimmen läßt. Die Feldstärke, ebenso wie die elektrische Kraft, ist eine Vektorgröße, und die resultierende von mehreren Feldstärken in einem Punkte des Feldes kann man ebenso graphisch nach der Parallelogrammregel ermitteln, wie man es bei der Zusammensetzung von beliebigen Vektoren zu tun pflegt (Abb. 24).

Kennen wir überall die Feldstärke, so berechnet sich leicht die Größe der Kraft nach der Formel

$$F = E e.$$

Die Kraft hat dieselbe Richtung wie die Feldstärke, wenn die Elektrizität $e$ positiv ist; für eine negative Elektrizitätsmenge ist die Kraft entgegengesetzt der Feldstärke.

Hierzu wollen wir eine Bemerkung machen. Das von uns gewählte Rechnungsverfahren, nämlich für das gegebene Feld zunächst die Feldstärken zu bestimmen und dann erst nach der soeben angegebenen Formel die Kraft, setzt eigentlich voraus, daß die Elektrizitätsmenge $e$ selbst auf das Feld keinen Einfluß hat. Das ist natürlich im allgemeinen nicht richtig, denn die Ladung $e$ erzeugt ihrerseits ein elektrisches Feld und kann noch durch Influenz neue Ladungsverteilungen in den Körpern erzeugen. Aber in den Fällen, wo alle Ladungen schon fixiert und gegeben sind, kann unser Rechnungsverfahren unbedingt angewandt werden.

**36. Elektrostatische Induktion.** Wir wollen noch einen Schritt weitergehen und neben der Feldstärke eine neue Größe einführen, nämlich die elektrische Induktion. Unter elektrischer Induktion wollen wir das Produkt aus der Feldstärke $E$ und der Dielektrizitätskonstante $\varepsilon$ des Körpers, in welchem wir das Feld untersuchen, verstehen. In Formeln ist also die elektrostatische Induktion

$$D = \varepsilon E.$$

Die Induktion ist auch ein Vektor; sie hat in amorphen Körpern* dieselbe Richtung wie die Feldstärke; ihre Größe ist aber $\varepsilon$ mal größer.

Daraus folgt unmittelbar, daß die elektrostatischen Induktionen von mehreren Feldern auch nach dem Parallelogrammgesetz wie alle Vektoren addiert werden.

Im Falle eines einzigen elektrisierten Punktes $e_1$ haben wir:

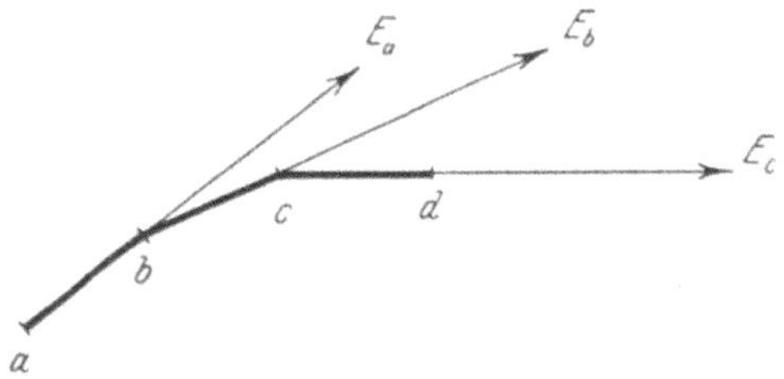

Abb. 25. Eine Kraftlinie.

die elektrische Kraft $F = \frac{e_1 e}{\varepsilon r^2}$,

die Feldstärke $E = \frac{e_1}{\varepsilon r^2}$,

die Induktion $D = \frac{e_1}{r^2}$.

Für den reinen Äther, wo $\varepsilon = 1$ ist, haben wir

$$D = E .$$

Also ist im Äther die Induktion gleich der Feldstärke.

**37. Kraftlinien.** In jedem Punkte eines beliebigen elektrischen Feldes können wir eine kleine Strecke $ab$ (Abb. 25) aufzeichnen, in der Richtung der daselbst herrschenden Feldstärke $E_a$. Diese Strecke $ab$ zeigt uns die Richtung an, in welcher die *positive* Elektrizität vom Punkte $a$ aus in den nächstliegenden Punkt $b$ des Fels edsich bewegen würde. Idn em benachbarten Punkte $b$ kann natürlich die Richtung der Feldstärke eine andere sein, z. B. $E_b$; die in unserem Felde gedachte positive Elektrizität wird die Richtung ihrer Bewegung ändern und von $b$ nach $c$ gehen. Überhaupt wird sich eine positive Ladung $+e$ in unserem Felde längs irgendeiner im allgemeinen krummen Linie $abcd$ bewegen. Die Richtung einer solchen Linie, d. h. die Richtung ihrer Tangente, in jedem Punkte wird uns die Richtung der in diesem Punkte herrschenden Kraft oder Feldstärke oder Induktion angeben. Diese Richtung pflegt man auf der Linie selbst mit einem Pfeil zu bezeichnen. Es ist sehr anschaulich und auch für den praktischen Gebrauch sehr nützlich, solche Linien im Felde sich vorzustellen oder sogar Zeichnungen des Feldes mit diesen Linien zu machen. Man nennt diese Linien Kraftlinien, Feldlinien oder auch Induktionslinien.

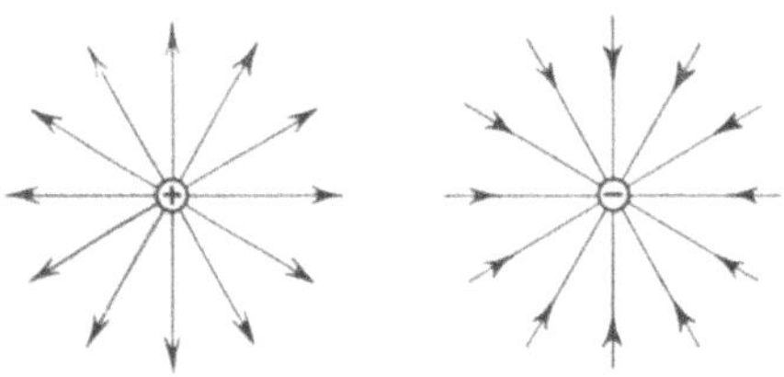
a b
Abb. 26. Kraftlinien einer Punktladung.

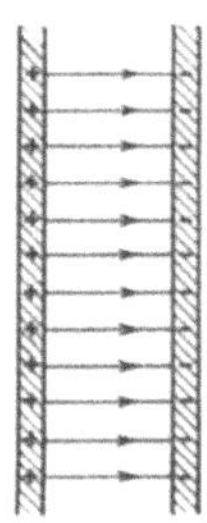
Abb. 27. Homogenes Feld.

**38. Beispiele von Kraftlinien.** Wir wollen an einigen ganz einfachen Beispielen die Darstellung eines Feldes durch Kraftlinien zeigen.

Im Falle eines einzigen elektrisierten Punktes oder einer gleichmäßig elektrisierten Kugel werden die Kraftlinien einfach radial verlaufen, von dem elektrisierten Punkte oder vom Zentrum der Kugel gleichmäßig nach allen Seiten. Ist der Punkt positiv elektrisiert, so werden die Kraftlinien die Richtung vom Zentrum zur Peripherie haben (Abb. 26a), weil die positive Ladung jede andere *positive* Ladung *abstößt.* Ist das Zentrum negativ geladen, so werden die Kraft-

* Von Kristallen sehen wir einstweilen ab.

linien umgekehrt aus der Peripherie zum Zentrum gerichtet sein (Abb. 26b), weil die negative Ladung des Punktes alle *positiven* Ladungen zu sich zieht. In jedem Falle muß ja die Richtung der Kraftlinie anzeigen, wie sich im Felde eine *positive* Ladung bewegen wird.

Haben wir zwei parallele Ebenen, die mit ungleichnamigen Elektrizitäten gleichmäßig geladen sind, so werden die Kraftlinien parallele Gerade sein, die zu unseren Ebenen normal verlaufen (Abb. 27). So ein Feld nennt man *homogen*.

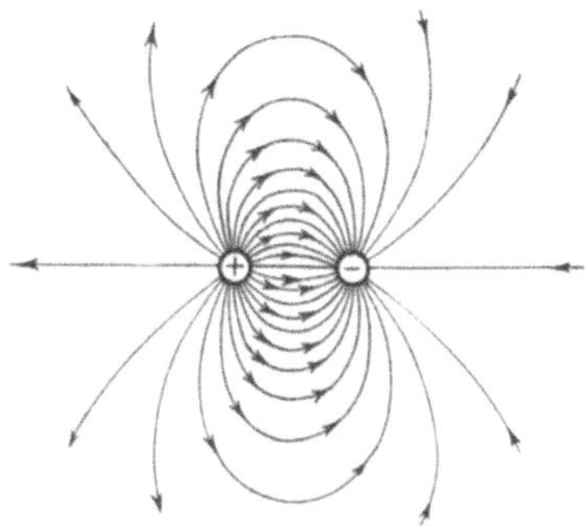

Abb. 28.

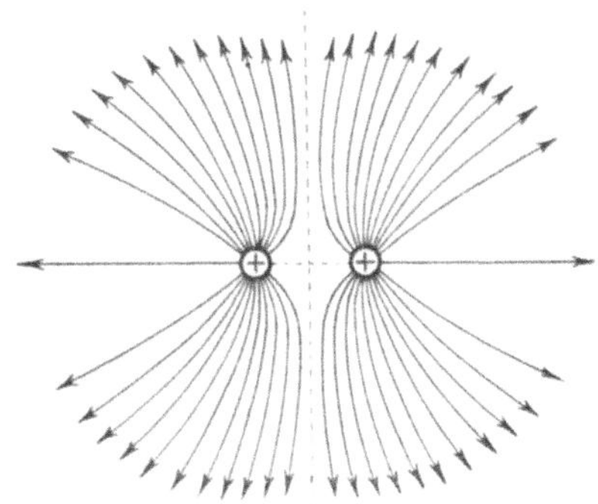

Abb. 29.

Kraftlinien im Felde zweier Ladungen von gleicher Größe.

In der Abb. 28 sind die Kraftlinien im Felde zweier ungleichnamigen Elektrizitäten von gleicher Größe gezeichnet. In der Abb. 29 sind die beiden Elektrizitäten gleichnamig.

Wir sehen, daß in allen Fällen die Kraftlinien in der positiven Elektrizität ihren Anfang nehmen und in der negativen Elektrizität endigen. (Im Falle Abb. 26a sind die negativen Elektrizitäten weit außerhalb der Zeichnung zu denken.)

Die Kraftlinien lassen sich auch experimentell darstellen. Man nimmt dazu irgendeine gut isolierte Flüssigkeit, z. B. Vaselin- oder Terpentinöl, deren man ein wenig kristallisiertes Chininsulfat oder sehr kleine Asbeststückchen oder auch irgendeine andere Substanz in Form von sehr feinen Nadeln beimischt. Taucht man in diese Flüssigkeit zwei elektrisierte Kugeln, die mit einer Elektrisiermaschine dauernd verbunden sind, so wird man sofort bemerken, daß die im Terpentinöl suspendierten Körperchen durch Influenz geladen werden, sich mit ihren längeren Seiten den etwaigen Richtungen des Feldes anschmiegen und so allmählich zusammenhängende Ketten bilden. In der Abb. 30 ist eine Photographie solcher Chininsulfatketten dargestellt, und wir sehen, daß die Form der so erhaltenen Linien völlig den theoretischen Linien der Abb. 28 entsprechen.

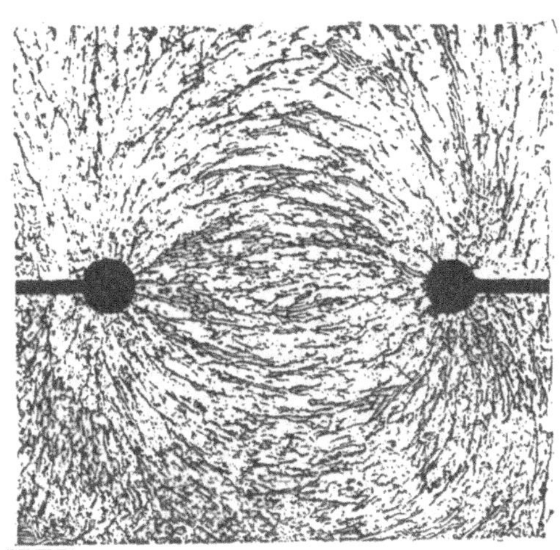

Abb. 30. Chininkristalle im Vaselin.

Nach dieser Methode lassen sich auch andere Fälle des elektrischen Feldes durch Kraftlinien darstellen. Aber viel einfacher sind solche Experimente mit den magnetischen Kraftlinien anzustellen, wie wir es weiter sehen werden.

**39. Faradaysche Anschauung.** Wir haben die Größe $E$ — die Feldstärke — nur als eine Hilfsgröße eingeführt für eine bequemere Berechnung der elektrischen Kräfte. Ist die Elektrizität $e$ in dem betreffenden Punkte nicht zugegen, so ist auch die Kraft $F = Ee$ gleich Null. Nach Faraday ist aber die Feldstärke nicht nur eine Rechnungsgröße, sondern sie hat eine *reale* Existenz auch dann, wenn in dem betreffenden Punkte des Feldes keine Ladung sich befindet. Wir haben schon gesehen (S. 26, **32**), daß die elektrischen Kräfte zwischen zwei Körpern $A$ und $B$ nicht nur von den Elektrizitätsmengen und ihren gegenseitigen Abständen abhängen, sondern auch von der Dielektrizitätskonstante des sie umgebenden Mediums. Dieser Umstand führte Faraday auf die Idee nicht den Elektrizitäten selbst, sondern dem Medium, in welchen sich das elektrische Feld befindet, die wichtigste Rolle zuzuschreiben.

Nach Faraday wirkt also ein elektrisierter Punkt $A$ nicht *direkt* auf den elektrisierten Punkt $B$, auch dann nicht, wenn beide Punkte sich im leeren Raume befinden, sondern die Elektrizität $A$ verändert zunächst den Zustand des Raumes in seiner unmittelbaren Nähe. Dieser veränderte Zustand pflanzt sich nach allen Seiten fort, von jedem Punkte des Dielektrikums zum nächsten Punkt; u. a. erfolgt die Veränderung des Zustandes auch in der Nähe des Punktes $B$ und eben dieser veränderte Zustand um den Punkt $B$ herum, in seiner unmittelbaren Nähe, wird von uns in Form einer auf die Elektrizität $B$ wirkenden Kraft wahrgenommen.

Ganz analoger Anschauung bedienen wir uns auch in anderen Fällen, z. B. wenn wir das Feld elastischer Kräfte in einem Körper betrachten. Wenn wir ein Ende $A$ irgendeines Drahtes oder Stabes zu sich ziehen und bemerken, daß das andere Ende $B$ dabei in Bewegung kommt, so sagen wir ja nicht, daß der Punkt $A$ unmittelbar auf den Punkt $B$ gewirkt hat, sondern wir sind überzeugt, daß die Wirkung sich allmählich von einem Ende des Drahtes bis zum anderen vermittels aller dazwischenliegenden Punkte des Drahtes, also von Punkt zu Punkt sich ausgebreitet hat. Diese Überzeugung verläßt uns auch dann nicht, wenn wir die dazwischenliegenden Punkte gar nicht sehen können. Die Natur der dabei im Drahte erzeugten Spannungen brauchen wir nicht in allen Einzelheiten zu kennen, nur die allgemeinen Gesetze der Elastizität müssen festgestellt werden, damit wir die Spannungen sowie die gegenseitigen Bewegungen der Punkte $A$ und $B$ vorausberechnen können. Die Natur der Faradayschen elektrischen Spannungen brauchen wir ebensowenig zu kennen, um dennoch unsere Rechnungen auf diese Anschauung gründen zu können.

Nach der Faradayschen Hypothese ist demnach die unmittelbare Wirkung zweier im endlichen Abstande sich befindenden Elektrizitäten nur eine scheinbare. In Wirklichkeit muß diese Wirkung als Resultat der vom Punkt zum nächsten Punkt sich ausbreitenden Spannungen im umgebenden Medium angesehen werden. Was diese Spannungen selbst anbetrifft, so hat Faraday angenommen, daß längs der Kraftlinien in jedem elektrostatischen Felde eine gewisse Zugspannung wirkt und normal zu den Kraftlinien eine ebenso große Druckspannung. Diese einfache Annahme gab Faraday eine anschauliche und sichere Methode an die Hand, um die verschiedensten Fälle des elektrischen Feldes ganz ohne mathematische Hilfsmittel zu diskutieren.

Daß längs der Kraftlinien in der Tat ein Zug wirken muß, ist leicht an einem beliebigen Beispiele des Kraftlinienfeldes einzusehen, z. B. aus der Abb. 28, in welcher zwei engegengesetzte Elektrizitäten durch Kraftlinien verbunden sind und dabei sich gegenseitig anziehen. Aber ein Zug längs der Kraftlinien würde nicht genügen, um die in der Abb. 30 enstandene Form der Kraftlinien zu erklären. Ein Zug allein würde ja alle Kraftlinien wie Darmsaiten auf der Geige zu geraden Linien ausspannen. Die krummlinige Form der Kraftlinien zeigt uns also, daß außer dem Zuge jede Kraftlinie von der nächstliegenden Kraftlinie abgestoßen wird und demnach eine gewisse Druckspannung erfährt. Beim elektrischen Gleichgewicht, also in der Elektrostatik, müssen alle diese Zug- und Druckspannungen auch im Gleichgewicht bleiben. Wie groß diese Spannungen bei der FARADAYschen Hypothese anzunehmen sind, das werden wir erst später näher anführen.

Vorläufig ist für uns in der FARADAYschen Anschauung das wichtigste, daß die Elektrizitäten nicht direkt aus der Ferne aufeinander wirken, sondern durch Vermittelung des dazwischenliegenden Mediums.

Welchen Vorzug hat denn die FARADAYsche Anschauung vor der Hypothese der unmittelbaren Fernwirkungen der elektrischen Kräfte? — Können wir irgendeinen Versuch angeben, der uns die Hypothese der unmittelbaren Fernwirkung der elektrischen Kräfte abzuweisen zwingt? — Oder mit anderen Worten, können wir einen Versuch angeben, der uns beweist, daß die Feldstärke reell auch dann existiert, wenn in dem betreffenden Punkte keine Elektrizität zugegen ist?

In der Elektrostatik können wir solch einen entscheidenden Versuch nicht angeben; hier kommen wir mit beiden Anschauungen ebensogut aus. Aber in anderen Kapiteln der Elektrizitätslehre, wenn wir z. B. zu den elektromagnetischen Wellen kommen, werden wir Versuche kennenlernen (H. HERTZ), welche auf das entschiedendste gegen die Hypothese der unmittelbaren Fernwirkungen der elektrischen wie auch der magnetischen Kräfte sprechen. Aus diesem Grunde werden wir schon jetzt uns der FARADAYschen Anschauung anschließen.

**40. Kraftliniendichte.** Wir sprachen bis jetzt nur von der Form der Linien. Das genügt zwar, um in jedem Punkte des Feldes die Richtung der Feldstärke und der Induktion zu kennen, aber nicht ihre Größen. Damit wir auch in dieser Beziehung unsere Zeichnung vervollständigen, wollen wir uns verabreden, die Kraftlinien dort näher aneinander, d. h. *dichter* zu zeichnen, wo die elektrische Induktion des Feldes größer ist, und dort weiter auseinander, weniger dicht die Kraftlinien zeichnen, wo die Induktion kleiner ist.

Das Wort „Dichte der Kraftlinien" müssen wir jetzt näher definieren, damit es eine quantitative Bedeutung gewinnt. Da die Kraftlinien im Raume verlaufen und nicht in unserer Zeichnungsebene, so stellen wir uns im Raume eine kleine Fläche $ab$ (Abb. 31, S. 34) vor, normal zu den Kraftlinien. Unter der Kraftliniendichte wollen wir dann die Zahl der Kraftlinien verstehen, welche im Mittel durch jedes Quadratzentimeter dieser Fläche $ab$ durchgeht. Es ist klar, daß je größer diese Zahl, desto näher die Kraftlinien aneinander sein werden, d. h. ihre Dichte wird größer; und je kleiner diese Zahl, desto kleiner wird auch die Kraftliniendichte. Die absolute Größe dieser Zahl unterliegt natürlich unserer Willkür. Wir können aber vereinbaren das Feld immer so zu zeichnen oder sich immer so gezeichnet zu denken, daß die Zahl der durch einen Quadratzentimeter normal hindurchgehenden Kraftlinien, d. h. die Kraftliniendichte überall der in dem betreffenden Punkte des Feldes herrschenden *Induktion* $D$ gleich ist. Eine solche Zeichnung würde uns nicht nur die Richtung, sondern auch die Größe der Induktion in jedem Punkte des Feldes angeben können.

**41. Induktionsfluß.** Die Linienzahl, welche durch irgendeine im Felde konstruierte Fläche hindurchgeht, nennt man den Induktionsfluß durch diese Fläche. Diese Fläche kann tatsächlich, d. h. materiell, im Felde vorliegen, oder nur in Gedanken konstruiert sein.

Betrachten wir zunächst ein homogenes Feld, d. h. ein Feld, in welchem die Kraftlinien geradlinig und überall in gleicher Dichte verlaufen (Abb. 27, S. 30). Denken wir uns in diesem Felde und normal zu den Kraftlinien irgendein Flächenstück $ab$ (Abb. 31 und 32; in der Abb. 32 ist die Fläche $ab$ normal zu der Zeichnung zu denken) von $S$ Quadratzentimeter. Dann müssen nach unserer Verabredung durch jedes Quadratzentimeter dieses Flächenstücks $D$ Kraftlinien hindurchtreten, und die volle Zahl der Kraftlinien, oder der Induktionsfluß durch dieses Flächenstück wird demnach

$$N = D \cdot S .$$

Ist unser Flächenstück nicht normal zu den Kraftlinien, wie z. B. $ab_1$ (Abb. 32), so wird natürlich die hindurchgehende Linienzahl kleiner; durch das Flächenstück $ab_1$ gehen ebensoviel Linien wie durch $ac$. Wenn wir den Winkel zwischen

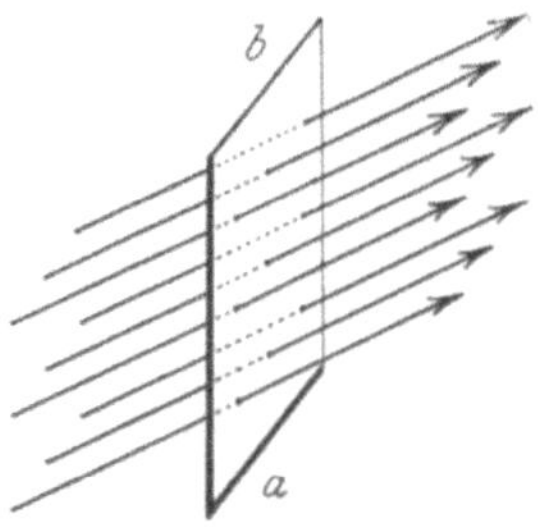


Abb. 31. Die Kraftlinien durchsetzen ein Flächenstück $a\,b$.

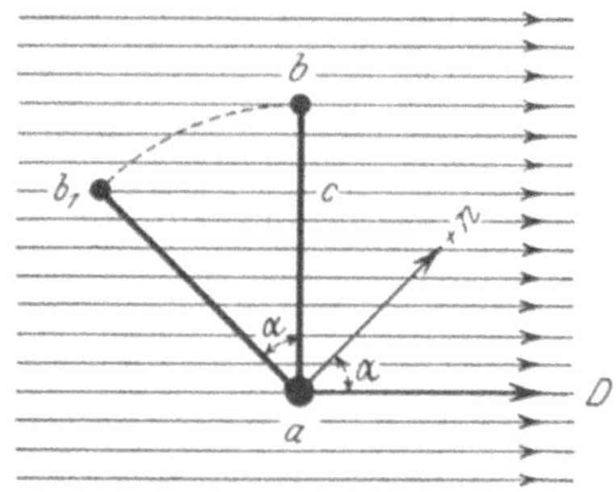


Abb. 32. Der Induktionsfluß.

den Induktionslinien $D$ und der Normale $n$ unseres Flächenstücks $ab_1$ mit $(Dn) = \alpha$ bezeichnen, so läßt sich die Zahl der durch das Flächenstück $ab_1$ durchgehenden Kraftlinien durch die Formel darstellen

$$N = DS\cos(\alpha) = DS\cos(Dn) .$$

In dieser Formel müssen wir uns noch über das Vorzeichen des $\cos(Dn)$ verständigen.

Jedes Flächenstück hat ja eigentlich zwei entgegengesetzte Normalen. Um ein ganz bestimmtes Vorzeichen beim $\cos(Dn)$ zu erhalten, müssen wir also bei jedem im Felde gezeichneten Flächenstücke stets auch die *positive* Normale hinzeichnen: sonst bleibt das Zeichen des Induktionsflusses unbestimmt. Die Richtung der positiven Normale eines Flächenstücks werden wir auch durch einen Pfeil anzeigen, ebenso wie die Richtung der Kraftlinien selbst (vgl. Abb. 32).

Haben wir ein inhomogenes Feld und bildet das Flächenstück einen Teil irgendeiner krummen Fläche, so müssen wir diesen komplizierten Fall auf mehrere einfache Fälle reduzieren. Das pflegt man folgendermaßen zu tun. Man unterteilt die betreffende Fläche in sehr kleine Teile, die so klein genommen werden, daß mit der für uns genügenden Genauigkeit im Bereich eines jeden dieser kleinen Flächenstücke das Feld als *homogen* angesehen werden darf und das Flächenstück selbst als *eben*. Für jedes Flächenstück berechnen wir den Induktionsfluß nach der oben angegebenen Formel und addieren dann alle so erhaltenen Größen zusammen. Das Resultat wird uns den ganzen Induktionsfluß durch die ganze Fläche ergeben.

Ist die Fläche eine geschlossene (z. B. ein geschlossener Sack), so wollen wir immer die *äußere* Seite solcher Flächen und ihre äußeren Normalen als positiv annehmen. Bei dieser Feststellung erhalten wir einen positiven Induktionsfluß an den Stellen der Fläche, wo die Induktion nach außen gerichtet ist, und einen negativen Induktionsfluß an den Stellen, wo die Induktion in das Innere hinzielt.

**42. Das Wort „Fluß".** Das Wort „Fluß" für die Zahl der Induktionslinien durch eine Fläche ist einem analogen Begriffe bei der bewegten Flüssigkeit entnommen. Die Geschwindigkeiten der Wasserteilchen in einem Wasserstrom können an verschiedenen Stellen verschiedene Größe und verschiedene Richtung haben. Sie bilden demnach ein Feld der Geschwindigkeiten.

Den einfachsten Fall eines Geschwindigkeitsfeldes haben wir in einer Wasserleitungsröhre (Abb. 33), in welcher wir annehmen wollen, daß das Wasser überall mit derselben Geschwindigkeit $v$ fließt (*homogenes* Feld). Wir legen durch diese Röhre irgendein *ebenes* Flächenstück $S$ und berechnen, wieviel Flüssigkeit durch $S$ in der Sekunde durchfließt. Um die Rechnung möglichst anschaulich zu machen, konstruieren wir im Abstande $V$ von jedem Punkte der Umrandung von $S$ *zurück*, also entgegengesetzt der Wasserströmnug, ein zweites ebenes und parallel zu $S$ gelegenes Flächenstück $S_1$. Wenn man sich jetzt die Umrandung von $S$ als unbeweglich denkt und die Fläche $S_1$ mit den Wasserteilchen zusammen sich bewegend, so wird es klar, daß nach Verlauf einer Sekunde die Fläche $S_1$ den Weg $v$ durchlaufen wird und am Ende der Sekunde mit der Fläche $S$ zusammenfallen wird. Gleichzeitig wird das in dem Zylinder $(S_1S)$ sich befindende Wasser durch die Fläche $S$ hindurchfließen.

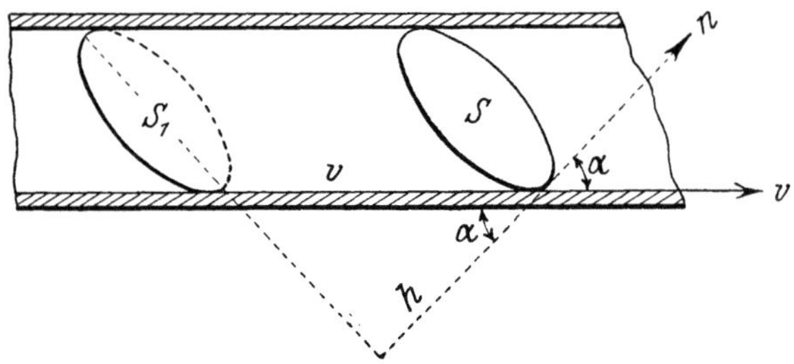

Abb. 33. Berechnung des Flusses durch ein Wasserleitungsrohr.

Daraus sehen wir, daß der sekundliche Wasserfluß durch $S$ dem Volumen des Zylinders $(S_1S)$ gleich ist. Das Volumen des im allgemeinen geneigten Zylinders ist aber gleich seinem Grundquerschnitt $s$ mal seiner Höhe $h$. Die Höhe $h$ ist ihrerseits gleich der Länge $v$ mal dem Kosinus des Winkels, den die Geschwindigkeit $v$ mit der Normale $n$ zu der Fläche $S$ bildet.

Wir erhalten also für das Volumen Wasser, welches durch die Fläche $S$ in jeder Sekunde durchströmt, oder für den *Geschwindigkeitsfluß*, die folgende Formel:

$$N = v S \cos(vn) .$$

Diese Formel steht in voller Analogie zu unserer Formel für den Induktionsfluß, mit dem Unterschied, daß wir dort statt der Geschwindigkeit $v$ einen anderen Vektor, nämlich die Induktion $D$, gehabt haben.

Wir können statt Induktion $D$ auch die Feldstärke nehmen und einen Feldstärkefluß bilden. Ganz analoge Formeln trifft man oft auch in anderen Teilen der Physik.

Strömt das Wasser nicht durch eine Wasserleitung, sondern in einem breiten Flusse, so kann die Geschwindigkeit in verschiedenen Teilen des Flusses verschiedene Richtung und verschiedene Größe haben. Wollen wir für diesen Fall den sekundlichen Fluß durch irgendeine Fläche bestimmen, so müssen wir, ebenso wie beim elektrischen Felde, die Fläche in einzelne kleine Flächenelemente einteilen, in deren Bereiche das Feld der Strömung als homogen angesehen werden darf und die entsprechenden Teilströmungen bestimmen. Um den totalen Fluß durch die ganze Fläche zu erhalten, addiert man alle diese Teilströmungen zusammen.

**43. Der Gausssche Satz.** Wir betrachten wieder den Fall einer einzigen Punktladung $e$. Die Kraftlinien sind hier alle radial. Wir denken uns in diesem Felde eine Kugeloberfläche mit dem Zentrum in $e$ und vom Halbmesser $r$ konstruiert und wollen den totalen Induktionsfluß durch diese Kugelfläche berechnen.

Die Induktion auf der Oberfläche unserer Kugel ist gleich

$$D = \frac{e}{r^2}.$$

Die Induktion hat für die ganze Oberfläche dieselbe Größe und hat überall die Richtung der Radien, d. h. der Normalen zu der Kugeloberfläche. In diesem Falle ist also $\cos(Dn) = +1$, und der ganze Induktionsfluß durch die Kugeloberfläche wird

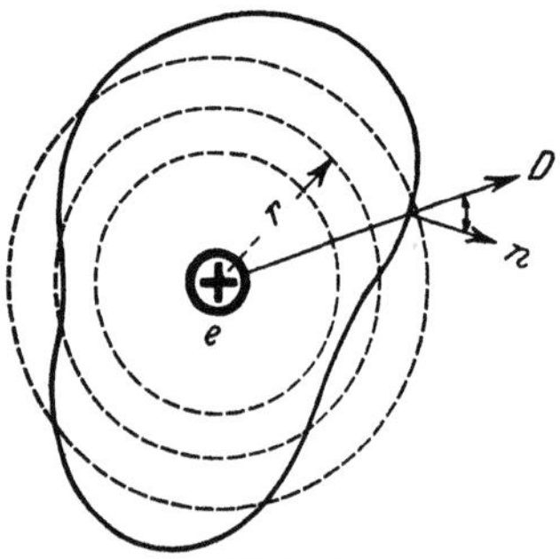

Abb. 34. Induktionsfluß durch eine geschlossene Fläche.

$$N = D \cdot 4\pi r^2 = \frac{e}{r^2} 4\pi r^2 = 4\pi e.$$

Wir sehen, daß in dem Endresultat unserer Rechnung das $r$ verschwunden ist. Das heißt also, daß die totale Linienzahl durch alle um die Punktladung als Zentrum beschriebenen Kugeloberflächen (Abb. 34) dieselbe ist. Oder mit anderen Worten: Jede Induktionslinie, welche irgendeine dieser Kugeloberflächen durchsetzt hat, muß auch durch die nächstfolgende Kugeloberfläche durchgehen; keine einzige von diesen Induktionslinien darf sich im Felde irgendwie verlieren oder endigen.

Alle Induktionslinien verlaufen demnach im ganzen Felde stetig. Sie fangen in den positiven Ladungen an und endigen in den negativen Ladungen.

Die Zahl der aus einer Ladung $+e$ entspringenden oder in einer Ladung $-e$ endigenden Induktionslinien ist stets gleich $4\pi e$.

In der letzten Form ausgesprochen, enthält unser Resultat überhaupt nichts mehr, was uns an die Kugeloberflächen erinnert; die Kugelflächen waren für uns nur eine Hilfskonstruktion. Wir können also den allgemeineren Satz aussprechen:

Befindet sich eine Ladung $+e$ im Innern einer geschlossenen Fläche *beliebiger* Form (Abb. 34), so ist der totale Induktionsfluß durch diese Fläche gleich $4\pi e$.

Das ist der berühmte Gausssche Satz.

Aus unserer Ableitung erhellt sofort, daß der Gausssche Satz nicht allein für die elektrischen Kräfte gelten muß, sondern für alle Erscheinungen, welche umgekehrt proportional dem Quadrate der Entfernung wirken.

Würde das Coulombsche Gesetz nicht streng richtig sein, so würden die von uns definierten Kraftlinien nicht überall im Felde stetig verlaufen; sie könnten dann im Felde auch ohne Ladungen ihre Enden haben. Diesen wichtigen Schluß werden wir später benützen, um das Coulombsche Gesetz mit sehr großer Genauigkeit experimentell zu verifizieren.

Wir haben den Gaussschen Satz für den Induktionsfluß bewiesen. Für den Feldintensitätsfluß gilt der Gausssche Satz nur dann, wenn die Dielektrizitätskonstante im ganzen Felde dieselbe Größe hat. An der Grenze zweier Körper mit verschiedenen Dielektrizitätskonstanten können die Feldintensitätslinien enden auch dann, wenn dort keine Ladungen vorhanden sind; der GAUSSsche Satz gilt also für den Feldstärkefluß nicht ohne weiteres. Nur die Induktionslinien oder, wie man sie nennt, die *Kraftlinien* sind überall stetig und ohne Enden dort, wo keine Ladungen vorhanden sind; sie gehen stetig auch durch jede Grenze zweier ungeladenen Dielektrika, ganz unabhängig von ihrer Dielektrizitätskonstanten.

**44. Mehrere Ladungen.** Befinden sich im Innern der geschlossenen Fläche mehrere Ladungen, so schickt jede von ihnen durch diese Fläche einen Induktionsfluß $4\pi e$ und alle Ladungen zusammen den Induktionsfluß

$$N = 4\pi \sum e,$$

wo $\sum e$ die *algebraische* Summe aller von der Fläche eingeschlossenen Elektrizitätsmengen bedeutet.

Das wichtigste bei dieser Anwendung des GAUSSschen Satzes ist der Umstand, daß die Verteilung der Ladungen im Innern der Fläche sowie auch die Form dieser Fläche auf die Größe des totalen Induktionsflusses keinen Einfluß haben. Wir erhalten dadurch eine erhebliche Vereinfachung in unseren Berechnungen des elektrischen Feldes.

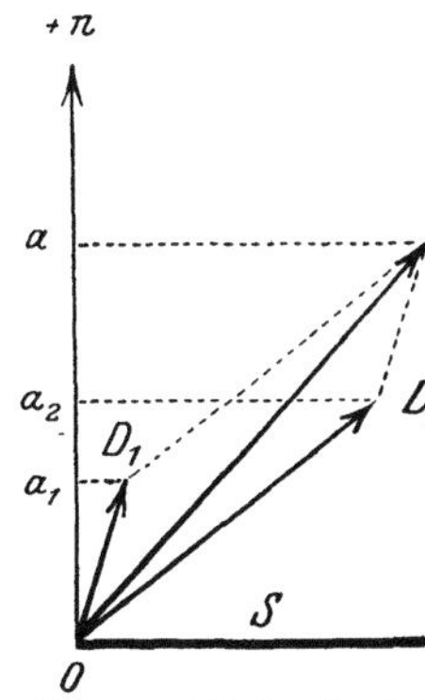

Abb. 35. Addition der Induktionsflüsse.

Es ist nützlich, noch die folgende Frage zu diskutieren. Wir wissen ja, daß das elektrische Feld mehrerer Ladungen von den Teilfeldern einzelner Punktladungen durch *geometrische* Addition konstruiert werden kann; der Induktionsfluß durch eine Fläche wird aber durch eine *algebraische* Addition erhalten. Der Grund dafür ist leicht einzusehen. Wir betrachten ein Flächenstück $S$ (Abb. 35), und es seien an dieser Fläche zwei Induktionen $D_1$ und $D_2$ gegeben. Sie werden sich nach dem Parallelogrammsatze (geometrisch) zu einem Induktionsfluß $D$ zusammen addieren. Die entsprechenden Induktionsflüsse werden sein

$$N_1 = S \cdot D_1 \cos(D_1 n),$$
$$N_2 = S \cdot D_2 \cos(D_2 n),$$
$$N = S \cdot D \cos(D n).$$

Nun ist aber die Projektion der Diagonale des Parallelogramms auf die Normale zu der Fläche $S$ gleich der Summe der Projektionen seiner zwei Seiten:

$$D_1 \cos(D_1 n) + D_2 \cos(D_2 n) = D \cos(D n),$$

und daraus folgt:

$$N_1 + N_2 = N.$$

Wir sehen also, daß sich die Induktionsflüsse eben aus dem Grunde algebraisch addieren, weil die Induktionen sich geometrisch addieren. Für den Induktionsfluß müssen wir immer die Projektion der entsprechenden Induktion auf die Normale bilden, und diese Projektionen addieren sich algebraisch, weil sie alle dieselbe Richtung, nämlich die der Normale an der betreffenden Stelle der Fläche, haben.

Aus dem GAUSSschen Satze folgt unmittelbar, daß, wenn sich im Innern einer geschlossenen Fläche mehr positive Ladungen befinden als negative, auch der totale Induktionsfluß positiv sein wird, und umgekehrt.

Die Ladungen, welche außerhalb des von der Fläche eingeschlossenen Raumes sich befinden, können auch durch unsere Fläche ihre Induktionslinien durchschicken, aber jede diese Linie, wenn sie in die Fläche eingetreten ist, muß irgendwo aus der Fläche wieder heraustreten (Abb. 36); sie kann ja kein Ende haben. Beim Eintreten gibt die Linie einen negativen Induktionsfluß ($\cos(Dn) < 0$), beim Austreten einen ebensolchen positiven Induktionsfluß ($\cos(Dn) > 0$); der totale Induktionsfluß durch unsere Fläche bleibt davon unbeeinflußt. Wir brauchen demnach bei unseren Berechnungen des totalen Induktionsflusses durch irgendeine geschlossene Fläche die außenliegenden Ladungen gar nicht zu berücksichtigen. Das ist natürlich auch ein großer Vorteil.

**45. Nicht geschlossene Flächenstücke.** Betrachten wir jetzt einen Teil unserer geschlosssenen Fläche, also ein Flächenstück $S$ (Abb. 37). Ein Teil der aus der Ladung entspringenden $4\pi e$ Linien wird dieses Flächenstück schneiden, und wir können den Induktionsfluß durch $S$ leicht berechnen. Wir bezeichnen den Raumwinkel, unter dem die Fläche $S$ von dem Punkte $e$ aus gesehen wird, mit $\varphi$;

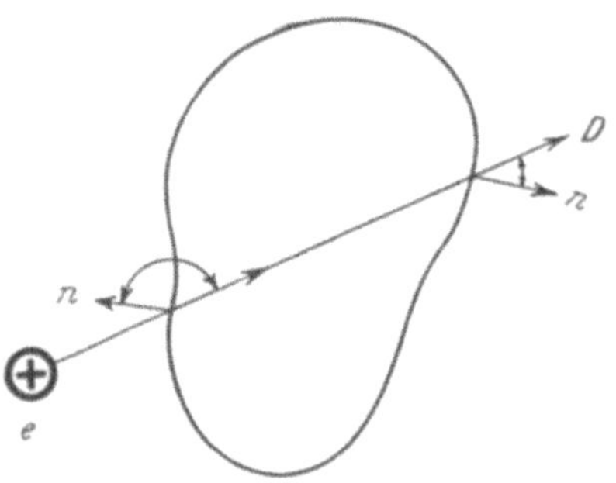


Abb. 36. Eine Ladung außerhalb der Fläche.

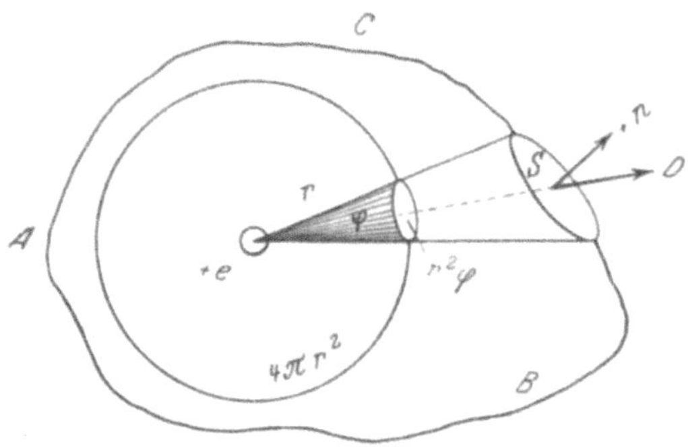


Abb. 37. Induktionsfluß durch eine ungeschlossene Fläche.

in diesem Raumwinkel sind alle Kraftlinien, die die Fläche $S$ schneiden, eingeschlossen. Da die Kraftlinien der Ladung $e$ nach allen Seiten gleichmäßig ausgebreitet sind, so wird ihre Zahl $N$ in dem Winkel $\varphi$ sich zu der ganzen Zahl $N_0 = 4\pi e$, wie die Größe des Winkels $\varphi$ zu dem ganzen Raumwinkel $4\pi$ verhalten.

Folglich ist der Induktionsfluß durch $S$

$$N = \frac{\varphi}{4\pi} N_0, \qquad N = \varphi e.$$

Dieser Induktionsfluß muß positiv gerechnet werden, wenn die Kraftlinien mit den Normalen der Fläche $S$ einen spitzen Winkel bilden, und wird negativ gerechnet, wenn der Winkel ein flacher ist. Für eine geschlossene Fläche haben wir uns verabredet, immer die Außennormale positiv zu nennen; für ein ungeschlossenes Flächenstück muß die Normale besonders fixiert werden, damit wir für den Induktionsfluß ein bestimmtes Vorzeichen erhalten, worauf wir schon früher aufmerksam gemacht haben.

Stellen wir uns jetzt vor, daß die Fläche $S$ (Abb. 37) sich allmählich vergrößert, dann wird auch der Winkel $\varphi$, unter welchem aus dem Punkte $e$ die Begrenzung der Fläche gesehen wird, immer wachsen. Umschließt endlich die wachsende Fläche $ABC$ die Ladung $e$ von allen Seiten (Abb. 37), so wird der Winkel $\varphi = 4\pi$ und der Induktionsfluß durch diese Fläche gleich $4\pi e$. Aber die wachsende Fläche $S$ kann geschlossen werden, auch ohne die Ladung $e$ zu umschließen; die Ladung kann nämlich im Außenraume bleiben (Abb. 36). In diesem Falle wird sich der Winkel $\varphi$ zunächst vergrößern, dann wird er aber immer kleiner und kleiner, bis er zu $\varphi = 0$ zusammenschrumpft; der totale

Induktionsfluß wird dabei gleich Null. Wir sehen, daß beide Fälle gerade das Resultat des vorigen Paragraphen ergeben, wie es auch sein sollte.

Sind im Felde mehrere Ladungen vorhanden, so wird der Induktionsfluß durch das Flächenstück $S$ gleich

$$N = \sum \varphi e.$$

**46. Kraftröhren.** Durch die Begrenzungslinie irgendeines Flächenstücks $S$ im Felde ziehen wir eine Schar von Kraftlinien, welche zusammen eine röhrenförmige Fläche bilden. Diese Fläche nennt man eine *Kraftröhre* (Abb. 38). Wir betrachten einen Teil solch einer Röhre, in welchem sich keine Ladungen befinden; dann werden in dessen Innern die Kraftlinien auch keine Enden haben können. Aus den Seitenwänden der Röhre können die Kraftlinein auch nicht heraustreten. Also ist die Zahl der Kraftlinien im Innern der ganzen Röhre dieselbe. Wir können somit auf Grund des Gaussschen Satzes folgendes Theorem aufstellen:

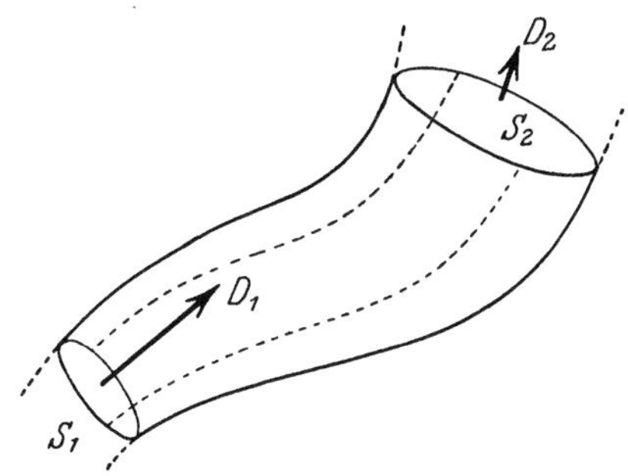


Abb. 38. Eine Kraftröhre.

Längs jeder Kraftröhre, welche keine Ladungen enthält, ist die Zahl der Kraftlinien oder der Induktionsfluß überall derselbe. Oder in Formeln:

$$N = DS\cos(Sn) = \text{konst.}$$

Verstehen wir unter Querschnitt einer Röhre einen Schnitt *normal* zu den Kraftlinien $\cos(Dn) = 1$, so können wir für irgend zwei solche Querschnitte (Abb. 38) die Gleichung schreiben:

$$D_1 S_1 = D_2 S_2, \qquad \frac{D_1}{D_2} = \frac{S_2}{S_1}.$$

Das heißt, die Induktion an irgendeiner Stelle einer Röhre ohne Ladungen ist umgekehrt proportional ihrem Querschnitte an der betreffenden Stelle. Da, wo die Röhre sich verbreitert, wird die Induktion kleiner; und umgekehrt, wo die Röhre sich verengt, wird die Induktion größer. Das Produkt aus beiden Größen bleibt längs der Röhre überall dasselbe.

Wir können uns das ganze elektrische Feld in Kraftröhren eingeteilt denken, und zwar so, daß alle Röhren denselben Induktionsfluß, z. B. $N = 1$, haben. Solche *Einheitsröhren* können dann in unseren Feldzeichnungen dieselbe Rolle spielen wie die Kraftlinien. Eine Verengung der Röhre im Feld wird einer größeren Kraftliniendichte entsprechen und eine Erweiterung der Röhre einer kleineren Kraftliniendichte.

Es ist interessant zu bemerken, daß ganz dieselben Verhältnisse auch bei einer strömenden Flüssigkeit bestehen. Fließt z. B. das Wasser in einer Röhre vom veränderlichen Querschnitt, so wird bei einer Verengung der Röhre die Geschwindigkeit des Wassers größer, bei einer Erweiterung die Geschwindigkeit kleiner; aber das Produkt aus Geschwindigkeit und Querschnitt, d. h. das Volumen des in jeder Sekunde durchfließenden Wassers muß überall in der Röhre dasselbe sein.

**47. Eine geladene Ebene.** Wir wollen jetzt den Gaussschen Satz auf den Fall einer unendlichen Ebene anwenden, auf der die Elektrizität mit gleichmäßiger Dichte $\sigma$ verteilt ist (Abb. 39). Auf jedem Quadratzentimeter unserer Ebene sitzt eine Elektrizitätsmenge $\sigma$, also entspringen jedem Quadratzentimeter $4\pi\sigma$ Kraftlinien. Aus Symmetriegründen müssen diese Linien zu der elektrisierten Ebene normal verlaufen und nach beiden Seiten in gleicher Zahl. Folglich werden wir rechts und links von unserer Ebene die Hälfte, d. h. $2\pi\sigma$ Linien erhalten. Nun ist die Linienzahl, welche ein Quadratzentimeter normal durchschneidet, nichts anderes als die Induktion. Wir haben somit in unmittelbarer Nähe von unserer elektrisierten Ebene die Induktion:

$$D = 2\pi\sigma.$$

Die Feldintensität ergibt sich:

$$E = \frac{D}{\varepsilon} = \frac{2\pi\sigma}{\varepsilon}.$$

Diese Größen bleiben auch in einer beliebigen Entfernung von der Ebene ungeändert.

Schon an diesem einfachen Beispiele sehen wir, daß dank dem GAUSSschen Satze sich das ganze Feld fast ohne Rechnung bestimmen läßt. Würden wir zur Berechnung hier das COULOMBsche Gesetz benützen und zuerst die Kräfte bestimmen, welche von jedem kleinen Stücke unserer Ebene auf irgendeinen Punkt des Feldes ausgeübt werden und dann alle diese Kräfte nach dem Parallelogrammsatze addieren, so würde unsere Rechnung viel komplizierter ausfallen.

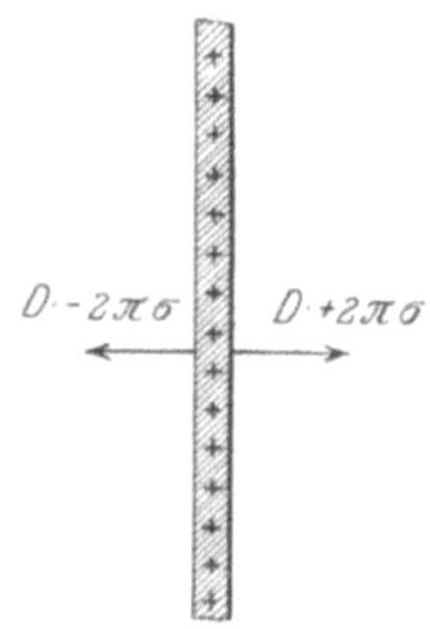


Abb. 39.

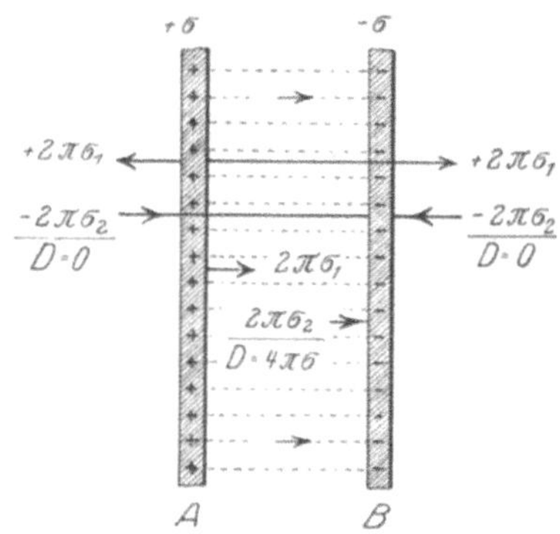


Abb. 40.

Das elektrische Feld geladener Ebenen.

Der Weg, den wir eingeschlagen haben, nämlich zuerst den Induktionsfluß und dann erst die Induktion und die Feldstärke zu bestimmen, wird sehr oft auch in den technischen Anwendungen benutzt.

**48. Zwei parallele Ebenen.** Einen anderen einfachen Fall, der uns im weiteren sehr oft begegnen wird, haben wir bei einem Paar von parallelen unendlichen Ebenen. Die zwei Ebenen sollen gleichmäßig und mit derselben Flächendichte $\sigma$ elektrisiert sein, nur soll auf der einen Ebene die Elektrisierung positiv und auf der anderen negativ sein. Dieses Feld können wir einfach als eine Superposition von den zwei Feldern ansehen, die wir schon im vorigen Paragraphen behandelt haben. Summieren wir in der Tat zwei Felder der zwei entgegengesetzt elektrisierten Ebenen, so erhalten wir folgendes (Abb. 40): Zwischen den Ebenen entsteht ein doppeltes Feld:

$$D = 4\pi\sigma, \qquad E = \frac{4\pi\sigma}{\varepsilon}.$$

Außerhalb dieses Zwischenraumes werden die beiden Felder entgegengesetzt gerichtet sein und sich gegenseitig aufheben: das äußere Feld ist also gleich Null.

**49. Die Kraftwirkung zweier geladenen Ebenen aufeinander.** Wir wissen, daß im allgemeinen die Kraft auf die Ladung $e$ im elektrischen Felde der Intensität $E_0$ sich nach der Formel

$$F = eE_0$$

berechnen läßt. Unter $E_0$ muß aber die Feldintensität verstanden sein, welche von allen Ladungen erzeugt wird mit Ausnahme der Ladung $e$. In unserem Falle müssen wir unter $E_0$ das Feld der einen Ebene, zum Beispiel $A$, verstehen und die Wirkung dieses Feldes auf die Ebene $B$ berechnen. Die Feldintensität der geladenen Ebene $A$, wie wir schon wissen, ist überall gleich

$$E_0 = \frac{2\pi\sigma}{\varepsilon}.$$

Schneiden wir aus der Ebene $B$ ein Flächenstück von $S$ cm², so befindet sich auf ihm eine Elektrizitätsmenge

$$e = \sigma S.$$

Folglich wirkt auf diesen Teil der Ebene $B$ eine Kraft

$$F = E_0 e = \frac{2\pi\sigma}{\varepsilon}\sigma S.$$

Eine ebenso große Kraft wirkt natürlich auch auf irgendeinen Teil $S$ der Ebene $A$.

Die Kraft auf jedes Quadratzentimeter der beiden Ebenen ergibt sich gleich

$$p = \frac{2\pi\sigma^2}{\varepsilon}.$$

Wir wollen uns für das Folgende merken, daß die gegenseitige Anziehung von zwei mit entgegengesetzten Elektrizitäten geladenen parallelen Ebenen dem *Quadrate* der Elektrizitätsdichte proportional und der die Dielektrizitätskonstante des Zwischenmediums umgekehrt proportional ist. Die Kraft ist von der gegenseitigen Entfernung der beiden Ebenen unabhängig*.

Bezeichnen wir mit $E$ und $D$ die tatsächlich zwischen unseren beiden Ebenen wirkende Feldintensität und Induktion, so erhalten wir folgende Formel:

$$D = 4\pi\sigma, \qquad E = \frac{4\pi\sigma}{\varepsilon},$$

$$p = \frac{E}{2}\sigma = \frac{DE}{8\pi} = \frac{\varepsilon E^2}{8\pi}.$$

**50. Allgemeine Regel für geladene Oberflächen.** Nehmen wir an, es sei dem homogenen Felde einer geladenen Ebene noch irgendein anderes, ebenso homogenes elektrisches Feld $E_0$ (Abb. 41) superponiert. Die Dielektrizitätskonstante im Felde sei $\varepsilon = 1$. Um das Resultat dieser Superposition besser übersehen zn können, zerlegen wir das Feld $E_0$ in zwei Komponenten: die eine $E_t$ nehmen wir tangential zu der Ebene und die andere $E_n$ normal zur Ebene. Da die geladene Ebene selbst nur ein nach der Normale gerichtetes Feld erzeugt, so kann sie die tangentiale Komponente $E_t$ nicht beeinflussen. Wir können das in Formeln ausdrücken, indem wir hinschreiben, daß die tangentialen Komponenten des Feldes $E_t$ auf beiden Seiten 1 und 2 der geladenen Ebene einander gleich bleiben:

$$E_{t_1} = E_{t_2}.$$

Was die Normalkomponenten anbetrifft, so wird sich das Feld der geladenen Ebene an der einen Seite zu dem Felde $E_n$ addieren und an der anderen Seite

---

* Der letzte Schluß gilt aber nur für unendlich ausgedehnte Ebenen. Sind die zwei parallelen Ebenen begrenzt, so wird an ihren Rändern das Feld unhomogen und unsere Schlußfolgerung kann nicht mehr angewendet werden. Die Kraft zwischen begrenzten parallelen Ebenen wird sich mit der Entfernung zwischen ihnen verkleinern. Aber diese Verkleinerung wird um so weniger bemerkbar sein, je größer die zwei Ebenen im Vergleich zu ihrem gegenseitigen Abstand sind.

von dem Felde $E$ subtrahieren (vgl. Abb. 41). Wir nehmen die positive Richtung der Normale von links nach rechts und erhalten so:

$$E_{n_1} = E_n - 2\pi\sigma,$$
$$E_{n_2} = E_n + 2\pi\sigma.$$

Die Differenz der normalen Komponenten des resultierenden Feldes wird unabhängig von der Größe des Zusatzfeldes $E_0$ und gleich

$$E_{n_2} - E_{n_1} = 4\pi\sigma.$$

Wir wollen noch die Formeln für die Winkel $\alpha_1$ und $\alpha_2$ hinschreiben (Abb. 42), welche das resultierende Feld mit der Normale zur Ebene bildet:

$$tg\,\alpha_1 = \frac{E_{t_1}}{E_{n_1}} = \frac{E_t}{E_n - 2\pi\sigma}, \qquad tg\,\alpha_2 = \frac{E_{t_2}}{E_{n_2}} = \frac{E_t}{E_n + 2\pi\sigma}.$$

Da diese zwei Winkel im allgemeinen verschieden sind, so können wir uns so ausdrücken: die Kraftlinien werden an einer geladenen Ebene gebrochen.

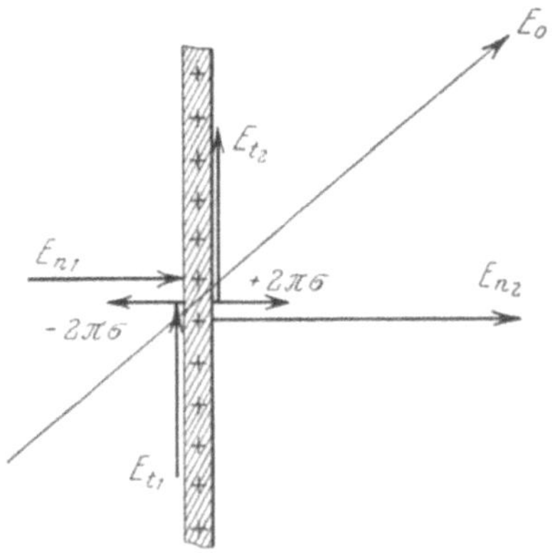


Abb. 41. Wirkung einer geladenen Oberfläche.

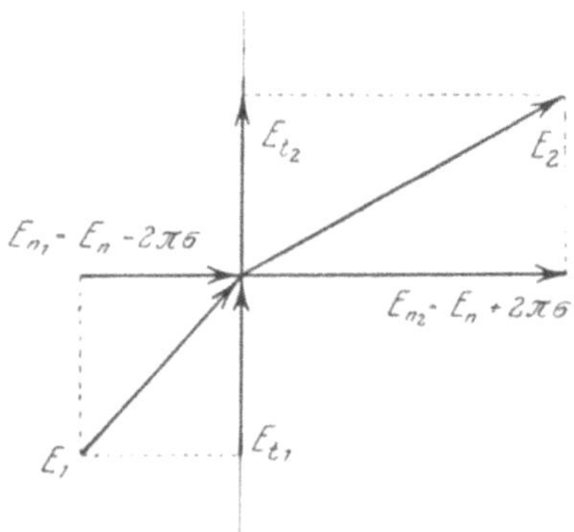


Abb. 42. Brechung der Kraftlinien.

Die Brechung verschwindet nur dann, wenn das Zusatzfeld $E_0$ normal zu der Ebene gerichtet ist ($E_t = 0$).

Die soeben von uns aufgestellten Regeln können wir sogar auf beliebige Flächen verallgemeinern. Zudem teilen wir die gegebene Fläche in sehr kleine Flächenstücke, die so klein genommen werden können, daß das Feld in ihrer unmittelbaren Nähe als homogen angesehen werden darf. Dann gelten unsere Formeln für die unmittelbare Nähe dieses Flächenstücks.

Wir können demnach für das Feld in *unmittelbarer Nähe* einer beliebigen geladenen Oberfläche folgende Formel aufstellen:

1. Die Tangentialkomponenten des elektrischen Feldes in unmittelbarer Nähe einer geladenen Oberfläche sind an beiden Seiten der Oberfläche gleich

$$E_{t_1} = E_{t_2}.$$

2. Die Normalkomponenten des Feldes an beiden Seiten der Oberfläche unterscheiden sich um $4\pi\sigma$, wo $\sigma$ die Oberflächendichte der elektrischen Ladung bedeutet:

$$E_{n_2} - E_{n_1} = 4\pi\sigma.$$

Die Dielektrizitätskonstante ist dabei $\varepsilon = 1$ angenommen.

3. Die Kraftlinien werden an einer geladenen Oberfläche gebrochen. Die Brechung verschwindet, wenn die Kraftlinien normal zur geladenen Fläche gerichtet sind.

**51. Eine gleichmäßig elektrisierte Platte.** Wir wollen jetzt den GAUSSschen Satz auf einige einfache Fälle anwenden, wo die Elektrizität ein gegebenes Volumen mit überall gleicher Volumendichte ausfüllt. Einen verhältnismäßig einfachen Fall haben wir in einer Platte, die von zwei parallelen Ebenen im Abstande 2a (Abb. 43) voneinander begrenzt ist.

Um das Feld im Innern dieser Platte zu berechnen, wollen wir den GAUSSschen Satz anwenden. Wir konstruieren in der Mitte der Platte einen Zylinder (in Abb. 43 gestrichelt), dessen Länge normal zu den Plattenebenen gerichtet sei. Den Querschnitt des Zylinders nehmen wir gleich einem Quadratzentimeter, und seine Länge sei $2x$; die Entfernung $x$ wird also von der Mittelebene der Platte gerechnet.

Die im Zylinder eingeschlossene Elektrizitätsmenge wird gleich

$$e = \varrho x\,,$$

und die Zahl der aus ihr heraustretenden Kraftlinien wird nach dem GAUSSschen Satze gleich

$$N = 4\pi e = 4\pi \varrho x$$

sein. Es ist einleuchtend, daß alle Kraftlinien normal zu den Grenzebenen gerichtet sein werden, und daß die Hälfte von ihnen durch die eine und die andere Hälfte durch die andere Grenzebene durchgehen werden. Wir erhalten also im Innern der Platte ein nach beiden Seiten von der Mitte aus gerichtetes elektrisches Feld, dessen Kraftlinienzahl durch jedes Quadratzentimeter, oder dessen Induktion, gleich

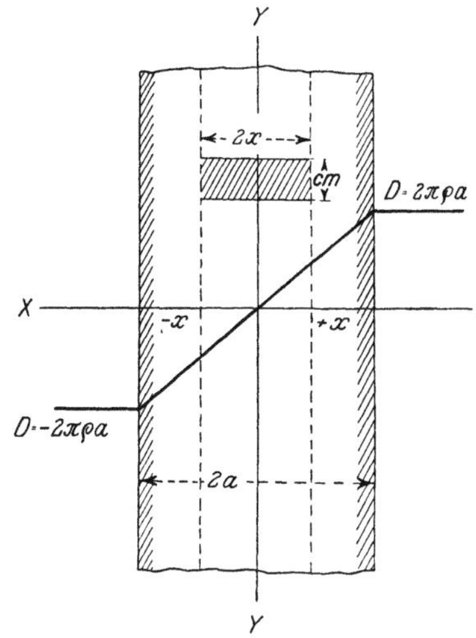

Abb. 43. Das Feld einer gleichmäßig geladenen Platte.

$$D = 2\pi \varrho x$$

sein wird. Die Induktion wächst also proportional mit der Entfernung $x$ von der Mittelebene der Platte; sie ist in der Mitte der Platte (bei $x = 0$) gleich Null und wird in der Grenzebene gleich

$$D = 2\pi \varrho a\,.$$

In der Abb. 43 ist die Abhängigkeit der Induktion von $x$ mit fetter Linie angegeben. Im Außenraume wird das Feld der Platte identisch mit dem Felde einer geladenen Ebene, und die Größe $\varrho a$ kann als die Oberflächendichte der in der Platte sich befindenden Volumenladungen angesehen werden.

**52. Eine gleichmäßig elektrisierte Kugel.** Es sei uns eine Elektrizitätsmenge $e$ gegeben, welche gleichmäßig, d. h. mit überall derselben Volumendichte $\varrho$ eine Kugel vom Halbmesser $a$ erfüllt. Wir haben also

$$e = \frac{4}{3}\pi \varrho a^3\,.$$

Um das Feld im Innern einer solchen Kugel zu berechnen, konstruieren wir eine zweite konzentrische Kugel vom beliebigen Halbmesser $r$, welcher nur kleiner als $a$ genommen werden muß, damit wir im Innern der gegebenen Kugel bleiben.

Die Ladung dieser kleineren Kugel wird

$$e_r = \frac{4}{3} \pi \varrho r^3 ,$$

und die Zahl der aus der Kugel austretenden Kraftlinien wird nach dem GAUSS-schen Satze gleich

$$N = 4\pi e_r = 4\pi \frac{4}{3} \pi \varrho r^3 .$$

Aus Symmetriegründen müssen diese Kraftlinien nach allen Seiten gleichmäßig verteilt sein, und die Zahl der Kraftlinien, welche jedes Quadratzentimeter der Kugeloberfläche durchschneidet, oder die Induktion in der Entfernung $r$ vom Zentrum wird

$$D_r = \frac{N}{4\pi r_2} = \frac{4}{3} \pi \varrho r .$$

Diese Formel gilt für eine beliebige Entfernung vom Zentrum $r$, welche kleiner als $a$ ist. Im Zentrum selbst wird demnach das Feld gleich Null sein. Bei weiteren Entfernungen vom Zentrum wächst die Induktion proportional der Entfernung. Das letztgenannte Ergebnis erklärt sich einfach aus dem Umstande, daß wir beim Vergrößern der Kugel $r$ immer mehr und mehr Elektrizität mit der Kugeloberfläche umfassen. An der Oberfläche, wo $r = a$ ist, wird die Induktion

$$D = \frac{4}{3} \pi \varrho a .$$

Bei noch weiterer Entfernung würde zwar die von uns konstruierte Kugel immer wachsen, aber die in ihr eingeschlossene Elektrizitätsmenge würde immer dieselbe, nämlich $e$, bleiben. Daraus folgt, daß das Feld im Außenraume der geladenen Kugel ganz dasselbe sein wird wie von einer im Zentrum konzentrierten Elektrizitätsmenge $e$

$$D = \frac{N}{4\pi r^2} = \frac{4}{3} \pi \varrho \frac{a^3}{r^2} = \frac{e}{r^2} .$$

Beide Formeln für das Innere der Kugel wie für den Außenraum ergeben für die Oberfläche bei $r = a$ dasselbe Resultat.

**53. Ein gleichmäßig elektrisiertes Ellipsoid.** Die Aufgabe, das Feld eines gleichmäßig elektrisierten Ellipsoids zu berechnen, ist völlig analog einer ebensolchen Aufgabe in der Gravitationstheorie. Wir können die hierher gehörigen Rechnungen hier nicht anführen; sie sind ziemlich kompliziert. Aber es ist dennoch wichtig, wenigstens die allgemeinen Resultate dieser Rechnung uns möglichst anschaulich vorzustellen.

Im Innern des Ellipsoids kann man das elektrische Feld folgendermaßen beschreiben. Es sei $P$ der Punkt, für welchen wir die Feldintensität bestimmen wollen, und $r$ sei seine Entfernung vom Zentrum 0 des Ellipsoids. Die Projektionen dieses Radiusvektors $r$ auf die Hauptachsen des Ellipsoids seien

$$x = r \cos\alpha , \qquad y = r \cos\beta , \qquad z = r \cos\gamma ,$$

wo $\alpha$, $\beta$, $\gamma$ die Winkel bedeuten, welche dieser Radius mit den Achsen bildet. Dann lassen sich aus den Achsenlängen des Ellipsoids drei Koeffizienten $A$, $B$ und $C$ bestimmen, die mit $x$, $y$, $z$ multipliziert die Projektionen der Feldintensität im Punkte $P$ auf dieselben Achsen ergeben:

$$E_x = A r \cos\alpha , \qquad E_y = B r \cos\beta , \qquad E_z = C r \cos\gamma .$$

Die resultierende Feldintensität wird also sein

$$E = \sqrt{E_x^2 + E_y^2 + E_z^2} = r \sqrt{(A \cos\alpha)^2 + (B \cos\beta)^2 + (C \cos\gamma)^2} .$$

Für ein Rotationsellipsoid werden zwei von den Koeffizienten gleich sein, und für eine Kugel werden alle drei gleich sein

$$A = B = C = \frac{4}{3}\pi\varrho .$$

Wir kommen so zu der Formel des vorigen Paragraphen zurück.

An diesen Formeln sehen wir, daß die Feldintensität in einem gleichmäßig elektrisierten Ellipsoid ebenso wie in einer Kugel proportional der Entfernung vom Zentrum wächst; aber die Richtung der Feldintensität ist nicht mehr radial. Nur wenn der Radius $r$ mit irgendeiner Achse des Ellipsoids zusammenfällt, wird auch das Feld längs dieser Achse gerichtet. Den Beweis dafür empfehlen wir dem Leser selbst zu bringen.

Das äußere Feld des Ellipsoids wird von hyperbelartigen Kraftlinien durchzogen, die in weiter Entfernung allmählich in gerade Linien übergehen. In Entfernungen, welche sehr groß im Vergleich zu den Dimensionen des Ellipsoids ist, wirkt natürlich das geladene Ellipsoid wie eine Punktladung.

## 4. Leiter im elektrischen Felde.

**54. Die Influenz im Leiter.** Wir wollen jetzt den Vorgang der Influenzerscheinung vom Standpunkte der Kraftlinientheorie näher betrachten.

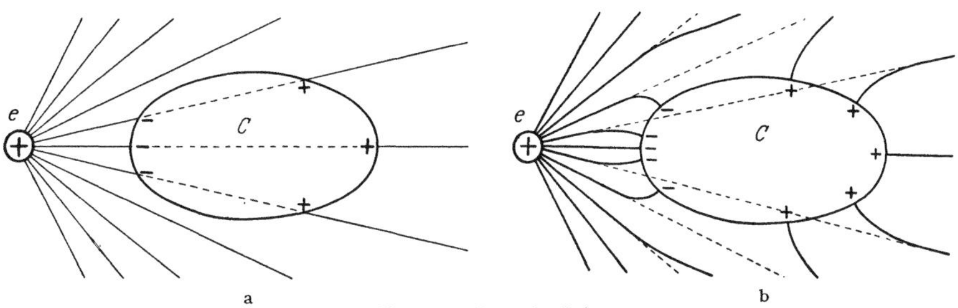


Abb. 44. Influenz im Leiter.

Wir stellen uns ein elektrisches Feld vor, z. B. einer Punktladung $e$ (Abb. 44a) und bringen in dieses Feld einen Leiter $C$ hinein. So, wie es in unserer Abb. 44a gezeichnet ist, kann das Feld nicht längere Zeit bestehen, das ist kein Gleichgewichtszustand.

Wir wissen ja, daß in dem Leiter $C$ die Elektrizitäten freibeweglich sind: die positive Elektrizität wird sich längs der Kraftlinien bewegen, die negative Elektrizität in der entgegengesetzten Richtung, und es entsteht ein Vorgang, den man elektrischen Strom nennt. Dieser Vorgang wird so lange fortdauern, bis die influenzierten Elektrizitäten das influenzierende Feld im Leiter vernichten. Im Innern des Leiters bleiben dann keine Kraftlinien mehr (Abb. 44a punktiert).

Wir können demnach für das Gleichgewicht der Elektrizität auf dem Leiter als erste Bedingung aufstellen: Das Feld im Innern eines jeden Leiters muß verschwinden.

$$E_i = 0 .$$

Man kann sich bildlich auch so ausdrücken: Beim Hineinbringen eines Leiters in ein elektrisches Feld werden die Kraftlinien des Feldes durch den Leiter *zerschnitten*. Dadurch entstehen „Enden" der zerschnittenen Kraftlinien; diese Enden stellen eben die influenzierten Ladungen auf der Leiteroberfläche dar. Es ist einleuchtend, daß beim Zerschneiden der Linien ebensoviel positive wie negative Enden sich bilden müssen. Das Innere des Leiters bleibt von Kraftlinien ganz frei.

**55. Oberflächenbedingung.** Die soeben aufgestellte Bedingung für einen Leiter im elektrischen Felde, nämlich das Verschwinden des Feldes in seinem Innern, ist unbedingt notwendig, aber nicht genügend.

Wir können leicht beweisen, daß die Kraftlinien nicht nur auf der Oberfläche des Leiters endigen, sondern außerdem sich *normal* zu dieser Oberfläche einstellen müssen. In der Tat nehmen wir an, daß an irgendeiner Stelle der Oberfläche (Abb. 45) die Kraftlinien mit der Oberflächennormale einen Winkel bilden; dann können wir das Feld an diesen Stellen in zwei Komponenten zerlegen: die eine $D_n$ normal zu der Oberfläche, und die andere $D_t$ tangential zur Oberfläche. Diese letzte Komponente wird die Elektrizität längs der Oberfläche des Leiters in Bewegung setzen, und es wird ein elektrischer Strom entstehen. Wir haben also in diesem Falle keinen Gleichgewichtszustand. Für das Gleichgewicht müssen wir also noch die Bedingung stellen, daß die tangentiellen Komponenten des Feldes an der Oberfläche des Leiters verschwinden; das Feld muß *normal* zur Oberfläche verlaufen:

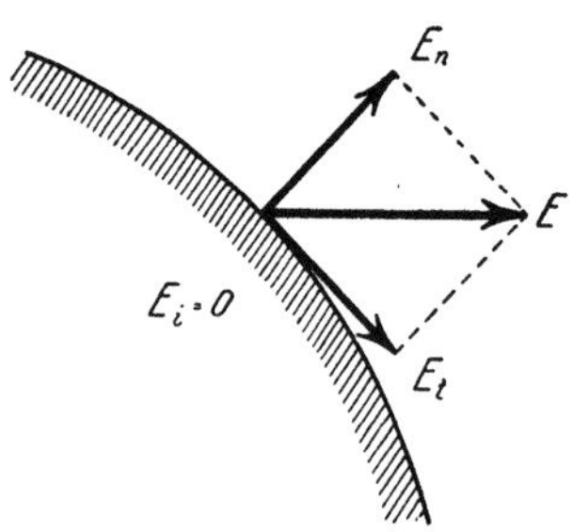

Abb. 45. Oberfläche eines Leiters.

$$E_t = 0 .$$

Durch diese zweite Bedingung werden die Kraftlinien des gegebenen Feldes deformiert, wie es der Vergleich der Zeichnung 44a mit 44b zeigt.

**56. Oberflächendichte.** Dank dem GAUSSschen Satze können wir sehr einfach den Zusammenhang zwischen der Oberflächendichte eines Leiters und der Induktion an seiner Oberfläche aufdecken. Nach dem GAUSSschen Satze entspringen jedem Quadratzentimeter des mit der Oberflächendichte geladenen Leiters $4\pi\sigma$ Kraftlinien. Alle diese Kraftlinien müssen nach außen, in das angrenzende Dielektrikum, hinausgehen, denn im Innern des Leiters dürfen im Gleichgewichtsfall keine Kraftlinien durchgehen. Außerdem müssen alle nach außengehenden Linien normal zur Oberfläche des Leiters sein. Folglich erhalten wir für die Kraftliniendichte, d. h. für die Zahl der durch jedes Quadratzentimeter normal zu der Oberfläche des Leiters gehenden Kraftlinien oder, mit anderen Worten, für die Induktion die Größe $4\pi\sigma$.

Fassen wir alle von uns aufgestellten Bedingungen für einen Leiter zusammen, so erhalten wir folgende Gleichungen:

$$D_i = E_i = 0 ,$$

$$D_t = \varepsilon E_t = 0 ,$$

$$D_n = \varepsilon E_n = 4\pi\sigma .$$

**57. Einander entsprechende Ladungen.** Wir nehmen jetzt auf irgendeinem geladenen Leiter ein kleines Flächenstück $S$ mit der Oberflächendichte $\sigma$. Das Flächenstück sei so klein, daß die Oberflächendichte $\sigma$ als konstant angesehen werden darf. Auf der Umrandungslinie dieses Flächenstücks konstruieren wir eine Kraftröhre und setzen die Röhre im Felde so weit fort, bis sie einen anderen Leiter schneidet (Abb. 46).

Am Anfange der Röhre haben wir die Elektrizitätsmenge

$$e = \sigma S_1 = \frac{D_1 S_1}{4\pi} .$$

Am Ende dieser Röhre, wo $\cos(Dn) = -1$ zu nehmen ist, erhalten wir

$$e = -\frac{D_2 S_2}{4\pi}.$$

Nun ist aber das Produkt aus Induktion und Querschnitt längs der ganzen Röhre konstant; wir haben also

$$e = -e.$$

Die Ladungen der Leiter am Anfang und am Ende einer und derselben Kraftröhre sind einander gleich, aber entgegengesetzten Zeichens.

Das Resultat ist auch ohne Formeln einleuchtend, denn alle Kraftlinien fangen in positiven Ladungen an und endigen in negativen Ladungen; die Zahl der Kraftlinien bleibt längs der ganzen Röhre konstant; folglich ist auch die Zahl der Anfangspunkte gleich der Zahl der Endpunkte.

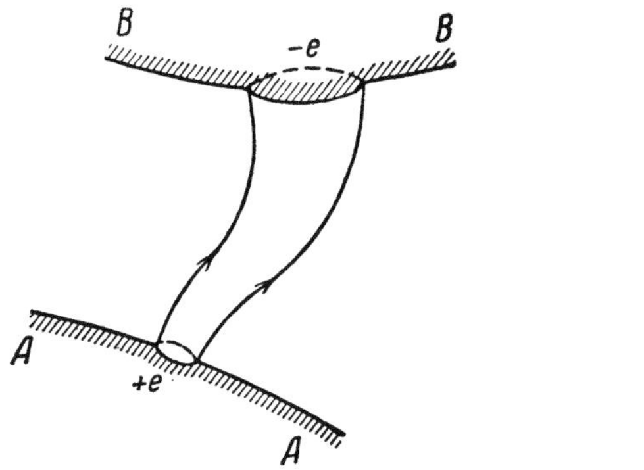

Abb. 46.

Solche Ladungen zweier Leiter, welche die Enden einer und derselben Kraftröhre bilden, nennt man *einander entsprechende Ladungen.*

Es ist wichtig sich zu merken, daß die einander entsprechenden Ladungen nur auf verschiedenen und voneinander isolierten Leitern im Gleichgewicht bleiben können. Haben sich aus irgendwelchen Ursachen, z. B. durch Influenz, auf einem Leiter (Abb. 47) die Ladungen $a$ und $b$ gebildet, so wird die Spannung in den Kraftlinien die entgegengesetzten Elektrizitäten zusammenziehen, bis sie sich gegenseitig annullieren und die Kraftlinien selbst völlig verschwinden.

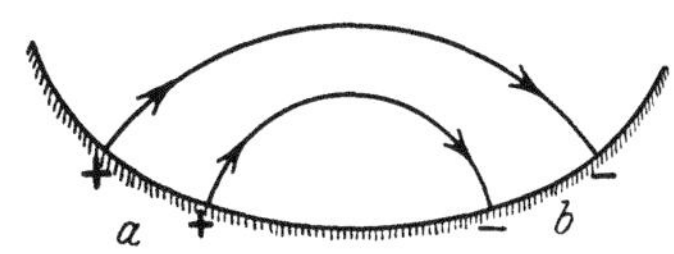

Abb. 47. Einander entsprechende elektrische Ladungen.

**58. Hohle Leiter im elektrischen Felde.** Wir haben schon früher (S. 14, **17**) Versuche beschrieben, welche bewiesen, daß die Elektrizität sich stets auf der äußeren Oberfläche des Leiters verbreitet. Wir können jetzt beweisen, daß der innere Raum des hohlen Leiters frei von Ladungen und frei von Kraftlinien bleibt, auch wenn wir ihn von außen durch Influenz stark laden.

Stellen wir uns vor, wir bringen so einen hohlen Leiter in irgendein elektrisches Feld (Abb. 44, S. 45, **54**). An seiner äußeren Oberfläche erhalten wir ganz dieselbe Ladungsverteilung wie in einem massiven Körper derselben Form. Im leitenden Körper selbst kann kein elektrisches Feld bestehen. Auf der inneren Oberfläche könnten sich durch Influenz paarweise einander entsprechende Ladungen bilden, aber diese können ja, wie wir wissen (Abb. 47), auf einem zusammenhängenden Leiter nicht erhalten bleiben. Einzelne Ladungen können durch Influenz in das Innere des hohlen Leiters auch nicht hineinkommen, denn alle Kraftlinien des Feldes sind nach dem GAUSSschen Satze stetig und können nirgends im Felde endigen. Alles zusammen zeigt uns, daß der innere Raum eines hohlen Leiters ganz unabhängig vom äußeren Felde, frei von Ladungen und frei von Kraftlinien bleiben muß.

Wir sehen, daß dieses Resultat mit dem GAUSSschen Satze und also auch mit dem COULOMBschen Gesetze in engem Zusammenhange steht. Finden wir experimentell, daß das Innere eines hohlen Leiters frei von Kraftlinien bleibt, auch unter Einwirkung eines starken äußeren elektrischen Feldes, so haben wir damit auch die strenge Gültigkeit des COULOMBschen Gesetzes bewiesen.

Solche Versuche sind viel leichter und mit viel größerer Genauigkeit anzustellen, als die schwierigen Messungen mit der COULOMBschen Wage. CAVENDISH, FARADAY und MAXWELL haben derartige Versuche tatsächlich durchgeführt. Aus den MAXWELLschen Versuchen würde z. B. folgen, daß der Exponent bei $r$ im COULOMBschen Gesetze nicht mehr als um 0,00005 sich von 2 unterscheiden könnte. Mit modernen Mitteln läßt sich natürlich die Genauigkeit noch viel weiter treiben. Das COULOMBsche Fundamentalgesetz der Elektrostatik ist also mit sehr großer Genauigkeit experimentell bewiesen.

**59. FARADAYscher Zylinder.** Zum Schluß dieses Abschnittes wollen wir den Kraftlinienbegriff an einem Beispiele anwenden, das wir früher vom Standpunkte der unmittelbaren Fernwirkung betrachtet haben (Abb. 13b, S. 15).

Wir hängen eine leitende Kugel isoliert an einen Seidenfaden und laden sie mit positiver Elektrizität. Die Ladung der Kugel erzeugt in ihrer Umgebung ein elektrisches Feld, welches wir uns mit radial nach allen Seiten gerichteten

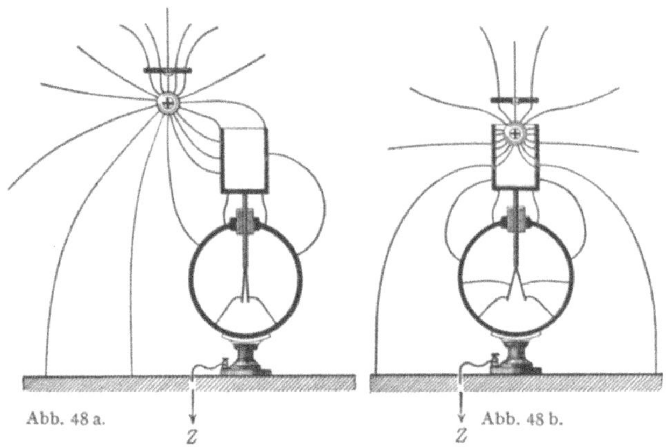


Abb. 48. Kraftlinienverlauf beim Laden eines FARADAYschen Zylinders.

Kraftlinien erfüllt denken müssen. Die negativen Enden dieser Kraftlinien werden teilweise auf der Oberfläche des Experimentiertisches, teilweise auf unserem Körper, an den Wänden und der Decke des Zimmers und überhaupt an den ringsum stehenden leitenden Gegenständen endigen.

Bringen wir diese Kugel in die Nähe eines Elektroskops mit daraufgesetztem FARADAYschen Zylinder (Abb. 48a), so wird ein Teil ihrer Kraftlinien auf der Oberfläche des Zylinders und auf der äußeren metallischen Hülle des Elektroskops endigen; an diesen Stellen werden durch Influenz die entsprechenden negativen Ladungen gebildet. Gleichzeitig bilden sich, wie wir wissen, auf isolierten Leitern neue Anfangspunkte neuer Kraftlinien, deren Anzahl auf jedem Leiter gleich den negativen Enden der ursprünglichen Kraftlinien sein muß. Solche neue Linien werden auch auf der Oberfläche der Aluminiumfolien entspringen und auf der inneren Oberfläche der Elektroskopenhülle endigen und so paarweise entsprechende Ladungen bilden. Unter der Wirkung von eben diesen im Innern des Elektroskops gebildeten Kraftlinien werden die Aluminiumfolien auseinandergehen.

Wir sehen aus dieser Beschreibung, daß mittels des Kraftlinienbegriffs die Erscheinung der Influenz viel komplizierter dargestellt wird, als es früher durch einfache Fernwirkung möglich war; dafür ist aber diese Beschreibung auch viel anschaulicher und präziser, denn sie enthüllt uns den ganzen Vorgang der Influenz in allen seinen Einzelheiten.

Bringen wir die geladene Kugel näher zum Zylinder (Abb. 48b), so werden mehr Linien auf dem letzteren endigen. Befindet sich die Kugel endlich im Innern des Zylinders und ist der Deckel auch aufgesetzt (Abb. 48c), so endigen alle $4\pi e$ Linien der geladenen Kugel auf der inneren Oberfläche des Zylinders; zu gleicher Zeit entspringen der äußeren Oberfläche des Zylinders und der Oberfläche der Aluminiumblättchen auch ebenso viele $4\pi e$ Kraftlinien. Schließt der Deckel den Zylinder vollständig ab, so werden der Außenraum und der Innenraum des Zylinders, was das elektrische Feld betrifft, vollständig unabhängig voneinander, denn sie sind durch eine geschlossene leitende Hülle getrennt. Die Lage der geladenen Kugel im Innern des Zylinders hat jetzt auf die Verteilung der Ladungen und der Kraftlinien im äußeren Raume absolut keinen Einfluß (Abb. 48c, d). Sogar bei der Berührung der Kugel mit der Innenfläche des Zylinders, wenn das innere Feld verschwindet, bleibt das Außenfeld ungeändert (Abb. 48e). Im Resultate erhalten wir dieselbe Elektrizitätsmenge auf dem

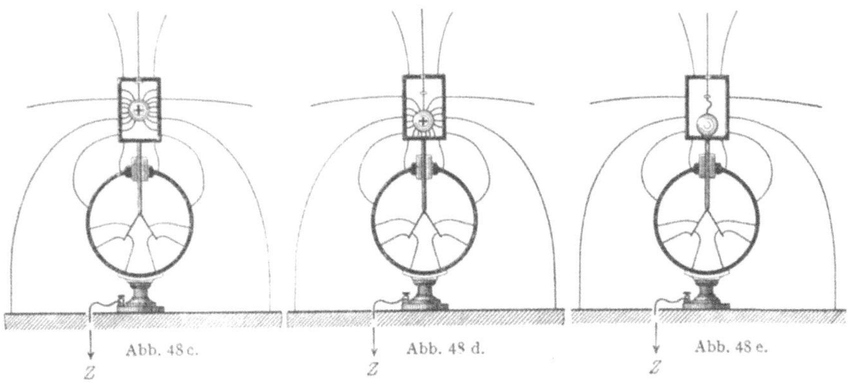


Abb. 48. Kraftlinienverlauf beim Laden eines Elektroskops mit FARADAYschem Zylinder.

Elektroskope, welche früher auf der Kugel gewesen ist, und von demselben Vorzeichen. Die Kugel selbst ist frei von Ladungen geblieben.

Haben wir nur das Endresultat im Auge, so können wir einfach sagen: die Elektrizität der Kugel ist nach der FARADAYschen Methode ohne Rest dem Elektroskope erteilt worden.

## 5. Isolator im Felde.

**60. Scheinbare Ladungen der Dielektrika.** Jetzt gehen wir zur Untersuchung der Wirkungen eines elektrischen Feldes auf Isolatoren über. Wir wissen, daß die Isolatoren ebenso wie die Leiter durch Influenz geladen werden (S. 23, **29**), aber im Gegensatz zu den Leitern sind die durch Influenz hervorgerufenen entgegengesetzten Ladungen eines Isolators nicht voneinander zu trennen. Die Erscheinung hat den Anschein, als ob ein jedes Molekül des Dielektrikums sich wie ein isolierter Leiter benimmt, in welchem positive und negative Ladung in gleicher Menge induziert werden. Um diese Ladungen zu trennen, müßte man also schon die Moleküle selbst entzweibrechen; das kann in der Tat durch chemische Wirkungen erzielt werden, was wir hier einstweilen ausschließen wollen. Um den Unterschied der influenzierten Ladungen auf einem Leiter und auf einem Isolator zu charakterisieren, nennt man die Ladungen auf der Oberfläche des Leiters *wahre* Ladungen und die influenzierten Ladungen auf der Oberfläche des Isolators *scheinbare* Ladungen.

Daraus folgt aber gar nicht, daß die Isolatoren überhaupt keine wahren Ladungen auf ihren Oberflächen haben können. Nein, ein Isolator kann auch mit wahrer Ladung geladen werden, aber dazu genügt die Wirkung der Influenz noch nicht, sondern das kann man nur durch Reibung u. dgl. erreichen.

**61. Scheinbare Ladung und Polarisation der Dielektrika.** Wir haben schon früher uns klargemacht (S. 24, **30**), daß die scheinbaren Ladungen auf der Oberfläche eines Dielektrikums dann entstehen, wenn sein Inneres in einem besonderen polarisiertem Zustande sich befindet. Wir müssen jetzt den quantitativen Zusammenhang zwischen Oberflächenladung und Polarisation aufdecken.

Stellen wir uns ein kleines Volumen des dielektrischen Körpers in Form eines rechtwinkligen Parallelepipeds von der Länge $l$ und dem Querschnitt $S$ (Abb. 49a) vor. Im Innern dieses Volumens sind nach unserer Hypothese positive

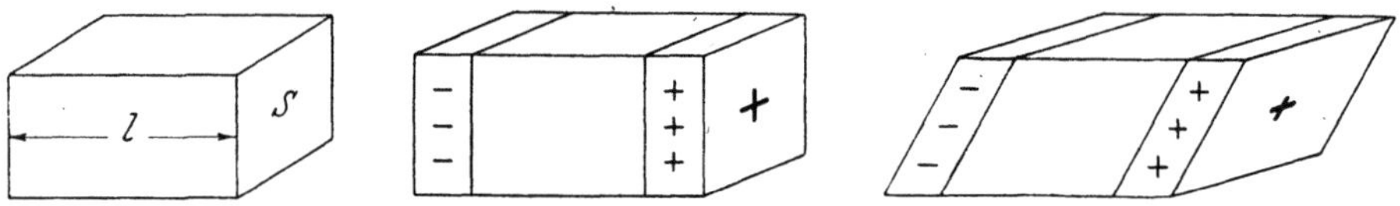


Abb. 49. Scheinbare Ladung eines Dielektrikums.

und negative Ladungen enthalten, aber in solcher Unordnung, daß ihr äußeres elektrische Feld gleich Null ist. Denken wir uns jetzt die positiven Ladungen des Parallelepipeds längs seiner Länge $l$ ein wenig nach rechts verschoben (Abb. 49b), indem wir die negativen Ladungen an ihrer Stelle lassen, dann wird unser Dielektrikum polarisiert.

Solch ein polarisiertes Dielektrikum wird in seinem Innern ebensoviel positive Ladungen erhalten wie negative; seine Elektrisierung wird gleich Null bleiben. Aber auf der Oberfläche werden rechts positive Ladungen bloßgelegt und am linken Ende negative. Nennen wir $\sigma_1$ ihre Oberflächendichte, dann wird an jedem Ende des Parallelepipedons eine Elektrizitätsmenge erscheinen

$$\pm e = \pm \sigma_1 S .$$

Das Produkt aus den Ladungen $\pm e$ und deren Entfernung nennt man das *dielektrische Moment* des polarisierten Dielektrikums

$$P = le .$$

Das dielektrische Moment in der Volumeneinheit, also im Kubikzentimeter, nennt man die *Polarisationsintensität* oder auch einfach die *Polarisation*

$$P_e = \frac{P}{lS} .$$

Es ist klar, daß je mehr Ladungen das Dielektrikum enthält und je größer die hergestellte gegenseitige Verschiebung der beiden Ladungen, desto größer auch die Polarisation sein wird. Ist der Polarisationsvorgang ein anderer, sind z. B. die Ladungen gar nicht verschoben worden, sondern wurden die Moleküle so gedreht, daß ihre völlig ungeordnete Verteilung oder ungeordnete Bewegung wenigstens teilweise geordnet wird und ihr äußeres Feld nicht mehr gleich Null bleibt, so können wir unter $P_e$ den *Mittelwert* der Polarisation eines Kubikzentimeters verstehen.

Aus der erhaltenen Formel folgt, daß

$$P_e = \frac{P}{lS} = \frac{le}{lS} = \sigma_1 ,$$

daß die Polarisationsintensität $P_e$ der Oberflächendichte $\sigma_1$ der scheinbaren Ladungen des Dielektrikums gleich ist.

Diese einfache Beziehung gilt aber nicht allgemein. In der Tat nehmen wir statt eines rechtwinkligen ein schiefes Parallelepiped (Abb. 49c) von derselben Länge $l$ und demselben Querschnitte $S$, und erzeugen an seinen Enden dieselben elektrischen Ladungen; dann bleibt sein elektrisches Moment dasselbe:

$$P = lS\,,$$

aber sein Volumen wird kleiner, nämlich

$$Q = lS\cos(ln)\,,$$

wo $n$ die Richtung der äußeren Normale zum Querschnitt $S$ bedeutet. In diesem allgemeineren Falle erhalten wir die Beziehung

$$P_e = \frac{\sigma_1}{\cos(nl)}\,, \qquad \text{oder} \qquad P_e\cos(nl) = \sigma_1\,.$$

Da die Polarisation bei uns mit der Richtung von $l$ zusammenfällt, so ist

$$\cos(ln) = \cos(Pn)\,.$$

Bezeichnen wir noch die Normalkomponente der Polarisation mit $P_{en}$, so wird

$$P_{en} = \sigma_1\,.$$

Dieses Resultat können wir sofort auf ein Dielektrikum beliebiger Form erweitern. Wir teilen die Oberfläche des Dielektrikums in kleine Flächenstücke $S$ und konstruieren an jedem Flächenstücke ein kleines Parallelepipedon, und zwar so, daß seine Länge die Richtung der an der betreffenden Stelle herrschenden Polarisation hat. Dann können wir auf jedes Flächenstück $S$ unser soeben erhaltenes Resultat anwenden und erhalten eine allgemeine, für einen beliebigen dielektrischen Körper gültige Beziehung.

Die scheinbare Ladung an irgendeiner Stelle der Oberfläche eines polarisierten Dielektrikums ist gleich der Normalkomponente der Polarisation in unmittelbarer Nähe dieser Stelle.

Ist die Polarisation normal zur Oberfläche und nach außen gerichtet ($\cos(Pn) = +1$), so ist die Polarisationsintensität gleich der Oberflächendichte der scheinbaren Ladung, und diese letztere ist positiv; im entgegengesetzten Falle ist die Polarisation nach innen gerichtet, und die Ladung ist negativ.

Bei tangentialgerichteter Polarisation entstehen an der Oberfläche paarweise aneinanderliegende entgegengesetzte Ladungen, und der Mittelwert dieser Oberflächenladung ist gleich Null.

**62. Freie Ladung.** Es sei uns ein mit der Oberflächendichte $\sigma$ geladener Leiter gegeben, welcher in ein Dielektrikum von der Dielektrizitätskonstante $\varepsilon$ eingebettet ist. Das Dielektrikum wird durch Influenz elektrisiert, und an der am Leiter angrenzenden Oberfläche werden scheinbare Ladungen erzeugt, deren Dichte wir mit $-\sigma_1$ bezeichnen wollen. Das Minuszeichen nehmen wir hier, weil die scheinbaren Ladungen den wahren Ladungen entgegengesetzt sein werden (vgl. Abb. 23, S. 26).

Berücksichtigen wir beide Ladungen $\sigma$ und $\sigma_1$, so können wir die Grenze des Leiters und Isolators zusammen als mit einer Oberflächendichte

$$\sigma_0 = \sigma - \sigma_1$$

geladen ansehen. Die Größe $\sigma_0$ heißt *freie Ladung.*

Durch das Wort „frei“ soll eben angedeutet werden, daß ein Teil der wahren Ladung des Leiters durch die angrenzenden scheinbaren Ladungen des Dielektrikums sozusagen gebunden oder abgeschirmt wird und nicht mehr in die Ferne seine Kraftwirkungen ausüben kann. Nur der freie Teil der wahren Ladung wirkt in die Ferne, und zwar nach dem COULOMBschen Gesetze.

Ist das Dielektrikum im Felde nicht überall dasselbe, so werden an jeder Oberfläche, wo die angrenzenden Dielektrika verschiedene Dielektrizitätskonstanten haben, auch verschiedene scheinbare Ladungen durch Influenz gebildet. Bezeichnet man die Oberflächendichte dieser scheinbaren Ladungen auf dem ersten und zweiten Dielektrikum mit $\sigma_1$ und $-\sigma_2$, so können wir die Grenzoberfläche mit einer *freien* Ladung

$$\sigma_0 = \sigma_1 - \sigma_2$$

geladen ansehen.

Sind nun alle freien Ladungen auf allen Grenzoberflächen gegeben, so brauchen wir für die Berechnung der elektrischen Kräfte die wahren und die scheinbaren Ladungen allein nicht mehr zu kennen, und ebensowenig brauchen wir die Dielektrizitätskonstanten des Mediums zu wissen. Die Feldintensität in jedem Punkte des Feldes wird dann nach dem COULOMBschen Gesetze so berechnet, als ob nur die freien Ladungen allein da wären und das Medium der freie Äther wäre ($\varepsilon = 1$). Unter diesen Bedingungen können wir den GAUSSschen Satz auf den Feldintensitätsfluß anwenden (S. 36, **43**).

Nun sind die Fälle, wo alle freien Ladungen schon gegeben sind, verhältnismäßig sehr selten. Größtenteils sind nur die wahren Ladungen bekannt, und die durch Induktion entstandenen müssen erst bestimmt werden. Die Lösung derartiger Aufgaben sind im allgemeinen schwierig, und wir tun gut, wenn wir schon im voraus möglichst viele Beziehungen zwischen den Größen der Ladungen, der Feldstärke und der Induktion aufstellen, damit wir in jedem Falle die Beziehung benutzen können, die im gegebenen Falle am schnellsten zum Ziele führt.

**63. Elektrisierungskoeffizient und Dielektrizitätskonstante.** Zunächst wollen wir den Umstand benützen, daß man die Polarisation an irgendeiner Stelle des Dielektrikums proportional der daselbst herrschenden Feldintensität annehmen kann. Die Versuche zeigen nämlich, daß man in erster Annäherung und mit einer für die meisten in der Praxis vorkommenden Fälle ausreichenden Genauigkeit setzen kann

$$P_e = kE\,.$$

Der Faktor $k$ kann für verschiedene Körper verschiedene Größe haben*; man nennt ihn *Elektrisierungskoeffizient.*

Da die Normalkomponente der Polarisation gleich der Oberflächendichte der scheinbaren Ladung ist, so erhalten wir sofort eine Beziehung zwischen der Feldintensität und der Induktion in unmittelbarer Nähe der Oberfläche des Dielektrikums:

$$\sigma_1 = kE_n = \frac{k}{\varepsilon} D_n\,.$$

Betrachten wir den Fall, wo das betreffende Dielektrikum an einer leitenden Oberfläche anliegt.

Die wahre Ladungsdichte des Leiters bestimmt die Induktion nach dem GAUSSschen Satze:

$$4\pi\sigma = D_n = \varepsilon E_n\,.$$

* Für kristallische Körper hängt der Koeffizient $k$ noch von der Richtung der Feldintensität im Kristall ab, aber wir schließen Kristalle aus unseren Betrachtungen einstweilen aus.

Die freie Ladungsdichte bestimmt nach demselben Satze die Feldintensität

$$4\pi\sigma_0 = E_n .$$

Schreiben wir noch für die scheinbare Ladungsdichte

$$4\pi\sigma_1 = 4\pi k E_n ,$$

und addieren die beiden letzten Formeln, so erhalten wir

$$4\pi(\sigma_0 + \sigma_1) = 4\pi\sigma = D_n = \varepsilon E_n = (1 + 4\pi k) E_n ,$$

woraus folgt, daß

$$\varepsilon = 1 + 4\pi k .$$

Wir sehen daraus, daß die beiden von uns eingeführten Koeffizienten, nämlich die Dielektrizitätskonstante $\varepsilon$ und der Elektrisierungskoeffizient $k$, voneinander nicht unabhängig sind. Ist der eine von ihnen für das betreffende Dielektrikum bekannt, so kann der andere leicht berechnet werden.

Setzen wir

$$\varepsilon - 1 = 4\pi k$$

in die Formel für die *scheinbare* Ladungsdichte, so erhalten wir noch

$$4\pi\sigma_1 = \frac{\varepsilon - 1}{\varepsilon} D_n \quad \text{und} \quad \sigma_1 = \frac{\varepsilon - 1}{\varepsilon}\sigma .$$

**64. Die Grenze zweier Dielektrika.** Es erübrigt noch den Fall zu behandeln, wo zwei polarisierte Dielektrika aneinander grenzen. Bezeichnen wir die Oberflächendichte der scheinbaren Ladungen mit $\sigma_1$ und $\sigma_2$ und die Normalkomponenten der entsprechenden Feldintensität mit $E_{n_1}$ und $E_{n_2}$, so erhalten wir folgende Beziehungen.

Nach der allgemeinen Regel für geladene Oberflächen (S. 42, **50**) ergibt uns die freie Ladung $\sigma_1 - \sigma_2$ die Differenz der Normalkomponenten der Feldintensitäten an beiden Seiten der Grenzoberfläche

$$E_{n_2} - E_{n_1} = 4\pi(\sigma_1 - \sigma_2) .$$

Führen wir hier die Elektrisierungskoeffizienten $k_1$ und $k_2$ ein, so erhalten wir

$$E_{n_2} - E_{n_1} = 4\pi(k_1 E_{n_1} - k_2 E_{n_2}) ,$$

oder auch

$$(1 + 4\pi k_1) E_{n_1} = (1 + 4\pi k_2) E_{n_2}$$

und durch die Dielektrizitätskonstanten ausgedrückt:

$$\varepsilon_1 E_{n_1} = \varepsilon_2 E_{n_2} , \qquad D_{n_1} = D_{n_2} .$$

Mit anderen Worten: die Normalkomponenten der Induktion an beiden Seiten der Grenzoberfläche zweier Dielektrika sind stets einander gleich.

Dieses Resultat konnten wir eigentlich auch erwarten, denn nach dem Gauss-schen Satze sind alle Induktionslinien im Felde stetig, sie enden nur an *wahren* Ladungen; unsere Grenzoberfläche zweier Dielektrika enthält eben keine wahren, sondern nur scheinbare Ladungen.

Aus diesem Resultate folgt weiter, daß die Normalkomponenten der Feldintensitäten in beiden Dielektrika verschieden sind. Sie verhalten sich *umgekehrt* wie die Dielektrizitätskonstanten

$$E_{n_1} : E_{n_2} = \varepsilon_2 : \varepsilon_1 .$$

Was die Tangentialkomponenten anbetrifft, so wissen wir schon aus früheren Überlegungen (S. 42, **50**), daß die auf der Oberfläche verbreiteten Ladungen die

Tangentienintensitäten überhaupt nicht beeinflussen können. Wir schreiben demnach

$$E_{t_1} = E_{t_2}.$$

Dann werden aber die Tangentialkomponenten der Induktionen verschieden; sie verhalten sich wie die Dielektrizitätskonstanten.

$$D_{t_1} : D_{t_2} = \varepsilon_1 : \varepsilon_2.$$

**65. Induktionslinien und Feldintensitätslinien.** Die Resultate der vorhergehenden Paragraphen können wir uns folgendermaßen anschaulich machen.

Es sei $A$ (Abb. 50) ein Teil der Oberfläche eines positiv geladenen Leiters; $B$, $C$ und $D$ seien drei daraufliegende Schichten von Dielektrika. Die aus den wahren Ladungen $\sigma$ des Leiters austretenden Kraftlinien kann man sich aus zwei Teilen bestehend denken. Der eine Teil dieser Linien, von der *freien* elektrischen Dichte $\sigma_0$ durchsetzt das Dielektrikum $B$, ohne seine Moleküle zu berühren; verläuft also *im reinen Äther*, der andere Teil $\sigma_1$ entspringt auch an der Oberfläche des Leiters, geht aber sofort zu den nächstliegenden Molekülen des

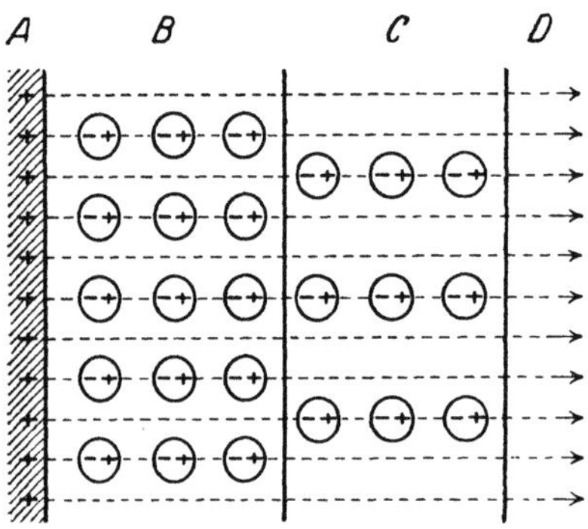


Abb. 50. Dielektrische Schichten übereinander.

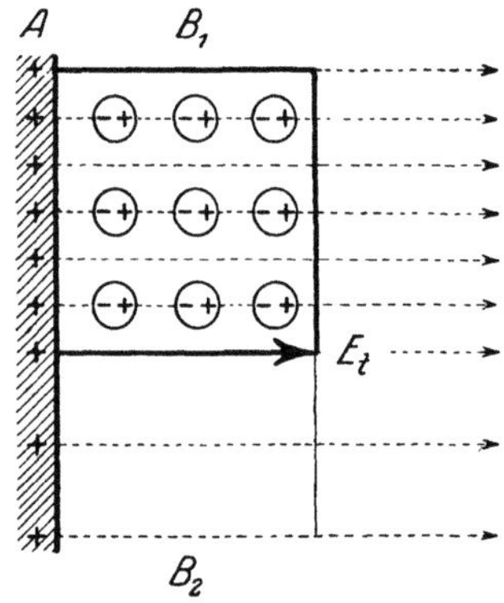


Abb. 51. Dielektrika nebeneinander.

anliegenden Dielektrikums über und bildet so die *scheinbaren* Ladungen desselben. Von den Grenzmolekülen gehen neue Kraftlinien in das Innere des Dielektrikums wieder zu den nächstliegenden Molekülen über und so fort, von einem Molekül zum anderen, durch den ganzen dielektrischen Körper hindurch. Die mit zwei entgegengesetzten Elektrizitäten geladenen Molekülen erscheinen sonach auf der Kraftlinie wie Perlen einer Perlenschnur angereiht.

Die totale Kraftliniendichte $(4\pi\sigma)$ durch das Dielektrikum stellt die Induktion dar; der durch den reinen Äther alleingehende Teil $(4\pi\sigma_0)$ bildet die Feldintensität. Ihre Differenz $(4\pi(\sigma - \sigma_0) = 4\pi\sigma_1)$ bedingt die scheinbare Ladung an der Oberfläche des Dielektrikums $B$. Analoge Überlegungen gelten auch für die anderen Dielektrischen Schichten $C$ und $D$.

Aus der Abb. 50 sieht man, daß das Dielektrikum $B$ die Dielektrizitätskonstante $\varepsilon = 2$ hat, das Dielektrikum $C$ hat die Dielektrizitätskonstante $\varepsilon = 1{,}5$, und $D$ ist reiner Äther, $\varepsilon = 1$. Die Induktion oder die Zahl aller durchgehenden Kraftlinien ist in allen aufeinander liegenden dielektrischen Schichten die gleiche. Das ist das oben aufgestellte Gesetz für die *normalen* Komponenten der Induktion.

Jetzt stellen wir uns vor, daß der untere Teil des Dielektrikums $B_2$ weggeschnitten wird (Abb. 51). Wenn die Molekülen des Dielektrikums $B_2$ weggenommen werden, so gehen mit ihnen auch die scheinbaren Ladungen fort;

gleichzeitig werden auch die ihnen entsprechenden wahren Ladungen des Leiters $A$ sich entfernen. Der übrigbleibende Teil der wahren Ladungen $\sigma_0$, dessen Kraftlinien schon früher unabhängig von den Molekülen verliefen, bleibt auch bei Wegnahme des Dielektrikums $B_2$ an seiner Stelle. Wenn wir jetzt die Feldintensitäten der aneinander angrenzenden Dielektrika $B_1$ und $B_2$, d. h. die Kraftliniendichte der *freien* Ladungen miteinander vergleichen, so werden wir sehen, daß sie einander gleich sind. Das ist eben der von uns für die Grenzfläche zweier Isolatoren aufgestellte Satz (S. 56, **64**) von den tangentialen Komponenten der Feldintensitäten.

**66. Brechungsgesetz der Kraftlinien.** Wir haben bewiesen (S. 46, **55**), daß die Induktionslinien an der Oberfläche eines Leiters immer längs der Normale gerichtet sind. An der Oberfläche eines Isolators können sie aber beliebige Winkel mit der Normale bilden. An beiden Seiten einer Grenzoberfläche zwischen zwei Isolatoren werden diese Winkel im allgemeinen verschieden sein, wie wir es gleich zeigen werden.

Nehmen wir an, im Dielektrikum $I$ (Abb. 52 oben) sei die Richtung der Kraftlinien in unmittelbarer Nähe der Grenzoberfläche gegeben; der Winkel, den sie mit der Normale $N$ bilden, sei $\alpha_1$. Um den Verlauf der Kraftlinien im Dielektrikum $II$ zu bestimmen, zerlegen wir das gegebene Feld in zwei Komponenten: eine tangentiale und eine normale zur Grenzoberfläche. Auf unserer Zeichnung sind die Komponenten der Induktion $D_1$ und der Feldintensität $E_1$ gezeichnet, wobei die Dielektrizitätskonstante des ersten Mediums als $\varepsilon = 2$ angenommen ist.

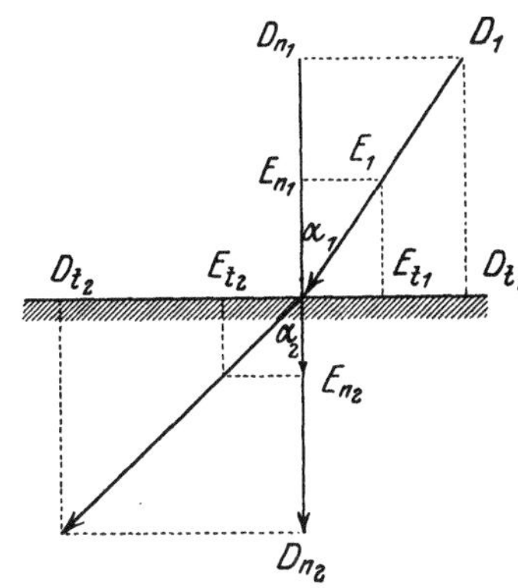


Abb. 52. Brechungsgesetz der Kraftlinien.

Die normalen Komponenten der Induktion müssen in beiden Dielektrika gleich sein; es ist auch bei uns $D_{n_1} = D_{n_2}$ eingezeichnet. Die Dielektrizitätskonstante des zweiten (unteren) Mediums sei $\varepsilon = 3$, und wir haben $E_{n_2}$ dreimal kleiner gezeichnet als $D_{n_2}$. Weiter haben wir die tangentialen Komponenten der Feldintensität in beiden Medien gleich zu nehmen. Die beiden von uns auf solche Weise erhaltenen Komponenten der Feldintensität im zweiten Dielektrikum geben uns die Richtung der resultierenden Feldintensität, und somit auch die Richtung der resultierenden Induktion. Als Resultate unserer graphischen Konstruktion haben wir erhalten, daß die Kraftlinien in demselben Punkte, aber an verschiedenen Seiten der Grenzoberfläche verschiedene Winkel mit der Normale bilden. Oder anders ausgedrückt: die Kraftlinien werden an der Grenzoberfläche zweier Dielektrika *gebrochen*.

Für die Winkel, welche die Kraftlinien mit der Normale bilden, erhalten wir:

$$\operatorname{tg}\alpha_1 = \frac{E_{t_1}}{E_{n_1}}, \qquad \operatorname{tg}\alpha_2 = \frac{E_{t_2}}{E_{n_2}}.$$

Setzen wir hier die Beziehungen ein

$$\varepsilon_1 E_{n_1} = \varepsilon_2 E_{n_2}, \qquad E_{t_1} = E_{t_2},$$

so erhalten wir

$$\frac{\operatorname{tg}\alpha_1}{\operatorname{tg}\alpha_2} = \frac{\varepsilon_1}{\varepsilon_2}.$$

Der Winkel $\alpha$ wird in demjenigen Dielektrikum größer sein, welches die größere Dielektrizitätskonstante hat. Nur bei normaler Inzidenz entsteht keine Brechung der Linien*.

Das Brechungsgesetz der Kraftlinien unterscheidet sich von dem bekannten Brechungsgesetz der Lichtstrahlen dadurch, daß hier statt der Sinus das Verhältnis der Tangente eingeht. In diesem Unterschied liegt auch der Grund, warum bei den Lichtstrahlen eine Totalreflexion eintreten kann, bei den Kraftlinien aber nicht.

**67. Konzentration der Induktionslinien.** Bei der Brechung der Kraftlinien an der Grenze zweier Dielektrika wird gleichzeitig auch die Kraftliniendichte geändert. Aus der Abb. 53 sehen wir, daß die Kraftliniendichte in demjenigen Dielektrikum größer wird, wo der Winkel $\alpha$ größer, wo also auch die Dielektrizitätskonstante $\varepsilon$ größer ist. Obgleich die Normalkomponente der Induktion beim Durchgang durch die Grenzoberfläche zweier Dielektrika ungeändert bleibt, wächst dennoch die Induktion selbst mit der Dielektrizitätskonstante.

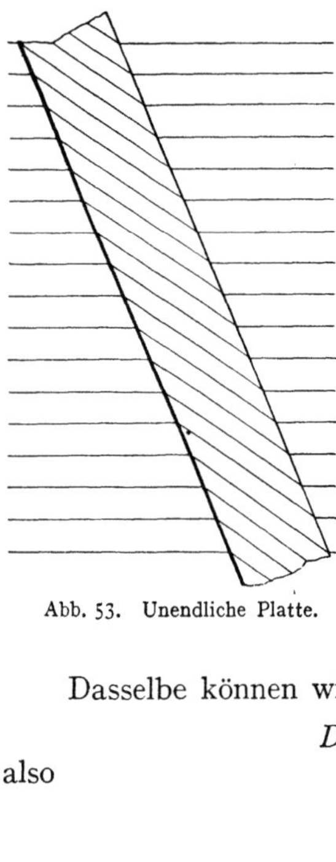

Abb. 53. Unendliche Platte.

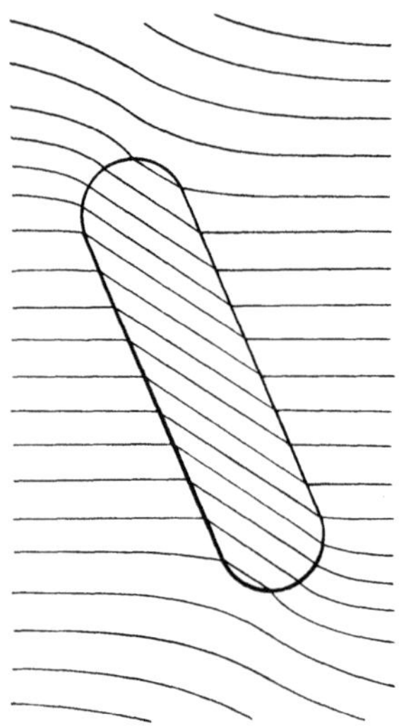

Abb. 54. Wirkung der Enden.

Dasselbe können wir auch aus folgender Formel sehen:

$$D_{n_1} = D_1 \cos\alpha_1 = D_{n_2} = D_2 \cos\alpha_2 ,$$

also

$$\frac{D_1}{D_2} = \frac{\cos\alpha_2}{\cos\alpha_1} .$$

Je größer der Winkel $\alpha$, desto kleiner ist $\cos\alpha$ und desto größer die Induktion.

Für die Feldintensität haben wir gerade das Gegenteil:

$$E_1 = E_{t_1} \sin\alpha_1 , \qquad E_2 = E_{t_2} \sin\alpha_2 ,$$

und

$$\frac{E_1}{E_2} = \frac{\sin\alpha_1}{\sin\alpha_2} .$$

Eine größere Dielektrizitätskonstante und ein größerer Winkel $\alpha$ wird demnach eine kleinere Feldintensität ergeben.

Da man durchweg das Wort Kraftlinien für die Induktionslinien gebraucht, so kann man von einer Konzentration der Kraftlinien oder besser der Induktionslinien beim Übergang aus der Luft in irgendein flüssiges oder festes Dielektrikum, wo $\varepsilon > 1$ ist, sprechen. Die Konzentration hängt natürlich vom

* Der Leser möge diese Rechnung mit derjenigen S. 42, 50 in Parallele stellen und beweisen, daß die Brechung der Kraftlinien an der Grenze zweier Dielektrika durch ihre scheinbaren Oberflächenladungen hervorgerufen wird.

Einfallswinkel ab; bei normaler Inzidenz erhalten wir überhaupt keine Konzentration.

In der Abb. 53 ist eine zum elektrischen Felde geneigte unendlich große Platte gezeichnet, deren Dielektrizitätskonstante größer ist als die des umgebenden Mediums. Das Feld ist überall homogen, die Kraftlinien werden an der Grenze gebrochen, und in der Platte sind sie dichter als im Außenraum.

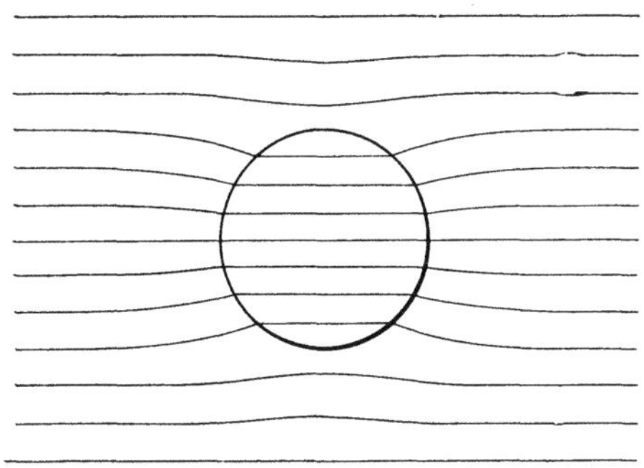

Abb. 55. Dielektrische Kugel $\varepsilon > \varepsilon_0$.

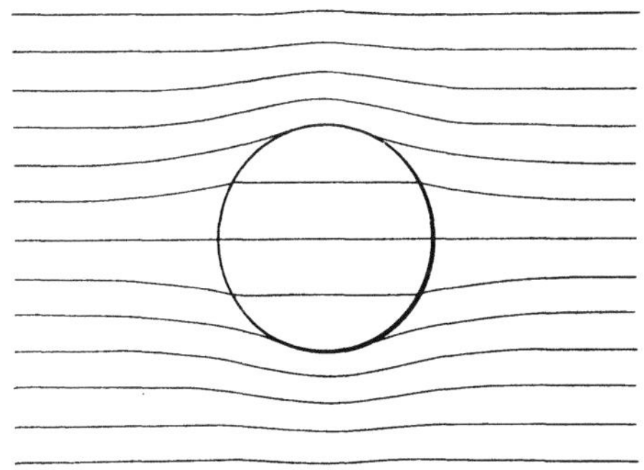

Abb. 56. Dielektrische Kugel $\varepsilon < \varepsilon_0$.

In der Abb. 54 ist dieselbe Platte aber von *endlicher* Größe gezeichnet. Das Feld bleibt im Außenraume nicht mehr homogen, an den Rändern der Platte bemerkt man Verdichtungen der Kraftlinien. Im Punkte der normalen Inzidenz werden die Kraftlinien nicht gebrochen.

In der Abb. 55 ist ein homogenes Feld dargestellt, in welchem eine Kugel von größerer Dielektrizitätskonstante eingeführt ist, und in der Abb. 56 hat

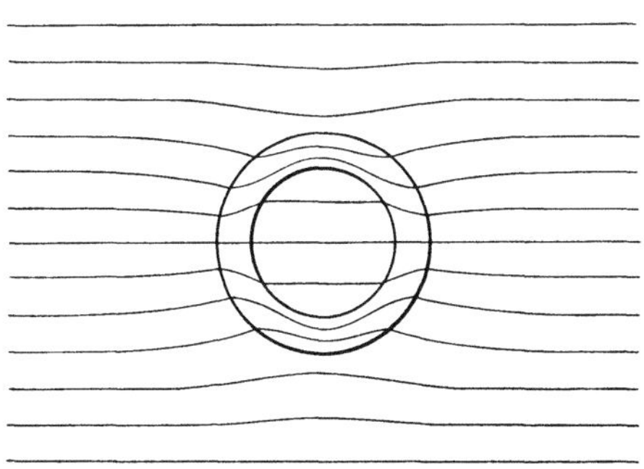

Abb. 57. Hohles Dielektrikum.

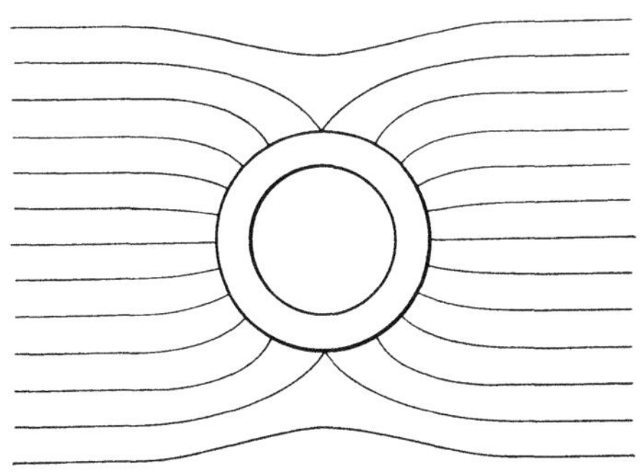

Abb. 58. Hohler Leiter.

die in das Feld hineingebrachte Kugel eine kleinere Dielektrizitätskonstante als das umgebende Medium. Im ersten Falle werden die Kraftlinien in der Kugel konzentriert, im zweiten Falle dagegen gehen die Kraftlinien auseinander. Man kann auch sagen, daß im letzten Falle die Konzentration im Außenraume erfolgt, wo die Dielektrizitätskonstante größer ist.

In der Abb. 57 ist ein hohles Dielektrikum gezeichnet. Hier bewirkt die Brechung und die Konzentration der Kraftlinien eine Schwächung des Feldes im Innern der Hohlkugel. In der Abb. 58 ist zum Vergleich ein hohler Leiter gezeichnet; in seinem Innern gehen überhaupt keine Kraftlinien durch. Wir können diese letzten Fälle auch so beschreiben: ein hohler Leiter schirmt die elektrische Kraft ab, ein Dielektrikum dagegen können die elektrischen Kräfte durchdringen. Aus dieser Ausdrucksweise ist auch der Name Dielektrikum entstanden (*dia* im Griechischen heißt *durch*).

Alle hier angeführten Zeichnungen sind annäherungsweise gezeichnet und dienen nur zur allgemeinen Orientierung. Man kann sie auch benutzen, um die Veränderungen des elektrischen Feldes zu übersehen, welche entstehen, wenn man einen dielektrischen Kreiszylinder mit seiner Achse senkrecht zu den Kraftlinien in das Feld hineinbringt.

**68. Oberflächenkräfte am Dielektrikum.** Eine genaue Berechnung der Kräfte, die ein gegebenes elektrisches Feld auf einen dielektrischen Körper ausübt, ist größtenteils mit erheblichen mathematischen Schwierigkeiten verknüpft, und wir können hier nicht darauf eingehen. Eine allgemeine Übersicht erhalten wir, wenn wir zunächst die Kräfte bestimmen, welche auf der Oberfläche der polarisierten Dielektrika wirken.

Wir betrachten also ein Oberflächenstück an der Grenze zwischen zwei Dielektrika, deren Dielektrizitätskonstanten $\varepsilon_1$ und $\varepsilon_2$ seien.

Die Feldintensität sei zunächst normal zu der Grenzoberfläche gerichtet, und zwar vom ersten Dielektrikum in das zweite. Dann werden auf der Oberfläche des ersten Dielektrikums *positive* scheinbare Ladungen entstehen, im zweiten *negative*, und beide Ladungen zusammen werden eine freie Ladung bilden mit der Oberflächendichte

$$\sigma_0 = \sigma_1 - \sigma_2 = k_1 E_{n_1} - k_2 E_{n_2} = \frac{D}{4\pi}\left(\frac{\varepsilon_1 - \varepsilon_2}{\varepsilon_1 \varepsilon_2}\right).$$

Die normale Komponente der Induktion $D$ ist ja in beiden Dielektrika dieselbe, weshalb wir $D$ außerhalb des Klammerausdrucks gestellt haben.

Wir sehen aus der Formel, daß, wenn das zweite Dielektrikum eine größere Dielektrizitätskonstante hat, die freie Ladung *negativ* wird; folglich wird die Oberflächenkraft entgegengesetzt dem Felde gerichtet sein, also vom zweiten Dielektrikum in das erste. Kehren wir das Feld um, so werden die scheinbaren Ladungen gleichzeitig ihr Zeichen wechseln, und die Kraftrichtung bleibt dieselbe. In beiden Fällen wird also die Kraft von der größeren Dielektrizitätskonstante zu der kleineren gerichtet sein.

In dem Falle, wo das Feld tangential zur Grenzoberfläche der beiden Dielektrika gerichtet ist, wird die Oberfläche im Mittel überhaupt nicht geladen, und man könnte denken, daß die Oberfläche in diesem Falle auch frei von Kräften bleibe. Das ist aber nicht der Fall. Wir dürfen nämlich nicht vergessen, daß nach FARADAY senkrecht zu den Kraftlinien stets ein gewisser Druck wirkt, der die Kraftlinien voneinander abstößt.

Je stärker die Polarisation im Dielektrikum, desto größer wird auch diese Abstoßungskraft sein. Nun sind die tangentialen Komponenten der Feldstärke in beiden Dielektrika gleich, folglich wird die Abstoßungskraft in dem Dielektrikum größer, in welchem der Elektrisierungskoeffizient und also auch die Dielektrizitätskonstante größer ist. Im Resultate wird die Grenzfläche dorthin getrieben, wo die Dielektrizitätskonstante kleiner ist; dasselbe Resultat wie im Falle der Normalkomponenten der Feldintensität.

Wir können also ganz allgemein schließen:

An der Grenzoberfläche zweier Dielektrika mit verschiedenen Dielektrizitätskonstanten wirkt in einem elektrischen Felde eine Kraft, welche normal zur Grenzoberfläche gerichtet ist, und zwar von der größeren Dielektrizitätskonstante zu der kleineren. Die Richtung der Kraft ist völlig unabhängig von der Richtung des Feldes.

Was die Größe dieser Kräfte anbelangt, so werden sie im allgemeinen von der Richtung des elektrischen Feldes relativ zu der Oberflächennormale der

Dielektrika abhängen, worauf wir hier nicht näher eingehen wollen. Es ist aber leicht einzusehen, daß die Größe dieser Kräfte in allen Fällen proportional dem *Quadrate* der Feldstärke sein muß. In der Tat ist ja die elektrische Kraft nach dem COULOMBschen Gesetze proportional der Feldstärke und der Ladung; nun sind die influenzierten Ladungen ihrerseits proportional der Feldstärke; folglich wird das Produkt aus beiden Größen, also die elektrische Kraft, proportional Quadrate der Feldstärke sein.

**69. Kraftwirkungen auf dielektrische Körper im elektrischen Felde.** Nachdem wir uns über die Oberflächenkräfte wenigstens qualitativ orientiert haben, können wir einige typische Fälle der Kraftwirkungen des elektrischen Feldes auf dielektrische Körper besprechen.

Im Innern der Körper können zwar auch Kräfte wirken, z. B. die FARADAYschen Spannungen (S. 32, **39**), aber diese Spannungen werden sich in einem *homogenen* Dielektrikum in jedem Punkte das Gleichgewicht halten und können den Körper als Ganzes nicht in Bewegung setzen. Es genügt uns also die Oberflächenkräfte allein zu berücksichtigen.

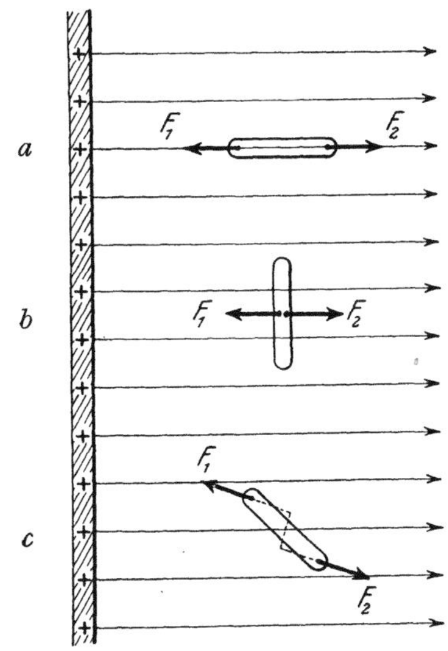


Abb. 59. Dielektrisches Stäbchen in einem homogenen Felde.

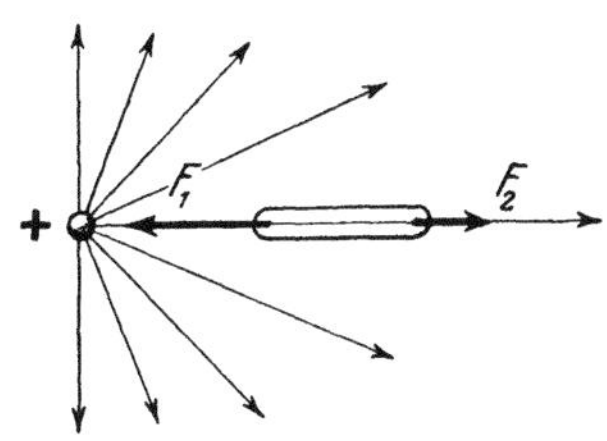


Abb. 60. Dielektrisches Stäbchen im inhomogenen Felde.

Wir fangen mit dem einfachsten Falle eines homogenen Feldes an. Der Körper (Abb. 59) sei so klein, daß er die Homogenität des Feldes nicht merklich beeinflußt. Die Dielektrizitätskonstante des Körpers sei zunächst *größer* als die Dielektrizitätskonstante des ihn umgebenden Mediums. Dann werden auf der Oberfläche dieses Körpers zwei entgegengesetzte Kräfte entstehen, wie es in der Abb. 59a gezeichnet ist. Beide Kräfte werden wegen der Homogenität des Feldes einander gleich sein, und der Körper bleibt in Ruhe. Nur sein Inneres wird durch diese Kräfte *gedehnt*.

Ist die Dielektrizitätskonstante des Körpers kleiner als die des umgebenden Mediums, so bleibt der Körper im homogenen Felde ebenso in Ruhe, wird aber von den Oberflächenkräften *zusammengepreßt*.

Die Dehnung oder Zusammenpressung der Körper im elektrischen Felde heißt Elektrostriktion.

Hat der Körper eine längliche Gestalt und bildet seine Länge irgendeinen Winkel mit der Feldrichtung (Abb. 59c), so werden zwar die in einem homogenen Felde wachgerufenen Kräfte wieder entgegengesetzt gleich sein, aber sie werden nicht in ein und derselben Linie wirken; der Körper wird von diesem Kräftepaar eine Drehung erfahren (vgl. S. 56, Abb. 54). Es ist leicht einzusehen, daß, wenn die Dielektrizitätskonstante des Körpers größer als die des umgebenden Mediums ist, der Körper sich mit seiner Längsrichtung in die Richtung des Feldes einstellen wird (Abb. 59a), bei kleinerer Dielektrizitätskonstante wird ein stabiles Gleichgewicht erst erreicht, wenn der Körper quer zum Felde sich einstellt (Abb. 59b).

In einem inhomogenen Felde, z. B. im Felde einer geladenen Kugel (Abb. 60), werden die Kräfte $F_1$ und $F_2$ nicht mehr einander gleich sein und ein kleiner Körper wird von der Kugel angezogen, wenn seine Dielektrizitätskonstante *größer* als die Dielektrizitätskonstante des umgebenden Mediums ist; im entgegengesetzten Falle wird er von der geladenen Kugel abgestoßen.

Ob die Kugel positiv oder negativ geladen wird, ist dabei belanglos.

Wir können das letztere Resultat noch allgemeiner, nämlich für ein beliebiges inhomogenes Feld so aussprechen: In einem inhomogenen elektrischen Felde wird ein kleiner dielektrischer Körper, dessen Dielektrizitätskonstante *größer* als die des umgebenden Mediums ist, dorthin bewegt, wo das Feld *stärker* ist. Hat der Körper eine *kleinere* Dielektrizitätskonstante als die des ihn umgebenden Mediums, so strebt er den Stellen des angrenzenden Feldes zu, wo die Feldintensität *schwächer* ist.

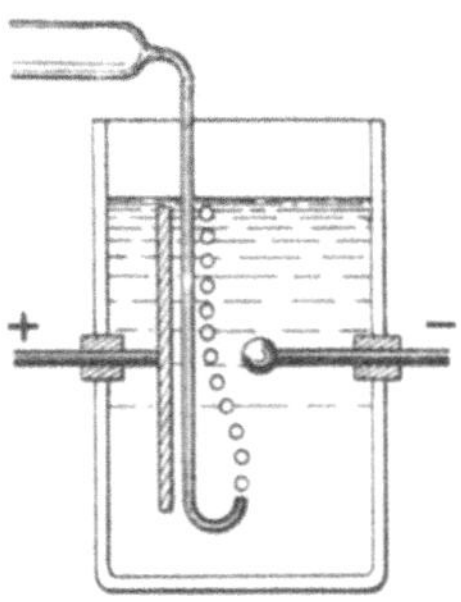

Abb. 61. Versuch von Puccianti.

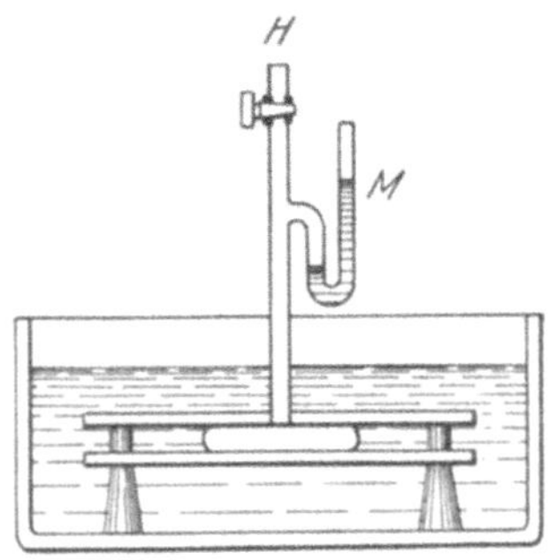

Abb. 62. Versuch von Quincke.

Wir empfehlen dem Leser, diese Regel durch Überlegungen über die Oberflächenkräfte zu verifizieren.

**70. Versuch von Puccianti.** Die soeben erwähnte Abstoßung in einem in homogenen Felde kann man am folgenden Versuche beobachten. In ein mit Petroleum oder Paraffinöl gefülltes Gefäß wird eine Messingkugel und eine ihr gegenüberstehende Metallplatte eingetaucht (Abb. 61). Beide werden mit den Polen einer Elektrisiermaschine verbunden, und zwischen ihnen entsteht ein inhomogenes elektrisches Feld. In dieses Feld werden aus einem fein ausgezogenen Glasröhrchen kleine Luftbläschen eingeführt. Die Luft hat eine zweimal kleinere Dielektrizitätskonstante als Petroleum, und der Versuch zeigt, daß die Luftbläschen beim Emporsteigen in der Flüssigkeit von der geladenen Kugel abgestoßen werden.

Nehmen wir zu diesem Versuche zwei entgegengesetzt geladene Kugeln (Abb. 30, S. 31), so werden die Luftbläschen von beiden Kugeln abgestoßen oder, genauer gesagt, sie werden aus dem stärkeren Felde zwischen den Kugeln dorthin abgelenkt, wo das Feld schwächer ist.

Diese Versuche sind mit einer gewissen Vorsicht anzustellen. Die Luftbläschen müssen möglichst langsam eingeblasen werden, damit sie sich durch Reibung nicht merklich laden, sonst werden sie, je nach der Ladung der Kugel, von ihr abgestoßen oder auch angezogen.

**71. Der Versuch von Quincke.** Die Oberflächenkräfte an der Grenzoberfläche zweier Dielektrika bei tangential gerichteter Feldintensität kann man z. B. am folgenden von Quincke angegebenen Versuch demonstrieren.

Zwei wagerechte Metallplatten (Abb. 62) werden in ein Gefäß mit Petroleum oder Terpentinöl eingetaucht. Die Platten werden voneinander durch kleine Glasstücke isoliert. Die obere Platte ist in der Mitte mit einer kleinen Öffnung versehen, in welcher ein vertikales Glasrohr mit einem Hahn $H$ und mit einem Manometer $M$ eingesetzt ist. Bläst man durch das Röhrchen von oben Luft hinein, so bildet sich in der Mitte der Platte eine Luftblase, die ringsherum von Terpentin umgeben bleibt. Nachdem der Hahn geschlossen wird, zeigt das Manometer einen kleinen Überdruck in der Luftblase. Werden die Metallplatten geladen, so wird dieser Überdruck größer und das Manometer $M$ steigt ein wenig in die Höhe. Das zeigt eben, daß die Luft von der angrenzenden und tangential polarisierten Flüssigkeit zusammengedrückt wird. Der Druck ist von der größeren Dielektrizitätskonstante (Terpentinöl) zu der kleineren (Luft) gerichtet, wie wir es oben auseinandergesetzt haben.

QUINCKE hat diese Erscheinung benützt, um die Dielektrizitätskonstante verschiedener Flüssigkeiten miteinander zu vergleichen.

## 6. Elektrische Energie.

**72. Umwandlung der Energie.** Nachdem wir die verschiedenen Erscheinungen der Elektrisierung und die wichtigsten Eigenschaften des elektrischen Feldes besprochen haben, wollen wir zum Studium der elektrischen Energie übergehen.

Daß es eine elektrische Energie überhaupt geben muß, schließen wir schon aus den einfachsten Fundamentalversuchen. Wenn z. B. der Bernstein einen Strohhalm zu sich anzieht, so erzeugt er eine gewisse, wenn auch sehr kleine Arbeit. Nehmen wir an, der Strohhalm wiege 0,1 g und sei vom Bernstein auf etwa 2 cm in die Höhe gehoben, dann ist die dabei geleistete Arbeit, wie bekannt, gleich

$$0{,}1 \cdot 2\ \mathrm{g \cdot cm} = 0{,}2 \cdot 980\ \mathrm{Dyn \cdot cm} = \text{etwa } 200\ \mathrm{Erg}\,.$$

Nach dem allgemeinen Prinzip der Erhaltung der Energie muß jede geleistete Arbeit aus irgendeiner Energiequelle stammen; Arbeit und Energie können nicht geschaffen und nicht vernichtet werden. Die Energie kann aber in verschiedenen Formen erscheinen und ihre Form sogar in ein und demselben Versuche mehrmals wechseln; ihre Quantität bleibt aber bei allen solchen Umformungen unverändert.

Auch in unserem Falle, bei der Anziehung eines Strohhalmes, haben wir die mechanische Arbeit von 200 Erg aus der elektrischen Energie gewonnen. Wir müssen also nach dem Sitz und dem Ursprung einer elektrischen Energie von demselben Betrag von 200 Erg im elektrisierten Bernstein suchen.

Zunächst fragen wir nach dem Ursprung dieser elektrischen Energie.

Nun sind wir schon auf Grund der mannigfaltigen Versuche zu der Überzeugung gekommen, daß jede Elektrisierung — sie mag erzeugt sein wie man will, durch Reibung, durch Influenz, in den Leitern oder in Isolatoren, überhaupt in allen Fällen —, durch *eine Trennung* einer gewissen Menge positiver Elektrizität von einer gleich großen Menge negativer Elektrizität hervorgebracht wird (S. 22, **27**). Da die ungleichnamigen Elektrizitäten sich anziehen, so wird diese Trennung stets eine gewisse Arbeit erfordern. Diese von uns bei der Elektrisierung geleistete Arbeit muß sich als elektrische Energie in den elektrisierten Körpern vorfinden.

Selbstverständlich wird die von uns geleistete Arbeit stets größer sein als die erzeugte elektrische Energie, denn bei allen Vorgängen, und am meisten bei der Reibung, wird ein großer Teil unserer Energie in andere Formen, z. B. in Wärme, übergehen. Aber wie dem auch sei, ein Teil der von uns erzeugten mechanischen Arbeit wird als elektrische Energie erscheinen, und diese elektrische Energie wird bei der Anziehung eines Strohhalmes wieder in mechanische Arbeit verwandelt.

Die elektrische Energie kann in jede beliebige andere Form von Energie verwandelt werden und, was das Charakteristische dabei ist, können diese Verwandlungen sehr leicht und mit sehr einfachen Mitteln erzielt werden.

Als das bekannteste Beispiel wollen wir folgendes anführen:

Nähern wir zwei möglichst stark elektrisierte Kugeln allmählich zueinander, so entsteht zwischen ihnen in der Luft ein elektrischer Funke. In solch einem Funken kommen gleichzeitig folgende verschiedene Formen der Energien zum Vorschein:

1. Beim Durchschlagen des Funkens hören wir einen Knall, der eine Erschütterung der Luft kundgibt; das ist eine mechanische akustische Energie.

2. Außerdem sehen wir das Licht des Funkens, also Lichtenergie.

3. Der Funken leuchtet, weil die Luft in ihm bis zum Glühen erwärmt wird; sie enthält also Wärmeenergie.

4. In der Nähe der Entladung kann man auch magnetische Energie nachweisen, denn eine Magnetnadel wird abgelenkt.

5. Nach einer Reihe von Funkenentladungen können wir einen spezifischen Geruch von Ozon bemerken. Das ist ein Zeichen, daß im Funken chemische Prozesse vor sich gehen. Es muß demnach auch chemische Energie in der Erscheinung mitspielen.

Daraus sehen wir, daß während einer Funkenladung die elektrische Energie in fast alle andere Formen der Energien sich umwandelt.

Welche Umwandlungen die elektrische Energie auch erfahren mag, für uns ist es vor allem wichtig, die *Größe* der uns zur Verfügung stehenden elektrischen Energie berechnen zu können. Da, wie schon öfters bemerkt, jede elektrische Energie in elektrisierten Körpern dadurch entsteht, daß wir die positive Ladung von der negativen entfernen, so ist unsere Aufgabe gleichbedeutend mit der folgenden:

Wie groß ist die Arbeit, die man leisten muß, um eine Ladung im Felde anderer Ladungen von einem Punkte zum anderen zu bewegen?

Zu der so formulierten Aufgabe wollen wir jetzt übergehen.

**73. Die Arbeit bei der Verschiebung einer Ladung im homogenen Felde.** Wir fangen wieder mit dem einfachsten Falle eines homogenen Feldes an. Stellen wir uns zwei parallele mit gleichmäßiger Oberflächendichte elektrisierten Ebenen vor (Abb. 63); $AB$ sei positiv, $CD$ negativ elektrisiert. Die Oberflächendichte sei $\pm\sigma$.

Wir wissen schon (S. 40, **48**), daß in diesem Falle alle Kraftlinien parallel und normal zu den Ebenen verlaufen und daß die Feldintensität und die Induktion überall die gleichen sind, nämlich

$$E = \frac{4\pi\sigma}{\varepsilon}; \qquad D = 4\pi\sigma.$$

Wir nehmen jetzt eine so kleine elektrische Ladung $+e$, daß sie unser homogenes Feld nicht merklich verändert, und verschieben sie von der Ebene $BB$ zu der Ebene $AA$, also entgegen dem Felde, längs einer geraden Linie $ba$. Die Kraft des Feldes auf die Ladung $e$ wird auf dem ganzen Wege dieselbe sein, nämlich

$$F = eE,$$

und die Arbeit dieser Kraft auf dem Wege $ba = s$ wird

$$U = Fs\cos(Fs) = eEs\cos(Es) = Eed,$$

wo $d = s\cos(E_s)$ die Entfernung zwischen unseren zwei Ebenen bedeutet.

In dem zuletzt hingeschriebenen Ausdruck haben wir ein sehr wichtiges Resultat erhalten. Die Arbeit $U$, die wir auf dem Wege $s$ im Felde geleistet haben, ergibt sich als unabhängig von der Länge dieses Weges und nur abhängig von der Entfernung $d$ zwischen den Ebenen $A$ und $B$. Würden wir aus irgendeinem anderen Punkte $b_1$ der Ebene $B$ unsern Weg anfangen und in einem beliebigen anderen Punkte $a_1$ der Ebene $A$ endigen, so würde unsere Arbeit demnach in allen Fällen dieselbe sein.

Wir können das Resultat noch verallgemeinern. Ist unser Weg keine gerade, sondern eine gekrümmte Linie $ba$ (Abb. 64), so können wir das Feld zwischen $A$ und $B$ in eine große Zahl dünnen parallelen Schichten einteilen; die Schichten können so dünn genommen werden, daß das in jeder Schicht eingeschlossene kleine Stück der Kurve als geradlinig angesehen werden darf. Dann wird die Arbeit längs dieses kleinen Weges $s_1$ wieder gleich sein

$$U = eE \cdot S_1 \cos(E_{s_1}) = eE \cdot n\,,$$

wo $n$ die Entfernung zwischen den benachbarten Schichtebenen bedeutet.

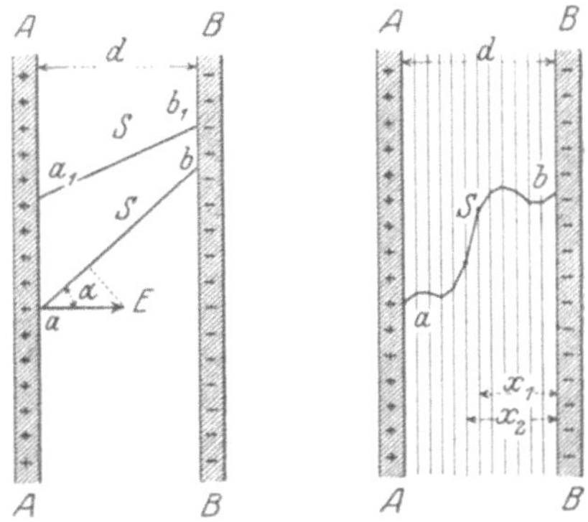

Abb. 63. Abb. 64.
Die Arbeit bei einer Bewegung der Ladung im elektrischen Felde.

Die Gesamtarbeit auf dem Wege $bsa$ (Abb. 64) wird die Summe von allen solchen Teilarbeiten sein, und im Resultat erhalten wir wieder

$$U = eE\sum n = eEd\,.$$

Die Arbeit $U$ ist also nicht nur von der Richtung, sondern auch von der Form des Weges $ba$ unabhängig. Wichtig ist nur die Entfernung zwischen der Anfangsebene und der Endebene.

**74. Das Potential.** In einem früheren Abschnitt (S. 29, **35**) haben wir es für bequem und nützlich gefunden, die elektrische Kraft $F$ auf die Einheit der Elektrizitätsmenge zu beziehen; wir nannten den Quotient aus der Kraft und der Ladung, auf welche diese Kraft wirkt, die Feldintensität

$$E = \frac{F}{e}\,.$$

Ganz ebenso können wir jetzt, da die Arbeit $U$ ebenso wie die Kraft $F$ proportional zu $e$ ist, eine neue Größe einführen, nämlich den Quotient aus der geleisteten Arbeit und der dabei verschobenen Elektrizitätsmenge. Wir nennen diese Größe schlechthin das Potential:

$$V = \frac{U}{e}\,.$$

Später werden wir diesen Begriff noch erweitern und präzisieren.

Wir wollen sofort den wesentlichen Unterschied zwischen den beiden von uns eingeführten Größen hervorheben. Die Kraft $F$ und die Feldintensität $E$ sind Größen, welche für *jeden Punkt* des Feldes einen bestimmten Betrag haben, während eine Arbeit, und folglich auch das Potential, nur dann bestimmt werden kann, wenn man angibt, in welchem Punkte der Arbeitsweg anfängt und in welchem Punkte er endet. Es genügt demnach nicht, für die Arbeit und für das Potential *einen* Punkt des Feldes anzugeben, sondern es sind dazu *zwei* Punkte nötig.

Betrachten wir noch einmal das homogene Feld (Abb. 64). Wird die Ladung $e$ von irgendeinem Punkte der Anfangsebene $B$ bis zu irgendeinem Punkte einer ihr parallelen Ebene $x_1$ verschoben, so muß eine Arbeit

$$U_1 = eEx_1$$

geleistet werden. Liegt der Endpunkt der Wegstärke auf der Ebene $x_2$, so wird die geleistete Arbeit gleich

$$U_2 = eEx_2 .$$

Hier bedeuten $x_1$ und $x_2$ die Abstände der entsprechenden Ebenen von der Anfangsebene $B$.

Laut der soeben aufgestellten Definition des Potentials können wir *bei denselben Anfangspunkten*, nämlich an der Ebene $B$, den Punkten der Ebenen $x_1$ und $x_2$ folgende Potentiale zuschreiben:

$$V_1 = Ex_1, \qquad V_2 = Ex_2 .$$

Fängt der Weg der bewegten Ladung von der Ebene $X_1$ an und endet er an der Ebene $X_2$, so ist die dabei geleistete Arbeit offenbar:

$$U_2 - U_1 = eEx_2 - eEx_1 = e(V_2 - V_1) .$$

Nun sind die von uns gewählten zwei Ebenen $X_1$ und $X_2$ eigentlich beliebige, parallel zu der Ebene $B$, also normal zu der Richtung des Feldes, gelegte Ebenen. Auch die Anfangs- und Endpunkte auf diesen Ebenen können beliebig gewählt werden. Wir formulieren also ganz allgemein:

Die Arbeit, welche bei einer beliebigen Verschiebung der Ladung $e$ im elektrischen Felde geleistet wird, ist gleich der verschobenen Elektrizitätsmenge, multipliziert mit der *Potentialdifferenz* zwischen dem Endpunkte und dem Anfangspunkte dieser Verschiebung.

**75. Potentialdifferenz.** Im vorigen Paragraphen haben wir vorausgesetzt, daß die Ladung ihren Weg an der Ebene $B$ anfängt, und für diese Ebene haben wir $V = 0$ festgesetzt. Aber eine solche Einschränkung der Allgemeinheit ist gar nicht nötig. Denn hat die Ladung $e$, bevor sie noch zu der Ebene $B$ gekommen ist, schon eine Arbeit $U_0$ vollbracht, so müssen wir dieser Ebene $B$ ein Potential

$$V_0 = \frac{U_0}{e}$$

zuschreiben. Dadurch werden die Potentiale aller anderen Ebenen $X_1$, $X_2$ um den Betrag $V_0$ größer. Aber die auf dem Wege von $x_1$ bis $x_2$ zu leistende Arbeit und ebenso alle anderen Potentialdifferenzen bleiben dabei ungeändert. Ebenso ungeändert bleibt auch unsere Gleichung für die Arbeit

$$U = e(V_2 - V_1) .$$

Wir sehen daraus, daß die absoluten Größen der Potentialen einzelner Punkte des Feldes für die Berechnung der Arbeit überhaupt keine Bedeutung haben; wichtig sind nur die *Potentialdifferenzen* dieser Punkte.

Nichtsdestoweniger ist es manchmal bequem, irgendeinen Anfangspunkt im Felde zu fixieren, von welchen dann alle Potentiale zu rechnen sind. Ist das Potential irgendeines Punktes im Felde einmal festgesetzt, so sind die absoluten Größen der Potentiale aller anderen Punkte durch die bekannten Potentialdifferenzen mitbestimmt.

**76. Die Einheit für das Potential.** Aus der Definition des Potentials können wir auch seine Einheit in beliebigem Maßsystem ableiten.

Als Einheit müssen wir diejenige Potentialdifferenz $V$ annehmen, die bei der Verschiebung der Elektrizitätsmenge $e = 1$, eine Arbeit $U$ auch gleich eins erfordert. Nehmen wir für die Einheit der Elektrizitätsmengen die absolute elektrostatische Einheit und für die Arbeit die absolute Einheit Erg, so erhalten wir auch für das Potential eine absolute elektrostatische Einheit.

In der Praxis wird viel öfter als Einheit des Potentials $\frac{1}{300}$ dieser Größe genommen; man nennt diese Einheit ein Volt. Also ist

$$1 \text{ Volt} = \frac{1}{300} \text{CGS-E}.$$

Damit wir einen anschaulichen Begriff von der Größe 1 Volt bekommen, können wir uns merken, daß die gebräuchlichsten galvanischen Elemente eine Potentialdifferenz an ihren Polen von etwa einem Volt ergeben.

Ein anderes Beispiel haben wir in der Funkenentladung. Um in der Luft einen Funken von 1 mm Länge zu erzeugen, muß die Potentialdifferenz zwischen zwei geladenen Kugeln etwa 3000 Volt oder 10 CGS-E sein.

**77. Verschiedene Einheiten für die Arbeit.** Im absoluten Maßsystem wird als Einheit der Arbeit ein Erg angenommen:

$$1 \text{ Erg} = \text{Dyne} \cdot \text{cm} = \frac{1}{980} \text{g}^* \cdot \text{cm} = \frac{10^{-7}}{9{,}8} \text{kg}^*\text{-m}.$$

Verschieben wir die Elektrizitätsmenge von 1 Coulomb im elektrostatischen Felde auf einem Wege, dessen End- und Anfangspunkt die Potentialdifferenz von 1 Volt haben, so wird dabei eine Arbeit geleistet, die man Joule genannt hat:

$$\text{Coulomb} \cdot \text{Volt} = \text{Joule}.$$

Setzen wir hier statt der praktischen Einheiten die absoluten elektrostatischen Einheiten ein, so erhalten wir die Beziehung:

$$1 \text{ Joule} = \text{Coulomb} \cdot \text{Volt} = 3{,}10^9 \cdot \frac{1}{300} = 10^7 \text{ erg} = \frac{1}{9{,}8} \text{kg}^*\text{-m}.$$

Annähernd kann man 1 Joule für $^1/_{10}$ kg*-m annehmen.

Wir fügen noch die Wärmeeinheit hinzu. Die Wärmemenge ist, wie bekannt, auch eine Energie- oder eine Arbeitsgröße.

Eine kleine Kalorie (cal), d. h. die Wärmemenge, welche nötig ist, um 1 g Wasser auf 1° C zu erwärmen, ist in mechanischem Maß ausgedrückt:

$$\text{cal} = \text{kl. Kalorie} = 0{,}425 \text{ kg}^*\text{-m}.$$

Daraus können wir ableiten, daß

$$1 \text{ Joule} = \frac{1}{9{,}8 \cdot 0{,}425} = 0{,}24 \text{ cal}.$$

**78. Die Äquipotentialebenen in einem homogenen Felde.** In dem von uns studierten Falle eines homogenen Feldes (S. 63, **74**) haben alle Punkte der parallel zu $A$ und $B$ gelegten Ebenen ein und dasselbe Potential; so haben z. B. alle Punkte der Ebene $X$ das Potential

$$V = E x.$$

Wir wollen deshalb diese Ebenen *Äquipotentialebenen* nennen.

Diese Ebenen haben folgende Eigenschaft: Bewegt sich irgendeine Ladung in einer dieser Ebenen, so ist dabei die geleistete Arbeit gleich Null. In der Tat sind doch die Potentiale des Anfangspunktes und des Endpunktes bei solcher Bewegung immer dieselben, und ihre Differenz ist gleich Null. Das folgt auch außerdem aus dem Umstande, daß bei solcher Bewegung die Kraft des Feldes stets normal zu dem Wege bleibt, also

$$\cos(F s) = 0 \qquad \text{und} \qquad U = F s \cos(F s) = 0.$$

**79. Äquipotentialflächen in einem inhomogenen Felde.** Bis jetzt haben wir nur homogene Felder betrachtet; wir können jetzt zum allgemeineren Fall eines inhomogenen Feldes übergehen. Stellen wir uns zuerst vor, in einem solchen Felde seien die Kraftlinien schon eingezeichnet. Dann konstruieren wir ein System von Flächen, welche in jedem Punkte normal zu den Kraftlinien gelegt werden. Ist es uns gelungen so ein Flächensystem zu konstruieren, so haben diese Flächen analoge Eigenschaften wie die im vorigen Paragraphen behandelten Ebenen. In der Tat, wenn irgendeine Ladung im Felde so bewegt wird, daß

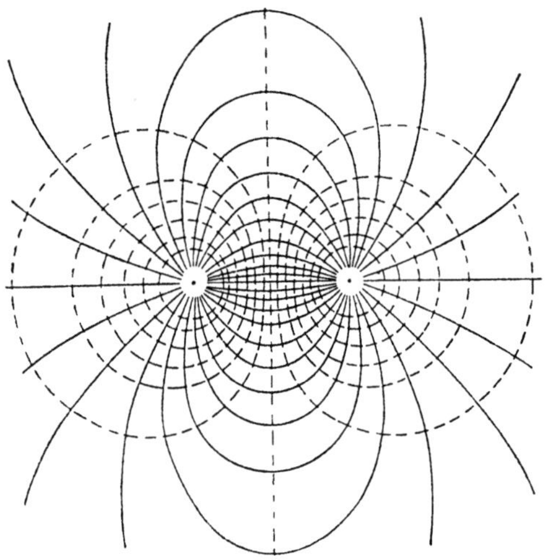

Abb. 65. Kraftlinien und Äquipotentialflächen (punktiert) zweier ungleichnamiger Pole.

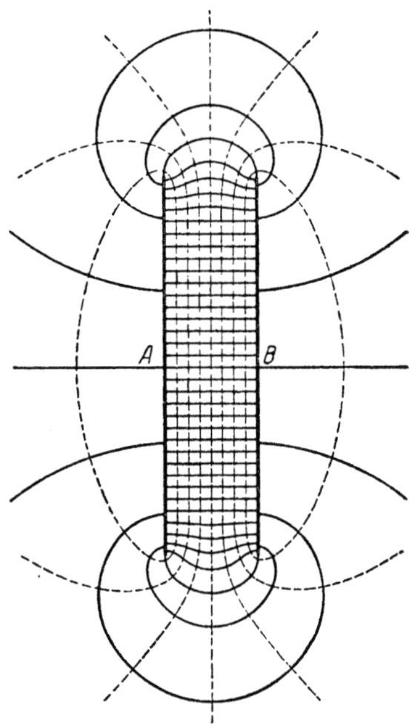


Abb. 66. Kraftlinien und Äquipotentialflächen zweier entgegengesetzt geladenen Scheiben.

sie stets in ein und derselben Fläche bleibt, so bleibt bei dieser Bewegung der Weg stets normal zu der Kraft, und die Arbeit

$$U = F s \cos(F s) = 0$$

wird gleich Null. Solch eine Bewegung erfordert also nicht die geringste Arbeitsleistung. Laut unserer Definition des Potentials müssen wir allen Punkten einer solchen Fläche dasselbe Potential zuschreiben. Man nennt daher diese Fläche *Äquipotentialflächen.* In einem homogenen Felde werden diese Flächen zu Ebenen.

Äquipotentialflächen sind also Flächen im elektrischen Felde, welche in jedem Punkte normal zu den Kraftlinien des Feldes verlaufen und wir können uns ein jedes elektrische Feld durch eine Schar von solchen Flächen gleichen Potentials in dünne Schichten zerteilt denken.

Es ist sehr anschaulich und auch nützlich, Zeichnungen für die verschiedenen elektrischen Felder herzustellen, in welchen die Kraftlinien und Äquipotentialflächen gleichzeitig angegeben sind. In solchen Zeichnungen werden natürlich die Äquipotentialflächen als Linien, d. h. als Schnitte der Flächen mit der Zeichnungsebene erscheinen.

Wir sind übereingekommen, die Kraftlinien in solch einem Abstand voneinander zu zeichnen, daß die Kraftliniendichte überall gleich der Induktion sei. In gleicher Weise empfiehlt es sich, die Äquipotentialflächen in einem solchen Abstand voneinander zu zeichnen, daß die Potentialdifferenz zweier benachbarten Flächen im ganzen Felde dieselbe bleibt. Dadurch wird die Übersicht erleichtert.

In den Abb. 65 und 66 sind Kraftlinien und Äquipotentialflächen für zwei Fälle des elektrischen Feldes dargestellt; die Kraftlinien sind ausgezogen, die Schnittlinien der Flächen mit der Zeichnungsebene sind gestrichelt.

**80. Die Arbeit bei der Bewegung in einem inhomogenen Felde.** Wir betrachten jetzt einen kleinen Teil $pq$ irgendeiner Äquipotentialfläche im elektrischen Felde (Abb. 67). Das Flächenstück kann so klein gedacht werden, daß man die Krümmung der Fläche vernachlässigen und das Flächenstück als eben annehmen darf. Ganz nah zu diesem Flächenstück und parallel zu ihm ziehen wir ein zweites, auch normal zu den Kraftlinien verlaufendes Flächenstück. Sind alle Dimensionen des so entstandenen Volumens klein genug gedacht, so können wir das Feld im Bereiche zwischen den zwei Flächenstücken als homogen annehmen und für diesen Teil des Feldes unsere Formel des homogenen Feldes anwenden.

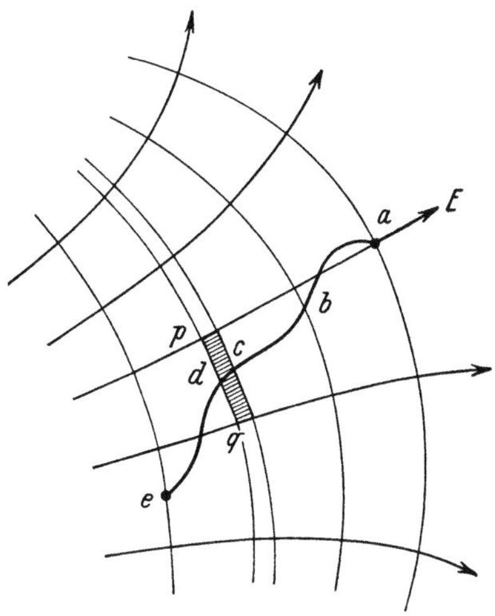

Abb. 67. Berechnung der Arbeit in einem inhomogenen Felde.

Die Arbeit, die geleistet wird, wenn man eine Ladung $e$ von der Äquipotentialfläche $V_1$ zu der benachbarten Äquipotentialfläche $V_2$ verschiebt, wird gleich

$$U_{12} = e(V_2 - V_1)\,.$$

Bewegen wir die Ladung noch weiter, so daß sie zwei solche dünne Schichten durchsetzt, mit den Potentialen $V_1$, $V_2$ und $V_3$, so wird die geleistete Arbeit

$$U_{123} = e(V_2 - V_1) + e(V_3 - V_2) = e(V_3 - V_1)\,.$$

Wir sehen, daß in dem endgültigen Ausdruck für die geleistete Arbeit nur die Potentiale der Endpunktes und des Anfangspunktes des Weges eingehen, die Potentiale der dazwischenliegenden Punkte des von der Ladung $e$ beschriebenen Weges heben sich auf und haben somit für die Gesamtarbeit keine Bedeutung. Verallgemeinern wir dieses Resultat auf eine beliebige Zahl von dünnen Schichten zwischen einer ganzen Reihe von benachbarten Äquipotentialflächen, so erhalten wir für die Arbeit, welche nötig ist, um eine Elektrizitätsmenge $e$ in einem beliebigen elektrischen Felde aus irgendeinem Punkte $a$ bis zu irgendeinem Punkte $e$ auf irgendeinem Wege $abcde$ zu verschieben, den allgemeingültigen Ausdruck

$$U_{ae} = e(V_e - V_a)\,.$$

Hier sind $e$ die Elektrizitätsmenge, $V_a$ das Potential des Anfangspunktes des ganzen Weges, $V_e$ das Potential des Endpunktes.

Die Länge sowie die Form des tatsächlich durchgemachten Weges hat auf das Resultat keinen Einfluß.

Das ist eine sehr wichtige Eigenschaft des *elektrostatischen* Feldes.

**81. Das Nullpotential.** Was wir von der Bedeutung der Potentialdifferenzen in einem homogenen Felde gesagt haben, können wir auch für die inhomogenen Felder genau wiederholen.

Die absoluten Größen der Potentiale haben keine physikalische Bedeutung, wichtig für die Berechnung des Feldes und der in dem Felde geleisteten Arbeit sind lediglich die Potentialdifferenzen. Wir können uns also einen Punkt im Felde oder auch eine beliebige Äquipotentialfläche nach Willkür wählen und ihr das Potential $V = 0$ zuschreiben; dann werden die Potentiale aller anderen Punkte des Feldes durch die schon bekannten Potentialdifferenzen völlig bestimmt. Die Potentialdifferenzen selbst können durch die von der Elektrizitätseinheit geleistete Arbeit bestimmt werden.

In der theoretischen Physik wird oft das Potential der unendlich fernen Punkte als Anfangspotential angenommen. Dann definiert sich das Potential in irgendeinem Punkte des elektrischen Feldes folgendermaßen: Das Potential in irgendeinem Punkte des elektrischen Feldes ist gleich der Arbeit, die man leisten muß, um die Ladung $e = 1$ aus der unendlichen Entfernung in den betreffenden Punkt des Feldes zu bringen.

Wenn wir diese Definition mit unserer Formel

$$U = e(V - V_\infty)$$

in Parallele stellen, so erhalten wir für $e = 1$ und für den unendlich fernen Punkt $V_\infty = 0$:

$$U = V.$$

Für den praktischen Gebrauch ist es meistens bequemer, das Anfangspotential auf der Erde anzunehmen. Dann werden auch alle Leiter, die mit der Erde leitend verbunden sind oder, wie man sich ausdrückt, *geerdet* sind, auch das Potential Null haben.

Wenn es sich für irgendwelche Zwecke als nötig herausstellen sollte, dem Potential der Erde nicht die Größe Null, sondern irgendwelche positive oder negative Größe $V_0$ zuzuschreiben, so werden auch die Potentiale aller anderen Körper um dieselbe Größe verändert. Aber die Potentialdifferenzen und folglich auch alle unsere Rechnungen und alle die Erklärungen, die wir den verschiedenen elektrischen Erscheinungen gegeben haben, bleiben davon unberührt.

**82. Feldintensität und Potential.** Wir haben soeben die Potentialdifferenzen für das elektrische Feld aus den gegebenen Feldintensitäten berechnet. Jetzt wollen wir noch zeigen, wie man umgekehrt aus den bekannten Potentialen eines Feldes die Feldintensität in jedem Punkte bestimmen kann.

Zunächst müssen wir uns klar machen, daß die Kraftlinien stets in der Richtung der *abnehmenden* Potentialen verlaufen. Aus unseren Formeln sehen wir nämlich, daß eine *positive* Arbeit dann erzeugt wird, wenn wir die positive Elektrizität auf ein *höheres* Potential bringen. Anderseits ist es klar, daß ein positiver Kraftaufwand dann nötig ist, wenn man die positive Elektrizität *entgegen* der Kraftwirkung, also entgegen der Kraftlinie, bewegen will. Folglich zeigen uns die Kraftlinien stets die Richtung der *fallenden* Potentiale an.

Daraus folgt unmittelbar, daß die positive Elektrizität, sich selbst überlassen, stets in der Richtung der fallenden Potentiale sich zu bewegen strebt; die negative Elektrizität wird dagegen zu den höheren Potentialen bewegt.

Betrachten wir wieder einen sehr kleinen Teil des inhomogenen Feldes, den wir als homogen ansehen können (wir können dazu die Zeichnung Abb. 67 benützen).

Verschiebt sich eine positive Ladung $+e$ längs einer kleinen Strecke $s$ in einen benachbarten Punkt, so wird dabei vom Felde eine Arbeit

$$U = F s \cos(F s) = eE s \cos(E s)$$

erzeugt, und laut unserer Definition wird die Potentialdifferenz zwischen dem End- und Anfangspunkte dieser Strecke gleich

$$V = \frac{U}{e} = E s \cos(E s) .$$

Da, wie wir wissen, die Bewegung der positiven Elektrizität stets in der Richtung zu den niedrigeren Potentialen erfolgt, so können wir die Größe $V$ den *Potentialabfall* auf der Strecke $s$ nennen. Den Potentialabfall, bezogen auf die Längeneinheit, nennt man das *Potentialgefälle*

$$\frac{V}{s} = E \cos(E s) .$$

Das maximale Potentialgefälle erhalten wir dann, wenn wir uns längs der Kraftlinien normal zu den Äquipotentialflächen bewegen, dann ist $\cos(E_s) = 1$ und

$$\frac{V}{n} = E .$$

Wir können demnach die Beziehung zwischen den Potentialen und der Feldintensität folgendermaßen formulieren: Die Feldintensität in irgendeinem Punkte des elektrischen Feldes ist gleich dem maximalen Potentialgefälle in diesem Punkte.

Haben wir eine Zeichnung des Feldes mit eingezeichneten Äquipotentialflächen und haben die benachbarten Flächen überall die gleiche Potentialdifferenz, so kann uns ein bloßer Blick auf die Zeichnung sofort über die Verteilung der Feldintensität Aufschluß geben. Denn da, wo die Äquipotentialflächen einander näher gelegen sind ($n$ kleiner ist), muß die Feldintensität größer sein, und an den Stellen, wo die Äquipotentialflächen auseinander gehen ($n$ größer wird), wird die Feldintensität schwächer.

**83. Allgemeine Regeln.** Wir wollen jetzt einige allgemeine Betrachtungen über die Kraftlinien und die Äquipotentialflächen im elektrischen Felde anführen.

Die Kraflinien und die normal zu ihnen gelegten Äquipotentialflächen können in den Isolatoren die verschiedensten Formen haben. An der Grenze zweier Isolatoren mit verschiedenen Dielektrizitätskonstanten erleiden die Kraftlinien, wie wir wissen, eine Brechung; an denselben Stellen werden auch die Äquipotentialflächen entsprechend gebrochen.

An einer Leiteroberfläche sind die Kraftlinien stets normal; folglich bildet die Oberfläche eines Leiters in der Elektrostatik immer eine Äquipotentialfläche.

Bei irgendeiner Verschiebung der Elektrizität längs einer Kraftlinie wird immer eine gewisse Arbeit geleistet; daraus folgt, daß jede Kraftlinie Äquipotentialflächen durchschneiden muß, welche *verschiedene* Potentiale haben. Längs einer und derselben Kraftlinie können demnach dieselben Potentialen überhaupt nicht vorkommen.

Im Innern eines Leiters, wo kein elektrisches Feld bestehen kann, können auch keine Kraftlinien durchgehen. Daraus folgt, daß ein leitender Körper beim elektrischen Gleichgewicht nicht nur auf seiner Oberfläche, sondern auch in seinem Innern überall dasselbe Potential haben muß.

Einander entsprechende Ladungen sind durch Kraftlinien verbunden und haben demnach stets verschiedene Potentiale. Entsprechende Ladungen können aus diesem Grunde nicht auf ein und demselben Leiter liegen.

Es wird vielleicht nützlich sein, die letzte Behauptung noch anders zu beweisen. Wir nehmen an, es befinden sich auf ein und derselben Leitoberfläche zwei einander entsprechende Ladungen. Die Ladungen seien außen im Isolator durch Kraftlinien verbunden, welche zu der Leiteroberfläche normal stehen. Im Leiter selbst sollen keine Kraftlinien durchgehen (Abb. 47, S. 47). Es sind also sonst alle Bedingungen für das Gleichgewicht der Elektrizität erfüllt; und dennoch kann das Gleichgewicht so nicht bestehen. Würde nämlich so ein Gleichgewichtszustand möglich sein, so könnte man ein Perpetuum mobile in folgender Weise einrichten. Man läßt einen positiv geladenen Körper $A$ bei der positiven Ladung $a$ an der Oberfläche des Leiters frei. Der Körper wird sich längs der Kraftlinien im Felde bewegen, bis er an die entsprechende negative Ladung, d. h. zu einer anderen Stelle der Oberfläche desselben Leiters ankommt; dabei wird eine gewisse Arbeit geleistet. Jetzt führen wir den Körper $A$ längs der Oberfläche des Leiters wieder zu seinem Ausgangspunkte; hierfür braucht man keine Arbeit zu leisten, denn die Oberfläche des Leiters ist eine Äquipotentialfläche. Von demselben Ausgangspunkte können wir wieder den positiv geladenen Körper loslassen und können diesen Prozeß so oft wiederholen, wie wir wollen. Man könnte so Energie in beliebiger Quantität aus nichts erhalten, und das ist nach dem Energieprinzip absolut unmöglich. Folglich können entsprechende Ladungen auf ein und demselben Leiter nicht liegen.

Aus demselben Grunde können im elektrostatischen Felde auch keine in sich zurückkehrende, geschlossene Kraftlinien existieren. Denn längs solcher in sich geschlossenen Kraftlinien würde ein geladener Körper sich immerfort bewegen und Arbeit leisten, ohne daß dabei das Feld sich ändert und die für die Bewegung nötige Energie liefert.

Bei einer in sich geschlossenen Linie fällt der Endpunkt mit dem Anfangspunkt bei einem ganzen Umlauf zusammen. Würde eine in sich geschlossene Kraftlinie im elektrostatischen Felde existieren können, so würden wir bei einmaligem Umlauf, wenn der Endpunkt mit dem Anfangspunkt unseres Weges zusammenfällt, eine gewisse Arbeit leisten und also für diesen Punkt eine entsprechende Potentialdifferenz erhalten. Da in sich geschlossene Kraftlinien, wie wir bewiesen haben, im elektrostatischen Felde nicht existieren können, so kann auch in ein und demselben Punkte des Feldes keine Potentialdifferenz sich ergeben. Jedem Punkte des Feldes kann nur ein einziges Potential zugeschrieben werden. Man spricht diese Regel so aus: das Potential im elektrostatischen Felde ist überall *eindeutig*.

Aus demselben Grunde können zwei Äquipotentialflächen mit verschiedenen Potentialen sich nicht schneiden und überhaupt keine gemeinsamen Punkte haben.

**84. Die Analogie zwischen Potential und der Höhe eines Punktes auf der Erdoberfläche.** Die Elektrizität wird sehr oft mit einer Flüssigkeit verglichen. Die Ausdrücke der elektrische Strom, die Elektrizität fließt zur Erde ab usw. haben wir schon öfters gebraucht. Wir können auch das elektrische Potential dem Niveau einer Flüssigkeit in Parallele stellen. Es fließt ja die Flüssigkeit immer von einem höheren Niveau zu einem niedrigeren, wie die positive Elektrizität vom höheren zum niedrigen Potential in Bewegung gesetzt wird.

Haben wir mehrere kommunizierende Gefäße, so wird die Flüssigkeit in diesen Gefäßen nur dann in Ruhe bleiben, wenn sie alle dasselbe Niveau haben. Ganz analog haben wir auch für einen Leiter oder für mehrere leitend verbundene Leiter die Regel, daß die Elektrizität nur dann im Gleichgewicht bleiben kann, wenn alle diese Leiter dasselbe Potential besitzen.

Wollen wir eine gewisse Menge Flüssigkeit, z. B. ein Gramm* (Gewicht), von einem Niveau $h_1$ auf ein Niveau $h_2$ heben, so müssen wir dazu eine Arbeit aufwenden, die sich durch die Formel ausdrücken läßt

$$U = m(h_2 - h_1)\,.$$

Diese Arbeit ist von dem Wege, den man tatsächlich beschreibt, unabhängig und hängt nur von der Niveaudifferenz $(h_2 - h_1)$ ab.

Die Arbeit bei der Verschiebung der Elektrizität $e$ in irgendeinem elektrischen Felde drückt sich auch in analoger Form aus:

$$U = e(V_2 - V_1)\,,$$

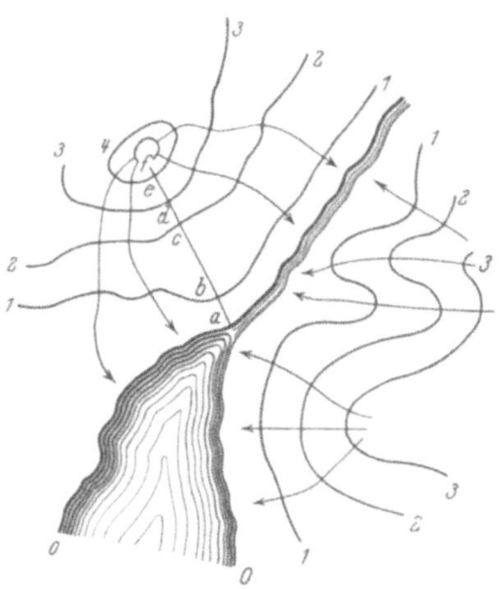

Abb. 68. Ein Plan mit Niveaulinien.

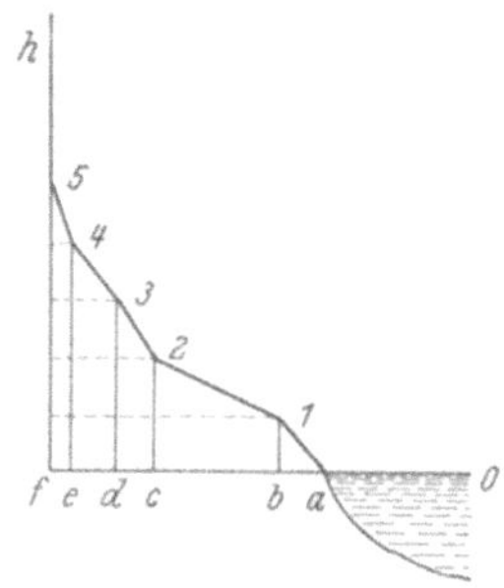

Abb. 69. Vertikaler Schnitt.

sie hängt auch nur von der Potentialdifferenz des End- und Anfangspunktes ab und ist auch vom Wege unabhängig.

Dank dieser Analogie spricht man sehr oft statt vom elektrischen Potential vom elektrischen Niveau.

Zur bequemeren Übersicht haben wir das elektrische Feld in einzelne Schichten durch Äquipotentialflächen eingeteilt und diese Flächen wurden durch die Kraftlinien des Feldes normal geschnitten. Ganz analoge Zeichnungen können wir für die verschiedenen Niveaus der Erdoberfläche in irgendeiner Gegend machen. Die Abb. 68 z. B. stellt den Plan einer Gegend dar. Alle Punkte der Erdoberfläche auf diesem Plane, die auf gleicher Höhe liegen, sind durch Linien verbunden, die man Kurven gleicher Höhe oder Niveaulinien nennt. Diese Kurven bilden die Schnitte der Erdoberfläche mit einem System horizontaler Ebenen (genauer gesagt mit Flächen gleicher Erdbeschleunigung).

Die Niveaulinien auf unserem Plane sind so gezeichnet, daß die Höhendifferenz zweier benachbarten Linien immer gleich Eins, z. B. gleich einem Meter ist. Die Niveaulinien sind numeriert, indem die nullte Linie, als die niedrigste, auf der Oberfläche des Sees 00 angenommen ist. Dann gibt uns die Nummer irgendeiner Linie gleichzeitig die Höhe der betreffenden Linie über dem Seeniveau in Metern an. Solche Pläne mit eingezeichneten Niveaulinien sind sehr praktisch und werden von Ingenieuren und Touristen sehr oft benützt.

Wollen wir z. B. das Gefälle in irgendeinem Punkte der Gegend bestimmen, so brauchen wir dazu nur die Höhendifferenz zweier benachbarten Punkte durch ihre gegenseitige Entfernung zu dividieren. Die Höhendifferenz liest man an den entsprechenden Niveaulinien und die Entfernung einfach auf dem Plane ab; der Quotient aus diesen beiden Größen stellt das Gefälle der Gegend im betreffenden Punkte (eigentlich zwischen zwei benachbarten Punkten) dar. Das so definierte Gefälle ist, wie man leicht sehen kann, der Tangente des Winkels gleich, welchen die Linie *ab* mit dem Horizonte bildet.

In der Abb. 69 ist ein vertikaler Schnitt durch die Gegend längs der Linie *abcdef* dargestellt; den Schnitt kann man leicht konstruieren, wenn der Plan mit Niveaulinien schon gegeben ist. Aus diesem Schnitte ist u. a. leicht ersichtlich, daß das Gefälle in den Punkten größer sein wird, wo die Niveaulinien auf dem Plane einander näher sind; und umgekehrt da, wo die Niveaulinien auf dem Plane auseinandergehen, wird das Gefälle kleiner.

Das größte Gefälle erhalten wir, wenn wir aus irgendeinem Punkte normal zu der Niveaulinie gehen, denn die Normale wird immer die kürzeste Entfernung zwischen zwei benachbarten Linien bilden. Wenn in der betrachteten Gegend ein starker Regen fällt, so wird das Regenwasser auf der Oberfläche längs der Linien des größten Gefälles fließen, d. h. normal zu den Niveaulinien.

Es ist leicht einzusehen, daß in dem angeführten Beispiele die Niveaulinien ganz analog den Äquipotentialflächen des elektrischen Feldes sind, das Maximalgefälle analog der Feldintensität, die Linien, längs welcher das Regenwasser abfließt, analog den Linien sind, längs welcher die positive Elektrizität sich in einem elektrischen Felde bewegt, also den Kraftlinien usw.

Es ist auch klar, daß die nullte Niveaulinie ganz willkürlich gewählt werden kann, der Plan kann uns nur die *Niveaudifferenzen* geben, und diese allein brauchen wir für unsere Berechnungen. Ebenso willkürlich kann auch das Nullpotential in einem elektrischen Felde gewählt werden.

**85. Energie eines homogenen elektrischen Feldes.** Wir wollen wieder das Feld zwischen zwei parallelen Ebenen betrachten (Abb. 40, S. 40), welche gleichmäßig mit der Oberflächendichte $\sigma$ geladen sind.

Jeder Elektrisierungsvorgang besteht in einer Trennung der positiven Elektrizität von der negativen, und da die beiden Elektrizitäten sich anziehen, so ist eine solche Trennung mit einem Energieaufwand verbunden. Diese Energie erscheint als *potentielle* Energie der geladenen Körper in latenter, verborgener Form. Durch welche Mittel wir die Elektrisierung erzielen, d. h. auf welchem Wege wir die entgegengesetzten Elektrizitäten voneinander getrennt haben, das hat für die Größe der erzeugten potentialen Energie keine Bedeutung.

Die letztgenannte Eigenschaft des elektrostatischen Feldes gibt uns die Möglichkeit, folgendermaßen zu verfahren. Wir denken uns die zwei geladenen Ebenen zunächst in einer unendlich kleinen Entfernung voneinander. Dann ziehen wir sie auf eine endliche gegenseitige Entfernung $d$ auseinander. Wie groß wird die dabei geleistete Arbeit, bezogen auf ein Flächenstück $S$?

Wir haben schon gezeigt (S. 41, **49**), daß die Kraftwirkung auf das geladene Flächenstück $S$ unabhängig ist von der Entfernung und gleich

$$F = pS = \frac{E}{2}\sigma S \qquad \text{oder auch} \qquad F = \frac{DE}{8\pi} S = \frac{\varepsilon E^2}{8\pi} S.$$

Folglich ist die auf dem Wege $d$ geleistete Arbeit gleich

$$U = Fd = \frac{Ed}{2}\sigma S = \frac{DE}{8\pi} Sd = \frac{\varepsilon E^2}{8\pi} Sd.$$

Ebenso groß ist auch die erzeugte elektrische Energie.

Diese letzte Formel können wir in zwei verschiedenen Formen darstellen: *Erstens* setzen wir

$$\sigma S = e, \qquad E d = V,$$

und erhalten

$$U = \frac{eV}{2}.$$

In dieser Form ist die elektrische Energie ausgedrückt durch die Elektrizitätsmengen der einander entsprechenden Ladungen und ihre Potentialdifferenz.

*Zweitens* können wir einsetzen

$$S d = Q,$$

wo $Q$ das Volumen des Feldes zwischen zwei parallelen Flächenstücken $S$ bedeutet; dann erhalten wir

$$U = \frac{DE}{8\pi} Q = \frac{\varepsilon E^2}{8\pi} Q,$$

und die Energie ist ausgedrückt durch die Feldintensität und ist proportional dem Volumen des Feldes. Man nennt die Energie einer Volumeneinheit, als eines cm$^3$, die elektrische *Energiedichte.*

Für die Energiedichte haben wir somit die Ausdrücke

$$U_0 = \frac{DE}{8\pi} = \frac{\varepsilon E^2}{8\pi}.$$

**86. Allgemeiner Fall.** Dieses Resultat können wir sofort auch auf inhomogene elektrische Felder verallgemeinern. Zu diesem Zweck konstruieren wir im Felde eine Kraftröhre von kleinem Querschnitt und zerschneiden sie in eine große Zahl sehr dünner, normal zum Felde gelegter Schichten. Jede solche Schicht unserer Röhre stellen wir uns so klein und so dünn vor, daß das Feld in ihrem Innern als homogen gelten kann (vgl. Abb. 67, S. 67). Die Energiedichte in einer solchen Schicht wird überall die gleiche sein, nämlich

$$U_e = \frac{DE}{8\pi} = \frac{\varepsilon E^2}{8\pi},$$

und wenn wir das Volumen der Schicht mit $Q$ bezeichnen, so wird die Energie des ganzen Feldes als Summe dargestellt

$$U = \sum \frac{DE}{8\pi} Q.$$

Selbstverständlich können die Größen von $E$ und $Q$ für verschiedene Schichten verschieden sein.

Das Volumen $Q$ kann als Produkt aus dem Querschnitt $S$ und der Dicke $n$ der Schicht dargestellt werden; dann erhalten wir

$$U = \sum \frac{DS}{8\pi} E n.$$

Nun ist die Größe $DS$ der Induktionsfluß durch die Kraftröhre, und er bleibt, wie wir wissen, längs der ganzen Röhre (S. 39, **46**) konstant. Wir können demnach diese Größe vor das Summenzeichen setzen. Anderseits ist diese Größe $DS = 4\pi e$, wo $e$ die Elektrizitätsmenge am Anfang und am Ende der Röhre (entsprechende Ladungen $\pm$ e) bedeutet. Wir erhalten somit

$$U = \frac{e}{2} \sum E n.$$

Die jetzt noch rechts gebliebene Summe ist nichts anderes als die Potentialdifferenz zwischen dem Anfang und dem Ende der Röhre, also die Potentialdifferenz zwischen den einander entsprechenden Ladungen $\pm e$.

Als Endresultat erhalten wir somit

$$U = \frac{1}{2} e V.$$

**87. Berechnung der elektrischen Energie nach einer anderen Methode.** Den letzten Ausdruck für die Energie können wir noch in einer anderen Weise ableiten, wobei der Ursprung des Faktors $\frac{1}{2}$ klarer hervortreten wird.

Wir stellen uns zwei Körper vor, die wir in folgender Weise elektrisieren wollen. Wir nehmen von dem einen Körper eine kleine Elektrizitätsmenge $+e_0$ ab (der Körper bleibt dabei mit $-e_0$ geladen), übertragen sie auf den anderen Körper und wiederholen dies mehrere Male. Nach jeder solchen Elektrisierung wird das elektrische Feld zwischen den Körpern und ebenso ihre Potentialdifferenz ein wenig vergrößert, und zwar immer um denselben Betrag, wenn wir jedesmal dieselbe Portion der Elektrizität $+e_0$ von einem Körper zum anderen übertragen. Stellen wir diesen Vorgang graphisch dar, so erhalten wir die Abb. 70; in horizontaler Richtung sind hier die stets gleichen Portionen der Elektrizität $+e_0$ aufgetragen und in vertikaler Richtung die bei jedem Übergang stattfindenden Potentialdifferenzen $V$. Im Resultate erhalten wir eine gleichmäßig aufsteigende Treppe.

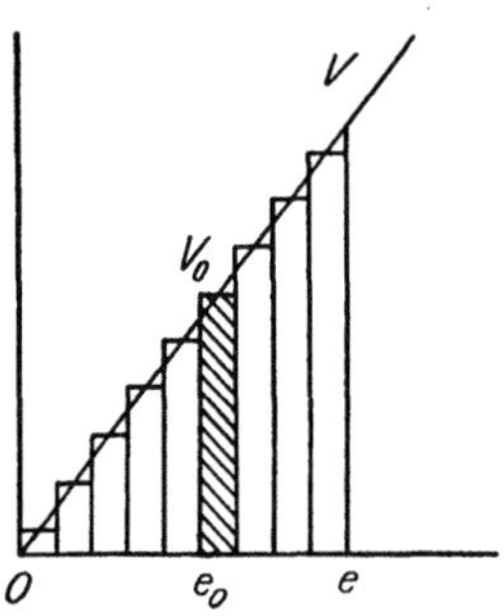


Abb. 70. Berechnung der elektrischen Energie.

Die Arbeit, welche nötig ist, um die Elektrizitätsmenge $e_0$ von dem einen Körper zum anderen bei ihrer Potentialdifferenz $V_0$ zu übertragen, ist gleich

$$U_0 = e_0 V_0 .$$

In unserer Zeichnung ist diese Größe $U_0$ durch den Flächeninhalt des Streifens $(e_0 V_0)$ dargestellt. Die Summe der Flächen aller solchen vertikalen Streifen unserer Zeichnung wird also die Gesamtarbeit darstellen, welche nötig ist, um die zwei Körper bis zu einer Potentialdifferenz $V$ zu elektrisieren.

Nun können wir die Ladungen $+ e_0$ uns so klein denken, daß die einzelnen Stufen der Treppe überhaupt unmerklich werden; die Treppe können wir dann durch eine aufsteigende gerade Linie ersetzen. Gleichzeitig wird sich die Summe der Flächen der einzelnen Streifen in die Fläche des Dreiecks $(OeN)$ verwandeln; diese Fläche ist aber gleich $\frac{1}{2} e V$. Wir erhalten also für die ganze Arbeit, welche nötig ist, um die Körper von der Potentialdifferenz $V = 0$ bis zur Potentialdifferenz $V$ zu elektrisieren, den Ausdruck

$$U = \frac{1}{2} e V ,$$

in voller Übereinstimmung mit dem vorigen Paragraph.

Aus dieser Ableitung sieht man, daß der Faktor $\frac{1}{2}$ einfach dadurch entstanden ist, daß die Ladung nicht bei einem konstanten Potential, sondern bei allmählich mit der Ladung selbst von Null an anwachsenden Potentialen geschah.

**88. Lokalisierung der Energie.** Wir haben soeben für die bei irgendeiner Elektrisierung geleistete Arbeit zwei Ausdrücke gewonnen, nämlich

$$U = \sum \frac{e V}{2} = \sum \frac{D E}{8\pi} Q .$$

Im ersten Ausdruck ist die elektrische Energie durch die Ladungen und ihre Potentialdifferenz ausgedrückt, im zweiten durch die Feldintensität und die Induktion im Felde; im letzten Ausdruck erscheint die Energie im Felde mit einer Dichte

$$U_0 = \frac{DE}{8\pi}$$

verteilt, welche in verschiedenen Punkten des Feldes im allgemeinen auch verschiedene Größe haben kann.

Nun entsteht eine natürliche Frage, wo denn tatsächlich die elektrische Energie sich befinden mag; in den Ladungen, oder im elektrischen Felde?

Die Antwort ist die folgende. In der Elektrostatik können beide Annahmen ebensogut zur Beschreibung der Erscheinungen dienen. Wenn wir aber zu den mit der Zeit veränderlichen Feldern übergehen, z. B. zu den elektrischen Wellen, so werden wir sehen, daß das elektrische Feld auch ohne elektrische Ladungen existieren kann. Dann ist der erste Ausdruck für die Energie nicht mehr zu gebrauchen, und wir werden zu der Hypothese genötigt, die elektrische Energie im elektrischen Felde selbst verteilt anzunehmen.

Indem wir diesen Umstand schon jetzt vorwegnehmen, werden wir stets von der elektrischen Energie des Feldes und nicht von der Energie der Ladungen sprechen.

## 7. Elektrische Kapazität.

**89. Die Kapazität.** Wir müssen jetzt noch einen Begriff in unsere Betrachtungen einführen, welcher in vielen Fällen sehr nützlich ist, nämlich die *elektrische Kapazität* von Leitern.

Schon im vorigen Paragraphen haben wir gesehen, daß bei der Elektrisierung zweier Leiter gleichzeitig mit den Elektrizitätsmengen der einander entsprechenden Ladungen $\pm e$ auch ihre Potentialdifferenzen wachsen. Beide Größen sind einfach proportional zueinander. Wir können demnach setzen

$$e = CV \qquad \text{oder} \qquad C = \frac{e}{V}.$$

Den Koeffizienten $C$ nennt man die elektrische Kapazität oder einfach die Kapazität der zwei Leiter.

Die Kapazität irgend zweier Leiter ist gleich der Elektrizitätsmenge $e$, welche auf *jedem* dieser Leiter sich befinden würde, wenn man sie bis zu einer Potentialdifferenz $V = 1$ ladet.

Unsere Definition der Kapazität setzt also *zwei* Leiter voraus, welche mit einander entsprechenden, durch Kraftlinien verbundenen Ladungen, geladen werden können.

**90. Ebener Kondensator.** Als einfachstes Beispiel für den von uns neu eingeführten Begriff wollen wir den Fall von zwei parallelen leitenden Ebenen betrachten. Schneiden wir auf diesen Ebenen zwei gegenüberliegende Flächenstücke $S$ heraus, so erhalten wir auf jedem die Elektrizitätsmenge

$$e = \sigma S\,.$$

Die Potentialdifferenz zwischen den in einer Entfernung $d$ sich befindenden Ebenen ist gleich

$$V = E d\,,$$

und da die Feldintensität (S. 40, **48**) mit der Oberflächendichte durch die Formel

$$E = \frac{4\pi\sigma}{\varepsilon}$$

verknüpft ist, so haben wir

$$V = \frac{4\pi\sigma}{\varepsilon} d,$$

und folglich

$$C = \frac{e}{V} = \frac{\varepsilon S}{4\pi d}.$$

Daraus sehen wir erstens, daß die Kapazität unserer zwei gegenüberliegenden parallelen Flächenstücke proportional ihrer Größe $S$ und umgekehrt proportional ihrer gegenseitigen Entfernung ist; außerdem ist die Kapazität proportional der Dielektrizitätskonstante $\varepsilon$. Wollen wir auf unseren Leitern bei einer gegebenen Potentialdifferenz möglichst viel Elektrizität sammeln, d. h. wollen wir ihre Kapazität möglichst groß haben, so müssen wir die Flächenstücke $S$ möglichst nah aneinander bringen und das zwischenliegende Medium mit möglichst großer Dielektrizitätskonstante wählen.

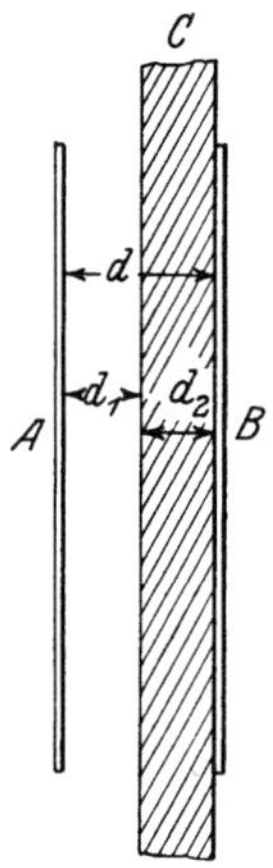

Abb. 71. Geschichtetes Dielektrikum.

Solche Instrumente, welche den Zweck haben, große Elektrizitätsmengen bei einer gegebenen Potentialdifferenz zu sammeln, nennt man Kondensatoren (condensare = verdichten). Jeder Kondensator besteht demnach aus *zwei* voneinander isolierten Leitern; sie werden Belegungen des Kondensators genannt.

Daß die Kapazität eines Kondensators im allgemeinen desto größer sein wird, je kleiner der Abstand zwischen den Belegungen, das kann man auch aus folgender Überlegung schließen. Die Belegungen eines Kondensators sind Leiter und bilden demnach stets zwei Äquipotentialflächen. Nun wissen wir schon (S. 69, **82**), daß, je näher die Äquipotentialflächen zueinander sind, desto größer wird bei gegebener Potentialdifferenz die Feldintensität zwischen ihnen. Proportional der Feldintensität wächst aber die Induktion, der Induktionsfluß und die Elektrizitätsmengen auf den Belegungen. Daraus folgt, daß, je kleiner die Entfernung zwischen den Belegungen eines Kondensators ist, desto größer wird bei sonst gleichen Bedingungen auch seine Kapazität sein.

**91. Geschichtetes Dielektrikum.** Wir wollen noch einen ebenen Kondensator berechnen, dessen Dielektrikum aus zwei parallelen Schichten (Abb. 71) mit verschiedenen Dielektrizitätskonstanten $\varepsilon_1$ und $\varepsilon_2$ zusammengestellt ist. Die Dicke der Schichten sei $d_1$ und $d_2$. Bezeichnen wir die Feldintensität in den Dielektrika mit $E_1$ bzw. mit $E_2$ und die ihnen gemeinsame Induktion mit $D$, so haben wir

$$D = \varepsilon_1 E_1 = \varepsilon_1 E_2 = 4\pi\sigma,$$

wo $\sigma$ die Oberflächendichte der Elektrizität auf den Belegungen bedeutet.

Die Potentialdifferenz auf den Grenzebenen des ersten Dielektrikums wird $E_1 d_1$ sein und auf den Grenzebenen des zweiten Dielektrikums $E_2 d_2$. Die totale Potentialdifferenz der Belegungen wird danach

$$V = E_1 d_1 + E_2 d_2.$$

Diesen Ausdruck können wir durch Einsetzen der Induktion und der Oberflächendichte noch folgendermaßen umformen:

$$V = D\left(\frac{d_1}{\varepsilon_1} + \frac{d_2}{\varepsilon_2}\right) = 4\pi\sigma\left(\frac{d_1}{\varepsilon_1} + \frac{d_2}{\varepsilon_2}\right).$$

Daraus erhalten wir, wie früher, für die Kapazität

$$C = \frac{e}{V} = \frac{\sigma S}{V} = \frac{S}{4\pi\left(\frac{d_1}{\varepsilon_1} + \frac{d_2}{\varepsilon_2}\right)}.$$

Die Formel zeigt, daß die Kapazität eines ebenen Kondensators durch Einführung einer Schicht von größerer Dielektrizitätskonstante stets vergrößert wird. Befinden sich z. B. die beiden Belegungen in der Luft ($\varepsilon = 1$), und schieben wir zwischen ihnen irgendeine Glasplatte ($\varepsilon = 5$), so wird die Kapazität desto mehr vergrößert, je dicker die eingeführte Platte ist. Die Stellung der Platte zwischen den Belegungen ist gleichgültig. Füllt die eingeführte Platte den ganzen Raum zwischen den Belegungen aus, dann wird $d_2 = 0$, und wir erhalten die frühere Formel

$$C = \frac{\varepsilon S}{4\pi d}.$$

Die Oberflächendichte der scheinbaren (induzierten) Ladungen auf den Grenzebenen des Dielektrikums erhalten wir nach den Formeln

$$\sigma_1 = k_1 E_1, \qquad \sigma_2 = k_2 E_2,$$

wo die Elektrisierungskoeffizienten $k$ mit den entsprechenden Dielektrizitätskonstanten durch die Formeln verknüpft sind

$$k = \frac{\varepsilon - 1}{4\pi}.$$

**92. Einfluß der Form der Belegungen auf die Kapazität.** Unsere Formeln für ebene Kondensatoren gelten eigentlich nur für unendlich große Ebenen, wobei das elektrische Feld überall streng homogen bleiben muß. Ist das Stück $S$ der Ebene allein vorhanden und der andere Teil weggenommen, so bleibt das übriggebliebene Feld nicht mehr homogen. Namentlich an den Rändern des so entstandenen begrenzten ebenen Kondensators wird das Feld unhomogen, und die Kraftlinien gehen hier stark auseinander (Abb. 67, S. 67). Unsere Formeln werden desto unrichtiger, je größer der gegenseitige Abstand der Ebenen im Vergleich zu ihrer Ausdehnung wird. Bei sehr genauen Versuchen muß dieser Umstand natürlich berücksichtigt werden, wozu entsprechende Formeln ausgerechnet sind. Aber in der gewöhnlichen Praxis ist der Abstand zwischen den Belegungen in den meisten Fällen so klein im Vergleich zu ihren Flächengrößen, daß wir auch bei begrenzten ebenen Kondensatoren mit unseren für unbegrenzte Ebenen gültigen Formeln fast immer auskommen können.

Es kommen in der Praxis sehr oft Kondensatoren vor, deren Belegungen nicht eben, sondern gekrümmt sind. Für einige einfache Formen lassen sich die Kapazitäten leicht berechnen. Wir wollen hier die Rechnungen nicht anführen, sondern geben direkt die Formeln an für die Kapazität einiger am meisten vorkommenden Fälle.

1. Zwei konzentrische Kugeln haben eine Kapazität (Abb. 72).

$$C = \frac{1}{\frac{1}{r_1} - \frac{1}{r_2}}.$$

2. Zwei konzentrische Kreiszylinder von der Länge $l$

$$C = \frac{l}{2\log\frac{r_2}{r_1}}.$$

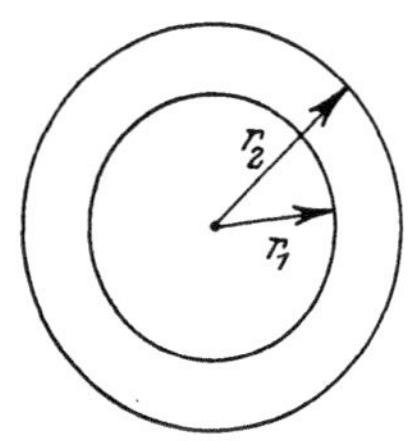

Abb. 72. Konzentrische Kugeln oder Zylinder.

Unter dem Zeichen log verstehen wir durchweg den natürlichen Logarithmus.

3. Zwei parallele Drähte mit gleichen Radien $r$ und einer Länge $l$, deren gegenseitiger Abstand $2h$ sehr groß ist im Vergleich zu $r$ (Abb. 73).

$$C = \frac{l}{4 \log \frac{2h}{r}}.$$

Das Feld von zwei gleichen parallelen Drähten können wir in zwei Hälften zerteilen, wenn wir in der Mitte zwischen den Drähten eine leitende Ebene $MM$ einführen. Die Form der Kraftlinien wird dadurch nicht geändert, aber die Kapazität eines jeden Drahtes, relativ zu dieser Ebene, wird zweimal größer sein als die Kapazität der Drähte gegeneinander, denn bei gleicher Elektrizitätsmenge ist ja die Potentialdifferenz zwischen den Drähten zweimal größer als zwischen einem Draht und der Ebene. Wir können demnach für die Kapazität einer Drahtleitung, welche in einer Höhe $h$ über dem leitenden Erdboden geführt ist (Telegraphendraht), eine analoge Formel hinschreiben:

$$C = \frac{l}{2 \log \frac{2h}{r}}.$$

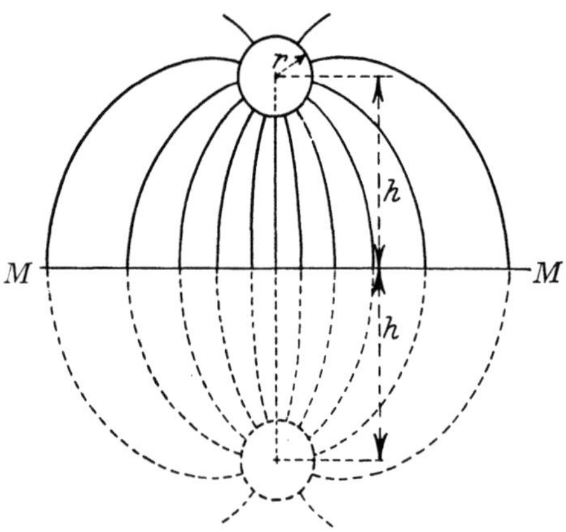


Abb. 73. Zwei parallele Drähte oder ein Draht parallel zur Ebene $MM$.

Auch diese Formel gilt nur in den Fällen, wo $h$ sehr groß im Vergleich zu $r$ ist; das ist aber meistens der Fall.

**93. Bestimmung der Potentialdifferenzen mit einem Elektroskop.** In den vorigen Kapiteln haben wir das Elektroskop für den Nachweis und den Vergleich der Elektrizitätsmengen gebraucht; je mehr Elektrizität auf den Blättchen saß, desto größeren Winkel bildeten sie miteinander. Bedenkt man aber, daß die geladenen Aluminiumblättchen ein elektrisches Feld bilden, dessen Kraftlinien, von der Oberfläche der Blättchen ausgehend, auf der inneren Seite des zylindrischen Gehäuses endigen (Abb. 48, S. 48), so sehen wir, daß die Aluminiumblättchen einerseits und das Gehäuse andererseits zwei Belegungen eines Kondensators bilden. Je größer in diesem Kondensator die Elektrizitätsmenge sein wird, desto größer wird auch die Potentialdifferenz seiner Belegungen.

Es ist allerdings in diesem Falle die Potentialdifferenz nicht einfach proportional der Elektrizitätsmenge, denn die Blättchen ändern bei der Divergenz ihren Abstand und also auch ihre Kapazität relativ zu dem Gehäuse. Die Divergenz der Blättchen ist auch nicht proportional der auf ihnen sich befindenden Elektrizitätsmenge. Wir können aber an dem Gehäuse in der Nähe der Blättchen eine Skala anbringen und sie durch besondere Versuche auf Potentialdifferenzen eichen, d. h. die Zahl der *Volt* angeben, welche der betreffenden Ablenkung der Aluminiumblättchen entspricht.

So geeichte Instrumente nennt man *Elektrometer* oder *elektrostatische Voltmeter*.

Wir müssen hier besonders hervorheben, daß ein Elektrometer stets die Potentialdifferenz zwischen den Blättchen und seinem Gehäuse anzeigt. Ist das Instrument geerdet, so erhalten wir das Potential gegenüber der Erde. Ist das Gehäuse nicht geerdet, sondern isoliert aufgestellt und mit irgendeinem anderen Leiter verbunden, so zeigt die Divergenz der Blättchen die Potentialdifferenz zwischen den Aluminiumblättchen und dem betreffenden Leiter.

**94. Der Faradaysche Versuch mit dem Dielektrikum.** Als Demonstration der Kapazität wollen wir folgenden lehrreichen Versuch von Faraday anführen.

Auf den Stiel eines Elektroskops setzen wir statt der Kugel einen Kondensator auf, bestehend aus zwei kreisförmigen, voneinander isoliert gehaltenen Scheiben (Abb. 74b). Wir laden die untere Scheibe $A$, indem die obere $B$ zur Erde abgeleitet wird und isolieren dann die obere Scheibe $B$ wieder. Zur Isolation der Scheibe $B$ dient ein Ebonitgriff.

Das Elektroskop zeigt einen gewissen Ausschlag. Nähern wir die Scheibe $B$ zu $A$, so wird der Winkel, welchen die Alnminiumblättchen miteinander gebildet haben, kleiner; entfernen wir $B$ von $A$, so gehen die Aluminiumblättchen wieder auseinander. Ist die Scheibe $B$ oder $A$ mit einem feinen Schellacküberzug versehen, so kann man die Scheibe $B$ einfach auf die Scheibe $A$ auflegen; sie bleiben durch die Schellackschicht genügend isoliert voneinander. Tut man das, so klappen die Aluminiumblättchen ganz zusammen (Abb. 74a). Wenn man jetzt die obere Scheibe abhebt, so gehen die Blättchen wieder stark auseinander (Abb. 74b).

Wir fixieren die obere Scheibe in einem unveränderten Abstand von der Scheibe $A$ und schieben zwischen $B$ und $A$ irgendeine dielektrische Platte $C$ (Abb. 74c), deren Dielektrizitätskonstante größer als die der Luft ist, z. B. eine Platte aus Paraffin, Hartgummi oder Glas. Die Aluminiumblättchen gehen dabei zusammen. Bei diesem Versuch ist aber darauf zu achten, daß alle benützten Platten frei von wahren Ladungen seien. Die etwa durch unvorsichtiges Berühren oder Reiben entstandenen wahren Ladungen muß man vor dem Versuch durch Bestreichen mit einer Bunsenflamme entfernen, sonst kann man sehr verschiedene Resultate erhalten.

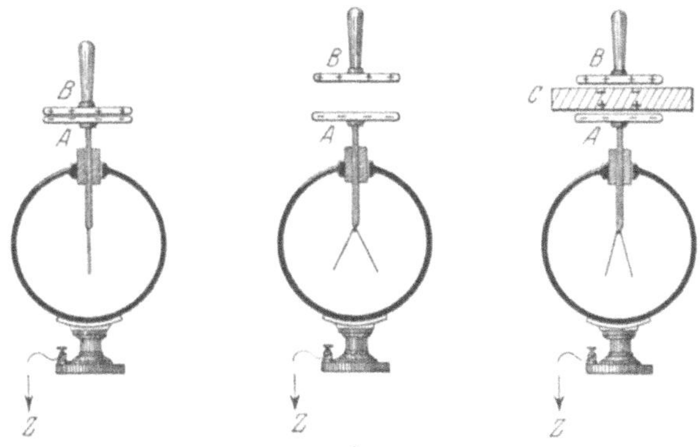

a b c

Abb. 74 (a, b, c). Versuch von FARADAY.

Wir wollen nun diese Versuche von drei verschiedenen Standpunkten aus betrachten.

*Erstens* vom Standpunkte der unmittelbaren *Fernwirkung*.

Die positive Ladung der Scheibe $B$ beim Annähern zur Scheibe $A$ zieht die negative Elektrizität dieser letzteren zu sich hinauf; gleichzeitig fließt von den Aluminiumblättchen ein Teil ihrer Elektrizität zur Scheibe $A$ über. An den Blättchen bleibt weniger Elektrizität übrig, und sie gehen zusammen. Beim Entfernen der positiv elektrisierten Scheibe $B$ kann die negative Elektrizität sich wieder auf die Blättchen verbreiten. Bei der Einführung eines Dielektrikums zwischen $B$ und $A$ ladet sich dieser letztere durch Influenz, und die neu entstandenen scheinbaren Ladungen wirken ebenso wie das Annähern der Scheibe $B$.

*Zweitens* betrachten wir das Elektroskop als Anzeiger der *Potentialdifferenz*, also als Voltmeter.

Das Annähern der beiden Scheiben aneinander vergrößert die Kapazität des Kondensators. Ebenso wirkt das Hineinschieben von Dielektrika mit größeren Dielektrizitätskonstanten. Da die Elektrizitätsmenge auf den isolierten Platten unverändert bleibt, muß das Potential sinken und die Blättchen einen kleineren Winkel miteinander bilden.

Endlich vom Standpunkt der *Energie.*

Beim Abheben der Scheibe $B$ von der Scheibe $A$ muß unsere Hand eine gewisse Arbeit gegen die gegenseitige Anziehung der auf den Belegungen sich befindenden Ladungen leisten. Dadurch wird die Energie des Feldes größer, gleichzeitig wächst die Potentialdifferenz im Kondensator und der Winkel zwischen den Aluminiumblättchen.

Der Versuch mit dem Einschieben eines Dielektrikums hat eine große historische Bedeutung. Auf solch einem Versuch hat FARADAY seine Auffassung gegründet, daß bei den elektrischen Erscheinungen nicht den Elektrizitäten selbst, sondern dem dazwischenliegenden Medium die größte Bedeutung zukommt.

Aus dem FARADAYschen Versuch mit dem Dielektrikum können wir sofort den Schluß ziehen, daß die Anziehung zweier Ladungen bei größerer Dielektrizitätskonstante des Mediums kleiner ist. In der Tat wird ja durch das Einschieben eines Dielektrikums zwischen den Belegungen des Kondensators die Potentialdifferenz $V$ vermindert. Nun ist

$$V = Ed\,,$$

es muß demnach bei demselben Scheibenabstand $d$ auch die Feldintensität kleiner werden; dann wird auch die Kraft im Felde kleiner.

**95. Verbindung mehrerer Kondensatoren zu Batterien.** Die Verbindung oder, wie man es nennt, die *Schaltung* zweier Kondensatoren zu einem System

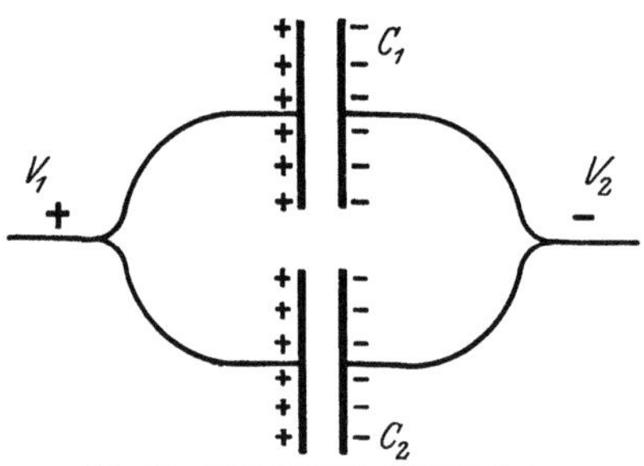


Abb. 75. Nebeneinanderschaltung der Kapazitäten.

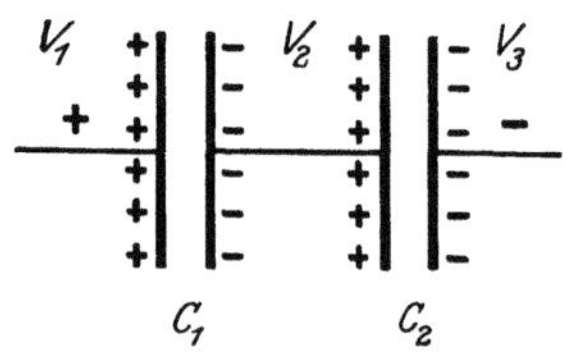


Abb. 76. Hintereinanderschaltung der Kapazitäten.

kann in zweierlei Weise geschehen, nämlich *nebeneinander* (parallel) oder *hintereinander* (in Reihe). Bei einer parallelen Schaltung (Abb. 75) werden die Belegungen miteinander leitend verbunden, welche mit gleichnamiger Elektrizität geladen sind. Bei solch einer Verbindung bleiben die Potentialdifferenzen beider Kondensatoren immer gleich, aber die in ihnen enthaltenen Elektrizitätsmengen können, je nach der entsprechenden Kapazität, verschieden sein. Wir haben nämlich für jeden Kondensator einzeln die Gleichungen

$$e_1 = C_1 V, \qquad e_2 = C_2 V,$$

indem $V = V_1 - V_2$ ist. Durch Summation erhalten wir

$$e = e_1 + e_2 = (C_1 + C_2)\,V.$$

Die Kapazität beider Kondensatoren zusammen ist also

$$C = C_1 + C_2\,.$$

Bei einer solchen Schaltung erhalten wir also eine Kapazität gleich der Summe der einzelnen Kapazitäten.

Sind die zwei Kondensatoren hintereinandergeschaltet (Abb. 76), so bilden die miteinander verbundenen mittleren Belegungen einen zusammenhängenden

Leiter, welcher sich durch Influenz im Felde der äußeren Belegung ladet; demnach werden auf ihm gleiche Mengen entgegengesetzten Elektrizitäten erzeugt. In diesem Falle sind in beiden Kondensatoren die Elektrizitätsmengen gleich aber die Potentialdifferenzen können verschieden sein, nämlich

$$V_1 - V_2 = \frac{e}{C_1},$$

$$V_2 - V_3 = \frac{e}{C_2}.$$

Die totale Potentialdifferenz in beiden Kondensatoren, als ein ganzes System betrachtet, ist:

$$V_1 - V_3 = e\left(\frac{1}{C_1} + \frac{1}{C_2}\right) = \frac{e}{C}.$$

Folglich ist

$$\frac{1}{C} = \frac{1}{C_1} + \frac{1}{C_2}.$$

Wir sehen daraus, daß, während bei der Nebeneinanderschaltung die Kapazitäten sich summieren, bei Hintereinanderschaltung sich die reziproken Größen der Kapazitäten summieren.

Es ist klar, daß wir die für zwei Kondensatoren gewonnenen Resultate sofort auf ein System beliebiger Zahl von Kondensatoren verallgemeinern können.

Bei Parallelschaltung erhalten wir eine Kapazität

$$C = \sum C_1.$$

Bei Hintereinanderschaltung ist

$$\frac{1}{C} = \sum \frac{1}{C_1}.$$

Durch eine Umschaltung parallelgeschalteter Kondensatoren können wir größere Potentialdifferenzen erhalten als die, welche uns unmittelbar zur Verfügung stehen. Laden wir z. B. $n$ gleiche parallele Kondensatoren mit je einer Elektrizitätsmenge $e$ bis zu einer Potentialdifferenz von $V$ Volt, und schalten wir sie dann hintereinander, so erhalten wir eine Potentialdifferenz von $nV$ Volt. Die Elektrizitätsmenge auf jeder Belegung dieses zusammengesetzten Kondensators wird aber nur $\frac{e}{n}$ sein. Das Produkt aus der gesamten Potentialdifferenz und der Elektrizitätsmenge ist dasselbe geblieben. Das war auch zu erwarten, denn von diesem Produkte hängt die in Kondensatoren aufgespeicherte Energie ab, und die Energie kann durch bloßes Umschalten nicht verändert werden.

**96. Allgemeinere Fälle.** Es gibt Fälle, in denen die Elektrizität in viel komplizierterer Weise auf mehrere Leiter verteilt wird als die, welche wir in den vorigen Paragraphen besprochen haben. An der Skizze Abb. 77 sehen wir, wie die Kraftlinien vom Leiter mit dem Potential $V_1$ zu den Leitern mit den Potentialen $V_2$, $V_3$, $V_4$ führen und sogar noch zu anderen Körpern (links unten), die in der Zeichnung keinen Platz gefunden haben. Außerdem gibt es noch Systeme von Kraftlinien, welche die Körper $V_2$ $V_3$ miteinander verbinden usw.

Aus dieser Zeichnung sehen wir u. a., daß die Potentiale $V_1$, $V_2$, $V_3$ verschieden sind, daß aber die Potentiale $V_3$ und $V_4$ einander gleich sein können, denn die letzten zwei Körper sind nicht durch Kraftlinien verbunden, und wir wissen (S. 70, **84**), daß die Potentiale sich nur längs der Kraftlinien ändern können.

Die Elektrizitätsmenge, z. B. auf dem Körper $V_1$, können wir auch in diesem Falle durch die Kapazitäten und Potentialdifferenzen ausdrücken, aber wir müssen dabei die Kapazität der einzelnen Teile der Oberfläche des Leiters einzeln in Betracht ziehen. So erhalten wir für den ersten Körper

$$e = C_{ab}(V_4 - V_1) + C_{bc}(V_3 - V_1) + C_{cd}(V_4 - V_1) + C_{da}(V_5 = V_1)\,.$$

Hier bedeutet $V_5$ das Potential des in der Abb. 77 nicht gezeichneten Körpers, zu welchem die Kraftlinien von dem Teil der Oberfläche des Körpers (1) führen. Diese letzten Linien können z. B. zur Erde führen, und dann ist $V_5 = 0$ zu setzen. Analoge Formeln erhalten wir für die Elektrizitätsmenge auch auf anderen Leitern.

Praktisch wichtig ist z. B. der folgende Fall. Haben wir einen Zylinderkondensator (vgl. unten Leidener Flaschen), so kann bei seiner Ladung entweder die innere oder die äußere Belegung zur Erde abgeleitet werden. Bei gleicher Potentialdifferenz der Belegungen wird auf der inneren Oberfläche der Belegungen stets die Elektrizitätsmenge $CV$ sich befinden. Aber wenn die äußere Belegung von der Erde isoliert bleibt, so kann auf ihr noch eine Elektrizitätsverteilung stattfinden, deren Kraftlinien auf den sich in ihrer Nähe befindenden Leitern oder auf der Erdoberfläche endigen. Bestimmen wir die Kapazität unseres Zylinderkondensators durch Messung der auf seinen Belegungen vorhandenen Elektrizitätsmengen, so können wir verschiedene Resultate erhalten, je nachdem die äußere oder die innere Belegung zur Erde abgeleitet wird. So ein Fall tritt z. B. ein, wenn mehrere Kondensatoren (Leidener Flaschen) hintereinander geschaltet werden. Dabei ist gar nicht zu umgehen, daß ein Teil der äußeren Belegungen der Kondensatoren von der Erde isoliert bleibt und, wie man sich ausdrücken kann, äußere Kapazitäten bildet.

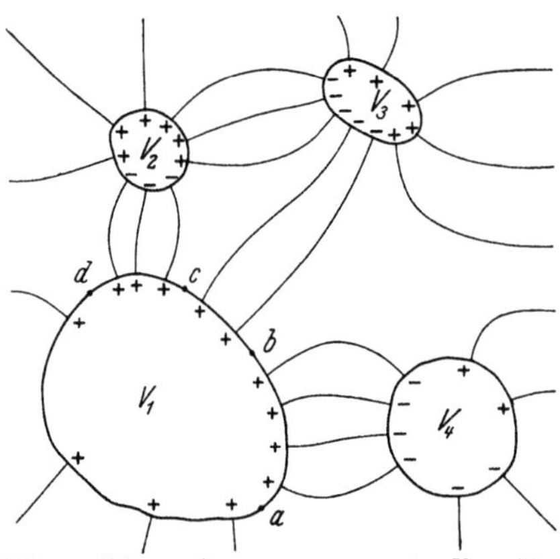


Abb. 77 Schema einer zusammengesetzten Kapazität.

In solchen Fällen müssen bei genaueren Messungen auch diese äußeren Kapazitäten berücksichtigt werden. Bei nicht zu großen Anforderungen an Genauigkeit läßt man die äußeren Kapazitäten außer acht, wenn sie verhältnismäßig klein sind. Man tut aber dennoch besser, diese äußeren Kapazitäten dadurch zu verkleinern, daß man alle leitenden Gegenstände von den äußeren und nicht zur Erde abgeleiteten Belegungen möglichst weiter wegstellt.

**97. Kapazitätseinheit.** Aus unserer Formel für die Kapazität eines ebenen Kondensators

$$C = \frac{e}{V} = \frac{\varepsilon}{4\pi}\,\frac{S}{d}$$

sehen wir, daß, außer den einfachen Zahlen $\varepsilon$ und $4\pi$, im Zähler eine Fläche $S$ und im Nenner die Entfernung $d$ eingeht. Der Quotient aus diesen beiden letzten Größen ist eine Länge. Folglich muß die Kapazität in absoluten Einheiten wie jede Länge in Zentimetern ausgedrückt werden.

Wollen wir die praktischen Einheiten benützen, so muß als Einheit die Kapazität angenommen werden, welche, bei einer Potentialdifferenz zwischen den Belegungen von einem Volt, auf jeder Belegung die Elektrizitätsmenge von einem Coulomb enthält. So eine Kapazität wird Farad genannt. Demnach ist

$$1\ \text{Farad} = \frac{1\ \text{Coulomb}}{1\ \text{Volt}} = \frac{3\cdot 10^9}{1/300}\,\text{CGS-E} = 9\cdot 10^{11}\ \text{cm}\,.$$

Viel öfter wird in der Praxis eine millionenmal kleinere Einheit gebraucht:

$$1 \text{ Mikrofarad} = 10^{-6} \text{ Farad} = 9 \cdot 10^5 \text{ cm} = 9 \text{ Kilometer}.$$

**98. Energie in einem geladenen Kondensator.** Wir wollen den allgemeinen Ausdruck für die elektrische Energie

$$U = \frac{1}{2} e V$$

auf einen Kondensator von der Kapazität $C$ anwenden. Setzen wir in unsere Formel

$$e = C V \quad \text{oder} \quad V = \frac{e}{C}$$

ein, so erhalten wir folgende drei äquivalente Formeln

$$U = \frac{1}{2} e V = \frac{1}{2} C V^2 = \frac{e^2}{2C}.$$

**99. Die elektrische Energie, das Potential und die Kapazität einer geladenen Kugel.** Als letztes Beispiel für die Anwendung der von uns bis jetzt aufgestellten Gesetzmäßigkeiten wollen wir noch die Energie einer mit der Elektrizitätsmenge $e$ geladenen Kugel von dem Halbmesser $r$ berechnen.

Die Kugel sei so weit von allen anderen Leitern entfernt (im Vergleich zu ihrem Halbmesser), daß wir das Feld ihrer Oberflächenladung radial und gleichmäßig nach allen Seiten verbreitet annehmen dürfen.

Für die Rechnung benützen wir die Formel für die Energiedichte (bei $\varepsilon = 1$)

$$U_0 = \frac{E^2}{8\pi}.$$

Da die Induktion und die Feldstärke in unserem Falle umgekehrt proportional dem Quadrate der Entfernung von dem Kugelzentrum sein wird;

$$D = E = \frac{e}{r^2},$$

so erhalten wir für die Energiedichte

$$U_0 = \frac{e^2}{8\pi r^4}.$$

Die Energiedichte ist demnach umgekehrt proportional der *vierten* Potenz der Entfernung vom Kugelzentrum; sie fällt also mit zunehmender Entfernung von der Kugel sehr rasch ab. Der größte Teil der Energie des Feldes befindet sich in der nächsten Umgebung der geladenen Kugel.

Konstruieren wir im Felde zwei zur geladenen Kugel konzentrische Kugelflächen, die eine mit dem Halbmesser $r_1$, der ein wenig kleiner als $r$ ist, und die andere mit dem Halbmesser $r_2$, ein wenig größer als $r$. Der Unterschied zwischen $r_1$ und $r_2$ sei so klein, daß wir die Energiedichte zwischen den beiden von uns konstruierten Kugeloberflächen gleich

$$U_0 = \frac{e^2}{8\pi r^4}$$

annehmen können.

Das Volumen einer dünnen Kugelschale kann der mittleren Fläche $4\pi r^2$ mal der Dicke $(r_2 - r_1)$ gleich gesetzt werden:

$$Q = 4\pi r^2 (r_2 - r_1),$$

und die in ihr erhaltene Energie wird

$$U = U_0 Q = \frac{e^2}{2} \cdot \frac{r_2 - r_1}{r^2}.$$

Bei der kleinen Differenz zwischen den Halbmessern können wir noch $r^2 = r_1 r_2$ setzen und erhalten dann

$$U = \frac{e^2}{2}\left(\frac{1}{r_1} - \frac{1}{r_2}\right).$$

Wir wollen uns das ganze Feld in solche äußerst dünne Kugelschalen zerteilt denken und alle in diesen Schalen enthaltene Energie zusammen addieren. Die erste Schicht wird mit dem Halbmesser der gegebenen Kugel $a$ anfangen, und für die unendlich ferne Schale wird $r = \infty$. Wir erhalten für die Summe

$$\left(\frac{1}{a} - \frac{1}{r_1}\right) + \left(\frac{1}{r_1} - \frac{1}{r_2}\right) + \cdots \left(\frac{1}{r_n} - \frac{1}{\infty}\right) = \frac{1}{a}.$$

Folglich ist die Energie unseres elektrischen Feldes gleich

$$U = \frac{e^2}{2a}.$$

Anderseits wissen wir, daß die Energie eines Leiters, welcher mit einer Elektrizitätsmenge $e$ bis zu einer Potentialdifferenz $(V - V_0)$ geladen ist, sich nach der allgemeinen Formel berechnet (S. 74, **87**):

$$U = \frac{e}{2}(V - V_0).$$

In unserem Falle muß das Anfangspotential $V_0$ für eine unendliche Entfernung vom Zentrum der Kugel gleich Null angenommen werden, und wir haben

$$U = \frac{e}{2} V = \frac{e^2}{2C}.$$

Vergleichen wir unsere beiden Formeln für die Energie $U$, so sehen wir:

1. daß die Kapazität unserer Kugel gleich ihrem Halbmesser ist

$$C = a,$$

2. daß die Potentialdifferenz zwischen unserer geladenen Kugel und dem Anfangspotential im unendlichfernen Punkte des Feldes gleich

$$V_a = \frac{e}{a}.$$

Wir überlassen es dem Leser zu beweisen, daß das Potential in jedem Punkte des radial und symmetrisch nach allen Seiten sich verbreitenden elektrischen Feldes gleich ist:

$$V_r = \frac{e}{r}.$$

Es sind demnach in einem solchen Felde die Potentiale umgekehrt proportional der *ersten* Potenz der Entfernung, die Feldstärken und Induktionen umgekehrt proportional der *zweiten* und endlich die Energiedichten umgekehrt proportional der *vierten* Potenz der Entfernung.

## 8. Elektrostatische Apparate und Messungen.

**100. Elektrische Maschinen.** Wir haben oben zwei Methoden der Elektrizitätserregung kennengelernt, nämlich durch Reibung und durch Influenz. Beide Methoden können zur Konstruktion von Maschinen verwendet werden, die eine fortwährende Elektrizitätserregung und mit großer Bequemlichkeit erlauben. Es gibt demnach zwei Typen von Elektrisiermaschinen: Reibungsmaschinen und Influenzmaschinen. Die Konstruktion solcher Maschinen kann außerordentlich verschieden sein, und wir müssen uns mit der Beschreibung der am meisten verbreiteten Typen begnügen.

Die *Reibungs*elektrisiermaschine besteht meistens aus einer kreisrunden Glasscheibe, die beim Drehen sich an einem Lederkissen reibt, dessen Oberfläche mit Zinkamalgam bedeckt ist. Die Oberfläche der Glasscheibe ladet sich dabei positiv. Die geladenen Teile der Glasscheibe kommen dann in die Nähe eines mit Spitzen versehenen Leiters, der sich durch Influenz elektrisiert, wobei die entgegengesetzte Elektrizität durch die Spitzen auf die Oberfläche der Glasscheibe abfließt und die Elektrizität der Scheibe neutralisiert; der Leiter selbst bleibt positiv elektrisch und dient als positiver Pol der Maschine. Als negativer Pol dient ein anderer Leiter, der mit dem Zinkamalgam des Reibzeugs direkt verbunden ist. Derartige Reibungselektrisiermaschinen haben

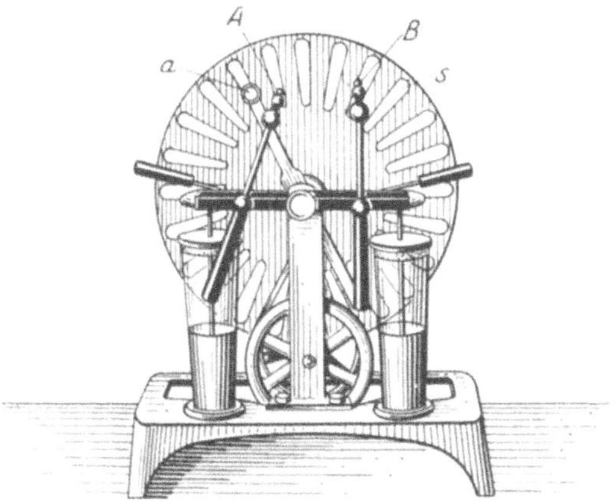


Abb. 78. Influenzmaschine von WIMSHURST.

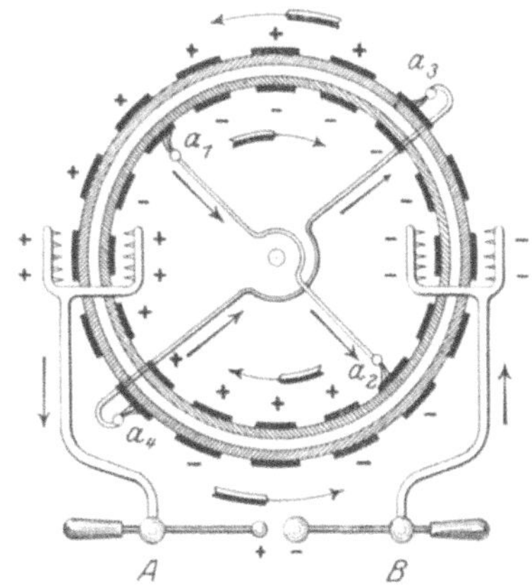


Abb. 79. Schema einer Influenzmaschine.

jetzt nur historisches Interesse, denn bei der Reibung wird zuviel Energie nutzlos in Wärme verwandelt.

Die verbreitetste *Influenz*maschine ist die von WIMSHURST nach dem Prinzip von HOLTZ und TÖPLER konstruierte Maschine (Abb. 78). Sie besteht aus zwei Hartgummischeiben, welche auf einer horizontalen Achse frei beweglich aufgesetzt sind. Durch eine Kurbel und zwei Riemen (gerade und gekreuzt) können die Scheiben gleichzeitig in entgegengesetzte Rotation versetzt werden. Auf den äußeren Flächen der Scheiben ist eine Anzahl schmaler Stanniolsektoren *s* aufgeklebt. Bei der Rotation kommen die Stanniolsektoren beider Scheiben mit Metallpinseln (vgl. Schema Abb. 78) in Berührung, welche an den Elektrizitätssammler *A* und *B* angebracht sind. Außerdem sind Querkonduktoren *aa* hinzugefügt; der eine von ihnen verbindet durch Pinselberührung zwei diametral gegenüberliegende Stanniolsektoren der einen Hartgummischeibe, und der andere Querkonduktor (auf der Zeichnung nicht zu sehen), senkrecht zu dem ersten gerichtet, besorgt dasselbe für die zweite Hartgummischeibe.

In der Abb. 79 ist die Maschine zur besseren Übersicht schematisch dargestellt, indem die Hartgummischeiben durch zwei schraffierte Kreise angedeutet sind. Die gefiederten Pfeile zeigen die Rotationsrichtung der Scheiben an und die ungefiederten die Bewegungsichtung der positiven Elektrizität.

Nehmen wir zunächst an, der äußere Kreis sei unbeweglich und seine Stanniolsektoren seien mit positiver Elektrizität geladen, wie im oberen Teile unserer Zeichnung auch angegeben ist. Bei der Bewegung des inneren Kreises werden seine Stanniolsektoren einzeln den Pinsel $a_1$ berühren, die positive Elektrizität wird durch den Pinsel zur Erde abgeleitet (in der Zeichnung fließt die positive Elektrizität zu $a_2$ über, aber wir wollen davon einstweilen absehen). Mit negativer Elektrizität geladen, kommen die Sektoren zu dem Sammler $B$ und werden hier entladen.

Auf dem Wege zwischen $a_1$ und $B$ werden die negativ geladenen Belegungen des inneren Kreises influenzierend wirken, und wenn wir den äußeren Kreis sich drehend vorstellen, so werden seine Stanniolsektoren bei Berührung mit dem Pinsel $a_3$, wodurch die negative Elektrizität abgeführt wird, selbst positiv elektrisch. Bei weiterer Bewegung geben sie ihre positive Ladung dem Sammler $A$ ab.

Verfolgen wir den Vorgang auf der unteren Seite unserer Zeichnung, so werden wir sehen, daß hier die Elektrizitäten gerade das engegengesetzte Zeichen haben als oben. Die Ableitung des Pinsels $a_1$ zur Erde wird dadurch überflüssig, und man kann ihn mit dem Pinsel $a_2$ durch Querkonduktor verbinden.

Wir sehen daraus, daß die Hartgummischeiben bei entgegengesetzter Rotation und bei gegenseitiger Influenz immerfort neue Elektrizitätsmengen zu den Sammlern $A$ und $B$ liefern; die Potentialdifferenz wächst und es springt zwischen den Kugeln des Sammlers ein Funke über. Ist die Entfernung zwischen den Kugeln zu groß, so können auch zwischen anderen Teilen der Maschine Funken überspringen.

Wir haben von vornherein angenommen, daß die Stanniolsektoren schon von Anfang an geladen waren. In Wirklichkeit trägt auch ein jeder isolierte Leiter eine kleine, wenn auch unbemerkbare Ladung. Durch die Drehung der Maschine wird die schon vorhandene Ladung verstärkt; man braucht deshalb die Sektoren vor dem Versuch nicht aufzuladen.

Man nennt solche Maschinen *selbsterregende*.

Es versteht sich von selbst, daß die bei solchen Maschinen erzeugten Potentialdifferenzen und Elektrizitäten nicht ohne entsprechende Arbeitsleistung zustande kommen können. Die Konstruktion der Maschine kann beliebig sein, in jedem Falle muß die positive Elektrizität von der negativen getrennt und auf eine gewisse Entfernung gebracht werden, und das erfordert stets eine gewisse Arbeit. Ein Teil der erzeugten Elektrizität geht durch Streuung und Leitung verloren. Die stets in den sich bewegenden Teilen der Maschine vorhandene Reibung verzehrt auch eine gewisse Energiemenge, und eine Maschine ist um so besser, je weniger Arbeit die verschiedenen Nebenumstände verbrauchen, mit anderen Worten, je größer ihr *Nutzeffekt* ist.

Was die bei diesen Maschinen erlangte Funkenlänge betrifft, so hängt sie von der erzeugten Potentialdifferenz ab. Diese letztere kann wegen der begrenzten Isolationsfähigkeit der Maschine nicht unbegrenzt wachsen. Die Isolatoren selbst, welche in solchen Maschinen benützt werden, halten im allgemeinen sehr hohe Potentialdifferenzen aus, aber es ist sehr schwer, die Leitung auf der Oberfläche dieser Isolatoren zu verhindern. Glas ist hygroskopisch, und Hartgummi wird nach einiger Zeit chemisch zersetzt und nimmt Feuchtigkeit an (vgl. S. 5, 6).

Um die Oberflächenisolation in gutem Zustande zu erhalten, werden die Maschinen manchmal in Glasschränken eingeschlossen, in welchen die Luft durch Chlorkalzium oder Schwefelsäure trockengehalten wird, oder sogar in Metallgehäusen mit Kohlensäure unter großem Druck, um die Nebenfunken zu unterdrücken.

In der letzten Zeit werden die Stanniolbelegungen der Maschine in Hartgummi eingebettet (einvulkanisiert), wodurch eine viel bessere Isolation und eine größere Kapazität der Sektoren erzielt wird. Dadurch wird auch die gelieferte Elektrizitätsmenge vergrößert. Derartige Influenzmaschinen, sog. *Kondensatormaschinen*, werden von WEHRSEN und H. WOMMELSDORF konstruiert. Der Versuch zeigt, daß durch die neue Konstruktion die erzeugte Elektrizitätsmenge verzehnfacht werden kann.

Die gewöhnlichen WIMSHURST-Influenzmaschinen werden in sehr verschiedenen Größen ausgeführt. Kleine Maschinen von etwa 20 cm Scheibendurchmesser sind in Laboratorien sehr bequem und nützlich für verschiedene Zwecke. Große Maschinen haben eine Scheibengröße von etwa 50 cm Durchmesser und werden manchmal zu 30, 40 Scheiben zusammen in einem gemeinsamen Kasten montiert. Die Funkenlänge beträgt größtenteils etwa $^2/_3$ des Scheibendurchmessers.

Abb. 80. Papierkondensator.

Als Beispiel der Leistungsfähigkeit der Kondensatormaschinen wollen wir nur anführen, daß eine WOMMELSDORFsche Maschine mit zwei Scheiben von 50 cm Durchmesser eine Funkenlänge von etwa 30 cm geben kann, was einer Potentialdifferenz von 130000 Volt entspricht. Die dabei gelieferte Elektrizitätsmenge ist 0,0005 Coulomb in 1 Sekunde.

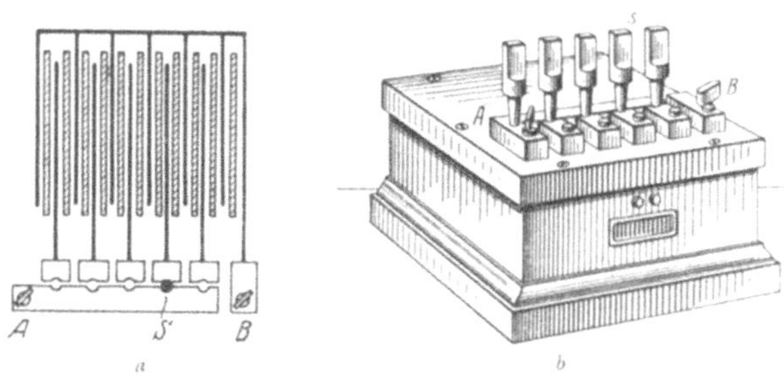

Abb. 81. Glimmerkondensator mit Stöpseln.

**101. Kondensatoren.** Wir wissen, daß die Kapazität eines Kondensators desto größer ist, je näher seine Belegungen aneinanderstehen. Es wäre deshalb am vorteilhaftesten, das Dielektrikum im Kondensator möglichst dünn zu nehmen, wodurch gleichzeitig eine Raum- und Materialersparnis erzielt würde. Dem liegt aber der Umstand im Wege, daß ein dünnes Dielektrikum bei großen Potentialdifferenzen leicht durchschlagen wird. Die Dicke des Dielektrikums muß also der zu erwartenden maximalen Potentialdifferenz angemessen sein.

Für kleine Potentialdifferenzen bis etwa 300 Volt nimmt man als Dielektrikum paraffiniertes Papier, welches von beiden Seiten mit Stanniol belegt wird. Mehrere solche Papierblätter mit dazwischenliegenden Stanniolblättern werden in Form eines Buches zusammengelegt (Abb. 80). Die geradzahligen Stanniolblätter bilden die eine Belegung und die ungeradzahligen Blätter die andere Belegung des Kondensators. Die Enden der Blätter ragen aus dem Paraffinbuche an zwei gegenüberliegenden Stellen heraus und werden mit zwei Zuleitungsdrähten, sog. Endpolen des Kondensators, verbunden. Derartige Paraffinkondensatoren können leicht bis zu 100 Mikrofarad konstruiert werden, ohne zu großen Raum einzunehmen.

Bei Kondensatoren, welche für Meßzwecke dienen sollen, verwendet man zur größerer Sicherheit Glimmer statt Paraffinpapier. In der Abb. 81 ist ein solcher Kondensator abgebildet. Hier führen einzelne Teile der einen Belegung zu einem Schalter $A$ aus Messing; vermittels der Stöpsel $s$ kann man mehr oder weniger Stanniolblätter zu dem Endleiter $A$ anschalten. Diese Einrichtung erlaubt also die Kapazität des Kondensators zu variieren.

**102. Ein Zahlenbeispiel.** Wir wollen einen Kondensator für 100 Volt maximale Potentialdifferenz und von 2 Mikrofarad Kapazität berechnen.

Die Dielektrizitätskonstante des paraffinierten Papiers nehmen wir gleich 2 an. Die Belegungen machen wir aus Stanniolblättern nach Abb. 80.

Für einen ebenen Kondensator haben wir die Formel für seine Kapazität

$$C = \frac{\varepsilon S}{4\pi d}\,.$$

Setzen wir hier ein

$$C = 2 \cdot 10^{-6}\,\text{Farad} = 2 \cdot 10^{-6} \cdot 9 \cdot 10^{11}\,\text{cm} = 1{,}8 \cdot 10^{6}\,\text{cm}\,,$$

$$d = 0{,}02\,\text{mm} = 0{,}002\,\text{cm}; \quad \varepsilon = 1{,}8\,,$$

so erhalten wir für die Flächengröße jeder Belegung

$$S = \frac{4\pi d C}{\varepsilon} = 2\pi \cdot 0{,}002 \cdot 1{,}8 \cdot 10^{6} = 22\,000\,\text{cm}^2\,.$$

Da jedes Stanniolblatt von beiden Seiten mit Elektrizität geladen wird (nur die beiden außenliegenden Endblätter machen eine Ausnahme, was für unsere

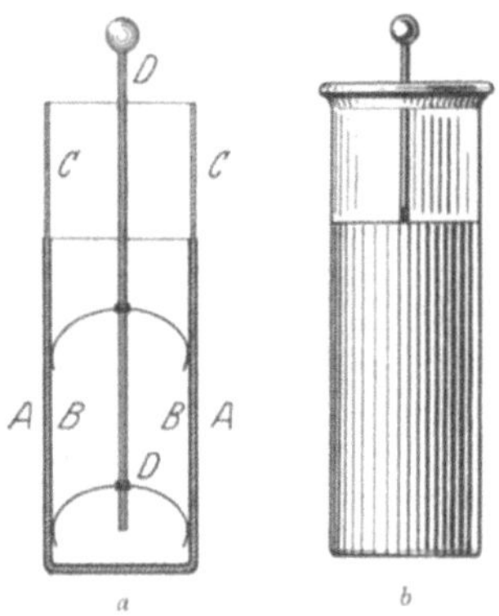


Abb. 82. Leidener Flasche.

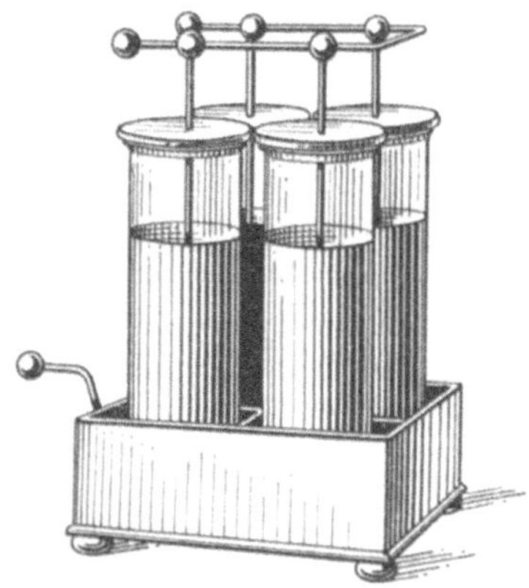

Abb. 83. Eine Batterie Leidener Flaschen.

annähernde Rechnung nicht viel bedeutet), so muß die Fläche des Stanniols in jeder Belegung gleich 11 000 $\text{cm}^2$ sein. Rechnen wir die Dicke des Stanniols als 0,001 cm, so erhalten wir für das ganze Volumen des Kondensators ungefähr 50 $\text{cm}^3$ (etwa zwei Streichhölzerschachteln).

Derartige Kondensatoren werden oft bei Telephonleitungen gebraucht und haben die Außenmaße $3 \cdot 5 \cdot 5 = 75\,\text{cm}^3$ und samt der Metallhülle ein Gewicht von 200 g. Für größere Potentialdifferenz als 100 Volt müßte man die Dicke des Dielektrikums vergrößern. Nimmt man die Dicke des Dielektrikums $n$ mal größer, so muß für dieselbe Kapazität die Fläche $S$ auch $n$ mal größer genommen werden; das Volumen und das Gewicht des Kondensators werden dadurch etwa $n^2$ mal größer.

**103. Leidener Flaschen.** Für sehr große Potentialdifferenzen bis etwa 100 000 Volt gebraucht man die bekannten Leidener Flaschen (Abb. 82a, b). Das sind Glaszylinder mit einem flachen Boden, welche außen und innen bis zu einem gewissen Abstand vom oberen Rande mit Stanniol beklebt werden. Der obere, von Stanniolbelegungen freie Teil der Glasoberfläche wird mit Schellack gefirnißt, damit längs der Oberfläche kein Ausgleich der Elektrizitäten der beiden Belegungen stattfinden kann. Die innere Belegung wird metallisch mit einem vertikalen Kupferdraht *D* verbunden, der am oberen Ende eine Kugel trägt.

Je größer die zu erwartende Potentialdifferenz ist, desto stärker muß das Glas genommen werden und desto weiter müssen die Stanniolbelegungen vom Rande der Flaschen abstehen: sonst können nämlich längs der Oberfläche des Glases Funkenentladungen entstehen.

Die Kapazität der einzelnen Flaschen ist meistens gering. Als Beispiel wollen wir eine Flasche von 40 cm Höhe und von 15 cm Durchmesser berechnen. Die Dicke des Glases sei 5 mm = 0,5 cm, und seine Dielektrizitätskonstante gleich 5. Die Fläche jeder Belegung bei einem Abstande vom Rande gleich 15 cm wird etwa $25 \cdot 45 = 1125$ cm² betragen. Für eine annähernde Rechnung können wir von der Zylinderform der Flasche absehen und die Kapazität so berechnen, als ob der Kondensator eben wäre. Dann erhalten wir

$$C = \frac{1125}{4\pi \cdot 0{,}5} \cdot 5 = 900 \text{ cm} = 10^{-9} \text{ Farad} = 0{,}001 \text{ Mikrofarad}.$$

Um größere Kapazitäten zu erhalten, verbindet man mehrere Flaschen nebeneinander zu sog. Batterien (Abb. 83). Unsere Rechnung zeigt, daß, um ein Mikrofarad Kapazität zu erhalten, müßten wir etwa 1000 solcher Flaschen parallel schalten.

Wenn wir eine solche Flasche bis zu etwa 3000 Volt laden, erhalten wir eine Elektrizitätsmenge

$$e = 10^{-9} \cdot 3 \cdot 10^3 = 3 \cdot 10^{-6} \text{ Coulomb}$$

und eine Energie von

$$U = \frac{eV}{2} = \frac{3 \cdot 10^{-6} \cdot 3 \cdot 10^3}{2} = 4{,}5 \cdot 10^{-3} \text{ Joule} = 10^{-3} \text{ cal}.$$

Diese Energie ist zwar nicht groß, aber sie kann große Wirkungen ausüben, wenn man sie in einer sehr kurzen Zeit und in einem sehr kleinen Raum in Wärmeenergie verwandelt. Lassen wir z. B. die gesammelte Elektrizitätsmenge einer solchen Flasche sich in einem Funken entladen, so wird die Länge des Funkens in Luft bei normalen Verhältnissen etwa 1 mm betragen und sein Querschnitt auch etwa 1 mm² sein. Nehmen wir also für die im Funken enthaltene Luftmenge ein Volumen von 1 mm³, ein Gewicht von $1{,}3 \cdot 10^{-6}$ g und eine Wärmekapazität von $0{,}24 \cdot 1{,}3 \cdot 10^{-6} = 0{,}3 \cdot 10^{-6}$ an, so können wir bei der Entladung eine Temperatur von mehreren tausend Grad erwarten; in Wirklichkeit wird auch die Luft in solch einem Funken weißglühend.

Die physiologischen Wirkungen elektrischer Entladungen sind sehr unangenehm. Verbindet man die äußere und die innere Belegung einer nicht zu stark geladenen Flasche mit den Händen, so entsteht eine Entladung durch unseren Körper; unsere Muskeln werden stark zusammengezogen, man erhält eine Krampfempfindung oder, wie man es nennt, einen elektrischen Schlag. Bei größeren Potentialdifferenzen und beträchtlichen Kapazitäten wird so ein elektrischer Schlag schon gefährlich, und das Experimentieren mit großen Flaschenbatterien muß mit einer gewissen Vorsicht geschehen.

**104. Entlader. Funkenmikrometer.** Will man eine geladene Leidener Flasche oder sogar eine Batterie entladen, ohne sich der Gefahr eines elektrischen Schlags auszusetzen, so benützt man einen sog. Entlader. Er besteht aus zwei etwa $^1/_2$ m langen starken Kupferdrähten, welche durch ein Gelenk verbunden sind (Abb. 84). Das Gelenk hat den Zweck, die Kugeln des Entladers auf verschiedene Entfernungen voneinander einstellen zu können. Jeder Draht ist mit einem isolierenden Griff versehen und trägt an seinem Ende eine Messingkugel.

Berührt man mit der einen Kugel des Entladers die äußere Belegung einer Leidener Flasche und nähert man die andere Kugel dem Konduktor *D*, welcher mit der inneren Belegung der Flasche verbunden ist, so entsteht bei einer gewissen Entfernung zwischen der Entladekugel und dem Konduktor der Flaschen ein Funke, und die Flasche wird entladen. Um eine vollständige Entladung zu erzielen, ist es ratsam, die Kugel mit dem Konduktor in volle Berührung zu bringen.

Manchmal ist es nötig, die Länge des bei einer Entladung entstandenen Funken zu messen. Dann werden die Endkugeln des Entladers auf zwei besondere Isolierstützen aufgesetzt, die man gegeneinander bewegen kann (Abb. 85).

Abb. 84. Entlader.

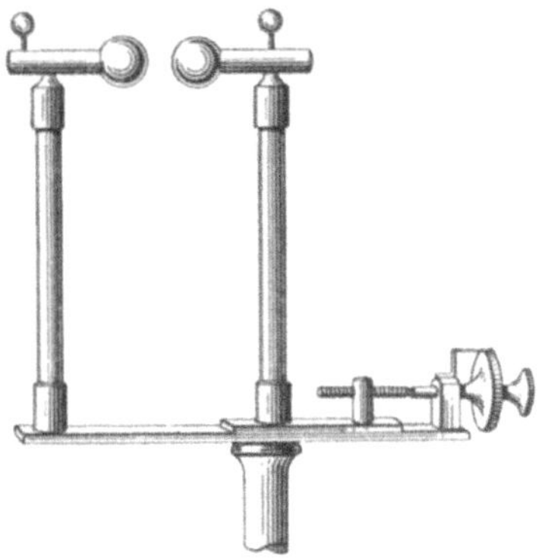

Ab. 85. Funkenmikrometer.

Die Verschiebung der einen Stütze wird durch eine Mikrometerschraube besorgt und kann an einem Maßstab abgelesen werden. So ein Apparat heißt Funkenmikrometer.

**105. Entladungspotential. Elektrische Festigkeit.** Die mit dem Funkenmikrometer gemessene Funkenlänge hängt größtenteils von der Potentialdifferenz ab, aber diese Abhängigkeit läßt sich nicht durch eine einfache Formel darstellen, denn die Entstehung eines Funkens hängt nicht nur von der Potentialdifferenz, sondern von vielen anderen, manchmal auch zufälligen Umständen ab. Zur vorläufigen Orientierung genügt es, sich zu merken, bei welchen Potentialen die Entladung im allgemeinen einsetzt. Diese Potentialdifferenz nennt man Entladungspotential.

Die Versuche zeigen, daß zwischen zwei Kugeln von 2,5 cm Durchmesser in der Luft bei normalen Verhältnissen (Druck = 1 Atmosphäre, Temperatur = 20° C) ein Funke von 1 mm Länge bei einer Potentialdifferenz zwischen den Kugeln von 5000 Volt entsteht. Bei einer Entfernung der Kugeln von 5 mm braucht man für den Funkenüberschlag 18000 Volt. Einen Funken von 1 cm erhält man bei 30000 Volt, und für einen 50 cm langen Funken ist eine Potentialdifferenz von etwa 300000 Volt notwendig. W. Trowbridge hat bei 3 Millionen Volt Funken bis zu 2 m Länge beobachtet.

Benutzt man Kugeln von größerem Halbmesser, so werden die Funkenpotentiale bei denselben Entfernungen ein wenig größer; zwischen zwei ebenen Platten ist das Funkenpotential am größten. Bei kleineren Entladungskugeln dagegen findet ein leichterer Funkenübergang statt, und eine Spitze kann überhaupt nur sehr kleine Potentiale aushalten, ohne sich zu entladen.

Wir sehen daraus, je größer die *Krümmung* der Oberfläche, desto leichter wird sie entladen. An einer Oberfläche mit großer Krümmung werden die

Kraftlinien im allgemeinen dichter sein und also die Feldintensität größer. Das zeigt uns schon, daß nicht die Potentialdifferenz selber, sondern eher die Feldintensität des elektrischen Feldes die wichtigere Rolle beim Einsetzen der Entladung spielt. Diese Vermutung wird in der Tat durch den Versuch bestätigt.

In der Elektrotechnik werden in der letzten Zeit sehr hohe Potentialdifferenzen oder, wie man sie auch nennt, *hohe Spannungen* gebraucht, und bei der Berechnung und beim Entwerfen der verschiedenen technischen Isolatoren gibt man den Leitern eine solche Form und stellt sie in eine solche Entfernung voneinander, daß die dabei sich ergebende maximale Feldintensität ein gewisses, für den betreffenden Isolator erlaubtes Maximum nicht überschreitet. Dieses Maximum nennt man *elektrische Festigkeit.*

Die elektrische Festigkeit der Luft unter normalen Verhältnissen wird mit 30000 Volt angenommen. Die elektrische Festigkeit von Wasserstoff ist unter denselben Bedingungen zweimal kleiner.

Gereinigtes Mineralöl (Transformatoröl) ist 3 mal elektrisch fester als Luft; Paraffin, Porzellan und Ebonit sind 5 mal fester, Glas etwa 6 mal, Paraffinpapier etwa 10 mal und Glimmer sogar 100 mal fester als Luft.

Allerdings hängt noch die elektrische Festigkeit von der Homogenität und Reinheit des Materials ab. Bei technischen Anwendungen kann man sich deshalb nicht immer direkt auf die oben angegebenen Zahlen stützen, und es ist ratsam, einen gewissen Sicherungskoeffizienten einzuführen. Man rechnet oft nur auf ein Drittel oder sogar auf ein Zehntel der angegebenen elektrischen Festigkeit.

Die elektrische Festigkeit der Gase ist nicht konstant. Man kann annehmen, daß bei einer Temperaturerhöhung auf 3° C die Festigkeit der Gase etwa auf 3% sinkt; in derselben Weise wirkt eine Verminderung des Druckes auf 8 mm. Bei sehr kleinen Drucken, niedriger als 0,0001 Atmosphäre, wird die Festigkeit der Gase wieder größer. Im reinen Vakuum kann überhaupt keine Entladung einsetzen.

H. Herz hat entdeckt, daß die Entladungspotentiale bei Bestrahlung mit Lichtstrahlen kleiner Wellenlänge (ultraviolette Strahlen) sinken. Noch stärker wirken Röntgenstrahlen.

**106. Spitzenwirkungen.** Eine Spitze, wie wir schon gesagt haben, kann man überhaupt nicht auf höhere Potentiale laden. Bis etwa 1500 Volt in Luft kann eine Spitze noch isoliert bleiben, aber schon bei 1600 Volt beginnt die negative Ladung von der Spitze abzufließen; bei 2200 Volt fließt auch eine positive Ladung ab.

Hier finden wir zum ersten Male einen Unterschied im Verhalten der positiven und negativen Elektrizität. Im folgenden werden wir solche Unterschiede der beiden Elektrizitäten immer öfter treffen. Auch in den die Entladung begleitenden Leuchterscheinungen tritt dieser Unterschied hervor. Die positive Elektrizität gibt beim Abfließen von einer Spitze einen leuchtenden, violettgefärbten Pinsel, den man im Dunkeln gut sehen kann; die negative Elektrizität bildet ein kleines Sternchen. Solche Entladungen nennt man Glimmentladungen. Größtenteils fängt die Glimmentladung viel früher an als der eigentliche Funke.

Bei den Glimmentladungen bildet sich in der Nähe der sich entladenden Spitze eine Bewegung der elektrisierten Luft, ein sog. elektrischer Wind, den man durch Annähern einer Kerzenflamme leicht nachweisen kann. Franklin hat diese Luftbewegungen benützt, um eine kleine elektrische Turbine zu bauen. Auf einer vertikalen Spitze wird ein Rädchen mit nach einer Seite umgebogenen Drahtspitzen aufgesetzt. An den Drahtspitzen wird beim Elektrisieren die Luft abgestoßen, und durch Reaktionswirkung wird das Rädchen in der den Spitzen entgegengesetzten Richtung in Rotation versetzt.

Die Spitzenwirkung wird oft bei den Elektrisiermaschinen benützt, um die Elektrizität von einem Isolator wegzunehmen. Eine einfache Verbindung des Isolators mit der Erde genügt nämlich nicht, um seine Ladung zur Erde abzuleiten. Nähert man aber dem Isolator eine mit der Erde leitend verbundene Spitze, so ladet sich diese letztere durch Influenz; die entgegengesetzte influenzierte Elektrizität fließt von der Spitze auf das Dielektrikum ab und neutralisiert dessen Ladung.

Dieselbe Wirkung kann man durch Bestreichen der Oberfläche des geladenen Dielektrikums mit einer Gasflamme oder auch mit einer Spiritusflamme erzielen, indem man den Bunsenbrenner oder den Spiritusbrenner in der Hand hält, also zur Erde ableitet. Die Flamme wirkt demnach ebenso wie eine Spitze.

Mit Hilfe einer Spitze läßt sich ein Dielektrikum ohne Reibung mit wahrer Elektrizität laden. Nähert man dem Dielektrikum von der einen Seite einen elektrisierten Körper und von der anderen Seite die Spitze, so ladet sich die Spitze durch Influenz mit Elektrizität, welche sofort von der Spitze zum Dielektrikum hinüberfließt. Diese Methode, das Elektrikum zu laden, wird zuweilen bei den Elektrisiermaschinen benützt.

Das Abfließen der Elektrizität von Spitzen und scharfen Rändern muß man immer im Auge behalten, wenn man auf irgendeinem Leiter die Elektrizität dauernd erhalten will; der Leiter muß dann möglichst glatt und abgerundet geformt sein. Aus demselben Grunde werden alle Drähte und Stangen in den elektrostatischen Apparaten an den Enden mit Kugeln versehen, welche gut poliert sein müssen. Bei niedrigen Potentialen, z. B. kleiner als 1000 Volt, sind diese Vorsichtsmaßregeln überflüssig.

**107. Das absolute Elektrometer von W. Thomson (Lord Kelvin).** Wir haben schon gesagt, daß die Methode von Coulomb für genauere Messungen der Elektrizitätsmengen nicht geeignet ist. Man kann aber anders verfahren. Ladet man eine bekannte Kapazität $C$ bis zu einem bestimmten Potentiale $V$, so erhält man eine Elektrizitätsmenge

$$e = C V .$$

Die Kapazität einiger einfachen Formen von Leitern kann man nach deren Abmessungen genau berechnen; es erübrigt also nur die Potentialdifferenz in absoluten Einheiten zu messen, und das kann man in folgender Weise tun (Abb. 86).

Zwei horizontal befestigte parallele Kreisscheiben aus poliertem Messing bilden einen ebenen Kondensator (Abb. 86 $AB$). Die gegenseitige Entfernung der Scheiben ist klein im Vergleich zum Durchmesser der Scheiben, und in ihrer Mitte kann das elektrische Feld als homogen angenommen werden. Der mittlere Teil $B_1$ der oberen Scheibe ist kreisförmig ausgeschnitten und an einem Arme einer feinen Wage aufgehängt. Der ausgeschnittene Teil muß natürlich frei genug hängen, damit er bei der Wägung an den Ring $B$ nicht anstößt; anderseits muß der Schlitz zwischen dem hängenden Teil und dem ringförmigen Rest der Scheibe möglichst eng sein, damit die Homogenität des Feldes durch den Schlitz nicht merklich gestört wird. Den äußeren Teil $B$ nennt man Schutzring. Unter diesen Bedingungen kann man die Kapazität des mittleren Teiles des Kondensators $B_1$ nach der Formel für einen ebenen Kondensator berechnen

$$C = \frac{S}{4\pi d} .$$

Für die Luft kann man mit großer Genauigkeit $\varepsilon = 1$ setzen.

Die obere Scheibe samt der ganzen Wage wird zur Erde abgeleitet: die untere Scheibe $A$ ist isoliert aufgestellt und kann geladen werden. Werden die Scheiben geladen, so wird die obere Scheibe und namentlich ihr mittlerer ausgeschnittener Teil zu der unteren Scheibe angezogen; für die Herstellung des Gleichgewichts müssen wir auf die andere Schale der Wage ein Gewicht von $q$ Gramm* $= qg$ Dyne auflegen. Wir haben früher gefunden (S. 41, **49**), daß die Anziehungskraft zwischen zwei parallelen geladenen Ebenen gleich ist

$$F = \frac{\varepsilon E^2}{8\pi} \cdot S \text{ Dyne}.$$

Wir setzen hier

$$E = \frac{V}{d}, \qquad \varepsilon = 1,$$

und erhalten

$$F = \frac{V^2}{8\pi d^2} S = qg \text{ Dyne}; \qquad \text{also } V = d\sqrt{\frac{8\pi qg}{S}}.$$

Auf der rechten Seite dieser Formel haben wir alle Größen, nämlich die Länge $d$, den Flächeninhalt $S$ und das Gewicht $qg$ in absoluten Einheiten ausgedrückt; wir erhalten also auch die Potentialdifferenz in absoluten Einheiten. Diese Messungen können mit sehr großer Genauigkeit gemacht werden, und man kann sie auch für genaue Graduierung (Eichung) irgendwelcher Elektrometer verwenden. In der Abb. 86 ist $E$ ein BRAUNsches Elektrometer (vgl. Abb. 87), welches geeicht werden soll, und $C$ eine parallel geschaltete Leidener Flasche, die als elektrisches Reservoir dient, um das Potential ungeachtet der kleinen Elektrizitätsverluste konstant zu halten und außerdem ein langsames Aufladen des ganzen Systems zu erlauben.

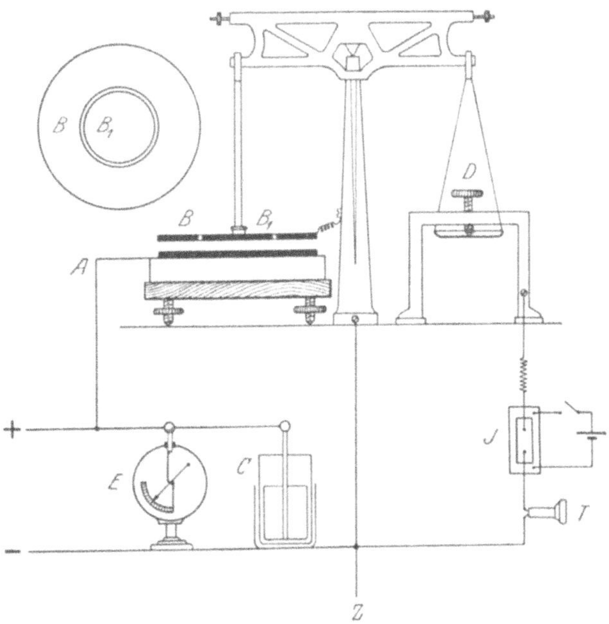

Abb. 86. Anordnung der Apparate für absolute Potentialmessungen nach THOMSON-KIRCHHOFF-TSCHERMACK.

Eine gewisse Schwierigkeit liegt in der Unstabilität der ganzen Anordnung. Ist nämlich das Gewicht ein wenig größer als die elektrische Anziehung, so zieht es die Scheibe $B_1$ nach oben, die elektrische Kraftwirkung vermindert sich, und das Gewicht zieht die Scheiben noch mehr auseinander. Ist, umgekehrt, die elektrische Kraft stärker, so wird die Scheibe nach unten gezogen, die elektrische Kraft wird noch größer und überwiegt die Kraftwirkung des Gewichts noch mehr. Es scheint also, als ob unter solchen Bedingungen die Messungen überhaupt unmöglich werden, aber diese Schwierigkeit läßt sich durch folgenden Kunstgriff überwinden.

Über der Wagschale befestigt man auf einem besonderen Gestell eine metallische Schraube $D$ und schraubt sie gerade so viel herunter, bis die Wagschalen und die ganze Wage gerade ihre Gleichgewichtslage annehmen. Dabei müssen die unteren Flächen von $B$ und $B_1$ in einer Ebene liegen. Man ladet den Kondensator; die Schale wird in die Höhe gehoben und fest an die Schraube $D$ angelegt. Dann streut man vorsichtig so viel Sand auf die Schale, bis sie gerade überwiegt und von der Schraube abgeht; das Gewicht des aufgestreuten Sandes entspricht dann der am Elektrometer $E$ abgelesenen Potentialdifferenz. Noch genauer kann man umgekehrt verfahren: Man legt auf die Skala irgendein Gewicht $q$ und vermindert allmählich die Potentialdifferenz im Kondensator, bis das Gewicht gerade überwiegt. Die dabei erhaltene minimale Potentialdifferenz im Momente des Entfernens der Schale von der Schraube entspricht dem aufgelegten Gewichte.

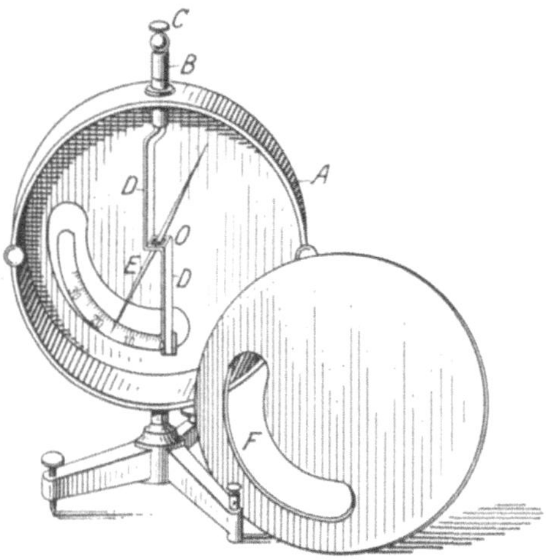

Abb. 87. BRAUNsches Elektrometer.

Man kann dieses Moment sehr genau feststellen, wenn man nach TSCHERMACK die Schraube in einen Stromkreis mit einem Unterbrecher (in Abb. 86 ist $I$ ein kleines Induktorium) und Telephon $T$ einschaltet. Im Moment der Loslösung der Schraube $D$ von der Wagschale wird das Telephon sofort aufhören zu tönen.

Nehmen wir an, der mittlere Teil der oberen Belegung des Kondensators habe einen Durchmesser 8 cm, und der innere Durchmesser des ihn umgebenden Schutzringes sei 8,1 cm. Dann kann man für die Berechnung der Kapazität einen Durchmesser 8,05 cm annehmen. Das entspricht einer Fläche von 51 cm². Bei einem Abstande $d = 1$ cm erhalten wir für die Potentialdifferenz

$$V = \sqrt{\frac{8\pi q g}{S}} = 22\sqrt{q}\ \text{CGS-E}.$$

Die Erdbeschleunigung ist hier angenommen gleich

$$g = 980\ \frac{\text{cm}}{\text{sec}^2}.$$

**108. Elektrostatisches Voltmeter.** Das absolute Elektrometer von THOMSON ist für gewöhnliche Messungen nicht bequem genug und gestattet keine unmittelbare Ablesung der Potentialdifferenz. Man benützt deshalb größtenteils Instrumente, die nach Art der Elektroskope gebaut sind. Sie werden mit einer Skala versehen, welche direkt in Volt geeicht ist. Die Eichung kann mit dem THOMSONschen Elektrometer sehr genau ausgeführt werden.

In der Abb. 87 ist ein Elektrometer von BRAUN dargestellt. Ein kurzer Messingdraht trägt oben eine Kugel $C$ und unten einen vertikalen dicken Messingstreifen $DD$. Der Messingstreifen hat in der Mitte einen schmalen Ausschnitt und ist zweimal rechtwinkelig umgebogen; auf die so gebildete Stufe wird die horizontale Achse $O$ einer leichten Aluminiumnadel $E$ aufgelegt. Am unteren Ende des Messingstreifens ist eine kreisförmige, in Volt eingeteilte Skala angebracht. Der obere Draht geht durch einen Ebonitpfropfen $B$ durch, der in eine metallische zylinderförmige Hülle eingesetzt ist; die Hülle schützt die Elektrometernadel vor äußeren Einflüssen. Für die Beobachtung der Skala sind in der Hülle entsprechende Ausschnitte $F$ gemacht und mit Glas bedeckt.

Ladet man die Kugel $A$ mit irgendeinem elektrisierten Körper, indem die äußere Hülle und das Gestell zur Erde abgeleitet wird, so verbreitet sich die Ladung auf den Messingstreifen und die Aluminiumnadel $Z$; die Nadel wird von dem Messingstreifen abgestoßen und nimmt eine geneigte Lage an, die der Potentialdifferenz zwischen der Nadel und der Hülle entspricht.

Die BRAUNschen Elektrometer erlauben Potentialdifferenzen zwischen 100 und 15000 Volt zu messen. Bei größeren Potentialdifferenzen ist es sehr schwer, eine genügende Isolation zu erreichen, bei kleineren Potentialdifferenzen wird die Ablenkung der Nadel zu klein. Die angegebenen Grenzen können nicht an einem und demselben Instrument realisiert werden. Gewöhnlich baut man solche Elektrometer für zwei Meßbereiche: der eine Typus ist für Potentialdifferenzen von 100 bis 1500 Volt eingerichtet, der andere Typus für den Bereich zwischen 1000 und 15000 Volt. Aus dem ersten Typus kann man ein Instrument auch für höhere Potentiale machen, wenn man den unteren Teil der Nadel entsprechend belastet.

**109. Empfindlichere Instrumente.** Eine viel größere Empfindlichkeit des Elektrometers erhält man, wenn man seinen beweglichen Teil in ein starkes elektrisches Feld hineinbringt. In den bis jetzt von uns beschriebenen Instrumenten — Blättchenelektroskope und Elektrometer — wird die Abstoßungskraft in erster Annäherung proportional dem Quadrate der Ladung $e^2$ sein. Bringt man dieselbe Ladung in ein elektrisches Feld $E$ hinein, so wird die Kraftwirkung proportional zu $Ee$ sein. Bei kleinen Ladungen und starkem Hilfsfelde $E$ kann somit die Empfindlichkeit des Instruments bedeutend erhöht werden.

Auf diesem Prinzip sind sehr viele Instrumente gebaut, von denen wir hier einige kurz beschreiben wollen.

In der Abb. 88 ist ein Schema des BOHNENBERGER-HANKELschen Instruments dargestellt. Ein Aluminiumblättchen behängt zwischen zwei Platten, welche auf eine Potentialdifferenz $(V_1 - V_2)$ geladen werden. Die Platten kann man durch Verschieben in verschiedenen Abständen voneinander stellen und so ein gewünschtes elektrisches Feld herstellen. Erteilt man dem Aluminiumblättchen $c$ eine kleine Ladung, so wird es sofort, je nach dem Zeichen der Ladung, zu der linken oder zu der rechten Platte abgelenkt. Die Ablenkung kann an einer Skala abgelesen werden (auch mikroskopisch).

Ein sehr empfindliches Instrument hat nach diesem Prinzip C. T. R. WILSON gebaut. Hier (Abb. 89) ist ein 3 cm langes, 2 mm breites Aluminiumblättchen auf dem Stiele $V$ befestigt. Das Hilfspotential von etwa 100 Volt wird einerseits an der Platte $P$, andererseits an das metallische Gehäuse angelegt. Vermittels einer Stellschraube wird das Elektrometer so geneigt, daß das Blättchen $f$ sehr nahe an die labile Lage kommt, wo es leicht umkippt und sich dann normal zur Polplatte $P$ einstellt. In dieser Lage ist die Empfindlichkeit des Instruments am größten. Das Blättchen wird mit einem Mikrometermikroskope beobachtet, in welchem ein Skalenteil einer Ablenkung von 0,02 mm im Beobachtungsfelde entsprechen. Mit einiger Übung kann die Empfindlichkeit so gesteigert werden, daß ein Skalenteil einer Potentialdifferenz des Blättchens gegenüber dem Gehäuse von 0,01 Volt entspricht.

Statt des Aluminiumblättchens ist in dem Elektrometer von EDELMANN und LUTZ ein sehr dünner Platindraht (Wollastondraht)* parallel zu zwei Metallschneiden eingespannt. Die Hilfsspannung wird an diese zwei Schneiden, und die zu messende Spannung an dem Faden angelegt. Die Empfindlichkeit kann durch die Spannung des Fadens reguliert werden: je kleiner die Spannung des Fadens, desto leichter wird der Draht nach der einen oder der anderen Schneide ausbiegen können. Zu klein darf man aber die Spannung nicht nehmen, weil dann die Gefahr vorliegt, daß der dünne Faden sich an die Schneiden anlegt und abreißt. Die Ausbiegung des Fadens wird durch ein Mikroskop beobachtet oder auf einen photographischen Film projiziert und photographiert.

Dieses sog. Seitenelektrometer erlaubt Potentialdifferenzen von 0,01 Volt zu messen; es hat den großen Vorzug einer sehr schnellen Einstellung, und erlaubt deshalb, schnellveränderliche Potentialdifferenzen photographisch zu registrieren. Zu diesem Zwecke wird der vertikale Faden mit einer elektrischen

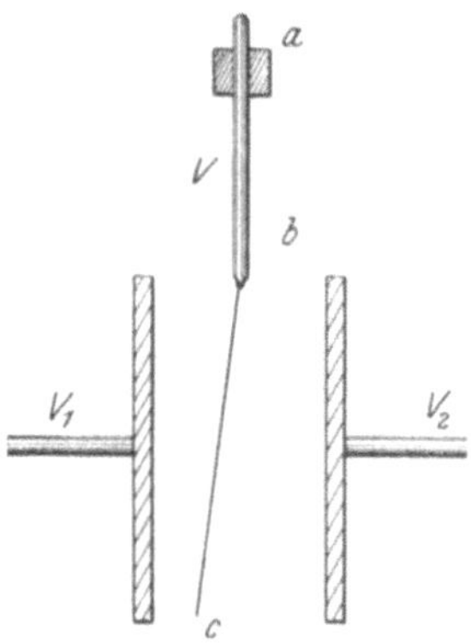


Abb. 88. BONENBERGER-HANKELsches Elektrometer.

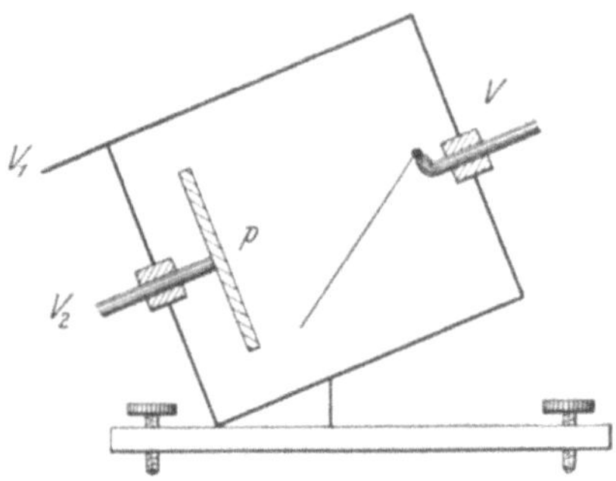


Abb. 89. WILSONsches Elektrometer.

Lampe beleuchtet und vermittelst eines Mikroskopobjektivs durch einen horizontalen Spalt auf einen Schirm projiziert. Hinter dem Spalte befindet sich ein lichtempfindliches Papier oder photographischer Film, welches normal zum Spalte in der Richtung des Fadenschattens durch ein Uhrwerk gleichmäßig bewegt wird. Nach Beendigung des Versuchs wird der Film im Dunkeln herausgenommen und wie jedes andere photographische Bild entwickelt und fixiert. Auf dem Bilde erhalten wir eine Kurve, die die Potentialdifferenz als Funktion der Zeit in gewissem Maßstabe darstellt.

**110. Quadrantenelektrometer.** W. THOMSON hat für feinere Messungen ein Elektrometer erfunden, das man als ein klassisches Instrument bezeichnen kann und welches bis jetzt in physikalischen Laboratorien bei verschiedenen Messungen oft benützt wird. Eine zylindrische Metalldose (Abb. 90a) ist in vier gleiche Teile — Quadranten — eingeteilt, die voneinander sorgfältig isoliert aufgestellt sind. Die entgegengesetzten Quadranten sind miteinander leitend

* Ein Wollastondraht ist ein Platindraht von 1 bis 2 $\mu$ Dicke, welcher nach dem von WOLLASTON angegebenen Verfahren hergestellt wird. Man bedeckt einen Platindraht mit einer Hülle aus Kupfer oder Silber und zieht ihn durch immer kleinere Löcher in einer Stahlplatte durch, bis er möglichst dünn wird. Dann ätzt man die Hülle mit schwacher Salpetersäure vorsichtig ab, wobei nur der äußerst dünne Platindraht unzersetzt bleibt. — So dünne Fäden sind kaum mit dem Auge zu sehen, sie reißen sehr leicht ab und fordern die größte Vorsicht, namentlich beim Einsetzen in das Elektrometer. Dem Instrument werden deshalb spezielle Hilfsapparate beigegeben, um das Einsetzen des Drahtes zu erleichtern.

verbunden und bilden somit zwei Pole für die Hilfsladung. Zwischen den Quadranten ist eine biskuitenförmige Nadel (Abb. 91) an einem feinen Platindraht (Wollastondraht) aufgehängt. Sind alle Quadranten genau gleich und genau symmetrisch aufgestellt, so wird sich die Nadel in der Richtung des radialen Schlitzes zwischen den entgegengesetzt geladenen Quadranten einstellen. Der eine von den vier Quadranten ist gewöhnlich beweglich angeordnet, und durch eine feine Schraube kann man ihn so einstellen, daß die Nadel möglichst genau ihre richtige Symmetrielage zwischen den Quadranten annimmt.

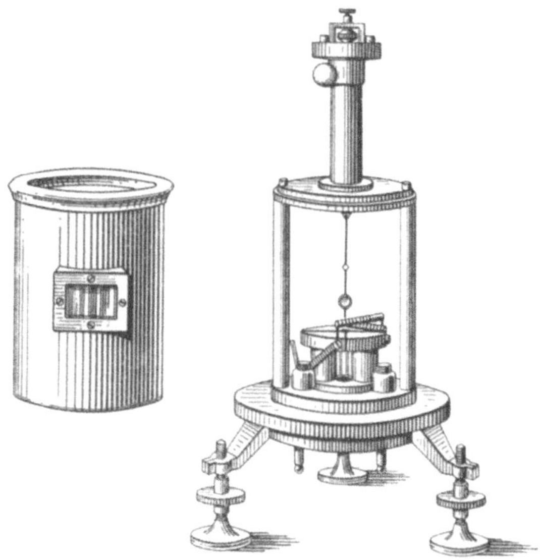

Abb. 90. Quadrantenelektrometer.

Ladet man jetzt die Nadel, so erleidet sie durch das elektrische Feld der geladenen Quadranten eine Ablenkung. An der Nadel ist (Abbildung 91a) oben ein kleiner Spiegel $S$ angebracht. Projiziert man auf diesen Spiegel einen Lichtstrahl von einer Lampe, so erzeugt der reflektierte Strahl auf einer horizontal aufgestellten Millimeterskala einen hellen Strich. Gleichzeitig mit der Ablenkung der Nadel erfährt auch der Lichtstrahl und der helle Strich auf der Skala eine Ablenkung. Die Größe dieser Ablenkung wird an der Millimeterskala abgelesen und kann auf Potentialdifferenzen geeicht werden. Unter der Nadel ist ein vertikales Blättchen aufgehängt, um die Schwingungen der Nadel durch die Luftreibung zu beruhigen (Dämpfung).

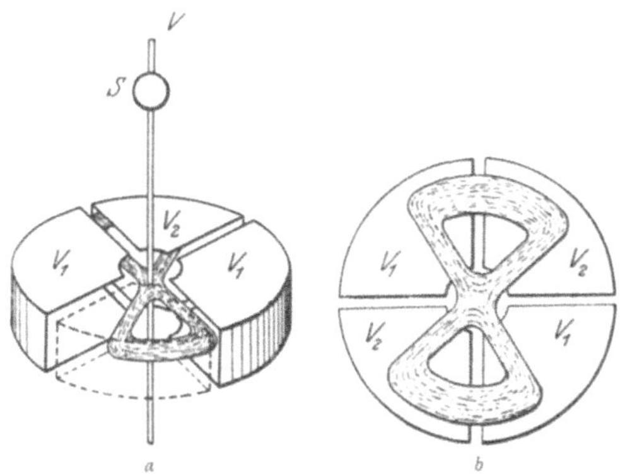


Abb. 91. Quadranten.

Statt den Quadranten eine Hilfsladung zu erteilen, kann man auch die Nadel selbst auf ein Potential von etwa 100 Volt laden; dann werden die Quadranten mit der zu messenden Potentialdifferenz verbunden.

Bei hohen Potentialen kann man dieses Instrument auch ohne Hilfsladung benützen. Man verbindet das eine Quadrantenpaar mit der Erde und das andere Quadrantenpaar mit der Nadel; die Ablenkungen werden dann proportional zum Quadrate des Potentials sein.

Mit dem Quadrantenelektrometer kann man eine sehr große Empfindlichkeit erreichen und Potentialdifferenzen bis 0,001 Volt und noch kleiner messen. Außerdem hat es den großen Vorzug, daß die Ablenkungen der Nadel in weiten Grenzen der Potentialdifferenz proportional bleiben.

Die Abb. 90 stellt ein THOMSONsches Quadrantenelektrometer in der von DOLEZALEK angegebenen Konstruktion dar. Hier ist die Nadel sehr leicht, aus Goldpapier hergestellt, und um eine genügende Steifigkeit zu erhalten, sind zwei Papierblättchen übereinandergelegt und an ihren Rändern zusammengeklebt; in der Mitte aber haben sie einen Abstand von 5 mm. Die Nadel hängt an einem sehr dünnen, 0,001 mm versilberten Quarzfaden. Die Quadranten des Elektrometers sind auf Bernsteinstützen isoliert aufgestellt. In der Abb. 90 ist links eine zylinderförmige metallische Hülle dargestellt, die auf das Elektrometer aufgesetzt wird, um es vor Luftbewegungen und vor äußeren elektrostatischen Einflüssen zu schützen. Ein Glasfenster in dieser Hülle erlaubt die Beobachtung des Spiegels.

**111. Vergleichung der Kapazitäten.** Mit einem Elektrometer kann man die Kapazitäten $C_1$ und $C_2$ irgend zweier Kondensatoren vergleichen. Die einfachste Methode ist die folgende. Man ladet die zwei Kondensatoren einzeln und bestimmt ihre Potentialdifferenzen $V_1$ und $V_2$. Verbindet man jetzt die Kondensatoren parallel und ohne Elektrizitätsverlust, so erhält man zwischen ihren Belegungen eine neue Potentialdifferenz $V$. Bei Parallelschaltung können wir für die zusammengesetzte Kapazität die Gleichung schreiben

$$C_1 + C_2 = C$$

und für die Elektrizitätsmengen

$$e_1 + e_2 = e\,.$$

Drücken wir die Elektrizitätsmengen durch entsprechende Kapazitäten und Potentialdifferenzen aus, so erhalten wir

$$C_1V_1 + C_2V_2 = CV = (C_1 + C_2)\,V\,.$$

Wenn eine der beiden Kapazitäten, z. B. $C_1$, schon bekannt ist oder durch Rechnung nach den Dimensionen berechnet ist, so erhalten wir für die andere Kapazität

$$C_2 : C_1 = (V_1 - V) : (V - V_2)\,.$$

**112. Bestimmung der Dielektrizitätskonstanten.** Da die Kapazität unter sonst gleichen Bedingungen der Dielektrizitätskonstante des zwischen den Belegungen sich befindenden Dielektrikums proportional ist, so kann man die Dielektrizitätskonstante von Gasen oder Flüssigkeiten in folgender Weise bestimmen:

In einem Glasgefäß wird ein Kondensator beliebiger Form isoliert befestigt. Man ladet den Kondensator bis zu einem bequem am Elektrometer ablesbaren Potential, wenn zwischen den Belegungen sich Luft befindet. Dann füllt man das Gefäß mit dem zu untersuchenden Gase oder Flüssigkeit und liest die dabei entstandene Potentialdifferenz am Elektrometer ab. Hat sich die Form und der gegenseitige Abstand der Belegungen beim Einführen des Gases oder der Flüssigkeit nicht geändert, so verhalten sich die abgelesenen Potentialdifferenzen umgekehrt wie die Dielektrizitätskonstanten. Für die Luft kann man in den meisten Fällen $\varepsilon = 1$ setzen.

Für die Bestimmung der Dielektrizitätskonstante fester Stoffe benutzt man einen *ebenen* Kondensator, damit das Dielektrikum in Form einer planparallelen Platte zwischen den Belegungen eingeschoben werden kann. Da die Entfernung der Belegungen ein wenig größer als die Dicke der Platte sein wird, muß man hier die Formel für geschichtete Dielektrika anwenden (S. 76, **91**).

**113. Werte der Dielektrizitätskonstanten.** Wir geben hier die Dielektrizitätskonstanten einiger der wichtigsten Stoffe an.

Die Dielektrizitätskonstante des Vakuums (Weltäther) wird gleich 1 angenommen.

| | |
|---|---|
| Luft | 1,00059 |
| Wasserstoff | 1,00036 |
| Helium | 1,00007 |

| | |
|---|---|
| Hartgummi, Siegellack, Bernstein | von 2 bis 3 |
| Petroleum, Paraffin | 2 |
| Glimmer | von 6 bis 8 |
| Gewöhnliches Glas | „ 4 „ 6 |
| Optische Gläser | „ 10 |
| Wasser | 81 |

Mit Erhöhung der Temperatur werden die Dielektrizitätskonstanten im allgemeinen ein wenig kleiner. Bei sehr hoher Temperatur werden die Stoffe leitend, und die Dielektrizitätskonstante ist dann schwer zu bestimmen.

In den Kristallen hängt die Dielektrizitätskonstante von der Richtung ab, wie es auch für andere Eigenschaften der Kristalle der Fall ist. Im allgemeinen können die Kristalle längs ihrer drei Hauptachsen drei verschiedene Dielektrizitätskonstanten haben.

Um die Induktion $D$ in solchen Kristallen nach der gegebenen Feldintensität zu berechnen, muß man zunächst die gegebene Feldintensität $E$ nach den drei Hauptachsen des Kristalls zerlegen: $E_1, E_2, E_3$. Man erhält die Komponenten der Induktion längs dieser Achsen nach den Formeln:

$$D_1 = \varepsilon_1 E_1, \qquad D_2 = \varepsilon_2 E_2, \qquad D_3 = \varepsilon_3 E_3.$$

Die Richtung der so erhaltenen Induktion wird dann im allgemeinen von der Richtung der Feldintensität verschieden sein. Wir überlassen es dem Leser, sich davon an irgendeiner Zeichnung zu überzeugen.

So hat z. B. Quarz zwei verschiedene Dielektrizitätskonstanten: eine $\varepsilon = 4{,}9$ längs seiner Hauptachse und eine andere $\varepsilon_2 = 4{,}3$ in der Richtung senkrecht zur Hauptachse.

Ein Schwefelkristall hat drei verschiedene Dielektrizitätskonstanten:

$$\varepsilon_1 = 3{,}6, \qquad \varepsilon_2 = 3{,}8, \qquad \varepsilon_3 = 4{,}6 \qquad \text{usw.}$$

**114. Rückstand. Elektrische Nachwirkung.** Zudem ist noch hinzuzufügen, daß in Gasen und Flüssigkeiten die Polarisation sich sofort einstellt; in einigen festen isolierenden Körpern dagegen braucht die Polarisation eine gewisse Zeit, um ihre endgültige Größe zu erreichen. Es werden dabei zwei voneinander verschiedene Erscheinungen beobachtet.

Bringt man das Dielektrikum in ein elektrisches Feld, so stellt sich momentan eine gewisse Polarisation ein, und zu dieser Polarisation gehören die oben angegebenen Dielektrizitätskonstanten. Aber der Vorgang setzt sich langsam noch weiter fort, und nach einer mehr oder weniger langen Zeitdauer ergibt sich eine noch größere Polarisation und eine größere Dielektrizitätskonstante als im ersten Moment. Bei Entfernung des elektrischen Feldes beobachtet man analoge Erscheinungen in umgekehrter Folge. So kann man z. B. nach der ersten Entladung einer Leidener Flasche zuweilen eine zweite und sogar eine dritte schwächere Entladung erhalten. Diese Nachentladungen erklären sich durch den Umstand, daß bei der ersten momentanen Entladung das Dielektrikum nicht vollständig in seinen polarisationsfreien Zustand zurückgekehrt ist; jede neue Entpolarisierung entspricht ja einem Freiwerden neuer Elektrizitätsmengen auf den Belegungen, welche die darauffolgenden Entladungen ergeben. Die ganze Erscheinung nennt man Rückstandsbildung oder auch elektrische Nachwirkung, weil sie eine gewisse Ähnlichkeit mit den elastischen Nachwirkungen fester Körper hat.

Außerdem besitzt ein jedes Dielektrikum auch eine gewisse elektrische Leitfähigkeit, welche die Polarisation begleitet, wodurch die elektrischen Erscheinungen noch komplizierter werden.

**115. Pyroelektrizität und Piezoelektrizität.** Einige Kristalle werden elektrisch, wenn man sie erwärmt oder deformiert. Die erste Erscheinung wird Pyroelektrizität, die zweite Piezoelektrizität genannt. Die Versuche haben es sehr wahrscheinlich gemacht, daß beide Erscheinungen ihre Ursache in der Deformation der Kristalle haben, denn der Kristall wird ja bei der Erwärmung auch deformiert.

Zur Erklärung dieser Erscheinungen ist anzunehmen, daß die einzelnen Moleküle in kristallinischen Körpern positive und negative Pole enthalten, was wir auch schon früher angenommen haben, und daß in pyroelektrischen Kristallen diese Pole nicht nach allen Richtungen gleichmäßig verteilt sind, sondern eine gewisse, der kristallinischen Form des Kristalls entsprechende Orientierung haben. Die scheinbare Ladung eines solchen permanent polarisierten Kristalls ist nur deshalb nicht bemerkbar, weil wegen der Leitfähigkeit der Oberfläche sich auf derselben

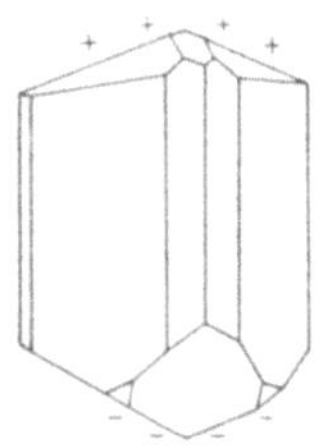

Abb. 92. Pyroelektrizität des Turmalinkristalls.

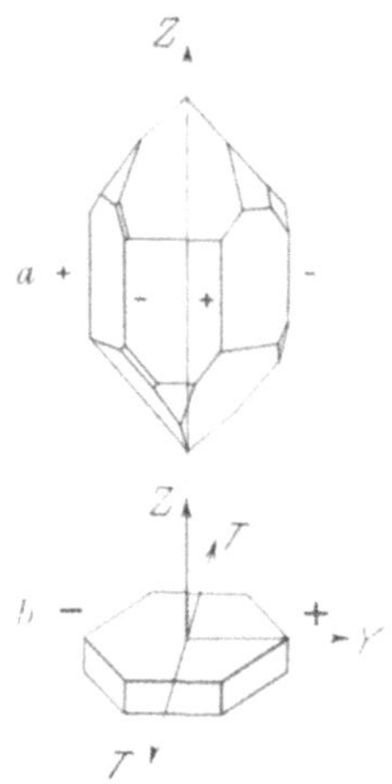


Abb. 93. Piezoelektrizität des Quarzes.

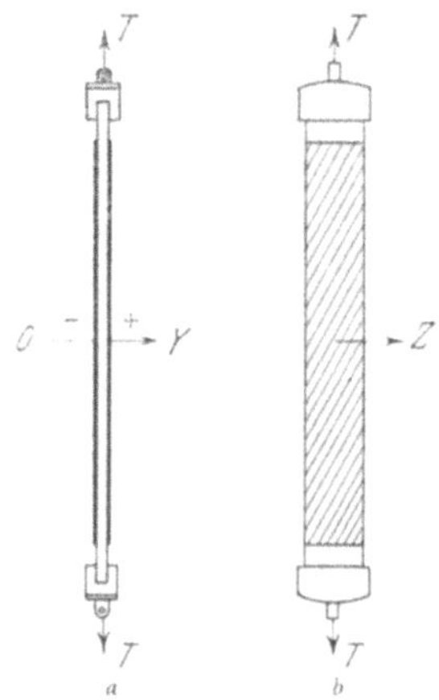


Abb. 94. Curiesche Quarzlamelle.

wahre Ladungen entgegengesetzten Zeichens allmählich gebildet haben und die Wirkung der scheinbaren Ladung kompensieren. So erklärt man z. B. die Pyroelektrizität des Turmalins. Bricht man einen solchen Kristall entzwei, so findet man in der Tat auf den neu entstandenen Flächen scheinbare Ladungen, die aber bald verschwinden. Bei steigender oder bei sinkender Temperatur kommen die scheinbaren Ladungen zum Vorschein. In der Abb. 92 ist ein erwärmter Kristall dargestellt.

Als piezoelektrischer Kristall ist Quarz sehr bekannt. Bei diesem Kristall ist die Isolation so gut, daß eine Oberflächenladung nicht anzunehmen ist. In seinem normalen Zustande hat er also keine scheinbaren Ladungen. Die Pole seiner Moleküle sind so orientiert, daß sie einander kompensieren. Bei der Deformation wird aber die Orientierung der Moleküle geändert, und die scheinbaren Ladungen kommen zum Vorschein (Abb. 93a).

In der Abb. 93b ist eine normal zur optischen Achse $Z$ (Abb. 93a) des hexagonalen (sechseckigen) Quarzes ausgeschnittene Platte gezeichnet. Man schneidet aus dieser Platte ganz dünne Lamellen aus, und zwar normal zur Nebenachse $Y$. Die Lamellen werden an ihren breiten Seiten $Y$ (Abb. 94) versilbert, isoliert aufgehängt und durch irgendein Gewicht $T$ gedehnt. Dann erscheinen die beiden versilberten Seiten der Lamelle mit entgegengesetzten Elektrizitäten geladen. P. Curie, welcher diese Erscheinung entdeckt hat, hat solch eine Quarzplatte benützt, um bei seinen elektrometrischen Messungen dem Quadrantenelektrometer eine ganz bestimmte Ladung zu erteilen. Nach P. CURIE gilt nämlich für das Gewicht $q$, die Dicke $a$ und die Länge $l$ der Platte die folgende Beziehung

$$e = 6{,}9 \cdot 10^{-8} \frac{l}{e} q \text{ CGS-E}.$$

Die CURIEschen Lamellen haben gewöhnlich eine Länge (der Versilberung) von $l = 10$ cm, eine Dicke $d = 0{,}5$ mm, und man erhält mit einem Kilogrammgewicht auf jeder breiten Fläche der Lamelle eine Elektrizitätsmenge von etwa 12 CGS-E. Mit einer Belastung von nur 1 g kann man mit der CURIEschen Anordnung einem Quadrantenelektrometer gewöhnlicher Kapazität einen Potential von einem Volt erteilen.

# II. Der konstante elektrische Strom.

## 1. Grunderscheinungen.

**116. Bewegung der Elektrizität.** Die Elektrizität kann sich in zweierlei Weise bewegen: erstens kann sie zusammen mit dem sie tragenden Körper bewegt werden, eine solche Bewegung der Elektrizität nennt man *Konvektionsstrom;* zweitens kann die Elektrizität längs eines unbeweglichen Leiters fortgeleitet werden und diese Elektrizitätsbewegung wird Leitungsstrom, galvanischer Strom oder auch einfach *elektrischer Strom* genannt.

Im vorigen Kapitel — in der Elektrostatik — haben wir die Fälle studiert, wo die Elektrizität im Gleichgewicht bleibt. Wir haben u. a. festgestellt, daß für das Gleichgewicht der Elektrizität auf einem Leiter dieser Leiter überall dasselbe Potential haben muß (S. 70, **83**) oder, was auf dasselbe hinauskommt, es sollen im Leiter selbst keine Kraftlinien durchgehen. Werden diese Bedingungen irgendwie gestört, so entsteht sofort eine Bewegung der Elektrizität, wobei die positive Elektrizität längs der Kraftlinien, d. h. vom höheren zum niedrigeren Potential zu fließen anfängt und die negative Elektrizität in der gegenentgesetzten Richtung.

Wir müssen aber beachten, daß eine solche Bewegung der Elektrizität in einem Leiter nicht unmittelbar zu beobachten ist; aber sie wird von verschiedenen anderen Erscheinungen begleitet, welche unserer Beobachtung zugänglich sind und welche uns erlauben, die Richtung und die Größe der elektrischen Strömung zu bestimmen. Als ein solches Merkmal eines stattgefundenen elektrischen Stromes kann uns z. B. die Veränderung der Ladungsverteilung oder die Veränderung der Potentiale dienen. In unseren Versuchen mit zwei Elektroskopen (S. 3, Abb. 4) haben wir gesehen, wie bei der Ladung des einen Elektroskops die Potentialdifferenz im anderen Elektroskop sich geändert hat. Wir deuteten diese Erscheinung durch die Annahme, daß sich die Elektrizität längs des Verbindungsstabes bewegt habe und dabei einen elektrischen Strom bildete.

Wir werden bald sehen, daß diese Merkmale nicht immer genügen, denn ein konstanter elektrischer Strom kann auch bei unveränderlichen Potentialdifferenzen im Leiter fließen; außerdem sind solche Merkmale nicht immer bequem zu beobachten. Nun erzeugt aber ein elektrischer Strom noch andere Wirkungen: er erwärmt den Leiter, in welchen er fließt, er verursacht chemische Veränderungen in den Körpern, und endlich wird in seiner Nähe eine Magnetnadel von ihrer normalen Nord-Süd-Lage abgelenkt. Alle diese Erscheinungen erlauben uns, nicht nur den elektrischen Strom im Leiter nachzuweisen, sondern sogar seine Stärke zu messen.

**117. Die Richtung und die Größe des elektrischen Stromes.** Bei unseren Untersuchungen der Influenzelektrizität haben wir schon festgestellt, daß der Übergang der Elektrizität von einem Körper zum anderen (S. 20, **25**) und auch die Bewegung der Elektrizität längs eines Leiters nicht so einfach ist, als es zunächst scheinen konnte. Denn es entstehen dabei zwei verschiedene Erscheinungen: zuerst die Elektrisierung durch Influenz und dann die Neutralisation der entstandenen entgegengesetzten Elektrizitäten. Das Resultat sieht aber so aus, als ob die Elektrizität direkt von einem Punkte des Leiters zum anderen übergegangen wäre.

Aber das ist noch nicht alles. Bei der Beobachtung irgendeiner Veränderung in der Ladungsverteilung muß man immer im Auge behalten, daß wir dasselbe Resultat in zweierlei Weise erhalten können, nämlich durch die Bewegung der positiven Elektrizität in der einen Richtung, und durch Bewegung der negativen Elektrizität in der entgegengesetzten Richtung.

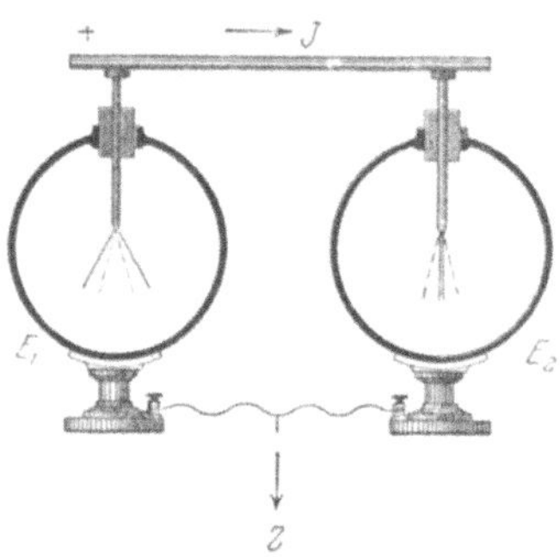

Abb. 95. Die Richtung des elektrischen Stromes.

Nehmen wir an, wir haben das erste von den zwei Elektroskopen mit einer Elektrizitätsmenge $+e$ geladen und nach der Verbindung durch einen Leiter sei auf jedem Elektroskope eine Elektrizitätsmenge $+\frac{e}{2}$ geblieben. Dieses Resultat können wir durch sehr verschiedene Annahmen erklären.

Wir können erstens annehmen, daß eine Elektrizitätsmenge $+\frac{e}{2}$ einfach vom ersten Elektroskope zum zweiten übergegangen ist. Wir können aber ebensogut annehmen, daß die Elektrizität auf dem ersten Elektroskope sich überhaupt nicht bewegt hat, dafür aber vom zweiten Elektroskope zum ersten eine *negative* Elektrizitätsmenge $-\frac{e}{2}$ übergegangen ist. In der Tat erhalten wir dann

$$\text{auf dem ersten Elektroskope: } e + \left(-\frac{e}{2}\right) = +\frac{e}{2},$$

$$\text{auf dem zweiten Elektroskope: } 0 - \left(-\frac{e}{2}\right) = +\frac{e}{2}.$$

Wir können weiter annehmen, daß bei diesem Vorgang in beiden Richtungen in dem Verbindungsleiter die Elektrizitäten $+\frac{e}{4}$ und $-\frac{e}{4}$ in entgegengesetzten Richtungen sich bewegt haben usw. Es ist klar, daß alle diese Annahmen gleichberechtigt sind, denn sie erklären ebensogut das Endresultat, welches wir unmittelbar beobachten.

Überhaupt ist für die Erscheinungen, welche wir hier studieren wollen, ein Strom von positiver Elektrizität in irgendeiner Richtung völlig äquivalent dem Strome der negativen Elektrizität in der entgegengesetzten Richtung. Wir können uns demnach verabreden, die negative Elektrizität einfach als stillstehend anzunehmen und die Richtung des elektrischen Stromes in der Richtung der Bewegung der *positiven* Elektrizität festzulegen (Abb. 95).

Die Größe oder die Stärke des elektrischen Stromes nehmen wir gleich der *positiven* Elektrizitätsmenge, die in der Sekunde durch eine normal zur Stromrichtung gelegte Fläche durchfließt.

In Formeln drückt sich die Stromstärke $J$ durch die durchgeflossene positive Elektrizitätsmenge $e$ und die dabei vergangene Zeit $t$ so aus:

$$J = \frac{e}{t}.$$

Wir werden später sehen (Elektrolyse), daß sich in Wirklichkeit in dem elektrischen Strome beide Elektrizitäten, und im allgemeinen sogar mit verschiedenen Geschwindigkeiten bewegen. In den Metallen bewegt sich wahrscheinlich nur die negative Elektrizität (Elektronen), und die positive Elektrizität steht still. Hier wollen wir davon einstweilen absehen.

Wir wollen gleich noch die Definition der Stromdichte hinzufügen. Unter Stromdichte $i$ versteht man die Stromstärke, bezogen auf 1 cm² der Fläche $S$, normal zur Stromrichtung.

$$i = \frac{J}{S} \quad \text{also} \quad J = iS.$$

**118. Einheit für die Stromstärke.** Aus unserer Definition folgt, daß wir eine solche Stromstärke als Einheit annehmen müssen, bei welcher die Einheit der Elektrizitätsmenge in der Zeiteinheit durchfließt. In praktischen Einheiten wird die Elektrizitätsmenge in Coulomb gemessen und die entsprechende Einheit für die Stromstärke nennt man Ampere. Also:

$$\text{Ampere} = \frac{\text{Coulomb}}{\text{Sekunde}}; \quad \text{Coulomb} = \text{Ampere} \cdot \text{Sekunde}.$$

Wir wissen, daß

$$1 \text{ Coulomb} = 3 \cdot 10^9 \text{ CGS-E}.$$

Die Zeiteinheit (Sekunde) bleibt in allen absoluten Maßsystemen dieselbe; wir erhalten also für die Stromstärke dieselbe Beziehung:

$$1 \text{ Ampere} = 3 \cdot 10^9 \text{ CGS-E}.$$

Es ist klar, daß ein und dieselbe Elektrizitätsmenge, je nach der Durchflußzeit, sehr verschiedene Stromstärken bilden kann. Ein Coulomb z. B., wenn er durch einen gegebenen Querschnitt in einer Stunde durchfließt, bildet einen Strom von nur $\frac{1}{3600}$ Ampere.

**119. Bestimmung der Stromstärke bei einer Elektrisiermaschine.** Um die Stromstärke bei irgendeiner Elektrisiermaschine zu bestimmen, kann man folgendermaßen verfahren. Man verbindet die Pole der Elektrisiermaschine mit einer Leidener Flasche und schaltet parallel dazu ein Elektrometer und eine Funkenstärke. Dreht man die Scheiben der Maschine, so wird sich die Leidener Flasche allmählich aufladen, und das Elektrometer wird ein Anwachsen der Potentialdifferenz zwischen ihren Belegungen anzeigen. Erreicht die Potentialdifferenz eine Größe, bei welcher in der Funkenstrecke sich ein Funke bildet, so wird die Flasche entladen, und die Potentialdifferenz auf ihrer Belegung sinkt auf Null. Bei weiterer Drehung der Maschine wird die Flasche sich von neuem laden und wieder entladen usf.

Bezeichnen wir die Kapazität der Flasche mit $C$, das Entladungspotential, das man ja am Elektrometer ablesen kann, mit $V$, so erhalten wir die Elektrizitätsmenge, welche vor der Entladung sich auf jeder Belegung der Flasche gesammelt hat

$$e = CV.$$

Beobachten wir bei einer gleichmäßigen Drehgeschwindigkeit der Scheiben der Elektrisiermaschine $n$ Entladungen in der Sekunde, so ergibt sich die von der Maschine gelieferte Stromstärke:

$$J = ne = nCV.$$

Hat z. B. unsere Flasche eine Kapazität von $C = 10^{-9}$ Farad (S. 89, **103**), war die maximale bei jeder Entladung am Elektrometer abgelesene Potentialdifferenz $V = 10\,000$ Volt und folgten die Entladungen aufeinander etwa 5 mal in der Sekunde, so erhalten wir für die maximale Elektrizitätsmenge in der Flasche

$$e = 10^{-9} \cdot 10^{4} = 0{,}00001 \text{ Coulomb},$$

und für die mittlere Stromstärke der Maschine

$$J = ne = 5 \cdot 0{,}00001 = 0{,}00005 \text{ Ampere}.$$

Wir haben diese Größe die *mittlere* Stromstärke genannt, weil in Wirklichkeit die Elektrizität von der Maschine nicht stetig, sondern in kleinen Portionen, von jedem Stück ihrer Stanniolbelegung einzeln geliefert wird. Ebenso erfolgt die Entladung der Flasche auch nicht stetig, sondern in verhältnismäßig großen Portionen, und außerdem dauern die einzelnen Entladungen eine sehr kurze Zeit. Wie die Versuche zeigen, erfolgt eine solche Entladung der Leidener Flasche schon in einem milliontel Teil einer Sekunde. Dann erhalten wir für die mittlere Stromstärke jeder einzelnen Entladung eine ganz andere Größe, nämlich

$$J = \frac{e}{t} = 0{,}00001 \cdot 10^{6} = 10 \text{ Ampere}.$$

**120. Der konstante elektrische Strom.** In den soeben beschriebenen Versuchen haben wir keinen konstanten Strom gehabt. Es ist aber für unsere weiteren Untersuchungen sehr wichtig, den Strom möglichst konstant zu erhalten, denn die Gesetze eines konstanten Stromes sind viel einfacher zu erforschen als die Gesetze variabler Ströme. Von einer Elektrisiermaschine können wir zwar auch einen annähernd konstanten Strom erhalten, wenn wir die Maschine möglichst gleichmäßig drehen und statt einer Funkenstrecke parallel zu der Leidener Flasche irgendeinen schlechten Leiter, z. B. einen Holzstab oder eine feuchte Schnur, einschalten. Aber auch dieses Mittel würde für unsere Zwecke nicht genügen, weil die mit der Elektrisiermaschine erreichbaren Stromstärken immer zu klein sind, um sie bequem messen zu können. Sogar bei den größten Maschinen erhält man etwa 0,001 Ampere Stromstärke, obgleich die Potentialdifferenzen bei diesen Maschinen mehrere tausend Volt erreichen können.

Viel praktischer ist es, für die Untersuchung eines konstanten elektrischen Stromes sog. galvanische Elemente zu benützen. Die Elemente geben zwar nur kleine Potentialdifferenzen von der Größenordnung von einem Volt, aber sie sind im Vergleich zu den Elektrisiermaschinen imstande, viel größere Elektrizitätsmenge in der Zeiteinheit zu liefern.

## 2. Erzeugung und Beobachtung konstanter Ströme.

**121. Der Galvanieffekt.** Im Jahre 1789 hat der Physiologe GALVANI in Bologna eine ganz neuartige Erscheinung entdeckt. Als er einige für seine physiologischen Versuche frisch präparierte Froschschenkel vermittels eines Messinghakens an das eiserne Balkongitter aufhängte (Abb. 96), bemerkte er, daß die Froschschenkel jedesmal in Zuckung geraten, wenn sie mit den Eisenstäben des Balkongitters in Berührung kommen. GALVANI wußte, daß eben solche Zuckungen durch elektrische Entladungen hervorgebracht werden. Er hat deshalb die Hypothese aufgestellt, daß die in den Froschschenkeln sich noch erhaltene Lebenskraft die Fähigkeit hat, die Nerven und die Muskeln des Frosches wie die Belegungen einer Leidener Flasche zu laden. Bei Berührung des Balkongitters wird die dabei angehäufte Elektrizität auf dem Wege Eisenstäbe—Messinghaken wieder entladen und erzeugt die von GALVANI beobachteten Zuckungen.

**122. Voltaeffekt.** Ein anderer Italiener, der Physiker VOLTA in Pavia, hat die Versuche GALVANIS wiederholt und nach verschiedenen Richtungen erweitert. Er kam aber zum Resultate, daß die Auffassung GALVANIS nicht richtig sein kann, denn ganz analoge Erscheinungen konnte er auch ohne Benutzung des Froschschenkels beobachten. VOLTA behauptete, daß die von GALVANI beobachtete Elektrizitätserregung nicht im Froschschenkel, sondern in der Kombination zweier verschiedener Metalle, nämlich Messinghaken und Eisengitter, seinen Grund hatte. Der Froschschenkel diente bei den Versuchen GALVANIS nur als ein empfindliches Instrument für den Nachweis der Elektrizitätsentladung.

Aus den zahlreichen Versuchen von VOLTA führen wir nur einen an.

Wir schrauben an den vertikalen Stiel des Elektroskops eine kupferne Scheibe $C$ (Abb. 97a), die auf der oberen Seite mit einer sehr dünnen Schellackschicht bedeckt ist. Auf die Scheibe $C$ legen wir eine zweite ebensolche Scheibe $B$ aus Zink, die oben mit einem Isoliergriffe $A$ versehen ist. Wir haben auf diese Weise einen Kondensator gebildet mit den Belegungen $C$ und $B$ und der sehr dünnen Schicht aus Schellack als Dielektrikum. Die Kapazität eines solchen Kondensators wird also wegen der Dünnheit der Schicht verhältnismäßig groß sein, was wir für unseren Versuch gerade brauchen.

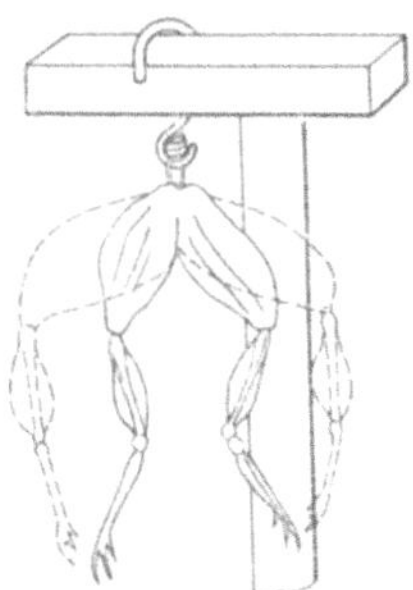

Abb. 96. Versuch von GALVANI.

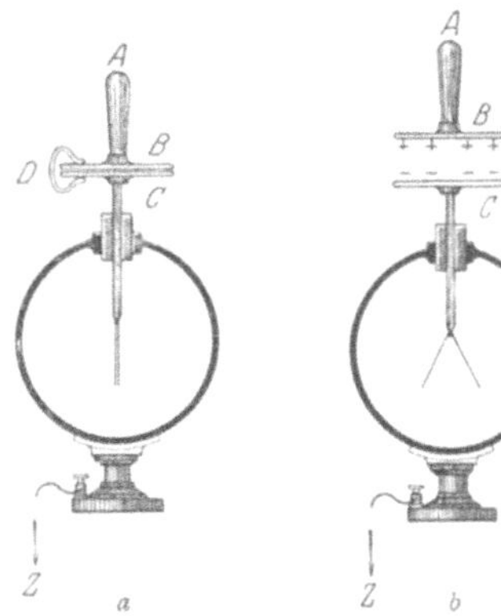


Abb. 97. Versuch von VOLTA.

Verbinden wir auf einen Moment die untere Scheibe mit der oberen durch einen Kupferdraht $D$, der die Scheiben an den nichtisolierten Stellen berührt, dann erscheint nach VOLTA an der Berührungsstelle der zwei verschiedenen Metallen — Kupfer und Zink — eine ganz bestimmte Potentialdifferenz, welche die beiden Scheiben ladet. Diese Potentialdifferenz ist sehr klein und kann den Blättchen des Elektroskops keine merkbare Divergenz erteilen. Heben wir aber die obere Scheibe ab (Abb. 97b), so wird die Kapazität des Kondensators $CB$ verringert und die Potentialdifferenz mehrere hundert Male vergrößert, so daß die Blättchen jetzt merklich divergieren.

**123. Elektromotorische Kraft.** Derartige Versuche hat VOLTA mit den verschiedensten Metallen durchgeführt und ist so zu der Überzeugung gekommen, daß zwei beliebige Metalle bei gegenseitiger Berührung sich entgegengesetzt elektrisieren. Es erscheint an der Berührungsstelle (Kontakt) der Metalle eine Potentialdifferenz oder ein Potentialsprung (Kontaktpotential), dessen Größe von der physikalischen und chemischen Beschaffenheit der sich berührenden Metalle abhängt.

Die so entstehende Potentialdifferenz nannte VOLTA die *elektromotorische Kraft* der Metallkombination. Es ist klar, daß die elektromotorische Kraft ebenso wie die Potentialdifferenz in Volts ausgedrückt werden kann.

Für die zwei Metalle Kupfer und Zink fand VOLTA eine elektromotorische Kraft, deren Größe dem sehr nahe steht, was wir jetzt einen Volt nennen.

Das letzte Resultat der VOLTAschen Versuche hat sich aber im weiteren nicht bestätigt, denn, wie wir weiter sehen werden, lassen sich die Kontaktpotentiale der Metalle nach einer ganz anderen Methode bestimmen, und dann ergeben sich diese Potentialdifferenzen von der Größenordnung von einem tausendstel Volt und nicht, wie bei VOLTA, von einem ganzen Volt. Viel größere Potentialdifferenzen erhält man bei der Berührung der Metalle mit Flüssigkeiten und Gasen, namentlich bei chemischen Wirkungen, wo Potentialdifferenzen von der Größenordnung von einem Volt sehr oft vorkommen.

Berücksichtigt man diese Tatsachen, so wird man geneigt sein, das Resultat der VOLTAschen Messungen nicht dem Kontakte zweier Metalle zuzuschreiben, sondern der Feuchtigkeit der Oberflächen der Scheiben oder der sie umgebenden Luft. Die neuesten Versuche haben in der Tat gezeigt, daß man mit auf das sorgfältigste getrockneten Metallen und im hohen Vakuum keine bemerkbaren elektromotorischen Kräfte erhalten kann.

**124. Gesetz der aufeinanderfolgenden Kontakte.** Aber abgesehen von der Größe der Kontaktpotentiale ist es dennoch wichtig einzusehen, daß solche einander berührende Metalle, auch bei Anwesenheit der Kontaktpotentiale, keinen dauernden elektrischen Strom bilden würden. VOLTA selbst hat nämlich bewiesen, daß, wenn das Kontaktpotential zweier Körper $A$ und $B$ mit $A/B$ bezeichnet wird und das Kontaktpotential zwischen $B$ und $C$ mit $B/C$, so gilt die folgende Beziehung

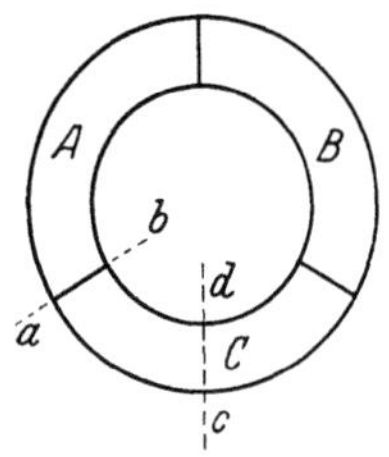

Abb. 98. Kontaktpotentiale.

$$A/B + B/C = A/C\,.$$

Diese Gleichung, die man auf eine beliebige Zahl von Kontakten erweitern kann, spricht das VOLTAsche Gesetz der aufeinanderfolgenden Kontakte aus.

Um das Gesetz klarer hervortreten zu lassen, nehmen wir ein Beispiel von drei einander berührenden Metallen (Abb. 98), die einen in sich geschlossenen Kreis bilden. Für diesen Kreis gilt das VOLTAsche Gesetz. Berücksichtigen wir den Umstand, daß

$$A/C = -C/A\,,$$

so können wir die VOLTAsche Gleichung auch so schreiben:

$$A/B + B/C + C/A = 0\,.$$

Das heißt aber nichts anderes, als daß die totale elektromotorische Kraft in unserem Kreise $ABC$ gleich Null ist. Unter solchen Bedingungen kann in diesem Kreise auch kein *dauernder* elektrischer Strom fließen.

Etwas anderes erhalten wir in den Fällen, wo die sich berührenden Körper chemisch aufeinander wirken. Dann gilt das VOLTAsche Gesetz nicht mehr und wir können in einer in sich geschlossenen, aus Leitern gebildeten Kette einen konstanten elektrischen Strom erhalten.

**125. VOLTA-Element.** Apparate, welche die chemische Energie in elektrische Energie verwandeln, nennt man *galvanische Elemente*. VOLTA selbst hat ein solches Element angegeben. Das VOLTAsche Element wird so zusammengestellt. Man taucht einen Zinkstab (Abb. 99) in eine wässerige Schwefelsäurelösung; das Zink löst sich dabei in der Schwefelsäure, es entsteht Zinksulfat (Zinkvitriol), und die dabei freiwerdende chemische Energie verwandelt sich in elektrische Energie. Die Schwefelsäure wird positiv, und der Zinkstab wird negativ elektrisiert; zwischen Schwefelsäure und Zink entsteht eine ganz bestimmte Potentialdifferenz, die durch den chemischen Prozeß hervorgebracht wird und deren Größe sehr nahe zu der Potentialdifferenz steht, die wir jetzt ein Volt nennen.

Um den Strom von einem solchen Element zu erhalten, muß man an ihm, ebenso wie bei einer Elektrisiermaschine, sog. Konduktoren oder Pole anordnen. Einen Konduktor, und zwar den negativen Pol, haben wir schon in dem Zinkstab. Als zweiten Konduktor, um die positive Elektrizität von der Schwefelsäure abzuführen, könnten wir eigentlich ein beliebiges Metall nehmen, welches mit der Schwefelsäure nicht reagiert und keine neue Potentialdifferenz gibt. Zink dürfen wir nicht mehr nehmen, denn die elektromotorische Kraft dieses zweiten Zinkstabes würde ja die elektromotorische Kraft des ersten schon eingetauchten Zinkstabes geradezu kompensieren. VOLTA wählte als zweiten Konduktor eine Kupferplatte; wir können aber ebensogut eine Kohlenplatte, einen Platindraht usw. dazu benutzen.

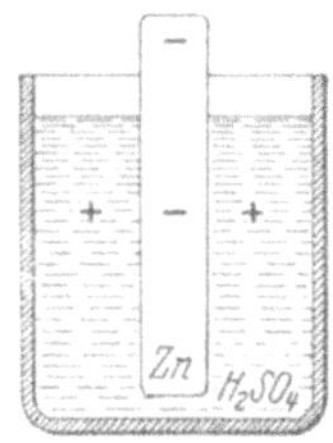


Abb. 99. Zinnstab in Schwefelsäurelösung.

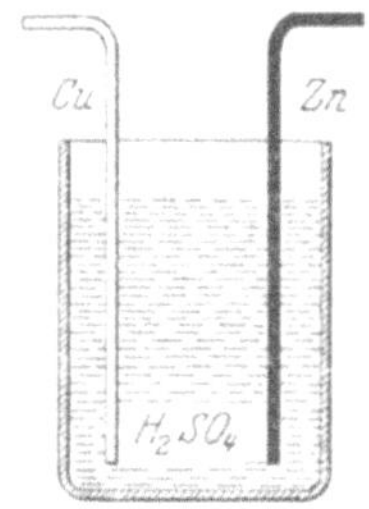


Ab. 100. VOLTA-Element.

Die so erhaltene Kombination — Kupfer, Schwefelsäure und Zink — nennt man ein VOLTAsches Element.

Verbindet man den positiven Kupferpol des Elements mit dem negativen Zinkpol durch irgendeinen Draht von beliebigem leitenden Material, so erhält man in dem äußeren Verbindungsleiter einen elektrischen Strom in der Richtung von der Kupferplatte zum Zinkstab.

**126. Die VOLTAsche Säule.** Wir haben schon gesagt, daß ein VOLTAsches Element eine Potentialdifferenz von etwa einem Volt ergibt. Um höhere Potentialdifferenzen zu erhalten, hat VOLTA mehrere Elemente zu einer Batterie — analog der Leidener Flaschen-Batterie — zusammengesetzt. Verbindet man einen Zinkpol des vorangehenden Elements mit der Kupferplatte des nächststehenden Elements, so erhält man bei $n$-Elementen eine $n$-fache Potentialdifferenz. Statt einzelne Glasbecher mit Schwefelsäure für jedes Element zu gebrauchen, fand es VOLTA bequemer eine ganze Reihe von Zink- und Kupferplatten einfach aufeinanderzulegen und jedes Paar durch eine mit Schwefelsäure getränkte Tuchscheibe zu trennen. Die aufeinandergelegten Scheiben — Zink-Schwefelsäure-Kupfer, Zink-Schwefelsäure-Kupfer usw. — bilden eine Säule. In früheren Zeiten waren solche VOLTAsche Säulen die einzig bekannten Stromquellen, und man hat sogar mit ihrer Hilfe eine ganze Reihe neuer elektrischer Erscheinungen entdeckt.

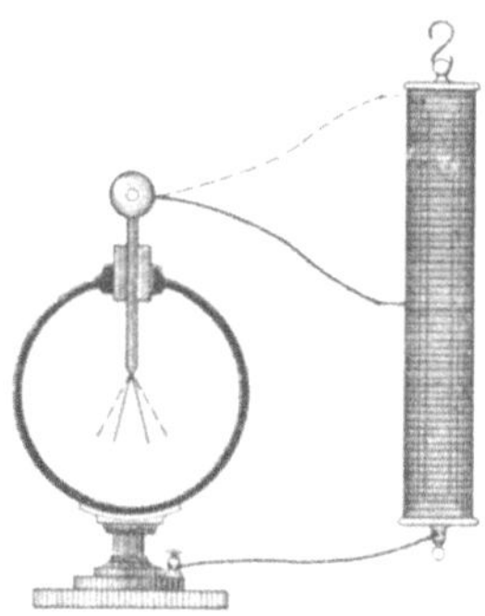

Abb. 101. VOLTA-ZAMBONI-Säule.

Auch jetzt werden manchmal VOLTAsche Säulen in der von ZAMBONI angegebenen einfacheren Konstruktion gebraucht. Kleine Scheiben von etwa 3 bis 4 cm Durchmesser aus sog. Goldpapier (Kupfer-Zink-Legierung) und Silberpapier (Zinn-Zink-Legierung) werden mit ihrer Papierseite mit einem Braunstein enthaltenden Leim zusammengekittet. Die Scheiben werden noch in der Mitte mit einer Öffnung versehen, damit man sie auf einem Glasrohr in eine lange Säule zusammenpressen kann (Abb. 101). Das Glasrohr muß vordem, zwecks guter Isolation, mit Schellackfirnis überzogen werden. Die Scheiben werden so aufeinandergelegt, daß immer die Goldseite auf die Silberseite zu liegen kommt. Es ist nicht schwer, solche Säulen aus 5000 oder sogar 10 000 Scheibenpaaren zusammenzustellen. Diese Säulen können zwar wegen der Polarisationserscheinung keinen dauernden Strom liefern, aber im Laboratoriumsgebrauch beim Aufladen der Elektroskope o. dgl. können sie manchmal sehr gute Dienste leisten. Vermittels zwei Stecknadeln kann man an einer solchen Säule die gewünschte Potentialdifferenz abgrenzen (Abb. 101).

Braucht man kleinere Potentialdifferenzen, z. B. 100 Volt, so ist es doch ratsamer, statt der Voltasäulen eine kleine Batterie von Trockenelementen oder auch Akkumulatoren zu benutzen. Sie sind kostspieliger und haben ein größeres Volumen und Gewicht als die Säulen, sind aber konstanter und sicherer im Funktionieren.

**127. Daniell-Element.** Das Element von Volta ist nicht beständig genug, um es in der Praxis zu gebrauchen. Seine elektromotorische Kraft sinkt sehr bald nach dem Stromschluß. Die Ursache liegt unter anderem in dem Umstande, daß bei der Auflösung des Zinks in der Schwefelsäure sich Wasserstoff bildet und in Form von kleinen Bläschen die Platten des Elementes bedeckt. Dadurch wird die Wirkung des Elementes fast völlig aufgehoben. Diese Erscheinung heißt *Polarisation* des Elementes.

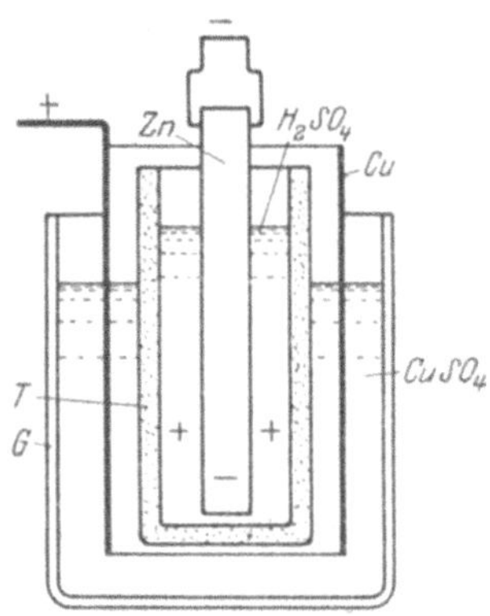


Abb. 102. Daniell-Element.

Um von dem störenden Einfluß des Wasserstoffes sich zu befreien, sind verschiedene Mittel, sogenannte Depolarisatoren vorgeschlagen worden. Wir wollen hier ein Element beschreiben, das von Daniell angegeben ist und worin durch eine sinnreiche Anordnung die Polarisation fast völlig aufgehoben wird.

Das Daniellsche Element besteht aus einem Glasgefäß $G$ (Abb. 102), in welchem ein Tongefäß $T$ aufgestellt ist. Das Tongefäß, eine sogenannte Tonzelle, ist aus unglasiertem, porösem Ton angefertigt. In das Glasgefäß wird eine gesättigte Kupfervitriollösung eingegossen und eine Kupferplatte eingetaucht. In der Tonzelle befindet sich 10proz. Schwefelsäurelösung und ein Zinkstab.

Ebenso wie beim Voltaelement hat hier die Kupferplatte ein etwa um 1 Volt höheres Potential als die Zinkplatte. Die Depolarisation erfolgt hier folgendermaßen. Der Wasserstoff ($H_2$), der bei der Auflösung des Zinks in der Schwefelsäure frei wird, geht durch die Poren des Tonzylinders in die Kupfervitriollösung hinein und verdrängt das Kupfer (Cu) aus dem Kupfervitriol ($CuSO_4$); dabei bildet sich Schwefelsäurelösung ($H_2SO_4$), indem das Kupfer an der Oberfläche der Kupferplatte abgeschieden wird. Wir sehen, daß durch den Daniellschen Kunstgriff die Oberflächen der Platten immer dieselben bleiben, nur wird die Zinkplatte allmählich dünner und die Kupferplatte allmählich dicker. Die Flüssigkeiten werden aber verändert. Die Schwefelsäure innerhalb der Tonzelle wird allmählich zu Zinkvitriol ($ZnSO_4$), und das Kupfervitriol außerhalb der Tonzelle wird allmählich zu Schwefelsäure. Sorgt man für genügende Menge beider Flüssigkeiten, also auch für entsprechende Größe der Gefäße, so bleibt das Element lange Zeit unverändert.

Die elektromotorische Kraft eines Daniellelements ist gleich 1,1 Volt und ist so konstant und außerdem so wenig abhängig von der Temperatur, daß dieses Element auch jetzt sehr oft in den Laboratorien für Meßzwecke gebraucht wird.

**128. Galvanometer.** Außer der Stromquelle brauchen wir für unsere weiteren Versuche noch solche Apparate, welche den Strom zu messen erlauben. Die

Methode der Strommessung, die auf der Messung der Elektrizitätsmenge und der Zeit (S. 103, **119**) sich gründen läßt, ist für unseren Zweck zu umständlich. Eine direkte Methode, den Strom zu beobachten, läßt sich auf den magnetischen Wirkungen des Stromes gründen.

Schickt man durch irgendeinen Drahtleiter einen elektrischen Strom von einem Element durch, so wird eine in der Nähe des Leiters aufgestellte Kompaßnadel von ihrer gewöhnlichen Nord-Südrichtung abgelenkt. Kehren wir die Stromrichtung um, so wird auch die Magnetnadel in die entgegengesetzte Richtung abgelenkt. Die auf die einzelnen Magnetpole der Nadel dabei wirkenden Kräfte

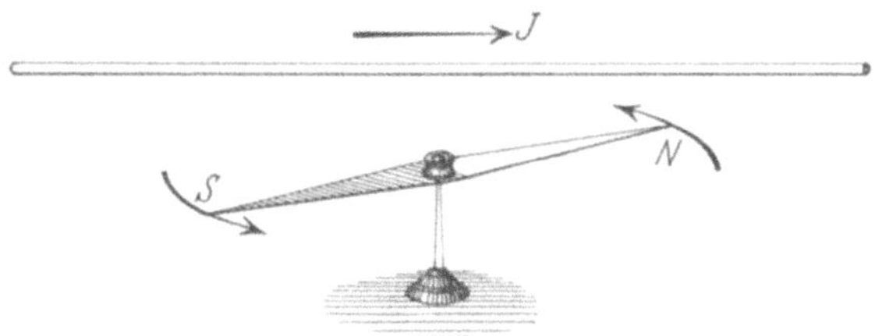


Abb. 103. Magnetische Wirkungen des Stromes.

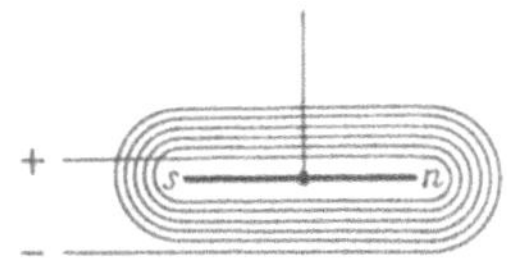


Abb. 104. Multiplikator.

sind der Stromstärke proportional. Wir werden im Kapitel über Elektromagnetismus diese Kräfte näher studieren; hier genügt es uns vorläufig, einzusehen, daß eine Kompaßnadel die Richtung und die Größe der elektrischen Ströme zu bestimmen ermöglicht.

Die soeben beschriebene Anordnung heißt ein *Galvanoskop* oder ein *Galvanometer*.

Sind die Wirkungen des gegebenen Stromes auf die Kompaßnadel zu klein, so kann man sie dadurch vergrößern, daß man den Stromleiter in mehreren Windungen um die Kompaßnadel herumführt (Abb. 104). Ein derartiges Instrument wurde früher ein Multiplikator genannt.

In der Nähe der Kompaßnadel im Galvanometer kann man eine Skala anbringen und diese Skala eichen; man schickt durch das Galvanometer Ströme von bekannter Stärke und bezeichnet irgendwie die entsprechenden Ablenkungen der Nadel auf der Skala. Eine solche Eichung gibt uns dann die Möglichkeit, auch die Stärke eines *unbekannten* Stromes an der Skala direkt abzulesen.

Ein Galvanometer, auf dessen Skala die Stromstärken in Ampere angegeben sind, heißt ein *Amperemeter*. Sind auf der Skala die tausendstel Teile eines Ampere angegeben, so heißt das Instrument *Milliamperemeter*.

## 3. Die Gesetze des konstanten elektrischen Stromes.

**129. Der Stromkreis.** Nachdem wir uns mit den Stromquellen und Strommessern bekannt gemacht haben, können wir zum Studium der Gesetze eines konstanten elektrischen Stromes übergehen. Die viel komplizierteren Gesetze der variablen Ströme werden wir erst später besprechen.

Wir nehmen ein Element und verbinden seine Pole durch einen Leiter, z. B. durch einen Kupferdraht (Abb. 105). Wir wissen schon, daß sofort nach der Verbindung die positive Elektrizität vom höheren Potential zum niedrigeren zu fließen beginnt, also in unserem Falle, von der Kupferplatte längs des Verbindungsdrahtes zu der Zinkplatte. Wir können uns davon auch direkt überzeugen, wenn wir in der Nähe des Verbindungsdrahtes eine Magnetnadel aufstellen.

Aber damit ist die Erscheinung noch nicht vollständig beschrieben, denn gleichzeitig mit dieser Elektrizitätsströmung findet eine solche auch im Innern des Elementes statt. Wir können diese Strömung auch mit einer Magnetnadel nachweisen, wenn wir dieselbe möglichst nah an das Element und möglichst weit von dem Verbindungsleiter anbringen. Die Elektrizitätsströmung im Element ergibt sich in der Richtung vom Zink zum Kupfer (Abb. 105).

Das müßten wir eigentlich auch erwarten, denn würde die positive Elektrizität immer von der Kupferplatte zu der Zinkplatte längs des Verbindungsdrahts sich bewegen ohne von der Zinkplatte irgendwohin abzufließen, so würde sich auf der Zinkplatte immer mehr positive Elektrizität anhäufen.

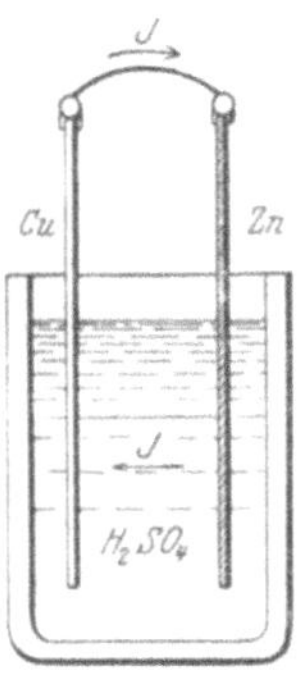

Abb. 105. Der Stromkreis.

Wir kommen sonach zum Schluß, daß, bei einer Verbindung der Pole eines galvanischen Elementes durch einen Leiter, der elektrische Strom stets einen in sich geschlossenen Weg, oder, wie man sagt, eine in *sich geschlossene Kette* bildet. Daher rührt auch der Ausdruck, die Stromkette schließen oder einfacher, den Strom schließen. Beim Öffnen der Kette wird der Strom unterbrochen.

Die Stromkette wird oft und sehr treffend mit einer Wasserleitung verglichen, in welcher eine Pumpe aufgestellt ist. Die Pumpe stellt die Energiequelle dar, sie entspricht in der Stromkette der chemischen Wirkung zwischen Zink und Schwefelsäure. Die Pumpe ist imstande, nur auf eine gewisse Höhe das Wasser zu heben, also nur eine bestimmte Niveaudifferenz oder Potentialdifferenz herzustellen und dauernd zu unterhalten. Von dem durch die Pumpe erzeugten höheren Niveau fließt das Wasser durch das äußere Wasserleitungsrohr (in der Stromkette der äußere Leiter) wieder zur Pumpe zurück und bildet so eine in sich geschlossene Wasserleitung.

**130. Das Ohmsche Gesetz.** Nach vielseitig angestellten Versuchen kam G. S. Ohm (Berlin 1827) zu folgendem Gesetz für konstante elektrische Ströme. — Die Stromstärke oder die in der Zeiteinheit durch einen Stromleiter durchfließende Elektrizitätsmenge ist proportional der Potentialdifferenz an den Enden dieses Leiters.

In Formelzeichen kann man den Proportionalitätsfaktor entweder im Nenner oder im Zähler schreiben. Schreiben wir das Ohmsche Gesetz in der Form

$$J = \frac{V_1 - V_2}{R},$$

so nennt man $R$ den *Widerstand* des Leiters.

Schreiben wir dasselbe Ohmsche Gesetz in der Form

$$J = K\,(V_1 - V_2),$$

so heißt $K$ die *Leitfähigkeit* des Leiters.

Es ist klar, daß der Widerstand und die Leitfähigkeit einander reziproke Größen sind

$$R = \frac{1}{K}; \qquad K = \frac{1}{R}.$$

Ohm hat weiter gezeigt, daß der Widerstand eines drahtförmigen Leiters proportionell seiner Länge $l$ und umgekehrt proportional seinem Querschnitt $S$ ist. Außerdem hängt dieser Widerstand noch vom Material des Leiters ab. Diese letzte Abhängigkeit wird durch einen Koeffizienten charakterisiert.

Schreiben wir den Widerstand in der Form

$$R = \varrho \frac{l}{S},$$

so heißt $\varrho$ der *spezifische Widerstand* des Materials des Leiters.

Für die Leitfähigkeit $K$, d. h. für die reziproke Größe des Widerstands erhalten wir

$$K = \frac{1}{R} = \frac{S}{\varrho l} = k \frac{S}{l}.$$

Den so eingeführten Koeffizienten $k$ nennt man *spezifisches Leitvermögen.*

Es ist

$$\varrho = \frac{1}{K} \qquad \text{und} \qquad k = \frac{1}{\varrho}.$$

Diese von OHM aufgestellten Gesetze sind durch zahlreiche Versuche mit einer Genauigkeit bis zu 0,00001 der zu messenden Größe bestätigt.

Das OHMsche Gesetz ist richtig auch für die Leiter, welche beim Stromdurchfluß gleichzeitig zersetzt werden, wie z. B. wässerige Salz- und Säurelösungen (Elektrolyte). Nur für Gase und einige sehr schlechte Leiter findet man, daß das OHMsche Gesetz in seiner einfachen Form nicht anzuwenden ist, sondern noch besondere Ergänzungen benötigt.

Man demonstriert das OHMsche Gesetz sehr einfach, indem man eine Kette aus einem Element, einem drahtförmigen Leiter und einem geeichten Galvanometer zusammenstellt. Bei verschieden langen Leitern und bei verschiedenem Querschnitt derselben erhält man Stromstärken, die auch im allgemeinen verschieden sind, aber jedesmal dem OHMschen Gesetze entsprechen.

Man kann statt eines metallischen Leiters auch eine Flüssigkeit, z. B. Kupfervitriollösung, zu diesen Versuchen nehmen; nur muß die Polarisation vermieden werden. Man nimmt z. B. zwei Kupferplatten und taucht sie in eine Kupfervitriollösung ein. Beobachten wir das Galvanometer, während ein Strom durch die Kupfervitriollösung durchfließt, so werden wir sehen, daß der Strom desto stärker wird, je näher wir die zwei Platten im Elektrolyte zueinander bringen; dabei wird nämlich die Länge des vom Strome durchflossenen Elektrolyten kleiner. Ebenso wird der Strom stärker, wenn man die Platten in das Elektrolyt tiefer eintaucht, wodurch der Querschnitt für den Stromdurchgang vergrößert wird.

**131. Das OHMsche Gesetz für die Stromdichte.** Man kann dem OHMschen Gesetze eine andere Form geben, die in vielen Anwendungen sogar bequemer ist.

Wir schreiben das Gestz wie früher

$$J = \frac{V_1 - V_2}{R} = \frac{V}{l\varrho} S = \frac{kV}{l} S,$$

und dividieren die ganze Gleichung durch die Querschnittsfläche $S$. Dann erhalten wir links die Stromdichte (S. 103, **117**)

$$i = \frac{J}{S} = k \frac{V}{l}.$$

Rechts erhalten wir den Potentialabfall $V$ dividiert durch den Abstand $l$ zwischen den Äquipotentialflächen: das ist nichts anderes als das Potentialgefälle, welches, wie wir wissen (S. 69, **82**), gleich der Feldintensität des elektrischen Feldes ist. Setzten wir dies in unsere Formel ein, so erhalten wir eine neue Form des OHMschen Gesetzes.

$$E = \varrho i \quad \text{oder} \quad i = kE.$$

**132. Die Einheit für den Widerstand.** Die praktische Einheit für den Widerstand erhalten wir, wenn wir die praktischen Einheiten des Stromes (Ampere) und der Potentialdifferenz (Volt) in das OHMsche Gesetz einsetzen. Als Einheit wird also der Widerstand eines Leiters angenommen, durch welchen bei einer Potentialdifferenz an seinen Enden von einem Volt die Elektrizitätsmenge von einem Coulomb in einer Sekunde durchfließt, d. h. die Stromstärke gleich einem Ampere ist. So einen Widerstand nennt man einen Ohm.

Das OHMsche Gesetz schreibt sich in diesen Einheiten so:

$$J \text{ Ampere} = \frac{V \text{ Volt}}{R \text{ Ohm}}.$$

Ist der Widerstand eines Leiters in OHM ausgedrückt, so wird sein spezifischer Widerstand in *Ohm-Zentimetern* ausgedrückt sein. In der Tat schreiben wir die Ohmsche Formel:

$$R = \varrho \frac{l}{S}, \qquad \varrho = \frac{S}{l} \cdot R.$$

Der Quotient aus einer Fläche $S$ und einer Länge $l$ stellt eine Länge vor und wird in Zentimetern gemessen. Das Produkt aus dieser Größe und dem Widerstand $R$, also der spezifische Widerstand $\varrho$ muß demnach in Ohm-Zentimetern ausgedrückt werden.

**133. Der spezifische Widerstand der Körper.** Wir geben hier eine kleine Tabelle der spezifischen Widerstände einiger Körper an. Um eine bequemere Übersicht zu erhalten, sind alle Körper nach wachsendem Widerstand angeordnet.

| | | |
|---|---|---|
| Silber | $1{,}6 \cdot 10^{-6}$ | Ohm·cm |
| Kupfer | $1{,}7 \cdot 10^{-6}$ | ,, |
| Aluminium | $3{,}0 \cdot 10^{-6}$ | ,, |
| Zink | $6{,}2 \cdot 10^{-6}$ | ,, |
| Eisen | $8{,}6 \cdot 10^{-6}$ | ,, |
| Platin | $10{,}7 \cdot 10^{-6}$ | ,, |
| Blei | $21{,}0 \cdot 10^{-6}$ | ,, |
| Konstantan, Manganin | $50{,}0 \cdot 10^{-6}$ | ,, |
| Quecksilber | $95{,}8 \cdot 10^{-6}$ | ,, |
| Bogenlampenkohle . . . . . bis etwa | $6000 \cdot 10^{-6}$ | ,, |

Sodann haben einen viel größeren spezifischen Widerstand die Wasserlösungen von Säuren und Salzen und endlich besitzen den größten Widerstand natürlich die Isolatoren.

| | | |
|---|---|---|
| 10proz. Lösung von Schwefelsäure | 2,55 | Ohm·cm |
| 10proz. ,, ,, Chlornatrium | 8,26 | ,, |
| 10proz. ,, ,, Kupfersulfat | 31,3 | ,, |
| Sehr reines Wasser . . . . . . . . bis etwa | $10^{8}$ | ,, |
| Schiefer, Holz | $10^{8}$ | ,, |
| Marmor | $10^{10}$ | ,, |
| Paraffiniertes Holz | $10^{12}$ | ,, |
| Unglasiertes Porzellan | $10^{14}$ | ,, |
| Siegellack, Schellack | $10^{16}$ | ,, |
| Hartgummi, Paraffin | $10^{18}$ | ,, |
| Bernstein, Quarzglas | $10^{20}$ | ,, |

Die oben angegebenen Zahlen gelten nur für sehr reine Metalle; kleine Beimengungen können ihren Widerstand erheblich erhöhen. So haben z. B. Konstantan und Manganin (Kupfer-Mangan-Nickellegierungen) einen viel größeren spezifischen Widerstand als jeder von diesen Metallen in reinem Zustande.

Beim Wasser ist gerade das Umgekehrte der Fall: sogar sehr verdünnte Lösungen haben ein viel größeres spezifisches Leitvermögen als reines Wasser.

Das Wasser ist in voller Reinheit und mit dem spezifischen Widerstand $10^{-8}$ sehr schwierig zu erhalten.

**134. Abhängigkeit des Widerstandes von der Temperatur.** Der Widerstand der Metalle wächst im allgemeinen mit der Temperatur, und man kann mit großer Annäherung die Formel benutzen:

$$\varrho_t = \varrho_0 (1 + \alpha t) = \varrho_t (1 + 0{,}004\, t),$$

wo $\varrho_t$ der spezifische Widerstand für die Temperatur $t$ bedeutet und $\varrho_0$ für die Temperatur $0^0$ C.

Diese einfache Formel gilt aber nur im Bereich der gewöhnlichen Temperaturen. Bei sehr hohen Temperaturen wird im allgemeinen der Temperaturkoeffizient $\alpha$ größer; aber nicht für alle Metalle in gleichem Maße (vgl. Tabellen). Bei Veränderung des Zustands, z. B. bei der Verflüssigung, wird der Widerstand eines Metalls etwa doppelt so groß, und bei Quecksilber sogar viermal so groß als im festen Zustande.

Kammerlingh Onnes hat in seinem berühmten Kältelaboratorium in Leiden eine interessante Entdeckung gemacht, daß bei sehr niedrigen Temperaturen die Metalle plötzlich ihren Widerstand fast verlieren. Kammerlingh Onnes hat diese Erscheinung *Überleitfähigkeit* genannt. So hatte z. B. eine Quecksilberspirale bei 4,23° absoluter Temperatur (von −273° C an gerechnet) einen Widerstand von etwa 0,158 Ohm; aber schon bei einer Temperatur von 4,19° sank der Widerstand auf 0,000024 Ohm und bei 2,45° auf etwa 0,0000000002 Ohm. Im Berichte von 2° hat sich der Widerstand um das milliardenfache verkleinert.

Für jedes Metall hat sich eine bestimmte „kritische" Temperatur ergeben, bei welcher der supraleitende Zustand eintritt. Für Blei z. B. schon bei 7,5° abs., für Zinn bei 3,5° und für Thallium bei 2,5° abs. Der Widerstand sinkt dabei etwa auf den $10^{-11}$ Teil herab.

Die Metallegierungen haben im allgemeinen einen kleineren Temperaturkoeffizienten als reine Metalle. So ist für Nickellin $\alpha = 0{,}0002$, für Konstantan $\alpha = 0{,}00003$ und für Manganin sogar $\alpha = 0{,}00001$. Manganin ist eine Legierung von 84% Cu, 12% Mn und 4% Ni, und sein Widerstand ist fast unabhängig von der Temperatur. Aus diesem Material werden deshalb Normalwiderstände für Laboratoriummessungen gemacht.

Der spezifische Widerstand der Kohle und der Wasserlösungen wird mit der Erhöhung der Temperatur kleiner. Für Kohle kann man annähernd $\alpha = -0{,}005$, und für die Lösungen $\alpha = -0{,}025$ annehmen.

Sehr stark sinkt der Widerstand des Glases und der Oxyde CaO, BaO, MgO usw. im Glühzustande. Bei der gewöhnlichen Zimmertemperatur leiten alle diese Körper fast gar nicht, aber beim Glühen werden sie zu guten Leitern.

**135. Beispiele.** Der Leser kann in jedem Buche über Elektrizität und ihre Anwendungen unzählige Beispiele für das Ohmsche Gesetz finden. Wir führen hier nur sehr wenige an, nur um das Rechnen nach diesem Gesetze zu demonstrieren.

1. Wie lang muß ein Kupferdraht sein, um bei einem Querschnitt von 1 mm² (= 0,01 cm²) einen Widerstand von einem Ohm zu haben? (für gebräuchliches Kupfer nimmt man $\varrho = 1{,}75 \cdot 10^{-6}$).

Wir schreiben nach dem Ohmschen Gesetze

$$1 \text{ Ohm} = \varrho \frac{l}{S} = 1{,}75 \cdot 10^{-6} \cdot \frac{l}{0{,}01},$$

woraus sich die Länge $l$ = etwa 60 m ergibt. Nimmt man statt Kupfer einen Manganindraht von demselben Querschnitt, so braucht man für einen Ohm nur etwa 2 m.

In Präzisionslaboratorien wird manchmal ein Ohm aus reinstem Quecksilber hergestellt, welches in einem Glasrohre von 1 mm² Querschnitt eingeschlossen ist. Die Länge des Quecksilberfadens muß dann 106,3 cm sein.

2. Wie hoch ist der Widerstand eines Eisendrahtes von einer Länge von 500 km bei einem Durchmesser von 2 mm (Telegraphendraht).

Der Querschnitt eines solchen Drahtes ist

$$S = \frac{\pi d^2}{4} = 0{,}03 \text{ cm}^2$$

und der Widerstand, wenn wir für gewöhnlichen Eisendraht $\varrho = 12.10^{-6}$ annehmen:

$$R = \varrho \frac{l}{S} = 12 \cdot 10^{-6} \frac{5 \cdot 10^7}{0{,}03} = 20\,000 \text{ Ohm.}$$

Nehmen wir die Temperaturdifferenz der Luft im Sommer und im Winter gleich 30° an, so wird der Ausdruck $(1 + 0{,}004 \cdot 30) = 1{,}12$; der Widerstand wird demnach im Sommer um etwa 2500 Ohm größer sein als im Winter.

3. Der Widerstand eines Metallstücks von 1 cm² Querschnitt und 1 cm Länge (also 1 cm³) ist einfach gleich dem spezifischen Widerstande dieses Metalls. Manchmal rechnet man den Querschnitt in Quadratmillimetern und die Länge der Drähte in Metern, dann muß in der Formel für den Widerstand statt $\varrho$ aus unserer Tabelle ein 10 000mal größerer Koeffizient genommen werden.

Wir empfehlen es dem Leser, alle hier angegebenen Rechnungen selbst durchzumachen.

**136. Potentialabfall längs des Stromleiters.** Bei einer gegebenen Stromstärke $J$ und bekanntem Widerstande $R$ erhalten wir den Potentialabfall längs des Leiters

$$V_1 - V_2 = V = JR.$$

Da die elektrische Stromstärke überall in der Kette dieselbe sein muß, so wird der Potentialabfall in irgendeinem Leiter der Kette desto größer sein, je größer sein Widerstand ist. Mit einer Elektrisiermaschine können wir einen sehr großen Potentialabfall im Leiter herstellen und ihn mit elektrostatischen Mitteln demonstrieren.

Wir verbinden die Pole der Elektrisiermaschine durch einen Holzstab von 1 m Länge und etwa 2 cm Durchmesser und hängen an verschiedene Stellen des Holzstabes kleine Stroh- oder Papierelektroskope (Abb. 106). Den einen Pol $B$ der Maschine verbinden wir mit der Erde $Z$ (Potential $V = 0$) und fangen an, die Scheiben langsam zu drehen. Die Papierelektroskope divergieren dabei um verschiedene Winkel; das am Ende des Holzstabes bei $B$ aufgehängte Elektroskop wird überhaupt keine Divergenz haben, weil $B$ geerdet ist und alle unsere Elektroskope die Potentialdifferenz gegen die Erde anzeigen; am größten wird die Divergenz bei $A$. Man sieht so, wie das Potential von $A$ zu $B$ abfällt.

Verwenden wir zu diesem Versuch ein Elektroskop mit Aluminiumblättchen und einer äußeren Metallhülle, so können wir sogar zeigen, daß bei demselben Strome der Potentialabfall mit dem Widerstande wächst. Wir stellen dazu das Elektroskop auf eine Paraffinplatte (Abb. 108), um auch seine äußere Hülle zu isolieren. Die Hülle verbinden wir mit einem Punkte $b$ des Holzstabes und die Kugel, also die Aluminiumblättchen, mit einem anderen Punkte $a$. Jetzt zeigt uns das Elektroskop die Potentialdifferenz zwischen $a$ und $b$ an. Drehen wir die Elektrisiermaschine möglichst gleichmäßig und verschieben die Punkte $a$ und $b$ gegeneinander, so wird einem größeren Abstande derselben eine größere Potentialdifferenz entsprechen, wie es das Ohmsche Gesetz auch fordert. Die Stromstärke kann man auch ändern, indem man den Scheiben der Maschine verschiedene Geschwindigkeiten erteilt, um auch in dieser Beziehung das Ohmsche

Gesetz zu demonstrieren. Je größer die Rotationsgeschwindigkeit der Scheiben, desto größer die Stromstärke und das Potentialgefälle.

Haben wir ein sehr empfindliches Elektroskop zur Verfügung, so können wir ganz analoge Versuche auch mit einem galvanischen Strom anstellen und uns überzeugen, daß beide Ströme — aus der Elektrisiermaschine und aus den galvanischen Elementen — dem Wesen nach gleich sind. Man nimmt eine Batterie von galvanischen Elementen oder Akkumulatoren von etwa 110 Volt und verbindet ihre Pole mit einem langen Kohlenstab (aus einzelnen Bogenlampenkohlen zusammengestellt). Bei einem etwa 1 m langen Kohlenstab von 11 Ohm Widerstand erhält man einen Strom von 10 Ampere und einen Potentialabfall auf jedem Dezimeter etwa 11 Volt. Solche Potentialdifferenzen kann man schon mit einem empfindlichen Elektroskop mit Aluminiumblättchen zeigen.

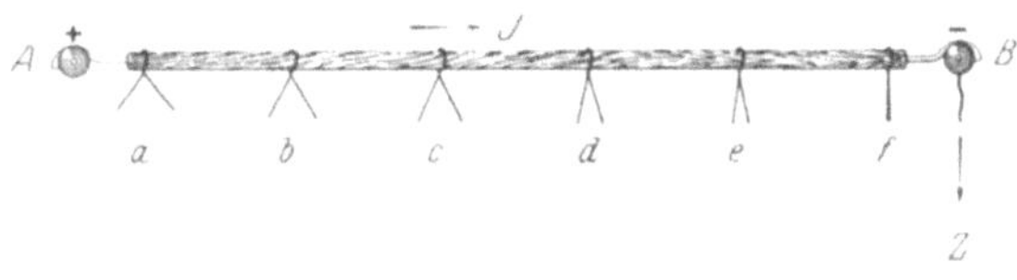


Abb. 106. Potentialgefälle.

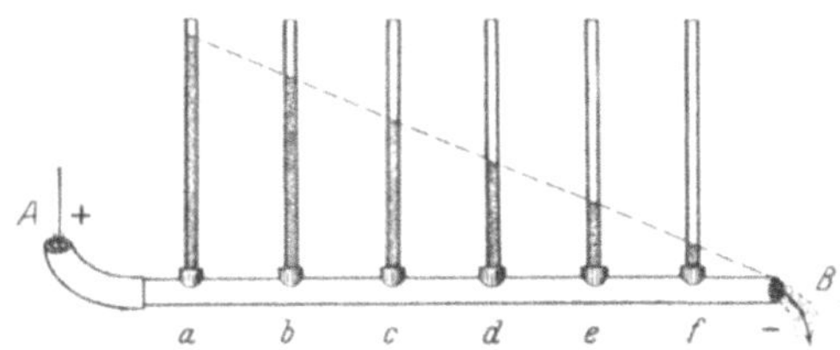


Abb. 107. Druckgefälle.

**137. Druckgefälle in den Wasserleitungsröhren.** Eine gewisse Ähnlichkeit mit dem Potentialabfall in einem stromdurchflossenen Leiter hat auch das Druckgefälle in den Wasserleitungsröhren. Wir haben schon oft den elektrischen Strom mit dem Flüssigkeitsstrom verglichen. Die in jeder Sekunde durch irgendeinen Querschnitt des Wasserleitungsrohres durchgehende Wassermenge ist der Druckdifferenz am Anfang und am Ende dieser Röhre proportional, analog dem OHMschen Gesetze für den elektrischen Strom; die Reibung in den Röhren ist dem elektrischen Widerstand analog. Die Druckdifferenz bestimmt man mit Manometer, Barometer usw.; alle diese Instrumente sind also analog den Elektrometern, welche die Potentialdifferenzen messen. Den sekundlichen Wasserdurchfluß bestimmt man mit einem Wassermesser, welcher demnach dieselbe Rolle in der Wasserleitung spielt wie die Amperemeter in den Stromleitern.

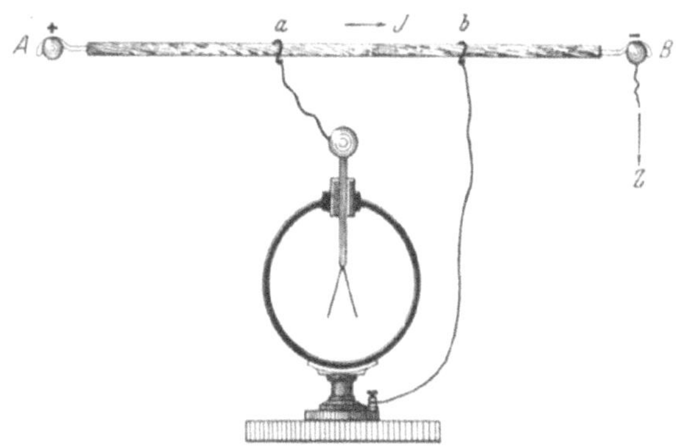


Abb. 108. Potentialabfall in der Stromrichtung.

In der Abb. 107 ist eine horizontale Glasröhre dargestellt, in welcher das Wasser von links nach rechts strömt. Die vertikalen Glasröhren dienen als Manometer und erlauben das Niveau oder den Druck zu beobachten (vgl. die Elektroskope in der Abb. 106). Rechts bei $B$ ist der gewöhnliche Druck der Atmosphäre, der als Nullpotential angenommen wird. Je weiter man entgegen der Wasserströmung nach links schreitet, desto höher wird der Druck (vgl. mit der Abb. 106). Hat das Rohr überall den gleichen Querschnitt, so wird der Druckabfall proportional der Länge der Röhre sein und demnach werden alle Manometerhöhen auf ein und derselben geraden Linie (Abb. 107) liegen, deren Neigung ($\operatorname{tg}\alpha$) das Druckgefälle darstellt.

Bezeichnen wir die in der Sekunde durchfließende Wassermenge mit $J$ und die Druckdifferenz mit $h_1 - h_2$, so haben wir für die Wasserleitung auch das OHMsche Gesetz in der Form

$$J = \frac{h_1 - h_2}{R}; \qquad R = \varrho \frac{l}{S}.$$

Dies Gesetz gilt aber für den Wasserdurchfluß nur bei nicht zu großen Querschnitten der Röhren und nicht zu großen Geschwindigkeiten; sonst bilden sich in den Röhren Wirbel und die einfachen Beziehungen verlieren ihre Gültigkeit.

Eine noch nähere Analogie zu dem OHMschen Gesetze haben wir in den Erscheinungen der Bewegung des Wassers im sandigen Erdboden, in der Diffusion der Flüssigkeiten und Gase und in den Gesetzen der Wärmeleitung.

**138. Hintereinanderschaltung der Leiter.** Es seien zwei Leiter so miteinander verbunden, daß die Elektrizität zunächst den einen und dann den anderen Leiter durchfließen muß (Abb. 109). Eine solche Verbindung oder Schaltung der Leiter nennt man *Hintereinanderschaltung*.

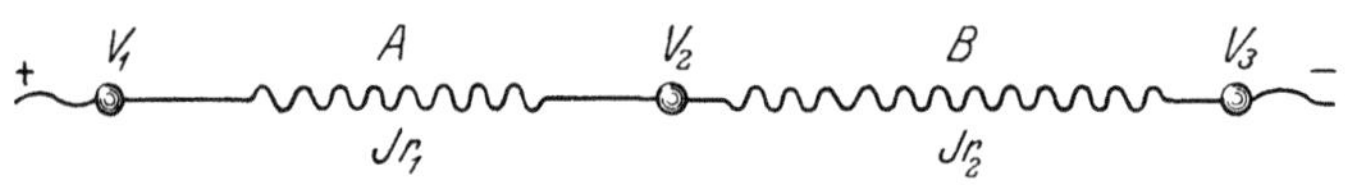


Abb. 109. Hintereinander geschaltete Leiter.

Da die Stromstärke $J$ in beiden Leitern die gleiche sein muß, damit die Elektrizität sich nirgends anhäuft, so können wir für jeden dieser beiden Leiter das OHMsche Gesetz so schreiben:

$$V_1 - V_2 = J r_1,$$
$$V_2 - V_3 = J r_2,$$

wo $V_1$, $V_2$, $V_3$ die Potentiale der Enden der Stromleiter sind (vgl. Abb. 109) und $r_1$ und $r_2$ ihre Widerstände.

Addieren wir diese Gleichungen und bezeichnen mit $R$ den Widerstand des ganzen Systems, so erhalten wir

$$V_1 - V_3 = J\,(r_1 + r_2) = JR$$

und demnach

$$R = r_1 + r_2,$$

d. h. der Widerstand zweier hintereinander geschalteten Leiter ist der Summe der einzelnen Widerstände gleich.

Es ist ohne weiteres klar, daß dasselbe Resultat auch für eine beliebige Zahl hintereinander geschalteter Widerstände gilt, also

$$R = \sum r.$$

**139. Parallel geschaltete Leiter.** Jetzt behandeln wir einen anderen typischen Fall, wenn in irgendeinem Punkte der Leitung der elektrische Strom $J$ eine Verzweigung bildet; der eine Teil dieses Stromes $J_1$ fließt weiter in den Leiter $A$ (Abb. 110) und der andere Teil $J_2$ in den Leiter $B$. Am Ende der Verzweigung vereinigen sich diese beiden Ströme. Die Stärke des Stromes nach der Vereinigung muß wieder gleich $J$ sein, damit nirgends die Elektrizität sich anhäuft. Eine solche Verbindung der Leiter wie $A$ und $B$ nennt man *Parallelschaltung*.

Da in jedem Moment der Zufluß der Elektrizität zum Verzweigungspunkte $D$ gleich dem Abfluß sein muß, so können wir schreiben

$$J = J_1 + J_2.$$

Dasselbe gilt auch für den anderen Verzweigungspunkt $E$. Bezeichnen wir die Potentiale in den Punkten $D$ und $E$ mit $V_1$ und $V_2$, so erhalten wir nach dem OHMschen Gesetze für die einzelnen Leiter die Gleichungen

$$V_1 - V_2 = J_1 r_1,$$
$$V_1 - V_2 = J_2 r_2.$$

Daraus folgt, daß

$$J_1 r_1 = J_2 r_2, \qquad \text{oder} \qquad \frac{J_1}{J_2} = \frac{r_2}{r_1},$$

d. h. die Ströme verteilen sich in den parallel geschalteten Leitern umgekehrt proportional zu den Widerständen.

Aus den soeben aufgestellten Gleichungen erhalten wir noch für den Gesamtstrom

$$J = (V_1 - V_2)\left(\frac{1}{r_1} + \frac{1}{r_2}\right) = (V_1 - V_2)\frac{1}{R},$$

wo $R$ den Widerstand des ganzen Leitersystems bedeutet. Wir erhalten also das Resultat

$$\frac{1}{R} = \frac{1}{r_1} + \frac{1}{r_2},$$

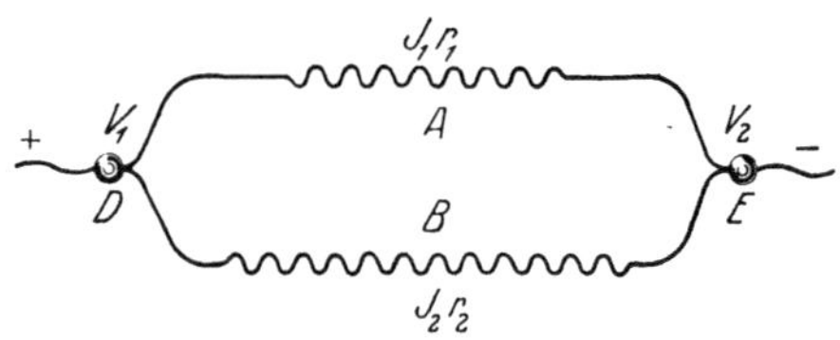

Abb. 110. Parallel geschaltete Leiter.

oder, wenn wir statt der Widerstände die entsprechenden Leitfähigkeiten $K$ einführen:

$$K = K_1 + K_2.$$

Die Leitfähigkeit eines Systems von parallel geschalteten Leitern ist also gleich der Summe der Leitfähigkeiten der einzelnen Leiter. Es ist auch klar, daß wir dieses Resultat auf eine beliebige Zahl von Leitern erweitern können; wir schreiben also

$$\frac{1}{R} = \sum \frac{1}{r}, \qquad K = \sum K_1.$$

Vergleichen wir dieses Resultat mit dem Resultate des vorigen Paragraphs, so sehen wir, daß die zwei Schaltungsweisen in gewisser Hinsicht einander entgegengesetzt sind. Bei Schaltung der Leiter hintereinander summieren sich ihre Widerstände, bei paralleler Schaltung summieren sich ihre Leitfähigkeiten.

Es ist leicht einzusehen und auch nützlich sich zu merken, daß, wenn bei Hintereinanderschaltung der eine von den zwei Widerständen *sehr groß* im Vergleich zum andern ist, ihr gemeinsamer Widerstand sehr nahe zu diesem großen Widerstande sein wird, und zwar nur um ein wenig größer. Umgekehrt bei Parallelschaltungen. Ist einer der parallel geschalteten Widerstände *sehr klein* in bezug auf den andern, so wird der Gesamtwiderstand des Systems dem kleinen Widerstande sehr nahe sein; und zwar nur ein wenig kleiner als dieser.

Wenn man zu irgendeinem Leiter einen zweiten Leiter parallel schaltet, so nennt man oft den zugesetzten Leiter *Shunt* (shunt heißt im Englischen eine Abzweigung).

**140. Klemmspannung.** Es sei uns ein Daniell-Element gegeben mit der elektromotorischen Kraft = 1,1 Volt, und der elektrische Widerstand seiner Flüssigkeiten oder, wie man es nennt, sein *innerer Widerstand* sei $r = 1$ Ohm.

Schließen wir dieses Element durch einen Kupferdraht von $r_1 = 9$ Ohm Widerstand (Abb. 111) und berücksichtigen, daß der Strom den inneren und den äußeren Widerstand unserer Kette *nacheinander* passieren muß, so erhalten wir die Gleichung

$$J = \frac{\mathcal{E}}{r + r_1} = \frac{1{,}1 \text{ Volt}}{10 \text{ Ohm}} = 0{,}11 \text{ Ampere}.$$

Der Potentialabfall im äußeren Draht wird sein

$$V = Jr_1 = 0{,}11 \cdot 9 = 0{,}99 \text{ Volt.}$$

Der Potentialabfall im Innern des Elements wird

$$V_0 = Jr = 0{,}11 \cdot 1 = 0{,}11 \text{ Volt.}$$

Der gesamte Potentialabfall der ganzen Kette muß der elektromotorischen Kraft des Elementes gleich sein, wie es auch aus unseren Gleichungen folgt:

$$\mathcal{E} = V + V_0 = 0{,}99 + 0{,}11 = 1{,}1 \text{ Volt}.$$

Aus diesem Beispiel sehen wir u. a., daß beim Stromschluß der Potentialabfall im äußern Leiter oder die Potentialdifferenz an den Polen des Elements kleiner sein wird als seine elektromotorische Kraft. Im allgemeinen ist ja

$$V = \mathcal{E} - Jr.$$

Die Potentialdifferenz an den Polen des Elements oder einer Batterie von Elementen oder überhaupt einer Stromquelle, nennt man die *Klemmspannung* (man klemmt nämlich an den Polen die Drähte für den äußeren Strom an).

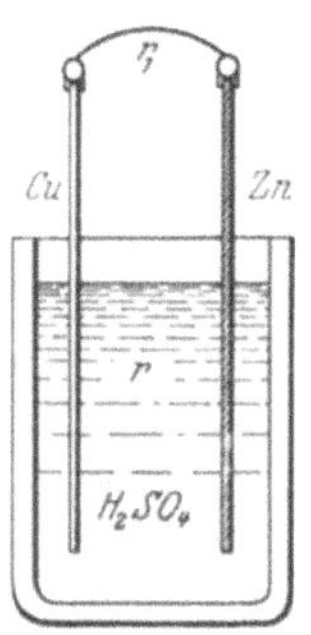


Abb. 111. Innerer und äußerer Widerstand.

Die Klemmspannung ist im allgemeinen um so kleiner, je stärker der entnommene Strom $J$ ist, und sie kann desto größer gemacht werden, je kleiner man den innern Widerstand $r$ der Stromquelle macht.

Es ist in der Praxis größtenteils wünschenswert, die Klemmspannung möglichst konstant und unabhängig von der Stromentnahme oder, wie man es nennt, unabhängig von der *Belastung* der Stromquelle zu machen. Ganz unabhängig von der Belastung kann die Klemmspannung nie sein, aber je kleiner der innere Widerstand $r$ ist, desto weniger bemerkbar wird auch die Abhängigkeit der Klemmspannung $V$ von der Belastung $J$ sein. Kleine innere Widerstände in irgendeinem Elemente erzielt man durch Benutzung von Platten mit großen Oberflächen und durch möglichst Nahaneinanderstellen derselben.

Bei den Elementen mit zwei verschiedenen Flüssigkeiten, von dem Typus des Daniell-Elements, wirkt auf den innern Widerstand auch die Größe der Poren in der zwischen den Flüssigkeiten aufgestellten Tonzelle. Die Poren können sich bei Benutzung des Elements verunreinigen, wodurch der innere Widerstand des Elements natürlich vergrößert wird.

**141. Zusammenstellung mehrerer Elemente zu Batterien.** Die Verbindung der Elemente, ebenso wie der Widerstände, kann in zweierlei Weise erfolgen, nämlich *hintereinander* und *nebeneinander* (parallel).

In der Abb. 112a, b sind drei hintereinander geschaltete Elemente gezeichnet. Die benachbarten Elemente sind dabei mit ihren entgegengesetzten Polen verbunden. Es ist klar, daß in diesem Falle, wie auch in der Voltaschen Säule, die elektromotorische Kraft der Batterie einfach die Summe aller elektromotorischen Kräfte der einzelnen Elemente bildet. Zu beachten ist aber, daß bei dieser Zusammensetzung die Flüssigkeiten der einzelnen Elemente voneinander *isoliert* bleiben müssen. Würden die Platten in einer gemeinsamen Flüssigkeit stehen, so würden in der Batterie ein ganzes System von Parasitströmen entstehen (Abb. 112c), und auf den Endpolen der Batterie würde nur die Potentialdifferenz eines einzigen Elementes zu unserer Verfügung nachbleiben.

In der Abb. 113a, b sind zwei Elemente parallel geschaltet, dabei sind die gleichnamigen Pole miteinander verbunden. Die Potentialdifferenz einer solchen Batterie ist ebenso groß wie die elektromotorische Kraft jedes einzelnen Elementes. Wir haben in der Tat hier nur ein Element, aber mit zweimal größeren Plattenoberflächen. In diesem Falle können die Platten ohne Nachteil auch in einer gemeinsamen Flüssigkeit eingetaucht werden (Abb. 113c).

Bei der Zusammenstellung der Elemente zu einer Batterie für irgendeinen Zweck muß man den inneren Widerstand der Elemente nie außer acht lassen. Bei Hintereinanderschaltung der Elemente summieren sich ihre elektromotorischen Kräfte, aber gleichzeitig summieren sich auch ihre inneren Widerstände. Durch die Nebeneinanderschaltung mehrerer Elemente derselben Konstruktion erhalten wir in der Batterie dieselbe elektromotorische Kraft wie in einem einzigen Element, aber die Leitfähigkeiten der Elemente summieren sich und der innere Widerstand der ganzen Batterie wird kleiner sein als der eines einzigen Elementes. Das hat, wie wir gesehen haben, für die Wirkung der ganzen Stromquelle auch eine gewisse Bedeutung. Man wird also bei großem innern Widerstand der Elemente sie zu Batterien parallelschalten müssen.

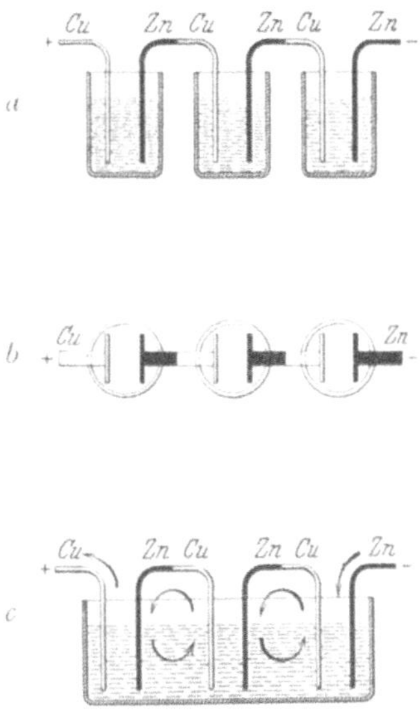


Abb. 112. Hintereinander geschaltete Elemente.

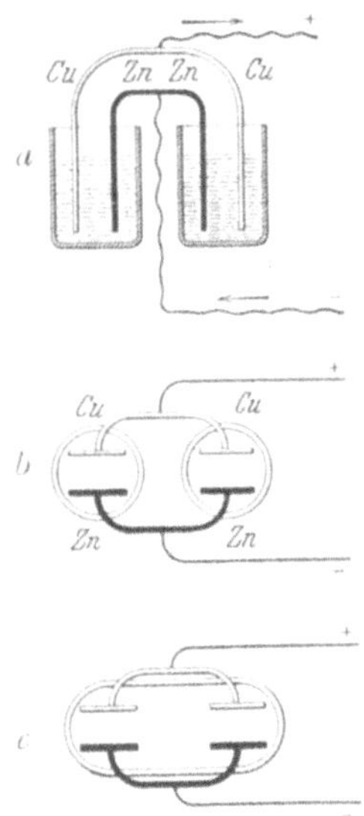


Abb. 113. Parallel geschaltete Elemente.

Als Beispiel nehmen wir zwei gleiche Daniell-Elemente, deren jedes eine elektromotorische Kraft von 1,1 Volt und einen inneren Widerstand von 1 Ohm.

Wir nehmen zuerst den äußeren Widerstand *klein* z. B. gleich 0,2 Ohm.

Bei hintereinandergeschalteten Elementen haben die beiden Elemente einen Gesamtwiderstand von $1 + 1 = 2$ Ohm, und durch den äußeren Widerstand von 0,2 Ohm geschlossen geben sie einen Strom

$$J = \frac{2 \cdot 1{,}1}{2 + 0{,}2} = 1{,}0 \text{ Ampere}.$$

Bei paralleler Schaltung haben die beiden Elemente einen innern Widerstand von nur 0,5 Ohm und der Strom wird

$$J = \frac{1{,}1}{0{,}5 + 0{,}2} = 8{,}6 \text{ Ampere}.$$

Die letzte Schaltung gibt uns einen stärkeren Strom als die erste.

Würde der äußere Widerstand *groß* sein, z. B. 20 Ohm, so würden wir gerade das umgekehrte Resultat erhalten; nämlich bei Hintereinanderschaltung

$$J = \frac{2 \cdot 1{,}1}{2 + 20} = 0{,}10 \text{ Ampere},$$

und bei paralleler Schaltung

$$J = \frac{1{,}1}{0{,}5 + 20} = 0{,}053 \text{ Ampere}.$$

In diesem Falle gibt uns die Hintereinanderschaltung den stärkeren Strom.

Als eine allgemeine Regel können wir annehmen, daß bei kleinerem äußern Widerstande eine parallele Schaltung günstiger ist; bei großem äußern Widerstande muß man, um die Klemmspannung zu erhöhen die Elemente hintereinander schalten.

In jedem Falle ist es vorteilhaft eine Batterie mit *kleinem* inneren Widerstand zu haben. In dieser Beziehung sind die PLANTÉschen Akkumulatoren mit großen nahe aneinanderstehenden Bleiplatten am günstigsten.

**142. KIRCHHOFFS Regeln.** Wir haben hier einige typische Fälle von Schaltungen der Elemente und Leitern besprochen. In komplizierteren Fällen kann man die von KIRCHHOFF aufgestellten allgemeinen Regeln benutzen. Diese Regeln sind die folgenden:

*Erste Regel.*

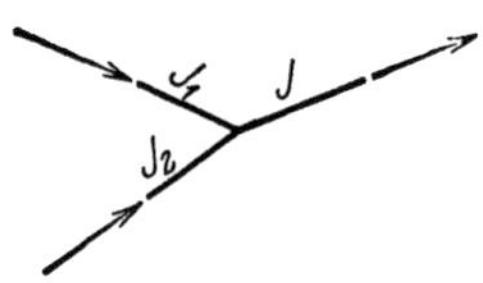

Abb. 114. Erste KIRCHHOFFsche Regel.

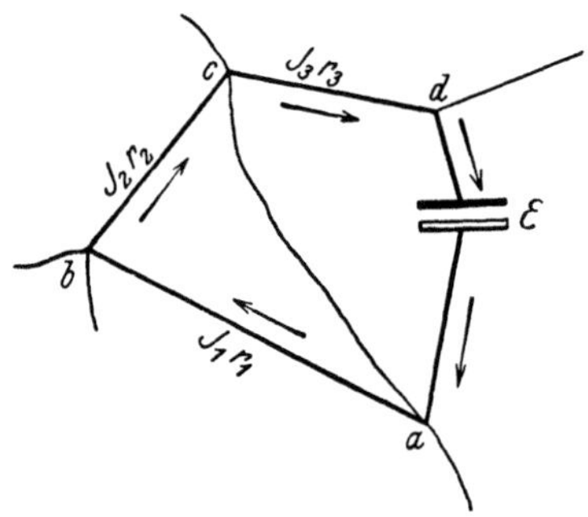


Abb. 115. Zweite KIRCHHOFFsche Regel.

In jedem Verzweigungspunkte der Leiter (Abb. 114) ist die algebraische Summe aller Ströme gleich Null.

$$\sum J = 0.$$

Dabei müssen die Ströme, die zum Verzweigungspunkt gerichtet sind und die, welche sich von dem Verzweigungspunkt entfernen, mit entgegengesetzten Zeichen genommen werden.

Diese Regel folgt sofort aus der Forderung, daß in jedem Punkte der Stromkette die Elektrizität sich nicht anhäufen darf; wieviel Elektrizität in irgendeiner Zeit zu dem Verzweigungspunkte zugekommen ist, ebensoviel muß in derselben Zeit auch abfließen.

*Zweite Regel.*

In jedem geschlossenen Leiterkreis (Abb. 115) ist die Summe der elektromotorischen Kräfte gleich der Summe der Produkte aus den Stromstärken und den entsprechenden Widerständen der einzelnen, den Kreis bildenden Leiter.

$$\sum \mathcal{E} = \sum J r .$$

Der Kreis kann dabei nur einen Teil eines beliebigen Stromnetzes bilden.

Um das Zeichen der zu summierenden Größen festzustellen, kann man sich vorstellen, daß man den betreffenden Kreis in irgendeiner Richtung durchwandert und wieder zum Ausgangspunkt kommt. Dann werden die Ströme und die elektromotorischen Kräfte, die in der Richtung dieser Wanderung liegen, als positiv angenommen, und die in entgegengesetzter Richtung getroffenen Ströme und elektromotorischen Kräfte müssen negativ gerechnet werden.

Diese Regel folgt direkt daraus, daß die Produkte $Jr$ nichts anderes als die Potentialerniedrigungen auf den einzelnen Leitern darstellen, und alle solche Potentialerniederungen zusammen müssen der Potentialerhöhung der auf dem Wege getroffenen elektromotorischen Kräfte gleich sein, damit wir, nach dem vollen Umlauf zum Ausgangspunkt wieder zurückgekehrt, auch dasselbe Potential erhalten.

Wir wollen noch hinzufügen, daß ganz analoge Regeln auch für ein Wasserleitungsrohrnetz aufgestellt werden können.

Ist uns ein Stromnetz mit allen in ihm wirkenden elektromotorischen Kräften und allen Widerständen seiner Leiter gegeben, so ermöglichen uns die KIRCHHOFFschen Regeln geradesoviel Gleichungen aufzustellen, als unbekannte Stromstärken im Stromnetze vorhanden sind. Die Gleichungen sind vom ersten Grade und ihre Lösung gibt uns die gesuchten Stromstärken.

**143. Ein Beispiel.** Um die KIRCHHOFFsche Methode an irgendeinem Beispiel zu veranschaulichen, wollen wir die in der Abbildung 116 angedeutete Leiterkombination berechnen. Diese Kombination werden wir nämlich im folgenden unter dem Namen der WHEATSTONschen oder KIRCHHOFFschen Brücke wiederfinden.

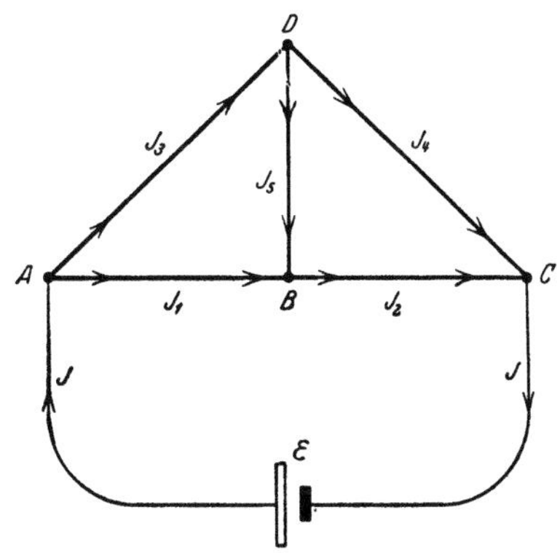

Abb. 116. WHEATSTONEsche Leiterkombination.

Aus der Zeichnung sind die Bezeichnungen der Ströme direkt zu entnehmen. Die Richtung der Ströme in den einzelnen Leitern haben wir a priori gezeichnet. Sie können beliebig genommen werden; denn wenn der Strom sich nach der Rechnung als positiv erweist, so ist die von uns angenommene Richtung richtig, kommt er mit einem negativen Zeichen heraus, so bedeutet das, daß seine Richtung in Wirklichkeit entgegengesetzt der von uns angenommenen sein wird. Unsere Annahme führt also zu keinem Fehler.

Schreiben wir zunächst nach der ersten KIRCHHOFFschen Regel die Gleichungen für die Ströme, welche in den Punkten $A$, $B$, $C$ und $D$ sich treffen.

Für die Punkte $A$ und $C$ erhalten wir

$$J = J_1 + J_3, \qquad J_2 + J_4 = J.$$

Ebenso für die Punkte $B$ und $D$

$$J_5 = J_2 - J_1, \qquad J_3 - J_4 = J_5.$$

Die zweite KIRCHHOFFsche Regel, auf die Stromkreise $ADB$, $BDC$ und $ABCE$ angewendet, gibt uns

$$J_3 r_3 + J_5 r_5 - J_1 r_1 = 0,$$
$$J_2 r_2 + J_5 r_5 - J_4 r_4 = 0,$$
$$J r - \mathcal{E} + J_1 r_1 + J_2 r_2 = 0.$$

Man könnte noch mehr Gleichungen aufstellen, aber für die 6 unbekannten Ströme haben wir 7 Gleichungen erhalten, und das ist schon zu viel. Nun ist es leicht, einzusehen, daß die ersten vier Gleichungen nicht unabhängig voneinander sind und daß die eine von ihnen als Folge der anderen anzusehen ist. Wir überlassen es dem Leser, dieses Gleichungssystem zu lösen.

Am wichtigsten für uns ist der Fall, in welchem die Widerstände der Leiter so gewählt werden, daß der Strom $J_5$ (in der Brücke) verschwindet. In diesem Falle bleiben die Gleichungen

$$J_1 = J_2, \qquad J_3 = J_4, \qquad J_1 r_1 = J_3 r_3, \qquad J_2 r_2 = J_4 r_4,$$

und es ergibt sich, daß für $J_5 = 0$ die Widerstände so gewählt werden müssen, daß sie eine Proportion bilden:

$$\frac{r_1}{r_2} = \frac{r_3}{r_4}.$$

## 4. Apparate und Messungen.

**144. Poggendorf-Element.** Wir haben oben eine sehr beständige Stromquelle, nämlich das Daniell-Element, kennengelernt. Für manche Zwecke genügen aber auch einfachere Elemente. Die Zahl der verschiedenen bis jetzt erfundenen Elemente ist sehr groß und wir können hier nur die typischen von ihnen beschreiben. Bei der Wahl eines Elements können sehr verschiedene rein praktische Erwägungen wirken.

Das Wichtigste bei der Konstruktion eines jeden Elements ist, ein Mittel zu finden, um seine Polarisation unschädlich zu machen.

Fast alle Elemente enthalten Zink in einer Schwefelsäurelösung. Bei der Lösung des Zinks bildet sich Wasserstoff, welcher, wie wir schon wissen (S. 108, **127**), die schädlich wirkende Polarisationserscheinung hervorruft. Am einfachsten wird eine Depolarisation dadurch erreicht, daß man zu der Schwefelsäurelösung irgendein starkes Oxydationsmittel zusetzt, um den Wasserstoff zu Wasser zu oxydieren. Schon POGGENDORF hat dazu Chromsäurelösung vorgeschlagen. Eine solche Lösung erhält man, wenn man Kalium oder Natriumbichromat ($K_2Cr_2O_7$ oder $Na_2Cr_2O_7$) in gleicher Gewichtsmenge mit Schwefelsäure zu einem dicken Brei verreibt und dann in 10-bis 15mal größerer Menge Wasser löst.

Statt der Kupferplatte wird im Poggendorf-Element meistens eine Kohlenplatten aus sog. Retortenkohle, welche hart und porös ist, angewandt. Die Kohle wird von der Flüssigkeit viel weniger angegriffen als Kupfer. — Man nimmt größtenteils zwei Kohlenplatten, zwischen welchen die Zinkplatte so befestigt wird, daß man sie leicht aus der Flüssigkeit in die Höhe heben kann, um das Zink während Strompausen nicht unnütz der Wirkung der Flüssigkeit auszusetzen.

Die elektromotorische Kraft der Chromsäureelemente ist etwa gleich 2 Volt. Dank seiner Einfachheit wird dieses Element auch jetzt noch als Stromquelle in der medizinischen Praxis gebraucht.

**145. Leclanché-Element.** In diesem Element haben wir wieder eine Kohleplatte und eine Zinkplatte, aber sie sind nicht in Schwefelsäure, sondern in einer 15proz. Wasserlösung von Ammoniumsulfat ($NH_4Cl$) eingetaucht. Als Depolarisator dient hier fein zerteiltes Mangansuperoxyd (Braunstein), welches in Form von zusammengepreßten Briketten in der Nähe der Kohle befestigt wird.

Für langdauernde Ströme ist dieses Element nicht geeignet, weil der feste Polarisator nur langsam wirkt, und man muß dem Element nach jeder Arbeit eine gewisse Ruhepause geben, damit es Zeit hat, sich zu depolarisieren.

In der letzten Zeit wird das Leclanché-Element in Form von sog. „Trockenelementen" viel benutzt. Im Innern enthalten aber diese Elemente eine Flüssigkeit, welche durch einen Zusatz von Wasserglas oder Gips verdickt wird, oder durch Asbest, Holzspäne oder Glaswolle aufgesaugt wird, um nicht so leicht herauszufließen. Außerdem wird für eine entsprechende wasserdichte Hülle gesorgt. Aus solchen Trockenelementen kann man Ströme von einigen zehntel Ampere einige Tage ununterbrochen entnehmen. Ihre elektromotorische Kraft ist etwa 1,5 Volt. Wegen ihrer Bequemlichkeit und Billigkeit werden die Leclanché Elemente im Privatleben viel benützt (Hausklingel, Taschenlampen usw.).

**146. Amalgamieren des Zinks.** Das käufliche Zink ist nicht rein und enthält oft Beimischungen von Eisen. Wird so ein Zinkstab in Schwefelsäure eingetaucht, so bildet sich an der Stelle seiner Oberfläche, wo zufällig ein Eisenkörnchen (Abb. 117) sitzt, ein geschlossenes Element — Eisen-Schwefelsäure-Zink. Es zirkuliert an dieser Stelle immerfort ein elektrischer Strom, wobei sich das Zink sehr schnell zerstört. Um von solchen, wie man sie nennt, Parasitströmen frei zu werden, muß man das Zink amalgamieren. Das macht man in folgender Weise: Man reinigt die Oberfläche des Zinks mit Schwefelsäure und reibt sie vermittels einer kleinen Bürste mit Quecksilber ein. Das Zink bildet dabei mit dem Quecksilber ein Amalgam, welches aber frei von Eisen bleibt. Die Oberfläche des Zinks wird auf diese Weise mit einer Schicht von Zinkamalgam bedeckt. Beim Eintauchen in die Schwefelsäure reagiert nur das im Amalgam sich befindende Zink, indem das Eisen durch das Amalgam verdeckt bleibt.

Von Zeit zu Zeit muß man natürlich die Amalgamschicht erneuern.

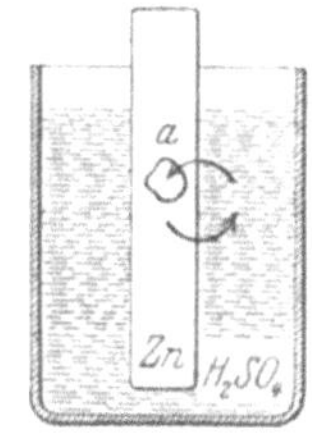


Abb. 117. Parasitströme.

**147. Akkumulator von Planté.** In der Technik werden meistens Planté-Elemente oder sog. Akkumulatoren gebraucht, die sehr beständig sind, einfache Konstruktion haben und für sehr starke Ströme eingerichtet werden können. Das Plantésche Element besteht aus zwei Bleiplatten (Abb. 118), welche in einer 20proz. Schwefellsäureösung eingetaucht sind; die eine von den Platten ist mit einer Schicht von Bleisuperoxyd bedeckt. Die Platte mit Bleisuperoxyd stellt den positiven Pol des Elementes

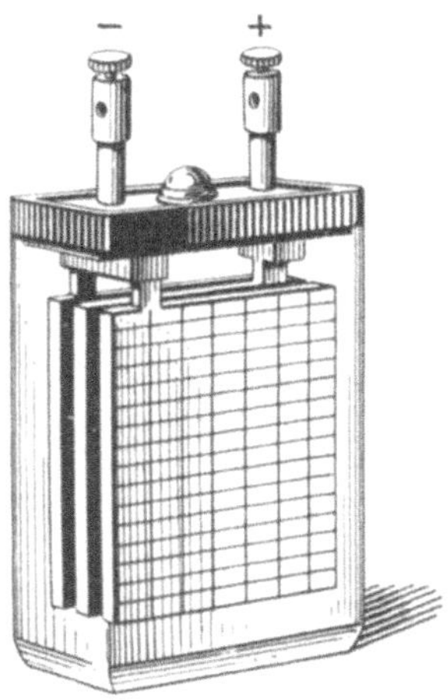


Abb. 118. Akkumulator von Planté.

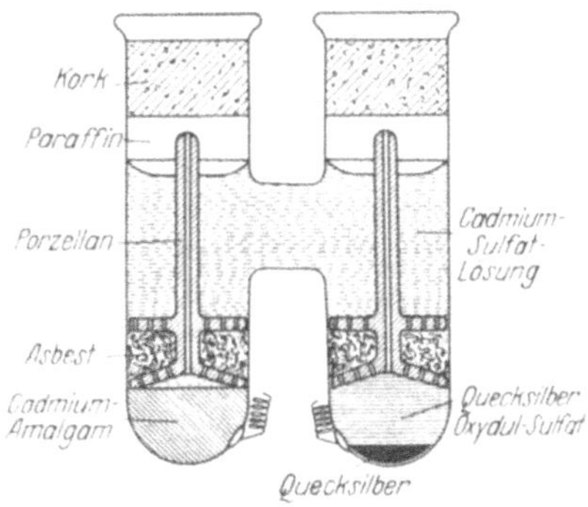


Abb. 119. Weston-Element.

dar und hat also ein höheres Potential; die reine Bleiplatte bildet den negativen Pol, befindet sich also auf einem niederen Potential. Die Potentialdifferenz zwischen den beiden Platten ist gleich 2 Volt. Sie bleibt solange konstant, bis sich das Bleisuperoxyd zu Bleioxyd reduziert hat; gleichzeitig wird die reine Bleiplatte oxydiert, und es bildet sich auf ihrer Oberfläche ebenfalls Bleioxyd.

Nun hat Planté gezeigt, daß man solch ein abgenutztes Element wieder in seinen früheren Zustand bringen oder, wie man es nennt, regenerieren kann. Dazu braucht man nur von irgendeiner anderen Stromquelle einen elektrischen Strom durch den Akkumulator in der entgegengesetzten Richtung durchzuschicken. Unter dem Einflusse dieses Stromes oxydiert wieder das Bleioxyd auf der einen Platte zu Bleisuperoxyd, und auf der andern wird Bleioxyd reduziert. Sodann wird das Element wieder gebrauchsfertig.

Das Element hat den Namen Akkumulator oder Sammler bekommen, weil man in ihm eine gewisse Quantität elektrischer Energie aus anderen Quellen aufsammeln und, wenn es nötig ist, sie aus dem Akkumulator wieder herausbekommen und zu verschiedenen Zwecken verwenden kann.

**148. Kadmium-Element.** Bei Präzisionsmessungen in Laboratorien ist es sehr wichtig, ein Element selbst zusammenstellen zu können, welches eine ganz bestimmte und möglichst konstante elektromotorische Kraft besitzt. Unter anderem kann ein solches Element als Normale benutzt werden, um die elektromotorischen Kräfte anderer Elemente mit ihm vergleichen zu können.

Als *Normalelement* wird jetzt das von der Weston-Kompanie vorgeschlagene Kadmiumelement benutzt, welches folgende Konstruktion hat.

Zwei kleine Probierröhrchen sind durch eine Querröhre zu einem H-förmigen Gefäß zusammengesetzt. Auf dem Boden des einen Röhrchens befindet sich Kadmiumamalgam, in das andere Röhrchen wird auf einer Quecksilberunterlage ein Brei aus Merkurosulfat und ($Hg_2SO_4$) und Kadmiumsulfat ($CdSO_4$) aufgelegt. In beide Röhrchen gießt man eine gesättigte (bei 4°) Lösung von Kadmiumsulfat. In den Boden eines jeden Röhrchens sind Platindrähte eingeschmolzen, welche die äußeren Pole des Elements bilden. Das Merkurosulfat bildet dabei den positiven Pol.

Sind alle Stoffe, die für die Zusammensetzung dieses Elements gedient haben, in möglichst reinem Zustande genommen, so entsteht an den Polen dieses Elements bei einer Temperatur von 20° eine Potentialdifferenz

$$V = 1{,}0187 \text{ Volt.}$$

Genaue Untersuchungen haben gezeigt, daß diese Potentialdifferenz sich bei Erhöhung der Temperatur auf ein Grad nur um 0,000 03 Volt vermindert. Wir können also die elektromotorische Kraft des Kadmiumelementes unabhängig von der Temperatur annehmen, was bei präzisen Messungen sehr wichtig ist.

Starke Ströme kann dieses Element natürlich nicht liefern, und für die Zwecke, für welche man das Element gebraucht, ist das auch gar nicht nötig.

**149. Verbindungsleiter.** Ein charakteristischer Unterschied zwischen den elektrostatischen und den galvanischen Versuchen ist der, daß in den letzteren meistens die Potentialdifferenzen klein und die Stromstärken verhältnismäßig groß sind. Man braucht deshalb nicht so hohe Isolation zu verwenden wie in der Elektrostatik.

Für die Verbindung der Stromquellen mit den verschiedenen zum Versuche nötigen Apparaten und für die Verbindung der Apparate miteinander gebraucht man fast immer Kupferdrähte. Diese Verbindungsdrähte müssen möglichst kurz und möglichst dick genommen werden, damit man ihren Widerstand bei den Rechnungen womöglich vernachlässigen oder nötigenfalls nur als Korrektion anbringen kann.

Es ist meistens bequemer, nicht steife, sondern biegsame Verbindungsdrähte zu verwenden. Damit bei größerem Querschnitt die Biegsamkeit erhalten bleibt, werden dickere Leiter aus dünnen Drähten zu Litzen oder Schnüren zusammengedrillt (vgl. Abb. 120, 121, 122a).

Die Leiter können blank bleiben oder mit irgendeiner Isolationsschicht, wie Kautschuk, Seide, Wachs usw., bedeckt werden. Leiter, die in Form einer Rolle mit mehreren übereinander gewickelten Windungen gebraucht werden, müssen selbstverständlich mit einem Isolationsüberzug versehen sein, damit die Elektrizität längs des Drahtes und nicht direkt von einer Windung zu der nächstliegenden übergehen kann.

**150. Verbindungen der Drähte.** Bei kleinen Potentialdifferenzen genügt es nicht, zwei Leiter einfach in Berührung zu bringen, wie wir es bei elektrostatischen Versuchen oft gemacht haben, denn der Widerstand eines solchen bloßen *Kontakts* würde nicht nur verhältnismäßig groß sein, sondern er würde *inkonstant* sein. Man muß deshalb die zusammengehörigen Enden der Leiter sorgfältig reinigen (mit Schmirgelpapier) und, am besten, zusammenlöten. Soll der Kontakt nur kurze Zeit dienen, so verwendet man Schrauben oder Klemmen (Abb. 120 u. 121), welche die zwei Enden der Drähte fest aneinander zu pressen erlauben. Die Drahtlitzen werden an den Enden mit massiven Drähten, Hacken oder Platten versehen, damit man sie einklemmen kann (Abb. 121 a, 122 a).

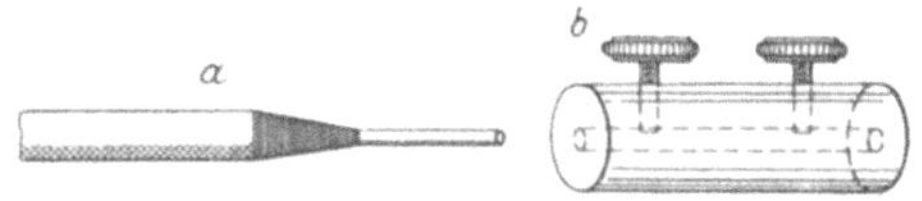

Abb. 120. Klemmschraube.

Sehr bequem sind Stöpselverbindungen (Abb. 122), welche entweder konisch oder federnd eingerichtet werden.

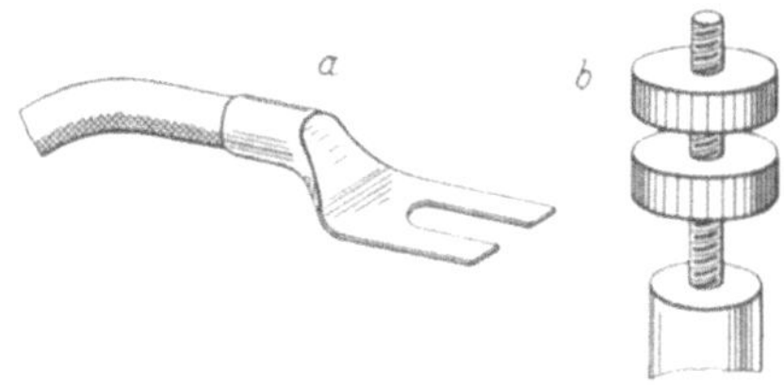

Abb. 121. Klemme.

Je größer die Stromstärke, desto größer müssen die Kontaktflächen genommen werden.

**151. Schlüssel, Ausschalter.** In den Kontaktstellen, wo der Strom öfters geschlossen und geöffnet wird, stellt man besondere Schlüssel oder Ausschalter auf, deren Konstruktion, je nach der Stromstärke und der Potentialdifferenz in den Stromleitungen, sehr verschieden gewählt werden kann.

Wir wollen hier nur einige Typen beschreiben.

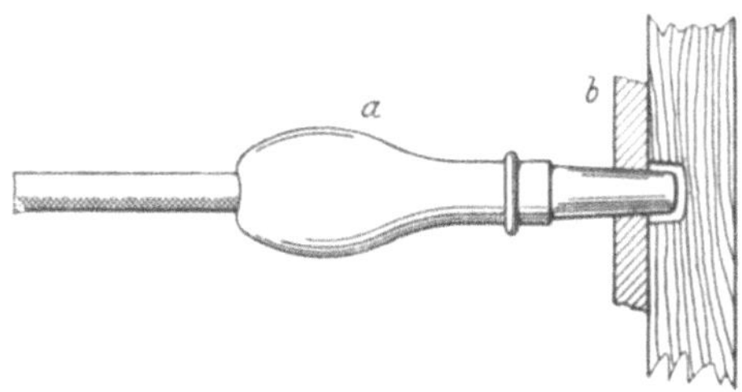

Abb. 122. Stöpselverbindung.

In der Abb. 123 ist ein einfacher Laboratoriumschlüssel gezeichnet. Er besteht aus einer federnden Platte, welche beim Herunterdrücken eine zweite Platte trifft und die zwei Klemmen *a* und *b* leitend verbindet. Zu diesem Typus gehört auch der bekannte Druckknopf der elektrischen Hausklingel.

Bei starken Strömen muß die Unterbrechung möglichst schnell erfolgen, damit sich beim Öffnen des Schlüssels kein langer Funke (Voltabogen) bildet. Es werden deshalb bei Starkstromschlüsseln nicht ein, sondern *zwei* Kontakte mit einmal unterbrochen. So ein Starkstromschlüssel für mehrere Ampere ist in der Abb. 124 gezeichnet. Er hat die Form eines Messers, dessen kupferne Schneide zwischen zwei starken Federn eingeklemmt wird und sie leitend verbindet. Die Konstruktion von Ausschaltern für starke Ströme und hohe Spannungen ist manchmal sehr kompliziert. Wir verweisen den Leser auf spezielle Bücher der Elektrotechnik.

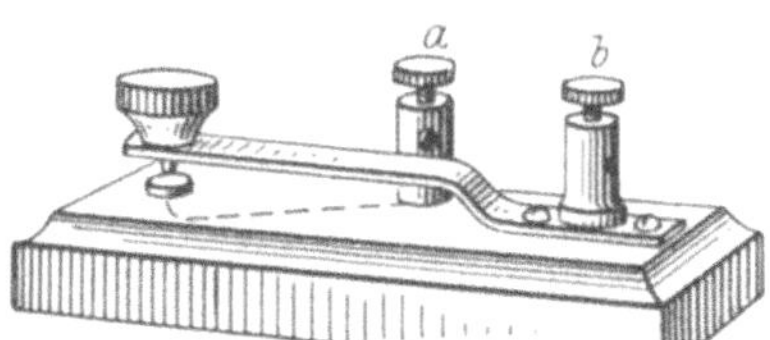

Abb. 123. Laboratoriumschlüssel.

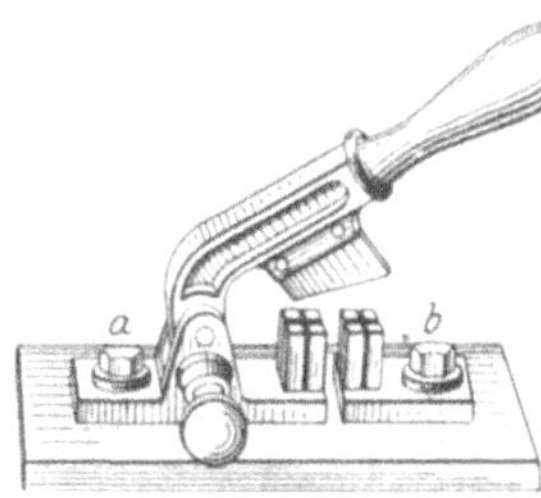

Abb. 124. Starkstromausschalter.

**152. Umschalter.** Ist es nötig, in irgendeiner Stromkette einen Apparat durch einen anderen Apparat schnell zu ersetzen, so verwendet man sog. Umschalter.

In Laboratorien, bei schwachen Strömen, wird ein Umschalter folgender einfacher Konstruktion gebraucht: In einer Holzplatte, oder bei höherer Anforderung auf Isolation in einer Paraffinplatte, sind sechs Vertiefungen gemacht, in welche Quecksilber eingegossen wird (Abb. 125). Besser ist es, in diese Vertiefungen zunächst kleine Glasnäpfchen einzusetzen und in diese letzteren dann das Quecksilber einzugießen. In die Näpfchen werden zwei T-förmige Leiter aus starkem Draht eingesetzt, die miteinander durch einen Isoliergriff (Siegellack) *mn* verbunden sind. Neigt man die *Wippe*, d. h. den Körper *mn* nach der einen oder nach der anderen Seite, so wird entweder der Apparat *ab* oder *ef* in die Stromkette *cd* eingeschaltet.

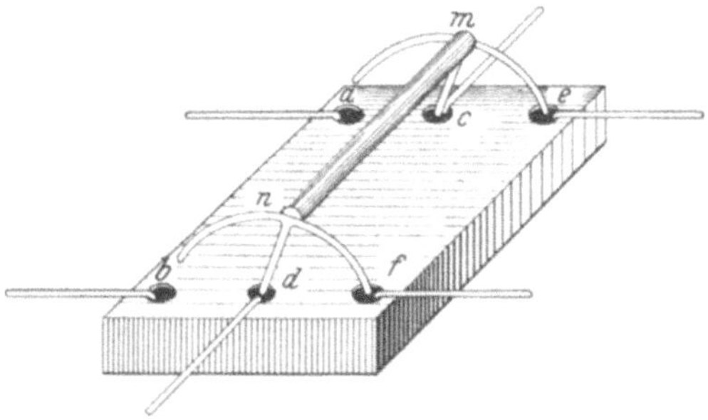

Abb. 125. Wippe.

Eine solche Wippe kann auch dazu dienen, um die Richtung des Stromes in der Kette in die entgegengesetzte umzukehren. Zu diesem Zweck verbindet man die Eckpunkte der Wippe durch zwei gekreuzte Diagonaldrähte (Abb. 126a), die sich aber in der Mitte nicht berühren dürfen. Sind die Näpfchen *a* und *b* mit der Stromquelle verbunden und die Näpfchen *c* und *d* mit den anderen Apparaten der Kette, so wird beim Umlegen der Wippe (Abb. 126b) die Stromrichtung in der Kette umgekehrt.

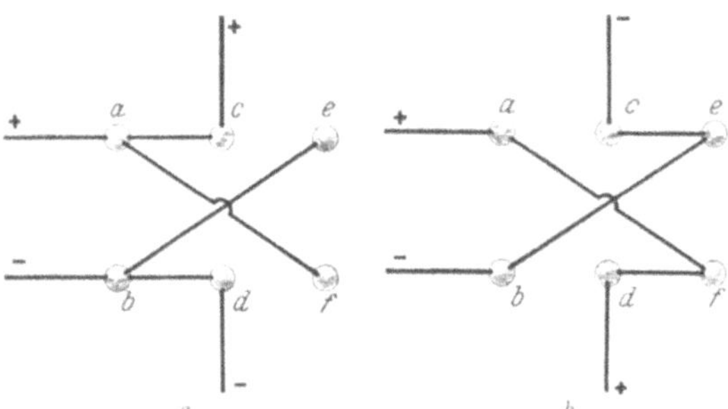

Abb. 126. Umschaltung eines Stromes.

In den Zeichnungen Abb. 127 ist ein zweipoliger Umschalter für starke Ströme (bis 100 Ampere) gezeichnet.

**153. Normalwiderstände.** Jede Messung ist im Grunde genommen eine *Vergleichung* der zu messenden Größe mit einer anderen, die als *Normale* angenommen wird. Dasselbe gilt natürlich auch für die Widerstandsmessungen. Es ist deshalb äußerst wichtig, möglichst genau definierte Normalwiderstände zu besitzen. In zentralen Staatslaboratorien werden Normalwiderstände aus Quecksilber angefertigt, aber für den täglichen Gebrauch sind sie zu unbequem und man benutzt Widerstandsnormalen aus Manganindraht. Manganin ist nämlich sehr beständig und hat einen sehr kleinen Temperaturkoeffizienten. Mit Schelllack isolierte Manganindrähte werden zu Rollen aufgewickelt und in Blechkasten, geschützt vor äußeren Wirkungen, aufbewahrt. Die Enden eines präzis abgemessenen Widerstandes werden mit dicken Verbindungsstücken aus Kupfer versehen, welche verschwindend kleinen Widerstand haben (Abb. 128).

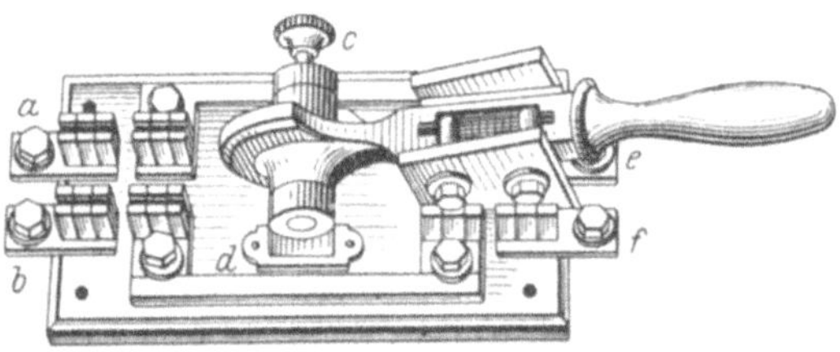

Abb. 127. Starkstromumschalter.

Bei hohen Präzisionsmessungen werden solche Widerstände in ein Petroleumbad eingetaucht, um ihre Temperatur zu beobachten und konstant erhalten zu können.

**154. Rheostate, Widerstandssätze.** Ebenso wie man zur Wägung einen Gewichtssatz braucht, ist es bei galvanischen Messungen nötig, präzis definierte Widerstandssätze zu besitzen. Man vereinigt die Widerstände verschiedener Größe in einem gemeinsamen Kasten (Rheostate) zusammen, und zwar in solcher Weise, daß man jeden Widerstand einzeln oder mehrere von ihnen zusammen bequem in die Stromkette einschalten kann.

Man unterscheidet Stöpselrheostate und Kurbelrheostate.

Bei den Stöpselrheostaten werden die Enden einer jeden Widerstandsrolle an nebeneinander befestigte dicke Kupferklötze *a*, *b*, *c* angelötet (Abb. 129). Zwischen zwei benachbarten Kupferklötzen lassen sich konisch geformte Stöpsel *d* und *e* einstecken, welche diese Klötze miteinander leitend verbinden. Nimmt man alle Stöpsel heraus, so erscheinen alle Widerstände in der Leitung *abc* hintereinander eingeschaltet. Steckt man irgendeinen Stöpsel *e* ein, so entsteht eine Parallelschaltung (in Abb. 129 *bec* und $br_2c$) des Stöpsels mit den zwei benachbarten Kupferklötzen *b* und *c* und der Widerstandsrolle $r_2$. Nun ist der

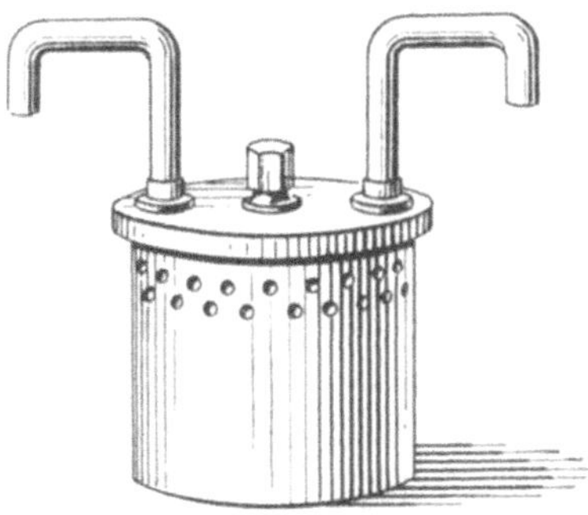

Abb. 128. Normalohm.

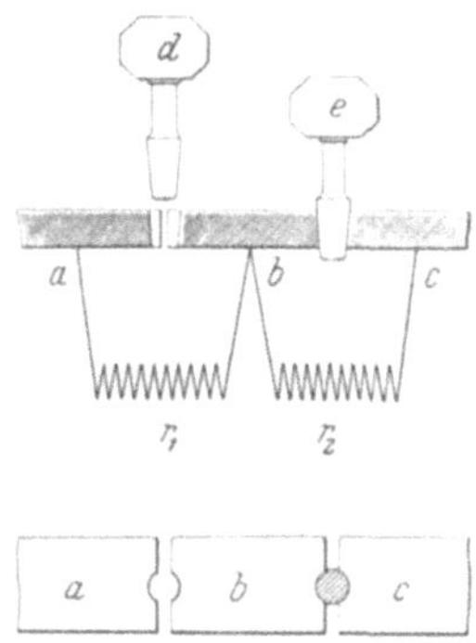


Abb. 129. Stöpsel.

Widerstand des Kupferklotzes so klein, daß diese Parallelschaltungen einfach dem Ausschalten des Widerstandes $r_2$ aus der Kette äquivalent ist. Es bleiben sonach in der Leitung *abc* immer nur die Widerstände eingeschaltet, deren Stöpsel *herausgenommen* sind*.

Damit man in die Leitung verschiedene Widerstände bequem einschalten kann, ordnet man die Widerstandsrollen in dem Kasten analog den Gewichtssätzen: man nimmt z. B. einen Satz bestehend aus Rollen von 1, 2, 3, 4 Ohm, einen zweiten aus Rollen von 10, 20, 30, 40 Ohm, einen dritten aus Rollen von 100, 200, 300, 400 Ohm usw. Drei solche Widerstandssätze (Abb. 130) erlauben bei Hintereinanderschaltung einen beliebigen ganzzähligen Widerstand bis 1110 Ohm zusammenzustellen. Bruchteile von einem Ohm erhält man durch Parallelschaltung, oder einfach auf einem Metalldraht mit möglichst gleichmäßigem Querschnitt und mit einem Gleitkontakt versehen.

Nach einem anderen Prinzip sind die Widerstände bei Kurbelrheostaten angeordnet. Hier bilden 10 gleiche Widerstände, z. B. zu je 1 Ohm, einen Satz; eine Kurbel mit federndem und längs der Kupferklötze gleitendem Kontakt kann auf einen beliebigen Kupferklotz eingestellt werden. Dadurch wird in die Leitung ein gewisser Widerstand von 1 bis 10 Ohm eingeschaltet. Ein zweiter Satz zu je 10 Ohm erlaubt 10, 20, 30 usw. bis 100 Ohm einzuschalten usf.

---

* Bei den Kondensatoren ist es gerade umgekehrt: beim Einschalten wird der Stöpsel hineingesteckt (vgl. S. 87, Abb. 80b).

In ein und demselben Kasten können mehrere solche Dekadenzwiderstände vereinigt werden (Abb. 131).

Damit solche Widerstandssätze wirklich sicher funktionieren und der eingeschaltete Widerstand wirklich den auf dem Kasten angegebenen Wert hat, müssen nicht nur die Widerstände selbst richtig sein, sondern auch alle Kontakte bei den Stöpselrheostaten und federnde Kontakte bei den Dekadenrheostaten mit der größten Peinlichkeit rein gehalten werden. Die Stöpsel müssen beim Herausnehmen und Einsetzen nur am oberen Griffe angefaßt werden. Sie werden mit einer kleinen Drehung in die konisch ausgedrehten Löcher zwischen den Kupferklötzen eingesetzt, denn ein locker sitzender Stöpsel verursacht manchmal merkliche Stromschwankungen.

Abb. 130. Stöpselrheostat mit 1110 Ohm.

In einem solchen Widerstandskasten sollen alle Kontaktwiderstände nicht mehr als einige tausendstel Ohm betragen.

Kleine Widerstände sind besser einzeln zu verwenden. Sie werden aus dicken Kupferlamellen angefertigt oder aus parallel geschalteten größeren Widerständen zusammengestellt.

Sehr große Widerstände stellt man aus Graphit her, oder man gebraucht dazu verschiedene Flüssigkeiten in U-Röhren eingeschlossen. Einen Widerstand von etwa 100 000 Ohm erhält man, wenn man auf einer mattierten Glasoberfläche mit dem Bleistift einen Strich zieht. Selbstverständlich muß man diesen Strich irgendwie bedecken, um ihn haltbar zu machen. Die Enden des Striches werden mit Stanniol bedeckt, um darauf eine Verbindungsklemme anpressen zu können.

Abb. 131. Dekadenwiderstände bis zu 11110 Ohm.

**155. Regulierwiderstände.** Wenn der Widerstand nicht zu Meßzwecken, sondern nur zur Stromregulierung dienen soll, so kann man ihm eine viel einfachere Konstruktion geben. Sehr oft werden dazu z. B. elektrische Glühlampen (Abb. 132) gebraucht. Bei Parallelschaltung erlauben sie den Strom zu regulieren, ohne ihn zu unterbrechen. Beim Einschalten (Einschrauben in das Gewinde) irgend einer Lampe wird der Widerstand des Lampenrheostaten natürlich kleiner.

Man benutzt zu demselben Zweck einfachkonstruierte Kurbelrheostaten (Abb. 133). Die einzelnen Widerstände werden in Form von Spiralfedern aus blankem Nickelindraht gewickelt.

Sehr bequem sind die sog. Gleitwiderstände (Abb. 134). Sie bestehen aus blankem Nickelin- oder Manganindraht, welcher auf Schiefer oder Marmor auf-

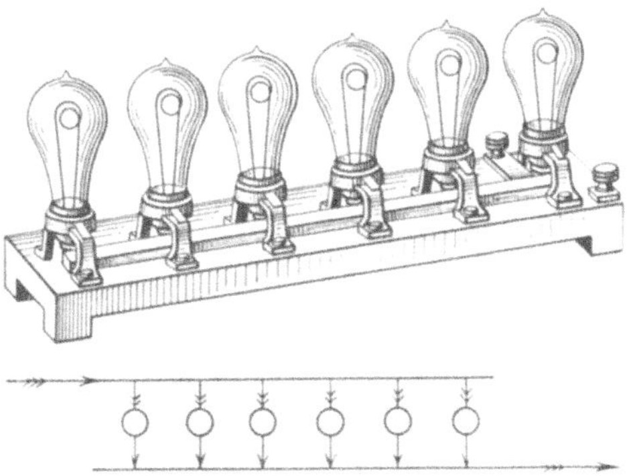

Abb. 132. Lampenrheostat.

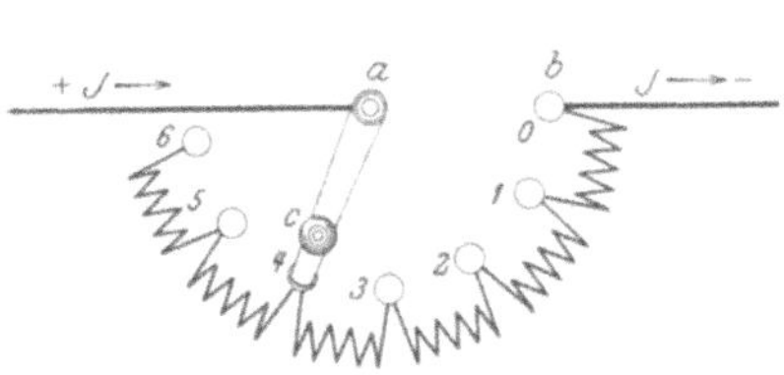

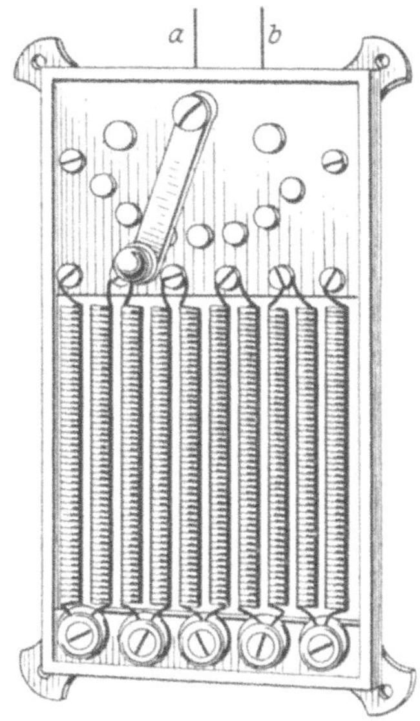

a b

Abb. 133. Regulierwiderstand.

gewickelt ist. Ein federnder Kontakt erlaubt eine beliebige Zahl von Windungen dieses Drahtes in die Leitung einzuschalten. Manchmal werden solche Gleitwiderstände paarweise angeordnet und erlauben dann durch Parallel- oder Hintereinanderschaltung Widerstände sehr verschiedener Größe zusammenzustellen. Wir empfehlen dem Leser die Schaltungen Abb. 135 a, b, c, d aufmerksam durchzusehen; sie kommen im Laboratoriumgebrauch oft vor. In allen vier Abbildungen bedeutet $\mathcal{E}$ die Elektrizitätsquelle und $A$ den mit Strom gespeisten Apparat. In Abb. 135 b wird für den Apparat nur ein Teil der elektromotorischen Kraft $\mathcal{E}$ benutzt.

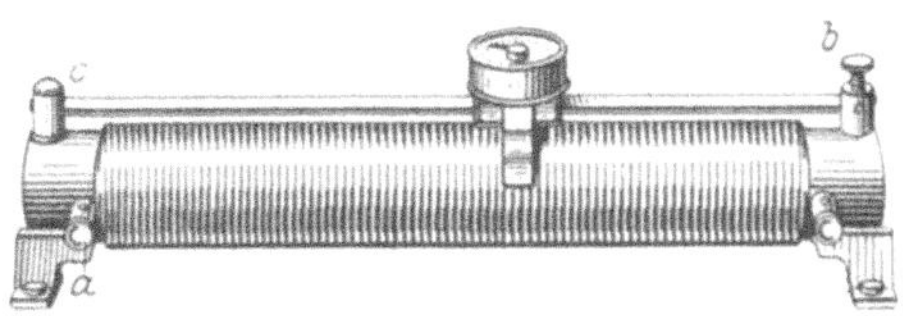

Abb. 134. Gleitwiderstand.

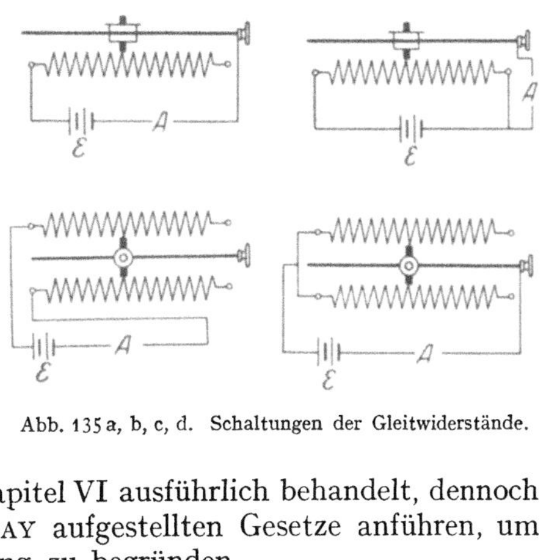

Abb. 135 a, b, c, d. Schaltungen der Gleitwiderstände.

**156. Strommessung durch Elektrolyse. Voltameter.** Schickt man einen elektrischen Strom durch irgendeine Salzlösung oder eine Säurelösung, so werden die Lösungen chemisch zersetzt. Diese Erscheinungen werden im Kapitel VI ausführlich behandelt, dennoch müssen wir schon hier die von FARADAY aufgestellten Gesetze anführen, um eine wichtige Methode der Strommessung zu begründen.

FARADAY hat die Körper, welche durch den elektrischen Strom chemisch zersetzt werden, *Elektrolyte* genannt und die Erscheinung selbst *Elektrolyse* (elektrische Zersetzung). Die stromzuführenden Leiter oder, genauer, die mit dem Elektrolyt in Berührung stehenden leitenden Platten heißen *Elektroden* (elektrische Wege). Der Leiter, durch welchen die *positive* Elektrizität in das Elektrolyt eingeführt wird, heißt *Anode*, und der andere Leiter, der die positive Elektrizität von dem Elektrolyten abführt, heißt *Kathode*.

Die Gesetze der Elektrolyse lauten folgendermaßen:

1. Die Zersetzungsprodukte der Elektrolyte scheiden sich nur an den Elektroden ab.

Während der Elektrolyse geht der Wasserstoff und alle Metalle in der Richtung des (positiven) Stromes; diese Körper werden also an der Kathode abgeschieden. Sauerstoff und die Säureradikale gehen in der entgegengesetzten Richtung.

2. Das Gewicht $q$ des an den Elektroden abgeschiedenen Körpers ist proportional seinem ochemischen Äquivalent $Q$ und der durchgegangenen Elektrizitätsmenge $e$. Messen wir $q$ in Milligramm und $e$ in Coulomb, so erhalten wir für das FARADAYsche Gesetz die Formel

$$q = 0{,}01036\, Q e.$$

Um ein Beispiel anzuführen, nehmen wir an, ein Strom von einem Ampere fließe durch eine Kupfervitriollösung ($CuSO_4$) eine Sekunde lang durch. Die durchgegangene Elektrizitätsmenge ist dann gleich einem Coulomb. Setzen wir in die Formel das chemische Äquivalent des Kupfers $Q = 31{,}8$ ein, so erhalten wir

$$q = 0{,}01036 \cdot 31{,}8 = 0{,}3293 \text{ mg}.$$

Für das Silber in einer Silbernitratlösung ($AgNO_3$) mit dem chemischen Äquivalent 107,93 erhalten wir unter den gleichen Bedingungen

$$q = 0{,}01036 \cdot 107{,}93 = 1{,}1181 \text{ mg}.$$

Daraus sehen wir, daß, um die durchgegangene Elektrizitätsmenge zu kennen, wir nur das Gewicht des in einem Elektrolyten abgeschiedenen Stoffes zu bestimmen brauchen.

Hat man außer der durchgegangenen Elektrizitätsmenge $e$ noch die dabei verflossene Zeit $t$ bestimmt, so erhält man als mittlere Stromstärke

$$J = \frac{e}{t}.$$

Man nennt die Apparate, welche nach dieser Methode die Stromstärke zu bestimmen erlauben, meistens *Voltameter* oder auch *Coulometer*. Der letzte Name wäre eigentlich vorzuziehen, weil mit solchen Apparaten die Elektrizitätsmenge (in Coulomb) und nicht die Potentialdifferenz (in Volt) bestimmt wird. Durch den Namen Coulometer würde man auch gleichzeitig eine leicht eintretende Verwechslung zwischen Voltmeter und Voltameter vorbeugen.

Zur Messung der Stromstärke bei galvanischen Versuchen sind die Coulometer nicht geeignet, weil sie nicht direkt die Stromstärke, sondern nur die durchgeflossene Elektrizitätsmenge uns angeben können. Aber sie können zur genauen Eichung von Galvanometern dienen, und an einem geeichten Galvanometer kann dann in jedem Moment die Stromstärke direkt abgelesen werden.

**157. Das Kupfervoltameter.** Für stärkere Ströme wird meistens das Kupfervoltameter gebraucht.

Es besteht aus einem Gefäß, in dem eine nicht ganz gesättigte wässerige Lösung von Kupfersulfat ($CuSO_4$) eingegossen ist und zwei Kupferplatten

(Elektroden) eingetaucht (Abb. 136) sind. Schickt man einen Strom $J$ eine Zeitlang $t$ durch, so wird an der einen Platte $B$ (Kathode)

$$q = 0{,}010\,36 \cdot 31{,}8 \cdot Jt \text{ mg}$$

Kupfer abgeschieden; von der anderen Platte $A$ wird ebensoviel Kupfer in der Schwefelsäure gelöst. Die Kathode wird vor dem Eintauchen in das Elektrolyt gewogen und nach Beendigung des Versuchs abgespült, getrocknet und wieder gewogen. Der Gewichtszuwachs wird uns die Größe $q$ geben und das FARADAYsche Gesetz die Elektrizitätsmenge $Jt$. Durch die Zeit $t$ dividiert, ergibt sich daraus die mittlere Stromstärke $J$.

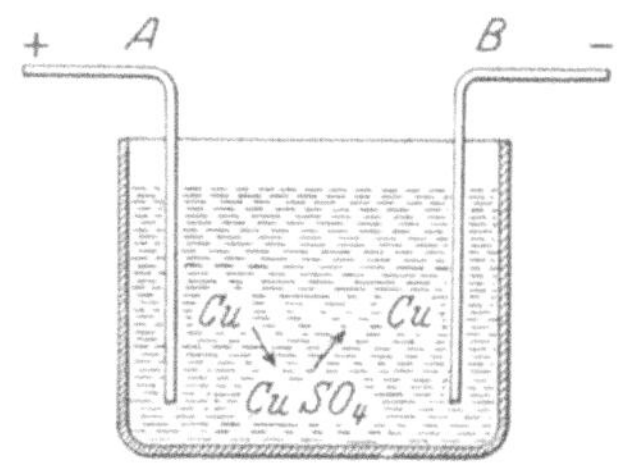

Abb. 136. Kupfervoltameter.

Die Größe der Platten im Kupfervoltameter muß der Stromstärke angemessen sein, sonst erhält man keinen fest zusammenhängenden Niederschlag. Es empfiehlt sich, die Stromdichte an der Kathode etwa 1 Ampere auf 25 cm² zu nehmen.

**158. Das Silbervoltameter.** Für genauere Messungen und bei schwachen Strömen benutzt man die Silbervoltameter. Es besteht (Abb. 137) aus einem kleinen Platintiegel $B$ mit möglichst reiner 20proz. Silbernitratlösung ($AgNO_3$) gefüllt. Der Platintiegel bildet die Kathode, an welcher sich Silber niederschlägt; als Anode dient ein Silberstab $A$. Ein kleines Glasnäpfchen unter dem Silberstabe soll das Abfallen von Silberstücken in den Tiegel verhindern. Die Stromdichte an der Kathode soll nicht größer als 1 Ampere auf 50 cm² genommen werden. Nach Beendigung des Versuchs muß der Tiegel sorgfältig ausgewaschen, getrocknet und dann gewogen werden. Das Gewicht des abgeschiedenen Silbers erlaubt dann, die durchgegangene Elektrizitätsmenge zu berechnen.

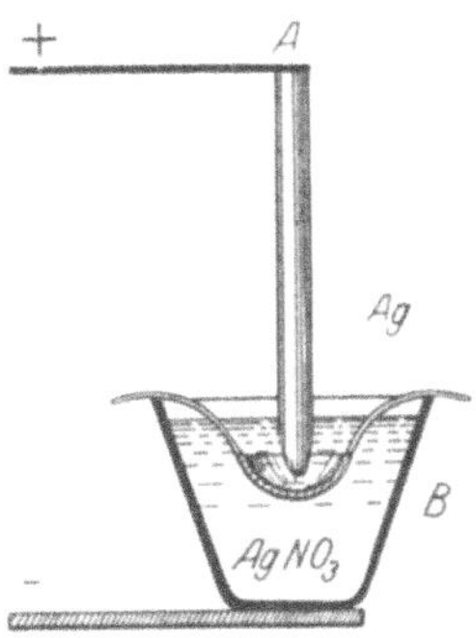

Abb. 137. Silbervoltameter.

Bei entsprechenden Vorsichtsmaßregeln erhält man mit dem Silbervoltameter die genauesten Resultate, und man hat sogar jetzt festgesetzt, ein Coulomb diejenige Elektrizitätsmenge zu nennen, welche 1,118 00 mg Silber ausscheidet.

**159. Wasserstoffvoltameter.** Wir wollen noch ein sehr einfach konstruiertes und bequemes Wasserstoffvoltameter beschreiben.

In der Abb. 138 ist ein U-förmig umgebogenes Glasrohr dargestellt, in dessen Schenkel Platindrähte (Elektroden) eingeschmolzen sind. Als Elektrolyt dient hier 15proz. reine Schwefelsäurelösung. An der Kathode scheidet sich Wasserstoff ab, an der Anode Sauerstoff. Da der abgeschiedene Sauerstoff sich teilweise in der Flüssigkeit löst, so ist es praktischer, nur das Volumen des Wasserstoffes zu bestimmen. Der Strom wird durch das Voltameter (Abb. 138) in der Richtung durchgeschickt, daß der Platindraht $b$ die Kathode bildet und der Wasserstoff sich in dem zugeschmolzenen Schenkel der Röhre sammelt. Man kann sein Volumen an den an der Röhre angebrachten Teilungen direkt ablesen. Sauerstoff entweicht durch die Öffnung $c$.

Das abgelesene Volumen wird auf den normalen Druck $p = 760$ mm Quecksilber-Barometer und auf die normale Temperatur 0° umgerechnet. — Ist das Volumen gleich $V$, die Temperatur und der Druck gleich $\vartheta$ und $p$, so wird das reduzierte Volumen gleich

$$V_0 = \frac{p}{p_0} \frac{V}{1 + 0{,}003\,67 \cdot \vartheta}.$$

Bei der Berechnung des Druckes $p$ muß man die Druckdifferenz in den beiden Schenkeln der U-Röhre berücksichtigen. Ist die Höhendifferenz in beiden Schenkeln gleich $h$ cm, so entspricht sie einer Quecksilber-Barometerhöhe $h/12$, wo 12 das Verhältnis der spezifischen Gewichte zwischen Quecksilber und der Schwefelsäurelösung bedeutet.

Überdies muß noch berücksichtigt werden, daß in der Röhre $d$ außer dem Wasserstoff noch der gesättigte Wasserdampf sich befindet. Der Druck des gesättigten Wasserdampfes hängt nur von der Temperatur ab und kann in speziellen Tabellen gefunden werden. Diesen Druck $f$ muß man zunächst um etwa 12% vermindern, weil der Wasserdampf sich nicht über reinem Wasser, sondern über einer Schwefelsäurelösung gebildet hat; die so erhaltene Größe $0{,}88\,f$ wird dann von dem totalen Druck in der Röhre abgezogen, um den Partialdruck des Wasserstoffs allein zu erhalten.

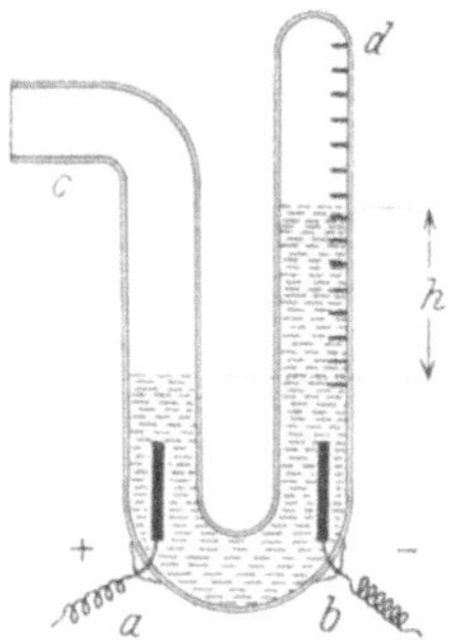


Abb. 138. Wasserstoffvoltameter.

Nach allen diesen Korrektionen erhält man den (partialen) Druck des Wasserstoffs im Schenkel $d$ gleich

$$p = p_0 - \frac{h}{12} - 0{,}88\,f.$$

Diese Größe wird in die oben angegebene Formel für das reduzierte Volumen von reinem Wasserstoff eingesetzt.

Anderseits wissen wir, daß 1 Coulomb Elektrizitätsmenge 0,010 36 mg (= 0,000 010 36 g) Wasserstoff abscheidet. Der Wasserstoff hat unter normalen Verhältnissen ein spezifisches Gewicht 0,000 893. Demnach scheidet ein Coulomb das Volumen

$$v_0 = \frac{0{,}010\,36}{0{,}0893}\,\text{cm}^3 = 0{,}116\,\text{cm}^3$$

Wasserstoff ab bei 760 mm Druck und 0° Temperatur. Wir erhalten also für die durchgegangene Elektrizitätsmenge in einem Wasserstoff-Voltameter

$$e = \frac{V_0}{0{,}116}\,\text{Coulomb}.$$

**160. Messungen mit geeichten Apparaten.** Haben wir schon geeichte Apparate zur Verfügung, Galvanometer, Voltmeter und Widerstandskasten, und ist deren Eichung genügend zuverlässig, so können wir unsere Messungen direkt auf das Ohmsche Gesetz stützen.

Schließen wir z. B. einen unbekannten Widerstand an die Klemmen irgendeiner Elektrizitätsquelle und lesen wir die Klemmspannung $V$ am Voltmeter ab und die Stromstärke $J$ am Amperemeter, so bestimmt sich der Widerstand nach der Formel

$$R = \frac{V}{J}.$$

Ist umgekehrt die Potentialdifferenz und der Widerstand bekannt, so ergibt sich die Stromstärke

$$J = \frac{V}{R}.$$

Man kann auf diese Weise ein Galvanometer ohne Benutzung des Voltameters eichen. Allerdings muß der Widerstand des Galvanometers dabei auch bekannt sein, oder er muß gegen den Widerstand $R$ verschwindend klein sein.

Es sei uns eine Elektrizitätsquelle von möglichst konstanter Klemmspannung $V$ gegeben, die wir außerdem mit einem geeichten Voltmeter kontrollieren können.

Wir verbinden die Klemmen dieser Elektrizitätsquelle durch einen bekannten Widerstand $R$; dann wissen wir auch, daß durch diesen Widerstand ein Strom

$$J = \frac{V}{R}$$

fließen wird. Von diesem Widerstand nehmen wir einen Teil (vgl. Abb. 135b, S. 129) $r$ und erhalten dann an seinen Enden eine Potentialdifferenz

$$e = Jr = V\frac{r}{R}.$$

Eine solche Anordnung erlaubt uns also die verschiedensten Potentialdifferenzen $e$ herzustellen und auf diese Weise z. B. ein Voltmeter eichen. Es ist klar, daß $e$ nicht größer als $V$ sein kann, aus dem einfachen Grunde, weil der Teilwiderstand $r$ nicht größer als der ganze Widerstand genommen werden kann.

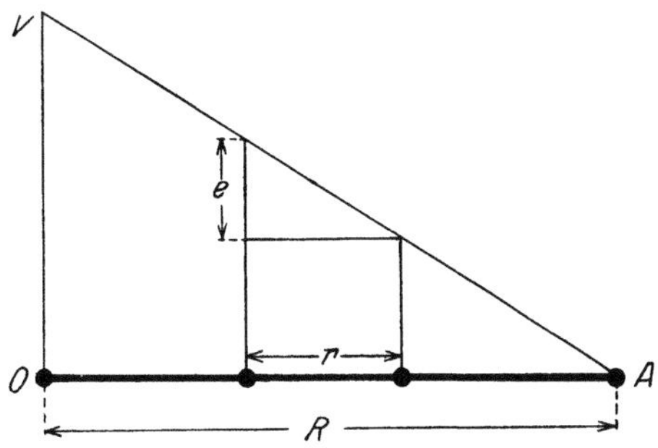

Abb. 139. Potentiometerschema.

Die oben aufgeschriebene Gleichung gilt nur dann, wenn von den Endpunkten des Widerstandes $r$ kein Strom abgezweigt wird. Mit einer gewissen Annäherung kann man aber diese Gleichung auch dann noch benutzen, wenn der abgezweigte Strom verschwindend klein gegenüber dem Hauptstrom $J$ genommen wird.

Es ist nützlich, diese Anordnung sich durch eine Zeichnung (Abb. 139) graphisch zu veranschaulichen. Wir tragen in irgendwelchem Maßstabe in horizontaler Richtung den Widerstand $R$ und in der vertikalen Richtung die Klemmspannung $V$ auf. Die Neigung der Linie $VA$ (d. h. die Tangente des Winkels $VAO$) stellt uns nach dem Ohmschen Gesetz die Stromstärke dar, $J = V : R$. Einem Abstand $r$ zweier Punkte längs des Widerstandes $R$ entspricht dann ein Potentialabfall $e$. — Aus der Ähnlichkeit der Dreiecke unserer Zeichnung folgt auch sofort die oben aufgeschriebene Gleichung: $e : r = V : R$.

**161. Widerstandsmessung durch Vertauschung.** Haben wir keine geeichten Instrumente zur Verfügung, oder wollen wir die Genauigkeit einer Widerstandsbestimmung viel weiter treiben als es die Eichung unserer Instrumente erlaubt, so können wir verschiedene Methoden anwenden. Die einfachste von ihnen ist die folgende:

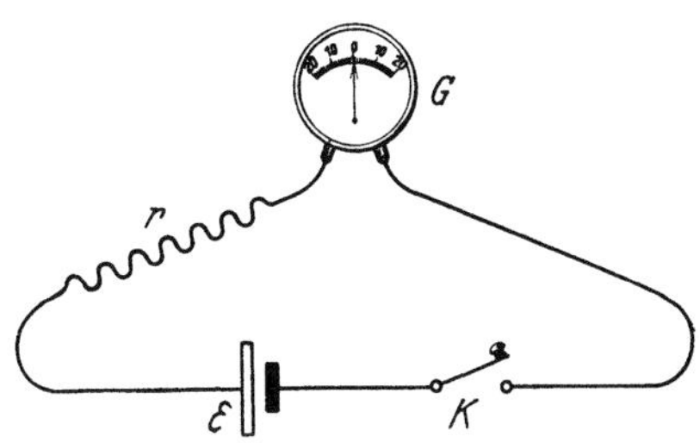

Abb. 140. Widerstandsmessung durch Vertauschung.

Man bildet eine Kette (Abb. 140), bestehend aus einem konstanten Element $\mathcal{E}$ (Daniell), dem unbekannten Widerstande $r$, einem Galvanometer $G$ und einem Schlüssel $K$. Nach dem Stromschluß merkt man sich die Ablenkung des Galvanometers. Dann schaltet man in denselben Stromkreis statt des Widerstandes $r$ einen Widerstandskasten ein und nimmt so viele Stöpsel heraus, bis der Ausschlag des Galvanometers wieder derselbe wird wie mit dem Widerstand $r$. Es ist klar, daß dann der unbekannte Widerstand $r$ dem bekannten Widerstande des Stöpselrheostaten gleich sein wird.

Ist der Ausschlag des Galvanometers zu klein, um genau abgelesen zu werden, so nimmt man mehr Elemente. Ist er zu groß, so kann man beim Galvanometer eine Abzweigung (Shunt) anbringen; dann wird durch das Galvanometer nur ein Teil des ganzen Stromes durchgehen, und sein Ausschlag wird kleiner.

Wir sehen, daß bei dieser Methode das Galvanometer nicht geeicht zu werden braucht.

**162. Wheatstonesche Brücke.** Eine Methode, Widerstände zu messen, welche sehr große Genauigkeit zu erreichen erlaubt und sehr oft verwendet wird, hat Wheatstone (1843) angegeben.

Zwei parallelgeschaltete Leiter *ABC* und *ADC* (Abb. 141) bilden mit einem Elemente *E* einen Stromkreis. Die Punkte *B* und *D* dieser Leiter sind durch ein Galvanometer *g* verbunden. Fragen wir uns zunächst, wie die Widerstände $r$, $r_1$, $r_2$ und $x$ gewählt werden sollen, damit in dem Galvanometerzweig *BD* (Brücke genannt) kein Strom fließe. Diese Forderung wird offenbar dann erfüllt, wenn die Enden dieser Zweigleitung, d. h. die Punkte *D* und *B*, dasselbe Potential haben; wir bezeichnen dieses Potential mit $V$. In den Punkten *A* und *C* werden die Potentiale natürlich verschieden sein, und wir bezeichnen sie mit $V_1$ und $V_2$.

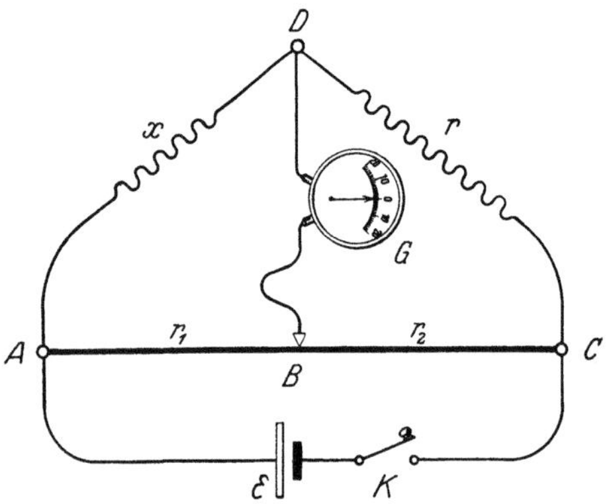


Abb. 141. Wheatstonesche Brücke.

Aus der Bedingung der Stromlosigkeit des Leiters *DB* folgt, daß die Ströme in den Zweigen *AD* und *DC* gleich sein müssen, denn in dem Punkte *D* ist zwar eine Verzweigung der Leiter, aber keine Stromverzweigung vorhanden; derselbe Strom, welcher längs *AD* fließt, muß auch weiter längs *DC* fließen. Wir bezeichnen diesen Strom mit $J_1$. Die Stromstärken in den Leitern *AB* und *BC* werden aus demselben Grunde ebenfalls gleich sein, und wir bezeichnen sie mit $J_2$.

Wir schreiben jetzt für alle vier Stromleiter das Ohmsche Gesetz in folgender Form auf

$$V_1 - V = xJ_1 = r_1 J_2,$$
$$V - V_2 = rJ_1 = r_2 J_2.$$

Woraus durch Division sich ergibt

$$\frac{x}{r} = \frac{r_1}{r_2}.$$

Wir sehen also, daß der Galvanometerzweig dann stromlos bleiben wird, wenn die Widerstände der Brückenkombination eine Proportion bilden. (Eine andere Ableitung vgl. S. 121, **143**.)

Den Leiter *ABC* macht man gewöhnlich aus einem geraden Draht von überall gleichmäßigem Querschnitt. Dann verhalten sich die Teilwiderstände *AB* und *BC* wie ihre Längen, und diese letzteren kann man an dem parallel zum Drahte *ABC* gelegten Maßstabe direkt ablesen. Wir erhalten also

$$x : r = l_1 : l_2.$$

Haben wir nun den Punkt *B* des Drahtes *ABC* so gewählt, daß im Galvanometer tatsächlich kein Strom fließt, so erlauben uns diese Gleichungen, zwei Widerstände $x$ und $r$ miteinander zu vergleichen; wenn $r$ einen bekannten Widerstand darstellt, so ist auch $x$ bestimmt.

Bei Widerstandsbestimmungen nach dieser Methode ist es ratsam, den bekannten Widerstand $r$ so zu wählen, daß er nicht sehr von dem zu bestimmenden Widerstande $x$ abweicht; das kann man durch Vorversuche immer erreichen. In diesem Falle wird nämlich der Punkt $B$ in der Nähe der Mitte des Drahtes $ABC$ liegen, und einer großen Verschiebung des Kontaktes $B$ wird nur eine kleine Veränderung des Verhältnisses $l_1$ zu $l_2$ entsprechen. Die Messung kann also genauer gemacht werden.

Sind die Widerstände $x$ und $r$ groß im Vergleich zu dem Widerstande des Drahtes $ABC$, so ist es besser, die Stellungen des Galvanometers und des Elements miteinander zu vertauschen. Die von uns erhaltene Beziehung zwischen den vier Widerständen wird dadurch nicht geändert, aber die beiden parallel geschalteten Zweige $ABC$ und $ADC$ werden dann gleichmäßiger mit dem Strome belastet *.

Im allgemeinen kann man sagen, daß, je größer der Strom $J$ und je empfindlicher das Galvanometer, desto genauer kann die Messung gemacht werden. Wegen anderer Einzelheiten verweisen wir auf die Spezialbücher über elektrische Messungen.

**163. Vergleich der elektromotorischen Kräfte.** Es sollen zwei Elemente mit den elektromotorischen Kräften $E$ und $e$ miteinander verglichen werden.

Haben wir ein empfindliches und geeichtes Elektrometer zur Verfügung, so läßt sich mit ihm das gesuchte Verhältnis der beiden elektromotorischen Kräfte direkt bestimmen. Aber wir haben schon gesagt, daß die galvanischen Messungen im allgemeinen viel einfacher zu machen sind als die elektrostatischen. Außerdem können wir den Vergleich mit den elektromotorischen Kräften der Elemente auf den Vergleich zweier Widerstände zurückführen, was sich ja mit sehr großer Genauigkeit machen läßt.

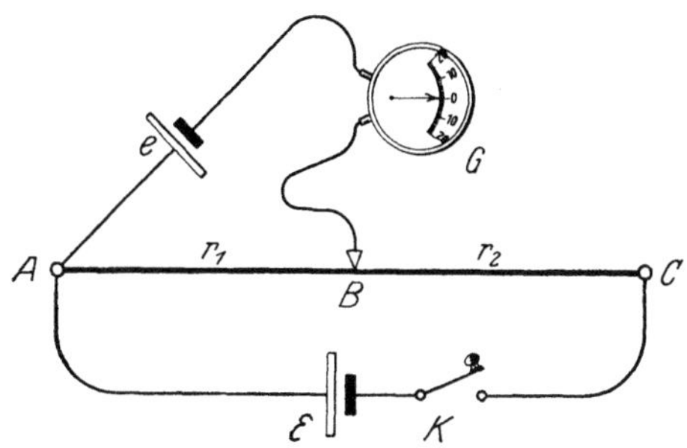

Abb. 142. Vergleich der elektromotorischen Kräfte.

Wir wollen hier nur die einfachste von POGGENDORF angegebene Methode beschreiben.

Man bildet einen Stromkreis $ABC\mathcal{E}$ (Abb. 142) aus den Widerständen $r_1$ und $r_2$ und aus dem Elemente $\mathcal{E}$. Ist die Summe $r_1 + r_2$ groß im Vergleich zu dem inneren Widerstande des Elements $\mathcal{E}$, so können wir für die Stromstärke in diesem Stromkreis einfach schreiben

$$J = \frac{\mathcal{E}}{r_1 + r_2}.$$

Die Potentialdifferenz zwischen $A$ und $B$ wird dabei

$$J r_1 = \mathcal{E} \frac{r_1}{r_1 + r_2}$$

* Überhaupt sind in der WHEATSTONEschen Brücke die Leiter miteinander vertauschbar, die keine gemeinsamen Punkte haben, wie z. B. $AD$ mit $BC$, ohne das dabei das Gleichgewicht gestört wird. Die sechs Leiter in der WHEATSTONEschen Kombination sind zwar in ihrer Konstruktion verschieden, aber in dem Schema sind sie alle völlig symmetrisch angeordnet, was man leicht einsieht, wenn man das Schema nicht in der Ebene, sondern im Raume sich vorstellt; man erhält ein Tetraedron (Abb. 141a).

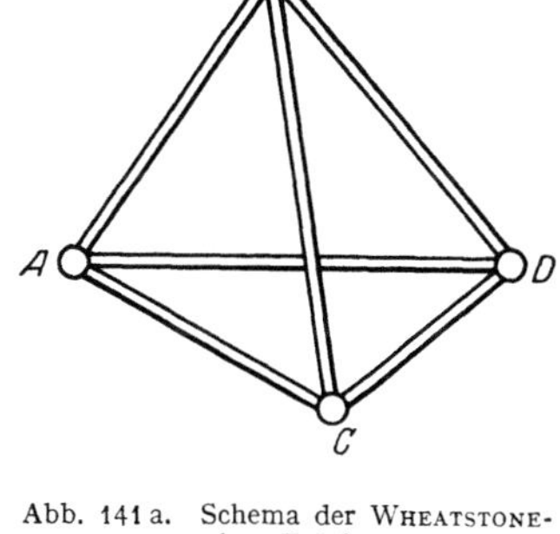

Abb. 141a. Schema der WHEATSTONEschen Brücke.

sein. Zu diesen Punkten $A$ und $B$ wird nun das andere Element $e$ und ein Galvanometer $G$ angeschaltet. Die Pole dieses Elementes $e$ stellt man so auf, daß seine elektromotorische Kraft der Potentialdifferenz zwischen $A$ und $B$ entgegenwirkt. Wir können die Widerstände $r_1$ und $r_2$ immer so wählen, daß die Potentialdifferenz zwischen $A$ und $B$ gerade gleich und entgegengesetzt der elektromotorischen Kraft des Elementes $e$ wird. Daß das wirklich erreicht ist, werden wir an dem Galvanometer $G$ sehen können, denn, wenn die Potentialdifferenz $AB$ gleich und entgegengesetzt der elektromotorischen Kraft $e$ ist, wird im Stromkreis $ABGe$ kein Strom fließen. Man verschiebt also den Kontakt $B$ (ähnlich wie in der WHEATSTONEschen Brückenkombination), so lange, bis der Galvanometerzweig stromlos wird.

Unter dieser Bedingung ist also

$$e : \mathcal{E} = r_1 : (r_1 + r_2).$$

Diese Gleichung gibt uns das Verhältnis der elektromotorischen Kräfte, wenn die Widerstände $r_1$ und $r_2$ bekannt sind.

Wichtig bei dieser Methode ist der Umstand, daß man direkt die elektromotorische Kraft des Elements $e$ und nicht seine Klemmspannung bestimmt (vgl. S. 118, **140**), welche ja von der Stromstärke abhängen kann. Nur in dem Falle nämlich, wenn in dem Elemente $e$ kein Strom fließt, ist seine Klemmspannung seiner elektromotorischen Kraft gleich.

Bei diesen Messungen sind zwei Umstände zu beachten.

Erstens muß die elektromotorische Kraft $\mathcal{E}$ unbedingt größer sein als die elektromotorische Kraft $e$. Das sehen wir auch aus unserer Formel, denn $(r_1 + r_2)$ ist immer größer als $r_1$.

Zweitens muß das Element $e$ auch richtig gestellt werden, damit es der Potentialdifferenz $AB$ entgegenwirkt, sonst wird man den Zweig $ABG$ gar nicht stromlos machen können.

Beide Bedingungen sind nach einiger Übung im Experimentieren leicht zu erfüllen.

Die beiden zuletzt beschriebenen Methoden (WHEATSTONE und POGGENDORF) sind typisch in der Beziehung, daß in beiden die Stromlosigkeit im Galvanometerzweig erstrebt wird. Sie heißen deshalb *Nullmethoden*. Alle Nullmethoden haben den Vorzug, daß sie genau gemacht werden können, und zwar desto genauer, je empfindlicher das benutzte Galvanometer.

Die zu dieser Anordnung zusammengestellten Apparate nennt man oft *Potentiometer*, weil man mit ihnen Potentialdifferenzen messen kann (vgl. S. 133, **160**).

**164. Temperatur und Strahlungsmessungen.** Da der Widerstand eines Leiters im allgemeinen von der Temperatur abhängt und da anderseits die Widerstandsmessung sehr genau gemacht werden kann, so ist es oft zweckmäßig, die Temperaturmessung durch die Widerstandsmessung zu ersetzen. Meistens wird zu diesem Zweck die WHEATSTONEsche Brückenkombination verwendet.

Es ist natürlich vorteilhaft dazu ein Material zu nehmen, dessen Widerstand sehr stark von der Temperatur abhängt. In dieser Beziehung zeichnen sich Eisen und Nickel aus. Für sehr hohe Temperaturen verwendet man aber Platin, weil Platin ein schwerschmelzbares Material ist.

Ein Platindraht von etwa 10 Ohm Widerstand wird auf Glimmer aufgewickelt und in ein Porzellan- oder Quarzrohr eingeschlossen. Das Rohr wird in den Ofen eingesetzt, dessen Temperatur man bestimmen will, und der Platindraht wird in einen Zweig der WHEATSTONEschen Brücke eingeschaltet. Der Apparat wird vorher geeicht, so daß man für jeden sich ergebenden Widerstand des

Platindrahtes auch seine Temperatur kennt. Die Eichung geschieht durch Einsetzen des Platindrahtes in gut definierte und bekannte Temperaturen, z. B. die des flüssigen Schwefels 444,55°, des schmelzenden Goldes 1063° usw. Zwischen diesen Fixpunkten wird die Widerstandsänderung proportional der Temperatur angenommen (interpoliert).

Bei technischen Temperaturmessungen wird das Galvanometer nicht jedesmal auf Null gestellt, sondern die Ablenkungen des Galvanometers werden direkt auf Temperaturen geeicht. Das ist natürlich viel bequemer, denn die Temperatur läßt sich direkt am Galvanometer wie an einem Thermometer ablesen. Das Galvanometer wird meistens in einem speziellen Beobachtungsraume aufgestellt, wo man bei dieser Anordnung die Temperatur mehrerer an verschiedenen Stellen aufgestellten Öfen gleichzeitig beobachten kann.

Für Strahlungsmessungen gebraucht man sog. *Bolometer*. Ein Bolometer besteht aus einem sehr dünnen Platinband, welches geschwärzt wird, damit alle auf ihn fallenden Strahlen unabhängig von ihrer Farbe vollständig absorbiert werden. Eine sehr vollständige Absorption, etwa 0,97 der aufladenden Strahlungen, erhält man, wenn man das Platinband mit Ruß oder noch besser mit sog. Platinschwarz bedeckt.

Das Platinband wird in die WHEATSTONEsche Brücke eingeschaltet, ebenso wie bei Widerstandsthermometern. Das Bolometer wird entweder als Flächenbolometer (Abb. 143) zur Messung der Gesamtstrahlung irgendeiner Strahlungsquelle gebraucht, oder es wird in Form von einem sehr schmalen und dünnen Platinband als Linealbolometer bei Strahlungsmessungen in Spektralapparaten verwendet, wenn man die Strahlungsenergie nur einer Spekterlinie oder eines sehr engen Spektralbereiches messen will.

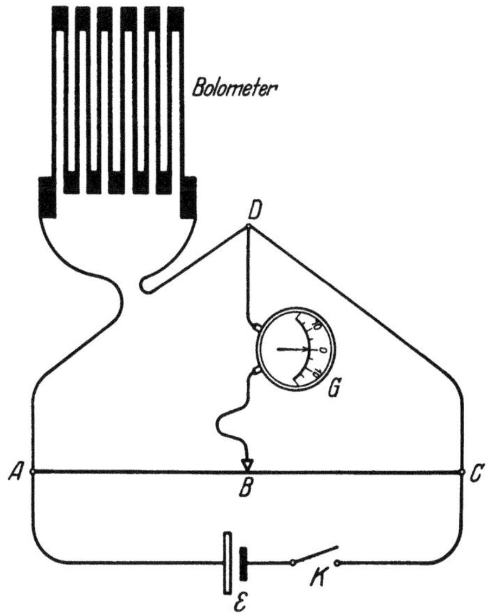

Abb. 143. Flächenbolometer in der WHEATSTONEschen Brücke.

In beiden Fällen werden die Bolometerstreifen möglichst dünn genommen, damit ihre Temperatur sich in kurzer Zeit einstellen kann, was bei manchen Strahlungsmessungen sehr wichtig ist.

Bei genauen Messungen muß berücksichtigt werden, daß das Bolometer und auch der Platinwiderstand im Widerstandsthermometer selbst vom Strome der WHEATSTONEschen Brücke durchflossen und erwärmt werden. Dieser Strom darf also nicht zu groß genommen werden und nicht länger als nötig, durch den Widerstand durchgeschickt werden. Bei sehr genauen Messungen müssen entsprechende Korrektionen angebracht werden.

## 5. Wärmewirkungen des elektrischen Stromes.

**165. Stromarbeit und Stromleistung.** Bei jedem Übergang der Elektrizität von einem Potential $V_1$ zu einem Potential $V_2$ wird eine Arbeit geleistet von der Größe

$$U = e(V_2 - V_1) = eV$$

wo $V$ die Potentialdifferenz dieser zwei Punkte bedeutet.

In einem konstanten elektrischen Strom findet eine fortwährende Elektrizitätsbewegung vom höheren zum niedrigen Potentiale statt, also muß dabei auch eine fortwährende Arbeit geleistet werden. Ist die Stromstärke eines konstanten Stromes gleich $J$ und die Zeitdauer des Stromes gleich $t$, so ist die in dieser Zeit durchgeflossene Elektrizitätsmenge $e = Jt$. Die Arbeit des Stromes wird also sein

$$U = JtV.$$

Die Arbeit, bezogen auf die Zeiteinheit, nennt man *Effekt* oder *Leistung*.

Die Leistung eines Stromes kann also durch folgende Formel ausgedrückt werden:

$$W = \frac{U}{t} = VJ.$$

Diese Formel kann auch für einen variablen Strom gebraucht werden, wenn nur die Zeit $t$ so klein genommen wird, daß wir den Strom als konstant annehmen können.

Für einen konstanten Strom haben wir außerdem noch das OHMsche Gesetz

$$J = \frac{V}{R}, \qquad \text{oder} \qquad V = JR.$$

Setzen wir das in die obige Formel, so erhalten wir folgende drei Ausdrücke für die Leistung eines konstanten elektrischen Stromes:

$$W = JV = \frac{V^2}{R} = J^2 R.$$

Es ist manchmal wünschenswert, den Ausdruck für die Stromleistung in einer Volumeneinheit des Leiters zu haben. Um diesen zu erhalten, brauchen wir nur die soeben aufgestellten Formeln auf einen Leiter von 1 qcm Querschnitt und von 1 cm Länge anzuwenden. Dann werden in die Formel statt des Stromes $J$ die Stromdichte $i$ und statt der Potentialdifferenz $V$ die Feldintensität eingehen (vgl. S. 69, **82**):

$$w = iE.$$

Setzen wir hier noch die Ausdrücke für die Stromdichte nach dem OHMschen Gesetz (S. 111, **131**)

$$i = kL, \qquad E = \varrho i,$$

so erhalten wir für die in jedem Kubikzentimeter eines stromdurchflossenen Leiters erzeugte Leistung:

$$w = \varrho i^2 = kE^2.$$

**166. Praktische Einheiten für die Leistung.** Wir haben die praktische Arbeitseinheit mit Joule benannt (S. 65, **77**). Eine entsprechende Einheit für die Leistung heißt Watt. Es ist also

$$\text{Watt} = \frac{\text{Joule}}{\text{Sekunde}} \qquad \text{und} \qquad \text{Joule} = \text{Watt} \cdot \text{Sekunde}.$$

Diese Einheit kann auch durch Erg oder durch Kilogrammeter in einer Sekunde ausgedrückt werden:

$$\text{Watt} = \frac{10^7\ \text{Erg}}{\text{Sekunde}} = \frac{1}{9{,}8}\,\frac{\text{kg*m}}{\text{Sekunde}}.$$

Als praktische Einheit für die Leistung wurde früher oft, jetzt aber immer seltener, eine sog. Pferdekraft (bezeichnet mit HP vom englischen Horse Power) benutzt, welche 75 kg*m in der Sekunde gleich ist. Es ist leicht einzusehen, daß

$$\text{HP} = 75 \cdot 9{,}8 = 736\ \text{Watt}.$$

Oft werden noch folgende Einheiten gebraucht:

$$\text{Hektowatt} = 100 \text{ Watt},$$
$$\text{Kilowatt} = 1000 \text{ Watt}.$$

Wir sehen, daß

$$\text{Pferdekraft} = \text{HP} = 0{,}736 \text{ Kilowatt}.$$

Statt der Einheit Joule, d. h. Wattsekunde, werden auch größere Einheiten gebraucht, nämlich:

$$\text{Hektowattstunde} = 3{,}6 \cdot 10^5 \text{ Joule},$$
$$\text{Kilowattstunde} = 3{,}6 \cdot 10^6 \text{ Joule}.$$

Wir wissen (S. 65, **77**), daß

$$\text{Joule} = \text{Volt} \cdot \text{Coulomb}.$$

Entsprechend erhalten wir für Watt:

$$\text{Watt} = \text{Volt} \cdot \text{Ampere}.$$

**167. Joulesche Wärme.** Wir haben die Arbeit und die Leistung eines konstanten elektrischen Stromes berechnet. Es fragt sich nun, wozu diese Arbeit verbraucht wird und wo sie wiederzufinden ist, denn nach dem Energieprinzip kann ja keine Arbeit spurlos verschwinden. Wir haben schon früher bei Funkenentladungen gesehen, daß die elektrische Energie in fast alle anderen Energieformen sehr leicht verwandelt werden kann (S. 62, **72**), und a priori läßt sich gar nicht bestimmen, in welche Energieform die Stromarbeit eines konstanten Stromes sich verwandelt. Nur der Versuch kann uns auf diese Frage eine Antwort geben. Solche Versuche sind in der Tat vom englischen Physiker Joule mit großer Genauigkeit gemacht worden, und es zeigte sich, daß die gesamte Stromarbeit eines konstanten elektrischen Stromes sich im Innern des stromdurchflossenen Leiters in Wärmeenergie verwandelt.

Daß überhaupt bei jedem Stromdurchgang Wärme erzeugt wird, wußte man schon lange vor den Jouleschen Versuchen; bei starkem Strom konnte ja der Leiter sogar zum Glühen gebracht werden. Aber die Versuche von Joule haben gezeigt, daß, wenn ein Coulomb Elektrizitätsmenge eine Potentialdifferenz von einem Volt durchfließt, in dem stromführenden Leiter jedesmal eine Wärmemenge von 0,24 kleinen Kalorien erzeugt wird.

Anderseits wissen wir, daß dabei eine Arbeit von Coulomb·Volt geleistet wird, welche wir jetzt einen Joule genannt haben. Ein Joule ist gleich $\frac{1}{9{,}8}$ kg*m. Drücken wir das in kleinen Kalorien aus, indem wir

$$\text{cal} = 0{,}425 \text{ kg*m}$$

setzen, so erhalten wir

$$\text{Joule} = \frac{1}{9{,}8 \cdot 0{,}425} = 0{,}24 \text{ cal},$$

also genau den von Joule erhaltenen Wert. Das beweist eben, daß bei einem konstanten Strom die totale Stromarbeit in Wärme verwandelt wird.

Das Gesetz von Joule gilt uneingeschränkt nur für konstante Ströme, wo auch das Ohmsche Gesetz seine Gültigkeit hat. Bei variablen Strömen, wie wir es später sehen werden, kann die Stromenergie nicht nur in Wärme, sondern gleichzeitig auch in andere Energieformen verwandelt werden.

Den Jouleschen Versuch kann man in folgender einfacher Form wiederholen. Ein Glasbecher enthalte 200 ccm Wasser und sei von allen Seiten durch Kork, Watte u. dgl. geschützt, damit er keine Wärme verliert. Ein Thermos z. B.

kann für diesen Versuch sehr gut passen. In das Wasser wird ein spiralförmig gewundener Draht von etwa 1 Ohm Widerstand eingetaucht. Schickt man durch diesen Draht einen Strom von 2 Akkumulatoren, d. h. von 4 Volt, so erhält man eine Stromstärke von 4 Ampere, eine Leistung von 16 Watt und eine Stromwärme von etwa 4 cal in jeder Sekunde. Nach 1 Minute wird die Temperatur des Wassers auf etwa 1° steigen.

Wir überlassen dem Leser, diese Zahlen durch eine genauere Rechnung zu verifizieren.

Selbstverständlich sind bei genaueren Messungen der Stromwärme alle die Maßregeln einzuhalten, welche überhaupt bei den kalorimetrischen Arbeiten empfohlen werden.

**168. Die Erwärmung des Stromleiters.** Ein stromdurchflossener Leiter kann demnach als eine Wärmequelle angesehen werden. In jedem Kubikzentimeter dieser Wärmequelle wird in jeder Sekunde eine Wärmemenge von

$$U = \varrho i^2 \frac{\text{Watt}}{\text{cm}^3}$$

erzeugt. Ein Teil dieser Wärme wird nach außen durch unvermeidliche Wärmeleitung, durch Wärmestrahlung oder durch Wärmekonvektion abgeführt; der übrigbleibende Teil wird den Leiter selbst erwärmen.

Wird in der Zeiteinheit im Leiter mehr Wärme erzeugt als durch die Oberfläche abgeführt, so wird seine Temperatur steigen; im umgekehrten Falle wird seine Temperatur sinken. Ob das eine oder das andere stattfindet, hängt natürlich von äußeren Einflüssen ab. Im allgemeinen aber wird die abgegebene Wärmemenge um so größer sein, je höher die Temperatur des Leiters gestiegen ist. Es wird also bei langdauerndem Strom und steigender Temperatur des Leiters immer ein Moment eintreten, wo die in jeder Sekunde abgeführte Wärmemenge der in dem Leiter in jeder Sekunde erzeugten Wärmemenge gleich wird. Dann stellt sich ein sog. *stationärer* Zustand ein, und die Temperatur bleibt konstant. Wann dieser stationäre Zustand erreicht wird und wie groß dann die Temperatur des Leiters sein wird, läßt sich im allgemeinen schwer voraus berechnen. Das hängt ja von der Form des Leiters, von seiner Oberflächengröße und seiner Oberflächenbeschaffenheit ab; außerdem hängt das von der Wärmeleitung der den Leiter umgebenden Körper ab.

In den für die Praxis wichtigen Anordnungen werden alle diese Umstände einfacher durch direkte Versuche als durch theoretische Berechnungen festgestellt. Eine Erwärmung auf 20° wird im allgemeinen in den Hausleitungen ungefährlich sein, und die Versuche haben gezeigt, daß unter diesen Bedingungen in den Leitungen eine Stromdichte von etwa 10 Ampere auf 1 qmm zugelassen werden kann. Bei ganz frei hängenden, blanken Leitern und bei guter Ventilation werden auch stärkere Strombelastungen bis zu 30 Ampere auf ein qmm erlaubt. Bei sehr kurzdauernden Strömen hat der Leiter keine Zeit, sich zu erwärmen, und dann kann man noch viel größere Stromdichte nehmen, ohne eine übermäßige Erwärmung zu befürchten.

Der Einfluß des umgebenden Mittels kann im folgenden Versuch beobachtet werden. Man schickt einen elektrischen Strom durch einen Platindraht durch, welcher in einem evakuierten Gefäß eingeschmolzen ist, und bringt den Platindraht zum Glühen. Läßt man aber in das Gefäß ein wenig Luft ein, so wird das Glühen sofort aufhören. Die Erklärung dieser Erscheinung ist sehr einfach: im ersten Falle, im Vakuum, konnte der Platindraht seine Stromwärme nur durch Wärmestrahlung verlieren; die Temperatur konnte also sehr hoch steigen, ehe noch der stationäre Zustand erreicht wurde. Im zweiten Falle wird die Wärme durch die Wärmeleitung der Luft und durch die Bewegung der Luft (Wärmekonvektion) viel schneller abgeführt.

**169. Stromleistung bei Hintereinander- und Nebeneinanderschaltung.** Werden zwei Stromleiter *hintereinander* geschaltet, so wird in beiden die Stromstärke die gleiche Größe haben. Wir bezeichnen sie mit $J$. Die Stromleistung in jedem von diesen Leitern wird dann

$$W_1 = J^2 R_1 \qquad W_2 = J^2 R_2 .$$

Wir sehen, daß die Stromleistungen proportional zu den Widerständen der hintereinander geschalteten Leitern sind.

Daraus erklärt sich sofort, warum z. B. der Draht in einer Glühlampe bis zur Glühtemperatur erhitzt wird, obgleich die Zuleitungsdrähte zu der Lampe, in welchen ja derselbe Strom fließt, kalt bleiben; der erstere hat nämlich einen viel größeren Widerstand als die letzteren.

Jeder schlecht gemachte Kontakt zwischen zwei Leitungsdrähten hat einen verhältnismäßig hohen Widerstand und wird beim Stromdurchgang erwärmt. Solche Kontakte können in den Hausleitungen bei starken Strömen sogar einen Feuerschaden verursachen; um die Kontakte zu sichern, werden die Hausleitungen meistens miteinander verlötet.

Werden zwei Leiter *parallel* geschaltet, so finden wir gerade das entgegengesetzte Resultat. Bei parallel geschalteten Leitern ist nicht die Stromstärke, sondern der Potentialabfall $V$ für beide Leiter derselbe. Wir schreiben deshalb die Formeln für die Leistung zweckentsprechend in folgender Form:

$$W_1 = \frac{V^2}{R_1}, \qquad W_2 = \frac{V^2}{R_2} .$$

In diesem Falle sind also die Leistungen *umgekehrt* proportional zu den entsprechenden Widerständen.

Die Glühlampen der elektrischen Zimmerbeleuchtung werden fast immer parallel geschaltet, damit beim Ausschalten irgendeiner Lampe die anderen weiterbrennen können. Von diesen parallel geschalteten Lampen werden die Lampen mehr Energie verbrauchen und heller leuchten, welche einen kleineren Widerstand haben, und umgekehrt, die mit größerem Widerstand werden weniger hell brennen.

Schalten wir parallel zu den Lampen irgendeinen kleinen Widerstand (Kurzschluß), so werden sofort alle Lampen dunkler.

**170. Der Wirkungsgrad.** Die uns zur Verfügung stehende Energie irgendeiner Energiequelle kann in keinem Falle voll ausgenützt werden, denn ein Teil der Energie geht auf verschiedenen Wegen verloren, d. h. sie wird in solche Formen verwandelt, welche wir für unsere Zwecke nicht brauchen. Bei jedem Heizofen z. B. geht ein Teil der Wärme durch den Schornstein in die Luft und nur der nachbleibende Teil kann für die Erwärmung des Zimmers verwendet werden.

Unter *Nutzeffekt* oder *Wirkungsgrad* irgendeiner Anordnung versteht man das Verhältnis der nützlich gemachten Energiemenge zu der totalen dazu verbrauchten Arbeit. Es ist klar, daß der Wirkungsgrad stets kleiner als eins sein wird; sehr oft wird der Nutzeffekt in Prozenten ausgedrückt.

In den modernen Elektromaschinen wird manchmal ein sehr hoher Wirkungsgrad bis zu 96% erhalten. Eine Maschinenanlage besteht aus mehreren Teilen und obgleich ein jeder dieser Teile einen verhältnismäßig großen Wirkungsgrad besitzt, wird dennoch der Nutzeffekt der ganzen Anlage klein.

Als Beispiel nehmen wir eine elektrische Zentralstation. Die Energie für die Bewegung der Maschinen wird meistens durch Verbrennung der Kohle erzeugt.

Man rechnet in der Praxis, daß 1 kg guter Kohle 1 PS im Verlaufe von 1 Stunde liefern kann. Wir wissen, daß 1 PS gleich 75 $\frac{\text{kg*m}}{\text{sek.}}$ ist, 1 PS-Stunde ist also gleich

$$75 \cdot 60 \cdot 60 = 270\,000 \text{ kg*m}.$$

Andererseits wissen wir, daß 1 kg guter Kohle bei voller Verbrennung 8000 große Wärmekalorien erzeugt. Das bedeutet

$$8000 \cdot 425 = 3\,000\,000 \text{ kg*m},$$

daraus berechnet sich der Nutzeffekt

$$\eta = \frac{270\,000}{3\,400\,000} = 0{,}08 \text{ oder } 8\%.$$

Wir wollen jetzt untersuchen, wie groß der Nutzeffekt eines jeden Teiles dieser Anlage ist.

Den Wärmeinhalt der Energiequelle, also in unserem Falle der Kohle, bezeichnen wir mit $U_1$ und den Nutzeffekt der Kesselanlage mit $\eta_1$. In dem von den Kesseln gelieferten Dampf erhalten wir also nur die Energie

$$U_2 = \eta_1 U_1.$$

Der Dampf wird teilweise in den Zuleitungsröhren kondensiert, er muß noch die Zylinder der Dampfmaschine erwärmen; endlich wird ein Teil der Dampfarbeit durch die unvermeidlichen Reibungswiderstände verbraucht.

Bezeichnen wir den Nutzeffekt der Dampfleitung und der Dampfmaschine mit $\eta_2$, so wird ihre nützliche Energie gleich

$$U_3 = \eta_2 U_2 = \eta_1 \eta_2 U_1.$$

Die Dampfmaschine gibt ihre Energie der Elektromaschine ab. Ist der Nutzeffekt der Elektromaschine gleich $\eta_3$, so erhalten wir in dem elektrischen Leitungsnetz die Leistung

$$U_4 = \eta_3 U_3 = \eta_1 \eta_2 \eta_3 U_1.$$

Wir sehen daraus, daß der Nutzeffekt der ganzen elektrischen Zentrale gleich dem Produkte aus den Nutzeffekten aller ihrer Teile ist:

$$\eta = \eta_1 \eta_2 \eta_3.$$

Was wir von der Energie gesagt haben, gilt natürlich auch für die Leistung. Für unser Beispiel können wir folgende Zahlen annehmen:

| | | |
|---|---|---|
| Der Nutzeffekt | der Kessellängslage | $\eta_1 = 0{,}12$, |
| | der Dampfmaschine | $\eta_2 = 0{,}75$, |
| | der Elektromaschine | $\eta_3 = 0{,}85$, |

und daraus der totale Nutzeffekt der Anlage

$$\eta = \eta_1 \eta_2 \eta_3 = 0{,}12 \cdot 0{,}75 \cdot 0{,}85 = 0{,}07,$$

was mit dem oben angegebenen 0,08 nahe zusammenfällt.

Das ist aber noch nicht alles. Im Stromnetz selbst wird der Strom die für uns nutzlos verlorengehende JOULEsche Wärme erzeugen. Man wählt die Querschnitte der Leiter so, daß im Stromnetz nicht mehr als 10% der ganzen elektrischen Energie in Wärme verwandelt wird; der Nutzeffekt des Stromnetzes wird also 0,9 oder 90% sein. Wird die elektrische Energie ausschließlich für Beleuchtung benutzt, so wird in den Glühlampen oder in Bogenlampen nur ein sehr kleiner Teil der Glühwärme in Lichtenergie verwandelt. Man kann durchschnittlich den Nutzeffekt der Lampen als 0,01 annehmen. Alles in allem, erhalten wir, von der Verbrennung der Kohle im Kesselofen bis zur Erzeugung der Lichtenergie in den Lampen einen Nutzeffekt von etwa 0,001.

Die Koeffizienten des Nutzeffektes werden größtenteils aus Versuchen ermittelt. Kennt man diese Koeffizienten, so kann man nach der gegebenen Energiequelle die daraus zu erhaltende nützliche Energie berechnen. Oder auch umgekehrt, man kann nach der Energiemenge, die man zu irgendwelchem Zwecke braucht, die dazu nötige Energiequelle berechnen.

Es muß noch hinzugefügt werden, daß der Nutzeffekt irgendeiner Maschine keine konstante Größe ist; der Nutzeffekt hängt auch von der Größe der abgenommenen Energie oder, wie man sagt, von der *Belastung* der Maschine ab. Jede Maschine kann den größten Nutzeffekt nur bei einer ganz bestimmten Belastung geben, bei kleineren und größeren Belastungen wird der Nutzeffekt kleiner.

**171. Das Maximum der nützlichen Energie.** Der Wirkungsgrad oder der Nutzeffekt ist mit der nützlich verwendbaren Energiemenge nicht zu verwechseln. Man kann ein Maximum der nützlichen Arbeit erhalten, ohne daß dabei gleichzeitig auch der Nutzeffekt der größtmögliche sein würde. Am klarsten wird dieser Umstand an dem Beispiel einer galvanischen Batterie hervortreten.

Es sei $\mathcal{E}$ die elektromotorische Kraft einer galvanischen Batterie und $J$ sei die von dieser Batterie gelieferte Stromstärke (Belastung). Die totale Leistung der Batterie wird also sein

$$W_t = J\mathcal{E}.$$

In dem äußern Stromleiter erhalten wir eine gewisse Wärmemenge, die wir nützlich verwenden können; aber im äußern Leiter bei einer Klemmspannung $V$ kann nur ein Teil dieser Leistung ausgenützt werden, nämlich

$$W_a = JV,$$

der andere Teil

$$W_i = W_t W - W_a = J(\mathcal{E} - V)$$

wird in der Batterie selbst verwendet und geht für uns verloren.

Der Nutzeffekt der Batterie ist demnach

$$\eta = W_a : W = V : \mathcal{E}.$$

An diesem Beispiel sehen wir gleichzeitig, wie der Nutzeffekt von der Belastung abhängt, denn die Klemmspannung $V$ hängt von der Belastung $J$ (S. 118, **140**) ab:

$$V = \mathcal{E} - Jr,$$

wo $r$ der innere Widerstand der Batterie bedeutet.

Der Nutzeffekt würde am größten sein, nämlich $\eta = 100\%$, wenn $\mathcal{E} = V$ wird. Aber dazu müßte die Stromstärke $J = 0$ sein, d. h. die Batterie überhaupt keinen Strom liefern. Die nützliche Arbeit wird dabei natürlich auch gleich Null.

Wollen wir aber aus der gegebenen Batterie die größtmögliche *nützliche* Leistung erhalten, so müssen wir sie so belasten, einen solchen Strom entnehmen, daß $W_a$ am größten wird. Um die dazu nötigen Bedingungen zu bestimmen, wollen wir die Formel für die nützliche Leistung ein wenig umformen:

$$W_a = VJ = (\mathcal{E} - Jr)J = r\left(\frac{\mathcal{E}}{r} - J\right)J.$$

Der innere Widerstand $r$ der Batterie ist uns schon gegeben, wir können nur den äußeren Widerstand variieren, und zwar müssen wir den Strom $J$ so wählen, daß das Produkt von den zwei Größen

$$\left(\frac{\mathcal{E}}{r} - J\right) \text{ und } J$$

am größten wird. Nun ist die Summe dieser beiden Größen konstant, nämlich gleich $\frac{\mathcal{E}}{r}$ und es ist bekannt, daß bei einer konstanten Summe zweier Größen ihr Produkt dann am größten wird, wenn sie einander gleich genommen werden. Darüber kann sich der Leser an irgendeinem Zahlenbeispiel selbst überzeugen. Wir nehmen also

$$\frac{\mathcal{E}}{r} - J = J, \text{ woraus sich } J = \frac{\mathcal{E}}{2r} \text{ ergibt}.$$

Anderseits hängt die Stromstärke von dem äußeren Widerstand $r_1$ nach dem OHMschen Gesetze ab

$$J = \frac{\mathcal{E}}{r + r_1}.$$

Der Vergleich beider Formeln zeigt uns, daß $r = r_1$ sein muß, d. h. für die Erzeugung der größtmöglichen nützlichen Energie müssen wir den äußeren Widerstand gleich dem inneren Widerstand der Batterie nehmen.

Wir können gleich hinzufügen, daß diese Regel nicht nur für galvanische Batterien gilt, sondern überhaupt für jede Energiequelle mit konstanter elektromotorischer Kraft und konstantem inneren Widerstand.

Was die Klemmspannung anbetrifft, so wird sie in unserem Falle gleich

$$V = \frac{\mathcal{E}}{2},$$

und der Nutzeffekt wird

$$\frac{V}{\mathcal{E}} = \frac{1}{2} = 50\,\%.$$

Die dabei erzielte größtmöglichste Leistung wird

$$W_a = VJ = \frac{\mathcal{E}}{4r}.$$

Diese Leistung kann also um so größer sein, je kleiner der innere Widerstand der Stromquelle ist.

**172. Elektrische Widerstandsöfen.** Die Stromwärme wird jetzt sehr oft zu den verschiedensten Zwecken verwendet. Im Haushalt, im Laboratorium, in der Medizin usw. werden die bekannten elektrischen Koch- und Heizapparate oft benutzt. Wir können auf die Beschreibung der Konstruktion dieser Apparate hier nicht eingehen. Im wesentlichen aber enthalten alle diese Apparate einen Metalldraht oder ein Metallband, welche vom Strom erwärmt werden. In den Kochapparaten befindet sich der Draht im Innern eines doppelten Bodens und ist durch irgendeinen hohe Temperatur vertragenden Überzug von dem Boden isoliert. Ein Kocher darf nur dann an die elektrische Leitung angeschlossen werden, wenn er mit Wasser schon gefüllt ist, sonst kann der Heizdraht eine zu große Temperatur erreichen und die Isolation wird gefährdet; der ganze Apparat könnte dabei verdorben werden. — Manchmal wird als Widerstand eine große Anzahl Kohlenkontakte gebraucht usw.

In den Laboratorien werden für höhere Temperaturen elektrische Öfen spezieller Konstruktion verwendet. Sie bestehen meistens aus einem sehr dünnen (0,01 mm) Platinband, das auf einer Porzellanröhre aufgewickelt ist. Damit von der Wärme nach außen möglichst wenig verlorengehe, umhüllt man die Porzellanröhre mit einer zweiten Röhre von größerem Durchmesser und füllt den Raum zwischen den Röhren mit einem die Wärme schlecht leitenden Material, z. B. mit Magnesia.

In solchen elektrisch geheizten Öfen kann für Laboratoriumszwecke eine Temperatur bis etwa 2000° erhalten werden.

**173. Der Voltabogen.** Eine noch höhere Temperatur erhält man in einem sog. VOLTAschen Bogen.

Der englische Chemiker H. DAVY in London und fast gleichzeitig mit ihm der russische Physiker PETROV in Petersburg haben Versuche mit sehr großen VOLTAschen Säulen (S. 107, **126**) angestellt und dabei die folgende Entdeckung gemacht. Als sie die Pole einer Säule mit zwei Kohlenstiften verbanden, und diese in gegenseitige Berührung brachten, entstand an der Berührungsstelle nicht ein elektrischer Funke, sondern eine helle Flamme. Da die Kohlenstifte bei diesen Versuchen meistens horizontal lagen und die erhitzten Gase der Flamme sich in der Mitte in die Höhe hoben und einen Bogen bildeten, wurde die Erscheinung der *Voltasche Bogen* genannt. Jetzt benutzt man den VOLTAschen Bogen, wie bekannt, für elektrische Beleuchtung in den sog. Bogenlampen.

Der Voltabogen bildet sich folgendermaßen: Bei der gegenseitigen Berührung der Kohlen entsteht an der Berührungsstelle ein schlechter Kontakt, wodurch die Kohlenspitzen und auch die angrenzende Luft durch die Stromwärme stark erhitzt werden. Ist die Luft bis zur Glühhitze erwärmt, so wird sie leitend und man kann die Enden der Kohlen auf einige Millimeter auseinander ziehen, ohne den sich bildenden Voltabogen zu zerreißen. Der glühende und also leitende Zustand der Luft wird dann durch die Stromwärme selbst unterhalten, und der Bogen kann eine Zeitlang weiter brennen. Bei diesem Prozeß brennen die Kohlenstifte in der Luft allmählich ab. Eine sehr hohe Temperatur erreicht namentlich die positive Kohle; sie brennt auch etwa zweimal schneller ab als die negative. In der Mitte der positiven Kohle bildet sich eine Höhlung, welche man den positiven Krater nennt (Abb. 144); seine Temperatur kann bis zu 4000° und darüber steigen.

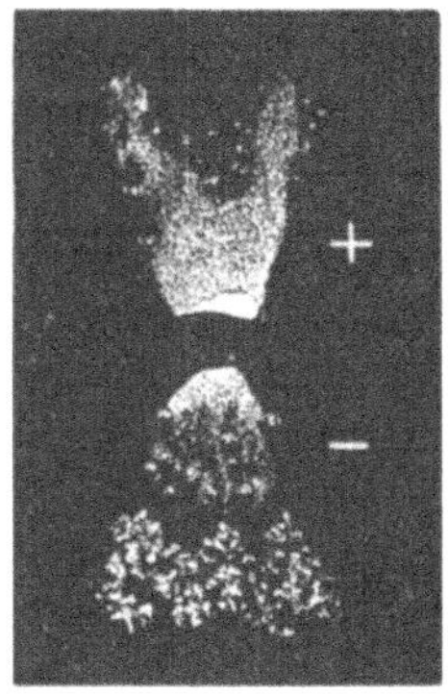

Abb. 144. Der Voltabogen.

O. LUMMER hat neuerdings gezeigt, daß man durch Einbringen des Bogens in Stickstoff unter einem Druck von 20 Atmosphären eine Temperatur von über 6000° erreichen kann.

**174. Moissanscher Ofen.** Die hohe Temperatur des VOLTAschen Bogens hat der französische Chemiker MOISSAN für chemische Zwecke verwendet. Er konstruierte einen Ofen (Abb. 145), dessen Boden, Wände und Deckel aus sehr schwer schmelzbarem Material, wie z. B. Magnesit oder Magnesia bestand. Durch zwei gegenüberstehende Löcher konnte man in diesen Ofen zwei dicke Kohlenstäbe $A$ und $B$ einsetzen. In der Nähe des Bogens wird der Tiegel für chemische Reaktionen aufgestellt. Bei sehr dicken Kohlenstäben und 100 Volt Klemmspannung erhielt MOISSAN einen Strom bis etwa 2000 Ampere. Es wird also in einem sehr kleinen Raume zwischen den Kohlenenden eine enorme Leistung von etwa 200 Kilowatt konzentriert, wodurch die hohe Temperatur auch erreicht wird.

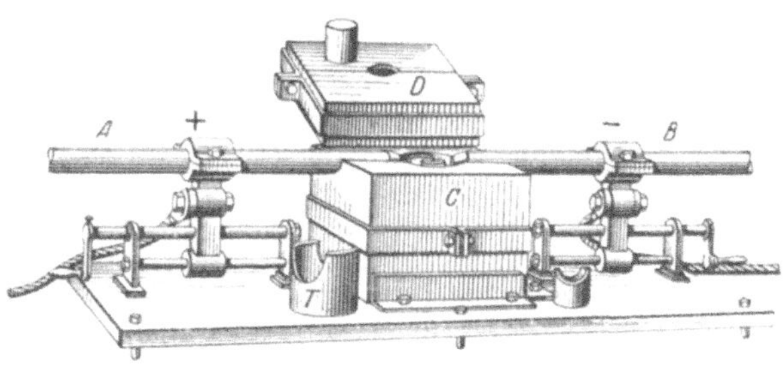

Abb. 145. Moissanscher Ofen.

MOISSAN ist es gelungen, in seinem Ofen ganz neue Kohlenverbindungen, sog. *Karbide,* zum ersten Male herzustellen. Einige von diesen Karbiden sind auch praktisch wichtig geworden; so wird z. B. Siliziumkarbid oder Karborundum wegen seiner außerordentlichen Härte als Schleifstein gebraucht; Kalziumkarbid hat die Fähigkeit, mit Wasser ein hellbrennendes Gas — Azetylen ($C_2H_2$) — zu bilden, welches zur Beleuchtung verwendet wird usw. Außer einer ganzen Reihe chemischer Entdeckungen ist es MOISSAN noch gelungen, in seinem Ofen künstliche Diamanten herzustellen. Diese Diamanten waren zwar zu klein, um eine praktische Bedeutung zu erlangen, aber ihre künstliche Erzeugung hat dennoch eine große wissenschaftliche Bedeutung.

**175. Bogenlampen.** Wir haben schon auf die Verwendung des VOLTAschen Bogens zur Beleuchtung hingewiesen. Da die Kohlen selbst verbrennen, so muß irgendeine Vorrichtung getroffen werden, welche die Kohlenstäbe aneinander zu nähern und immer eine und dieselbe Entfernung zwischen ihnen einzuhalten erlaubt. Da die positive Kohle etwa doppelt so schnell abbrennt wie die negative, macht man ihren Querschnitt auch doppelt so groß. Dadurch erzielt man, daß beide Kohlen in gleicher Weise einander genähert werden können, und der leuchtende Punkt bleibt auf derselben Stelle. Das ist für manche Zwecke, z. B. zur Projektion und für Kinematographen, sehr wichtig. Oft erfolgt die Bewegung der Kohlenstäbe gegeneinander automatisch oder man verwendet dazu auch einfache Handregulatoren. In der Abb. 146 ist z. B. ein solcher Handregulator dargestellt. Vermittels der Schrauben $C$ und $D$ werden die Kohlen gegeneinander bewegt und ihre Entfernung reguliert. Die anderen Schrauben dienen für die Einstellung des Bogens selbst: die Schraube $A$ zur Verschiebung in vertikaler Richtung und $B$ zur Drehung um eine vertikale Achse.

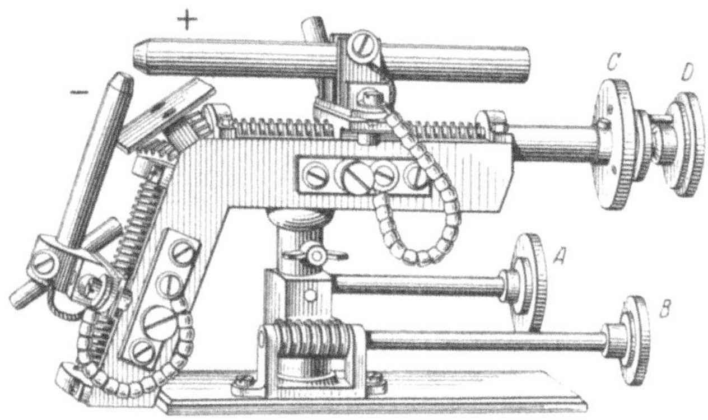


Abb. 146. Handregulator.

Die günstigste Entfernung der Kohlenenden ist, je nach der Stromstärke, von 2 bis 5 mm; dabei erhält man bei einer Potentialdifferenz von 40 bis 50 Volt einen Strom von 10 bis 15 Ampere. Ist der Bogen nicht gut eingestellt, so brennt er unruhig, springt von einem Teile der Kohle zum anderen und fängt an zu *zischen.* Viel ruhiger brennen sog. Dochtkohlen, welche in ihrer Achse einen Kern aus einer leicht flüchtigen Masse, z. B. Wasserglas, enthalten.

Die höchste Helligkeit ebenso wie die höchste Temperatur besitzt, wie wir schon gesagt haben, der Krater der positiven Kohle. Wird die *positive Kohle* über die negative Kohle gestellt, so sendet der Krater sein Licht nach unten. Will man das Licht nicht nach unten, sondern horizontal senden, so verwendet man zwei unter einem Winkel gegeneinander gestellte Kohlen; die positive Kohle liegt dabei horizontal (Abb. 146).

Die Leuchtkraft der Bogenlampen kann noch dadurch erhöht werden, daß man die Kohlen mit verschiedenen Salzen tränkt; man kann dabei Licht von verschiedenen Farben erhalten (sog. Effektbogenlampen).

**176. Glühlampen.** Es ist bekannt, daß je höher die Temperatur eines glühenden Körpers, desto größer die Energie seiner Strahlung; aber gleichzeitig mit der Verstärkung der ausgestrahlten Energie wird auch die Farbe des ausgestrahlten Lichts verändert: das Licht wird weißer. In der physikalischen Sprache bedeutet das, daß bei Erhöhung der Temperatur, zu den größeren Wellenlängen, d. h. zum roten Licht, mehr und mehr Strahlen kleinerer Wellenlängen, d. h. blaue und violette Lichtstrahlen sich beimischen. Es ist demnach vorteilhaft in den Glühlampen möglichst *hohe* Temperaturen zu verwenden.

Früher wurde für die elektrischen Glühlampen fast ausschließlich der von EDISON erfundene Kohlenfaden benutzt, welcher durch Verkohlen der Zellulose hergestellt wurde. In der Abb. 147 ist der Durchschnitt einer solchen Lampe dargestellt. Der Kohlenfaden wird in einem evakuierten birnenförmigen Gefäße eingeschlossen, denn in der Luft würde ja der Kohlenfaden bei der Glühtemperatur sofort verbrennen. Die Enden des Kohlenfadens sind an zwei Platindrähtchen befestigt, welche in die Glasbirne unten eingeschmolzen sind und als Elektroden dienen. Platin wird zu diesem Zwecke deshalb verwendet, weil es fast denselben Ausdehnungskoeffizienten besitzt wie Glas; die Einschmelzstellen bleiben demnach bei jeder Temperatur luftdicht. Der eine Platindraht wird an die zentrale Kupferplatte *a* angelötet und der andere Draht an das zylindrische Messinggewinde *b*. Beide so gebildeten Pole der Lampe *a* und *b* werden durch Gips voneinander isoliert festgehalten. Um die Lampe in die Leitung bequem einschalten zu können, hat EDISON entsprechende Pole auch in der Leitung angebracht, so daß beim Einschrauben der Lampe (Abb. 147) die Pole der Lampe mit entsprechenden Polen der Leitung fest und mit gutem Kontakt verbunden werden. Dieses von EDISON angegebene Gewindesystem wird jetzt fast in allen Ländern verwendet. In Frankreich benutzt man statt der Gewinde federnde Kontakte.

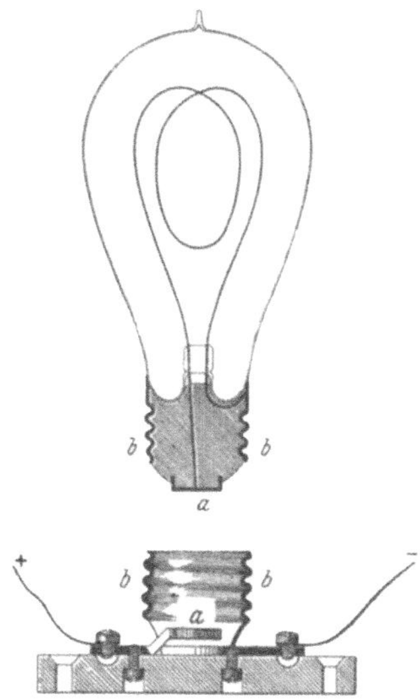

Abb. 147. Edisonlampe.

Die Temperatur des Kohlenfadens kann bis etwa 1800° erhöht werden, ohne daß der Kohlenfaden zerbricht oder schnell abbrennt. Aber bei hohen Temperaturen wird die Kohle verdampft und das Glas der Lampe bedeckt sich innen mit einem feinen schwarzen Kohlenüberzug: die Lampe wird dunkel und ist schließlich nicht mehr zu gebrauchen. Die Praxis fordert von einer guten Lampe, sie soll etwa 1000 Stunden in gutem Zustande bleiben. Durch diese Forderung ist gleichzeitig eine obere Grenze für die Glühtemperatur des Fadens festgestellt.

Anderseits lehren uns die Strahlungserscheinungen eines glühenden Kör pers, daß, je höher wir seine Glühtemperatur nehmen, desto mehr Lichtenergie wir aus der uns gegebenen Wärmeenergie gewinnen können. Der *Nutzeffekt* der Lampe steigt also mit der Temperatur, und zwar sehr schnell. So gibt z. B. ein jedes Quadratmillimeter des glühenden Kohlenfadens bei einer Temperatur von 1500° etwa 0,1 Kerzen; bei einer Temperatur von 1800°, also bei einer Erhöhung nur um 300°, wird die Lichtausbeute fast verzehnfacht. Der glühende Krater der Bogenlampe bei seiner 4000° hohen Temperatur strahlt etwa 3000mal mehr Licht von einem Quadratmillimeter als der Kohlenfaden in einer Glühlampe. Wir müssen demnach einen Körper suchen, welcher hohe Temperaturen aushalten kann, ohne zu schmelzen und ohne zu verdampfen.

In der letzten Zeit ist es gelungen, sehr dünne Drähte aus den Metallen Iridium, Osmium, Wolfram oder aus ihren Legierungen, wie Osram (Osmium und Wolfram) herzustellen. Der Schmelzpunkt dieser Metalle liegt über 3000° und man kann sie unter denselben Bedingungen, nämlich bei 1000 Stunden Lebensdauer, bis zu einer Temperatur von etwa 2400° erwärmen (Abb. 148).

Einen weiteren Fortschritt erzielte man, indem man das Innere der Lampe mit Stickstoff unter einem Druck von etwa einer Atmosphäre füllte und den Leuchtdraht in Form einer enggewundenen Spirale im Zentrum einer großen Glaskugel befestigte. Durch die Stickstoffüllung wurde die Verdampfung und Zerstäubung der Metalle so erniedrigt, daß man die Temperatur des Wolframdrahtes bis zu 2700° erhöhen konnte, und durch die Spiralform wurde ein erheblich kleinerer Wärmeverlust erzielt als bei einem geraden Draht. Dank der Stickstoffüllung haben diese Lampen den Namen Nitro- oder Asolampen erhalten (Abb. 149). Sie zeichnen sich durch ihren großen Nutzeffekt aus.

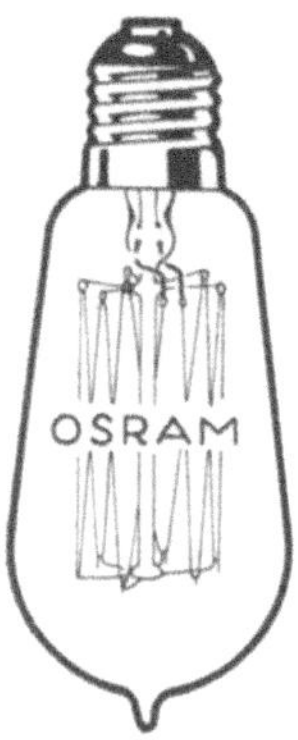


Abb. 148. Metallfadenlampe.

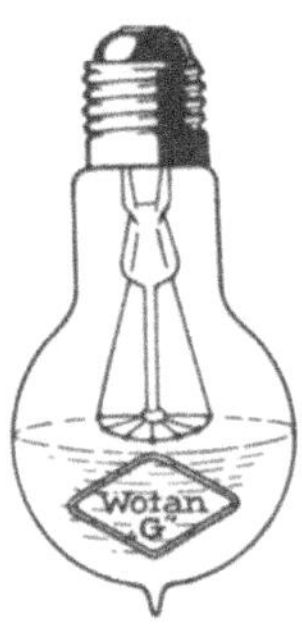


Abb. 149. Halbwattlampe.

Wir geben hier eine kleine Tabelle für die gebräuchlichsten Lampen. In dieser Tabelle bedeutet $W$ die in Watt ausgedrückte, für eine Normalkerze Leuchtkraft zu verwendende Leistung. Mit $\lambda$ ist die Wellenlänge des Lichtes in Mikron (Tausendstel vom Millimeter) angegeben, welche der Maximalenergie im Spektrum der Lichtquelle entspricht. Endlich ist $\vartheta$ die absolute Temperatur des leuchtenden Körpers.

| Lichtquelle | $W$ | $\lambda$ | $\vartheta$ |
|---|---|---|---|
| Kohlenfaden . . . . | 3,5 | 1,4 | 2000 |
| Nernstlampe . . . . | 1,3 | 1,2 | 2200 |
| Metallampe . . . . . | 1,0 | 1,1 | 2400 |
| Azolampe . . . . . | 0,7 | 1,0 | 2800 |
| Bogenlampe . . . . | 0,5 | 0,7 | 4000 |

**177. Sicherungen.** Man benützt die JOULsche Wärme, um bei zu starken Strömen eine automatische Stromunterbrechung zu erzeugen. Die sog. *Sicherungen* bestehen größtenteils aus einem kurzen Draht aus Blei oder Silber, dessen Querschnitt so bemessen wird, daß er einerseits die gewöhnlich durch die Leitung gehenden Ströme ohne übermäßige Erwärmung aushält, anderseits aber bei einer gewissen maximal erlaubten Stromstärke sich bis zum Schmelzpunkte erwärmt; beim Abschmelzen des Drahtes wird der Strom unterbrochen. Damit beim Abschmelzen das Metall nicht zerspritzt, was nicht ganz ungefährlich wäre, wird das Drähtchen in eine Porzellanhülle eingeschlossen. Oft wird in so einer Sicherung noch ein zweiter sehr dünner Draht parallel zum ersten Draht angebracht, der außen zu sehen ist. Nach dem Schmelzen des Hauptdrahtes wird natürlich auch der zweite Draht abschmelzen, aber ohne Gefahr, weil er sehr dünn ist. Der zweite Draht hat nur den Zweck, die abgeschmolzene Sicherung leicht von außen zu erkennen.

**178. Berechnung eines Rheostaten.** Als Beispiel wollen wir hier eine Berechnung eines Regulierwiderstandes anführen. — Es sei uns eine Stromquelle von

110 Volt gegeben und wir wollen damit eine Bogenlampe speisen. Da die uns gegebene Klemmspannung größer ist, als es für eine Bogenlampe nötig ist, müssen wir in die Leitung einen Regulierwiderstand einschalten. Für gutes Brennen der Bogenlampe braucht man etwa 45 Volt; im Regulierwiderstand muß demnach ein Potentialabfall von 110 — 45 = 65 Volt hergestellt werden. Wird die Lampe für 12 Amperen eingerichtet, so muß der Widerstand $R = \frac{65}{12}$ $= 5{,}4$ Ohm haben. Einen Widerstand von 5,4 Ohm kann man aus Drähten sehr verschiedener Länge und Dicke herstellen. Soll aber die Erwärmung des Drahtes nicht zu stark sein, so wählen wir bei der Stromstärke 12 Ampere einen Draht von 2 $mm^2$ Querschnitt. Als Material nehmen wir das billige und mit verhältnismäßig großem spezifischem Widerstande, Metall Nickelin. Bei einem spezifischen Widerstande von $\varrho = 45 \cdot 10^{-6}$ Ohm·cm erhalten wir eine Drahtlänge von 24 m. Den Draht winden wir in Spiralen, um ihn in einem nicht zu großen Holzrahmen befestigen zu können.

Schalten wir diesen Widerstand mit der Bogenlampe hintereinander, so erhalten wir folgendes:

| | | |
|---|---|---|
| Die Totalleistung des Stromes wird . . . . . . . . . | $110 \cdot 12 = 1320$ | Watt |
| die Nutzleistung in der Bogenlampe . . . . . . . . . | $45 \cdot 12 = 540$ | „ |
| die im Rheostaten verbrauchte Leistung . . . . . . | $65 \cdot 12 = 780$ | „ |

Der Nutzeffekt in dieser Anordnung wird $45 : 110 = 0{,}4 = 40\%$.

Viel vorteilhafter wäre es, statt einer einzigen Bogenlampe deren zwei hintereinander zu schalten. Dann würden wir einen Rheostaten nur für den Potentialabfall von 20 Volt brauchen und der Nutzeffekt wäre doppelt so groß, als in dem vorigen Falle.

**179. Ein Beispiel.** Es sei uns folgende Aufgabe gegeben: Ein Saal soll mit 100 Glühlampen zu je 50 Kerzen beleuchtet werden. Im ganzen braucht man also 5000 Kerzen. Wählen wir Azo-Lampen dazu, welche bei 50 Kerzen etwa 0,7 Watt auf jede Kerze verbrauchen, so berechnet sich die für die Beleuchtung des Saales nötige Leistung

$$5000 \cdot 0{,}7 = 3500 \text{ Watt} = 4{,}6 \text{ PS}.$$

Ist der Nutzeffekt der Maschine gleich 0,85 und der Leitung gleich 0,9, so muß für diese Anlage ein Gasmotor oder Petroleummotor oder eine Dampfmaschine gewählt werden, deren Leitung

$$\frac{4{,}7}{0{,}85 \cdot 0{,}9} = 6 \text{ PS beträgt.}$$

Früher, wo noch die Kohlenfadenlampen gebraucht wurden, wäre eine etwa 7mal größere Leistung für dieselbe Beleuchtung nötig gewesen. Sechs Siebentel, also etwa 85% dieser Leistung hat demnach sicher nicht für die Beleuchtung, sondern für die Erwärmung des Saales gedient, was in den meisten Fällen gar nicht nötig war. Aber auch jetzt bei den Metallampen neuester Konstruktion ist der Nutzeffekt einer Beleuchtungsanlage noch immer sehr klein.

## 6. Thermoelektrizität.

**180. Seebeckeffekt.** Bei der Besprechung der VOLTAschen Entdeckung haben wir schon darauf hingewiesen (S. 106, **124**), daß abgesehen von der Größe der Kontaktpotentialen, welche in den VOLTAschen Versuchen nicht sichergestellt war, können diese Kontaktpotentiale in einem geschlossenen Kreise keinen Strom ergeben; denn alle Potentialdifferenzen kompensieren sich gegenseitig, und die totale elektromotorische Kraft im Kreise ist gleich Null. Im Jahre 1823 hat aber

SEEBECK die Entdeckung gemacht, daß in solch einem Kreise dennoch ein Strom entstehen kann, wenn die Kontakte oder, wie man sie nennt, — die Lötstellen — der Metalle auf verschiedene Temperatur erwärmt werden.

Der durch die SEEBECKsche Methode erzeugte Strom wird *thermoelektrischer* Strom genannt, und die Kombination zweier Metalle, welche diesen Strom liefert, nennt man ein *Thermoelement.*

Den Seebeck-Effekt kann man sehr leicht am folgenden Apparate beobachten. An eine dicke und etwa 10 cm lange Wismutplatte wird ein umgebogener Kupferstreifen so angelötet (Abb. 150), daß zwischen ihnen eine kleine Kompaßnadel aufgestellt werden kann. Erwärmt man die eine Lötstelle zwischen Wismut und Kupfer mit der Hand oder, noch besser, mit einer Spiritusflamme, so fließt von der erwärmten Stelle längs des Kupferstreifens zu der kälteren Lötstelle ein elektrischer Strom. Der Strom und seine Richtung wird durch die Ablenkung der Magnetnadel angezeigt.

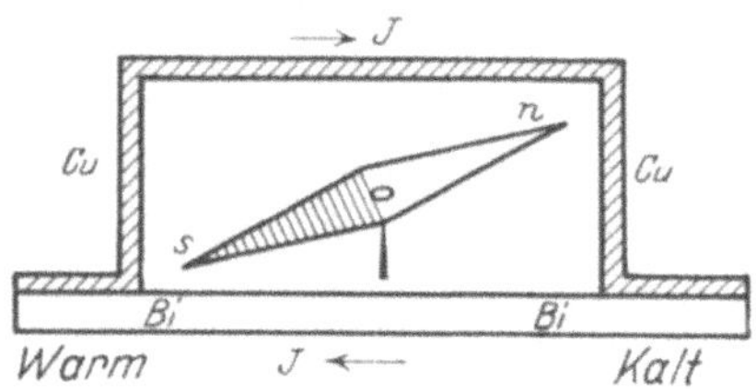


Abb. 150. Seebeckeffekt.

Analoge Erscheinungen, aber nicht in so starkem Maße, beobachtet man auch bei anderen Metallkombinationen. Wir geben hier die elektromotorischen Kräfte einiger am meisten vorkommenden Kombinationen zweier Metalle, wenn die eine Lötstelle auf 0° und die andere auf 100° gehalten wird.

Ein +-Zeichen bedeutet, daß der Strom im erstgenannten Metall von der warmen zur kalten Lötstelle fließt.

| | | |
|---|---|---|
| Wismut-Antimon . . . . | +0,011 | Volt |
| Kupfer-Eisen . . . . . . | +0,001 | ,, |
| Konstanten-Eisen . . . . | +0,0053 | ,, |
| Kupfer-Konstantan . . . | +0,0037 | ,, |
| Platin-Platin-Rhodium . . | +0,001 | ,, |

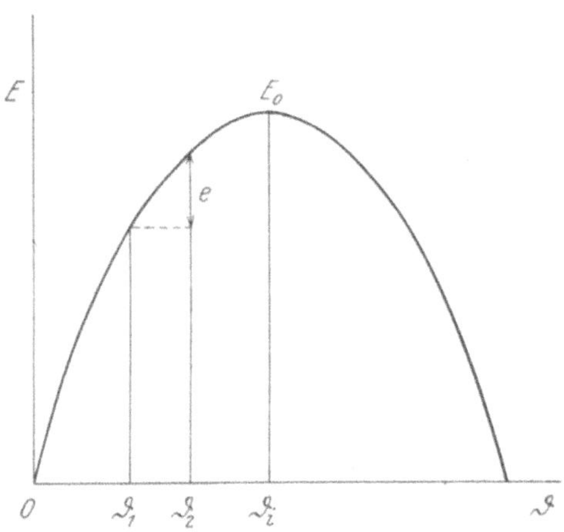


Abb. 151. Erscheinung der Inversion.

Die thermoelektromotorischen Kräfte anderer Kombinationen aus denselben Metallen lassen sich nach dem VOLTAschen Gesetze (S. 106, **124**) berechnen. Es ergibt sich z. B.:

$$\text{Kupfer-Eisen} = \text{Kupfer-Konstantan} + \text{Konstantan-Eisen}.$$

Die thermoelektromotorischen Kräfte sind in erster Annäherung bei nicht zu großen Temperaturdifferenzen zu diesen letzteren proportional. Aber im allgemeinen hängt diese Thermokraft nicht nur von den Temperaturdifferenzen der Lötstellen, sondern auch von der Temperatur selbst ab.

BECKEREL hat gefunden, daß z. B. bei der Kombination Kupfer-Eisen die Thermokraft mit steigender Temperatur immer kleiner wird, bei etwa 300° wird sie gleich Null, und bei noch höheren Temperaturen wechselt sie sogar ihr Zeichen. AVENARIUS hat für diese Erscheinung ein allgemeines Gesetz gefunden, daß nämlich die Abhängigkeit der Thermokraft von der Temperatur durch eine Parabel (Abb. 151) dargestellt werden kann. Nimmt man irgend zwei Temperaturen $\vartheta_1$ und $\vartheta_2$, so erhält man in der Ordinatendifferenz $e$ der Parabel die entsprechende elektromotorische Kraft. Der Scheitelpunkt $E_0$ der Parabel gibt die Temperatur an, bei welcher die elektromotorische Kraft ihr Zeichen wechselt. Diese Erscheinung wird Inversion genannt.

**181. Peltiereffekt.** Eine in gewisser Hinsicht entgegengesetzte Erscheinung hat PELTIER entdeckt. Schickt man einen elektrischen Strom durch zwei miteinander verlötete Metalle, so erhält man außer der gewöhnlichen JOULEschen Wärme noch eine Erwärmung der Lötstelle selbst. Bei entgegengesetzter Stromrichtung wird die Temperatur der Lötstelle erniedrigt.

Schicken wir z. B. einen Strom durch ein Antimonstäbchen, an dessen beiden Enden je ein Wismutstäbchen angelötet ist, so erwärmt sich stets die Lötstelle, in welcher der Strom vom Wismut zum Antimon fließt. Analoge Erscheinungen beobachtet man auch bei anderen Metallen.

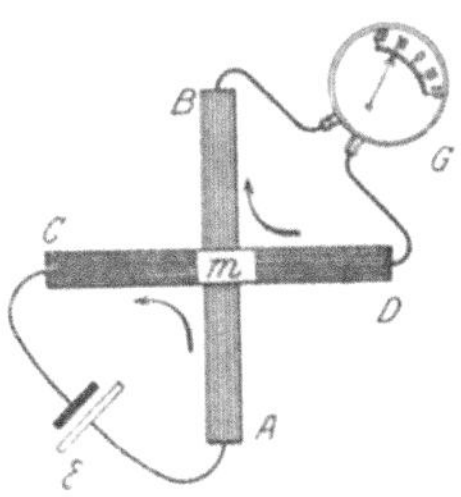

Abb. 152. Peltiereffekt.

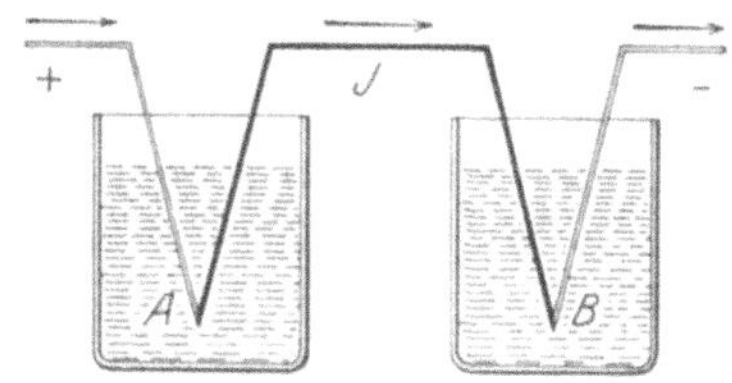

Abb. 153. Messung der Peltierwärme.

PELTIER selbst hat eine elegante Methode angegeben, um diese Erscheinung zu beobachten. Man lötet einen Wismutstab und einen Antimonstab so zusammen, daß sie ein Kreuz bilden (Abb. 152). Die Enden $A$ und $C$ dieses Kreuzes verbindet man mit einer galvanischen Batterie und die Enden $B$ und $D$ mit einem empfindlichen Galvanometer. Schickt man den Strom durch die Lötstelle in der Richtung vom Antimon zum Wismut, so erzeugt er in der Lötstelle die PELTIERsche Wärme; gleichzeitig bilden im Galvanometerkreis $BGD$ die anderen zwei Arme des Kreuzes ein SEEBECKsches Thermoelement, welches durch die Peltier-Wärme erwärmt wird, eine elektromotorische Kraft (Seebeck-Effekt) erzeugt und einen Strom in das Galvanometer sendet. Ändert man die Richtung des Stromes im Primakreis $ACE$, so wird die Lötstelle abgekühlt; gleichzeitig wechselt auch die elektromotorische Kraft im zweiten Stromkreise $BDG$ ihr Zeichen, und das Galvanometer erhält eine Ablenkung in der entgegengesetzten Richtung.

Zu diesem Versuch ist es bequemer, statt Wismut und Antimon zwei dicke Drähte aus Kupfer und Manganin zu nehmen. Dick müssen die Drähte sein, damit die beim Stromdurchgange sich bildende JOULEsche Wärme möglichst klein bleibe und keine zu großen Ablenkungen im Galvanometer verursache. Die JOULEsche Wärme ist jedenfalls leicht von der PELTIERschen Wärme zu unterscheiden, weil sie von der Richtung des Stromes nicht abhängt, der Peltier-Effekt dagegen wechselt sein Zeichen mit der Stromrichtung.

Die Existenz eines Peltier-Effekts zeigt uns, daß beim Kontakt zweier Körper an ihrer Grenze sich in der Tat eine bestimmte Potentialdifferenz bildet. Denn schickt man den Strom $J$ durch diese Grenze, so wird eine Arbeit $JV$ geleistet, welche als Peltier-Wärme zum Vorschein kommt. Schickt man den Strom in der entgegengesetzten Richtung, so trifft er an der Lötstelle eine negative Potentialdifferenz $-V$ und seine Arbeit wird auch negativ $-JV$, weshalb sich die Lötstelle abkühlen muß.

Für genauere Versuche über Peltier-Wärme werden Kalorimeter benutzt. Zwei solche Kalorimeter sind in der Abb. 153 schematisch gezeichnet; in jedem von ihnen befindet sich je eine Lötstelle der Metalle. Schickt man durch die

Metalldrähte einen Strom $J$ durch, so erhalten wir im ersten Kalorimeter erstens die JOULsche Wärme $J^2 r$ (S. 138, **165**) und zweitens die Peltier-Wärme $JV$. Geht der Strom eine Zeitlang $t$ durch, so erhalten wir in diesem Kalorimeter eine Wärmemenge

$$q_1 = (J^2 r + JV)\, t,$$

in dem anderen Kalorimeter erhalten wir in derselben Zeit eine Wärmemenge

$$q_2 = (J^2 r - JV)\, t.$$

Die Differenz beider Größen ist

$$q_1 - q_2 = 2\, VJt.$$

Auf diese Weise kann man die Potentialdifferenz $V$ bestimmen.

Derartige, von vielen Forschern angestellte Versuche haben gezeigt, daß die Kontaktpotentiale durchweg sehr klein sind, von der Größenordnung von 0,000 01 Volt.

**182. Thomson-Effekt.** W. THOMSON (Lord KELWIN) hat gezeigt, daß der Seebeck-Effekt und der Peltier-Effekt nicht unabhängig voneinander sind, sondern daß man aus der Existenz des einen auf die Existenz des andern schließen kann. Aus der THOMSONschen Theorie folgte unter anderem, daß die Thermokraft genau proportional der Temperaturdifferenz der Lötstellen sein soll. Wir wissen aber, daß das im allgemeinen nicht der Fall ist. Daraus schloß W. THOMSON, daß außer den beiden obengenannten Effekten noch ein dritter Effekt existieren muß, nämlich, es müssen auch in einem *einzigen* Metalle bei Temperaturdifferenzen elektromotorische Kräfte entstehen.

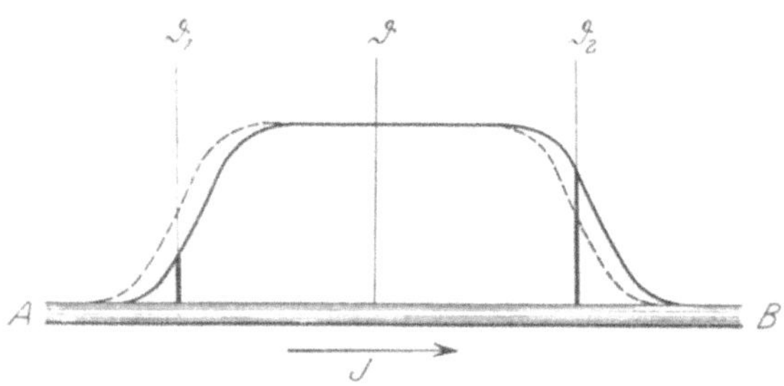


Abb. 154. Thomson-Effekt.

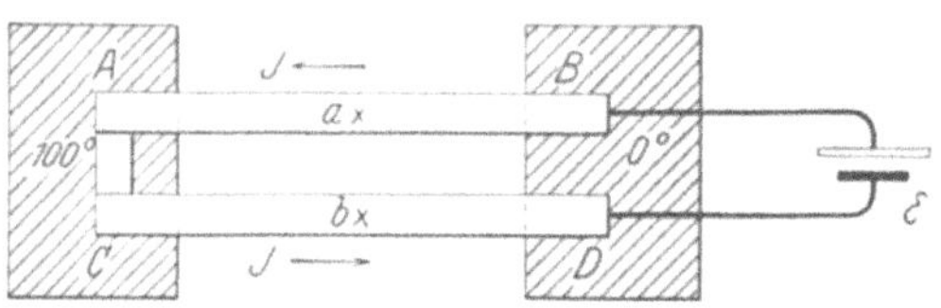


Abb. 155. Versuche von LEREUX.

Es gelang W. THOMSON in der Tat, diesen Effekt experimentell zu entdecken.

Zunächst ist folgendes zu bemerken. Bilden wir einen geschlossenen Kreis aus irgendeinem homogenen Draht und erwärmen wir einen Teil desselben, so kann auch nach der THOMSONschen Theorie in diesem Kreis kein Strom entstehen, denn an der einen Seite der erwärmten Stelle erhalten wir ein Temperaturgefälle in der einen Richtung und an der anderen Seite ein Temperaturgefälle gerade in der entgegengesetzten Richtung. Beide Wirkungen, wenn auch jede von ihnen eine elektromotorische Kraft erzeugt, werden sich stets aufheben und die totale elektromotorische Kraft im Kreise wird gleich Null sein. Auf diese Weise läßt sich also der Thomson-Effekt nicht nachweisen. Man kann aber diese elektromotorischen Kräfte aufdecken, wenn man einen Strom von einer anderen Quelle durch den erwärmten Draht hindurchschickt. Dann wird an der Stelle, wo der Strom in den erwärmten Draht eintritt, eine negative Arbeit $-VJ$ geleistet und dort, wo der Strom aus der erwärmten Stelle des Drahtes heraustritt, eine positive Arbeit $+VJ$ geleistet. Die Eintrittsstelle wird also abgekühlt (Abb. 154) und die Austrittsstelle erwärmt. Die ganze Erscheinung sieht so aus, als ob die Wärme vom durchgehenden Strome mitgenommen wird.

Für genauere Untersuchungen des Thomson-Effektes hat LEROUX folgende Anordnung benützt (Abb. 155). Zwei möglichst gleiche Stäbe aus dem zu untersuchenden Material $AB$ und $CD$ werden durch ein Querstück $AC$ verbunden und in einen Stromkreis der Batterie $\mathfrak{E}$ eingeschaltet. Die Enden $A$ und $C$ dieser Stäbe werden in einem Bade bei 100° erwärmt; die anderen Enden $B$ und $D$ werden bei 0° gehalten. Ist der Strom noch nicht geschlossen, so zeigen die in den Punkten $a$ und $b$ aufgestellten Thermometer die gleiche Temperatur, welche zwischen 0° und 100° liegt. Bei Stromschluß wird sich bei $b$, wo der elektrische Strom und der Wärmestrom die gleiche Richtung haben, die Temperatur erhöhen, und bei $a$, wo der elektrische Strom entgegengesetzt dem Wärmestrom fließt, wird die Temperatur erniedrigt.

Am stärksten ist der Thomson-Effekt bei Wismut und Zink, im Blei ist dieser Effekt unmeßbar klein, im Eisen und Platin beobachtet man einen negativen Thomson-Effekt.

Die Versuche mit Wismut haben gezeigt, daß in ihm bei einer Temperaturdifferenz von 1° ein Strom von 1 Ampere in jeder Sekunde eine Wärmemenge von $2{,}4 \cdot 10^{-6}$ kleinen Kalorien mitführt. Bezeichnen wir die entsprechende Potentialdifferenz mit $V$, so erhalten wir die Gleichung

$$JV \cdot 0{,}24 = 2{,}4 \cdot 10^{-6}.$$

Daraus berechnet sich die Potentialdifferenz zwischen zwei Punkten des Wismuts mit einer Temperaturdifferenz von 1°

$$V = 10^{-5} \text{ Volt}.$$

Der Thomson-Effekt ist also von derselben Größenordnung wie die Effekte von SEEBECK und PELTIER.

**183. Thermobatterien.** Wir sehen, daß im allgemeinen die Thermoeffekte so kleine elektromotorische Kräfte liefern, daß sie eine technische Bedeutung

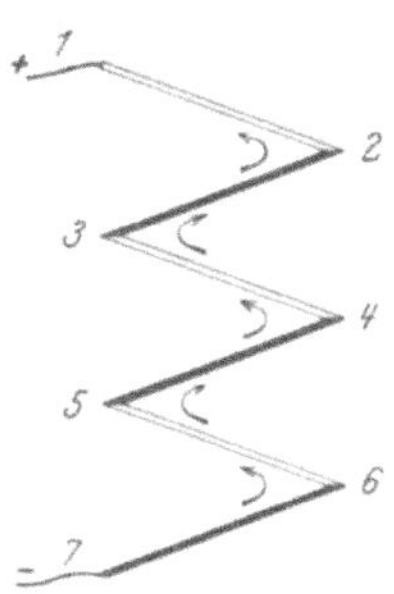


Abb. 156. Thermobatterie, schematisch.

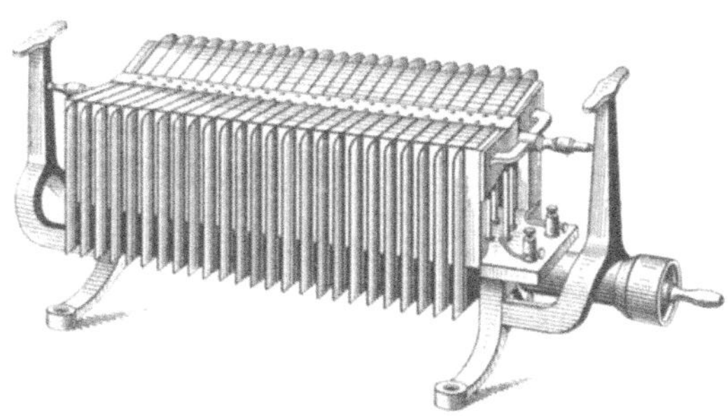

Abb. 157. Gülchersche Thermobatterie.

als Stromquellen kaum haben können. In manchen Fällen sind dennoch Thermoelemente sehr nützlich. Um eine größere elektromotorische Kraft zu erhalten, schaltet man mehrere Thermoelemente hintereinander und erhält so eine Thermobatterie (auch Thermosäule genannt). In der Abb. 156 sind mit schwarzen und weißen Strichen zwei verschiedene Metalle angedeutet, welche miteinander zusammengelötet sind. Werden die geraden Lötstellen erwärmt und die ungeraden kalt gehalten, so wirken alle elektromotorischen Kräfte in ein und derselben Richtung und summieren sich.

In der Abb. 157 ist eine Thermobatterie von GÜLCHER dargestellt. Sie besteht aus dünnen Röhrchen aus Nickel, welche als Gasbrenner dienen. In den oberen Teilen eines jeden Röhrchens sind Kupferhülsen angemacht, die durch das Gas erwärmt werden. An den Kupferhülsen sitzen Stäbe aus einer antimonhaltigen Legierung, die ihrerseits in Kupferstreifen endigen, welche die Wärme abführen. Diese letzten Kupferstreifen bilden große, außen herausragende Flächen, damit sie gut ventiliert werden und ihre Temperatur möglichst niedrig erhalten bleibe. Eine Batterie von 66 solchen Antimon-Nickelelementen gibt bei Gasheizung eine elektromotorische Kraft von 4 Volt. Ihr innerer Widerstand ist gleich 0,65 Ohm. Die Batterie erfordert 170 Liter Gas pro Stunde.

Wir wollen hier als Beispiel eine kleine Rechnung anführen.

Die maximale nützliche Arbeit bei einer solchen Batterie erhalten wir, wenn der äußere Widerstand dem inneren Widerstand der Batterie gleichgenommen wird (S. 144, **171**). Der totale Widerstand des Stromkreises wird dann gleich $2 \cdot 0{,}65 = 1{,}3$ Ohm und der Strom $J = \frac{4}{1{,}3} = 3$ Ampere. Der Potentialabfall im inneren wie im äußeren Teile des Stromkreises wird gleich 2 Volt sein und die größte nützliche Leistung gleich $2 \cdot 3 = 6$ Watt. Dabei wird jede Wattstunde $170 : 6 = 28$ Liter Gas erfordern. 1 Liter Gas kann 5600 große Kalorien geben, also fordert jede Wattstunde $28 \cdot 5600 = 160$ Kalorien. Anderseits wissen wir, daß eine Wattstunde gleich 3600 Joule $=$ 864 Kalorien $=$ 0,864 kleine Kalorien ist. Demnach ist der Nutzeffekt der Gülcherbatterie 0,005%.

Wir empfehlen dem Leser, diese Rechnung selbst zu kontrollieren und außerdem den Preis einer Wattstunde in der Gülcherbatterie mit dem Preise der elektrischen Energie, welche die städtischen Zentralen liefern, zu vergleichen.

Es muß noch hinzugefügt werden, daß die GÜLCHERsche Batterie einen *konstanten* Strom liefert, die städtischen Zentralen aber fast immer einen Wechselstrom.

**184. Temperaturmessungen mit Thermoelementen.** Die thermoelektrische Kraft kann bequem zur Temperaturmessung gebraucht werden.

Abb. 158. Thermoelement von LECHATELIER.

In der Technik werden Thermoelemente nach LE CHATELIER für die Messung sehr hoher Temperaturen in den Schmelzöfen oft gebraucht.

Dieses Thermoelement besteht aus zwei Drähtchen, von welchen der eine aus Platin und der andere aus einer Legierung von Platin mit 10% Rhodium (Platin-Rhodium) gemacht ist. Beide Metalle können sehr hohe Temperaturen aushalten ohne sich zu verändern. Die Lötstelle und die Drähte werden in ein glasiertes Porzellanrohr eingeschlossen, um sie vor der direkten Berührung mit den Flammengasen zu schützen (Abb. 158). Die elektromotorische Kraft eines solchen Elements ist etwa 0,001 Volt bei 100° Temperaturdifferenz. Da die elektromotorische Kraft bei hohen Temperaturen nicht genau proportional der Temperaturdifferenz ist, so wird das Thermoelement für hohe Temperaturen besonders geeicht. Einem jeden Le Chatelier-Thermometer wird eine besondere Eichtabelle beigelegt

Thermoelemente werden in den Laboratorien auch zu Strahlungsmessungen oft verwendet. Die bekannte, von MELLONI konstruierte Thermosäule ist von RUBENS und in neuerer Zeit von MOLL sehr vervollkommnet worden. In der Abb. 159 ist das Schema einer RUBENSschen Säule dargestellt. Sie besteht aus etwa 20 hintereinandergeschalteten Thermoelementen aus Konstantan und Eisen oder Manganin. Die Drähte haben einen Durchmesser von nur 0,03 mm (bei MOLL Bändchen von 0,007 mm Dicke) und sind so angeordnet, daß alle geraden Lötstellen in der Mitte des Rähmchens (Abb. 159) eine gerade Linie bilden, indem die ungeraden Lötstellen abwechselnd rechts und links auf dem Rahmen selbst zu liegen kommen. Die Zentrallinie, also die geraden Lötstellen, werden der meistens spektral zerlegten Strahlung ausgesetzt, die ungeraden Lötstellen werden abgeschirmt, oder sogar in Watte eingewickelt, damit ihre Temperatur möglichst unverändert bleibt.

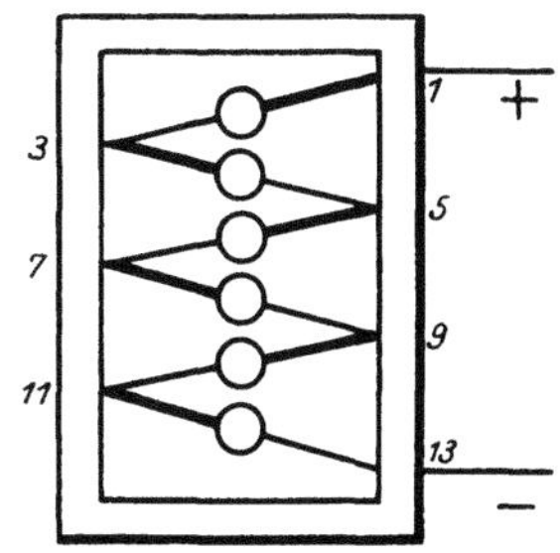

Abb. 159. Rubenssche Thermosäule (schematisch).

Jedes Thermoelement Eisen-Konstantan gibt für je 1° eine elektromotorische Kraft von 0,000 053 Volt. Mit einem sehr empfindlichen Galvanometer kann man mit der RUBENSschen Säule sogar ein Millionstel Grad beobachten.

# III. Der Magnetismus.

## 1. Grundversuche.

**185. Natürliche Magnete.** Man findet in der Natur Eisenerze, welche Eisen in Verbindung mit Sauerstoff oder Schwefel enthalten. ($FeO + Fe_2O_3$ bzw. $6\,FeS + Fe_2S_3$), und welche die Fähigkeiten besitzen, kleine Eisenstücke, wie Nägel, Drähtchen, Feilspäne anzuziehen (Abb. 160). Die Erscheinung war schon im Altertum bekannt, und die Erze fand man unter anderem in der Gegend der Stadt Magnesia in Kleinasien; daher auch der Name Magneteisenstein oder einfach Magnet.

Auf den ersten Blick erinnert diese Erscheinung an die von uns schon früher (S. 1, **1**) betrachteten elektrischen Anziehungen eines Bernsteins, aber, wie wir schon hervorgehoben haben, sind beide Erscheinungen ihrem Wesen nach verschieden. Ein Unterschied zeigt sich schon in dem Umstande, daß der durch Reibung elektrisierte Bernstein leichte Körper aus sehr verschiedenem Material anzuziehen vermag; die Körper müssen nur leicht sein oder leicht beweglich aufgehängt werden, weil die elektrische Anziehung ziemlich schwach ist. Demgegenüber sind die Anziehungen, welche man an Magneterzen beobachtet, zuweilen sehr stark, aber sie äußern sich fast ausschließlich an Eisenstücken; Feilspäne aus Nickel und Kobalt werden nur schwach angezogen, und Körper aus anderem Material, sie mögen noch so leicht sein, werden von Magneten überhaupt nicht angezogen.

Die am Magnetsteine beobachteten Kräfte nennt man *magnetische Kräfte*. Analog der Elektrizität hat sich der Name Magnetismus eingebürgert. Den Magnetismus können wir einstweilen als ein besonderes Agens oder auch als einen besonderen Zustand der Körper betrachten.

**186. Magnetische Pole.** Die Eisenfeilspäne bleiben am Magnetsteine nicht an allen seinen Teilen gleichmäßig haften, sondern nur an einzelnen Stellen, die man Pole nennt (Abb. 160 und 161). In den meisten Fällen findet man beim Magneten *zwei* Pole. Ein einziger Pol ist nie beobachtet worden.

In bezug auf die Anziehung der Feilspäne sind beide Pole gleich; in ihren anderen Eigenschaften sind sie aber verschieden. Wir können nämlich den folgenden Versuch anstellen. Merken wir uns vorerst, wo die zwei Pole in einem Magnet sich befinden und hängen den Magnet an einem ungedrillten Faden so auf, daß die Pollinie horizontal bleibt. Dann werden wir bemerken, daß der Magnet sich um den Faden als Achse zu drehen anfängt, und nach ein paar Hin- und Herschwingungen stellt sich die Pollinie angenähert im Meridian ein: der eine Pol zeigt nach Norden und der andere nach Süden. Drehen wir den Magnet um, so daß seine Pole in umgekehrter Richtung zu stehen kommen, so wird er in dieser Stellung nicht stabil bleiben, sondern in die erste Lage wieder zurückkehren.

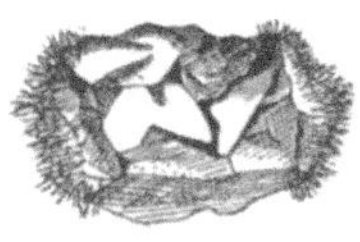

Abb. 160. Magneteisenstein.

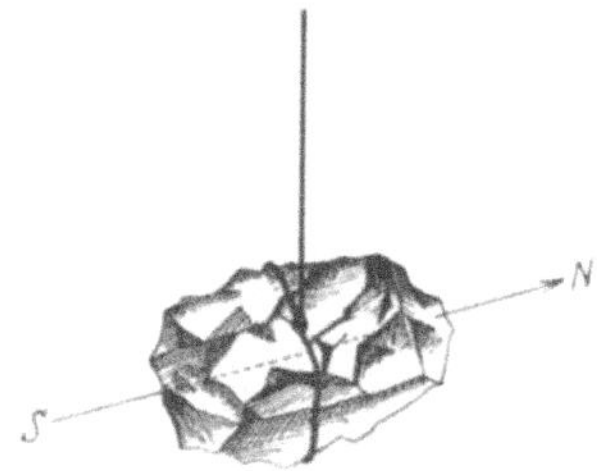


Abb. 161. Magnetische Pole.

Wir sehen daraus, daß die zwei Pole des Magnets verschiedene Eigenschaften haben: der eine hat nämlich die Eigenschaft, nach Norden zu zeigen, der andere nach Süden. Den ersten nennt man *Nordpol* und den zweiten *Südpol* des Magneten. Wir können also vom Nordmagnetismus und vom Südmagnetismus sprechen.

**187. Künstliche Magnete.** Wenn man ein Stück Eisen mit einem Magnet in Berührung bringt, so erhält es selbst magnetische Eigenschaften, d. h. das Eisen kann dann auch leichte Eisenspäne anziehen.

Der folgende Versuch ist leicht anzustellen. Dem einen Pol eines nicht zu schwachen Magnets nähert man einen eisernen Nagel. Der Nagel wird vom Magnet angezogen und bleibt an dem Pole haften. Man richtet den Nagel so, daß nur ein Ende desselben am Magnet haftet, das andere Ende aber frei bleibt. Mit diesem freien Ende kann man einen anderen ebensolchen Nagel anziehen. Das freie Ende des zweiten Nagels ist auch magnetisch geworden und zieht seinerseits einen dritten Nagel an, usw. Es gelingt manchmal, in dieser Weise eine zusammenhängende Kette von Nägeln mit einem Magnetpol in die Höhe zu heben. Nimmt man den ersten Nagel von dem Magnet vorsichtig ab, so fällt die ganze Nagelkette auseinander: der magnetische Zustand der Nägel ist verschwunden. Der Magnetismus der Eisennägel war also nur unter dem unmittelbaren Einfluß des Magnets vorhanden. Man nennt so einen Magnetismus *temporär*.

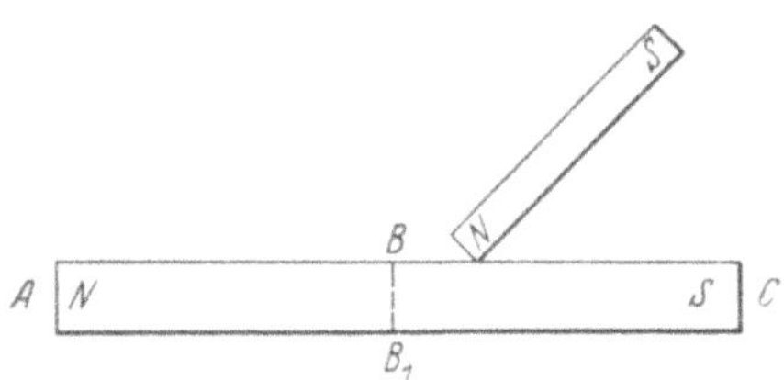


Abb. 162. Magnetisieren nach der Streichmethode.

Um einen länger dauernden Magnetismus zu erhalten, muß man statt Eisen Stahl verwenden. Man verfährt meistens folgendermaßen (Abb. 162). Man streicht das betreffende Stahlstück mit irgendeinem Magnetpol, z. B. mit dem Nordpol, von der Mitte $B$ beginnend bis zum Ende $C$; dann streicht man auf der anderen Seite des Stahlstückes von $B_1$ nach $C$. Jetzt dreht man den Magnet um und streicht mit seinem Südpol von $B$ nach $A$ und von $B_1$ nach $A$. Dann bestreicht man wieder mit dem Nordpol die Flächen $BC$ und $B_1C$ usf. Beim Streichen ist ein festes Reiben nutzlos; der Magnetpol muß sich nur an die Stahloberfläche gut anschmiegen. Man setzt das Streichen solange fort, bis man merkt, daß das Stahlstück vom Magnet stark angezogen wird. Dann hebt man den

Magnet langsam ab und findet, daß das Stahlstück selbst magnetisch geworden ist, und zwar befindet sich bei *C*, wo man mit den Nordpol des Magnetes gestrichen hat, ein Südpol, und umgekehrt bei *A* ein Nordpol. Wir werden übrigens weiter eine andere und viel bequemere Methode kennenlernen, nämlich das Magnetisieren mit dem elektrischen Strom.

Die so magnetisierten Stahlstücke haben meist einen viel stärkeren Magnetismus als die natürlichen Magnete und behalten ihren magnetischen Zustand unverändert sehr lange Zeit. Man nennt solche Stahlstücke *künstliche* Magnete oder auch *Dauermagnete*. In folgendem werden wir deshalb vorziehen, mit künstlichen statt mit natürlichen Magneten zu experimentieren.

**188. Formen der Magnete.** Die Dauermagnete stellt man je nach Bedarf in verschiedenen Formen dar. Sehr bekannt ist die sog. Hufeisenform, bei welcher die zwei Pole des Magnetes nahe aneinander liegen, damit sie gleichzeitig irgendein Stück Eisen stark anziehen können (Abb. 163). Das dem Magnet gut angepaßte Stück Eisen wird *Anker* genannt.

Der Versuch hat gezeigt, daß dünne und lange Stahlstäbe stärker magnetisierbar sind als dicke und kurze Stäbe. Aus diesem Grunde ist es vorteilhaft, größere Magnete aus dünnen Lamellen zusammenzustellen (Abb. 164). Auch die Hufeisenmagnete werden oft aus einzelnen Stahllamellen zusammengestellt (Abb. 165). Auf die Pole solcher zusammengestellten Magnete

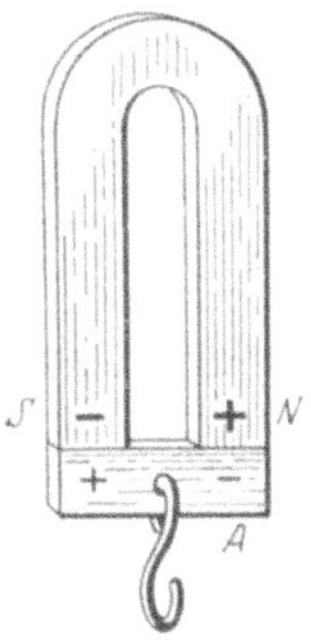


Abb. 163. Hufeisenmagnet mit Anker.

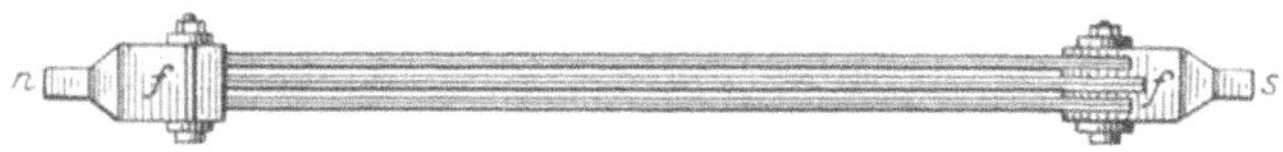


Abb. 164. Stabmagnet aus Stahllamellen zusammengestellt.

setzt man besondere Eisenstücke auf, die man *Polschuhe* oder Armaturen nennt (Abb. 165).

Beim Aufbewahren der Magnete ist es ratsam, die Enden der Magnete stets durch speziell dazu geformte Anker zu schließen, damit der Magnet mit seinem Anker ein in sich *geschlossenes* System ohne herausragenden Pol bildet. Der Magnetismus bleibt dabei länger erhalten. Aus diesem Grunde werden die Stabmagnete in besonderen Holzkästen paarweise aufbewahrt, und zwar so, daß ihre Pole entgegengesetzt gerichtet sind und durch zwei eiserne Anker geschlossen werden (Abb. 166).

**189. Magnetnadel. Bussole.** Für viele Versuche ist die folgende Form des Magnets bequem (Abb. 167), welche man eine *Magnetnadel* nennt. Aus einer Stahllamelle schneidet man ein langgestrecktes Parallelogramm aus, in dessen Mitte

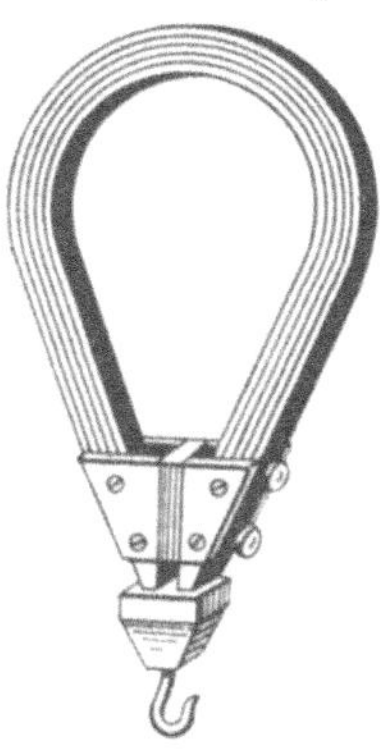

Abb. 165. Hufeisenmagnet aus Stahllamellen zusammengestellt.

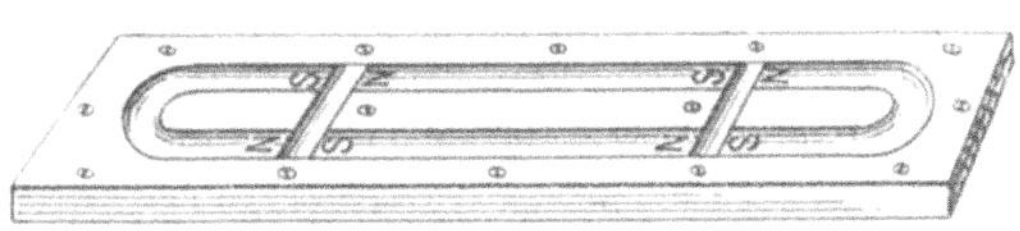

Abb. 166. Stabmagnete beim Aufbewahren.

ein Messinghütchen eingesetzt wird, um die Magnetnadel auf eine vertikale Stahlspitze aufsetzen zu können. Damit die Magnetnadel in der Horizontalebene möglichst reibungsfrei sich drehen kann, wird im Inneren des Hütchens eine harte Einlage, z. B. aus Achat, eingesetzt. Die Nadel wird möglichst stark magnetisiert, wobei die Magnetpole meistens an den Spitzen der Nadel gebildet werden. Die vertikale Stahlspitze befestigt man im

Zentrum eines Kreises mit Gradteilungen (Abb. 168); die Enden, d. h. die Pole der Magnetnadel, dienen gleichzeitig als Zeiger, um die Stellung der Nadelachse an der Gradteilung ablesen zu können. Das soeben beschriebene Instrument nennt man Kompaß oder Bussole. Es wird bekanntlich auf Seeschiffen und bei geodätischen Instrumenten gebraucht.

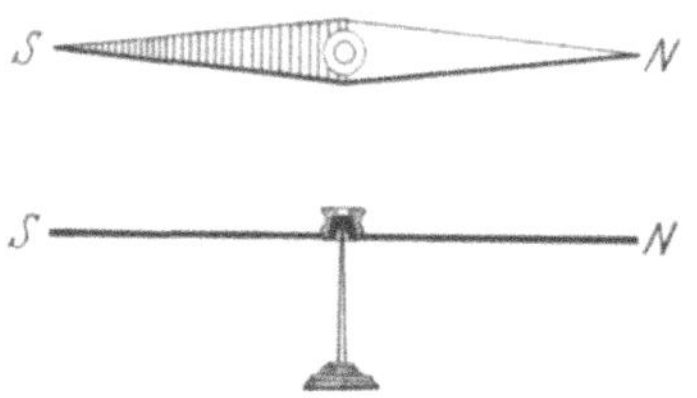


Abb. 167. Magnetnadel.

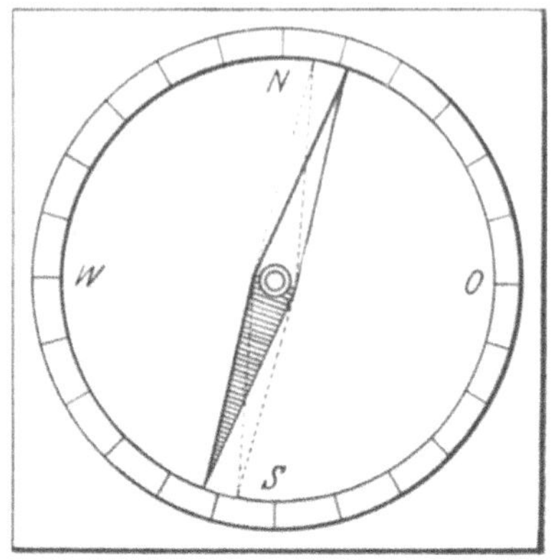


Abb. 168. Bussole.

**190. Das Magnetometer.** Ein Apparat, der bei wissenschaftlichen Untersuchungen für die Messungen der magnetischen Felder dient, nennt man *Magnetometer*.

Die Magnetnadel eines Magnetometers muß möglichst frei und ohne Reibung aufgehängt werden, damit sie auch den schwächsten magnetischen Kräften genau folgen kann. Anderseits darf die Nadel nicht zu lange hin und her schwingen, weil dann die Beobachtung ihrer Endlage zu mühsam wird. Aus diesem Grunde ist es ratsam, die Nadel möglichst kurz zu nehmen. Man gewinnt dabei auch den Vorteil, daß bei einer kurzen Nadel das magnetische Feld im Bereiche der Nadel viel eher als homogen angenommen werden darf, als bei einer langen Nadel.

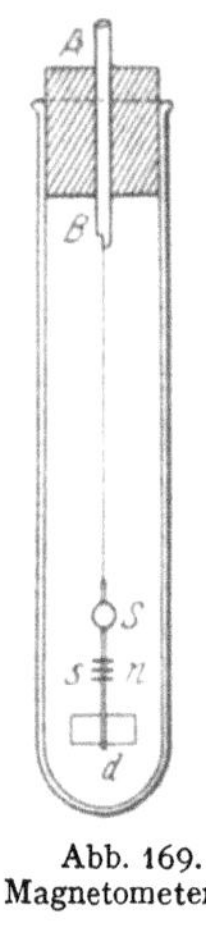


Abb. 169. Magnetometer.

Bei sehr kurzen Magnetnadeln, welche selbst als Zeiger nicht gut dienen können, werden besondere Zeiger, z. B. leichte Aluminiumstreifen, angebracht. Sehr oft wird eine sog. Spiegelablesung angewendet (vgl. S. 97, **110**). Wir haben schon oben erwähnt, daß verhältnismäßig kurze Stahlstücke nicht gut magnetisierbar sind. Man verwendet deshalb bei den Magnetometern statt einer einzigen Nadel ein System von mehreren Nadeln; jede Nadel des Systems kann dann lang im Verhältnis zu ihren Querdimensionen genommen und stark magnetisiert werden.

In der Abb. 169 ist ein Magnetometer abgebildet. Es besteht aus drei parallelen kleinen Magnetnadeln *sn*; die Nadelchen, etwa 3 mm lang, sind auf einem Aluminiumdraht *Sd* aufgeklebt, welcher vertikal an einem sehr dünnen Quarzfaden *SB* aufgehängt ist. Der dünne Quarzfaden übt eine so verschwindend kleine Direktionskraft auf das Nadelsystem, daß es fast völlig frei unter der Wirkung der schwächsten Magnetfelder sich schnell einstellen kann. Der Aluminiumdraht trägt oben ein kleines Spiegelchen *S* von etwa 3 mm Durchmesser und unten ein Papierblättchen *d*, welches den Zweck hat, die Schwingungen des Nadelsystems durch Luftreibung zu beruhigen (dämpfen). Das Papierblättchen kann bei sehr leichten Systemen weggelassen werden, weil die Nadeln und der Spiegel selbst schon eine genügende Dämpfung erzeugen.

**191. Positiver und negativer Magnetismus.** Wir haben schon bemerkt, daß in jedem Magnet zwei *verschiedenartige* Pole vorhanden sind, der eine strebt dem Norden zu, der andere dem Süden. Das erinnert uns an zwei verschiedene Arten der Elektrizität (S. 7, **9**). Dort haben wir auch gezeigt, daß die zwei Elektrizitäten sich nur durch ihr Zeichen unterscheiden; wir nannten die eine Art der Elektrizität positiv und die andere Art negativ. Wir wollen jetzt dasselbe für die zwei Magnetismen beweisen.

Wir nehmen zu diesem Versuch eine etwa 15 cm lange und 2 mm dicke Stahlnadel und magnetisieren sie durch Bestreichen mit irgendeinem starken Hilfsmagnet. Wir führen dazu den Nordpol dieses Hilfsmagnets von der Mitte der Nadel anfangend bis zur Spitze derselben. Die Nadel wird durch das einmalige Streichen schon merklich magnetisiert und wir wissen, daß das mit dem *Nordpol* bestrichene Ende der Nadel den *Südmagnetismus* erhalten hat. Wiederholen wir diesen Vorgang in ganz derselben Weise noch einmal, so wird der Magnetismus der Nadel *vergrößert*, denn die Nadel zieht die Feilspäne stärker an; durch das zweite Bestreichen haben wir also eine gewisse Magnetismusmenge zugesetzt.

Jetzt wollen wir dieselbe Hälfte der Stahlnadel nicht mit dem *Nordpol*, sondern mit dem *Südpol* des Hilfsmagnets bestreichen. Wir werden sofort sehen, daß der durch vorheriges Bestreichen erlangte Magnetismus der Nadel nicht mehr vergrößert, sondern vermindert wird. Wir wissen, daß beim Bestreichen mit einem Südpol der Nordmagnetismus erzeugt wird und schließen daraus, daß die Erzeugung des Nordmagnetismus den früher erzeugten Südmagnetismus geschwächt hat.

Ein ganz analoges Resultat werden wir erhalten, wenn wir in umgekehrter Folge, zuerst mit dem Südpol und dann mit dem Nordpol, die Nadel bestreichen würden. Der durch Bestreichen mit Südpol erzeugte Nordmagnetismus wird durch den später an derselben Stelle erzeugten Südmagnetismus geschwächt.

Wir können das Bestreichen gerade solange fortsetzen, bis die erzeugten Magnetismen sich gegenseitig völlig aufheben; die Nadel verliert ihren Magnetismus oder, wie man sagt, sie wird dabei *entmagnetisiert.* Dieselbe Nadel läßt sich dann weiter sogar ummagnetisieren, d. h. man kann ihren Nordpol durch fortgesetztes Bestreichen mit dem Nordpol des Hilfsmagneten in einen Südpol verwandeln.

Solche Versuche zeigen uns, daß die Magnetismen vergrößert und verkleinert werden können, somit als variable Quantitäten angesehen werden müssen, und zwar solche, die sich gegenseitig annullieren können. Solchen Quantitäten, die sich gegenseitig annullieren, müssen wir entgegengesetzte Zeichen zuschreiben.

Welchen Magnetismus müssen wir für positiv und welchen für negativ halten?

Erinnern wir uns, daß bei ganz analogen elektrischen Versuchen (S. 7, **9**) dieselbe Frage vor uns stand. Dort haben wir aber gezeigt, daß die Antwort auf diese Frage gar nicht im Wesen der Erscheinung zu suchen ist, sondern nur von unserer Konvention abhängt. Indem wir die Glaselektrizität positiv nannten und die Hartgummielektrizität negativ, wollten wir nur zum Ausdruck bringen, daß beide Elektrizitäten in gleichen Mengen genommen, sich gegenseitig in ihren Wirkungen aufheben. Ganz analog und mit demselben Rechte wollen wir jetzt in folgender Weise verabreden: den *Nord*magnetismus wollen wir *positiv* nennen; dann muß schon der Südmagnetismus als negativ gelten.

**192. Gleichzeitiges Entstehen der beiden Arten von Magnetismus.** Schon beim Magnetisieren nach der Streichmethode konnten wir uns leicht überzeugen, daß, obgleich wir nur die eine Seite der Nadel und nur mit einem bestimmten Pole bestreichen, dennoch in der Nadel gleichzeitig zwei Pole entstehen: auf dem einen Ende, welches wir mit dem Nordpol bestrichen haben, entsteht ein Südpol und auf dem andern Ende, welches wir mit dem Magnet gar nicht berührt haben, ein Nordpol. Beide Pole wirken gleichstark auf die Eisenspäne, haben also gleiche Magnetismusmengen.

Diese Erscheinung wiederholt sich ohne Ausnahme bei jeder Magnetisierung, unabhängig von der angewandten Magnetisierungsmethode. Wir können demnach ein allgemeines Gesetz aufstellen: In jedem Magnete befinden sich gleiche Mengen von positiven (nördlichen) und negativen (südlichen) Magnetismen; ihre algebraische Summe ist stets gleich Null.

Daraus folgt unmittelbar, daß ein Magnet mit einem einzigen Pol gar nicht herzustellen ist. Es können aber auch mehr als zwei Pole in einem Magnet vorkommen.

Sofort entsteht bei uns eine weitere Frage: Was geschieht denn, wenn wir irgendeine magnetisierte Nadel in zwei Stücke zerschneiden und ihr Nordende von ihrem Südende trennen (vgl. S. 17, **20**, Abb. 14)? — Können die beiden ungleichnamigen magnetischen Pole auf diese Weise voneinander getrennt werden?

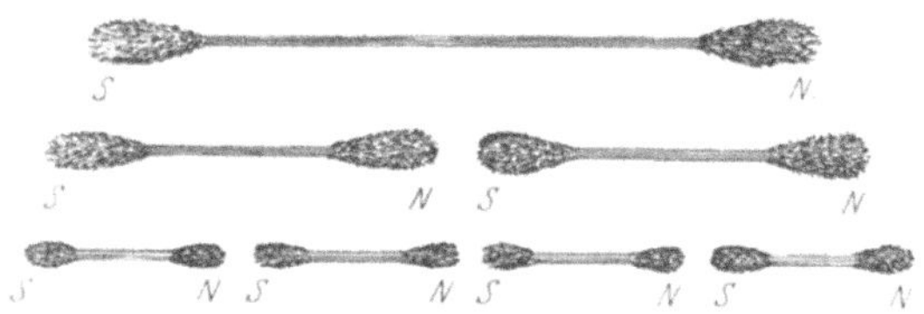

Abb. 170. Zerteilung eines Magnets.

Der Versuch gibt uns eine auf den ersten Blick überraschende Antwort. Zerschneiden wir nämlich eine magnetisierte Stahlnadel *NS* (Abb. 170) in der Mitte, so erhalten wir an beiden Enden einer jeden Hälfte neue magnetische Pole, einen Nordpol und einen Südpol, deren Summe wieder gleich Null ist.

Um diese Erscheinung anschaulich deuten zu können, wollen wir annehmen, daß die zwei in dem Schnittpunkte der Nadel neu erschienenen Magnetpole schon vor dem Durchschneiden in der magnetisierten Nadel vorhanden waren; da sie aber einander gleich und entgegengesetzt sind, so haben sich ihre Außenwirkungen gegenseitig aufgehoben. Erst nachdem die Nadel in zwei getrennte Stücke geteilt wurde, konnten die entgegengesetzten Magnetismen bemerkt werden. Solche innere Pole in einer magnetisierten Stahlnadel müssen wir aber in allen ihren Querschnitten annehmen, denn der Durchschnitt braucht nicht gerade in der Mitte der Nadel gemacht zu werden; man kann die Nadel in einem beliebigen Punkte durchschneiden und erhält stets zwei volle Magnete, jeder mit zwei gleichen aber entgegengesetzten Polen, und unabhängig von ihrer Länge.

Wir können das Zerschneiden der Magnetnadel noch weiter fortsetzen, und erhalten dabei immer kleinere Teilmagnete; aber in jedem von ihnen werden zwei entgegengesetzte Magnetismen in gleicher Menge enthalten sein.

Dieser Versuch ist sehr wichtig, weil uns in den beschriebenen Erscheinungen einer der fundamentalsten Unterschiede zwischen der Elektrizität und dem Magnetismus vor Augen geführt wird. Ein materieller Körper kann mit irgendeiner Elektrizität *einer* Art — positiv oder negativ — elektrisiert werden, aber ein magnetisierter Körper enthält stets *beide* Arten von Magnetismus gleichzeitig und in gleicher Menge.

**193. Magnetische Kraftwirkungen.** Dessenungeachtet haben die elektrischen und die magnetischen Erscheinungen so viel Analoges, daß uns diese Analogie geradezu als Führer bei unseren weiteren Untersuchungen des Magnetismus dienen kann.

Nähern wir irgendeinen Pol, z. B. den Nordpol eines Magnets, einer Kompaßnadel, so wird sich die Nadel so umdrehen, daß ihr Südpol dem genäherten Magnet am nächsten wird: der Südpol der Nadel wird also von dem Nordpol des Magnets angezogen. Auch umgekehrt, beim Annähern eines Südpols, wird der

Nordpol der Nadel angezogen. Daraus folgt (ebenso wie für die elektrischen Kraftwirkungen) die Regel: Ungleichnamige Magnetismen ziehen sich an, gleichnamige stoßen sich gegenseitig ab.

Aber nicht nur diese qualitative Regel, sondern auch das quantitative Gesetz von COULOMB gilt für die magnetischen Kräfte ebenso wie für die elektrischen: die Kraftwirkungen sind proportional den wirkenden Magnetismusmengen und umgekehrt proportional dem Quadrate ihrer gegenseitigen Entfernung.

$$F = \frac{m_1 m_2}{r^2}.$$

Auch dieses Gesetz gilt, streng genommen, nur für Magnetpole, welche in Punkten konzentriert sind, oder welche so kleine Volumina einnehmen, daß die Abmessungen dieser Volumina klein im Vergleich zu ihrer gegenseitigen Entfernung angenommen werden dürfen. Ist der Magnetismus in einem verhältnismäßig großen Volumen verbreitet, so muß es in so kleine Teile eingeteilt werden, daß diese Teile als Punkte gelten können. Für jeden Punkt wird dann die Kraft nach der COULOMBschen Formel berechnet und alle diese Kräfte nach der Parallelogrammregel zu einer resultierenden Kraft zusammengesetzt. Das Verfahren ist also ganz analog dem, welches wir schon für die elektrische Kraft angegeben haben (S. 9, **10**).

Es bleibt dennoch ein gewisser Unterschied übrig. Beachten wir, daß in jedem magnetisierten Körper sich wenigstens *zwei* Pole befinden, so können wir erwarten, daß bei der Zusammensetzung der Kräfte, außer der resultierenden, noch ein Kräftepaar erscheinen wird. Mit solchen Kräftepaaren werden wir uns in folgendem tatsächlich oft beschäftigen.

**194. Magnetische Influenz.** Um ein Stück Eisen, oder Stahl in einen magnetischen Zustand zu versetzen, brauchen wir es gar nicht mit dem Magnet zu bestreichen oder überhaupt zu berühren. Folgender Versuch zeigt das sehr schön.

Wir klemmen in einem Holzstative einen Stab aus möglichst weichem Eisen in vertikaler Stellung ein. Nähern wir dem Stabe von oben irgendeinen Magnetpol $N$ (Abb. 171a) und von unten einen Haufen von Eisenspänen, so werden wir sehen, daß die Feilspäne von dem Eisenstab angezogen werden. Wird der Magnetpol $N$ entfernt, so fallen die Eisenspäne wieder ab; der Magnetismus ist verschwunden. Mit einer kleinen Magnetnadel können wir nachweisen, daß am unteren Ende des Eisenstabes derselbe Magnetismus erzeugt wird wie in dem von oben genäherten Magnetpol. Am oberen Ende des Stabes wird also der entgegengesetzte Magnetismus erregt.

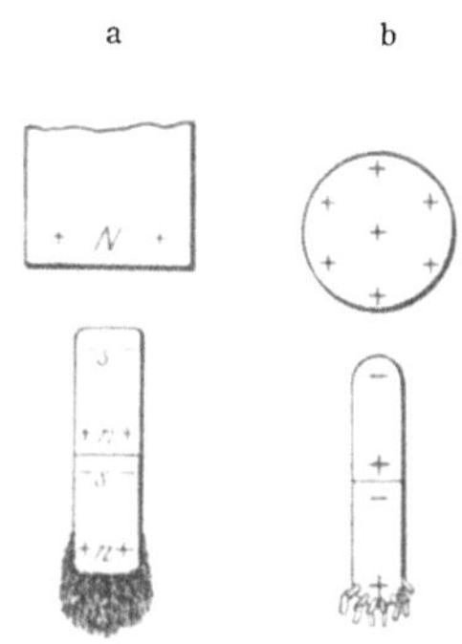


Abb. 171. Magnetische und elektrische Influenz und Polarisation.

Diese Erscheinung heißt *magnetische Influenz* und ist vollständig der elektrischen Influenzerscheinung analog (Abb. 171b, vgl. Abb. 20, S. 23); aber, wie wir gleich sehen werden, benimmt sich das Eisen nicht analog den Leitern im elektrischen Felde, sondern analog den Isolatoren.

**195. Magnetische Polarisation.** Wir wollen die magnetische Influenzerscheinung noch in etwas anderer Form untersuchen. Wir zerschneiden den Eisenstab in zwei Teile und legen sie wieder zusammen auf den Tisch. Nähern wir dem Stabe einen Magnet, so wird er durch Influenz magnetisiert, was wir mit einer kleinen Magnetnadel oder vermittels Eisenfeilspäne nachweisen können (Abb. 171 a). Wenn wir jetzt nach Analogie mit dem elektrischen Versuch (S. 17, **20**) die zwei Hälften des Eisenstabes auseinanderschieben, indem der influenzierende Magnet auf der Stelle bleibt, so erhalten wir nicht zwei getrennte magnetische Pole (wie es beim elektrischen Experiment mit einem Leiter der Fall war), sondern jede Hälfte des Stabes erhält wieder zwei entgegengesetzte magnetische Pole (analog dem Experiment mit einem Dielektrikum (Abb. 171 b). Dasselbe Resultat erhalten wir, wenn der Eisenstab unter dem Einfluß eines influenzierenden Magnets in drei, vier oder fünf Teile geteilt wird; jeder Teil wird zwei gleiche und entgegengesetzte Pole haben ebenso wie im Versuche Abb. 170. Beim Entfernen des influenzierenden Magnets verschwinden alle influenzierten Pole gleichzeitig, die entgegengesetzten Magnetismen vereinigen sich und annullieren sich gegenseitig.

Wir können demnach, und mit demselben Recht wie bei den Isolatoren, auch hier annehmen, daß in einem Eisenstücke magnetische Polpaare schon vor der Influenz vorhanden waren (Abb. 21, S. 24). Wegen ihrer ungeordneten Lage und noch dazu ungeordneter Wärmebewegung der Eisenmoleküle könnten diese Polpaare nicht zum Vorschein kommen, weil ihre Wirkungen nach außen sich gegenseitig aufheben. Durch die Influenz werden die Molekularmagnete gewissermaßen orientiert, und auf der Oberfläche des Eisenstabes kommen magnetische Pole zum Vorschein.

Wir wollen diese Hypothese hier nicht weiter verfolgen; für uns ist nur das Ergebnis wichtig, daß wir hier ein Analogon zu der elektrischen Polarisation gefunden haben, und wir wollen auch diese Erscheinung beim Eisenstab *magnetische Polarisation* nennen.

Der Eisenstab und auch alle anderen magnetisierbaren Körper sind also in magnetischer Beziehung analog den Dielektrika. Etwas Analoges den Leitern der Elektrizität gibt es im Magnetismus nicht.

Nach der für die Dielektrika angenommenen Terminologie können wir sagen: Es gibt keinen wahren Magnetismus; in allen Körpern ist der Magnetismus — ein scheinbarer. Diese Worte müssen natürlich in demselben Sinne gebraucht werden wie in analogen Fällen bei den Dielektrika (vgl. S. 49, **60**).

**196. Permeabilität.** Befinden sich in der Nähe eines Magnets verschiedene Körper aus verschiedenem Material, so werden sie alle durch magnetische Influenz mehr oder weniger polarisiert. Es entstehen dann neue magnetische Pole, welche das Feld des gegebenen Magnets im allgemeinen in komplizierter Weise verändern. Von allen solchen Fällen wollen wir wieder (vgl. S. 26, **32**, Abb. 23) einen wichtigen Fall absondern, nämlich den, wo der influenzierte Körper den ganzen Raum zwischen den gegebenen Magneten ausfüllt. Dieser Körper wird dann durch seine neu entstandenen Oberflächenpole die Kraft des gegebenen Magnets in einem gewissen und für alle Punkte des Feldes gleichen Verhältnis verändern. Wir können also für diesen Fall in dem Coulombschen Gesetze einen Koeffizienten einführen:

$$F = \frac{m_1 m_2}{\mu r^2}.$$

Man nennt diesen Koeffizienten $\mu$ die magnetische *Permeabilität,* aus Gründen, die wir bei den Berechnungen der Elektromagnete näher erklären werden.

Der Koeffizient $\mu$, die Permeabilität, ist formell dem Koeffizienten $\varepsilon$, der Dielektrizitätskonstante, in den elektrischen Formeln völlig analog; nur muß bemerkt werden, daß für die wichtigsten magnetisierbaren Stoffe, wie Eisen und Stahl, die Permeabilität auch in erster Annäherung *keine konstante* ist.

Für das Vakuum, wo keine materiellen Körper vorhanden sind, muß jedenfalls $\mu = 1$ (wie auch $\varepsilon = 1$) angenommen werden. Für schwach magnetisierte Körper kann man $\mu$ als konstant annehmen.

**197. Einheit für die Polstärke.** Auf Grund der COULOMBschen Formel für die magnetischen Kraftwirkungen können wir sogleich die Einheit für die Magnetismusmenge oder, wie man sie nennt, für die *Polstärke* festsetzen (vgl. S. 12, **14**).

Als Einheit der Magnetismusmenge (der Polstärke) soll die Menge desselben angenommen werden, welche auf eine ihr gleiche magnetische Menge in einem Abstand von einem Zentimeter im Vakuum eine Kraft von einer Dyne ausübt.

Diese Einheit heißt die absolute magnetische, oder auch elektromagnetische Einheit der Polstärke.

**198. Das magnetische Moment und die Intensität der Magnetisierung.** Haben wir einen Magnet mit den Polstärken $m$ und mit dem gegenseitigen Abstande seiner zwei Pole gleich $l$, so wird das Produkt

$$P = ml,$$

das *magnetische Moment* des betreffenden Magnets genannt.

Diese Definition läßt sich nicht immer direkt anwenden, weil die Pole in einem Magnet niemals in bestimmten Punkten konzentriert sind, sondern sie verteilen sich in einem endlichen Volumen und dazu größtenteils ungleichmäßig. Wir können aber, wie wir es schon auch früher in analogen Fällen getan haben, das magnetisierte Volumen in sehr kleine Teile $v$ (sogar in einzelne Moleküle) eingeteilt denken; jedes dieser Teile wird ein gewisses magnetisches Moment $P$ besitzen. Indem wir dieses Moment $P$ auf die Volumeneinheit des kleinen Volumen $v$ beziehen, erhalten wir eine Größe, welche man Intensität der Magnetisierung nennt:

$$P_m = \frac{P}{v},$$

wir können sie auch *magnetische Polarisation* (vgl. S. 50, **61**) nennen.

In verschiedenen Punkten eines dauernd oder temporär magnetisierten Körpers kann die Intensität der Magnetisierung verschiedene Größe haben und kann außerdem verschieden gerichtet sein. Das ist also eine Vektorgröße.

Für die Beziehung zwischen der Intensität der Magnetisierung in der Nähe der Oberfläche eines magnetisierten Körpers und der Oberflächendichte seiner Pole gelten dieselben Formeln, welche wir für die Polarisation und die scheinbaren Ladungen der Dielektrika schon gefunden haben (S. 51, **61**).

Die Oberflächendichte des Magnetismus $\sigma$ und die Intensität der Magnetisierung in unmittelbarer Nähe des betrachteten Punktes der Oberfläche sind miteinander durch die Formel verknüpft:

$$P_m \cos(P_m n) = \sigma.$$

An den Stellen der Oberfläche eines Magnets, wo die Magnetisierung normal zur Oberfläche gerichtet ist, haben wir $\sigma = P_m$; an den Stellen, wo die Magnetisierung tangential zur Oberfläche gerichtet ist, ist $\sigma = 0$, d. h. dort kommen die magnetisierten Pole überhaupt nicht zum Vorschein.

## 2. Das magnetische Feld.

**199. Magnetische Feldintensität und magnetische Induktion.** Die Theorie des elektrischen Feldes haben wir auf das Gesetze vom Coulomb gegründet. Da das Gesetz für die magnetischen Erscheinungen dieselbe mathematische Form hat wie für die elektrischen, so ist es klar, daß wir in der Magnetostatik ganz analoge Formeln erhalten müssen, wie in der Elektrostatik. Die einzige Ausnahme bilden die Leiter der Elektrizität, welche in dem Magnetismus kein Analogon haben.

Wir wollen also von einem *magnetischen Felde* sprechen, d. h. vom Raume, wo magnetische Kräfte wirken.

Die magnetische *Feldintensität* definieren wir als eine Größe, welche der magnetischen Kraft auf eine positive Poleinheit $m = 1$ gleich ist. Also

$$M = \frac{F}{m}.$$

Für einen einzigen Pol in einer Entfernung $r$ haben wir nach dem COULOMBschen Gesetze

$$M = \frac{m}{\mu r^2}.$$

Ist die Kraft $F$ gleich einer Dyne und die Polstärke $m = 1$ (magnetische Einheit für die Polstärke), so erhalten wir $M = 1$, d. h. die Einheit für die magnetische Feldintensität in absoluten magnetischen (oder elektromagnetischen) Einheiten. Diese Einheit nennt man *Gauß*.

Das Produkt aus der Permeabilität $\mu$ und der Feldintensität nennt man die *magnetische Induktion* des Feldes:

$$B = \mu M.$$

Alle diese Größen $F$, $M$ und $B$ können für verschiedene Punkte des Feldes verschieden sein und auch verschiedene Richtungen haben. Sie sind durchwegs Richtungsgrößen oder *Vektoren*.

**200. Der magnetische Fluß. Induktionslinien.** Ganz wie in der Elektrostatik wird in der Lehre vom magnetischen Felde das Produkt aus der Induktion $B$, dem Flächeninhalte eines Flächenstücks $S$ und dem cos des Winkels, den die Richtung der Induktion mit der Normale zur Fläche $S$ bildet, — *der Induktionsfluß* durch diese Fläche genannt:

$$N = B S \cos(Bn).$$

Dabei wird angenommen, daß im Bereiche des Flächenstückes $S$ das Feld als homogen angenommen werden darf. Ist das nicht der Fall, so muß die Fläche in kleine Teile zerteilt werden, für welche die Homogenität das Feldes genügend genau gelten kann. Der totale Induktionsfluß durch die Fläche wird dann aus allen diesen einzelnen Induktionsflüssen durch einfache algebraische Addition gebildet.

Wollen wir den Begriff der Induktionslinien oder der Kraftlinien hier in demselben Sinne wie in der Elektrostatik gebrauchen, so wird der Induktionsfluß $N$ nichts anderes als die Zahl der das Flächenstück $S$ durchdringenden Kraftlinien darstellen.

Die Zahl der Kraftlinien, welche aus einem Pol von der Stärke $m$ ausgehen und ein Flächenstück $S$ durchsetzen, ist gleich $m\varphi$ (vgl. S. 38, **45**, Abb. 37), wo $\varphi$ den körperlichen Winkel bedeutet, unter welchem man die *negative* Seite der Fläche $S$ von dem Pole $m$ aus zu sehen bekommt. Die totale Zahl der Kraftlinien eines magnetischen Poles $m$ ist nach dem GAUSSschen Satze gleich $4\pi m$.

Jede Induktionslinie fängt im positiven Pole an und endigt in einem negativen Pole.

Wir können in einem magnetischen Felde ebenso wie in einem elektrostatischen Felde Kraftröhren konstruieren und als Einheitsröhre eine Röhre definieren, für welche $N = 1$ ist, d. h. durch welche nur eine einzige Kraftlinie durchgeht. So eine Einheitsröhre wird oft *Maxwell* genannt. Die absolute magnetische (oder auch elektromagnetische) Einheit für den magnetischen Induktionsfluß heißt also *Maxwell*. —

**201. Darstellung der Kraftlinien.** Die magnetischen Kraftlinien kann man sehr leicht und einfach vermittels Eisenfeilspäne darstellen. Der Versuch gelingt hier viel leichter als bei der Darstellung der elektrischen Kraftlinien mit Hilfe von Chininkristallen.

Man bedeckt irgendeinen Magnet mit einem Bogen Papier oder Karton und bestreut den Bogen möglichst gleichmäßig und nicht zu dicht mit Eisen-

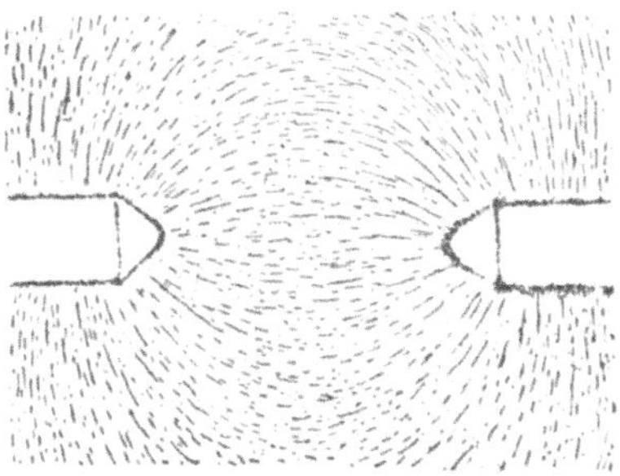

Abb. 172. Das Feld zweier ungleichnamiger Pole.

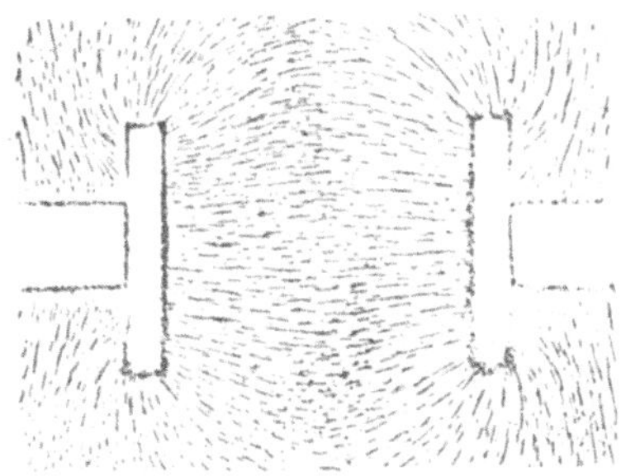

Abb. 173. Annähernd homogenes Feld zwischen flachen Polschuhen.

spänen. Im Felde des Magnets, welches ja von dem Karton nicht abgeschirmt wird, werden die einzelnen Spänchen durch Influenz magnetisiert; auf jedem von ihnen entsteht ein Nordpol und ein Südpol. Die entgegengesetzten Pole der benachbarten Feilspäne ziehen sich an, aber die Reibung auf der Papieroberfläche verhindert ihre Bewegung. Klopft man auf das Papier ganz leise mit dem Finger, so werden die Feilspäne erschüttert und auf einige Augenblicke von den Reibungskräften befreit; die Späne stellen sich dann mit ihrer Längsrichtung in der Richtung der Kraftlinien (vgl. S. 59, Abb. 59), ziehen sich gegenseitig an und bilden so zusammenhängende Ketten, welche die Form der Kraftlinien des Feldes wiedergeben.

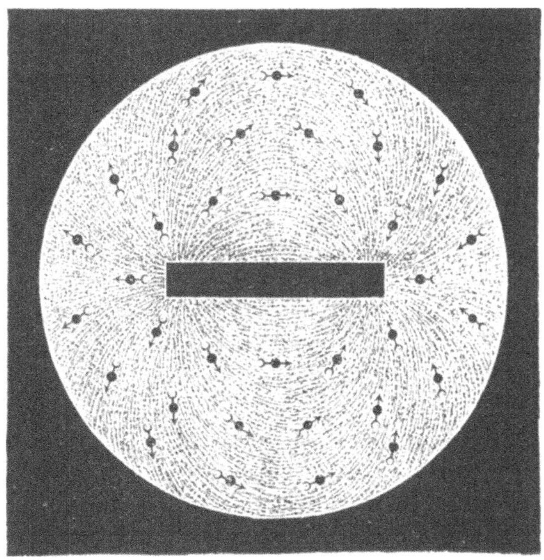

Abb. 174. Das Feld eines Stabmagnets.

In der Abb. 172 sehen wir das Feld von zwei entgegengesetzten Polen; die Abbildung ist der elektrischen Abb. 30, S. 31, sehr ähnlich.

In der Abb. 173 haben die Magnetpole flache Polschuhe, damit das Feld zwischen diesen Polschuhen sich möglichst homogen gestaltet.

In der Abb. 174 ist das Feld eines Stabmagneten dargestellt. Aus diesem Bilde sehen wir unter anderem, daß die Kraftlinien nicht nur an den Enden des

Magnets austreten, sondern auch an andern Punkten seiner Oberfläche. Nur in der Mitte, wo die Polarisation längs der Oberfläche gerichtet ist, wo also keine Oberflächenmagnetisierung zustande kommt, treten auch keine Kraftlinien aus.

**202. Das magnetische Potential.** In einem homogenen Felde, wo alle Kraftlinien einander parallel laufen, können wir ein System von Ebenen konstruieren (vgl. S. 63, **73**, Abb. 64), welche zu den Kraftlinien normal sind. Die Arbeit, welche man leisten müßte, um einen magnetischen Pol von der Stärke $m$ von der einen dieser Ebenen zur anderen zu bewegen, ist gleich

$$U_{12} = mM \cdot d,$$

wo $d$ den Abstand der beiden Ebenen bedeutet. Diese Arbeit ist von dem Wege, auf welchen der Pol $m$ verschoben wurde, unabhängig; nur die Angabe der Anfangs- und der Endebene ist wichtig. Wir können einer jeden solchen Ebene eine gewisse Zahl zuordnen, und zwar so, daß die Differenz dieser Zahlen gleich der betreffenden Arbeit bei $m = 1$ sei $V$ (vgl. S. 63, **74**). Diese Zahl nennt man das *magnetische Potential* $V$ und die Ebenen heißen *Äquipotentialebenen.* Wir erhalten so den Ausdruck für die Arbeit

$$U_{12} = m\,(V_2 - V_1) = mV.$$

Bezeichnen wir mit $V$ den Potentialabfall (vgl. S. 69, **82**) zwischen zwei benachbarten Punkten einer Kraftlinie, so können wir die magnetische Feldintensität durch das Potentialgefälle zwischen diesen Punkten ausdrücken:

$$M = \frac{V}{n}.$$

Dieselben Formeln bleiben auch in einem inhomogenen Felde gültig, nur werden die zu den Kraftlinien normalen Äquipotentialflächen keine Ebenen mehr sein, sondern eine kompliziertere Form haben (vgl. S. 68, Abb. 67).

Wir müssen aber schon hier den Leser darauf aufmerksam machen, daß die magnetischen Kraftlinien und das magnetische Potential nicht in allen ihren Eigenschaften den entsprechenden elektrischen Größen gleich sind. So werden wir z. B. im magnetischen Felde Kraftlinien vorfinden, welche in sich *geschlossene* Kurven bilden, was ja in der Elektrostatik unmöglich ist (vgl. S. 70, **83**) und dem Energieprinzip widersprechen würde. Wir werden aber weiter unten erklären, weshalb solche geschlossene Kraftlinien im magnetischen Felde dem Energieprinzip *nicht* widersprechen.

**203. Die Energie des magnetischen Feldes.** Den Ausdruck für die Energie eines magnetischen Feldes können wir nach Analogie mit dem elektrischen Felde direkt hinschreiben (vgl. 73, **86**)

$$U = \frac{BM}{8\pi} Q = \frac{\mu M^2}{8\pi} Q,$$

wo $Q$ das Volumen des homogenen Feldes bedeutet. Beim inhomogenen Felde bedeutet $Q$ ein so kleines Volumen, daß das Feld in seinem Bereiche als homogen angesehen werden darf. Die Energie des ganzen inhomogenen Feldes setzt sich dann additiv zusammen aus der Summe von solchen Ausdrücken. Dabei können $B$ und $M$ für verschiedene Teile des Feldes eventuell verschieden sein.

Die Energiedichte in jedem Punkte eines beliebigen magnetischen Feldes wird durch die Formel

$$U_0 = \frac{BM}{8\pi}$$

dargestellt.

**204. Das Feld eines magnetischen Polpaares.** In der Elektrostatik haben wir mehrere Beispiele angeführt, wo das Feld einer gegebenen Ladungsverteilung zu berechnen war. Wir haben dort das Feld einer geladenen Platte und einer geladenen Kugel berechnet; für das Feld eines geladenen Ellipsoids haben wir das Resultat wenigstens angedeutet. Nun ist es für den Magnetismus charakteristisch, daß die magnetischen Pole im Gegensatz zu den elektrischen Polen nie einzeln vorkommen, sondern immer *paarweise*. Wir wollen hier deshalb einige Beispiele für die Berechnung der Felder magnetischer Polpaare anführen. Unsere Resultate können aber natürlich auch für entsprechend genommene elektrische Polpaare ohne weiteres benutzt werden.

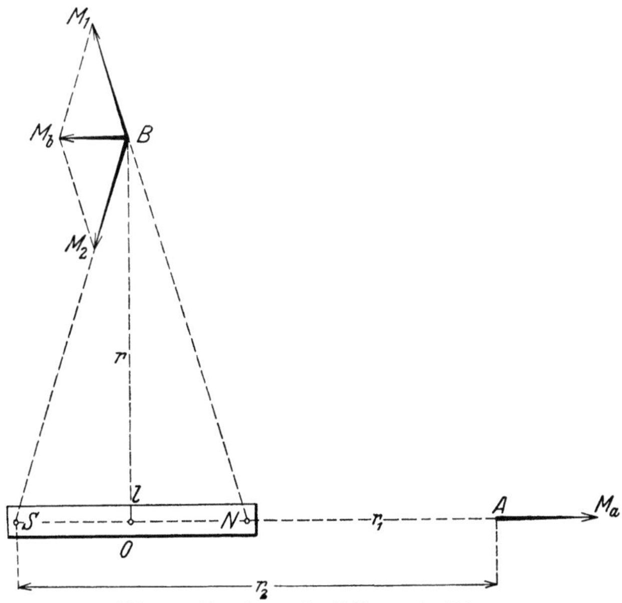

Abb. 175. Berechnung des Feldes zweier Pole.

Es seien uns also zwei Pole $N$ und $S$ (Abb. 175) im Abstande $l$ voneinander gegeben (ein idealisierter Stabmagnet). Die Feldintensität in dem Felde eines solchen Polpaares kann man aus zwei Teilen zusammengesetzt denken: aus der Feldintensität, welche vom Pole $N$ bedingt wird, und der Feldintensität vom Pole $S$. Beide Intensitäten müssen wir geometrisch addieren, um die resultierende Intensität nach der Größe und Richtung zu erhalten.

Wir wollen aber zur Übung einen etwas anderen Weg einschlagen.

Bestimmen wir zuerst die Feldintensität in einem Punkte $A$ (Abb. 175), welcher auf der Verlängerung der Achse $SN$ des Magneten liegt. Hier sind die Felder beider Pole einander entgegengesetzt gerichtet, und wir erhalten die resultierende Feldintensität (bei $\mu = 1$)

$$M_a = \frac{m}{r_1^2} - \frac{m}{r_2^2} = m\,\frac{r_2^2 - r_1^2}{r_1^2\, r_2^2} = m\,\frac{(r_2 - r_1)\,(r_2 + r_1)}{r_1^2\, r_2^2}\,.$$

Wir können $(r_2 - r_1) = l$ setzen und noch das magnetische Moment des Magneten $P = ml$ einführen, dann erhalten wir

$$M_a = P\,\frac{r_2 + r_1}{r_1^2\, r_2^2}\,.$$

Jetzt bestimmen wir die Feldintensität in einem Punkte $B$, welcher auf der senkrecht zu der Polachse gezogenen Geraden $OB$ liegt. Da der Punkt $O$ die Mitte der Polachse $SN$ bildet, so sind die beiden Entfernungen $SB$ und $NB$ einander gleich, und, wenn wir sie mit $r_1$ bezeichnen, haben wir

$$M_1 = M_2 = \frac{m}{r_1^2}\,.$$

Die Resultierende dieser beiden Feldintensitäten ergibt sich sofort aus der Ähnlichkeit der Dreiecke $SNB$ und $M_b B M_1$; nämlich

$$M_b : M_1 = l : r_1$$

und wir erhalten

$$M_b = \frac{ml}{r_1^3} = \frac{P}{r^3}.$$

**205. Das Feld eines Elementarmagnets.** Wir wollen die soeben erhaltenen Formeln auf den Fall anwenden, daß die Entfernungen $r_1$ und $r_2$ sehr groß im Vergleich zu der gegenseitigen Entfernung der beiden Pole $N$ und $S$ sind. Dann vereinfachen sich unsere Formeln wesentlich, denn wir können in dem Ausdrucke von $M_a$ und $M_b$ statt der Entfernung von den Polen einfach die Entfernung $r$ des Punktes $A$ oder $B$ von der Mitte des Magnets einsetzen. Wir erhalten dann

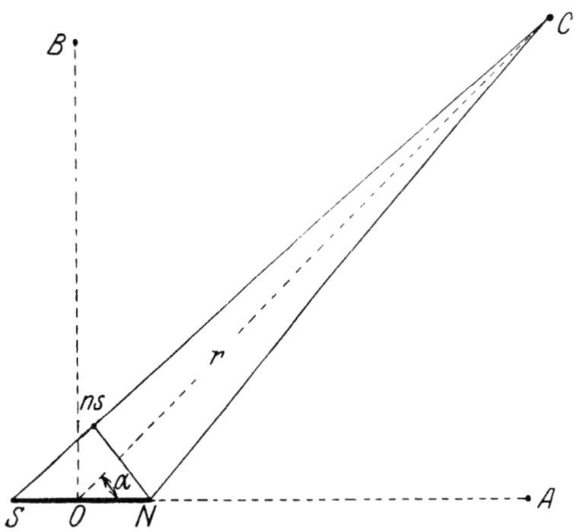

Abb. 176. Berechnung des Feldes eines Elementarmagnets.

$$M_a = P\frac{2}{r^3}, \qquad M_b = P\frac{1}{r^3}.$$

Der Vergleich dieser beiden Formeln zeigt, daß in beiden Fällen die Feldintensität proportional zu dem magnetischen Momente des Magnets und umgekehrt proportional zu der *dritten* Potenz der Entfernung ist; bei gleicher Entfernung ist die Feldintensität in der Verlängerung der Magnetachse *doppelt* so groß als in der Richtung senkrecht dazu. Die Richtungen der Feldintensitäten in diesen beiden Fällen sind einander parallel, aber *entgegengesetzt* (vgl. Abb. 175).

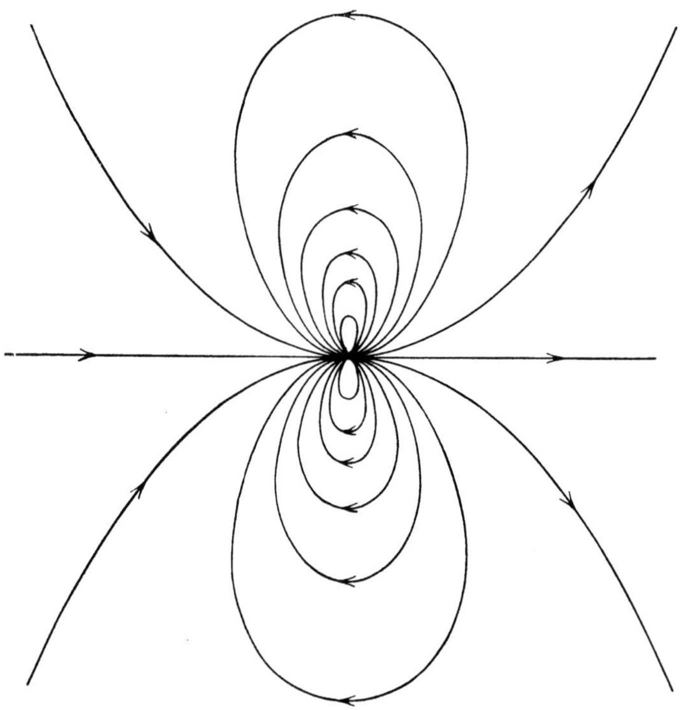
Abb. 177. Die Kraftlinien eines Elementarmagnets (oder eines elektrischen Dipols).

Interessieren wir uns für andere Punkte des Feldes und wollen wir z. B. die Feldintensität in einem weit vom Magnet gelegenen Punkte $C$ bestimmen (Abb. 176), so können wir folgendes Verfahren anwenden. Zu den zwei gegebenen Polen $S$ und $N$ denken wir uns noch zwei gleiche und entgegengesetzte Pole $n$ und $s$ im Punkte $(ns)$ hinzugefügt. Diese zwei Hilfspole in einem Punkte konzentriert, haben auf unser Feld keinen Einfluß, aber die Rechnung wird dadurch auf die schon von uns diskutierten zwei Fälle zurückgeführt. In der Tat, wir haben jetzt zwei Polpaare (zwei Magnete)

$$Sn \text{ mit dem Momente } ml \cdot \cos\alpha = P \cdot \cos\alpha,$$
$$sN \text{ mit dem Momente } ml \cdot \sin\alpha = P \cdot \sin\alpha.$$

Für den ersten Magnet $Sn$ liegt der Punkt $C$ in der Verlängerung seiner Achse, wir haben hier also den ersten von uns schon berechneten Fall $M_a$. Für den zweiten Magnet $sN$ liegt der Punkt $C$ auf der Linie $OC$ senkrecht zur Achse: — unser zweiter Fall — $M_b$. Wir erhalten somit im Punkte $C$ zwei Komponenten des Feldes: die eine $M_a$ in der Richtung des Radiusvektors, welcher von der Mitte des Magneten in das Feld gezogen wird, und eine zweite Komponente $M_b$ in der Richtung senkrecht zu diesem Radiusvektor

$$M_a = \frac{2P\cos\alpha}{r^3}, \qquad M_b = \frac{P\sin\alpha}{r^3}.$$

Aus diesen beiden zueinander senkrechten Komponenten ergibt sich die Intensität des resultierenden Feldes

$$M = \frac{P}{r^3}\sqrt{4\cos^2\alpha + \sin^2\alpha},$$

und seine Richtung bildet mit der Richtung des Radiusvektors einen Winkel $i$, der mit $\alpha$ durch folgende einfache Relation verknüpft ist

$$\operatorname{tg} i = \frac{M_b}{M_a} = 2\operatorname{tg}\alpha.$$

Diese Gleichungen erlauben uns, die Kraftlinien im Felde eines Elementarmagnets zu zeichnen (Abb. 177).

**206. Das Potential eines Elementarmagnets.** Ganz nach derselben Methode wie die Feldintensität können wir auch das Potential in irgendeinem Punkte des Feldes eines Elementarmagnets berechnen. Wir nehmen das Nullpotential im unendlich fernen Punkte an; dann wird (S. 84, **99**) das Potential eines einzigen Magnetpoles in einer Entfernung $r$ von ihm gleich

$$V = \frac{m}{r}$$

und das Potential zweier gleichen und entgegengesetzten Pole $\pm m$ wird in den Punkten $A$ und $B$ des Feldes (vgl. Abb. 175) gleich

$$V_a = m\left(\frac{1}{r_1} - \frac{1}{r_2}\right) = m\,\frac{r_2 - r_1}{r_1 r_2} = P\,\frac{\cos\alpha}{r^2}, \qquad V_b = 0.$$

Hier sind die Entfernungen von den Polen durch die Entfernung vom Zentrum des Magnets ersetzt, was wegen der Kleinheit des Magnets erlaubt ist.

Wir wollen diese Formel benutzen, um das Potential eines kleinen scheibenförmigen Magnets zu berechnen.

Die Scheibe (Abb. 178) habe eine Fläche $S$ und eine Dicke $l$, und sei normal zu ihrer Fläche polarisiert. Das magnetische Moment der Scheibe auf Flächeneinheit bezogen, oder die Oberflächendichte des magnetischen Momentes bezeichnen wir mit $p$, so daß

$$P = pS \qquad \text{und} \qquad V = p\,\frac{S\cos\alpha}{r^2}$$

gesetzt werden kann.

Würde die kleine Scheibe normal zu der Richtung $SC$ stehen, so könnten wir sie als ein Teil der Kugeloberfläche, die ihr Zentrum in $C$ hat, ansehen und den Flächeninhalt $S_0$ zu dem körperlichen Zentralwinkel $\psi$ in Beziehung setzen, nämlich

$$S_0 = r^2 \psi .$$

In unserem allgemeineren Falle bildet die Richtung der Magnetisierung, d. h. die *positive* Normale der Scheibe mit dem Radiusvektor $SC$ einen Winkel $\alpha$. Nun können wir die Scheibe, wegen ihrer Kleinheit, als eben ansehen und für ihre

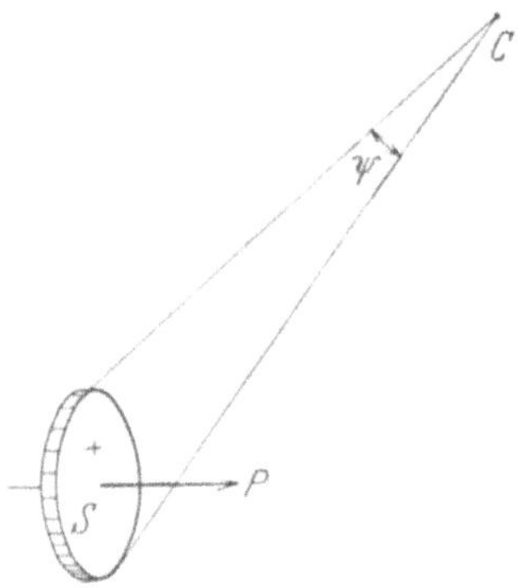


Abb. 178. Potential eines scheibenförmigen Elementarmagnets.

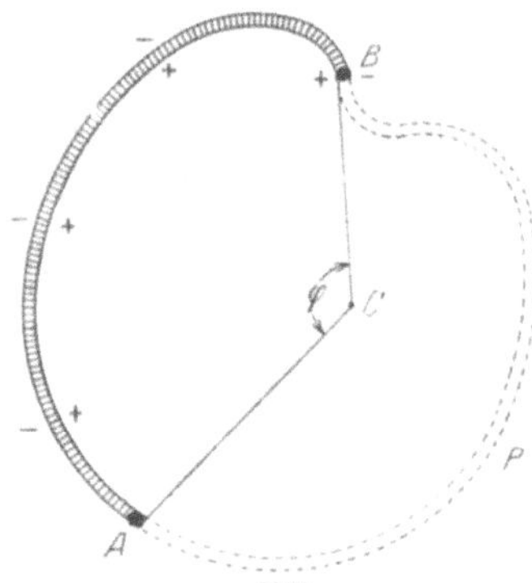


Abb. 179. Potential eines magnetischen Blattes.

Projektion auf die Kugeloberfläche die Größe $S \cos\alpha$ nehmen; dann gilt für diese Projektion die oben angegebene Beziehung und wir erhalten

$$S \cos\alpha = r^2 \psi , \qquad \psi = \frac{S \cos\alpha}{r^2} .$$

Setzen wir das in unsere Formel ein, so erhalten wir einen sehr einfachen Ausdruck für das Potential eines scheibenförmigen Elementarmagnets

$$V = p \psi .$$

Haben wir eine Oberfläche endlicher Ausdehnung (Abb. 179) und ist diese Oberfläche normal magnetisiert mit überall gleichmäßiger Dichte (magnetisches Blatt), so können wir sie aus lauter Elementarflächen zusammengestellt denken. Das Potential einer solchen gleichmäßig und normal magnetisierten Fläche wird dann gleich

$$V = p \varphi ,$$

wo $\varphi$ den Raumwinkel bedeutet, unter welchem die *positive* Seite dieser Fläche vom Punkte $C$ des Feldes gesehen wird.

Umschließt die Fläche den Punkt $C$, so wird der Raumwinkel $\varphi = 4\pi$, und

$$V_i = \pm 4 \pi p .$$

Das $+$-oder das $-$-Zeichen wird genommen je nachdem die positive oder die negative Seite der magnetischen Fläche zum Punkte $C$ gerichtet ist.

Ist die Fläche geschlossen, aber der Punkt $C$ liegt außerhalb der Fläche, so ist

$$V_a = 0 .$$

**207. Eine homogen magnetisierte Platte.** Wir betrachten eine von zwei parallelen Ebenen begrenzte, gleichmäßig und normal zu ihren Grenzebenen polarisierte Platte. An ihren Grenzebenen haben sich zwei gleiche und entgegengesetzte Belegungen gebildet, deren Oberflächendichte gleich der Polarisation der Platte sein muß (Abb. 180)

$$\sigma = P_m.$$

Das Feld zweier solchen Belegungen haben wir schon einmal in der Elektrostatik berechnet (S. 40, **47**) und können das Resultat auch hier benutzen.

Im Inneren der Platte wird die Feldintensität überall die gleiche sein, nämlich

$$M = -4\pi P_m.$$

Wir haben hier das Minuszeichen gesetzt, weil das Feld der Oberflächenpole entgegengesetzt der Polarisation gerichtet ist.

Das Feld im Außenraume ist gleich Null.

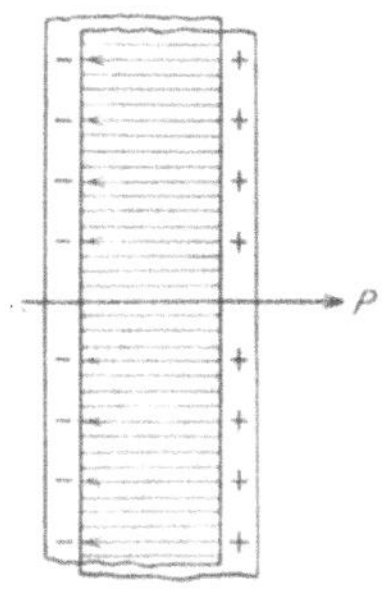


Abb. 180. Polarisierte Platte.

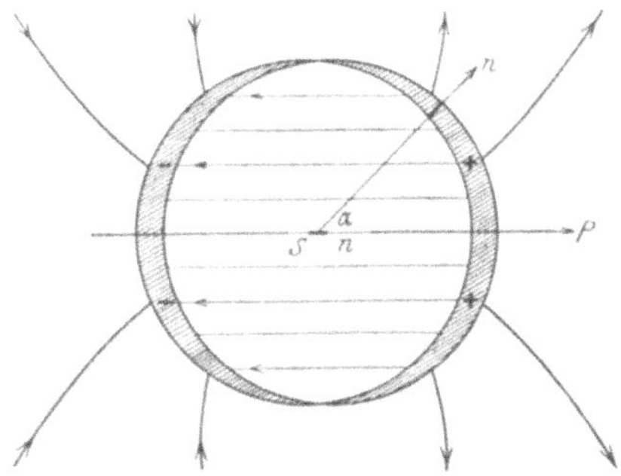


Abb. 181. Polarisierte Kugel.

**208. Eine homoge polarisierte Kugel.** Eine gleichmäßig polarisierte Kugel ist, wie wir wissen, zwei gegeneinander ein wenig verschobenen gleichen Kugeln äquivalent, von denen die eine Kugel gleichmäßig mit Nordmagnetismus erfüllt ist und die andere ebenso gleichmäßig mit Südmagnetismus (Abb. 181). Zwischen den zwei Kugeloberflächen haben sich zwei dünne Oberflächenschichten gebildet. Die Oberflächendichte der Magnetismen ist mit der Polarisation $P_m$ durch die Gleichung verknüpft:

$$\sigma = P_m \cos\alpha.$$

Es ist leicht zu beweisen, daß die Dicke der Oberflächenschicht überall proportional zu $\sigma$ sein wird (Abb. 181).

In der Polarisationsrichtung wird $\sigma$ positiv, in der entgegengesetzten Richtung wird sie negativ. Beide Schichten bestimmen das Feld.

Es ist aber nicht ratsam, diese Schichten als Ausgangspunkt für die Berechnung des Feldes anzunehmen; viel einfacher ist es, das Feld als Superposition der Felder der einzelnen Kugeln anzusehen, welche uns schon bekannt sind.

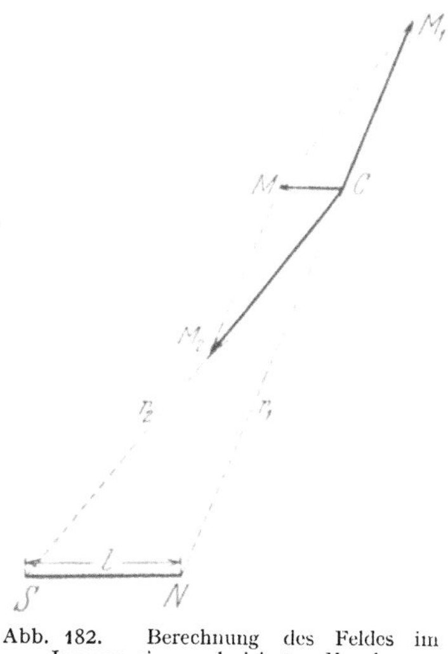


Abb. 182. Berechnung des Feldes im Inneren einer polarisierten Kugel.

Im Innern einer jeden Kugel wird die Feldintensität (S. 44, **52**)

$$M_1 = \frac{4}{3}\pi\varrho r_1, \qquad M_2 = \frac{4}{3}\pi\varrho r_2.$$

Die zwei Feldintensitäten $M_1$ und $M_2$ (Abb. 182) werden sich zu einer Resultierenden $CM$ addieren. Nun ist es leicht zu beweisen, daß die Dreiecke $MCM_1$ und $SNC$ einander ähnlich sind; sie haben bei $C$ und $M_1$ gleiche Winkel ($M_1M$ ist parallel zu $CM_2$) und die Seiten sind einander proportional; denn

$$M_1 : M_2 = r_1 : r_2.$$

Aus der Ähnlichkeit dieser Dreiecke folgt erstens, daß $CM$ parallel zu $SN$ sein muß und daß zweitens

$$M : M_1 = l : r_1 .$$

Daraus erhalten wir

$$M = \frac{4}{3} \pi \varrho l ,$$

oder endlich

$$M = - \frac{4\pi}{3} P_m .$$

Auch in diesem Falle bedeutet das Minuszeichen, daß die Feldintensität und die Polarisation entgegengesetzt gerichtet sind.

Die Feldintensität ergibt sich demnach im *Innern* der polarisierten Kugel ganz *unabhängig* von der Entfernung des Punktes $C$ vom Zentrum der Kugel; es herrscht in der ganzen Kugel dieselbe Feldintensität. Das Feld ist ebenso *homogen* wie die Polarisation.

Im *Außenraume* ist jede von unseren Kugeln einer Ladung in ihrem Zentrum (S. 44, **52**) äquivalent. Die zwei gegeneinander verschobenen Kugeln, oder mit anderen Worten, unsere gleichmäßig polarisierte Kugel, ist also einem Elementarmagnet in ihrem Zentrum äquivalent. Das magnetische Moment unserer polarisierten Kugel ist gleich

$$P = \frac{4\pi r^3}{3} P_m .$$

Nach diesem magnetischen Momente ist das ganze Außenfeld (S. 169, **205**) zu berechnen.

**209. Ein homogen magnetisiertes Ellipsoid.** Bei einem Ellipsoid werden selbstverständlich alle Rechnungen komplizierter. Aber die Konstruktion der Oberflächendichte durch Verschiebung des Ellipsoids längs der Polarisationsrichtung bleibt bestehen, nur ist in diesem Falle die Dicke der Schicht nach der *Normale* und nicht nach dem *Radiusvektor* zu nehmen (Abb. 183).

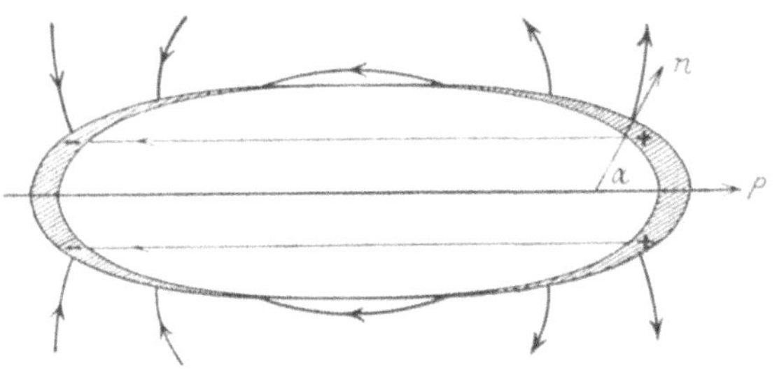

Abb. 183. Polarisiertes Ellipsoid.

Das innere Feld im polarisierten Ellipsoid wird auch homogen sein, denn das Feld in einem einfach geladenen Ellipsoid ist ja auch proportional der Entfernung vom Zentrum (S. 44, **53**) wie in einer Kugel. Aber die Richtung des entstandenen Feldes wird im allgemeinen der Richtung der Polarisation nicht parallel sein.

Wichtig für uns ist nur der Fall, wo das Ellipsoid längs einer Achse polarisiert ist. In diesem Fall wird das innere Feld der Polarisationsrichtung gerade entgegengesetzt sein wie bei einer Kugel. Da die Größe der Feldintensität jedenfalls proportional der Polarisation sein wird, so können wir setzen

$$M = - f P_m ,$$

wo $f$ einen Koeffizienten bedeutet, dessen Größe von dem Verhältnis der Längs- und Querdimensionen des Ellipsoids abhängt.

Diesen Koeffizient $f$ nennt man *Formfaktor.* In der Abb. 184 ist die Größe dieses Formfaktors in Abhängigkeit von dem Verhältnis $l : d$, der Längsachse zu der Querachse eines Rotationsellipsoids angegeben.

Zu dieser Zeichnung ist noch zu bemerken, daß das Verhältnis 0 einer ebenen Platte entspricht, welche als ein kurzes und unendlich dickes Ellipsoid angesehen werden kann. Für die Platte ist $f = 4\pi = 12,6$. Das Verhältnis 1 entspricht einer Kugel, welche ein gleichachsiges Rotationsellipsoid ist. Hier ist $f = 4\pi/3 = 4,2$. Zylinderstäbe mit abgerundeten Enden können mit einer gewissen Annäherung als langgestreckte Ellipsoide angesehen werden.

Aus der Zeichnung folgt unter anderem, daß das Feld im Innern des Ellipsoids sehr schnell mit der relativen Vergrößerung seiner Länge abfällt; schon bei einem Achsenverhältnis 20 kann das Feld bei einigen Versuchen als verschwindend klein angesehen werden. Ein unendlich langer homogen polarisierter Zylinder vom endlichen Querschnitt erzeugt also überhaupt kein inneres Feld.

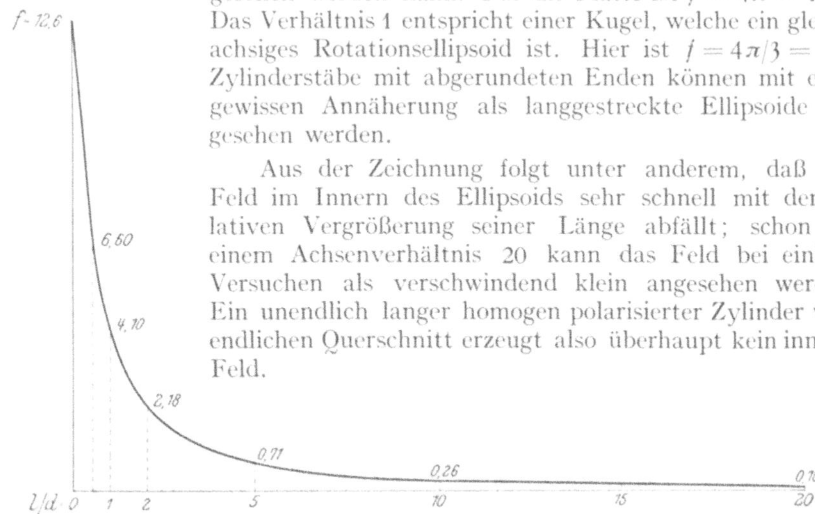


Abb. 184. Abhängigkeit des Formfaktors eines Rotationsellipsoids vom Achsenverhältnis.

Wir wollen hier noch eine Form hinzufügen, welche wir beim Elektromagnet wiederfinden werden, nämlich einen ringförmigen Körper oder, wie man ihn nennt, einen *Toroid* (Abb. 185a). Wird ein Toroid in der Richtung seiner Peripherie gleichmäßig polarisiert, so entstehen dabei keine Oberflächenladungen, weil eben der in sich geschlossene Toroid keine Enden hat. Nur wenn man den Toroid durchschneidet oder an irgendeiner Stelle in ihm einen Schlitz bildet (Abb. 185b) kommen die magnetischen Pole $A$ und $B$ an den Enden zum Vorschein und bilden ein Feld im Außenraume. Gleichzeitig wird das Innere des Toroids teilweise entmagnetisiert, was in der Abb. 185b durch kurze Pfeile angedeutet ist.

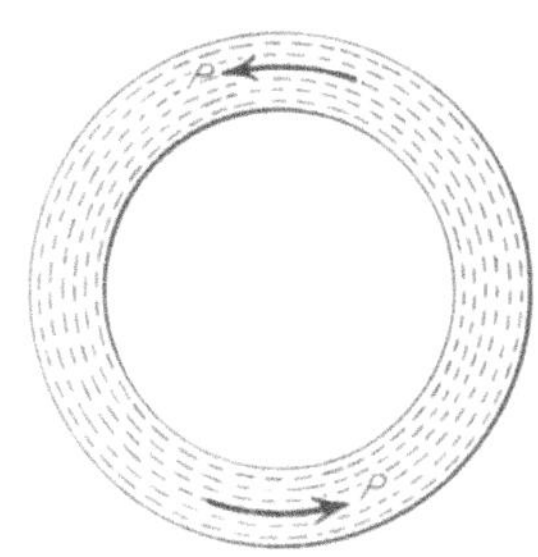


Abb. 185a. Polarisiertes Toroid.

**210. Entmagnetisierung und Koerzitivkraft.** In allen soeben angeführten Beispielen ist die im Innern herrschende Feldintensität der Polarisation *entgegengerichtet.* Dieselbe Erscheinung wird bei einer beliebigen Magnetisierung stets stattfinden, und das erzeugte Feld wird also immer der Polarisation entgegenwirken und sie zu vermindern streben; man nennt das *Entmagnetisierung.* Damit die Entmagnetisierung möglichst klein sei gibt man den Dauermagneten eine längliche Form; und aus demselben Grunde, wenn man die Dauermagnete nicht gebraucht, d. h. beim Aufbewahren, müssen ihre Enden mit Zusatzanker versehen werden, die den Magnet zu einem in sich geschlossenen magnetischen Kreis ohne Pole ergänzen (vgl. Abb. 166b, S. 157); dann wird der Stabmagnet nicht entmagnetisiert.

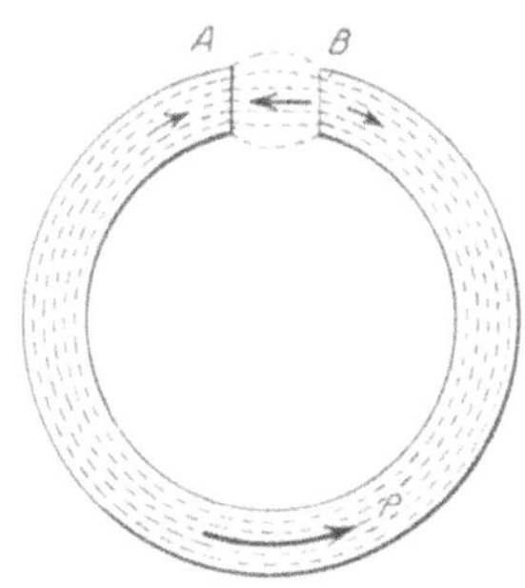


Abb. 185b. Polarisiertes Toroid mit einem Schlitz.

Anderseits sehen wir daraus, daß in den Dauermagneten irgendeine Kraft wirken muß, welche ungeachtet der Entmagnetisierung dennoch den magnetischen Zustand des Magneten lange Zeit aufrechtzuerhalten imstande ist. Man nennt diese Kraft die *Koerzitivkraft*.

**211. Das Feld eines Dauermagnets.** Bei den Berechnungen des Feldes eines polarisierten Körpers haben wir uns nur auf die Fälle beschränkt, in welchen der Körper gleichmäßig polarisiert ist. Die in der Praxis vorkommenden Dauermagneten sind aber größtenteils ungleichmäßig polarisiert und für solche Fälle wird die Rechnung sehr verwickelt.

Die Feldintensitäten im Innern eines ungleichmäßig polarisierten Körpers sind natürlich auch von der Größe und von der Verteilung der Oberflächenladungen abhängig; diese Ladungen werden ebenso eine entmagnetisierende Wirkung ausüben; aber ihr Feld wird für verschiedene Punkte des Körpers im allgemeinen verschiedene Größe und verschiedene Richtung haben. Von einem konstanten, für den ganzen Körper geltenden *Formfaktor* kann nicht mehr die Rede sein.

Was das *äußere* Feld betrifft, so kann dessen Richtung annähernd mit den Eisenfeilspänen bestimmt werden, oder es kann mit einem Magnetometer ausgemessen werden. Für nicht zu kleine Entfernungen von dem Magneten kann man denselben bei der Berechnung des Feldes durch zwei in Punkten konzentrierte Pole ersetzen. Die Versuche zeigen, daß man für die Stabmagnete üblicher Form den Polabstand gleich 0,8 der Magnetlänge annehmen kann. Die Polstärke ergibt sich dann durch Division des magnetischen Momentes durch den Polabstand.

**212. Die Wirkung des magnetischen Feldes auf einen Magnet.** Wir wollen dieses Problem unter den vereinfachten Annahmen behandeln, daß der Magnet zwei in Punkten konzentrierte Pole $\pm m$ besitzt. Sind in diesen Punkten die Feldintensitäten des äußeren Feldes $M_1$ bezüglich $M_2$, so werden die an den Polen angreifenden Kräfte gleich $mM_1$ und $-mM_2$ sein. Diese zwei Kräfte kann man nach den Regeln der Statik durch eine resultierende Kraft ersetzen und außerdem kann sich noch ein Kräftepaar ergeben, welches den Magnet um eine bestimmte Achse zu drehen sucht. In dem Falle, wo $M_1 = M_2$ ist, wird die resultierende Kraft gleich Null, denn die Magnetismen $\pm m$ der Pole sind ja immer entgegengesetzt gleich; es bleibt dann nur ein Kräftepaar übrig und der Magnet erhält nur eine drehende und keine fortschreitende Bewegung.

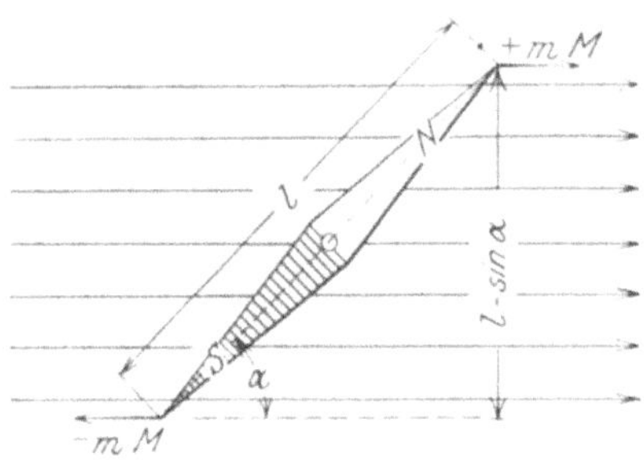


Abb. 186. Eine Magnetnadel im homogenen Felde.

Bringen wir eine kleine Magnetnadel in die Nähe eines magnetischen Poles wo das Feld fast radial verläuft und folglich inhomogen ist, so wird die Magnetnadel vom Magnet stark angezogen. Wird die Magnetnadel mit einem ihrer Pol-zu dem gleichartigen Pole des Magnets gebracht, wo wird sie zuerst abgestoßen, dann umgedreht und endlich angezogen. Aber in einer sehr großen Entfernung vom Magnet ist das Feld ziemlich homogen, die resultierende Kraft verschwindet und die Nadel wird nur umgedreht, bis sie sich längs des Feldes einstellt. Der positive Pol, d. h. der Nordpol der Nadel, zeigt dann die Richtung des Feldes an.

Das Verschwinden der resultierenden Kraft auf eine Magnetnadel in einem homogenen Felde kann uns als Beweis dienen, daß die beiden Pole tatsächlich gleichen und entgegengesetzten Magnetismus haben.

Wir wollen das Kraftmoment in einem homogenen Felde wirklich berechnen. Eine Magnetnadel, deren Polstärken $\pm$ m sind und einen Polabstand $l$ haben, befinde sich in einem homogenen magnetischen Felde mit der Feldintensität $M$. Der Winkel zwischen der Richtung der Nadel (diese Richtung ist Südpol—Nordpol) und der Richtung des Feldes sei $\alpha$ (Abb. 186). Dann haben wir zwei gleiche Kräfte $+mM$ und $-mM$ mit dem Hebelarm $l\sin\alpha$, welche ein Kraftmoment erzeugen:

$$K = mM \cdot l \sin\alpha = PM \sin\alpha .$$

Hier ist $P$ das magnetische Moment der Magnetnadel. In der letzten Form kann unsere Formel auch dann zur Berechnung des Moments der Kräfte dienen, wenn der Polabstand gar nicht bekannt ist, was ja größtenteils der Fall sein wird, und nur das magnetische Moment des Magnets uns gegeben ist.

Wir werden gleich zeigen, wie diese letzte Größe bestimmt werden kann.

**213. Schwingungen einer Magnetnadel.** Aus der Theorie der Pendelschwingungen entnehmen wir die Formel für die Schwingungsdauer

$$T = 2\pi \sqrt{\frac{J}{K}} .$$

Hier ist unter der Wurzel im Zähler $J$ das Trägheitsmoment des Pendels in bezug auf seinen Aufhängepunkt und im Nenner $K$ das Maximalmoment der Schwerkraft, wenn also der Pendel horizontal gehalten wird. Für eine ausbalancierte Magnetnadel brauchen wir die Schwerkraft nicht zu berücksichtigen; dafür tritt aber hier die Direktionskraft des magnetischen Feldes in Wirkung. Das maximale Moment dieser Direktionskraft ist, wie wir soeben berechnet haben, gleich $PM$. Folglich wird die Schwingungsdauer unserer Magnetnadel gleich

$$T = 2\pi \sqrt{\frac{J}{PM}} .$$

Aus dieser Formel sehen wir, daß für eine gegebene Magnetnadel das Quadrat der Schwingungsdauer umgekehrt proportional der auf sie wirkenden Feldintensität ist:

$$\left(\frac{T_2}{T_1}\right)^2 = \frac{M_1}{M_2} .$$

Diese einfache Beziehung gibt uns ein Mittel in die Hand, verschiedene Feldintensitäten durch Beobachtung der Schwingungsdauer einer in das Feld gebrachten kleinen Magnetnadel zu vergleichen.

**214. Bestimmung der magnetischen Feldintensität nach Gauss.** Die Beobachtung der Schwingungsdauer einer Magnetnadel erlaubt uns, nur relative Messungen zu machen, und nur das Verhältnis zweier magnetischen Feldintensitäten zu bestimmen, aber nicht deren *absolute* Größe. In einer berühmten Arbeit hat Gauss gelehrt, wie man auch diese Aufgabe lösen kann.

Gesetzt den Fall, wir wollen die Horizontalkomponente $M_0$ der Feldintensität des magnetischen Erdfeldes in irgendeinem Orte bestimmen. Wir nehmen dazu einen Magnet, dessen Form und Gewicht uns sein Trägheitsmoment mit genügender Genauigkeit zu berechnen erlaubt, und hängen ihn horizontal an einem dünnen Kokonfaden so auf, daß er in der horizontalen Lage um den Kokonfaden als Achse frei schwingen kann. Seine Schwingungsdauer läßt sich durch Versuche sehr genau bestimmen. Dann erlaubt uns die oben angegebene Formel, das Produkt $PM_0$ aus dem magnetischen Momente des Magnets und der Horizontalkomponente des magnetischen Erdfeldes zu berechnen.

Um die Größen $P$ und $M_0$ einzeln zu berechnen, brauchen wir noch eine zweite Relation, die wir durch folgende Versuche erhalten können. Wir nehmen eine kleine Bussole mit Gradeinteilung und legen unseren Magnet, dessen Schwingungen wir beobachtet haben, in einem gewissen, nicht zu kleinen Abstande von der Bussole, entweder in der Lage $A$ (vgl. Abb. 187a mit Abb. 175) oder in der Lage $B$ (vgl. Abb. 187b mit Abb. 175). Für beide Lagen können wir die

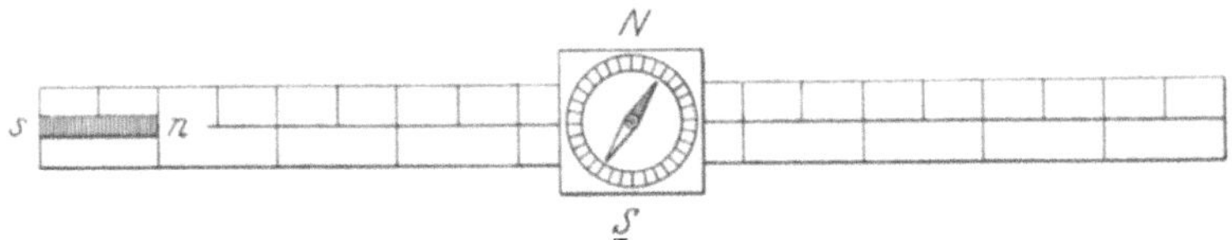


Abb. 187 a. Methode von GAUSS.

Feldintensität, welche von unserem Magnet herrührt, für den Ort, wo die Bussole steht, nach den Formeln (S. 168, **205**) berechnen:

$$M_a = \frac{2P}{r^3}, \qquad M_b = \frac{P}{r^3}.$$

Die Ablenkungswinkel der Bussole von ihrer normalen Richtung seien für diese beiden Fälle $\alpha$ und $\beta$. Aus der Abb. 188 ist leicht zu ersehen, daß die Tangenten dieser Winkel uns das Verhältnis der Feldintensität $M_a$ oder $M_b$ zu der Feldintensität $M_0$ der Erde geben. Wir erhalten somit

$$\operatorname{tg}\alpha = \frac{M_a}{M_0} = \frac{2P}{r^3 M_0}, \qquad \operatorname{tg}\beta = \frac{M_b}{M_0} = \frac{P}{r^3 M_0}.$$

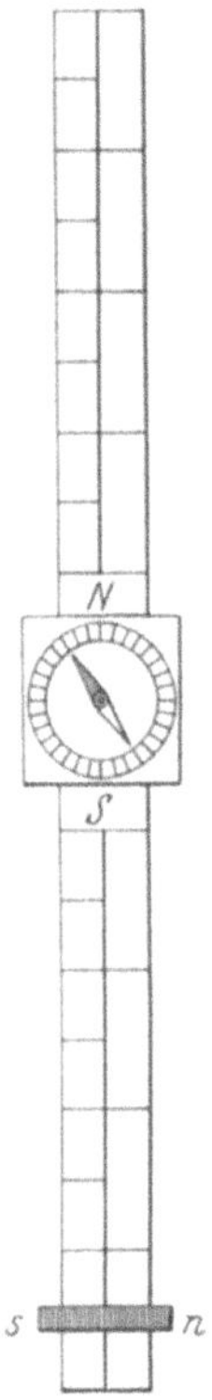


Abb. 187 b.

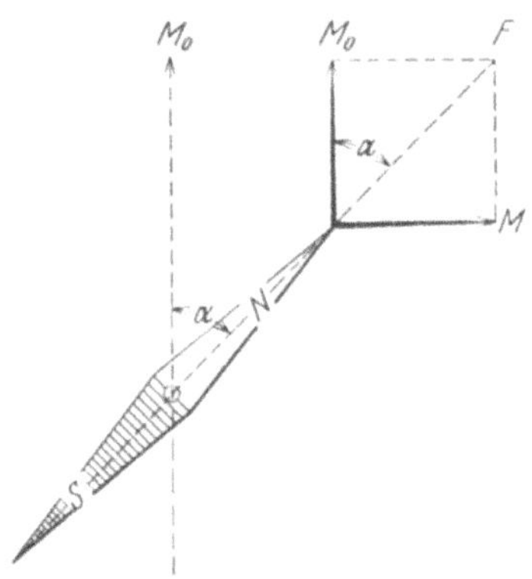


Abb. 188. Ablenkung der Bussolenadel.

Jede von diesen Formeln gibt uns das Verhältnis

$$P : M_0.$$

Wir sehen also, daß die Beobachtungen der Schwingungsdauer uns das Produkt $PM_0$, und die Beobachtungen mit der Hilfsbussole den Quotient $\frac{P}{M_0}$ zu berechnen erlauben. Aus beiden Versuchsreihen zusammen ergeben sich die Größen $M_0$ und $P$ einzeln.

Wir müssen noch beachten, daß unsere Formeln für das Feld eines Magnets in den beiden Lagen $A$ und $B$ nur annähernd richtig sind (Vgl. S. 167, **204**). Sie sind um so richtiger, je weiter der Magnet von der Bussole entfernt ist und je kleiner die Magnetnadel der Bussole genommen wird. Bei genaueren Versuchen muß man natürlich auch genauere Formeln benutzen. Den Magnet legt man gewöhnlich nicht nur in die zwei Lagen, welche in unseren Abbildungen angegeben sind, sondern man bringt ihn in die Lage $A$ westlich und östlich von der Bussole, und ebenso in die Lage $B$ südlich und nördlich von der Bussole; in beiden Fällen verändert man noch die Polrichtung des Magnets nach Westen und nach Osten usw. Durch alle diese Variationen des Versuchs werden verschiedene Einstellungsfehler kompensiert. Außerdem sind noch verschiedene Korrektionen anzubringen, auf welche wir hier nicht eingehen können.

Durch derartige Versuche hat GAUSS unter anderem auch das COULOMBsche Gesetz für die magnetischen Kraftwirkungen mit großer Genauigkeit bestätigt.

**215. Deklination der Magnetnadel.** Vergleicht man die Richtung einer Magnetnadel an irgendeinem Orte der Erde mit der Richtung des geographischen Meridians, so findet man größtenteils, daß sie nicht zusammenfallen. Die geographischen Meridiane sind ja durch die Ebenen bestimmt, welche durch die Erdachse und durch den Beobachtungspunkt durchgelegt werden; der magnetische Meridian wird durch die Ebene bestimmt, welche durch das Erdzentrum und die Magnetachse einer in dem betreffenden Orte aufgestellten Magnetnadel durchgelegt wird. Beide Ebenen bilden miteinander einen Winkel, welchen man die *Deklination* der Nadel nennt.

Stellt man eine Bussole so ein, daß ihr Anfangshalbmesser, wo die Zahlen 0° und 180° stehen (Abb. 168, S. 158), möglichst genau mit dem geographischen Meridian zusammenfällt, so ergibt die Ablenkung der Nadel von der Nullstellung die gesuchte Deklination.

Bei solchen Beobachtungen sind verschiedene Fehler zu berücksichtigen; die wichtigsten von ihnen sind die folgenden. Erstens kann die Stahlspitze der Nadel oder überhaupt ihre Aufhängung nicht ganz genau im Zentrum der Kreisteilung eingestellt worden sein; die Nadelachse bildet dabei nicht einen Durchmesser, sondern eine Sehne des Kreises. Diesen Fehler, wenn er klein ist, eliminiert man, indem man die Ablenkung beider Enden der Nadel an dem Bussolenkreis abliest und das Mittel daraus nimmt.

Zweitens kann die Pollinie der Nadel, d. h. ihre magnetische Achse, nicht genau mit ihrer geometrischen Achse (Nadelspitzen) zusammenfallen. Die magnetische Achse können wir nicht sehen und können nur die Stellung der Spitzen ablesen. Den dadurch entstehenden Fehler umgeht man, wenn man die Nadel umlegbar einrichtet, d. h. derart, daß ihre obere Fläche nach unten gekehrt werden kann. Beim Umlegen der Nadel (Abb. 168 punktiert) wird ihre magnetische Achse sich wieder im magnetischen Meridian einstellen und die geometrische Achse, d. h. die Verbindungslinie der Nadelspitzen, wird natürlich wieder denselben Winkel mit der magnetischen Achse der Nadel bilden wie früher, aber von der entgegengesetzten Seite der Polachse. Das Mittel aus beiden Ablesungen ergibt demnach die richtige Stellung der Magnetachse und also auch den magnetischen Meridian.

Die Deklination ergibt sich für verschiedene Orte der Erdoberfläche verschieden. In Europa ist der Nordpol einer Magnetnadel vom geographischen Meridian nach Westen abgelenkt. Die Deklination ist also eine „*westliche*“ und beträgt etwa von 8° bis 12°.

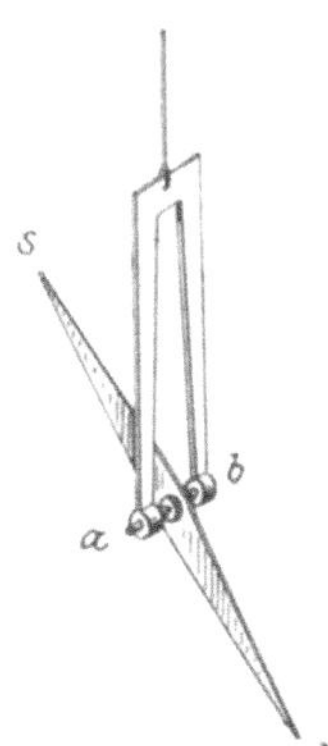

Abb. 189. Inklination der Magnetnadel.

**216. Inklination der Magnetnadel.** Wir hängen jetzt die Magnetnadel so auf, daß sie sich nicht nur um eine vertikale Achse, sondern auch um eine horizontale Achse frei bewegen kann, wie z. B. in der Abb. 168. An Stelle des Messinghütchens befestigen wir möglichst genau im Schwerpunkt der Nadel eine Messingachse, welche wir wagerecht aufhängen. Die Achsenlager zu dieser Achse machen wir in einem Gestell, welches seinerseits auf einem Kokonfaden hängt (Abb. 189). Dann kann die Magnetnadel sich einerseits um den vertikalen Kokonfaden drehen und in das magnetische Meridian einstellen, aber gleichzeitig werden wir sehen, daß sie ihren Nordpol neigt und einen gewissen Winkel mit der Horizontalen bildet. Den Winkel, welchen die Magnetachse der Nadel mit der Horebene bildet, nennt man *Inklination.*

Um die Inklination an irgendeinem Ort zu bestimmen, gebraucht man speziell dazu konstruierte Instrumente, ein sog. *Inklinatorium* (Abb. 190). Das ist im wesentlichen ein Vertikalkreis mit Gradteilung, in dessen Zentrum eine Magnetnadel auf einer wagerechten Achse aufgehängt ist. Der Vertikalkreis wird im magnetischen Meridian aufgestellt, was auch dadurch erreicht werden kann, daß man das ganze Instrument so lange um die vertikale Achse dreht, bis die Ablenkung der Nadel von der horizontalen Lage am größten wird. Dieser maximale Winkel stellt gleichzeitig die Inklination vor.

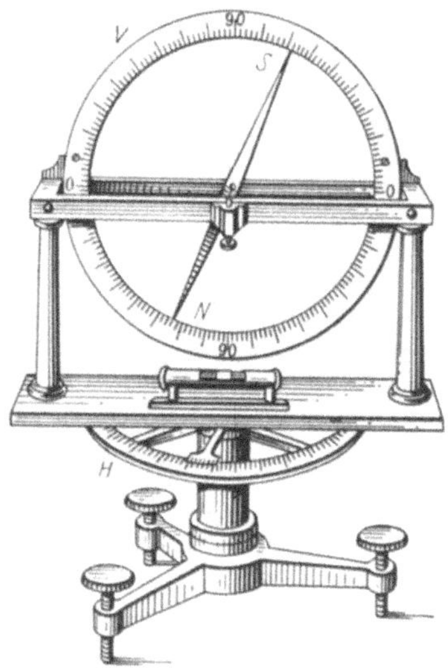

Abb. 190. Inklinatorium.

Bei der Bestimmung der Inklination sind ganz analoge Fehlerquellen zu berücksichtigen, wie bei der Bestimmung der Deklination; außerdem kommt hier noch folgender Umstand in Betracht.

Die Neigung der Nadel wird nämlich nicht nur von den magnetischen Wirkungen, sondern auch der Wirkung der Schwerkraft abhängen, wenn ihre Achse nicht ganz genau durch ihren Schwerpunkt hindurchgeht; ideale Genauigkeit ist ja nicht zu erzielen. Um diesen Fehler zu kompensieren, nimmt man die Nadel von dem Gestell ab und magnetisiert sie durch Bestreichung mit irgendeinem Magnet in der umgekehrten Richtung. Dann bleibt die Wirkung der Schwere dieselbe, die Wirkung des magnetischen Feldes kehrt aber ihr Zeichen um. Beim Wiederaufhängen der Nadel werden wir im allgemeinen einen anderen Inklinationswinkel beobachten; das Mittel aus beiden Beobachtungen gibt uns dann die wahre Inklination, befreit von der Wirkung der Schwere.

Der Inklinationswinkel ist auch für verschiedene Orte der Erdoberfläche verschieden. In der nördlichen Hemisphäre ist der Nordpol der Magnetnadel nach unten geneigt und die Inklination beträgt in den mittleren Breiten etwa 60°, ist also sehr groß.

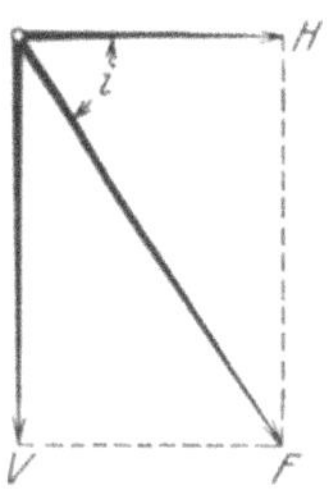

Abb. 191. Horizontal- und Vertikalintensität.

**217. Horizontal- und Vertikalintensität des magnetischen Erdfeldes.** Der Versuch mit einem Inklinatorium zeigt uns, daß die magnetischen Kraftlinien des Erdfeldes nicht horizontal, d. h. nicht parallel der Erdoberfläche verlaufen, sondern einen gewissen Winkel mit ihr bilden. Man pflegt aber die magnetische Feldintensität des Erdfeldes in zwei Komponenten zu zerlegen: eine horizontale $H$ und eine vertikale $V$. Es ist klar, daß der Zusammenhang aller dieser Größen durch folgende Formeln ausgedrückt werden kann (Abb. 191):

$$H = M \cos i, \qquad V = M \sin i, \qquad \frac{V}{H} = \operatorname{tg} i.$$

Nach der GAUSSschen Methode bestimmt man die Horizontalintensität des magnetischen Erdfeldes. Die Vertikalintensität desselben und auch die Totalintensität kann man dann nach den oben aufgeschriebenen Formeln berechnen.

**218. Das magnetische Feld der Erde.** Die Einstellung der Magnetnadel zeigt uns, daß auf der Erdoberfläche ein magnetisches Feld herrscht, und da dieses Feld eine wichtige praktische Bedeutung, nämlich für die Schiffahrt, hat, so sind zahlreiche Untersuchungen angestellt worden, um das magnetische Erdfeld möglichst eingehend zu erforschen. Die Untersuchungen werden auch jetzt in speziell dazu eingerichteten Instituten, welche in verschiedenen Orten der Erde verteilt sind, regelmäßig fortgesetzt.

Diese Untersuchungen haben folgendes ergeben.

Das magnetische Erdfeld ist im großen und ganzen, also annähernd, längs der Meridianebenen gerichtet, aber nicht überall parallel der Erdoberfläche. Nur am Äquator ist die magnetische Inklination gleich Null: die Nadel steht dort horizontal. Je näher man zu den Erdpolen kommt, desto größer wird die Neigung der Inklinationsnadel. Man hat gefunden, daß in der Nordhemisphäre unserer Erde bei 70° nördl. Breite und 97° westl. Länge die Inklinationsnadel sich ganz vertikal einstellt, und zwar mit ihrem Nordpol nach unten. Hier gehen also die magnetischen Kraftlinien in die Erde hinein; in dieser Richtung befindet sich demnach in der Erde ihr magnetischer Südpol. Anderseits in der Nähe des geographischen Südpols, nämlich bei 73° südl. Breite und 154° östl. Länge, zeigt der Südpol der Inklinationsnadel vertikal nach unten; an diesem Orte kommen also die magnetischen Kraftlinien aus der Erde heraus; da befindet sich der magnetische Nordpol der Erde (Abb. 192).

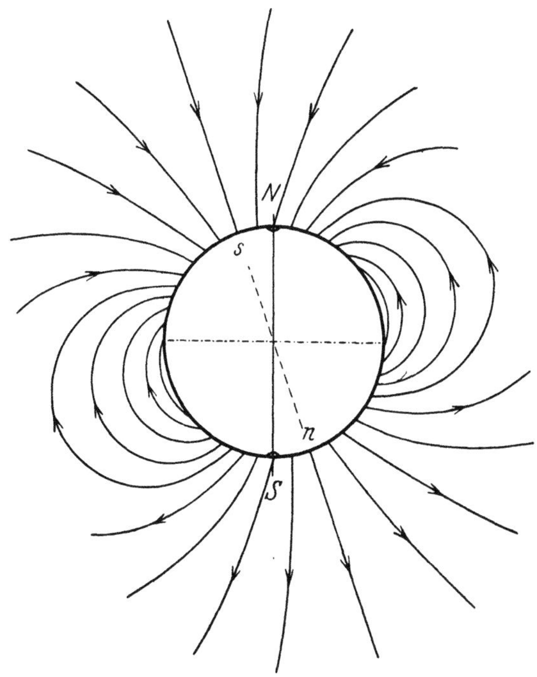

Abb. 192. Magnetisches Feld der Erde.

Aus dieser kurzen Beschreibung des magnetischen Feldes unserer Erde sehen wir, daß die magnetische Erdachse (Pollinie) nicht mit der geographischen Pollinie, d. h. der Drehachse der Erde, zusammenfällt; beide Achsen bilden einen Winkel von etwa 20°. Die magnetische Achse geht sogar nicht durch das Zentrum der Erde, bildet also nicht einen Durchmesser, sondern eine Sehne der Erdkugel. Abgesehen von dieser Unregelmäßigkeit, hat dennoch das magnetische Erdfeld eine fast symmetrische Verteilung, welche man in erster Annäherung mit dem Felde eines im Erdzentrum gelegenen Magneten vergleichen kann. Es gilt sogar ziemlich genau die von uns abgeleitete Beziehung (S. 169, **205**)

$$\operatorname{tg} i = 2 \operatorname{tg} \alpha ,$$

wo jetzt $i$ die Inklination bedeutet und $\alpha$ den Winkel, welchen der zum Beobachtungspunkte führende Erdradius mit der Magnetachse der Erde bildet, d. h. die magnetische (nicht die geographische) Polhöhe.

Diese Ähnlichkeit erlaubt uns aber nicht, den Schluß zu ziehen, daß im Zentrum der Erde tatsächlich ein Magnet sich befindet, denn dasselbe äußere Feld kann auch aus anderen Ursachen erzeugt werden. Eine gleichmäßige Magnetisierung der ganzen Erdkugel zum Beispiel würde ja, wie wir wissen (S. 172, **208**), im Außenraume dasselbe Feld erzeugen wie ein im Zentrum gelegener kleiner Magnet usw.

Die Vertikalintensität an den magnetischen Polen der Erde ist gleich $M_a = 0{,}64$ Gauß, die Horizontalintensität am magnetischen Äquator ist gleich $M_b = 0{,}32$ Gauß, also die Hälfte von der Intensität an den Polen. Ganz ähnliche Verhältnisse haben wir auch im Felde eines Elementarmagnets erhalten und im Außenfelde einer gleichmäßig polarisierten Kugel. Nehmen wir die Erdkugel gleichmäßig magnetisiert an, so können wir aus diesen Daten und aus der Größe des Erdradius $r = 6{,}4 \cdot 10^8$ cm nach unseren Formeln das magnetische Moment der Erde bestimmen. Es ergibt sich

$$P = M_b r^3 = 0{,}32\,(6{,}4 \cdot 10^8)^3 = 8{,}33 \cdot 10^{25}$$

und die *mittlere* Intensität der Magnetisierung (magnetische Polarisation) der Erde

$$P_m = \frac{P}{4/3\,\pi r^3} = \frac{3}{4\pi} M_b = 0{,}077.$$

In Wirklichkeit braucht natürlich die Magnetisierung der Erde nicht gleichmäßig zu sein, und es sind auch auf der Erdoberfläche eine ganze Anzahl Unregelmäßigkeiten beobachtet worden. Unter anderem wurden in Finnland und in Rußland starke sog. *Anomalien* gefunden, welche auf große Lager von Eisenerzen an diesen Stellen zurückzuführen sind.

Außerdem verändern sich alle magnetischen Elemente mit der Zeit. Namentlich ist die Horizontalintensität und die Deklination starken Änderungen ausgesetzt.

Es gibt *periodische* (Tages- und Jahresperioden) Veränderungen, die vom Einfluß der Sonne herrühren; es gibt sog. *sekuläre*, nichtperiodische, langsam mit der Zeit sich vollziehende Veränderungen. Endlich werden oft plötzliche und sehr starke Veränderungen der Elemente beobachtet — sog. *magnetische Stürme*. Diese haben ihren Ursprung in den elektrischen Sonnenstrahlungen und in den damit zusammenhängenden Nordlichtern.

## 3. Magnetische Eigenschaften der Körper.

**219. Paramagnetismus und Diamagnetismus.** Bis jetzt haben wir ausschließlich vom magnetisierten Stahl und Eisen gesprochen. FARADAY hat aber entdeckt, daß auch viele andere Körper sich magnetisieren lassen, wenn auch in viel schwächerem Maße. Man kann jetzt die FARADAYsche Entdeckung mit einem verhältnismäßig kleinen Elektromagnet gut demonstrieren. Die Pole des Elektromagnets (Abb. 193) sind konisch geformt, um ein inhomogenes Feld zu erzeugen. Zwischen diesen Polen können kleine Kügelchen aus dem zu untersuchenden Stoffe auf einem Kokonfaden, also leicht beweglich, aufgehängt werden Kügelchen aus Eisen, Nickel, Kobalt werden von den Magnetpolen angezogen; ein Kügelchen aus Wismut wird dagegen von beiden Magnetpolen abgestoßen.

Nehmen wir statt der Kugelform kleine Drähtchen, welche wie eine Magnetnadel zwischen den Magnetpolen an Kokonfäden derart aufgehängt werden, daß sie einen Winkel von 45° mit der Feldrichtung bilden, so erhalten wir bei Erzeugung des Magnetfeldes eine Ablenkung der Stäbchen. Ein Nickel- oder Kobaltstäbchen stellt sich dabei längs der Kraftlinien, ein Wismutstäbchen dagegen stellt sich quer zum Felde.

FARADAY nannte die Körper, welche sich längs des Feldes einstellten, *paramagnetisch* (para = gleichgerichtet) und die Körper, welche sich normal zum Felde einstellten, *diamagnetisch* (dia = quer).

Alle diese Erscheinungen erinnern uns an analoge Erscheinungen im elektrischen Felde. Wir haben nämlich auch in einem inhomogenem elektrischen Felde eine *Abstoßung* beobachtet, wenn ein Dielektrikum von kleinerer Dielektrizitätskonstante in ein anderes Dielektrikum von größerer Dielektrizitätskonstante eingebettet war (S. 60, **70**).

Um diese Analogie noch stärker hervorzuheben, hat FARADAY den folgenden Versuch angestellt. Ein kleines Röhrchen aus dünnem Glas wurde mit einer Eisenchloridlösung gefüllt und zwischen den Polen des Elektromagneten, ebenso wie die oben erwähnten Stäbchen, aufgehängt. War das Röhrchen dabei in eine Schale mit *reinem* Wasser eingetaucht, so stellte es sich in der Richtung des Magnetfeldes ein; war aber die Schale mit einer *konzentrierten* Eisenchloridlösung gefüllt, so verhielt sich das mit schwacher Lösung gefüllte Röhrchen wie ein diamagnetischer Körper.

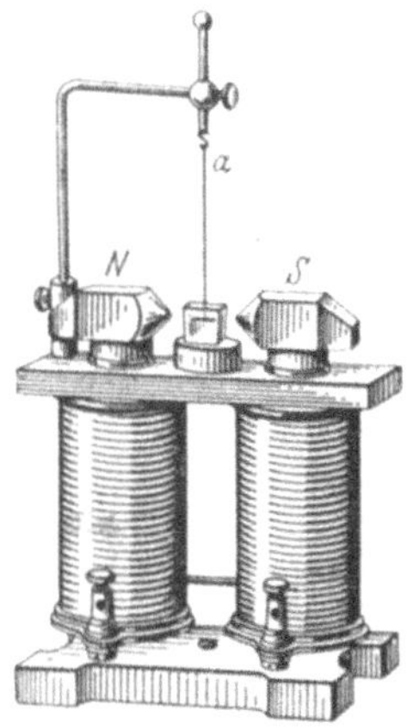

Abb. 193. Elektromagnet für die Untersuchung des Para- und Diamagnetismus.

Wir sehen also, daß die beobachteten Kraftwirkungen uns nur ein relatives Maß der Magnetisierung des untersuchten Körpers geben, nämlich relativ zu dem umgebenden Medium. Bei unseren früheren Versuchen war das umgebende Medium stets die Luft.

FARADAY untersuchte auch mit seinem Elektromagnet die magnetischen Eigenschaften verschiedener Gase, indem er sie mit Salmiaknebel sichtbar machte und langsam zwischen den Polen des Elektromagneten aufsteigen ließ. Die meisten Gase erwiesen sich *dia*magnetisch relativ zu der Luft, und nur der Sauerstoff erwies sich paramagnetisch. FARADAY zeigte das unter anderem sehr schön mit einer mit Sauerstoff gefüllten Seifenblase, welche durch das Magnetfeld merklich abgeplattet wurde.

Dennoch genügt der schwache Magnetismus der Luft nicht, um das diamagnetische Verhalten aller anderen Körper zu erklären; das Wismutstäbchen z. B. würde sich auch im *reinen Vakuum* quer zum Felde einstellen.

**220. Permeabilität und Magnetisierungskoeffizient.** Ohne auf die nähere Erklärung der diamagnetischen Erscheinungen jetzt einzugehen, wollen wir zunächst die Analogie zwischen den dielektrischen Erscheinungen und den magnetischen Erscheinungen benutzen, um die Theorie des magnetischen Feldes weiter zu entwickeln.

In der Elektrostatik haben wir die Dielektrizitätskonstante des Vakuums gleich 1 angenommen, und alle anderen Körper hatten dann eine Dielektrizitätskonstante *größer* als 1.

Die Magnetisierungskonstante oder die Permeabilität des Vakuums haben wir auch S. 162, **196** gleich 1 angenommen. Nach FARADAY muß dann die Permeabilität aller paramagnetischen Körper größer als 1 und die Permeabilität der diamagnetischen Körper kleiner als 1 angenommen werden, um die Wirkung eines Magnetpoles auf diese Körper beschreiben zu können.

Analog zu dem Elektrisierungskoeffizienten (S. 52, **63**) wollen wir auch einen Magnetisierungskoeffizienten definieren durch die Gleichung

$$P_m = k M_0 .$$

Hier steht links $P_m$ die magnetische Polarisation des Körpers in irgendeinem Punkte, rechts $M_0$ die in demselben Punkte herrschende magnetische Feldintensität. Der Koeffizient $k$ wird auch magnetische *Suszeptibilität* genannt. Für schwach magnetisierbare Körper, von denen wir jetzt sprechen, kann man den Koeffizienten $k$ als konstant ansehen.

Wir haben somit auch für magnetisierbare Körper zwei Körperkonstanten festgestellt: die Permeabilität $\mu$ und die Magnetisierungskonstante $k$. Diese zwei Konstanten stehen zueinander in derselben Beziehung wie bei den elektrischen Erscheinungen die Dielektrizitätskonstante $\varepsilon$ und die Elektrisierungskonstante $k$ (S. 53, **63**).

$$\mu = 1 + 4\pi k.$$

Ist die eine von diesen zwei Konstanten für irgendeinen Körper bekannt, so läßt sich die andere nach der angegebenen Formel berechnen. Die magnetischen Eigenschaften irgendeines Körpers werden demnach eigentlich nur durch eine einzige Konstante charakterisiert.

Für paramagnetische Körper, für welche $\mu > 1$ ist, wird der Magnetisierungskoeffizient $k > 0$, also positiv. Im elektrischen Felde ist das immer der Fall. Für diamagnetische Körper dagegen, wo $\mu < 1$ angenommen werden muß, wird der Koeffizient $k < 0$, also negativ, was im elektrischen Felde nie vorkommt.

Durch entsprechende Wahl der Koeffizienten können wir also allen von FARADAY entdeckten Erscheinungen gerecht werden, ohne dabei irgendeine neue Hypothese zu Hilfe zu nehmen.

Dennoch bleibt das negative Zeichen beim Magnetisierungskoeffizienten ein Paradox, denn beim negativen $k$ müssen sich in einem diamagnetischen Körper die Molekularmagnete entgegengesetzt den auf sie wirkenden Kräften bewegen, was ja unmöglich scheint. Die bis jetzt von uns beschriebenen Erscheinungen genügen also für die Erklärung des Diamagnetismus nicht.

**221. Grenzbedingungen.** Ganz analog wie für die Dielektrika (S. 53, **64**) können wir weiter für die magnetisierbaren Körper folgende Beziehungen für die Feldintensität und die Induktion an der Grenzoberfläche aufstellen.

Für die Komponenten dieser Größen normal zur Grenzoberfläche haben wir

$$B_{n_1} = B_{n_2}, \qquad \frac{M_{n_1}}{M_{n_2}} = \frac{\mu_2}{\mu_1}.$$

Für die Tangentialkomponenten:

$$\frac{B_{t_1}}{B_{t_2}} = \frac{\mu_1}{\mu_2} \qquad M_{t_1} = M_{t_2}.$$

Als Folge dieser beiden Beziehungen erhalten wir das Brechungsgesetz der magnetischen Induktionslinien (S. 55, **66**)

$$\frac{\operatorname{tg} \alpha_1}{\operatorname{tg} \alpha_2} = \frac{\mu_1}{\mu_2}.$$

**222. Verdichtung der Kraftlinien. Magnetischer Schutz.** Die Brechung der Kraftlinien an der Grenze zweier Körper wird sehr oft praktisch verwendet.

Will man z. B. die Kraftlinien eines Magnets auf einen kleineren Raum konzentrieren, so verwendet man konische Polschuhe (Abb. 172, S. 165). Umgekehrt ergeben flache Polschuhe eine Verbreitung der Kraftlinien, ein schwächeres, aber dafür ein homogeneres Feld (Abb. 173, S. 165). Ebenso wie in den elektrischen Feldern bewirkt die Brechung der Kraftlinien eine *Verdichtung* derselben, wenn sie in einen Körper mit größerer Permeabilität eindringen (vgl. Abb. 53, 54, S. 56). Diesen Umstand kann man benutzen, um einen Raum vor den Einflüssen eines äußeren magnetischen Feldes zu schützen. Zu diesem Zwecke umgibt man den betreffenden Raum mit einer oder auch mit mehreren Eisenhüllen; das Eisen hat eine so große Permeabilität ($\mu = 3000$), daß die Kraftlinien des äußeren magnetischen Feldes größtenteils durch die Eisenhülle durchgehen und so den inneren Raum der Hülle vom Felde befreien.

Um diese Erscheinung zu veranschaulichen, können wir uns derselben Zeichnungen bedienen wie in der Elektrostatik.

In der Abb. 57, S. 57 sehen wir z. B., wie ein vorher homogenes magnetisches Feld durch die Einbringung eines eisernen Zylinders verändert wurde. Die Achse des Zylinders muß man sich normal zur Zeichnungsebene vorstellen. Die meisten Kraftlinien werden in das Eisen abgelenkt und das Innere des Zylinders bleibt vom Felde frei. Die Erscheinung sieht so aus, als ob das Eisen für den Induktionsfluß leichter durchdringlich ist als die Luft. Daher kommt auch der Name *Permeabilität* (Durchdringlichkeit).

In der Elektrostatik haben wir eine Elektroskopnadel von äußeren elektrischen Einflüssen dadurch völlig abgeschirmt, daß wir sie in ein *leitendes* Gehäuse eingeschlossen haben. Da es keine Leiter des Magnetismus gibt, so können wir einen vollkommenen magnetischen Schutz auch nicht erzielen. Aber wenn man eine Magnetnadel mit mehreren Eisenhüllen umgibt, so gelingt es in der inneren Hülle, das äußere magnetische Feld sogar auf den tausendsten Teil zu reduzieren.

**223. Die Wirkungen des magnetischen Feldes auf einen Körper.** Alles, was wir von den Wirkungen eines elektrischen Feldes auf elektrische Körper gesagt haben (S. 59, 60, **69**), können wir auch für die magnetischen Wirkungen hier wiederholen. In einem inhomogenen Felde wird ein paramagnetischer kleiner Körper von der Stelle mit schwächerer Feldintensität zu der benachbarten Stelle, wo stärkere Feldintensität herrscht, hinbewegt; ein solcher Körper wird also vom Magnetpole angezogen. Ein diamagnetischer Körper wird im Gegenteil vom Pole abgestoßen.

In einem homogenen Felde wird ein länglicher Körper mit positiven $k$ (Paramagnetismus) sich längs des Feldes einstellen; bei negativem $k$ (Diamagnetismus) stellt sich der Körper zum Felde quer.

Haben wir einen Körper mit dem Magnetisierungskoeffizienten $k_2$, der in einem Medium von der Konstante $k_1$ eingebettet ist, so werden von beiden Seiten seiner Oberfläche die Poldichten $\sigma_1$ und $\sigma_2$ erzeugt, welche einer resultierenden Oberflächendichte

$$\sigma_1 - \sigma_2 =$$

äquivalent sind. Es entsteht demnach im magnetischen Felde eine Bewegung, welche der eines paramagnetischen oder eines diamagnetischen Körpers analog ist, je nachdem $k_1 > k_2$ oder $k_1 < k_2$ ist.

**224. Messung der Körperkonstanten.** Wir haben schon erwähnt, daß, um die magnetischen Eigenschaften eines Körpers zu charakterisieren, man nur entweder seine Permeabilität $\mu$ oder seine Suszeptibilität $k$ anzugeben braucht.

Die Suszeptibilität eines para- oder diamagnetischen Körpers kann man bestimmen, wenn man aus dem betreffenden Material eine kleine Kugel macht und sie möglichst leicht beweglich (vgl. die Coulombsche Drehwage S. 10) in einem bekannten magnetischen Felde aufhängt. Die Kraft, welche das Feld auf solche eine Kugel ausübt, ist bei sonst gleichen Bedingungen der Suszeptibilität $k$ proportional. Diese Methode eignet sich nur für Körper mit kleinem $k$, weil sonst das wirkende Feld durch das Einbringen der Kugel merklich verändert wird. Aber anderseits sind bei kleinem $k$ auch die Kraftwirkungen klein, und die Messungen sind nicht so leicht auszuführen. Wir werden weiter unten noch andere, bequemere elektromagnetische Methoden kennenlernen, und namentlich solche, welche nicht die Suszeptibilität $k$, sondern die Permeabilität $\mu$ eines Körpers zumessen erlauben.

Bei Flüssigkeiten kann man die von QUINCKE angegebene Methode anwenden. Man gießt die Flüssigkeit in eine zweischenkelige Röhre ein (Abb. 194), deren einer Schenkel sich im Magnetfelde befindet. Durch die Wirkung des Magnetfeldes wird die Flüssigkeit entweder in das Feld gehoben (Paramagnetismus) oder vom Felde heruntergedrückt (Diamagnetismus). Die Niveaudifferenz in beiden Schenkeln gibt uns ein Maß der magnetischen Kraftwirkungen und erlaubt uns, die Suszeptibilität der Flüssigkeit zu berechnen.

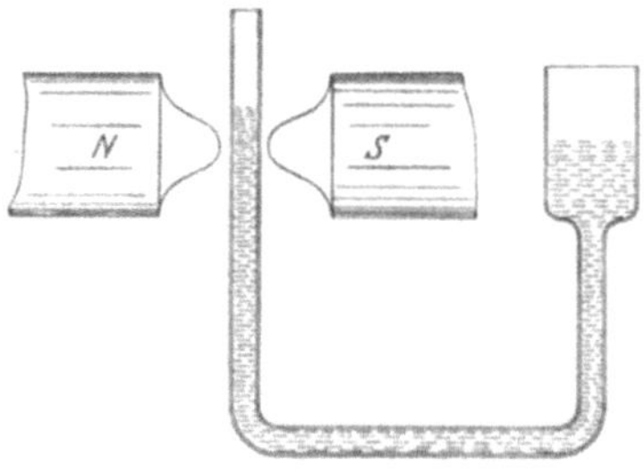

Abb. 194. Methode von QUINCKE.

Bei Messungen der Suszeptibilität schwach magnetischer Körper muß man nicht außer acht lassen, daß die Luft selbst, in welcher die untersuchten Körper eingebettet sind, auch einen von Null verschiedenen Magnetisierungskoeffizienten besitzt.

**225. Werte der Konstanten.** Wir geben hier einige magnetische Konstanten an:

| Material | $k$ |
|---|---|
| Eisen . . . . . . . . . . . bis | 440 |
| Nickel . . . . . . . . . . . ,, | 24 |
| Kobalt . . . . . . . . . . . ,, | 12 |
| Eisenchloridlösung (konzentriert) | $35 \cdot 10^{-6}$ |
| Sauerstoff . . . . . . . . . . . | $0,14 \cdot 10^{-6}$ |
| Luft . . . . . . . . . . . . . . | $0,03 \cdot 10^{-6}$ |
| Wasser . . . . . . . . . . . . . | $-0,72 \cdot 10^{-6}$ |
| Wismut . . . . . . . . . . . . . | $-14 \cdot 10^{-6}$ |

## 4. Ferromagnetismus.

**226. Magnetische Charakteristik.** Wir kommen jetzt zu einer Klasse von Körpern, bei denen die magnetischen Eigenschaften nicht durch einen konstanten Koeffizienten $\mu$ oder $k$ beschrieben werden können, und die Magnetisierung und die Induktion in sehr komplizierter Weise von dem auf sie wirkenden Magnetfeld abhängen. Um diese Verhältnisse möglichst übersichtlich darzustellen, bedient man sich sog. *charakteristischer* Kurven oder kurz *Charakteristiken.* Man erhält solche Charakteristiken, indem man auf einem Koordinatenpapier in irgendeinem Maßstabe die eine der betreffenden Größen horizontal als Abszissen $x$ aufträgt und die ihnen entsprechenden Beträge der anderen Größe $y$ vertikal, d. h. als Ordinaten. Die Punkte der zusammengehörigen Größen verbindet man durch eine Kurve, welche man $(xy)$-Charakteristik nennt. Die Charakteristiken sind also nichts anderes als eine graphische Darstellung des Zusammenhangs zwischen den beiden Größen $x$ und $y$, und stellen die eine Größe als Funktion der anderen graphisch dar. Welche zwei Größen wir zu dieser Darstellung wählen, hängt von unserem Zweck ab; auch die Form der Kurven wird natürlich von dieser Wahl abhängen.

Für die bis jetzt von uns angenommenen Beziehungen, z. B.

$$B = \mu M, \qquad P = kM, \qquad \mu = 1 + 4\pi k,$$

sind die Charakteristiken gerade Linien, weil $\mu$ und $k$ konstant waren. Die verschiedenen Eisensorten unterscheiden sich von den anderen Körpern dadurch, daß ihre Permeabilität $\mu$ keine Konstante ist, sondern hängt noch von der Feldintensität $M$ ab.

Die $(\mu M)$-Charakteristik des Eisens hat etwa die folgende Form (Abb. 195). Für sehr kleine Werte von $M = 0$ bis etwa $M = 0,01$ kann man $\mu$ als konstant annehmen; für verschiedene Eisensorten liegt diese Konstante zwischen 200 und 400. Für größere $M$ wächst der Wert von $\mu$ zuerst langsam, dann aber sehr stark an und erreicht ein Maximum für eine Feldintensität $M$ zwischen 2,5 und 3. Das Maximum von $\mu$ ist für die gebräuchlichsten Eisensorten (Dynamoblech) etwa gleich 3000.

Im Laboratorium ist es bei spezieller Behandlung gelungen (E. GUMILCH), Eisensorten herzustellen, für welche $\mu$ max bei $M = 0{,}5$ sogar bis zu 14000 steigt.

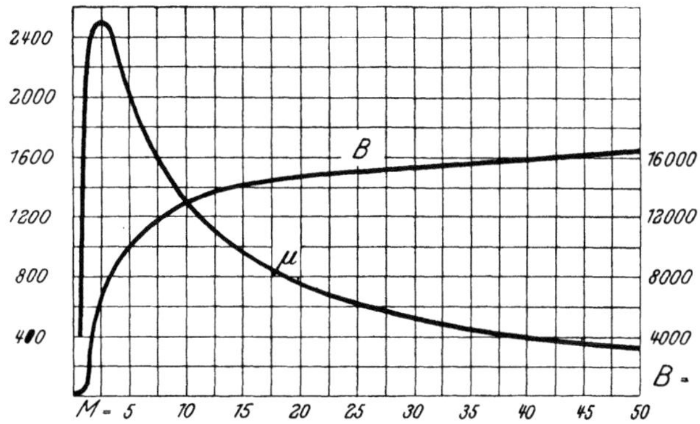


Abb. 195. Magnetische Charakteristiken.

Nach diesem Maximum fällt die $\mu$-Kurve ab und nähert sich allmählich dem Werte $\mu = 1$. Dann wird $k = 0$. Bei sehr großen Feldintensitäten verhält sich demnach das Eisen fast wie ein unmagnetischer Körper.

Aus der $(\mu M)$-Charakteristik kann man nach der Formel $B = \mu M$ sofort auch die $(BM)$-Charakteristik erhalten, welche in technischen Anwendungen am meisten gebraucht wird. Die $(BM)$-Charakteristik ist in derselben Abb. 195 aber im anderen Maßstabe eingezeichnet.

**227. Magnetische Sättigung.** Außer der $\mu M$- und $BM$-Kurve können wir noch eine dritte Charakteristik zeichnen, nämlich die $PM$-Kurve. Es ist nämlich

$$B = M + 4\pi P_m, \qquad P_m = \frac{1}{4\pi}(B - M).$$

Ziehen wir also von den Ordinaten der $BM$-Kurve ihre Abszissen $M$ ab und dividieren durch $4\pi$, so erhalten wir die $PM$-Kurve (Abb. 196).

Diese $PM$-Kurve ist der $BM$-Kurve sehr ähnlich, unterscheidet sich aber von der letzteren dadurch, daß bei ihr die Ordinaten nicht unbegrenzt wachsen, sondern sich einem bestimmten Werte asymptotisch nähern. Das heißt mit anderen Worten, daß die Polarisation oder die Magnetisierung des Eisens einen Grenzwert hat, den sie nicht überschreiten kann, ungeachtet der Vergrößerung der wirkenden Feldintensität. Man sagt dann, das Eisen sei magnetisch *gesättigt*. Eine vollständige Sättigung tritt bei einer Feldintensität $M = 8000$ und ergibt für $P_m = 1750$. Praktisch kann man aber schon bei $M = 300$ das Eisen als gesättigt annehmen, denn dabei ist schon $P_m = 1700$.

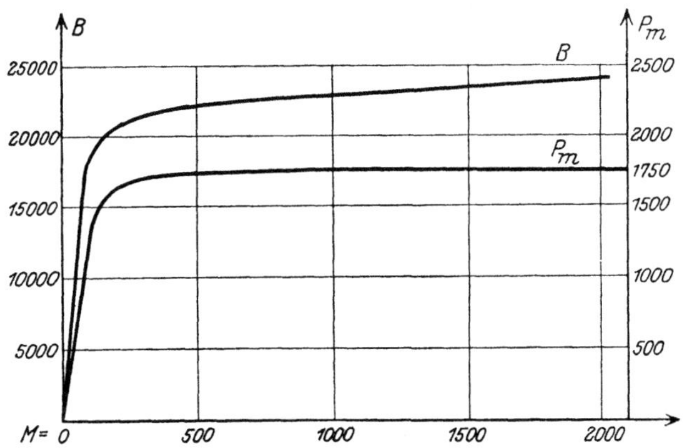


Abb. 196. Magnetische Sättigung.

**228. Scherungsmethode von Rayleigh.** In allen oben eingeführten Formeln bedeutet $M$ die magnetische Feldintensität im *Innern* des Eisens, in demselben Punkte, wo man $P_m$ und $B$ berechnen will. Aber der direkten Messung ist meistens nur die *äußere* influenzierende Feldintensität $M_a$ zugänglich. Wir wissen aber, daß die auf der Oberfläche des polarisierten Körpers entstehende scheinbare magnetische Belegung ein magnetisches Feld erzeugt, welches im Innern des Körpers der Polarisation und also auch dem influenzierenden Felde entgegengerichtet ist. Dieses entmagnetisierende Zusatzfeld muß demnach von dem influenzierenden Felde abgezogen werden, um das innere Feld im influenzierten Körper zu berechnen. Nun sind die Entmagnetisierungskoeffizienten für einige einfachere Körperformen, wie z. B. für die Kugel oder für ein Ellipsoid, bekannt (S. 172, **208, 209**) und leicht aus den Dimensionen des Körpers zu berechnen. Diese Körperformen zeichnen sich noch dadurch aus, daß bei ihnen das innere Feld *homogen* bleibt, wenn nur das gegebene Feld homogen war.

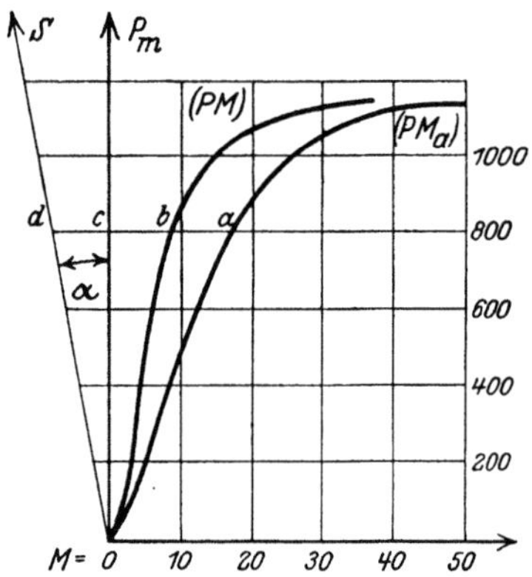


Abb. 197. Rayleighsche Scherungsmethode.

Man nimmt deshalb das zu untersuchende Material meistens in Form eines länglichen Rotationsellipsoids und berechnet für ihn den Entmagnetisierungsfaktor $f$. Im Innern des Ellipsoids wird dann erstens das gegebene Feld $M_a$ wirken und außerdem das Entmagnetisierungsfeld $fP$. Wir haben also zwischen dem äußeren uns bekannten Felde $M_a$ und dem innern Felde $M$ im Eisen die folgende Beziehung:

$$M = M_a - f P_m.$$

Unmittelbar aus den Versuchen erhalten wir die Charakteristik oder die Funktion

$$P_m = F(M_a).$$

Für das untersuchte Material ist aber die Charakteristik wichtig

$$P_m = F(M) = F(M_a - f P_m),$$

welche von dem Einfluß der zufälligen Form des Materials schon befreit ist. Um die letzte Charakteristik aus der ersten zu erhalten, hat Rayleigh folgendes graphische Verfahren angegeben.

Man zieht von dem Nullpunkt der Zeichnung (Abb. 197) eine gerade Linie $OS$ unter dem Winkel $\alpha$, dessen Tangente gleich $f$ ist. Für jeden Punkt dieser Geraden gilt dann die Relation

$$M_s = -f P_m.$$

Diese Gerade stellt also die Charakteristik des entmagnetisierenden Feldes dar. Verschieben wir jetzt jeden Punkt der Charakteristik $(PM_a)$ horizontal nach links um soviel, wie an der betreffenden Höhe die Abszisse der Geraden $OS$ ausmacht (z. B. $ab = cd$), so erhalten wir eine neue Kurve, bei welcher zwar die Ordinaten dieselben geblieben sind, aber alle Abszissen um die Größe $fP$ kleiner geworden sind. Wir haben somit die Charakteristik $(PM)$ gewonnen. Das ganze Verfahren, d. h. die angegebene Deformation der Kurve, nennt man *Scherung*.

Man muß aber beachten, daß ein bestimmter, und zwar *konstanter* Entmagnetisierungsfaktor nur für die Formen angegeben werden kann, welche im Innern ein homogenes Feld ergeben, also für Ellipsoide. Für inhomogene Felder und bei unkonstantem $k$ wird der Entmagnetisierungsfaktor in jedem Punkte ein anderer, und die RAYLEIGHsche Konstruktion kann nicht mehr angewendet werden. Bei genauen Messungen ist es sehr wichtig, sich von dieser Komplikation zu befreien und die Messungen so anzustellen, daß man das innere Feld in dem untersuchenden Material direkt aus dem Versuche bestimmen kann. Wir werden weiter unten (Elektromagnetismus) zeigen, daß das tatsächlich möglich ist.

**229. Magnetische Hysteresis.** Außer der schon erwähnten Inkonstanz der Koeffizienten $\mu$ und $k$ beobachtet man bei den ferromagnetischen Körpern noch eine andere Erscheinung: die Charakteristiken für *steigende und fallende* Feldintensitäten sind nicht einander gleich.

Stellen wir uns vor, wir zeichnen nach den Versuchen die $BM$-Charakteristik eines Stahlstücks. Vergrößern wir das innere Feld im Stahl allmählich, von Null angefangen, bis zu einem gewissen maximalen Wert $C$ (Abb. 198), so bekommen wir eine Charakteristik $OA$; diese erste Charakteristik wird manchmal die *jungfräuliche* Kurve genannt. Gehen wir jetzt mit dem influenzierenden Feld herunter, so erhalten wir eine andere Charakteristik $AR$, welche überall höher liegt als die jungfräuliche Kurve. Bei $M = 0$ erhalten wir $B = OR$. Es bleibt also beim Verschwinden des influenzierenden Feldes eine Induktion im Eisen übrig. Die dieser Größe entsprechende Polarisation heißt *remanenter Magnetismus* und die ganze Erscheinung heißt *Remanenz*.

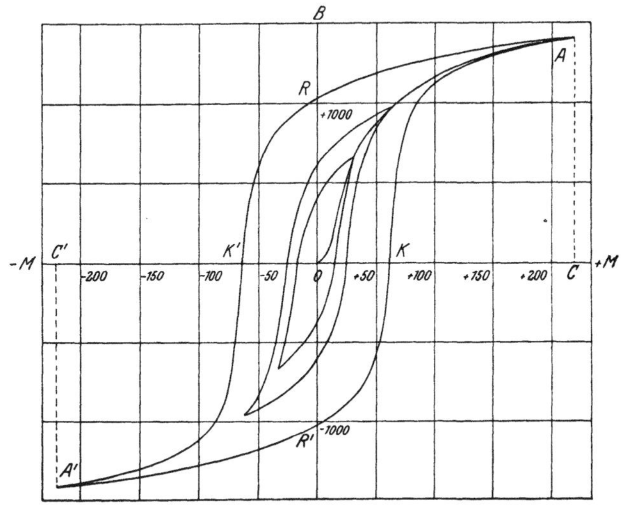


Abb. 198. Hysteresiskurve des Stahls.

Wollen wir den remanenten Magnetismus vernichten, so müssen wir die Richtung des wirkenden Feldes $M$ jetzt umkehren. Bei Vergrößerung des Feldes in dieser umgekehrten Richtung erhalten wir in der Tat bei einer gewissen Größe $M = -OK'$ die Induktion $B = O$.

Bei weiterer Vergrößerung des Feldes $-M$ können wir bis zum Punkte $A'$ der Charakteristik kommen und dann wieder die Richtung des Feldes umkehren. So erhalten wir eine Kurve $A'R'KA$, welche wieder von der jungfräulichen Kurve verschieden ist und zu der Kurve $ARK'A'$ symmetrisch liegt.

Den ganzen Magnetisierungsprozeß, von irgendeinem Punkte angefangen und zu demselben Punkte wieder zurückkehrend, nennt man einen *Zyklus*.

Für jeden Anfangspunkt und für jede Größe der Variation des Feldes $\pm M$ erhält man eine besondere Charakteristik, wie wir das in Abb. 198 angedeutet haben. Die Induktion erscheint dabei gegenüber den wirkenden Kräften stets zu verspäten, weshalb man auch die ganze Erscheinung *Hysteresis* (hystereo = verspäten) genannt hat.

Dank der Hysteresis hängt die Permeabilität $\mu$ nicht nur von dem zur Zeit vorhandenen magnetischen Felde ab, sondern sie ist noch von der vorherigen Behandlung des Eisenstückes abhängig. Ein und derselben Größe der Feldintensität entsprechen in den verschiedenen Charakteristiken eigentlich unendlich viele verschiedene Werte der Koeffizienten $\mu$. Theoretisch sind diese Charakteristiken bis jetzt nicht berechenbar und man muß für jeden einzelnen Fall die Hysteresiskurven durch Versuche ermitteln. Für verschiedene Eisensorten sind auch die Hysteresiskurven sehr verschieden (Abb. 199).

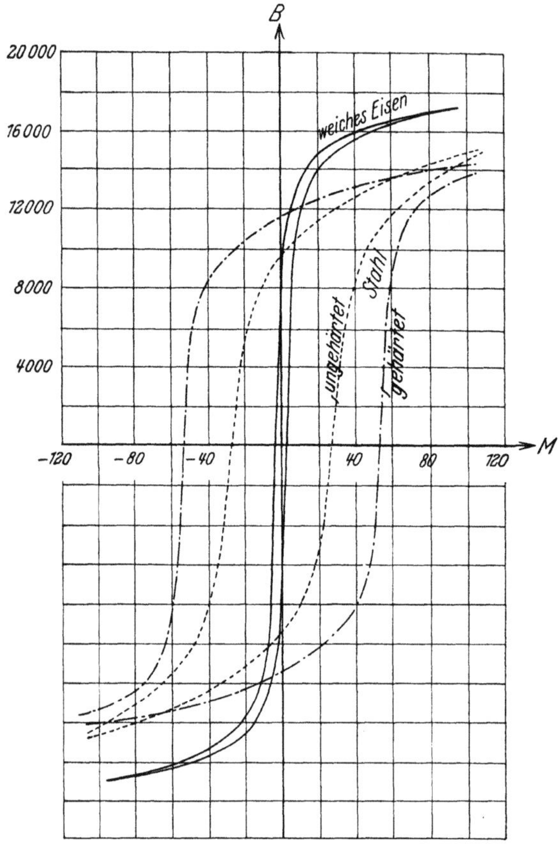


Abb. 199. Hysteresiskurven der typischen Eisensorten.

Die Hysteresiserscheinung findet man nicht nur bei Eisen und Stahl, sondern auch bei Nickel und Kobalt und anderen *ferromagnetischen* Materialien.

**230. Remanenz und Koerzitivkraft.** Wir haben soeben gesehen, daß bei Verminderung des wirkenden Feldes bis auf Null im Eisen noch ein Teil seiner Magnetisierung nachbleibt. Diese *Remanenz*, wie es aus der Abb. 199 zu ersehen ist, hat im weichen Eisen und im Stahl fast dieselbe Größe, nämlich etwa 10000; aber um diesen remanenten Magnetismus zum Verschwinden zu bringen, braucht man auf das Eisen nur mit einem ganz schwachen Felde $M = -2$ zu wirken; im Stahl dagegen braucht man ein Feld von wenigstens $M = -60$, also etwa 30 mal größer als beim weichen Eisen. Im Stahl wirkt demnach eine viel größere *Koerzitivkraft* als im Eisen. Aus diesem Grunde werden auch die Dauermagnete aus Stahl angefertigt. Am geeignetsten dazu ist Stahl mit kleinen Beimengungen von Wolfram — sog. Wolframstahl.

Die Koerzitivkraft $K$ ist von der Remanenz $R$ wohl zu unterscheiden: die Remanenz äußert sich durch die Größe $B$ bei $M = 0$; die Koerzitivkraft ist dagegen durch die Größe $M$ bei $B = 0$ charakterisiert.

In der folgenden Tabelle geben wir einige Zahlen für diese Größen im Eisen, Kobalt und Nickel.

| | $\mu$-max | $R$ | $K$ |
|---|---|---|---|
| Weiches Eisen (legiertes Blech) . | 6200 | 10000 | 0,8 |
| Stahl (ungehärtet) . . . . . . . . | 375 | 13000 | 17 |
| Wolframstahl . . . . . . . . . . | 110 | 7500 | 52 |
| Nickel . . . . . . . . . . . . . | 300 | 3400 | 7,5 |
| Kobalt . . . . . . . . . . . . . | 175 | 3100 | 12 |

Mit der Erhöhung der Temperatur vermindert sich nicht nur die Permeabilität, sondern auch die Koerzitivkraft und die Hysteresis.

**231. Hysteresisarbeit.** Wenn das magnetische Feld $M$ zwischen zwei festen Grenzen $+M$ und $-M$ hin und her pendelt (Magnetisierungszyklus), so wird als Charakteristik eine zusammenhängende Kurve oder eine Schleife gebildet. E. WARBURG hat gezeigt, daß die von dieser Schleife umrandete Fläche proportional zu der Arbeit ist, welche bei einer zyklischen Magnetisierung im Eisen in Form von Wärme erscheint.

Um das klarer einzusehen, wollen wir zunächst einen magnetisierten Körper ohne Hysteresis betrachten. Die Permeabilität sei konstant, und die magnetische $BM$-Charakteristik sei also eine Gerade $OA$ (Abb. 200a).

$$B = \mu M .$$

In jedem Kubikzentimeter dieses Körpers wird bei der Magnetisierung die magnetische Energie erzeugt:

$$U = \frac{BM}{8\pi}\,\text{Erg} .$$

Bei Vergrößerung der magnetisierenden Feldintensität von $M_1$ bis zu einer Größe $M_2$ wird die Energieänderung in jedem Kubikzentimeter

$$U_2 - U_1 = \frac{1}{4\pi}\,\frac{B_2 M_2 - B_1 M_1}{2}$$

hervorgebracht. Auf unserer Abb. 200a sind die Größen $\frac{B_1 M_1}{2}$ und $\frac{B_2 M_2}{2}$ durch den Flächeninhalt der Dreiecke $OA_1B_1$ und $OA_2B_2$ dargestellt. Ihre Differenz oder der Flächeninhalt des Trapez $B_1A_1A_2B_2$ (in der Abbildung gestrichelt) ist der aufgewendeten Energie proportional.

$$\text{Fläche}\,(B_1A_1A_2B_2) = 4\pi(U_2 - U_1) .$$

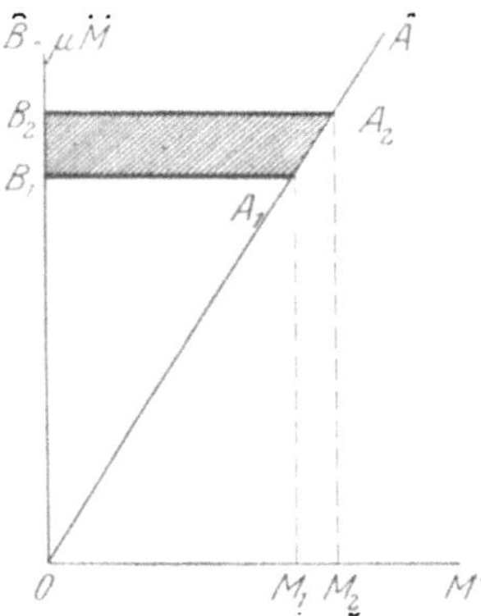


Abb. 200a. ($BM$) Charakteristik bei konstanter Permeabilität.

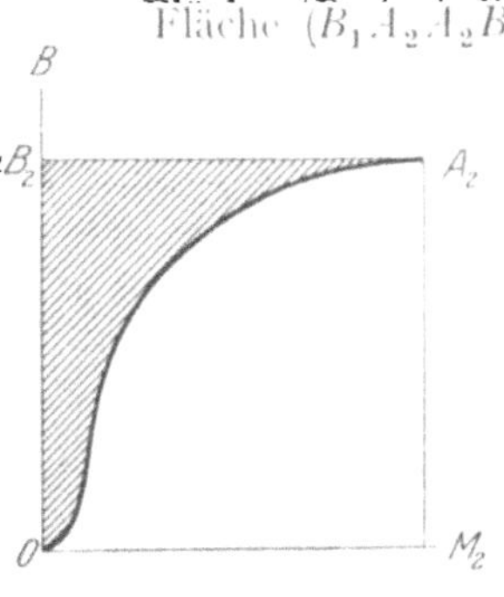


Abb. 200b. ($BM$) Charakteristik bei veränderlicher Permeabilität.

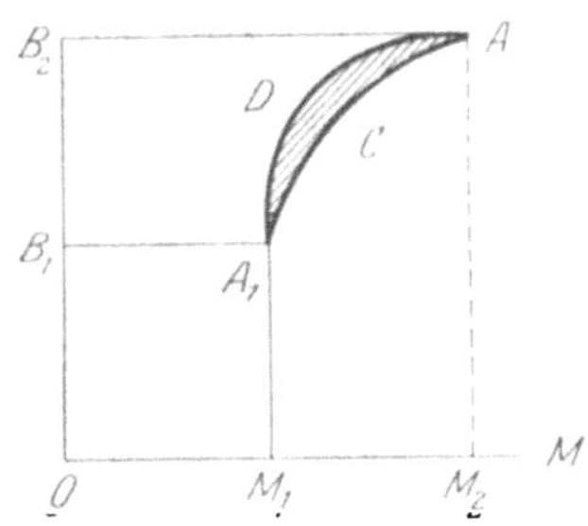


Abb. 200c. Hysteresisarbeit.

Beim Entmagnetisieren von $A_2$ zurück bis $A_1$ muß man diese Energiedifferenz und demnach auch die darstellende Fläche $B_1A_1A_2B_2$ negativ rechnen, so daß die ganze beim Zyklus $A_1A_2A_1$ geleistete Arbeit gleich Null wird.

Ist die Permeabilität keine Konstante und die Charakteristik keine Gerade, sondern eine krumme Linie (Abb. 200b), aber ohne Hysteresisschleife, so können wir diese Kurve in einzelne so kleine Stücke zerteilt denken, daß jedes von ihnen als eine Gerade angenommen werden kann. Die totale geleistete Arbeit, multipliziert mit $4\pi$, wird dann der Summe der kleinen Trapezflächen gleich sein. Bei einer Magnetisierung von $O$ bis $A_2$ wird die geleistete Arbeit der auf unserer Abbildung gestrichelten Fläche $OA_2B_2$, dividiert durch $4\pi$, gleich sein. Beim Entmagnetisieren von $A_2$ zurück bis $O$ muß dieselbe Fläche negativ gerechnet werden; die magnetische Energie wird wieder frei, und die ganze beim Zyklus $OA_2O$ geleistete Arbeit wird auch in diesem Falle gleich Null ein.

Etwas anderes erhalten wir, wenn die Charakteristik der zyklischen Magnetisierung eine Hysteresisschleife bildet (Abb. 200c). Dann haben wir für die Magnetisierungsarbeit die Fläche $B_1A_1CAB_2$ und für die Entmagnetisierungsarbeit die negativ gerechnete Fläche $B_2ADA_1B_1$. Die beim Magnetisieren geleistete Arbeit ist also größer als die beim Entmagnetisieren wieder freiwerdende Energie. Ihre Differenz (d. h. die durch $4\pi$ geteilte Fläche $A_1CADA_1$) geht bei jedem solchen Zyklus verloren. Der Versuch zeigt nun, daß das Eisen bei einer zyklischen Magnetisierung *erwärmt* wird; die anscheinend verlorene magnetische Energie verwandelt sich also in Wärmeenergie.

Bei technischen Anwendungen ist es wichtig, die Hysteresisverluste bei dem angewandten Eisen vorausbestimmen zu können, und STEINMETZ hat für diesen Zweck eine empirische Formel aufgestellt, welche sich ziemlich nützlich erwiesen hat. Bezeichnet man mit $B_0$ die Amplitude eines symmetrischen Zyklus, d. h. die maximale positive und negative bei dem Zyklus erreichte Induktion und mit $\eta$ einen Zahlenfaktor, so ergibt sich die bei jedem Zyklus in jedem Kubikzentimeter des Eisens in Wärme verwandelte Energiegröße gleich

$$U = \eta B_0^{1,6} \frac{\text{Erg}}{\text{cm}^3}.$$

Der Faktor $\eta$ ist für verschiedene Eisensorten verschieden:

| | | |
|---|---|---|
| Legierte siliziumhaltige Eisenbleche | $\eta = 0{,}0008$ | |
| Gewöhnliches Dynamoblech | $\eta = 0{,}0013$ | bis 0,002 |
| Stahl | $\eta = 0{,}002$ | „ 0,003 |
| Hartstahl | $\eta =$ | „ 0,08 |

Für Nickel und Kobalt sind diese Koeffizienten etwa wie beim Stahl.

Die Versuche haben gezeigt, daß der Faktor $\eta$ im allgemeinen annähernd proportional mit der Koerzitivkraft wächst.

In der Technik ist es üblich, die STEINMETZsche Formel nicht in Erg pro Kubikzentimeter, sondern in Joule pro Kilogrammgewicht des Eisens anzugeben. Um die technische Formel zu erhalten, müssen wir demnach unsere Formel erstens mit $10^{-7}$ multiplizieren, um Erg in Joule umzurechnen, und außerdem mit $7{,}7 \cdot 10^{-3}$, d. h. durch das Gewicht eines Kubikzentimeters Eisen in Kilogramm zu dividieren. Wir erhalten dann

$$U = \frac{10^{-4}}{7{,}7}\,\eta B_0^{1,6} \frac{\text{Joule}}{\text{kg*}}.$$

**232. Die Hypothese von W. WEBER.** Aus alldem sehen wir, wie kompliziert die verschiedenen Erscheinungen des Ferromagnetismus sich gestalten, und es ist nicht zu verwundern, warum wir bis jetzt noch keine befriedigende quantitative Theorie dieser Erscheinungen besitzen. Den ersten Schritt in dieser Richtung hat WEBER getan; wir haben die WEBERsche Hypothese schon bei der Erklärung der Polarisation benutzt (S. 162, **195**), wollen aber sie hier nochmals in ihrem ganzen Umfange anführen.

WEBER dachte sich ein Stück Eisen aus sehr kleinen, sog. Molekularmagneten zusammengestellt. Die Pole dieser Molekularmagneten haben die verschiedensten Richtungen, so daß ihre gemeinsame magnetische Wirkung nach außen im Mittel sich aufhebt; das Eisen erscheint dann unmagnetisiert. Auf die Molekularmagneten wirken erstens gewisse Elastizitätskräfte, die von benachbarten Molekulen herrühren und die Molekularmagnete in einer stabilen Richtung einstellen, aber wegen der Wärmebewegung werden die Molekularmagnete im festen Eisen kleine Schwingungen um ihre Gleichgewichtslage ausführen. Zweitens wirkt auf die Molekularmagnete noch eine Art Reibung, welche den Richtungsänderungen der Magneten entgegenwirkt.

Wird das Eisen in ein Magnetfeld gebracht, so werden die Molekularmagnete durch das influenzierende Feld ein wenig gedreht und ihre Felder heben sich im Außenraume nicht mehr gegenseitig auf; das Eisen wird polarisiert. Die Polarisation wird zwar im allgemeinen nicht proportional der wirkenden Feldintensität sein, aber dennoch mit dieser Feldintensität wachsen. Nur bei starken Magnetfeldern, wenn alle Molekularmagnete schon orientiert sind, kann die Polarisation nicht mehr wachsen und wir erhalten die Erscheinung der magnetischen Sättigung.

Bei Verminderung des wirkenden Feldes oder beim Verschwinden desselben bleiben die Molekularmagnete unter der Wirkung der benachbarten Moleküle; obgleich sie dabei im allgemeinen wieder eine stabile Lage annehmen, kann dennoch diese neue Gleichgewichtslage der Molekularmagnete von der früheren abweichen und als Folge davon kann ein Teil der Polarisation nachbleiben. So erklärt sich die Erscheinung der Remanenz und der Koerzitivkraft. Außerdem werden bei jeder Lagenänderung der Molekularmagnete gewisse Reibungskräfte wachgerufen, welche die Ursache der Hysteresiswärme bilden.

Bei einer Erwärmung oder Erschütterung des Magneten können die Molekularmagnete leichter in ihre ungeordnete stabile Lage zurückkehren und bei hoher Temperatur, etwa 800°, werden die Molekularmagnete so heftig erschüttert, daß ihre Polarisation gar nicht zustande kommen kann. Bei 800° verliert das Eisen seinen Magnetismus. Anderseits kann man die Erschütterung benutzen, um ein Stahlstück unter dem Einflusse eines influenzierenden Feldes leichter magnetisieren zu können. So wußte man schon in GILBERTS Zeiten, daß ein Stück Eisen im magnetischen Erdfelde durch Hämmern magnetisiert werden kann.

Diese Erscheinung erinnert sehr an die Erzeugung von Kraftlinien vermittels Eisenfeilspäne (S. 165, **201**). Bei schwachem Magnetfelde legen sich die Eisenfeilspäne zunächst auf den Karton in unregelmäßigen Haufen und sind nach allen möglichen Richtungen orientiert. Erst wenn wir auf das Papier mit unserem Finger klopfen, befreien wir die Feilspäne auf kleine Augenblicke von ihrer Reibung an der Papieroberfläche, und sie können sich leichter in der Richtung des Feldes einstellen. Durch ihre gegenseitige Anziehung bilden sie dann zusammenhängende Ketten, welche uns die Kraftlinien des Feldes darstellen.

Aus dem Gesagten folgt unter anderem, daß, wenn wir den Magnetismus in unseren Dauermagneten wirklich dauernd, d. h. längere Zeit, auf dem konstanten Werte erhalten wollen, wir die Magnete vor stärkeren Erschütterungen und vor Temperaturänderungen schützen müssen. Außerdem müssen wir irgendeinen Schutz vor fremden wechselnden magnetischen Feldern anbringen. Das erreicht man am Hufeisenmagnete dadurch, daß man ihn durch einen Eisenanker schließt und so in einen in sich geschlossenen Zirkularmagnet ohne Außenpole verwandelt. Die Stabmagnete werden zu demselben Zwecke immer paarweise und mit zwei Eisenankern aufbewahrt (Abb. 166, S. 157). Zwei Magnete mit zwei kurzen Eisenankern bilden wieder einen in sich geschlossenen, pollosen Magneten.

# IV. Elektromagnetismus.

## 1. Das magnetische Feld des elektrischen Stromes.

**233. Oerstedteffekt.** Im Jahre 1820 hat der dänische Physiker OERSTEDT in Kopenhagen die Entdeckung gemacht, daß die Magnetnadel in der Nähe eines stromführenden Leiters von ihrer normalen Süd-Nord-Richtung abgelenkt wird (Abb. 201).

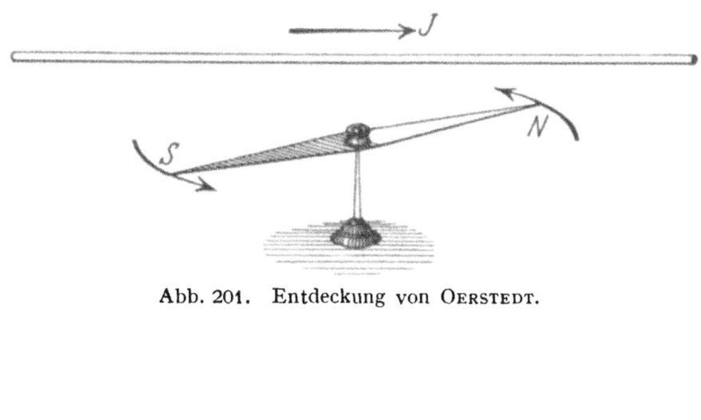

Abb. 201. Entdeckung von OERSTEDT.

In der Elektrostatik und in der Magnetostatik hatten wir bis jetzt nur *anziehende* und *abstoßende* Kräfte getroffen. Der Strom zieht aber die einzelnen Magnetpole der Nadel nicht an und stößt sie nicht ab, sondern, wie wir schon gesagt haben, er *lenkt* sie ab. Das muß man so verstehen, daß jeder Magnetpol durch die Wirkung des Stromes immer *senkrecht* zu der durch den stromführenden Leiter und den Magnetpol gelegten Ebene verschoben wird. Die entgegengesetzten Pole werden dabei in entgegengesetzte Richtungen verschoben.

Nach unserer jetzigen Terminologie können wir die OERSTEDTsche Entdeckung auch so formulieren: Der elektrische Strom bildet in seiner Nähe ein magnetisches Feld.

Unsere nächste Aufgabe wird also sein, dieses Feld nach Richtung und Größe zu untersuchen.

Das magnetische Feld eines elektrischen Stromes können wir nach ganz denselben Methoden untersuchen wie jedes magnetische Feld, unabhängig von seinem Ursprung, nämlich: die Form der magnetischen Kraftlinien erhalten wir annähernd mit Hilfe von Eisenfeilspänen, die Richtung und die Größe der Feldintensität können wir mit einer kleinen Magnetnadel bestimmen und nach der GAUSSschen Methode messen.

Selbstverständlich werden derartige Untersuchungen ganz verschiedene Resultate ergeben, je nach der Form und der Orientierung des stromführenden Leiters in bezug auf die Magnetnadel. Wir tun deshalb gut, wenn wir mit den einfachsten und übersichtlichsten Fällen anfangen, um dann zu einer allgemeinen Formulierung der Gesetze dieser Kraftwirkungen zu gelangen.

Wir wollen im folgenden zwei wichtige Leiterformen behandeln, nämlich den *geradlinigen Strom* und den *Kreisstrom.*

**234. Das magnetische Feld eines geradlinigen Stromes.** Eine etwa 1 m langer Kupferdraht sei in lotrechter Lage aufgestellt; normal zum Draht sei ein Stück Karton, auf welchem Eisenfeilspäne aufgestreut sind, befestigt. Schicken wir durch den Draht einen Strom von etwa 20 Ampere und klopfen dabei leise auf den Karton mit dem Finger, um die Feilspäne von der Reibung am Karton auf kurze Zeitmomente zu befreien, so werden wir sehen, wie sich aus den Feilspänen kreisförmige Kraftlinien bilden mit einem gemeinsamen Zentrum in der Stromachse (Abb. 202).

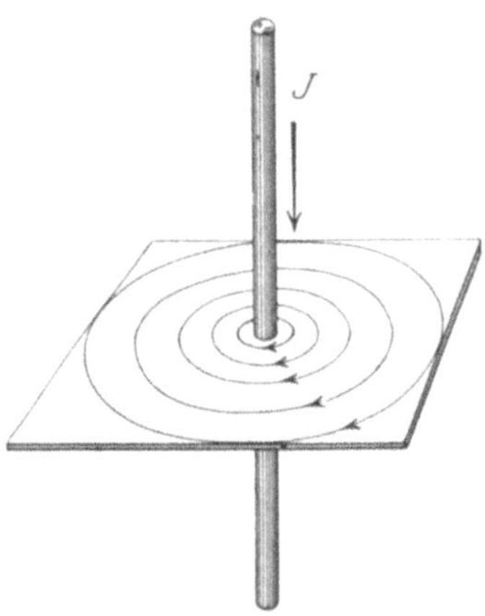

Abb. 202. Das magnetische Feld eines geradlinigen Stromes.

Zunächst fällt in die Augen, daß das von uns soeben erhaltene magnetische Feld *in sich geschlossene* Kraftlinien bildet, nicht so wie in der Elektrostatik oder in der Magnetostatik, wo die Kraftlinien stets an einem Pole anfangen und an dem entgegengesetzten Pole endigen. Die magnetischen Kraftlinien eines Stromes haben überhaupt keine Enden.

Um die Richtungen dieser Kraftlinien zu bestimmen, stellen wir auf den Karton eine Anzahl kleiner Magnetnadeln (in der Abb. 203 5 Nadeln). Abgesehen von der Wirkung des magnetischen Erdfeldes, stellen sich diese Magnetnadeln längs der Kraftlinien des Stromes.

Die Richtung der Kraftlinien wird, wie wir wissen, durch die Richtung des Nordpols (positiver Magnetismus) angezeigt.

In der Abb. 203 a, wo der Strom gegen uns gerichtet ist (+), ist die Richtung der Kraftlinien entgegen der Bewegungsrichtung des Uhrzeigers; im zweiten Falle, Abb. 203 b, wo der Strom von uns zur Zeichnungsebene gerichtet ist (—), entstehen die Kraftlinien in der Uhrzeigerrichtung. Wenn wir also uns vorstellen, daß wir stets in der Richtung des Stromes blicken, so wird auch die Richtung seiner magnetischen Kraftlinien immer mit der Richtung der Uhrzeigerbewegung zusammenfallen. Dieser Vergleich der Kraftlinienrichtung mit der Uhrzeigerbewegung kann uns als eine mnemonische Regel dienen, um für jeden gegebenen geraden Strom die Richtung seines Magnetfeldes angeben zu können; auch umgekehrt, — wir können nach der durch eine Magnetnadel angegebenen Feldrichtung die Richtung des Stromes selbst bestimmen.

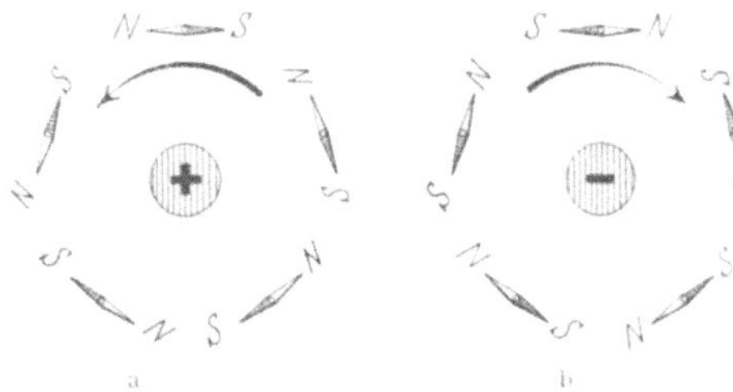

Abb. 203. Magnetnadeln im Felde eines Stromes.

**235. Die MAXWELLsche Schraubenregel.** Für die gegenseitigen Richtungsbeziehungen des Stromes und des von ihm erzeugten magnetischen Feldes sind außer der Uhrzeigerbewegung noch verschiedene andere mnemonische Regeln angegeben worden. Wir wollen hier nur eine von ihnen, nämlich die von MAXWELL vorgeschlagene Schraubenregel oder, wie man sie oft nennt, die *Korkzieherregel,* anführen.

Nach MAXWELL muß man sich vorstellen, daß ein Korkzieher in der Richtung des Stromes eingeschraubt wird; dann zeigt die drehende Bewegung seines Griffs die Richtung der magnetischen Kraftlinien an.

Es muß aber hinzugefügt werden, daß es zwei verschiedene Arten von Schrauben gibt: sog. Rechtsschrauben und Linksschrauben. Bei den Rechtsschrauben, zu welchen auch der gewöhnliche Korkzieher gerechnet werden muß, erzeugt eine Drehung der Schraube nach rechts, d. h. in der Uhrzeigerrichtung, eine fortschreitende Bewegung von uns ab, nach vorne (in den Kork hinein) und eine Drehung entgegen der Uhrzeigerbewegung, eine Bewegung auf uns zu (aus dem Kork heraus). Die meisten Schrauben sind auch in dieser Weise hergestellt. Aber es gibt Schrauben, bei denen das Gewinde so hergestellt ist, daß eine Rechtsdrehung eine fortschreitende Bewegung auf uns zu erzeugt, also gerade entgegengesetzt den Rechtsschrauben; sie heißen deshalb Linksschrauben.

Man verwendet manchmal beide Arten von Schrauben gleichzeitig, nämlich in den sog. Doppelmuttern (Abb. 204). Wird eine solche Doppelmutter gedreht, so erhalten beide Schrauben entgegengesetzte Bewegungen, weil die eine als Rechtsschraube und die andere als Linksschraube hergestellt ist. Wenn z. B. der obere Teil *C* (Abb. 204) auf uns zu bewegt wird, so nähern sich die beiden Stangen *A* und B zueinander. Bei der entgegengesetzten Drehung der Doppelmutter werden sich die beiden Stangen voneinander entfernen.

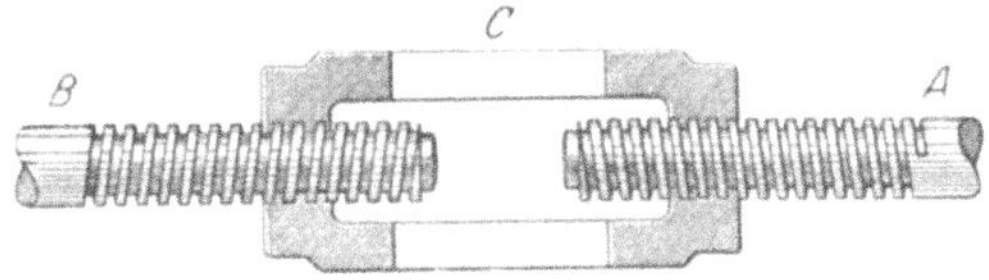


Abb. 204. Doppelmutter.
*A* = Rechtsschraube, *B* = Linksschraube.

Wir empfehlen es dem Leser, an irgendeiner Schraube, z. B. an einem Korkzieher, die Verhältnisse der beiden Bewegungen im Raume — Drehung und Fortschreitung — sich möglichst fest in das Gedächtnis und in die Vorstellung einzuprägen. Außerdem ist es wichtig, sich an irgendeinem Beispiele zu überzeugen, daß man durch bloßes Umdrehen einer Rechtsschraube keine Linksschraube erhält, denn die Rechtsschraube ist schon durch ihre Herstellungsart von der Linksschraube wesentlich verschieden.

Wir stellen uns also vor, daß wir einem Korkzieher die Bewegung in der Richtung des Stromes erteilen wollen; dann wird uns die dazu erforderliche drehende Bewegung des Griffes des Korkziehers die Richtung des magnetischen Feldes dieses Stromes angeben.

In der Abb. 205 a und b sind die Richtungen des elektrischen Stromes $J$ und seines Magnetfeldes $M$ mit den Richtungen einer Schraubenzieherbewegung in Parallele gestellt.

Die MAXWELLsche Regel ist sehr bequem, weil bei ihr die möglichen Gedächtnisfehler auf ein Minimum reduziert sind. Für eine sichere Anwendung dieser Regel braucht man nur die fortschreitende und die drehende Bewegung eines Korkziehers sich klar vorzustellen. Die fortschreitende Bewegung wird dann dem Strome, und die drehende Bewegung seinem magnetischen Felde zugeordnet, alles andere ergibt sich dann von selbst. Unter anderem ist z. B. die gegenseitige Lage des Handgriffs der Schraube oder des Korkziehers in bezug auf die Bewegung (d. h. ob die Schraube oder der Griff vorangehen) für die richtige Anwendung der Regel belanglos.

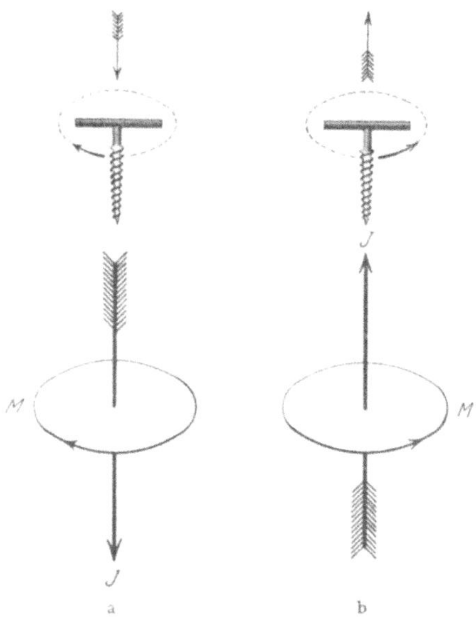

Abb. 205. Rechtsschraubenregel.

**236. Das Feld eines Kreisstromes.** Jetzt biegen wir unsren stromführenden Kupferdraht zu einem Kreise zusammen. Auf einem normal zu der Kreisfläche befestigten Karton können wir wieder mit den Eisenfeilspänen und kleinen Magnetnadeln die Richtung der magnetischen Kraftlinien feststellen (Abb. 206). Wir sehen wieder, daß die magnetischen Kraftlinien, obgleich sie jetzt nicht mehr kreisförmig sind, dennoch stets in sich geschlossene Kurven bilden, und zwar umschließen alle diese Kurven den Stromleiter.

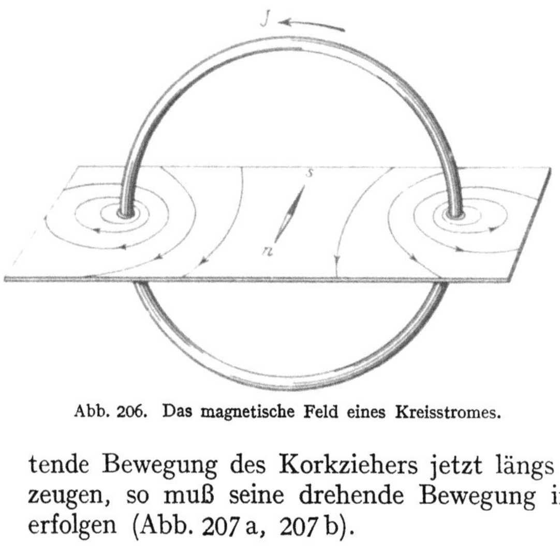

Abb. 206. Das magnetische Feld eines Kreisstromes.

Die gegenseitige Richtung des Stromes und seiner Kraftlinien können wir auch in diesem Falle nach denselben mnemonischen Regeln vorhersagen wie früher. Wir können aber jetzt, wenn wir wollen, die Rollen des Stromes und der Kraftlinien vertauschen. In der Tat, blicken wir auf den Kreisstrom in der Richtung seiner *inneren* magnetischen Kraftlinien, so wird die Richtung des Stromes mit der Uhrzeigerbewegung zusammenfallen, und auch umgekehrt. Wollen wir also die fortschreitende Bewegung des Korkziehers jetzt längs den magnetischen Kraftlinien erzeugen, so muß seine drehende Bewegung in der Richtung des Kreisstromes erfolgen (Abb. 207 a, 207 b).

Daraus sehen wir, daß der elektrische Strom einerseits und seine magnetischen Kraftlinien anderseits zusammen ein Rechtsschraubensystem bilden. In solch einem System sind die zwei Richtungen — fortschreitende und drehende Bewegung — gegeneinander vertauschbar; ihre gegenseitigen geometrischen Richtungsbewegungen bleiben dabei unverändert.

Diese wichtige Eigenschaft ist in Abb. 208 durch zwei sich umschlingende (verkettete) Ringe dargestellt.

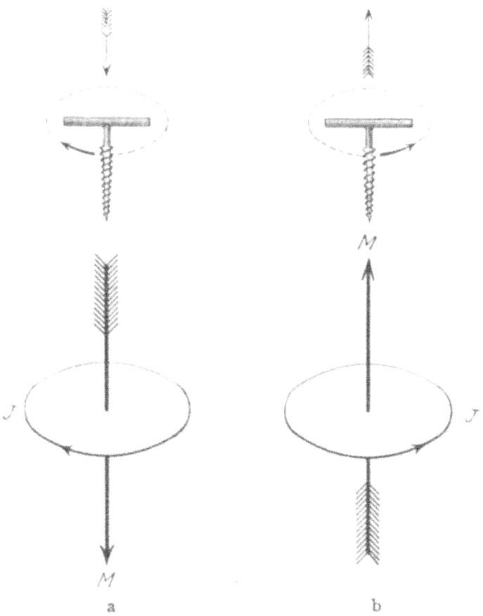


Abb. 207. Rechtsschraubenregel.

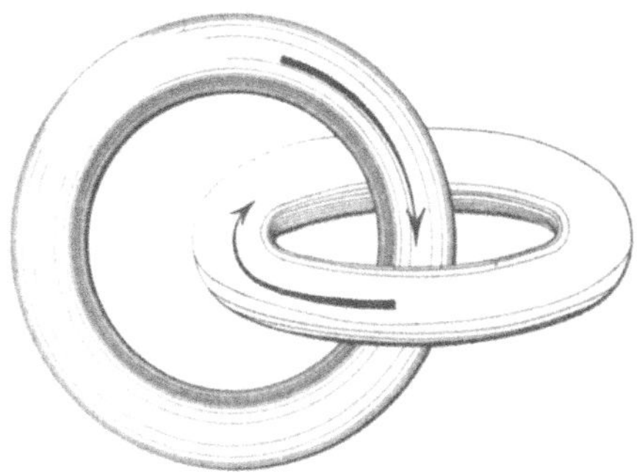

Abb. 208. Verkettung der Stromlinien mit den magnetischen Kraftlinien.

**237. Kreisstrom und Blattmagnet.** Wir wollen jetzt die Kraftlinien eines Kreisstromes mit den Kraftlinien eines sehr dünnen magnetisierten Stahlblättchens vergleichen. Die Seite der von dem Kreisstrom umrandeten Fläche, aus welcher die magnetischen Kraftlinien herauskommen (Abb. 209a), entspricht dem Nordpol dieses Blättchens; diese Seite der Stromfläche wollen wir deswegen die Nordseite oder auch *positive* Seite nennen. Die andere Seite der Stromfläche (Abb. 209b), wo die magnetischen Kraftlinien in die Fläche hineingehen, wollen wir die Südseite oder auch die *negative* Seite des Kreisstromes nennen.

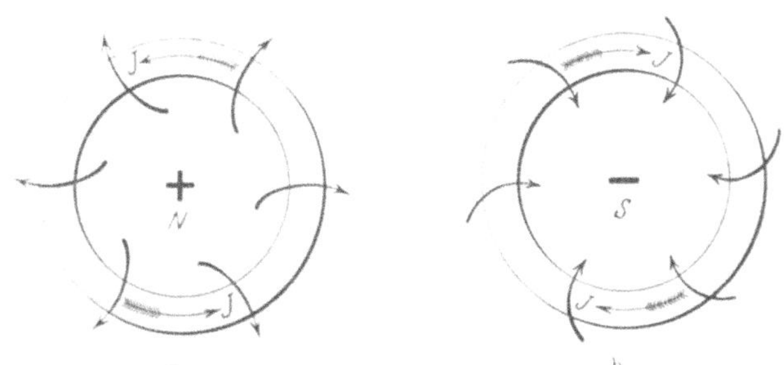


Abb. 209. Nordseite und Südseite des Kreisstromes.

Blicken wir auf die Südseite des Kreisstromes, so sehen wir den Strom in der Richtung der Uhrzeigerbewegung; blicken wir von der anderen, also von der Nordseite, so erscheint die Stromrichtung entgegengesetzt der Bewegung des Uhrzeigers.

Es ist von Nutzen, sich zu merken, daß diese letzte Richtung, also entgegengesetzt dem Uhrzeiger, mit der Richtung zusammenfällt, in welcher man die Winkel in der Trigonometrie zählt. An der *positiven* Seite eines Kreisstromes strömt demnach die *positive* Elektrizität in der in der Trigonometrie angenommenen *positiven* Richtung.

Wie einfach die soeben beschriebenen Beziehungen auch scheinen mögen, erfordern sie dennoch einige Übung, welche wir dem Leser auf das wärmste empfehlen. Ohne eine klare Vorstellung von diesen Beziehungen im Raume zu haben, ist das Studium des Elektromagnetismus erfolglos.

**238. Die Eigenschaften des magnetischen Feldes elektrischer Ströme.** Zahlreiche Experimente haben gezeigt, daß das magnetische Feld elektrischer Ströme ganz dieselben Eigenschaften besitzt wie das magnetische Feld der Magnete.

Die magnetischen Feldintensitäten mehrerer Ströme lassen sich geometrisch zu einem resultierenden Felde addieren wie entsprechende Felder der Magnete. ARAGO hat gezeigt, daß das Eisen, in das Feld eines Stromes gebracht, sich durch Influenz magnetisieren läßt; das Feld des polarisierten Eisens addiert sich dann zu dem Felde des Stromes. Überhaupt erweist sich das magnetische Feld elektrischer Ströme in allen seinen physikalischen Eigenschaften identisch mit den magnetischen Feldern irgendwelcher Magnete.

Was aber die stromführenden Leiter anbetrifft, so hat das Material dieser Leiter auf das von den Strömen erzeugte magnetische Feld überhaupt keinen Einfluß. Die Leiter können großen oder kleinen Widerstand besitzen, sie mögen fest, flüssig oder gasförmig sein und beliebige chemische Zusammensetzung haben — alles das hat für das Magnetfeld keine Bedeutung. Sind die elektrischen Ströme nach Größe und Richtung gegeben, so ist auch die Feldintensität ihres magnetischen Feldes völlig bestimmt.

Aus diesem Grunde werden wir oft zur Abkürzung einfach von elektrischen Strömen sprechen, wiewohl wir darunter eigentlich die stromführende Leiter verstehen: so haben wir schon von einem geraden Strom und von einem Kreisstrom gesprochen.

**239. Solenoid.** Wir nehmen jetzt ein ganzes System von gleichen Kreisströmen und legen sie so zusammen, daß sie eine Spule oder, wie man es nennt, ein *Solenoid* (röhrenförmig) bilden. Haben die Ströme in allen Kreisen dieselbe Richtung, so werden auch ihre inneren magnetischen Felder dieselbe Richtung

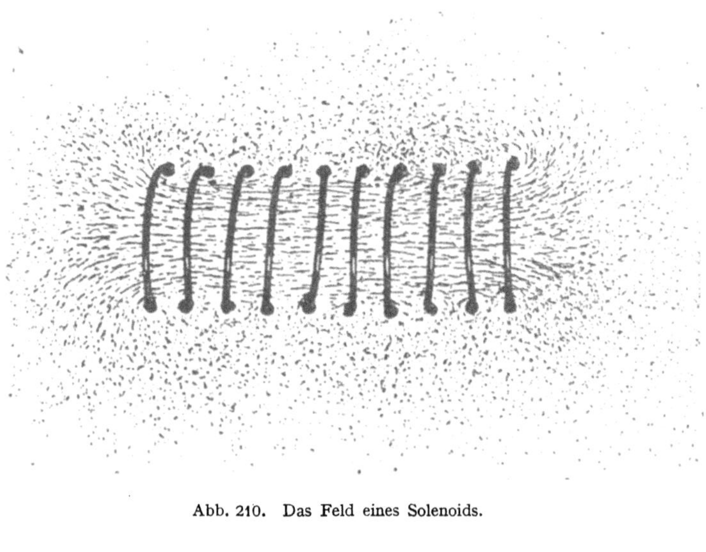

Abb. 210. Das Feld eines Solenoids.

haben und einander verstärken. Im Innern des Solenoids wird dabei ein ziemlich homogenes magnetisches Feld erzeugt (Abb. 210). An den Enden aber, wo die magnetischen Kraftlinien in den Außenraum heraustreten, gehen sie natürlich auseinander. Das Außenfeld des Solenoids hat eine große Ähnlichkeit mit dem

Felde eines Stabmagneten von denselben Dimensionen wie der Solenoid. Das Ende, wo die Kraftlinien des Solenoids aus seinem Innern heraustreten, entspricht dem Nordende des Stabmagneten und da, wo die magnetischen Kraftlinien in das Solenoid wieder eintreten, wird ein Südpol gebildet. — Einen Stabmagneten können wir übrigens auch aus einer ganzen Reihe sehr dünner Magnetblättchen zusammengelegt denken und jedes Magnetblatt hat, wie wir gesehen haben, mit einer vom Strom umrandeten Fläche eine große Ähnlichkeit.

Die Homogenität des Magnetfeldes im Innern eines Solenoids wird in der Nähe der einzelnen Stromlinien gestört (Abb. 210). Um das zu umgehen, müssen wir die einzelne Stromfäden oder Drähte möglichst nahe aneinanderbringen und sie möglichst gleichmäßig längs der Röhre verteilen. Es ist gar nicht nötig, daß das Solenoid aus einzelnen unabhängigen Stromleitern bestehe; alle Kreisströme können hintereinander oder nebeneinander an eine gemeinsame Stromquelle angeschaltet werden. Das Solenoid braucht auch nicht immer aus kreisförmigen Strömen zusammengestellt zu sein, sondern es kann, je nach dem Zweck, einen beliebigen andern Querschnitt haben.

Besteht das Solenoid aus wenigen Windungen, welche eine kurze Röhre (flache Spule) bilden, so kann das magnetische Feld nur in seinem Zentrum und nur auf einer kurzen Strecke längs der Röhre als homogen angesehen werden. Um ein homogeneres Feld auf einer längeren Strecke herzustellen, müssen wir die Länge des Solenoids möglichst groß im Vergleich zu seinem Querschnitte nehmen. Wir können auch das Solenoid zu einer in sich geschlossenen Röhre umbiegen, ähnlich einem in sich geschlossenen Magnete (Abb. 185 a, S. 173). Dann wird außerhalb des Solenoids überhaupt kein Magnetfeld erzeugt; alle Kraftlinien verlaufen in seinem Innern und bilden dort ein sehr homogenes Feld.

**240. Elektromagnet.** Wir haben schon die Entdeckung ARAGOS erwähnt, daß das Eisen in einem vom elektrischen Strom herrührenden magnetischen Felde sich ebenso polarisiert wie in einem beliebigen andern magnetischen Felde. Dieser Umstand wird sehr oft benutzt, um ein starkes Magnetfeld herzustellen. Zu diesem Zwecke füllt man das Innere eines Solenoids mit Eisen aus. Das Eisen wird durch die Wirkung des Stromes magnetisiert, und sein magnetisches Feld addiert sich zu dem Felde des Stromes. Dank der großen Magnetisierungskonstante des Eisens kann man auf diese Weise das Feld des Solenoids mehrere hundertmal verstärken.

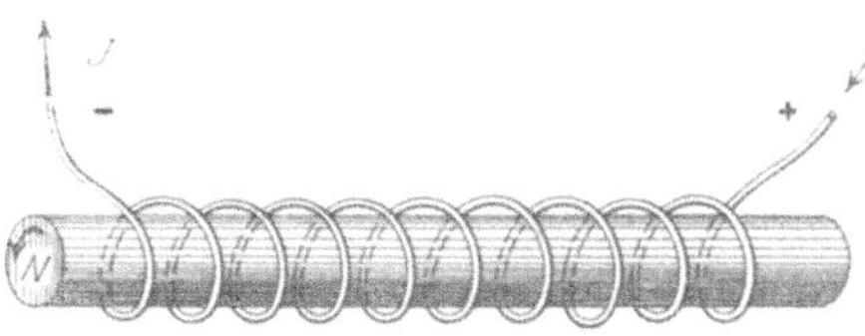

Abb. 211. Elektromagnet in Stabform.

Solenoide mit Eisenkern nennt man *Elektromagnete*.

Auf der Abb. 211 ist ein Elektromagnet in Stabform gezeichnet. In der Abb. 212 haben wir einen hufeisenförmigen Elektromagnet. Für einige Zwecke (Transformatoren) ist auch eine geschlossene Form des Elektromagnets zweckmäßig (Abb. 213).

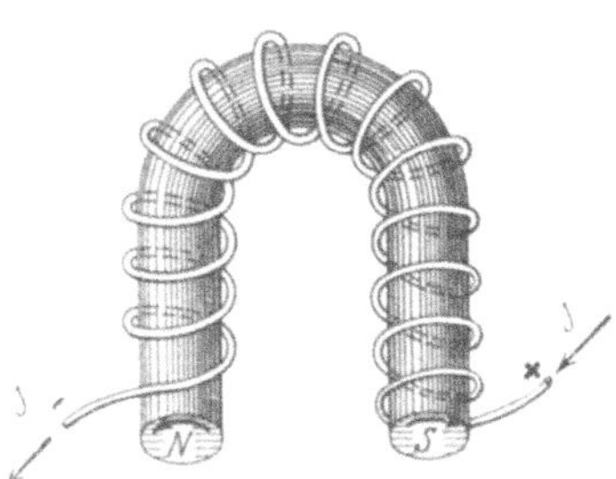

Abb. 212. Elektromagnet in Hufeisenform.

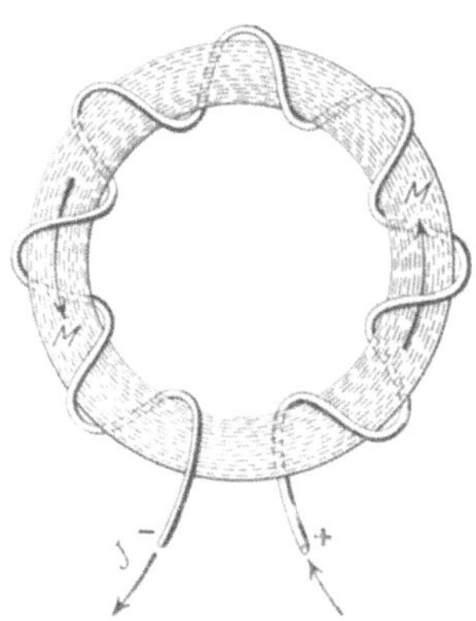

Abb. 213. In sich geschlossener Elektromagnet.

Das stärkste magnetische Feld, das mit einem Elektromagneten bis jetzt erzeugt wurde, hat eine Induktion von etwa 100 000 Gauß. In der Technik wird sehr oft ein Feld von 10000 Gauß gebraucht. Bei einem dauernd magnetisierten Stahlmagneten kann man eine Induktion bis etwa 5000 Gauß erhalten.

**241. Das Gesetz von Biot und Savart.** Bis jetzt haben wir nur die allgemeine Form des magnetischen Feldes elektrischer Ströme und nur in einigen einfachen Fällen studiert; wir wollen nun zu den quantitativen Gesetzen übergehen, welche die Stromstärke mit der von den Strömen erzeugten magnetischen Feldstärke verbinden. Die französischen Physiker Biot und Savart haben das magnetische Feld verschiedener Ströme vermittels einer kleinen Magnetnadel durchgemessen und sind zur Überzeugung gekommen, daß man die Wirkung eines Stromes auf einen Magnetpol als die resultierende Wirkung auffassen kann, die von einzelnen Stromelementen ausgeht. Unter einem Stromelement versteht man eine so kleine, vom Strom durchflossene Linie, daß die Abstände ihrer Punkte vom Magnetpol alle gleich ein und derselben Größe $r$ angenommen werden können. Dann ist die Kraft, welche von diesem Stromelemente auf den Magnetpol ausgeübt wird, proportional der Stromstärke $J$, proportional der Polstärke $m$ und umgekehrt proportional der zweiten Potenz ihrer gegenseitigen Entfernung $r$. Bis dahin haben wir in diesem Gesetze eine volle Analogie zu dem Coulombschen Gesetze für das elektrische und das magnetische Feld einzelner Pole. Nun kommen aber folgende für den Elektromagnetismus charakteristische Zusätze.

Erstens fällt die Richtung dieser Kraft nicht mit dem Radius $r$ zusammen, wie es bei den Coulombschen Gesetzen der Fall war, sondern sie steht senkrecht zu der Ebene, welche man durch das Stromelement und den Radius $r$ legt, und bestimmt sich nach der Rechtsschraubenregel, von welcher wir oben ausführlich gesprochen haben.

Zweitens hängt die Größe dieser Kraft außer von der Entfernung $r$ noch von dem Winkel ab, den die Richtungen des Stromes $J$ und des Radius $r$ miteinander bilden. Das Maximum der Kraftwirkung erhält man dann, wenn der Magnetpol $m$ auf einer Senkrechten zum Stromelemente sich befindet, und die Kraft verschwindet vollständig, wenn er auf der Verlängerung des Stromelementes $l$ zu stehen kommt. Für den allgemeinen Fall muß man in die Formel einen Faktor hinzufügen, welcher gleich ist dem Sinus des Winkels zwischen der Richtung des Stromes $J$ und der Richtung des Radius $r$ (Abb. 214).

In Formeln ausgedrückt hat das Biot-Savartsche Gesetz für ein Stromelement $l$ die folgende Form

$$F_e = \frac{m\,J\,l \sin(J\,r)}{r^2}.$$

Aus der magnetischen Kraft $F$ erhalten wir sofort den Ausdruck für die magnetische Feldintensität

$$M_e = \frac{J\,l \sin(J\,r)}{r^2}.$$

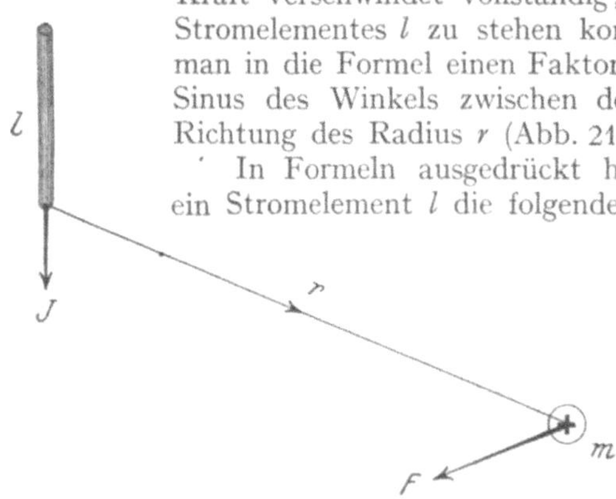

Abb. 214. Zum Biot-Savartschen Gesetze.

Das Biot-Savartsche Gesetz läßt sich *direkt* durch Versuche nicht verifizieren, denn weder ein Stromelement noch ein einziger Magnetpol sind realisierbar. Wir wissen ja, daß alle Ströme in sich geschlossene Stromlinien bilden und alle Magnete zwei entgegengesetzte Pole haben. Dennoch können wir dieses Gesetz als eine Rechnungsregel annehmen, wenn nur alle aus ihm sich ergebenden Folgerungen, auf wirkliche geschlossene Stromketten und auf wirkliche zweipolige Magnete angewandt, sich durch Versuche bestätigen. In der Tat hat sich dieses Gesetz experimentell durchweg bestätigt.

Bei der Anwendung des BIOT-SAVARTschen Gesetzes auf einen wirklichen geschlossenen Strom von endlicher Länge verfährt man folgendermaßen. Man teilt die gegebene Stromlinie in einzelne so kleine Stromelemente, daß man sie als geradlinig ansehen kann und daß ihre Längen im Vergleich zu der Entfernung $r$ von dem Punkte, wo wir das magnetische Feld berechnen wollen, klein angenommen werden können. Jedes von diesen Stromelementen wird uns eine bestimmte Feldintensität in dem gewählten Punkte nach dem BIOT-SAVARTschen Gesetze geben, und alle diese Feldintensitäten müssen wir dann geometrisch addieren, um die Totalintensität für den betreffenden Punkt zu erhalten.

Solche Rechnungen sind im allgemeinen schwierig. Wir wollen uns hier nur mit zwei Beispielen begnügen, nämlich mit dem einer unendlich langen geraden Stromlinie und mit dem eines Kreisstromes. Das sind gerade die Fälle, für welche wir das magnetische Feld qualitativ schon bestimmt haben.

Zunächst wollen wir dem BIOT-SAVARTschen Gesetze eine etwas andere Form geben, die für manche Zwecke bequemer ist: wir wollen in die Formel den Winkel $\beta$ einführen, unter welchem das Stromelement $l$ aus dem Punkte $m$ gesehen wird.

Ist das Stromelement $l$ normal zum Radius $r$ gerichtet, so kann es als ein Teil der Kreisperipherie, also als ein Bogenelement angesehen werden. Der zentrale Winkel für das Bogenelement $l$ ist gleich

$$\beta = \frac{l}{r}.$$

Bildet aber das Stromelement mit dem Radius $r$ einen Winkel $\alpha$, so müssen wir statt $l$ die Projektion dieser Länge auf die Kreisperipherie nehmen, und dann wird der Winkel $\beta$ so ausgedrückt:

$$\beta = \frac{l \sin \alpha}{r}.$$

Setzten wir das in die BIOT-SAVARTsche Formel, so erhalten wir:

$$M_e = J\frac{\beta}{r}.$$

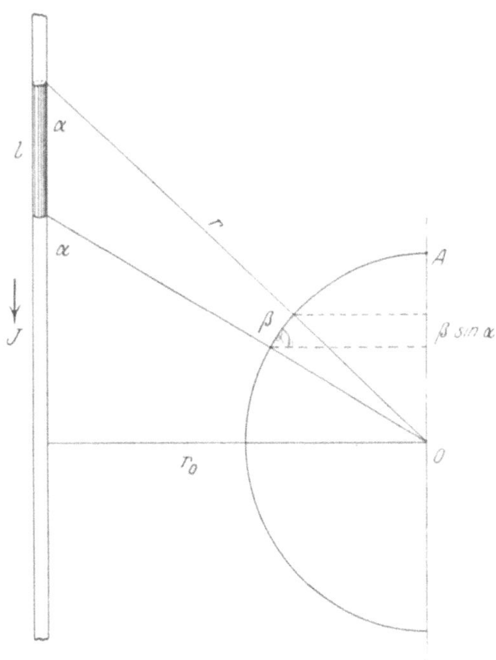

Abb. 215. Berechnung des Feldes eines geradlinigen Stromes.

**242. Geradliniger Strom.** Es soll jetzt das magnetische Feld einer unendlich langen geraden Stromlinie bestimmt werden. Die Stromstärke sei $J$.

Wie oben angegeben, begrenzen wir auf der Stromlinie ein Stromelement (Abb. 215) $l$, welches verschwindend klein im Vergleich zum Abstande $r$ vom Punkte 0 gedacht werden kann, und schreiben für die magnetische Feldintensität, die von diesem Stromelement herrührt, die BIOT-SAVARTsche Formel auf

$$M_e = J\frac{\beta}{r}.$$

Statt der Entfernung $r$, die für verschiedene Stromelemente verschieden sein wird, setzen wir in die Formel den senkrechten Abstand $r_0$ ein; diese Größe ist für alle Stromelemente dieselbe: $r_0 = r \sin\alpha$. Dann ist

$$M_e = J \frac{\beta \sin\alpha}{r_0}.$$

Die verschiedenen Stromelemente erzeugen in unserem Falle zwar verschiedene Feldintensitäten, aber alle in derselben Richtung, nämlich in der Abb. 215 senkrecht zu der Zeichnungsebene und auf uns zu. Wir können demnach alle diese Feldintensitäten einfach *algebraisch* addieren und erhalten die Totalintensität im Punkte 0 gleich:

$$M = \frac{J}{r_0} \sum \beta \sin\alpha.$$

Unsere unendlich lange Stromlinie wird natürlich aus einer unendlichen Zahl von Stromelementen bestehen, so daß bei uns in der Formel für $M$ unter dem Summenzeichen eigentlich eine Summe von unendlich vielen Summanden steht. Aber diese Summe läßt sich leicht geometrisch deuten und ausrechnen. Zu dem Zwecke zeichnen wir einen Halbkreis vom Halbmesser gleich 1 (im vergrößerten Maßstabe Abb. 215) und denken uns seine Peripherie in ganz kleine Bogenelemente eingeteilt. Jedes Bogenelement wird aus dem Zentrum des Kreises unter einem kleinen Winkel $\beta$ gesehen, der in dem Einheitskreise gleich dem Bogenelemente selbst ist (denn $l = \beta r$). Bezeichnen wir den Winkel, den der Radiusvektor des Bogenelements mit dem Anfangshalbmesser $OA$ bildet mit $\alpha$, so ist die Projektion des Bogenelements auf diesen Anfangshalbmesser gleich

$$\beta \sin\alpha.$$

Die Summe solcher Größen, d. h. die Summe der Projektionen aller Elementarbogen auf den Anfangsdurchmesser des Kreises ist offenbar gleich dem Durchmesser selbst, d. h. gleich 2:

$$\sum \beta \sin\alpha = 2.$$

Berücksichtigen wir diese Summation, so erhalten wir für die magnetische Feldintensität eines unendlich langen geradlinigen Stromes im Abstande $r_0$ von der Stromlinie den folgenden Ausdruck

$$M = \frac{2J}{r_0}.$$

Die magnetische Feldintensität eines geradlinigen Stromes ergibt sich somit umgekehrt proportional der Entfernung $r_0$ von der Stromlinie. Das Feld ist symmetrisch um den Draht herum verteilt, wie es auch zu erwarten war.

Die von uns soeben aus dem Biot-Savartschen Grundgesetze für einen geradlinigen Strom erhaltene Formel ist von Biot und Savart durch sorgfältige Experimente direkt geprüft worden und völlig bestätigt.

**243. Ein Kreisstrom.** Es sei jetzt die Feldintensität im Zentrum eines Kreisstromes $J$ zu bestimmen.

Hier haben alle Stromelemente dieselbe Entfernung $r$ und der Winkel, unter welchem sie alle zusammen vom Zentrum gesehen werden, ist gleich $2\pi$. Wir erhalten also die Feldintensität im Zentrum des Kreises

$$M = \frac{2\pi J}{r}.$$

Dieses Resultat ist ebenso durch direkte Versuche mehrmals bestätigt worden. Unsere Rechnung für den zentralen Punkt eines Kreisstromes war sehr einfach, und dieser Fall ist für uns auch der wichtigste. Es ist aber nicht schwer, das

Feld zu berechnen, das in den Punkten der Zentrallinie senkrecht zur Kreisstromfläche herrscht. Diese Rechnung überlassen wir dem Leser selbst.

Für andere Punkte des Feldes ist die magnetische Feldintensität eines Kreisstromes nur mit Hilfe von speziellen Funktionen oder durch unendliche Reihen darzustellen, und wir können auf diese Fälle hier nicht eingehen.

In der Abb. 216 sind die magnetischen Kraftlinien eines Kreisstromes gezeichnet. In der Nähe des Stromes ist natürlich das Feld stärker als im Kreiszentrum.

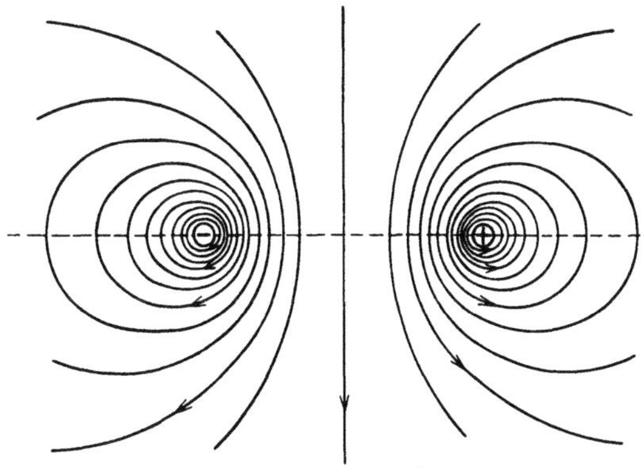

Abb. 216. Kraftlinien eines Kreisstromes.

**244. Elektromagnetische Einheit für die Stromstärke.** Jedes Naturgesetz, in welchem eine quantitative Beziehung zwischen mehreren Größen ausgedrückt ist, kann als Grundlage für die Feststellung der Einheit für eine dieser Größen dienen, wenn die Einheiten aller anderen Größen schon gewählt sind. So haben wir z. B. in der Elektrostatik nach dem COULOMBschen Gesetze die Einheit der Elektrizitätsmenge festgestellt, weil die Einheiten der Kraft und der Entfernung, welche in das COULOMBsche Gesetz eingehen, im absoluten Maßsystem schon gegeben waren. Wir nannten auch deshalb die so erhaltene Einheit die absolute *elektrostatische* Einheit der Elektrizitätsmenge.

Strömt diese Elektrizitätsmenge durch einen Leiterquerschnitt in der Sekunde durch, so erhalten wir eine Einheit für die Stromstärke. Da die Sekunde eine absolute Einheit der Zeit ist, so wird auch diese Einheit die absolute *elektrostatische* Einheit für die Stromstärke genannt.

Wir können aber noch eine andere *absolute* Einheit für die Stromstärke erhalten, indem wir uns nicht auf das COULOMBsche, sondern auf das BIOT-SAVARTsche Gesetz stützen. Die elementare Form des BIOT-SAVARTschen Gesetzes ist für unseren Zweck nicht gut geeignet, weil in ihm die unendlich kleine Länge $l$ oder der Winkel $\beta$ eingeht, die nicht gleich einem Zentimeter genommen werden kann. Wir können aber diese Schwierigkeit umgehen, wenn wir uns auf die Formel für den Kreisstrom stützen, die ja aus dem BIOT-SAVARTschen Gesetze direkt abgeleitet ist. In diesem Falle haben alle Punkte des Kreisstromes vom Zentrum dieselbe Entfernung, und die Länge $l$ braucht nicht mehr unendlich klein genommen zu werden, sondern kann gleich einem Zentimeter sein. Füreinen Kreisbogen endlicher Länge $l$ erhalten wir in seinem Zentrum die Kraft

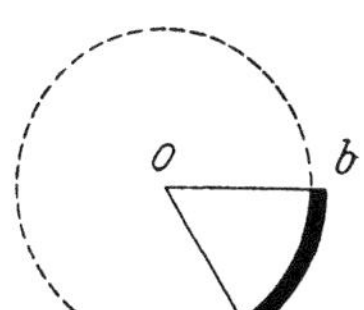


Abb. 217. Definition der elektromagnetischen Stromeinheit.

$$F = \frac{m l J}{r}.$$

Nehmen wir also die Bogenlänge und den Halbmesser des Kreises gleich einem Zentimeter (Abb. 217), mit anderen Worten nehmen wir den Zentralwinkel gleich eins, und wirkt der so begrenzte Teil des Stromes auf die Poleinheit $m = 1$ im Zentrum mit der Kraft gleich einer Dyne, so soll diese Stromstärke auch gleich eins angenommen werden.

Eine der soeben angeführten äquivalente Definition könnte auch so lauten: Die Stromstärke, welche längs der Peripherie des Einheitskreises fließt und im

Zentrum die magnetische Feldintensität von $2\pi$ Gauß erzeugt, soll als Einheit angenommen werden.

Fließt dieselbe Stromstärke $J = 1$ in einer unendlich langen geraden Linie, so erzeugt sie im Abstande $r_0 = 1$ cm von dieser Linie eine Feldintensität gleich 2 Gauß.

Alle Größen, die in diesen Definitionen eingehen, haben wir ebenso in absoluten Maßsystemen (cm · dyne) ausgedrückt; unsere Stromeinheit kann demnach *absolut* genannt werden. Die Ausgangsformel aber, das BIOT-SAVARTsche Gesetz, betrifft die *magnetischen* und nicht die *elektrostatischen* Wirkungen der fließenden Elektrizität, weshalb wir auch diese neue von uns eingeführte Einheit die *absolute elektromagnetische Stromeinheit* nennen wollen.

Für die in absoluten elektromagnetischen Einheiten ausgedrückten Größen wollen wir das Symbol CGS-M benutzen.

**245. Absolute Messungen.** Wir haben somit für die Stromstärke zwei verschiedene Einheiten erhalten: eine elektrostatische und eine elektromagnetische. Es ist nun sehr wichtig, das Verhältnis dieser zwei Grundeinheiten möglichst genau zu bestimmen. Zu diesem Zweck müssen wir eine Versuchsordnung wählen, die uns gleichzeitig die elektrostatischen wie auch die elektromagnetischen Wirkungen der Elektrizität messend zu verfolgen erlaubt.

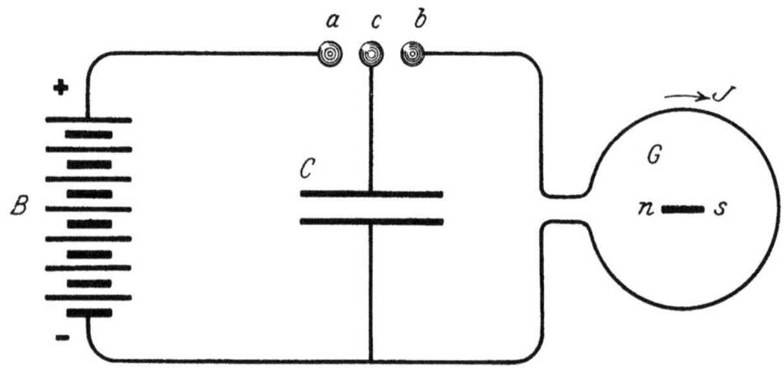


Abb. 218. Vergleich der elektromagnetischen Stromeinheit mit der elektrostatischen.

Von allen für diesen Zweck erfundenen Methoden wollen wir hier nur eine beschreiben, die am übersichtlichsten ist (Abb. 218).

Es sei $B$ eine Batterie von galvanischen Elementen, welche eine bestimmte Potentialdifferenz $V$ liefert. Wir laden mit dieser Batterie einen Kondensator von bestimmter Kapazität $C$ und sammeln also in ihm eine Elektrizitätsmenge $e = CV$. Dann wollen wir den Kondensator $C$ von der Batterie abschalten und seine Elektrizität in das Galvanometer $G$ hinleiten. Dazu müssen wir in dem Umschalter $acb$ statt der Verbindung $ac$ die Verbindung $cb$ herstellen. Jetzt fließt die im Kondensator gesammelte Elektrizität durch das Galvanometer, und die Magnetnadel $ns$ wird durch einen Stromstoß abgelenkt. Wollen wir eine dauernde Ablenkung der Nadel erhalten, so müssen wir nicht einen einzigen, sondern mehrere solche, schnell hintereinander folgende Stromstöße erzeugen. Das können wir erreichen, wenn wir die Umschaltung des Kondensators von $a$ nach $b$ und zurück durch irgendeinen Mechanismus, z. B. eine Stimmgabel oder einen kleinen Motor, betätigen lassen. Erfolgt die Ladung und die Entladung des Kondensators regelmäßig $n$ mal in der Sekunde, so wirken die ins Galvanometer geschickten Stromstöße wie ein konstanter Strom von der mittleren Stärke

$$J = nCV.$$

In dieser Formel ist die Stromstärke in absolutem *elektrostatischen* Maß ausgedrückt, weil $C$ und $V$ in diesem Maß ausgedrückt sind.

Als Galvanometer nehmen wir einfach einen Kreisstrom und messen die magnetische Feldintensität in seinem Zentrum mit einer daselbst aufgehängten Magnetnadel (Magnetometer). Auf die Magnetnadel werden dann zwei Felder gleichzeitig wirken: das Feld der Erde $H$ und das Feld des Stroms $M$. Richten wir den Kreisstrom so, daß beide Felder normal zueinander wirken, so gibt uns die Tangente des Ablenkungswinkels der Nadel (Abb. 188, S. 176) das Verhältnis beider Intensitäten.

Anderseits haben wir nach dem BIOT-SAVARTschen Gesetze die Größe

$$M = \frac{2\pi J}{r}.$$

Haben wir diese Feldintensität genau bestimmt, so erhalten wir die Stromstärke

$$J = \frac{M r}{2\pi}.$$

Jetzt ist dieselbe Stromstärke in elektromagnetischen Einheiten ausgedrückt.

Vergleichen wir die zwei so erhaltenen Zahlen miteinander, so erhalten wir die gesuchte Beziehung der absoluten elektrostatischen und der absoluten elektromagnetischen Einheiten für die Stromstärke zueinander.

Aus derartigen Versuchen hat man gefunden, daß

$$J_e = 3 \cdot 10^{10} J_m,$$

d. h. die Zahl, welche die Stromstärke in elektrostatischen Einheiten ausdrückt, ist dreihundertbillionenmal *größer*, als die Zahl der elektromagnetischen Einheiten in derselben Stromstärke.

Daraus folgt, daß die absolute elektrostatische Einheit für die Stromstärke um ebensoviel *kleiner* als die elektromagnetische Einheit ist.

Um den soeben beschriebenen Versuch durch einige Zahlen zu illustrieren, nehmen wir an:

Die Kapazität des Kondensators sei $C = 1$ Mikrofarad $= 9 \cdot 10^5$ cm.

Die Batterie galvanischer Elemente habe 100 Volt $= 1/3$ CGS-E.

Die Umschaltung des Kondensators erfolge 100mal in der Sekunde.

Dann erhalten wir einen mittleren Strom durch das Galvanometer

$$J = 100 \cdot 9 \cdot 10^5 \cdot \frac{1}{3} = 3 \cdot 10^7 \text{ CGS-E} = 10^{-3} \text{ CGS-M}.$$

Diese Stromstärke würde im Zentrum eines kreisförmigen Leiters vom $r = 10$ cm Halbmesser ein magnetisches Feld geben

$$M = \frac{2\pi J}{r} = 2\pi \cdot 10^{-4} = 6{,}3 \cdot 10^{-3} \text{ Gauß}.$$

Diese Feldintensität ist etwa 30mal kleiner als die Horizontalintensität des magnetischen Erdfeldes. Der Ablenkungswinkel im Magnetometer wird also etwa 1,5° betragen. Findet man es unbequem, so kleine Winkel abzulesen, so kann man statt eines einzigen Kreisstroms eine flache Spule mit mehreren Windungen nehmen. Bei 30 Windungen erhalten wir schon einen sehr großen Ablenkungswinkel von etwa 45°, und der Versuch kann mit großer Genauigkeit ausgeführt werden.

**246. Die verschiedenen Stromeinheiten.** In der Praxis wird für die Stromstärke durchweg ein Ampere als Stromeinheit angenommen, welche, wie wir schon wissen (S. 103, **118**) durch die Beziehung definiert wird

$$\text{Ampere} = \frac{\text{Coulomb}}{\text{Sekunde}}.$$

Die Beziehung zwischen einem Coulomb und der elektrostatischen Einheit für die Elektrizitätsmenge ist uns auch bekannt (S. 12, **14**)

$$\text{Coulomb} = 3 \cdot 10^9 \text{ CGS-E}.$$

Die Sekunde als Einheit gehört zu dem absoluten Maßsystem, folglich bleibt für ein Ampere dieselbe Beziehung zu absoluten *elektrostatischen* System wie für ein Coulomb. Wir erhalten also

$$\text{Ampere} = 3 \cdot 10^9 \text{ CGS-E.}$$

Um dieselbe Größe in absoluten *elektromagnetischen* Einheiten auszudrücken, müssen wir das Coulomb und ebenso das Ampere durch $3 \cdot 10^{10}$ dividieren:

$$\text{Coulomb} = 3 \cdot 10^9 \, CGS\text{-E} = 0{,}1 \text{ CGS-M},$$

$$\text{Ampere} = 3 \cdot 10^9 \text{ CGS-E} = 0{,}1 \, CGS\text{-M}.$$

Die absolute Einheit für die Energie ist Erg, indem

$$\text{Coulomb} \cdot \text{Volt} = \text{Joule} = 10^7 \text{ Erg}.$$

Daraus erhalten wir für die Potentialdifferenz in elektrostatischen Einheiten:

$$\text{Volt} = \frac{\text{Joule}}{\text{Coulomb}} = \frac{10^7}{3 \cdot 10^9} = \frac{1}{300} \text{ CGS-E},$$

und in elektromagnetischen Einheiten

$$\text{Volt} = \frac{\text{Joule}}{\text{Coulomb}} = \frac{10^7}{0{,}1} = 10^8 \text{ CGS-M}.$$

Wir können also schreiben:

$$V_e = \frac{1}{3 \cdot 10^{10}} V_m .$$

Wir bemerken hier, daß das Verhältnis der elektrostatischen und der elektromagnetischen Einheiten für die Potentialdifferenzen gerade das Umgekehrte des Verhältnisses der analogen Einheiten für die Elektrizitätsmengen bildet. Das konnte man aber auch erwarten, denn das Produkt aus diesen beiden Größen gibt uns die elektrische Energie, und die Energie hat für alle absoluten Maßsysteme dieselbe Einheit, nämlich das Erg.

Man hat schon längst bemerkt, daß das Verhältnis der elektromagnetischen und der elektrostatischen Einheiten, nämlich die Zahl $3 \cdot 10^{10}$ mit der Größe der Lichtgeschwindigkeit im Vakuum, auch in absoluten Einheiten ausgedrückt, zusammenfällt. Das hängt damit zusammen, daß das Licht, wie es zuerst CL. MAXWELL gezeigt hat, und wie wir es weiter näher erörtern werden, auch eine elektromagnetische Erscheinung darstellt.

**247. Einfluß des Mediums.** Bei der Anwendung des BIOT-SAVARTschen Gesetzes haben wir überall stillschweigend angenommen, daß wir das vom elektrischen Strome erzeugte magnetische Feld im Vakuum, praktisch in der Luft untersuchen. Es entsteht nun eine natürliche Frage, wie wird dasselbe Gesetz lauten, wenn das den Strom umgebende Medium kein Vakuum, sondern ein Körper mit einer merklich größeren Magnetisierungskonstante bildet.

Nach der Analogie mit den elektrostatischen und den magnetischen Kräften, also nach der Analogie mit den COULOMBschen Gesetzen, könnte man erwarten, daß dann in die BIOT-SAVARTsche Formel im Nenner ein Faktor $\mu$ einzusetzen ist. Aber dem ist nicht so, was man aus folgenden Erwägungen leicht einsehen kann und was auch durch Versuche vollständig bestätigt wird.

Wir stellen uns irgendeinen Strom zunächst im Vakuum vor. Sein Magnetfeld wird nach der BIOT-SAVARTschen Formel berechnet. Jetzt füllen wir den den Strom umgebenden Raum mit Eisen aus. Das Eisen wird dabei polarisiert und die Induktion $B$ oder die Kraftliniendichte im Eisen wird $\mu$mal größer als die Feldstärke $M$. Nun wirkt auf den Magnetpol nicht die Induktion, sondern die Feldstärke. Die Wirkung des Stromes auf einen Magnetpol bleibt also durch das Ausfüllen des Feldes mit Eisen völlig ungeändert.

Etwas anderes erhalten wir, wenn das Eisen nicht das ganze Feld ausfüllt. Dann wirken auf den Magnetpol zwei Felder zusammen: das Feld des Stromes nach dem BIOT-SAVARTschen Gesetze so, als ob das Eisen gar nicht vorhanden wäre, und außerdem das Feld des polarisierten Eisens, d. h. das Feld der fingierten magnetischen Oberflächenladungen, nach dem COULOMBschen Gesetze. Beide Wirkungen zusammen können ein resultierendes magnetisches Feld ergeben, welches von dem BIOT-SAVARTschen Felde nach Größe und Richtung sehr verschieden sein kann.

Wir kommen also zu dem Resultate, welches wir hier auch besonders hervorheben möchten, daß das BIOT-SAVARTsche Gesetz uns direkt die vom Strome erzeugte magnetische *Feldintensität* angibt, auf deren Größe das umgebende Medium keinen Einfluß hat.

## 2. Kraftwirkung eines Magnetfeldes auf den Stromleiter.

**248. AMPÈREsche Entdeckung.** Sehr bald nach der OERSTEDTschen Entdeckung hat der französische Physiker AMPÈRE die elektromagnetischen Erscheinungen experimentell und auch theoretisch nach allen Seiten untersucht und dabei eine neue Entdeckung gemacht. AMPÈRE hat gefunden, daß nicht nur der elektrische Strom auf den Magnetpol Kraftwirkungen ausübt, sondern daß auch der Magnetpol seinerseits auf den Stromleiter mit einer gewissen Kraft wirkt. Außerdem zeigte er, daß zwei Stromleiter ebenfalls gewisse Kraftwirkungen aufeinander ausüben. AMPÉRE war auch der erste, der eine mathematische Theorie für alle diese Erscheinungen gegeben hat.

Von unserem jetzigen Standpunkte aus, können wir die Entdeckungen von AMPÈRE so beschreiben: Zu der OERSTEDTschen Entdeckung, daß ein Stromleiter ein magnetisches Feld erzeugt, hat AMPÈRE ein Gegenstück gefunden, nämlich, daß ein Magnetfeld auf jeden stromführenden Leiter auch gewisse Kraftwirkungen ausüben kann. Daraus folgt schon von selbst, daß auch zwei Stromleiter aufeinander mit elektromagnetischen Kräften wirken müssen.

Wir wollen jetzt die AMPÈREschen Kräfte nach Größe und Richtung untersuchen.

Zunächst die Richtung dieser Kräfte. Wir hängen vertikal einen leicht beweglichen und biegsamen Stromleiter $ab$ auf (Abb. 219), aus mehreren Lamettfaden zusammengestellt. Geht der Strom durch den Leiter von oben nach unten und nähern wir ihm den Nordpol eines Magneten, so werden wir eine Ablenkung des Stromleiters nach rechts beobachten. Unter der Wirkung eines Südpols erfolgt die Ablenkung nach links. Ändern wir die Richtung des Stromes in dem Leiter, so erfolgen auch seine Ablenkungen in der entgegengesetzten Richtung.

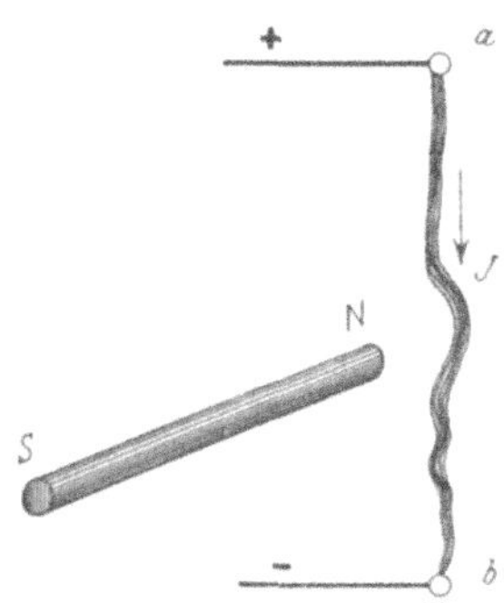

Abb. 219. Ablenkungen des Stromleiters im Magnetfelde.

Der Magnetpol zieht also den Stromleiter nicht an und stößt ihn auch nicht ab, sondern *lenkt* ihn ab (vgl. S. 192, **233**).

Stellen wir den Magnetstab vertikal neben dem hängenden Stromleiter, und schicken einen Strom durch, so bewirkt die ablenkende Kraft, daß der Stromleiter sich um den Magnetstab herumschlingt, und zwar je nach der Richtung der Pole und des Stromes in einer rechts- oder linksgewundenen Schraubenlinie (Abb. 220).

Wir haben gesehen (S. 197, **240**), daß ein Solenoid, in welchem ein elektrischer Strom zirkuliert, ein ähnliches magnetisches Feld erzeugt, wie ein Stabmagnet. Wiederholen wir also unsere Versuche mit einem Solenoid. Wir werden sehen, daß auch die Wirkungen des Solenoids auf den biegsamen Stromleiter ganz dieselben sind wie die eines Stabmagnets. Daraus schließen wir, daß die Ursache aller dieser Wirkungen in dem zu suchen ist, was der Stabmagnet und das Solenoid gemeinsam haben, nämlich in dem von ihnen erzeugten Magnetfelde.

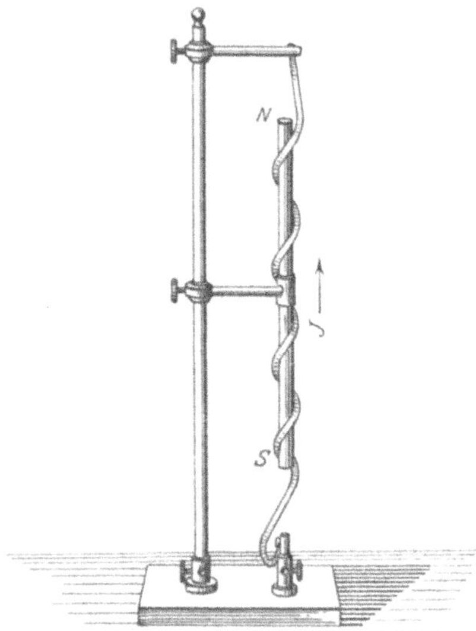

Abb. 220. Ein Stromleiter windet sich um einen Magnetstab herum.

Um die Wirkungen des magnetischen Feldes auf einen Stromleiter auch von der quantitativen Seite untersuchen zu können, werden wir ebenso verfahren wie beim Studium des magnetischen Feldes eines elektrischen Stromes. Wir betrachten zunächst die möglich einfachsten Fälle, um dann zu einer allgemeinen Formulierung des Gesetzes zu gelangen.

**249. Gerade Stromleiter im homogenen magnetischen Felde.** Aus Versuchen mit einem biegsamen oder überhaupt leicht beweglich aufgehängten Stromleiter können wir uns leicht überzeugen, daß das Magnetfeld nur dann merkliche mechanische Wirkungen auf den Stromleiter ausübt, wenn es mit dem Stromleiter irgendeinen Winkel bildet. Wenn aber das magnetische Feld längs des Leiters gerichtet ist, werden überhaupt keine Kraftwirkungen bemerkbar. Die größte Kraft erhält man dann, wenn die Kraftlinien zu dem Stromleiter *normal* verlaufen. Wir wollen deshalb gerade diesen Fall experimentell untersuchen.

Der Übersichtlichkeit halber wollen wir uns eine sehr einfache Versuchsordnung vorstellen, welche auch leicht realisierbar ist.

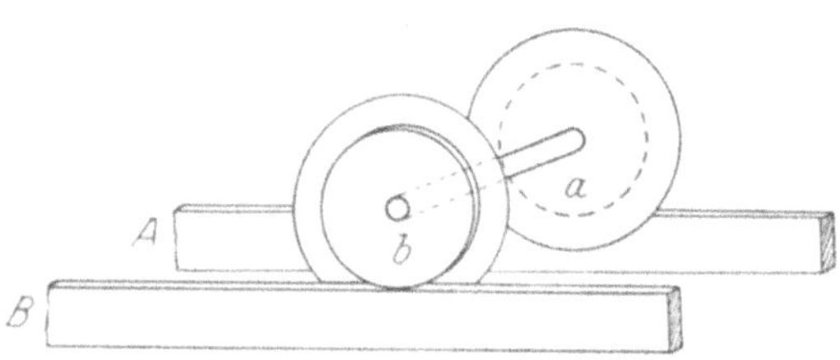

Abb. 221. Beweglicher Stromleiter.

Auf zwei Schienen $A$ und $B$ (Abb. 221) sei ein Querleiter $ab$ auf zwei Rädern aufgestellt, die dem Leiter $ab$ längs der Schienen ohne allzu große Reibung zu rollen erlauben. Die Schienen schließt man an eine Elektrizitätsquelle an und normal zu der Schienenebene richtet man im Bereiche $ab$ ein möglichst homogenes und möglichst starkes Magnetfeld $M$ auf.

Die Kraftwirkung $F$ des Feldes auf den Querleiter $ab$ kann man durch eine Feder kompensieren und auf diese Weise die Kraft messen.

Allerdings erlaubt diese Anordnung wegen der unvermeidlichen Reibungskräfte keine große Meßgenauigkeit zu erreichen. Wir können uns aber hier mit einer ersten Annäherung begnügen, zumal die durch diese elementaren Versuchsbedingungen aufgestellten Gesetze nachher in ihren mannigfaltigsten Folgerungen auf das genauste geprüft werden können.

Schicken wir durch die Schienen einen Strom in der Richtung $AabB$ und ist das magnetische Feld vertikal von oben nach unten gerichtet, so wird sich der Querleiter nach rechts bewegen. Ändern wir die Richtung des Stromes bei unverändertem Felde, oder verändern wir das Feld in das entgegengesetzte bei gleicher Stromrichtung, so wird sich der Querleiter in der entgegengesetzten Richtung, also nach links bewegen. Wenn wir das Feld und den Strom gleichzeitig umschalten, so bleibt die Richtung der Kraft auf den Querleiter unverändert.

Für die Größe dieser Kraft erhält man in allen Fällen das folgende Gesetz: Die auf den Stromleiter wirkende Kraft $F$ ist proportional zu der Stromstärke $J$, zu der Länge des Stromleiters $l$ und zu der magnetischen Feldintensität $M$, welche in unmittelbarer Nähe des Leiters $ab$ herrscht.

Sind alle Größen $F$, $J$, $l$, $M$ in absoluten elektromagnetischen Einheiten ausgedrückt, so ergibt sich der Proportionalitätsfaktor gleich eins. Wir können also für diese Kraftwirkung die folgende Formel hinschreiben:

$$F = M \cdot Jl.$$

Die aus unseren Versuchen ermittelte Formel gilt natürlich nur für ein normal zum Leiter gerichtetes Magnetfeld. Bildet das Feld mit dem Leiter irgendeinen Winkel $\alpha$ (Abb. 222), so können wir immer dieses Feld in zwei Komponenten zerlegen: eine Komponente in der Richtung des Leiters und die andere normal zum Leiter. Die erste Komponente wird, wie wir schon wissen, keine Kraftwirkungen auf den Leiter ausüben. Die zweite Komponente wird die Größe

$$M \sin\alpha$$

haben, und ihre Kraftwirkung auf den Stromleiter wird also

$$F = Jl \cdot M \cdot \sin\alpha.$$

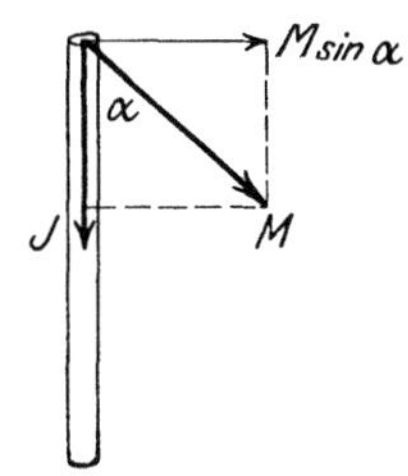

Abb. 222. Zerlegung des Magnetfeldes am Stromleiter in zwei Komponenten.

Die Richtung der Kraft $F$ muß senkrecht sein zur Ebene, welche durch den Strom und durch das wirkende Feld $M \sin\alpha$ gelegt wird. Da aber diese Komponente der Feldintensität mit der Richtung des Feldes $M$ und des Stromes $J$ in derselben Ebene liegt, so können wir ganz allgemein sagen, daß die Wirkung eines beliebig gerichteten Magnetfeldes $M$ auf den Strom $J$ senkrecht zu der $(JM)$-Ebene gerichtet ist.

**250. Schraubenregel für Vektoren.** Bei der Beschreibung der AMPÈREschen Entdeckung haben wir die Kraftrichtung des Magnetfeldes auf den Strom $J$ in folgender Weise bestimmt: fließt der Strom *von oben nach unten* und ist die Feldrichtung *von uns ab* zu dem Strom gerichtet, so bewegt sich der Stromleiter nach *rechts*. Wird irgendeiner von den Vektoren — der Strom oder das Magnetfeld — umgekehrt, so erhält auch die Kraft die entgegengesetzte Richtung. Werden beide Vektoren, der Strom und gleichzeitig das Feld umgekehrt, so bleibt die Kraft in derselben Richtung. Diese Regel genügt zwar für alle Fälle, aber es können, ebenso wie bei BIOT-SAVARTschem Gesetze, noch verschiedene andere Regeln angegeben werden. Aus allen solchen Regeln wollen wir hier nur eine anführen, welche nicht nur im Elektromagnetismus, sondern auch in anderen Gebieten der Physik und der Geometrie eine große Bedeutung hat.

Wir stellen uns irgend zwei Richtungsgrößen vor, z. B. einen Strom und ein Magnetfeld (Abb. 223), welche miteinander einen Winkel $\alpha$ bilden. Der Allgemeinheit halber numerieren wir diese Vektore mit 1 und 2. Durch diese zwei Vektoren legen wir eine Ebene und errichten zu ihr eine Normale 3. Wir wollen die eine Seite dieser Ebene und die ihr entsprechende Normalenrichtung als positiv anzunehmen und die andere Seite der Ebene und der Normale — als negativ. Die positive Normale wollen wir nach der MAXWELLschen Schraubenregel wählen wie folgt: wir halten einen Korkzieher parallel zu der Normale und drehen seinen Griff in der Richtung vom ersten Vektor zum zweiten, wie es in der Abb. 223 angedeutet ist, d. h. auf dem kürzesten Wege von 1 zu 2. Die dabei entstehende fortschreitende Bewegung des Korkziehers gibt uns dann die Richtung 3 der positiven Normale an.

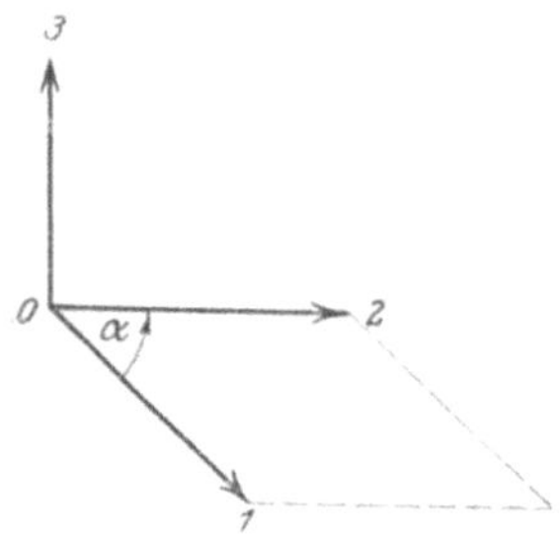

Abb. 223. Rechtsschraubensystem von Vektoren.

Ist der erste Vektor die Stromstärke $J$ und der zweite Vektor die Feldintensität $M$ des Magnetfeldes, so gibt uns die *positive* Normale, d. h. die Schraubenregel, die Richtung des dritten Vektors an, nämlich der elektromagnetischen Kraft $F$. Die Größe der Kraft ist gleich

$$F = Jl \cdot M \cdot \sin(lM).$$

Diese Beziehung, d. h. die Größe und die Richtung der Kraft, pflegt man durch folgende Zeichen anzugeben

$$\mathbf{F} = J[\boldsymbol{l} \cdot \mathbf{M}].$$

Die eckigen Klammern bedeuten schon, daß die zwei Größen $l$ und $M$ den ersten und den zweiten Vektor bilden, daß sie miteinander und mit dem $\sin(lM)$ des von ihnen eingeschlossenen Winkels multipliziert sind, und daß dieses Produkt einem dritten Vektor $F$ gleich ist, welcher längs der *positiven* Normale zu der Ebene (1,2) gerichtete ist.

**251. Die Wirkungen zwischen einem Stromelement und einem Magnetpol.** Wir wollen jetzt das AMPÈREsche Kraftgesetz mit dem BIOT-SAVARTschen Gesetze vergleichen (Abb. 224).

Ein Stromelement $l$ wirkt auf den Magnetpol $m$ mit einer Kraft

$$F_{BS} = Jl \cdot \frac{m}{r^2} \sin(Jr).$$

Gleichzeitig wirkt der Magnetpol auf das Stromelement nach Ampère mit einer Kraft

$$F_{Am} = Jl \cdot M \sin(JM).$$

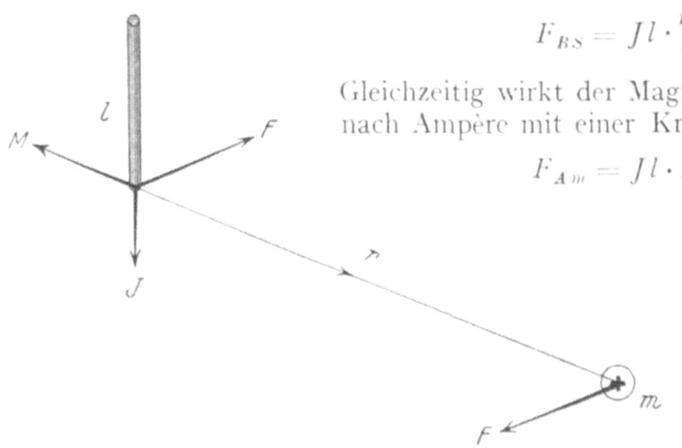

Abb. 224. Gegenseitige Kraftwirkungen eines Stromelements und eines Magnetpols.

Nun ist die magnetische Feldintensität, die von dem Magnetpol erzeugt wird, im Abstande $r$ gleich

$$M = \frac{m}{r^2},$$

wobei für das umgebende Medium also Luft $\mu = 1$ angenommen wird. Betrachten wir noch, daß die Richtung $r$ im BIOT-SAVARTschem Gesetze vom Stromelement zum Magnetpol weist, die Richtung $M$ aber von dem Magnetpol zum Stromelement, so können wir schreiben

$$\sin(Jr) = -\sin(JM),$$

und erhalten

$$F_{BS} = -F_{Am}.$$

Die Kraft, welche vom Stromelement auf den Magnetpol ausgeübt wird, ist demnach gleich und entgegengesetzt der Kraft, mit welcher der Magnetpol auf das Stromelement wirkt. Diese beiden Kräfte wirken aber nicht längs der Verbindungslinie $r$, sondern sie sind beide zu der Verbindungslinie normal gerichtet.

Wir können diese Erscheinung auch so beschreiben.

Die zwei Kräfte, die am Stromelement und am Magnetpol angreifen, bilden zusammen ein Kräftepaar, welches das Stromelement und den Magnetpol gleichzeitig relativ zueinander zu drehen strebt.

**252. Wirkung und Gegenwirkung.** Das von uns soeben erhaltene Resultat erinnert uns an das dritte Axiom von NEWTON. Nach diesem Axiom muß eine jede Kraftwirkung zwischen zwei Körpern aus zwei einander gleichen und entgegengesetzt gerichteten Kräften bestehen. Nur bilden die NEWTONsche Wirkung und Gegenwirkung kein Kräftepaar, wie bei uns, sondern beide Kräfte sind immer längs ein und derselben Geraden gerichtet.

Wir können aber auch unseren elektrodynamischen Versuch so abändern, daß die zwei Kräfte, — die Kraft auf den Stromleiter und die Kraft auf den Magnetpol — kein Kräftepaar bilden, sondern längs ein und derselben Geraden wirken. Wir brauchen dazu nur statt eines Stromelementes einen vollen Kreisstrom zu nehmen, in dessen Zentrum wir den Magnetpol anbringen. Damit der andere Magnetpol uns nicht stört, wollen wir den Magnet möglichst lang nehmen (Abb. 225).

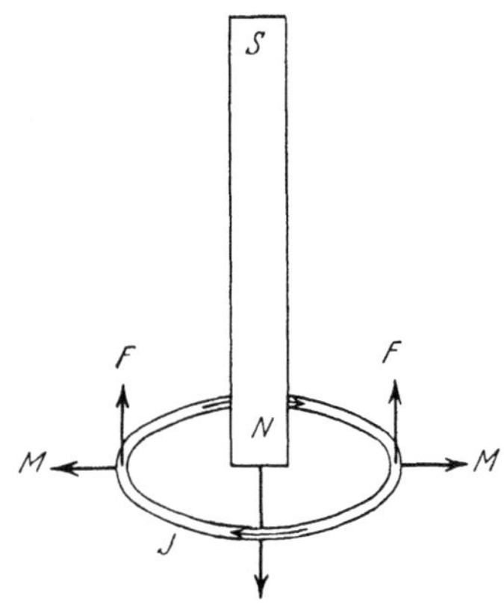


Abb. 225. Gegenseitige Kraftwirkungen eines Kreisstromes und eines Magnetpols.

Schicken wir durch unseren kreisförmigen Leiter einen Strom durch, so wird seine Kraftwirkung auf den im Zentrum sich befindenden Magnetpol $m$ gleich (S. 200, **243**)

$$F_{BS} = \frac{2\pi J}{r} m .$$

Anderseits erzeugt dieser Magnetpol an der Peripherie des Kreises eine normal zum Strom, also radial gerichtete Feldintensität

$$M = \frac{m}{r^2}$$

und wirkt auf den Stromleiter, dessen Länge gleich $2\pi r$ ist, mit einer (AMPÈREschen) Kraft

$$F_{Am} = Jl \cdot M = J \cdot 2\pi r \cdot \frac{m}{r^2} = \frac{2\pi J}{r} m .$$

Diese Kraft kann als Resultierende angesehen werden, aus allen an den einzelnen Stromelementen angreifenden Kräften. Die Elementarkräfte sind überall normal zum Stromelement und normal zum radialen Feld $M$ gerichtet; offenbar wird auch die Resultierende aller dieser Elementarkräfte normal zur Kreisebene sein und durch das Zentrum gehen.

In diesem Falle gehen also beide Kräfte, die Kraft vom Stromleiter auf den Magnetpol und die resultierende Kraft von dem Magnetpol auf den Stromleiter durch ein und denselben Punkt und sind einander gleich und entgegengesetzt. Wir können also hier ohne Bedenken das dritte Axiom von NEWTON anwenden und das AMPÈREsche Gesetz aus dem BIOT-SAVARTschem Gesetze ableiten.

**253. Die Wirkung des umgebenden Mediums.** Wir wollen noch die Frage beantworten: Wie wird die Kraftwirkung eines Magnetfeldes auf den Stromleiter modifiziert, wenn das umgebende Medium nicht Luft, sondern ein Medium von einer merklich größeren Permeabilität, z. B. Eisen ist? Im Eisen können wir freilich unsere Versuche nicht wiederholen, aber wir können dennoch die aufgeworfene Frage beantworten, wenn wir uns auf das NEWTONsche Prinzip der Wirkung und Gegenwirkung stützen.

Die Wirkung des Stromes auf den Magnetpol wird durch die BIOT-SAVARTsche Formel ausgedrückt

$$F_{BS} = Jl\frac{m}{r^2}\sin(Jr),$$

und wir haben uns schon klar gemacht (S. 205, **247**), daß diese Formel unabhängig von der Größe der Permeabilität für jedes Medium gilt. Dieselbe Formel muß also auch die Kraftwirkung des Magnetpoles auf den Strom ausdrücken. Nun steht in der BIOT-SAVARTschen Formel der Ausdruck $\frac{m}{r^2}$, welcher im allgemeinen Falle nicht die Feldintensität, sondern die magnetische Induktion des Magnetpoles bedeutet. Die Feldintensität würde ja $\frac{m}{\mu r^2}$ sein (S. 164, **199**).

Soll also das NEWTONsche Axiom für die gegenseitigen Wirkungen von Strömen und Magnetpolen in allen Fällen gelten, so müssen wir in der Formel für die Kraftwirkung des Magnetfeldes auf den Strom nicht die Feldintensität $M$, sondern die Induktion $B$ einsetzen.

Dann erhalten wir für die elektromagnetische Kraft auf dem Stromleiter folgende allgemeine Formel

$$F_{Am} = Jl \cdot B\sin(JB).$$

Die Wirkung des den Stromleiter umgebenden Mediums ist jetzt schon berücksichtigt.

**254. Zwei parallele Stromleiter.** Wir können jetzt die von uns für einzelne Stromelemente gewonnenen Formeln auf wirkliche geschlossene Stromleiter anwenden. Im allgemeinen wird man bei zwei Stromleitern folgendermaßen verfahren. Man zerteilt den ersten Stromleiter in einzelne Stromelemente und bestimmt nach dem BIOT-SAVARTschen Gesetze die Richtung und die Größe seines magnetischen Feldes in jedem Punkte des Raumes, wo sich die einzelnen Stromelemente des zweiten Stromleiters befinden. Dann bestimmen sich nach dem AMPÈREschen Gesetze die Größen und die Richtungen der auf diese Stromelemente wirkenden elektromagnetischen Kräfte. Alle Kräfte zusammen ergeben eine resultierende Gesamtkraft auf den zweiten Stromleiter. Außer einer Gesamtkraft kann sich in einigen Fällen, wie wir gleich sehen werden, noch ein Drehmoment ergeben.

Ganz ebenso verfährt man, um die elektromagnetischen Kräfte auf den ersten Stromleiter zu berechnen, welche von dem zweiten Strom herrühren.

Beide Rechnungen können zuweilen sehr kompliziert ausfallen. Wir wollen hier den folgenden einfachen und zugleich wichtigen Fall behandeln.

Zwei geradlinige, parallele, unendlich lange Stromleiter mit den Stromstärken $J_1$ und $J_2$ haben einen Abstand $r$, und es sollen ihre gegenseitigen Kraftwirkungen berechnet werden. Das umgebende Medium sei Luft mit der Permeabilität $\mu = 1$.

Wir wissen, daß der Stromleiter $J_1$ (Abb. 226a) in seiner Umgebung ein magnetisches Feld erzeugt, welches in den Punkten, wo sich der zweite Stromleiter befindet, also in einer Entfernung $r$, eine Feldintensität

$$M_1 = \frac{2J_1}{r}$$

hat. Das Feld wird nach der Rechtsschraubenregel bestimmt und ist in der Abb. 226a *auf uns* gerichtet.

Der zweite Strom $J_2$ geht von oben nach unten, das Feld $M_1$ ist gegen uns gerichtet, also hat seine Kraftwirkung die Richtung nach *links*, zu dem ersten Stromleiter. Ganz in derselben Weise schließen wir, daß von dem zweiten Strom auf den ersten Strom eine Kraftwirkung nach *rechts* ausgeübt wird. Beide Ströme werden sich demnach gegenseitig *anziehen*.

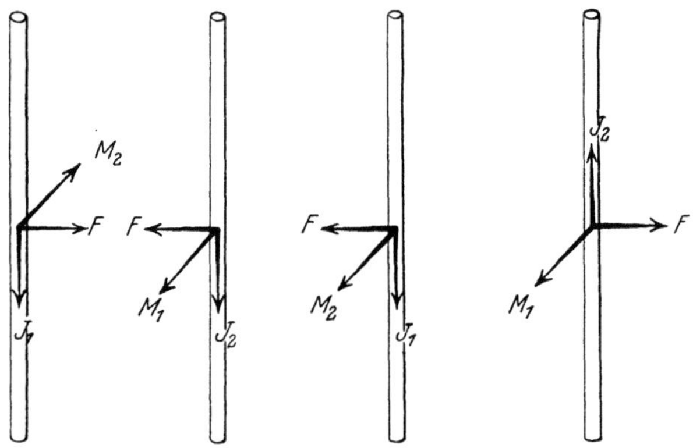


Abb. 226. Gegenseitige Wirkungen paralleler Ströme.

Bei unendlich langen Stromleitern wird natürlich auch die Anziehungskraft unendlich groß. Wir berechnen aber die Kraftwirkung des Stromes $J_1$ auf einen Teil des Stromes $J_2$ von der Länge gleich 1 cm. Dann erhalten wir eine Kraft

$$F = J_2 M_1 = \frac{2 J_1 J_2}{r}.$$

Eine ganz ebenso große Kraft wirkt auch auf jeden Zentimeter Länge des ersten Stromleiters.

Sind die zwei parallelen Ströme entgegengesetzt gerichtet, so verwandelt sich die Anziehung in eine Abstoßung. Wir empfehlen dem Leser für diesen Fall die Feldrichtung und die Kraftrichtungen zur Übung selbst zu bestimmen (Abb. 226b).

Um einen Zahlenbeispiel für diese Kraftwirkungen anzuführen, nehmen wir an, jeder von den zwei Strömen sei gleich 10 Ampere = 1 CGS-M und ihre gegenseitige Entfernung sei $r = 1$ cm. Dann wird auf jedes Zentimeter Länge dieser Stromleiter eine Kraft von 2 Dyn, d. h. etwa 2 mg wirken. Diese Kraft ist zwar nicht groß, aber man kann sie dennoch an zwei nah aneinander horizontal aufgehängten dünnen Drähten leicht demonstrieren.

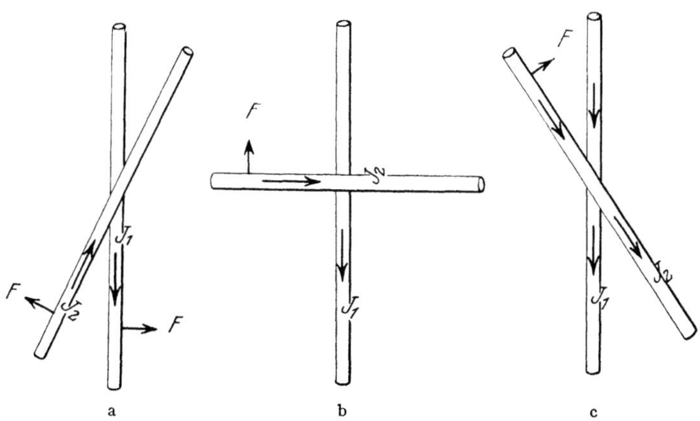


Abb. 227. Nicht parallele Ströme

Sind die zwei Leiter nicht ganz parallel zueinander, sondern bilden einen spitzen Winkel (Abb. 227a), so werden sie sich ungefähr ebenso anziehen, wie zwei ganz parallele Stromleiter. Sind die Leiter drehbar angeordnet, so werden sie sich anziehen und parallel stellen, denn durch die Parallelstellung wird die Entfernung ihrer Punkte doch kleiner, als wenn sie einen Winkel bilden.

Ganz aus demselben Grunde werden sich zwei entgegengesetzte Ströme, wenn sie einen Winkel bilden nicht nur abstoßen, sondern noch eine Drehkraft erhalten, welche sie senkrecht zueinander zu stellen strebt (Abb. 227b). Ist der Winkel zwischen den Strömen größer als 90° geworden, so erfolgt wieder eine Anziehung und schließlich stellen sich die zwei Ströme parallel (Abb. 227c).

Aus diesen Einzelfällen können wir sofort eine ganz allgemeine Regel folgern, nämlich, daß zwei freibewegliche Stromleiter durch ihre gegenseitigen elektromagnetischen Kräfte stets so gedreht werden, daß ihre Ströme einander parallel werden.

**255. Eine ebene Stromschleife in einem homogenen magnetischen Felde.** Wir wollen jetzt die Kraftwirkungen berechnen, welche eine in sich geschlossene Stromschleife in einem homogenen magnetischen Felde erfährt. Die Schleife soll eben sein, aber in ihrer Ebene kann sie eine beliebige Form haben (Abb. 228); der zu behandelnde Fall hat also schon eine ziemlich große Allgemeinheit.

Das gegebene Magnetfeld sei homogen und zunächst parallel zu der Ebene der Stromschleife von links nach rechts gerichtet. Dann werden die Kräfte auf alle Elemente der Stromschleife normal zu ihrer Ebene sein, aber für verschiedene Teile der Stromschleife verschiedene Richtung haben. Auf der rechten Seite der Schleife, wo der Strom von oben nach unten fließt, werden die Kräfte nach dem Zuschauer gerichtet sein, und auf der linken Seite, wo der Strom emporsteigt, werden die Kräfte vom Zuschauer ab zu der Zeichnungsebene gerichtet sein. Wir sehen daraus, daß die Kräfte die ganze Stromschleife um eine vertikale Achse zu drehen suchen. Um den Drehungssinn in solchen Fällen leicht vorhersagen zu können ist es nützlich sich zu merken, daß die Schleife sich so zu drehen strebt, daß ihr eigenes inneres Magnetfeld dem wirkenden Magnetfelde parallel wird. Wir empfehlen dem Leser, von der Richtigkeit dieser Regel sich selbst an der Abb. 228 zu überzeugen.

Wir wollen jetzt beweisen, daß unsere Stromschleife als Ganzes keiner treibenden, sondern nur einer drehenden Kraft ausgesetzt ist, und wollen das Moment dieser Drehkraft bestimmen.

Zu diesem Zwecke zerteilen wir die Fläche der Stromschleife in einzelne schmale Streifen parallel zum Felde $M$. Die Streifen nehmen wir so schmal, daß die von ihnen ausgeschnittenen Stromstücke als gerade Stromelemente angesehen werden dürfen. Wir betrachten eine von diesen Streifen z. B. $a_1 b_1 a_2 b_2$ mit den Stromelementen $a_1 b_1 = l_1$ und $a_2 b_2 = l_2$. Auf diese Stromelemente wird das magnetische Feld $M$ mit folgenden Kräften wirken ($\mu = 1$ angenommen).

$$F_1 = M J l_1 \sin(l_1 M)\,,$$
$$F_2 = M J l_2 \sin(l_2 M)\,.$$

Bezeichnen wir die Breite der Streifen mit $h$, so ist

$$h = l_1 \sin(l_1 M) = -\, l_2 \sin(l_2 M)\,,$$
$$F_1 = -\, F_2 = M J h\,,$$

und wir sehen, daß beide Kräfte $F_1$ und $F_2$ einander gleich und entgegengesetzt sind. Sie bilden ein Kräftepaar mit einem Hebelarm, der gleich ist dem gegenseitigen Abstand der Stromelemente $a_1 b_1$ und $a_2 b_2$, und das Moment dieses Kräftepaars, wenn man die Länge des Streifens mit $l$ bezeichnet, ist gleich

$$K_e = M J h l = M J S_0\,,$$

wo $S_0$ den Flächeninhalt des Streifchens $a_1 b_1 a_2 b_2$ bedeutet.

Indem wir dieselben Betrachtungen auf alle anderen Streifen anwenden und alle so erhaltenen Kraftmomente miteinander summieren, erhalten wir das totale Moment aller auf unsere Stromschleife wirkenden Kräfte. Diese Summe wird augenscheinlich gleich

$$K = MJ \sum S_0 = M \cdot J \cdot S \,,$$

wo $S$ die ganze von unserer Stromschleife umrandete Fläche bedeutet.

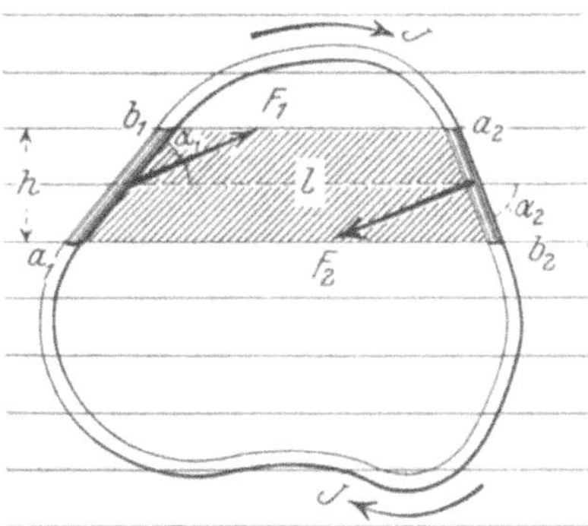


Abb. 228. Stromschleife mit ihrer Ebene *parallel* zum Felde.

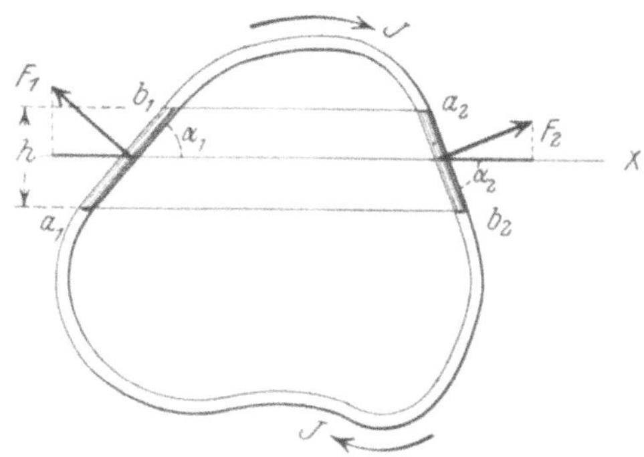


Abb. 229. Stromschleife mit ihrer Ebene *normal* zum Felde.

Wir sehen also, daß eine flache Stromschleife unter der Wirkung eines homogenen Magnetfeldes keine resultierende Kraft, sondern nur ein resultierendes Kraftmoment erfährt. Es ist sehr bemerkenswert, daß das resultierende Kraftmoment dieses Kraftpaares gar nicht von der Form, sondern nur von dem Flächeninhalt der von der Stromschleife umrandeten Fläche abhängt.

Jetzt behandeln wir den andern Fall, wo das äußere Magnetfeld zu der Ebene der Stromschleife normal gerichtet ist. Dann werden die an den Stromelementen der Schleife angreifenden Kräfte in der Ebene der Schleife liegen. Wir wollen beweisen, daß diese Kräfte nur die Stromschleife zu dehnen suchen und eine Resultierende gleich Null haben.

Wie im vorigen Falle, zerteilen wir die Stromschleife in einzelne sehr schmale parallele Streifen (Abb. 229). Die Stromelemente, welche zu einem solchen Streifen gehören, seien $l_1$ und $l_2$. Die auf diese Stromelemente wirkenden Kräfte werden sein

$$F_1 = J l_1 M \,, \qquad F_2 = J l_2 M \,.$$

Ihre Projektionen auf die Länge des Streifens sind

$$F_1 \cos(F_1 X) = J l_1 M \sin(l_1 X) \,, \qquad F_2 \cos(F_2 X) = J l_2 M \sin(l_2 X) \,.$$

Auch in diesem Falle führen wir die Breite des Streifens durch die Formel

$$h = l_1 \sin(l_1 X) = - l_2 \sin(l_2 X)$$

ein, und erhalten so

$$F_1 \cos(F_1 X) = - F_2 \cos(F_2 X) \,.$$

Die Projektionen der Kräfte, die auf zwei Stromelemente ein und desselben Streifens wirken, sind also entgegengesetzt gleich. Da dasselbe offenbar für alle anderen Stromelemente gilt und da die Richtung der Streifen beliebig genommen werden kann, so folgt daraus, daß die Resultierende aller elektrodynamischen Kräfte auf unsere Schleife gleich Null ist, was auch zu beweisen war.

Wir können jetzt den allgemeinen Fall behandeln, wo die Schleifenebene irgendwie geneigt zum Felde orientiert ist. Wir ziehen zunächst eine positive Normale zu der Schleifenebene, welche auf der positiven Seite (Nordseite) der Stromschleife errichtet werden soll. Diese Normale möge mit der Feldrichtung einen Winkel $\alpha$ bilden. Dann können wir das Feld in zwei Komponenten zerlegen; eine in der Schleifenebene und die andere längs ihrer positiven Normale. Die letzte Komponente ergibt uns keine drehende und keine fortschreitende Bewegung der Schleife. Die erste Komponente wird die Größe $M \sin\alpha$ haben, und ein Kraftmoment $K = JSM \sin\alpha$ auf die Stromschleife ausüben.

**256. Das magnetische Moment einer Stromschleife.** Vergleichen wir den soeben erhaltenen Ausdruck für das Kraftmoment, welches ein homogenes Magnetfeld auf eine Ebene Stromschleife ausübt, mit dem Ausdrucke für das Kraftmoment auf eine Magnetnadel vom magnetischen Momente $P$

$$K = MJS \sin\alpha\,,$$

$$K = MP \sin\alpha\,,$$

so sehen wir sofort, daß man einer ebenen Stromschleife auch ein bestimmtes magnetisches Moment zuschreiben kann, dessen Größe dann gleich dem Produkte aus der Stromstärke $J$ und dem Flächeninhalte $S$ der Schleife genommen werden muß.

$$P = JS\,.$$

Die Form der ebenen Schleife kann dabei beliebig sein.

Das magnetische Moment einer einzigen Stromschleife ist gewöhnlich zu klein um genau gemessen zu werden, aber aus einer Reihe von Stromschleifen kann man ein Solenoid zusammenstellen. Bringt man ein solches Solenoid in ein homogenes Magnetfeld, so werden alle an den einzelnen Stromschleifen angreifende Kraftmomente sich zu einem resultierenden Kraftmoment summieren. Wenn noch alle Windungen des Solenoids wie üblich denselben Flächeninhalt haben, so können wir das totale magnetische Moment einer solchen Spule aus $n$-Windungen gleich setzen:

$$P = nSJ\,.$$

Diese Formel wurde von W. WEBER in Göttingen (1846) experimentell geprüft. W. WEBER hat das magnetische Moment von Stromspulen nach derselben Methode gemessen, welche GAUSS (S. 176, **214**) für Magnete angegeben hat, und dadurch die Analogie der beiden Gebilden noch stärker hervorgehoben.

Außerdem hat W. WEBER die Kraftwirkungen zweier Stromspulen aufeinander einer eingehenden experimentellen Untersuchung unterzogen und hat dabei die Richtigkeit der AMPÈREschen Theorie mit großer Genauigkeit bestätigt.

**257. Eine Stromspule und eine Magnetnadel.** In unseren Zeichnungen Abb. 230a bis d ist eine Stromspule im Durchschnitt schematisch dargestellt. Die Querschnitte der stromführenden Drähte sind mit $+$ und $-$ bezeichnet: das $+$-Zeichen bedeutet, daß der elektrische Strom auf den Zuschauer gerichtet ist, das $-$-Zeichen bedeutet, daß der Strom vom Zuschauer ab zu der Zeichnung gerichtet ist. Das äußere magnetische Feld $M$ ist durch Kraftlinien angedeutet. Die Kräfte, welche das Feld auf die Stromspule ausübt, sind durch Vektoren $F$ veranschaulicht. Wir empfehlen dem Leser die Richtung dieser Kräfte selbständig zu verifizieren.

In allen Zeichnungen ist außer der Stromspule noch eine ihr äquivalente kleine Magnetnadel gezeichnet, an deren Polen entsprechende Kräftepaare angreifen.

Bei der Betrachtung dieser Zeichnungen wollen wir die Stromspule mit der Magnetnadel vergleichen.

Abb. 230a. Die Stromspule steht mit ihrer Ebene parallel den Kraftlinien des Feldes und ist unter der Wirkung eines Kräftepaares vom Moment $MJS$.

Abb. 230b. Hier ist die Ebene der Stromspule geneigt zum Felde orientiert; ihre Normale bildet mit den Kraftlinien einen Winkel $\alpha$. Die Größe und die

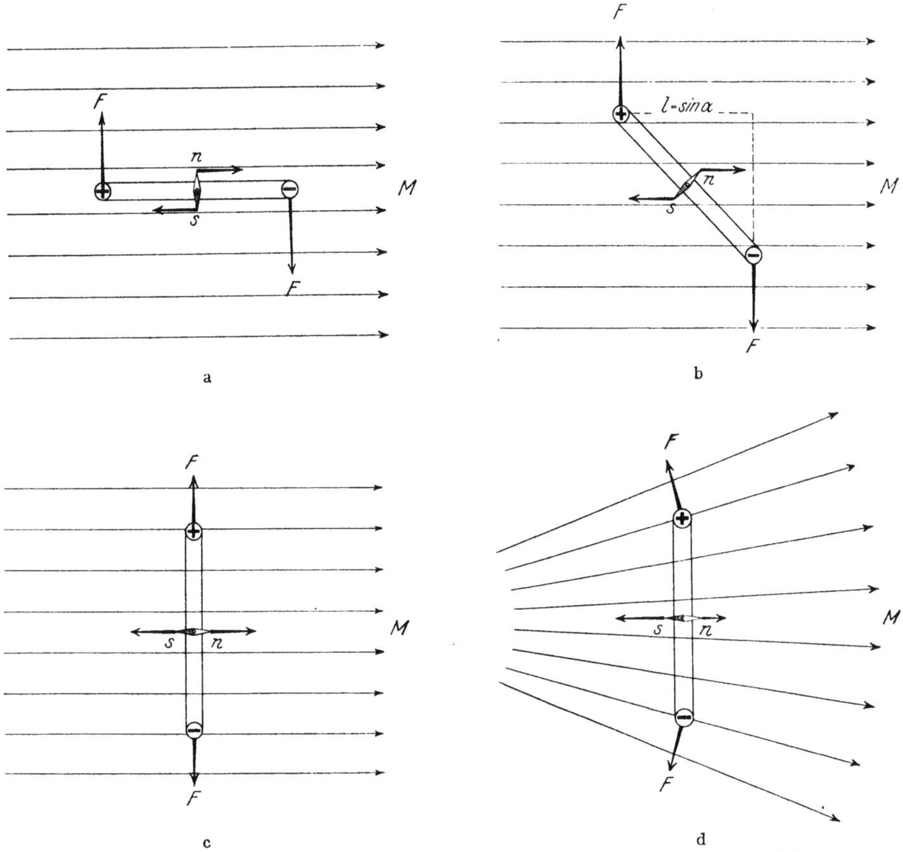


Abb. 230. Die Wirkungen eines Magnetfeldes auf eine Spule und auf eine Magnetnadel.

Richtung der angreifenden Kräfte bleibt dieselbe wie früher, aber der Hebelarm des Kräftepaares ist kleiner geworden und das Moment ist jetzt gleich

$$K = MJS \sin\alpha .$$

In beiden Fällen wird die Stromspule so gedreht, daß ihr inneres Magnetfeld dem auf sie wirkenden Magnetfelde parallel wird.

Abb. 230c. Die Normale zu der Spulenebene ist parallel zum Felde und das Moment des Kräftepaares ist Null. Die Kräfte streben die Spulenfläche zu vergrößern.

Abb. 230d. In einem inhomogenen Magnetfelde sind die an den Stromelementen angreifenden Kräfte nicht mehr parallel zueinander und haben eine Resultierende, welche die Stromspule als Ganzes zu den Stellen des Magnetfeldes treibt, wo die Kraftliniendichte größer ist. Beim Umkehren der Stromrichtung in der Stromschleife, kehrt sich auch die Richtung der Kräfte um, und die Stromspule wird dorthin getrieben, wo die Kraftliniendichte kleiner ist.

Die zur Analogie gezogene kleine Magnetnadel verhält sich in den verschiedenen von uns betrachteten Fällen ganz ebenso wie die Stromspule; die Pole der Magnetnadel muß man sich parallel zu den fingierten Polflächen (S. 195, **237**) der Stromspule gerichtet denken.

In der Abb. 231 ist ein einfacher Apparat dargestellt, der alle diese Erscheinungen sehr leicht zu demonstrieren erlaubt. Ein Solenoid ist auf einem Holzstativ mit seiner Achse horizontal aufgestellt. Vor dem Solenoid ist eine flache

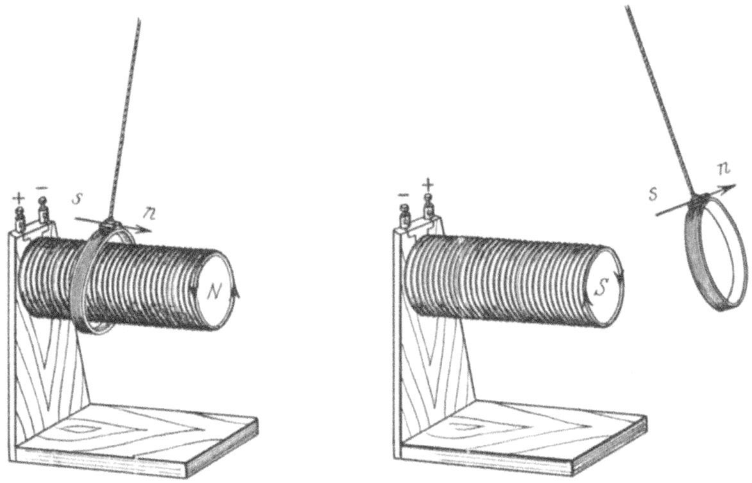


a b

Abb. 231. Bewegung einer Spule im Magnetfelde.

Spule aus leichtem isoliertem Aluminiumdraht an ihren eigenen Zuleitungsdrähten aufgehängt. Die positive Normale der Spule, d. h. die Richtung der ihr äquivalenten Magnetnadel, ist durch einen an ihr befestigten Pfeil angezeigt.

Sind die Ströme und also auch die Pole beider Spulen gleichgerichtet, so ziehen sie sich an (Abb. 231 a). Schaltet man den Strom in dem Solenoid um, so wird die flache Spule vom Solenoid sofort abgestoßen (Abb. 231 b); sie fliegt von ihm weg, dreht sich um und wird dann vom Solenoid angezogen.

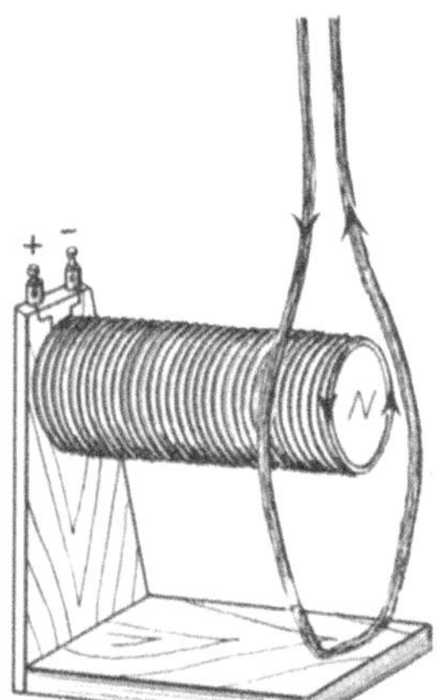


Abb. 232. Erweiterung der Spulenfläche im Magnetfelde.

Hängt man vor dem Solenoid eine biegsame Stromschleife (Drahtlitze), so wird sie sich so öffnen (Abb. 232), daß ihre Ströme mit den Solenoidströmen gleiche Richtung haben.

Steckt man in das Solenoid einen Eisenkern ein, so werden alle Kräfte mehrmals verstärkt.

Auch ohne Solenoid lassen sich mit der flachen beweglichen Spule folgende Versuche anstellen.

Die flache Stromspule wird von einem Stabmagnet angezogen und abgestoßen je nach der Polrichtung. Man darf aber dabei mit dem Magnet nicht zu nah an die Spule kommen, sonst wird der Stabmagnet selbst durch die Spule magnetisiert. Nimmt man statt des Magnets einen Eisenstab, so wird das Eisen unter dem Einfluß der Spule polarisiert und wird erhalten jedesmal eine Anziehung unabhängig von der Stromrichtung in der Spule.

Stellt man die Spule so ein, daß ihre Ebene im magnetischen Meridian liegt und schickt man einen Strom durch, so empfängt die Spule durch das magnetische

Erdfeld ein Drehmoment. Da das Erdfeld schwach ist, muß man, um die Torsionskraft der Aufhängedrähte zu überwinden, schon einen ziemlich starken Strom durch die Spule schicken. Kann die Spule starke Ströme eine längere Zeit nicht aushalten und erwärmt sich dabei zu sehr, so genügt es, ihr einzelne Stromstöße zu geben im Takt mit den eigenen Drehschwingungen der Spule; dann vergrößern sich ihre Ablenkungen allmählich und werden auch in einem großen Vorlesungssaal von weitem sichtbar.

**258. Elementare Stromschleife und ein Elementarmagnet.** Bis jetzt haben wir bei unseren Rechnungen immer vorausgesetzt, daß das auf die Stromschleife wirkende Magnetfeld homogen sei. Wir können aber unsere Resultate auch auf inhomogene Felder anwenden, wenn nur die Dimensionen der Stromschleife so klein sind, daß das Magnetfeld in ihrem Bereiche als homogen angesehen werden darf. Für ein solches Stromschleifenelement, d. h. für so ein kleines Flächenelement $S$, welches von einem Strom $J$ umflossen wird, gilt dann unsere Formel auch in einem beliebigen inhomogenem magnetischem Felde.

Wir haben soeben die Größe des magnetischen Momentes einer Stromschleife aus den Wirkungen auf diese Schleife eines magnetischen Feldes nach dem AMPÈREschen Gesetze berechnet. Nun wissen wir schon, daß das AMPÈREsche Gesetz mit dem BIOT-SAVARTschen Gesetze durch das NEWTONsche Axiom der Wirkung und Gegenwirkung verknüpft ist. Wir können daraus sofort folgenden Schluß ziehen. Wenn eine elementare Stromschleife in einem magnetischen Felde denselben Kräften ausgesetzt ist wie ein Elementarmagnet, so müssen auch die magnetischen Felder, welche von der Schleife einerseits und von dem Magneten anderseits erzeugt werden, auch einander gleich sein.

Das magnetische Feld eines Elementarmagnets haben wir aber schon früher ausführlich berechnet (S. 169, **205**). Wir brauchen also nur in unsere Formel statt des magnetischen Moments eines Elementarmagneten das magnetische Moment $JS$ der Stromschleife einzusetzen, um das magnetische Feld der elementaren Stromschleife zu erhalten.

**259. Theorem von AMPÈRE.** Stellen wir uns vor, es sei uns ein Elementarmagnet in Form einer kleinen Scheibe gegeben mit dem Flächeninhalte $S$ und der Dicke $l$. Ist die Oberflächendichte der magnetischen Belegung gleich $\sigma$, so wird das magnetische Moment dieses scheibenförmigen Elementarmagnets gleich (S. 170, **206**)

$$P = Sl\sigma = Sp\,.$$

Die Größe $p = l\sigma$, d. h. das magnetische Moment der Flächeneinheit, nennt man die Stärke der magnetischen Doppelfläche $S$.

Anderseits, wenn wir statt des Elementarmagnets dasselbe Scheibchen als eine kleine Stromschleife ansehen, mit der Stromstärke $J$ an ihrer Peripherie, so wird das magnetische Moment dieser elementaren Stromschleife gleich

$$P = SJ\,.$$

Vergleichen wir diese zwei Formeln, so sehen wir, daß eine elementare Stromschleife einem Elementarmagnet äquivalent ist, dessen Oberflächendichte des magnetischen Momentes $p$ gleich der Stromstärke $J$ in der Schleife ist.

Diese Äquivalenz betrifft nicht nur den Ausdruck für das magnetische Moment beider Gebilde, sondern auch das von ihnen erzeugte magnetische Feld und auch die auf sie wirkenden Kräfte eines äußeren magnetischen Feldes.

Jetzt betrachten wir eine Stromschleife endlicher Ausdehnung (Abb. 233). Wir können diese Stromschleife mit irgendeiner Fläche bedecken und in der Fläche ein ganzes Netz von Verbindungsleitern hinzukonstruieren. Wenn wir in jedem Verbindungsleiter zwei gleiche und entgegengesetzte Ströme annehmen, so wird durch unsere Hilfskonstruktion an dem Magnetfelde der Stromschleife nichts geändert, denn die magnetischen Wirkungen aller hinzugefügten Ströme heben sich ja überall auf. Aber durch diese Hilfskonstruktion haben wir unsere Stromschleife *endlicher* Ausdehnung in eine große Zahl von kleinen Elementarschleifen zerlegt. Jede Elementarschleife ist einem Elementarmagneten oder einer elementaren magnetischen Doppelschicht äquivalent, folglich ist unsere ganze Stromschleife *endlicher* Ausdehnung auch einer magnetischen Doppelschicht äquivalent. Diese äquivalente Doppelschicht muß aber erstens dieselbe Umrandung haben wie unsere Stromschleife, und zweitens muß die Oberflächendichte $p$ ihrer magnetischen Belegungen überall gleich der Stromstärke $J$ in unserer Stromschleife sein.

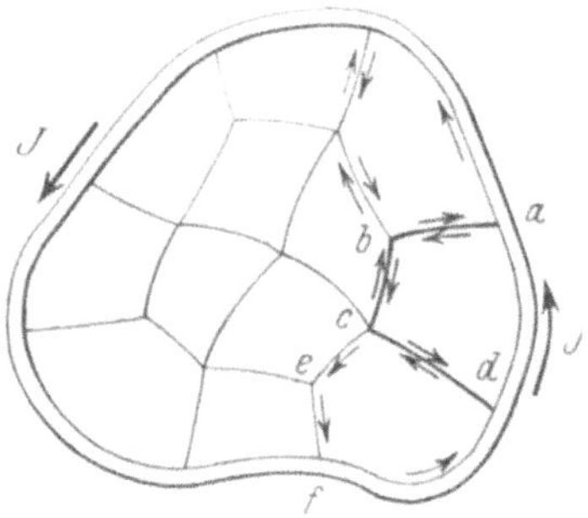

Abb. 233. Theorem von AMPÈRE

Es ist beachtenswert, daß für diese Äquivalenz nur *dieselbe Umrandungslinie* erforderlich ist, sonst kann die Fläche beliebig geformt sein.

Wir wollen aus diesem von AMPÈRE herrührenden Theorem sofort einen wichtigen Schluß ziehen.

Wir wissen, daß das Potential einer gleichmäßigen Doppelschicht in irgendeinem Punkte $C$ (Abb. 178, S. 170) gleich ist dem Produkte aus der Stärke $p$ der Schicht und dem Raumwinkel $\varphi$, unter welchem die Umrandung der Doppelschicht von dem Punkte $C$ aus gesehen wird. Gehen wir zu unserer Stromschleife über, so erhalten wir für das magnetische Potential einer Stromschleife das Produkt aus der Stromstärke $J$ und dem Raumwinkel $\varphi$, unter welchem der in sich geschlossene Stromleiter von dem betreffenden Punkte des Feldes gesehen wird. Also

$$V_m = J\varphi.$$

Der Winkel $\varphi$ wird positiv gerechnet, wenn man aus dem Punkte $C$ die positive Seite der Schleife sieht, und negativ im entgegengesetzten Falle.

Die soeben gewonnenen Formeln werden wir im nächsten Abschnitt noch näher und in einer direkteren Weise begründen.

**260. AMPÈREsche Hypothese der Molekularströme.** Die volle Analogie einer elementaren Stromschleife mit einem Elektromagnet hat AMPÈRE benutzt, um eine neue Hypothese aufzustellen, nämlich, daß die WEBERschen Molekularmagnete (S. 190, **232**) durch Ströme gebildet werden, welche in einzelnen Molekülen zirkulieren. Unter dem Einfluß eines Magnetfeldes werden sich diese Stromkreise ebenso einstellen wie die Magnetpole der Molekularmagnete. Alle anderen Einzelheiten der WEBERschen Hypothese bleiben bei AMPÈRE dieselben. In der Abb. 234 sind die AMPÈREschen Molekularströme in einem Stabmagneten angedeutet.

Abb. 234. AMPÈREsche Molekularströme.

Die AMPÈREsche Hypothese ist zwar ebenso ungenügend wie die WEBERsche, um alle Erscheinungen in den magnetisierten Körpern zu erklären, dennoch muß man die AMPÈREsche Hypothese gegenüber der WEBERschen als einen Schritt vorwärts bezeichnen, denn durch die Hypothese der Molekularströme werden alle magnetischen Erscheinungen auf elektromagnetische zurückgeführt. Magnetismus für sich allein gibt es nach AMPÈRE überhaupt nicht; magnetische Felder werden nur von der Elektrizität erzeugt, welche sich in Bewegung befindet.

Ein weiterer Vorzug der AMPÈREschen Hypothese ist der folgende. Wir haben schon früher in der Elektrostatik für die Erklärung der elektrischen Polarisation der Körper die Hypothese angenommen, daß in den Molekülen aller Körper positive und negative Elektrizität enthalten ist. Zu dieser Hypothese müssen wir jetzt nur hinzufügen, daß diese Elektrizitäten sich in den Molekülen in fortwährender Bewegung befinden, was uns sogleich zu der AMPÈREschen Hypothese führt. Eine besondere Hypothese von den in den Molekülen sich etwa befindenden Magnetpolen brauchen wir also nicht.

Endlich folgt aus der AMPÈREschen Hypothese unmittelbar, daß es einen *wahren* Magnetismus nicht geben kann und daß ein einziger Magnetpol auch nicht existieren kann. In der Tat, hat ja eine elementare Stromschleife überhaupt keine Pole; sie hat zwei Seiten, von denen wir die eine positiv oder die Nordseite nennen, und die andere negativ oder die Südseite. Diese zwei Seiten sind natürlich voneinander nicht zu trennen, und eine Stromschleife mit einer einzigen Seite ist ein Unding. Unsere Berechnungen des magnetischen Feldes bei gegebener Verteilung der magnetischen *Pole* nach dem COULOMBschen Gesetze ist also nur eine erlaubte Rechnungsregel.

## 3. Die Arbeit der elektromagnetischen Kräfte.

**261. Elektromagnetische Rotationen.** Aus dem BIOT-SAVARTschen und dem AMPÈREschen Gesetze haben wir die Folgerung gezogen, daß ein Magnetpol und ein Stromleiter relativ zueinander rotieren müssen (S. 209, **251**). Die Realisation eines direkten Versuches für diese Rotationen wollte FARADAY lange nicht gelingen. Die Schwierigkeit lag in dem Umstande, daß ein jeder Magnet zwei Pole hat und jeder Strom eine geschlossene Kurve bildet. Wenn der eine Pol des Magnets um den Strom in einer Richtung sich zu bewegen strebt, so wird der andere Pol gerade in der entgegengesetzten Richtung bewegt. FARADAY war der erste, der diese prinzipielle Schwierigkeit dadurch überwunden hat, daß er den Stromleiter an einer Stelle mit einem Gleitkontakt

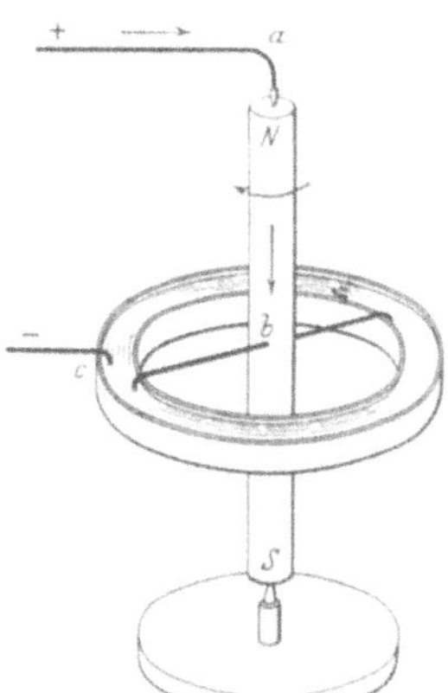

Abb. 235.

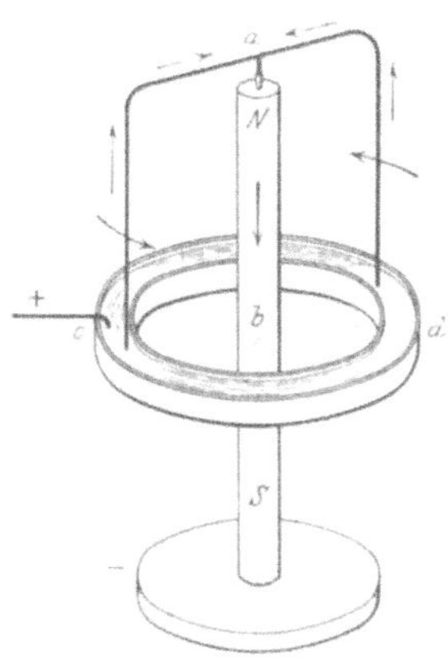

Abb. 236.

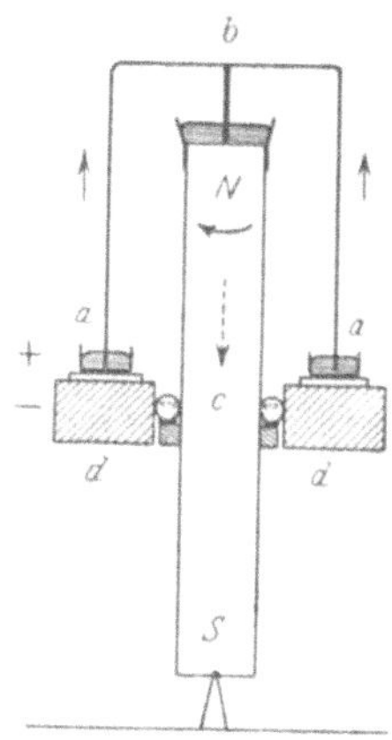

Abb. 237.

Elektromagnetische Rotationen.

versehen hat. Nach FARADAY sind dann solche elektromagnetische Rotationsapparate von vielen anderen Forschern konstruiert worden. Wir wollen hier nur einen Apparat beschreiben, dessen Konstruktion am übersichtlichsten ist und oft in Vorlesungen vorgeführt wird.

In der Abb. 235 ist ein zwischen zwei Spitzen vertikal aufgestellter Magnet dargestellt, der um seine vertikale Achse frei drehbar ist. Der Magnet trägt in der Mitte einen Kupferdraht *b*, dessen Ende in eine ringförmige Quecksilberrinne eintaucht. Der Strom einer galvanischen Batterie geht durch die obere Spitze in den Magnet hinein und durch den Querdraht und die Quecksilberrinne nach *c*, zurück zu der Batterie. Wenn man sich den Nordpol des Magnets aus einzelnen Teilpolen bestehend denkt, die an seiner Peripherie verteilt sind, so ist es leicht einzusehen, daß der Magnet sich um die Vertikalachse in der in der Zeichnung angegebenen Richtung drehen muß.

In der Abb. 236 ist derselbe Magnet unbeweglich dargestellt und ein Kupferbügel kann um die Magnetachse rotieren. Der Kupferbügel hat oben eine Stahlspitze, die in einen Quecksilbernapf bei *N* eintaucht; seine unteren Enden tauchen in die ringförmige Quecksilberrinne. Wie in der Abb. 235, so geht auch in diesem Falle der Strom in der Achse des Instruments von oben nach unten; die Rotationen des Magnets und des Kupferbügels erfolgen aber in den entgegengesetzten Richtungen.

In der Abb. 237 ist ein Apparat schematisch dargestellt, welcher die Rotationen des Magnets und des Kupferbügels gleichzeitig zu demonstrieren erlaubt. Damit der Magnet *NS* auf der Spitze *S* nicht umkippt, wird er in der Mitte bei *e* von einem System rollender Stahlkugeln gehalten (Kugellager). Der Strom kann in der Richtung *a b c d* geschickt werden: von der Qecksilberrinne *a* zum beweglichen Stromleiter (Aluminiumbecher) *a b*, der mit der Spitze *b* in ein Quecksilbernäpfchen *N* eintaucht, dann durch die Achse des Magnets *Nc* und durch das Kugellager nach *d*, zur Batterie zurück. Wird der Stromleiter *a b* festgehalten, so dreht sich der Magnet, wird der Magnet festgehalten, so dreht sich der Stromleiter; läßt man beide frei, so drehen sie sich in entgegengesetzten Richtungen.

Wegen beträchtlicher Reibung im Quecksilber müssen die Ströme für diese Versuche nicht weniger als 10 Ampere genommen werden.

**262. Die Arbeit der elektromagnetischen Kräfte.** Die im vorigen Paragraph beschriebenen Apparate von FARADAY stellen eigentlich primitive elektrische Motore dar. Wir stellen uns die Aufgabe, die Arbeit, die bei solchen Bewegungen von den elektromagnetischen Kräften geleistet wird, zu berechnen.

Wir fangen wieder mit dem einfachsten Falle an.

Auf zwei unbeweglichen Schienen (Abb. 238) (vgl. Abb. 221, S. 206, **249**) kann ein beweglicher Leiter *ab* z. B. auf zwei Rädern hin und her rollen. Verbinden wir die Schienen mit einer Stromquelle, so wird der Strom durch den Querdraht geschlossen, wie es in der Abb. 238 angegeben ist. Normal zur Schienenebene richten wir ein homogenes Magnetfeld auf, welches von uns ab zu der Zeichnung gerichtet sein soll. Auf den beweglichen Leiter $l$ wird eine Kraft $F$ wirken, normal zum Leiter und zum Felde, und in unserer Zeichnung nach rechts. Die Größe dieser Kraft wird

$$F = BJl\,.$$

Bewegt sich der Leiter unter der Wirkung dieser Kraft auf der Strecke $s$, so wird dabei von den elektromagnetischen Kräften die Arbeit

$$U = Fs = BJls$$

geleistet. Nun ist $ls = S$ die vom Leiter bei seiner Bewegung beschriebene Fläche, und das Produkt $BS$ ist der Induktionsfluß oder die Kraftlinienzahl $N$ durch diese Fläche. Wir können demnach die Arbeit auch so ausdrücken

$$U = NJ\,.$$

Wir wollen in dieser Formel noch das Zeichen kontrollieren.

Die positive Normale der Stromschleife muß in der Richtung ihres inneren Magnetfeldes genommen werden (Abb. 209, S. 195). Das Magnetfeld des Stromes in der Fläche (+ $ab$ —) ist von uns ab zu der Zeichnungsebene gerichtet; dieselbe Richtung hat auch die Induktion $B$. Beide Richtungen bilden miteinander einen Winkel $\alpha = 0$, dessen cos gleich + 1 ist. Folglich ist der Induktionsfluß $N$ positiv, die Arbeit $U$ ist auch positiv; die Formel ist richtig.

Bezeichnen wir den Induktionsfluß des Feldes $B$ durch die ganze Fläche des Stromes $J$ vor der Verschiebung des Leiters $ab$ mit $N_1$ und nach erfolgter Verschiebung des Leiters mit $N_2$, so hat sich der Induktionsfluß bei der Bewegung vergrößert um

$$N = N_2 - N_1 .$$

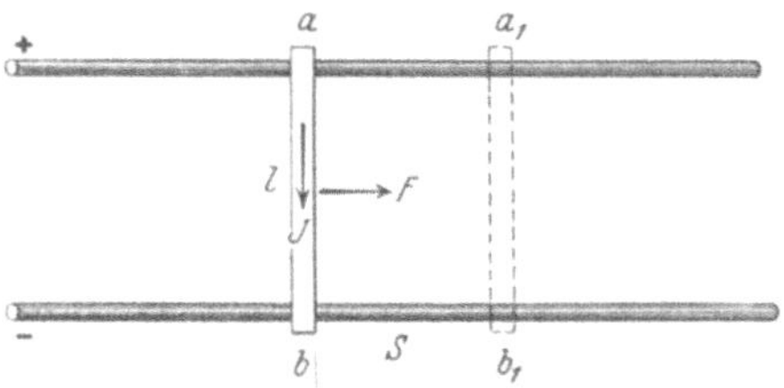


Abb. 238.

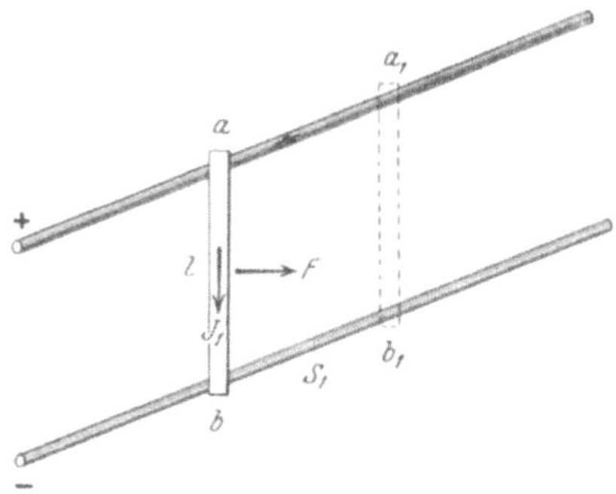


Abb. 239.

Berechnung der Arbeit elektromagnetischer Kräfte.

Wir können also unser Resultat auch so aussprechen: Die elektromagnetische Arbeit ist gleich dem Produkte aus der Stromstärke und der Vergrößerung der Kraftlinienzahl durch die vom Strome umrandete Fläche.

$$U = NJ = (N_2 - N_1)J .$$

Wir können uns aber auch noch anders ausdrücken.

Der Induktionsfluß $N$ ist ja gleich der Kraftlinienzahl, die vom Stromleiter $ab$ bei seiner Bewegung durchschnitten wird. Folglich ist die Arbeit $U$ gleich dem Produkte aus Stromstärke und der vom Leiter bei seiner Bewegung durchschnittenen Kraftlinienzahl.

Jetzt wollen wir zu einem allgemeineren Fall übergehen; der Leiter soll bei seiner Bewegung nicht der Kraftrichtung folgen, sondern die Schienen mögen mit der Kraftwirkung irgendeinen Winkel $\alpha$ bilden (Abb. 239). Die Arbeit wird in diesem Falle aus dem Produkte der Kraft, der Wegelänge und dem $\cos\alpha$ des Winkels, den diese beiden Richtungen miteinander bilden, berechnet

$$U = F \cdot s_1 \cos(Fs) = JB \cdot l s_1 \cos(Fs) .$$

In dieser Formel ist $l s_1 \cos(Fs)$ die Fläche des von dem Stromleiter $ab$ beschriebenen Parallelogramms; eine Multiplikation dieser Fläche mit $B$ ergibt wieder den vom Stromleiter durchschnittenen Induktionsfluß oder die durchschnittene Kraftlinienzahl $N$. Die Arbeit wird also auch in diesem Falle durch das Produkt

$$U = JN$$

ausgedrückt.

Wir können dieses Resultat noch mehr verallgemeinern. Es sei das magnetische Feld nicht normal zu der Fläche $S$, sondern habe irgendeine beliebig geneigte Richtung und bilde mit der Normale zu der vom beweglichen Teile des Stromes beschriebenen Fläche einen Winkel $(Bn)$. Dann können wir die Induktion des magnetischen Feldes in zwei Komponenten zerlegen; die eine parallel zu dieser Fläche und die andere normal zu ihr. Die erste Komponente der Induktion, welche in der Ebene der Fläche $(ls)$ liegt, ergibt eine Kraft $F_1$ normal zu dieser Fläche und folglich normal zu dem Wege $s$. Eine Kraft, die normal zum Wege wirkt, erzeugt keine Arbeit. Die zweite Komponente hat die Größe

$$F_2 = B \cos(Bn),$$

wo $n$ die Richtung der Normale zu dem Flächenstück $a b b_1 a_1$ bedeutet. Die Arbeit dieser Komponente der Feldkraft ist gleich

$$U = BS \cos(Bn) J .$$

Wir wissen aber, daß der Induktionsfluß durch eine Fläche $S$ im Falle, daß die Induktion einen Winkel $(Bn)$ mit der Normale der Fläche bildet, gleich (S. 164, **200**) ist

$$N = BS \cos(Bn) .$$

Folglich können wir auch in diesem allgemeinen Falle dieselbe Formel für die Arbeit benutzen:

$$U = NJ .$$

Hat der Leiter mehrere bewegliche Teile und ist das Feld inhomogen, so können wir, wie immer in solchen Fällen, den Leiter und seine Bewegung in so kleine Teile teilen, daß die einzelnen von dem Leiter beschriebenen Flächenelemente von einem genügend homogenen Felde durchschnitten werden. Dann wird die totale Arbeit gleich der Summe der einzelnen bei der Bewegung geleisteten Arbeiten sein, und die von den verschiedenen Stromelementen in verschiedenen Stellen des Feldes durchschnittenen Kraftlinienzahlen werden sich auch summieren. Wir erhalten demnach bei konstant gehaltener Stromstärke $J$ für die totale Arbeit der elektromagnetischen Kräfte wieder den Ausdruck

$$U = NJ .$$

Diese Formel gilt also *ganz allgemein*: In jedem Falle ist die Arbeit der elektromagnetischen Kräfte gleich dem Produkte aus der konstanten Stromstärke und der bei der Bewegung geschnittenen Kraftlinienzahl.

Unsere Formel bezieht sich auf die Fälle, wo der Leiter, sich selbst überlassen, den Kräften des Feldes folgt. Verschieben *wir selbst* den Leiter entgegen den vom Felde ausgeübten Kräften, so wird die dabei von uns geleistete Arbeit das entgegengesetzte Zeichen haben und sich nach der Formel

$$U = -NJ = (N_1 - N_2) J$$

berechnen. In Worten heißt das: Unsere Arbeit wird durch das Produkt aus der konstanten Stromstärke $J$ und der *Verminderung* des vom Leiter umfaßten Induktionsflusses berechnet.

Wie allgemein und bequem unsere Formel ist, können wir am folgenden Beispiele zeigen. Es sei in irgendeinem magnetischen Felde ein beliebiger stromführender Leiter vorhanden, welcher $N_1$ Kraftlinien des Feldes umfaßt. Die Zahl $N_1$ muß natürlich stets mit dem richtigen Zeichen genommen werden. Wir bringen diesen Stromleiter auf irgendeinem Wege in einen anderen Punkt des Raumes. Auf dem Wege können wir den Leiter beliebig biegen, dehnen, drehen usw. In der Endlage sei der von dem Leiter umfaßte Induktionsfluß $N_2$. Dann ist die von uns geleistete Arbeit gleich dem Produkte

$$U = (N_1 - N_2) J .$$

Die Größe $(N_1 - N_2)$ ist wieder die Zahl der vom Leiter bei seiner Bewegung durchschnittenen Kraftlinien.

**263. Stromleiter aus mehreren Windungen.** Wir haben bis jetzt stillschweigend angenommen, daß unser Leiter aus einer einzigen Stromschleife besteht. Bei Leitern, die aus mehreren Windungen bestehen, wie das z. B. bei den oft benutzten Stromspulen der Fall ist, kann bei ihrer Bewegung ein und dieselbe Kraftlinie des magnetischen Feldes gleichzeitig an mehreren Stellen geschnitten werden. Dann muß in unseren Formeln diese Kraftlinie auch *mehrfach* gezählt werden.

In der Abb. 240 muß demnach die Kraftlinie $AA$ einmal, die Kraftlinie $BB$ zweimal und die Kraftlinie $CC$ dreimal gezählt werden.

Wir wollen deshalb einen neuen Ausdruck einführen und von der Zahl der vom Leiter *umschlungenen* oder mit dem Leiter *verketteten* Kraftlinien sprechen. In der Abb. 240 ist z. B. die Kraftlinie $CC$ mit dem Stromleiter dreifach verkettet. Die ganze vom Stromleiter umschlungene Kraftlinienzahl ist gleich 6.

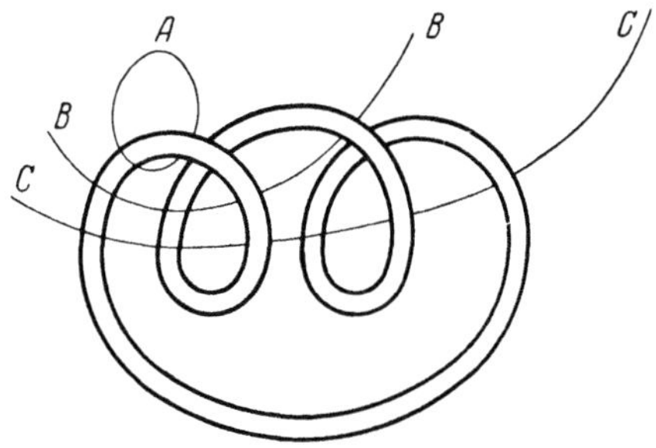

Abb. 240. Verkettung des Stromleiters mit den magnetischen Kraftlinien.

Sehr einfach ist die Berechnung der Zahl vom Stromleiter umschlungenen Kraftlinien in den Fällen, wo der Leiter eine Spule von $n$ gleichen Windungen bildet und der Induktionsfluß $N$ alle Windungen in gleicher Weise durchsetzt. Dann wird jede Kraftlinie vom Leiter $n$ mal umschlungen, und die Zahl der vom Leiter umfaßten Kraftlinien wird das $n$-fache von dem die Spulenfläche durchsetzenden Induktionsfluß betragen.

Man nennt manchmal diese Größe *Spulenfluß*.

Wir sehen daraus, daß die von uns neu eingeführte Größe, d. h. die Zahl der vom Leiter umschlungenen Kraftlinien im allgemeinen von dem Induktionsfluß sich unterscheiden wird. Dennoch wollen wir für beide Größen dieselbe Bezeichnung $N$ beibehalten und für Stromspulen unter $N$ immer die totale, von ihnen *umschlungene* Kraftlinienzahl verstehen.

**264. Die magnetische Energie elektrischer Ströme.** Wir haben soeben die Arbeit berechnet, welche bei der Bewegung eines gegebenen Stromleiters in einem Magnetfelde geleistet wird. Fängt die Bewegung derart an, daß die vom Leiter umfaßte Linienzahl in der Anfangslage des Leiters gleich Null ist und in der Enlage gleich $N$, so stellt das Produkt $JN$ die gegenseitige Energie des Stromleiters und des Feldes

$$U = JN$$

dar.

Diese Formel gilt natürlich nur unter den Bedingungen, unter welchen sie gewonnen wurde, nämlich bei *konstant gehaltener* Stromstärke.

Nun erzeugt ein jeder Strom $J_1$ sein eigenes magnetisches Feld und die vom Strom umrandete Fläche wird stets von einem Induktionsfluß $N_1$ durchsetzt, auch wenn kein anderes magnetisches Feld vorhanden ist. Die elektromagnetische Energie eines Stromes in seinem eigenen Felde können wir aber nicht ohne weiteres durch das Produkt $N_1 J_1$ ausdrücken, denn die *Erzeugung* des Induktionsflusses $N_1$, der vom Strome $J_1$ selbst herrührt, kann bei *konstant* gehaltenem Strome gar nicht zustande kommen. Wir können aber für die Berechnung der Energie in diesem Falle ganz denselben Kunstgriff anwenden, welchen wir schon bei der Berechnung der Energie des elektrostatischen Feldes (S. 74, **87**) benutzt haben. Wir stellen uns die Herstellung des Induktionsflusses $N_1$ stufenweise derart vor, daß bei jeder kleinen Vergrößerung des Induktionsflusses die

Stromstärke sich so wenig ändert, daß man für die Rechnung jedesmal eine mittlere konstante Stromstärke annehmen darf; die einzelnen Stufen dieses Prozesses können wir uns so klein denken wie wir wollen. Alle so erhaltenen Energiegrößen müssen wir dann zusammen addieren, um die endgültige Energiegröße zu erhalten. Nach Analogie mit der Berechnung der elektrostatischen Energie ist es klar, daß wir für die elektromagnetische Energie des Stromes $J_1$ den Ausdruck erhalten müssen

$$U = \frac{1}{2} J_1 N_1 .$$

Befindet sich außerdem der Strom $J_1$ in einem von anderen Strömen oder Magneten herrührenden Felde $N$, so ist seine totale magnetische Energie gleich

$$U = \frac{1}{2} J_1 N_1 + J_1 N .$$

Ist das ganze magnetische Feld nur von zwei Strömen gebildet, so erhalten wir für die Energie, welche jedem Strom einzeln zugeschrieben werden kann, die Ausdrücke

$$U_1 = \frac{1}{2} J_1 N_1 , \qquad U_2 = \frac{1}{2} J_2 N_2 .$$

Außerdem besitzen diese Ströme eine sog. *gegenseitige* Energie, denn jeder Stromleiter befindet sich in dem Magnetfelde des anderen Stromleiters.

Ihre gegenseitige Energie können wir in zweifacher Weise ausdrücken. Entweder wir multiplizieren die erste Stromstärke $J_1$ mit dem von dem zweiten Strome herrührenden und vom ersten Strome umfaßten Induktionsfluß $N_{21}$, oder wir können für dieselbe Größe das Produkt aus der Stromstärke $J_2$ des zweiten Stromes und dem vom ersten Strome herrührenden und vom zweiten Strome umschlungenen Induktionsfluß $N_{12}$ nehmen. Beide Größen müssen selbstverständlich einander gleich sein, weil sie die *gegenseitige*, d. h. von der *relativen* Lage der zwei Ströme abhängende, Energie darstellen:

$$J_1 N_{21} = J_2 N_{12} .$$

Wir können die Hälfte dieser Größe zu der Energie des ersten Stromes und die andere Hälfte zu der Energie des zweiten Stromes rechnen und für die totale magnetische Energie beider Ströme schreiben:

$$U = \frac{1}{2} (N_{11} + N_{21}) J_1 + \frac{1}{2} (N_{22} + N_{12}) J_2 .$$

Die hier in Klammern eingeschlossenen Größen bedeuten den ganzen von jedem Stromleiter umfaßten Induktionsfluß, welcher aus dem eigenen Induktionsfluß $N_{11}$ besteht plus dem Induktionsflusse der anderen Ströme. Diesen Ausdruck können wir sofort auf ein System von einer beliebigen Zahl der Ströme verallgemeinern, indem wir zusammenfassend schreiben:

$$U = \sum \frac{1}{2} N J .$$

Im allgemeinen Falle, wo mehrere und aus mehreren Windungen bestehende stromführende Leiter das magnetische Feld bilden, muß man also für jeden Stromleiter seine Stromstärke mit der von ihm umschlungenen Karftlinienzahl multiplizieren und alle diese Produkte summieren. Zu der umschlungenen Kraftlinienzahl werden die vom Strome selbst erzeugten und auch von allen anderen Strömen herrührenden Kraftlinien gezählt.

Außerdem muß das Zeichen von $N$ beachtet werden: der Induktionsfluß wird positiv gerechnet, wenn die Kraftlinien in die negative Seite des Stromes (Rechtsschraubenregel) eintreten und aus der positiven Seite heraustreten.

**265. Zahlenbeispiele.** Wir wollen hier zur Übung ein paar Zahlenbeispiele anführen.

1. Ein vertikaler Stromleiter von 15 cm Länge wird in dem Erdfelde von Osten nach Westen um die Wegestrecke 10 cm verschoben. Der Strom von 1 Ampere fließe von oben nach unten. Die vom Stromleiter beschriebene Fläche ist vertikal, und die Normalkomponente des Erdfeldes ist nichts anderes als die Horizontalintensität, welche in unseren Breiten die Größe von 0,2 Gauss hat. Die Induktion $B$ bei der Permeabilität der Luft $\mu = 1$ ist auch gleich 0,2. Wenn der Strom von oben nach unten fließt, so ist die an ihm angreifende Kraft von Westen nach Osten gerichtet. Bei einer Verschiebung des Leiters nach Westen wird also von uns eine positive Arbeit geleistet, deren Größe gleich ist

$$U = lsBJ = 15 \cdot 10 \cdot 0{,}2 \cdot 0{,}1 = 3 \text{ Erg}.$$

Wir sehen, daß diese Arbeit sehr klein ist.

2. Ein elektrischer Strom von 5 Ampere fließt in einem Solenoid, welcher $m = 100$ kreisförmige Windungen von 10 cm Durchmesser enthält. Das Solenoid ist mit seinem Nordende nach Norden gerichtet. Welche Arbeit muß geleistet werden, um das Solenoid um 90°, also normal zum Meridiane, zu drehen, und wie groß muß die Arbeit sein, um das Nordende des Solenoid nach Süden zu richten?

Der Induktionsfluß in der ersten Meridianlage des Solenoids war gleich

$$N_1 = 0{,}2\frac{\pi d^2}{4} = 0{,}2\frac{\pi\, 10^2}{4} = 157 \text{ Maxwell}.$$

In der zweiten Lage, wenn das Solenoid normal zum Meridian steht, umfaßt er keine Kraftlinien des magnetischen Erdfeldes,und der Induktionsfluß $N_2$ ist gleich Null. Die bei dieser Drehung zu leistende Arbeit ist also gleich

$$U = mJ\,(N_1 - N_2) = 100 \cdot 0{,}5 \cdot 157 = 785 \text{ Erg}.$$

Um das Solenoid um weitere 90° zu drehen, muß man nochmals soviel Arbeit leisten.

In der zuletzt erreichten Lage wird das Solenoid nicht stabil sein, denn bei irgendeiner zufälligen Ablenkung nach Osten oder nach Westen wird es unter der Wirkung des Erdfeldes wieder in seine Anfangslage zurückgedreht. Dabei wird die von uns geleistete Arbeit wieder vom Solenoid zurückgegeben.

Der ganze Vorgang ist der Ablenkung einer Magnetnadel völlig analog. Das Solenoid, wenn es in seine stabile Lage zurückkehrt, wird auch unter dem Einflusse des magnetischen Feldes hin und her pendeln (vgl. S. 175, **213**), wie eine Magnetnadel, bis es sich beruhigt.

Wenn wir bei jeder halben Umdrehung des Solenoids seinen Strom umkehren, so können wir eine dauernde Drehung immer in derselben Richtung erzeugen und so eine Art Elektromotor herstellen.

Bei jeder Umdrehung um 90° wird eine Arbeit

$$U = m\,JN$$

geleistet. Eine volle Umdrehung gibt eine vierfache Arbeit, und bei $n$ Umdrehungen in der Sekunde wird die sekundliche Arbeit, d. h. die Leistung unseres Motors, gleich

$$W = 4\,nm\,JN.$$

3. Eine Kupferscheibe steht normal (Abb. 241) zu einem homogenen magnetischen Felde und kann sich um eine Achse, die durch ihr Zentrum geht, drehen. Der Strom geht von der Peripherie der Scheibe, wo ein Schleifkontakt $b$ angeordnet ist, zur Achse $O$, an welcher der andere Kontakt $a$ schleift und dann

wieder zurück zu der Elektrizitätsquelle. Ist das Magnetfeld von uns ab zur Zeichnungsebene gerichtet, so wirkt die elektromagnetische Kraft nach rechts und in dieser Richtung (Abb. 241 mit einem Pfeil angedeutet) wird auch die Scheibe fortwährend in Rotation versetzt.

Dieser Fall ist deshalb interessant, weil bei der Drehung der Scheibe die Zahl der vom Stromleiter umfaßten Kraftlinien sich gar nicht ändert, und die Arbeit sollte eigentlich gleich Null sein. Dennoch werden die Kraftlinien bei der Drehung der Kupferscheibe immerfort geschnitten, und nach unserer zweiten Ausdrucksweise des Gesetzes ist dazu eine gewisse Arbeit erforderlich. Wir sehen daraus, daß es Fälle geben kann, wo die Kraftlinien vom Leiter immerfort geschnitten werden, ohne daß dabei die von ihm umfaßte Kraftlinienzahl geändert wird. Das zunächst als ein Paradox Erscheinende wird uns sofort klar, wenn wir im Auge behalten, daß an dem Halbmesser $a\,b$ der Scheibe, welcher gerade im betrachteten Augenblick die beiden Schleifkontakte verbindet, eine Kraft $BJr$ angreift, welche die Scheibe dreht, also eine Arbeit leistet. Wir wollen nun diese Arbeit berechnen.

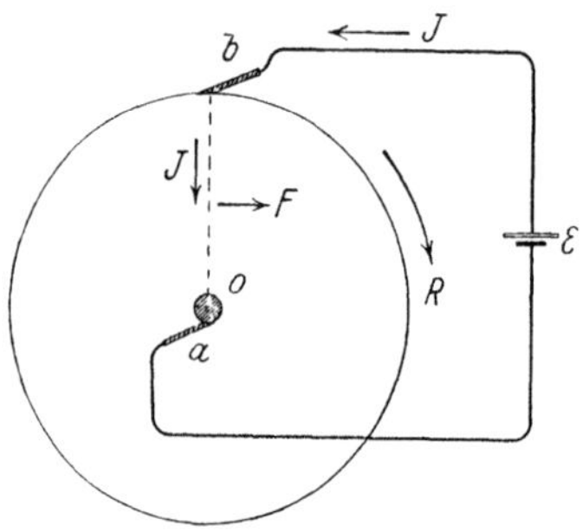

Abb. 241. Rotation einer Kupferscheibe im Magnetfelde.

Dreht sich die Scheibe um den kleinen Winkel $\beta$, so verschiebt sich die Peripherie um die kleine Strecke $r\beta$; das Zentrum bleibt aber in Ruhe. Die mittlere Verschiebung des Halbmessers ist demnach gleich $\frac{r\beta}{2}$, und die von den elektromagnetischen Kräften geleistete Arbeit ist gleich $\frac{r\beta}{2}BJ$. Bei einer vollen Umdrehung der Scheibe wird $\beta = 2\pi$ und die Arbeit gleich

$$U = \frac{r}{2}2\pi r BJ = \pi r^2 BJ .$$

Dieselbe Formel erhalten wir noch einfacher in folgender Weise. Die Zahl der bei einer vollen Umdrehung der Scheibe geschnittenen Kraftlinien ist offenbar gleich dem Induktionsfluß durch die ganze Scheibenfläche. Diese letztere ist gleich $\pi r^2$, der Induktionsfluß ist gleich $\pi r^2 \cdot B$, und folglich die Arbeit:

$$U = \pi r^2 BJ .$$

Dasselbe Resultat wie oben. Bei $n$ Umdrehungen in der Sekunde wird dieser Elektromotor eine Leistung haben

$$W = n\pi r^2 BJ .$$

**266. Das magnetische Potential und die magnetomotorische Kraft.** Wir wollen jetzt die Resultate der vorigen Paragraphen benutzen, um die Arbeit zu bestimmen, die bei irgendeiner Bewegung eines Magnetpoles im magnetischen Felde eines Stromes geleistet wird.

Nach dem GAUSSschen Satze ist der totale Induktionsfluß oder die totale Kraftlinienzahl eines Magnetpoles $m$ gleich $4\pi m$. Ein Teil dieser Kraftlinien wird die vom Strome umfaßte Fläche schneiden. Dieser Teil ist gleich

$$N_1 = m\varphi_1 ,$$

wenn $\varphi_1$ den Raumwinkel bedeutet, unter welchem die vom Strome umkreiste Fläche vom Magnetpole aus gesehen wird (Abb. 242).

Verschieben wir den Magnetpol aus dem Punkte (1) des Raumes in einen anderen Punkt (2), so wird auch die vom Strome umfaßte Kraftlinienzahl eine andere, nämlich

$$N_2 \equiv m\varphi_2 .$$

Die Arbeit bei dieser Verschiebung des Poles ist, wie wir schon wissen, gleich

$$U = (N_1 - N_2)\, J = m\,(\varphi_1 - \varphi_2)\, J .$$

Nach unserer früheren Definition (S. 166, **202**) nennt man die auf den Einheitspol bezogene Arbeit die Potentialdifferenz zwischen dem Endpunkte und dem Anfangspunkte des zurückgelegten Weges.

Nehmen wir für den Anfangspunkt der Potentiale einen unendlich fernen Punkt, dann wird der Raumwinkel, unter welchem die Stromfläche aus diesem Punkte gesehen wird, gleich Null, und wir erhalten für das magnetische Potential eines geschlossenen Stromes

$$V_m = \varphi J .$$

Diese Formel haben wir schon aus anderen Überlegungen (S. 218, **259**) erhalten.

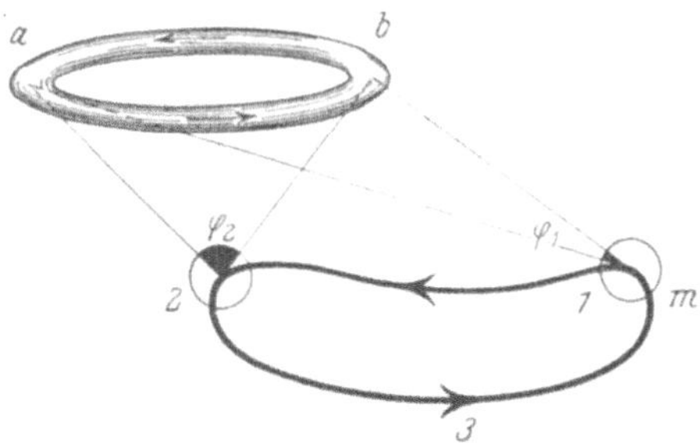


Abb. 242.

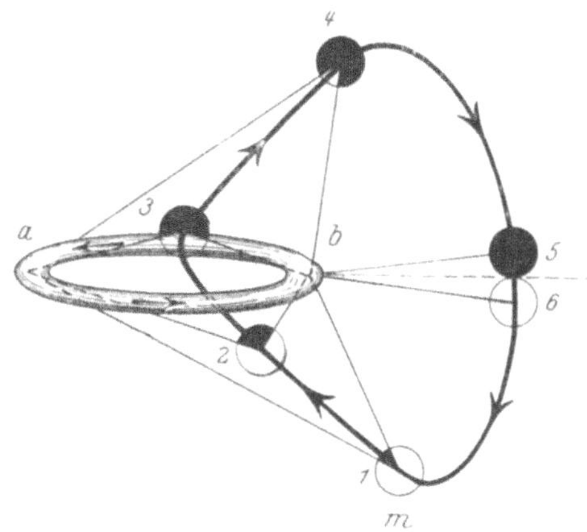


Abb. 243.

Bestimmung der magnetischen Potentiale.

Stellen wir uns vor, wir verschieben den Magnetpol $m$ immer weiter (Abb. 242) und kommen auf irgendeinem geschlossenen Wege (1231) wieder in den Anfangspunkt zurück. Auf den einzelnen Strecken dieses Weges wird positive und negative Arbeit geleistet, aber die Totalarbeit wird dennoch gleich Null, denn

$$U = (N_2 - N_1)\, J = m\,(\varphi_1 - \varphi_1)\, J = 0 .$$

Etwas anderes erhalten wir, wenn der vom Magnetpole zurückgelegte Weg den Stromleiter *umschlingt*. Verfolgen wir nämlich die Veränderungen des Winkels $\varphi$ auf dem Wege (1234561) (Abb. 243), so werden wir sehen, daß im Moment, wo der Pol die Fläche des Stromes gerade durchsetzt (vom Punkte 2 zum Punkte 3), der Winkel $\varphi$ gleich $2\pi$ wird. Bei weiterer Verschiebung längs (345) wird der Winkel $\varphi$ immer wachsen, bis er im Punkte (5) gleich $4\pi$ wird. Nach $4\pi$ pflegt man die Winkel wieder von Null ab zu zählen; das wäre aber in unserem Falle nicht richtig, denn die geleistete Arbeit ist ja beim Überschreiten dieses Punktes nicht verlorengegangen. Wir müssen bei weiterer Verschiebung längs des Weges (561) zu allen Winkeln noch $4\pi$ addieren. Beim Eintreffen in den Ausgangspunkt (1) erhalten wir also jetzt einen Winkel $(4\pi + \varphi)$, und die von uns geleistete Totalarbeit auf dem Wege (1234561) ist somit gleich

$$U = (N_2 - N_1)\, J = m\,[4\pi + \varphi - \varphi]\, J = 4\pi\, m\, J.$$

Dasselbe Resultat können wir auch noch in einer anderen Weise erhalten. Die Arbeit muß ja gleich sein der bei der Bewegung vom Stromleiter geschnittnen Kraftlinienzahl, multipliziert mit der Stromstärke $J$. Nun werden aber bei Umkreisung des Stromes und Zurückkehrung in den Ausgangspunkt alle Kraftlinien des Poles vom Stromleiter geschnitten. Die Zahl der Linien eines Poles ist gleich $4\pi m$. Also wird die geleistete Arbeit

$$U = 4\pi m J .$$

Aus den soeben angeführten Rechnungen sehen wir, daß das magnetische Potential eines elektrischen Stromes in seinen Eigenschaften von den Potentialen der elektrischen Ladungen und der magnetischen Pole sich wesentlich unterscheidet, denn in den letztgenannten Fällen konnten wir, bei irgendwie angenommenem Nullpotentiale, einem jeden Punkte des Feldes ein ganz bestimmtes Potential zuschreiben. In dem magnetischen Felde eines Stromes erhalten wir in ein und demselben Punkte: erstens das Potential $\varphi J$, wenn wir von dem Nullpotential im Unendlichen direkt in diesen Punkt kommen, zweitens können wir bei unserem Wege den Stromleiter einmal umschlingen und erhalten dann in demselben Punkte das Potential $4\pi + \varphi J$; umschlingen wir den Strom zweimal, so erhalten wir offenbar ein Potential $8\pi + \varphi J$ usw. Im Felde eines Stromes ist demnach das Potential in jedem Punkte *mehrdeutig*. Es ist leicht einzusehen, daß diese Mehrdeutigkeit dadurch zustande kommt, daß die magnetischen Kraftlinien der Ströme in sich *geschlossene* Linien bilden, welche die Stromschleifen umschlingen. Im Felde der elektrischen sowie der magnetischen Pole gibt es keine in sich geschlossene Kraftlinien; das Potential ist eindeutig und die Arbeit vom Wege unabhängig (S. 70, **83**).

Indem wir diesen Umstand berücksichtigen, wollen wir unter dem Potential eines Stromes im magnetischen Felde einfach die Größe $\varphi J$ verstehen. Was aber die bei einmaligem Umkreisen des Stromes auf den magnetischen Einheitspol $m = 1$ bezogene Arbeit betrifft, so wollen wir sie die *magnetomotorische Kraft* des Stromes nennen (nach Analogie mit der elektromotorischen Kraft in einem Kreisstrome). Die Größe der magnetomotorischen Kraft ist demnach gleich

$$\mathcal{E}_m = 4\pi J$$

Wie wir sehen, ist sie für alle Punkte des Feldes dieselbe. Bei zweimaliger Umkreisung des Stromes erhalten wir die doppelte magnetomotorische Kraft usf.

Sind mehrere Ströme vorhanden oder ein Stromleiter mit mehreren Windungen, so erhalten wir für einen geschlossenen Weg, der alle Ströme oder alle Windungen desselben Stromleiters umfaßt, die magnetomotorische Kraft gleich der Summe

$$\mathcal{E}_m = 4\pi \sum J .$$

**267. Ein Beispiel.** Das gewonnene Resultat können wir sofort an einem Beispiel prüfen, welches wir schon früher nach dem Biot-Savartschen Gesetze behandelt haben (S. 199, **242**). Es sei uns ein geradliniger, unendlich langer Stromleiter gegeben, und wir wollen sein magnetisches Feld bestimmen. Wir wissen schon, daß das magnetische Feld symmetrisch zum Leiter verteilt ist und daß alle Kraftlinien konzentrische Kreise bilden mit ihrem Zentrum auf der Stromachse (S. 192, **234**). Führen wir den Einheitspol auf irgendeinen dieser Kreise um den Stromleiter herum, so erhalten wir eine magnetomotorische Kraft gleich $4\pi J$. Anderseits, wenn die Feldintensität auf dem von uns gewählten Kreise, das heißt die Kraft auf den Einheitspol gleich $M$ ist, so wird die auf dem Wege $2\pi r$ geleistete Arbeit gleich $2\pi r M$ sein.

Beide Größen müssen einander gleich sein, und wir erhalten die Gleichung

$$M \cdot 2\pi r = 4\pi J,$$

aus der wir die Feldintensität eines geradlinigen Stromes im Abstande $r$ von seiner Achse erhalten:

$$M = \frac{2J}{r},$$

in voller Übereinstimmung mit unserem früheren Resultate (S. 200, **242**).

Unsere neue Formel für die magnetomotorische Kraft erlaubt uns sehr einfach auch die Feldintensität im *Inneren* des Stromleiters selbst zu bestimmen. Der Querschnitt des Drahtes sei kreisförmig, und die Stromdichte sei $i$. Das geradlinige Stück des Stromleiters sei so lang im Vergleich zu seinen Querdimensionen, daß das magnetische Feld als symmetrisch um die Drahtachse angesehen werden darf. Dann sind die Kraftlinien auch im Inneren des Drahtes konzentrische Kreise mit einem gemeinsamen Zentrum auf der Drahtachse. Wollen wir für diesen Fall die Gleichung der magnetomotorischen Kraft aufstellen, so müssen wir unter $J$ nur die Stromstärke verstehen, welche wirklich von dem bewegten Einheitspole umkreist wird, also nur den Teil des Stromes, der durch die Kreisfläche mit dem Halbmesser $r$ wirklich durchströmt. Dieser Teil ist gleich der Stromdichte mal dem Flächeninhalt des Kreises, also

$$J = \pi r^2 i.$$

Setzen wir das in unsere Formel ein, so erhalten wir

$$M \cdot 2\pi r = 4\pi \cdot \pi r^2 i$$

und

$$M = 2\pi r i.$$

Wir sehen daraus, daß das Magnetfeld in der Achse des Stromes ($r = 0$) gleich Null ist; dann wächst es proportional mit der Entfernung von der Achse; das stärkste Feld ist an der Oberfläche des Leiters. Von da ab, also außerhalb des Leiters, müssen wir nicht die Stromdichte, sondern den Totalstrom als konstant annehmen und erhalten dann die frühere Formel. Außerhalb des Leiters wird also die Feldintensität mit wachsender Entfernung wieder kleiner, und zwar umgekehrt proportional der Entfernung von der Stromachse.

## 4. Der magnetische Kreis.

**268. Ein geschlossenes Solenoid.** In der Abb. 244 ist ein Längsschnitt eines in sich geschlossenen Solenoids gezeichnet. Die runden Querschnitte des Leitungsdrahts sind mit +-Zeichen versehen, wo der Strom auf den Zuschauer fließt, und mit —-Zeichen da, wo der Strom vom Zuschauer ab zu der Zeichnung gerichtet ist[1]. Das vom Strome erzeugte Magnetfeld ist durch Pfeile angezeigt. Wir wollen der Einfachheit halber annehmen, daß die Breite des Solenoids klein im Vergleich zu seiner Länge $l$ ist und daß das Feld in seinem Innern als homogen angenommen werden darf.

Gehen wir mit dem Einheitspol im Solenoid einmal herum, so wird dabei eine Arbeit $Ml$ geleistet.

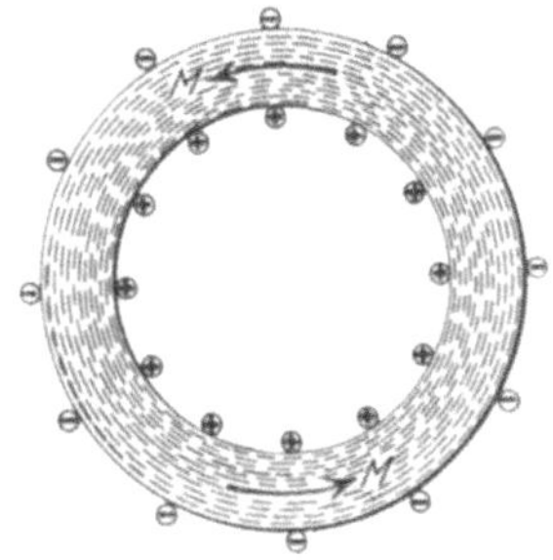

Abb. 244. Geschlossener Elektromagnet.

[1] In den technischen Büchern wird der Leser oft eine andere Bezeichnung finden, nämlich: statt unseres + wird ein Punkt · gebraucht und statt — ein $\times$ Zeichen. Diese Bezeichnung ist der Form eines Pfeiles entnommen: vorne hat der Pfeil eine Spitze und hinten ein Gefieder.

Diese Arbeit muß der totalen magnetomotorischen Kraft der vom Pole umkreisten Ströme gleich sein. Sind alle Ströme gleicher Stärke $J$ und besteht das Solenoid aus $n$ Windungen, so erhalten wir

$$Ml = 4\pi n J\,,$$

und daraus die Feldintensität

$$M = \frac{4\pi n J}{l}$$

und den Induktionsfluß im Solenoid

$$N = \mu M S = \frac{4\pi n J}{l}\mu S\,.$$

Diesen Ausdruck wollen wir in eine andere Form bringen, nämlich

$$N = \frac{4\pi n J}{\frac{l}{\mu S}} = \frac{\mathcal{E}_m}{R_m}.$$

In dieser Form hat die Formel für den Induktionsfluß $N$ eine große Ähnlichkeit mit dem bekannten OHMschen Gesetze; sie wird zuweilen als Formel von HOPKINSON genannt, der die Analogie mit dem OHMschen Gesetze besonders hervorgehoben hat. Der Induktionsfluß $N$ in dieser Formel ist analog der elektrischen Stromstärke $J$ im OHMschen Gesetze, die Größe $\mathcal{E}_m = 4\pi n J$, d. h. die magnetomotorische Kraft spielt hier die Rolle der elektromotorischen Kraft, und die Größe $R_m$ die Rolle eines Widerstandes.

Man nennt auch die Größe

$$R_m = \frac{l}{\mu S}$$

den *magnetischen Widerstand;* er ist ebenso wie beim OHMschen Gesetze der Länge $l$ proportional, und der Querschnittsfläche $S$ umgekehrt proportional. Die Permeabilität $\mu$ kann man als eine *spezifische magnetische Leitfähigkeit* des betreffenden Materials ansehen. Der Name Permeabilität — Durchdringlichkeit — hat auch analoge Bedeutung wie die Leitfähigkeit.

Da der magnetische Kreis ebenso wie der elektrische Strom eine in sich geschlossene Kette bildet, so spricht man auch oft von einer *magnetischen Kette.*

Es ist leicht einzusehen, daß ein magnetischer Kreis identisch mit einer magnetischen Kraftröhre ist.

**269. Hintereinanderschaltung im magnetischen Kreise.** Im Laboratorium sowie in der Technik werden sehr oft Elektromagnete gebraucht, in welchen der Eisenkern nicht ganz geschlossen ist (Abb. 245).

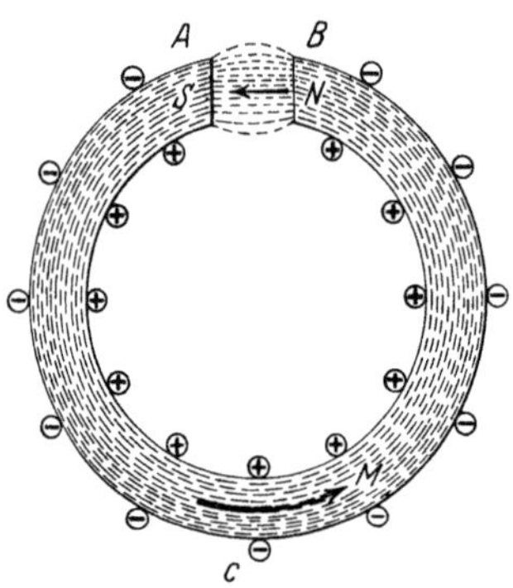

Abb. 245. Elektromagnet mit einem Schlitz.

In solch einem magnetischen Kreise erscheint das Eisen und der Luftzwischenraum in bezug auf den magnetischen Fluß wie hintereinander geschaltete Widerstände in einem Leiterkreise, und die Berechnung des magnetischen Kreises nach HOPKINSON gestaltet sich völlig analog der Berechnung eines Leitersystems im Stromkreise.

Es sei die Länge des Eisenkerns gleich $l_1$ und die Länge oder die Dicke des Luftzwischenraumes gleich $l_2$; die entsprechenden Querschnitte der Kraftröhre seien $S_1$ und $S_2$, und der gemeinsame Induktionsfluß sei $N$. Nehmen wir zur Vereinfachung der Berechnung wieder an, das Feld sei annähernd homogen, so können wir für die Feldintensitäten in der Luft und im Eisen schreiben:

$$M_1 = \frac{N}{S_1 \mu_1},$$

$$M_2 = \frac{N}{S_2 \mu_2}.$$

Multiplizieren wir jede dieser Feldintensitäten mit der entsprechenden Länge, so erhalten wir die Arbeit, welche auf den Wegen $l_1$ und $l_2$ vom Einheitspol geleistet wird. Die Summe dieser Arbeiten, d. h. die ganze im geschlossenen Wege geleistete Arbeit muß wieder der magnetomotorischen Kraft aller umkreisten Ströme gleich sein. Also

$$M_1 l_1 + M_2 l_2 = N\left(\frac{l_1}{S_1 \mu_1} + \frac{l_2}{S_2 \mu_2}\right) 4\pi n J = \mathcal{E}_m .$$

Das können wir wieder so darstellen, daß die Formeln

$$N = \frac{\mathcal{E}_m}{R_m}; \qquad R_m = \frac{l_1}{S_1 \mu_1} + \frac{l_2}{S_2 \mu_2} = R_{m_1} + R_{m_2}$$

den Ohmschen Formeln für zwei hintereinandergeschaltete Leiter im Stromkreise analog wird (S. 116, **138**).

**270. Schaltung nebeneinander.** Wie in einem Stromnetze eine Verzweigung der Ströme eintreten kann, so kann auch in einem magnetischen Netze der Induktionsfluß sich verzweigen. So zeigt uns z. B. die Abb. 246, wie die Kraftlinien, welche aus der Stromspule $AB$ herauskommen, sich bei $\mathcal{E}$ verzweigen: der eine Teil dieser Kraftlinien wendet sich nach $BCA$, und der andere Teil nach $BDA$. Solche zwei Magnetzweige nennt man *parallel-* oder *nebeneinander*geschaltet.

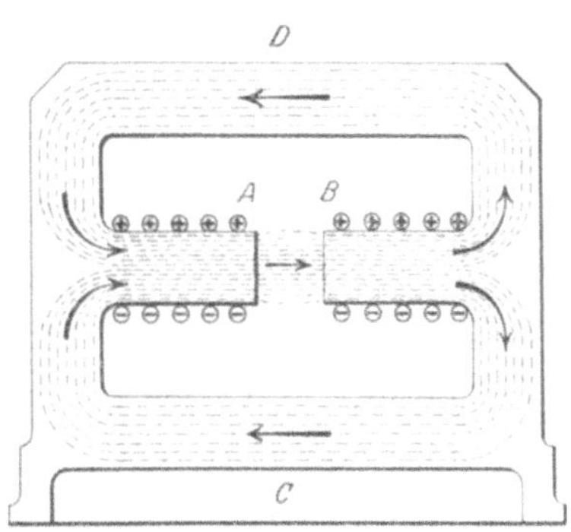


Abb. 246. Verzweigung des Induktionsflusses.

Es ist klar, daß in dem Verzweigungspunkte, der aus der Spule $AB$ herauskommende Induktionsfluß der Summe der zwei Induktionsflüssen, welche in den Zweigen $BCA$ und $BDA$ fließen, gleich sein muß, denn alle Induktionslinien sind stetig und können sich nirgends verlieren.

$$N = N_1 + N_2 .$$

Nun ist die magnetomotorische Kraft für die zwei Wege $ABCA$ und $ABDA$ die gleiche und hat die Größe $4\pi n J$; wir können demnach schreiben

$$\mathcal{E}_m = 4\pi n J = N_1 R_{m_1} = N_2 R_{m_2},$$

woraus wir sehen, daß die zwei parallel geschalteten Induktionsflüsse umgekehrt proportional den entsprechenden magnetischen Widerständen sind. Die Summe der zwei Induktionsflüsse ergibt uns

$$N = N_1 + N_2 = \mathcal{E}_m\left(\frac{1}{R_{m_1}} + \frac{1}{R_{m_2}}\right) = \frac{\mathcal{E}_m}{R_m},$$

$$\frac{1}{R_m} = \frac{1}{R_{m_1}} + \frac{1}{R_{m_2}},$$

wo $R_m$ den resultierenden Widerstand der Verzweigung bedeutet.

Daraus sehen wir, daß bei Hintereinanderschaltung die magnetischen Widerstände sich summieren, bei paralleler Schaltung die reziproken Werte dieser Widerstände oder, wie man es nennen kann, die magnetischen Leitfähigkeiten sich summieren; — in voller Analogie zu einem Stromkreise (S. 117, **139**).

**271. Kirchhoffsche Regeln für den magnetischen Kreis.** Die Analogie zwischen dem Stromkreise und dem magnetischen Kreise kann noch weiter ausgenützt werden. Man kann für den magnetischen Kreis dieselben Kirchhoffschen Regeln aufstellen wie für elektrische Ströme (S. 120, **142**). Betrachten wir irgendeine Verzweigung einer magnetischen Kraftröhre und bezeichnen wir mit dem $+$-Zeichen diejenige Kraftlinienzahl, welche zu dieser Verzweigung hinkommt und mit dem $-$-Zeichen die Kraftlinienzahl, welche von der Verzweigung wegströmt, so können wir für den Verzweigungspunkt die Gleichung aufstellen

$$\sum N = 0 .$$

Die erste Kirchhoffsche Regel für den Stromkreis schreibt sich ebenso

$$\sum J = 0 .$$

Beschreiben wir mit dem Einheitspol einen in sich geschlossenen Weg, der irgendwelche Ströme umkreist, so haben wir

$$\sum M l = \sum N \frac{l}{S \mu} = \sum 4 \pi J$$

oder

$$\sum N \cdot R_m = \sum \mathcal{E}_m .$$

Hier steht links die Summe der Produkte aus den Induktionsflüssen und entsprechenden magnetischen Widerständen, und rechts die Summe der magnetomotorischen Kräfte, welche auf dem betreffenden geschlossenen Wege liegen.

Die zweite Kirchhoffsche Regel für irgendeinen in sich geschlossenen Teil des Stromnetzes lautet ebenso

$$\sum J r = \sum \mathcal{E} .$$

Bei allen diesen Analogien spielt die Permeabilität die Rolle einer spezifischen Leitfähigkeit.

Man muß aber nicht vergessen, daß diese Analogie nur die Formeln betrifft und kann als eine mnemonische Hilfsanalogie gebraucht werden. Die Erscheinungen selbst sind aber ihrem Wesen nach verschieden. Denn der elektrische Strom, wenn er irgendeinen Leiter durchströmt, erzeugt fortwährend Joulesche Wärme, es findet dabei ein fortwährender Umsatz der Energie statt, während in dem magnetischen Stromkreise der magnetische Induktionsfluß eine beliebig lange Zeit ohne irgendwelche Wärmewirkungen bestehen kann.

Eine viel tiefere Analogie kann man zwischen dem magnetischen und dem elektrischen Induktionsfluß aufstellen, indem die Permeabilität einerseits und die Dielektrizitätskonstante anderseits einander entsprechen. In der Tat, wenn wir die hier angeführten Berechnungen eines Elektromagnets mit Luftzwischenraum mit der Berechnung eines Kondensators mit zwei hintereinanderliegenden dielektrischen Schichten vergleichen (S. 76, **91**), so werden wir sie ganz analog finden. Der elektrische Induktionsfluß wird auch durch eine Formel dargestellt, welche im Zähler die Potentialdifferenz und im Nenner eine Summe von Gliedern von der Form $\frac{d}{\varepsilon S}$ hat. Diese Größe kann man auch den dielektrischen Widerstand der betreffenden Dielektrika nennen und somit die Analogie mit dem Ohmschen Gesetze zum Ausdruck bringen.

**272. Magnetische Streuung.** Unsere Berechnung des geschlossenen Elektromagnets gründete sich auf der Annahme, daß die magnetischen Kraftlinien nur im Eisenkerne verlaufen (Abb. 244). Im allgemeinen werden aber die Kraftlinien aus dem Eisenkerne auch in die Luft heraustreten. Bedeckt z. B. die Wickelung des Elektromagneten nicht die ganze Länge seines Kernes (Abb. 247), so werden die Kraftlinien einen kürzeren Weg durch die Luft vorziehen. Wir können nämlich die den Kern umgebende Luft als einen zweiten, zum Kerne *parallel*-geschalteten magnetischen Leiter ansehen. Die Luft hat zwar im Vergleich zum Eisen eine sehr kleine magnetische Leitfähigkeit (1 gegen 3000), dafür ist aber der Querschnitt der in der Luft erzeugten Kraftröhren viel größer als der Querschnitt des Eisenkernes selbst; auch ihre Länge kann kürzer als im Eisen sein. Beide Ursachen werden den magnetischen Widerstand der den Eisenkern umgebenden Luft vermindern; wird ein merklicher Teil des Induktionsflusses in die umgebende Luft austreten und nicht der Länge des Eisenkernes folgen. In noch größerem Maße wird dies eintreten, wenn der Eisenkern einen Luftzwischenraum enthält (Abb. 245 und 246).

In der Praxis wird größtenteils nur der Teil des Kraftlinienflusses benutzt, welcher durch die Enden des Eisenkernes in den Luftzwischenraume heraustritt, so daß der aus dem Eisenkerne an anderen Stellen entweihende Induktionsfluß unausgenützt bleibt. Man nennt diesen verlorenen Induktionsfluß *magnetische Streuung*.

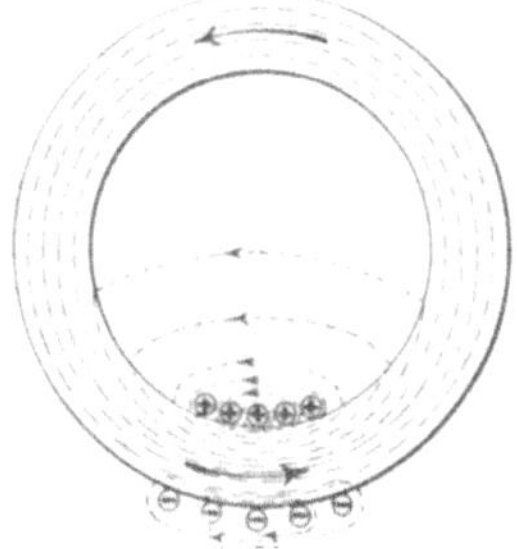
Abb. 247. Magnetische Streuung.

Die Größe der magnetischen Streuung hängt natürlich von der gewählten Form des Elektromagnets ab; sie hängt auch von der Lage der Windungen und von der Permeabilität des Eisenkerns ab.

Je näher die Windungen dem intrapolaren Zwischenraum gelegen sind, desto kleiner wird die magnetische Streuung, wie das aus dem Vergleich der Abb. 246 mit der Abb. 247 leicht zu sehen ist. In der Abb. 246 würde die Streuung viel größer sein, wenn man die Stromwindungen bei $C$ und $D$ hätte winden lassen, statt bei $A$ und $B$.

Auch von der Feldintensität kann die Streuung abhängen, denn bei großen Feldintensitäten wird die Permeabilität kleiner (S. 185, **226**); die Streuung wird demnach vergrößert. Daraus sehen wir, daß die Anwendung einer sehr großen Feldintensität in einem Elektromagnets mit Luftzwischenraum manchmal wenig nützen wird, denn durch die gesteigerte Streuung wird der Nutzeffekt des Elektromagnets verkleinert.

**273. Berechnung eines Elektromagnets.** Um ein Zahlenbeispiel anzuführen, nehmen wir an, es sei uns ein Elektromagnet gegeben, dessen Eisenkern einen Querschnitt $S = 20\ \mathrm{cm}^2$ hat und eine Länge $l = 50$ cm. In dem $l_1 = 1$ cm langen Luftzwischenraume wollen wir eine Induktion 10 000 erzeugen. Nach der Abb. 195 S. 185 ist dazu eine Feldintensität im Eisen $M = 5$ nötig, indem $\mu = 2000$.

Der Induktionsfluß wird bei uns

$$N = BS = 2 \cdot 10^5 \text{ Maxwell}.$$

Die Hopkinsonsche Formel wird für diesen Fall

$$N = 2 \cdot 10^5 = 4\pi n J \left[\frac{50}{2000} + \frac{1}{1}\right] 20 = 250 J n,$$

woraus sich das Produkt aus der Stromstärke und Windungszahl ergibt:

$$J n = 800 \text{ CGS-M}.$$

Drücken wir die Stromstärke in Ampere aus, so erhalten wir

$$J n = 8000 \text{ Amperewindungen}.$$

Aus unseren Formeln sehen wir, einen wie großen Einfluß die Länge des Luftzwischenraumes ausübt. Würden wir nämlich diesen Zwischenraum statt 1 cm nur 1 mm lang nehmen, so könnten wir denselben Induktionsfluß mit 1000 Amperewindungen erhalten. Ganz ohne Luftzwischenraum würden uns schon 280 Amperewindungen genügen.

Die Formel $Jn$ gibt uns nur das Produkt aus der Stromstärke und der Windungszahl an. Die beiden Größen einzeln $J$ und $n$ können wir sonst beliebig wählen; für die gewünschte Größe des Induktionsflusses ist nur die Amperewindungszahl wichtig.

Wir nehmen an, daß ein Strom von 5 Ampere und 25 Volt uns zu Verfügung steht. Bei 5 Ampere muß die Zahl der Windungen gleich 1600 sein. Es ist aber besser, in Anbetracht der möglichen magnetischen Streuung diese Zahl bis auf 2000 zu vergrößern.

Der Stromleiter in unserem Elektromagnet muß bei 5 Ampere und 25 Volt einen Widerstand von 5 Ohm haben. Bei einem Querschnitt des Magnets von 20 cm wird jede Windung etwa 15 cm lang sein; alle 2000 Windungen zusammen werden eine Länge von etwa 300 Metern haben, und jedes Meter muß demnach einen Widerstand von $\frac{1}{60}$ Ohm haben. Der Kupferdraht wird dabei einen Querschnitt von etwa 1 $\text{mm}^2$ haben müssen.

Es ist zu beachten, daß in dem Kupferdrahte unseres Elektromagnets bei 25 Volt und 5 Ampere eine sekundliche Leistung von

$$25 \cdot 5 = 125 \text{ Watt}$$

in JOULEsche Wärme verwandelt wird, d. h. etwa 40 kleine Kalorien in der Sekunde erzeugt werden. Der Elektromagnet wird sich also erwärmen, wenn man nicht dafür sorgt, daß die Stromwärme abgeführt wird. Bei Elektromagneten, die mit großen Stromdichten gespeist werden, wird manchmal der Stromleiter durch Umspülung mit Wasser oder Luft kalt gehalten.

In dem Eisenkerne des Elektromagneten erhalten wir eine Energiedichte

$$U_0 = \frac{B \cdot M}{8\pi} = \frac{10\,000 \cdot 5}{8\pi} = 2000 \frac{\text{Erg}}{\text{cm}^3}$$

und die ganze im Eisenkerne aufgespeicherte Energie bei seinem Volumen

$$Q = 20 \cdot 50 = 1000 \text{ cm}^3$$

wird sein

$$U = U_0 Q = 2 \cdot 10^6 \text{ Erg} = 0{,}2 \text{ Joule}.$$

**274. Magnetischer Kreis in der Technik.** In der Elektrotechnik, z. B. bei Berechnung der Dynamomaschinen, hat man es meistens mit magnetischen Kreisen zu tun, deren einzelne Teile verschiedene Querschnitte, verschiedene Induktion und also auch verschiedene Permeabilität haben.

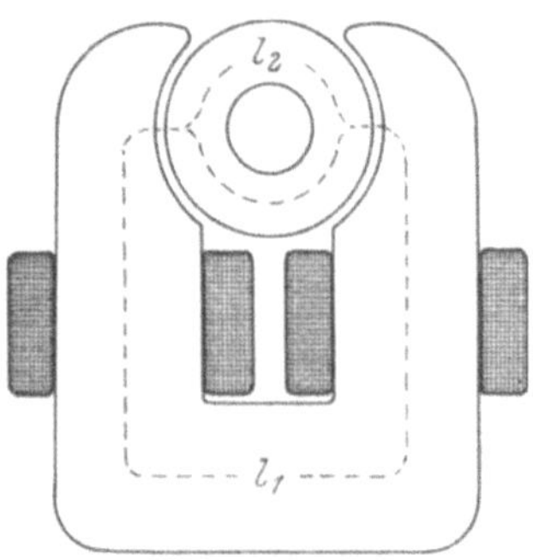

Abb. 248. Magnetischer Kreis einer Dynamomaschine.

In solchen Fällen ist es bequemer, die Rechnung ein wenig anders zu gestalten, was wir an einem einfachen Beispiele hier zeigen wollen.

Eine Dynamomaschine soll im Anker einen Induktionsfluß $3 \cdot 10^6$, also 3 Millionen Kraftlinien, haben. Wegen der Streuung müssen im Elektromagnet etwa 20% mehr Kraftlinien erzeugt werden; also $3{,}6 \cdot 10^6$ Linien.

Die Abmessungen der Maschine sollen folgende sein (Abb. 248):

Die mittlere Länge des Weges im Elektromagnet sei $l_1 = 100$ cm, und sein Querschnitt sei 400 cm. Die Dicke der beiden Luftschichten sei 1 cm, und da ihr Querschnitt größer als der des Elektromagneten sein wird, weil die Kraftlinien in der Luft mehr auseinandergehen als im Eisen, nehmen wir für diesen Querschnitt 600 cm². Im Anker wird der Induktionsfluß aus zwei parallelgeschalteten Zweigen bestehen. Wir nehmen für jeden Zweig die Länge $l_2 = 20$ cm und für beide Zweige zusammen den Querschnitt 350 cm². Da der Anker aus einzelnen dünnen Eisenblättern besteht mit dazwischengelegtem Papier, so muß man für das Eisen einen um etwa 15% kleineren Querschnitt annehmen; wir nehmen also nur 300 cm².

Durch Division des Induktionsflusses durch den entsprechenden Querschnitt erhalten wir folgende Induktionen:

Im Anker $= 3 \cdot 10^6 : 300 = 10\,000.$
Im Luftzwischenraum $= 3 \cdot 10^6 : 500 = 6\,000.$
Im Elektromagnet $= 3{,}6 \cdot 10^6 : 400 = 9\,000.$

Wir wissen, daß die Feldintensität in einem Solenoid unabhängig von dem in seinem Inneren sich befindenden Kern durch die Formel

$$M = \frac{4\pi n J}{l}$$

bestimmt wird. Messen wir hier die Stromstärke in Ampere = 0,1 CGS-M, so wird die Amperewindungszahl $nJ$ durch die magnetische Feldintensität in Gauss so ausgedrückt:

$$\frac{nJ}{l} = \frac{\text{Amperwindungen}}{\text{auf ein cm}} = \frac{M}{0{,}4\pi} = 0{,}8 \cdot M\,.$$

Wir können uns eine Charakteristik herstellen (die übrigens auch in den Nachschlagebüchern zu finden ist), in welcher die Induktion $B$ nicht als Funktion der Feldstärke $M$, sondern als Funktion der dazu nötigen Amperewindungen auf 1 cm Länge dargestellt ist. Die eine Charakteristik erhält man ja aus der anderen durch einfache Multiplikation mit 0,8. Aus dieser Charakteristik entnehmen wir die zu jeder Induktion gehörige Amperewindungszahl auf 1 cm Weglänge, multiplizieren sie mit der entsprechenden Weglänge und addieren alle so erhaltenen Amperewindungen zusammen; dann erhalten wir die für den ganzen Magnetkreis nötige Amperewindungszahl. In der folgenden Tabelle ist diese Rechnung zusammengestellt:

| | Induktion | Amp. $\frac{\text{Wind.}}{\text{cm}}$ | Länge | Amp.-Wind. |
|---|---|---|---|---|
| Anker . . . . . . . . | 10000 | 3 | 20 | 60 |
| Luft . . . . . . . . . | 6000 | 4800 | 1 | 4800 |
| Elektromagnet . . . . | 9000 | 2,4 | 100 | 240 |
| | | | | 5100 |

Im ganzen braucht man also für die Erregung der Maschine 5100 Amperewindungen. Die Stromstärke und die ihr entsprechende Windungszahl werden dann aus anderen, rein praktischen Erwägungen gewählt, auf die wir hier nicht näher eingehen können.

Auch in dieser Rechnung tritt der Einfluß des Luftzwischenraumes klar zu Tage.

## 5. Anwendungen der Elektromagnete.

**275. Konstruktion der Elektromagnete.** Die jetzt zumeist gebräuchlichen Elektromagnete gehören zu dem Hufeisenformtypus, welcher eine geschlossene Form hat und dadurch den Kraftlinien einen kurzen Weg darbietet. Zu diesem Typus gehört auch der Elektromagnet einer Dynamomaschine, von welchem im vorigen Paragraph die Rede war.

Braucht der Elektromagnet kein äußeres Magnetfeld zu erzeugen (wie z. B. bei Transformatoren) und sind seine Abmessungen entsprechend der zu erzeugenden Kraftlinienzahl oder auch entsprechend der in seinem Inneren zu erzeugenden magnetischen Energie festgestellt, so bleibt noch für die im Rechnungsresultate erhaltene Amperewindungszahl die Stromstärke und die entsprechende Windungszahl zu wählen. Am vorteilhaftesten wäre es überhaupt, nur eine einzige Windung zu gebrauchen, weil man dann ganz frei vom Isolationsmaterial wäre, welches ja einen gewissen Raum wegnimmt. Aber dazu müßte man sehr starke Ströme zur Verfügung haben, was nicht immer möglich ist.

Meistens gebraucht man nicht nur mehrere Windungen, die längs des Elektromagnetkerns verteilt werden, sondern auch mehrere Lagen von Windungen, die *übereinander* gewunden werden. Außer der Isolation der Drähte selbst müssen dann die einzelnen Lagen der Windungen auch voneinander sorgfältig isoliert werden, weil zwischen den Lagen viel größere Potentialdifferenzen entstehen können als zwischen den benachbarten Drahtwindungen. Die ganze Bewicklung eines Elektromagnets nimmt manchmal einen beträchtlichen Raum ein, welchen Umstand man beim Entwerfen der Form und der Abmessungen des Kernes schon vorhersehen muß.

Bei starken Strömen und mehreren Lagen von Windungen muß für eine gute Ventilation des Elektromagnets gesorgt werden, damit er sich nicht zu sehr erwärmt. Manchmal wird sogar eine Wasserkühlung angebracht.

In der Abb. 249 ist ein von JOULE erfundener Elektromagnet dargestellt. Er ist aus einer dickwandigen Eisenröhre hergestellt, welche der Länge nach exzentrisch abgesägt ist; an den entstandenen Schlitz wird ein flacher Anker angelegt. Die Berührungsflächen zwischen den Röhrenwänden und dem Anker müssen gut angepaßt und sogar poliert werden, damit der Anker möglichst glatt und ohne Luftzwischenraum an der Röhre anliegt. Wir haben ja gesehen, daß der Luftzwischenraum im magnetischen Kreise den größten

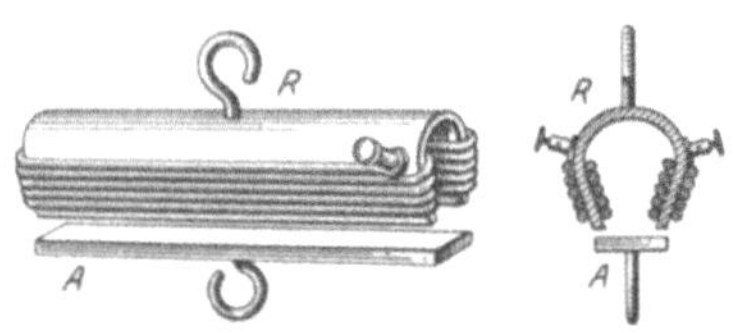


Abb. 249. JOULEscher Elektromagnet.

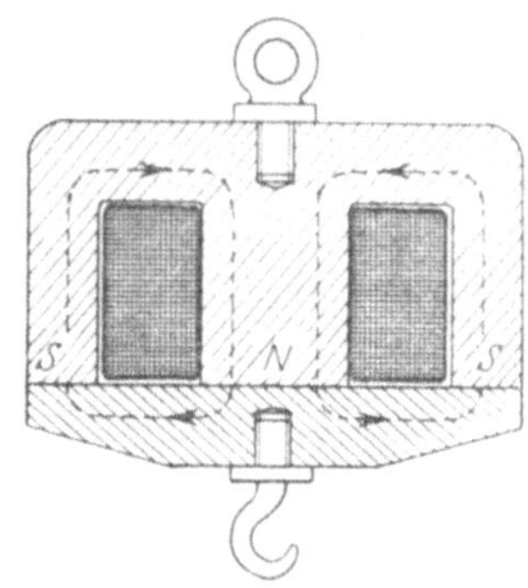


Abb. 250. Glockenelektromagnet.

magnetischen Widerstand bietet. Da der magnetische Kreis im JOULEschen Elektromagnete sehr kurz ist und einen verhältnismäßig großen Querschnitt hat, so erhält man in ihm einen großen Induktionsfluß und eine große Tragkraft. Ein verhältnismäßig kleiner JOULEscher Elektromagnet von etwa 10 cm Länge von einem Strom von etwa 10 Ampere gespeist, kann schon an seinem Anker ein Gewicht von etwa 30 kg tragen.

In der Abb. 250 sehen wir einen sog. Glockenmagnet. Der zylindrische Eisenkern wird hier durch die äußere Eisenhülle und durch den Anker derart geschlossen, daß die Wickelung völlig im Eisen eingebettet erscheint.

Für Laboratoriumszwecke sind von H. DU BOIS (Abb. 251) und von P. WEISS (Abb. 252) starke Elektromagnete gebaut worden, die bei kleinem Luftzwischenraum eine Feldstärke von über 50 000 Gauss zu erzeugen erlauben. Sie haben einen ringförmigen oder auch halbringförmigen Kern, längs dessen etwa 100 000

Amperewindungen Platz finden können. Die Wickelung wird meistens nur in der Nähe der Pole angebracht, damit der Teil des Kernes, der als Grundplatte dient, von Wickelungen frei bleibt und die Schenkel des Elektromagnets gegeneinander zu verschieben und auch zu drehen erlaubt. Der Elektromagnet von du Bois kann durch Umkippen auf den Fuß $M$ vertikal gestellt werden. Beim Weissschen Elektromagnet dient die Kurbel $F$ zum drehen um eine Vertikalachse, wobei seine Stellung am Teilkreise $Z$ abgelesen werden kann. Außerdem sind hier die Spulen $G$ mit einer Wasserkühlung $S$ umgeben, die auch bei großer Belastung eine konstante, 25° nicht überschreitende Tempe-

Abb. 251. Elektromagnet von H. du Bois.

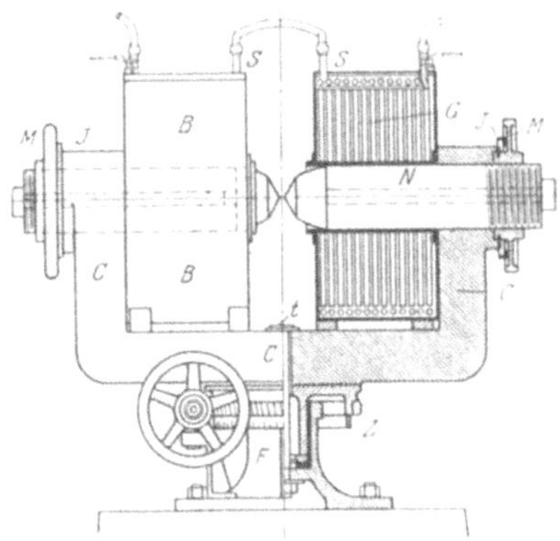


Abb. 252. Elektromagnet von P. Weiss mit Wasserkühlung.

ratur des Eisenkernes zu unterhalten erlaubt. An den Polen werden je nach Bedarf verschieden geformte Polschuhe angebracht. Für die Konzentration des Feldes auf einer kleinen Fläche hat du Bois es als vorteilhaft gefunden, konische Polschuhe mit einem Winkel von 60° zu gebrauchen. Für optische Beobachtungen im Magnetfelde werden die Pole mit einer Durchbohrung in der Richtung des Magnetfeldes versehen.

Je kleiner der Schlitz, desto stärker kann in einem solchen Elektromagnet das Magnetfeld erzeugt werden. Bei einer Schlitzbreite von 1 mm und bei einem Poldurchmesser von 3,6 mm erhält man in dem Boisschen Elektromagneten eine Feldstärke von 60000 Gauss. Das ist auch die größte magnetische Feldstärke, die man bis jetzt in einem Elektromagnet dauernd erhalten kann. In neuester Zeit hat P. Kapitza in Cambridge bei seinen Experimenten Feldstärken bis zu 500000 Gauss benutzt; sie dauerten aber nur kurze Zeit, etwa 0,01 Sekunde, so daß die Wickelung keine Zeit hatte, sich zu erwärmen. Eine hundertstel Sekunde genügte aber, um die von P. Kapitza angestellten magneto-optischen Versuche photographisch zu fixieren.

**276. Tragkraft eines Elektromagnets.** Um die Kraft zu bestimmen, die zwischen dem Kern und dem Anker eines Elektromagnets wirkt, kann man folgendermaßen verfahren. Man denkt sich zwischen dem Kern und dem Anker einen sehr schmalen Luftzwischenraum, in welchem dann die Feldintensität gleich der Induktion sein wird. Die zwei durch den Luftzwischenraum getrennten Flächen werden sich ganz ebenso verhalten wie zwei Kondensatorplatten, deren gegenseitige Anziehungskraft wir schon berechnet haben (S. 41, **49**). Bei einer Induktion $B$ und dem Flächeninhalte der Berührungsebene $S$ wird die Tragkraft

$$F = \frac{B^2}{8\pi} S \text{ Dyn.}$$

Wollen wir diese Tragkraft in Gewichtseinheiten, z. B. in Kilogrammen* ausdrücken, so müssen wir durch $10^6$ dividieren.

Die von uns angegebene Formel gilt nur für die Fälle, wo die Kraftlinien zu den sich berührenden Flächen des Kernes und des Ankers normal sind. Ist das nicht der Fall, so müssen andere kompliziertere Formeln angewandt werden.

Ist der Anker nicht in unmittelbarer Berührung mit dem Eisenkern, so wird bei derselben Stromstärke natürlich die Tragkraft viel kleiner, weil die Induktion wegen des magnetischen Widerstandes der Luft kleiner geworden ist.

Die Elektromagnete, bei denen der Kern sofort nach der Stromunterbrechung den Anker loslassen soll, muß stets mit einem Luftzwischenraum eingerichtet werden. Der Grund dazu liegt in der Erscheinung der Remanenz. Bei Elektromagneten mit fest anliegendem Anker bleibt nämlich der remanente Magnetismus auch nach der Stromunterbrechung noch so stark, daß man zuweilen eine große Kraft anwenden muß, um den Anker von dem Kern loszureißen. Anderseits genügt schon ein verhältnismäßig kleiner Luftzwischenraum, um den Kern sofort nach Stromunterbrechung zu entmagnetisieren, so daß der Anker nicht mehr kleben bleibt. Aus diesem Grunde sind z. B. alle Elektromagnete in den telegraphischen Apparaten mit einem Luftzwischenraum versehen.

**277. Elektrische Glocke.** Wir können hier die mannigfaltigen Anwendungen der Elektromagnete nicht beschreiben und wollen uns nur mit den typischen Beispielen begnügen. Ein solches Beispiel haben wir in der wohlbekannten elektrischen Glocke (Abb. 253).

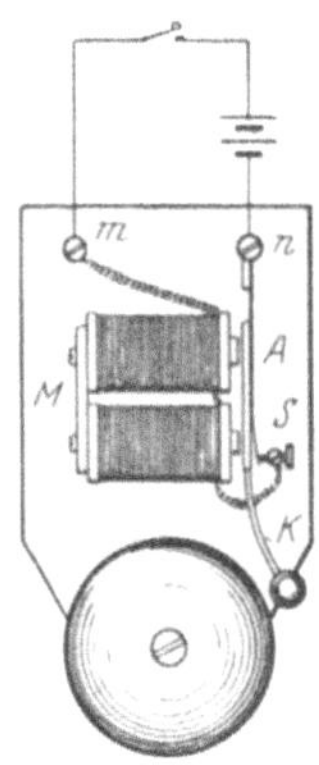

Abb. 253. Elektrische Glocke.

Der Strom geht von der Klemme *m* zum Elektromagnet *M* und zur Schraube *S*; eine Stahlfeder legt den Anker *A* an die Schraube *S* an und verbindet sie mit der zweiten Klemme *n*. Der Strom wird also durch den Leiter *mSAn* geschlossen, der Elektromagnet wird erregt und zieht den Anker an. In diesem Moment wird aber der Strom in dem Kontakte *S* unterbrochen; der Anker wird von dem Elektromagnet losgelassen, durch die Feder wieder an den Kontakt *S* angelegt, wodurch der Strom wieder geschlossen wird, und das Spiel fängt von neuem an. Auf diese Weise wird der Anker und mit ihm auch der Glockenhammer in Vibrationsbewegung versetzt, und die Glocke gibt einen intermittierenden Ton. Der Ton dauert offenbar so lange, als die Klemmen mit irgendeiner Stromquelle verbunden sind. Als Stromquelle für solche Glocken dienen meistens Elemente vom Leclanché-Typus, und der Stromschluß erfolgt durch einen sog. Kontaktknopf. Gehören mehrere Knöpfe zu einer Glocke, so müssen sie alle parallel geschaltet werden, damit jede von ihnen, unabhängig von der anderen, den Stromschluß besorgen kann, um die Glocke ertönen zu lassen.

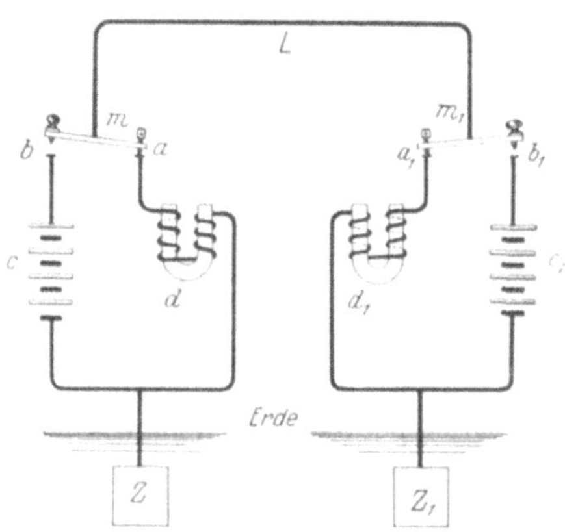

Abb. 254. Telegraph.

**278. Telegraph.** In der Abb. 254 ist das einfachste Schema eines Telegraphen gezeichnet. Wir sehen hier zwei Stationen. Jede Station enthält einen Schlüssel *m*, eine Batterie *c* und einen Elektromagnet *d* in Reihe geschaltet.

Die Schlüssel beider Stationen sind durch einen Draht $L$ (Leitung) verbunden; die Batterien sind mit ihren gleichnamigen Polen zur Erde abgeleitet.

Drücken wir den Schlüssel $m$ auf der einen Station an, so verbinden wir die Leitung mit unserer Batterie $c$. Unser Elektromagnet $d$ wird dabei frei, aber der Elektromagnet der Nachbarstation $d_1$, auf welchem der Schlüssel $m_1$ liegt, wird in Tätigkeit gesetzt. Der Strom geht über die Batterie $c$, die Erdverbindung $ZZ$ zum Elektromagnet $d_1$, durch den Schlüssel $m_1$ und die Leitung wieder zu unserer Batterie zurück. Die Elektromagnete sind mit Ankern versehen, die einen Schreibapparat in Tätigkeit setzen, und auf einem durch ein Uhrwerk bewegten Papierstreifen wird, je nach der Dauer des Stromschlusses, ein kurzer oder langer Strich erscheinen. Aus solchen kurzen und langen Strichen hat MORSE das allbekannte Alphabet zusammengestellt.

**279. Relais.** Bei sehr langen Leitungen wird ihr Widerstand so groß, daß zur Unterhaltung eines für das Funktionieren des elektromagnetischen Schreibapparates nötigen Stromes galvanische Batterien mit einer großen Zahl hintereinander geschalteten Elementen nötig werden. Um das zu umgehen, wird der Strom von der Sendestation nicht direkt in den Morse-Apparat geführt, sondern zu einem Hilfselektromagnet, dessen Anker einen Kontakt schließt; durch diesen Kontakt wird dann eine auf derselben Station aufgestellte Batterie (Ortsbatterie) an den Morse-Apparat angeschlossen, wodurch der letztere in Tätigkeit versetzt wird. Der Hilfselektromagnet heißt ein Relais. Ein Relais kann viel empfindlicher gemacht werden und auf viel schwächere Ströme reagieren als der Elektromagnet im Morse-Apparat, weil es nur einen ganz leichten Kontaktschlüssel zu bewegen hat, und nicht einen komplizierten Schreibapparat. Anderseits braucht die Ortsbatterie nicht so groß zu sein, weil der Widerstand des Ortsstromkreises viel kleiner ist, als der Widerstand der langen Leitung.

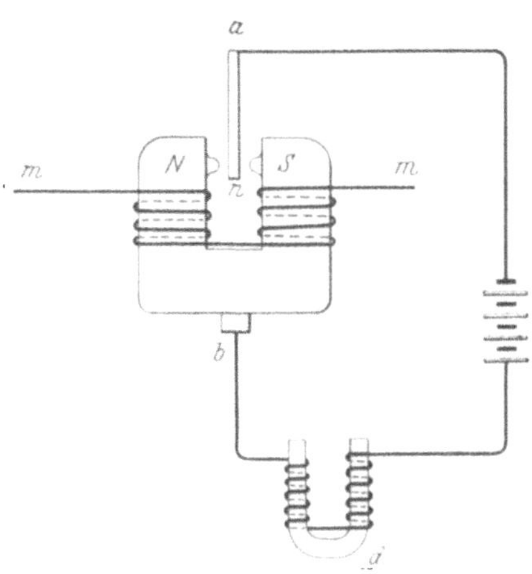

Abb. 255. Polarisiertes Relais.

Am empfindlichsten sind die sog. polarisierten Relais (Abb. 255), in denen der Kern aus einem *Dauermagnet* hergestellt ist; die Wickelungen sind dabei so angeordnet, daß der Strom beide Pole des Magnets *gleichnamig* polarisiert. Zwischen den Polen des Magnets befindet sich eine Kontaktzunge $an$, die man durch vorsichtiges Verschieben so einstellen kann, daß sie keinen der beiden Pole berührt oder sich ganz leicht an einen Isolationsknopf des einen Pols anlegt. Der geringste Strom, der die Wickelungen durchströmt, verstärkt den einen Pol und schwächt den anderen; das Gleichgewicht der Zunge wird gestört, sie legt sich an den nichtisolierten Pol an und besorgt die Schlußverbindung der Batterie mit dem Morse-Apparat; die Relais sind jetzt sehr verbreitet. Man stellt sie nicht nur an den Morse-Apparaten, sondern auch in den Leitungen selbst auf. Durch die Zwischenrelais wird eine lange Leitung in kürzere eingeteilt, deren jede dadurch ihre eigene Batterie erhält.

**280. Telephon und Mikrophon.** Bei der Übertragung von Tönen und Sprechlauten spielen zwei Apparate die wesentliche Rolle: das von GRAHAN BELL (1875) erfundene Telephon und von DAVID E. HUGHES (1878) konstruierte Mikrophon.

Wir fangen mit der Beschreibung des letzteren an. Stellen wir einen Kohlenstift zwischen zwei Kohlenplatten und schicken durch dieses System einen elektrischen Strom durch, so können wir an einem eingeschalteten Galvanometer sehen, wie empfindlich der Widerstand der Kohlenkontakte gegen Druckänderungen ist. Je größer der Druck, desto kleiner wird der Widerstand des Kontaktes, und desto größer wird die Stromstärke. Es genügt schon, in der Nähe des Kohlenstabes oder der Platten einen Ton zu erzeugen, welcher ja aus sehr schwachen und raschen Druckänderungen besteht, um in dem Stromkreise nachweisbare Stromschwankungen zu erzeugen.

Der Nachweis dieser Stromschwankungen gelingt mit dem Telephon. Das von G. Bell erfundene Telephon besteht aus einer dünnen Eisenmembran, in deren Nähe ein starker Magnet befestigt ist. Auf den Magnetpolen sitzt eine Drahtspule, welche mit der Stromleitung verbunden wird. Ist die Stromstärke in der Leitung konstant, so bleibt die Eisenmembran unter der Anziehung des Magnets in Ruhe; aber jede Veränderung des Stromes wird sofort auch die gegenseitige Lage der Platte und des Magnets verändern.

Schalten wir in die Leitung ein Mikrophon und ein Telephon hintereinander, so wird jede Schallbewegung am Mikrophone entsprechende Änderungen der Stromstärke in dem Stromkreise hervorrufen: die Telephonmembran gerät dabei in Schwingungen, und gibt uns denselben Ton, welcher in der auf das Mikrophon auffallenden Schallwelle enthalten ist. In dieser Weise wird es möglich, die verschiedensten Töne, u. a. auch die menschliche Sprache, auf weite Entfernungen elektrisch zu befördern.

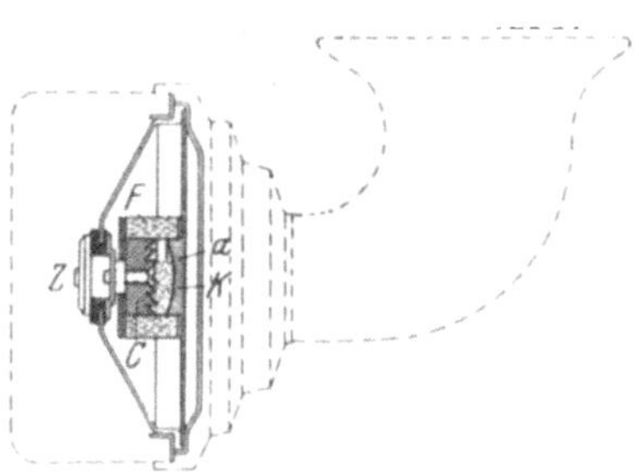


Abb. 256. Mikrophon. $a$ = Membran, $F$ = Filzring, $C$ = geriefelter Kohlenkörper, $K$ = Kohlengries, $Z$ = Zuleitung.

Der Kohlestift im Mikrophon von Hughes wird jetzt durch kleine Kohlenkörner ersetzt (Abb. 256), die eine sehr große Zahl Kohlenkontakte bilden und dadurch auf die Schallwellen noch empfindlicher reagieren. Im Telephon wird jetzt statt eines Magnetstabes ein hufeisenförmiger Magnet gebraucht, der sehr nah an der Eisenplatte befestigt ist und so einen geschlossenen Magnetkreis mit möglichst kleinem Luftzwischenraume bildet. Die Wirkungen des Magnets auf die Platte werden dabei wesentlich verstärkt.

In der Abb. 257a sieht man ein Telephon von Siemens & Halske im Durchschnitt. In der

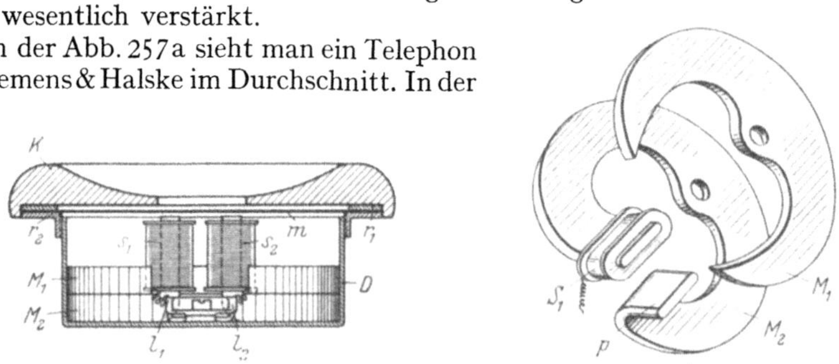


Abb. 257. Fernhörer von Siemens & Halske. $K$ = Hörmuschel, $r_1 r_2$ = Messingringe, $m$ = Membran, $D$ = Dose, $M_1 M_2$ = Magnete. $p$ = Polschuh, $S_1 S_2$ = Spulen, $l_1 l_2$ = Lötösenstifte.

Abb. 257b sind die zwei Dauermagnete und eine Stromspule $S_1$ dargestellt.

Wir können hier die verschiedenen Konstruktionen der Telephone nicht beschreiben, wollen aber eine wichtige Bemerkung nicht unterlassen. Auf den ersten Blick könnte es scheinen, daß man im Telephon auch ohne den Dauermagnet auskommen könnte, denn die Vibrationen der Platte können ja auch unter dem Einfluß der Stromspule allein zustande kommen. Nun sind aber die Telephonströme im allgemeinen sehr schwach, und die von ihnen in der Stromspule erzeugte Feldintensität $M$ ist sehr klein. Die Kraftwirkungen einer Stromspule auf das Eisen sind proportional zu $M^2$, und das Quadrat einer kleinen Größe würde schon verschwindend klein sein. Außerdem würden bei solchen Kraftwirkungen die Schwingungen der Membran nicht proportional den Stromschwankungen, sondern proportional dem Quadrate derselben sein. Dadurch würden alle Schwingungsfrequenzen verdoppelt, wie wir es im Kapitel über Wechselströme näher erörtern werden. Eine Verdoppelung der Frequenz ist aber einer Transposition aller Töne in die Oktave äquivalent. Wir sehen also, daß ein solches Telephon völlig unbrauchbar sein würde. Durch die Anbringung eines Dauermagneten werden alle diese Schwierigkeiten beseitigt: die Telephonmembran wird dauernd magnetisiert, und zwar proportional dem Felde des Magnets $M_0$, und die Wechselwirkung der Stromspule und der magnetisierten Membran wird proportional zu dem Produkte $MM_0$. Dadurch werden die Wirkungen erstens viel größer, weil $M_0$ größer als $M$ gemacht werden kann, und außerdem, da $M_0$ konstant bleibt, wird das Produkt $MM_0$ und die Kraftwirkung auf die Membran proportional zu der Stromstärke in dem Leiter sein und nicht proportional dem Quadrate der Stromstärke. Die Tonfrequenz wird nicht verdoppelt, und die Töne, welche auf das Mikrophon treffen, werden im Telephon treu wiedergegeben.

Es ist bemerkenswert, daß sehr schwache Ströme von etwa $10^{-5}$ Ampere schon im Telephon hörbar sein können. Natürlich muß die Frequenz dieser Ströme in dem Bereiche der *hörbaren* Frequenzen der Töne sein, d. h. zwischen 10 und 10000 Schwingungen in der Sekunde liegen. Für Frequenzen der Luftschwingungen, welche kleiner als 10 und größer als 10 000 sind, ist nämlich unser Ohr unempfindlich.

Um die Telephontöne zu verstärken, kann man auch eine Art von Telephonrelais konstruieren, wenn man die Telephonmembran als eine zweite Mikrophonplatte benutzt und die Ströme einer Ortsbatterie durch dieses Mikrophon hindurchschickt. Solche mechanische Verstärker haben aber sehr viele Nachteile und werden selten benutzt, da wir jetzt in den sog. Kathodenröhren einen elektrischen Verstärker von großer Vollkommenheit besitzen. Von Kathodenröhren werden wir im dritten Teile dieses Buches sprechen.

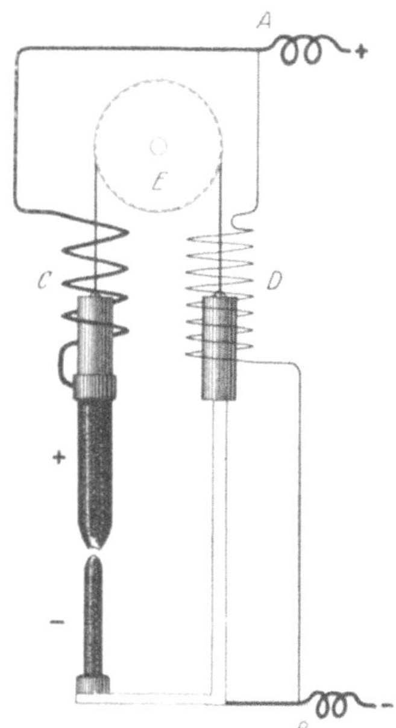

Abb. 258. Automatischer Differentialregulator.

**281. Lampenregulator.** Zum Schluß wollen wir noch die automatische Regulierung der Kohlebogenlampen beschreiben. Die Bogenlampen sind jetzt durch die viel einfachere und billigere Glühlampe fast verdrängt; die Konstruktion der Regulatoren verdient aber dennoch unsere Aufmerksamkeit. Es gibt unzählige Systeme von solchen Regulatoren. Wir wählen ein System, welches ziemlich verbreitet war und einfach und übersichtlich zu beschreiben ist. In diesem Regulator (Abb. 258) hängen beide Kohlen in kupfernen Kohlenhaltern eingeklemmt auf einer Kette, die über ein Zahnrad $E$ gelegt ist. Die obere positive Kohle ist ein wenig schwerer, und, wenn kein Strom in der Lampe fließt, nähern sich die beiden Kohlenstifte bis zu ihrer Berührung. In den Kohlenhaltern sind Eisenstücke eingemacht, welche von den Solenoiden $D$ und $C$ angezogen werden können. Das eine Solenoid $C$, mit dicken Drahtwindungen, ist mit den Kohlenstiften *hintereinander* in die Stromleitung $AB$ eingeschlossen; das andere Solenoid, mit dünnen Drahtwindungen und also großem Widerstande ist den Kohlenstiften *parallel* geschaltet.

Sind die Kohlenstifte im Kontakt oder ist der VOLTAsche Bogen zu kurz, mit anderen Worten, ist sein Widerstand zu klein, so wird der Strom im Solenoide $C$ stark sein, und seine Wirkung auf das Eisenkern der oberen Kohle wird überwiegen; die Kohlen werden auseinandergezogen. Sind die Kohlen zu weit voneinander und der Widerstand des Bogens zu groß, so wird der Strom im Solenoid $C$ schwächer. Die Wirkung des anderen Solenoids $D$, wo außerdem der Strom stärker wird, wird die Wirkung von $C$ überwiegen, und die Kohlen werden einander genähert. Um bei diesen Bewegungen das Hin- und Herschwingen der Kohlen zu verhindern, ist am oberen Zahnrad eine hemmende Vorrichtung angebracht. Die Solenoide sind so bemessen, daß bei richtiger Länge des elektrischen Bogens ihre Wirkungen sich gerade aufheben. In dieser Weise wird eine automatische Regulierung der Bogenlampe erzielt.

Das von uns beschriebene System nennt man *Differentialregulator*, weil hier die Regulierung durch die *Differenz* der Wirkungen von zwei Solenoiden erzielt wird, indem das eine Solenoid mit den Kohlen hintereinander, das andere mit ihnen parallel geschaltet wird. Früher baute man auch Regulatoren mit einem einzigen Solenoid, aber sie erwiesen sich als unpraktisch.

## 6. Elektromagnetische Induktionserscheinungen.

**282. Die Entdeckung FARADAYS.** Wir haben gesehen, daß ein Leiter in der Nähe eines geladenen Körpers durch Influenz oder Induktion geladen wird. FARADAY stellte sich die Frage, ob etwas Ähnliches auch für elektrische Ströme gebe, d. h. ob in einem Leiter, der in die Nähe eines elektrischen Stromes gebracht wird, auch ein elektrischer Strom entstehen kann. Um diese Frage zu entscheiden, nahm FARADAY zwei parallele Stromleiter $AB$ und $CD$ (Abb. 259). Der Leiter $AB$ wurde mit einer Stromquelle $\mathcal{E}$ verbunden, der Leiter $CD$ mit einem Galvanometer. Der Versuch zeigte aber, daß es bei den Strömen eine volle Analogie zu der elektrostatischen Induktion nicht gibt; FARADAY konnte im Leiter $AB$ einen starken elektrischen Strom fließen lassen, ohne daß im benachbarten Leiter $CD$ die geringste Spur von elektrischer Strömung nachzuweisen war. Bei diesem Versuche kam aber eine andere eigenartige Erscheinung zutage.

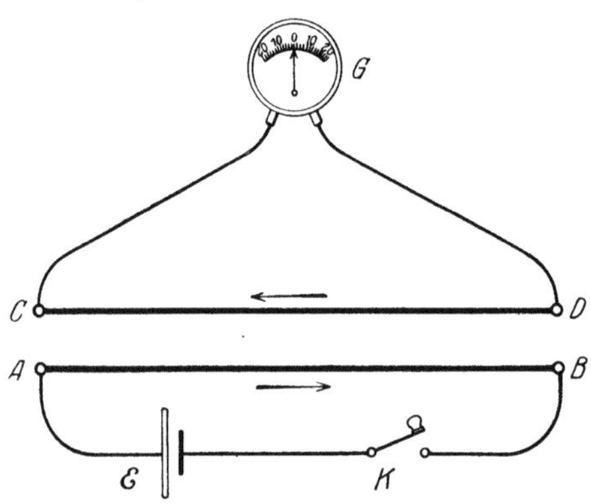

Abb. 259. Schema des FARADAYschen Versuchs.

Im Leiter $CD$ wurde eine Ablenkung des Galvanometers, also ein Strom beobachtet jedesmal, wenn man durch den Schlüssel $K$ den Strom im Leiter $AB$ *schließt* oder *unterbricht*.

Bei Schließung des Stromes in $AB$ entstand in $CD$ ein Strom von der *entgegengesetzten* Richtung als in $AB$, beim Öffnen des Stromes in $AB$ entstand in $CD$ ein Strom in *derselben* Richtung wie in $AB$.

FARADAY nannte diese Erscheinung *elektromagnetische Induktion.*

Um die Bedeutung dieser FARADAYschen Entdeckung zu würdigen, braucht man nur zu beachten, daß die Erzeugung der elektrischen Ströme in allen unseren modernen Dynamomaschinen sich völlig auf dieser wichtigen Entdeckung von FARADAY gründet.

**283. Grundversuche über die Induktionsströme.** Nach zahlreichen Modifikationen dieses fundamentalen Versuches kam FARADAY zu dem Schluß, daß die Induktionsströme jedesmal dann erzeugt werden, wenn das *magnetische* Feld in der Nähe eines Leiters *verändert* wird. Um sich zu überzeugen, daß es wirklich so ist, wollen wir folgende einfache Versuche von FARADAY wiederholen.

1. Statt zwei geradliniger Drähte nehmen wir zwei Spulen, die auf einer gemeinsamen Kartonröhre gewickelt sind (Abb. 260). Schicken wir durch die eine Spule einen elektrischen Strom von einem galvanischen Element $\mathcal{E}$, so werden wir in der zweiten Spule beim Schließen und Öffnen des Schlüssels $K$ jedesmal einen Stromstoß beobachten: beim Schließen in der Richtung entgegen der Stromrichtung in $A$ und beim Unterbrechen in derselben Richtung. Das ist ja nichts anderes als eine Wiederholung des FARADAYschen Grundversuchs. Die Wirkungen sind aber bei Spulen bedeutend kräftiger als bei geradlinigen Leitern von derselben Länge. Das zeigt uns schon, daß die elektromagnetische Induktion nicht direkt von der Stromstärke abhängt, denn die Stromstärken können in beiden Fällen gleich genommen werden, sondern von dem *magnetischen* Felde; das magnetische Feld ist in einer Spule viel kräftiger als in einem geradlinigen Strom.

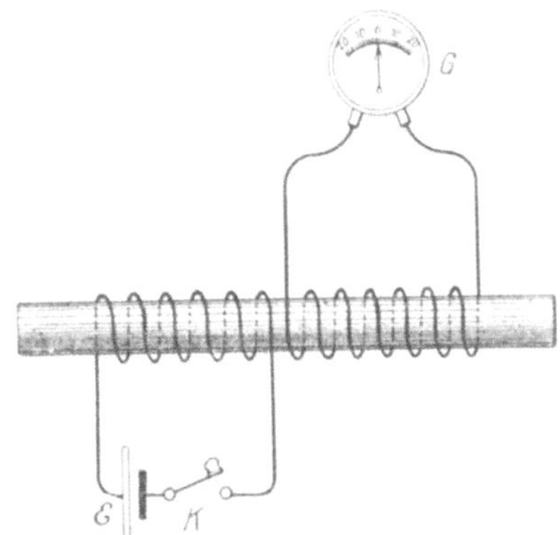


Abb. 260. Induktionserscheinungen in Spulen.

2. Statt den Strom in der Spule zu schließen und zu unterbrechen, wollen wir nur seine Stärke ändern. Die Induktionserscheinungen bleiben im Prinzip dieselben: das Verstärken und Schwächen des Stromes entspricht dem Schließen und Öffnen im vorangehenden Versuche. Nur sind jetzt die Induktionserscheinungen schwächer.

3. Lassen wir den Strom in der ersten Spule konstant bleiben und nähern oder entfernen von ihr die zweite Spule; oder wir lassen die zweite Spule in Ruhe und bewegen die erste vom konstanten Strome durchflossene Spule. In beiden Fällen erhalten wir Induktionswirkungen, die der Verstärkung oder Schwächung des Stromes bei unbeweglichen Spulen entsprechen.

4. Wir wissen, daß in bezug auf das erzeugte magnetische Feld eine Spule analog einem Magnet ist. Wir wiederholen deshalb den vorigen Versuch, indem wir statt der Spule $A$ einen konstanten Magnet nehmen. Wir überzeugen uns, daß der Magnet nicht nur in bezug auf das von ihm erzeugte Magnetfeld, sondern auch in bezug auf die erzeugten Induktionsströme mit einer Stromspule völlig identisch ist.

5. Wir führen jetzt in unsere Kartonröhre einen Eisenkern ein und magnetisieren diesen Kern mit einem elektrischen Strome oder mit einem Dauermagneten. Jede Änderung der magnetischen Polarisation des Eisenkerns bringt sofort entsprechende Induktionswirkungen in der Spule $G$ hervor. Die Wirkungen werden in diesem Falle sogar sehr stark sein, weil die magnetische Induktion im Eisen bei denselben Stromstärken in der Spule $A$ ein etwa 1000mal stärkeres Magnetfeld erzeugen kann als in der Luft.

Aus allen derartigen Versuchen können wir den allgemeinen Schluß ziehen, daß die Induktionsströme dann erzeugt werden, wenn die magnetische Induktion in der Nähe des Leiters verändert wird.

**284. Die Regel von Lenz.** Nachdem wir uns mit den Grundversuchen über die elektromagnetischen Induktionserscheinungen im allgemeinen bekannt gemacht haben, wollen wir jetzt die Richtung der Induktionsströme vorauszubestimmen lernen.

Für die Bestimmung der Richtung der Induktionsströme kann uns die folgende, von Lenz aufgestellte Regel als Führer dienen.

Die Induktionsströme sind stets so gerichtet, daß sie die Bewegung, welche sie hervorruft, zu hemmen suchen, oder allgemeiner, daß sie der *Wirkung entgegenwirken.*

Wie diese Regel anzuwenden ist, wollen wir an Beispielen erläutern.

Es sei z. B. ein kreisförmig gebogener, in sich geschlossener Leitungsdraht gegeben (Abb. 261 a), und wir *nähern* der Mitte des Kreises den Nordpol eines Magnets oder eines Solenoids. Wir wissen schon aus den vorherigen Versuchen, daß dabei in dem Kreisleiter ein Induktionsstoß erzeugt wird, der zu

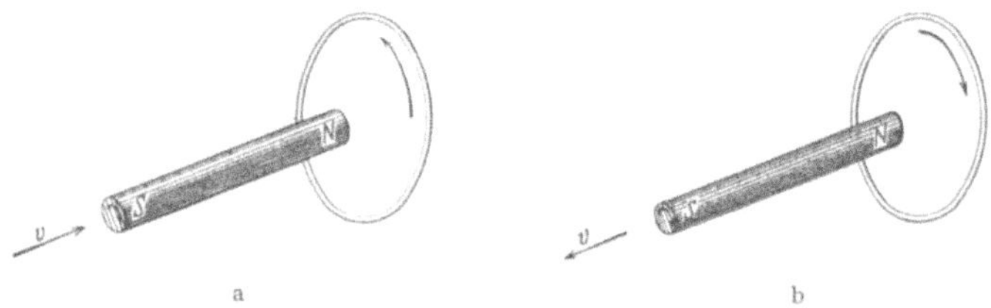


Abb. 261. Anwendung der Lenzschen Regel.

den Strömen des Solenoids entgegengesetzt gerichtet ist. In einem Nordpolet wenn er von uns ab zu dem Kreisleiter gerichtet ist, fließen die Ampèreschen Ströme in der Uhrzeigerrichtung. Also wird im Kreisleiter der Strom *entgegen* der Uhrzeigerrichtung entstehen; der Kreisstrom wird mit seiner Nordseite auf uns blicken.

Nach der Lenzschen Regel erhalten wir dieselbe Richtung der Induktionsströme, denn um die Bewegung des Nordpoles zu *hemmen,* muß in dem kreisförmigen Leiter auch ein Nordpol entstehen; dann wird dieser neu entstandene Nordpol den Nordpol des sich nähernden Magneten abstoßen.

Bei der Entfernung des Nordpols muß im Kreisstrom ein Südpol entstehen, der Strom also in der Uhrzeigerrichtung fließen (Abb. 261 b).

Wir empfehlen dem Leser, die Lenzsche Regel auch auf andere Fälle anzuwenden, z. B. auf die Fälle, wo Spulen, Magnete oder auch unmagnetisiertes Eisen gegen einen Leiter bewegt werden.

In den Fällen, wo keine sichtbare Bewegung der Körper stattfinden und die Induktion nur durch Schwächung oder Verstärkung des magnetischen Feldes zustande kommt, kann man die Lenzsche Regel auch anwenden, aber das Wort „*entgegenwirken*" muß so verstanden werden: das magnetische Feld des induzierten Stromes muß entgegen dem induzierenden magnetischen Felde wirken. Es befinde sich z. B. in irgendeiner Spule ein Eisenkern, und wir erzeugen in ihm eine Polarisation, die von uns ab zu der Spule gerichtet ist, dann entsteht in der Spule ein Strom, dessen Magnetfeld von der Spule auf uns zu gerichtet ist. Das Verschwinden eines Feldes ist dem Entstehen eines entgegengesetzt gerichteten Feldes äquivalent, es muß also auch der Induktionsstoß in der Spule in diesem Falle die entgegengesetzte Richtung haben.

**285.** Die Theorie von Helmholtz. Jetzt wollen wir zur Bestimmung der Größe des Induktionsstromes übergehen.

Der Versuch zeigt nun, daß die Stärke des Induktionsstromes bei sonst gleichen Bedingungen umgekehrt proportional dem Widerstand des Leiters ist. Daraus sehen wir schon, daß eine veränderliche magnetische Induktion nicht eine bestimmte Stromstärke hervorbringt, sondern eine bestimmte *elektromotorische Kraft;* die Stromstärke bestimmt sich dann aus dieser elektromotorischen Kraft und dem Widerstand des Leiters nach dem Ohmschen Gesetze.

H. v. Helmholtz hat gezeigt, wie man die Größe der elektromotorischen Kraft der Induktion aus dem Prinzipe der Erhaltung der Energie ableiten kann.

Betrachten wir z. B. die Faradayschen elektromagnetischen Rotationen (S. 219, **261**) vom Standpunkte der Erhaltung der Energie. Diesen Rotationen wirken gewisse Reibungskräfte entgegen, welche ja in keinem Apparate zu umgehen sind. In unseren Apparaten wirkt die Reibung in den Achsenspitzen und im Quecksilber. Ungeachtet dieser Reibung erfolgt die Rotation im Apparate ohne Aufenthalt. Wir fragen uns: woher die zu dieser Rotation nötige Energie herkommen könnte?

Die Antwort ist einfach: die dazu nötige Energie kann nur aus der einzigen in der Versuchsanordnung vorhandenen Energiequelle, nämlich aus der galvanischen Batterie stammen. In der Tat, wenn wir in den Stromkreis ein Galvanometer einschalten, so werden wir bei festgehaltenem Magnet einen stärkeren Strom beobachten, als wenn wir den Magnet frei rotieren lassen. Im ersten Falle wird nämlich die ganze Energie der Stromquelle in Joulesche Stromwärme verwandelt, im zweiten Falle wird ein Teil dieser Energie für die Rotation des Magnets verwendet, und für die Joulesche Wärme bleibt weniger Energie übrig. Die Joulesche Wärme ist gleich $RJ^2$, also muß im zweiten Falle der Strom $J$ kleiner sein.

Wir wollen jetzt die beiden Fälle einzeln rechnerisch verfolgen.

Die Energie, welche in der Zeiteinheit von der Batterie geliefert wird, ist gleich $\mathcal{E}J$, und in einer Zeit $t$ Sekunden wird eine Energie $\mathcal{E}Jt$ geliefert. Diese Energie verwandelt sich bei festgehaltenem Magnet nur in die Joulesche Wärme, deren Betrag für dieselbe Zeit $t$ gleich $J^2Rt$ ist (S. 138, **165**).

Nach dem Energiegesetz müssen beide Größen einander gleich sein, da die Energie sonst nirgends verloren gehen kann. Aus der Gleichung

$$\mathcal{E}Jt = J^2Rt$$

erhalten wir sofort

$$J = \frac{\mathcal{E}}{R}.$$

Wir haben also aus der Energiegleichung das Ohmsche Gesetz wiedergewonnen.

Wir lassen jetzt den Magnet los, und wenn er vom Strome in Rotation versetzt wird, wird die Energie der Batterie in zweifacher Weise verbraucht: für die Joulesche Wärme und für die Bewegung des Magnets. Die Größe der Arbeit, die nötig ist, um einen Magnet und einen Stromleiter relativ zueinander zu bewegen, haben wir ganz allgemein durch das Produkt aus der Stromstärke und der bei der Bewegung geschnittenen Kraftlinienzahl $N$ ausgedrückt (S. 222, **262**); sie ist also gleich $NJ$. Beim rotierenden Magneten müssen wir daher die Energiegleichung in folgender Weise schreiben:

$$\mathcal{E}Jt = J^2Rt + JN.$$

Die Stromstärke ergibt sich jetzt

$$J = \frac{\mathcal{E} - \frac{N}{t}}{R}.$$

Aus dieser Formel sehen wir, daß die Größe $-\frac{N}{t}$ die Rolle einer elektromotorischen Kraft spielt. Das ist eben die gesuchte elektromotorische Kraft der Induktion.

Es bedeutet $-N$ die *Verminderung* des Kraftflusses oder der Kraftlinienzahl im Stromleiter, die durch die Bewegung des Magnets verursacht wird. Die Größe $\frac{N}{t}$ bedeutet die Änderung der Kraftlinienzahl in der Zeiteinheit; wir können das die *Änderungsgeschwindigkeit* der Kraftlinienzahl nennen. Die elektromotorische Kraft der Induktion ist also gleich der *negativen* Änderungsgeschwindigkeit des Kraftlinienflusses.

Bei dieser Berechnung haben wir stillschweigend angenommen, daß der Kraftlinienfluß bei der Bewegung sich gleichmäßig ändert. Bei ungleichmäßiger Änderung müssen wir bei der Berechnung der Induktionswirkungen so kleine Zeitelemente nehmen, daß die Änderung der Kraftlinienzahl in jedem Zeitelemente als gleichmäßig angesehen werden darf. Dividieren wir diese Änderung durch das kleine Zeitelement, so erhalten wir die mittlere Änderungsgeschwindigkeit des Induktionsflusses und mit dem entgegengesetzten Zeichen die mittlere elektromotorische Kraft, die während dieses kleinen Zeitelements gewirkt hat. Diesen Mittelwert nehmen wir für den wahren Wert an, weil der Unterschied zwischen ihnen verschwindend klein ist.

Es sei übrigens bemerkt, daß wir bei der Definition der Änderungsgeschwindigkeit des Induktionsflusses in ganz derselben Weise verfahren wie bei jeder andern Geschwindigkeit, z. B. bei der Definition der Geschwindigkeit der Bewegung irgendeines Körpers. Die Geschwindigkeit des Körpers erhält man durch Division des zurückgelegten Weges durch die Zeit. Das ist streng richtig, wenn die Geschwindigkeit während der ganzen Zeit konstant bleibt. Ist das nicht der Fall, so teilen wir den Weg in einzelne kleine Strecken, die so klein genommen werden, daß die mittlere Geschwindigkeit auf jeder dieser Strecken als die wahre Geschwindigkeit angenommen werden darf.

Es ist üblich, die Geschwindigkeit auf der Strecke $s$ mit einem Punkte über dem Buchstaben $s$ zu bezeichnen, also in folgender Weise:

$$v = \dot{s}.$$

Wir wollen ebenso die Geschwindigkeitsänderung des Induktionsflusses $N$ mit $\dot{N}$ bezeichnen. Die elektromotorische Kraft der Induktion wird dann

$$\mathcal{E} = -\dot{N}.$$

Die Richtung dieser elektromotorischen Kraft kann nach der Lenzschen Regel bestimmt werden.

Man kann aber auch anders verfahren.

Bei einem stromlosen Leiter sind die positiven Richtungen der Fläche und ihrer Normale noch nicht fixiert. Wir können also als *positiv* die vom Leiter umspannte Fläche annehmen, aus welcher der Induktionsfluß *heraustritt*, und die andere, in welche der Induktionsfluß eintritt, als negativ. Durch die Richtung der positiven Normale der Fläche ist gleichzeitig nach der Schraubenregel die positive Richtung längs des Leiters fixiert. Wird der Induktionsfluß durch die vom Leiter umfaßte Fläche kleiner, so entsteht in ihm eine elektromotorische Kraft in der Richtung, welche wir positiv angenommen haben, wird der Induktionsfluß größer, so entsteht eine elektromotorische Kraft in der negativen Richtung, wie es unsere Formel auch fordert. Die Formel gibt uns demnach in jedem Falle nicht nur die Größe, sondern auch die Richtung der elektromotorischen Kraft der Induktion an.

**286. Das Schneiden der Kraftlinien.** Wir können dem Induktionsgesetze eine Form geben, die der FARADAYschen Hypothese über die Kraftlinien des Feldes näher steht und außerdem eine sehr große Anschaulichkeit besitzt. Wir haben gesehen, daß eine elektromotorische Kraft der Induktion immer dann im Leiter erscheint, wenn der Induktionsfluß durch die vom Stromleiter umrandete Fläche sich ändert. Nun ist ja der Induktionsfluß gleich der Kraftlinienzahl, und die Kraftlinienzahl kann sich in einer Stromfläche nur dann ändern, wenn eine gewisse Zahl der Kraftlinien diese Fläche verläßt oder in diese Fläche von außen hineintritt. In beiden Fällen müssen die Kraftlinien die Umrandung der Fläche, d. h. den Stromleiter selbst, überschreiten oder *schneiden*, denn alle Induktionsröhren des Magnetfeldes einerseits und alle Ströme anderseits bilden stets in sich geschlossene Linien (vgl. Abb. 208, S. 195).

Wir können demnach das Induktionsgesetz nach FARADAY auch so aussprechen: Die elektromotorische Kraft der Induktion ist gleich der in einer Sekunde vom Leiter geschnittenen Kraftlinienzahl.

**287. Bewegter Leiter im magnetischen Felde.** In den Fällen der elektromagnetischen Induktion, wo alle Körper in Ruhe bleiben und sich nur der Induktionsfluß ändert (in den Grundversuchen S. 243, **283**, der erste und zweite Fall), ist eigentlich das Schneiden der Kraftlinien unmittelbar unseren Sinnen nicht zugänglich, weil man eben die Bewegung der Kraftlinien nicht sehen kann. Aber wenn die Induktion durch Bewegung von Körpern gegeneinander hervorgebracht wird, gewinnt dieser Ausdruck eine so große Anschaulichkeit, daß wir ihn benützen wollen, um dem Induktionsgesetz für diesen Fall eine andere, für viele Anwendungen bequemere Form zu geben.

Wir wollen also annehmen, daß uns ruhende Magnete oder Solenoide gegeben sind und folglich das magnetische Feld mit allen seinen Kraftlinien in jedem

Abb. 262. Bewegung eines Leiterstücks im Magnetfelde.

Punkte des Raumes konstant bleibt. Ein Leiter bewege sich in diesem konstanten magnetischen Felde, und wir wollen die in ihm induzierte Kraft bestimmen.

Wir betrachten einen Teil dieses Leiters (Abb. 262) und nehmen seine positive Richtung z. B. von oben nach unten an. Das Magnetfeld sei von uns zu dem Leiter gerichtet. Würde der Strom $J$ im Leiter in der angenommenen positiven Richtung fließen, so würde er in dem gegebenen Magnetfeld eine Kraftwirkung $F$ nach rechts erfahren (Abb. 262 a). Verschieben wir also den Leiter gerade in der entgegengesetzten Richtung $v$ (Abb. 262 b), so wird in ihm nach LENZ eine elektromotorische Kraft und ein Strom von oben nach unten erzeugt.

Die Länge des Leiterstücks sei $l$, und die von ihm zurückgelegte Strecke sei $s$. Dann wird der Induktionsfluß durch die vom Stromleiter beschriebene Fläche $N = Bls$ und die in ihm induzierte Potentialdifferenz gleich

$$\mathcal{E} = -\frac{N}{t} = -Bl\frac{s}{t} = -Bl\dot{s}.$$

Hier wird die elektromotorische Kraft durch die Bewegungsgeschwindigkeit $\dot{s}$ ausgedrückt.

Diese Formel gilt natürlich nur dann, wenn alle Richtungen $B, l, s$ zueinander senkrecht stehen. Bildet die positive Richtung des Stromleiters $l$ mit der Richtung der Bewegung $s$ einen Winkel $(ls)$, so wird die von ihm beschriebene Fläche kleiner, nämlich $ls \cdot \sin(ls)$.

Durch die zwei Richtungen $l$ und $s$ legen wir eine Ebene, deren Normale nach der Rechtsschraubenrichtung (S. 208, **250**, Abb. 223) aus der Richtung von $l$ und $s$ völlig bestimmt ist. Bildet die magnetische Induktion mit dieser positiven Normale einen Winkel $(Bn)$, so wird der Induktionsfluß durch die vom Stromleiter beschriebene Fläche gleich

$$N = Bls \cdot \sin(ls) \cdot \cos(Bn)$$

und der Ausdruck für die im Leiterstück $l$ induzierte Potentialdifferenz wird folgende Form haben

$$V = -B \cdot l\dot{s} \cdot \sin(ls) \cdot \cos(Bn).$$

In dem allgemeinsten Falle, wo ein beliebig geformter und biegsamer Leiter mit seinen verschiedenen Teilstücken und zu verschiedener Zeit in verschiedener Weise die Kraftlinien schneidet, muß man die Potentialdifferenzen aller seiner einzelnen Teile zusammenaddieren (ganz so, als ob in den verschiedenen Teilen des Leiters galvanische Elemente eingeschaltet wären). Dann erhält man die totale elektromotorische Kraft in dem bewegten Leiter.

**288. Induktion in einer Drahtspule.** Erinnern wir uns, was wir (S. 223, **263**) von der vom Leiter umschlungenen Kraftlinienzahl gesagt haben, so müssen wir noch den Umstand berücksichtigen, daß bei der Bewegung eines Leiters, der aus mehreren Windungen besteht, ein und dieselbe Kraftlinie gleichzeitig an mehreren Stellen geschnitten werden kann. Wir müssen demnach in unseren allgemeinen Formeln für die elektromotorische Kraft der Induktion unter $N$ nicht die Änderung des Induktionsflusses verstehen, sondern die Änderung der mit dem Leiter verketteten Kraftlinienzahl.

Besteht aber die Drahtspule aus $n$ gleichen Windungen und durchsetzen die Kraftlinien alle diese Windungen in gleicher Weise, so können wir wieder unter $N$ einfach den Induktionsfluß $(BS)$ verstehen; die umschlungene Kraftlinienzahl oder der *Spulenfluß* wird dann gleich $nN$. In jeder Windung der Spule wird eine elektromotorische Kraft $-\dot{N}$ induziert und in allen $n$ Windungen eine elektromotorische Kraft $-n\dot{N}$.

**289. Die durch Induktion erzeugte Elektrizitätsmenge.** Die Ausdrücke für die elektromotorische Kraft der Induktion können uns einen sehr einfachen Ausdruck für die durch die Induktion erzeugte Elektrizitätsmenge geben. Ist der Widerstand des Leiters gleich $R$, so ist der Induktionsstrom

$$J = \frac{\mathcal{E}}{R} = -\frac{N}{Rt}$$

und die durch Vergrößerung des Induktionsflusses um $N$ Kraftlinien erzeugte Elektrizitätsmenge ist gleich

$$e = J\,t = -\frac{N}{R}\,.$$

Beim Verschwinden des Induktionsflusses erhalten wir die Elektrizitätsmenge

$$e = +\frac{N}{R}\,.$$

Beide Elektrizitätsmengen sind gleich, aber sie bewegen sich in den entgegengesetzten Richtungen.

**290. Bewegung einer Spule im Magnetfelde.** In den Abb. 263 a und 263 b sind verschiedene fortschreitende Bewegungen einer Drahtschleife oder einer flachen Spule im homogenen Magnetfelde gezeichnet. Obgleich in den einzelnen Teilen der Drahtschleife bei diesen Bewegungen Potentialdifferenzen

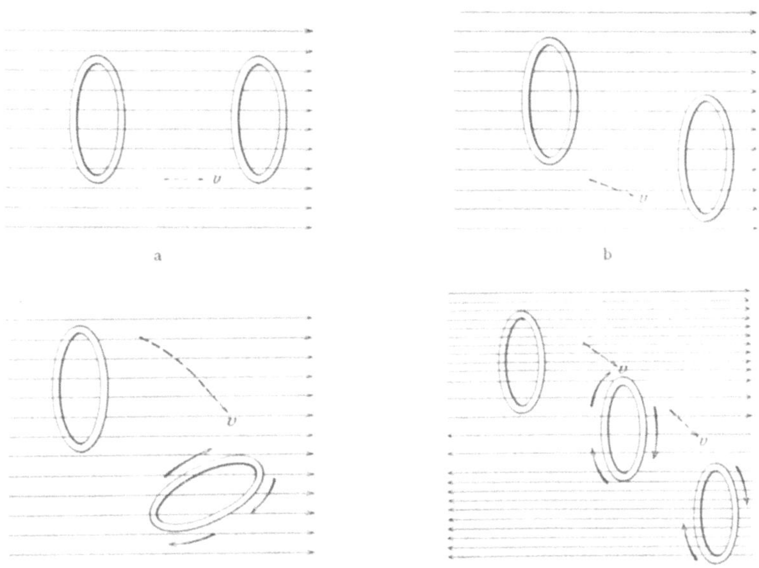

a b c d

Abb. 263. Bewegung einer Drahtschleife im Magnetfelde.

induziert werden, bleibt dennoch der totale Induktionsfluß dabei konstant, und die totale induzierte elektromotorische Kraft in der Schleife bleibt Null; es wird kein Induktionsstrom erregt. Nur bei einer drehenden Bewegung (Abb. 263 c) erhalten wir eine Induktionswirkung. In einem inhomogenen Felde dagegen (Abb. 263 d) kann auch bei einer fortschreitenden Bewegung ein Induktionsstrom erregt werden. Wir empfehlen dem Leser, sich an diesen Zeichnungen zu üben, die Stromrichtung in der Schleife bei ihrer Bewegung im Magnetfelde zu bestimmen.

**291. Beispiele.** Als Zahlenbeispiel für die Berechnung der induzierten elektromotorischen Kraft wollen wir dieselben Fälle behandeln, die uns zur Berechnung der mechanischen Kräfte dienten (S. 225, **265**).

1. Ein vertikales Leiterstück von $l = 15$ cm Länge bewege sich in der Ostwestrichtung im magnetischen Felde der Erde mit einer Geschwindigkeit von 100 km in 1 Stunde (Schnellzug). Wie groß ist die Potentialdifferenz an den Enden dieses Leiters?

Das Erdfeld ist von Süden nach Norden gerichtet, und bei der Bewegung des Leiters von Osten nach Westen muß die elektromotorische Kraft von oben nach unten gerichtet sein. Das obere Ende des Leiters wird demnach ein höheres Potential besitzen als das untere Ende.

In diesem Falle sind alle Richtungen senkrecht (orthogonal) zueinander, und die elektromotorische Kraft wird einfach nach der Formel

$$V = Mls$$

bestimmt. Setzen wir hier alle Größen in absoluten Einheiten ausgedrückt ein

$$M = 0{,}2; \quad l = 15 \text{ cm}$$

$$\dot{s} = 100 \frac{\text{Km}}{\text{St}} = \frac{10^7 \text{ cm}}{60 \cdot 60 \text{ sek}} = 2800 \frac{\text{cm}}{\text{sek}},$$

so erhalten wir die elektromotorische Kraft auch in absoluten elektromagnetischen Einheiten

$$V = 0{,}2 \cdot 15 \cdot 2800 = 8400 \text{ CGS-M}.$$

Wollen wir diese Potentialdifferenz in Volts ausdrücken, so müssen wir mit $10^{-8}$ multiplizieren und erhalten

$$V = 0{,}8 \cdot 10^{-4} \text{ Volt} = 0{,}08 \text{ Millivolt}.$$

Viel größere elektromotorische Kräfte erhalten wir bei der Bewegung von Spulen in einem magnetischen Felde.

2. Eine kreisförmige Spule aus 100 eng aneinanderliegenden Windungen habe einen Durchmesser von 5 cm. Die Spule wird normal zu den Kraftlinien eines magnetischen Feldes von 10 000 Gauß gestellt und dann – entweder auf 90° gedreht oder aus dem Felde plötzlich herausgezogen –; in beiden Fällen wird also der Induktionsfluß durch die Spule zum Verschwinden gebracht. Wie groß ist die dabei erzeugte Elektrizitätsmenge, wenn die Spule einen Widerstand von $R = 1$ Ohm hat. Der Induktionsfluß durch die Fläche der Spule war

$$N = 10\,000 \frac{\pi d^2}{4} = 157\,000 \text{ Maxwell}.$$

Die Zahl der verketteten oder umschlungenen Kraftlinien war $n = 100$mal größer, und die erzeugte Elektrizitätsmenge wird

$$e = \frac{nN}{R} = \frac{100 \cdot 157\,000}{R}.$$

In dieser Formel ist die Größe $N$ in elektromagnetischen Einheiten ausgedrückt. Wollen wir für den Widerstand die praktische Einheit Ohm benutzen, so müssen wir die rechte Seite durch $10^9$ dividieren, und um noch die Elektrizitätsmengen in Coulomb zu erhalten, müssen wir noch mit 10 multiplizieren. Wir erhalten also einen Faktor $10^{-8}$.

$$e = 0{,}0016 \text{ Coulomb} = 1{,}6 \text{ Millicoulomb}.$$

Wenn wir die Spule aus dem Magnetfelde sehr schnell herausnehmen, z. B. in 0,01 Sekunde, so erhalten wir eine mittlere induzierte elektromotorische Kraft

$$\varepsilon = \frac{15\,700\,000}{0{,}01} \text{ CGS-M} = 16 \text{ Volt}.$$

3. Eine Kupferscheibe steht normal zum magnetischen Felde und wird um eine durch ihr Zentrum gehende Achse in schnelle Rotation versetzt. An der Peripherie und an der Achse der Scheibe sind Schleifkontakte angebracht

(Abb. 264). Ist die Induktion $B$ von uns ab zu der Zeichnung gerichtet und dreht sich die Scheibe entgegengesetzt der Uhrzeigerrichtung, so wird in dem Halbmesser $ab$ ein Strom von oben nach unten induziert. Die elektromotorische Kraft dieser Dynamomaschine berechnet sich wie folgt. Bei jeder Umdrehung der Scheibe durchschneidet der Halbmesser $ab = r$ eine Kraftlinienzahl

$$N = \pi r^2 B$$

und bei $n$ Umdrehung in der Sekunde erhalten wir eine elektromotorische Kraft

$$\mathcal{E} = -n \pi r^2 B .$$

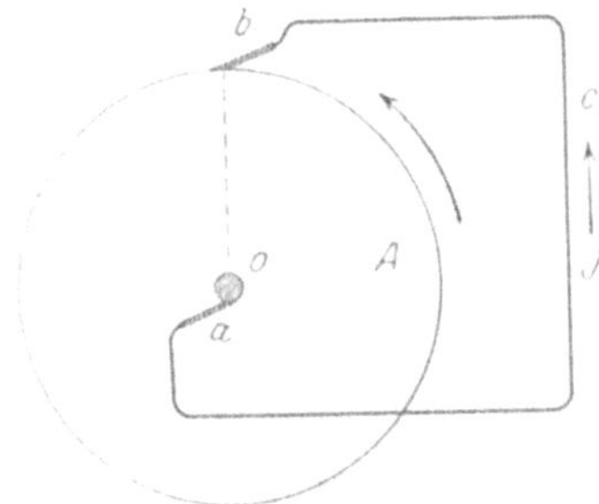

Abb. 264. Rotation einer Kupferscheibe im Magnetfelde.

Es ist äußerst lehrreich, diese Dynamomaschine mit dem Elektromotor S. 226, **265**, Abb. 241 zu vergleichen, weil sie beide dieselbe Konstruktion haben. Wir können auch die elektromotorische Kraft der Dynamomaschine erhalten, wenn wir einfach die Leistung des Motors durch die Stromstärke dividieren. Nehmen wir $B = 15\,000$, $r = 15$ cm und $n = 100$, so erhalten wir für die elektromotorische Kraft

$$\mathcal{E} = -100 \cdot 707 \cdot 15\,000 = -10{,}6 \cdot 10^8 \,\text{cgs} - M = -10{,}6 \,\text{Volt} .$$

Obgleich wir für die Induktion und für die Umdrehungszahl schon erhebliche Werte angenommen haben, ist dennoch die elektromotorische Kraft einer solchen Maschine verhältnismäßig klein, weshalb sie auch keine große praktische Bedeutung haben kann.

**292. Erscheinung der Selbstinduktion.** Schon Faraday hat den Schluß gezogen, daß bei einer Änderung der Stromstärke in irgendeinem Leiter *in diesem Leiter selbst* eine elektromotorische Kraft induziert werden muß; denn gleichzeitig mit der Stromstärke ändert sich ja auch die vom Leiter umschlungene Kraftlinienzahl. Diese Erscheinung wird *Selbstinduktion* genannt. Die dabei erzeugten induzierten Ströme werden manchmal Extraströme der Induktion genannt.

Aus der Lenzschen Regel folgt sofort, daß beim Stromschluß der Extrastrom dem Strome der eingeschalteten Elektrizitätsquelle entgegengesetzt gerichtet sein muß. Beim Öffnen dagegen wird der Extrastrom in derselben Richtung zu fließen streben wie der unterbrochene Strom.

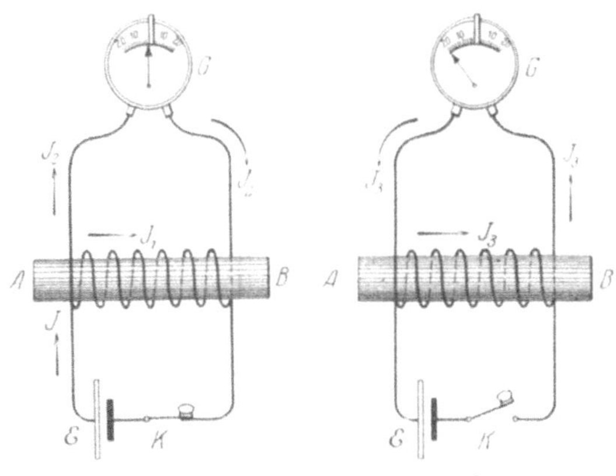

Abb. 265. Erscheinung der Selbstinduktion.

Faraday demonstrierte diese Erscheinungen in folgender Weise.

Durch eine Stromspule mit mehreren Windungen (Abb. 265 a), und evtl. auch mit einem Eisenkern, wird ein Strom aus irgendeiner Quelle, z. B. von einem galvanischen Elemente $\mathcal{E}$ durchgeschickt. Parallel zur Stromspule ist ein Galvanometer angeschaltet; ein Teil des Stromes $J_2$ wird demnach durch dieses Galvanometer gehen. Wir bringen aber an der Nullstelle der Galvanometerskala ein kleines Hindernis an, damit der Zeiger nach rechts nicht abgelenkt werden kann. Öffnen wir jetzt den Strom (Abb. 265b), so entsteht in der Stromspule $AB$ eine elektromotorische Kraft in derselben Richtung wie der Primärstrom. Da der Schlüssel $K$ jetzt geöffnet ist, kann der induzierte Strom nur im Stromkreise $ABG$ weiterfließen. Dieser Extrastrom hat in der Spule $AB$ dieselbe Richtung wie der Primärstrom, aber im Stromkreise $ABGA$ wird $J_3$ entgegen der Richtung von $J_2$ sein (Abb. 265a), und der Galvanometerzeiger wird einen Stoß nach links erhalten.

Der Extrastrom beim Schließen des Stromkreises äußert sich nur in dem Umstande, daß der geschlossene Strom nicht momentan seine, dem OHMschen Gesetze entsprechende Größe erreicht: er wird durch den Extraschließungsstrom, der ja die entgegengesetzte Richtung hat, gehemmt.

Diese Erscheinung läßt sich auch sehr einfach demonstrieren. Man schaltet in den Stromkreis einer Elektrizitätsquelle eine Glühlampe und einen Elektromagnet, welcher einen großen magnetischen Induktionsfluß erzeugen kann. Schaltet man die Glühlampe ohne den Elektromagnet ein, so leuchtet sie sofort auf, bei eingeschaltetem Elektromagnet fängt die Lampe erst allmählich an zu brennen, und es vergeht eine merkliche Zeit, bis sie ihre normale Leuchtkraft erreicht.

Beim Ausschalten eines Elektromagnets äußert sich der Extrastrom durch einen Funken im Ausschalter. Bei großen Elektromagneten und plötzlichem Ausschalten würde der Funke so stark sein, daß er den Ausschalter verderben könnte. Man verwendet dann spezielle Ausschalter, welche den Strom allmählich bis zu Null herabsetzen; oder man schaltet einen Widerstand oder eine Kapazität im Nebenschluß zu dem Ausschalter, um diesen Induktionsstoß zu mildern.

Der Leser kann sich selbst den Extrastrom demonstrieren, wenn er die elektrische Hausglocke an ein paar LECKLANsche Elemente anschließt und den Stromschluß durch zwei *blanke* Drahtenden besorgt, die er in seinen Händen hält. Trennt er dann die Drahtenden auseinander, so geht der dabei entstandene Extrastrom durch die Hände in den Körper, und man empfindet einen elektrischen Schlag wie von einer Leidener Flasche.

**293. FOUCAULTsche Ströme.** Wenn die Induktionsströme nicht in einzelnen Drähten, sondern in leitenden Massen erzeugt werden, nennt man sie FOUCAULTsche Ströme, weil sie der berühmte französische Physiker L. FOUCAULT zuerst untersucht hat, man nennt sie auch Wirbelströme, weil die Elektrizität dabei Wirbelbewegungen ausführt.

Schicken wir z. B. durch eine Stromspule, welche einen massiven metallischen Kern enthält, einen wechselnden oder intermittierenden Strom, so werden in dem Kerne ebenso wie in jedem benachbarten Drahtleiter elektrische Ströme induziert. Je größer die Leitfähigkeit des Kernes, desto stärker werden auch diese Induktionsströme.

Die FOUCAULTschen Ströme erzeugen selbstverständlich auch JOULEsche Wärme; der massive Kern einer Spule, die mit Wechselstrom gespeist wird, wird stark erwärmt. Wollen wir uns von dieser Energietransformation frei machen, so müssen wir den Eisenkern aus dünnen, voneinander isolierten Drähten oder aus dünnen Blechen mit zwischengelegtem Seidenpapier zusammenstellen. Durch die Zwischenlagen wird freilich ein Teil des Kernes aus Papier statt aus Eisen gebildet, und der Induktionsfluß wird kleiner als bei massivem Eisen, aber bei dieser Anordnung können sich die FOUCAULTschen Ströme nicht so frei bilden, und die Energie wird nicht unnütz in JOULEscher Wärme verwandelt.

Es gibt aber freilich Fälle, wo diese FOUCAULTschen Ströme geradezu ausgenützt werden, z. B. um einen Körper zu erwärmen.

**294. Der Versuch von ARAGO.** ARAGO hat bemerkt, daß, wenn man eine horizontale Magnetnadel über einer Kupferscheibe frei aufhängt und die Scheibe um die Vertikalachse in Rotation versetzt, daß dann sich die Magnetnadel in derselben Richtung zu drehen anfängt.

Nach der Entdeckung der Induktionserscheinungen von FARADAY konnte der ARAGOsche Versuch durch die Wirkung der FOUCAULTschen Ströme erklärt werden.

Stellen wir uns vor, ein Magnet $NS$ (Abb. 266) sei über einer rotierenden Kupferscheibe aufgehängt. In den Teilen der Kupferscheibe, die sich in irgendeinem Momente vom Nordpol des Magnets entfernen, werden Induktionsströme entstehen, die ihre Südseite dem Nordpol des Magnets zukehren; sie werden den Nordpol mit sich fortziehen. Ebenso werden in den Teilen der Kupferscheibe, welche sich in irgendeinem Moment dem Nordpole nähern, Ströme induziert, die ihre Nordseite dem Nordpol zukehren und diesen abstoßen. Beide Stromsysteme wirken also in derselben Richtung, und die bewegte Kupferscheibe nimmt sozusagen den Magnet bei seiner Bewegung mit. Wir können denselben Versuch auch umkehren, nämlich die Kupferscheibe freibeweglich aufhängen und den Magnet rotieren lassen. Dann wird die Kupferscheibe vom rotierenden Magnet in derselben Richtung in Rotation versetzt.

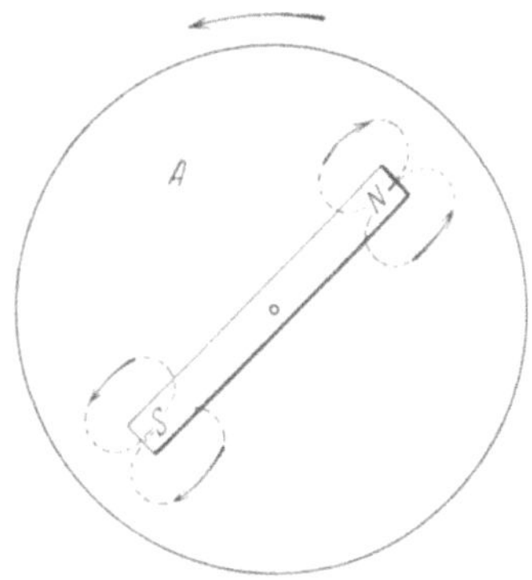


Abb. 266. Versuch von ARAGO.

**295. Bremsende Wirkung der Induktionsströme.** Zu derselben Klasse von Erscheinungen gehört auch der folgende Versuch. Eine Magnetnadel, aus ihrer Gleichgewichtslage abgelenkt und dann sich selbst überlassen, stellt sich nicht sofort im magnetischen Meridiane ein, sondern sie schwingt eine Zeitlang um ihre Gleichgewichtslage hin und her; die Schwingungen werden allmählich durch die Luftreibung gedämpft. Bringt man in die Nähe dieser Magnetnadel eine dicke Kupferplatte, so stellt sich die Nadel fast ohne Schwingungen in die Richtung des Magnetfeldes ein. Die Dämpfung der Nadel erklärt sich sehr einfach durch die Wirkung der in der Kupferplatte entstehenden Induktionströme nach der LENZschen Regel, denn die im Kupfer induzierten Ströme werden der Bewegung der Magnetnadel stets entgegenwirken.

Der folgende Versuch ist sehr instruktiv.

Zwischen den Polen eines Elektromagnets (Abb. 267a) hängen wir an einem Faden ein Stück Kupfer in kubischer Form auf. Durch Drillung des Fadens wird der Kupferkubus in eine lebhafte Rotation versetzt. Erregt man jetzt

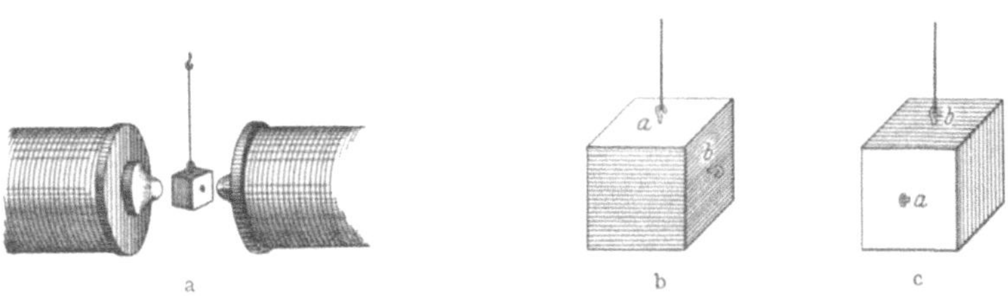


Abb. 267. Kupferkubus im Magnetfelde.

den Elektromagnet, so bleibt der Kupferkubus sofort stillstehen. Hängen wir statt des massiven Kupferkubus einen solchen aus lauter horizontalen dünnen Kupferblättchen zusammengestellten (Abb. 267b), so können in seinen Vertikalebenen keine Induktionsströme entstehen, und er dreht sich auch im Magnetfelde weiter. Sind aber die Blättchen vertikal (Abb. 267 c), also normal zum Felde angeordnet, so entsteht wieder eine Hemmung im Magnetfelde. Alle diese Erscheinungen sind leicht durch die Wirkung der FOUCAULTschen Ströme zu erklären.

## 7. Die Induktionskoeffizienten.

**296. Koeffizient der Selbstinduktion.** Wir gehen jetzt zu einer näheren quantitativen Untersuchung der Induktionserscheinungen über und fangen mit dem einfachsten Falle einer einzigen Drahtschleife oder einer einzigen Drahtspule an. Geht durch die Spule ein Strom $J$ durch, so umschlingt sie nur die von ihrem *eigenen* Strome erzeugten Kraftlinien, und die umschlungene Kraftlinienzahl wird der Stromstärke $J$ direkt proportional sein. Bezeichnen wir diesen Proportionalitätskoeffizienten mit $L_{11}$, so können wir schreiben:

$$N = L_{11} J\,.$$

Bleibt der Leiter selbst und die Permeabilität des umgebenden Mediums unverändert, und es wird nur die Stromstärke mit der Zeit variiert, so erhalten wir für die elektromotorische Kraft der Selbstinduktion in diesem Leiter die folgende Formel

$$\mathcal{E} = -\dot{N} = -L_{11}\dot{J}\,.$$

Den von uns eingeführten Faktor $L_{11}$ nennt man Selbstinduktionskoeffizienten oder manchmal auch Selbstinduktivität.

**297. Einheit für die Induktivität.** Aus der soeben aufgestellten Formel für die elektromotorische Kraft der Selbstinduktion folgt unmittelbar auch die Einheit für die Induktivität.

Nehmen wir für die Einheit der elektromotorischen Kraft ein Volt und für die Stromstärke ein Ampere, so erhalten wir für die Induktivität eine praktische Einheit, welche man Henry genannt hat.

Aus der Formel

$$\mathcal{E} = -L_{11}\dot{J}$$

erhalten wir

$$\text{Volt} = \text{Henry} \cdot \frac{\text{Ampere}}{\text{Sekunde}}\,,$$

$$\text{Henry} = \frac{\text{Volt}}{\text{Ampere}}\,\text{Sekunde}\,.$$

Setzen wir hier für Volt und Ampere ihren Wert in absoluten elektrostatischen oder absoluten elektromagnetischen Einheiten ausgedrückt, so erhalten wir auch den Wert von Henry in diesen Einheiten:

$$\text{Henry} = \frac{1}{300 \cdot 3 \cdot 10^9} = \frac{1}{9 \cdot 10^{11}}\,\text{CGS-E}\,,$$

$$\text{Henry} - \frac{10^{-8}}{0{,}1} = 10^9\,\text{CGS-M}\,.$$

**298. Die Extraströme.** Wir wollen jetzt den folgenden Fall näher betrachten. Ein Stromkreis mit dem Widerstand $R$ und der Selbstinduktion $L$ sei an ein galvanisches Element von der elektromotorischen Kraft $\mathcal{E}$ angeschaltet. Die Stromstärke in diesem Kreise ergibt sich nach dem OHMschen Gesetze

$$J_0 = \frac{\mathcal{E}}{R}\,.$$

Sie ist völlig unabhängig von der Selbstinduktion.

Nun stellen wir uns vor, das Element sei plötzlich durch einen Draht kurz geschlossen; in demselben Moment bleibt der Stromleiter, von der Wirkung der elektromotorischen Kraft $\mathcal{E}$ befreit, sich selbst überlassen. Nach dem OHMschen Gesetze sollte dabei auch der Strom verschwinden. Dem ist aber nicht so, denn um den Stromleiter herum ist ein magnetisches Feld nachgeblieben, welches beim Verschwinden des Stromes eine elektromotorische Kraft in der Stromrichtung erzeugt. Als Folge davon wird der Strom nicht momentan, sondern erst allmählich verschwinden. Die elektromotorische Kraft der Selbstinduktion des Leiters ist, wie wir wissen, gleich

$$\mathcal{E} = -L\dot{J}.$$

Folglich ist die Stromstärke gleich

$$J = -\frac{L}{R}\dot{J}.$$

Daraus ergibt sich die Änderungsgeschwindigkeit des Stromes

$$\dot{J} = -\frac{R}{L}J.$$

Diese Gleichung drückt das Gesetz aus, nach welchem die Stromstärke allmählich verschwinden wird, nämlich: die zeitliche Abnahme des Stromes wird in jedem Moment proportional der Stromstärke sein. Im Anfang, wo die Stromstärke noch groß ist, wird auch die Verminderung des Stromes schnell erfolgen; später, wenn der Strom schon schwächer geworden ist, wird er auch langsamer verschwinden.

In der Abb. 268 haben wir durch die Kurve $Jabd$ diesen Vorgang in Abhängigkeit von der Zeit $t$ gezeichnet. Nehmen wir auf dieser Kurve zwei Punkte $a$ und $b$ in nicht zu großem Abstande voneinander und dividieren wir den

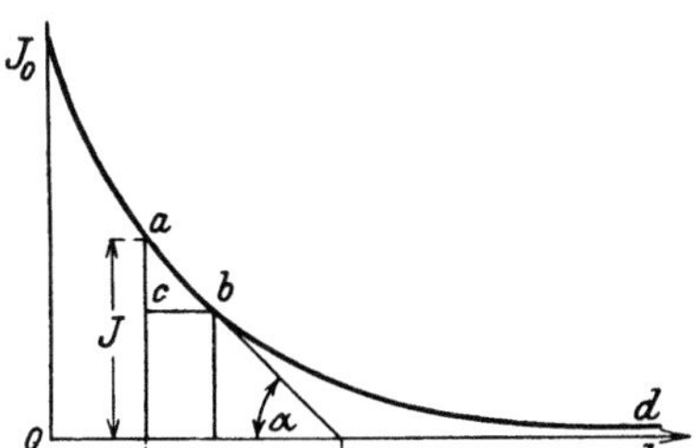

Abb. 268. Extrastrom beim Ausschalten.

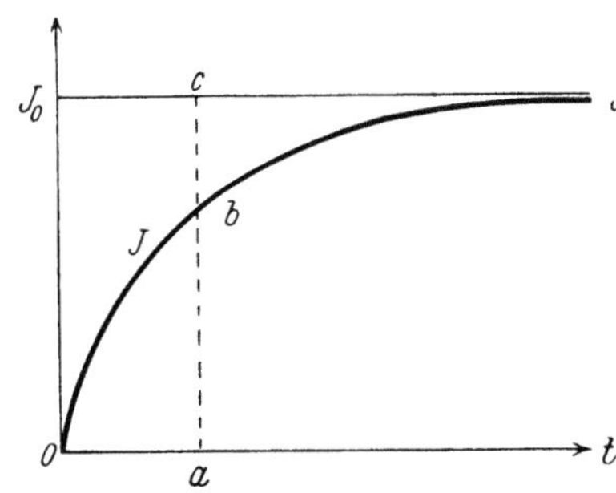

Abb. 269. Extrastrom beim Einschalten.

Abfall der Größe $J = ac$ durch die dabei vergangene Zeit $t = cb$, so erhalten wir die Änderungsgeschwindigkeit der Größe $J$. In unserer Zeichnung wird diese Änderungsgeschwindigkeit durch $\operatorname{tg}\alpha$ des *Neigungswinkels* der Tangente $ab$ zu unserer Kurve dargestellt

$$\operatorname{tg}\alpha = -\frac{J}{\tau} = -\varkappa J.$$

Aus der Geometrie ist es aber bekannt, daß eine Kurve, deren Neigung in allen Punkten der Höhe $J$ der Kurve proportional ist, durch die Formel

$$J = e^{-\varkappa t}$$

dargestellt wird.

Die Größe $\tau$ heißt *Relaxationszeit.* Nach einer Zeit $t = \tau$ sinkt die Stromstärke auf den $e$-ten Teil ($e = 2{,}718\ldots$ Basis der natürlichen Logarithmen) ihres Anfangswertes.

Die Größe $\varkappa$ wird *logarithmisches Dekrement* der Funktion $J$ genannt.

In unserem Falle ist

$$\tau = \frac{L}{R}, \qquad \varkappa = \frac{R}{L}.$$

Wir schließen also, daß der Strom in unserem Leiter mit der Zeit nach der Formel abnehmen wird

$$J = J_0 e^{-\frac{R}{L}t}.$$

Für $J = 0$ erhalten wir $J = J_0$, d. h. den Anfangsstrom, der im Moment des Entfernens der elektromotorischen Kraft $\mathcal{E}$ im Leiter vorhanden war. Für alle späteren Zeiten erhalten wir einen schwächeren Strom, und, streng genommen, erst nach einer unendlich großen Zeit wird der Strom gleich Null.

Wir logarithmieren unsere Formel:

$$\lg\left(\frac{J_0}{J}\right) = \frac{R}{L}t$$

und berechnen die Zeit, nach deren Verlauf die Stromstärke $J$ auf die Hälfte und auf den zehnten Teil ihres Anfangswertes sinken wird:

$$t_1 = \frac{L}{R}\lg(2) = \frac{L}{R}0{,}7. \qquad t_2 = \frac{L}{R}\lg(10) = \frac{L}{R}2{,}3.$$

Nehmen wir an, der Widerstand des Leiters sei gleich $R = 10$ Ohm und sein Selbstinduktionskoeffizient gleich $L = 1$ Henry, oder allgemeiner, es sei das Verhältnis dieser Größen

$$\varkappa = \frac{R}{L} = 10,$$

dann erhalten wir folgendes: Nach $t = 0{,}07$ Sekunden wird der Extrastrom auf die Hälfte sinken und nach 0,23 Sekunden auf den zehnten Teil seines Anfangswertes. DerStrom verschwindet also in solch einem Leiter ziemlich schnell.

Im allgemeinen fällt der Extrastrom um so rascher ab, je größer der Widerstand und je kleiner die Selbstinduktion des Stromkreises ist.

Jetzt nehmen wir unseren Kurzschlußdraht vom Elemente wieder weg; die Stromstärke wird wieder steigen, aber auch nicht momentan, denn in dem Leiter entsteht ein Magnetfeld, welches eine elektromotorische Gegenkraft erzeugt von der Größe

$$\mathcal{E} = -\dot{N} = -L\dot{J}$$

und einen Gegenstrom von der Größe

$$J_g = -\frac{L}{R}\dot{J}.$$

Daraus ergibt sich wieder

$$J_g = -J_0 e^{-\frac{R}{L}t}.$$

Für den Totalstrom erhalten wir in diesem Falle die Stromstärke

$$J = J_0\left(1 - e^{-\frac{R}{L}t}\right).$$

Das zweite Glied rechts stellt den Extraschließungsstrom dar.

Benutzen wir dieselben Zahlen wie oben, so können wir sagen, daß nach Verlauf von etwa $^1/_4$ Sekunde die Stromstärke nur um 10% kleiner wird als nach dem Ohmschen Gesetze und nach Verlauf von 1 Sekunde nur um 0,001%. In der Abb. 269 ist der Schließungsstrom in seiner Abhängigkeit von der Zeit dargestellt.

Strenggenommen könnte sich ein stationärer Zustand, d. h. die Stromstärke $J_0$ nach dem OHMschen Gesetze, erst nach einer unendlich großen Zeit ($t = \infty$) einstellen, aber je kleiner die Selbstinduktion, desto schneller verschwindet der Extrastrom. In dem oben angeführten Beispiele kann man praktisch schon nach einer Sekunde das einfache OHMsche Gesetz anwenden.

**299. Gegenseitiger Induktionskoeffizient.** Wir betrachten jetzt *zwei* Stromschleifen oder zwei Stromspulen, die in einer beliebigen gegenseitigen Lage orientiert sein mögen (Abb. 270). Schicken wir durch den Leiter *I* einen Strom $J_1$ durch, so wird er ein magnetisches Feld erzeugen. Die Feldstärke dieses Magnetfeldes wird überall proportional zu der Stromstärke $J_1$ sein. Ein Teil der Kraftlinien dieses Feldes wird von dem Leiter *II* *umfaßt*. Wir bezeichnen diese Zahl mit $N_{12}$.

Ebenso wie das ganze Feld, wird dieser Induktionsfluß $N_{12}$ auch proportional zu dem erzeugenden Strom $J_1$ sein, so daß wir schreiben können

$$N_{12} = L_{12} J_1 .$$

Den Faktor $L_{12}$ nennt man den *Induktionskoeffizienten* des ersten Leiters *I* auf den zweiten Leiter *II*.

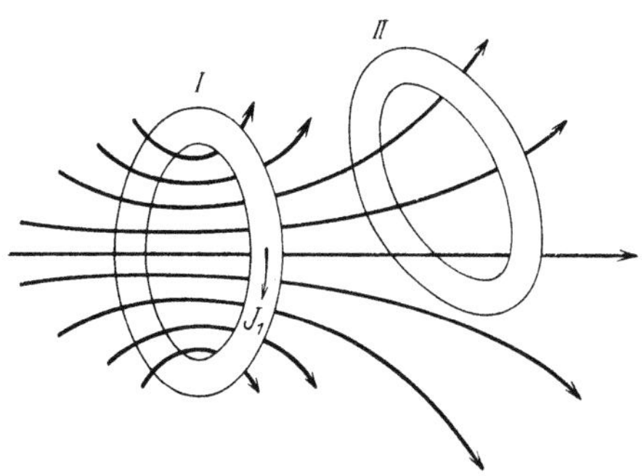

Abb. 270. Induktionsfluß einer Spule durch die andere.

Verändern wir irgendwie die Stromstärke $J_1$ im Leiter *I*, ohne die gegenseitige Lage der beiden Leiter zu ändern, so wird sich auch der Induktionsfluß durch die Fläche des Leiters *II* ändern, und es entsteht in ihm ein Induktionsstrom mit der elektromotorischen Kraft

$$\mathcal{E}_2 = -\dot{N}_{12} = -L_{12}\dot{J}_1 .$$

Den Punkt haben wir über das $J$ gestellt, weil ja die Stromstärke allein verändert wird, der Faktor $L_{12}$ aber konstant bleibt.

Würden wir den Strom $J_2$ in dem Leiter *II* irgendwie verändern, so würden wir ganz ebenso in dem Leiter *I* eine elektromotorische Kraft erhalten, die sich nach analoger Formel bestimmt:

$$\mathcal{E}_1 = -\dot{N}_{21} = -L_{21}\dot{J}_2 .$$

Hier bedeutet $N_{21}$ die Zahl der Kraftlinien, die vom zweiten Strome $J_2$ erzeugt werden und mit dem ersten Leiter *I* verkettet sind. Den Faktor $L_{21}$ nennt man den Induktionskoeffizienten des Leiters *II* auf den Leiter *I*.

Wir wollen jetzt beweisen, daß beide Induktionskoeffizienten einander gleich sind.

Zu diesem Zwecke stellen wir uns vor, daß die beiden Leiter *I* und *II* von den Strömen $J_1$ und $J_2$ durchströmt werden. Der Leiter *I* sei unbeweglich, und wir bewegen den zweiten Leiter *II* aus einer sehr großen Entfernung in die fixierte Lage der Abb. 270, wobei wir dafür sorgen, daß beide Ströme *konstant* gehalten werden. Die Arbeit, die dazu nötig sein wird, können wir nach der allgemeinen Formel (S. 222, **262**) berechnen. Dazu brauchen wir nur den vom zweiten Leiter umfaßten Induktionsfluß in der Anfangslage und in der Endlage zu wissen. Nun ist der Induktionsfluß in der Anfangslage, bei unendlicher Entfernung beider Leiter voneinander, gleich Null, und der Induktionsfluß in der Endlage ist gleich $L_{12}J_1$. Die geleistete Arbeit ist also gleich

$$U_1 = J_2 L_{12} J_1 .$$

Dasselbe Endresultat, d. h. dieselbe gegenseitige Lage der beiden Stromleiter, könnten wir erhalten, indem wir den *ersten* Leiter aus dem Unendlichen in die Lage $I$ bringen und den zweiten Leiter in der Lage $II$ stehenlassen. Der Induktionsfluß durch den ersten Leiter in der Endlage ist gleich $L_{21} J_2$, und die geleistete Arbeit wird sein

$$U_2 = J_1 L_{21} J_2 .$$

Da in beiden Fällen die Kräfte, welche auf die Leiter wirken, nur von ihrer *relativen* Lage abhängen, so ist es für den Betrag der geleisteten Arbeit gleichgültig, ob der erste oder der zweite Leiter aus dem Unendlichen bewegt wurde; beide Arbeitsgrößen müssen einander gleich sein. Folglich ist

$$J_2 L_{12} J_1 = J_1 L_{21} J_2 ,$$

und daraus:

$$L_{12} = L_{21} .$$

Man nennt diese Größe den *gegenseitigen Induktionskoeffizienten.*

Der gegenseitige Induktionskoeffizient wird in denselben Einheiten gemessen wie der Selbstinduktionskoeffizient; die praktische Einheit ist wieder Henry.

**300. Berechnung eines Selbstinduktionskoeffizienten.** Im allgemeinen ist die Berechnung der Induktionskoeffizienten sehr kompliziert. Aber in einzelnen einfachen und für die Praxis wichtigen Fällen läßt sich die Rechnung mit großer Annäherung einfach durchführen.

Als Beispiel wollen wir den Selbstinduktionskoeffizienten eines in sich geschlossenen Solenoids (Abb. 244, S. 229) berechnen.

Der Induktionsfluß in so einem Solenoid ist nach der HOPKINSONschen Formel (S. 230, **268**) gleich

$$N = \frac{4\pi n J}{l} \mu S .$$

In jeder Windung des Solenoids wird bei einer Änderung der Stromstärke $J$ eine elektromotorische Kraft induziert

$$V = -\dot{N} = -\frac{4\pi n}{l} \mu S \dot{J} .$$

In allen $n$ Windungen zusammen wird daher die elektromotorische Kraft gleich

$$\mathcal{E} = -\frac{4\pi n^2}{l} S \dot{J} = -L_{11} \dot{J} .$$

Wir sehen daraus, daß der Selbstinduktionskoeffizient des Solenoids gleich ist

$$L_{11} = \frac{4\pi n^2}{l} \mu S .$$

Es ist nützlich, sich zu merken, daß die Größe $L_{11}$ proportional dem *Quadrate* der Windungszahl wächst.

Bezeichnet man mit $n_0$ die Zahl der Windungen auf jedem Zentimeter Länge des Solenoids, so kann man die Formel für $L_{11}$ auch so schreiben:

$$L_{11} = 4\pi \mu n_0^2 \cdot l S = 4\pi \mu n_0^2 \cdot Q .$$

Die Zahl $n_0$ kann als Windungsdichte bezeichnet werden. Der Selbstinduktionskoeffizient ist demnach proportional dem Quadrate der Windungsdichte und dem Volumen $Q$ des Solenoids; der Proportionalitätsfaktor ist gleich $4\pi\mu$.

**301. Zahlenbeispiel.** Es sei ein geschlossenes Solenoid ohne Eisenkern ($\mu = 1$) gegeben mit der Windungszahl $n = 2000$, der Länge $l = 50$ cm ($n_0 = 40$) und dem Querschnitt $S = 20$ cm$^2$.

Für dieses Solenoid erhalten wir

$$L = 4\pi\,(40)^2 \cdot 1000 = 2 \cdot 10^7 \text{ CGS-M} = 0{,}02 \text{ Henry}.$$

Füllen wir dieses Solenoid mit Eisen von der Permeabilität $\mu$ aus, so wird auch der Selbstinduktionskoeffizient $\mu$ mal größer. Wir müssen noch beachten, daß die Permeabilität keine konstante Größe ist, sondern von der Feldintensität, also in unserem Falle von der Stärke des magnetisierenden Stromes abhängt. Wir wollen uns aber nur auf den Fall beschränken, wo der Eisenkern die ganze Länge des Solenoids einnimmt, andere Fälle lassen sich nach demselben Schema behandeln.

Die Größe der Feldintensität berechnet sich dann nach der Formel (S. 230, **268**)

$$M = \frac{4\pi n J}{l} = 4\pi n_0 J,$$

oder, wenn die Stromstärke in Ampere ausgedrückt ist,

$$M = 0{,}4\pi n_0 J.$$

Hier bedeuten $n_0 J$ die Amperewindungszahl auf 1 cm Länge des Solenoids.

Für jede Stromstärke können wir die Feldintensität bestimmen und die ihr entsprechende Permeabilität auf der Permeabilitätskurve (S. 185, Abb. 195) ablesen. Wir erhalten dann folgende Tabelle für verschiedene Stromstärken:

| | | | |
|---|---|---|---|
| $J = 0{,}01$ Amp. | $M = 0{,}5$ | $\mu = 400$ | $L = 8$ Henry |
| $J = 0{,}1$ ,, | $M = 5{,}0$ | $\mu = 2000$ | $L = 40$ ,, |
| $J = 1{,}0$ ,, | $M = 50{,}0$ | $\mu = 300$ | $L = 6$ ,, |

Dieses Beispiel zeigt uns schon, daß der Selbstinduktionskoeffizient ein und desselben Solenoids bei verschiedenen Stromstärken sehr verschieden sein kann. Bei wechselnden Strömen kann man in einigen Fällen mit einem mittleren Werte rechnen.

Wir bemerken noch, daß das Solenoid bei 2000 Windungen in 4 oder 5 Drahtlagen gewunden werden muß. Dabei wird der Induktionsfluß der äußeren Lagen nicht völlig von den Windungen der inneren Lagen umfaßt, und der wirkliche Selbstkoeffizient wird dadurch kleiner als nach unserer Rechnung.

Die Größen der Selbstinduktionskoeffizienten sind jetzt für viele Fälle, welche in der Praxis öfter vorkommen, durch Rechnung und durch Versuch bestimmt worden. Wir geben hier einige Zahlenwerte, um eine allgemeine Orientierung zu ermöglichen.

Ein kreisförmiger Leiter von 1 mm Drahtdurchmesser und bei einem Durchmesser des Kreises von 5, 10, 20 cm besitzt folgende Selbstinduktionskoeffizienten: 125, 294 und 575 CGS-M.

Nehmen wir den Draht dicker, z. B. von einem Durchmesser 1 cm, so ändern sich die angegebenen Zahlen in die folgende: 53, 150 und 386 CGS-M. Die Koeffizienten werden also bei dickerem Draht bedeutend kleiner. Das erklärt sich dadurch, daß bei dickem Drahte der Induktionsfluß teilweise in dem Drahte selbst erzeugt wird und deshalb nicht den ganzen Strom umschlingt.

Wenn wir mehrere von den soeben angeführten Kreisleitern, z. B. $n$ Leiter, zu einem Solenoid eng aneinander zusammensetzen, so erhalten wir eine Spule mit ungefähr $n^2$mal größerer Selbstinduktivität. Werden aber dieselben Kreisleiter weit auseinander gestellt, so wird die Induktivität proportional nur der ersten Potenz der Windungszahl, denn jede Windung umschlingt dabei nur ihre eigene Kraftlinien.

**302. Berechnung der gegenseitigen Induktion.** Es seien zwei Solenoide auf ein und demselben, in sich geschlossenen Kern gewickelt. Der Induktionsfluß des ersten Solenoids wird durch die Formel ausgedrückt:

$$N_1 = \frac{4\pi n_1}{l} \mu S \cdot J_1 .$$

Durchsetzt dieser Induktionsfluß alle $n_2$-Windungen des zweiten Solenoids, so erhalten wir bei wechselndem Strome $J$ im zweiten Solenoid eine elektromotorische Kraft

$$\mathcal{E}_2 = -n_2 \dot{N}_1 = -\frac{4\pi n_1 n_2}{l} \mu S \dot{J}_1 .$$

Daraus erhalten wir für den Induktionskoeffizienten

$$L_{12} = \frac{4\pi n_1 n_2}{l} \mu S .$$

Würden wir mit dem zweiten Solenoid anfangen, so würden wir für den Induktionsfluß erhalten

$$N_2 = \frac{4\pi n_2}{l} \mu S \cdot J_2$$

und für die elektromotorische Kraft im ersten Solenoid

$$\mathcal{E}_1 = -n_1 N_2 = -\frac{4\pi n_1 n_2}{l} \mu S \dot{J}_2 .$$

Der Induktionskoeffizient wird demnach

$$L_{21} = \frac{4\pi n_1 n_2}{l} \mu S .$$

Beide Koeffizienten sind also einander gleich, wie wir übrigens schon früher, und zwar ganz allgemein, bewiesen haben (S. 258, **299**).

Auch diese Formel können wir durch die Windungsdichten der beiden Spulen und durch das Volumen des Kerns ausdrücken

$$L_{12} = 4\pi \mu n_{01} n_{02} Q .$$

Es ist nützlich sich zu merken, daß die Selbstinduktionskoeffizienten der beiden Spulen zu ihrem gegenseitigen Induktionskoeffizient in der Beziehung stehen:

$$L_{12} = \sqrt{L_1 L_2} .$$

Wir empfehlen dem Leser, das zu verifizieren.

Unsere Rechnungen beziehen sich auf den Fall, wo die beiden Spulen so eng aneinander gewunden sind, daß derselbe Induktionsfluß sie beide gleichzeitig durchsetzt. Im allgemeinen aber kann ein Teil der Kraftlinien des einen Solenoids am anderen Solenoid vorbeigehen, wie das in der Abb. 270 angezeigt ist. Dann wird der gegenseitige Induktionskoeffizient kleiner als nach unserer Rechnung; auch die soeben hingeschriebene Beziehung zu den Selbstinduktionskoeffizienten verliert ihre Gültigkeit. In der Praxis wird dieser Umstand durch einen Koeffizienten $k$ berücksichtigt, der also immer kleiner als Eins ist und den man den *Koppelungsfaktor* der beiden Solenoide nennt. Dann wird

$$L_{12} = k\sqrt{L_1 L_2} .$$

Je nach der Größe von $k$ unterscheidet man *schwache* und *starke* Koppelung; für die stärkste Koppelung ist $k = 1$. In unserer Rechnung oben ist der Koppelungsfaktor gleich Eins angenommen.

**303. Die magnetische Energie in einem Elektromagnet.** Wir wollen die magnetische Energie in einem Elektromagnet in folgender Weise berechnen. Nach der MAXWELLschen Formel für die Energiedichte im Magnetfelde (S. 166, **203**) ist die Energie in einem in sich geschlossenen Elektromagnet von der Länge $l$ und dem Querschnitt $S$ gleich

$$U = \frac{\mu M^2}{8\pi} l S .$$

Andererseits ist nach der HOPKINSONschen Formel (S. 230, **268**) die Feldintensität in einem in sich geschlossenen Elektromagnet mit einer Spule aus $n$ Windungen:

$$M = \frac{4\pi n J}{l} = 4\pi n_0 J .$$

Setzen wir das in die Energieformel ein und berücksichtigen den im vorigen Paragraph erhaltenen Ausdruck für den Selbstinduktionskoeffizienten einer Spule, so erhalten wir

$$U = \frac{\mu M^2}{8\pi} l S = 2\pi \mu n_0^2 Q \cdot J^2 = \frac{1}{2} L_{11} J^2 .$$

Besteht die Wickelung des Elektromagnets aus zwei getrennten, aber eng übereinander gewickelten Spulen mit den Windungszahlen $n_1$ und $n_2$ und den Stromstärken $J_1$ und $J_2$, so erhalten wir nach ganz denselben Betrachtungen für die magnetische Feldintensität

$$M = M_1 + M_2 = \frac{4\pi}{l} (n_1 J_1 + n_2 J_2) ,$$

und für die magnetische Energie

$$U = \frac{\mu M^2}{8\pi} l S = \frac{2\pi\mu}{l} S [(n_1 J_1)^2 + (n_2 J_2)^2 + 2 (n_1 J_1 n_2 J_2)] .$$

In diese Formel führen wir die Selbstinduktionskoeffizienten und den gegenseitigen Induktionskoeffizienten der beiden Spulen ein und erhalten dann:

$$U = \tfrac{1}{2} L_1 J_1^2 + \tfrac{1}{2} L_2 J_2^2 + L_{12} J_1 J_2 .$$

Man sieht, wie in diesem Falle die totale Energie sich aus *drei* Teilen zusammensetzt: aus den zwei Eigenenergien der einzelnen Solenoide und aus ihrer gegenseitigen Energie.

**304. Die magnetische Energie eines Systems von Stromkreisen.** Wir wollen jetzt beweisen, daß der von uns soeben erhaltene Ausdruck für die magnetische Energie nicht nur für einen in sich geschlossenen Transformator gilt, sondern ganz allgemein, für beliebige zwei Stromkreise.

Wir haben schon früher (S. 224, **264**) für die elektromagnetische Energie eines Systems von Stromkreisen den folgenden Ausdruck erhalten:

$$U_{em} = \sum \tfrac{1}{2} N J ,$$

in welchem wir unter $N$ nicht einfach den Induktionsfluß, sondern die Zahl der Verkettungen des Stromes $J$ mit dem Magnetfelde verstehen müssen; wir haben auch diese Größe $N$ die vom Stromkreis *umschlungene* (S. 223, **263**) Kraftlinienzahl genannt. Nun sind die Größen $N$ den sie erzeugenden Stromstärken $J$ jedenfalls proportional, und der Proportionalitätsfaktor ist nichts anderes als der Induktionskoeffizient. Diesen Zusammenhang können wir für die Umformung unseres Ausdrucks benützen. Wir wollen der Übersichtlichkeit halber die Formel für den Fall von *zwei* Stromkreisen ausführlich hinschreiben.

Der obige Ausdruck für die Energie wird für zwei Stromkreise die folgende Form haben:

$$U_{em} = \tfrac{1}{2} N_1 J_1 + \tfrac{1}{2} N_2 J_2 + \tfrac{1}{2} N_{21} J_1 + \tfrac{1}{2} N_{12} J_2 .$$

Anderseits ist der Zusammenhang der Größen $N$ mit den Stromstärken $J$ der folgende:

$$N_1 = L_1 J_1 , \qquad N_2 = L_2 J_2 , \qquad N_{21} = L_{21} J_2 , \qquad N_{12} = L_{12} J_1 .$$

Außerdem ist

$$L_{12} = L_{21} .$$

Wir können diese Formel in zweierlei Weisen benützen: entweder wir setzen in die obige Formel die Stromstärken $J$ ein, ausgedrückt durch die von ihnen erzeugten Kraftlinienzahlen; oder umgekehrt, wir setzen die Kraftlinienzahlen $N$ ein, ausgedrückt durch die Stromstärken. Wir erhalten so für die magnetische Energie zweier Stromkreise folgende zwei Ausdrücke:

$$U_{em} = \frac{1}{2} \frac{N_1^2}{L_1} + \frac{1}{2} \frac{N_2^2}{L_2} + \frac{N_{12} \cdot N_{21}}{L_{12}} ,$$

$$U_{em} = \tfrac{1}{2} L_1 J_1^2 + \tfrac{1}{2} L_2 J_2^2 + L_{12} J_1 J_2 .$$

**305. Vergleich der elektrostatischen Energie mit der elektromagnetischen.** Es ist sehr wichtig, an den von uns soeben erhaltenen Ausdrücken für die elektromagnetische Energie elektrischer Ströme einige Punkte ausführlicher zu erläutern, die zuweilen zu Mißverständnissen führen können.

Wir haben für die Energiedichte im elektrostatischen und elektromagnetischen Felde die Ausdrücke

$$U_e = \frac{\varepsilon E^2}{8\pi} , \qquad U_m = \frac{\mu M^2}{8\pi}$$

erhalten, die einander völlig analog sind. Vergleichen wir aber die Energie elektrischer Ladungen mit der Energie elektrischer Ströme, so finden wir in ihrem Verhalten einen großen Unterschied.

Wenn zwei Elektrizitätsmengen, welche den auf sie wirkenden Kräften folgen, z. B. wenn zwei entgegengesetzte Elektrizitätsmengen sich nähern, so wird die Energie ihres Feldes *kleiner*. Wir erklären das durch den Umstand, daß ein Teil der Feldenergie auf die bei der Bewegung geleistete Arbeit angewandt worden ist.

Wenn sich aber zwei gegebene Ströme im Sinne der auf sie wirkenden Kräfte bewegen, z. B. zwei gleichgerichtete Ströme sich anziehen, so wird die Energie des Feldes *größer*, weil beim Annähern ihr gegenseitiger Induktionskoeffizient größer wird.

Dieser Vergleich kann den Eindruck machen, als ob die magnetische Energie der elektrischen Ströme und die elektrostatische Energie elektrischer Ladungen sich total verschieden verhalten. Um zu zeigen, daß das nicht der Fall ist, schreiben wir die Formel für die Energie eines geladenen Kondensators auch in folgenden zwei Formen hin:

$$U_e = \frac{e^2}{2C} = \frac{1}{2} \cdot \frac{4\pi d}{\varepsilon S} \cdot e^2 ,$$

$$U_e = \frac{C V^2}{2} = \frac{1}{2} \frac{\varepsilon S}{4\pi d} \cdot V^2 .$$

Aus diesen Formeln sehen wir sofort, daß bei konstant gehaltenen Ladungen $e$ (erste Formel) und bei Verminderung des gegenseitigen Abstandes $d$ der Kondensatorbelegungen die Energie im Kondensator *kleiner* wird. Die gegenseitige Anziehung der Belegungen erfolgt also auf Kosten der Energie des elektrischen Feldes. Halten wir aber die Potentialdifferenz $V$ im Kondensator konstant (zweite Formel), so wird bei derselben Annäherung die Energie *größer*. In diesem Falle muß die Energiequelle, welche die Potentialdifferenz konstant hält, nicht nur die mechanische Arbeit bei der gegenseitigen Annäherung der Kondensatorbelegungen leisten, sondern sie muß noch die Energie des elektrischen Feldes entsprechend vergrößern.

Ganz analoge Erscheinungen erhalten wir auch bei der magnetischen Energie elektrischer Ströme. Wir können auch für die gegenseitige Energie der Ströme zwei Ausdrücke schreiben:

$$U_{em} = \frac{N_{12} \cdot N_{21}}{L_{12}},$$

$$U_{em} = L_{12} J_1 J_2 .$$

Aus diesen Ausdrücken sehen wir, daß, wenn die Kraftlinienzahlen $N$ als konstant gegeben sind (erste Formel), so wird beim Annähern der Ströme aneinander, d. h. bei Vergrößerung ihres gegenseitigen Induktionskoeffizienten $L_{12}$ die magnetische Energie des Feldes *vermindert*; die Bewegung geschieht hier auf Kosten der Feldenergie. Halten wir aber die Ströme $J$ konstant (zweite Formel), so wird bei derselben Annäherung die Energie *vergrößert*. Im letzten Falle müssen die Elektrizitätsquellen in den sich annähernden Stromleitern die Energie für die Bewegung und für die Feldverstärkung nachliefern.

Dieser Vergleich zeigt uns, daß die elektrostatische wie auch die elektromagnetische Energie sich völlig analog verhalten. Man muß nur im Auge behalten, daß den konstanten Elektrizitätsmengen $e$ konstante Kraftlinienzahlen $N$ entsprechen und der konstanten Potentialdifferenz $V$ im Kondensator die konstant gehaltene magnetomotorische Kraft, oder, was auf dasselbe hinauskommt, die konstant gehaltenen Stromstärken in den Leitern entsprechen.

Wie steht es aber mit der Energiebilanz bei gegenseitiger Anziehung von Magneten?

Unsere Formeln für die Kraftwirkungen der Magnetpole sind identisch mit den entsprechenden Formeln für die Elektrizitätsmengen. Andererseits besagt die Hypothese von AMPÈRE, daß die magnetischen Pole in Wirklichkeit nicht existieren und daß sie durch die molekularen elektrischen Ströme uns nur vorgetäuscht werden. Es entsteht also die berechtigte Frage: Wird die magnetische Feldenergie bei gegenseitiger Anziehung von Magneten vermindert, wie es bei konstanten Magnetpolen sein muß, oder wird sie vergrößert, wie es bei konstanten Molekularströmen der Fall sein müßte?

Die Antwort auf diese Frage können wir nur aus Versuchen schöpfen. Der Versuch zeigt aber, daß die Dauermagnete sich so verhalten, als ob bei ihnen die Magnetpole, d. h. die Kraftlinienzahlen, konstant bleiben. Bei genaueren Untersuchungen stellt sich zwar heraus, daß in den Molekülen der Dauermagnete, ganz ebenso wie in den Stromleitern, bei ihren gegenseitigen Bewegungen Induktionsströme erregt werden; das so erregte Magnetfeld ist aber im Vergleich mit dem schon vorhandenen Dauerfelde derselben Moleküle verschwindend klein und bei starken Dauermagneten praktisch zu vernachlässigen.

## 8. Elektromagnetische Instrumente und Messungen.

**306. Tangentenbussole.** Um Stromstärken zu messen, gebraucht man, wie wir wissen, sog. Galvanometer. Das sind Instrumente, welche, mit wenigen Ausnahmen, fast ausschließlich auf den magnetischen Wirkungen der elektrischen Ströme gegründet sind. Die Konstruktion der Galvanometer kann sehr verschieden sein, je nach der Stromstärke und je nach dem Zwecke ihrer Anwendung. Wir wollen zunächst ein Instrument beschreiben, welches die elektromagnetischen Wirkungen des zu messenden Stromes genau zu berechnen erlaubt und deshalb für *absolute* Messungen geeignet ist.

Das Instrument heißt Tangentenbussole und ist folgendermaßen konstruiert. Im Zentrum einer vertikal aufgestellten flachen kreisförmigen Spule (Abb. 271) ist eine Bussole aufgestellt. Der Halbmesser der Spule wird möglichst groß, die Nadel der Bussole dagegen möglichst klein genommen, damit man das magnetische Feld in der Nähe der Magnetnadel als homogen annehmen kann. Dann können wir bei einer Stromstärke $J$ und bei $n$ Windungen der Spule die Feldintensität in der Nähe der Magnetnadel gleich (S. 200, **243**).

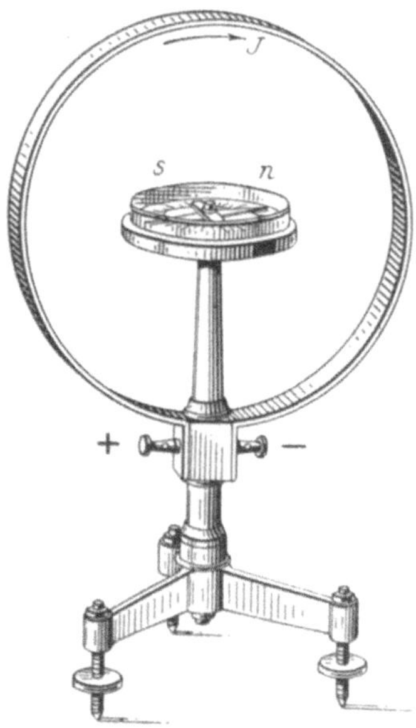

Abb. 271. Tangentenbussole.

$$M = \frac{2\pi n J}{r}$$

setzen. Diese Feldintensität steht senkrecht zu der Spulenebene.

Bevor wir den Strom durch die Spule hindurchschicken, stellen wir ihre Ebene möglichst genau in den magnetischen Meridian, was man vermittels derselben Bussole erreichen kann. Beim Stromschluß wird die Nadel abgelenkt, und nach einigen Schwingungen wird sie sich in der Richtung des resultierenden Feldes einstellen. Die zwei Komponenten dieses Feldes sind: einerseits die Feldintensität des Stromes $M$ und anderseits die Horizontalintensität $H$ des magnetischen Erdfeldes. Beide Komponenten sind senkrecht zueinander und der Ablenkungswinkel $\alpha$ der Magnetnadel wird durch die Formel bestimmt (S. 176, Abb. 188):

$$\operatorname{tg} \alpha = \frac{M}{H} = \frac{2\pi n J}{H r}.$$

Daraus ergibt sich für die Stromstärke

$$J = \frac{H r}{2\pi n} \cdot \operatorname{tg} \alpha = C \cdot \operatorname{tg} \alpha.$$

Da die Stromstärke hier proportional zu der Tangente des Ablenkungswinkels ist, hat man das Instrument *Tangentenbussole* genannt.

Kennen wir die Horizontalintensität $H$ am Orte der Messung, die Zahl der Windungen der Spule und ihren Halbmesser $r$, und beobachten wir bei irgendeiner Stromstärke $J$ den Ablenkungswinkel $\alpha$, so können wir nach der soeben erhaltenen Formel die Stromstärke in absoluten Einheiten berechnen.

Bei Bestimmung des Ablenkungswinkels ist es ratsam, beide Enden der Magnetnadel abzulesen und den Mittelwert aus beiden Ablesungen zu nehmen, um den Fehler der exzentrischen Aufhängung der Nadel zu eliminieren (vgl. S. 177, **215**). Ebenso ratsam ist es, den Strom zu kommutieren und gleichfalls das Mittel aus beiden Ablesungen zu nehmen, wodurch der Fehler der Einstellung der Spulenebene im magnetischen Meridiane des Ortes eliminiert wird. Es kommen bei sehr genauen Messungen noch einige andere Korrektionen in Betracht, auf die wir hier nicht eingehen können.

Für praktische Fälle ist es besser, die Konstante $C$ der Bussole nicht durch Rechnung sondern aus Versuchen zu bestimmen. Zu diesem Zweck schickt man durch die Spule der Tangentenbussole eine Zeitlang $t$ einen Strom $J$ durch und bestimmt mit einem Voltameter (S. 130, **156**) die dabei durchgegangene Elektrizitätsmenge $e = J t$. Die dabei beobachtete Ablenkung der Bussolennadel erlaubt uns die Konstante $C$ zu berechnen. Die so bestimmte Konstante kann dann auch für andere Messungen von unbekannten Stromstärken benutzt werden, wenn die Größe $H$ dieselbe bleibt.

Ist die Konstante $C$ einer Tangentenbussole bestimmt, so kann man mit ihr auch die Horizontalintensitäten des Erdfeldes an verschiedenen Orten messen.

Als Strommesser ist im allgemeinen die Tangentenbussole nicht bequem, denn, damit die Stromstärken genau der Tangente des Ablenkungswinkels proportional werden, muß der Halbmesser der Kreisspule groß im Vergleich zu der Nadellänge genommen werden; dann wird aber das Instrument sehr unempfindlich. Ein großer Nachteil bei diesem Instrumente ist auch die Inkonstanz des Richtfeldes, denn die Feldintensität $H$ des Erdfeldes kann durch benachbarte Ströme und durch Bewegung von Eisenmassen immerfort verändert werden.

**307. Spiegelablesung.** Bei sehr kleinen Ablenkungen der Magnetnadel in der Tangentenbussole und auch in anderen Galvanometern kann man die von POGGENDORF und GAUSS erfundene Methode der Spiegelablesung benutzen. Diese Methode wird übrigens auch zu sehr vielen anderen Zwecken verwendet.

An der Ablenkungsnadel befestigt man einen kleinen Spiegel, und in einer Entfernung von etwa einem Meter, oder auch weiter, stellt man eine in Millimeter geteilte wagerechte Skala und ein Fernrohr so auf, daß man durch das Fernrohr blickend die im Spiegel sich abbildende Skala sehen kann (Abb. 272). Wir nehmen an, daß wir das Fernrohr und die Skala so aufgestellt haben, daß der Faden im Okular des Fernrohrs gerade mit der Nullteilung der Skala zusammenfällt (im allgemeinen ist das nicht notwendig).

Schickt man den Strom durch die Galvanometerwindungen, so wird die Magnetnadel und ihr Spiegel auf einen kleinen Winkel $\alpha$ abgelenkt. Im Fernrohr wird man dann nicht die Nullteilung, sondern einen anderen Teilstrich $m$ der Skala sehen. Da bei einer Spiegelung der Reflexionswinkel dem Einfallswinkel gleich sein muß, so wird der reflektierte Strahl mit dem einfallenden einen Winkel $2\alpha$ bilden (Abb. 272). Steht die Skala normal zum Nullstrahl $DC$ in einer Entfernung $d$ vom Spiegel, so haben wir

$$\operatorname{tg} 2\alpha = \frac{m}{d}.$$

Bei kleinen Ablenkungswinkeln kann man $\operatorname{tg} 2\alpha = 2\alpha$ setzen; dann wird

$$\alpha = \frac{m}{2d}.$$

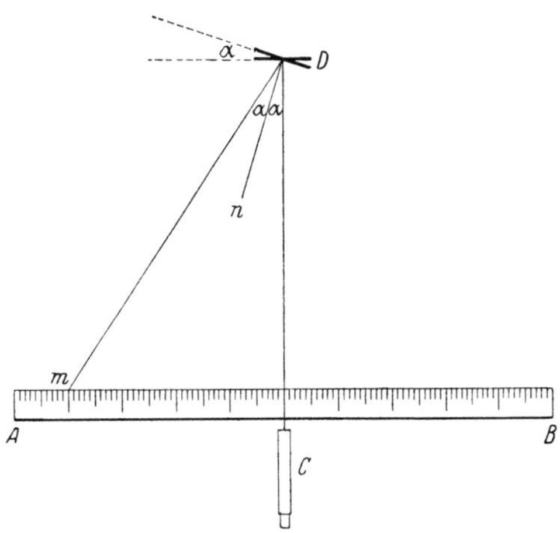

Abb. 272. Subjektive Spiegelablesung.

Kann man noch den Strom bei kleinen Ablenkungen propotional zu dem Ablenkungswinkel $\alpha$ annehmen, so erhalten wir eine für die Strommessung sehr bequeme Formel

$$J = Cm.$$

Die Konstante $C$ kann durch Versuche mit bekannten Strömen ermittelt werden. Was die Ungenauigkeit anbetrifft, die durch das Gleichsetzen von $\operatorname{tg} 2\alpha = 2\alpha$ entsteht, so ist sie natürlich desto kleiner, je kleiner der Ablenkungswinkel $\alpha$. Aber schon bei einem Verhältnis $m : d = 0{,}1$ ist die Tangente nur um $^1/_2$% größer als der Winkel selbst.

In einigen Fällen findet man bequemer die POGGENDORF-GAUSSsche Methode ohne Benutzung des Fernrohrs einzurichten. Man benutzt dann eine lineare

Lichtquelle $S$ (Abb. 273), z. B. einen Faden der Glühlampe oder einen hell beleuchteten Spalt. Vermittels einer Linse schickt man die Strahlen dieser Lichtquelle dem Spiegel $D$ zu, wo sie reflektiert werden und bei $m$ auf die Skala treffen. Man stellt die Linse so auf, daß die Lichtquelle $m$ auf der Skala als ein scharfbegrenzter, heller Strich parallel den Teilstrichen der Skala abgebildet wird. Das kann man auch ohne die Projektionslinse erreichen, wenn man den Spiegel $D$ selbst konkav nimmt; bei entsprechenden Abständen der Lichtquelle und der Skala erhält man wieder eine scharfe Abbildung der Lichtquelle auf der Skala. Gleichzeitig mit der Ablenkung des Spiegels wandert der helle Strich längs der Skala und erlaubt die Einstellung der Galvanometernadel an der Skala abzulesen. Damit man die Lichtlinie gut sehen kann, wird in einigen Fällen eine Verdunkelung des Zimmers oder wenigstens eine Abschirmung des fremden Lichtes von der Skala nötig sein.

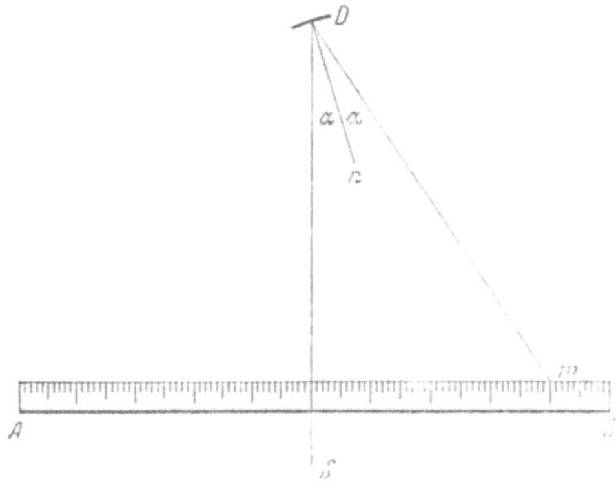

Abb. 273. Objektive Spiegelablesung.

Diese Methode wird die *objektive* Spiegelablesung genannt, die Methode mit dem Fernrohr dagegen die *subjektive*. Jede Methode hat ihre Vorteile, aber im Prinzip sind beide gleich.

**308. Astasierung.** Aus der Formel für die Tangentenbussole sehen wir, daß die Ablenkungen um so größer sein werden, je kleiner das Feld $H$ ist. Um die Wirkung des Erdfeldes noch zu verringern und so die Empfindlichkeit des Galvanometers zu steigern, kann man verschiedene Methoden anwenden.

Erstens kann man statt einer Magnetnadel ein System von zwei entgegengesetzt gerichteten Nadeln benutzen, die an derselben Achse befestigt werden (astatisches System). Die Nadeln werden möglichst gleich magnetisiert, und die Wirkung des Erdfeldes auf dieses System wird der Differenz der Wirkungen auf jede Nadel einzeln gleich sein. In einer Tangentenbussole hat es keinen Zweck, ein solches astatisches Nadelpaar zu benutzen, weil die Wirkung des Stromes auf das System ebenso verkleinert wird wie die Wirkung des Erdfeldes. Aber in einem gewöhnlichen Galvanometer (Multiplikator) können die beiden Nadeln so angeordnet werden, daß die Wirkungen des Stromes auf beide Nadeln dieselbe Richtung haben und sich addieren. Das erreicht man entweder dadurch, daß man das Nadelpaar so aufhängt, daß die eine Nadel im Innern der Galvanometerspule, die andere aber außerhalb derselben sich befindet (Abb. 274), oder man benutzt für jede Nadel eine besondere Spule und schaltet die zwei Spulen so, daß der Strom auf beide Nadeln in derselben Richtung wirkt (Abb. 275).

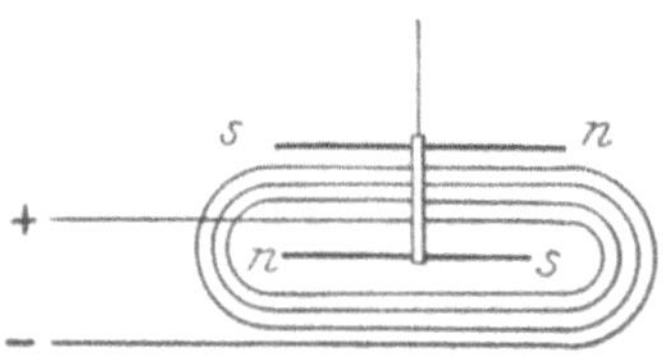

Abb. 274. Astatisches Nadelpaar.

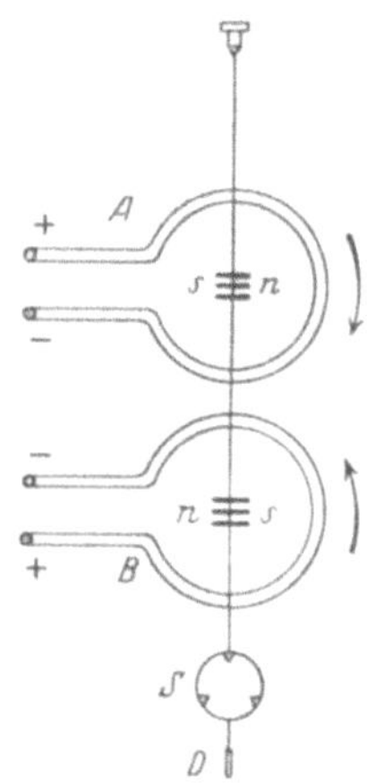

Abb. 275. Galvanometer mit zwei Spulen.

Eine andere Methode, die Wirkung des Erdfeldes zu verringern, ist die, einen Hilfsmagnet in der Nähe der Galvanometernadel derart aufzustellen, daß das Feld des Magnets dem Erdfelde entgegenwirkt. Die Kompensation des Erdfeldes darf nicht zu weit getrieben werden, sonst wird die Magnetnadel überhaupt keine Richtkraft haben; sie wird unstabil und wird bei der geringsten Änderung des wirkenden Magnetfeldes in die entgegengesetzte Lage umkippen (Überastasierung). Der Astasierungsmagnet wird manchmal mit einer Mikrometerschraube fein beweglich angeordnet, damit man die Kompensation des Erdfeldes allmählich so weit treiben kann, wie es die gewünschte Empfindlichkeit des Galvanometers gerade fordert, ohne dabei die Stabilität der Magnetnadel zu verderben. Außerdem muß der Hilfsmagnet in der Endlage fest eingeklemmt werden, damit das astasierte Feld im Bereiche der Galvanometernadel sich während der Messungen nicht ändert.

Auch eine Stromspule kann zur Astasierung benutzt werden, wenn nur für die Konstanz des Hilfsstromes Sorge getragen wird.

Eine dritte Astasierungsmethode ist die Anwendung eines Eisenzylinders oder einer hohlen Eisenkugel, die das Galvanometer umschließen. Dank der großen Permeabilität des Eisens werden dann die Kraftlinien des Erdfeldes größtenteils durch das Eisen durchgehen, und das Feld im Innern des Galvanometers wird geschwächt (S. 57, Abb. 57). Manchmal gelingt es, das äußere Feld auf diese Weise auf den tausendsten Teil zu vermindern.

Gleichzeitig mit der Astasierung bezwecken solche *Eisenpanzer* auch die Verminderung der Wirkungen zufälliger und veränderlicher magnetischer Felder, die bei der jetzigen Verbreitung der verschiedenen elektrischen Anlagen das magnetische Feld an der Galvanometernadel immerwährend verändern würden und genaue Messungen unmöglich machen könnten.

Das Galvanometer mit Eisenumhüllung nennt man *Panzergalvanometer*.

**309. Das Galvanometer von du Bois und Rubens.** Alle drei Astasierungsmethoden sind in dem Panzergalvanometer, welches du Bois und Rubens konstruiert haben, angewandt.

In der Abb. 276 ist ein senkrechter Schnitt eines solchen Galvanometers dargestellt. Hier ist $M$ das Magnetometer (vgl. S. 158, Abb. 169), d. h. ein System von kleinen parallel gerichteten Magnetnadeln. An demselben dünnen Aluminiumdrähtchen, an welchem die Magnete angeklebt sind, ist unten ein kleines Spiegelchen $S$ befestigt und noch niedriger eine Aluminiumscheibe, senkrecht zum Spiegel. Die Aluminiumscheibe schwingt zwischen zwei von außen verschiebbaren Scheiben und dient als Luftdämpfer. Bei äußerst leichtem Magnetsystem und einem Spiegel von etwa 3 mm Durchmesser hat das ganze bewegliche System ein so kleines Trägheitsmoment, daß der untere Dämpfer weggelassen werden kann. Das Aluminiumdrähtchen mit dem Magnetsystem ist an einem Quarzfaden aufgehängt.

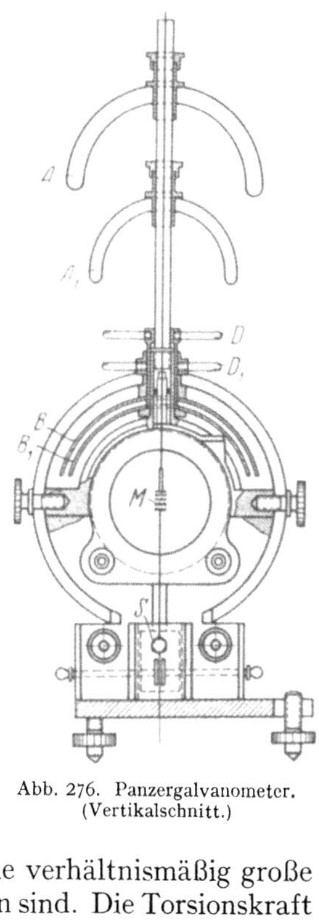

Abb. 276. Panzergalvanometer. (Vertikalschnitt.)

Quarzfäden werden vorzugsweise statt Kokonfäden gebraucht, weil sie sehr dünn gemacht werden können, eine verhältnismäßig große Tragkraft besitzen und frei von elastischen Nachwirkungen sind. Die Torsionskraft der dünnen Quarzfäden ist so gering, daß man sie meistens vernachlässigen kann.

Möglichst nah zu den Magnetnadeln werden von beiden Seiten (in der Abb. 276 von vorne und von hinten) zwei Drahtspulen eingesetzt. $B_1$ und $B$ sind zwei Astasierungsmagnete, die man vermittels des außen angebrachten Griffs $D$ um die vertikale Achse drehen kann, um ein gewünschtes Astasierungsfeld herzustellen. Diese Magnete sind von einem zweiten Panzer umhüllt, und außerhalb dieses Panzers ist oben noch ein zweites Paar Magneten $A$ und $A_1$ angebracht, die sich in vertikaler Richtung gegeneinander verschieben und außerdem um eine vertikale Achse drehen lassen. Sie dienen auch zur Astasierung und zur Nulleinstellung des Magnetsystems. Der Panzerschutz dieses Galvanometers reduziert das äußere Magnetfeld auf etwa ein Tausendstel.

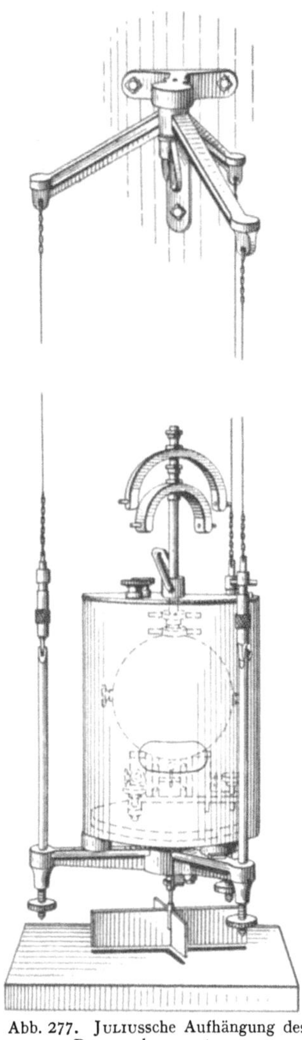
Abb. 277. JULIUSsche Aufhängung des Panzergalvanometers.

In der Abb. 277 ist das ganze Galvanometer noch von einem dritten zylindrischen Panzer umgeben und an drei dünnen Stahldrähten auf einer Wandkonsole aufgehängt (JULIUSsche Aufhängung). Der Zweck dieser Aufhängung ist die Verminderung der etwa vorkommenden Erschütterungen; durch die federnden Stahldrähte werden die Erschütterungen sehr abgeschwächt und können sich nicht bis zum Instrument fortpflanzen.

**310. Empfindlichkeit des Galvanometers.** Bei jedem Meßinstrument wird die zu messende Kraft mit einer anderen Kraft verglichen, die ihr bei gewissen Bedingungen das Gleichgewicht hält. Bei den Instrumenten, wo man die Ablenkung irgendeines Systems beobachtet, muß eine Gegenkraft oder, wie man sie nennt, eine *Richtkraft* wirken, die mit der Größe der Ablenkung wächst und das bewegliche System in seine Nullage zurückzuführen sucht. In der gewöhnlichen Wage ist die Richtkraft die Schwere, in der Torsionswage ist es die Torsionskraft des Aufhängefadens, in der Tangentenbussole dient als Richtkraft das magnetische Erdfeld usw. Es ist klar, daß je kleiner die Richtkraft, desto größer die Ausschläge, die einer gewissen wirkenden Kraft entsprechen, und desto empfindlicher wird also das Meßinstrument. Wir haben schon gesehen, wie durch verschiedene Astasierungsmethoden die Richtkraft des Erdfeldes in dem Galvanometer verringert werden kann.

Anderseits aber je kleiner die Richtkraft $K$, desto größer wird die Schwingdauer $T$ des beweglichen Systems:

$$T = 2\pi\sqrt{\frac{I}{K}},$$

wo $I$ das Trägheitsmoment des schwingenden Körpers bedeutet.

Eine große Schwingungsdauer erfordert ein entsprechend längeres Abwarten, bis das bewegliche System seine definitive Lage annimmt und die Ablesung erlaubt. Eine Schwingungsdauer größer als 20 Sekunden wird schon unbequem und selten benutzt. Bei so langem Abwarten könnten nämlich verschiedene

Nebenwirkungen die Messungen überhaupt in Frage stellen. Daraus folgt, daß, um eine möglichst große und nützlich zu verwendende Empfindlichkeit zu erreichen, man gleichzeitig mit der Verminderung der Richtkraft $K$ auch das Trägheitsmoment $I$ des schwingenden Systems zu vermindern suchen muß, damit die Schwingdauer $T$ auch bei kleiner Richtkraft dennoch nicht zu groß wird.

Bei den Galvanometern muß demnach die Magnetnadel möglichst kurz und der Spiegel möglichst klein genommen werden. Kurze Nadeln haben zwar bei derselben Polstärke ein kleineres magnetisches Moment, aber das magnetische Moment wächst proportional der *ersten* Potenz des Polabstandes, das Trägheitsmoment aber proportional der *zweiten* Potenz der Länge der Magnetnadel; kurze Nadeln sind also vorzuziehen. Kurze Nadeln haben aber einen anderen Nachteil. Wegen der entmagnetisierenden Wirkung ihrer Enden lassen sich kurze Nadeln nicht so stark magnetisieren wie verhältnismäßig lange Nadeln. Man benutzt deshalb nicht eine einzige Nadel, sondern mehrere, 3—5 Nadeln, mit kleinem Querschnitt. Ein System solcher paralleler Nadeln läßt sich mit einem größeren magnetischen Moment herstellen als eine einzige Nadel von demselben Trägheitsmoment.

Was die Kleinheit des Spiegels betrifft, so kann man nicht unter eine gewisse Spiegelgröße gehen, ohne das Abbildungsvermögen des Spiegels zu sehr einzuschränken. Es werden dennoch bei empfindlichen Systemen kleine Spiegelchen von etwa ein paar Quadratmillimeter Fläche nicht selten gebraucht. Der Lichtstrahl muß dann entsprechend heller genommen werden.

Die zweite für die Empfindlichkeit eines Galvanometers wichtige Frage ist die Wahl und die Anordnung der Stromspulen. Es ist klar, daß je mehr Windungen die Spule enthält und je näher diese Windungen an die Magnetnadel befestigt werden, desto stärker wird die Wirkung des Stromes auf die Nadel sein und also desto größer die Empfindlichkeit des Galvanometers. Anderseits ist zu beachten, daß je mehr Windungen die Spule enthält, desto weiter werden die äußeren Windungen von der Nadel entfernt sein; außerdem wächst mit der Drahtlänge noch der Widerstand des Galvanometers.

Nehmen wir an, es sei uns im Galvanometer eine für die Drahtspulen freie Volumengröße gegeben. Erfüllen wir diesen Raum statt mit einer einzigen Windung mit $n$ Drahtwindungen, so wird die Länge des Drahtes etwa $n$mal größer, sein Querschnitt aber $n$mal kleiner. Aus beiden Gründen wird der Widerstand der Galvanometerspule bei gleichem Volumen $n^2$mal größer. Der Widerstand wird also proportional zum Quadrate der Windungszahl wachsen. Anderseits können wir die magnetische Wirkung der Stromspule in erster Annäherung proportional der Windungszahl ansetzen. Wir können also annehmen, daß die Empfindlichkeit eines Galvanometers bei sonst gleichen Bedingungen proportional der Quadratwurzel aus dem Widerstande seiner Spulen sein wird. Es haben auch die Galvanometer mit großem Widerstande im allgemeinen eine größere *Stromempfindlichkeit.*

Eine ganz andere Bedingung für die Empfindlichkeit des Galvanometers erhalten wir, wenn nicht eine gegebene *Stromstärke*, sondern eine *elektromotorische Kraft* zu messen ist. Dann wird der Strom umgekehrt proportional dem Galvanometerwiderstand, und die Empfindlichkeit für kleine elektromotorische Kräfte wird desto größer, je kleiner der Widerstand des Galvanometers.

Nun haben aber die Quellen von kleinen elektromotorischen Kräften, z. B. die Thermoelemente, selbst einen nicht verschwindenden Widerstand, und um die größte Wirkung auf das Galvanometer zu erreichen, muß man den Widerstand der Galvanometerspule gleich dem Widerstand des Thermoelements nehmen (vgl. S. 144, **171**).

Wir haben also bei den Galvanometern zwei Empfindlichkeiten zu unterscheiden: eine *Stromempfindlichkeit* und eine *Potentialempfindlichkeit.*

Das Galvanometer von DU BOIS und RUBENS, bei einem Widerstande der Spulen von 20 Ohm und einem Strom von $10^{-10}$ Ampere gibt bei der Spiegelablesung einen Ausschlag von 1 mm auf der Skala, die von dem Spiegel in einer Entfernung von 1 m aufgestellt ist.

**311. Galvanometer nach DEPERZ-D'ARSONVAL.** Galvanometer mit beweglichen Magnetnadeln haben in der Technik wenig Verbreitung, weil sie den Wirkungen des äußeren Magnetfeldes zu sehr ausgesetzt sind und Messungen in der Nähe von Elektromaschinen nicht auszuführen erlauben. DEPREZ und D'ARSONVAL haben daher vorgeschlagen, die Konstruktion des Galvanometers sozusagen umzukehren: den Magnet fest und die Spule beweglich anzuordnen. Die Aufhängung der Spule mit ihren zwei Zuführungsdrähten für den Strom ist zwar konstruktiv schwieriger als das Aufhängen einer Magnetnadel, aber dafür kann man beim festliegenden Dauermagnet ein so starkes Magnefeld erhalten, daß die äußeren magnetischen Wirkungen auf die Ablenkung des Galvanometers fast keinen Einfluß haben.

Abb. 278. Schema eines Spulengalvanometers nach DEPREZ-D'ARSONVAL.

Die nötige Richtkraft wird durch die Torsion des Aufhängedrahtes oder durch eine besondere Spiralfeder bewirkt.

Die Konstruktion eines solchen Galvanometers ist in der Abb. 278 schematisch dargestellt. Zwischen den Polen eines starken Hufeisenmagnets $M$ ist ein Eisenzylinder $f$ befestigt, welcher den magnetischen Kreis des Magneten ergänzt und nur einen engen Luftzwischenraum $b_1 b_2$ für die Spule $a$ frei läßt. Die Spule dreht sich um die horizontale Achse $AA$, wobei die zwei Spiralfedern $gg$ als Zuleitungsdrähte und als Richtkraft dienen. Die Konstruktion kann in Wirklichkeit sehr verschieden sein.

Statt eines Zeigers kann bei empfindlicheren Spulengalvanometern auch eine Spiegelablesung (S. 266, **307**) verwendet werden. In der Abb. 279 ist das Konstruktionsprinzip eines derartigen Spiegelgalvanometers schematisch angedeutet. Der Hufeisenmagnet steht hier vertikal, er kann aber auch horizontal angeordnet sein; der Eisenzylinder wird von einem Stift (in der Zeichnung nicht zu sehen) festgehalten. Die Spule kann sich um die vertikale Achse $a\,b$ drehen; $a$ ist ein sehr feines Kupferbändchen, $S$ ein Spiegel und $b$ eine Spiralfeder, die als Richtkraft dient und gleichzeitig die Achse stramm zieht, damit die Spule an die Magnetpole nicht anstößt. Im Gegensatz zu der Anordnung Abb. 278 sind hier die Zuleitungsdrähte an diametral gegenüberliegenden Stellen der Spule angeordnet.

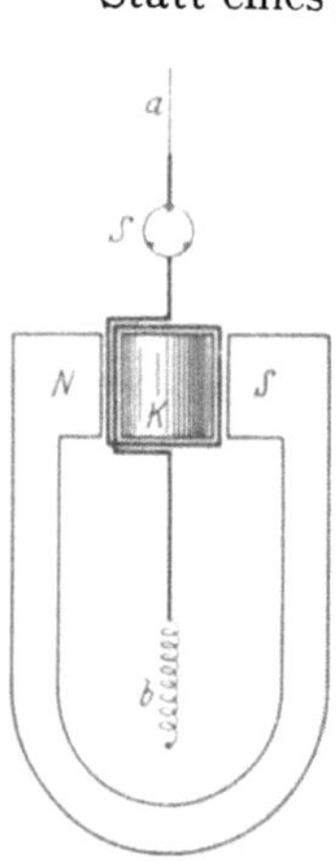

Abb. 279. Spulengalvanometer mit Spiegel.

Damit die verhältnismäßig schwere Spule sich ohne langdauernde Schwingungen einstellt, benutzt man eine Induktionsdämpfung. Entweder besteht der bewegliche Teil aus zwei getrennten Spulen und man schließt die eine Spule kurz und benutzt die andere als Stromspule für Messungen, oder man macht den Rahmen, auf welchen die Spule gewickelt ist, aus elektrolytischem Kupfer. In beiden Fällen werden bei der Bewegung der Spule im Magnetfeld in der kurzgeschlossenen Spule oder im Kupferrahmen Induktionsströme erregt, welche die Bewegung dämpfen.

Bei der Benutzung der empfindlicheren Spulengalvanometer muß man nicht außer Acht lassen, daß der Galvanometerkreis auch geschlossen wird, und die in ihm bei der Bewegung der Galvanometerspule erregten Induktionsströme ihrerseits eine dämpfende Wirkung ausüben können. Ist der äußere Widerstand des Galvanometerkreises sehr groß, so werden die induzierten Ströme so schwach sein, daß sie gar nicht in Betracht kommen; bei sehr kleinem äußeren Widerstande kann aber die Dämpfung schon so groß werden und die Spule sich bei der Einstellung so langsam bewegen (man nennt das „kriechen"), daß genaue Messungen unmöglich werden. Wir sehen also, daß eine zu kleine Dämpfung, wenn die Spule lange hin und herpendelt, ebenso wie eine zu große Dämpfung, wenn die Spule kriecht, für die Messungen ungeeignet sind. Die günstigsten Bedingungen und auch die größte Empfindlichkeit des Spulengalvanometers erhält man, wenn man die Dämpfung so wählt, das die *periodischen* Bewegungen der Spule gerade in die *aperiodischen* verwandelt werden. Für die Einregulierung der Dämpfung auf das gewünschte Maß kann die oben erwähnte Hilfswicklung der Spule sehr gut dienen.

Die Drehspulgalvanometer sind im allgemeinen weniger empfindlich als die Nadelgalvanometer. Dennoch ist es den Konstruktoren gelungen, Drehspulen zu konstruieren, die bei 10 Ohm Widerstand eine Empfindlichkeit von $10^{-7}$ Ampere erreichen. Bei einem Widerstand von 10000 Ohm kann die Empfindlichkeit (1 mm Ausschlag auf einer Skala in 1 m Entfernung) $10^{-10}$ Ampere sein.

Für Laboratoriumszwecke werden Drehspulengalvanometer mit Zeigerablesung gebaut, die bei 50 Ohm Widerstand eine Ablenkung von einem Skalenteil für $10^{-5}$ Ampere ergeben.

**312. Saitengalvanometer von Einthoven.** Statt der Stromspule ist es für einige spezielle Zwecke vorteilhaft, einen einfachen dünnen Draht (Wollastondraht) zu benutzen, der zwischen den Polen eines starken Magnets oder auch Elektromagnets durchgezogen ist. Schickt man durch diesen Draht einen Strom durch, so erfährt er eine zum Magnetfelde senkrecht gerichtete Ausbiegung. Die Pole des Magnets sind in der Richtung des Magnetfeldes durchbohrt und erlauben die Ausbiegung des Drahtes mit einem Mikroskop zu messen. Das Mikroskop kann auch zur Projektion des Drahtschattens auf ein photographisches Papier dienen, um seine Ablenkungen photographisch zu registrieren.

Das Saitengalvanometer zeichnet sich durch seine schnelle Einstellung aus und ist daher für die Registrierung schnell veränderlicher Ströme sehr wertvoll.

Als Stromleiter dienen in diesem Galvanometer Platindrähte von 1—4 $\mu$ Durchmesser; man verwendet auch dünne versilberte Quarzfäden von 2,5 $\mu$ Durchmesser. Der Widerstand solcher Drähte ist im allgemeinen sehr groß, von etwa 4000 bis 10 000 Ohm. Die Stromempfindlichkeit ist dabei ziemlich hoch: bei der Projektion in einem Abstand von 1 m kann ein Strom von $10^{-10}$ Ampere schon 1 mm Ausschlag geben.

**313. Elektrodynamometer.** Es gibt noch Galvanometer, welche zwei Stromspulen enthalten: eine feststehende und eine bewegliche; die elektrodynamischen Wirkungen dieser zwei Spulen aufeinander werden für Strommessungen benutzt. Solche Instrumente nennt man Elektrodynamometer. In der Abb. 280 ist das Schema eines technischen Elektrodynamometers von Hartmann und Braun dargestellt. Das Aluminiumblatt unten an dem Zeiger dient als Luftdämpfung.

Schickt man zwei Ströme durch beide Spulen, so ist ihre gegenseitige Wirkung proportional dem *Produkte* aus beiden Stromstärken, und das Produkt wechselt sein Zeichen nicht, wenn die beiden Faktoren ihr Zeichen gleichzeitig wechseln.

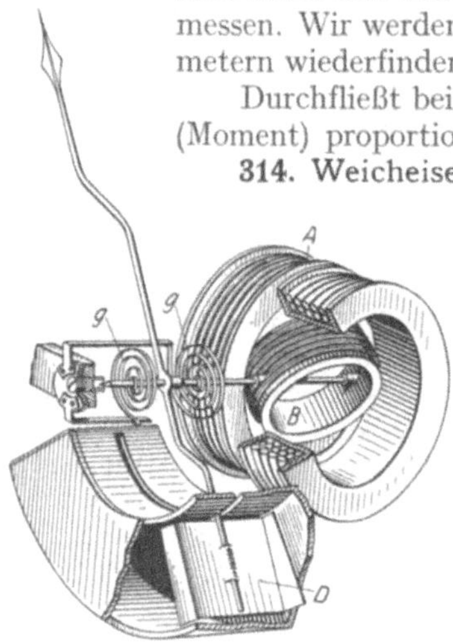

Abb. 280. Elektrodynamometer.

Man kann also mit dem Elektrodynamometer auch Wechselströme messen. Wir werden später so ein Elektrodynamometer in den Wattmetern wiederfinden.

Durchfließt beide Spulen derselbe Strom, so ist die Kraftwirkung (Moment) proportional dem Quadrate der Stromstärke.

**314. Weicheiseninstrumente.** Wo keine große Empfindlichkeit nötig ist, und wo man auf einfache Konstruktion Wert legt, werden zur Strommessung Instrumente gebraucht, in denen der bewegliche Teil einfach aus einem Stück weichem Eisen besteht.

Zu diesem Typus gehört das Galvanometer von KOHLRAUSCH (Abb. 281), welches für Laboratoriumszwecke sehr leicht herzustellen ist. An einer Spiralfeder $C$ hängt ein Stück Eisen $B$ und wird je nach der Stromstärke mehr oder weniger in eine Stromspule $A$ hineingezogen. Ein Zeiger an dem Eisenstück erlaubt seine Lage an einer parallel befestigten Skala abzulesen.

In der Abb. 282 ist ein technisches Instrument schematisch gezeichnet. Hier sind zwei Eisenstücke $a$ und $b$ in einer Spule $A$: das eine Eisenstück $b$ ist fest, das andere $a$ kann eine drehende Bewegung um die Achse 0 ausführen. Durch den Strom werden beide Eisenstücke in gleicher Weise magnetisiert und stoßen sich ab. Die Stellung des bewegten Eisenstückes wird an einer Skala abgelesen.

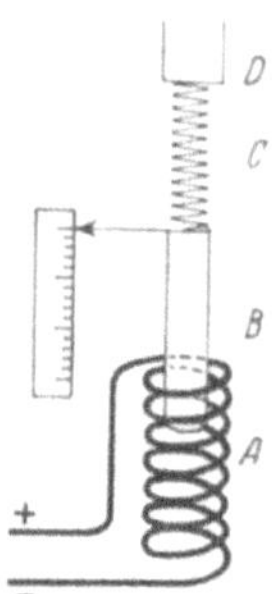

Abb. 281. Galvanometer nach KOHLRAUSCH.

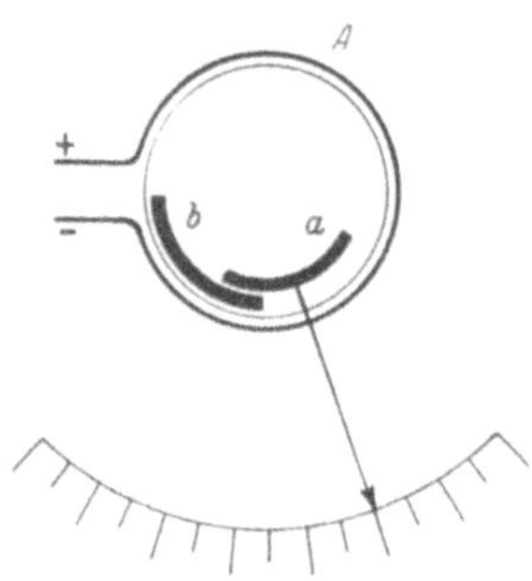

Abb. 282. Schema eines Weicheisengalvanometers.

Ist das Eisen weich genug, um mit seiner Polarisation den Stromveränderungen zu folgen, so können diese Instrumente auch für Wechselstrommessungen benutzt werden. Die Ausschläge solcher Instrumente sind im allgemeinen der Stromstärke nicht proportional, und ihre Skala muß durch Vergleich mit anderen Instrumenten geeicht werden. Die Unbequemlichkeit der ungleichmäßigen Teilung der Skala kann durch entsprechende Wahl der Form des Eisenkörpers und durch die Übertragung der Bewegung auf den Zeiger teilweise ausgeglichen werden.

Wie gesagt, besteht der Hauptvorteil dieser Instrumente in ihrer Einfachheit und Dauerhaftigkeit.

**315. Amperemeter.** Die Galvanometer, welche für technische Zwecke gebraucht werden, sind meistens mit einer Skala versehen, welche in Ampere graduiert ist; solche Instrumente heißen *Amperemeter*. Empfindlichere Instrumente werden mit einer Skala versehen, welche in Tausendstel von Ampere eingeteilt sind; sie heißen dann *Milliamperemeter*.

Wenn die Empfindlichkeit eines Instruments zu groß ist, so daß die Skala für den zu messenden Strom nicht ausreicht, so kann man seine Empfindlichkeit durch einen sog. „Schunt“ (Parallelschaltung) herabsetzen. Schalten wir z. B. parallel zu dem Amperemeter einen Widerstand, welcher 9mal kleiner ist als der Widerstand des Amperemeters selbst, so wird neun Zehntel des Stromes durch diesen Schunt fließen und nur ein Zehntel durch die Spule des Galvanometers. Bei Messungen mit solch einem Amperemeter mit Abzweigung müssen seine Angaben mit 10 multipliziert werden.

Man kann zu einem gegebenen Amperemeter verschiedene Abzweigungen anfertigen, die bei derselben relativen Genauigkeit Ströme zu messen erlauben, welche 10-, 100- usw. mal größer sind als die auf der Skala angegebenen. Für große Multiplikationszahlen werden aber die Abzweigungen einen sehr kleinen Widerstand haben müssen, und es ist darauf zu achten, daß die Zuleitungen und Kontakte der Abzweigung wirklich einen kleinen und konstanten Widerstand haben; sonst werden die Angaben des Instruments gar nicht der erwarteten Multiplizität entsprechen.

Im allgemeinen muß ein Amperemeter einen verhältnismäßig *kleinen* Widerstand haben, damit durch das Einschalten des Instruments in die Leitung der Strom nicht merklich verändert wird.

**316. Voltmeter.** Haben wir ein empfindliches Galvanometer, so können wir auch Potentialdifferenzen damit messen, denn die Stromstärke im Galvanometer ist ja der Potentialdifferenz an seinen Klemmen proportional. Ist die Skala solch eines Galvanometers direkt in Volt graduiert, so nennt man ihn *Voltmeter*. Es gibt auch empfindliche *Millivoltmeter*, wo die Skala in Tausendstel eines Volts eingeteilt ist.

Wollen wir an irgend zwei Punkten der Stromleitung die Potentialdifferenz messen, so müssen wir an diese zwei Stellen die Zuleitung zu dem Voltmeter anlegen. Das Voltmeter bildet also stets eine *Abzweigung* der Hauptleitung. Daraus ersehen wir, daß das Voltmeter im Gegensatz zu dem Amperemeter einen *großen* Widerstand haben muß, damit durch das Anlegen des Voltmeters der Strom in der Hauptleitung nicht merklich verändert wird.

Ein Voltmeter kann aus einem Milliamperemeter gebildet werden durch Vorschalten eines entsprechend großen Widerstandes.

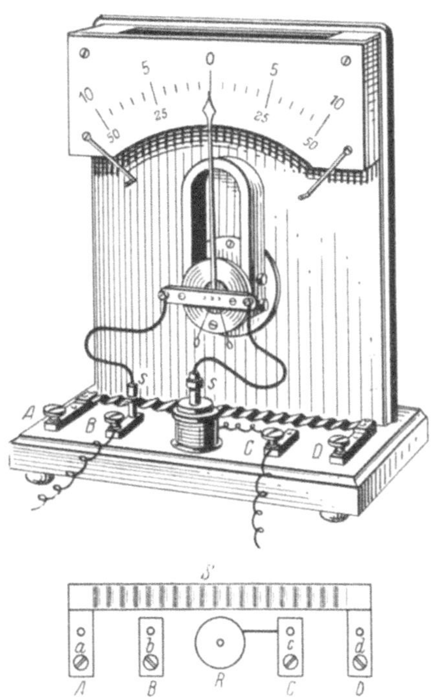

Abb. 283. Spulengalvanometer von Hartmann & Braun für Demonstration.

In der Abb. 283 ist ein Demonstrationsgalvanometer von Hartmann & Braun dargestellt (das Schema desselben ist Abb. 278, S. 270); die Spulenwicklung ist mit zwei biegsamen Leitern verbunden, die an ihren Enden kleine Stöpsel *s s* tragen. Steckt man diese Stöpsel in die Öffnungen *b* und *c* und verbindet die Klemmen *B* und *C* mit dem Stromkreis, so dient das Instrument als ein ziemlich empfindliches Spulengalvanometer. Steckt man den rechten Stöpsel nicht in *c*, sondern in $R$ ein, so wird zum Galvanometer ein großer Widerstand zugeschaltet, und es kann als ein *Voltmeter* benutzt werden. Steckt man endlich die Stöpsel in $a$ und $d$ ein und schaltet den Stromkreis an die Klemmen $A$ und $C$, so erscheint das Galvanometer mit einem Nebenschluß $S$ (Shunt) von verhältnismäßig kleinen Widerstand parallelgeschaltet und kann dann als *Amperemeter* verwendet werden.

**317. Messung der Leistung eines Stromes. Wattmeter.** Nehmen wir an, wir wollen die Energie bestimmen, die von irgendeinem Apparat, z. B. von einer Glühlampe, in der Sekunde verbraucht wird. Zu diesem Zwecke schalten wir in die Leitung ein Amperemeter und parallel zur Glühlampe ein Voltmeter (Abb. 284). Wir nehmen an, das Amperemeter habe einen kleinen und das Voltmeter einen genügend großen Widerstand, um den Strom in der Leitung nicht merklich zu verändern. Dann erhalten wir durch Multiplikation der Angaben dieser beiden Instrumente in Ampere und in Volt die gesuchte Leistung in Watt

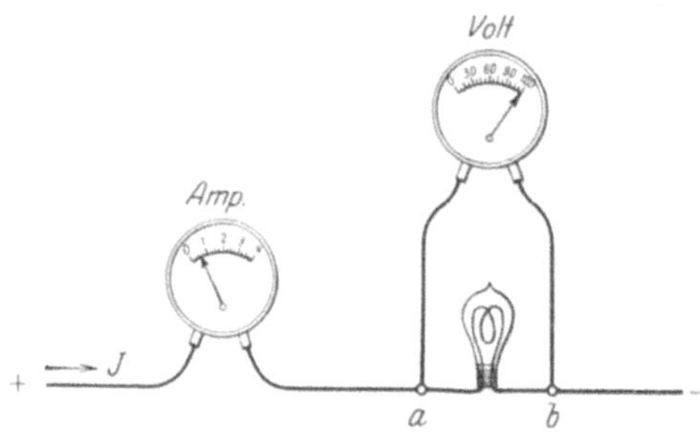

Abb. 284. Messung der Stromleistung.

$$W = J V.$$

Statt zwei Instrumente — Amperemeter und Voltmeter — zu Leistungsmessungen zu benutzen, können wir auch ein Instrument konstruieren, das uns direkt die Leistung angibt.

Zu diesem Zweck braucht man nur eine Art Elektrodynamometer (Abb. 285, vgl. Abb. 280) zu konstruieren und die eine seiner Spulen, z. B. die bewegliche, wie ein Voltmeter und die unbewegliche wie ein Amperemeter zu benutzen. Die gegenseitigen elektromagnetischen Wirkungen beider Spulen werden proportional dem Produkte aus der Amperezahl und der Voltzahl, d. h. proportional der Wattzahl sein.

Ein solches Instrument, dessen Skala direkt in Watt graduiert ist, nennt man *Wattmeter*. Auch ein Wattmeter kann durch entsprechende Abzweigungen für verschiedene Leistungsbereiche verwendet werden.

Es ist klar, daß ein Wattmeter ebensogut für Gleichstrom wie für Wechselstrom benutzt werden kann.

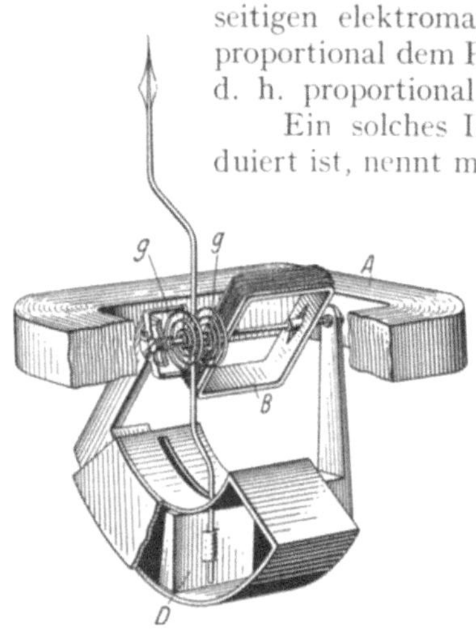

Abb. 285. Wattmeter.

**318. Hitzdrahtinstrumente.** Außer den hier beschriebenen elektromagnetischen Meßinstrumenten werden manchmal Galvanometer benutzt, die nicht auf magnetischen Wirkungen, sondern auf Wärmewirkungen des Stromes gegründet sind.

In der Abb. 286 ist schematisch ein Hitzdrahtinstrument von HARTMANN und BRAUN dargestellt. In der Mitte eines feinen Drahtes $AB$ aus Platin-Iridium ist ein zweiter Draht $b$ befestigt, welcher von dem Kokonfaden $c$ und einer Stahlfeder $f$ nach links stramm angezogen wird. Der Kokonfaden ist über eine Rolle gewickelt, die einen Zeiger trägt. Schickt man einen Strom durch $AB$, so wird der Platin-Iridiumdraht erwärmt und dehnt sich aus (Abb. 286b), das Drähtchen $b$ und der Kokonfaden werden von der

Stahlfeder nach links gezogen, und der Zeiger nimmt eine andere Stellung an. Die in der Nähe des Zeigers sich befindende Skala kann je nach der Konstruktion in Ampere oder in Volt geeicht werden.

Die Hitzdrahtinstrumente können ebensogut für Gleichstrom wie für Wechselstrom benutzt werden.

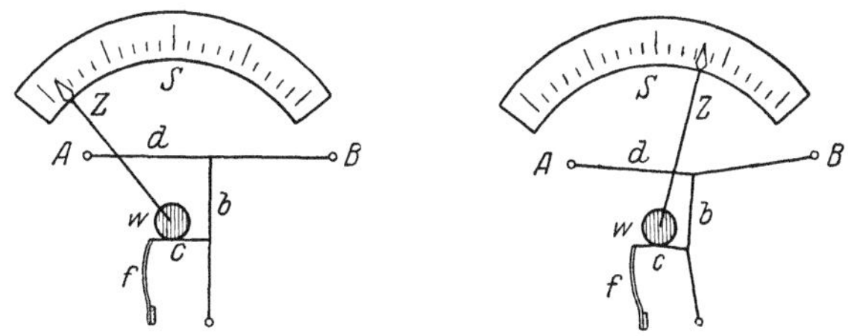


a Abb. 286. Hitzdrahtinstrument. b

**319. Ballistische Galvanometer.** Fließt durch das Galvanometer ein konstanter Strom $J$ eine gewisse Zeit $t$ durch, so ist die durchgegangene Elektrizitätsmenge $e = Jt$. Man kann also mit einem Galvanometer und einer Uhr auch Elektrizitätsmengen messen.

Wenn die Elektrizitätsmenge $e$ so schnell durchfließt, daß man diese Zeit nicht gut messen kann, ist es dennoch möglich, nach der Größe des Stromstoßes im Galvanometer die durchgeflossene Elektrizitätsmenge zu bestimmen.

Die Kraft $F$, welche in einem Galvanometer wirkt, ist meistens proportional der Stromstärke $J$, folglich wird der Impuls dieser Kraft (Kraftstoß) $Ft$ proportional der durchgegangenen Elektrizitätsmenge $e = Jt$.

Erfolgt der Stoß in einer Zeit, die sehr kurz ist im Vergleich zu der Schwingungsperiode der Magnetnadel oder überhaupt des beweglichen Systems im Galvanometer, so kann man den erzeugten Ablenkungswinkel $\alpha$ proportional dem elektrischen Stoß annehmen; der Winkel $\alpha$ wird also auch proportional der durchgegangenen Elektrizitätsmenge sein.

Dadurch sind wir imstande, die Elektrizitätsmengen miteinander zu vergleichen; wir lassen sie als Stromstöße auf das Galvanometer wirken und beobachten die durch diese Stöße erzeugten Ablenkungswinkel; das Verhältnis dieser Winkel gibt uns das Verhältnis der zwei zu vergleichenden Elektrizitätsmengen.

Damit wir diesen idealen Versuchsbedingungen möglichst nahekommen, müssen wir erstens das bewegliche System im Galvanometer möglichst frei von Dämpfung aufhängen und zweitens seine Schwingungsdauer groß im Vergleich zu der Stoßdauer des Stromes machen. Ist die Dämpfung und die Stoßdauer merklich groß, so sind die Ablenkungswinkel nicht mehr proportional den Elektrizitätsmengen, und die Deutung der Versuchsergebnisse wird nicht so einfach.

Einige Galvanometer sind so eingerichtet, daß man ihr bewegliches System für ballistische Messungen durch keine Gewichte belasten kann, um ihr Trägheitsmoment und ihre Schwingungsdauer dadurch zu vergrößern. Es ist aber zu beachten, daß diese Belastung nicht größer als gerade nötig gemacht werden muß, denn mit der Vergrößerung des Trägheitsmomentes wird der Ablenkungswinkel kleiner, und das Instrument wird für ballistische Zwecke unempfindlicher.

**320. Messungen der Kapazität und der Selbstinduktion.** Mit einem ballistischen Galvanometer können wir zwei Kapazitäten miteinander vergleichen. Laden wir die Kapazitäten bis zu einer Potentialdifferenz $V$, so wird auf ihren Belegungen die Elektrizitätsmenge

$$e = CV$$

gesammelt. Wir können diese Elektrizitätsmengen durch ein ballistisches Galvanometer wieder entladen und die Ablenkungen des Galvanometers notieren. Bei gleicher Potentialdifferenz $V$ werden die Elektrizitätsmengen und die Ablenkungen des Galvanometers sich wie die Kapazitäten verhalten. Ist die eine von den Kapazitäten bekannt, so wird auch die andere Kapazität dadurch bestimmt.

Ein ballistisches Galvanometer läßt sich auch mit einer genau bekannten Kapazität eichen. Diese Eichungskurve kann dann für die Bestimmung unbekannter Kapazitäten dienen.

Nach demselben Prinzip kann auch eine Selbstinduktion gemessen werden. Man schickt durch irgendeine Spule einen konstanten Strom $J$, und durch Umschaltung erreicht man, daß der Extrastrom beim Unterbrechen des konstanten Stromes durch das Galvanometer durchgeht. Die so erzeugte Elektrizitätsmenge ist ja, wie wir wissen, gleich (S. 249, **289**)

$$e = Jt = \frac{N}{R} = \frac{L}{R} \cdot J .$$

Es werden somit die Ablenkungen des Galvanometers proportional den Selbstinduktionskoeffizienten sein.

Bei derartigen Messungen ist darauf zu achten, daß der Induktionsstrom nicht zu große Potentialdifferenzen erzeugt, wodurch die Wickelung der Galvanometerspule gefährdet werden könnte.

**321. Geeichte Kapazitäten und Induktivitäten.** Für die soeben erwähnten Messungen ist es nötig, genau bekannte Kapazitäten und Induktivitäten zu besitzen.

Als Kapazitäten benutzt man größtenteils Glimmerkondensatoren, die wir schon früher (S. 87, **101**. Abb. 81) beschrieben haben. Sie werden bis zu etwa 1 Mikrofarad Kapazität gebaut und können durch Stöpseleinrichtung unterteilt werden. Bei sehr genauen Messungen werden aber Luftkondensatoren vorgezogen, weil die Luft, wie alle Gase, von störenden elektrischen Nachwirkungen (S. 99, **114**) frei ist.

Will man die Kapazität des Kondensators stetig ändern, so benutzt man *variable Kondensatoren* z. B. folgender Konstruktion. In einem Luftkondensator bestehen die Belegungen aus je einem System von halbkreisförmigen oder sektorenförmigen Aluminiumplatten (Abb. 287);

Abb. 287. Variable Kapazität.

Abb. 288. Variable Selbstinduktion.

das eine System $A$ ist fest und das andere $B$ drehbar angeordnet. Bei der Drehung um die Zentralachse treten die Platten $B$ in die Zwischenräume der Platten $A$ hinein, wodurch die Kapazität des Kondensators stetig vergrößert wird. Der drehbare Teil hat oben einen Zeiger, der längs einer am Deckel des Kondensatorkastens angebrachten Kreisteilung gleitet (oder auch umgekehrt, die Kreisteilung ist drehbar und der Zeiger fest). Man kann also die gegenseitige Lage der beiden Belegungen an der Kreisteilung ablesen und, wenn man will, in Mikrofarad oder in Zentimeter eichen. Statt Luft kann in diesem Kondensator als Dielektrikum auch ein gut isolierendes Öl dienen.

Die Kapazität solcher variabler Kondensatoren ist meistens nicht groß, etwa 0,001 bis 0,002 Mikrofarad. Bei Ölfüllung erhält man etwa die doppelte Kapazität.

Ebenso wie man genau abgeglichene Widerstandsnormalen oder Kapazitäten herstellen kann, kann man auch Spulen von genau abgemessener Selbstinduktion anfertigen. Die Spulen werden aus dünnem Draht gewickelt, damit etwaige unregelmäßige Verteilungen der Stromdichte im Drahtquerschnitt auf die Größe des Induktionskoeffizienten keinen großen Einfluß haben. Als Wickelungskern benutzt man Serpentin, ein festes und fast undeformierbares Material.

Manchmal ist eine Spule mit stetig variabler Selbstinduktion wünschenswert. Man bildet dann die Selbstinduktion aus zwei Teilspulen, welche gegeneinander verschoben oder gedreht werden können (Abb. 288). Bei Änderungen der gegenseitigen Lage dieser Spulen wird ihr magnetisches Gesamtfeld geändert, und folglich auch die Selbstinduktion der Doppelspule. Solche Doppelspulen nennt man *Variatoren;* sie können schon geeicht bezogen werden.

**322. Induktionsfreie und kapazitätsfreie Spulen.** Stellen wir uns vor, die beiden Spulen eines Variators seien einander gleich und wir drehen sie so gegeneinander, daß sich ihre magnetischen Felder vollständig gegenseitig aufheben; dann erhalten wir eine Spulenkombination ohne Selbstinduktion. Diesen Umstand benutzt man bei der Herstellung von Widerständen, welche für wechselnde Ströme oder für ballistische Messungen bestimmt sind; denn bei ballistischen Messungen wirkt jede Selbstinduktion wie eine elektromotorische Kraft. Um von derartigen Störungen möglichst frei zu sein, verwendet man eine sog. *bifilare* Wickelung. Man biegt den Widerstandsdraht in der Mitte um (Abb. 289) und wickelt den so entstandenen Doppeldraht in eine Spule auf. Eine solche Spule kann aus zwei Spulen bestehend angesehen werden, in welchen die Ströme in entgegengesetzten Richtungen fließen, sie wird kein Magnetfeld erregen und also induktionsfrei wirken.

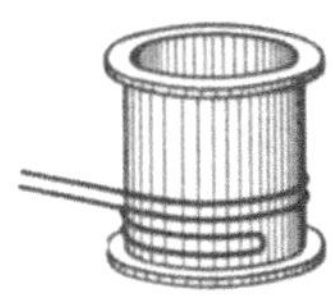

Abb. 289. Induktionsfreie Spule.

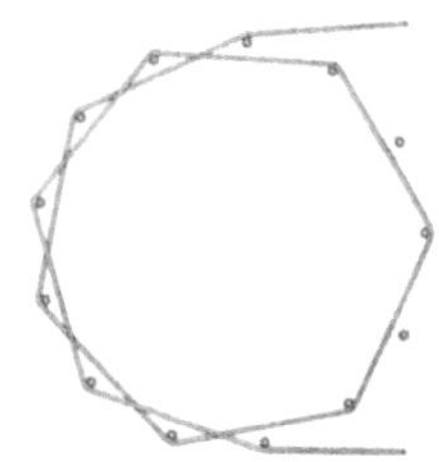

Abb. 290. Kapazitätsfreie Spule.

Bei ballistischen Messungen muß darauf geachtet werden, daß auch alle Zuführungsdrähte zum Galvanometer möglichst induktionsfrei bleiben, also die Hin- und Rückleitungen möglichst nah nebeneinander geführt werden.

Jede Spule hat außer der Selbstinduktion auch eine gewisse Kapazität, denn beim Stromdurchgang werden die einzelnen Teile des Drahtes verschiedene Potentiale haben und ein elektrisches Feld bilden. Dieser Umstand kann z. B. bei ballistischen Messungen, bei welchen ja die Selbstinduktion ganz in derselben Weise wirkt wie die Kapazität, zu Meßfehlern führen. Man hat deshalb verschiedene Wickelungsmethoden vorgeschlagen, um eine Spule möglichst kapazitätsfrei zu wickeln. Im allgemeinen muß man die Wickelungen so anordnen, daß die Stellen des Leiters mit beträchtlichen Potentialdifferenzen möglichst weit voneinander entfernt bleiben (Abb. 290). Die bifilare Wickelungsmethode genügt offenbar dieser Forderung nicht, weil in ihr die Enden des Drahtes, welche ja die größte Potentialdifferenz haben, ganz nah aneinander liegen. Besser ist schon eine Wickelung, bei welcher der Draht ein Paar Windungen in einer Richtung macht, und dann in der entgegengesetzten Richtung, dann wieder in der ersten Richtung usf. Es sind auch kapazitätsfreie Wickelungen ersonnen, bei denen die einzelnen Drahtlagen nicht parallel geführt werden, sondern im Zickzacklauf; dabei werden die Drähte nur in einigen Punkten genähert, und ihre Kapazität wird dadurch kleiner als bei parallelen Lagen.

**323. Induktionsmethode für die Messung der Magnetfelder.** Man kann die ballistische Methode benutzen, um die Induktion oder die Feldintensität (welche Größen in der Luft bei $\mu = 1$ einander gleich angenommen werden können) in irgendeinem Punkte zu messen. Man nimmt dazu eine kleine Drahtspule und stellt sie mit ihrer Fläche in dem zu messenden Punkte normal zum Felde auf. Verbindet man die Spule mit einem ballistischen Galvanometer und zieht sie rasch aus dem Felde heraus, oder dreht sie schnell so um, daß ihre Fläche parallel zum Felde steht, wodurch der Induktionsfluß durch die Spule zum Verschwinden gebracht wird (vgl. S. 215, Abb. 230a), so entsteht im Galvanometer ein Ausschlag, welcher proportional zu der durch die Induktion in der Spule erzeugten Elektrizitätsmenge ist

$$e = \frac{N}{R} = \frac{M n S}{R}.$$

Ist die Windungszahl $n$, die Fläche $S$ und der Widerstand $R$ der Spule bekannt, so bestimmt sich die magnetische Induktion oder die Feldintensität aus der angeführten Formel.

**324. Der magnetische Spannungsmesser.** Ist die Spule nicht flach und hat eine Länge $l$, so werden die Kraftlinien des Feldes nicht alle ihre Windungen in gleicher Weise durchsetzen, und wir müssen unsere Formel ein wenig umformen. Bezeichnen wir mit $n_0$ die Zahl der Windungen auf 1 cm Spulenlänge oder ihre Windungsdichte, so schreibt sich unsere Formel in folgender Weise ($\mu = 1$)

$$e = \frac{n_0 S}{R} M l.$$

Da die Feldstärke $M$ längs der Spule verschiedene Größen haben kann, so können wir diesen Ausdruck nur auf so kleine Längen $l$ anwenden, daß das Feld als konstant angenommen werden kann. Um die totale elektromotorische Kraft und auch die Elektrizitätsmenge, welche durch Induktion in der ganzen Spule erzeugt werden, zu berechnen, müssen wir alle solche Ausdrücke zusammen addieren. Ist die Windungsdichte $n_0$ und die Fläche $S$ in der ganzen Spule dieselbe, so wird rechts eine Summe $\sum M l$ erscheinen, die ja nichts anderes als die magnetische Potentialdifferenz $V_m$ zwischen dem Anfange und dem Ende der Spule darstellt. Der Ausschlag des ballistischen Galvanometers wird demnach proportional der magnetischen Potentialdifferenz an den Enden der Spule.

$$e = \frac{n_0 S}{R} V_m.$$

Diesen Umstand haben Rogovski und Steinhaus benutzt, um einen Apparat zu bauen, welcher die magnetische Potentialdifferenz oder die magnetische Spannung zwischen irgend zwei Punkten des Feldes zu messen erlaubt. Der Apparat (Abb. 291), magnetischer Spannungsmesser genannt, besteht aus einem unmagnetischen bandförmigen Kern $C$, aus Preßspan, der möglichst gleichmäßig mit Draht bewickelt ist. Die Spule und ihr Kern sind leicht biegsam und haben eine Länge von etwa 75 cm. Legt man die Enden der Spule an irgend zwei Punkten des Feldes an, so wird sie von einem magnetischen Induktionsfluß durchsetzt. Verbindet man die Spule mit einem ballistischen Galvanometer und nimmt sie dann schnell aus dem Felde heraus, oder bringt man die Enden der Spule schnell zusammen, so erhält man im Galvanometer einen Induktionsstoß. Die durchgeflossene Elektrizitätsmenge ist

$$e = C \cdot V_m,$$

und der Ausschlag des Galvanometers, welcher ja der durchgeflossenen Elektrizitätsmenge proportional ist, wird also der magnetischen Potentialdifferenz (der magnetischen Spannung) an den Enden der Spule proportional sein.

Es ist praktischer, den Proportionalitätsfaktor nicht durch Rechnung, sondern durch direkte Versuche zu bestimmen. Das kann man z. B. in folgender Weise erreichen. Man umspannt mit der Spule irgendeinen Stromleiter, in dem ein bekannter Strom fließt. Die Enden der Spule müssen dabei aneinanderstoßen, damit die Spule in sich geschlossen wird. Die Potentialdifferenz in einer geschlossenen Kurve haben wir (S. 288, **266**) die magnetomotorische Kraft genannt, und wir wissen, daß sie für den bekannten Strom $J$ unabhängig von der Form der ihn umfassenden Kurve gleich $4\pi J$ ist. Die Ablenkungen des ballistischen Galvanometers beim Schließen oder Öffnen des Stromes $J$ werden dieser magnetomotorischen Kraft proportional sein; der Versuch erlaubt also, den Proportionalitätsfaktor direkt zu bestimmen.

Von den verschiedenen Anwendungen des magnetischen Spannungsmessers wollen wir nur die folgende anführen.

In einer Spule (Abb. 291) ist ein Eisenkern $AB$ eingesteckt. Das Feld der Stromspule allein $M_0$ ist uns nach der Theorie der magnetischen Wirkungen der Ströme bekannt; wir wollen aber die Feldintensität $M_i$ in dem Eisenkern bestimmen, welche wegen der entmagnetisierenden Wirkung (S. 173, **209**) der Enden des Eisenkerns kleiner als $M_0$ sein wird. Zu diesem Zweck legen wir an die Enden des Eisenkerns die Enden des magnetischen Spannungsmessers so an, daß sie beide einen geschlossenen Weg $ABCA$ bilden. Die magnetomotorische Kraft der Stromspule ist gleich $4\pi n J$; die magnetische Potentialdifferenz im Außenraume $V_{am}$ gibt uns der Spannungsmesser an. Die Differenz dieser beiden Größen wird den Potentialabfall im Eisenkern angeben.

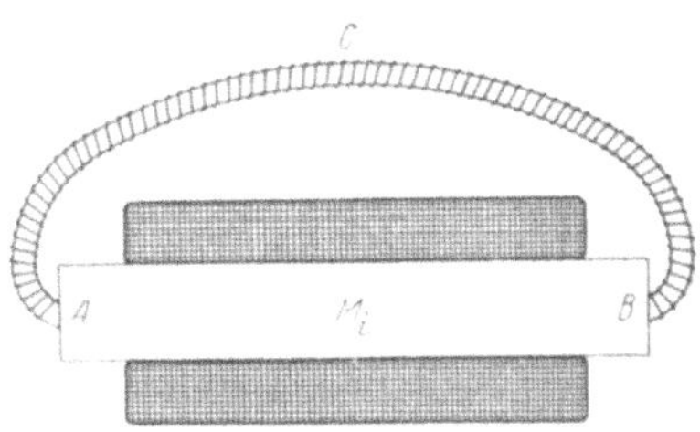

Abb. 291. Schema eines magnetischen Spannungsmessers.

$$V_{im} = 4\pi n J - V_{am}.$$

Nehmen wir die Feldstärke im Eisenkern überall gleich an oder bezeichnen wir mit $M$ seine mittlere Feldstärke, so erhalten wir nach der Division durch die Länge $l$ des Eisenkerns für die Feldstärke

$$M = \frac{V_{im}}{l} = \frac{4\pi n J - V_{am}}{l}.$$

Derselbe Versuch gestattet uns auch die Größe des Entmagnetisierungskoeffizienten zu bestimmen.

**325. Die Wismutspirale.** Bei Messungen von starken Feldern ist es viel bequemer, statt der ballistischen Methode die Erscheinung der Widerstandsänderung des Wismuts im Magnetfelde zu benutzen.

Zu diesem Zwecke wird ein Wismutdraht spiralförmig gewunden und zwischen zwei Glimmerblättchen eingekittet (Abb. 292). Die Spirale muß möglichst flach und dünn gemacht werden, weil die zu messenden magnetischen Felder größtenteils in engen Luftzwischenräumen eines magnetischen Kreises sich befinden und wenig Platz für das Meßinstrument frei lassen. Solch eine Wismutspirale hat meistens einen Durchmesser von 1 cm und eine Dicke von 1 mm; sie kann leicht zwischen die Pole eines Elektromagnets oder einer Dynamomaschine eingeschoben werden. Man mißt den Widerstand der Spirale (z. B. mit einer WHEATSTONschen Brücke) bei Abwesenheit des Feldes und bei Erregung des Feldes. Die Vergrößerung des Widerstandes des Wismuts ist annähernd proportional der wirkenden magnetischen Feldstärke. Bei genaueren Versuchen benutzt man eine geeichte Wismutspirale. Die Eichkurven geben dann direkt zu jedem beobachteten Widerstande der Wismutspirale die wirkende magnetische Feldstärke an. Bei Vergrößerung der Feldstärke um 1000 Gauß vergrößert sich der Widerstand der Spirale um etwa 5%.

Mit einer Wismutspirale läßt sich auch die Permeabilität des Eisens bestimmen.

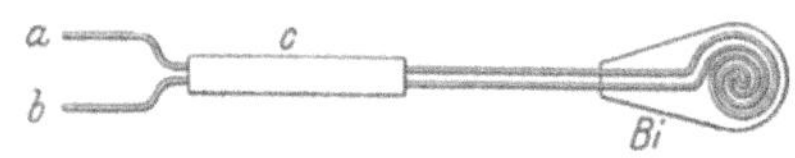

Abb. 292. Wismutspirale.

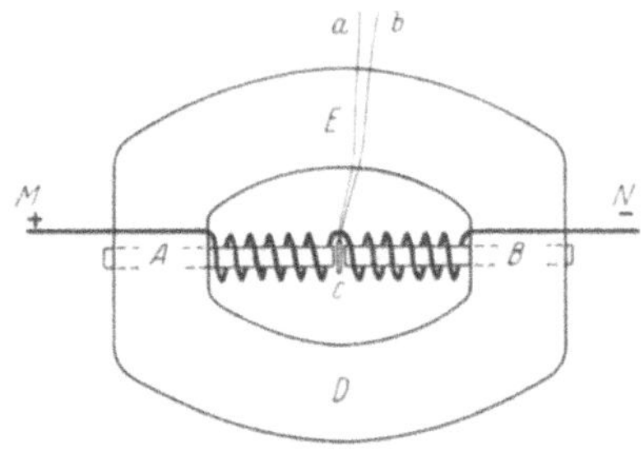

Abb. 293. Permeameter mit einer Wismutspirale.

In der Abb. 293 ist ein Apparat von HARTMANN und BRAUN dargestellt, mit welchem man die Permeabilität von Eisenstäben bestimmen kann. Die Stäbe *A* und *B* sind sorgfältig abgedreht und in die runden Öffnungen eines dicken Eisenstücks *DE* eingesetzt. In der Mitte befindet sich eine Magnetisierungsspule mit eingelegter Wismutspirale. Wegen der Größe des Querschnitts des Eisenkörpers *ED* wird das Magnetfeld bei *c* in der Wismutspirale praktisch nur von der Permeabilität der eingesetzten Eisenstäbe abhängen. Man kann demnach durch die Messung des Widerstandes der Wismutspirale die Permeabilität verschiedener Eisenstäbe miteinander vergleichen. Bei Benutzung verschiedener Magnetisierungsströme erhält man die Magnetisierungskurve oder auch die Hysteresiskurve für die betreffende Eisensorte.

**326. Bestimmung des Magnetisierungskoeffizienten.** Eine Methode zur Bestimmung von Magnetisierungskoeffizienten des Eisens haben wir soeben angegeben, aber diese Methode ist nur bei großen Magnetisierungskoeffizienten verwendbar.

Abb. 294. Meßmethode für den Magnetisierungskoeffizienten.

Sind die zu messenden Magnetisierungskoeffizienten sehr klein, was ja für die meisten Stoffe der Fall ist, so kann man in zweierlei Weise verfahren. Entweder verfertigt man aus dem betreffenden Material kleine Kugeln oder Ellipsoide und hängt sie in ein bekanntes magnetisches Feld leicht beweglich ein (vgl. S. 183, **224**). Die beobachteten Kraftwirkungen sind bei sonst gleichen Versuchsbedingungen proportional den Magnetisierungskoeffizienten. Oder man verfährt folgendermaßen: Man läßt zwei gleiche Stromspulen *A* und *B* (Abb. 294) auf ein empfindliches Magnetometer *C* so wirken, daß ihre magnetischen Wirkungen sich gerade aufheben. Die Wirkung des magnetischen Erdfeldes kann durch entsprechend orientierte Hilfsspulen auf das gewünschte Maß kompensiert werden. Steckt man in die eine Spule irgendeinen Körper *C* ein, so wird die Nadel von seiner Gleichgewichtslage durch das von dem polarisierten Körper erzeugte Zusatzfeld abgelenkt. Die Beobachtung dieser Ablenkung setzt uns in den Stand, den Magnetisierungskoeffizient des Körpers *D* zu bestimmen.

**327. Transformator.** Die Induktionserscheinungen werden benutzt, um die Ströme zu transformieren, d. h. um einen Strom von einer gegebenen Spannung in einen anderen Strom von einer größeren oder niederen Spannung zu verwandeln. Zu diesem Zwecke setzt man auf einen gemeinsamen Eisenkern zwei Spulen auf (Abb. 295). In die erste Spule, oder, wie man sie nennt, die *primäre* Spule, schickt man einen intermittierenden oder nach Richtung und Stärke

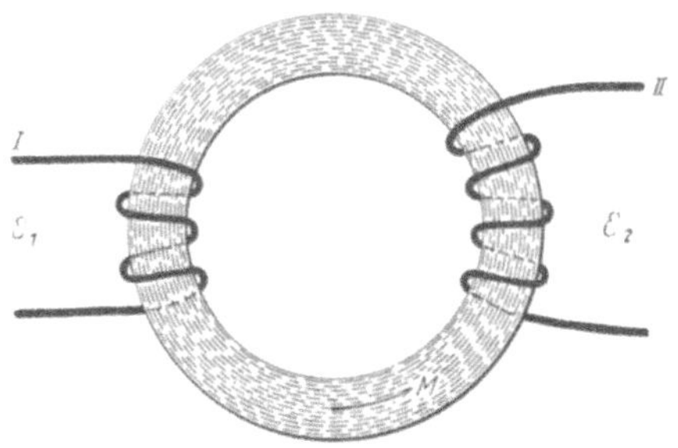

Abb. 295. Schema eines Transformators.

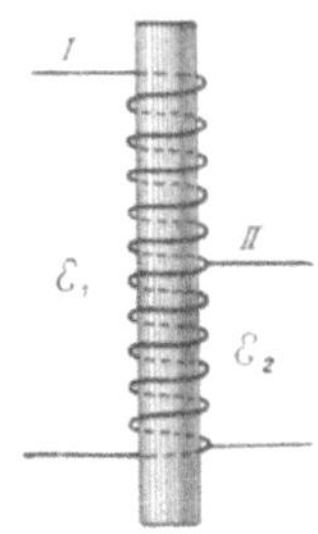

Abb. 296. Autotransformator.

wechselnden Strom. Dabei wird sich der Induktionsfluß im Kerne ändern, und in der zweiten oder *sekundären* Spule werden Induktionsströme erregt. Je mehr Windungen die sekundäre Spule enthält, desto stärkere elektromotorische Kräfte können wir in ihr erhalten.

Manchmal verbindet man die beiden Spulen zusammen (Abb. 296) (Autotransformator), indem die sekundäre Spule nur einen Teil der primären Spule bildet.

Eine elementare Theorie des Transformators können wir in folgender Weise erhalten.

Wir nehmen an, daß beide Spulen auf einem und demselben Kern aufgewickelt sind, und zwar so eng aneinander, daß sie beide von demselben Induktionsfluß $N$ durchflossen werden. Hat die primäre Spule $n_1$ Drahtwindungen und die sekundäre Spule $n_2$ Windungen, so wird der veränderliche Induktionsfluß $N$ in ihnen folgende elektromotorische Kräfte erzeugen:

$$V_1 = n_1 \dot{N}\,, \qquad V_2 = n_2 \dot{N}\,.$$

Aus diesen Formeln folgt sofort, daß

$$\frac{V_1}{V_2} = \frac{n_1}{n_2}\,.$$

Nun ist $V_1$ nichts anderes als die Klemmspannung in der Primärspule, welche uns gegeben ist, und $V_2$ ist die durch Induktion erregte Spannung in der Sekundärspule. Wenn wir also in der sekundären Spule eine größere Spannung haben wollen als in der primären Spule, so müssen wir in ihr entsprechend mehr Drahtwindungen anordnen. Auch umgekehrt, um die gegebene Primärspannung in eine niedrigere Spannung zu transformieren, müssen wir in der Sekundärspule proportional weniger Windungen aufwickeln (z. B. Abb. 296).

Bei einem idealen Transformator müßte bei der Transformation die ganze Energie aus der Primärspule in die Sekundärspule übergehen. In Wirklichkeit aber wird dieser ideale Fall nie erreicht, denn es wird stets ein Teil der Energie in JOULEsche Wärme und in die Hysteresiswärme verwandelt. Außerdem muß man berücksichtigen, daß wegen der magnetischen Streuung nicht der ganze

Induktionsfluß der Primärspule durch die Sekundärspule durchgeht. Aber für den ersten annähernden Ansatz können wir von allen diesen Komplikationen absehen und die elektrische Leistung in beiden Spulen einander gleichsetzen. Dann erhalten wir

$$W = V_1 J_1 = V_2 J_2 .$$

Das bedeutet, daß in der Spule, wo die Klammspannung größer ist, die Stromstärke proportional kleiner sein wird.

Wir können beide unsere Formeln vereinigen und schreiben:

$$\frac{V_1}{V_2} = \frac{n_1}{n_2} = \frac{J_2}{J_1} .$$

Es sind also die Stromstärken in den Spulen umgekehrt proportional ihren Windungszahlen. Dieser Umstand erlaubt uns, die Spule, welche eine größere Zahl von Windungen haben muß, aus einem Draht von kleinerem Querschnitte zu machen. Das ist im allgemeinen auch wünschenswert, denn eine Spule aus vielen Windungen dicken Drahtes würde auf dem Transformator zu viel Platz erfordern.

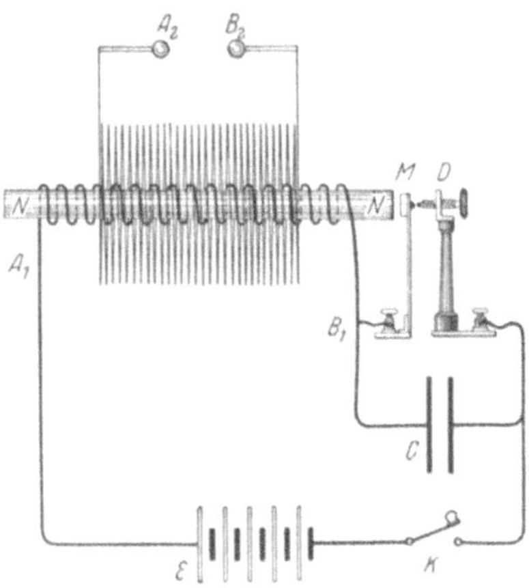

Abb. 297. Schaltungsschema eines Induktors.

Anderseits muß der Draht der Spule mit großer Zahl von Windungen mit einem Isolierüberzug versehen sein, der den großen Potentialdifferenzen zu widerstehen imstande ist.

**328. Induktor.** Den Transformator, welcher sehr oft in Laboratorien gebraucht wird und mit intermittierenden Strömen arbeitet, nennt man *Induktor* oder *Ruhmkorffschen Induktionsapparat,* weil seinerzeit der Mechaniker RUHMKORFF in Paris derartige Apparate erfunden und fabriziert hat.

In der Abb. 297 ist ein Induktor schematisch gezeichnet.

Der Induktorkern $N$ ist aus Eisendrähten zusammengesetzt; die Unterteilung des Eisenkerns hat den Zweck, das Entstehen der FOUCAULTschen Ströme zu beseitigen. Die Primärspule $A_1 B_1$ besteht aus einer geringen Anzahl von Windungen verhältnismäßig starken Drahtes. Die Sekundärspule $A_2 B_2$ dagegen hat mehrere Tausende von Windungen feinen, gut isolierten Drahtes. Damit die hier entstehenden großen Potentialdifferenzen die Isolation nicht durchschlagen, wird diese Spule aus einzelnen scheibenförmigen Teilen zusammengesetzt, welche voneinander durch Zwischenlager aus Glimmer oder Mikanit (Glimmer mit Schellack) sorgfältig isoliert werden (Abb. 300).

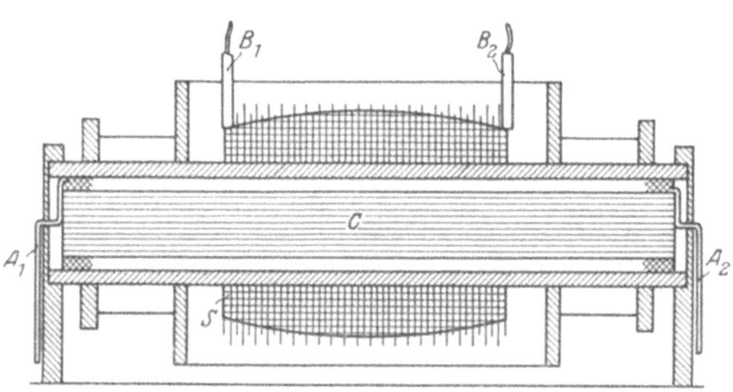

Abb. 298. Induktor im Durchschnitt.

Der Strom in der Primärspule $A_1 B_1$ wird mittels spezieller Apparate periodisch unterbrochen. Der von RUHMKORFF benützte Unterbrecher erinnert an die Konstruktion einer elektrischen Glocke (auch NEEFscher Hammer genannt). Ein eiserner Hammer $M$ (Abb. 297) ist auf einer Stahlfeder befestigt und kann in wagerechter Richtung zwischen dem Ende des Eisenkernes $N$ und dem Schraubenstifte $D$ pendeln. Die Stahlfeder legt den Hammer immer an die Schraube $D$ an, wodurch der Stromkreis $E A_1 B_1 M D K E$ geschlossen wird. Dieser Strom magnetisiert den Eisenkern, der Eisenkern zieht den Hammer $M$ zu sich an und unterbricht den Strom. Nach Unterbrechung des Stromes wird der Eisenkern sofort entmagnetisiert, läßt den Hammer los, und der Stromkreis wird wieder bei $MD$ geschlossen. Der periodisch unterbrochene, also intermittierende Strom der Primär-

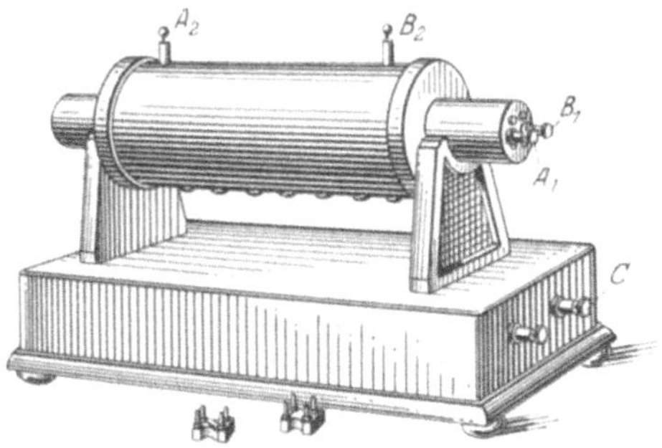


Abb. 299. Induktor.

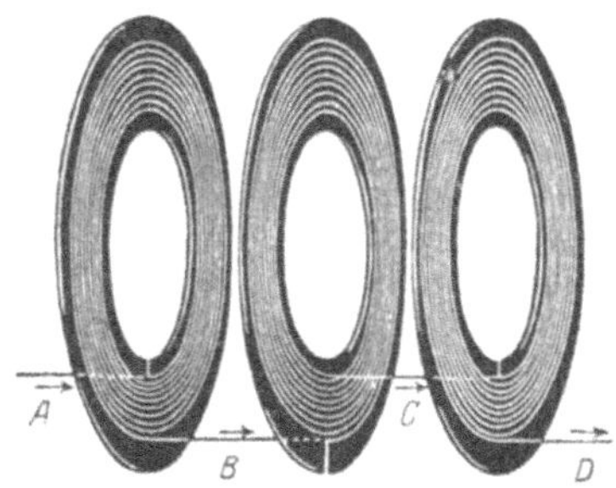


Abb. 300. Scheibenwickelung einer Sekundärspule.

spule ruft in der Sekundärspule Induktionsströme hervor, welche dank dem gewählten Windungsverhältnisse eine mehrere tausendmal größere Spannung haben als in der Primärspule. Zwischen den Klemmen der Sekundärspule $A_2$ und $B_2$ können lange elektrische Funken erhalten werden.

Beim Unterbrechen des Primärstromes erhält man wegen der großen Selbstinduktion der Primärspule zwischen $M$ und $D$ Funken, die bei starken Strömen sehr störend wirken und den Platinstift $D$ verbrennen. Um diese Funken zu schwächen, schaltet man parallel zu dem Unterbrecher einen Kondensator $C$.

Im allgemeinen wird die Verstärkung des Primärstromes bei Stromschluß sich langsamer vollziehen als die plötzliche Unterbrechung des Stromes beim Öffnen. Dementsprechend wird auch die Potentialdifferenz in der sekundären Spule beim primären Stromschluß kleiner sein als bei der Unterbrechung.

Eine schnelle Unterbrechung des Primärstromes allein würde nicht genügen, um hohe Potentialdifferenzen in der Sekundärspule zu erzielen, sondern es muß dabei auch der Eisenkern schnell entmagnetisiert werden. In dieser Beziehung ist ein in sich geschlossener Kern, wie er bei den technischen Transformatoren benutzt wird, für Induktoren nicht günstig; die geraden Eisenkerne werden viel schneller entmagnetisiert als die geschlossenen.

Sind die Pole $A_2 B_2$ der Sekundärspule nah aneinander, so bekommt man zwischen ihnen Funken wie beim Schließen, so auch beim Öffnen des Primärstroms. Sind aber die Pole weit auseinander geschoben, so kann der schwächere Schließungsfunken nicht mehr überschlagen, und nur der stärkere Öffnungsfunke tritt zutage. Daß der Elektrizitätsfluß dabei tatsächlich nur in *einer* Richtung erfolgt, sieht man schon an der Farbe der Funken. Man kann diesen einseitigen Elektrizitätsfluß auch nachweisen, indem man eine Leidener Flasche damit ladet.

Die Induktoren werden in sehr verschiedener Größe gebaut, von einer Funkenlänge von 1 mm bis zu 1 m und darüber.

Die Abb. 298 stellt einen Induktor im Durchschnitt dar und Abb. 299 sein äußeres Aussehen. Die Induktorsspulen stehen isoliert auf einem Holzkasten, in welchem der Kondensator sich befindet. Der Kondensator kann bei der niedrigen Spannung der Primärspule aus Paraffinpapier mit Stanniolbelegungen hergestellt sein.

**329. Die Unterbrecher.** Im Laufe der Zeit hat der Induktor für verschiedene Zwecke im Laboratorium, in der medizinischen Praxis, bei Einrichtungen für Röntgenstrahlen und in der Wellentelegraphie immer mehr an Bedeutung gewonnen. Es sind auch die verschiedensten Unterbrecher erfunden und konstruiert worden. Der Hammerunterbrecher von RUHMKORFF wird jetzt schon sehr selten und nur bei kleinen Induktoren gebraucht. Bei sehr kleinen Induktoren, welche für Meßzwecke dienen, werden Seitenunterbrecher oder Stimmgabelunterbrecher verwendet.

In der Abb. 301 ist ein Hammerunterbrecher von DEPREZ abgebildet, welcher auch jetzt oft bei größeren Induktoren gebraucht wird. Als Hammer dient hier eine Eisenplatte, die auf einer vertikalen Achse *c* horizontal schwingen kann. Die Schraube *D* trägt an ihrem Ende einen Platinstift *b*, bei welchem die Unterbrechung des Primärstroms stattfindet. Durch eine zweite Schraube *S*, die durch eine Öffnung im Eisenhammer frei durchgeht, kann die Spannung der Stahlfeder *d* reguliert werden. Diese Regulierung der Stahlfeder ist eben bei dem RUHMKORFFschen Unterbrecher nicht vorgesehen. Der ganze Unterbrecher wird in der Nähe des Eisenkernes *M* des Induktors ebenso wie der RUHMKORFFsche Hammer aufgestellt. Der kurze Hammer und die Möglichkeit, die Spannung der Feder zu regulieren, gestatten uns, die Frequenz der Unterbrechungen in ziemlich weiten Grenzen zu variieren.

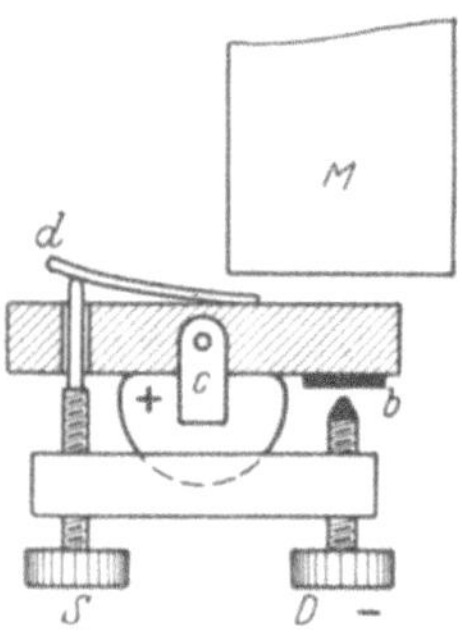

Abb. 301. Unterbrecher nach DEPREZ.

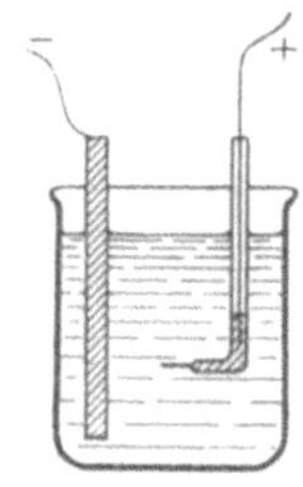

Abb. 302. Unterbrecher nach WEHNELT.

Einen sehr eigenartigen Unterbrecher hat WEHNELT erfunden (Abb. 302). In einem Gefäß mit 20% Schwefelsäurelösung sind zwei Elektroden eingetaucht. Als positive Elektrode dient ein dünner, in einem Glasröhrchen eingeschmolzener Platindraht: in das Glasröhrchen wird ein wenig Quecksilber eingegossen, welches den Kontakt mit dem positiven stromführenden Draht erlaubt. Als negative Elektrode dient eine Bleiplatte.

Wenn wir diesen Apparat in den Stromkreis der Primärspule eines Induktors einschalten, so erhalten wir bei kleinen elektromotorischen Kräften wie gewöhnlich einen konstanten elektrischen Strom. Steigern wir aber die elektromotorische Kraft der Batterie etwa über 30 Volt, so wächst die Stromdichte an dem dünnen Platindrähtchen so hoch, daß der Draht zu glühen anfängt, sich mit einer Gashülle bedeckt, wodurch der Strom unterbrochen wird. Im nächsten Moment kann aber die Schwefelsäure wieder an den Draht ankommen und den Strom schließen. Bei etwa 100 Volt kann man auf diese Weise mehr als 1000 Unterbrechungen in der Sekunde erreichen. Die Funken zwischen den Polen der Sekundärspule eines Induktors mit einem WEHNELT-Unterbrecher erscheinen besonders effektvoll.

Es muß beachtet werden, daß der Platindraht stets mit dem positiven Pole der Batterie verbunden wird, sonst kommt der Platindraht so stark zum Glühen, daß das Glasrohr auseinanderplatzt. Es ist vorteilhafter, den WEHNELTschen Unterbrecher ohne Kondensator in dem Primärkreise zu benützen.

Bei starken Primärströmen werden sog. Turbinenunterbrecher gebraucht, welche eine genaue Einstellung und dauernde Unterhaltung der gewünschten Frequenz der Unterbrechung erlauben.

Die Konstruktion der Turbinenunterbrecher ist im Prinzip die folgende: In einen Eisentopf (Abb. 304b) wird ein wenig Quecksilber eingegossen. In das Quecksilber taucht man eine kleine Turbine $T$ ein (Abb. 304a), die das Quecksilber auf eine gewisse Höhe im Axialrohr zu heben imstande ist. Das gehobene Quecksilber wird durch das seitlich angebrachte Röhrchen $O$ horizontal ausgespritzt. Um die Turbine herum steht ein Eisenzylinder $P$ (Abb. 303 *ab*), der nur die Hälfte des Kreises einnimmt. Bei der Drehung der Turbine trifft der Quecksilberstrahl den Eisenzylinder, wodurch der Strom geschlossen wird; trifft er aber die Öffnung im Eisenzylinder, so wird der Strom wieder unterbrochen usw.

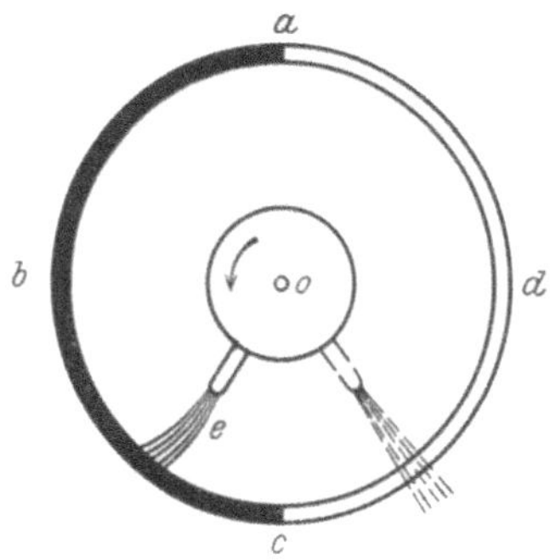


Abb. 303. Schema eines Turbinenunterbrechers.

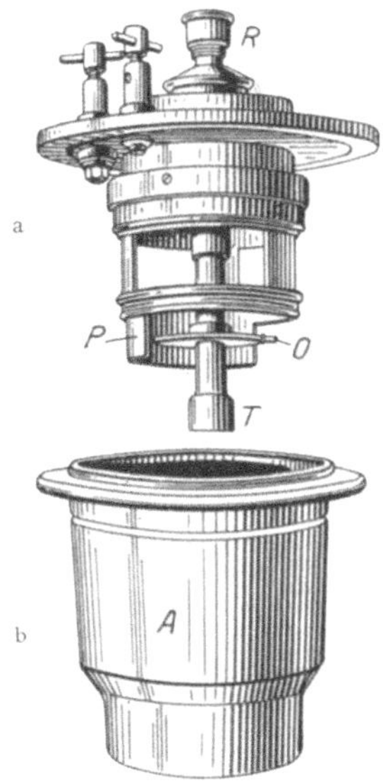


Abb. 304. Turbinenunterbrecher.

Die Turbine wird von einem kleinen Elektromotor vermittels Riemenübertragung in schnelle Rotation versetzt. Durch Regulierung der Umdrehungszahl des Motors und durch entsprechende Wahl der Öffnungen im Eisenzylinder kann man die Unterbrechungszahl in großen Grenzen variieren.

Damit die bei der Unterbrechung entstehenden Funken das Quecksilber nicht zu sehr verschmutzen, füllt man den oberen Teil des Topfes mit Spiritus so, daß die Unterbrechung des Stromes unter Spiritus vor sich geht. In der letzteren Zeit hat man es für vorteilhaft gefunden, statt mit Spiritus den Topf mit Leuchtgas zu füllen. Die Unterbrechung des Stromes erfolgt im Leuchtgas noch viel schärfer.

## 9. Die Einheiten.

**330. Grundeinheiten.** An einzelnen Stellen dieses Buches haben wir schon die gebräuchlichsten Einheiten für die verschiedenen elektrischen Größen angegeben. Hier wollen wir der Übersichtlichkeit halber sie alle zusammenstellen.

Es ist bekannt, daß jedes Messen eigentlich aus dem Vergleich von zwei gleichartigen Größen besteht, indem die eine dieser Größen als allgemein gegeben oder als Prototyp angenommen wird, und für die andere Größe ihr Verhältnis zum Prototyp bestimmt wird. Solche Prototype oder Grundeinheiten werden durch internationale Vereinbarung festgestellt. Es ist natürlich wünschenswert, eine möglichst kleine Zahl solcher Grundeinheiten festzulegen, um auf sie dann alle anderen Größen beziehen zu können.

Man ist übereingekommen, *drei* Grundeinheiten anzunehmen.

1. *Zentimeter* (cm), die Einheit der Länge, ist gleich dem hundertsten Teil eines Meters, welches aus einem widerstandsfähigen Material, Platiniridium (90 Pt + 10 Ir), hergestellt worden ist und im Archiv des „Bureau inter-

national des poids et mesures de Sèvres" bei Paris aufbewahrt wird. Die Länge des Pariser Meridians ist sehr nahe gleich 40 Millionen Meter.

2. *Gramm* (g), die Einheit der Masse, ist gleich dem tausendsten Teile des Kilogramms, welches aus Platiniridium hergestellt und in demselben internationalen Archiv aufbewahrt wird wie das Meter. Die Masse eines Kubikzentimeters Wasser bei ihrer maximalen Dichte (bei etwa 4° C) ist nur ein wenig kleiner (0,999 960 g) als ein Gramm.

3. *Sekunde* (sec), die Einheit der Zeit, bildet den 86 400. Teil des mittleren Sonnentages. Die Sekunde wird von den astronomischen Sternwarten gegeben.

**331. Abgeleitete Einheiten.** Alle physikalischen Größen und ihre Einheiten werden auf die soeben angegebenen drei Grundeinheiten bezogen und bilden zusammen das sog. CGS-System (Zentimeter, Gramm und Sekunde) von Einheiten.

Von den abgeleiteten Einheiten führen wir die folgenden an:

1. Der *Flächeninhalt* wird im CGS-System in Quadratzentimetern ausgedrückt mit der Bezeichnung $cm^2$.

2. Das *Volumen* wird entsprechend in $cm^3$ ausgedrückt.

3. Ein *Winkel* $\alpha$ wird gleich Eins angenommen, wenn er als Zentralwinkel im Kreise vom Halbmesser $r = 1$ cm (Einheitskreis) einer Bogenlänge $s = 1$ cm entspricht.

Für die Zentralwinkel gilt die Beziehung

$$s = r\alpha .$$

Da die Peripherielänge des Kreises gleich $2\pi r$ ist und einem Winkel von 360° entspricht, so hat der Einheitswinkel

$$\frac{360}{2\pi} = 57{,}3 \text{ Grad} .$$

4. Der *Raumwinkel* $\varphi$ wird gleich Eins angenommen, wenn er als Zentralkonus in einer Kugel vom Halbmesser $r = 1$ cm (Einheitskugel) auf der Kugeloberfläche ein Flächenstück $S$ von einem $cm^2$ ausschneidet.

Für den Raumwinkel gilt die Beziehung

$$S = r^2\varphi .$$

Wenn der Zentralkonus sich ganz öffnet und die ganze Kugel in sich aufnimmt, so wird sein Raumwinkel gleich $4\pi$, und die Oberfläche der Kugel wird $4\pi r^2$, wie es auch aus unserer Formel folgt.

5. Die *Geschwindigkeit* ist gleich der Wegevergrößerung bezogen auf die Zeiteinheit. Die CGS-Einheit für die Geschwindigkeit ist also

$$\text{cm/sec} .$$

6. Die *Beschleunigung* ist gleich der Geschwindigkeitsvergrößerung, bezogen auf die Zeiteinheit und wird also im CGS-System durch die Einheit gemessen:

$$\text{cm/sec}^2.$$

Die Beschleunigung der Schwerkraft auf der Erdoberfläche ist auf dem Äquator gleich $g = 978$ und an den Polen gleich $g = 983$. Als Normalbeschleunigung der Schwerkraft wird jetzt angenommen:

$$g = 980 \frac{\text{cm}}{\text{sec}^2} .$$

7. Der *Impuls* oder die Bewegungsgröße wird als Produkt aus der bewegten Masse und ihrer Geschwindigkeit $v$ definiert:

$$I = m \cdot v .$$

Die Einheit des Impulses ist $g \cdot$ cm/sec.

8. Die *Kraft* wird nach dem zweiten mechanischen Gesetze von NEWTON als zeitliche Änderung des Impulses definiert:

$$F = \frac{I}{t} = \dot{I} .$$

Bleibt die Masse während der Zeit $t$ unveränderlich, so erhalten wir für die Kraft die sonst übliche Formel:

$$F = \dot{I} = m \cdot \frac{v}{t} = m\dot{v} ,$$

wo $\dot{v}$ die Beschleunigung bedeutet. Für die meisten Fälle kann die letzte Definition der Kraft als Produkt der Masse und Beschleunigung angewandt werden. Die Kraft, welche einer Masse von 1 g eine Beschleunigung von $\frac{\text{cm}}{\text{sec}^2}$ erteilt, heißt eine Dyne.

$$\text{Dyne} = \text{g} \cdot \frac{\text{cm}}{\text{sec}^2} .$$

Das Erdfeld erteilt jedem Körper, und also auch einem Körper von 1 g Masse, eine Beschleunigung, die auf der Erdoberfläche den Mittelwert 980 $\frac{\text{cm}}{\text{sec}^2}$ hat. Folglich hat eine Grammasse auf der Erdoberfläche im Mittel ein Gewicht von 980 Dyne.

In der Praxis und im alltäglichen Leben hat sich fest eingebürgert, mit dem Namen Gramm und Kilogramm nicht nur die Masse, sondern gleichzeitig auch das entsprechende Gewicht zu bezeichnen. Das Gewicht ein und derselben Masse ist aber keine konstante Größe. An verschiedenen Stellen der Erdoberfläche kann das Gewicht, d. h. die Anziehungskraft der Erde, um 0,2% verschieden sein, und im Zentrum der Erde würde das Gewicht einer beliebigen Masse gleich Null sein. Es wäre deshalb wünschenswert, die praktische Einheit für die Kraft und also auch für das Gewicht von ihrer Abhängigkeit von der Erdschwere zu befreien (vgl. weiter unten). Jedenfalls sind die Begriffe von Masse und Gewicht (Kraft) streng voneinander zu trennen.

Wir wollen in unseren Bezeichnungen das Gewicht einer Grammasse und das Gewicht einer Kilogrammasse durch ein Sternchen unterscheiden und schreiben

$$\text{Gramm}^* = 980 \text{ Dynen.}$$

$$\text{Kilogramm}^* = 0{,}98 \cdot 10^6 \text{ Dynen.}$$

1 kg* wiegt also ungefähr 1 Million Dynen oder 1 Megadyne.

9. Die *Arbeit* wird definiert als Produkt aus der zurückgelegten Wegelänge und der Projektion der wirkenden Kraft auf die Wegerichtung:

$$U = Fs \cdot \cos(Fs) .$$

Die Projektion einer Kraft ebenso wie die Kraft selbst wird im CGS-System in Dynen gemessen; die Wegelänge — in Zentimetern. Wir erhalten also für die Arbeitseinheit, die man Erg genannt hat,

$$\text{Erg} = \text{Dyne} \cdot \text{cm} .$$

Diese Einheit ist für praktische Anwendungen zu klein, und man benutzt öfter

$$\text{Joule} = 10^7 \text{ Erg.}$$

[1] Eine genauere Definition ist die folgende: Eine kleine Kalorie ist gleich dem hundertsten Teile der Wärmemenge, welche nötig ist, um 1 g (Masse) Wasser von dem Taupunkt bis zum Siedepunkt bei Normaldruck (760 mm Hg) zu erwärmen. Nehmen wir für die mittlere Erdbeschleunigung $g = 980$, so wird die große Kalorie gleich 427,46 kg*·m sein.

Nimmt man für die Einheit der Kraft 1 kg* (Kraft) $= 0{,}98 \cdot 10^6$ Dynen und für die Einheit des Weges das Meter, so erhält man 1 Kilogrammeter:

$$\text{kg}^* \cdot \text{m} = 0{,}98 \cdot 10^6 \text{ Dynen} \cdot 10^2 \text{ cm} = 9{,}8 \cdot 10^7 \text{ Erg} = 9{,}8 \text{ Joule}.$$

Für die Arbeit oder für die Energie haben wir noch andere Einheiten. Die große Kalorie (Cal), gleich 1000 kleinen Kalorien (cal), ist eine Wärmemenge, welche 1 kg Wasser auf 1 Celsiusgrad erwärmen kann; sie stellt eine Energiemenge dar, welche sehr nahe gleich 427 kg* · m ist.

Wir können also mit genügender Genauigkeit annehmen:

$$\text{Cal} = 427 \text{ kg}^*\text{m} = 4{,}2 \cdot 10^{10} \text{ Erg},$$
$$\text{cal} = 4{,}2 \cdot 10^7 \text{ Erg} = 4{,}2 \text{ Joule}.$$
$$\text{Joule} = 0{,}24 \text{ cal}.$$

10. *Die Leistung* (auch *Effekt* genannt) ist gleich der auf die Zeiteinheit bezogenen Arbeit. Im CGS-System wird also die Einheit der Leistung Erg/sec. Die praktische Einheit für die Leistung ist

$$\text{Watt} = \frac{\text{Joule}}{\text{Sekunde}} = 10^7 \frac{\text{Erg}}{\text{sec}} = 0{,}24 \frac{\text{cal}}{\text{sec}}.$$

Sehr oft werden noch größere Einheiten gebraucht:

$$100 \text{ Watt} = \text{Hektowatt und } 1000 \text{ Watt} = \text{Kilowatt}.$$

Die früher sehr verbreitete Einheit für die Leistung die sog. Pferdekraft, oder 75 kg*·m in der Sekunde ist also gleich

$$\text{Pferdekraft} = \text{HP} = 75 \cdot 9{,}8 \text{ Watt} = 736 \text{ Watt}.$$

Multiplizieren wir die Leistung mit der Zeit, so erhalten wir offenbar eine Arbeitsgröße; z. B.:

$$\text{Joule} = \text{Watt} \cdot \text{Sekunde}.$$

In der Praxis wird oft Kilowattstunde als Einheit gebraucht:

$$\text{Kilowattstunde} = 1000 \cdot 60 \cdot 60 \text{ Joule} = 3{,}6 \cdot 10^6 \text{ Joule}.$$

11. *Das MTS-System.* In Frankreich ist seit 1919 ein technisches Einheitssystem eingeführt worden, in dem als Grundeinheiten das Meter für die Länge, die Tonne für die Masse und die Sekunde für die Zeit angenommen werden; im übrigen aber ist das MTS-System dem CGS-System gleich. Diese größeren Einheiten sind für die technischen Anwendungen bestimmt. Gleichzeitig sind für die Masseneinheiten und für die Krafteinheiten verschiedene Namen vorgeschlagen. Die neuen Benennungen sind die folgenden:

a) *Sthene* (Bezeichnung sn) ist eine Kraft, welche einer Tonne Masse ($t = 10^6$ g) eine Beschleunigung von einem Meter in der Sekunde $\frac{m}{s^2}$ erteilt. Das Verhältnis dieser Einheit zu den bis jetzt angeführten ist das folgende:

$$\text{sn} = \text{t} \frac{\text{m}}{\text{sec}^2} = 10^6 \cdot 10^2 \frac{\text{g} \cdot \text{cm}}{\text{sec}^2} = 10^8 \text{ Dyne},$$

oder auch

$$\text{Sthene} = 102 \text{ Kilo}^*.$$

b) *Pieze* (Bezeichnung pz) ist der Druck von einem Sthene auf ein Quadratmeter.

$$\text{pz} = \frac{\text{sn}}{\text{m}^2} = 10^4 \frac{\text{Dyne}}{\text{cm}^2} = 0{,}0102 \frac{\text{kg}^*}{\text{cm}^2}; \qquad \frac{\text{kg}^*}{\text{mm}^2} = 0{,}98 \text{ pz}.$$

Durch die Einführung dieser zwei Größen wird auch das technische System von der Abhängigkeit von den Werten der Erdbeschleunigung befreit.

**332. Elektrische Einheiten.** Bevor wir zu der Zusammenstellung der elektrischen Einheiten übergehen, müssen wir eine wichtige Bemerkung vorausschicken.

Bei der Bestimmung der abgeleiteten Einheiten haben wir bis jetzt ausschließlich die Gesetze der Geometrie oder der Mechanik benutzt und jede Einheitsgröße wurde auf irgendeinem Gesetze begründet; so gründete sich z. B. die Einheit der Kraft auf dem NEWTONschen Gesetze usw. Bei den elektrischen Größen haben wir in dieser Beziehung eine größere Auswahl, denn ein und dieselbe Elektrizitätsmenge kann elektrische, magnetische, chemische u. a. Wirkungen ausüben, die von verschiedenen Gesetzen beherrscht werden.

Wenn wir uns nur auf die elektrischen und die magnetischen Wirkungen der Elektrizität beschränken und nur die Kraftwirkungen berücksichtigen, so erhalten wir schon zwei Grundlagen für die Festlegung der Einheiten, und demnach zwei Systeme von Einheiten:

1. *Das elektrostatische System*, das sich auf die elektrischen Kraftwirkungen der ruhenden Elektrizität (COULOMBsches Gesetz) gründet und das absolute elektrostatische CGS-E-System genannt wird.

2. *Das elektromagnetische System*, das sich auf die magnetischen Wirkungen der elektrischen Ströme, also auf Kraftwirkungen der *bewegten* Elektrizität (BIOT-SAVARTsches Gesetz) gründen läßt.

Wir bezeichnen diese zwei Systeme entsprechend mit CGS-E und CGS-M.

1. *Elektrizitätsmenge und Magnetismusmenge* (magnetische Polstärke). Von den COULOMBschen Gesetzen ausgehend:

$$F_e = \frac{e_1 e_2}{\varepsilon r^2}, \qquad F_m = \frac{m_1 m_2}{\mu r^2}$$

erhalten wir für die CGS-E-Einheit der Elektrizitätsmenge und für die CGS-M-Einheit der magnetischen Polstärke diejenige Menge, welche auf eine ihr gleiche Menge im Abstande von 1 cm mit einer Kraft gleich 1 Dyne wirkt, wenn das umgebende Medium frei von Materie ist (reiner Äther $\varepsilon = \mu = 1$).

2. *Stromstärke.* Die Stromstärke ist gleich der Elektrizitätsmenge, welche durch den Leiterquerschnitt in der Sekunde durchfließt. Wir haben also die Gleichung

$$J = \frac{e}{t}$$

unabhängig von den benutzten Einheiten. Nun wissen wir, daß der Strom magnetische Wirkungen nach dem NIOT-SAVARTschen Gesetze ausübt

$$F = \frac{m \cdot J \cdot l}{r^2} \sin (J r)$$

und wir haben, auf diesem Gesetze fußend, als Einheit diejenige Stromstärke angenommen (S. 201, **244**), welche, in der Peripherie des Einheitskreises längs der Bogenlänge $l = 1$ cm fließend, auf die im Zentrum sich befindende Poleinheit $m = 1$ mit der Einheit der Kraft $F =$ Dyne wirkt. Dadurch ist eine absolute magnetische oder elektromagnetische Einheit der Stromstärke definiert.

Durch Multiplikation mit einer Sekunde erhält man auch die Einheit der Elektrizitätsmenge.

Der Versuch zeigt (S. 203, **245**), daß die so definierte elektromagnetische Einheit für die Elektrizitätsmenge viel größer ist als die Einheit, welche wir nach dem COULOMBschen Gesetze definiert haben, und zwar um $c = 3 \cdot 10^{10}$ mal *größer*. Daraus folgt, daß die Zahlen, welche eine gegebene Elektrizitätsmenge oder eine gegebene Stromstärke im elektromagnetischen System ausdrücken, $c = 3 \cdot 10^{10}$ mal *kleiner* sein werden als im elektrostatischen System. Wir können also schreiben:

$$J_e = c J_m, \qquad e_e = c e_m.$$

Berücksichtigen wir diese Beziehungen, so können wir das BIOT-SAVARTsche Gesetz in folgenden drei Formen schreiben:

Ist die Stromstärke in absoluten elektromagnetischen Einheiten ausgedrückt, so haben wir, wie oben, für die Kraft in Dynen

$$F = \frac{m J_m l}{r^2} \sin(J r).$$

Wenn aber die Stromstärke in elektrostatischen Einheiten ausgedrückt wird, so erhalten wir für dieselbe Kraft und auch in Dynen

$$F = \frac{n J_e l}{r^2 c} \sin(J r).$$

Wird endlich die Stromstärke in praktischen Einheiten, also in Ampere = 0,1 CGS-M gemessen, so wird die Kraft (wieder in Dynen)

$$F = \frac{m J_p l}{r^2 10} \sin(J r).$$

**333. Kritische Geschwindigkeit.** Wir haben schon mehrmals hervorgehoben, daß das Verhältnis der elektromagnetischen zu der elektrostatischen Einheit der Elektrizitätsmenge, nämlich die Zahl $c = 3 \cdot 10^{10}$, mit der Zahl, welche die Lichtgeschwindigkeit im Vakuum in CGS ausdrückt, zusammenfällt. Daß dieses Verhältnis $c$ auch wirklich eine Geschwindigkeit darstellt, können wir aus unseren Formeln in folgender Weise schließen. Setzen wir in die BIOT-SAVARTsche Formel für die Stromstärke den Ausdruck

$$J = \frac{e}{t}$$

ein und bemerken dabei, daß $l/t = v$ eine Geschwindigkeit darstellt, so erhalten wir:

$$F = \frac{m}{r} \cdot \frac{e}{r} \cdot \frac{v}{c} \sin(J r).$$

Anderseits wissen wir aus den beiden COULOMBschen Gesetzen, daß die Größen $\frac{m}{r}$ und $\frac{e}{r}$ der Quadratwurzel aus einer Kraft gleich sind. Das Produkt $\frac{m e}{r r}$ wird also eine Kraft darstellen. Damit unsere Gleichung rechts und links *gleichartige* Größen, in unserem Falle also Kraftgrößen enthält, muß das Verhältnis $\frac{v}{c}$ eine reine Zahl sein. Folglich ist die Größe $c$ eine Geschwindigkeit.

Die Geschwindigkeit $c = 3 \cdot 10^{10} \frac{\text{cm}}{\text{sec}}$ wird manchmal die kritische Geschwindigkeit genannt, weil sie eine Ausnahmestellung in den physikalischen Gesetzen einnimmt. Ihre Größe kann aus elektrischen und aus optischen Versuchen bestimmt werden. Als Mittelwert aus den genauesten und zuverlässigsten Versuchen hat man erhalten:

$$c = 2{,}998 \cdot 10^{10} \frac{\text{cm}}{\text{sec}}.$$

Für unsere Zwecke genügt es, statt dieser Zahl $c = 3 \cdot 10^{10}$ anzunehmen.

**334. Praktische Einheiten.** Jetzt wollen wir die elektrostatischen, die elektromagnetischen und die praktischen elektrischen Einheiten zusammen betrachten.

1. Bei der Feststellung der praktischen Einheiten kann man aus folgenden zwei Definitionsgleichungen ausgehen. Erstens ist

$$\text{Joule} = 10^7 \text{ Erg}.$$

Diese Einheit und ihre Beziehung zu dem CGS-Sysem bleibt natürlich in dem elektrostatischen wie auch im elektromagnetischen System das gleiche.

2. Zweitens gilt für die Einheit der Stromstärke — Ampere — die Beziehung:

$$\text{Ampere} = 0{,}1 \text{ CGS-M} = 3 \cdot 10^9 \text{ CGS-E}.$$

Daraus folgt sofort, daß auch für die Elektrizitätsmenge dieselben Beziehungen gelten:

$$\text{Coulomb} = \text{Ampere} \cdot \text{Sekunde} = 0{,}1 \text{ CGS-M} = 3 \cdot 10^9 \text{ CGS-E}.$$

3. Die *Potentialdifferenz* mit der Elektrizitätsmenge multipliziert muß eine Arbeitsgröße oder Energie ergeben, für welche die praktische Einheit Joule ist. Also ist

$$\text{Volt} \cdot \text{Coulomb} = \text{Joule} = 10^7 \text{ Erg}$$

und ebenso die Leistung

$$\text{Volt} \cdot \text{Ampere} = \text{Watt} = 10^7 \frac{\text{Erg}}{\text{sec}}.$$

Daraus folgt mit Berücksichtigung der Beziehungen für Ampere und Coulomb die Einheiten der Potentialdifferenz

$$\text{Volt} = 10^8 \text{ CGS-M} = \frac{1}{300} \text{ CGS-E}.$$

4. *Feldstärke.* Die praktische Einheit für die magnetische Feldstärke heißt Gauß und ist mit der elektromagnetischen Einheit identisch.

$$\text{Gauß} = 1 \text{ CGS-M}.$$

5. Die praktische Einheit für den *Induktionsfluß* oder für die Kraftlinienzahl nennt man Maxwell; sie ist auch mit der entsprechenden elektromagnetischen Einheit identisch.

6. Für den *Widerstand* ist die praktische Einheit ein Ohm. Offenbar ist

$$\text{Ohm} = \frac{\text{Volt}}{\text{Ampere}} = \frac{10^8}{0{,}1} = 10^9 \text{ CGS-M} = \frac{1}{9 \cdot 10^{11}} \text{ CGS-E}.$$

Wir sehen aus diesem Vergleich, daß das Verhältnis der elektromagnetischen Einheit zu der elektrostatischen bei dem Widerstand nicht gleich der Lichtgeschwindigkeit, sondern dem Quadrat derselben gleich ist.

Dieses Resultat können wir noch direkter aus dem Ausdrucke für die Joulesche Wärme erhalten. Denn in der Jouleschen Gleichung $W = rJ^2$ steht links die Leistung, die im elektromagnetischen wie elektrostatischen Systemen dieselbe Einheit hat. Rechts steht aber die Stromstärke in der zweiten Potenz. Wird also die Einheit für die Stromstärke $c$ mal größer, so muß die Einheit für den Widerstand entsprechend $c^2$ mal kleiner genommen werden (und auch umgekehrt), damit in beiden Fällen die Zahl für $W$ dieselbe bleibt.

6. Die praktische Einheit für die *Kapazität* ist

$$\text{Farad} = \frac{\text{Coulomb}}{\text{Volt}} = 10^{-9} \text{ CGS-M} = 9 \cdot 10^{11} \text{ CGS-E}.$$

7. Die praktische Einheit für die *Induktivität* ist

$$\text{Henry} = \frac{\text{Volt}}{\text{Ampere}}\,\text{sec} = 10^9\,\text{CGS-M} = \frac{1}{9\cdot 10^{11}}\,\text{CGS-E}\,.$$

Ganz dieselben Beziehungen wie beim Ohm.

**335. Multiple Einheiten.** Alle Einheiten, wie in dem absoluten, so auch in den praktischen Systemen, werden nach dem Dezimalsystem eingeteilt und vervielfacht; sie erhalten dann dieselben Namen nur mit der Abänderung, daß die 10-, 100-, 1000mal größeren Einheiten mit griechischen Worten (Deka-, Hekto-, Kilo-) bezeichnet werden, z. B. Dekaliter, Hektowatt, Kilogramm, und die Größen, welche 10-, 100-, 1000mal kleinere sind, mit lateinischen Worten (Dezi-, Zenti-, Milli-), z. B. Dezigramm, Zentimeter, Milliampere.

Die Einheiten, welche millionmal größer oder kleiner sind, werden mit Mega (groß) und mikro (klein) bezeichnet, z. B. Megadyne, Mikrofarad.

Ein *Mikron* ist ein tausendstel Millimeter und wird mit $\mu$ bezeichnet.

**336. Normalen.** Außer den Einheiten ist es für Meßzwecke wichtig, für die verschiedenen elektrischen Größen auch fertige Normalen oder Etalons zu besitzen.

Die Normalen für Meter und Kilogramm werden, wie wir schon gesagt haben, im zentralen internationalen Büro aufbewahrt, und genaue Kopien von ihnen sind an entsprechende Staatslaboratorien der verschiedenen Staaten verteilt worden. In Deutschland ist das die Physikalisch-Technische Reichsanstalt, welche die genaue Kontrolle aller Meßnormalen übernimmt.

Einige der elektrischen Größen lassen sich in den Laboratorien mit genügender Genauigkeit reproduzieren, nämlich:

Ein Coulomb, d. h. ein Ampere in einer Sekunde scheidet im Silbervoltameter 1,1181 mg Silber ab (S. 131, **158**).

Das WESTONsche Kadmiumelement (S. 124, **148**) kann in jedem Laboratorium zusammengestellt werden und ergibt eine elektromotorische Kraft 1,019 Volt, bei Temperaturen zwischen 10 und 20° C.

Die Normalen des Widerstandes, der Kapazität und der Induktivität können mit Benutzung der Normalen für Ampere und Volt genau kontrolliert werden. Sie können aber auch fertig mit einer Kontrollbescheinigung der Physikalisch-Technischen Reichsanstalt von den Fabriken bezogen werden.

# V. Das elektromagnetische Feld.

## 1. Spannungszustand im elektromagnetischen Felde.

**337. Die FARADAYschen Kraftlinien.** Nachdem wir die verschiedenen elektrischen und magnetischen Erscheinungen systematisch durchstudiert haben, ist es interessant, eine allgemeine Übersicht über die Grundeigenschaften des elektromagnetischen Feldes zu machen. Diese Übersicht kann von sehr verschiedenen Standpunkten gemacht werden. Wir wählen dazu die FARADAYsche Anschauung über die Kraftlinien des Feldes.

Wir haben schon im ersten Kapitel (S. 32, **39**) die FARADAYsche Anschauung kurz erwähnt. Nach FARADAY sind die Kraftlinien nicht nur eine praktisch bequeme Darstellungsweise des Feldes, sondern es kommt ihnen auch eine *reale* Existenz zu in dem Sinne, daß die Kraftlinien oder genauer gesagt, die *Kraftröhren* aufeinander gewisse Kraftwirkungen ausüben, ebenso wie die Elektrizitäten selbst. Aber im Gegensatz zu den Elektrizitäten wirken die Kraftröhren nicht in die Ferne, sondern nur in ihrer unmittelbaren Nähe. Die elektrischen, magnetischen und Gravitationswirkungen werden Fernwirkungen genannt, dagegen nennt man die Wirkungen der Kraftröhren aufeinander Nahewirkungen. Die elektromagnetischen Fernwirkungen werden demnach durch die von FARADAY eingeführte Anschauung auf Nahewirkungen zurückgeführt.

Die Wirkungen der Kraftröhren aufeinander haben eine gewisse Analogie mit den Spannungen in einem elastischen Körper, die ja auch als Nahewirkungen zu bezeichnen sind. Wir wollen also in einem elektromagnetischen Felde die Existenz von einem Spannungszustand annehmen und unter der Spannung die Kraft verstehen, die auf eine zu ihr normale Flächeneinheit ($cm^2$) wirkt. Die Beziehung der Spannung $p$ zu der Kraft $F$ ist demnach

$$F = p S.$$

FARADAY hat nun angenommen, daß in jedem elektromagnetischen Felde eine Zugspannung $p_z$ längs der Kraftlinien und eine Druckspannung $p_d$ normal zu den Seitenflächen der Kraftröhren wirken. Mit Hilfe dieser einfachen Annahme konnte FARADAY die verschiedensten Fälle der Kraftwirkungen im elektromagnetischen Felde ohne besondere mathematischen Berechnungen vorhersagen.

MAXWELL war der erste, der die Größe der FARADAYschen Spannungen zu der Feldintensität und der Induktion des Feldes in Beziehung gesetzt hat. Obgleich die MAXWELLschen Beziehungen nicht die einzig möglichen sind und von anderen Forschern noch andere Formeln gegeben worden sind, die zu gleichem Resultate führen, wollen wir hier dennoch nur die MAXWELLschen Relationen benutzen, weil sie die einfachsten sind.

**338. Die MAXWELLschen Spannungen im elektromagnetischen Felde.** Wir betrachten ein elektrostatisches Feld, gebildet aus zwei parallelen, unendlich großen Ebenen, die mit gleichmäßiger Oberflächendichte $\pm\sigma$ der Elektrizität entgegengesetzt geladen sind, also — einen geladenen ebenen Kondensator. Die Belegungen des Kondensators ziehen sich gegenseitig an, und wir haben schon früher (S. 41, **49**) die Kraft berechnet, die auf jedes Quadratzentimeter der Oberflächen der Belegung wirkt, nämlich

$$p_z = \frac{E}{2}\sigma = \frac{DE}{8\pi} = \frac{\varepsilon E^2}{8\pi}.$$

Das ist nichts anderes als die FARADAY-MAXWELLsche *Zugspannung*, die längs der Kraftlinien wirkt; die Kraftlinien werden wie Violinsaiten gespannt und ziehen die Belegungen des Kondensators zueinander.

Die gegenseitige Anziehung der Kondensatorbelegungen ist durch diese Zugspannung völlig erklärt. Berücksichtigen wir aber, daß die gleichnamigen Elektrizitäten, welche auf jeder einzelnen Belegung verbreitet sind, sich gegenseitig abstoßen, so liegt die Vermutung nahe, daß die Kraftlinien ihrerseits voneinander abgestoßen werden, d. h. einen gegenseitigen Druck aufeinander ausüben. Die Größe dieser Druckspannung läßt sich aber aus den Erscheinungen im homogenen Felde nicht bestimmen. Wir wollen deshalb ein inhomogenes Feld betrachten, und zwar das einfachste Feld einer Punktladung.

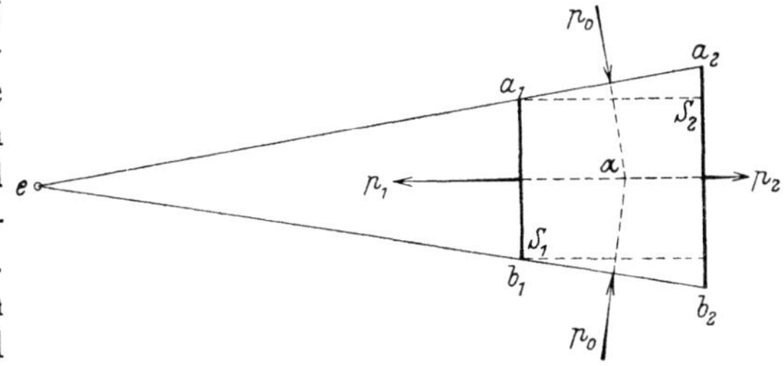

Abb. 305. Zug und Druck im elektrischen Felde.

Hier sind alle Kraftlinien gleichmäßig radial verteilt, und die Kraftröhren haben eine konische Form mit der Konusspitze in der Punktladung. Wir schneiden aus dem Felde einen kleinen Teil einer dünnen Konusröhre aus, indem wir den Konus durch zwei parallele Ebenen $a_1 b_1$ und $a_2 b_2$ begrenzen, welche normal zur Konusachse gelegt werden (Abb. 305). Die

Kraftlinien, die in diesem kleinen Volumen eingeschlossen sind, müssen in einem elektrostatischen Felde alle in Ruhe bleiben, d. h. alle Kräfte, welche auf die Oberfläche des von uns ausgeschnittenen Volumens wirken, müssen im Gleichgewicht bleiben. Von diesen Kräften sind uns die Zugspannungen längs der Kraftlinien, d. h. die in der Richtung der Konusachse wirkenden, schon bekannt. Bezeichnen wir mit entsprechenden Indizes die Größen für die Grundflächen $a_1 b_1$ und $a_2 b_2$, so erhalten wir folgende zwei Kräfte:

$$F_1 = p_1 S_1 = \frac{\varepsilon E_1^2}{8\pi} S_1, \qquad F_2 = p_2 S_2 = \frac{\varepsilon E_2^2}{8\pi} S_2 .$$

Wir sehen, daß diese Kräfte nicht einander gleich sein können, denn die Größen $E^2$ sind umgekehrt proportional der *vierten* Potenz der Entfernung $r$, und die Flächenstücke $S$ sind proportional der *zweiten* Potenz der Entfernung. Das Produkt $E^2 S$ wird also mit wachsender Entfernung kleiner. Auf der Seite, welche der Konusspitze zugekehrt ist, wird eine größere Zugspannung wirken, und das ganze von uns ausgeschnittene Volumen in der Richtung zu der Punktladung zu bewegen suchen. Wenn wir die mittlere Feldintensität in unserem kleinen Volumen mit $E$ bezeichnen, so erhalten wir für die resultierende Kraft in der Richtung zu der Punktladung:

$$F_z = \frac{\varepsilon E^2}{8\pi} (S_2 - S_1) = p_z (S_2 - S_1) .$$

Da aber das von uns ausgeschnittene kleine Volumen dennoch in Ruhe bleibt, müssen wir annehmen, daß an den Seitenflächen der Kraftröhre auch Spannungen wirken, und zwar, wie es aus der Zeichnung sofort einleuchtend ist, müssen es *Druckspannungen* sein. Bezeichnen wir mit $p_d$ die Normalkomponente dieser Druckspannungen, mit $S$ die Größe der Seitenfläche und mit $\alpha$ den Winkel, welchen die Normalen zu der Seitenfläche mit der Konusachse bilden (alles das sind Mittelwerte für die ganze Fläche), so erhalten wir die Totalkraft, welche, auf die Seitenflächen der Röhre drückend, das kleine Volumen in der Richtung von der Punktladung wegzuschieben sucht:

$$F_z = p_d S \cos\alpha .$$

In diesem Ausdrucke ist $S \cos\alpha$ die Projektion der Seitenfläche auf die Grundfläche; es ist nicht schwer einzusehen, daß die Projektion der Seitenfläche auf die Grundfläche gleich der Differenz der beiden Grundflächen sein muß:

$$S \cos\alpha = S_2 - S_1 .$$

Folglich können wir für die Kraftkomponente des Seitendruckes in der Richtung der Konusachse schreiben:

$$F_d = p_d (S_2 - S_1) .$$

Für das Gleichgewicht ist es nötig, daß diese Druckkraft $F_d$ der oben von uns berechneten Zugkraft $F_z$ gleich ist. Vergleichen wir beide Formeln, so sehen wir, daß es sein muß:

$$p_d = p_z = \frac{\varepsilon E^2}{8\pi} = U_0 .$$

Die Druckspannung normal zu den Kraftlinien und die Zugspannung längs der Kraftlinien sind also einander gleich. Es ist außerdem bemerkenswert, daß beide Größen der Energiedichte $U_0$ (S. 73, **85**) im elektrostatischen Felde gleich sind.

Für das magnetische Feld erhalten wir offenbar ganz ähnliche Formeln.

Das von uns hier an dem einfachsten Beispiele erhaltene Resultat kann man auch für den allgemeinsten Fall beweisen, womit wir uns hier nicht aufhalten wollen.

Wir wollen noch hinzufügen, daß die Zug- und Druckkräfte, welche sonach im elektrischen und ebensowohl im magnetischen Felde anzunehmen sind, voneinander wesentlich verschieden sind. Die Spannungen im elektrischen Felde können nur auf elektrische Kraftlinien wirken und entsprechend auch die magnetischen Spannungen nur auf magnetische Kraftlinien. Es wirkt ja auch ein elektrisches Feld nur auf elektrische Ladungen und nicht auf Magnetpole. Magnetische Spannungen wie auch magnetische Kraftlinien können aber auf *bewegte* Elektrizität, d. h. auf elektrische Ströme wirken. Diesen Fall werden wir vom Standpunkte der FARADAY-MAXWELLschen Anschauung in einem besonderen Paragraphen behandeln.

**339. Ein Beispiel.** Wir wollen jetzt unser Resultat wieder auf ein homogenes Feld anwenden, in welchem aber die Dielektrizitätskonstante nicht überall dieselbe Größe hat. Zwischen den Belegungen eines ebenen Kondensators sei ein Dielektrikum zur Hälfte eingeschoben (Abb. 306). Die Druckspannung im Innern des Dielektrikums mit der Dielektrizitätskonstante $\varepsilon_2$ wird die Größe haben:

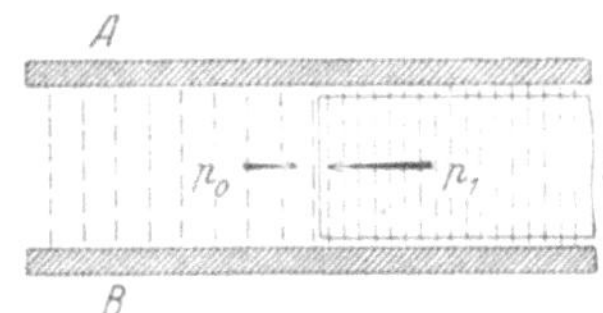


Abb. 306. Druckkräfte auf ein Dielektrikum.

$$p = \frac{\varepsilon_2 E_2^2}{8\pi}.$$

Im Außenraume, wo die Dielektrizitätskonstante $\varepsilon_1$ ist, herrscht eine Spannung

$$p = \frac{\varepsilon_1 E_2^2}{8\pi}.$$

Die tangential gerichteten Feldintensitäten an der Grenze zweier Dielektrika sind einander gleichzusetzen (S. 54, **64**), also $E_1 = E_2$, und als Resultierende der beiden Druckkräfte erhalten wir

$$p = \frac{E^2}{8\pi}(\varepsilon_2 - \varepsilon_1),$$

Dieser Druck ist normal zur Grenzebene gerichtet. Das Diekletrikum wird demnach in der Richtung bewegt, wo die Dielektrizitätskonstante kleiner ist: ein Dielektrikum mit einer größeren Dielektrizitätskonstante wird in den Kondensator hineingezogen; im entgegengesetzten Falle wird es aus dem Felde herausgestoßen (S. 60, **70**).

Ganz analoge Berechnung der Kräfte können wir auch für ein magnetisches Feld anstellen und erhalten quantitativ alle die Erscheinungen, welche wir früher (S. 183, **223**) nur qualitativ behandelt haben.

**340. Die Spannungen im magnetischen Felde elektrischer Ströme.** Die Formeln für die FARADAY-MAXWELLschen Spannungen können auch für die Fälle verwendet werden, wo elektrische Ströme aufeinander wirken.

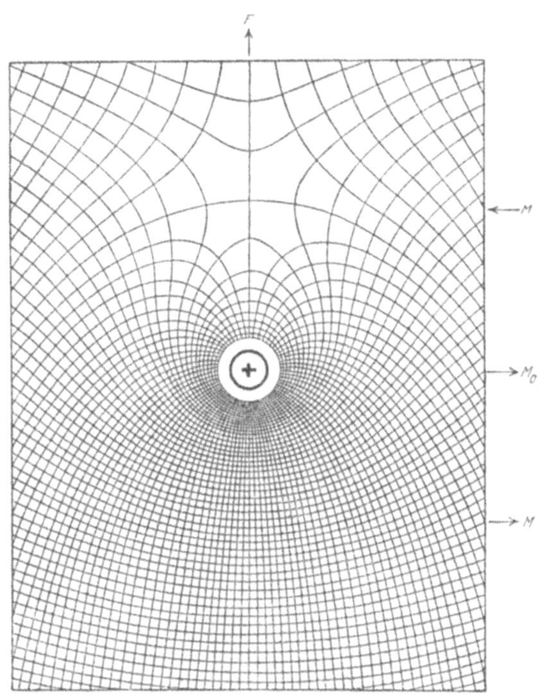


Abb. 307. Stromleiter im Magnetfelde.

In der Abb. 307 sind die magnetischen Kraftlinien (und Äquipotentialflächen) für den Fall eines Stromleiters gezeichnet, der sich in einem homogenen magnetische Felde $M_0$ befindet. Der Strom in der Zeichnung hat die

Richtung von der Zeichnungsebene zu dem Beobachter; er erzeugt also ein Magnetfeld $M$, welches im oberen Teile der Zeichnung nach links und im unteren Teile nach rechts gerichtet ist. Das fremde Feld $M_0$ ist homogen und hat überall die Richtung von links nach rechts. Aus dem Zusammenwirken beider Felder entsteht offenbar unten, wo sich beide Felder addieren, ein stärkeres Feld als oben, wo die beiden Felder gegeneinander wirken. Im Resultate wird auf den Stromleiter, d. h. auf die im Stromleiter fließende Elektrizität, ein Druck von unten nach oben wirken, wie es auch nach den AMPEREschen Gesetzen sein soll.

In der Abb. 308 sind die Kraftlinien von zwei parallel gleichgerichteten Strömen und in der Abb. 309 die Kraftlinien von zwei entgegengesetzten Strömen gezeichnet. Aus den FARADAY-MAXWELLschen Spannungen folgt unmittelbar,

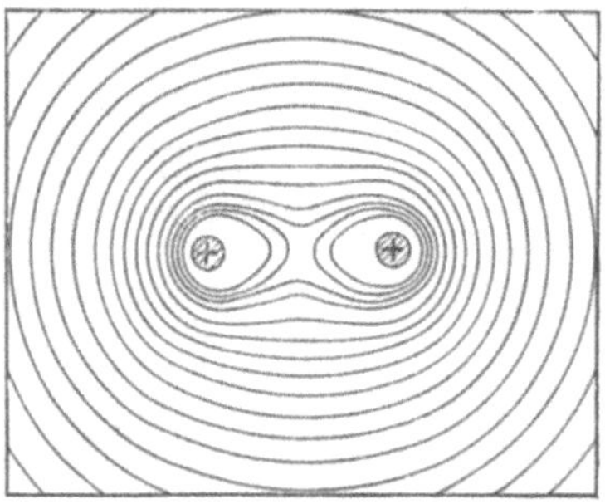

Abb. 308. Zwei Ströme gleicher Richtung.

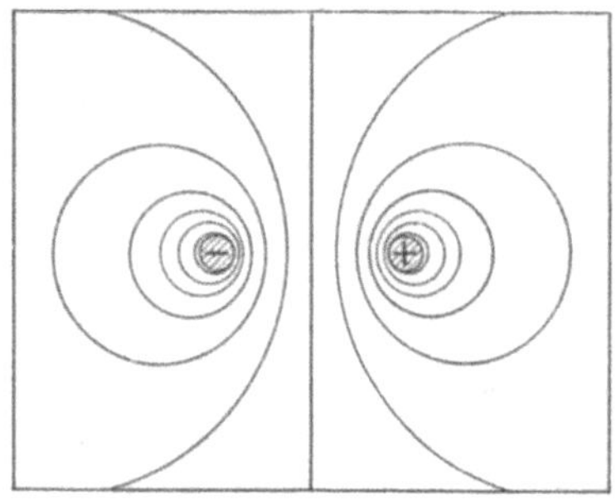

Abb. 309. Zwei Ströme von entgegengesetzter Richtung.

daß die Ströme von den dichteren zu den schwächeren Stellen des Kraftlinienraumes „gedrückt“ werden, woraus sich ergibt, daß gleichgerichtete Ströme sich anziehen und entgegengesetzt gerichtete Ströme sich abstoßen müssen.

Wir empfehlen dem Leser, selbst an einigen Fällen die FARADAYsche Betrachtungsweise wenigstens qualitativ zu prüfen.

**341. Ein Beispiel.** Um zu zeigen, daß die MAXWELLschen Spannungsformeln auch ein quantitativ richtiges Resultat für die elektromagnetischen Wirkungen ergeben, wollen wir folgendes einfache Beispiel durchrechnen.

Ein sehr dünner, bandförmiger Leiter (Abb. 310 ist sein Querschnitt gezeichnet) sei vom Strome $J$ durchflossen und befinde sich in einem magnetischen Felde, welches in einem gewissen Bereiche parallel zu der Breite des Bandes $ab$ und normal zu seiner Länge $l$ gerichtet sei.

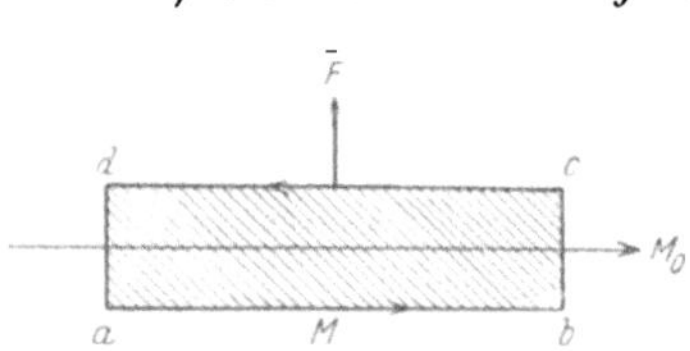


Abb. 310. Bandförmiger Stromleiter im Magnetfelde.

Das magnetische Feld des Stromes $J$ in unmittelbarer Nähe seiner Oberfläche können wir leicht berechnen. Wir führen den Einheitspol um den Strom längs seiner Oberfläche und normal zu seiner Länge herum; dabei beschreiben wir einen in sich geschlossenen Weg $abcd$, welcher zweimal die Breite des Bandes und zweimal seine Dicke enthalten wird. Die Dicke des Bandes nehmen wir als verschwindend klein im Vergleich zu seiner Breite $d$ an und erhalten für die Arbeit auf dem ganzen Wege bei $m = 1$:

$$U = M \cdot 2d.$$

Diese Arbeitsgröße muß der magnetomotorischen Kraft des Stromes $4\pi J$ gleich sein, und wir erhalten die gesuchte magnetische Feldintensität des Stromes in unmittelbarer Nähe seiner Oberfläche:

$$M = \frac{2\pi J}{d}.$$

Fügen wir noch die Feldintensität des äußeren Feldes $M_0$ hinzu, so erhalten wir auf den zwei entgegengesetzten Seiten des stromführenden Bandes folgende Feldintensitäten:

$$M_t = M_0 \pm M = M_0 \pm \frac{2\pi J}{d}.$$

Das + Zeichen gilt für die untere Seite des Bandes, wo beide Feldintensitäten die gleiche Richtung haben und das — Zeichen für die obere Seite.

Setzen wir diese Größen in die MAXWELLschen Formeln ein, so erhalten wir zwei Druckspannungen an den beiden Seitenflächen des bandförmigen Leiters, deren Differenz den resultierenden Druck darstellt:

$$p = \frac{\mu}{8\pi}\left(M_0 + \frac{2\pi J}{d}\right)^2 - \frac{\mu}{8\pi}\left(M_0 - \frac{2\pi J}{d}\right)^2 = \frac{\mu M J}{d}.$$

Multiplizieren wir den Druck mit der Druckfläche $ld$, so erhalten wir für die Kraftwirkung des Magnetfeldes $M$ auf den Stromleiter die Kraft

$$F = BJl$$

in voller Übereinstimmung mit der AMPÈREschen Theorie.

## 2. Elektrische Konvektion.

**342. Der Konvektionsstrom.** Wir haben bis jetzt nur von solchen elektrischen Strömen gesprochen, welche längs Leitern fließen. Es können aber auch Fälle vorkommen, in welchen die Elektrizität zusammen mit dem sie tragenden Leiter bewegt wird und in bezug auf den Leiter in relativer Ruhe sich befindet. Wir können z. B. eine geladene Kugel oder einen ebenen geladenen Kondensator samt ihren Ladungen in Bewegung setzen. Die so bewegte Elektrizität bildet auch einen elektrischen Strom, den man *Konvektionsstrom* nennt (H. v. HELMHOLTZ). Die Bewegung der Elektrizität in den Leitern nennt man galvanischen Strom, Leitungsstrom oder auch Konduktionsstrom.

Der Leitungsstrom unterscheidet sich von dem Konvektionsstrom erstens dadurch, daß in den Leitern stets ein gewisser Widerstand der Elektrizitätsbewegung entgegenwirkt, analog einer Reibungskraft, und bei Überwindung dieser Reibungskraft wird die elektrische Energie in JOULEsche Wärme verwandelt. Der Konvektionsstrom dagegen kann ohne jegliche Energietransformation konstant erhalten bleiben. Zweitens, um den Leitungsstrom konstant zu erhalten, muß man eine Potentialdifferenz, eine elektromotorische Kraft zwischen den verschiedenen Teilen des Stromleiters wirken lassen. Ein Konvektionsstrom, d. h. eine in Bewegung gesetzte Elektrizitätsmenge, kann aber, ohne Kraftwirkung sich geradlinig und gleichförmig weiter bewegen, wie ein materieller Körper nach dem Trägheitsgesetze.

**343. Der Konduktionsstrom.** Bei der Bewegung der Elektrizität zusammen mit dem sie tragenden Leiter können Fälle vorkommen, in denen das elektrische Feld relativ zu anderen in der Nähe sich befindenden Leitern verändert wird. Als Folge davon werden die auf diesen Leitern induzierten Ladungen sich auch verändern, d. h. es werden Leitungsströme erzeugt, die man zum Unterschied zu den durch gegebene elektromotorische Kräfte erzeugten galvanischen Strömen als *Konduktionsströme* bezeichnet. Konstante Konvektionsströme können demnach in benachbarten Leitern Konduktionsströme induzieren, während konstante galvanische Ströme, wie wir wissen (S. 242, **282**), keine Induktionsströme erregen können.

Was die durch elektrische Konvektionsströme in den Leitern induzierten Konduktionsströme betrifft, so wollen wir den Leser vor einem leicht zu begehenden Fehler warnen. Stellen wir uns vor, wir halten eine mit negativer Elektrizität geladene Siegellackstange über einem Stanniolblatt; in dem Stanniolblatte wird dabei positive Elektrizität induziert. Verschieben wir die Siegellackstange parallel zum Stanniolblatte, so wird auch die induzierte Elektrizität ihren Ort ändern. Es wäre aber unrichtig, anzunehmen, daß die induzierte Elektrizität einfach der induzierenden Ladung folge und auf diese Weise einen Konduktionsstrom bilde. Vielmehr muß der Vorgang in folgender Weise beschrieben werden. Durch die Bewegung der Siegellackstange wird das elektrische Feld in der Nähe des Stanniolblattes verändert, wodurch in dem leitenden Stanniolblatte Potentialdifferenzen entstehen, welche ihrerseits elektrische Ströme nach dem Ohmschen Gesetze hervorrufen. Daß die letzte Auffassung die richtige ist, die erstere aber nicht, werden wir sogleich an einigen einfachen Beispielen zeigen.

Parallel zu einer vertikal aufgestellten leitenden Scheibe $A$ (Abb. 311) sei eine andere, aber nicht volle Scheibe, sondern nur eine sektorenförmige, z. B. eine Halbscheibe $B$ auf einer horizontalen Achse befestigt. Laden wir die Halbscheibe $B$ mit positiver Elektrizität, so ladet sich die volle Scheibe durch Induktion mit negativer Elektrizität, die sich größtenteils in den Teilen sammelt, welche gegenüber der Halbscheibe $B$ am nächsten liegen. Wenn wir den Sektor $B$ um seine Achse relativ zu der stillstehenden Scheibe $A$ drehen (Abb. 312a, Durchschnitt), so wird an dem vorangehenden Rande des Sektors in der Scheibe $A$ neue Elektrizität $\pm e$ induziert (Abb. 312b). Die negative Elektrizität $-e$ wird von der induzierenden Elektrizität des Sektors $B$ am Entstehungsorte festgehalten, die positive Elektrizität $+e$ wird aber abgestoßen und muß sich längs der Oberfläche der Scheibe $A$ bewegen, um mit der in der Nähe des anderen

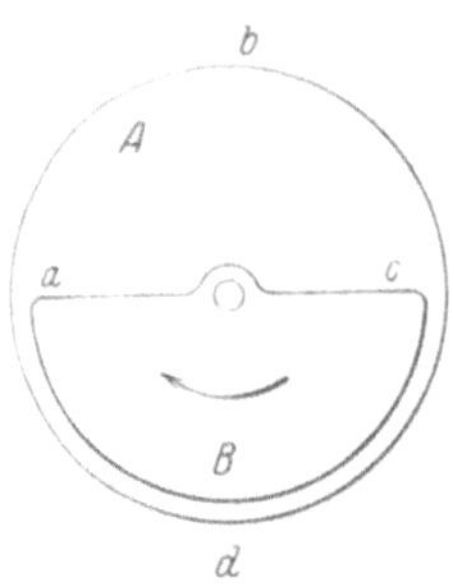


Abb. 311. Konduktionsstrom.

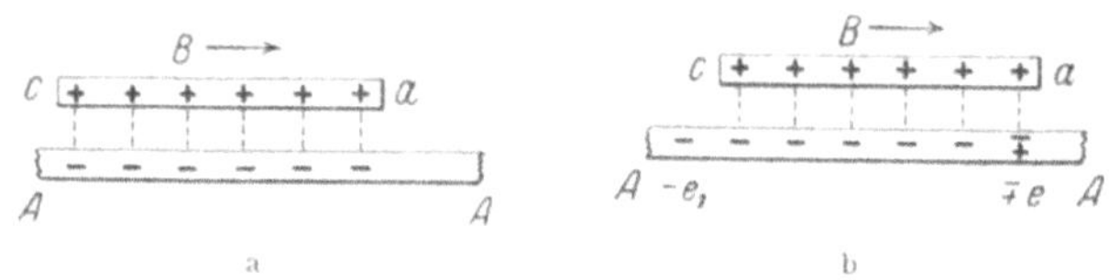


Abb. 312. Entstehung des Konduktionsstroms.

Randes $c$ der Halbscheibe $B$ frei gewordenen negativen Elektrizität sich zu verbinden. Dieser gegenseitigen Neutralisation der Elektrizitäten stehen aber in der Scheibe $A$ zwei Wege frei (Abb. 311): in der Richtung $adc$ und auch in der Richtung $abc$. Es werden also gleichzeitig *zwei* Konduktionsströme entstehen. Beide Wege erscheinen nach unserer früheren Terminologie *parallel geschaltet*, und die zwei Konduktionsströme werden sich auf beide Wege umgekehrt proportional den entsprechenden Widerständen verteilen. Wir sehen daraus, daß die entstehenden Konduktionsströme durch die Veränderung des elektrischen Feldes bedingt werden, und daß die induzierten Elektrizitäten nicht nur in der Richtung $cda$ der Bewegung der induzierenden Elektrizität fließen, sondern auch in der entgegengesetzten Richtung $cba$.

Nehmen wir statt des Sektors $B$ eine volle Scheibe, so bleibt das Feld zwischen den beiden Scheiben während der Drehung konstant, und es werden in der Scheibe $A$ überhaupt keine Konduktionsströme erzeugt.

Man kann sich davon durch folgenden direkten Versuch (A. EICHENWALD) überzeugen: Man schneidet die Stanniolbelegung der feststehenden Scheibe radial auf und schaltet in den so entstandenen Schlitz ein möglichst empfindliches Galvanometer ein. Bei der Rotation einer *vollen* Scheibe $B$ relativ zur Scheibe $A$ zeigt das Galvanometer nicht den geringsten Strom an. Dieser Versuch zeigt uns also, daß die elektrischen Kraftlinien auch bei der relativen Bewegung der sie erzeugenden Ladungen dennoch normal zu den Belegungen bleiben und nicht etwa verdrillt werden, was man sonst leicht vermuten könnte. Nur in den Momenten, wenn die Scheibe in Rotation versetzt wird oder wenn sie wieder zum Stillstand gebracht wird, entsteht ein sehr schwacher Induktionsstrom, wie das nach den FARADAYschen Gesetzen der Induktionsströme auch sein muß.

Die Fälle der elektrischen Konvektion, in denen das elektrische Feld konstant bleibt, nennt man *reine elektrische Konvektion*. Offenbar erhält man eine reine elektrische Konvektion, wenn ein geladener Rotationskörper um seine Symmetrieachse rotiert.

**344. Magnetische Wirkungen der elektrischen Konvektion.** Ungeachtet der soeben erwähnten Unterschiede zwischen den Konvektionsströmen und den gewöhnlichen galvanischen Strömen erzeugen dennoch alle diese Ströme ein magnetisches Feld, und zwar nach demselben BIOT-SAVARTschen Gesetze.

Die magnetische Wirkung der elektrischen Konvektion wurde zum ersten Male von ROWLAND (1876) festgestellt und ist sodann von HIMSTEDT, ADAMS und anderen Forschern beobachtet und gemessen worden; die genauesten quantitativen Versuche rühren von A. EICHENWALD her. Wir wollen das allgemeine Schema dieser Versuche hier kurz beschreiben.

Zwei parallele, mit leitenden Oberflächen versehene Scheiben $A$ und $B$ bilden einen Kondensator (Abb. 313) und können um horizontale normal zu den Scheiben befestigte Achsen $K$ und $K_1$ rotieren. In der Nähe des oberen Randes der Scheibe $B$ ist ein empfindliches Magnetometer $m$ aufgehängt. Das Magnetometer ist vor elektrostatischen Wirkungen durch eine leitende Hülle vollständig geschützt, und ein kleines Spiegelchen $S$ erlaubt die Ablenkungen des Magnetometers $M$ nach der POGGENDORF-GAUSSschen Methode zu beobachten.

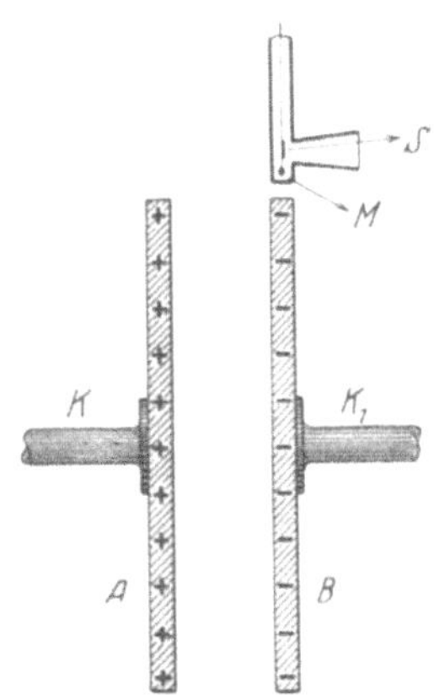

Abb. 313. Magnetische Wirkungen elektrischer Konvektion.

Man ladet die Scheiben des Kondensators $AB$ mit Elektrizität bis zu einer gewissen Potentialdifferenz und setzt sie in eine gleichmäßige Rotation. Da die Scheiben um ihre Symmetrieachse rotieren, so bleibt das elektrische Feld unverändert, und es können in den Belegungen der Scheiben keine Konduktionsströme entstehen. Dennoch wird die Magnetnadel bei solcher Rotation abgelenkt, und nach der Größe dieser Ablenkung kann man das von den Konvektionsströmen erzeugte Magnetfeld bestimmen. Die Versuche haben gezeigt, daß bei der Rotation der Scheiben *einzeln* und *zusammen*, in *gleicher* oder auch *entgegengesetzer* Richtung, stets ein Magnetfeld erzeugt wird, und zwar so, als ob die Scheiben in Ruhe wären und auf ihren Oberflächen gewöhnliche galvanische Ströme zirkulierten von derselben Größe und Richtung wie die untersuchten Konvektionsströme.

Um eine Vorstellung zu haben, wie groß die bei solchen Versuchen erzeugten Stromstärken sind, wollen wir die folgende Überschlagsrechnung anführen. Der Halbmesser der Scheiben sei $r = 12{,}5$ cm; ihr Flächeninhalt also $\pi r^2 = 490$ cm$^2$.

Bei einem Scheibenabstand von $d = 1$ cm wird die Kapazität des Kondensators ($\varepsilon = 1$):

$$C = \frac{\pi r^2}{4\pi d} = 39\,\text{cm} = 4{,}3 \cdot 10^{-11}\ \text{Farad}.$$

Laden wir die Scheiben bis zu einer Potentialdifferenz von $V = 9000$ Volt, so erhalten wir auf jeder Scheibe die Elektrizitätsmenge

$$e = CV = 4 \cdot 10^{-7}\ \text{Coulomb}.$$

Diese Elektrizitätsmenge wird bei jeder Umdrehung der Scheibe einmal beim Magnetometer vorbeigehen; bei 100 Umdrehungen in der Sekunde wird also der Konvektionsstrom in der rotierenden Scheibe gleich

$$J = ne = 0{,}00004\ \text{Ampere}.$$

Wir sehen daraus, daß ungeachtet der groß genommenen Potentialdifferenz und der schnellen Rotation der Scheibe der erzeugte Konvektionsstrom sehr schwach ist; seine Wirkungen auf das Magnetometer werden demnach auch sehr schwach sein. Man erhält ein Magnetfeld, welches etwa 100000mal kleiner ist als die Horizontalintensität des Erdfeldes. Dadurch erklärt sich die Schwierigkeit solcher Versuche und der Umstand, daß die Genauigkeit nicht weiter als bis etwa 1% von der zu messenden Größe getrieben werden konnte.

**345. Bewegte Dielektrika im elektrostatischen Felde.** Wenn wir in dem soeben beschriebenen Scheibenkondensator statt Luft ($\varepsilon = 1$) ein Dielektrikum mit der Dielektrizitätskonstante $\varepsilon$ einschieben, so wird die Kapazität des Kondensators, bei Vernachlässigung der Luftzwischenräume, $\varepsilon$ mal größer. Die Ladungen der Scheiben und folglich auch die Konvektionsströme werden bei derselben Potentialdifferenz wie früher und bei denselben Rotationsgeschwindigkeiten entsprechend $\varepsilon$ mal größer:

$$J = \varepsilon n e.$$

Es ergeben sich auch die magnetischen Wirkungen der Konvektionsströme $\varepsilon$ mal größer, wie es auch zu erwarten war.

In dieser neuen Anordnung können wir das Dielektrikum (Abb. 314) ebenso scheibenförmig nehmen und es um eine Horizontalachse rotieren lassen. Beim Laden des Kondensators entstehen auf den zwei Oberflächen des Dielektrikums zwei Schichten *fiktiver* Ladungen, deren Größe sich von der Oberflächendichte der wahren Elektrizität auf den Belegungen nur durch den Faktor $\frac{\varepsilon - 1}{\varepsilon}$ (S. 53, **63**) unterscheidet. Bei der Rotation der dielektrischen Scheibe werden also auf seiner Oberfläche Konvektionsströme fiktive Ladungen entstehen.

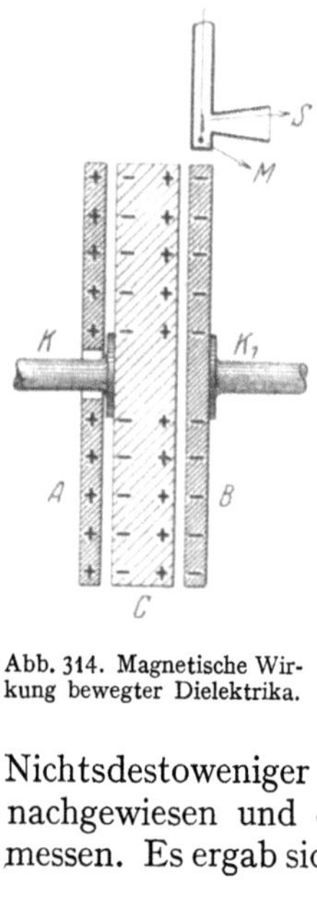

Abb. 314. Magnetische Wirkung bewegter Dielektrika.

Da die zwei entgegengesetzten fiktiven Elektrizitäten des Dielektrikums nicht voneinander zu trennen sind, so sind auch die zwei fiktiven Konvektionsströme nicht voneinander zu trennen; auf das Magnetometer wird stets die *Differenz* der Magnetfelder beider Ströme wirken. Die Ablenkungen des Magnetometers werden also bei sonst gleichen Bedingungen in diesen Versuchen noch kleiner sein als bei den Beobachtungen der wahren Konvektionsströme. Nichtsdestoweniger wurde dieses magnetische Feld zuerst von RÖNTGEN (1885) nachgewiesen und dann von H. PENDER und A. EICHENWALD quantitativ gemessen. Es ergab sich, daß die fiktiven Konvektionsströme, ebenso wie die wahren

Konvektionsströme, in ihren magnetischen Wirkungen den galvanischen Strömen gleicher Größe und Richtung völlig äquivalent sind.

**346. Bewegter Kondensator.** A. EICHENWALD hat u. a. auch den Fall untersucht, wo das Dielektrikum samt den Belegungen, also der Kondensator als Ganzes, in Rotation versetzt wird. Die magnetischen Wirkungen eines bewegten Kondensators können wir aus dem soeben beschriebenen Versuchen leicht voraus berechnen. Ladet man den Kondensator, so entstehen auf den Oberflächen seiner Belegungen die Elektrizitätsmengen $\pm\varepsilon e$ und an der angrenzenden Oberfläche des Dielektrikums die fiktiven Elektrizitätsmengen $\mp(\varepsilon - 1)e$, von entgegengesetztem Zeichen. Beide Elektrizitäten zusammen bilden die (freie) Elektrizitätsmenge

$$\pm\varepsilon e \mp (\varepsilon - 1)e = \pm e,$$

deren Größe von der Dielektrizitätskonstante des Dielektrikums unabhängig bleibt. Bei der Rotation des Kondensators muß demnach auch die magnetische Wirkung seiner Ladungen von der Dielektrizitätskonstante unabhängig sein, was A. EICHENWALD an genau und mit verschiedenen Dielektrika angestellten Versuchen auch bewiesen hat.

Diese Versuchsanordnung erlaubt eine viel größere Sicherheit und Genauigkeit zu erreichen als die Versuche, wo das Dielektrikum allein oder die Belegungen des Kondensators allein bewegt werden. Es bleibt auch die unangenehme und schlecht definierbare Luftbewegung im elektrischen Felde fort. Außerdem erlaubt uns das Resultat dieser Versuche eine Frage zu beantworten, welche bei den früher beschriebenen Versuchen unentschieden bleibt.

Es ist ohne weiteres klar, daß, wenn man von einer Geschwindigkeit der Bewegung spricht, dabei die *relative* Geschwindigkeit gemeint wird, denn eine Geschwindigkeit schlechthin ohne Angabe des Bezugssystems kann keinen bestimmten Sinn haben. Bei allen früher beschriebenen Versuchen, wo nur ein Teil des Kondensators, z. B. nur die eine Belegung oder nur das Dielektrikum des Kondensators allein bewegt wurde, konnte man die magnetischen Wirkungen der elektrischen Ladungen der relativen Bewegung der Ladungen *gegeneinander* zuschreiben. Diese Auffassung würde auch der Bildung des magnetischen Feldes bei gewöhnlichen galvanischen Strömen nicht widersprechen, denn in einem galvanischen Strome bewegen sich die positive und die negative Elektrizität in entgegengesetzten Richtungen, besitzen demnach auch eine relative Geschwindigkeit gegeneinander. Bewegen wir aber den Kondensator *als Ganzes*, indem seine einzelnen Teile und ebenso seine wahren und fingierten Ladungen gegeneinander in Ruhe bleiben, und erhalten wir dennoch, wie die Versuche zeigen, eine magnetische Wirkung, so bleiben uns nur zwei mögliche Annahmen übrig.

Erstens, wenn wir bei der Anschauung festhalten, daß in dem von den Molekülen freibleibenden Raume des Dielektrikums, wo die Linien der elektrischen Feldintensität (nicht der Induktion) durchgehen (vgl. Abb. 50, S. 54) und welchen wir „Äther" nennen, ungeachtet der Bewegung der Materie alles in Ruhe bleibt — dann ist die Erzeugung eines Magnetfeldes durch die Bewegung der elektrischen Ladungen *relativ zum ruhenden Äther* anzunehmen.

Zweitens, wenn wir das Wort Äther ganz vermeiden wollen, da wir weder seine Ruhe noch seine Bewegung irgendwie nachweisen können, müssen wir das beobachtete Magnetfeld der Bewegung des Kondensators *relativ zum Magnetometer* zuschreiben. Die letzte Auffassung entspricht auch dem EINSTEINschen Relativitätsprinzip.

Unsere Versuche können übrigens zwischen den zwei angeführten Annahmen nicht entscheiden.

**347. Polarisationsstrom.** Als Gegenstück zu den Konduktionsströmen in den Leitern (S. 298, **343**) können wir auch in den Dielektrika einen Polarisationsstrom bei der Bewegung geladener Leiter erhalten, denn bei der Bewegung kann das elektrische Feld und folglich auch die Polarisation im Dielektrikum verändert werden. Die Veränderung der Polarisation auf die Zeiteinheit bezogen nennt man *Polarisationsstrom.*

Einen Polarisationsstrom kann man z. B. in der folgenden Anordnung beobachten.

Wir stellen uns wieder dieselbe dielektrische Scheibe vor, wie in den vorangehenden Versuchen zwischen zwei stillstehenden Belegungen eines Kondensators rotierend. Aber diesmal soll jede Belegung aus zwei voneinander isolierten Halbscheiben bestehen (Abb. 315), welche mit entgegengesetzten Elektrizitäten geladen werden können. Man ladet die vier unbeweglichen Halbscheiben in der Weise, daß in den zwei Hälften der dielektrischen Scheibe zwei gleiche, aber entgegengesetzt gerichtete elektrische Felder entstehen. In der Abb. 315, welche die Scheiben von oben gesehen darstellt, ist das eine elektrische Feld von $A$ nach $B$, das andere von $B_1$ nach $A_1$ gerichtet. Bei der Rotation der Scheibe in der mit dem Pfeile $v$ angezeigten Richtung wird das Dielektrikum beim Überschreiten der Linie $ab$ sich umpolarisieren müssen. Dabei wird die positive Elektrizität, welche bei $A_1$ induziert wurde, auf die andere Seite, zu der Halbscheibe $B$, sich verschieben müssen; die negative Elektrizität wird in der entgegengesetzten Richtung verschoben. Bei gleichmäßiger Rotation der Scheibe zwischen den geladenen Belegungen findet also an der Grenzlinie $ab$ ein fortwährendes *Umpolarisieren* des Dielektrikums statt, und zwar stets in derselben Richtung, d. h. es bildet sich ein konstanter Polarisationsstrom in der Richtung $ab$, dessen Größe (S. 300, **345**) gleich ist

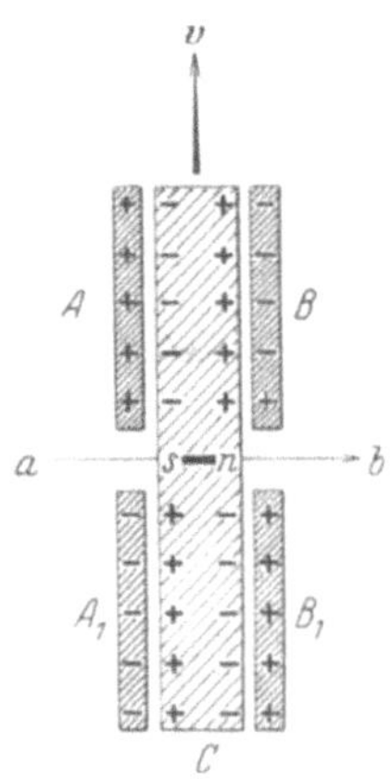

Abb. 315. Der Polarisationsstrom.

$$J = 2(\varepsilon - 1) n e .$$

Die magnetischen Wirkungen dieses Polarisationsstromes können mit einem in der Nähe der Linie $ab$ aufgestellten Magnetometer $sn$ gemessen werden.

Die magnetischen Wirkungen dieses Polarisationsstromes wurden zuerst von Röntgen entdeckt, weshalb man diese Ströme auch Röntgenströme genannt hat. Die von A. Eichenwald angestellten *quantitativen* Messungen haben die Äquivalenz des Röntgenstromes mit den galvanischen Strömen in bezug auf ihre magnetischen Wirkungen festgestellt.

**348. Bewegte Dielektrika im magnetischen Felde.** Mit der Erzeugung des magnetischen Feldes durch bewegte Ladungen ist eine andere Erscheinung eng verknüpft, nämlich die Wirkung eines äußeren magnetischen Feldes auf bewegte Ladungen. Dieser Zusammenhang ist ganz analog dem Zusammenhange des Biot-Savartschen Gesetzes mit den Ampèreschen und den Faradayschen Gesetzen der Induktionsströme. Wir haben den Fall eines im magnetischen Felde rotierenden Leiters schon behandelt (S. 226, **265**) und die dabei erzeugte elektromotorische Kraft der Induktion berechnet. Ganz nach demselben Schema läßt sich auch die Wirkung des magnetischen Feldes auf ein sich bewegendes Dielektrikum berechnen und durch Versuche die Rechnung kontrollieren. Solch einen Versuch hat H. A. Wilson angestellt.

Eine dielektrische Scheibe, deren Ebene normal zum magnetischen Felde und deren Rotationsachse längs der magnetischen Kraftlinien gestellt war, rotierte mit großer Geschwindigkeit. Unter dem Einfluß des Feldes wurde das bewegte Dielektrikum radial polarisiert, und WILSON fand durch elektrometrische Messungen, daß die Größe der Polarisation gleich

$$P = (\varepsilon - 1) M v$$

war, wo $M$ die Feldstärke des Magnetfeldes und $v$ die Geschwindigkeit der Bewegung des Dielektrikums bedeuten. Die Polarisation erwies sich demnach von solcher Größe, als ob im Dielektrikum eine Feldintensität

$$E = M v$$

vorhanden wäre. Diese Feldintensität wirkte aber nur auf die elektrischen Ladungen des bewegten Dielektrikums, aber nicht im ruhenden Raum zwischen den Molekülen des Dielektrikums (Abb. 50, S. 54), denn die Belegungen des WILSONschen Kondensators zeigten eine Ladung proportional zu $(\varepsilon - 1)$, aber nicht proportional zu $\varepsilon$ an, wie es im ruhenden Kondensator der Fall sein würde.

Wir haben hier also ganz analoge Beziehungen wie beim Röntgenstrom. Die magnetischen Wirkungen des bewegten polarisierten Dielektrikums und ebenso die polarisierende Wirkung eines Magnetfeldes auf das bewegte Dielektrikum erfolgen stets so, als ob die elektrischen Molekularladungen des Dielektrikums sich im *ruhenden Äther* bewegen. Das ruhende Magnetfeld kann selbstverständlich im ruhenden Äther keine elektromotorische Kraft induzieren.

## 3. Die MAXWELLsche Theorie.

**349. Der MAXWELLsche Verschiebungsstrom.** Wir gehen jetzt zu der Darlegung einer der wichtigsten Verallgemeinerungen der elektromagnetischen Gesetze über, die von MAXWELL (1863) gefunden und von H. HERTZ (1888) auf das glänzendste durch den Versuch mit elektromagnetischen Wellen bestätigt worden sind.

Zunächst müssen wir den Begriff des *Verschiebungsstroms* quantitativ definieren. Wir betrachten einen geladenen Kondensator (Abb. 316), dessen Belegungen mit der Elektrizitätsmenge $\pm e$ geladen sind. Wir wissen, daß die Elektrizitätsmenge $e$ mit der elektrischen Induktion $D$ durch die Gleichung

$$e = \frac{D}{4\pi} S = \frac{1}{4\pi} N_e .$$

verknüpft ist, wo $S$ den Flächeninhalt der Belegungen bedeutet und $N_e$ den elektrischen Induktionsfluß. Die Größe $\frac{D}{4\pi}$ nannte MAXWELL die elektrische Verschiebung; das Produkt aus elektrischer Verschiebung und der Fläche $S$ ist also nach unserer früheren Terminologie der Verschiebungsfluß.

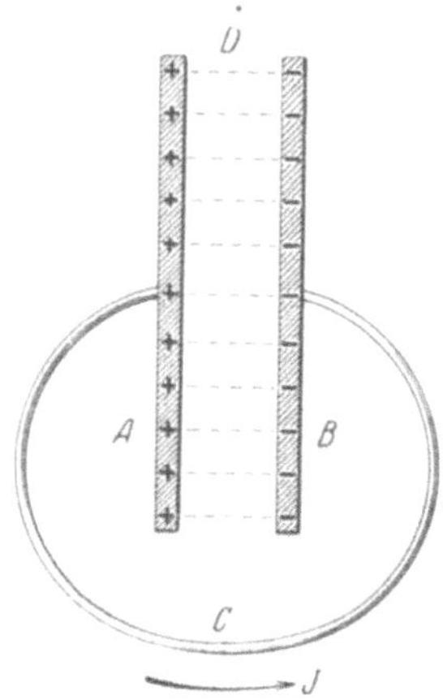

Abb. 316. Der Verschiebungsstrom.

Verbinden wir die Belegungen des Kondensators durch einen Leitungsdraht, so entsteht in ihm ein elektrischer Strom, dessen Größe durch den Quotient aus der durchgegangenen Elektrizitätsmenge $e$ und der vergangenen Zeit $t$ bestimmt wird:

$$J_g = \frac{e}{t} = \dot{e} .$$

Wir haben hier mit einem Punkt über $e$ die Änderungsgeschwindigkeit von $e$ bezeichnet.

Gleichzeitig mit der Bewegung der Elektrizität in dem Verbindungsleiter $C$ wird sich die Elektrizitätsmenge $e$ auf den Belegungen ändern und also auch die Verschiebung $\frac{D}{4\pi}$ im Dielektrikum. Die zeitliche Änderung der Verschiebung nannte MAXWELL die Verschiebungsstromdichte, und dementsprechend erhalten wir den Verschiebungsstrom gleich

$$J_v = \frac{\dot{D}}{4\pi} \cdot S = \frac{1}{4\pi} \dot{N}_e .$$

Es ist ohne weiteres klar, daß in unserem Falle der Verschiebungsstrom gleich dem Leitungsstrom im Leiter $C$ sein muß, weil die Elektrizitätsmenge $e$ nur durch den Verbindungsleiter $C$ von den Kondensatorbelegungen abfließen kann:

$$J_g = J_v .$$

MAXWELL hat nun den Umstand hervorgehoben, daß der Verschiebungsstrom eine natürliche Fortsetzung des Leitungsstromes darstellt; beide Ströme ergänzen sich zu einem gemeinsamen *geschlossenen* Stromkreise $ACBA$.

**350. Der in sich geschlossene Totalstrom.** Wir haben in vorangehenden Paragraphen folgende Arten von Strömen untersucht:

1. Den *Leitungsstrom* und den ihm verwandten Konduktionsstrom in den Leitern. Der letztgenannte Strom unterscheidet sich von dem ersten nur durch seine Entstehungsart; er wird nämlich durch die Bewegung geladener Körper erzeugt.

2. Den *Konvektionsstrom* oder die Bewegung der Elektrizität samt ihrem körperlichen Träger. Ein Konvektionsstrom kann durch Bewegung der wahren Elektrizität auf den Leitern oder auch der fingierten Elektrizität auf den Dielektrika erzeugt werden.

3. Den MAXWELLschen *Verschiebungsstrom,* in welchem der Polarisationsstrom als ein Teil enthalten ist.

Alle diese Ströme können je nach den Versuchsbedingungen entweder einzeln oder auch in den verschiedensten Kombinationen vorkommen. Unter dem Namen „der totale Strom" durch irgendeinen Querschnitt werden wir die Summe von allen diesen drei Stromarten verstehen:

$$J_t = J_g + J_k + J_v .$$

Die einzelnen Stromarten in dieser Summe können eine Unterbrechungsstelle enthalten, wo sie einen Anfang oder ein Ende haben, aber der totale Strom bildet stets einen in sich geschlossenen Stromkreis. So haben wir z. B. einen Fall beschrieben, wo der Konvektionsstrom von einem Konduktionsstrome begleitet wurde und wo sie beide zusammen einen geschlossenen Stromkreis bildeten (S. 298, **343**). Ebenso bildete der fingierte Konvektionsstrom (S. 302, **347**) auf der Oberfläche des bewegten Dielektrikums zusammen mit dem Polarisationsstrom in demselben einen in sich geschlossenen Stromkreis. Im vorigen Paragraph wurde auch der Leitungsstrom von dem Verschiebungsstrom zu einem in sich geschlossenen Stromkreis ergänzt usw.

Wir haben also eine ganz allgemeine, von MAXWELL aufgestellte Regel: Der Totalstrom ist stets in sich geschlossen.

**351. Erste MAXWELLsche Gleichung.** Die MAXWELLsche Theorie des elektromagnetischen Feldes gründet sich auf zwei Hypothesen.

Die erste Hypothese besteht in der Annahme, daß alle soeben angeführten Ströme in bezug auf ihre magnetischen Wirkungen äquivalent sind: alle Konvektionsströme, Leitungsströme und Verschiebungsströme usw., erregen dasselbe magnetische Feld, und zwar nach demselben BIOT-SAVARTschen Gesetze. Wir können demnach für den MAXWELLschen Totalstrom die Gleichung schreiben, die wir früher (S. 228, **266**) nur für den galvanischen Strom aufgestellt haben, nämlich, daß die Größe $4\pi J_t$ die magnetomotorische Kraft des Totalstromes darstellt:

$$\mathcal{E}_m = 4\pi J_t = 4\pi J + 4\pi e v + \dot{N}_e.$$

Diese MAXWELLsche Annahme ist, wie wir gesehen haben, für alle Ströme experimentell bestätigt worden; nur in bezug auf den Verschiebungsstrom $\dot{N}_e$ bleiben wir den Nachweis seiner magnetischen Wirkungen schuldig. Einen Teil des Verschiebungsstromes bildet der Polarisationsstrom und für diesen, und zwar in bewegten Körpern, haben die Versuche von RÖNTGEN und EICHENWALD (S. 302, **347**) die Gültigkeit der MAXWELLschen Annahme bewiesen. Für den Verschiebungsstrom $N_e$ in ruhenden Körpern ist der Nachweis durch die berühmten Versuche von H. HERTZ mit der Ausbreitung der elektromagnetischen Wellen erbracht worden, von welchen wir im III. Teile dieses Buches sprechen werden.

**352. Die zweite MAXWELLsche Gleichung.** Wir wissen, daß ein veränderliches Magnetfeld in dem leitenden Körper eine elektromotorische Kraft induziert, deren Größe sich nach der Gleichung

$$\mathcal{E}_e = -\dot{N}_m$$

bestimmt, wo $N_m$ den magnetischen Induktionsfluß bedeutet, welcher die vom Stromleiter umrandete Fläche durchsetzt.

Nach der zweiten MAXWELLschen Hypothese bestimmt der veränderliche Induktionsfluß zunächst die elektromotorische Kraft im umgebenden Raume (im Äther). Ist der Raum mit einem leitenden Körper ausgefüllt, so erzeugt die so induzierte Feldintensität einen elektrischen Strom, dessen Dichte mit der Feldintensität nach dem OHMschen Gesetze durch die Gleichung (S. 111, **131**)

$$i_g = k E$$

verknüpft ist. Wird aber das veränderliche Magnetfeld $\dot{N}_m$ nicht von einem Leiter, sondern von einem Isolator umgeben, so kann im letzteren kein elektrischer Strom entstehen; dennoch bleibt das Magnetfeld nicht ohne Wirkung, sondern es induziert im Dielektrikum ein elektrisches Feld und es entsteht in dem letzteren ein Verschiebungsstrom, dessen Größe gleich ist

$$J_v = \frac{\dot{D}}{4\pi} S.$$

Die zweite Hypothese MAXWELLS drückt sich demnach in dem Umstande aus, daß die Gleichung

$$\mathcal{E}_e = -\dot{N}_m$$

nicht nur für Leiter gilt, sondern ganz allgemein für beliebige materielle Körper und sogar für den von der Materie freien Äther seine Geltung behält.

**353. Die MAXWELLschen Gleichungen.** Wir schreiben jetzt die zwei von MAXWELL aufgestellte Gleichungen zusammen:

$$\mathcal{E}_m = 4\pi J_t, \qquad \mathcal{E}_e = -\dot{N}_m.$$

Diese beiden Gleichungen bilden die Grundlage oder das Grundgesetz aller elektromagnetischen Erscheinungen. Die Gesetze von COULOMB, von BIOT-SAVART, von AMPÈRE und FARADAY können aus diesem Gleichungssystem abgeleitet werden. Und noch mehr: MAXWELL hat aus seinem Gleichungssystem außerdem gefolgert, daß die elektrischen und magnetischen Felder (von der Materie losgelöst) sich im Äther mit Lichtgeschwindigkeit ausbreiten müssen, und daß das sichtbare Licht nur einen Spezialfall dieser Ausbreitung des elektromagnetischen Feldes im Raume vorstellt. Die Lichterscheinungen sollen demnach nach MAXWELL elektromagnetischen Gesetzen unterworfen sein; dadurch wurde eine ganz neuartige *elektromagnetische* Lichttheorie geschaffen (III. Teil).

**354. Die Formel von J. J. THOMSON.** Wir wollen jetzt den MAXWELLschen Gleichungen eine andere, mehr anschaulichere Form geben, welche für unsere weiteren Zwecke bequemer sein wird. Dabei werden wir uns der Vorstellung FARADAYS von der Bewegung der Kraftlinien bedienen, die schon bei der Beschreibung der magnetischen Induktionserscheinungen sich so nützlich erwiesen hat. J. J. THOMSON hat nämlich gezeigt, daß die Vorstellung von sich bewegenden elektrischen Kraftlinien zu einer Formel führt, die das magnetische Feld eines beliebigen Stromes zu bestimmen erlaubt, es mag ein Leitungsstrom, ein Konvektionsstrom oder ein Verschiebungsstrom sein.

Um zu dieser allgemeinen Formel zu kommen, wollen wir von dem BIOT-SAVARTschen Gesetze ausgehen, welches Gesetz ja nach MAXWELL für alle diese Ströme gelten muß (S. 305); wir schreiben dieses Gesetz in folgender Form:

$$F = \frac{e}{r} \cdot \frac{m}{r} \cdot \frac{v}{c} \sin(v\,r)\,.$$

Hier ist $e$ die Elektrizitätsmenge in CGS-E-Einheiten ausgedrückt, und $\frac{e}{r^2}$ ist nichts anderes als die von der Elektrizität $e$ erzeugte elektrische Induktion $D$, die längs des von der Ladung $e$ in das Feld gezogenen Radiusvektors $r$ gerichtet ist. Wir können das BIOT-SAVARTsche Gesetz also in folgender Form schreiben:

$$M = \frac{v}{c} D \sin(v\,D)\,.$$

Wenn wir der Bequemlichkeit halber für die Geschwindigkeit $v$ die Größe der Lichtgeschwindigkeit als Einheit annehmen (sog. *astronomische* Einheit $c = 1$) und die im **250**, S. 208 angegebene Schreibweise benutzen, so können wir für das BIOT-SAVARTsche Gesetz die folgende Formel schreiben:

$$\mathbf{M} = + [\mathbf{v} \cdot \mathbf{D}]\,.$$

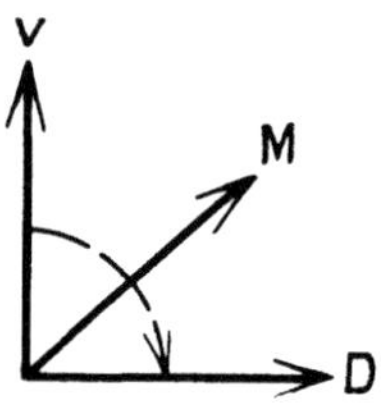

Abb. 317. Das magnetische Feld bewegter elektrischer Kraftlinien.

In dieser Formel ist die Grundannahme ausgedrückt, daß bei jeder Bewegung der elektrischen Kraftlinien ein Magnetfeld erzeugt wird, dessen Feldintensität nach Größe und Richtung durch die Formel genau angegeben wird. Die Richtung **M** wird nach den Richtungen von **v** und **D** nach der Rechtsschraubenregel bestimmt.

Die Hypothese der bewegten Kraftlinien hat natürlich den Nachteil, daß sie nicht immer anwendbar ist, denn die Geschwindigkeit der elektrischen Kraftlinien ist nur in dem Falle bestimmbar, wenn man die Bewegung der geladenen Körper beobachten kann, also bei Konvektionsströmen. Nichtsdestoweniger ist diese Hypothese schon durch ihre Anschaulichkeit nützlich. Man muß sich nur hüten, den umgekehrten Schluß zu ziehen, nämlich: daß, wenn keine elektrischen Kraftlinien nachzuweisen sind, auch kein Magnetfeld existieren könne. Das würde natürlich falsch sein, denn es können ja im Raume zwei entgegengesetzte und gleiche elektrische Felder gleichzeitig wirken, deren Summe gleich Null ist und deren Gesamtwirkung auf eine elektrische Ladung verschwindet; wenn aber eines von diesen zwei Feldern oder auch beide zusammen in Bewegung gesetzt werden, so wird ein mit einer Magnetnadel nachweisbares magnetisches Feld erzeugt. Solche Fälle haben wir sogar in den oben beschriebenen Versuchen von ROWLAND, RÖNTGEN und EICHENWALD realisiert gesehen, denn das Magnetometer war ja bei allen diesen Versuchen durch eine leitende Hülle vor elektrostatischen Einflüssen geschützt; in seiner Hülle waren keine elektrischen Wirkungen vorhanden und dennoch zeigte das Magnetometer ein Magnetfeld an. Wollen wir an der Vorstellung von bewegten Kraftlinien festhalten, so müssen wir auch im Innern des Magnetometers die Existenz von zwei gleichen und entgegengesetzten elektrischen Feldern annehmen, von denen das eine oder auch beide zusammen in gleichen oder auch in entgegengesetzten Richtungen und mit verschiedenen Geschwindigkeiten bewegt werden (vgl. S. 299, **344**).

Aus der Beobachtung des Magnetfeldes allein können wir diese elektrischen Felder und ihre Geschwindigkeiten ebensowenig bestimmen wie z. B. aus dem Magnetfelde eines galvanischen Stromes die Geschwindigkeiten der den Strom bildenden Elektrizitäten.

**355. Die Formel von H. A. LORENTZ.** Jetzt wollen wir die AMPÈREsche Formel, welche die Wirkung eines Magnetfeldes auf den elektrischen Strom ausdrückt, in analoger Weise umformen. Wir wissen, daß die AMPÈREsche Kraft auf den Stromleiter, d. h. auf bewegte elektrische Ladungen, entgegengesetzt gleich der BIOT-SAVARTschen Kraft ist (S. 208, **251**); also

$$F = -\frac{m}{r}\frac{e}{r}\frac{v}{c}\sin(v\,r)\,.$$

In diesen Ausdruck führen wir die magnetische Induktion $B$ ein:

$$B = \frac{m}{r^2}\,,$$

Wir erhalten so:

$$F = -e\frac{v}{c}B\sin(v\,B)\,.$$

Da diese Kraft auf die Elektrizitätsmenge $e$ wirkt, so hat H. A. LORENTZ vorgeschlagen, sie auf die Einheit der Elektrizitätsmenge zu beziehen und so eine elektrische Feldstärke zu definieren, nämlich durch die Formel

$$E = -\frac{v}{c}B\sin(v\,B)\,.$$

Endlich können wir auch diese Formel durch eine Vektorgleichung darstellen, indem die Richtung der elektrischen Feldintensität $E$ durch die Richtungen von $v$ und $B$ *entgegen* der Rechtsschraubenregel bestimmt wird:

$$\mathbf{E} = -[\mathbf{v}\cdot\mathbf{B}]\,.$$

Hier ist wieder die Lichtgeschwindigkeit $c = 1$ angenommen.

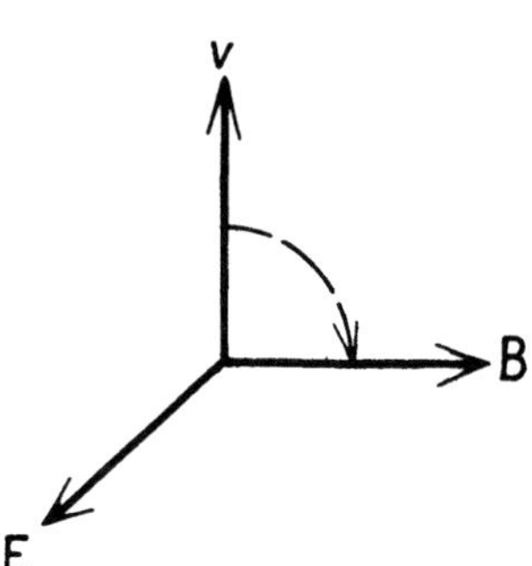

Abb. 318. Das elektrische Feld bewegter magnetischer Kraftlinien.

Es ist sehr bemerkenswert, daß man ganz dieselbe Formel erhält, wenn man nicht das AMPÈREsche Gesetz, sondern das FARADAYsche Gesetz der elektromagnetischen Induktion anwendet. In der Tat, haben wir einen Leiter von der Länge $l$, welcher von magnetischen Kraftlinien geschnitten wird, so entsteht nach FARADAY in diesem Leiter eine Potentialdifferenz

$$V = l v B\sin(v\,B)\,.$$

Nun ist die Potentialdifferenz mit der elektrischen Feldintensität durch die Beziehung

$$v = -l E$$

verknüpft. Drücken wir noch die Feldstärke $E$ in elektrostatischen Einheiten aus, so erhalten wir für das FARADAYsche Induktionsgesetz:

$$E = -\frac{v}{c} B \sin(v B) .$$

Also ganz dieselbe Formel wie für die Wirkung des Magnetfeldes auf den elektrischen Strom oder auf bewegte elektrische Ladungen. Beide Wirkungen sind also ihrer Natur nach identisch. Diese von H. A. LORENTZ aufgestellte Formel faßt also das AMPEREsche und das FARADAYsche Gesetz in sich zusammen.

**356. Die Ausbreitung des elektromagnetischen Feldes.** Wir wollen jetzt die MAXWELLschen Gleichungen auf den folgenden Fall anwenden. In einem ruhenden Dielektrikum, für welches die MAXWELLschen Gleichungen in der symmetrischen Form gelten:

$$\mathcal{E}_m = \dot{N}_e \qquad \mathcal{E}_e = -\dot{N}_m$$

sei ein elektrisches Feld durch irgendwelche Mittel in einem begrenzten Bereiche des Raumes erzeugt worden.

Damit wir uns den Vorgang klarer vorstellen können, nehmen wir an, das elektrische Feld sei zwischen den Punkten $b$ und $b_1$ normal zu der $X$-Linie gegeben, wie es in der Abb. 319 angedeutet ist; im übrigen Raume aber also außerhalb $b b_1$ soll kein Feld vorhanden sein. In allen Ebenen, die parallel zu der Zeichnungsebene gelegt werden können, soll sich derselbe Vorgang in derselben Weise, wie in unserer Zeichnungsebene, wiederholen.

Die von uns angenommene Verteilung des elektrischen Feldes kann nicht dauernd erhalten bleiben, denn wir wissen ja, daß die elektrischen Kraftlinien aufeinander einen Druck ausüben, und da außerhalb der Grenzen $b$ und $b_1$ kein

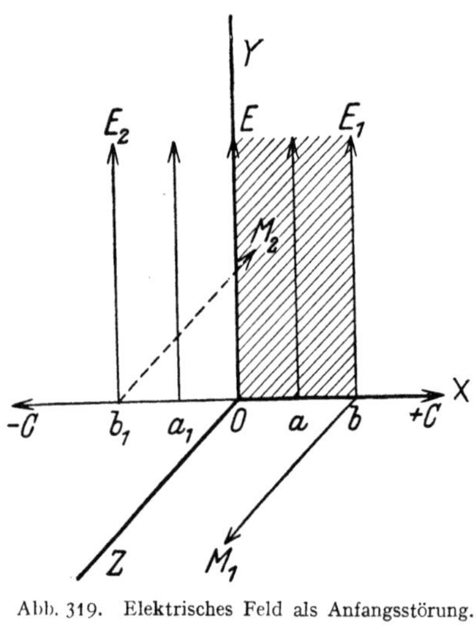


Abb. 319. Elektrisches Feld als Anfangsstörung.

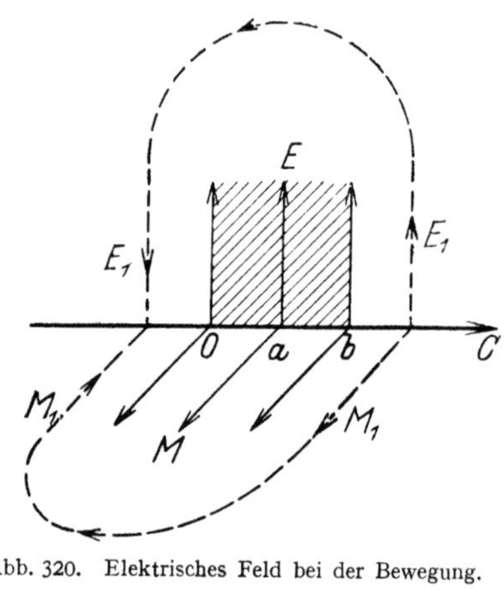


Abb. 320. Elektrisches Feld bei der Bewegung.

Gegendruck wirkt, werden sich die Kraftlinien auseinander zu schieben suchen, also in Bewegung gesetzt. Als Folge dieser Bewegung wird erstens das Feld im Bereiche $b b_1$ geschwächt und außerdem wird durch die bewegten Kraftlinien ein magnetisches Feld erregt. Die Schwächung des elektrischen Feldes im Bereiche $b b_1$ ist einem elektrischen Strome von oben nach unten äquivalent, also muß das erzeugte magnetische Feld rechts von $b$ die Richtung auf uns zu haben und links von $b_1$ die Richtung von uns ab zu der Zeichnung haben (Abb. 319).

Wir sehen daraus, daß im Resultate aus dem anfänglichen *elektrischen* Felde zwei *elektromagnetische* Felder entstanden sind, die sich in den entgegengesetzten Richtungen bewegen: daß Teilfeld $E_1$ mit verminderter Feldintensität, zusammen mit dem magnetischen Felde $M_1$ wird sich in der Richtung $+C$ bewegen, und das Teilfeld $E_2 M_2$ in der Richtung $-C$.

Die neu entstandenen zwei elektromagnetischen Felder unterscheiden sich von dem ursprünglichen elektrischen Felde dadurch, daß sie außer den elektrischen Kraftlinien noch die senkrecht dazu gerichteten magnetischen Kraftlinien enthalten. Dieser Umstand hat wichtige Folgen.

Betrachten wir eines von den neu entstandenen Feldern gesondert (Abb. 320). Auch dies elektromagnetische Feld kann ebensowenig in Ruhe bleiben wie das ursprüngliche, denn die elektrischen sowie die magnetischen Kraftlinien werden sich wieder gegenseitig abstoßen und das Feld zu verbreitern suchen. Dennoch wird die darauffolgende Bewegung des Feldes eine ganz andere sein als früher. In der Tat, wir sehen aus der Abb. 320, daß die Verminderung des elektrischen Feldes im Bereiche $Oab$ nach der ersten MAXWELLschen Gleichung ein magnetisches Feld erzeugen wird, welches, nach der Rechtsschraubenregel bestimmt, die Richtung $M_1$ (Abb. 320, punktiert) haben wird; gleichzeitig wird durch die Verminderung des magnetischen Feldes in demselben Bereiche $Oab$, nach der zweiten MAXWELLschen Gleichung, ein elektrisches Feld induziert, welches die Richtung $E_1$ (Abb. 320) haben muß. Aus der Betrachtung der Zeichnung ist leicht zu sehen, daß beide Induktionsfelder, das magnetische wie das elektrische, analoge Wirkungen ergeben werden, nämlich: rechts, in der positiven $X$-Richtung werden sie neue Felder hervorrufen, und links, in der negativen $X$-Richtung das schon gebildete Feld vernichten. Im Resultate werden wir demnach eine fortwährende Verschiebung des ganzen Feldes nach rechts erhalten.

Auch in dem links von dem ursprünglichen elektrischen Felde entstandene elektromagnetische Feld $E_2 M_2$; werden wir dasselbe Resultat erhalten. Da aber hier das magnetische Feld eine entgegengesetzte Richtung hat als im vorhergehenden Falle, so wird das ganze elektromagnetische Feld auch in der entgegengesetzten Richtung, nämlich nach links, in der negativen $X$-Richtung fortwährend weiterbewegt.

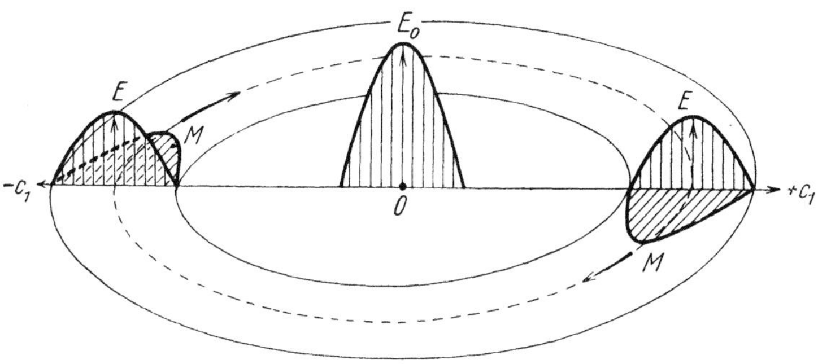


Abb. 321. Ausbreitung des elektrischen Feldes.

Aus dieser Beschreibung sehen wir, daß durch das anfängliche elektrische Feld oder, wie man sagt, durch die anfängliche elektrische Störung, im Bereiche $bb_1$ zwei Wellen entstanden sind, welche, ohne ihre Form zu ändern, nach zwei entgegengesetzten Seiten von der Störung weg sich bewegen.

In der Abb. 321 ist der allgemeinere Fall gezeichnet, wo die ursprüngliche elektrische Störung $E_0$ den Raum im Innern eines kleinen kreisförmigen Zylinders ausgefüllt hat. Die daraus sich ergebenden elektromagnetischen Wellen breiten sich radial nach allen Seiten aus und ähneln sehr den Wellen, welche man oft auf einer Wasseroberfläche sich ausbreiten sieht. Bei diesem Vergleich wird das elektrische Feld der Erhebung des Wassers über dem gewöhnlichen Wasserniveau entsprechen und das magnetische Feld der Geschwindigkeit der Bewegung der Wasserteilchen.

**357. Analogie mit den Wasserwellen.** Es wird vielleicht nützlich sein, die soeben angedeutete Analogie zwischen den elektromagnetischen Wellen und den Wasserwellen etwas näher zu betrachten, ohne damit sagen zu wollen, daß diese zwei Erscheinungen völlig identisch verlaufen. Im Gegenteil, wir können sogar gleich hervorheben, daß die Ausbreitung der Wasserwellen viel komplizierteren Gesetzen folgt als die Gleichungen Maxwells.

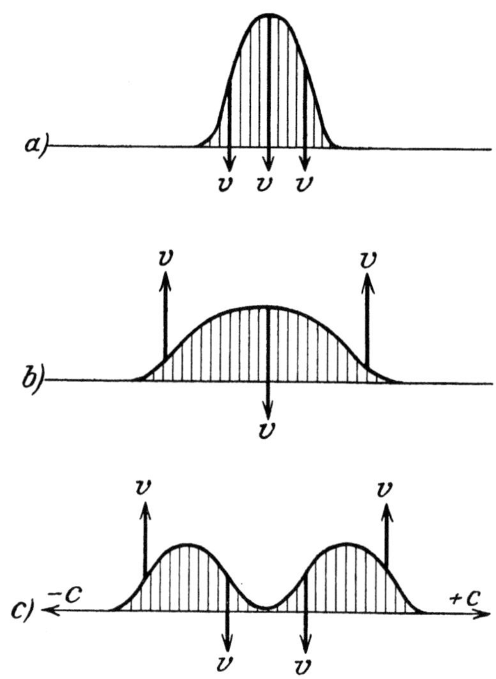

Abb. 322. Ausbreitung der Wasserwellen.

Es sei also an irgendeiner Stelle der Wasseroberfläche eine kleine Erhöhung, (Abb. 322a) ein Wasserberg (elektrisches Feld) gegeben. Durch den Überdruck dieses höheren Wasserberges gegenüber dem gewöhnlichen Wasserniveau wird der Wasserberg nach unten zu fallen anfangen (magnetisches Feld), indem rechts und links von ihm neue Wasserberge auftauchen werden. Sobald aber die benachbarten Wellenberge mit dem ursprünglichen sich in ihrer Höhe ausgleichen (Abb. 322b), wird auch das Bestreben des ursprünglichen Berges zu fallen aufhören. Die so erreichte halbe Höhe des Wasserberges kann aber nicht in Ruhe bleiben, denn die Wasserteilchen haben beim Fallen schon eine gewisse Geschwindigkeit (Magnetfeld) erhalten und werden dank ihrer Trägheit noch weiter nach untenfallen. Erst wenn die Wasserteilchen das Gleichgewichtsniveau erreicht haben. werden sie ihre ganze Geschwindigkeit allmählich verlieren und auf diesem Niveau sich ruhig hinlegen. Ist in dieser Weise der ursprüngliche Wellenberg vernichtet, so bleiben an seinen beiden Seiten zwei neue Wellenberge von halber Höhe (Abb. 322c). Aber diese neu entstandenen Wellenberge sind dem ursprünglichen Wellenberge nur der Form nach ähnlich, nicht in ihren physikalischen Eigenschaften. In der Tat, es besteht ja jeder von den neuen Wellenbergen aus Wasserteilchen, die außer einem höheren Niveau (elektrisches Feld) noch eine gewisse Geschwindigkeit der Bewegung (magnetisches Feld) besitzen, die im ursprünglichen Wellenberge nicht vorhanden war. Die Geschwindigkeiten in den verschiedenen Teilen der Wellenberge sind sogar nicht nur der Größe nach, sondern auch der Richtung nach verschieden. So sehen wir z. B., daß in dem rechts von der ursprünglichen Störung entstandenen Wellenberge in seiner rechten (vorderen) Seite die Geschwindigkeiten der Teilchen nach oben gerichtet sind, hier haben die Teilchen eine aufsteigende Bewegung; auf der linken Seite des Wellenberges haben dagegen die Wasserteilchen eine absteigende Bewegung. Im Resultate wird sich demnach der neu entstandene Wasserberg nicht einfach verbreitern, sondern er wird seine Form stets beibehalten, aber es wird immer am vorderen Ende ein neuer Wellenberg auftauchen und gleichzeitig am hinteren Ende der Wellenberg vernichtet. Die resultierende Bewegung des Wasserniveaus wird den Anschein haben, als ob der Wellenberg stets in derselben Richtung, also hier nach rechts, mit konstanter Geschwindigkeit und ohne Formänderung fortschreite.

Derselbe Vorgang wird sich offenbar auch an der anderen Seite des ursprünglichen Wellenberges abspielen. Die Ausbreitung der Welle wird nach beiden Seiten in derselben Weise erfolgen.

Wir fügen noch eine kurze Bemerkung hinzu, welche von RAYLEIGH herrührt. Die nach beiden Seiten fortschreitenden Wellenberge haben, wie wir gesehen haben, die halbe Höhe des ursprünglichen Wellenberges. Nun ist die potentielle Energie eines Wasserberges proportional dem Quadrate seiner Höhe. Es enthält also jeder fortschreitende Wellenberg nur *ein Viertel* der potentiellen Energie des ursprünglichen Wasserberges. Daraus folgt, daß jeder von den beiden fortschreitenden Wellenbergen noch ein Viertel von der ursprünglichen potentiellen Energie enthalten muß, und zwar in der Form von kinetischer Energie der Wasserteilchen. Die Energie einer fortschreitenden Welle ist demnach immer zur Hälfte potentiell und zur Hälfte kinetisch. Diese RAYLEIGHsche Regel ist nicht nur für materielle Wellen, sondern, wie wir gleich sehen werden, auch für elektromagnetische Wellen gültig.

**358. Das MAXWELLsche Gesetz.** Um die Ausbreitungsgeschwindigkeit des elektromagnetischen Feldes zu bestimmen, wollen wir statt der originellen MAXWELLschen Gleichungen die von J. J. THOMSON und H. A. LORENTZ vereinfachte Form derselben benutzen. Wir nehmen die $X$-Richtung als die Fortpflanzungsrichtung, die $Y$-Richtung für das elektrische und die $Z$-Richtung für das magnetische Feld an, ganz nach demselben Schema, welches in unserer Abb. 319, S. 308 gezeichnet ist. Dann erhalten wir die zwei Gleichungen für die sich gegenseitig induzierenden Felder wie folgt:

$$E_y = \frac{v}{c}\,\mu M_z\,, \qquad M_z = \frac{v}{c}\,\varepsilon E_y\,.$$

Unter $v$ können wir hier nicht die Bewegung der einzelnen Kraftlinien verstehen, weil, wie wir schon öfters hervorgehoben haben, die Bewegungen der einzelnen Kraftlinien in solchen Feldern nicht zu beobachten sind. Die Induktionsgesetze, die in diesen Gleichungen ausgedrückt sind, behalten aber ihre Gültigkeit auch dann, wenn wir unter $v$ die Geschwindigkeit des *resultierenden* Feldes verstehen. Bezeichnen wir diese Geschwindigkeit des Feldes mit $c_1$, so erhalten wir

$$E_y = \frac{c_1}{c}\,\mu M_2\,, \qquad M_2 = \frac{c_1}{c}\,\varepsilon E_y$$

und durch Multiplikation der Gleichungen miteinander ergibt sich die Ausbreitungsgeschwindigkeit des elektromagnetischen Feldes

$$c_1 = \frac{c}{\sqrt{\varepsilon\mu}}\,.$$

Diese Beziehung wird das MAXWELLsche Gesetz genannt.

Für den von der Materie freien Äther, wo $\varepsilon = \mu = 1$ sind, wird die Ausbreitungsgeschwindigkeit des elektromagnetischen Feldes gleich

$$c = 3 \cdot 10^{10}\,\frac{\text{cm}}{\text{sec}}\,,$$

also gleich dem Verhältnis der elektrostatischen zu den elektromagnetischen absoluten Einheiten. Aber außerdem ergibt sich diese Größe gleich der Lichtgeschwindigkeit im Vakuum.

Wir wollen noch hinzufügen, daß man früher (WHEATSTONE 1835) Versuche angestellt hat, um die Geschwindigkeit zu bestimmen, mit welcher sich die Elektrizität längs Drähten bewegt. Man ladete das eine Ende eines sehr langen Drahtes mit Elektrizität und beobachtete die Zeit, nach welcher die Ladung am anderen Ende des Drahtes zum Vorschein kam. Die Versuche ergaben eine Geschwindigkeit, deren Größe nahe an $c = 3 \cdot 10^{10}$ cm/sek lag. Wir haben aber schon hervorgehoben (S. 102), daß wir nicht imstande sind, die Bewegung der Elektrizität im elektrischen Strome zu verfolgen, und ebensowenig können wir ihre Geschwindigkeit messen. Was wir mit unseren Instrumenten, wie Elektrometer und Galvanometer, beobachten können, ist das elektrische und das magnetische Feld, und nach der MAXWELLschen Theorie muß sich ein elektromagnetisches Feld auch längs Drähten mit annähernd derselben Geschwindigkeit $c = 3 \cdot 10^{10}$ cm/sek bewegen wie im freien Raume. Die früher angestellten Versuche haben also nicht die Geschwindigkeit der Elektrizität, sondern die Geschwindigkeit des elektromagnetischen Feldes gemessen. Für diesen Zweck sind aber die elektromagnetischen Wellen im Raume, ohne Drähte, viel besser geeignet (vgl. III. Teil).

**359. Die Energie der elektromagnetischen Welle.** Aus denselben MAXWELLschen Gleichungen erhalten wir durch Division der einen Gleichung durch die andere:

$$\varepsilon E^2 = \mu M^2 .$$

Daraus folgt erstens die Beziehung zwischen der elektrischen und der magnetischen Feldstärke in solch einer Welle:

$$\sqrt{\varepsilon}\, E = \sqrt{\mu}\, M$$

und zweitens die Gleichheit der elektrischen und der magnetischen Energiedichte:

$$U_e = \frac{\varepsilon E^2}{8\pi} = \frac{\mu M^2}{8\pi} = U_m .$$

Die totale Energie der elektromagnetischen Welle besteht also um die Hälfte aus der elektrischen Energie und um die Hälfte aus der magnetischen Energie:

$$U_t = U_e + U_m = \frac{\varepsilon E^2}{4\pi} = \frac{\mu M^2}{4\pi} = \frac{E M}{4\pi} \frac{c}{c_1} .$$

Diese Beziehung ist völlig analog dem, was wir auch bei anderen Wellen (S. 311) finden, z. B. bei den akustischen Luftwellen. Hier erscheint die Energie der fortschreitenden Welle zur Hälfte als potentielle Energie der komprimierten Luft und zur Hälfte als kinetische Energie der bewegten Luftmasse.

**360. Der POINTINGsche Energiefluß.** Da die Energie der elektromagnetischen Welle sich mit der Geschwindigkeit $c_1$ fortpflanzt, so wird der Energiefluß (oder genauer gesagt der Fluß der Energiedichte), d. h. die durch die Flächeneinheit ($cm^2$) in der Sekunde durchströmende Energiemenge gleich

$$P = U_t c_1 = \frac{c}{4\pi} E M .$$

Aus der Zeichnung Abb. 323 sehen wir, daß die Richtung der Energiebewegung und die Richtungen des elektrischen und des magnetischen Feldes durch die Rechtsschraubenregel verknüpft sind.

Das wird auch dann der Fall sein, wenn die beiden Feldintensitäten $E$ und $M$ nicht senkrecht aufeinander stehen, sondern irgendeinen Winkel miteinander bilden. Im allgemeinen wird also die POINTINGsche Energiestromdichte durch die Formel

$$P = \frac{c}{4\pi} E M \sin(E M)$$

ausgedrückt, die wir auch abgekürzt so schreiben können:

$$\mathbf{P} = \frac{c}{4\pi} [\mathbf{E} \cdot \mathbf{M}] .$$

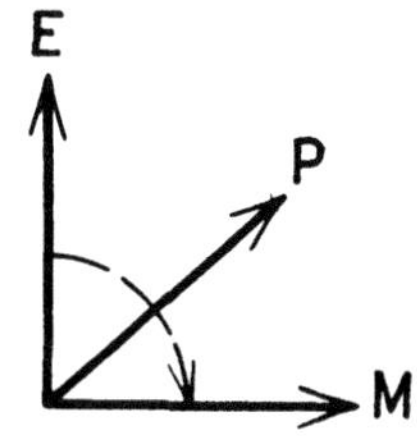

Abb. 323. Energiefluß im elektromagnetischen Felde.

Diese Formel hat POINTING aus den MAXWELLschen Gleichungen (S. 305, **353**) direkt abgeleitet, und zwar nicht nur für die Fortpflanzung einer elektromagnetischen Welle, wie wir es hier getan haben, sondern für den allgemeinsten Fall eines elektromagnetischen Feldes. Wir können aber hier den allgemeinen Fall nicht behandeln.

**361. Der Druck der elektromagnetischen Strahlung.** Aus den MAXWELLschen Gleichungen und auch aus unserer Beschreibung der Ausbreitung des elektromagnetischen Feldes folgt u. a., daß die elektromagnetische Welle auf einen Körper, den sie trifft, einen Druck ausüben muß. Nach FARADAY wirkt ja normal zu den Kraftlinien stets eine Druckkraft, und da die Fortpflanzungsrichtung normal zu dem elektrischen und dem magnetischen Felde der Welle ist, so wird auch die Druckkraft mit der Richtung der Fortpflanzung zusammenfallen. Die Größe dieses Druckes ist nach MAXWELL gleich der Energiedichte des Feldes (S. 294, **338**). Bezeichnen wir die totale Energiedichte der Welle mit $U$, so haben wir für den Druck die einfache Gleichung:

$$p = (U_e + U_m) = U .$$

Ein Druck von dieser Größe wird also auf den bestrahlten Körper ausgeübt. Wird die Strahlung vollständig reflektiert, so wird auch die reflektierte Welle einen Druck $p$ ausüben; im ganzen wird der reflektierende Körper unter der Wirkung eines Druckes $2U$ sein. Auch ein strahlender Körper wird von seiner eigenen Strahlung denselben Druck $p = U$ empfangen. Der bestrahlte Körper wird meistens einseitig bestrahlt und kann durch den Druck der Strahlung in der Richtung der Fortpflanzungsrichtung des Strahles verschoben werden. Ein strahlender Körper dagegen strahlt meistens nach allen Seiten gleich stark, empfängt also von allen Seiten von seiner eigenen Strahlung denselben Druck und wird in Ruhe bleiben, wenn wir nicht besondere Versuchsanordnungen verwenden, die nur eine *einseitige* Strahlung zulassen. Im letzten Falle wird der strahlende Körper entgegengesetzt der Strahlungsrichtung verschoben.

Die Existenz des Strahlungsdruckes wurde schon von KEPLER vermutet, von BARTOLI aus thermodynamischen Betrachtungen abgeleitet und von MAXWELL direkt aus den FARADAYschen Anschauungen und aus seinen Gleichungen gefolgert. Experimentell wurde der Druck der Lichtstrahlen zuerst von P. LEBEDEW (1900) nachgewiesen und mit der MAXWELLschen Theorie im Einklang gefunden, worauf wir bei der elektromagnetischen Lichttheorie zurückkommen werden.

**362. Die Impulsdichte der elektromagnetischen Strahlung.** Aus der Existenz eines Strahlungsdruckes kann man auf die Existenz eines *Impulses* schließen, denn nach dem Grundgesetz der Mechanik von NEWTON muß eine mechanische Kraft der Änderungsgeschwindigkeit des Impulses gleich sein. Bezeichnen wir mit $I$ die *Impulsdichte* einer elektromagnetischen Welle, d. h. den Impuls, welcher in einem Kubikzentimeter der Welle enthalten ist, und betrachten wir einen Zylinder vom Querschnitte $S = 1\ \text{cm}^2$, dessen Länge mit der Fortpflanzungsrichtung zusammenfällt und gleich $c$ ist, so wird die Impulsgröße in diesem Zylinder gleich $Ic$ sein. Fällt die Welle auf die Oberfläche eines Körpers und wird sie von dem Körper vollständig absorbiert, so können wir sagen, daß dabei in jeder Sekunde eine Impulsgröße $Ic$ vernichtet wird. Nach dem NEWTONschen Gesetz muß demnach auf den Körper eine Druckkraft wirken, welche gleich $Ic$ ist:

$$p = Ic.$$

Die Impulsdichte ist also gleich

$$I = \frac{p}{c}.$$

Andererseits muß dieser Druck gleich der Energiedichte der Welle sein, und wir erhalten die Beziehung:

$$I = \frac{U}{c}.$$

Berücksichtigen wir noch, daß der von POINTING eingeführte Begriff des *Energieflusses* im elektromagnetischen Felde für eine Welle gleich

$$P = Uc$$

ist, so erhalten wir eine Beziehung der Impulsdichte zu dem Energiefluß

$$I = \frac{P}{c^2}.$$

Wir wollen diese Beziehung als allgemeingültig annehmen, d. h. nicht nur im Falle einer elektromagnetischen Strahlung, sondern auch für alle anderen elektromagnetischen Felder. Diese hier als hypothetisch erscheinende Verallgemeinerung läßt sich auch allgemein beweisen, worauf wir hier nicht eingehen können; jedenfalls werden die Folgerungen dieser Annahme durch Experimente bestätigt.

Um den Begriff des *elektromagnetischen* Impulses der Anschauung näherzubringen, brauchen wir ihn nur mit dem uns geläufigen *mechanischen* Impulse zu vergleichen.

Wirkt auf einen Körper eine Kraft $F$ während einer Zeit $t$, so ist der Impuls dieser Kraft $Ft$ gleich der von dem Körper erhaltenen Bewegungsgröße $mv$:

$$Ft = mv.$$

Das ist nichts anderes als das zweite Gesetz von NEWTON. Bei jedem Zusammenstoß zweier Körper bewirkt die Stoßkraft einen Übergang des Impulses von dem einen Körper zu dem anderen, wodurch eine Änderung der Geschwindigkeiten der Körper als Folge eintritt. Fällt ein Strahl auf einen absorbierenden Körper, so wird der Impuls des Strahles vernichtet und geht auf den bestrahlten Körper über. Erfolgt an der Oberfläche des Körpers eine vollständige Reflexion der Strahlung, so empfängt der Körper von der einfallenden Welle eine Bewegungsgröße $mv$ und erteilt seinerseits dem reflektierten Strahle eine Impulsgröße $-mv$; im ganzen wird der Druck oder auch der Stoß des Strahles doppelt so groß als im vorherigen Falle:

$$mv - (-mv) = 2\,mv = 2\,pc.$$

Wir behandeln in dieser Ausdrucksweise die elektromagnetische Strahlung ganz ebenso wie eine materielle Strahlung, z. B. wie einen Wasserstrahl oder einen Schwarm von Kugeln, die auf eine Körperoberfläche stoßen.

Strahlt der Körper selbst aus, und zwar nur nach *einer* Seite, so sendet er in seinem Strahle nicht nur elektromagnetische Energie aus, sondern auch einen elektromagnetischen Impuls; nach den allgemeinen Gesetzen der Mechanik muß der Körper einen ebensolchen Impuls in der entgegengesetzten Richtung empfangen. Eine Kanone empfängt ja auch einen Rückstoß, wenn sie ein Geschoß abfeuert.

**363. Die elektromagnetische Masse der Strahlung.** Die Anwendung des Begriffes „*Impuls*" auf die elektromagnetische Strahlung führt uns sofort zu dem Begriff einer elektromagnetischen Masse. Der Impuls ist ja gleich der Bewegungsgröße, also dem Produkt aus Masse und Geschwindigkeit, und die Geschwindigkeit der Strahlung ist $c$. Durch Division des Impulses durch die Geschwindigkeit erhalten wir die Masse, und durch Division der Impulsdichte durch die Geschwindigkeit erhalten wir die Massendichte.

Die so definierte Massendichte $\delta$ der elektromagnetischen Strahlung hat folgende Beziehungen zu der elektromagnetischen Energiedichte

$$\delta = \frac{I}{c} = \frac{U}{c^2}\,.$$

Der allmähliche Übergang von dem Begriffe der elektromagnetischen Kraft zu den Begriffen des elektromagnetischen Impulses und der elektromagnetischen Masse ist von J. J. THOMSON, F. HASENÖHRL, M. PLANK, M. ABRAHAM und A. EINSTEIN befördert worden und ist von großer Wichtigkeit, weil auf dieser Grundlage in der letzten Zeit sich eine elektromagnetische Theorie der Mechanik ausgebildet hat.

Nach der EINSTEINschen Relativitätstheorie gilt der oben angeführte Ausdruck ganz allgemein. Jeder Energie wird eine Masse $U/c^2$ zugeschrieben und jede Masse $m$ enthält eine Energiemenge $U = mc^2$. Die EINSTEINsche Relativitätstheorie liegt aber außerhalb des Rahmens dieses Buches und wir können hier auf sie nicht eingehen.

**364. Relativität im elektromagnetischen Felde.** Wir wollen jetzt unsere Formel für bewegte Ladungen, welche wir übrigens auch für bewegte Kraftlinien angewandt haben, zusammenstellen.

Wir betrachten zwei Systeme, die aus je einem elektrischen und magnetischen Felde bestehen und sich relativ zueinander mit der Geschwindigkeit $v$ bewegen. Die Größen des einen Systems bezeichnen wir mit den Indizes 1 und die des zweiten Systems mit den Indizes 2. Beide Systeme sollen frei von Materie sein, also $\varepsilon = \mu = 1$.

Die Geschwindigkeit, mit welcher sich das *erste* System relativ zu dem zweiten bewegt, messen wir in den astronomischen Einheiten, indem wir unter $v$ stets das Verhältnis der Bewegungsgeschwindigkeit zu der Lichtgeschwindigkeit verstehen. Dann erhalten wir folgendes:

In dem ersten System wird erstens die Feldintensität $\mathbf{E}_2$ wirken, welche auch im zweiten System vorhanden ist, aber außerdem wird durch das Magnetfeld $\mathbf{M}_2$ des zweiten Systems im ersten eine Feldintensität induziert, welche nach LORENTZ gleich $-[\mathbf{v}\mathbf{M}]$ ist (S. 307, **355**). Die totale elektrische Feldintensität im ersten System wird demnach sein:

$$\mathbf{E}_1 = \mathbf{E}_2 - [\mathbf{v}\cdot\mathbf{M}_2]\,.$$

Nach analogen Betrachtungen und mit Berücksichtigung der THOMSONschen Formel (S. 306, **354**): erhalten wir für die magnetische Feldintensität im ersten System

$$\mathbf{M}_1 = \mathbf{M}_2 + [\mathbf{v}\cdot\mathbf{E}_2]\,.$$

Das zweite System bewegt sich relativ zum ersten mit der Geschwindigkeit $-v$ und wir erhalten hier die Feldintensitäten:

$$\mathbf{E}_2 = \mathbf{E}_1 + [\mathbf{v}\cdot\mathbf{M}_1]\,,$$
$$\mathbf{M}_2 = \mathbf{M}_1 - [\mathbf{v}\cdot\mathbf{E}_1]\,.$$

Vergleichen wir aber die Formeln des ersten und des zweiten Systems miteinander, so werden wir bemerken, daß sie eine Unstimmigkeit enthalten. In der Tat, schreiben wir z. B. die $Y$-Komponente der elektrischen Feldintensität (um das Zeichen im zweiten Gliede richtig zu schreiben, beachte man die Abb. 317 und 318 auf S. 306 und 307) und die $Z$-Komponente der magnetischen Feldintensität des zweiten Systems:

$$E_{y2} = E_{y1} - v_x M_{z1}, \qquad M_{z2} = M_{z1} - v_x E_{y1}.$$

und setzen wir $M_{z1}$ aus der zweiten Formel in die erste ein, um die Größe $E_{y1}$ durch die Feldintensitäten des zweiten Systems auszudrücken, so erhalten wir:

$$E_{y1} = E_{y2} + v_x M_{z2} + v_x^2 E_{y1},$$

$$(1 - v_x^2) E_{y1} = E_{y2} + v_x M_{z2},$$

während es doch sein sollte:

$$E_{y1} = E_{y2} + v_x M_{z2}.$$

Obgleich der Faktor $(1 - v^2)$ sogar für die größten beobachteten Geschwindigkeiten der materiellen Körper sehr klein ist, kann dennoch diese Unstimmigkeit vom theoretischen Standpunkte nicht zugelassen werden. H. A. LORENTZ hat deshalb vorgeschlagen, an diesen Gleichungen eine Korrektion anzubringen, nämlich einen Faktor

$$\varkappa = \sqrt{1 - v^2},$$

einzuführen und die Gleichungen so zu schreiben:

$$\begin{aligned} E_{x2} &= E_{x1}, & M_{x2} &= M_{x1}, \\ \varkappa E_{y2} &= E_{y1} - v_x M_{z1}, & \varkappa M_{y2} &= M_{y1} + v_x E_{z1}, \\ \varkappa E_{z2} &= E_{z1} + v_x M_{y1}, & \varkappa M_{z2} &= M_{z1} - v_x E_{y1}. \end{aligned}$$

Aus diesen Gleichungen kann man die Gleichungen für das erste System direkt ableiten, und man erhält:

$$\begin{aligned} E_{x1} &= E_{x2}, & M_{x1} &= M_{x2}, \\ \varkappa E_{y1} &= E_{y2} + v_x M_{z2}, & \varkappa M_{y1} &= M_{y2} - v_x E_{z2}. \\ \varkappa E_{z1} &= E_{z2} - v_x M_{y1}, & \varkappa M_{z1} &= M_{z2} + v_x E_{y2}. \end{aligned}$$

Beide Gleichungssysteme haben jetzt dieselbe Form, nur die Geschwindigkeit $v$ hat in beiden Gleichungssystemen das entgegengesetzte Zeichen, wie es auch sein soll. Es erscheinen also unsere beiden Systeme, welche sich relativ zueinander bewegen, in bezug auf die elektromagnetischen Gesetze gleichberehtigt.

Dieselben Gleichungen und mit demselben Korrektionsfaktor hat auch A. EINSTEIN aus seinem viel allgemeineren Relativitätsprinzip abgeleitet.

**365. Bewegter Kondensator.** Als Beispiel für die Anwendung der LORENTZschen Gleichungen führen wir den folgenden Versuch an.

Ein geladener ebener Kondensator sei auf der Erde so aufgestellt, daß sein elektrisches Feld senkrecht zu der Erdbewegung in dem betrachteten Momente steht. Wir wissen, daß der Kondensator (S. 301, **346**) dabei ein magnetisches Feld erzeugt. Die Geschwindigkeit der Erde bei ihrer Bewegung um die Sonne ist annähernd gleich 30 km in der Sekunde. Diese Geschwindigkeit ist etwa 30000mal größer als die Geschwindigkeiten, welche im Laboratorium mit dem sich drehenden Kondensator erreicht wurden; also muß auch das vom Kondensator durch die Erdbewegung erzeugte magnetische Feld etwa 30000mal stärker sein. Stellt man aber in der Nähe dieses Kondensators ein Magnetometer auf, so merkt man von diesem Felde absolut gar nichts. Derartige Versuche wurden tatsächlich von RÖNTGEN und EICHENWALD in verschiedener Weise angestellt mit völlig negativem Resultat.

Wir schließen daraus, daß das Magnetfeld eines bewegten Kondensators nur eine *relative Erscheinung* darstellt, welche von dem Magnetometer, welches sich mit dem Kondensator zusammen mit gleicher Geschwindigkeit bewegt, also relativ zum Kondensator in Ruhe bleibt, nicht angezeigt werden kann. In einem relativ zum Kondensator bewegten Magnetometer würden wir sicher das starke Magnetfeld von der Größe $-vE$ leicht beobachten können. Nehmen wir aber an, daß dieses Magnetfeld sich relativ zum Kondensator *entgegen* der Erdgeschwindigkeit bewegt, so muß es auf den Kondensator selbst und überhaupt auf alle auf der Erde ruhende Körper eine Induktionswirkung ausüben. Es ist leicht zu sehen, daß durch die Rückwirkung des magnetischen Feldes im Kondensator ein elektrisches Feld induziert wird von der Größe $-v^2E$. Das elektrische Feld im Kondensator muß also statt $E$ gleich $(1-v^2)E$ werden. Nur wenn das elektrische Feld des Kondensators mit der Richtung der Erdbewegung zusammenfällt, wird keine Veränderung des elektrischen Feldes eintreten. Die in dieser Richtung angestellten Versuche haben aber eine völlige Unabhängigkeit des elektrischen Feldes von der Erdbewegung ergeben.

Wenden wir uns jetzt zu den LORENTZschen Formeln und nehmen die Bewegung der Erde (erstes System) in der $X$-Richtung an, das elektrische Feld in der $Y$-Richtung, und das magnetische Feld von der Erde aus beobachtet gleich Null, so erhalten wir aus

$$\varkappa M_{z1} = M_{z2} + v_x E_{y2} = 0\,,$$
$$M_{z2} = -v_x E_{y2}\,.$$

Und für das elektrische Feld:

$$\varkappa E_{y1} = E_{y2} + v_x M_{z2} = E_{y2}(1 - v_x^2)\,,$$
$$E_{y1} = \varkappa E_{y2}\,.$$

Das auf der Erde (erstes System) beobachtete Feld $E_{y1}$ bleibt elektrostatisch, denn $M_{z1} = 0$; aber dasselbe Feld erscheint einem Beobachter, welcher die Bewegung der Erde nicht mitmacht (zweites System) und sich mit einer Geschwindigkeit $-v$ relativ zum Kondensator bewegt, mit der Feldintensität:

$$E_{y2} = \frac{E_{y1}}{\varkappa}\,.$$

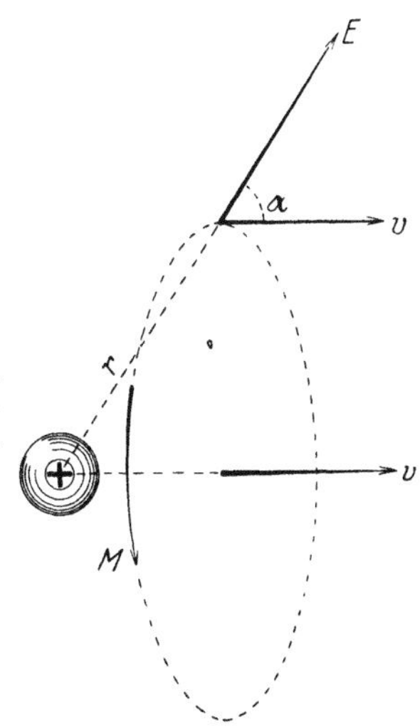

Abb. 324. Das Feld einer bewegten Ladung.

**366. Die elektromagnetische Masse einer sich bewegenden Ladung.** Das elektrische Feld einer Punktladung oder auch einer geladenen Kugel ist, wie wir wissen, radial und gleichmäßig nach allen Seiten ausgebreitet. Bewegt sich die Ladung mit einer konstanten Geschwindigkeit $v$, so entsteht in jedem Punkte des Feldes außer der elektrischen noch eine magnetische Feldintensität (Abb. 324) von der Größe

$$M = vE\sin(vE)\,,$$

deren Richtung senkrecht zu der $(vE)$-Ebene steht. Die magnetischen Kraftlinien werden demnach ein System von Kreisen bilden, deren Zentren auf der Bewegungslinie $v$ liegen und deren Ebenen senkrecht zu dieser Linie stehen.

Die Impulsdichte dieses Feldes ist gleich (S. 314, **362**)

$$I_0 = \frac{P}{c^2}.$$

und der Energiefluß gleich

$$P = \frac{c}{4\pi}(E M)$$

Setzen wir in diese Formeln den obigen Ausdruck für die magnetische Feldintensität, so erhalten wir für die Impulsdichte

$$I_0 = \frac{E^2}{4\pi}\frac{v}{c}\sin(v E) = 2 U_0 \frac{v}{c}\sin(v E),$$

wo $U_0$ die elektrische Energiedichte im Felde der Ladung bedeutet.

Wir wollen jetzt den totalen Impuls $I$ der bewegten Ladung berechnen. Um diese Rechnung zu vereinfachen, zerlegen wir die elektrische Feldintensität in jedem Punkte des Feldes in drei zueinander senkrechte Komponenten: eine längs der Bewegungsrichtung $E_e$ und die anderen zwei senkrecht dazu $E_s$. Für diese drei Komponenten gilt die Beziehung:

$$E^2 = E_e^2 + E_{s1}^2 + E_{s2}^2.$$

Da die Energiedichte proportional zu $E^2$ ist, so können wir uns auch die Energiedichte und auch die Energie selbst des Feldes in drei Komponenten zerlegt denken: eine longitudinale und zwei transversale. Nun erzeugt die longitudinale Komponente kein magnetisches Feld und also auch keinen Impuls. Die beiden anderen Komponenten werden zwei Drittel von der ganzen Energie betragen, und für sie wird $\sin(vE) = 1$. Wir erhalten so für den totalen Impuls der bewegten Ladung:

$$I = \frac{4}{3} U \frac{v}{c^2}.$$

Haben wir eine Kugel, welche auf ihrer Oberfläche eine Elektrizitätsmenge $e$ enthält (Oberflächenladung), so ist für diesen Fall (S. 84, **99**) die elektrische Energie:

$$U = \frac{e^2}{2a}$$

und folglich ist der elektromagnetische Impuls gleich:

$$I = \frac{2}{3}\frac{e^2}{a c^2} v.$$

Vergleichen wir diese Formel mit der Bewegungsgröße eines materiellen Körpers $mv$, so erhalten wir für die elektromagnetische Masse

$$m = \frac{2}{3}\frac{e^2}{a c^2}.$$

Dieselbe Größe der elektromagnetischen Masse würden wir erhalten, wenn wir statt des Impulses die magnetische Energie der bewegten Ladung mit der kinetischen Energie $\frac{1}{2} m v^2$ eines bewegten materiellen Körpers vergleichen würden.

Wir sehen, daß nach unserer Rechnung die Beziehung der Masse zur Energie bei der Strahlung und bei bewegten Ladungen verschieden sind; im letzten Fall tritt bei einer Oberflächenladung ein Faktor 4/3 hinzu; bei anderer Ladungsverteilung wird auch ein anderer Faktor hinzukommen.

**367. Die Abhängigkeit der Masse von der Geschwindigkeit.** Unsere Berechnung der elektromagnetischen Maße einer bewegten Ladung war nur annähernd richtig, denn wir haben das magnetische Feld der Ladung so bestimmt, als ob das elektrische Feld von ihm unabhängig wäre. Wir haben aber schon an dem Beispiele des bewegten Kondensators gesehen, daß nach der MAXWELLschen Theorie das magnetische Feld eine gewisse Rückwirkung auf das elektrische Feld ausüben muß. In den LORENTZschen Gleichungen drückt sich diese Rückwirkung dadurch aus, daß $E_2$ nicht gleich $E_1$ ist. Stellen wir uns einen Beobachter vor, welcher sich mit der geladenen Kugel zusammen bewegt, also in bezug auf die Ladungen der Kugel in Ruhe bleibt, so wird er das gewöhnliche elektrostatische Feld $E_1$ beobachten und kein magnetisches Feld: $M_1 = 0$. Im äußeren Raume aber, relativ zu welchem sich die Ladung mit einer Geschwindigkeit $v$ bewegt, wird außer dem magnetischen Felde $M_2$ noch das elektrische Feld $E_2$ beobachtet, welches zum gewöhnlichen elektrostatischen Felde in der LORENTZschen Beziehung (S. 317, **365**) steht:

$$E_2 = \frac{E_1}{\varkappa}.$$

Auch die Potentiale dieses Feldes $V_2$ werden demnach im Vergleich zu den Potentialen der Ruhe $V_1$ dasselbe Verhältnis haben. Die Ladung der Kugel $e$ hängt aber von der Bewegung nicht ab und wird in beiden Systemen die gleiche Größe haben. Daraus schließen wir, daß die Energie, welche in jedem Falle durch die Formel $\frac{1}{2}Ve$ zu berechnen ist, bei der relativen Bewegung ebenso wie die Feldintensität und die Potentialdifferenz durch den LORENTZschen Faktor $k$ zu dividieren ist. Wir erhalten demnach auch für die elektromagnetische Masse der Ladung dieselbe Korrektion:

$$m = \frac{m_0}{\varkappa}, \quad \text{wobei} \quad \varkappa = \sqrt{1 - \left(\frac{v}{c}\right)^2}.$$

Die mit $m_0$ bezeichnete Masse gilt also nur für kleine Geschwindigkeiten, streng genommen nur für unendlich kleine Geschwindigkeiten, und man nennt deshalb $m_0$ die Ruhemasse.

Die Formel zeigt uns, daß die Masse bei der Bewegung größer wird.

Diese Massevergrößerung kann aber erst bei sehr großen Geschwindigkeiten bemerkt werden, denn sogar für die Erdgeschwindigkeit ist $\left(\frac{v}{c}\right) = 0{,}0001$ und $\left(\frac{v}{c}\right)^2 = 0{,}00000001$. Bei schnell fliegenden, aus dem Radium herausgeschleuderten Elektronen, für welche $\left(\frac{v}{c}\right) = 0{,}99$ ist, wird die Veränderung der Masse schon beträchtlich und ist tatsächlich beobachtet worden (vgl. II. Teil).

Die Lichtgeschwindigkeit kann eine Ladung nie erreichen, denn dazu wäre eine unendlich große Energie nötig.

Die EINSTEINsche Relativitätstheorie kommt zu demselben Ausdruck für die Masse bewegter Ladung wie die LORENTZsche.

Zweiter Teil.

# Elektronen.

## VI. Elektrolyte.

### 1. Einführung.

**368. Atome und Moleküle.** Eine Reihe von physikalischen und chemischen Erscheinungen haben uns zu der Überzeugung geführt, daß die Materie, welche unseren unmittelbaren Sinnen als kontinuierlich erscheint, in Wirklichkeit aus einzelnen unsichtbar kleinen Teilchen, aus sog. Atomen und Molekülen besteht. Vor allem waren das die Gesetze der einfachen, ganzzahligen und multiplen Proportionen, in denen die Körper in chemische Verbindungen eingehen, welche auf eine Diskontinuität der Materie hindeuteten. Es wäre ja wohl denkbar, daß z. B. Wasserstoff und Sauerstoff sich in beliebigen Verhältnissen verbinden könnten und eine kontinuierliche Reihe von chemischen Verbindungen bildeten, natürlich mit kontinuierlich sich ändernden Eigenschaften. In Wirklichkeit aber verbinden sich je 2 g Wasserstoff mit 16 g Sauerstoff bei der Bildung des Wassers, oder je 2 g Wasserstoff mit 32 g Sauerstoff, und bilden Wasserstoffsuperoxyd. Um diese und noch eine große Anzahl anderer Tatsachen zu erklären, wurde die Atomhypothese aufgestellt. Die Atomhypothese, wie sie namentlich von DALTON formuliert wurde, nimmt an, daß jede elementare Substanz, wie Wasserstoff und Sauerstoff, aus einer bestimmten Zahl *gleichartiger* Atome bestehe, und daß je ein Atom eines Körpers entweder mit einem Atome oder mit zwei, drei usw. Atomen des andern Körpers sich chemisch verbinden kann und so das Molekül eines zusammengesetzten Körpers bilden. Aus dieser atomistischen Anschauung folgt dann von selbst das Gesetz der *ganzzahligen* und *multiplen* Proportionen.

Zur Zeit sind etwa 90 Elementarsubstanzen bekannt; wir haben also 90 verschiedene *Atome.* Diese Atome können sich miteinander zu *Molekülen* verbinden. Die Mannigfaltigkeit der so gebildeten Moleküle ist unmeßbar groß, denn die Moleküle können aus gleichartigen und aus ungleichartigen Atomen zusammengesetzt sein, und außerdem kann die Zahl und die relative Lage der Atome im Molekül bei verschiedenen chemischen Verbindungen verschieden sein usw.

**369. Atomgewicht und Molekulargewicht.** Wie gesagt, sind die Atome und Moleküle unsichtbar klein, und wir können die einzelnen Atome nicht abwägen; dennoch können wir aus den chemischen Verbindungen ihr *relatives* Gewicht bestimmen. Die Zersetzung des Wassers z. B. zeigt uns, daß auf je 2 g Wasserstoff 15,9 g Sauerstoff kommen, und da wir aus anderen Versuchen wissen, daß im Wassermolekül jedes Atom Sauerstoff mit *zwei* Atomen Wasserstoff verbunden ist, so schließen wir, daß das Sauerstoffatom 15,9mal schwerer sein muß als ein Wasserstoffatom.

Das Wasserstoffatom ist überhaupt das leichteste von allen chemischen Atomen. Man hat deshalb früher die Masse des Wasserstoffatoms als Einheit angenommen und die Masse aller anderen Atome auf diese Einheit bezogen; die Masse des Sauerstoffatoms ergibt sich dann gleich 15,9. Es hat sich aber später praktischer erwiesen, die Gewichte der Atome nicht auf das Gewicht des Wasserstoffatoms, sondern auf das des Sauerstoffatoms zu beziehen, weil Sauerstoffverbindungen im allgemeinen leichter herzustellen sind. Man ist deshalb übereingekommen, für das Atomgewicht des Sauerstoffs eine ganze Zahl 16 anzunehmen; dann ergibt sich das Atomgewicht des Wasserstoffs nicht mehr gleich 1, sondern gleich

$$16 : 15{,}9 = 1{,}0077.$$

In der letzten Zeit hat sich herausgestellt, daß diese Annahme nicht nur praktisch, sondern auch theoretisch zu rechtfertigen ist, wie wir das in dem Abschnitt über Atombau näher erörtern werden.

In der MENDELEJEVschen Tabelle, die der Leser am Ende des Buches findet, sind die Atomgewichte der Elemente angegeben.

Das *Molekulargewicht* ist gleich der Summe der im Molekül enthaltenen Atomgewichte.

Es gibt einheitliche Körper, deren Moleküle aus je einem Atom bestehen (Monomolekular), wie z. B. die Dampfmoleküle von Quecksilber, Natrium, Kalium usw. Bei solchen Körpern ist offenbar das Molekulargewicht gleich ihrem Atomgewichte.

Andere Körper, wie z. B. Wasserstoff, Sauerstoff u. a. m., enthalten in ihrem Molekül im Gaszustand bei gewöhnlichen Temperatur- und Druckverhältnissen je *zwei* Atome. Das Molekulargewicht dieser Gase ist also: Wasserstoff $H_2 = 2{,}016$, Sauerstoff $O_2 = 2 \cdot 16 = 32$ usw.

Das Molekulargewicht des Kochsalzes ClNa und der Schwefelsäure $H_2SO_4$ bestimmt sich wie folgt:

$$Cl + Na = 35{,}46 + 23{,}00 = 58{,}46,$$

$$H_2 + S + O_4 = 2{,}016 + 32{,}06 + 4 \cdot 16 = 98{,}08.$$

**370. Valenz oder Wertigkeit.** Die Atome im Molekül eines zusammengesetzten Körpers können mittels besonderer chemischer Wirkungen durch andere Atome ersetzt werden, wobei ein neuer chemischer Körper erzeugt wird. So kann z. B. das Wasserstoffatom im Chlorwasserstoffmolekül ClH durch ein Natriumatom ersetzt werden, wodurch ein Kochsalzmolekül ClNa entsteht. Ebenso erhält man Glaubersalz $Na_2SO_4$, wenn man in der Schwefelsäure $H_2SO_4$ die zwei Atome Wasserstoff durch zwei Atome Natrium ersetzt. Im Kupfersulfat $CuSO_4$ dagegen ersetzt *ein* Atom Kupfer *zwei* Atome Wasserstoff der Schwefelsäure.

Man nennt die Elemente, deren Atome in den chemischen Verbindungen nur ein Atom Wasserstoff zu ersetzen vermögen, also *einem* Atom Wasserstoff äquivalent sind oder mit *einem* Atom Wasserstoff sich verbinden, *monovalente* oder *einwertige* Elemente; Wasserstoff, Natrium, Kalium, Chlor sind einwertig. Dagegen sind Sauerstoff, Kupfer u. a. Elemente, welche zwei Atomen Wasserstoff äquivalent sind, *zweiwertig* ($H_2O$, $CuSO_4$). Kohlenstoff ist z. B. *vierwertig* in Methan $CH_4$. Ein und dasselbe Element kann aber in verschiedenen Verbindungen auch verschiedene Wertigkeit besitzen; so ist z. B. Kohlenstoff in Kohlenoxyd CO nur *zweiwertig*.

Unter dem Äquivalentgewicht $Q$ versteht man das Gewicht eines Äquivalentes, bezogen auf Sauerstoff $O = 16$. Offenbar ist das Äquivalentgewicht eines einwertigen Elementes gleich seinem Atomgewicht. Das chemische Äquivalent eines $n$wertigen Elementes ist $n$mal kleiner als sein Atomgewicht

$$Q = \frac{A}{n}.$$

Für Chlor ist das Atomgewicht und das Äquivalentgewicht gleich 35,5; für das zweiwertige Kupfer dagegen ist das Atomgewicht gleich 63,6 und das Äquivalentgewicht 31,8.

**371. Grammatom, Grammolekül, Grammäquivalent.** Unter einem *Grammatom* versteht man diejenige Menge eines Elementes, deren Grammzahl seinem Atomgewichte gleich ist.

Ein Grammatom Wasserstoff enthält also 1,008 g Wasserstoff, ein Grammatom Sauerstoff hat 16 g.

Bezeichnen wir mit $m_1$ die Masse eines Wasserstoffatoms und mit $N_1$ die Zahl seiner Atome im Grammatom, so ist

$$N_1 m_1 = 1{,}008 \text{ g},$$

und entsprechend für Sauerstoff:

$$N_2 m_2 = 16 \text{ g}.$$

Da aber die Massen der Atome dieser Elemente sich wie 1,008 : 16 verhalten, so haben wir:

$$N_1 = N_2.$$

Mit anderen Worten: Das Grammatom eines jeden Elementes enthält dieselbe Zahl Atome.

Diese Zahl ist zum ersten Male von LOSCHMIDT (1865) auf Grund der kinetischen Gastheorie berechnet worden. Nach den neuesten Bestimmungen kann man für diese Zahl annehmen:

$$N = 60{,}6 \cdot 10^{22}.$$

Ein *Grammolekül* nennt man eine Stoffmenge, welche soviel Gramm enthält, wie ihr Molekulargewicht anzeigt. Ein Grammolekül Wasserstoff $H_2$ wird aus $2 \cdot 1{,}008 = 2{,}016$ g Wasserstoff gebildet; ein Grammolekül Quecksilber enthält $Hg = 200$ g.

Ist das Molekül des betreffenden Stoffes aus $n$ gleichen Atomen zusammengesetzt, so ist offenbar sein Grammolekül das $n$fache von seinem Grammatom.

Ein Grammolekül bezeichnet man zuweilen als Mol.

Es ist leicht einzusehen, daß in einem Grammolekül eines jeden Stoffes ebensoviel Moleküle enthalten sind wie Atome in einem Grammatom, d. h. die Zahl $N = 60{,}6 \cdot 10^{22}$.

Ein *Grammäquivalent* enthält soviel Gramm, wie das entsprechende Äquivalentgewicht anzeigt. Man erhält den Wert eines Grammäquivalentes eines Stoffes, wenn man sein Grammatom durch seine Wertigkeit dividiert.

**372. Gasgesetze.** Die einfachsten physikochemischen Gesetze erhält man, wenn man den Körper im Gaszustande betrachtet und wenn das betreffende Gas möglichst weit von seinem Verflüssigungspunkte entfernt ist. Für solche sog. *ideale* Gase gelten bekanntlich die einfachen Gesetze von BOYLE, MARIOTTE und GAY-LUSSAC. Bezeichnen wir mit $p$ den Druck, mit $v$ das Volumen und mit $t$ die Temperatur in Celsiusgraden, so muß nach diesen Gesetzen

$$\frac{p v}{1 + \alpha t} = C$$

sein, wo $C$ eine Konstante bedeutet. Hier ist $\alpha$ der Ausdehnungskoeffizient, welcher für alle idealen Gase gleich $^1/_{273}$ angenommen werden kann. Die Konstante $C$ hängt von der genommenen Gasmasse ab. — Setzen wir hier statt der Temperatur $t$ nach Celsius die sog. absolute Temperatur $\vartheta$ ein, indem

$$\vartheta = 273 + t \qquad \text{also} \qquad 1 + \alpha t = \frac{\vartheta}{273},$$

so erhalten die Gasgesetze die Form:

$$pv = R\vartheta.$$

Hier ist $R$ wieder eine Konstante, welche aber 273 mal kleiner ist als die frühere Konstante $C$; die Konstante $R$ hängt auch von der genommenen Gasmenge ab.

Wir wollen als Beispiel ein Grammolekül Wasserstoff $H_2 = 2{,}016$ g nehmen und das Gas bei $0°$ C $= 273°$ abs. in einem Volumen gleich einem Liter einschließen. Der Versuch zeigt uns, daß dabei der Druck $p = 22{,}4$ Atmosphären ist. Setzen wir diese Zahlen in unsere Formel ein, so erhalten wir für die Konstante $R$:

$$22{,}41 \cdot 1 = R \cdot 273 \text{ Liter} \cdot \text{Atmosphären},$$
$$R = 0{,}0821.$$

Mit dieser Konstante bleibt das angeführte Gesetz für beliebige Volumen-, Druck- und Temperaturänderungen eines Grammoleküls Wasserstoff bestehen.

**373. Die Hypothese von Avogadro.** Im Gaszustande sind nicht nur die physikalischen Gesetze, sondern auch die chemischen Gesetze einfach. So hat man gefunden, daß die Volumina der Gase vor ihrer chemischen Zusammensetzung und nach erfolgter Zusammensetzung in einfachen *ganzzahligen* Verhältnissen zueinander stehen. So verbinden sich zwei Volumina Wasserstoff mit einem Volumen Sauerstoff zu einem Volumen Wasserdampf. Selbstverständlich muß man alle diese Volumina auf dieselbe Temperatur und auf denselben Druck nach den Gesetzen von Boyle, Mariotte, Gay-Lussac reduzieren. Der italienische Physiker Avogadro hat (1811) die Hypothese aufgestellt, daß in gleichen Volumina verschiedener Gase bei gleichen Bedingungen von Druck und Temperatur stets auch die gleiche Zahl von Molekülen enthalten ist. Aus dieser Hypothese, mit Hinzuziehung der auf der atomistischen Hypothese sich gründenden Formel des Wasserdampfmoleküls $H_2O$, folgen sofort die soeben als Beispiel angeführten Volumenverhältnisse bei Bildung des Wassers aus Wasserstoff und Sauerstoff.

Berücksichtigen wir, daß in jedem Grammolekül eines beliebigen Gases die gleiche Molekülzahl $N$ enthalten ist, so folgt aus der Hypothese von Avogadro, daß ein Grammolekül eines beliebigen Gases bei denselben Bedingungen von Druck und Temperatur auch dasselbe Volumen einnehmen muß. Daraus folgt weiter, daß die von uns im vorigen Paragraphen für ein Grammolekül Wasserstoff berechnete Gaskonstante $R$ nicht nur für Wasserstoff allein, sondern für alle idealen Gase gilt, wenn wir nur jedesmal ein *Grammolekül* des Gases betrachten. Wir erhalten also für ein Grammolekül eines *beliebigen* Gases das Gesetz mit folgendem Zahlenfaktor $R$:

$$p \cdot v = 0{,}0821 \cdot \vartheta \text{ Liter} \cdot \text{Atm.}$$

Bei der Berechnung der Konstante $R$ haben wir als Einheit des Volumens *ein Liter* und als Einheit des Druckes *eine Atmosphäre* angenommen. Nun ist

$$1 \text{ Atmosphäre} = 1{,}0333 \frac{klg}{\text{cm}^2} = 1{,}014 \cdot 10^6 \frac{dyn}{\text{cm}^2}.$$

Mit Berücksichtigung dieser Beziehungen erhalten wir für das Gasgesetz in *absoluten* Einheiten ausgedrückt die Formel:

$$p \cdot v = 8{,}32 \cdot \vartheta \text{ Erg.}$$

Wir können endlich statt Erg die kleine Kalorie einführen, welche gleich $4{,}2 \cdot 10^7$ Erg ist, und haben dann annähernd die einfache Formel:

$$p \cdot v = 2\vartheta \text{ cal.}$$

Wir haben oben erwähnt, daß ein Grammolekül Wasserstoff in einem Volumen gleich einem Liter (1000 $cm^3$) eingeschlossen, bei 0° C einen Druck von 24,41 Atmosphären ausübt. Daraus folgt, daß in einem $cm^3$ bei 0° und beim Atmosphärendruck $1/22{,}41 \cdot 10^3$ Grammoleküle Wasserstoff enthalten sind. Nun besteht ein Grammolekül aus $60{,}6 \cdot 10^{22}$ Molekülen, folglich enthält ein $cm^3$ Wasserstoff bei normalen Bedingungen

$$\frac{60{,}6 \cdot 10^{22}}{22{,}41 \cdot 10^3} = 27{,}7 \cdot 10^{18} \text{ (etwa 28 Trillionen)}$$

Moleküle. Nach der Avogadroschen Hypothese enthält ein $cm^3$ eines *beliebigen Gases* unter denselben normalen Bedingungen von Druck und Temperatur *dieselbe Zahl* von Molekülen. Diese Zahl wird die Avogadrosche Zahl genannt.

Es ist klar, daß die LOSCHMIDTsche und die AVOGARDOsche Zahlen sich nur durch den Faktor $22{,}41 \cdot 10^3$ unterscheiden.

**374. Das DALTONsche Gesetz.** Wenn wir eine Anzahl verschiedener Gase, welche gesondert bei gleichem Volumen $v$ und gleicher Temperatur $\vartheta$ die Drucke $p_1$, $p_2$ usw. hatten, in einem und demselben Volumen $v$ zusammenmischen, so erhalten wir in dieser Mischung bei derselben Temperatur einen Druck, welcher der Summe aller einzelnen Drucke gleich ist:

$$p = p_1 + p_2 + p_3 + \cdots.$$

Dieses, von DALTON aufgestellte Gesetz zeigt uns, daß ein Gas auch in einem Gemisch mit anderen Gasen denselben Druck ausübt, als ob er das ganze Volumen allein ausfüllen würde. Das ist übrigens nur dann der Fall, wenn die Gase in der Mischung nicht aufeinander chemisch reagieren und wenn jedes Molekül sich in der Mischung unabhängig von anderen Molekülen bewegt.

Die Drucke der einzelnen Gase einer Mischung $p$ heißen *Partialdrucke.*

**375. Die kinetische Theorie der Gase.** Alle soeben angeführten Gasgesetze können als Folgerungen der Molekularhypothese dargestellt werden. Nach den Anschauungen, die schon von DANIEL BERNOULLI (1738) herrühren und die dann besonders von R. CLAUSIUS, CL. MAXWELL und von L. BOLTZMANN ausgearbeitet sind, stellen wir uns die Gase aus einzelnen Molekülen bestehend vor, welche sich in einer fortwährenden Bewegung befinden. Jedes Molekül bewegt sich im freien Raume zwischen den anderen Molekülen geradlinig und mit konstanter Geschwindigkeit, also nach dem Trägheitsgesetz, bis es ein anderes Molekül des Gases oder ein Molekül der Gefäßwand trifft; sodann entsteht ein Zusammenstoß, nach welchem die Geschwindigkeit des Moleküls ihre Richtung und Größe ändert. Die einzelnen Moleküle können wir zwar nicht sehen, aber ihre Zusammenstöße mit den Molekülen der Gefäßwand erscheinen uns in Form eines Druckes, welchen wir direkt messen können.

Betrachten wir ein Gefäß, das ein einheitliches Gas enthält, also nur gleichartige Moleküle von der Masse $m$; in jedem Kubikzentimeter seien $n$ Moleküle enthalten. Die Gasdichte ist also gleich

$$\varrho = nm.$$

Nehmen wir zunächst an, alle Moleküle des Gases bewegen sich in derselben Richtung mit der gleichen Geschwindigkeit $w$. Durch 1 $cm^2$ normal zu der Geschwindigkeitsrichtung wird demnach ein Materienfluß (vgl. S. 35, **42**) $\varrho w = nmw$ sein und ein Impulsfluß $\varrho w \cdot w = nmw^2$. Treffen diese Moleküle normal auf die Gefäßwand und werden sie von ihr vollständig reflektiert, so entsteht an der Gefäßwand ein neuer reflektierter Impulsfluß in der entgegengesetzten Richtung, also von der Größe $-nmw^2$. Die Änderung des Impulsflusses oder die zeitliche Änderung des Impulses ist dabei

$$nmw^3 - (-nmw^2) = 2nmw^2,$$

und diese Größe muß nach dem NEWTONschen Gesetz der Kraft auf die von uns betrachtete Fläche von 1 cm² gleich sein. Wir erhalten also den *Druck* auf 1 cm² der Gefäßwand

$$p = 2nmw^2 = 4n\varepsilon_\varkappa,$$

indem $\varepsilon_\varkappa$ die kinetische Energie der einzelnen Moleküle bedeutet.

Nun werden in Wirklichkeit die Moleküle eines Gases nicht alle dieselbe Geschwindigkeit und dieselbe kinetische Energie besitzen; wir können aber mit $\bar{\varepsilon}_\varkappa$ den Mittelwert dieser Energien bezeichnen und für den resultierenden mittleren Gasdruck schreiben:

$$p = 4n\bar{\varepsilon}_\varkappa.$$

Unsere Annahme, daß alle Moleküle sich parallel zueinander bewegen, wird selbstverständlich in Wirklichkeit nicht zutreffen. Wenn aber alle Richtungen im Gase gleichberechtigt sind, so können wir uns für unsere Rechnung die Geschwindigkeit eines jeden Moleküls in drei zueinander senkrechte Richtungen zerlegt denken und ebenso seine mittlere Energie aus drei gleichen Teilen sich zusammengestellt denken. Stellen wir die Kanten eines Kubikzentimeters parallel zu diesen Richtungen, die sonst beliebig angenommen werden können, so erhalten die 6 Flächen dieses Kubikzentimeters je $^1/_6$ von den Molekülstößen in jeder Sekunde und also auch $^1/_6$ von dem von uns berechneten Molekulardrucke. Der Gasdruck ergibt sich somit gleich

$$p = \frac{2}{3}n\bar{\varepsilon}_\varkappa.$$

Das ist die Grundgleichung der kinetischen Gastheorie.

**376. Folgerungen aus der Grundgleichung.** Wir multiplizieren jetzt die beiden Seiten unserer Gleichung mit dem Volumen $v$ und bezeichnen die Zahl der Moleküle im Gefäß mit $N = nv$, dann erhalten wir:

$$pv = \frac{2}{3}N\bar{\varepsilon}_\varkappa.$$

Wir sehen daraus, daß, wenn die kinetische Energie der Moleküle konstant bleibt, so muß auch das Produkt $pv$ konstant bleiben. Wir erhalten so das Gesetz von BOYLE-MARIOTTE.

Weiter, durch Vergleich unserer Formel mit dem Gesetze von GAY-LUSSAC,

$$pv = R\vartheta$$

sehen wir, daß die mittlere kinetische Energie der Moleküle proportional der absoluten Temperatur des Gases ist:

$$pv = R\vartheta = \frac{2}{3}N\bar{\varepsilon}_\varkappa.$$

Betrachten wir mehrere Gase unter denselben Verhältnissen des Druckes und der Temperatur, so müssen sie nach unserer Formel in gleichen Volumina auch eine gleiche Zahl $N$ von Molekülen enthalten. — Das ist nichts anderes als die Hypothese, die AVOGADRO aufgestellt hat.

Nehmen wir ein Grammolekül des Gases, für welches $N = 60{,}6 \cdot 10^{22}$ und $R = 8{,}32 \cdot 10^7$ ist, so erhalten wir für die mittlere kinetische Energie eines Moleküls:

$$\bar{\varepsilon}_\varkappa = \frac{3}{2}\frac{R}{N}\vartheta = \frac{3}{2}\varkappa\vartheta, \qquad \varkappa = 1{,}37 \cdot 10^{-16}.$$

Den Faktor $\varkappa$ nennt man die BOLTZMANNsche Konstante.

Das Gesetz von DALTON folgt direkt aus der Erwägung, daß, wenn die Moleküle der verschiedenen in der Mischung enthaltenen Gase aufeinander keine chemischen Wirkungen ausüben, die Wirkungen ihrer einzelnen Stöße auf die Gefäßwand, d. h. ihre Partialdrucke, sich einfach addieren.

Aus der mittleren kinetischen Energie der Moleküle können wir den Mittelwert der Geschwindigkeit $w$ berechnen, mit welcher sich die Moleküle im Gase bewegen:

$$w_e = \sqrt{\overline{w^2}} = \sqrt{\frac{2}{m}\bar{\varepsilon}_\varkappa} = \sqrt{\frac{3R\vartheta}{Nm}}.$$

Hier ist $Nm = M$ das Molekulargewicht des Gases. Man muß aber im Auge behalten, daß dieser Mittelwert aus den *Quadraten* mit dem einfachen Mittelwerte aus den ersten Potenzen der Geschwindigkeiten nicht zusammenzufallen braucht. [Die zwei Zahlen 2 und 3 haben einen Mittelwert gleich 2,5. Der Mittelwert ihrer Quadraten 4 und 9 ist gleich 6,5 und die Quadratwurzel aus 6,5 ist gleich 2,55, also größer als 2,5.] Wir wollen die Quadratwurzel aus dem Mittelwert der Quadrate den *quadratischen* oder auch den *effektiven* Mittelwert nennen.

Wir nehmen z. B. die Temperatur $\vartheta = 273°$ abs. $= 0°$ C und setzen in unsere Formel für das Grammolekül des Wasserstoffs und Sauerstoffs die Zahlen $H_2 = 2{,}016$ und $O = 32$ ein, dann erhalten wir für die mittleren effektiven Geschwindigkeiten der Moleküle dieser Gase:

Wasserstoff $w = 1{,}85 \cdot 10^5$ cm/sek,
Sauerstoff $w = 0{,}46 \cdot 10^5$ cm/sek.

Das Wasserstoffmolekül, welches die kleinste Masse hat und sich bei gleicher Temperatur im Vergleich zu anderen Gasmolekülen am schnellsten bewegt, hat demnach bei 0° C eine mittlere effektive Geschwindigkeit von etwa 2 km in der Sekunde, und bei der Temperatur des VOLTAschen Bogens (4000°) eine Geschwindigkeit von etwa 8 km in der Sekunde.

**377. Das MAXWELLsche Gesetz der Geschwindigkeitsverteilung.** Wir haben schon gesagt, daß die Moleküle in einem Gase sehr verschiedene Geschwindigkeiten besitzen können. Ein Gas, dessen Moleküle alle dieselbe Geschwindigkeit besitzen, würde einen höchst *unwahrscheinlichen* Zustand vorstellen; und wenn das auch in irgendeinem Zeitmomente der Fall wäre, so würden sich schon im nächsten Moment durch den Zusammenstoß der Gasmoleküle mit den Molekülen der Gefäßwand diese Geschwindigkeiten nach Größe und Richtung in der mannigfaltigsten Weise verändern. Von ein und derselben Geschwindigkeit würde also schon im nächstfolgenden Momente keine Spur mehr übrigbleiben; die Geschwindigkeitsverteilung zwischen den Molekülen würde in eine vollständige Unordnung geraten.

Für derartige *völlig ungeordnete* Bewegungen hat die Wahrscheinlichkeitstheorie gewisse Gesetzmäßigkeiten aufgedeckt, die desto besser der Wirklichkeit entsprechen, eine je größere Zahl der Individuen, also in unserem Falle die Zahl der Moleküle, wir betrachten und je vollständiger die Unordnung der Bewegung. Selbstverständlich können wir auf die Betrachtungen der Wahrscheinlichkeitstheorie hier nicht eingehen und müssen uns mit den Angaben der allgemeinen Resultate begnügen. MAXWELL hat nun für die relativen Wahrscheinlichkeiten $Y$ der Geschwindigkeiten $w$ der Moleküle eines Gases die folgende Formel abgeleitet:

$$Y = \frac{4}{\sqrt{\pi}} x^2 e^{-x^2}, \qquad x = \frac{w}{a}.$$

In der Abb. 325 ist diese Formel durch eine Kurve dargestellt. Aus dieser Kurve sehen wir, daß die Gasmoleküle im allgemeinen die verschiedensten Geschwindigkeiten besitzen können, von der Größe Null bis Unendlich. Diese letzteren zwei Größen der Geschwindigkeiten sind aber *höchst unwahrscheinlich*, was ja auch von vornherein leicht zu erwarten war. Die maximale Höhe der Kurve $Y = 0{,}83$ bei $x = 1$ entspricht einer Geschwindigkeit $w = a$, welche die *größte* Wahrscheinlichkeit hat, und wird sich deshalb zwischen den Molekülen am öftesten vorfinden. Die Geschwindigkeiten, welche zweimal kleiner sind als die wahrscheinlichste Geschwindigkeit, werden wir etwa zweimal seltener (Abb. 325) finden, und eine Geschwindigkeit, welche zweimal größer ist als die wahrscheinlichste Geschwindigkeit, werden wir etwa fünfmal seltener finden als die wahrscheinlichste Geschwindigkeit $a$. Wir sehen daraus, daß, obgleich die Moleküle im allgemeinen sehr verschiedene Geschwindigkeiten besitzen können, werden die meisten von ihnen dennoch eine Geschwindigkeit haben, welche sehr nahe an der wahrscheinlichsten Geschwindigkeit $a$ liegt.

Aus der MAXWELLschen Formel oder Kurve können wir die mittlere Geschwindigkeit der Moleküle eines Gases berechnen, d. h. die mittlere Höhe der Kurve der Abb. 325. Es ergibt sich die mittlere Geschwindigkeit:

$$\bar{v} = \frac{2}{\sqrt{\pi}} a = 1{,}13\, a$$

und die mittlere effektive (aus Quadraten ermittelte) Geschwindigkeit:

$$\sqrt{\overline{w^2}} = \sqrt{\frac{3}{2}}\, a = 1{,}22\, a.$$

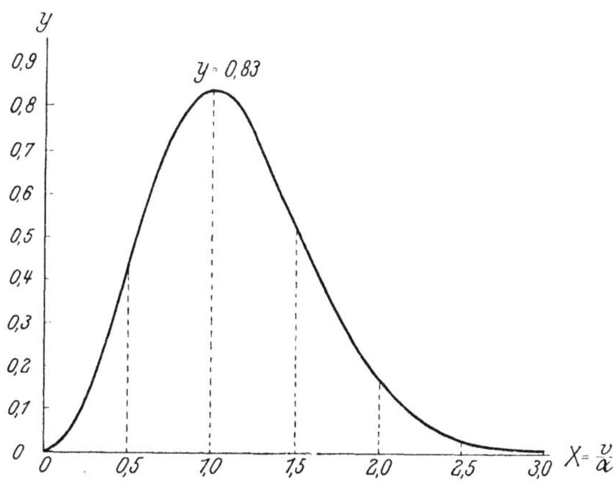

Abb. 325. MAXWELLsche Kurve.

Die mittlere kinetische Energie eines Moleküls wird demnach sein:

$$\bar{\varepsilon}_\varkappa = \frac{m\overline{w^2}}{2} = \frac{3}{2}\frac{m a^2}{2} = \frac{3}{2}\varkappa\vartheta.$$

Die Größe $x^2$ können wir jetzt so darstellen:

$$x^2 = \left(\frac{w}{a}\right)^2 = \frac{m w^2}{2} : \frac{m a^2}{2} = \frac{\varepsilon_\varkappa}{\varkappa\vartheta},$$

und die MAXWELLsche Formel:

$$Y = \frac{4}{\sqrt{\pi}} \frac{\varepsilon_\varkappa}{\varkappa\vartheta} e^{-\frac{\varepsilon_\varkappa}{\varkappa\vartheta}}.$$

**378. Der Satz von BOLTZMANN.** In die MAXWELLsche Formel wurde von L. BOLTZMANN eine wichtige Verallgemeinerung eingeführt, nämlich für die Fälle, daß die Gasmoleküle äußeren Kräften unterworfen sind und nicht überall dieselbe potentielle Energie besitzen. Nach BOLTZMANN muß in diesen Fällen in dem Exponenten von $e$ der MAXWELLschen Formel nicht die kinetische Energie allein, sondern die totale Energie,

$$\varepsilon_t = \varepsilon_\varkappa + \varepsilon_p,$$

d. h. die Summe der kinetischen Energie $\varepsilon_\varkappa$ und der potentiellen Energie $\varepsilon_p$ stehen. Die Wahrscheinlichkeit, daß wir ein Molekül mit einer bestimmten Geschwindigkeit in einer bestimmten Stelle des Raumes finden, erhält also nach BOLTZMANN einen Faktor

$$e^{-\frac{\varepsilon_p}{\varkappa\vartheta}},$$

welcher zeigt, daß, je größer das Potential in irgendeinem Punkte des Raumes, desto kleiner wird die Wahrscheinlichkeit, daß ein Molekül bei seiner Bewegung in diesen Raumpunkt angelangt.

Um die Bedeutung dieser Verallgemeinerung zu veranschaulichen, wählen wir als Beispiel die Moleküle unserer Atmosphäre, die unter der Wirkung der Schwerkraft stehen. Bezeichnen wir die Masse eines Moleküls mit $m$, die Erdbeschleunigung mit $g$, so ist $mg$ das Gewicht des Moleküls und $mgh$ die Arbeit, die man braucht, um das Molekül auf eine Höhendifferenz $h$ zu heben. Für diesen Fall erhalten wir also

$$\varepsilon_p = mgh.$$

Zur Vereinfachung nehmen wir an, daß im Bereich der Höhendifferenz $h$ die Erdbeschleunigung $g$ und die Temperatur der Luft $\vartheta$ konstant angenommen werden kann.

In einer bestimmten Höhe ist die potentielle Energie aller Moleküle dieselbe, und der BOLTZMANNsche Faktor bleibt auf die Verteilung der Geschwindigkeiten der Moleküle ohne Einfluß; das MAXWELLsche Gesetz behält für jede Höhe seine Gültigkeit. Vergleichen wir aber zwei verschiedene Höhen miteinander, so wird die Wahrscheinlichkeit dafür, daß wir in der Höhe $h$ ein Molekül vorfinden, für verschiedene Höhen verschieden sein, und zwar je größer die Höhe, desto kleiner wird diese Wahrscheinlichkeit. Die Zahl der Moleküle in der Volumeneinheit, d. h. die Luftdichte oder auch der Luftdruck, muß demnach von der Höhendifferenz nach der BOLTZMANNschen Formel abhängen. Wir erhalten also

$$p_2 : p_1 = e^{-\frac{mg}{\varkappa\vartheta}(h_2 - h_1)},$$

oder

$$h_2 - h_1 = \frac{R\vartheta}{Mg} \lg \frac{p_1}{p_2}.$$

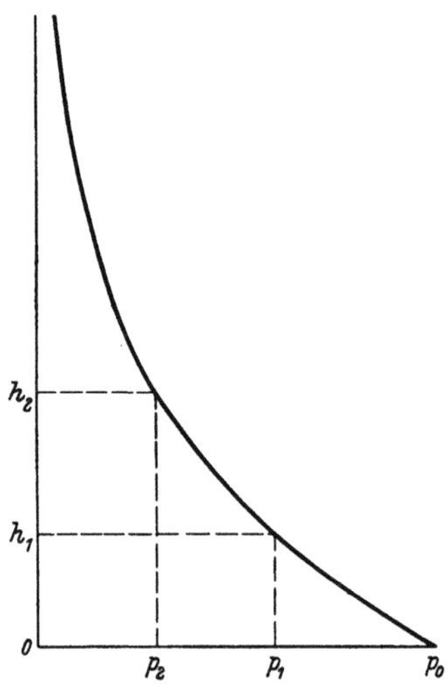

Abb. 326. BOLTZMANNsche Kurve.

Wir sind so aus dem BOLTZMANNschen Satze direkt zu der Barometerformel gekommen, die oft in der Geodäsie bei relativen Höhenmessungen benutzt wird. In der Abb. 326 ist die Abhängigkeit des Luftdruckes $p$ von der Höhe $h$ dargestellt.

Im folgenden werden wir die Gelegenheit haben, den BOLTZMANNschen Satz auch auf andere Fälle anzuwenden.

**379. Diffusion der Gase.** Wir betrachten einen Zylinder $AB$ (Abb. 327), in welchem der Kolben zwei verschiedene Gase voneinander trennt. Sind die

Drucke von beiden Seiten des Kolbens gleich, so wird er offenbar im Gleichgewicht bleiben. Entfernen wir aber diese Scheidungswand, so werden wir sehen, daß die zwei Gase nicht mehr im Gleichgewicht bleiben, sondern sie werden sich allmählich vermischen, d. h. es werden allmählich die Moleküle des Gases $A$ zwischen den Molekülen des Gases $B$ sich verbreitern oder, wie man es nennt, *diffundieren*, und ebenso werden die Moleküle des Gases $B$ ihrerseits in das Gas $A$ hineindiffundieren. Dieser Vorgang der Diffusion wird bei Abwesenheit äußerer Wirkungen fortdauern, bis sich die beiden Gase vollständig miteinander vermischen. Das Endresultat der Diffusion ist demnach immer dasselbe, jedes Gas wird schließlich im ganzen Volumen $AB$ gleichmäßig verteilt; aber je nach der Größe der inneren Reibung der Gase kann die Diffusion mehr oder weniger langsam vorgehen.

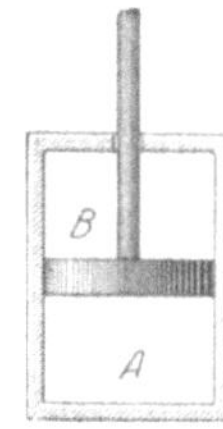

Abb. 327. Zwei Gase im Zylinder.

Die Diffusion kann auch in dem Falle stattfinden, wenn die zwei Gase voneinander durch eine poröse Wand getrennt sind. Wenn die Poren der Wand die Moleküle beider Gase gleich gut durchlassen, so wird durch die Wand in der Sekunde ebensoviel Moleküle des einen Gases $A$ nach der Seite $B$ durchgelassen, wie der Moleküle des Gases $B$ nach der $A$-Seite, bis die beiden Gase sich vermischen. Da wir die Bewegungen der einzelnen Moleküle nicht beobachten können, werden wir meinen, alles sei im Gleichgewicht, wie bei einer undurchlässigen Wand. Aber dieses Gleichgewicht unterscheidet sich von dem bei einer undurchlässigen Wand dadurch, daß auch nach der stattgefundenen vollständigen Mischung beider Gase die Moleküle die Scheidewand immerfort durchdringen: es findet ein fortwährender Austausch von Molekülen zwischen den beiden Gasen $A$ und $B$ statt. Man nennt deshalb dieses Gleichgewicht, zum Unterschiede von dem gewöhnlichen *statischen* Gleichgewichte, ein *statistisches* Gleichgewicht.

Sind die Poren der Scheidewand für die zwei Gase in verschiedener Weise durchlässig, so wird der leichter durchdringende Teil, z. B. das $A$-Gas, schneller diffundieren als der andere. Im Resultate werden sich in dem $B$-Teile des Zylinders mehr Moleküle ansammeln als in dem $A$-Teile; mit anderen Worten: der Druck wird in dem Teile des Zylinders größer, wo sich im Anfange der Diffusion ein die Scheidewand *schwerer* durchdringendes Gas befand.

Als Beispiel für so eine *einseitige* Diffusion kann uns der folgende Versuch dienen: In einem Gefäße $A$ befinde sich Wasserstoff. Inmitten des Gefäßes befinde sich ein kleineres mit Stickstoff gefülltes Gefäß, dessen Wände aus sehr dünnem Palladiumblech gemacht sind (Abb. 328). Der Wasserstoff geht durch das Palladiumblech verhältnismäßig leicht durch, der Stickstoff aber nicht. Als Folge davon wird in den inneren Palladiumzylinder immer mehr Wasserstoff hineingehen und der Druck in ihm wird wachsen, was wir mit einem Manometer $M$ gut beobachten können. Natürlich kann dieser Druck nicht unbegrenzt wachsen, denn je mehr in dem inneren Zylinder sich Wasserstoffmoleküle ansammeln, eine desto größere Zahl von ihnen wird in das äußere Gefäß $A$ wieder zurückfliegen. Das Gleichgewicht kann nur dann eintreten, wenn die Zahl der Wasserstoffmoleküle, welche in jeder Sekunde von $A$ nach $B$ fliegen, der Zahl der Wasserstoffmoleküle, die von $B$ nach $A$ fliegen, gleich wird. Für das statistische Gleichgewicht ist also nötig, daß die *Partialdrucke* des Wasserstoffs von beiden Seiten der Palladiumscheidewand gleich werden. Der etwa vorhandene Druck des anderen Gases, in unserem Falle des Stickstoffs, welcher die Scheidewand

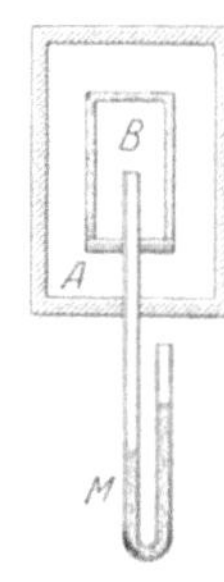

Abb. 328. Diffussion der Gase.

nicht durchdringen kann, hat also auf das Endresultat der Diffusion keinen Einfluß. Die im Resultate sich ergebende Druckdifferenz wird demnach dem Anfangsdrucke des undurchdringenden Gases $B$ gleich sein.

**380. Die Lösungen.** Ganz analoge Erscheinungen beobachtet man bei verdünnten Lösungen. Es sei der Zylinder $AB$ (Abb. 329) mit Wasser gefüllt und wir legen in $B$ Zucker hinein. Der Zucker wird sich im Wasser lösen und, wenn die Wand zwischen $A$ und $B$ für die Zuckermoleküle durchlässig ist, wird er sich dann weiter in die Abteilung $A$ verbreitern oder diffundieren; der Diffusionsvorgang wird sich solange fortsetzen, bis der Zucker überall in gleicher Menge sich befindet. Diese Erscheinung zeigt uns, daß der gelöste Zucker im Wasser das von ihm eingenommene Volumen zu vergrößern strebt, also einen inneren Druck hat, der seine Moleküle auseinandertreibt. Diesen Druck, welcher dem Partialdruck eines Gases in einer Gasmischung analog ist, nennt man den *osmotischen Druck* des gelösten Körpers.

Den osmotischen Druck können wir nicht direkt beobachten, ebensowenig wie z. B. den Partialdruck eines Gases in einer Gasmischung. Aber wir können einen analogen Versuch machen wie im vorigen Paragraphen mit Wasserstoff und Stickstoff. Man muß nur dazu eine solche Scheidewand wählen, die den einen Körper durchläßt, den anderen aber nicht. Solche *halbdurchlässige* Wände oder Membranen sind für einige Stoffe gefunden worden. So zeigte z. B. PFEFFER, daß eine dünne Membran aus Kupferferrozyanid die Wassermoleküle durchläßt, die Moleküle des Zuckers aber fast gar nicht.

Wir nehmen also ein Gefäß mit reinem Wasser $A$ und tauchen in das Wasser eine poröse Tonzelle $B$ ein (Abb. 329), die eine Zuckerlösung enthält. Der Zucker wird allmählich durch die Poren der Tonzelle hindurchdiffundieren, bis die Lösung im ganzen Gefäße $AB$ dieselbe Konsistenz erhält. Dabei wird die Höhe des Wassers in der Manometerröhre $M$ auf dem Niveau des Wassers in $A$ unverändert bleiben. Wenn man aber die Poren der Tonzelle durch dünne Häutchen von Kupferferrozyanid verschließt (was auf chemischem Wege sich herstellen läßt), so erhält man eine ganz andere Erscheinung. Der Zucker kann die Häutchen nicht durchdringen und bleibt in der Tonzelle; die Wassermoleküle dagegen werden durch die halbdurchlässige Kupferferrozyanidhäutchen nach beiden Richtungen von $A$ nach $B$ und auch von $B$ nach $A$ durchfliegen können. Da im Gefäße $A$ reines Wasser sich befindet und die Zahl der Moleküle in jedem Kubikzentimeter größer ist als in der Tonzelle $B$, so werden in jeder Zeiteinheit von $A$ nach $B$ mehr Moleküle durchdringen als in der umgekehrten Richtung. Als Folge davon wird der Druck in $B$ allmählich wachsen und das Manometerniveau wird solange steigen, bis die Druckdifferenz zwischen $B$ und $A$ dem Partialdruck, d. h. dem osmotischen Druck des Zuckers in der Zuckerlösung gleich wird.

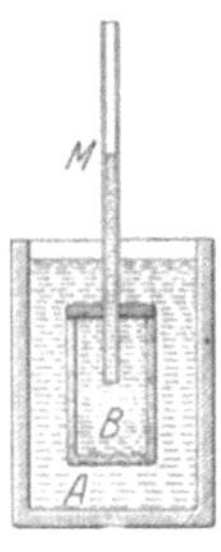


Abb. 329. Diffusion der Lösungen.

Aus derartigen Messungen des osmotischen Druckes der verschiedenen Lösungen hat VAN 'T HOFF gefolgert, daß der gelöste Körper in der Lösung ganz analogen Gesetzen folgt, wie ein Gas in einem Gasgemisch; es gelten für den gelösten Körper die Gesetze von BOYLE, MARIOTTE, GAY-LUSSAC und auch das Gesetz von AVOGADRO.

Um eine Vorstellung von der Größe des osmotischen Druckes zu geben, nehmen wir das folgende Beispiel. Wir lösen drei Stück Zucker in einem Glas voll Wasser. Drei Stück Zucker wiegen etwa 20 g und das Glas hat 250 cm³ Inhalt. Ein Grammolekül Zucker nach der Formel $C_{12}H_{22}O_{11}$ enthält

$$12 \cdot 12 + 1 \cdot 22 + 16 \cdot 11 = 342 \text{ g}.$$

Ein Grammolekül, d. h. 342 g Zucker in einem Liter aufgelöst, würden (S. 323, **372**) einen osmotischen Druck von 23 Atmosphären erzeugen. In unserem Falle werden die drei Stück Zucker in einem Glas Wasser einen osmotischen Druck ergeben:

$$p = 23 \frac{20}{342} \cdot \frac{1000}{250} = \text{etwa } 6 \text{ Atmosphären.}$$

Der Druck ist ziemlich groß und man könnte sich fragen, warum dieser Druck das Glas nicht zersprengt. Es liegt aber auf der Hand, daß der osmotische Druck nicht auf die Glaswände wirkt, sondern auf die Moleküle des Wassers und diese Moleküle können unter der Wirkung dieses Druckes nicht auseinanderfliegen, weil sie durch ihre gegenseitigen Molekularkräfte sehr fest aneinanderhaften. Die Molekularkräfte erzeugen nämlich einen viel größeren Druck, der nach Tausenden von Atmosphären gerechnet wird.

**381. Dissoziation.** Stellen wir uns vor, wir erwärmen irgendein Gas bei konstantem Volumen und beobachten dabei seinen Druck. Der Druck wird nach der Formel

$$pv = R\vartheta$$

wachsen. Diese Formel wird aber ihre Gültigkeit nur dann behalten, wenn die Zahl der Gasmoleküle *unverändert* bleibt. Bei sehr hohen Temperaturen beobachtet man aber oft einen Zerfall des Gases. So zerfallen z. B. die Dämpfe des Chlorammoniums $NH_4Cl$ in Ammoniak $NH_3$ und Chlorwasserstoff HCl; auch das Wasser zerfällt bei einer Temperatur oberhalb 1000° in Wasserstoff und Sauerstoff. Findet ein solcher Zerfall oder eine Dissoziation in zwei Bestandteile *vollständig* statt, so erhalten wir eine doppelte Zahl von Molekülen, und dann muß auch der Druck auf das doppelte wachsen. Also auch umgekehrt, wenn wir bei irgendwelchen Versuchsbedingungen eine Verdoppelung des Druckes des Gases beobachten, so können wir auf eine dabei entstandene vollständige Dissoziation in zwei Gase schließen.

Eine Dissoziation kann unter gewissen Bedingungen unvollständig sein, d. h. nur teilweise stattfinden. Wir können uns dann den Vorgang so vorstellen, daß ein Teil der Moleküle, sagen wir $\alpha$ ($\alpha$ ist also kleiner als 1), sich vollständig dissoziiert hat, der andere Teil aber $(1 - \alpha)$ undissoziiert bleibt. Vor der Dissoziation hatte der Teil $\alpha$ einen Partialdruck $\alpha p$ und der übrige Teil einen Partialdruck $(1 - \alpha)p$. Beide Drucke zusammen bildeten den beobachteten Druck des Gases:

$$\alpha p + (1 - \alpha)p = p.$$

Hat eine Dissoziation stattgefunden und ist dabei ein Molekül in $n$ Moleküle zerfallen, so erhalten wir für den Partialdruck der dissoziierten Moleküle $n\alpha p$; der Druck der undissoziierten Moleküle bleibt aber derselbe $(1 - \alpha)p$. Der Totaldruck wird jetzt sein:

$$n\alpha p + (1 - \alpha)p = [1 + (n - 1)\alpha]p.$$

Der Druck des teilweise dissoziierten Gases ist also größer geworden. Im Falle $n = 2$ wird der Druck $1 + \alpha$ mal größer, und bei vollständiger Dissoziation wird der Druck verdoppelt.

Da ein gelöster Körper sich ebenso verhält wie ein Gas in dem von der Lösung eingenommenen Volumen, so können wir ganz dieselben Formeln und Schlußfolgerungen auch bei den Lösungen anwenden. Wenn also in einer Lösung der osmotische Druck sich größer ergibt, als es nach den VAN 'T HOFFschen Gesetzen sein sollte, so müssen wir annehmen, daß sich der Körper nicht nur gelöst, sondern noch außerdem dissoziiert hat.

Diese wenigen Kenntnisse aus der physikalischen Chemie mögen genügen, um uns das Verständnis der elektrolytischen Erscheinungen zu ermöglichen.

## 2. Elektrolyse.

**382. Zwei Klassen von leitenden Körpern.** Die Gesetze der thermischen und der magnetischen Wirkungen eines elektrischen Stromes haben wir im ersten Teile dieses Buches studiert; auch von den chemischen Wirkungen des Stromes haben wir bei den Voltametern schon Gebrauch gemacht (S. 130, **156**). Wir wollen jetzt die Gesetze der chemischen Wirkungen des Stromes näher untersuchen, aber nur so weit, als es für physikalische Anwendungen nötig ist, denn diese Erscheinungen gehören eigentlich in das Gebiet der Elektrochemie.

Der elektrische Strom ruft nicht in jedem Leiter eine chemische Veränderung hervor. Ein Metalldraht z. B. kann eine lange Zeit unter der Wirkung des Stromes bleiben, dabei sich stark erwärmen und von einem starken magnetischen Felde umgeben sein, ohne daß wir dabei irgendwelche chemische Veränderungen bemerken. Dagegen beobachtet man beim Stromdurchgang durch eine wässerige Salzlösung oder Säurelösung sofort eine Zersetzung des Salzes oder der Säure. So zerfällt z. B. Chlorwasserstoff, in Wasser gelöst, in Wasserstoff und Chlor.

Um den Unterschied zwischen den Leitern hervorzuheben, nennt man die Metalle, Leiter *erster* Klasse und die Leiter, welche durch den Strom zersetzt werden, Leiter *zweiter* Klasse oder *Elektrolyte*. Zu der zweiten Klasse gehören die meisten Salzlösungen und Säurelösungen. Außer den Lösungen im flüssigen Lösungsmittel, wie im Wasser, Alkohol u. a., gehören zu den Elektrolyten auch einige feste Lösungen. Endlich sind auch geschmolzene Salze Elektrolyte.

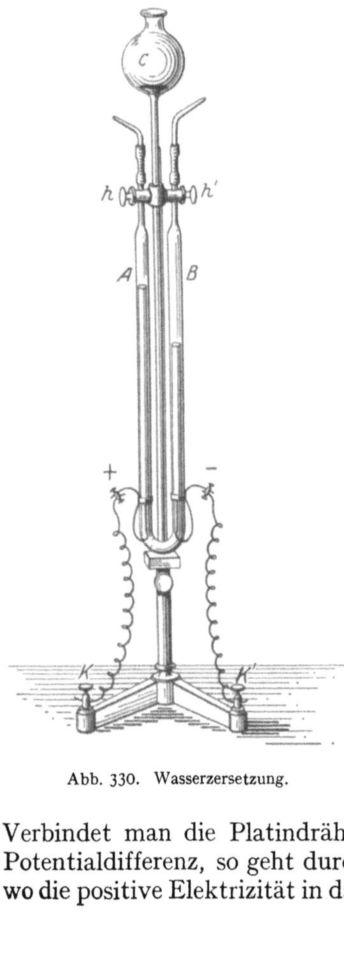

Abb. 330. Wasserzersetzung.

Anderseits sind nicht alle Wasserlösungen Elektrolyte. So löst sich z. B. der Zucker sehr leicht im Wasser, ohne einen Elektrolyten zu bilden. Wir sehen daraus, daß der flüssige Zustand allein gar nicht genügt, um einen Leiter zweiter Klasse zu bilden.

**383. Elektrolyse des Wassers.** Man demonstriert meistens die Wasserzersetzung in dem VOLKMANNschen Apparat (Abb. 330). Eine U-förmig gebogene Glasröhre *AB* hat einen Ansatz *C*, durch den man die zu elektrolysierende Flüssigkeit eingießt. Die Röhren *A* und *B* haben oben Glashähne; und in ihrem unteren Teile sind Platindrähte eingeschmolzen, welche dünne Platinbleche tragen. Die Platinbleche dienen als Elektroden (S. 130). Statt Platin verwendet man auch Elektroden aus Kohle, weil Platin z. B. bei der Elektrolyse der Chlorwasserstoffsäure von dem Chlor angegriffen wird.

Man öffnet zunächst die Hähne *h* und füllt die Röhren durch den Trichter *C* mit der zu elektrolysierenden Lösung, z. B. mit 10prozentiger Schwefelsäurelösung, bis die beiden Röhren ganz voll werden, und schließt dann beide Hähne. Verbindet man die Platindrähte mit einer Elektrizitätsquelle von etwa 2 Volt Potentialdifferenz, so geht durch die Lösung ein Strom durch und an der Anode, wo die positive Elektrizität in das Elektrolyt hineintritt, bildet sich Sauerstoff, an der Kathode Wasserstoff. Beide Gase sammeln sich in den oberen Enden der Röhren *A* und *B*, wobei die unzersetzte Lösung in die Röhre *C* weggedrängt wird. Durch Öffnen der Hähne *h* kann man jedes Gas einzeln herauslassen und untersuchen. Das Volumen des sich bildenden Wasserstoffes ist doppelt so groß als das Volumen des Sauerstoffes, wie es nach der Formel des Wassers $H_2O$ und nach dem Gesetze von AVOGADRO auch sein soll.

Wir haben somit eine Wasserzersetzung durch den elektrischen Strom herbeigeführt, obgleich wir eine Schwefelsäurelösung gebraucht haben. Freilich leitet das reine Wasser den Strom viel schlechter als eine Schwefelsäurelösung, aber die Schwefelsäure dient hier nicht nur dazu, die Leitfähigkeit des Wassers zu erhöhen, sondern sie wird selbst durch den Strom zersetzt. Bei der Zersetzung der Schwefelsäure bilden sich Wasserstoff $H_2$ und der Säurerest $SO_4$; der letztere verbindet sich sofort mit dem Wasser zu Schwefelsäure, und der Sauerstoff wird ausgeschieden. Den ganzen Prozeß kann man durch die Gleichung darstellen:

$$H_2SO_4 + H_2O = H_2 + SO_4 + H_2O = H_2 + H_2SO_4 + O.$$

Durch die chemische Wirkung des Säurerestes auf das Wasser haben wir statt der Elektrolyse der Schwefelsäure die Elektrolyse des Wassers erhalten. Derartige chemische Nebenwirkungen erhält man sehr oft. Bei der Elektrolyse z. B. einer Kochsalzlösung müßten wir an der Anode Chlor und an der Kathode Natrium erhalten. In Wirklichkeit aber verbindet sich das ausgeschiedene Natrium sofort mit Wasser und bildet Ätznatron, wobei Wasserstoff frei wird. Wir erhalten also ein Resultat, als ob wir Chlorwasserstoff elektrolysiert hätten. Wenn wir noch dabei eine Kupfer- oder Zinkanode gebrauchen, so wird sich das ausgeschiedene Chlor mit dem Material der Elektrode verbinden und nicht gasförmig erscheinen.

Außer den chemischen Prozessen können bei der Elektrolyse auch physikochemische Erscheinungen eintreten. So kann der ausgeschiedene Stoff von der Lösung oder von dem Material der Elektrode absorbiert werden usw.

**384. Die Gesetze von FARADAY.** Die soeben beschriebenen Nebenerscheinungen verhinderten lange Zeit, die Gesetze der Elektrolyse aufzudecken. Obgleich die Zersetzung des Wassers von NICHOLSON und CARLYSLE schon im Jahre 1800 entdeckt wurde, gelang es FARADAY erst im Jahre 1836, die quantitativen Grundgesetze der Elektrolyse aufzustellen.

Das erste FARADAYsche Gesetz spricht die Proportionalität der bei der Elektrolyse ausgeschiedenen Stoffmenge $q$ mit der Stromstärke $J$ und der Stromdauer $t$ aus. In Formeln läßt sich dieses Gesetz so schreiben:

$$q = KJt.$$

So scheidet z. B. 1 Ampere bei der elektrolytischen Zersetzung der Chlorwasserstoffsäure in jeder Sekunde 0,01044 mg Wasserstoff und 0,3674 mg Chlor aus. 2 Ampere würden in derselben Zeit eine doppelt so große Menge beider Gase ausscheiden, und je länger der Strom durchgeht, desto mehr wird von den betreffenden Gasen ausgeschieden. Da das Produkt aus Stromstärke und der Zeit gleich der durchgegangenen Elektrizitätsmenge ist, so kann das erste FARADAYsche Gesetz auch so geschrieben werden:

$$q = Ke.$$

Der Proportionalitätskoeffizient $K$ in diesem Gesetze ergibt sich für verschiedene Stoffe verschieden.

Das *zweite* FARADAYsche Gesetz betrifft gerade den Wert dieses Koeffizienten. FARADAY bemerkte nämlich, daß der Faktor $K$ dem chemischen Äquivalente des betreffenden Stoffes proportional ist.

Schalten wir z. B. mehrere Elektrolyte in einen Stromkreis hintereinander (wie in Abb. 331), z. B. die Lösungen von Chlorwasserstoff ClH, von Silbernitrat $AgNO_3$ usw., und schicken eine Zeitlang einen Strom $J$ hindurch, welcher in allen diesen Elektrolyten dieselbe Stärke haben wird und dieselbe Zeit hindurchfließen wird, so erhalten wir, auf die Zeit von einer Sekunde umgerechnet, folgende Mengen der ausgeschiedenen Stoffe:

| | q | Q | q/Q |
|---|---|---|---|
| Cl-Chlor . . . . . | 0,3674 | 35,45 | 0,01036 |
| H-Wasserstoff . . | 0,0104 | 1,008 | 0,01036 |
| Ag-Silber . . . . | 1,1181 | 107,93 | 0,01036 |

Durch Division der ausgeschiedenen Stoffmenge $q$ mit entsprechenden chemischen Äquivalenten erhalten wir in allen Fällen ein und dieselbe Zahl, nämlich 0,01036.

Wenn wir demnach das chemische Äquivalent mit $Q$ bezeichnen, so können wir das zweite FARADAYsche Gesetz für alle Elemente so schreiben:

$$q = 0{,}01036\, Q\, e \text{ mg.}$$

**385. Einfluß der Wertigkeit.** Alle von uns soeben angeführten Beispiele von Elektrolyten enthalten durchweg einwertige Stoffe, denn Chlor und Silber ersetzen stets ein Atom Wasserstoff, und ihr Atomgewicht ist gleich ihrem Äquivalentgewichte (S. 322, **370**). Für einen mehrwertigen Stoff wird das Äquivalentgewicht $n$mal kleiner als das Atomgewicht sein:

$$Q = \frac{A}{n}.$$

Wenn wir in einem Stromkreise hintereinander die Lösungen von HCl, $H_2SO_4$ und $CuSO_4$ einschalten und einen Strom hindurchschicken, so erhalten wir für je 1 Coulomb durchgegangene Elektrizitätsmenge wieder 0,01044 mg Wasserstoff und 0,3675 mg Chlor, aber nur 0,3281 mg Kupfer. Das Kupfer ist nämlich im Kupfersulfat $CuSO_4$ dem $H_2$ in der Schwefelsäure äquivalent, also zweiwertig. Das Atomgewicht des Kupfers ist 63,6 und das Äquivalentgewicht 63,6 : 2 = 31,8. Dividieren wir jetzt die erhaltene Kupfermenge 0,3281 durch das Äquivalentgewicht 31,8, so erhalten wir denselben FARADAYschen Koeffizienten 0,01036.

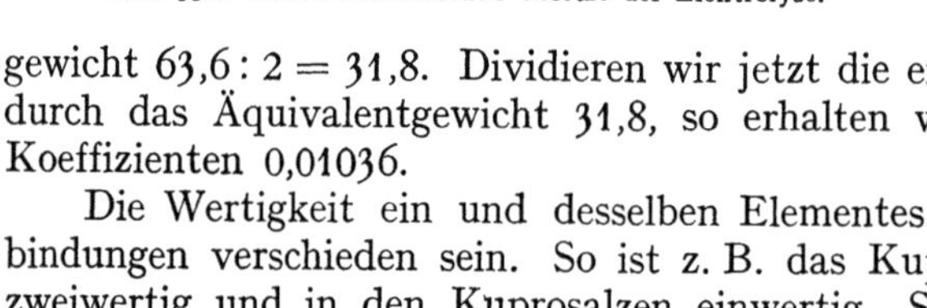

Abb. 331. Zum FARADAYschen Gesetze der Elektrolyse.

Die Wertigkeit ein und desselben Elementes kann in verschiedenen Verbindungen verschieden sein. So ist z. B. das Kupfer in den sog. Kuprisalzen zweiwertig und in den Kuprosalzen einwertig. Schalten wir in einen Stromkreis hintereinander die Lösungen von Kupfersulfat und $CuSO_4$ und Kupferchlorür CuCl, so erhalten wir auf dieselbe durchgegangene Elektrizitätsmenge im zweiten Falle eine doppelte Menge des Kupfers als im ersten (Abb. 331).

**386. Allgemeine Formulierung der FARADAYschen Gesetze.** Wir können jetzt beide Gesetze von FARADAY in einer Formel zusammenfassen. Bezeichnen wir die ausgeschiedene Menge des Stoffes in Milligrammen mit $q$ und sein Atomgewicht mit $A$, seine Wertigkeit mit $n$, und messen wir den Strom in Ampere und die Zeit in Sekunden, so haben wir:

$$q = 0{,}01036 \frac{A}{n} J t = 0{,}01036 \frac{A}{n} e \quad \text{mg}.$$

Wollen wir die Menge $q$ in Grammen ausdrücken, so wird der Faktor 1000mal kleiner:

$$q = 0{,}00001036 \frac{A}{n} e \quad \text{gr}.$$

Setzen wir $q$ gleich einem Grammäquivalent, d. h.

$$q = \frac{A}{n},$$

so erhalten wir:

$$e = \frac{1}{0{,}00001036} = 96\,500 \text{ Coulomb}.$$

Die Faradayschen Gesetze können demnach in folgender einfachen Form ausgesprochen werden: Für die Ausscheidung eines Grammäquivalentes eines beliebigen Körpers braucht man 96500 Coulomb Elektrizitätsmenge.

Diese Zahl wird meistens zu Ehren Faradays mit $F$ bezeichnet:

$$F = 96\,500 \text{ Coulomb} = 9650 \text{ CGS-M}.$$

**387. Die Grotthuszsche Hypothese.** Schon bei den ersten Versuchen über die Elektrolyse fiel es auf, daß die Produkte der elektrolytischen Zersetzung nur an den Elektroden sich abscheiden, obgleich der Stromdurchgang auch in anderen Stellen des Elektrolyten stattfindet. Wenn wir dagegen irgendeinen Stoff durch Temperaturerhöhung zersetzen, so finden wir die Zerfallsprodukte überall da, wo eine genügend hohe Temperatur wirken konnte.

Für die Erklärung dieses Unterschiedes hat Grotthusz (1805) die folgende Annahme gemacht. Die Zersetzung des Elektrolyten soll nach Grotthusz tatsächlich überall stattfinden, auch zwischen den Elektroden; da aber die Zersetzungsprodukte mit entgegengesetzten Elektrizitäten geladen sind und unter

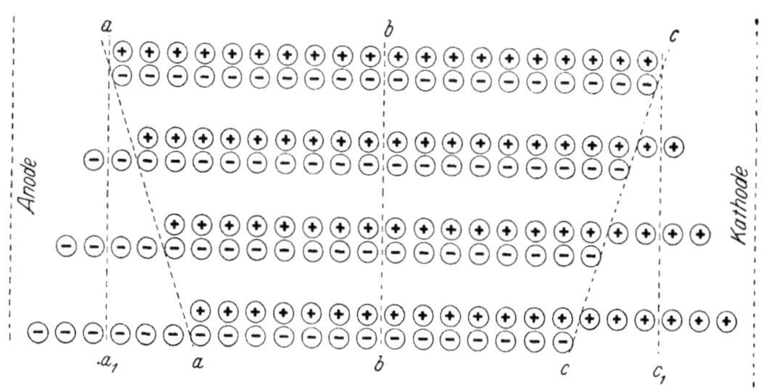


Abb. 332. Grotthuszsche Hypothese.

dem Einflusse des elektrischen Feldes in entgegengesetzten Richtungen sich bewegen, so treffen sie sich auf dem Wege und vereinigen sich wieder zu einem einheitlichen Körper. Nur an den Elektroden, d. h. an den Enden des Weges, kann kein Zusammentreffen mehr stattfinden; hier geben die geladenen Moleküle ihre Ladungen den Elektroden ab und werden frei ausgeschieden.

Die Grotthuszsche Anschauung kann man durch die Zeichnung (Abb. 332) illustrieren, in welcher die positiven und die negativen Bestandteile des Elektrolyten mit ⊕ und ⊖ bezeichnet sind. Denkt man sich die positiven Bestandteile ein wenig nach rechts verschoben und gleichzeitig die negativen Bestandteile um ebensoviel nach links, so erhält man die zweite Reihe in der Abb. 332. Im Innern des Elektrolyten bleiben stets paarweise gebundene Moleküle übrig, an den Enden der GROTTHUSzschen Ketten werden die Zersetzungsprodukte frei.

In der Zeichnung sind vier verschiedene Stellungen der Moleküle gezeichnet, die bei der Elektrolyse zeitlich nacheinander stattfinden. Mit den punktierten Linien *aa*, *cc* sind die Moleküle begrenzt, welche in der elektrolytischen Lösung noch nachbleiben, nachdem die ⊕ und ⊖ Bestandteile an den Elektroden ausgeschieden sind.

Nach der GROTTHUSzschen Anschauung findet also bei der Elektrolyse ein fortwährendes *Wandern* der chemischen Bestandteile des Elektrolyten statt. FARADAY nannte deshalb diese Bestandteile *Ionen* (vom griechischen: das Wandernde), und zwar nannte er den mit positiver Elektrizität geladenen Ion, welcher zur Kathode wandert, den Kation, und den anderen, mit negativer Elektrizität geladenen Bestandteil, welcher zur Anode wandert, den Anion.

So ergibt sich, daß der Wasserstoff und alle Metalle, die sich an der Kathode bei der Elektrolyse ausscheiden, Kationen sind; sie sind demnach bei der Wanderung mit positiver Elektrizität geladen. Sauerstoff, Chlor u. a., welche an der Anode erscheinen, sind Anionen und sind demnach bei ihrer Wanderung mit negativer Elektrizität geladen.

Wir werden in diesem Buche statt Kation und Anion stets ⊕-Ion und ⊖-Ion schreiben, was wir bequemer finden.

**388. Atome der Elektrizität.** Nach dem Gesagten müssen wir also annehmen, daß bei der Elektrolyse die Elektrizitätsleitung stets mit einem Transport von geladener Materie verbunden ist. Eine elektrische Leitung in dem Sinne, wie wir es früher bei den metallischen Leitern angenommen haben, findet in den Elektrolyten gar nicht statt; der elektrische Strom in den Elektrolyten ist also ein Konvektionsstrom (S. 297, **342**).

Die ganze Erscheinung erinnert uns an die Bewegung der Elektrizität in einer zweischeibigen WIMSHURSTschen Elektrisiermaschine (S. 85). Die positive und die negative Elektrizität werden hier auch in entgegengesetzten Richtungen durch die einzelnen Stanniolsektoren transportiert und an die Elektroden (dort Konduktoren genannt) portionsweise abgegeben. Die einzelnen Stanniolsektoren übernehmen dabei die Rolle der einzelnen Moleküle im Elektrolyten.

Nun scheidet nach dem FARADAYschen Gesetze eine Elektrizitätsmenge von $F = 96\,500$ Coulomb stets ein Grammäquivalent eines Elementes ab. Daraus schließen wir, daß ein jedes Grammäquivalent bei seiner Wanderung als Ion stets eine Elektrizitätsmenge von 96500 Coulomb mit sich trägt.

Anderseits wissen wir, daß alle Körper aus Molekülen und Atomen bestehen, und wenn wir uns zunächst auf den einfachsten Fall des einwertigen Wasserstoffs beschränken, so wissen wir, daß ein Grammatom aus $60{,}6 \cdot 10^{22}$ Atomen besteht. Daraus folgt, daß ein jedes Atom Wasserstoff bei der Elektrolyse mit einer Elektrizitätsmenge

$$e = \frac{96\,500}{60{,}6 \cdot 10^{22}} = 16 \cdot 10^{-20} \text{ Coulomb}$$

geladen sein muß.

Nach dem FARADAYschen Gesetze muß dieselbe Elektrizitätsmenge auch ein beliebiges anderes einwertige Ion bei der Elektrolyse mit sich tragen. In einem Grammäquivalent eines zweiwertigen Ions ist die Zahl der Atome zweimal kleiner, also kommt einem jeden Ion eine *doppelte* Elektrizitätsmenge $2e$ zu; für einen dreiwertigen Stoff erhalten wir die Elektrizitätsmenge $3e$, usw.

Alles zusammen zwingt uns zu dem folgenden wichtigen Schluß: Die Elektrizität verbindet sich mit den Atomen der Materie stets in einfachen oder in ganzzahligen Vielfachen des Quantums *e*.

Wir erhalten so eine volle Analogie zu den Gesetzen der chemischen Verbindungen. Nun haben wir aus den Gesetzen der ganzzahligen Proportionen auf die Existenz von einzelnen genau gleichen Atomen der Elemente geschlossen. Denselben Schluß müssen wir jetzt aus dem FARADAYschen Gesetze folgern, nämlich: wir müssen annehmen, daß die Elektrizität selbst aus gleichartigen Atomen bestehe. Das elektrische Atom oder, wie man es nennt, das elektrische Elementarquantum müssen wir außerdem einwertig annehmen, weil es einem Atom Wasserstoff äquivalent ist. In der Tat verbindet sich das Elementarquantum *e* mit einem Atom Wasserstoff nach der Formel $\oplus$H und ebenso mit einem Atom Chlor nach der Formel $\ominus$Cl; andererseits erhalten wir für den zweiwertigen Sauerstoffion die Formel $\ominus\ominus$O oder $\substack{\ominus \\ \ominus}$O. Wir treffen bei allen Ionen stets eine Elektrizitätsmenge, welche ein ganzzahliges Vielfaches des Elementarquantums *e* darstellt; Brüche von *e* sind dabei völlig ausgeschlossen.

Dieser wichtige Schluß über die atomare Zusammensetzung der Elektrizität wurde zum erstenmal von H. HELMHOLTZ in seiner berühmten Faraday-Rede (1880) ausgesprochen.

## 3. Bewegung der Ionen.

**389. Theorie der elektrolytischen Dissoziation.** Die GROTTHUSZsche Hypothese erklärt sehr gut, warum die Zersetzungsprodukte bei der Elektrolyse nur an den Elektroden erscheinen, sie läßt aber die Frage nach der für die Zersetzung nötigen Energie unerörtert. Der Versuch zeigt nämlich, daß die Elektrolyte ebenso wie die Leiter erster Klasse den Gesetzen von OHM und JOULE folgen. Nach dem OHMschen Gesetze aber müssen wir sogar bei den kleinsten elektromotorischen Kräften einen Strom erhalten, und nach JOULE wird bei einer konstanten Stromstärke die ganze Energie des Stromes in Wärme verwandelt. Es bleibt also für die chemische Zersetzung des Elektrolyten keine Energie mehr übrig. Anderseits wissen wir, daß nach dem Gesetze der Energieerhaltung für die Zersetzung eines Stoffes die gleiche Energiemenge nötig ist, welche bei der Wiedervereinigung derselben Bestandteile frei wird. Verbindet sich z. B. Wasserstoff mit Chlor, so entsteht sogar eine Explosion, weil auf jedes Gramm des erhaltenen Chlorwasserstoffs eine sehr große Wärmemenge von 600 cal frei wird. Dieselbe Energiemenge müssen wir verbrauchen, wenn wir wieder Chlorwasserstoff in Wasserstoff und Chlor zersetzen wollen. Bei der Elektrolyse der Salzsäure tritt aber die Zersetzung so leicht ein, daß es den Eindruck macht, als ob für diese Zersetzung überhaupt keine Energie nötig sei.

Um diesen Widerspruch zu beseitigen, hat CLAUSIUS angenommen, daß der gelöste Stoff, wenn er einen Elektrolyten bildet, schon im Moment der Lösung in seine Bestandteile zerfällt. CLAUSIUS stellte sich nämlich die Moleküle des gelösten Stoffes in einer fortwährenden Bewegung vor, wie die Moleküle eines Gases; aber außerdem sollen nach CLAUSIUS diese Wärmebewegungen im Lösungsmittel von einem fortwährenden Zerfall und einer fortwährenden Wiedervereinigung begleitet sein. Da die Zerfallsprodukte in den Elektrolyten mit entgegengesetzten Elektrizitäten geladen erscheinen, so werden sie *während ihres Zerfallstadiums* unter der Wirkung des elektrischen Feldes in entgegengesetzte Richtungen bewegt, wie das nach GROTTHUSZ auch stattfinden soll. Die Dissoziation besorgt also nicht der elektrische Strom, sondern das Lösungsmittel selbst, und für die Bewegung der schon dissoziierten Ionen braucht man nur die Energiemenge, welche sich in der JOULEschen Wärme äußert.

S. ARRHENIUS (1887) kam aus ganz anderen Betrachtungen zu demselben Schluß wie CLAUSIUS und hat die Richtigkeit der Hypothese der elektrolytischen Dissoziation dadurch bewiesen, daß er einen quantitativen Zusammenhang zwischen den verschiedensten physiko-chemischen Eigenschaften der Elektrolyte aufgedeckt hat. Wir erwähnen hier nur einige von ihnen.

Wenn die Elektrolyte wirklich einen wenn auch teilweise dissoziierten Stoff in Lösung enthalten, so muß der osmotische Druck größer sein, als es nach der Zahl der gelösten Moleküle nach der VAN 'T HOFFschen Theorie zu erwarten ist (S. 331, **381**). Daß die Elektrolyte stets einen größeren osmotischen Druck aufweisen als die nichtelektrolytischen Lösungen bei gleicher molekularer Konzentration, war schon früher bemerkt worden, aber man konnte nicht gut verstehen, was für einen Zusammenhang die elektrische Leitfähigkeit einer Lösung mit ihrem osmotischen Druck haben könnte. Gleichzeitig mit dem osmotischen Druck wurden auch andere Erscheinungen, wie Siedepunktserhöhung und Gefrierpunktserniedrigung der Lösungen mit der Leitfähigkeit in Beziehung gebracht.

Wir werden weiter unten Versuche kennenlernen, welche zeigen, daß die Ionen bei der Elektrolyse sich *unabhängig* voneinander bewegen, was aus der Hypothese der elektrolytischen Dissoziation direkt folgen würde.

Endlich wollen wir noch eine thermochemische Erscheinung erwähnen. Man hat bemerkt, daß bei der Neutralisation einer starken Säure durch eine Base stets dieselbe Wärmemenge (Neutralisationswärme) erhalten wird, unabhängig von der chemischen Zusammensetzung der Stoffe. Nehmen wir z. B. eine verdünnte Salzsäure, welche also aus dissoziierten Ionen ⊕H und ⊖Cl besteht, und gießen dazu eine verdünnte Natronlauge, d. h. ⊕Na-Ionen und ⊖HO-Hydroxylionen, so bleiben die ⊖Cl- und ⊕Na-Ionen unverändert bestehen; nur der Wasserstoff verbindet sich mit dem Hydroxyl zu Wasser. Ein ganz analoger Prozeß verläuft auch bei anderen Basen und Säuren. Bei jeder Neutralisation erhalten wir also nur die Verbindung des Wasserstoffs mit dem Hydroxyl, und es ist klar, daß wir dabei auch stets dieselbe Wärmemenge erhalten müssen.

Gegen die Annahme der Theorie der elektrolytischen Dissoziation wurde in der ersten Zeit ihrer Anwendung der folgende Einwand erhoben. Soll in einer Kochsalzlösung (ClNa) wirklich freies Natrium vorhanden sein, so fragt sich, warum das Natrium mit dem Wasser nicht reagiert. Wird nämlich ein Stück Natrium ins Wasser gebracht, so entsteht Natronlauge unter Ausscheidung von Wasserstoff, und die Reaktion ist so heftig, daß der Wasserstoff auf der Oberfläche des Wassers sich entzündet. Natrium kann also im Wasser nicht ohne weiteres vorhanden sein. Diesen Einwand beseitigt man, indem man beachtet, daß in einer Kochsalzlösung kein Natrium sich befindet, sondern Natriumionen, welche sich von den Natriumatomen dadurch unterscheiden, daß sie mit positiver Elektrizität geladen sind. Ein Natrium-Ion kann aber ganz andere chemische Eigenschaften haben als ein Natriumatom und braucht mit dem Wasser nicht zu reagieren. Ja noch mehr. Wenn wir ein Stück Natrium ins Wasser bringen, so entsteht die bekannte heftige Reaktion, wobei die Natriumatome sich mit positiver Elektrizität laden und Natrium-Ionen bilden. Haben sich aber diese Ionen schon gebildet, so ist auch die Reaktion zu Ende.

Zum Schluß bemerken wir noch, daß eine elektrolytische Dissoziation nicht immer mit der Dissoziation, welche aus anderen Ursachen entsteht, gleich ist. So zerfällt z. B. das Chlorammonium $NH_4Cl$ bei hoher Temperatur in Ammoniak

$NH_3$ und Chlorwasserstoff HCl; in einer Wasserlösung dagegen zerfällt derselbe Körper in Ionen: $\oplus NH_4$ und $\ominus Cl$. Es ist auch nicht zu verwundern, daß verschiedene Ursachen zu verschiedenen Folgen führen. Außerdem ist zu beachten, daß bei der Dissoziation durch Wärmewirkung die Zerfallsprodukte ungeladen bleiben, also keine Ionen bilden; das entstandene Gemisch aus Ammoniak und Chlorwasserstoff leitet auch keinen elektrischen Strom durch.

**390. Ionisierung und Molisierung.** Die Dissoziation eines Elektrolyten ist nicht immer vollständig. Das Verhältnis $\alpha$ der Zahl der dissoziierten Moleküle zu der Zahl der undissoziierten (vgl. S. 331, **381**) kann von vielen Umständen abhängen: von den Eigenschaften des Lösungsmittels, von der Temperatur und auch von der Menge des gelösten Stoffes, d. h. von der Konzentration der Lösung. Diesen letzten Zusammenhang hat W. OSTWALD aufgedeckt.

Nehmen wir an, in 1 cm³ der Lösung seien $n$ Moleküle irgendeines Stoffes enthalten, von welchen ein Teil $\alpha n$ dissoziiert ist und der andere Teil $(1 - \alpha)n$ undissoziiert bleibt. Das muß man sich nicht etwa so vorstellen, daß die schon einmal dissoziierten Moleküle in der Lösung beständig dissoziiert bleiben, sondern man muß den Vorgang nach der CLAUSIUSschen Hypothese auffassen: der Zerfall und die Wiedervereinigung der Ionen findet immerfort statt. Den Zerfall in Ionen nennt man *Ionisierung* und die Wiedervereinigung zu Molekülen die *Molisierung*. In einer elektrolytischen Lösung müssen also in jeder Sekunde ebensoviel Moleküle sich ionisieren wie molisieren; dann erst wird ein *statistisches* Gleichgewicht eintreten und der Koeffizient $\alpha$ bleibt konstant. Nun werden in jeder Sekunde um so mehr Moleküle zerfallen, je mehr unzersetzte Moleküle in der Lösung noch vorhanden sind. Bezeichnen wir mit $P$ einen Proportionalitätsfaktor, welcher von den Eigenschaften des Lösungsmittels und auch von der Temperatur abhängen kann, so können wir die Zahl der in der Sekunde zerfallenden Moleküle gleich $P(\alpha - 1)n$ setzen. Anderseits bilden die schon ionisierten $\alpha n$ Moleküle $\alpha n$ $\oplus$-Ionen und $\alpha n$ $\ominus$-Ionen, die sich wieder vereinigen. Die Geschwindigkeit der Molisierung, d. h. die Zahl der in jeder Sekunde sich wieder zu Molekülen vereinigenden Ionen, wird proportional diesen beiden Zahlen sein; wir können also für die Molisierungsgeschwindigkeit schreiben $Q(\alpha n)^2$. Für das statistische Gleichgewicht muß die Geschwindigkeit der Ionisierung der Geschwindigkeit der Molisierung gleich sein:

$$P(1 - \alpha)n = Q\alpha^2 n^2,$$

woraus folgt:

$$\frac{\alpha^2}{1 - \alpha} = \frac{P}{Q}\frac{1}{n}.$$

Nach dieser von W. OSTWALD aufgestellten Formel können wir den Koeffizienten $\alpha$ berechnen, wenn die Koeffizienten $P$ und $Q$ oder auch ihr Verhältnis für die betreffende Lösung bekannt sind, und die Zahl $n$, d. h. die Konzentration der Lösung, gegeben ist. Die Koeffizienten $P$ und $Q$ hängen, wie gesagt, von dem Lösungsmittel und auch von der Temperatur ab.

Setzen wir in diese Formel statt der Molekülzahl im cm³ $n$ die Konzentration $\eta$ der Lösung, d. h. die Zahl der Grammäquivalente in Volumeneinheit, so können wir diese Formel so darstellen

$$\frac{\alpha^2}{1 - \alpha}\eta = K.$$

Die Konstante $K$ nennt man die *Dissoziationskonstante*, und $\alpha$ nennt man den Dissoziationsgrad.

Wir wollen die folgenden zwei extremen Fälle betrachten.

Ist die Lösung sehr verdünnt, also $n$ nahe gleich Null, so muß $\alpha = 1$ sein, d. h. in sehr verdünnten Lösungen sind alle Moleküle dissoziiert, und je größer $K$ ist, desto näher wird eine verdünnte Lösung zu der vollständigen Dissoziation sein.

Der entgegengesetzte Fall tritt ein, wenn $\alpha$ sehr klein ist; dann kann man $\alpha$ im Vergleich zu 1 vernachlässigen, und wir erhalten:

$$\alpha = \sqrt{\frac{K}{\eta}}.$$

In diesem Falle wird $\alpha$ und entsprechend auch die Leitfähigkeit des Elektrolyten umgekehrt proportional zu der Quadratwurzel aus der Konzentration.

Wir müssen aber bemerken, daß das OSTWALDsche Gesetz nicht für alle Elektrolyte seine volle Gültigkeit behält. Namentlich für stark dissoziierte Elektrolyte zeigt der Versuch beträchtliche Abweichungen von dem OSTWALDschen Gesetze an.

**391. Die Stromdichte und die Geschwindigkeit der Ionen.** Nachdem wir uns mit den Grunderscheinungen der Elektrolyse bekannt gemacht haben, wollen wir die Bewegung der Ionen unter dem Einfluß des elektrischen Feldes näher untersuchen.

Wir bezeichnen mit $m$ die Masse irgendeines Ions und mit $e$ seine Ladung. Die Kraft, mit welcher die elektrische Feldintensität $E$ auf das Ion wirkt, ist gleich $eE$. Unter der Wirkung dieser Kraft wird das Ion zunächst eine Beschleunigung $\dot{u}$ erhalten. Dem wirkt aber entgegen die in der Lösung entstehende Reibungskraft, welche wir proportional der Geschwindigkeit der Bewegung $u$ annehmen wollen.

Das NEWTONsche Gesetz wird sich demnach bei Berücksichtigung der Reibung so schreiben:

$$m\dot{u} = eE - \varkappa_1 u.$$

Da der Reibungskoeffizient in den Lösungen immer sehr groß ist, so wird die Beschleunigung $\dot{u}$ sehr bald nach Eintritt der Bewegung verschwindend klein; wir können sie gleich Null setzen. Die elektrische Kraft wird dann durch die Reibungskraft gerade kompensiert, und die Geschwindigkeit erhält einen konstanten Wert:

$$u = \frac{eE}{\varkappa_1}.$$

So eine Bewegung nennt man *stationär.*

Für das $\ominus$Ion kann der Reibungskoeffizient eine andere Größe $\varkappa_2$ haben, und für seine Geschwindigkeit, unter der Wirkung derselben elektrischen Feldintensität, müssen wir schreiben:

$$v = \frac{eE}{\varkappa_2}.$$

Wir nehmen weiter an, jedes Kubikzentimeter der Lösung enthalte $n$ $\oplus$Ionen und natürlich eine ebenso große Zahl $n$ $\ominus$Ionen. Ist die Ladung eines Ions gleich $e$, so wird der von den $\oplus$Ionen gebildete Elektrizitätsfluß, d. h. die Elektrizitätsmenge, welche von den $\oplus$Ionen in der Zeiteinheit durch den Querschnitt von 1 cm$^2$ transportiert wird, gleich $neu$. Gleichzeitig wird von den $\ominus$Ionen eine Elektrizitätsmenge $nev$ in der entgegengesetzten Richtung transportiert. Im ganzen erhalten wir einen Strom durch 1 cm$^2$, d. h. eine Stromdichte

$$i = en(u + v).$$

In dieser Formel ist $en$ die Ladung aller in der Lösung sich befindenden $\oplus$Ionen oder auch $\ominus$Ionen. Nach dem FARADAYschen Gesetze trägt jedes

Grammäquivalent Ionen eine Elektrizitätsmenge $F = 96540$ Coulomb. Bezeichnen wir also mit $\eta$ die Zahl der Äquivalente in 1 $cm^3$ (die Äquivalentkonzentration), so wird $en = F\eta$ und wir erhalten für die Stromdichte

$$i = F\eta(u + v).$$

Sind nicht alle $\eta$ Grammäquivalente elektrolytisch dissoziiert, sondern nur ein Teil $\alpha$ von ihnen, so müssen wir für die Stromdichte schreiben:

$$i = F\alpha\eta(n + v).$$

**392. Versuche von Hittorf.** Wir kehren zu unserer Zeichnung (Abb. 332) zurück, in welcher die Bewegungen der Ionen geschildert sind, wollen aber jetzt diese Zeichnung in der Beziehung umändern (Abb. 333), daß wir die Geschwindigkeiten des $\oplus$-Ions zweimal größer annehmen als die des $\ominus$-Ions.

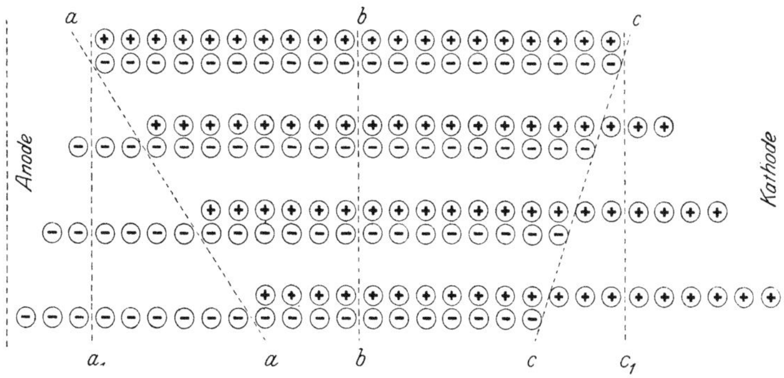


Abb. 333. Wanderung der Ionen.

Die Linien $aa$ und $cc$ sollen wieder einen bestimmten Ort im Elektrolyten zu verschiedenen Zeiten veranschaulichen. Aus der Abb. 333 sehen wir, wie nach einer gewissen Zeit die Linie $aa_1$ von 1, 2 und 3 $\ominus$-Ionen überschritten wird, wie früher in der Abb. 332. Zu denselben Zeiten erscheinen aber zwischen der Linie $cc_1$ und der Kathode $\oplus$-Ionen in größerer Zahl, nämlich 2, 4 und 6, weil wir eben die Geschwindigkeit des $\oplus$-Ions jetzt doppelt so groß angenommen haben als früher.

Die an den Elektroden sich abscheidenden Ionen sind in unserer Zeichnung durch die Linien $aa$ und $cc$ begrenzt, und wir sehen, daß jetzt (Abb. 333) an beiden Elektroden in derselben Zeit eine größere Zahl Ionen abgeschieden wird als früher (Abb. 332). Das sind die Folgen einer größeren Geschwindigkeit des $\oplus$-Ions. Auch aus unserer Formel für die Stromdichte (S. 340, **391**) folgt, daß bei größeren Geschwindigkeiten der Ionen auch die Stromdichte größer wird, und nach Faraday die Menge der Zersetzungsprodukte in derselben Zeitdauer sich vergrößern muß.

Endlich zeigt uns der Vergleich der Abb. 333 mit der Abb. 332, daß die Linien $aa$ und $cc$ im letzten Falle verschieden geneigt erscheinen und die Zahl der in der Lösung nachgebliebenen Ionen an der Anode kleiner ist als an der Kathode (in der Zeichnung unten $ab < bc$), obgleich die Zahl der an beiden Elektroden vorhandenen Ionen vor der Elektrolyse die gleiche war (oben $ab = bc$).

Mit anderen Worten: wenn auch vor der Elektrolyse die Konzentration überall die gleiche war, wird sie während der Elektrolyse in der Nähe der Anode und in der Nähe der Kathode in verschiedener Weise geändert, wenn die Geschwindigkeiten der $\oplus$- und $\ominus$-Ionen verschieden sind. Auch der umgekehrte Schluß ist richtig. Wenn wir bei der Elektrolyse bemerken, daß die Konzentrationen der Lösung an den Elektroden in verschiedener Weise geändert werden, so deutet das auf eine Verschiedenheit in den Geschwindigkeiten der beiden Ionen. Aus unserer Zeichnung ist leicht zu sehen, daß an der Elektrode die Konzentration sich schneller ändert, wo der *langsamere* Ion ausgeschieden wird.

Wir wollen jetzt diese Erscheinung in Formelzeichen quantitativ verfolgen. Es seien vor dem Versuch $n$ Ionen in jedem Kubikzentimeter der Lösung vorhanden. Nach Verlauf einer Sekunde nach dem Stromschluß kommen zu der Kathode $nu$ ⊕-Ionen und in einer Zeit $t$ Sekunden also $nut$ Ionen. In derselben Zeit werden von der Kathode weg (nach links in der Abb. 333) $nvt$ ⊖-Ionen wegwandern und ebensoviel, d. h. $nvt$ ⊕-Ionen freilassen. Alle Ionen — die angekommenen und die freigelassenen zusammen, im ganzen also $(nut + nvt) = n(u + v)t$ ⊕-Ionen — werden an der Kathode abgeschieden.

Ganz nach demselben Schema erhalten wir an der Anode die Zahl $nvt$ der zugewanderten und $nut$ freigelassenen ⊖-Ionen; im ganzen also wieder dieselbe Zahl $n(u + v)t$, wie es auch sein soll.

Was aber die Konzentrationsänderungen betrifft, so erhalten wir an beiden Elektroden verschiedene Resultate. Wir wollen nur die ⊕-Ionen abzählen, weil ja in der Lösung die Zahl der ⊕- und ⊖-Ionen stets die gleiche bleibt. Vor der Elektrolyse waren in jedem Kubikzentimeter in der Nähe der Kathode $n$ Ionen. In einer Zeit $t$, wie wir soeben ausgerechnet haben, sind $nut$ ⊕-Ionen zugewandert und $n(u + v)$ ⊕-Ionen abgeschieden; es sind also im Kubikzentimeter der Lösung ⊕-Ionen nachgeblieben in der Zahl

$$n_1 = n + nut - n(u + v) = n - nvt$$

(selbstverständlich auch ebensoviel ⊖-Ionen).

An der Anode waren im Anfang $n$ ⊕-Ionen; von ihnen sind $nut$ in der Richtung nach der Kathode (in der Abb. 333 nach rechts) weggewandert. Folglich sind in jedem Kubikzentimeter der Lösung ⊕-Ionen nachgeblieben

$$n_2 = n - nut.$$

Die Formeln zeigen, daß die Konzentration an beiden Elektroden mit der Zeit sich vermindert; das war auch zu erwarten, da ja die Zersetzungsprodukte aus der Lösung bei der Elektrolyse ausgeschieden werden. Die Geschwindigkeit der Konzentrationsänderung ist aber an beiden Elektroden verschieden. An der Elektrode, von welcher das schneller wandernde Ion *wegwandert*, findet eine schnellere Verdünnung der Lösung statt als an der entgegengesetzten Elektrode.

Aus unseren beiden Formeln folgt, daß

$$\frac{n - n_2}{n - n_1} = \frac{u}{v}.$$

Beobachten wir also nach irgendeiner Zeit $t$ die Konzentrationsverminderungen $(n - n_2)$ und $(n - n_1)$ an der Anode und der Kathode, so können wir daraus das Verhältnis der Geschwindigkeiten der beiden Ionen bestimmen.

Hittorf (1853) hat nun durch chemische Analyse derartige Verschiedenheiten in den Konzentrationsänderungen bei der Elektrolyse tatsächlich festgestellt. Er bestimmte dabei das Verhältnis der Konzentrationsänderung $(n - n_2)$ zu der abgeschiedenen Menge des Ions $n(u + v)t$, also

$$\frac{n - n_2}{n(n + v)t} = \frac{u}{u + v}$$

und nannte die Verhältnisse

$$k = \frac{u}{u + v} \qquad \text{und} \qquad 1 - k = \frac{v}{u + v}$$

die Überführungszahlen des ⊕-Ions und des ⊖-Ions.

In der Abb. 334 ist ein Apparat dargestellt, welcher die Überführungszahlen nach HITTORF zu bestimmen erlaubt. Man füllt alle drei U-Röhren mit der zu untersuchenden Lösung und verbindet sie durch die Heber *aa*. Die Verbindungen *aa* werden durch Absaugen mit der Flüssigkeit gefüllt und dann die Hähne oben zugeschlossen. Schickt man eine Zeitlang den Strom durch alle drei Röhren durch, so entstehen in den Röhren *A* und *C* Konzentrationsänderungen, welche man nach dem Auseinandernehmen des Apparates durch chemische Analyse bestimmen kann. Die mittlere Röhre *B* dient zur Kontrolle, daß die Lösung in der Mitte unverändert geblieben ist und nicht etwa sich mit den weniger konzentrierten Lösungen in *A* und *C* durch Diffusion vermischt hat.

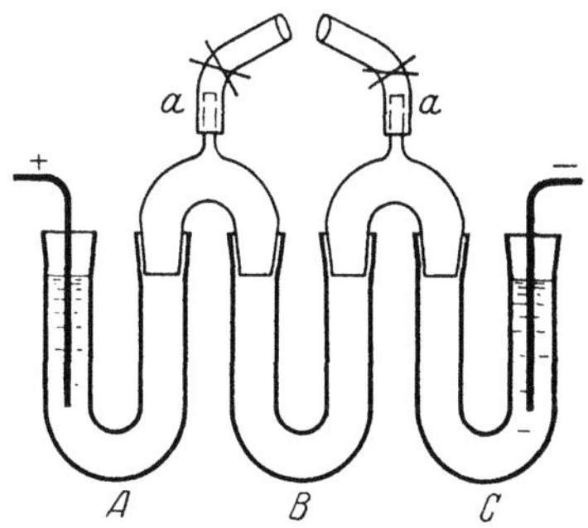

Abb. 334. Bestimmung der Überführungszahlen.

Unter anderem hat HITTORF aus seinen Versuchen gefunden, daß bei der Elektrolyse der Salzsäure der Wasserstoff etwa 5mal schneller wandert als das Chlor.

**393. Äquivalentleitvermögen. Beweglichkeit der Ionen.** Die HITTORFschen Versuche geben uns nur das Verhältnis der Geschwindigkeiten der beiden Ionen; um die Größe der Geschwindigkeiten selbst zu berechnen, bedürfen wir noch einer zweiten Gleichung zwischen $u$ und $v$. KOHLRAUSCH hat gezeigt, daß man die gesuchte zweite Gleichung erhält, wenn man außer den Konzentrationsänderungen in der Nähe der Elektroden noch die Leitfähigkeit des Elektrolyten bestimmt. Vergleicht man nämlich die Gleichung für die Stromdichte (S. 341, **391**)

$$i = \alpha \eta F (u + v)$$

mit dem OHMschen Gesetze für Stromdichten (S. 111, **131**)

$$i = \varkappa E ,$$

so sieht man, daß die spezifische Leitfähigkeit $\varkappa$ proportional der Summe der Geschwindigkeiten der beiden Ionen ist:

$$\varkappa E = \alpha \eta F (u + v) .$$

Sind uns die Größen $k$, $E$, $F$, $\alpha$ und $\eta$ bekannt und entnehmen wir den HITTORFschen Versuchen das Verhältnis $u/v$ für das betreffende Elektrolyt, so können wir die absoluten Größen der Geschwindigkeiten $u$ und $v$ berechnen, denn aus

$$u : v = a , \qquad u + v = b$$

folgt

$$u = \frac{b}{a+1} a , \qquad v = \frac{b}{a+1} .$$

Es ist bequem, die folgenden Bezeichnungen einzuführen. Das Verhältnis der spezifischen Leitfähigkeit des Elektrolyten $\varkappa$ zu der Konzentration $\eta$, ausgedrückt in Grammäquivalenten in der Volumeneinheit, hat KOHLRAUSCH das *Äquivalentleitvermögen* genannt:

$$\Lambda = \frac{\varkappa}{\eta} .$$

Das Verhältnis des Äquivalentleitvermögens zu der Konzentration wird

$$\Lambda_\infty = \frac{\varkappa}{\alpha \eta} .$$

Was hier mit $\Lambda_\infty$ bezeichnet ist, bedeutet also die äquivalente Leitfähigkeit bei $\alpha = 1$, also bei voller Dissoziation; eine volle Dissoziation erhalten wir in sehr verdünnten Lösungen.

Wir bezeichnen noch mit $u_0$ und $v_0$ die Geschwindigkeiten der Ionen unter der Wirkung einer Feldintensität $E = 1$, also z. B. $E$ gleich einem Volt auf einen Zentimeter, und multiplizieren sie mit der FARADAYschen Zahl $F$. Dann erhalten wir aus der oben angeführten Formel für die Stromdichte

$$\Lambda_\infty = F(u_0 + v_0) = U + V.$$

Die Größen $U$ und $V$ nannte KOHLRAUSCH die *Beweglichkeiten* der Ionen. Wir sehen, daß die Summe der Beweglichkeiten der beiden Ionen gleich ist dem Äquivalentleitvermögen des Elektrolyten bei voller Dissoziation, also für sehr verdünnte Lösungen.

**394. Das Gesetz der unabhängigen Wanderung der Ionen.** Aus seinen zahlreichen Versuchen hat KOHLRAUSCH (1876) das bemerkenswerte Resultat erhalten, daß die Geschwindigkeit eines Ions im Elektrolyten völlig unabhängig ist von dem gleichzeitig in der entgegengesetzten Richtung wandernden Ion. So wandert z. B. das Chlorion in der Chlorwasserstoffsäure bei sonst gleichen Bedingungen ebenso schnell in einer Chlorkalium- wie in einer Chlornatriumlösung. Dieselbe Unabhängigkeit erhalten wir auch für die Beweglichkeiten der Ionen, und wir können demnach das KOHLRAUSCHsche Gesetz der unabhängigen Wanderung der Ionen so aussprechen: Jedes Ion hat in einer Wasserlösung eine bestimmte Beweglichkeit, welche von den gleichzeitig in der Lösung vorhandenen anderen Ionen nicht beeinflußt wird.

In der folgenden Tabelle sind für einige der wichtigsten Ionen ihre Geschwindigkeiten im Wasser, in cm/sec, bei einer Feldstärke von 1 Volt/cm angegeben; daneben stehen die Zahlen $F u_0$, d. h. die Beweglichkeiten.

| | $u_0$ | $F u_0$ | | $v_0$ | $F v_0$ |
|---|---|---|---|---|---|
| H | 0,003263 | 318 | OH | 0,001802 | 174 |
| K | 0,000669 | 65,3 | Cl | 0,000677 | 66 |
| Na | 0,000450 | 44,4 | $NO_3$ | 0,000640 | 61 |
| Li | 0,000346 | 33,4 | $ClO_3$ | 0,000570 | 55 |
| Ag | 0,000562 | 54,3 | $SO_4$ | 0,000700 | 68 |

Aus dieser Tabelle sehen wir, daß die Geschwindigkeiten der Ionen im allgemeinen sehr klein sind; sogar der am schnellsten wandernde Ion des Wasserstoffs erreicht bei einer Feldstärke von 1 Volt/cm eine Geschwindigkeit von etwa nur 12 cm in einer Stunde.

Nach der angeführten Tabelle können wir die *Äquivalentleitfähigkeit* der verschiedenen Elektrolyten voraus berechnen. So erhalten wir z. B. für die Salzsäure HCl

$$\Lambda_\infty = 318 + 66 = 384$$

und ebenso für verdünnte Kochsalzlösung NaCl

$$\Lambda_\infty = 44{,}4 + 66 = 110{,}4.$$

Wollen wir noch die *spezifische* Leitfähigkeit berechnen, so müssen wir erstens die Konzentration $\eta$ und zweitens die Dissoziation $\alpha$ kennen, denn

$$\varkappa = \alpha \eta \Lambda_\infty.$$

Der spezifische Widerstand des betreffenden Elektrolyten ist dann gleich

$$\varrho = \frac{1}{\varkappa}.$$

Aus den soeben angeführten Formeln folgt unter anderem, daß das äquivalente Leitvermögen mit der Verdünnung beständig wächst. Die spezifische Leitfähigkeit dagegen, welche von dem Produkte $\alpha\eta$ abhängt, wird bei einer bestimmten Konzentration der Lösung ein Maximum haben, denn bei wachsender Verdünnung wird einerseits $\alpha$ wachsen, andererseits $\eta$ abnehmen.

In der Abb. 335 ist dieser Verlauf der spezifischen Leitfähigkeit für eine wässerige Schwefelsäurelösung angedeutet. Wir sehen, daß reines Wasser und reine Schwefelsäure eine sehr geringe Leitfähigkeit besitzen, und daß bei einer bestimmten Konzentration der Lösung, nämlich bei 30% Schwefelsäuregehalt die Leitfähigkeit am größten wird.

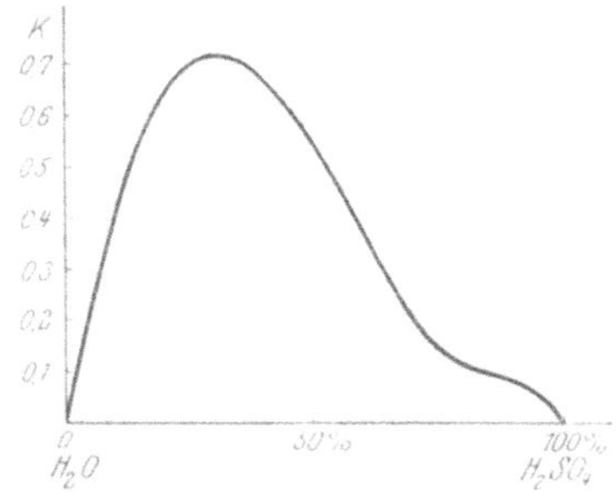

Abb. 335. Spezifisches Leitvermögen einer wässerigen Schwefelsäurelösung.

**395. Die Kohlrauschsche Brücke.** Für die Bestimmung des spezifischen Widerstandes der Elektrolyte hat Kohlrausch eine spezielle Methode ausgearbeitet. Die früher (S. 134, **162**) von uns angegebenen Methoden mit Benutzung eines konstanten Stromes sind für die Elektrolyte aus dem Grunde ungeeignet, daß der Strom die Elektrolyte zersetzt und gleichzeitig ihre Leitfähigkeit verändert. Kohlrausch hat deshalb bei seinen Versuchen einen schnell wechselnden Strom angewandt. Stellen wir uns in einer Wheatstoneschen Brückenkombination (Abb. 336) das Element durch ein kleines Induktorium ersetzt und das Galvanometer durch ein Telephon, so erhalten wir einen Apparat, welchen man die Kohlrauschsche Brücke nennt, und welcher sehr bequem die Leitfähigkeit der Elektrolyte zu messen erlaubt. Wird das Induktorium $J$ in Tätigkeit versetzt, so hört man im Telephon einen Ton, welcher der Unterbrechungszahl des Primärstromes im Induktorium entspricht. Verschiebt man den Gleitkontakt, bis dieser Ton erlischt, oder ein Minimum erreicht, so erhält man die bekannte Proportion

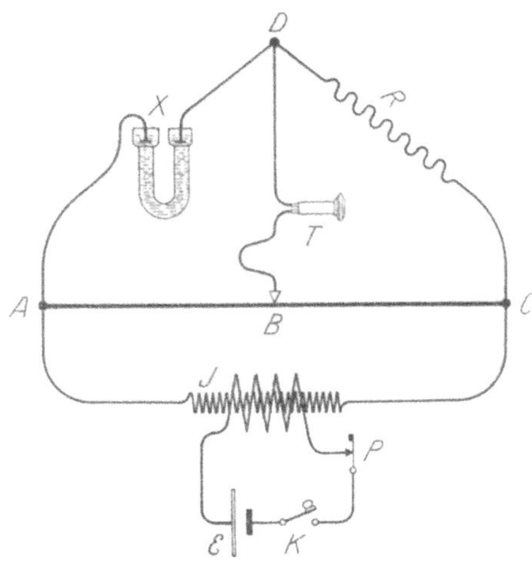

Abb. 336. Kohlrauschsche Brücke (Schema).

$$x : r = (AB) : (BC)\,.$$

Unser Ohr ist für bestimmte Töne (etwa 1000 Schwingungen in der Sekunde) sehr empfindlich, und man kann mit Wechselstrom und Telephon ebenso genau messen, wie mit einem Galvanometer und einem Gleichstrom.

In der Abb. 337 ist eine Kohlrauschsche Brücke dargestellt; hier sind die Stellen des Induktoriums und des Telephons im Vergleich zu der Abb. 336 gegeneinander vertauscht (vgl. S. 135, **162**). Die Klemmen $A_1$ und $A_2$ sind miteinander verbunden.

Mit der Wheatstoneschen Brücke bestimmt man direkt nur den Totalwiderstand eines Leiters; den *spezifischen* Widerstand muß man dann nach den Dimensionen des Leiters berechnen. Bei den Flüssigkeiten in Glasgefäßen ist diese Rechnung nicht genau genug durchzuführen. KOHLRAUSCH hat deshalb eine andere Methode angegeben. Man füllt zunächst das Gefäß mit einem Elektrolyten, dessen spezifischer Widerstand genau bekannt ist und bestimmt seinen Widerstand in einem passend gewählten Gefäße (Abb. 338). Füllt man dann dasselbe Gefäß bei genau derselben Lage der Elektroden mit der zu untersuchenden Lösung, so verhalten sich die Widerstände in beiden Fällen wie die spezifischen Widerstände der Lösungen.

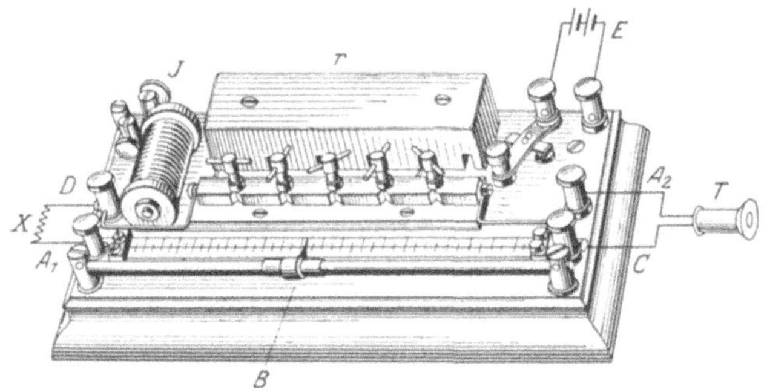

Abb. 337. KOHLRAUSCHsche Brücke.

Die Abmessungen der Widerstandsgefäße und die Normalflüssigkeit wird so gewählt, daß der Widerstand mit der Brücke möglichst genau bestimmt werden kann.

Für derartige Versuche gebraucht man meistens die folgenden leicht herstellbaren Normallösungen:

*Maximal-Schwefelsäure:* 30 Gewichtsprozente $H_2SO_4$ in Wasser mit dem spezifischen Gewicht 1,223, bei 18° C haben eine spezifische Leitfähigkeit $\varkappa = 0{,}7398$.

*Gesättigte Chlornatriumlösung* hat $\varkappa = 0{,}2161$.

*Maximal-Magnesiumsulfatlösung* von 17,4 Gewichtsprozenten $MgSO_4$ hat $\varkappa = 0{,}04922$.

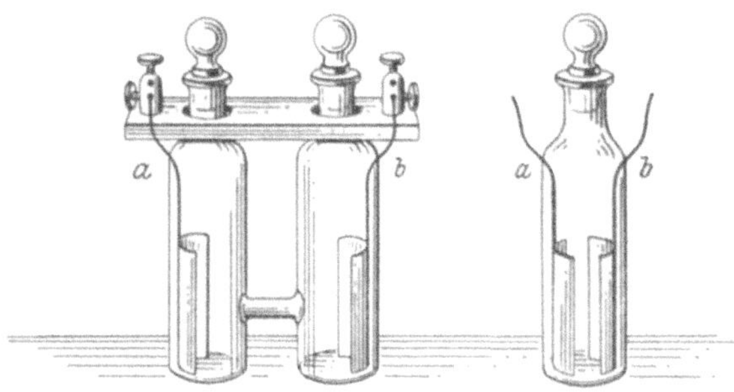

Abb. 338. Widerstandsgefäße.

**396. Ein Zahlenbeispiel.** Als Beispiel wollen wir eine 10proz. Kochsalzlösung nehmen. Der Versuch zeigt, daß diese Lösung einen spezifischen Widerstand $\varrho = 8{,}35$ Ohm·cm hat, also ein spezifisches Leitvermögen $\varkappa = 0{,}121$. Da die Atomgewichte von Natrium und Chlor gleich

$$Na = 23{,}05 \qquad Cl = 35{,}45\,,$$

sind, so wird ein Grammäquivalent Chlornatrium enthalten

$$NaCl = 23{,}05 + 35{,}45 = 58{,}5\,\mathrm{g}\,.$$

In einer 10proz. Lösung wird die Konzentration $\eta$, d. h. die Zahl der Grammäquivalente in einem Kubikzentimeter aus der Formel bestimmt

$$\eta = \frac{0{,}10}{58{,}5} = 1{,}7 \cdot 10^{-3}$$

und wir erhalten für das Äquivalentleitvermögen unserer Lösung

$$\Lambda = \frac{\varkappa}{\eta} = \frac{0{,}121}{1{,}7 \cdot 10^{-3}} = 71\,,$$

woraus sich die Dissoziation direkt bestimmen läßt

$$\alpha = \frac{\Lambda}{\Lambda_\infty} = \frac{71}{110} = 0{,}65\,.$$

Diese Zahl bedeutet, daß in unserer Lösung etwa zwei Drittel der Moleküle des gelösten Kochsalzes in Ionen dissoziiert ist.

**397. Dissoziation des Wassers.** Bis jetzt haben wir angenommen, daß das Lösungsmittel — bei uns das Wasser — nicht leitend ist. Das trifft auch mit sehr großer Genauigkeit zu, denn das Wasser selbst ist sehr schwach dissoziiert, es enthält fast keine Ionen. Für genauere Messungen ist es jedoch wichtig, die Leitfähigkeit des reinen Wassers zu kennen. Reines Wasser ist aber nicht so leicht herzustellen und längere Zeit rein aufzubewahren, denn das Wasser hat eine so große Lösungskraft, daß das Glas der Gefäße sich teilweise im Wasser löst. Kohlrausch und Heidweiler ist es dennoch gelungen, durch besondere Vorsichtsmaßregeln ein äußerst reines Wasser herzustellen und seine Leitfähigkeit zu bestimmen. Bei 18° C ergab sich die Leitfähigkeit des reinen Wassers gleich $\varkappa = 0{,}038 \cdot 10^{-6}$.

Wir können dieses Resultat benutzen, um die Dissoziation des reinen Wassers zu berechnen. Aus den Beweglichkeiten der Ionen folgt für das Äquivalentvermögen der Ionen H und OH:

$$\Lambda_\infty = 318 + 174 = 492$$

und daraus die Konzentration der Ionen

$$\eta = \frac{0{,}038 \cdot 10^{-6}}{492} = 0{,}77 \cdot 10^{-10}\,.$$

Diese Zahl entspricht etwa 0,1 g Wasserstoff-Ionen in einer Million Liter Wasser. Wir sehen, daß die Dissoziation des reinen Wassers in der Tat äußerst gering ist.

**398. Die Dissoziationskraft.** Obgleich das Wasser selbst nur wenig dissoziiert ist, hat es dennoch eine Fähigkeit, die in ihm gelösten Stoffe sehr stark zu dissoziieren und Elektrolyte mit verhältnismäßig großer Leitfähigkeit zu bilden. Die anderen Flüssigkeiten, wie z. B. Alkohol, Äther, Benzol, besitzen auch eine gewisse Dissoziationskraft, aber nicht in so hohem Maße wie das Wasser. So ist z. B. Chlorwasserstoff, in Wasser gelöst, ein guter Leiter, im Äther gelöst leitet sie aber fast gar nicht.

W. Nernst und J. J. Thomson, unabhängig voneinander, haben auf den Umstand aufmerksam gemacht, daß die Dissoziationskraft in einer gewissen Beziehung zu der Dielektrizitätskonstante des Lösungsmittels steht. Je größer die Dielektrizitätskonstante, desto größer ergibt sich im allgemeinen auch die Dissoziationskraft. So ist z. B. die Dielektrizitätskonstante des Benzols gleich 2,5, des Äthyläthers 4,1, des Alkohols 25, der Ameisensäure 62 und des Wassers gleich 81. Ganz entsprechend wächst auch die Dissoziationskraft dieser Flüssigkeiten, d. h. die Fähigkeit, leitende Elektrolyte zu bilden.

Den Hauptgrund für diesen Zusammenhang der Dissoziationskraft mit der Dielektrizitätskonstante können wir uns nach W. Nernst und J. J. Thomson folgendermaßen erklären. Wir haben nämlich schon angenommen, daß ein Molekül im undissoziierten Zustande aus einem positiv und einem negativ geladenen Teile besteht, die durch elektrische Kräfte zusammengehalten werden. Bringen wir so ein Molekül in ein Lösungsmittel mit größerer Dielektrizitätskonstante, so werden die elektrischen Kräfte, wie wir wissen, vermindert (S. 26, **32**). Die Bestandteile des Moleküls werden also nicht mehr so fest zusammengehalten, und werden teilweise dissoziiert. Freilich wird die Dissoziation nicht einfach proportional der Dielektrizitätskonstante sein, wie es nach dem COULOMBschen Gesetze sein sollte, denn für molekulare Entfernungen und molekulare Bewegungen werden die Verhältnisse viel komplizierter als bei großen geladenen Leitern.

Zum Schluß möchten wir hervorheben, daß die elektrolytische Dissoziation nicht mit der Löslichkeit des Stoffes zu verwechseln ist. Wir haben schon erwähnt, daß z. B. Zucker sich sehr leicht in Wasser löst und dennoch kein Elektrolyt ist, d. h. bei seiner Lösung bilden sich keine Ionen. Gerade das Gegenteil bildet das Chlorsilber, welches in Wasser sehr schwach löslich ist, aber dabei fast durchweg in Ionen dissoziiert erscheint.

**399. Die Reibung der Ionen.** Wir haben schon oben (S. 340, **391**) gesagt, daß die Reibung der Ionen bei ihrer Wanderung durch das Lösungsmittel im allgemeinen sehr groß ist. Wir können jetzt diese Aussage mit folgenden Zahlen belegen:

Nach FARADAY trägt ein jedes Grammäquivalent eines einwertigen Ions eine Elektrizitätsmenge von 96540 Coulomb oder 9654 CGS-M. Bei einer Feldintensität von $E = 1$ Volt:cm, d. h. von $10^8$ CGS-M, wird die elektrische Kraft, welche die Ionen eines Grammäquivalentes bewegt, gleich

$$F E = 9650 \cdot 10^8 \text{ Dyn} = \frac{9650 \cdot 10^8}{980 \cdot 10^3} \text{ kg} = \text{etwa } 10^6 \text{ kg},$$

also etwa eine Million Kilogramm. Und ungeachtet dieser großen Kraft bewegen sich dennoch die Ionen sehr langsam, was auf eine sehr große Reibungskraft hindeutet.

Wir können nach diesen Daten den Reibungskoeffizienten z. B. für das Wasserstoff-Ion in Wasser berechnen. Setzen wir in die Formel

$$\varkappa_1 = \frac{e E}{u} = \frac{e}{u_0},$$

$e = F$ und $u_0 = 0{,}003263$, so erhalten wir

$$\varkappa_1 = \frac{9650}{0{,}003663} = 3 \cdot 10^6 .$$

Man hat bemerkt, daß die Reibung der Ionen sehr nah zu der inneren Reibung des Lösungsmittels selbst ist. Es liegt demnach die Annahme nahe, daß die Ionen nicht allein wandern, sondern die Moleküle des Lösungsmittels mit sich ziehen.

Wir werden diese Eigenschaft der Ionen, an den Molekülen zu haften und bei ihrer Bewegung im elektrischen Felde große Molekülkomplexe mitzuschleppen, nochmals bei der Bewegung der Ionen in Gasen wiederfinden.

**400. Abhängigkeit der Leitfähigkeit von der Temperatur.** Mit steigender Temperatur wird die Dissoziation im allgemeinen steigen, der Reibungskoeffizient wird aber kleiner. Da die Leitfähigkeit der Elektrolyte von diesen beiden Koeffizienten abhängt, so wird sie für verschiedene Elektrolyte in sehr verschiedener Weise von der Temperatur abhängen. Im allgemeinen kann man als erste Annäherung annehmen, daß die Leitfähigkeit der Elektrolyten bei einer Temperaturerhöhung auf ein Grad sich um etwa 2,5% vergrößert.

**401. Demonstration der Bewegung der Ionen.** Die Bewegung der Ionen kann man nach NERNST in folgender Weise sichtbar machen und vermittels eines Projektionsapparats vor einem großen Auditorium demonstrieren.

Ein U-förmiges Röhrchen (Abb. 339) ist unten mit einem kapillaren Ansatz versehen, welcher einen Hahn und einen Trichter hat. Zunächst gießt man durch den Trichter bei geschlossenem Hahn eine wässerige Lösung von Kaliumpermanganat $KMnO_4$ (etwa 0,5 g auf ein Liter), zu welcher man etwa 5% Harnstoff zugesetzt hat, um das spezifische Gewicht der Lösung zu vergrößern. Durch Öffnen des Hahnes läßt man die Lösung bis zu der Einsatzstelle der Kapillare *A* ansteigen. Dann gießt man in das U-Rohr eine wässerige Lösung von Kaliumnitrat (Konzentration etwa 0,3 g auf ein Liter) und verschließt das U-Rohr mit Gummipfropfen, in welchen Platinelektroden eingesetzt sind. Jetzt öffnet man den Hahn wieder und läßt die Kaliumpermanganatlösung langsam in den beiden Schenkeln des U-Rohres bis etwa *B* aufsteigen. Die Kaliumpermanganatlösung ist violett gefärbt und bildet mit der farblosen Kaliumnitratlösung scharfe Grenzen. Schickt man jetzt durch das U-Rohr einen elektrischen Strom, so sieht man, wie die Grenzen der Lösungen sich verschieben. Die Kaliumionen in beiden Lösungen verschieben sich in der Richtung des Stromes; sie scheiden sich an der Kathode ab, bilden mit dem Wasser Kalilauge (KHO), wobei Wasserstoff frei wird. Die Bewegung der Kaliumionen selbst können wir nicht sehen, weil sie farblos sind. Dafür können wir aber beobachten, wie die violettgefärbten Permanganationen ($MnO_4$) entgegen der Stromrichtung wandern. Die Grenzen der beiden Lösungen in dem U-Rohr verschieben sich allmählich: an der Anode steigt die Färbung in die Höhe, an der Kathode sinkt sie nieder. Bei einem etwa 10 cm langen U-Rohr und einer Potentialdifferenz von 50 Volt erhält man schon nach 3 Minuten eine Niveaudifferenz von einem Zentimeter.

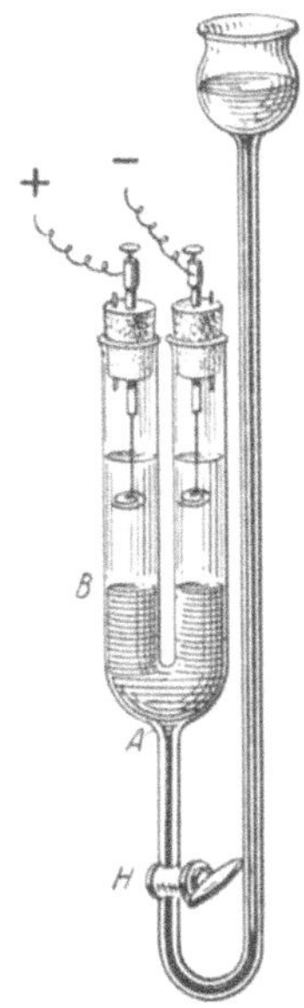

Abb. 339. Demonstration der Bewegung der Ionen nach NERNST.

**402. Die Geschwindigkeit der Elektrizität.** Zum Schluß dieses Abschnittes wollen wir den Leser daran erinnern, daß wir beim ersten Studium der Erscheinungen des elektrischen Stromes (S. 102, **117**) die Frage nach der Geschwindigkeit der Elektrizitätsbewegung ganz beiseite gelassen haben. Ob der elektrische Strom durch die Bewegung der positiven Elektrizität allein hervorgebracht wird, oder durch die der negativen Elektrizität allein, oder durch beide Elektrizitäten gleichzeitig — diese Frage konnten wir damals gar nicht beantworten, denn die Bewegung der Elektrizität in dem Leiter erster Klasse war unserer Beobachtung völlig unzugänglich. Hier, bei den Erscheinungen der Elektrolyse, wo die Elektrizität von den Ionen transportiert wird, erhalten wir auf diese Frage eine ganz bestimmte Antwort; wir können sogar die Geschwindigkeiten der positiven und der negativen Elektrizität einzeln bestimmen.

Eine zweite Bemerkung, die wir jetzt machen wollen, ist die folgende. Im Abschnitt V (S. 312, **358**) haben wir gesagt, daß die elektrische Ladung längs Drähten sich mit einer Geschwindigkeit ausbreitet, welche nahe gleich ist der Lichtgeschwindigkeit $c = 300000$ Kilometer in der Sekunde. Aber wir haben dabei auch hinzugefügt, daß diese Geschwindigkeit eigentlich nicht der Elektrizität selbst, sondern dem resultierenden elektrischen Felde zukommt, wie das nach der MAXWELLschen Theorie auch sein soll. Wie schnell sich dabei die Elektrizität selbst bewegt, konnten wir auch bei diesen Versuchen nicht feststellen. Ja noch mehr. Würden wir dieselben Versuche über die Ausbreitung des elektrischen Feldes nicht längs Metalldrähten, sondern längs eines gut leitenden Elektrolyten anstellen, so würden wir fast dieselbe Ausbreitungsgeschwindigkeit der elektrischen Wirkungen beobachten, nämlich etwa 300000 Kilometer in der Sekunde. Wir wissen aber jetzt, daß die Geschwindigkeit der Elektrizität selbst, d. h. der elektrisch geladenen Ionen, in den Elektrolyten nur ein paar Zentimeter in der Stunde betragen kann. Es sind also die Geschwindigkeiten des elektrischen Feldes und der Elektrizität voneinander wohl zu unterscheiden.

Endlich sind die Geschwindigkeiten, welche wir nach HITTORF und KOHLRAUSCH bestimmt haben, auch nicht die *wahren* Geschwindigkeiten der Ionen, sondern nur ein durchschnittlicher *Mittelwert* derselben in der Richtung des Feldes. In Wirklichkeit bewegen sich die Ionen nicht allein in der Richtung des elektrischen Feldes, sondern nach allen Richtungen und mit den verschiedensten Geschwindigkeiten, analog den Molekülen eines Gases. Unter der Wirkung des elektrischen Feldes addiert sich zu diesen *ungeordneten* Wärmebewegungen noch eine *geordnete* Bewegung längs der Feldrichtung. Die dabei eintretenden Zusammenstöße der Ionen mit den Molekülen des Lösungsmittels erscheinen uns als eine hindernde Reibungskraft, welche von der Beschaffenheit des Ions abhängt und für die $\oplus$- und $\ominus$-Ionen verschieden sein kann; jedes Ion hat eine ihm eigentümliche Beweglichkeit.

Analoge Verhältnisse treffen wir auch auf anderen Gebieten der Physik. So müssen wir z. B. in unserer Luftatmosphäre sehr verschiedene Geschwindigkeiten voneinander unterscheiden. Erstens — die Geschwindigkeit, mit welcher sich der Druck in der Luft ausbreitet oder die Schallgeschwindigkeit, zweitens — die Geschwindigkeit des Windes, und endlich die Geschwindigkeit der einzelnen Luftmoleküle. Alle diese Geschwindigkeiten sind, wie bekannt, sehr verschieden, und nach der Beobachtung der einen von ihnen sind die anderen nicht direkt bestimmbar.

## 4. Die elektromotorische Kraft.

**403. Theorie von NERNST.** Dank der ARRHENIUSschen Theorie der elektrolytischen Dissoziation sind die anscheinend so verschiedenen Erscheinungen, wie z. B. der osmotische Druck und die Leitfähigkeit der Elektrolyte, in einen engen Zusammenhang gebracht worden. Von dem osmotischen Druck und von der Reibung der gelösten Moleküle im Lösungsmittel werden auch die Diffusionserscheinungen abhängen. Es muß demnach ein quantitativer Zusammenhang zwischen den Diffusionskoeffizienten und der Leitfähigkeit der Elektrolyte bestehen. In der Tat ist es W. NERNST gelungen, diesen Zusammenhang aufzudecken.

Gleichzeitig hat NERNST auf die Besonderheit der Diffusion der Elektrolyten aufmerksam gemacht. Die Moleküle eines Elektrolyten bestehen nämlich aus $\oplus$- und $\ominus$-Ionen, deren Reibung in dem Lösungsmittel im allgemeinen verschieden sein kann. Diffundieren diese Ionen unter dem Einfluß ein und desselben osmotischen Drucks, so müssen sie auch verschiedene Geschwindigkeiten erhalten. So wird z. B. der Wasserstoff in der Salzsäure HCl viel schneller vorwärtsschreiten als das Chlor, welches etwa 5mal größerer Reibungskraft ausgesetzt ist. Nun sind in der HCl-Lösung die H-Ionen mit positiver Elektrizität geladen und die Cl-Ionen mit negativer Elektrizität; als Folge der ungleichen Reibungskraft werden demnach die HCl-Moleküle vorne in der Diffusionsrichtung mit positiver Elektrizität geladen sein; es entsteht dadurch während des Diffusionsvorgangs eine Potentialdifferenz: die schwächere Lösung wird ein höheres Potential haben als die stärkere. Wir können demnach eine diffundierende Lösung als ein galvanisches Element betrachten. Man nennt solche Elemente, welche aus zwei gleichen elektrolytischen Lösungen verschiedener Konzentration bestehen, Konzentrationselemente oder Konzentrationsketten. Ist uns die Beweglichkeit der Ionen bekannt, so können wir die Potentialdifferenz einer solchen Konzentrationskette berechnen.

Wegen der großen prinzipiellen Bedeutung der NERNSTschen Theorie wollen wir dieselbe hier ausführlicher behandeln.

Wir stellen uns vor, zwei verschieden konzentrierte Lösungen ein und desselben Elektrolyten seien in Berührung miteinander; die dünnere Lösung kann z. B. über der dichteren liegen. Von der Wirkung der Schwere können wir absehen, weil die Wirkung des osmotischen Druckes sehr viel größer ist. Bei der Diffusion der dichteren Lösung in die dünnere wird sich an ihrer gemeinsamen Grenze eine Übergangsschicht bilden, in welcher die Konzentration von oben nach unten zwar schnell, aber dennoch stetig wächst. Wir denken uns die Übergangsschicht in so dünne parallel zur Grenze gelegene Schichten zerteilt, daß im Bereiche einer jeden Schicht die Konzentration als konstant angenommen werden kann; die Dicke der einzelnen Schichten sei $d$. Auf der Oberfläche der Schicht begrenzen wir ein Quadratzentimeter und schneiden so in der Schicht ein Volumen $d$ aus. Die in diesem Volumen sich befindenden Ionen werden unter der Wirkung der Differenz $p'$ der osmotischen Drucke am Anfang und am Ende der Schicht sein und in der Richtung des abnehmenden Druckes (bei uns nach oben) diffundieren.

Außer dem osmotischen Drucke wirkt auf jedes Grammäquivalent Ionen, welches nach FARADAY mit der Elektrizitätsmenge $F$ geladen ist, eine Kraft $EF$. Bei der Zahl $\eta$ der Grammäquivalente im Kubikzentimeter und bei $\alpha = 1$ wird diese Kraft gleich $\eta EF$ sein. Der osmotische Druck wirkt auf die Ionen beider Art in derselben Richtung, aber die elektrischen Kräfte sind entgegengesetzt gerichtet. Bezeichnen wir die Geschwindigkeiten der Ionen für die Kraft gleich eins mit $u$ und $v$, so erhalten wir für die Geschwindigkeit der positiven Ionen

$$u\,(p' + \eta F E d)$$

und die Geschwindigkeit der negativen Ionen

$$v\,(p' - \eta F E d)\,.$$

Da beide Ionen mit derselben resultierenden Geschwindigkeit diffundieren, müssen wir diese beiden Ausdrücke einander gleichsetzen. Wir führen hier noch statt der Konzentration $\eta$ den osmotischen Druck $p$ ein durch die Formel

$$p = \eta\,\frac{R\vartheta}{n}\,, \qquad \eta = \frac{p n}{R\vartheta}$$

und erhalten dann für $Ed$, d. h. für die Potentialdifferenz zwischen den Grenzoberflächen unserer dünnen Schicht,

$$-E d = \frac{u-v}{u+v} \cdot \frac{R\vartheta}{nF}\,\frac{p'}{p}\,.$$

Summieren wir die Potentialdifferenzen aller solcher Schichten für das ganze Intervall der osmotischen Drucke von dem Druck $p_1$ des dichteren Elektrolyten bis zu dem Druck $p_2$ des dünneren Elektrolyten, so erhalten wir im Resultate die totale elektromotorische Kraft unserer Konzentrationskette. Um diese Summation wirklich auszuführen, bezeichnen wir mit $\dot{p}$ die Druckänderung, bezogen auf die Einheit der Potentialdifferenz:

$$\dot{p} = \frac{p'}{E d}\,,$$

dann können wir unsere Formel auch so schreiben

$$\dot{p} = -\varkappa p\,, \qquad \varkappa = \frac{u+v}{u-v} \cdot \frac{nF}{R\vartheta}\,.$$

Dieselbe Beziehung haben wir schon einmal in dem Extrastrome angetroffen (S. 255, **298**), nur mit dem Unterschied, daß statt der Potentialdifferenz $V$ bei uns damals die Zeit $t$ in den Formeln stand. Das hindert uns nicht, unsere damaligen Rechnungen auch hier zu benutzen, und wir erhalten so:

$$p_2 = p_1 e^{-\varkappa V} \qquad \text{oder} \qquad \lg\left(\frac{p_2}{p_1}\right) = -\varkappa V$$

und für die elektromotorische Kraft

$$V = \frac{u-v}{u+v} \cdot \frac{R\vartheta}{nF} \lg\left(\frac{p_1}{p_2}\right).$$

Diese Formel wurde von NERNST selbst und auch von anderen Forschern durch Versuche bestätigt.

**404. Ein Beispiel.** Die so erhaltenen elektromotorischen Kräfte der Konzentrationsketten sind im allgemeinen sehr klein, wie wir aus dem folgenden Beispiel sehen können.

Nehmen wir z. B. die Chlorsäure, für welche der erste Faktor (vgl. S. 344, **394**)

$$\frac{u-v}{u+v} = 0{,}66$$

sein wird. Der osmotische Druck sei in der einen Lösung etwa 100mal größer als in der anderen. Dann erhalten wir bei $\vartheta = 290 = 17°$ C.

$$\lg(100) = 4{,}6, \qquad R\vartheta = 2{,}4 \cdot 10^{10}, \qquad n = 1,$$

$$VF = 7{,}2 \cdot 10^{10}, \qquad V = 0{,}08 \text{ Volt}.$$

**405. Theorie der GALVANIschen Elemente.** Die NERNSTsche Theorie der Konzentrationsketten hat zum ersten Male eine anschauliche Erklärung für die Erscheinung der elektromotorischen Kraft bei der Berührung zweier Körper gegeben. NERNST hat nämlich die Theorie der Konzentrationsketten auf beliebige galvanische Elemente verallgemeinert, indem er annahm, daß auch in einem einheitlichen Metalle seine Ionen unter einem gewissen Drucke sich befinden, welcher, analog dem osmotischen Drucke, die Ionen in die angrenzende Lösung treibt. NERNST nannte diesen Druck die *elektrolytische Lösungstension.* Dank der Lösungstension gehen z. B. die Zinkionen aus einem Zinkstabe in die angrenzende Schwefelsäurelösung hinein und laden sie positiv, wie wir das (S. 107, **125**) schon auseinandergesetzt haben. Dieser Prozeß geht aber bald zu Ende, denn zwischen der positiv geladenen Schwefelsäure und dem Zinkstab entsteht eine Potentialdifferenz, die ein weiteres Eintreten der Zinkionen in die Schwefelsäure verhindert. Da die Ladung der Ionen sehr groß ist (auf jedes Grammäquivalent 96560 Coulomb), so genügt schon eine sehr kleine Menge von Ionen, um diese Potentialdifferenz zu erzeugen, so daß wir die Ionen mit chemischen Mitteln gar nicht nachweisen können.

Wenn wir aber dafür sorgen, daß die Ladung der Schwefelsäure fortwährend entfernt wird, indem wir z. B. in die Schwefelsäure einen Kupferstab eintauchen und denselben mit dem Zinkstab durch einen äußeren Leiter verbinden, so wird die Schwefelsäure entladen. Die Lösungstension des Zinks wird dann stets neue Zinkionen in die Schwefelsäurelösung hineinpressen oder, wie man sich ausdrückt, das Zink wird sich in der Schwefelsäure lösen; gleichzeitig erhalten wir in dem äußeren Leiter einen elektrischen Strom. So funktioniert nach NERNST das Element von VOLTA.

Um die Potentialdifferenz zwischen einem Metall und einer Lösung seines Salzes zu berechnen, brauchen wir nur in der NERNSTschen Formel für die Konzentrationsketten die Geschwindigkeit des $\ominus$-Ions $v = 0$ zu setzen und erhalten dann

$$V = \frac{R\vartheta}{nF} \lg\frac{p_1}{p_2}.$$

Wir wollen jetzt zeigen, wie man zu der NERNSTschen Formel auch aus dem viel allgemeineren Satze von BOLTZMANN (S. 328, **378**) gelangen kann. Es ist nämlich $nF$ die Ladung eines $n$wertigen Ions und $VnF$ seine potentielle Energie im elektrischen Felde bei einer Potentialdifferenz $V$

$$\varepsilon_p = VnF\,.$$

Ist ein Metall in irgendeine Lösung seiner Ionen eingetaucht, so bildet sich an seiner Oberfläche eine äußerst dünne Übergangsschicht, in welcher die Ionen hin und her fliegen und welche einen stetigen Übergang zwischen dem Drucke der Ionen $p_1$ im Metalle und $p_2$ in der Lösung darstellt. Ist ein statistisches Gleichgewicht eingetreten, so muß sich die Zahl der Ionen im Kubikzentimeter und folglich auch der osmotische Druck der Ionen in Abhängigkeit von der potentiellen Energie nach dem BOLTZMANNschen Gesetze verteilen:

$$p_2 : p_1 = e^{-\frac{\varepsilon_p}{R\vartheta}}\,,$$

woraus die NERNSTsche Formel unmittelbar folgt.

**406. Elektrolytische Potentiale.** Aus der NERNSTschen Formel geht u. a. hervor, daß das elektrolytische Potential irgendeines Metalls nur von dem osmotischen Partialdrucke abhängt, den seine eigene Ionen in der angrenzenden Lösung erzeugen; andere Ionen, welche in derselben Lösung noch etwa vorhanden sein können, haben auf diese Potentialdifferenz keinen Einfluß. Ein Zinkstab wird demnach immer dieselbe Potentialdifferenz ergeben, ob er in eine Zinkchloridlösung oder in eine Zinksulfatlösung eingetaucht wird, wenn nur die Konzentration der Zinkionen in diesen Lösungen in beiden Fällen die gleiche ist. Diese Folgerung wird durch den Versuch auch bestätigt.

Je größer die Konzentration der Zinkionen ($p_2$) in der Lösung ist, desto kleiner wird die beobachtete Potentialdifferenz $V$ zwischen der Lösung und dem Metalle. Könnten wir den osmotischen Druck $p_2$ in der Lösung so hoch steigern, daß $p_2$ größer als $p_1$ wird, so würde sich ein umgekehrter Vorgang einstellen: die Zinkionen würden aus der Lösung sich auf dem Zinkstabe niedersetzen, und der Zinkstab würde dabei positiv geladen.

Was die absolute Größe der Lösungstension der Metalle anbetrifft, so ist ihre Bestimmung mit einigen praktischen Schwierigkeiten verbunden. In der Tat, um die Potentialdifferenz $V_1$ aus dem Versuche zu bestimmen, müssen wir den Zinkstab einerseits und die Lösung anderseits mit irgendeinem Instrument, z. B. mit einem Elektrometer, verbinden. Zudem müssen wir in die Lösung den Verbindungsdraht, also wieder ein Metall, eintauchen und erhalten an der Eintauchstelle eine neue Potentialdifferenz $V_2$. Das Elektrometer wird dabei eine *relative* Potentialdifferenz $V_1 - V_2$ anzeigen. Für einige Metalle besteht aber die Vermutung, daß $V_2 = 0$ ist, und dann kann man aus Versuchen $V_1$ und die Lösungstension $p_1$ der Metalle *absolut* bestimmen. Solche Bestimmungen geben für die Lösungstension der verschiedenen Metalle sehr verschiedene Größen, zwischen $10^{-20}$ und $10^{+20}$ Atmosphären. Wir müssen aber diese Resultate mit einer gewissen Vorsicht aufnehmen, denn erstens ergibt schon eine geringe Potentialdifferenz einen sehr großen Unterschied zwischen $p_1$ und $p_2$, weil der Zusammenhang dieser Größen ein logarithmischer ist; zweitens ist diese Ableitung der Formel unter der Gültigkeit der Gasgesetze von BOYLE-MARIOTTE-GAY-LUSSAC gemacht, was bei großen Drucken einen Zweifel erheben kann. Die erhaltenen Zahlen können dennoch zur Charakteristik der Lösungstensionen der verschiedenen Metalle dienen.

Für praktische Zwecke kann man die Frage nach der absoluten Größe der Lösungstension der Metalle ganz umgehen, weil meistens uns nicht die Potentialdifferenz zwischen einem Metall und seiner Lösung interessiert, sondern die Potentialdifferenz zwischen zwei Metallen, die in derselben Lösung eintauchen. Man ist übereingekommen, eine Normalelektrode zu wählen, *relativ* zu welcher dann alle elektrolytischen Potentiale anderer Metalle zu messen sind. Als Normalelektrode wird meistens die Wasserstoffelektrode gebraucht. Der Wasserstoff als Gas kann natürlich als Elektrode nicht gut dienen, aber man umgeht diese Schwierigkeit dadurch, daß man eine Platinelektrode nimmt und sie mit Wasserstoffgas sättigt, und zwar in folgender Weise; Eine Platinelektrode wird durch Elektrolyse der Platinchlorwasserstoffsäure (3% mit Zusatz von 0,02% Bleiazetat nach LUMMER und KURLBAUM) mit einem feinen Überzug von Platinschwarz bedeckt, d. h. von fein verteiltem Platin, welches an seiner Oberfläche den Wasserstoff verdichtet (absorbiert). Solch eine Platinschwarz-Wasserstoffelektrode in einer Normallösung von Wasserstoffionen wird als Normalelektrode benutzt.

In der folgenden Tabelle sind die Potentiale der verschiedenen Metalle, wenn sie in ihrer Normallösung ($\eta = 1$) eintauchen, relativ zu der Wasserstoffelektrode angegeben:

| | | | | | |
|---|---|---|---|---|---|
| Zn | +0,77 Volt | | | Cu | −0,33 Volt |
| Cd | +0,42 „ | | | Hg | −0,76 „ |
| Fe | +0,34 „ | H = +0 | | Ag | −0,77 „ |
| Ni | +0,23 „ | | | Br | −0,99 „ |
| Pb | +0,15 „ | | | Cl | −1,35 „ |

Diese Tabelle erlaubt uns die elektromotorische Kraft irgendeines galvanischen Elementes, welches aus diesen Stoffen zusammengesetzt ist, zu berechnen. So erhalten wir z. B. für das VOLTAsche Element

$$\text{Zn} - \text{Cu} = 0{,}77 + 0{,}33 = 1{,}10 \text{ Volt.}$$

Bei genaueren Berechnungen muß natürlich noch die Konzentration der Lösung und die Temperatur berücksichtigt werden.

**407. Die Polarisation der Elektroden.** Wir haben gesagt, daß die Elektrolyte ebenso dem OHMschen Gesetze folgen wie die metallischen Leiter, und daß die geringste Potentialdifferenz genüge, um eine ihr proportionale Stromstärke zu erzeugen. Das ist aber nur dann richtig, wenn durch die Elektrolyse keine neuen elektromotorischen Kräfte entstehen, wenn also die beiden Elektroden ganz gleich beschaffen sind und auch während der Elektrolyse gleichbleiben. Einen solchen Fall haben wir z. B., wenn in einer Kupfersulfatlösung ($CuSO_4$) zwei Kupferelektroden eintauchen. Bei der Elektrolyse des Kupfersulfats scheidet sich an der Kathode Kupfer ab, der Rest $SO_4$ wandert als negatives Ion zu der Anode, verbindet sich hier mit dem Anodenkupfer zu Kupfersulfat und bleibt in der Lösung. Es bleiben also bei diesem Vorgange beide Elektroden unverändert aus Kupfer; nur wird die eine Elektrode, nämlich die Kathode, allmählich dicker und die Anode dünner. In solchen Fällen entstehen keine neuen elektromotorischen Kräfte, und man kann den Stromkreis nach dem OHMschen Gesetze so berechnen, als ob die äußere elektromotorische Kraft die einzig wirkende wäre. Man nennt Elektroden, welche keine neuen elektromotorischen Kräfte bei der Elektrolyse ergeben, *unpolarisierbare* Elektroden.

Nehmen wir aber in derselben Kupfersulfatlösung zwei Platinelektroden, so wird beim Stromdurchgang nach einiger Zeit die Kathode mit ausgeschiedenem Kupfer bedeckt und wir erhalten dann nicht mehr zwei gleiche Platinelektroden, sondern eine Platinelektrode und eine Kupferelektrode im Kupfersulfat. Solche Elektroden bilden schon ein galvanisches Element; die mit Kupfer bedeckte Elektrode bildet den positiven und die Platinelektrode den negativen Pol dieses

Elementes. Die Elektroden haben sich *polarisiert*. Von dieser Polarisation haben wir schon bei der Beschreibung der galvanischen Elemente (S. 108, **127**) gesprochen.

In der Abb. 340 ist das Schema eines Daniellelements (S. 108, **127**) dargestellt und die Bewegung der Ionen durch Pfeile angedeutet; wie wir schon früher hervorgehoben haben, entsteht in diesem Element keine Polarisation.

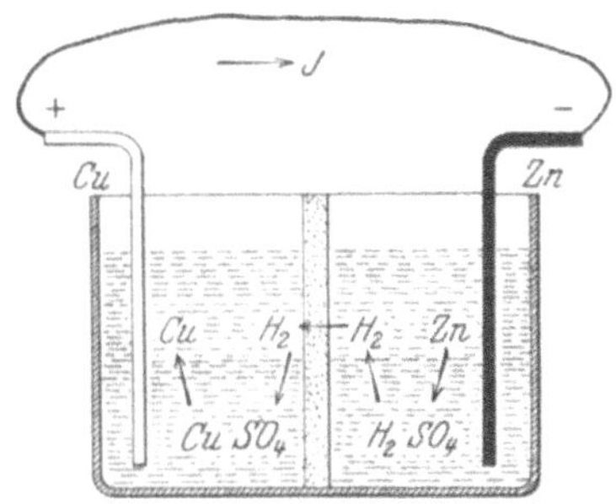

Abb. 340. Bewegung der Ionen in einem Daniellelement.

**408. Die Zersetzungsspannung.** Die Polarisation der Elektroden und die dabei eintretende gegenelektromotorische Kraft bringt es mit sich, daß zur Abscheidung der Produkte der Elektrolyse an den Elektroden eine bestimmte minimale elektromotorische Kraft nötig ist. Ist die von uns für die Elektrolyse benutzte äußere elektromotorische Kraft kleiner als die Polarisationsspannung, so wird diese Polarisation entgegenwirken und die gewünschte Abscheidung wird überhaupt nicht stattfinden. Le Blanc hat gezeigt, daß das Minimum der zur elektrolytischen Ausscheidung irgendeines Metalls nötigen elektromotorischen Kraft dem elektrolytischen Potential gleich ist. Wir können daher zur Berechnung der nötigen Spannung die oben angeführte Tabelle direkt benutzen. So braucht man z. B. zur Ausscheidung von Kadmium und Brom aus der Lösung von Kadmiumbromid $CdBr_2$

$$0{,}42 + 0{,}99 = 1{,}41 \text{ Volt.}$$

Nehmen wir zu dieser Elektrolyse ein Daniellelement mit der elektromotorischen Kraft 1,1 Volt, so erhalten wir keine Elektrolyse des Kadmiumbromids; nicht etwa aus dem Grunde, daß die Zersetzung des Kadmiumbromids in der Lösung einen Kraftaufwand braucht — Kadmiumbromid ist in der Lösung schon in seine Ionen zerfallen —, sondern weil bei der Ausscheidung dieser Produkte die Elektroden sofort polarisiert werden und eine gegenelektromotorische Kraft erzeugen.

Der Versuch zeigt, daß für die Elektrolyse der Schwefelsäure, bei welcher ja Wasserstoff ausgeschieden wird, eine Zersetzungsspannung von 1,68 Volt nötig ist. Nehmen wir statt Schwefelsäure Zinksulfat oder Kupfersulfat, so brauchen wir zur Ausscheidung von Zink und Kupfer statt Wasserstoff nach Le Blanc die folgenden Spannungen

$$\text{für } ZnSO_4\text{: } 1{,}68 + 0{,}77 = 2{,}45 \text{ Volt,}$$
$$\text{für } CuSO_4\text{: } 1{,}68 - 0{,}33 = 1{,}35 \text{ Volt.}$$

Befindet sich in der Lösung eine Mischung von Zinksulfat und Kupfersulfat, und verwenden wir eine elektromotorische Kraft, welche zwischen den soeben berechneten Größen liegt, z. B. 1,5 Volt, so wird an den Elektroden nur Kupfer, aber kein Zink ausgeschieden. Man kann diesen Umstand benutzen, um Kupfer von Zink zu befreien. Ebenso kann man Silber von Kupfer befreien, weil ihre elektrolytische Potentiale, oder nach Le Blanc ihre Zersetzungsspannungen, eine Differenz von 0,44 Volt haben.

Wir müssen aber hinzufügen, daß es Fälle gibt, wo das Le Blancsche Gesetz eine Ausnahme erfährt. So braucht z. B. die Wasserzersetzung je nach den benutzten Elektroden von 1,3 bis 1,7 Volt. Die Elektroden werden dabei mit Wasserstoff und Sauerstoff beladen und ergeben eine elektromotorische Kraft von 1,15 Volt, also kleiner als die Zersetzungsspannung. Der Grund dieser Ausnahme von der Leblanschen Regel ist noch nicht völlig aufgeklärt

**409. Akkumulator von Grove.** Aus dem soeben Gesagten folgt unmittelbar, daß man die Elektrolyse benutzen kann, um galvanische Elemente zu bilden. Solche Elemente nennt man *Akkumulatoren.*

Als klassisches Beispiel eines Akkumulators wollen wir die Gasbatterie von Grove anführen. Dazu kann uns derselbe Apparat dienen (S. 332, Abb. 330), den wir für die Wasserzersetzung gebraucht haben.

Leitet man einen elektrischen Strom durch, so wird an den Elektroden Wasserstoff und Sauerstoff entwickelt, welche sich in den Röhren *B* und *A* ansammeln. Es bildet sich demnach ein Element, dessen ein Pol aus einer mit Sauerstoff beladene Platinelektrode besteht und der andere Pol aus einer Platinelektrode mit Wasserstoff. Der erste Pol hat ein um 1,15 höheres Potential als der letzt genannte. Schließen wir dieses Element durch irgendeinen Metalldraht, so entsteht ein elektrischer Strom wie bei jedem anderen Elemente; im äußeren Teile des Stromkreises geht der Strom vom Sauerstoffpol zu dem Wasserstoffpol, im Inneren des Elementes geht der Strom durch die Lösung von der Wasserstoffelektrode zu der Sauerstoffelektrode. Dabei wandert der Wasserstoff in der Lösung wie immer als positives Ion und der Sauerstoff als negatives Ion und die Elektroden werden allmählich von den früher ausgeschiedenen Gasen befreit. Den ganzen Vorgang, die Abscheidung der Gase bei der Elektrolyse und das Verschwinden der Gase beim kurzgeschlossenen Elemente, können wir leicht unmittelbar beobachten. Sind die Gase alle verbraucht, so verliert das Element auch seine elektromotorische Kraft. Wir können aber durch neue Elektrolyse dieses Element wieder regenerieren. Man nennt derartige regenerierbare Elemente *sekundäre* Elemente, oder Akkumulatoren, oder auch Sammler der Elektrizität und der elektrischen Energie.

## 5. Anwendungen der Elektrolyse.

**410. Akkumulator von Planté.** Der Grovesche Akkumulator ist in der Praxis nicht gebräuchlich, weil erstens seine Kapazität, d. h. die bei ihm gesammelte elektrische Energie nicht groß genug gemacht werden kann, und zweitens, weil er leicht zerbrechlich ist; sein Nutzeffekt, d. h. das Verhältnis der bei der Ladung verwendeten Energiemenge zu der bei der Entladung erhaltenen ist kleiner als 50%.

Ein Daniellelement kann auch als ein Akkumulator funktionieren. Aber eine praktisch viel günstigere Zusammenstellung eines solchen Akkumulators ist von dem französischen Physiker R. G. Planté (1860) angegeben worden und hat auch bis jetzt die größte Verbreitung.

Der Akkumulator von Planté besteht aus zwei Bleiplatten, die in einer 10proz. Schwefelsäurelösung eintauchen. Schicken wir durch diese Kombination einen elektrischen Strom, so werden, ebenso wie beim Groveschen Akkumulator, wieder Wasserstoff und Sauerstoff ausgeschieden. Wasserstoff entweicht als Gas und wird anderweitig nicht gebraucht; der Sauerstoff dagegen oxydiert die als Anode dienende Bleiplatte zunächst zu Bleioxyd und dann zu Bleisuperoxyd. Bleisuperoxyd erkennt man an seiner dunkelbraunen Farbe. Ist das geschehen, so ist der Akkumulator, wie man sich ausdrückt, *geladen,* d. h. man kann ihn als Element benutzen, indem die Bleisuperoxydelektrode ein etwa 2 Volt höheres Potential besitzt als die reine Bleiplatte. Verbindet man die Pole des Elements durch irgendeinen Leiter, so wird jetzt der Sauerstoff als Ion in der entgegengesetzten Richtung wandern; die reine Bleiplatte wird zu Bleioxyd oxydiert und die Superoxydplatte wird zu Bleioxyd reduziert. Sobald beide Elektroden gleich werden, hört natürlich der Strom auf.

Die Elektrizitätsmenge, die von einem PLANTÉschen Akkumulator beim Entladen geliefert werden kann, ist natürlich um so größer, je mehr Bleisuperoxyd auf den Bleiplatten gesammelt werden kann. Man wird demnach die Oberfläche der Bleiplatte möglichst groß nehmen. Damit die Platten selbst dabei nicht zu schwer werden, macht man ihre Oberfläche möglichst uneben oder sogar porös. PLANTÉ hat gezeigt, daß man eine poröse Oberfläche erhält, wenn man den Akkumulator mehrere Male ladet und entladet. Die Oberfläche der Platte wird dabei immer mehr und mehr aufgelockert, und der Oxydationsprozeß kann mehr in die Tiefe der Platte eindringen, wodurch die Kapazität des Akkumulators beträchtlich vergrößert wird. Diesen Prozeß nannte PLANTÉ das *Formieren* der Platten.

**411. Die Methoden von FAURE, TUDORE und andere.** Statt die Bleiplatten für die Akkumulatoren elektrolytisch zu formieren, was eine lange Zeit in Anspruch nimmt, manchmal sogar mehrere Monate, und einen beträchtlichen Aufwand von Energie braucht, hat FAURE vorgeschlagen, auf die Bleiplatte eine Paste aus Mennige, d. h. aus einer Mischung von Bleioxyd und Bleisuperoxyd direkt aufzutragen. Damit die Paste sich besser hält, werden die Bleiplatten mit Rinnen versehen und mit einem wasserdurchlässigen Stoff bedeckt. Die FAUREsche Methode ist viel billiger als die PLANTÉsche Formierung, aber nicht so dauerhaft; die Paste löst sich sehr bald von den Bleiplatten ab. Jetzt verwendet man meistens ein von TUDORE vorgeschlagenes Verfahren, welches eine Kombination der PLANTÉschen mit der FAUREschen Methode bildet. Die positiven Elektroden werden aus gerippten Bleiplatten gebildet, die wie bei PLANTÉ formiert werden, aber nicht in einer Schwefelsäurelösung, sondern in chlorsauren und überchlorsauren Salzlösungen, was viel schneller erfolgen kann. Die negativen Platten werden wie bei FAURE mit Paste gefüllt, welche in die Hohlräume eines Bleigitters eingepreßt und dann noch mit perforiertem Bleiblech zugedeckt wird. Die Zusammenstellung der Paste und auch die Konstruktion der Bleiplatten variieren je nach der Fabrik.

Dank dieser Vervollkommnungen ist der Bleiakkumulator jetzt zu einer zuverlässigen und praktischen Elektrizitätsquelle geworden.

Außer der Regenerierung besitzt der Bleiakkumulator gegenüber anderen Elementen noch den Vorzug eines kleinen inneren Widerstands.

**412. Die Prozesse im Akkumulator.** Die chemischen Prozesse, welche beim Laden und Entladen eines Bleiakkumulators vorgehen, sind nicht so einfach, wie es beim ersten Blick scheinen kann. Schon beim Eintauchen der fertig formierten Platten in die Schwefelsäurelösung bildet sich zunächst auf ihren Oberflächen Bleisulfat ($PbSO_4$). Beim Laden wird die Schwefelsäure zersetzt, und durch den sich an der Kathode bildenden Wasserstoff wird Bleisulfat in reines Blei verwandelt, wobei sich wieder Schwefelsäure bildet. An der Anode kommt der Säurerest $SO_4$ an und ergibt mit Wasser und Bleisulfat Bleisuperoxyd und Schwefelsäure. Wir sehen daraus, daß beim Laden der Akkumulatoren die Schwefelsäurelösung konzentrierter wird. Bei der Entladung geht der Prozeß in umgekehrter Richtung vor sich, und die Lösung wird an Schwefelsäure ärmer.

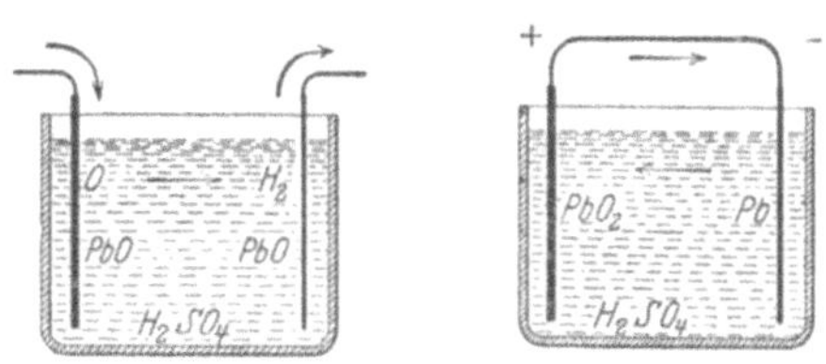


Abb. 341. Die Vorgänge beim Laden (a) und beim Entladen (b) eines Bleiakkumulators.

Beide Prozesse kann man in der folgenden chemischen Gleichung zusammenfassen:

$$PbO_2 + Pb + 2H_2SO_4 \underset{\text{Ladung}}{\overset{\text{Entladung}}{\rightleftarrows}} 2PbSO_4 + 2H_2O\,.$$

Die Änderung der Konzentration der Schwefelsäure kann man mit einem Areometer verfolgen. Nach der Ladung soll das spezifische Gewicht der Säurelösung 1,2 sein, nach der Entladung aber 1,15.

Die elektrischen Prozesse des Akkumulators kann man in folgender Weise schildern. Es sei uns für die Ladung eine elektromotorische Kraft $\mathcal{E}$ zur Verfügung gestellt und der totale Widerstand des Stromkreises sei $r$. Dann ergibt sich die Stromstärke beim Stromschluß

$$i_0 = \frac{\mathcal{E}}{r}.$$

Sobald der Akkumulator sich polarisiert hat und eine elektromotorische Kraft $e$ erreicht, erhalten wir eine kleinere Stromstärke

$$i_1 = \frac{\mathcal{E} - e}{r}.$$

Endlich beim Entladen durch einen Widerstand $r$ haben wir

$$i_2 = -\frac{e}{r}.$$

Die elektromotorische Kraft $e$ ist nicht völlig konstant. Bei Beginn der Ladung ist sie gleich 2,1 Volt und bleibt während der Ladung auf diesem Werte, um sich nur ganz am Ende schnell bis 2,7 zu vergrößern. Zu dieser Zeit sind die Platten mit Sauerstoff voll beladen, und es entsteht eine starke Gasausscheidung; man sagt dann: die Akkumulatoren fangen an zu kochen. Eine weitere Ladung der Akkumulatoren ist zwecklos. Beim Entladen erhalten wir umgekehrt zunächst ein schnelles Sinken der elektromotorischen Kraft von 2,7 bis 2,1 Volt, welche sehr lange konstant bleibt und nur am Ende wieder zu sinken anfängt. Man unterbricht zweckmäßig die Entladung bei 1,85 Volt.

Unter der Kapazität eines Akkumulators versteht man die Elektrizitätsmenge, die man beim Entladen des Akkumulators bis zu dieser Grenzspannung von 1,85 Volt erhält. Die elektrische Kapazität wird meistens in Amperestunden angegeben. Jede Amperestunde ist gleich 3600 Amperesekunden oder gleich 3600 Coulomb.

Der Nutzeffekt eines Akkumulators wird, ebenso wie die Kapazität, nach der Energie beurteilt, welche er liefern kann, bis er die Grenzspannung von 1,85 Volt erreicht. Dieser Nutzeffekt kann bei zweckmäßigen Ladungsbedingungen bis zu 0,85% sein.

**413. Die Konstruktion der Akkumulatoren.** Die Akkumulatorenplatten werden größtenteils in Glasgefäßen oder bei großen Akkumulatoren in hölzernen innen mit Blei ausgelegten Kästen angebracht. Die tragbaren Akkumulatoren werden auch in Zelluloidgefäße eingeschlossen, die nicht so zerbrechlich sind als die Glasgefäße. In jedem Gefäße stellt man mehrere Platten parallel zueinander, und zwar abwechselnd eine positive und eine negative Platte; die äußeren Platten sind immer negativ. Die Platten haben oben herausragende Vorsprünge, die es ermöglichen, sie auf die Gefäßränder aufzuhängen, damit sie nicht auf dem Boden des Gefäßes zu stehen kommen. Der Zweck solch einer Aufhängung der Platten ist die Vermeidung der Kurzschlüsse, welche beim Abfallen der aktiven Masse auf den Boden entstehen können. Den Abstand der Platten voneinander nimmt man etwa 1 bis 2 cm an. Die gleichartigen Platten in einem Akkumulator werden an eine gemeinsame Bleistange angelötet.

Die verschiedenen Akkumulatorentypen haben eine Kapazität von 5 bis 1000 Amperestunden. Auf jedes Kologrammgewicht der Platten kann man eine Kapazität von etwa 3,5 bis 6 Amperestunden rechnen. Bei einer Potentialdifferenz von 2 Volt ergeben sich also von 7 bis 12 Wattstunden auf jedes Kilo Bleiplatten. Dazu kommt noch das Gewicht der Gefäße und der Flüssigkeit. Im ganzen kann man etwa 10 Wattstunden auf ein Kilo Akkumulatorengewicht annehmen.

Die Kapazität hängt auch von der Entladestromstärke ab: bei verhältnismäßig kleiner Stromstärke kann sich die Kapazität um 25% größer ergeben. Tragbare Akkumulatoren macht man so leicht wie möglich, und man hat schon bis zu 30 Wattstunden auf ein Kilo erreicht. Die günstigste Stromstärke

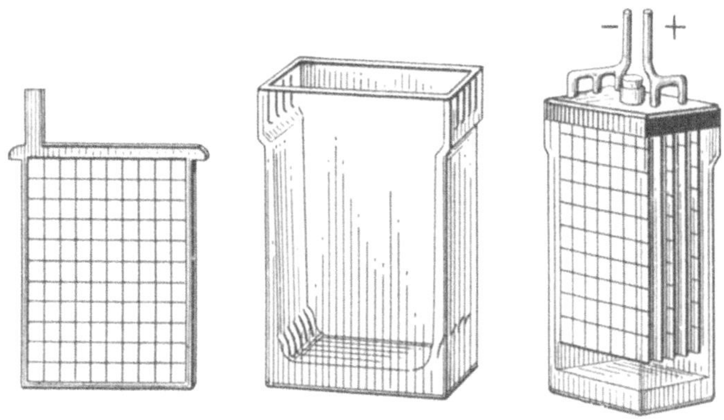


Abb. 342. Kleiner Akkumulator von Böse.

für einen Akkumulator ergibt sich aus der günstigen Stromdichte an der *positiven* Platte; man rechnet mit 0,5 Ampere auf ein Quadratzentimeter. Bei größeren Stromdichten erscheint die Gefahr des Ausfallens der aktiven Masse. Bei starken Entladungen und ungleichmäßiger Auflockerung ihrer Oberfläche können sich die Bleiplatten verbiegen. Man muß deshalb mit den Akkumulatoren vorsichtig umgehen und keine zu starken Ströme zulassen, sonst werden sie schnell verdorben. Namentlich bei zufälligen Kurzschlüssen können sehr starke Ströme entstehen, weil die Akkumulatoren einen sehr kleinen inneren Widerstand besitzen; bei großen Akkumulatoren mit mehreren parallel gestellten Platten kann der Widerstand sogar kleiner als 0,001 Ohm sein.

In der Abb. 342 ist ein kleiner tragbarer Akkumulator von Böse dargestellt von etwa 5 Amperestunden Kapazität, der oft für Meßzwecke benutzt wird; Abb. 342a ist seine negative Platte. Die Abb. 343 stellt einen viel größeren Akkumulator, der auf Porzellanfüßen isoliert aufgetstellt ist, dar.

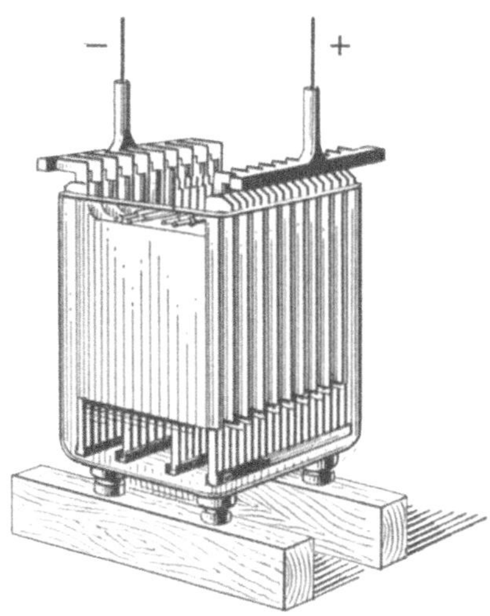


Abb. 343. Isoliert aufgestellter Akkumulator.

**414. Akkumulatorenbatterien.** Die Akkumulatoren werden größtenteils hintereinander geschaltet (Abb. 344), weil ihr Widerstand klein ist. Nur wenn die zur Ladung benutzte Elektrizitätsquelle keine genügend große elektromotorische

Kraft besitzt, um die ganze Batterie gleichzeitig zu laden, verwendet man auch eine Parallelschaltung. Bei dieser letzteren Schaltung muß aber darauf geachtet werden, daß alle Akkumulatoren sich gleichmäßig laden.

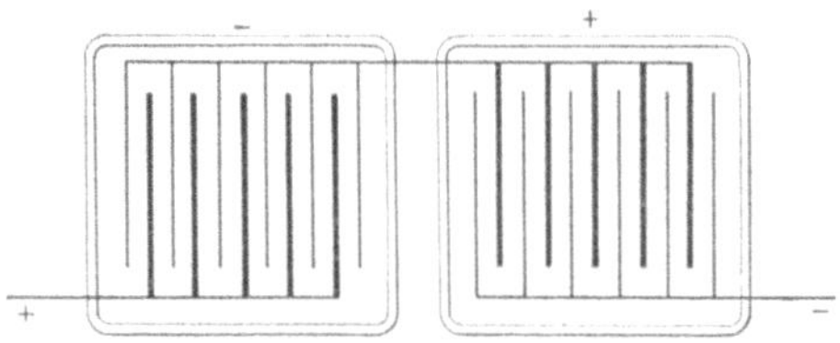

Abb. 344. Verbindung der Akkumulatorenplatten.

Die Akkumulatoren einer Batterie werden isoliert aufgestellt, damit keine Abzweigung des Stromes durch die Erde entstehen kann (Abb. 345). Sie müssen leicht zugänglich sein, denn der Zustand der Bleiplatten und die Konzentration der Schwefelsäurelösung müssen von Zeit zu Zeit kontrolliert werden. Die Reinheit dieser Lösung ist eine sehr wichtige Bedingung für eine lange Lebensdauer der Akkumulatorenbatterie. Da die Akkumulatoren beim Laden Wasserstoff entwickeln, muß der Laderaum gut ventiliert werden. Die Einzelheiten, wie man mit einer Akkumulatorenbatterie umgehen muß, kann man in jedem Prospekte der Akkumulatorenfabriken finden.

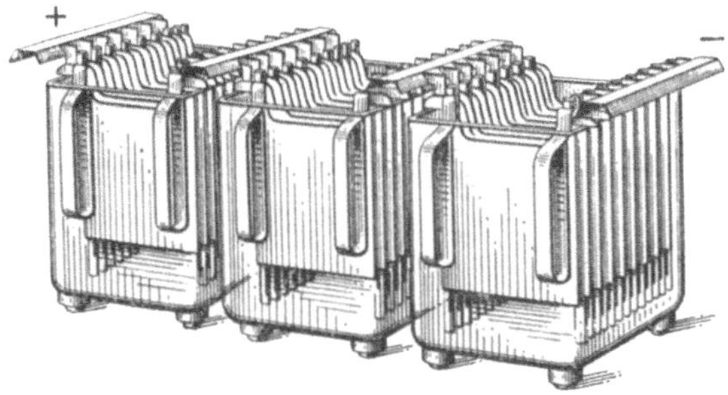

Abb. 345. Akkumulatorenbatterie.

Wir geben hier eine kurze Beschreibung einer Akkumulatorenanlage, in welcher die Akkumulatorenbatterie mit der Lademaschine einerseits und mit der Entladelinie anderseits verbunden werden kann.

In der Abb. 346 ist $CC$ die Akkumulatorenbatterie und $D$ eine ihr parallelgeschaltete Gleichstromdynamo. Die Entladeleitung ist oben bei $V$ gezeichnet.

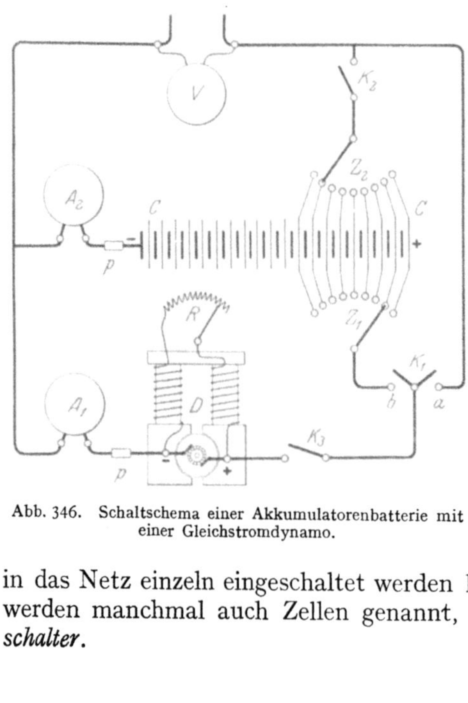

Abb. 346. Schaltschema einer Akkumulatorenbatterie mit einer Gleichstromdynamo.

Das Schema erlaubt folgende verschiedene Kombinationen:

a) Wird der Schlüssel $K_1$ auf $a$ geschlossen, so liefert den Strom in die Leitung die Gleichstromdynamo allein.

b) Wollen wir das Netz mit dem Akkumulatorenstrom speisen, so wird der Schlüssel $K_1$ ausgeschaltet und $K_2$ eingeschaltet. Damit die Potentialdifferenz $V$ im Netze stets auf derselben Höhe erhalten bleibt, auch wenn die Spannung der Akkumulatoren mit der Zeit nachläßt, fügt man zu der Batterie $C$ eine Anzahl Reserveakkumulatoren, welche durch die Kurbelschalter $Z_2$ in das Netz einzeln eingeschaltet werden können. Die einzelnen Akkumulatoren werden manchmal auch Zellen genannt, und die Kurbel $Z_2$ nennt man *Zellenschalter*.

c) Wird der Schlüssel $K_1$ auf $b$ gestellt, so können die Akkumulatoren mit dem Maschinenstrom geladen werden. Die Reserveakkumulatoren werden im allgemeinen weniger entladen sein als die Hauptbatterie; man ladet also zunächst die Hauptbatterie und fügt dann mit dem Zellenschalter $Z_1$ die Reserveakkumulatoren allmählich hinzu.

d) Man kann gleichzeitig die Maschine und die Akkumulatorenbatterie für die Netzspeisung verwenden, wenn man die Schlüssel $K_1$ und $K_2$ gleichzeitig einschaltet. Bei dieser Schaltung kann der Fall eintreten, daß bei kleiner Stromentnahme die Maschine das Netz speist und gleichzeitig die Akkumulatoren ladet. Bei großer Stromentnahme wird die Maschine von der sich entladenden Batterie unterstützt (Bufferbatterie).

Das Amperemeter $A_1$ zeigt den Maschinenstrom an, das Amperemeter $A_2$ erlaubt die Kontrolle des Akkumulatorenstroms, und das Voltmeter $V$ gibt die Arbeitsspannung des Netzes an. Damit keine übermäßig starken Ströme entstehen können, sind an mehreren Stellen Sicherungen $p$ eingeschaltet.

Alle diese Instrumente ebenso wie die Umschalter werden auf einer gemeinsamen Schalttafel aus Marmor oder einem anderen genügend isolierenden Material so montiert, daß sie bequem zu beobachten sind. Bei größeren Batterien werden noch andere Sicherheitsvorrichtungen verwendet, welche wir hier übergehen müssen.

**415. Berechnung einer Akkumulatorenbatterie.** Wir nehmen an, ein Gleichstromnetz soll mit 110 Volt gespeist werden. Da die Spannung eines jeden Akkumulators während der Stromentnahme bis zu einem Minimum von etwa 1,80 sinken kann, so brauchen wir

$$\frac{110}{1,8} = 60 \text{ Akkumulatoren.}$$

Die zur Ladung erforderliche Maschinenspannung berechnet sich nach der maximalen gegenelektromotorischen Kraft des Akkumulators von 2,75 Volt, also im ganzen $2,75 \cdot 60 = 165$ Volt.

Wenn die Akkumulatoren noch frisch geladen sind, so geben sie eine elektromotorische Kraft von 2,2 Volt; dann genügen für die 110 Volt nur 50 Akkumulatoren, die anderen 10 bleiben also in Reserve und werden an einen Zellenschalter angeschaltet.

Die Abmessungen eines jeden Akkumulators dieser Batterie richten sich nach der erforderlichen *maximalen* Stromstärke und nach der Entladungsdauer. Brauchen wir einen Maximalstrom von 100 Ampere, so muß die Elektrodenfläche eines jeden Akkumulators $100:0,5 = 200$ Quadratdezimeter haben. Die positiven Platten (Abb. 344) arbeiten nach beiden Seiten; es können also z. B. 4 positive Bleiplatten genommen werden, deren jede $50 \times 50$ cm, hat und 5 negative Platten von derselben Größe.

**416. Galvanoplastik und Galvanostegie.** Seit Jakobi (1837) benutzt man die Erscheinung der Elektrolyse, um metallische Abdrücke von plastischen Gegenständen zu erhalten. Zu diesem Zweck wird zunächst von dem betreffenden Gegenstande ein Abdruck aus irgendeinem weichen Material, wie Wachs, Stearin, Kautschuk usw., gemacht. Die Oberfläche des Abdrucks wird durch Anreiben mit Graphitpulver leitend gemacht. Die so erhaltene Matrize gebraucht man als Kathode in einer Kupfervitriollösung; als Anode dient dabei eine Kupferplatte. Da der Graphitüberzug einen ziemlich hohen Widerstand hat, so ist der Strom im Anfang sehr schwach, aber nachdem sich auf dem Graphit eine dünne Kupferschicht abgesetzt hat, wächst die Stromstärke und mit ihr auch die Abscheidungsgeschwindigkeit des Kupfers. Wenn die Kupferschicht eine genügende Dicke erreicht hat, nimmt man die Kathode aus der Lösung heraus und befreit sie von der Matrize. Man kann so einen getreuen Abdruck irgendeiner Medaille oder Münze erhalten.

Damit die Kupferschicht nicht zu spröde wird, muß die Stromdichte an der Kathode nicht zu groß gewählt werden. Bei sehr feinen Abdrücken nimmt man nicht mehr als 0,7 Ampere auf einen Quadratdezimeter.

Manchmal verfährt man so, daß man zuerst auf der Matrize einen dünnen Silberniederschlag durch Elektrolyse einer Silbernitratlösung herstellt, dann das Silber durch Begießen mit Jodlösung im Äther in Jodsilber verwandelt und endlich auf diesem Jodsilber eine dickere Schicht von Kupfer elektrolytisch niederschlägt. Bei diesem Verfahren läßt sich die Kupferschicht sehr leicht von der Matrize abtrennen, und dieselbe Matrize kann zur Verfertigung von mehreren Kopien dienen. So werden z. B. die Kupferklischees (Galvanos) für den Druck der Zeichnungen in Büchern gefertigt.

Will man irgendeinen metallischen Gegenstand mit einem feinen Überzug eines anderen, evtl. edleren Metalles bedecken (Galvanostegie), so benutzt man den Gegenstand selbst als Kathode in einer Lösung von dem Metall, aus welchem der Überzug bestehen soll. Die auf diese Weise erzielten galvanischen Vernicklungen, Versilberungen, Vergoldungen usw. werden jetzt oft angewandt. Als Elektrolyte benutzt man für die Vernicklung Nickelsulfat oder besser Nickel-Ammoniumsulfat, für die Versilberung und Vergoldung benutzt man zyanalkalische Bäder. Die wichtigste Bedingung für guten Erfolg bei allen diesen Arbeiten ist — die höchste Reinheit der zu bedeckenden Metalloberfläche. Das Metall muß sorgfältig vom Fett und von Oxydschichten gereinigt werden. Die Reinigung geschieht teils mechanisch, teils auch chemisch. Bei einigen Bädern ist es vorteilhaft, eine Temperatur von 60° zu unterhalten. Die Stromdichte darf 0,1 Ampere auf ein Quadratdezimeter nicht übersteigen. Auf andere rein praktische Einzelheiten können wir hier nicht eingehen.

**417. Elektrometallurgie.** Die Elektrolyse wird für verschiedene metallurgische Zwecke benutzt. Wir wollen hier nur die zwei wichtigsten Anwendungen erwähnen: die Kupferraffinierung und die Gewinnung des Aluminiums.

Kupfer wird nicht direkt aus seinen Erzen elektrolytisch ausgeschieden. Man hat es vorteilhafter gefunden, zunächst aus den Erzen das sog. Schwarz- oder Garkupfer auszuscheiden, welches die Metalle Fe, Ni, Ko, Ag, Au, Pb u. a. m. enthält, und dann das Schwarzkupfer zu reinigen (raffinieren). Zu diesem Zwecke werden Schwarzkupferanoden und Reinkupferkathoden in einer sauer gehaltenen Kupfervitriollösung eingetaucht, und ein elektrischer Strom durchgesandt. Die erforderliche Potentialdifferenz ist sehr klein, etwa 0,1 bis 0,2 Volt, und die Stromdichte kann bis zu 200 Ampere auf 1 $m^2$ gesteigert werden. Das reine, sog. *elektrolytische* Kupfer scheidet sich auf den Kupferkathoden ab, die anderen metallischen Verunreinigungen des Schwarzkupfers gehen in die Lösung ein oder fallen auf den Boden des Gefäßes ab.

Für die Gewinnung des Aluminiums kann man keine Wasserlösungen benutzen, denn die Aluminiumverbindungen sind schwer löslich; man ist also genötigt, die Salze dieses Metalls in geschmolzenem Zustande zu elektrolysieren. Als Schmelzöfen benutzt man Eisenblechkasten, welche innen mit erhärteter Kohlenpulverteermischung ausgestampft sind. Man füllt den Ofen mit Fluoraluminium und Fluornatrium (oder mit natürlichem Kryolith) und bringt starke Kohlestangen als Anoden hinein, wobei der Ofen selbst als Kathode dient. Zunächst läßt man die Anodekohlen bis auf den Boden des Ofens herab, wodurch ein Voltabogen gebildet wird, welcher den Inhalt des Ofens bis zu einer Temperatur von etwa 1000 erwärmt und die Salze schmilzt. Dann hebt man die Anoden in die Höhe und der elektrische Strom fängt an, die geschmolzenen Salze zu elektrolysieren; gleichzeitig wird durch die Stromwärme auch die Schmelztemperatur dauernd unterhalten. Das an der Anode sich ausscheidende Aluminium ist etwas schwerer als die Schmelze; es bleibt auf dem Boden des Ofens und kann durch entsprechend angebrachte Öffnungen abgeführt werden. In ähnlicher Weise erhält man auch Natrium und Magnesium.

# VII. Elektrischer Strom in Gasen.

## 1. Kathodenstrahlen.

**418. Einleitung.** Wir haben im vorigen Kapitel gesehen, daß die Stromleitung in den flüssigen und festen Elektrolyten durch die Bewegung der geladenen Ionen besorgt wird und da, wo keine Ionen vorhanden sind, wo keine elektrolytische Dissoziation der Materie stattgefunden hat, wird auch keine elektrische Leitfähigkeit beobachtet. In den Gasen hat man schon längst einen analogen Vorgang vermutet, aber es gelang weder das FARADAYsche Gesetz noch irgendeine Polarisation der Elektroden in den Gasen nachzuweisen.

Läßt man einen elektrischen Funken im Wasserdampf überspringen, so erhält man in der Tat eine Zersetzung des Wasserdampfs in Sauerstoff und Wasserstoff, aber die Menge des so erhaltenen Knallgases folgt nicht dem FARADAYschen Gesetze, ist nicht proportional der durchgegangenen Elektrizitätsmenge und hängt noch von vielen anderen Bedingungen ab, wie Stromstärke, Potentialdifferenz, Elektrodenabstand u. a. m. Außerdem kann auf die Dissoziation des Wasserdampfes auch die Funkenwärme selbst wirken.

Wollen wir aber auch bei den Gasentladungen einen Vorgang annehmen, welcher einer Elektrolyse analog ist, so entsteht sofort die Frage: Was für Ionen können denn in ganz reinen, elementaren Gasen gebildet werden? Man beobachtet ja elektrische Entladungen z. B. im Quecksilberdampf, im Helium, Argon usw.; alle diese Gase sind monomolekular, bestehen aus Atomen, die nicht weiter zerlegbar sind. In der letzten Zeit, dank den zahlreichen Untersuchungen, hauptsächlich von J. J. THOMSON und seine Schüler, wurde diese Frage endlich geklärt, und obgleich wir auch jetzt bei weitem nicht alle Erscheinungen der Gasentladungen lückenlos erklären imstande sind, stehen wir dennoch auf einer sicheren Grundlage. Das wichtigste Resultat der genannten Forscher, welches wir vor allem hervorheben wollen, besteht im folgenden.

Der elektrische Strom wird auch in den Gasen von wandernden Ionen erzeugt, aber indem die $\oplus$-Ionen meistens dieselben sind, die wir in den Elektrolyten treffen, tritt hier als $\ominus$-Ion die negative Elektrizität selbst, völlig frei von der Materie. Die Elektrizität besteht, wie wir wissen (S. 337, **388**), aus Atomen, und ein Atom negativer Elektrizität nennt man *Elektron*.

Ein weiterer Umstand, der die Deutung der verschiedenen elektrischen Erscheinungen bei den Gasen erschwerte, war ihre ungeheuere Mannigfaltigkeit und Unstabilität; verschiedene anscheinend nebensächliche Umstände können z. B. das äußere Aussehen einer Gasentladung völlig verändern. Wir haben schon erwähnt (S. 91, **106**), daß die Spitzenentladung in Form eines leuchtenden Büschels oder eines blauen Sternchens stattfindet (Elmsfeuer); bei größeren Potentialdifferenzen setzt ein Funke ein (Blitz), und endlich bei großen Stromdichten erhalten wir zwischen den Elektroden einen VOLTAschen Bogen. In den bekannten Geißlerröhren sind die Entladungserscheinungen noch mannigfaltiger, wie in ihrer Form, so auch in ihrer Farbe.

Bevor wir zu den Einzelheiten übergehen, wollen wir zunächst die Punkte hervorheben, in denen sich eine Gasentladung von der Elektrolyse der Flüssigkeit unterscheidet:

a) Die elektrische Leitfähigkeit der Gase wird ebenso wie die der elektrolytischen Lösungen durch die Gegenwart von Ionen bedingt, aber als negatives Ion erscheint in den Gasen größtenteils das *Elektron* selbst.

b) Die Reibung der Ionen, namentlich der Elektronen, im Gase ist im Vergleich mit der Flüssigkeitsreibung äußerst klein. Dank dem verhältnismäßig großen gegenseitigen Abstande der Moleküle in einem Gase können die Elektronen einen langen Weg ohne Zusammenstoß mit den Molekülen des Gases durchlaufen (große freie Weglänge); sie bewegen sich dabei geradlinig nach dem Trägheitsgesetze. In einem elektrischen Felde können sie sogar eine beschleunigte Bewegung erhalten. In den Flüssigkeiten konnten wir dagegen die Beschleunigung der Ionen im Vergleich zu der Reibung vernachlässigen (S. 340, **391**).

c) In den Elektrolyten wirkt das Lösungsmittel selbst ionisierend, und die Ionen sind größtenteils in großer Menge vorhanden. In den Gasen ist die Zahl der Ionen meistens sehr klein und man muß verschiedene Mittel, sog. *Ionisatoren*, anwenden, um die Gase zu ionisieren und leitend zu machen.

d) Die Ionisation der Gase kann durch Wirkung von Licht und Wärme hervorgebracht werden. Die Ionen bilden sich entweder im Gase selbst oder an der Oberfläche der Elektroden. Eine ganz eigentümliche Ionisation der Gase erfolgt durch den Stoß schnell bewegter Elektronen.

e) Gleichzeitig mit der Ionisation findet auch in den Gasen wie in den Elektrolyten eine Wiedervereinigung der entgegengesetzt geladenen Ionen statt, also eine Molisierung (S. 339, **390**). Dazu kommt noch die verhältnismäßig schnellere Diffusion der Ionen, ihre Fähigkeit, sich an ungeladenen Gasmolekülen und an die Gefäßwände anzusetzen.

Aus dieser kurzen Beschreibung der verschiedenen hier in Betracht kommenden Umstände sehen wir schon, daß die Elektrizitätsleitung in den Gasen viel komplizierteren Gesetzen folgen wird als in den elektrolytischen Flüssigkeiten. Um das Studium dieser Erscheinungen zu erleichtern, wollen wir mit den einfachsten anfangen, nämlich mit den Entladungen im höchst erreichbaren Vakuum.

**419. Kathodenstrahlen.** PLÜCKER (1859) hat die Entdeckung gemacht, daß bei der elektrischen Entladung durch eine hoch evakuierte Röhre die der Kathode gegenüberliegende Glaswand stark lumineszierт (aufleuchtet). Der Lumineszenzfleck verschiebt sich unter der Wirkung eines Magnets. HITTORF, GOLDSTEIN und CROOKES haben die PLÜCKERsche Entdeckung durch variierte Versuchsanordnungen weiter untersucht und kamen zum Schluß, daß die Lumineszenz der Glaswand durch eigenartige Strahlen verursacht wird, welche aus der Kathode herauskommen; GOLDSTEIN hat diese Strahlen *Kathodenstrahlen* genannt.

Die Kathodenstrahlen selbst sind nicht sichtbar, nur die Stellen der Glaswand, wohin sie treffen, verraten ihre Anwesenheit. Wenn das Vakuum in der Röhre nicht sehr hoch ist, so lumineszierт das Gas selbst unter der Wirkung der Kathodenstrahlen; dann kann man die Richtung der Strahlen auch im Inneren des Gefäßes verfolgen.

Die Kathodenstrahlen pflanzen sich geradlinig fort und stehen normal zu der Kathodenoberfläche. Ist die Kathode eben (Abb. 347), so verlaufen die Strahlen parallel; mit einer hohlen Kathode kann man die Strahlen in einen Punkt konzentrieren (Abb. 348). Befindet sich in diesem Punkte irgendein Körper, so wird er stark erwärmt; es kann z. B. eine Platinplatte durch Bestrahlung mit Kathodenstrahlen zum Schmelzen gebracht werden. Das zeigt uns, daß die Kathodenstrahlen große Energiemengen mit sich führen können.

Unter der Wirkung der Kathodenstrahlen lumineszieren sehr stark viele Körper: so leuchtet das Glas grünlich, die Kreide rötlich, Kalziumsulfat hellgrün usw.

Die Kathodenstrahlen üben auch chemische Wirkungen aus: die photographischen Platten und Papiere werden geschwärzt, Sauerstoff wird ozonhaltig, einige Kristalle (Steinsalz) erhalten eine blaue Farbe usw.

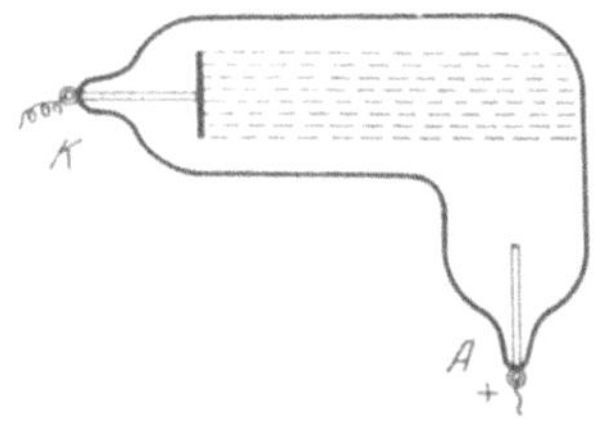


Abb. 347. Parallele Kathodenstrahlen.

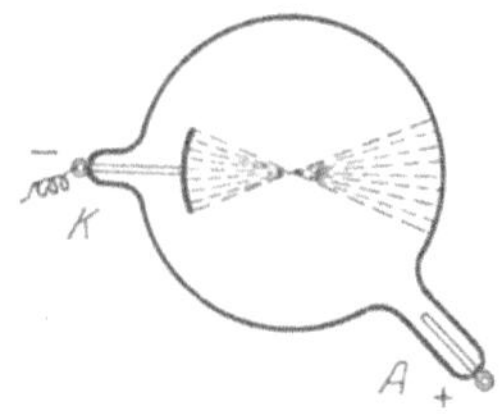


Abb. 348. Konzentration der Kathodenstrahlen.

Fast alle Körper sind für die Kathodenstrahlen undurchdringlich. In der bekannten CROOKESschen Röhre mit einem Aluminiumkreuz (Abb. 349) erhält man in dem Lumineszenzfleck der Gefäßwand einen dunklen Schatten, welcher die Form des Kreuzes wiedergibt.

Das zeigt uns, daß die Kathodenstrahlen das Aluminiumblech, aus welchem das Kreuz geschnitten ist, nicht durchdringen können. Ebensowenig können Kathodenstrahlen auch die für gewöhnliche Lichtstrahlen durchdringlichen Körper wie Glas durchdringen.

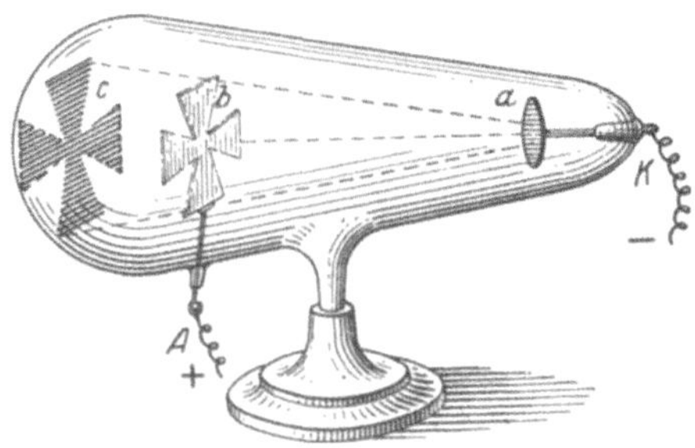


Abb. 349. CROOKESsche Röhre.

**420. Hypothese von CROOKES.** Aus seinen mannigfaltigen Versuchen hat CROOKES den Schluß gezogen, daß die Kathodenstrahlen aus schnell bewegten, negativ geladenen Teilchen bestehen. CROOKES sah sogar in diesen Teilchen einen vierten Aggregatzustand der Materie (die vier Aggregatzustände sind: fest, flüssig, gasförmig und strahlenförmig). CROOKES stützte seine Hypothese auf folgende Betrachtungen:

Unmittelbar an der Kathode, wo die Kraftlinien des elektrischen Feldes normal zu der Kathodenoberfläche gerichtet sind, bewegen sich die Kathodenteilchen unter der Wirkung des Feldes längs den Kraftlinien. Nachdem sie aber eine beträchtliche Geschwindigkeit und kinetische Energie erhalten haben, folgen sie nicht mehr den Kraftlinien, sondern fliegen geradlinig weiter nach dem Trägheitsgesetze. Man sieht auch in der Tat (Abb. 347 u. 348), daß die Richtung der Kathodenstrahlen von der Lage der Anode gar nicht abhängt.

Stoßen die Kathodenteilchen auf Moleküle des Gases oder der Gefäßwand oder auf irgendeinen anderen Körper, den sie auf ihrer Bahn treffen, so geben sie ihre kinetische Energie ab. Die abgegebene Energie äußert sich in der Erwärmung des betreffenden Körpers oder in der Lumineszenz oder endlich in chemischen Wirkungen. Daß die Kathodenstrahlen wirklich materielle Teilchen sind, suchte CROOKES durch den Versuch zu beweisen, indem er in der Nähe der Kathode ein Mühlrädchen aufstellte, welches tatsächlich beim Durchgang des elektrischen Stromes in Bewegung gesetzt wurde. Dieser Versuch läßt aber auch eine andere Deutung zu: Die Flügel des Rädchens werden durch die Kathodenstrahlen einseitig erwärmt; dadurch entstehen in der Röhre Gasbewegungen, welche das Rädchen auch in Bewegung setzen. CROOKES hat nämlich selbst einen Apparat erfunden, ein sog. Radiometer, welcher auch aus einem Mühlrädchen besteht, dessen Flügel einseitig geschwärzt sind; treffen Licht- oder Wärmestrahlen das Mühlrädchen, so fängt es an, sich zu drehen, und zwar um so schneller, je stärker die Wärmewirkungen der Strahlen sind. Nur im äußersten Vakuum fallen die Radiometerwirkungen weg. Der Versuch mit dem Mühlrädchen kann also nicht als Beweis für die materielle Natur der Kathodenstrahlen dienen.

Die stärkste Bestätigung seiner Korpuskularhypothese der Kathodenstrahlen sah CROOKES in der Ablenkung dieser Strahlen unter der Wirkung eines Magnets. Die Lichtstrahlen werden, wie bekannt, durch einen Magneten nicht abgelenkt. Die Ablenkung der Kathodenstrahlen erfolgt aber nach denselben AMPÈREschen Gesetzen, welche für einen konvektiven Strom *negativer* Elektrizität gelten. CROOKES hat auch gezeigt, daß die Kathodenstrahlen von einem negativ geladenen Körper abgestoßen werden und demnach selbst negativ geladen sein müssen.

**421. Versuche von PERRIN und J. THOMSON.** Ein direkter Beweis für die negative Ladung der Kathodenstrahlen ist von J. PERRIN erbracht worden. PERRIN stellte auf dem Wege der Kathodenstrahlen in einer evakuierten Röhre einen FARADAYschen Zylinder auf, welcher mit einem Elektroskope verbunden war (Abb. 350). Jedesmal, wenn in den Zylinder Kathodenstrahlen einfielen, zeigte das Elektroskop eine negative Ladung an.

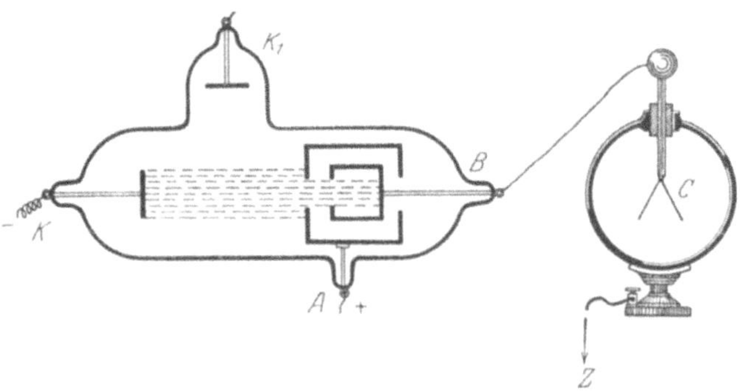


Abb. 350. Versuch von PERRIN.

J. J. THOMSON hat denselben Versuch noch so abgeändert, daß nicht $K$, sondern $K_1$ als Kathode genommen wurde; dann fielen die Kathodenstrahlen nicht unmittelbar in den Zylinder, und auch das Elektroskop zeigte keine Ladung an. Das Elektroskop wurde aber sofort geladen, sobald man durch einen Magnet die Kathodenstrahlen so ablenkte, daß wenigstens ein Teil von ihnen in den FARADAYschen Zylinder hineinfiel. Wir gehen jetzt zu den quantitativen Versuchen mit Kathodenstrahlen über.

**422. Ablenkung im elektrischen Felde.** In der Abb. 351 ist $K$ Kathode und $B$ Anode. Die Kathodenstrahlen treten durch eine Öffnung in der Anode in den Raum $A$ ein, in welchem zwischen den Platten $A_1$ und $A_2$ ein elektrisches Feld erzeugt wird. Unter der Wirkung dieses Feldes werden die Kathodenstrahlen abgelenkt. Die Ablenkung $a a_1$ kann auf einem Fluoreszenzschirm oder auf einer photographischen Platte beobachtet und gemessen werden.

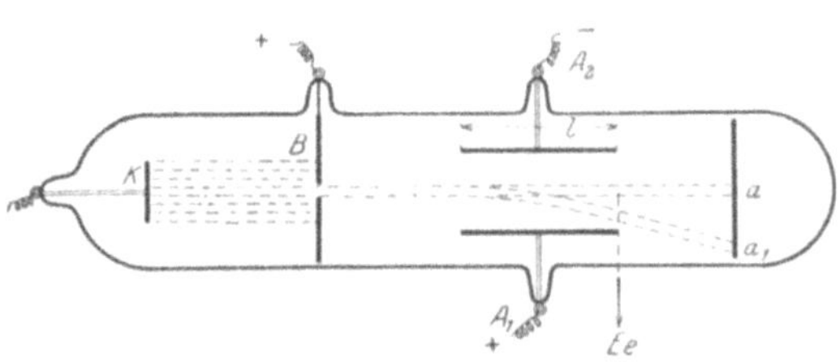


Abb. 351. Ablenkung der Kathodenstrahlen im elektrischen Felde.

Der Raum $A$ muß bei diesen Versuchen möglichst gasfrei gehalten werden, damit die durch die Gasreste bewirkte Leitfähigkeit das elektrostatische Feld zwischen $A_1$ und $A_2$ nicht störe.

Bezeichnen wir die Feldstärke zwischen $A_1$ und $A_2$ mit $E$, so wird die Kraft auf das Elektron $e$ gleich $Ee$ sein und die Beschleunigung, bei einer Masse $m$, wird

$$a = \frac{eE}{m}.$$

Bewegt sich das Elektron mit der Geschwindigkeit $v$, und ist $l$ die Weglänge im elektrischen Felde, so haben wir

$$l = vt.$$

Die Verhältnisse hier sind analog denen beim Horizontalwurf eines Körpers auf der Erde: in horizontaler Richtung ist eine konstante Geschwindigkeit gegeben und senkrecht dazu eine konstante Kraft; die resultierende Bewegung erfolgt längs einer Parabelkurve. Folglich wird auch der Kathodenstrahl im elektrischen Felde eine Parabel beschreiben, und die Ablenkung des Strahles im Bereiche des elektrischen Feldes wird

$$s = \frac{at^2}{2} = \frac{eE}{m}\,\frac{l^2}{2v^2}.$$

woraus wir die Formel erhalten

$$\frac{e}{m}\cdot\frac{1}{v^2} = \frac{2s}{El^2}.$$

Die Größe $s$ läßt sich nach der auf dem Schirme gemessenen Ablenkung $aa_1$ berechnen, und alle anderen rechts stehenden Größen sind leicht zu bestimmen. Es bleiben also links drei unbekannte $e$, $m$ und $v$.

**423. Ablenkung im magnetischen Felde.** Wir wiederholen den Versuch, indem wir statt des elektrischen Feldes ein magnetisches Feld auf die Kathodenstrahlen wirken lassen. Das Magnetfeld sei normal zu unserer Zeichnung (Abb. 352), und zwar von uns ab gerichtet. Dann werden die Kathodenstrahlen, welche einen Strom *negativer* Elektrizität von $K$ zu $a$ vorstellen und also einem positiven Strome von $a$ zu $K$ äquivalent sind, nach der Rechtsschraubenregel (S. 205, **248** und S. 208, **250**), bei uns nach unten abgelenkt. Die dabei eintretende Verschiebung des Lumineszenzfleckes auf dem Schirme können wir wieder messen.

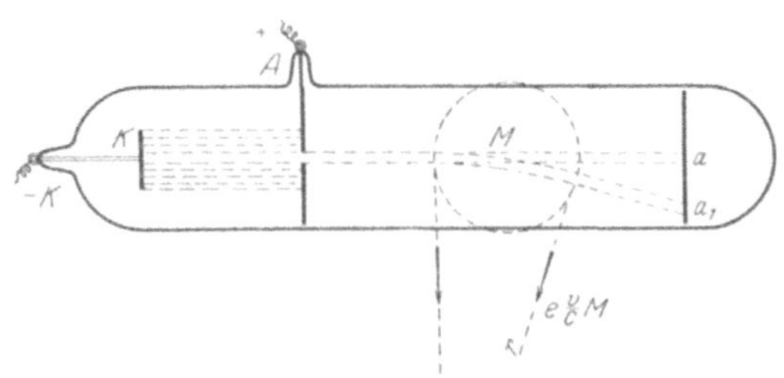

Abb. 352. Ablenkung der Kathodenstrahlen im magnetischen Felde.

Im vorigen Falle bei der Wirkung eines elektrischen Feldes war die Beschleunigung in der Feldrichtung $A_1A_2$, weshalb die Teilchen bei ihrer Bewegung eine Parabel beschrieben haben, ganz analog einem Horizontalwurf unter der Wirkung der Schwere. Das Magnetfeld wirkt anders, nämlich stets *normal zu der stattfindenden Bewegung;* diese Wirkung kann mit einer Zentripetalkraft verglichen werden. Aus diesem Grunde werden die Kathodenteilchen im Magnetfelde keine Parabel, sondern einen Kreisbogen beschreiben, für welchen die Zentripetalkraft, wie bekannt, sich durch die Masse und Geschwindigkeit so ausdrückt

$$F = \frac{mv^2}{r}.$$

Setzen wir das der Kraftwirkung des magnetischen Feldes gleich, so erhalten wir

$$\frac{ev}{c}M = \frac{mv^2}{r},$$

woraus folgt

$$\frac{e}{m} \cdot \frac{1}{v} = \frac{1}{r M c}.$$

In dieser Gleichung stehen rechts Größen, die man aus den Versuchen selbst entnehmen kann; den Halbmesser $r$ kann man aus der gemessenen Ablenkung $aa$ leicht berechnen. Es bleiben also als Unbekannte $e$, $m$ und $v$.

**424. Bestimmung der Geschwindigkeit und der spezifischen Ladung der Kathodenteilchen.** Für die Bestimmung der Geschwindigkeit der Kathodenteilchen sind von J. J. THOMSON und von WIECHERT spezielle Methoden ersonnen und durchgeführt, und wie jede direkte Methode haben sie eine prinzipielle Bedeutung. Aber leider erlauben diese Methoden keine große Genauigkeit zu erzielen. Außerdem hat sich herausgestellt, daß die Geschwindigkeit der Kathodenstrahlen keine konstante Größe ist, wie z. B. die Lichtgeschwindigkeit; sie variiert nicht nur bei verschiedenen Versuchsbedingungen, sondern sogar in ein und demselben Kathodenstrahl können Kathodenteilchen von verschiedener Geschwindigkeit enthalten sein.

Die Formeln der vorigen zwei Paragraphen zeigen uns, daß man aus den beobachteten Ablenkungen des Kathodenstrahles im elektrischen und magnetischen Felde *zwei* Größen bestimmen kann: erstens die Geschwindigkeit $v$ der Kathodenstrahlen und zweitens das Verhältnis ihrer Ladung zu ihrer Masse $e/m$.

Derartige Versuche haben die direkten Bestimmungen der Geschwindigkeit von WIECHERT und THOMSON im allgemeinen bestätigt und noch außerdem gezeigt, daß in einem und demselben Kathodenstrahl gleichzeitig Kathodenteilchen enthalten sind, welche verschiedene Geschwindigkeiten besitzen. Das kann man schon aus dem Umstande schließen, daß der abgelenkte Strahl auf dem Schirme nicht einen Punkt bildet wie der ursprünglich unabgelenkte Strahl, sondern eine in der Richtung der Ablenkung ausgezogene Linie. Je größer nämlich die Geschwindigkeit der Teilchen, desto kleiner wird ihre Ablenkung.

Für uns genügt es, die Größenordnung dieser Geschwindigkeiten zu kennen. In Vakuumröhren erhält man meistens Geschwindigkeiten der Kathodenstrahlen von der Größe von 0,1 bis 0,6, Teile der Lichtgeschwindigkeit, also durchschnittlich etwa $10^{10}$ cm/sec. Was aber das Verhältnis der Ladung zu der Masse oder wie man es nennt, die *spezifische Ladung* der Kathodenteilchen anbelangt, so ergibt sich das bemerkenswerte Resultat, daß sie unter allen Bedingungen stets dieselbe Größe hat, nämlich

$$e/m = 1{,}776 \cdot 10^7 \text{ CGS-M.}$$

Wir werden sehen, daß dieselbe spezifische Ladung der negativen Elektrizität auch bei ganz anderen Versuchsbedingungen sich ergibt. Wir schließen daraus, daß alle Atome der negativen Elektrizität, d. h. alle Elektronen, dieselbe Beschaffenheit haben. Ein Resultat von außerordentlicher Tragweite.

**425. Energie der Kathodenteilchen.** Unter der Wirkung des elektrischen Feldes erhalten die Kathodenstrahlen in Vakuumröhren eine Beschleunigung und einen Zuwachs an kinetischer Energie. Bezeichnen wir mit $e$ die Ladung und mit $E$ die Feldstärke, so ist $eE$ die Kraft und $eEl$ die Arbeit dieser Kraft auf dem Wege $l$. Diese Arbeit können wir viel allgemeiner und einfacher durch $Ve$ ausdrücken, wo $V$ die von den Strahlen durchlaufene Potentialdifferenz bedeutet. Da in gut evakuierten Röhren keine Verluste anzunehmen sind, denn die Kathodenstrahlen können da große Weglängen durchlaufen, ohne auf Moleküle zu treffen, so können wir diese Arbeit dem Zuwachs der kinetischen Energie der Elektronen gleichsetzen:

$$\varepsilon_\varkappa = eV = \frac{mv^2}{2}.$$

Ist uns die Potentialdifferenz $V$ bekannt, so erhalten wir für die Geschwindigkeit

$$v = \sqrt{2\frac{e}{m}} \cdot \sqrt{V}.$$

Nun ist die spezifische Ladung für alle Elektronen dieselbe

$$\frac{e}{m} = 1{,}776 \cdot 10^7 \cdot \text{CGS-M}$$

und, wenn wir die Potentialdifferenz in praktischen Einheiten, d. h. in Volt $= 10^8$ CGS-M ausdrücken, so können wir schreiben

$$v = 5{,}86 \cdot 10^7 \cdot \sqrt{V}.$$

Wir sehen, daß einer gegebenen durchlaufenen Potentialdifferenz eine ganz bestimmte Geschwindigkeit der Elektronen entspricht. Man hat es deshalb bequem gefunden, statt der Geschwindigkeit der Elektronen die ihr entsprechende Voltzahl anzugeben. Man spricht oft von einer Geschwindigkeit von 1 Volt, 10 Volt usw.

Da diese Ausdrucksweise jetzt sehr oft gebraucht wird, geben wir hier, außer der soeben angeführten Formel, noch eine kleine Tabelle, wo einige Potentialdifferenzen und die ihnen entsprechenden Geschwindigkeiten der Kathodenstrahlen direkt angegeben sind:

| | | | |
|---|---|---|---|
| 1 Volt . . . | $5{,}86 \cdot 10^7$ | 100 Volt . . . | $5{,}86 \cdot 10^8$ |
| 5 „ . . . | $1{,}31 \cdot 10^8$ | 1000 „ . . . | $1{,}88 \cdot 10^9$ |
| 10 „ . . . | $1{,}88 \cdot 10^8$ | 10000 „ . . . | $5{,}86 \cdot 10^9$ |
| 50 „ . . . | $4{,}14 \cdot 10^8$ | 100000 „ . . . | $1{,}88 \cdot 10^{10}$. |

Für noch größere Potentialdifferenzen verliert unsere Formel ihre Gültigkeit, weil bei Geschwindigkeiten, welche sehr nah an der Größe der Lichtgeschwindigkeit liegen, die Veränderlichkeit der Masse des Elektrons sich schon bemerkbar machen wird (S. 319, **367**).

Wir werden im Kapitel VIII sehen, daß die radioaktiven Körper Elektronen aussenden, die eine Geschwindigkeit bis zu 0,99 Teilen der Lichtgeschwindigkeit besitzen können, und für sie ist die Abhängigkeit der Masse von der Geschwindigkeit in der Tat nachgewiesen worden.

**426. Versuche von P. Lenard.** H. Hertz hat bemerkt, daß sehr dünne Aluminiumfolien (etwa 0,003 mm) die Kathodenstrahlen in merklicher Menge durchlassen, und Lenard hat diesen Umstand benutzt, um die Strahlen aus dem Entladungsrohr herauszuführen und ihre Eigenschaften außerhalb des Entladungsraumes bei verschiedenen Versuchsbedingungen zu untersuchen. Die Lenardsche Versuchsanordnung ist in der Abb. 353 schematisch dargestellt. Zwei Röhren $A$ und $B$ sind miteinander verkittet. In der Röhre $A$ werden die Kathodenstrahlen erzeugt, wobei der Zylinder $aa$ als Anode dient. Im Zylinderboden $aa$ ist eine kleine Öffnung gemacht und mit einer 0,003 dicken Aluminiumfolie zugeklebt; das ist das sog. Lenardsche Aluminiumfenster. Durch die Aluminiumfolie werden die beiden Räume $A$ und $B$ voneinander getrennt und können mit verschiedenen Gasen und unter verschiedenen Drucken gefüllt werden. Damit aber die Aluminiumfolie durch die Druckdifferenz in beiden Räumen nicht verletzt wird, ist die Öffnung des Aluminiumfensters möglichst klein genommen; sie hat einen Durchmesser von etwa 1,5 mm.

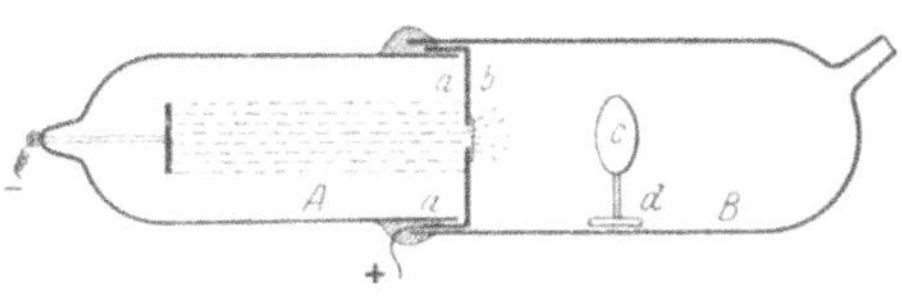

Abb. 353. Versuch von Lenard.

Zuweilen benutzt man auch mehrere nah aneinanderliegende kleine Öffnungen. Die Kathodenstrahlen gelangen durch das Aluminiumfenster in die Röhre *B*, wo ein kleiner Lumineszenzschirm *d* aufgestellt ist, der die Ausbreitung der Kathodenstrahlen in der Röhre zu verfolgen erlaubt. Der Schirm besteht aus einem mit irgendeiner lumineszierenden Substanz, z. B. mit Bariumplatinzyanürkristallen bedeckten Glimmerblättchen und ist auf einem kleinen Eisengestell befestigt. Vermittels eines Magnets kann man von außen das Gestell mit dem Schirm verschieben und in verschiedenen Entfernungen vom Fenster *b* aufstellen.

Die Versuche von LENARD haben gezeigt, daß die Kathodenstrahlen sich im Vakuum ganz ungehindert ausbreiten; LENARD konnte ihre Lumineszenzwirkung in einer Entfernung von mehreren Metern vom Aluminiumfenster nachweisen. In den dichteren Gasen werden aber die Kathodenstrahlen zerstreut oder diffus nach allen Seiten reflektiert. Bei einem Druck von etwa einer Atmosphäre sind die Kathodenstrahlen nur in unmittelbarer Nähe des Aluminiumfensters bemerkbar. Im allgemeinen werden die Kathodenstrahlen desto mehr in ihrer Ausbreitung verhindert, je dichter das Gas in der Röhre *B* ist.

Man unterscheidet bei den Kathodenstrahlen erstens die *Absorption*, d. h. die Verminderung ihrer lumineszierenden Wirkung mit der Fortschreitung in irgendeinem Gase. Gleichzeitig mit der Absorption beobachtet man auch eine *Diffusion*, d. h. eine unregelmäßige Reflexion der Kathodenstrahlen von den einzelnen Gasmolekülen nach allen Seiten.

Die Absorption kann durch zwei Umstände bedingt sein: durch Verminderung der Geschwindigkeit und durch Verminderung der Zahl der Kathodenteilchen. LENARD hat gefunden, daß bei kleinen Geschwindigkeiten die Absorption der Elektroden in einem Gase nur von dem Querschnitt der Moleküle des Gases abhängt und umgekehrt proportional dem Druck des Gases ist. Da die Querschnitte der Moleküle aller Gase voneinander wenig verschieden sind, so bleibt das Verhältnis der Absorption $a$ zum Druck $p$ für alle Gase annähernd konstant.

Bei großen Geschwindigkeiten, schon von etwa 1000 Volt an, wird aber das Verhältnis $a/p$ merklich kleiner. Bei 35000 Voltgeschwindigkeiten wird das genannte Verhältnis schon 5000mal kleiner und die sog. frei durchlaufende Weglänge 5000mal größer, als es nach der Größe der Querschnitte der Moleküle zu erwarten wäre. Daraus hat LENARD geschlossen, daß die Elektronen bei großen Geschwindigkeiten die Moleküle durchdringen können, und daß die Moleküle nicht mit Materie ausgefüllt sind, sondern aus einzelnen Kraftzentren (Dynamiden) bestehen, zwischen denen die Elektronen bei großen Geschwindigkeiten durchfliegen können, ohne von ihrer Bahn merklich abgelenkt zu werden. Aus seinen Versuchsergebnissen hat LENARD sogar die Halbmesser dieser Dynamiden zu berechnen versucht und fand sie von der Größenordnung $10^{-11}$ cm. Wir erwähnen hier diese Betrachtungen von LENARD, weil sie später von RUTHERFORD bei ganz anderen Versuchen (Kap. VIII) im Prinzip bestätigt worden sind.

**427. Photoelektronen.** Wie wir schon erwähnt haben, können die Kathodenstrahlen nicht nur bei elektrischen Entladungen, sondern auch durch Lichtwirkung erzeugt werden. Bei seinen Versuchen mit elektrischen Strahlen (III. Teil) hat H. HERTZ unter anderem bemerkt, daß ein elektrischer Funke leichter entsteht, wenn die Funkenstrecke belichtet wird, und daß die ultravioletten Strahlen in dieser Beziehung wirksamer sind als das gewöhnliche sichtbare Licht. Bald darauf hat W. HALLWACHS gezeigt, daß diese Erscheinung hauptsächlich von der Belichtung der Kathode abhängt. Die späteren Untersuchungen von STOLETOFF, ELSTER und GEITEL, LENARD u. a. haben festgestellt, daß die Metalle die Fähigkeit haben, unter der Wirkung von Lichtstrahlen Kathodenteilchen, d. h. Elektronen, auszusenden. Man nennt diese Erscheinung *Photoelektrizität*. Der photoelektrische Effekt hängt vom Materiale der belichteten Platte ab. Im allgemeinen ist der Effekt um so größer, je elektropositiver das Metall ist; sehr empfindlich sind Na, K, Cs, Rb.

Die Erscheinung läßt sich auch leicht demonstrieren. Eine reine (amalgamierte) Zinkplatte wird mit einem Elektroskope leitend verbunden und negativ geladen. Bei Belichtung der Platte mit einer Bogenlampe, deren Licht viel ultraviolette Strahlen enthält, wird das Elektroskop sofort entladen. Ladet man aber die Platte positiv, so bleibt die Belichtung vollständig ohne Wirkung.

Auch eine ungeladene Zinkplatte verliert bei der Belichtung *negative* Elektrizität, d. h. ladet sich *positiv* bis zu einem Potential von etwa 1 Volt; für die Demonstration dieser Erscheinung braucht man schon ein empfindlicheres Elektroskop.

Befindet sich die Metallplatte in einer Vakuumröhre, so erhält man dieselben Erscheinungen, nur erfolgt die Aufladung viel schneller; offenbar können die Elektronen im Vakuum viel leichter von der Metallplatte entweichen als in einer Gasatmosphäre.

Je stärker die Belichtung, desto stärker ergibt sich der photoelektrische Strom. Die Versuche mit der Ablenkung der photoelektrischen Teilchen im elektrischen und magnetischen Felde (vgl. S. 368) haben für ihre spezifische Ladung $e/m$ denselben Wert ergeben wie für Kathodenstrahlen in Vakuumröhren. Wir haben also hier wieder dieselben *Elektronen*. Was aber die Geschwindigkeit der Photoelektronen anbelangt, so ergab sich, daß sie gar nicht von der Lichtstärke abhängt, sondern lediglich von der Wellenlänge des angewandten Lichtes. Je kleiner die Wellenlänge, desto größer ergibt sich auch diese Geschwindigkeit. Wenn wir also beobachten, daß mit der Lichtstärke der photoelektrische Strom wächst, so müssen wir annehmen, daß die Lichtstärke nur die *Zahl* der ausgesandten Elektronen bedingt, nicht aber ihre Geschwindigkeit.

Die Versuche von LADENBURG haben gezeigt, daß bei der Belichtung einer Platinplatte mit ultraviolettem Lichte mit den Wellenlängen von 0,25 $\mu$ bis 0,20 $\mu$ die Kathodenstrahlen eine Geschwindigkeit von $0{,}6 \cdot 10^8$ cm/sec besitzen. Sehr genaue Versuche mit Photoelektronen sind von MILLICAN angestellt worden, worüber wir im III. Teil dieses Buches bei der Besprechung der Quantentheorie berichten werden. Die größten Geschwindigkeiten der Photoelektronen erhält man bei Belichtung mit Röntgenstrahlen, deren Wellenlänge, wie wir jetzt wissen, noch 1000mal kleiner sein kann als die der ultravioletten Strahlen.

Die allgemeine Regel, daß die Geschwindigkeit der Photoelektronen umgekehrt proportional der Wellenlänge der wirkenden Strahlen ist, erleidet bei einigen Körpern eine Ausnahme. So erhält man bei Bestrahlung einer Rubidiumplatte mit gelbem Licht einen stärkeren Photostrom als bei Bestrahlung mit blauem Licht.

Sehr stark sind sie Photoeffekte bei Kalium und Natrium. ELSTER und GEITEL haben gefunden, daß bei Kalium die Lichtwirkung etwa 12mal stärker ist, wenn das elektrische Feld des Lichts normal zur belichteten Oberfläche eingestellt wird, als wenn es tangential wirkt. In diesem Falle ist also nicht die Wellenlänge allein, sondern auch die Richtung der Lichtschwingungen relativ zu der Metalloberfläche maßgebend. Wenn das elektrische Feld der Strahlen normal zur Metalloberfläche gerichtet ist, so findet man für Kalium und Natrium ein Maximum der photoelektrischen Wirkung bei der Wellenlänge $\lambda = 0{,}4\ \mu$ (blau) und eine schwächere Wirkung bei größeren und kleineren Wellenlängen, was auf eine Resonanzerscheinung zu deuten scheint. Analoge Resultate erhält man bei Rubidium, wo das Maximum bei 0,47 (grün) liegt und bei Barium bei 0,28 (ultraviolett).

Die photoelektrischen Erscheinungen stehen im engen Zusammenhang mit der durch das Licht hervorgebrachten Lumineszenz und auch mit den chemischen Wirkungen des Lichtes.

Lenard, welcher außer den photoelektrischen Erscheinungen auch die Erscheinungen der Photolumineszenz eingehend experimentell untersucht hat, hat die Hypothese aufgestellt, daß die Photolumineszenz nicht direkt durch die Lichtstrahlen erzeugt werde, sondern daß primär eine photoelektrische Wirkung eintritt, wodurch die Elektronen von den Atomen und Molekülen des Körpers abgetrennt werden, und dann erst, wenn diese Elektronen zu ihren Molekülen wieder zurückkehren, eine Lumineszenz, d. h. eine Lichterscheinung, erregt wird. Die weiteren Versuche in dieser Richtung haben die Hypothese von Lenard im allgemeinen bestätigt.

**428. Thermoelektronen.** Schon längst wurde beobachtet, daß ein glühender Körper seine elektrische Ladung schnell verliert. Bei einer Temperatur von 300° fängt eine erhitzte Metallkugel an, ihre *positive* Ladung zu verlieren. Aber diese Erscheinung ist keine spezifische Eigenschaft des Metalles der Kugel, sondern hängt wesentlich von dem umgebenden Gase ab. Außerdem ist die Erscheinung nicht beständig, man bemerkt nach einiger Zeit einen verminderten Elektrizitätsverlust, eine sog. Ermüdung.

Viel regelmäßiger verläuft die Erscheinung bei *negativer* Ladung; sie hängt wenig von dem umgebenden Gase ab und zeigt keine Ermüdung. Schon Edison hat in den alten Kohleglühlampen bemerkt, daß, wenn man in die Glasbirne einer Kohleglühlampe eine Hilfselektrode einschmilzt, beim Glühen des Kohlefadens aus dieser Elektrode nach außen ein negativer Strom erhalten werden kann, was man leicht mit einem Milliamperemeter nachweist. Die Versuche von Wehnelt und J. Thomson haben gezeigt, daß in der Tat dieser Strom durch Elektronen erzeugt wird, die von dem glühenden Körper ausgesandt werden. Die spezifische Ladung dieser Teilchen ist dieselbe wie bei den Elektronen in den Entladungsröhren und wie bei den Photoelektronen.

Zahlreiche Untersuchungen über Thermoelektronen hat O. W. Richardson angestellt und auch die erste Theorie für diese Erscheinung gegeben. Richardson betrachtet die Aussendung der Elektronen als eine Art Dissotiation oder Verdampfung der in dem Metalle sich befindenden Elektronen, und erhält für die Zahl der in der Zeiteinheit von einem Quadratzentimeter der Metalloberfläche emittierten Elektronen

$$i = a\sqrt{\vartheta}\,e^{-\frac{b}{\vartheta}}\,.$$

Hier sind $a$ und $b$ zwei Koeffizienten, welche vom Material des glühenden Körpers abhängen; $e$ ist die Grundzahl der natürlichen Logarithmen, und $\vartheta$ die absolute Temperatur.

Da die meisten in der Praxis gebrauchten Glühkathoden aus Wolfram gemacht werden, weil eben Wolfram sehr hohe Glühtemperaturen aushalten kann ohne zu schmelzen und ohne zu verdampfen (bis zu 2500°), so geben wir die Zahlenwerte dieser Konstante für Wolfram

$$a = 2{,}36 \cdot 10^2\,\frac{\text{mA}}{(\text{mm})^2}\,, \qquad b = 5{,}25 \cdot 10^4\,.$$

Mit diesen Konstanten erhält man die Stromdichte $i$ ausgedrückt in Milliampere auf ein Quadratmillimeter der glühenden Wolframoberfläche. Zeichnet man die Größe der maximalen Stromdichte $i$ in Abhängigkeit von der Temperatur für Wolfram, so erhält man eine sehr stark ansteigende Kurve. Bei

Erhöhung der Temperatur von 2000° bis 2100°, also nur um etwa 5%, erhält man schon eine vierfache maximale Stromdichte von der Glühkathode. Bei einer Temperatur von $\vartheta = 2300°$ (absolut) kann man von jedem Quadratmillimeter der Oberfläche eines Wolframdrahtes einen Strom von etwa 0,10 Milliampere erhalten.

Wehnelt hat gefunden, daß, wenn man Glühkathoden aus den Oxyden der Erdalkalien von Barium, Strontium und Kalzium gebraucht, eine viel größere Elektronenmenge erhalten werden kann als bei Metallkathoden. Leider sind diese Wehneltkathoden nicht haltbar genug und haben bis jetzt keine praktische Verwendung gefunden.

**429. Vakuumröhren mit Glühkathode.** In der letzten Zeit werden sehr oft hochevakuierte Röhren gebraucht, in denen der Stromdurchgang ausschließlich von Elektronen besorgt wird, und die dazu nötigen Elektronen werden von glühenden Kathoden geliefert.

Ein Glasrohr $AB$ (Abb. 354) sei möglichst vollständig evakuiert. Durch die modernen Mittel kann ein Vakuum von etwa ein Millionstel Millimeter Quecksilbersäule oder ein Milliardstel Atmosphäre erhalten werden. Das Evakuieren allein genügt noch nicht, um die Röhre auch während des Betriebes eine längere Zeit gasfrei zu erhalten; es müssen außerdem die Gasreste, welche an der Röhrenwand haften oder in den Metallelektroden absorbiert sind, durch Erhitzung auf etwa 400° und darüber entfernt werden.

In der Röhre sind zwei Elektroden eingeschmolzen: die Anode $A$ ist eine Platte aus Nickel oder Eisen, die Kathode $K$ ein dünner Wolframdraht, welcher durch eine Hilfsbatterie $e$ im glühenden Zustande erhalten werden kann. $E$ ist eine Batterie von etwa 100 Volt und $M$ ein Milliamperemeter; statt einer Batterie kann als Stromquelle auch ein Potentiometer (S. 136, **163**) genommen

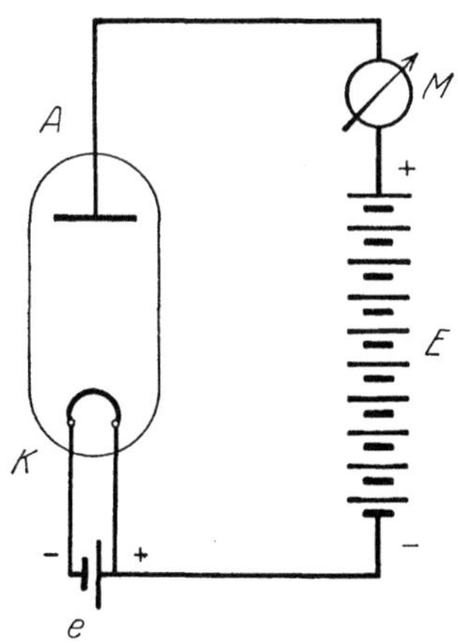


Abb. 354. Schema einer Glühkathodenröhre.

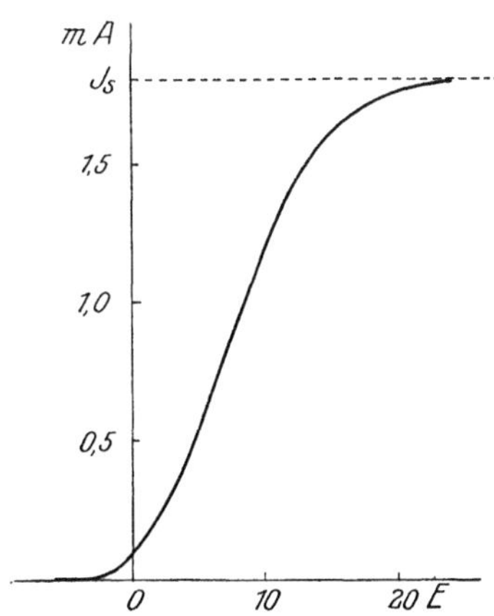


Abb. 355. Charakteristik einer Glühkathodenröhre.

werden, um verschiedene Potentialdifferenzen zwischen $A$ und $K$ herzustellen. Ist die Röhre gut evakuiert, so kann bei kalter Kathode sogar eine Potentialdifferenz von mehreren Tausenden Volt keinen Strom erzeugen, weil im Vakuum keine Ionen vorhanden sind, welche den Elektrizitätstransport besorgen könnten. Bringen wir aber die Elektroden $K$ zum Glühen und machen sie zur Kathode, so genügen schon einige Volt, um durch die Röhre einen merklichen Strom durchzuschicken.

In der Abb. 355 ist die Charakteristik einer solchen Glühkathodenröhre, d. h. die Abhängigkeit der Stromstärke von der Potentialdifferenz gezeichnet. Die

Form dieser Charakteristik können wir uns in folgender Weise, wenigstens annähernd, klarmachen.

Beim Glühen sendet der Wolframdraht Elektronen in das Vakuum. Da die Elektronen aus dem glühenden Metalle mit einer gewissen Geschwindigkeit herausfliegen, so bilden sie schon einen negativen Strom, auch wenn die Potentialdifferenz $E = 0$ ist. Aus unserer Charakteristik entnehmen wir bei $E = 0$ den Strom $J = 0{,}1$ Milliampere. Die kinetische Energie der herausfliegenden Elektronen ist aber nicht groß, und wir können die herausfliegenden Elektronen leicht abbremsen und sie wieder in den Wolframdraht zurückzwingen, wenn wir zwischen $A$ und $K$ eine kleine *negative* Potentialdifferenz anlegen. Schon bei $E = -1$ Volt vermindert sich der Elektronenstrom etwa 150mal, und bei $E = -2$ Volt sinkt er auf den 2000ten Teil seines Anfangwertes. Auch bei höheren Potentialdifferenzen gelingt es nicht, einen Strom in der Richtung $KA$, d. h. von dem glühenden Drahte zu der kalten Platte, hindurchzuschicken.

Ganz anders verhält sich die Röhre, wenn die kalte Platte $A$ ein höheres Potential hat, also als Anode wirkt. In diesem Falle steigt der Strom sehr schnell mit der Potentialdifferenz, sogar schneller als in den gewöhnlichen Leiter. Die Charakteristik für das OHMsche Gesetz würde einfach eine gerade Linie sein, wobei die Tangente des Neigungswinkels gleich dem Widerstande des Leiters sein würde. Hier ist die Charakteristik eine Kurve, welche im Anfang sehr stark ansteigt; der Strom ist in diesem Teile proportional der 3/2 Potenz der Potentialdifferenz. In ihrem weiteren Verlaufe ist die Kurve fast geradlinig; in diesem Bereich gilt also das OHMsche Gesetz. Bei höheren Potentialen wird aber die Neigung der Kurve allmählich kleiner, der scheinbare Widerstand der Röhre wird größer, bis endlich die Stromstärke ihren maximalen Wert annimmt, ganz unabhängig von der Potentialdifferenz. Damit haben wir den sog. *Sättigungsstrom* erreicht, bei welcher alle von der Glühkathode in einer gewissen Zeit erzeugten Elektronen von dem Strome in derselben Zeit ausgenutzt werden. Der Sättigungsstrom hängt von der Temperatur der Kathode ab. Bei Wolframdrähten geht man beim Erhitzen nicht höher als bis zu 2360°, weil sonst der Draht bald verdirbt, und bei dieser Temperatur erhält man von jedem Quadratmillimeter Oberfläche des Wolframdrahtes ungefähr ein Milliampere.

Bei entsprechender Wahl der Flächengröße der Glühkathode kann man in einer Lampe Ströme bis zu einem Ampere erhalten; für noch stärkere Ströme verwendet man mehrere Röhren in Parallelschaltung.

Wir werden weiter sehen, daß derartige Glühkathodenröhren jetzt eine große technische Bedeutung erlangt haben; man verwendet sie bei Erzeugung von Röntgenstrahlen, bei der drahtlosen Telegraphie und Telephonie usw.

## 2. Anodenstrahlen.

**430. Positive Strahlen.** Bei seinen Untersuchungen über elektrische Entladungen in verdünnten Gasen bemerkte GOLDSTEIN (1886), daß aus den Löchern einer Kathode in der den Kathodenstrahlen entgegengesetzten Richtung eine Strahlung heraustritt, welche analog den Kathodenstrahlen eine Lumineszenz zu erregen imstande ist. GOLDSTEIN nannte diese Strahlen Kanalstrahlen, weil sie aus den Löchern oder Kanälen der Kathode herauszukommen schienen. In der Abb. 356 sind die Kanalstrahlen mit $\alpha$ und die Kathodenstrahlen mit $\beta$ bezeichnet.

Nicht nur aus der Kathode selbst, sondern auch aus den Stellen der Entladungsröhre, wo starke Verengungen des Querschnitts des Entladungsraumes herbeigeführt werden, treten die GOLDSTEINschen Strahlen heraus; man nennt sie in diesem Falle Striktionsstrahlen.

W. WIEN hat gezeigt, daß die GOLDSTEINschen Strahlen positive Ladungen mit sich tragen, und daß sie im elektrischen wie im magnetischen Felde abgelenkt werden; die Ablenkung dieser positiven Strahlen ist nicht so stark wie die der Kathodenstrahlen und erfolgt in der entgegengesetzten Richtung. Aus der Größe der Ablenkungen erhielt WIEN für die Geschwindigkeit dieser Strahlen $10^7$ cm/sec und für die spezifische Ladung $e/m = 10^4$ CGS-M, also von derselben Größenordnung wie z. B. beim Wasserstoffion (S. 335, 386). Dieses Ergebnis deutet schon darauf hin, daß wir bei den Gasentladungen auch eine Art Elektrolyse vor uns haben, in welcher wir außer dem ⊖-Ion, dem reinen Elektron, noch dieselben ⊕-Ionen treffen, welche uns bei der Elektrolyse der Lösungen entgegentraten. Nur sind hier die Geschwindigkeiten der Ionen etwa 100000000 Mal größer, die ⊕-Ionen bilden geradlinige Strahlen und sind imstande, durch ihre Stöße Lumineszenzerscheinungen zu erregen.

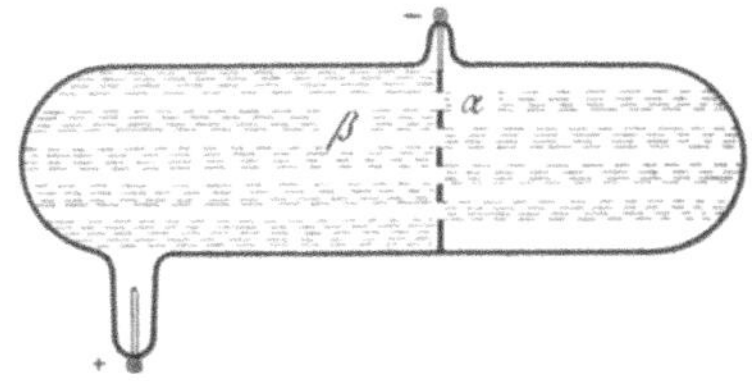

Abb. 356. GOLDSTEINsche Kanalstrahlen.

Wir wollen alle positive Ionenstrahlen, welche ja ein Gegenstück zu den Kathodenstrahlen bilden, mit dem Namen Anodenstrahlen bezeichnen. E. GEHRKE ist es auch gelungen, direkt aus der Anode solche Strahlen zu erhalten (vgl. weiter unten).

**431. Versuche von STARK.** Die Geschwindigkeit der Anodenstrahlen hat J. STARK nach einer Methode bestimmt, die ganz unabhängig von ihrer Ladung ist. STARK hat mit einem Spektrographen das Spektrum der Anodenstrahlen in zwei verschiedenen Richtungen photographisch aufgenommen; einmal, wenn die Bewegung der Anodenteilchen auf den Spalt des Spektrographen gerichtet war, und das zweite Mal senkrecht dazu. Im letzten Falle erhielt STARK ein normales Spektrum, im ersten Falle aber waren alle Spektrallinien nach der violetten Seite verschoben, d. h. die Wellenlängen des Spektrums erschienen kleiner.

Das Resultat entsprach auch den Erwartungen von STARK, denn eine ganz analoge Erscheinung, ein sog. Dopplereffekt, wird bei astronomischen Spektralaufnahmen bei schnell bewegten Sternen beobachtet. Der Starkeffekt ist aber erheblich größer, denn die Sterngeschwindigkeit ist selten größer als 30 km in der Sekunde, die Anodenstrahlen haben, wie wir sahen, eine etwa dreimal größere Geschwindigkeit.

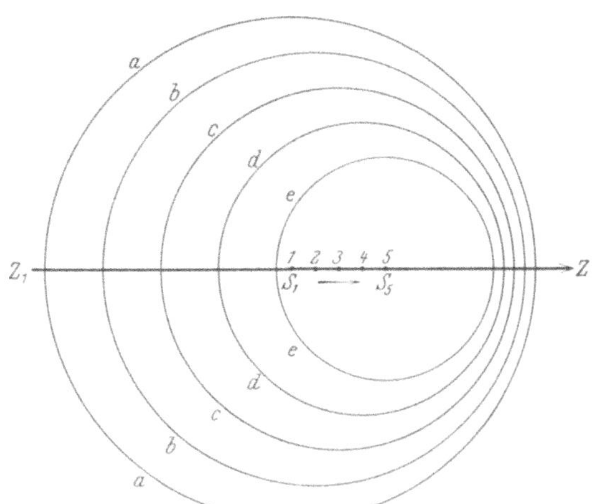

Abb. 357. Dopplereffekt.

Um den Dopplereffekt und die Ursache der Verschiebung der Spektrallinien sich klarzumachen, genügt es, die Abb. 357 zu betrachten, in welcher eine Anzahl von der bewegten Strahlungsquelle $S$ emittierten Wellen schematisch gezeichnet ist. Es ist leicht einzusehen, daß bei einer *bewegten* Strahlenquelle die Kugelwellen nicht mehr konzentrisch bleiben werden, und daß der Abstand der einzelnen Impulse in der Richtung der Bewegung kleiner sein muß, als senkrecht dazu. In diesem letzten Falle bleibt die Impulsbreite dieselbe wie im Falle eines ruhenden Teilchens. Ist die Geschwindigkeit der Wellenausbreitung gleich $c$ und die Geschwindigkeit des Teilchens gleich $v$, so ist die *relative* Geschwindigkeit der Wellen zum bewegten Teilchen vorne gleich $(c - v)$ und hinten gleich $(c + v)$. Die Wellenlängen $\lambda$ werden also in der Richtung der Bewegung proportional kleiner als in der entgegengesetzten Richtung

$$\lambda_+ : \lambda_- = (c - v) : (c + v) .$$

In einer Richtung senkrecht zu der Bewegung haben wir

$$\nu \lambda = c .$$

wo $\nu$ die Zahl der Lichtschwingungen in der Sekunde bedeutet. Indem STARK $\lambda$ und $\lambda_+$ mit dem Spektrographen gemessen hat, konnte er die Geschwindigkeit der Anodenstrahlen $v$ bestimmen und es ergab sich in Übereinstimmung mit W. WIEN und E. GEHRKE $v = 10^7$ cm/sec.

Ebenso wie bei den Kathodenstrahlen sind die Geschwindigkeiten der einzelnen Teilchen in einem Anodenstrahl nicht alle gleich; die Spektrallinien werden demnach durch die Bewegung nicht nur verschoben, sondern sie erscheinen noch verbreitet.

**432. Versuche von GEHRCKE.** E. GEHRKE hat gezeigt, daß man viel stärkere Anodenstrahlen erhalten kann, wenn man zu dem untersuchten Gase ein wenig Joddampf zusetzt, was durch ein kleines Körnchen Jod, das in die Röhre eingeführt wird, erzielt werden kann. In der Abb. 358 ist eine Röhre von GEHRKE dargestellt. Zwei Glaskugeln von etwa 10 cm Durchmesser sind durch eine nur 7 mm breite Röhre miteinander verbunden. Aus dieser Verengung treten nach beiden Seiten Striktionsstrahlen heraus (vgl. Abb. 356): zu der Anode hin treten Kathodenstrahlen aus, und zu der Kathode Anodenstrahlen. Auf diese Weise erhielt GEHRKE Anodenstrahlen aus den Ionen des Wasserstoffs, Sauerstoffs und Heliums.

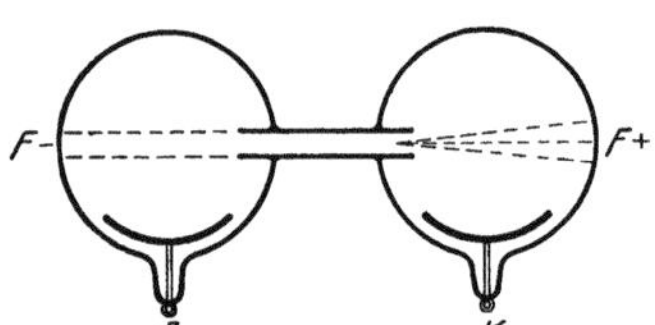


Abb. 358. Striktionsstrahlen.

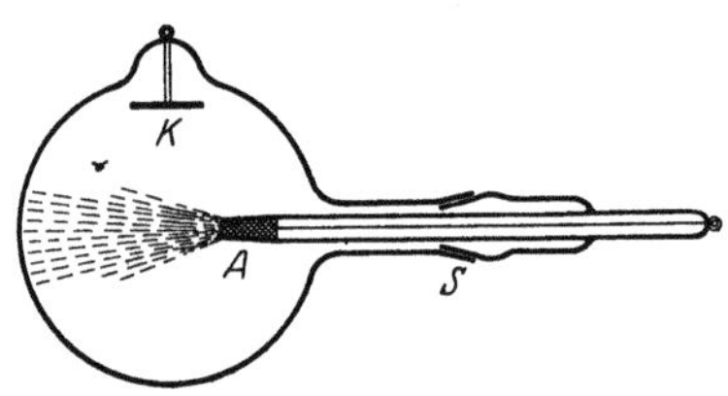


Abb. 359. GEHRKEsche Anodenstrahlen.

Anodenstrahlen aus Metalldämpfen erhielten GEHRKE und REICHENHEIM in anderer Weise. Eine Mischung aus Metalljodid des betreffenden Metalles und Kohlepulver wurde in einem kleinen Glasröhrchen zusammengeschmolzen und in der Entladungsröhre als Anode (Abb. 359) benutzt. Bei entsprechender Verdünnung des Gasraumes und etwa 4000 Volt Potentialdifferenz erhält man aus der Anode einen hellen, geradlinigen Strahl, welcher das Spektrum des Anodenmetalles zeigt. Die Ablenkungsversuche im elektrischen und im magnetischen Felde ergaben eine Geschwindigkeit dieser Anodenstrahlen von der Größenordnung $10^7$ cm/sec, und für die spezifische Ladung erhielt GEHRKE die folgenden Zahlen

| | $e/m$ | |
|---|---|---|
| Lithium | $1{,}15 \cdot 10^2$ | $\times\ 7 = 8050$ |
| Natrium | $0{,}41 \cdot 10^3$ | $\times\ 23 = 9430$ |
| Strontium | $0{,}21 \cdot 10^3$ | $\times\ 43{,}5 = 9135$ |

Wenn wir die aus den Versuchen ermittelten spezifischen Ladungen $e/m$ mit den elektrochemischen Äquivalenten der entsprechenden Metalle multiplizieren, erhalten wir die Ladung eines Äquivalentes und nach dem FARADAYschen Gesetze müssen wir dann für alle Metalle dieselbe Zahl, nämlich 9650 CGS-M, erhalten. Die elektrochemischen Äquivalente des Litiums und des Natriums sind gleich ihren Atomgewichten 7 und 23, weil beide Metalle einwertig sind; für Strontium dagegen, welches zweiwertig ist, müssen wir statt seines Atomgewichts 87 nur die Hälfte, nämlich 43,5, als Äquivalentgewicht nehmen. In der letzten Vertikalreihe der Tabelle sind die so erhaltenen Produkte angegeben und man sieht in der Tat, daß sie annähernd die FARADAYsche Zahl ergeben, soweit überhaupt die Genauigkeit derartiger Versuche zu erwarten erlaubt. Damit ist die Gültigkeit des FARADAYschen Gesetzes auch für Gasionen, wenigstens in erster Annäherung, erwiesen.

**433. Versuche von J. THOMSON.** Einen erheblichen Fortschritt in der Untersuchung der Anodenstrahlen erzielte J. J. THOMSON (1912) durch folgende Methode. Er ließ auf die Anodenstrahlen gleichzeitig ein elektrisches und ein

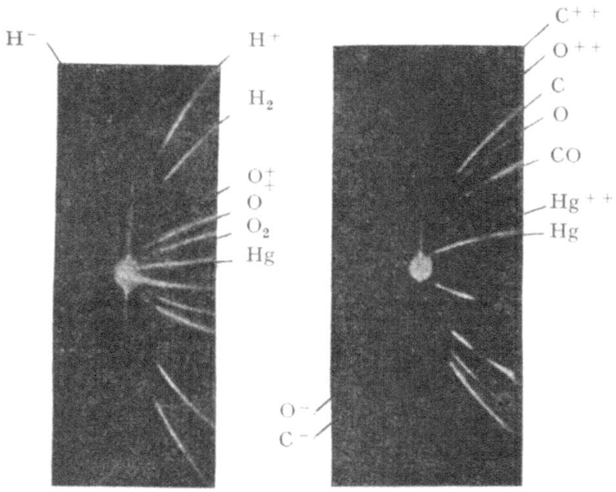


Abb. 360. Anodenstrahlenparabeln von J. J. THOMSON (nach ASTON).

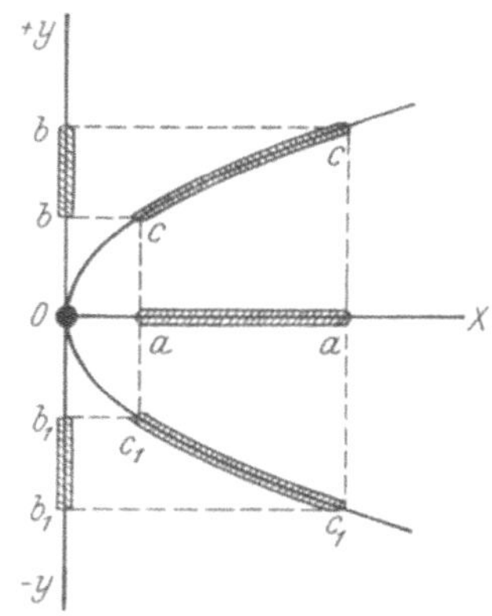


Abb. 361. Entstehung der THOMSONschen Parabeln.

magnetisches Feld wirken; beide Felder hatten gleiche Richtung, und die von ihnen erzeugten Ablenkungen der Strahlen waren also senkrecht zueinander. An Stelle des Lumineszenzschirmes stand eine photographische Platte. Nach etwa anderthalbstündiger Exposition erhielt J. J. THOMSON auf der Platte eine Reihe parabelförmiger Kurven (Abb. 360). Wir wollen gleich uns klarmachen, was diese Parabeln bedeuten.

Die Abb. 361 stelle die Ebene der photographischen Platte dar, und der schwarze Fleck $O$ sei der Treffpunkt des unabgelenkten Anodenstrahles. Wirkt auf den Strahl ein elektrisches Feld in der Richtung $OX$, so wird auch der Treffpunkt in dieser Richtung, also von $O$ nach rechts, abgelenkt. Da aber der Anodenstrahl im allgemeinen aus Teilchen mit verschiedenen Geschwindigkeiten und verschiedenen spezifischen Ladungen besteht, so werden sie auch verschiedene Ablenkungen erleiden; wir erhalten aus diesem Grunde auf der Platte nicht einen Punkt, sondern eine schwarze Linie $aa$. Würde statt des elektrischen Feldes auf denselben Anodenstrahl ein magnetisches Feld wirken, welches ebenso parallel $OX$ gerichtet ist, so würden wir eine Ablenkung der verschiedenen

Anodenstrahlen nach oben erhalten, und die Treffpunkte würden in eine Linie $bb$ ausgezogen sein. Bei gleichzeitiger Wirkung beider Felder erhalten wir die Kurve $cc$. Verändern wir die Richtung des Magnetfeldes in die entgegengesetzte, bei derselben Richtung des elektrischen Feldes, so erhalten wir eine dazu symmetrische Kurve $c_1 c_1$. Es ist leicht zu beweisen, daß die zwei Kurvenstücke $cc$ und $c_1 c_1$ eine gemeinsame Parabel bilden.

In der Tat, wir können die Ablenkung im elektrischen Felde durch die Formel ausdrücken (S. 367, **422**)

$$x = A \frac{e}{m} \cdot \frac{1}{v^2}$$

und im magnetischen Felde (S. 368, **423**)

$$y = \pm B \frac{e}{m} \cdot \frac{1}{v},$$

wo $A$ und $B$ von den Feldintensitäten und von den Abmessungen des Apparates abhängen. Dividieren wir $y^2$ durch $x$ und setzen wir $B^2 : A = C$, so erhalten wir

$$y^2 = C \frac{e}{m} x.$$

Diese Gleichung ist für eine Parabelkurve charakteristisch. Der Faktor $C$ hängt nur von den benutzten Feldintensitäten und von den Abmessungen des Apparates ab.

Alle Anodenteilchen, welche dieselbe spezifische Ladung $e/m$ haben, werden also eine gemeinsame Parabel bilden; die Teilchen, deren spezifische Ladung verschieden ist, werden auf verschiedene Parabeln treffen. Je größer die Masse der Teilchen, desto kleiner werden bei demselben $x$ die Ablenkungen $y$ sein, und desto *spitzer* wird ihre Parabel. J. J. THOMSON erhielt bei allen seinen Versuchen stets mehrere Parabeln gleichzeitig, und das bedeutet, daß in den von ihm untersuchten Anodenstrahlen gleichzeitig verschiedene Anodenteilchen vorhanden waren. Da für den Wasserstoff $e/m = 9650$ ist und seine Parabel leicht zu erhalten war, konnte man die spezifischen Ladungen und bei bekannter Ladung $e$ auch die Massen der anderen im Anodenstrahl sich befindenden Teilchen durch den Vergleich der entsprechenden Parabeln bestimmen.

Diese höchst originelle Methode, eine neue Art chemischer Analyse, welche von J. J. THOMSON erfunden wurde, hat sich als sehr empfindlich ergeben, denn durch die Wirkung auf die photographische Platte konnten äußerst geringe Mengen eines Stoffes entdeckt werden, die der gewöhnlichen chemischen Analyse und sogar der Spektralanalyse völlig unzugänglich sind. J. J. THOMSON fand in den von ihm untersuchten Gasen unter anderem solche Ionen und solche Verbindungen, die unter gewöhnlichen Bedingungen gar nicht existieren. So fand er im Metan $CH_4$ Moleküle von der Zusammensetzung: C, H, CH, $CH_2$ und $CH_3$. Die letzten drei Verbindungen sind unter gewöhnlichen Umständen bis jetzt nicht erhalten worden. Wahrscheinlich sind diese Verbindungen unstabil und können nicht lange existieren. Bei der THOMSONschen Methode genügt aber schon eine Existenz der Moleküle in einem Zeitraume von einer millionstel Sekunde, während welcher sie das elektrische und magnetische Feld durchfliegen, um ihre Gegenwart im Anodenstrahle nachzuweisen.

**434. Versuche von ASTON.** Die Methode von J. J. THOMSON wurde von ASTON (1921) vervollkommnet. Das Hauptinteresse seiner Versuche lag nämlich in der Bestimmung der spezifischen Ladung und nicht der Geschwindigkeit der Anodenstrahlen; die Photographie der Parabelkurven in ihrem ganzen Verlauf konnte demnach wegfallen. Durch einen besonderen Kunstgriff ist es

ASTON gelungen, jede von diesen Kurven zu einem einzigen Punkte zusammenschrumpfen zu lassen und dadurch die Expositionsdauer der photographischen Platte erheblich herabzusetzen. In der Abb. 362 ist die ASTONsche Versuchsanordnung schematisch dargestellt. Die gezeichneten Teile des Apparates muß man sich in einem Vakuumgefäß angeordnet denken.

Zwei enge Spalten $SS$ begrenzen die Anodenstrahlen. In dem Kondensator $C$ erhalten die verschiedenartigen Strahlen durch die Wirkung des elektrischen Feldes verschiedene Ablenkungen und werden zu einem Strahlenbündel auseinandergezogen; aus diesem Bündel wird durch den Spalt $D$ nur der zentrale Teil durchgelassen. Die Strahlen im Bündel $CAB$ sind nicht mehr parallel zueinander, und die *Dispersion* dieser Strahlen wird durch zwei Umstände verursacht: erstens durch die Verschiedenheit ihrer Geschwindigkeiten und

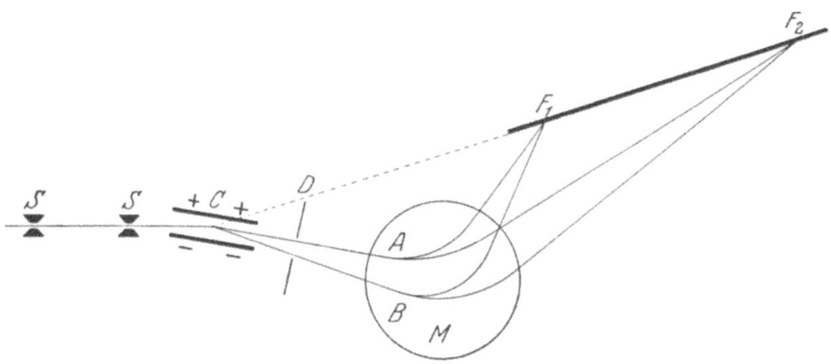


Abb. 362. ASTONscher Massenspektrograph (schematisch).

zweitens durch die Verschiedenheit ihrer spezifischen Ladungen. Wir wollen aber zur Vereinfachung unserer Beschreibung zunächst annehmen, daß alle Teilchen dieselbe Elementarladung tragen, und die soeben erwähnte zweite Ursache ihrer Dispersion ihrer Massenverschiedenheit zuschreiben.

Stellen wir uns jetzt vor, wir sondern aus den verschiedenen Teilchen des Anodenstrahls $CAB$ solche aus, welche dieselbe Masse haben; sie können aber dabei verschiedene Geschwindigkeiten besitzen. Dann werden die Teilchen mit größeren Geschwindigkeiten eine kleinere Ablenkung erleiden und näher zu der Grenzlinie $CA$ vorbeifliegen; die mit kleineren Geschwindigkeiten dagegen werden näher zu dem Strahle $CB$ sich bewegen.

Im Magnetfelde $M$, welches wir von dem Beobachter zu der Zeichnung gerichtet annehmen wollen, werden die von uns ausgesonderten Teilchen eine zweite Ablenkung erfahren, und zwar nach oben (Abb. 362). Dabei werden wieder die mit größeren Geschwindigkeiten sich bewegenden Teilchen des Strahles $CA$ weniger abgelenkt als die Teilchen des Strahles $CB$, und es ist leicht einzusehen, daß dann die Strahlen sich in irgendeinem Punkte $F_1$ scheiden müssen.

Für die Teilchen anderer Massen erhalten wir offenbar dasselbe, nur mit der Abänderung, daß bei größerer Masse die Teilchen im Magnetfelde weniger abgelenkt werden und einen Schnittpunkt nicht in $F_1$, sondern irgendwo in $F_2$ ergeben werden. Die Schnittpunkte oder, wie man sie nach Analogie mit den Lichtstrahlen nennen kann, die Brennpunkte $F$ der Strahlen verschiedener Masse, liegen *angenähert* in einer geraden Linie $FF$, und wenn wir hier eine photographische Platte aufstellen, so erhalten wir für die verschiedenen Massen der in den Anodenstrahlen sich befindenden Teilchen verschiedene Treffpunkte. Die Bildung dieser Treffpunkte hat eine gewisse Analogie mit der Bildung von

Spektrallinien im Spektrographen. In einem Lichtspektrographen entspricht einer jeden Linie eine bestimmte Wellenlänge, hier dagegen eine bestimmte Masse (strenggenommen eine bestimmte spezifische Ladung) der Anodenstrahlen. ASTON nannte deswegen seinen Apparat „Massenspektrograph".

In der Abb. 363 sind zwei von ASTON erhaltene Spektrogramme dargestellt, nämlich von Chlor und Neon. Beide Spektrogramme enthalten eine große Anzahl verschiedener Linien. Da man den Platz für die Sauerstofflinie $O_2 = 32$ schon

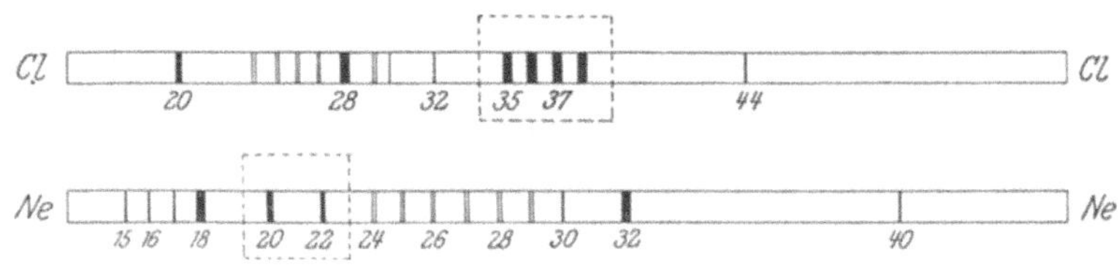


Abb. 363. ASTONsche Massenspektrogramme.

kannte und die Abstände der anderen Linien proportional zu der spezifischen Ladung sich verhalten, so konnte ASTON die relativen Massen (bei $O = 16$), die den anderen Linien entsprechen, bestimmen. Die Zahlen sind in der Abb. 363 angegeben.

Die Deutung der so erhaltenen Zahlen ist nicht so einfach, wie es auf den ersten Blick scheinen mag. Erstens muß über die Wertigkeit des betreffenden Elements irgendeine Annahme gemacht werden, denn bei gleichzeitiger Verdopplung der Ladung und der Masse erhält man dieselbe spezifische Ladung und im Spektrogramme dieselbe Linie. Zweitens kann als Ion nicht nur ein positiv geladenes Atom, sondern auch eine Zusammensetzung mehrerer Atome, also ein Molekül, erscheinen. Bei der Vieldeutigkeit der Spektrogramme bleibt nichts anderes übrig, als die Versuchsbedingungen nach Möglichkeit zu variieren und die dabei eintretenden Veränderungen der Spektra zu berücksichtigen.

Auf diese Weise konnte ASTON z. B. in dem Chlorspektrogramm (Abb. 363) zunächst die vier Linien 35, 36, 37, 38 herausgreifen, die dem Chlor oder den Verbindungen des Chlors mit Wasserstoff angehören mußten. Anderseits hat ASTON in den Spektrogrammen von COCl, wo sicher kein Wasserstoff vorhanden war, die Massen 63 und 65 gefunden, aber in keinem Fall 64 und 66. Daraus schloß ASTON, daß das Chlor zwei verschiedene Atomgewichte haben kann, nämlich 35 und 37; die Massen 36 und 38 muß man aber den Verbindungen dieser zwei verschiedenartigen Chloratomen mit Wasserstoff zuschreiben. Nimmt man das an, so erhält man für COCl in der Tat

$$C + O + Cl_{35} = 12 + 16 + 35 = 63$$
$$C + O + Cl_{37} = 12 + 16 + 37 = 65.$$

Ganz analog erhielt ASTON für Neon die Atomgewichte 20 und 22 usw. Eine Vereinfachung bei der Bestimmung der richtigen Atommassen nach den Spektrogrammen bildet hier der Umstand, daß die Ladungen der Ionen stets ein ganzzahliges Vielfaches der Elementarladung bilden müssen und daß diese Zahl immer sehr klein ist.

Durch verschiedene Kunstgriffe ist es ASTON gelungen, die Genauigkeit seiner Spektrogrammenausmessungen bis zu 0,1%, also bis zu einem Tausendstel der gemessenen Größe, zu steigern.

Die Hauptresultate der ASTONschen Versuche kann man in folgender Weise resümieren.

Erstens ergab sich eine große Zahl von Körpern, welche früher als einheitlich betrachtet wurden, als eine Mischung von mehreren einheitlichen Stoffen. So entdeckte ASTON, wie wir gesehen haben, zwei verschiedene Chlore mit den Atomgewichten 35 und 37, zwei verschiedene Neone mit den Atomgewichten 20 und 22 u. a. m. Da die Bestandteile des gewöhnlichen Chlors, ungeachtet ihrer verschiedenen Atomgewichte, ganz dieselben chemischen Eigenschaften haben, so müssen sie in der MENDELEJEWschen Tabelle auf demselben Platze stehe. Man nennt solche Elemente *Isotopen* (isos — gleich, Topos — Platz). Derartige Isotopenelemente wurden schon vor ASTON zwischen den radioaktiven Elementen in großer Zahl entdeckt (vgl. Kap. VIII). ASTON ist es also gelungen, solche Isotopen auch in den gewöhnlichen Elementen, die gar nicht radioaktiv sind, zu entdecken. In Quecksilber und Krypton haben sich sogar je 6 Isotopen ergeben.

Das zweite wichtige Ergebnis der ASTONschen Versuche ist das folgende: Wenn wir unter dem Namen ein „chemisches *Element*" wirklich einheitliche Stoffe mit einem einzigen Atomgewichte verstehen und nicht ihre Gemische, welche isotop sind, so ergeben sich für alle Atomgewichte der Elemente stets *ganze* Zahlen. Das deutet darauf hin, daß alle Atome der Elemente wahrscheinlich aus einem gemeinsamen Urstoff mit dem Atomgewichte 1 zusammengebaut sind; eine Hypothese, die schon viel früher hauptsächlich von PROUT vertreten wurde. Dieser Urstoff wird jetzt mit dem Namen *Proton* bezeichnet.

Am einfachsten wäre es, den Wasserstoff als Proton anzunehmen, wie das auch PROUT selbst vorgeschlagen hat. Wir wissen aber, daß Wasserstoff ein Atomgewicht $H = 1,008$ hat und nicht gleich 1. Der Unterschied 0,008 kann nicht den Versuchsfehlern bei chemischer Analyse zugeschrieben werden; ASTON selbst hat an seinen Wasserstoff-Spektrogrammen mit großer Sicherheit festgestellt, daß dem Wasserstoffatom (bei $O = 16$) die Masse 1,008 zukommt.

Dennoch wird man geneigt sein, das Wasserstoffatom als Proton anzusehen. Wenn man nämlich die Masse der Materie als eine elektromagnetische Erscheinung ansieht (S. 319), so ergibt sich die Möglichkeit, eine *Veränderlichkeit* dieser Masse zuzulassen. Nähern sich z. B. 4 Wasserstoffatome so nah aneinander, daß sie ein Heliumatom bilden ($He = 4$), so können ihre elektromagnetischen Felder durch gegenseitige Beeinflussung ein wenig verändert werden; gleichzeitig wird auch ihre Masse verändert. Bei gewöhnlichen chemischen Verbindungen tritt dieser Umstand nicht so stark ins Gewicht, weil der gegenseitige Abstand der Atome in einer chemischen Verbindung relativ zu den eigentlichen Atomgrößen noch sehr groß ist.

Zu der Frage nach der Zusammensetzung der Atome aus Protonen kommen wir am Ende dieses Buches noch zurück.

## 3. Leitfähigkeit der Gase.

**435. Ionisation der Gase.** In den vorigen Abschnitten haben wir die Fälle behandelt, wo die *schnell* bewegten Ionen sich im äußersten Vakuum strahlenartig ausbreiten. Jetzt wollen wir gerade den entgegengesetzten Fall betrachten; die Gasionen sollen sich sehr *langsam* und in Gasen unter gewöhnlichem Drucke bewegen.

Wir wissen, daß alle Gase sehr gute Isolatoren sind. Es gibt aber mehrere Mittel, um einem Gase eine bemerkbare, wenn auch nicht sehr große Leitfähigkeit zu erteilen. So werden z. B. die Gase unter der Wirkung von Lichtstrahlen leitend, vorwiegend der kurzwelligen ultravioletten Strahlen und Röntgenstrahlen; die Kathodenstrahlen, Anodenstrahlen und Radiumstrahlen wirken ebenso. Endlich werden die Gase unter sehr hoher Temperatur verhältnismäßig gut leitend; die Leitfähigkeit der Flamme eines Bunsenbrenners haben wir schon benutzt, um eine elektrische Ladung zur Erde abzuleiten.

Wir wollen für die Erklärung auch dieser Erscheinungen die von uns schon so oft in diesem Teile des Buches benutzte Hypothese der *Ionenleitung* anwenden. Dann müssen wir annehmen, daß die Gase im allgemeinen sehr wenig Ionen enthalten und daß sie durch die Wirkung der soeben erwähnten Ursachen *ionisiert* werden. Es können demnach Lichtstrahlen, Röntgenstrahlen usw. uns als *Ionisatoren* dienen.

**436. Elementarladung eines Elektrons.** Ein besonderes Interesse besitzt für uns das Elektron, welches in Gasen auch bei gewöhnlichem Druck uns als ⊖-Ion entgegentritt. Die spezifische Ladung dieses Ions haben wir schon kennengelernt, nämlich

$$e/m = 1{,}776 \cdot 10^7 \text{ CGS-M}.$$

Sie ist etwa 2000 mal größer als die spezifische Ladung eines Wasserstoff-Ions. Wie groß ist aber die Ladung $e$ selbst? — Diese Frage wurde zum ersten Male von J. J. Thomson in folgender sinnreicher Weise beantwortet:

In der Abb. 364 stellt $AB$ ein mit reiner Luft gefülltes Gefäß vor, in welchem eine Schale $c$ voll Wasser aufgestellt ist; die Luft im Gefäße ist also mit Wasserdampf gesättigt. Mit einer Luftpumpe oder durch Verbindung von $AB$ mit einem anderen luftfreien Gefäße kann in $AB$ eine plötzliche Verdünnung der Luft hervorgebracht werden. Bei plötzlicher Expansion der Luft bis auf etwa eine halbe Atmosphäre tritt eine Temperaturerniedrigung ein und der Wasserdampf wird kondensiert, d. h. es bilden sich im Gefäße kleine Wassertröpfchen oder ein Nebel, der sich dann langsam zu Boden setzt.

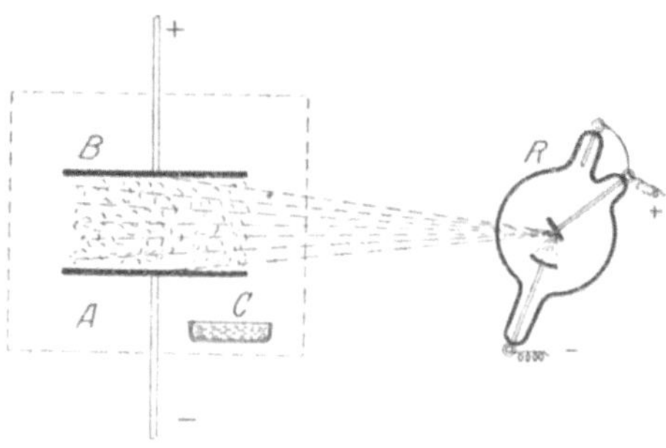


Abb. 364. Versuch von J. J. Thomson.

Eine Kondensation des Wassers kann aber bei solcher Expansion (auf eine halbe Atmosphäre) nur dann eintreten, wenn die Luft Staubteilchen enthält oder wenn sie ionisiert ist; die einzelnen Ionen bilden nämlich in ihrer Nähe elektrische Kraftfelder, welche die Kondensation begünstigen. H. Wilson hat bemerkt, daß die ⊖-Ionen in dieser Beziehung viel wirksamer sind als die ⊕-Ionen. Benutzt man also möglichst staubfreie Luft, so kann man die Expansion immer so regulieren, daß die Wassertröpfchen sich nur an den negativen Ionen bilden. Man erhält dabei durchschnittlich ein Maximum der negativen Ladung des Nebels. J. J. Thomson hat nun die sich niedergesetzten Nebeltröpfchen aufgefangen, ihre Ladung bestimmt und abgewogen. Um noch die Tröpfchengröße zu bestimmen, beobachtete J. J. Thomson die Geschwindigkeit, mit welcher der Nebel unter der Wirkung der Schwere niedersank. Nach der Theorie von Stokes hängt die Geschwindigkeit $v$ der fallenden Tröpfchen von dem Reibungskoeffizienten $k$ der Luft und von dem Halbmesser $r$ der Tröpfchen ab;

$$v = \frac{2}{9} \frac{g}{\varkappa} r^2 .$$

Durch Beobachtung der Fallgeschwindigkeit konnte also J. J. Thomson den Halbmesser, das Volumen und das Gewicht eines Tröpfchens berechnen. Durch Division des Gesamtgewichts des Nebels durch das Gewicht eines Tröpfchens erhielt THOMSON die Zahl der Tröpfchen und endlich durch die Division der Gesamtladung des Nebels durch diese Zahl erhielt er die Ladung eines Tröpfchens, d. h. die Elementarladung des ⊖-Ions. Für die Elementarladung des negativen Ions erhielt THOMSON auf diese Weise $10^{-20}$ CGS-M sehr nahe gleich der Elementarladung eines Wasserstoffions.

**437. Versuche von MILLIKAN.** Die Thomsonsche Methode der fallenden Nebeltröpfchen erlaubte nicht eine große Genauigkeit zu erzielen; sie wurde von R. A. MILLIKAN in der Beziehung abgeändert, daß er nicht die Fallgeschwindigkeit des Nebels beobachtete, was ja nicht genau genug gemacht werden kann, sondern die Fallgeschwindigkeit der *einzelnen* Tröpfchen.

Die Versuchsanordnung von MILLIKAN (1915) war im wesentlichen die folgende. In einen großen Kasten (Abb. 365) mit möglichst reiner Luft wurden durch einen Pulverisator sehr feine Öltröpfchen eingeblasen. Durch die Reibung im Pulverisator ladeten sich die Öltröpfchen negativ und fielen langsam zu Boden. Einige von diesen Tröpfchen traten durch eine kleine Öffnung im Boden $b$ in das elektrische Feld eines ebenen Kondensators $CC$. Die einzelnen Tröpfchen konnten mit dem Fernrohr $T$ beobachtet und ihre Geschwindigkeit gemessen werden. Wenn irgendein Tröpfchen in das Gesichtsfeld des Fernrohrs eingetreten war, konnte man es durch entsprechendes Umladen des Kondensators mehrere Male in vertikaler Richtung hin und her bewegen, seine Geschwindigkeit messen und auf diese Weise eine große Zahl von Beobachtungen an ein und demselben Tröpfchen anstellen. Die Versuche haben gezeigt, daß die Öltröpfchen im allgemeinen mit verschiedenen Elektrizitätsmengen geladen waren, aber jedesmal bildete diese Ladung ein ganzzahliges Vielfaches von der Elementarladung eines Elektrons.

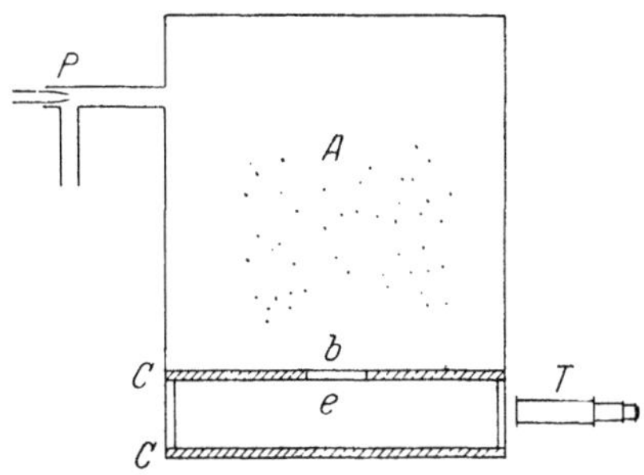

Abb. 365. Versuch von MILLIKAN.

Durch Bestrahlung mit Röntgenstrahlen konnten die Öltröpfchen auch positiv geladen werden; auch diese Ladung erwies sich als ein ganzzahliges Vielfaches derselben Elementarladung.

Seine zahlreichen Versuche hat MILLIKAN mit Tröpfchen von verschiedener Größe und Beschaffenheit angestellt und die Versuchsbedingungen in verschiedener Weise variiert. Aus allen seinen Untersuchungen ergab sich als Mittelwert für die Größe der Elementarladung:

$$e = 4{,}774 \cdot 10^{-10}\ \text{CGS-E} = 1{,}591 \cdot 10^{-20}\ \text{CGS-M} = 15{,}91 \cdot 10^{-20}\ \text{Coulomb}.$$

Aus diesen Zahlen folgt, daß

$$1\ \text{Coulomb} = 6{,}29 \cdot 10^{18}\ \text{Elektronen}$$

enthält. Berücksichtigen wir, daß die Ladung eines Grammäquivalentes nach dem FARADAYschen Gesetze gleich 96500 Coulomb ist, so erhalten wir für die Zahl der Atome in einem Grammatom, d. h. für die LOSCHMIDTsche Zahl

$$N = 60{,}6 \cdot 10^{22}.$$

Stellen wir dieses Ergebnis mit dem früher erhaltenen Werte der spezifischen Ladung des Elektrons, so sehen wir, daß die Masse eines Elektrons etwa 1835 mal kleiner ist als die Masse eines Wasserstoffatoms. Das Atomgewicht der negativen Elektrizität wäre also gleich

$$A_e = 0{,}00055.$$

**438. Ionisierung und Molisierung.** Wir erinnern den Leser an die Anschauung, die wir uns schon bei der Untersuchung der Ionen in den Elektrolyten gebildet haben (S. 339, **381**). Durch die ionisierende Wirkung des Lösungsmittels und, jetzt bei den Gasen, durch die Wirkung irgendeines Ionisators werden stets neue Ionen erzeugt; durch die Wärmebewegungen der Moleküle und durch die Wirkung des elektrischen Feldes werden diese Ionen in Bewegung gesetzt. Dabei können die entgegengesetzt geladenen Ionen so nah aneinander kommen, daß sie sich wieder zu neutralen Molekülen vereinigen. Es wird also zu jeder Zeit eine *Ionisierung* durch eine entsprechende *Molisierung* begleitet.

Nehmen wir an, es werden durch irgendeinen Ionisator in jedem Kubikzentimeter des Gases in jeder Sekunde $q$ Moleküle ionisiert. Befinden sich in dem Gase $n$ positive Ionen und $n$ negative Ionen, so werden sich in jeder Sekunde $\alpha n^2$ Ionenpaare wieder molisieren, wenn $\alpha$ den Molisierungskoeffizienten bedeutet. Je stärker der Ionisator, also je größer $q$, desto schneller wird das Gas ionisiert; anderseits aber, je größer die so entstandene Ionenzahl wird, desto schneller wird auch der umgekehrte Vorgang, d. h. die Molisierung vor sich gehen. Halten sich beide Prozesse das Gleichgewicht, so haben wir $q = \alpha n^2$, und für diesen Fall wird die Zahl der Ionen

$$n = \sqrt{\frac{q}{\alpha}}\,.$$

Nach den Versuchen von LANGEVIN, RUTHERFORD u. a. ist für die Luft unter gewöhnlichen Bedingungen der Wiedervereinigungskoeffizient der Ionen von der Größenordnung $\alpha = 10^{-6}$.

Stellen wir uns vor, daß die Wirkung eines Ionisators zu irgendeiner Zeit plötzlich aufgehoben wird. Die zu dieser Zeit in der Luft noch vorhandenen $n_0$ Ionen werden sich allmählich molisieren; dabei stellt die Größe $\alpha n^2$ die Änderungsgeschwindigkeit der Ionenzahl dar. Es ist nicht schwer, das Gesetz anzugeben, nach welchem sich die Ionenzahl $n$ mit der Zeit ändern wird, nämlich:

$$\frac{1}{n} - \frac{1}{n_0} = \alpha t\,.$$

In dieser Formel bedeutet $n_0$ offenbar die Ionenzahl im Moment der Ausschaltung (bei $t = 0$) der Ionisatorwirkung. Um die angegebene Formel zu beweisen, nehmen wir irgend zwei nah aneinander gelegene Zeitmomente $t_1$ und $t_2$, bezeichnen die entsprechenden Ionenzahlen mit $n_1$ und $n_2$ und setzen sie nacheinander in unsere Gleichung. Dann erhalten wir zwei Gleichungen, deren Differenz uns gibt

$$\frac{n_1 - n_2}{t_1 - t_2} = \alpha n_1 n_2 = \alpha n^2\,.$$

Sind die zwei Zeitmomente sehr nah zueinander, so können wir $n_1$ und $n_2$ rechts durch ihren Mittelwert $n$ ersetzen. Unsere letzte Gleichung spricht dann aus, daß die Geschwindigkeitsänderung der Ionenzahl tatsächlich gleich $\alpha n^2$ ist, wie es auch sein soll. Nehmen wir z. B. $n_0 = 10^6$, so folgt aus der oberen Gleichung, daß bei $\alpha = 10^{-6}$ nach Verlauf einer Sekunde schon die Hälfte aller Ionen molisiert wird.

**439. Der Sättigungsstrom.** Es sei wieder die Ionisierungskraft des gegebenen Ionisators gleich $q$. Schicken wir durch das Gas einen Strom $J$ durch, so werden die Ionen zu den Elektroden bewegt, wo sie ihre Ladung abgeben und folglich molisiert werden. In einer Zeit $t$ wird durch das Gas eine Elektrizitätsmenge $Jt$ durchgehen und, wenn $e$ die Elementarladung der Ionen bedeutet, werden in dieser Zeit $Jt/e$ Ionen durch den Strom molisiert; die *sekundliche* Molisierung wird demnach $J/e$ sein. Bezeichnen wir mit $S$ den Querschnitt des leitenden Gases und mit $l$ seine Länge, so wird $Sl$ das Volumen des ionisierten Gasraumes sein und die Zahl der Ionen, welche in der Sekunde in jedem Kubikzentimeter des leitenden Gases durch den Strom molisiert werden, wird

$$n = \frac{J}{eSl} = \frac{i}{el}.$$

Hier bedeutet $i$ die Stromdichte. Gleichzeitig werden sich die Ionen auch von selbst molisieren und, wenn der Vorgang stationär ist, d. h. die Ionisierung stets gleich der totalen Molisierung bleibt, haben wir

$$q = \alpha n^2 + \frac{i}{el}.$$

Wir sehen aus dieser Formel, daß die Zahl $n$ der im Gase vorhandenen Ionen im allgemeinen auch von der Stromdichte abhängen wird. Von der Zahl der Ionen hängt aber die Leitfähigkeit des Gases ab; die Leitfähigkeit wird also von der Stromdichte abhängen. Offenbar wird das OHMsche Gesetz in diesem Falle nicht mehr gelten.

Nur für sehr schwache Stromdichten, wenn man den zweiten Therm rechts gegenüber dem ersten vernachlässigen kann, kann die Zahl der Ionen und die Leitfähigkeit als konstant angenommen werden, nämlich

$$n = \sqrt{\frac{q}{\alpha}}.$$

Bei stärkeren Strömen, wo man den ersten Term vernachlässigen kann, erhalten wir

$$i = qel.$$

In diesem Fall wird die Stromdichte gar nicht von der angewandten Potentialdifferenz abhängen, sondern nur von der Ionisierungskraft des Ionisators und von dem Elektrodenabstande $l$.

Diesen maximal erreichbaren Strom nennt man den *Sättigungsstrom.*

Auf den ersten Blick kann es sonderbar erscheinen, daß der Strom hier proportional dem Elektrodenabstande ist, obgleich nach dem OHMschen Gesetze gerade das Gegenteil zu erwarten wäre. Aber das erklärt sich sehr einfach dadurch, daß, je größer der Elektrodenabstand, also das ionisierte Volumen, desto größer auch die totale in einer Sekunde erzeugte Ionenzahl, worauf es in unserem Falle, beim Sättigungsstrome, nur ankommt.

**440. Demonstration der Ionisierung und Molisierung.** Alle in den zwei letzten Paragraphen beschriebenen Erscheinungen kann man sehr leicht, wenigstens qualitativ, mit dem folgenden einfachen Apparat demonstrieren (Abb. 366).

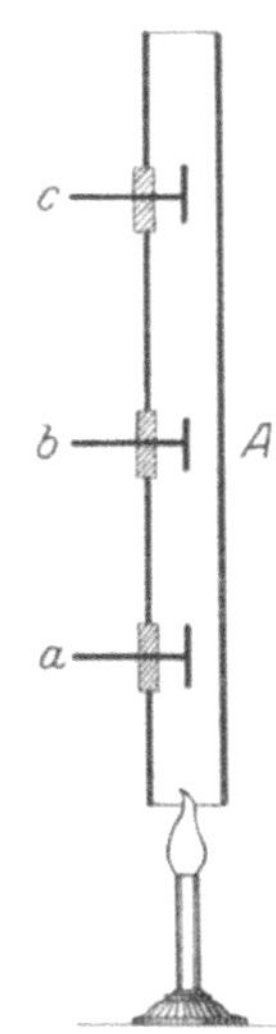

Abb. 366. Demonstration der Ionisierung und Molisierung.

Unter einer etwa ein Meter langen Eisenröhre von etwa 7 cm Durchmesser steht ein Bunsenbrenner (kleine Flamme). Die von dem Bunsenbrenner heraufkommenden Gase sind ionisiert. Die Elektroden $a$, $b$ und $c$ sind von dem Eisenrohr isoliert und können mit Elektroskopen verbunden werden. Der Versuch zeigt, daß das Elektroskop, welches mit $a$ verbunden ist, viel schneller seine Ladung verliert als die Elektroskope, welche mit $b$ oder mit $c$ verbunden werden. Die ionisierten Gase haben sich also auf dem Wege von $a$ nach $b$ merklich molisiert und in noch höherem Maße auf dem Wege von $a$ nach $c$.

Verbinden wir die Elektrode *a* mit einer kleinen Elektrisiermaschine und schicken durch *aA* einen Strom durch, so werden wir bemerken, daß die Elektroskope, die mit *b* oder *c* verbunden werden, jetzt ihre Ladung beibehalten. In der Gegend *bc* sind also keine Ionen mehr vorhanden: die Elektrisiermaschine lieferte einen Sättigungsstrom, welcher alle von dem Bunsenbrenner kommenden Ionen wieder molisiert hat.

**441. Messung schwacher Ströme.** Die elektrischen Ströme, die man in den Gasen bei Wirkung verschiedener Ionisatoren erhalten kann, sind oft so klein, daß ihre Messung mit einem Galvanometer schon unbequem wird. In solchen Fällen werden Elektrometer gebraucht. Bezeichnen wir die Kapazität der gesamten Apparatur, die Kapazität des benutzten Elektrometers mitgerechnet, mit $C$, und beobachten wir eine Verminderung des Potentials in $t$ Sekunden auf $V$ Volt, so ist offenbar die in der Sekunde abfließende Elektrizitätsmenge oder die mittlere Stromstärke gleich

$$J = \frac{e}{t} = \frac{CV}{t}.$$

Je kleiner die Kapazität $C$ und je empfindlicher das Elektrometer für die Potentialänderungen ist, desto kleinere Ströme können wir mit ihm messen.

Die Kapazität eines Elektrometers mit einem Aluminiumblättchen kann sehr klein gemacht werden, bis zu $10^{-12}$ Farad; seine Voltempfindlichkeit ist aber gering und kann selten bis zu 0,1 Volt gehen. Die Kapazität eines Quadrantenelektrometers ist viel größer, meistens etwa 50 mal größer als die des Aluminiumblättchens, dafür kann aber seine Empfindlichkeit etwa 100 mal größer gemacht werden. Das Quadrantenelektrometer wird also in manchen Fällen vorzuziehen sein.

Nehmen wir an, wir beobachten mit einem Aluminiumblattelektrometer von $10^{-12}$ Farad Kapazität eine Potentialänderung von 0,1 Volt in einer Minute. Dann wird die mittlere Stromstärke sein

$$J = \frac{10^{-12} \cdot 0{,}1}{60} = 1{,}7 \cdot 10^{-15} \text{ Ampere}.$$

Da die Ladung eines jeden Elektrons gleich $16 \cdot 10^{-20}$ Coulomb ist, so haben wir damit den sekundlichen Verlust von etwa 10000 Elektronen beobachtet.

**442. Die Bestimmung der Ionisierungskraft eines Ionisators.** Um die Ionisierungskraft irgendeines Ionisators zu bestimmen, braucht man nur den Sättigungsstrom zu messen; dann ergibt unsere oben (S. 385, **439**) angeführte Gleichung direkt die Größe $q$. Wir wollen hier das folgende Zahlenbeispiel anführen.

Zwischen zwei Elektroden, deren Oberfläche $S = 100 \text{ cm}^2$ und gegenseitiger Abstand $l = 5$ cm ist, wirken Röntgenstrahlen als Ionisator, und wir beobachten einen Sättigungsstrom von $J = 10^{-7}$ Ampere. Da die Stromdichte hier gleich $10^{-9}$ Amp./cm$^2$ ist und die Ladung eines Elektrons gleich $16 \cdot 10^{-20}$ Coulomb, so wird die Zahl der in jeder Sekunde in einem Kubikzentimeter entstehenden Ionen jedes Vorzeichens sein

$$q = \frac{i}{le} = \frac{10^{-9}}{5 \cdot 16 \cdot 10^{-20}} = 1{,}3 \cdot 10^{9} \, \overset{\oplus}{\ominus} \text{ Ionen}.$$

Die größte Zahl der Ionen, die bei einem gegebenen, gleichmäßig wirkenden Ionisator im Gase erhalten bleiben kann, wird

$$n = \sqrt{\frac{q}{\alpha}} = \sqrt{\frac{1{,}3 \cdot 109}{10^{-6}}} = 3{,}6 \cdot 10^{7} \, \overset{\oplus}{\ominus} \text{ Ionen}.$$

Es ist interessant, diese Zahlen mit denen zu vergleichen, welche wir für die Elektrolyten erhalten.

Eine 10proz. Kochsalzlösung hat, wie wir gesehen haben (S. 346, **396**), eine Äquivalentkonzentration $\eta = 1{,}7 \cdot 10^{-3}$. Da von den Molekülen des Kochsalzes in der Wasserlösung nur der 0,65. Teil ionisiert ist, und da in jedem Grammolekül $60{,}6 \cdot 10^{22}$ Moleküle enthalten sind, so erhalten wir für die Zahl der in einem Kubikzentimeter der Lösung enthaltenen Ionen

$$n = 0{,}65 \cdot 1{,}7 \cdot 10^{-3} \cdot 60{,}6 \cdot 10^{22} = 6{,}7 \cdot 10^{20} \overset{\oplus}{\ominus} \text{ Ionen.}$$

Diese Zahl ist etwa 20 Billionen mal größer als bei einem durch Röntgenstrahlen ionisierten Gase. Dadurch erklärt sich auch, warum ungeachtet der enormen Reibung der Ionen in den Wasserlösungen die letzteren dennoch eine viel größere Leitfähigkeit besitzen als die Gase.

Die Ionen in den Elektrolyten werden ebenso wie in den Gasen beim Stromdurchgang molisiert, indem die so entstehenden Moleküle als Zersetzungsprodukte an den Elektroden abgeschieden werden. Der Verlust an Ionen wird aber durch die Dissoziationskraft des Lösungsmittels sofort gedeckt und nur bei voller Dissoziation wird die Ionenzahl durch den Strom vermindert. In den Gasen ist aber diese Verminderung der Ionenzahl viel bemerkbarer, weil eben die Zahl der Ionen in den Gasen verhältnismäßig sehr klein ist.

**443. Bewegung der Gasionen.** Wenn sich die Ionen in einem Gase unter der Wirkung eines elektrischen Feldes bewegen, so treffen sie auf ihrem Wege die Gasmoleküle und verlieren dabei durch Stöße einen Teil ihrer kinetischen Energie; auf dem Wege zwischen zwei Zusammenstößen werden sie von dem Feld beschleunigt und erhalten wieder einen Zuwachs an kinetischer Energie. So wiederholt sich dieser Vorgang auf dem ganzen von dem Ion durchlaufenen Wege. Bei verhältnismäßig langsamer Geschwindigkeit des Ions kann man diesen Vorgang im Mittel als eine gleichförmige Bewegung des Ions auffassen mit einer durchschnittlichen Ionengeschwindigkeit $u$ und $v$, wie wir das auch für die Ionen in Elektrolyten schon angenommen haben. Dann können wir für die Stromdichte wieder dieselbe Formel (S. 340, **391**) hinschreiben wie früher

$$i = en(u + v).$$

Um die Geschwindigkeiten der $\oplus$- und $\ominus$-Ionen in Gasen zu bestimmen und danach die Reibungskoeffizienten der Ionen zu berechnen, hat man verschiedene Methoden angewandt. Wir begnügen uns hier mit einer kurzen Beschreibung der Methode, die LANGEVIN angewandt hat, wegen ihrer Einfachheit. Das untersuchte Gas befindet sich zwischen den Platten eines ebenen Kondensators und wird durch einen kurz dauernden Röntgenstrahl ionisiert. Die so entstandenen Ionen beiderlei Zeichens werden durch das elektrische Feld teilweise an die Belegungen des Kondensators auseinandergetrieben. Nach einer kurzen Zeit schaltet man das elektrische Feld um und beobachtet mit einem Elektrometer den elektrischen Strom im Kondensator. Im Anfange wird die Stromstärke von den Bewegungen der $\oplus$- und $\ominus$-Ionen gleichzeitig hervorgebracht; die $\ominus$-Ionen wandern aber im allgemeinen schneller und werden also an den Elektroden früher abgeschieden. In dem Moment, wo alle negativen Ionen verschwunden sind, wird der Strom plötzlich schwächer, und wenn endlich auch die positiven Ionen verschwinden, hört er ganz auf. Der erste Zeitpunkt gibt uns die Zeit an, welche die $\ominus$-Ionen gebraucht haben, um die ganze Strecke zwischen den Kondensatorbelegungen zu durchlaufen, und der zweite Zeitpunkt gibt uns dasselbe für die $\oplus$-Ionen.

Die Versuche von LANGEVIN und anderer Forscher haben bei einem Potentialgefälle von 1 Volt/cm eine Geschwindigkeit der Ionen von der Größenordnung 1 cm/sec ergeben. In Wasserstoff ist diese Geschwindigkeit 6 cm/sec, in den Dämpfen mit großen Molekülen, wie Azeton und Äthyläther, sind die Geschwindigkeiten der Ionen etwa 10mal kleiner. In den meisten Gasen wandern die ⊖-Ionen etwa 1,4mal schneller als die ⊕-Ionen; in den schweren Gasen und Dämpfen sind beide Geschwindigkeiten annähernd gleich.

Oft bilden sich um die Ionen so große Molekülkomplexe, daß die Geschwindigkeit einiger Ionen auf den 100. und sogar auf den 1000. Teil reduziert wird, wie das zuerst LANGEVIN nachgewiesen hat. Die Gasionen haben auch die Tendenz, sich an den Oberflächen von anderen Körpern abzusetzen, wie z. B. an Nebeltröpfchen und Staubkörnchen. Dadurch entstehen sehr langsam wandernde Ionen. Die Reibungskoeffizienten der Ionen sind annähernd proportional dem Druck des Gases und dem Koeffizienten seiner inneren Reibung, sind aber erheblich kleiner als der letztere.

**444. Potentialverlauf, Feldstärke, Raumladung.** Den Potentialverlauf in den Gasen untersucht man meistens durch Einführung feiner Platindrähte, sog. *Sonden*, die mit dem Elektrometer verbunden werden. Die Sonden und ihre Ladungen müssen möglichst klein sein, damit sie das Feld zwischen den Elektroden nicht merklich beeinflussen.

Die Versuche zeigen, daß das Potential zwischen parallelen Elektroden im Gase nicht überall dasselbe Gefälle hat; in der Nähe der Elektroden ist das Gefälle im allgemeinen größer als in der Mitte. Da das Potentialgefälle gleich der Feldstärke ist (S. 69, **82**), so ist demnach auch die Feldstärke in der Nähe der Elektroden entsprechend größer.

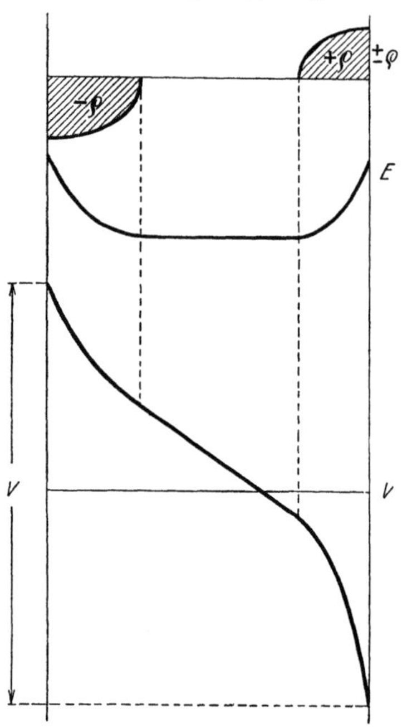


Abb. 367. Potential, Feldstärke und Raumladung bei einer Gasentladung.

Der Grund für diese Abweichung von dem gewöhnlichen Potentialverlauf liegt in der sog. *Raumladung* des Gases. An dem Beispiel einer homogen geladenen Platte (S. 43, **51**) haben wir nämlich schon gesehen, daß im Bereiche, wo die Platte geladen ist, die elektrische Feldintensität nicht konstant bleibt, sondern proportional dem Abstande wächst. Das Anwachsen der Feldstärke, auf die Einheit der Länge bezogen, wollen wir als Gradient der Feldstärke bezeichnen. Für eine gleichmäßige Ladung einer Platte ist dieser Gradient gleich $2\pi\varrho$, wo $\varrho$ die Dichte der Volumenladung bedeutet. Wir wollen jetzt dieses Ergebnis unserer Rechnung auf das Feld einer Gasentladung anwenden.

Gesetzt den Fall, wir haben mit der Sondenmethode einen Potentialverlauf wie in der Abb. 367 (Kurve $V$) gefunden. Bestimmen wir für jeden Punkt dieser Kurve ihre Neigung, d. h. den Winkel, welche die Tangente mit der Längsachse bildet, so ist die Tangente dieses Winkels gleich der negativen Feldstärke in dem betrachteten Punkte. Zeichnen wir so die Kurve für die Feldstärken (Kurve $E$) und bestimmen wieder die Winkel ihrer Tangenten für jeden Punkt, so erhalten wir die Gradienten der Feldstärke und also auch die Größe der Raumladung $\varrho$.

Wenn wir in der Richtung des elektrischen Feldes schreiten, so erhalten wir an der Anode einen negativen Gradienten der Feldstärke; in dieser Gegend wird also die Raumladung auch *negativ* sein; beim Annähern an die Kathode treffen wir einen positiven Gradienten der Feldstärke und folglich eine *positive* Raumladung. — In dem mittleren Teile des Entladungsraumes (in der Abb. 367 zwischen den punktierten Vertikallinien) wird der Potentialverlauf annähernd durch eine gerade Linie dargestellt; hier wird die Feldstärke konstant sein und der Raum frei von Ladungen sein.

Die Raumladungen in der Nähe der Elektroden sind im allgemeinen bei schwachen Strömen größer als bei stärkeren Strömen.

**445. Flammenleitung.** Es ist längst bemerkt worden, daß die erhitzten Gase und Flammen eine bedeutende Leitfähigkeit besitzen. Durch Einführung in die Flamme eines Bunsenbrenners verschiedener Salze, wie man es z. B. bei der Spektralanalyse zu tun pflegt, erhält man in der leuchtenden Flamme eine etwa 1000fache Leitfähigkeit.

Daß die Flammenleitung auf Ionenbildung zurückzuführen ist, hat schon ARRHENIUS erkannt, aber wie diese Ionen gebildet werden und in welcher Weise und mit welchen Geschwindigkeiten sie sich dabei bewegen, ist bis jetzt noch nicht völlig aufgeklärt worden. Die Verhältnisse in den Flammen scheinen also sehr kompliziert zu sein, um eine einfache Erklärung zuzulassen.

P. LENARD war der erste (1902), der gezeigt hat, daß in den Flammen die eingeführten Salze wirklich ionisiert werden. Der durch das eingeführte Metallsalz sich bildende und emporsteigende leuchtende Dampfstreifen wird von einem negativen geladenen Körper angezogen; der leuchtende Dampf enthält also vorwiegend *positive* Ionen.

Zahlreiche Untersuchungen über die Geschwindigkeiten der positiven und negativen Ionen in den Flammen haben für dieselbe sehr verschiedene Zahlen ergeben, je nach der Versuchsanordnung. LENARD schreibt dieses Ergebnis dem Umstande zu, daß die Flammenionen auf ihrer Wanderung im elektrischen Felde nicht konstant bleiben, es findet eine fortwährende Ionisierung und Molisierung statt. Zunächst werden die Metallsalze bei der hohen Temperatur der Flamme zu Metallen reduziert; die Metallatome erhalten dabei bedeutende Geschwindigkeiten und nähern sich so aneinander, daß ihre intramolekularen elektrischen Felder sich durchdringen, wodurch eine Abspaltung von Elektronen erzeugt wird und eine positive Ionisation. Nach der Ansicht von MARX ist die Ursache dieser Ionisation in der photoelektrischen Wirkung des leuchtenden Dampfes zu suchen, die bei Natrium und Kalium besonders kräftig ist. Die abgetrennten Elektronen treffen bei ihrer Bewegung andere ionisierte und unionisierte Atome, kombinieren sich mit denselben und erzeugen neutrale Atome (Molisierung) oder sogar negativ geladene Metallatome, wie es die Versuche von d'ANDRADE gezeigt haben.

Würde das Elektron allein in der Flamme wandern, so würde nach LENARD seine Geschwindigkeit in einem Einheitsfelde etwa 50000 cm/sec betragen. Setzt sich das Elektron bei seiner Wanderung auf neutrale Moleküle ab, so wird seine durchschnittliche Geschwindigkeit nur etwa 10000 cm/sec und findet zeitweise noch eine Rekombination (Molisierung) zu neutralen Molekülen statt, bei welcher das Feld keine bewegende Kraft ausüben kann, so sinkt die *durchschnittliche* Geschwindigkeit noch mehr.

Auch für die positiven Ionen erhält man wegen der fortwährenden Rekombination eine kleinere durchschnittliche Geschwindigkeit als die, welche wir bei einer dauernden und konstanten Ionisation beobachten würden. Man hat für die Geschwindigkeiten der Ionen in Flammengasen die Größen von 50 bis etwa 350 cm/sec gefunden.

## 4. Gasentladungen.

**446. Stoßionisation.** Wenn wir die Abhängigkeit der Stromstärke von der Potentialdifferenz für ein schwach ionisiertes Gas graphisch darstellen, so erhalten wir eine ($JV$)-Charakteristik in der Form etwa wie Abb. 368. Bei kleinen Potentialdifferenzen kann die Charakteristik als eine Gerade angesehen werden, die Stromstärke also proportional zu der Potentialdifferenz, wie es nach dem OHMschen Gesetze sein soll. — Bei höheren Potentialen wächst die Stromstärke langsamer als am Anfang, weil dabei die Molisation der Gasstrecke durch den Strom schon bemerkbar wird, und bei einer Potentialdifferenz $V_a$ sind wir schon nahe am Sättigungsstrom $J_0$, indem alle von dem Ionisator erzeugten Ionen durch den Strom fortgeführt werden und der Strom unabhängig von der Potentialdifferenz wird. Lassen wir aber die Potentialdifferenz noch weiter steigen, so erhalten wir bei $V_b$ wieder einen stärkeren Anstieg des Stromes, etwa nach der Kurve $BC$.

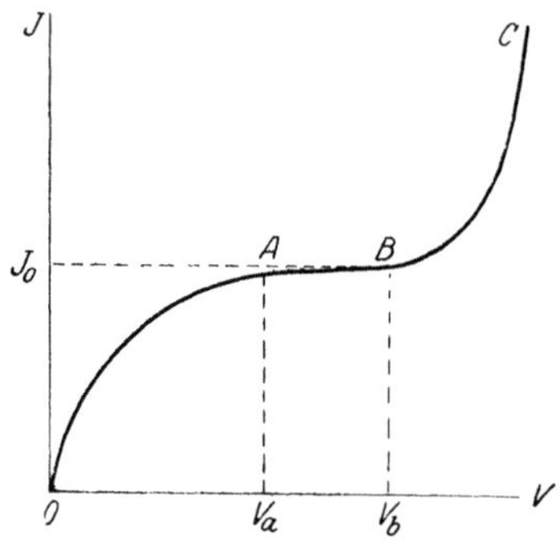

Abb. 368. Charakteristik einer Gasentladung.

Um diese Erscheinung zu erklären, hat J. J. THOMSON die Hypothese aufgestellt, daß die im Gase sich bewegenden Ionen unter der Wirkung des elektrischen Feldes eine so große Geschwindigkeit und kinetische Energie erlangen können, daß sie beim Zusammenstoß mit neutralen Molekülen diese letzteren ionisieren.

Wir haben schon im vorigen Abschnitte (S. 368, **425**) die Energiegleichung für ein im elektrischen Felde sich bewegendes Ion aufgestellt. Ist die Potentialdifferenz am Anfang und am Ende des Weges eines Ions gleich $V$ und wirkt keine Reibungskraft entgegen, so erhält das Ion auf diesem Wege eine kinetische Energie

$$\varepsilon_\varkappa = eV.$$

Kann man die Feldstärke $E$ auf dem Wege $l$ als konstant ansehen, so ist

$$V = El.$$

Ist die so erhaltene Energie groß genug, um beim Zusammenstoß ein Gasmolekül zu ionisieren, so erhalten wir folgendes. Irgendein Ion, welches sich zufällig im Gase befindet, wird durch das angelegte elektrische Feld beschleunigt, seine kinetische Energie wächst und beim Zusammenstoß mit einem Gasmolekül wird das letztere ionisiert. Das stoßende Ion verliert dabei einen Teil seiner kinetischen Energie. Aber unter der Wirkung des elektrischen Feldes wird das primäre Ion zusammen mit dem neu entstandenen wieder beschleunigt und sie können bei ihrer weiteren Bewegung neue Ionen durch Stoß erzeugen. So wird die Ionenzahl und mit ihr auch die Stromstärke immer schneller und schneller anwachsen, ähnlich einer Lawine, die vom Schneeberge hinabstürzt. Diese Lawinentheorie der Gasentladung wurde namentlich von TOWNSEND theoretisch ausgearbeitet und durch Versuche im allgemeinen bestätigt.

Wir sehen daraus, daß für eine Gasentladung *zwei* Bedingungen nötig sind. Erstens müssen im Gase Ionen schon vorhanden sein; der Versuch zeigt aber, daß eine sehr kleine Zahl der Ionen in jedem Gase stets vorhanden ist. Zweitens müssen die Ionen bei ihrer Bewegung im elektrischen Felde eine kinetische Energie $\varepsilon_\varkappa$ erhalten können, welche für die Ionisation der gegebenen Gasmoleküle genügt. Diese Ionisationsenergie kann entweder durch Steigerung der Feldstärke oder durch Vergrößerung der freien Weglänge erreicht werden.

In den Gasen bei normalen Verhältnissen, also bei Drucken von etwa einer Atmosphäre, ist die frei durchlaufende Weglänge des Ions verhältnismäßig klein, denn die sog. freie Weglänge der Moleküle selbst ist etwa gleich $10^{-5}$ cm. Dadurch erklärt sich auch, warum für eine Gasentladung bei Atmosphärendruck sehr große Feldstärken nötig sind, z. B. für Luft, wie wir gesehen haben, etwa 30000 Volt/cm.

Bei kleineren Drucken, wie sie z. B. in den Geißlerröhren erzeugt werden, ist die freie Weglänge entsprechend größer, und es genügen hier viel kleinere Feldstärken und kleinere Potentialdifferenzen zwischen den Elektroden, um das Gas durch Ionenstoß zu ionisieren und eine Gasentladung zu erhalten.

Bei noch stärkeren Verdünnungen aber, wie sie z. B. in den CROOKESschen und Röntgenröhren vorkommen, bedarf es wieder stärkerer Potentialdifferenzen für eine Entladung, weil gleichzeitig mit der Verminderung der Molekülenzahl die Erzeugung der für den Strom nötigen Ionen auch vermindert wird. Bei sehr hohem Vakuum kann zuweilen eine Entladung leichter außerhalb der Röhre einsetzen als in der Vakuumröhre selbst.

**447. Ionisierungsspannung.** Der soeben von uns kurz geschilderte Vorgang, welcher bei Gasentladungen stattfindet, bedarf noch verschiedener Ergänzungen. Die Erscheinung wurde in ihren Hauptpunkten namentlich durch die Versuche von J. FRANK und G. HERTZ (1913) geklärt. Die Versuchsanordnung dieser Forscher ist schematisch in der Abb. 369 dargestellt. Hier ist $K$ ein glühender Wolframdraht, welcher die für die Versuche nötigen Elektronen liefert (S. 373, **429**). In unmittelbarer Nähe des Wolframdrahtes ist ein Drahtnetz $G$ ausgespannt, und in einer gewissen Entfernung von diesem eine Platte $A$ befestigt. Zwischen $G$ und $K$ einerseits und zwischen $G$ und $A$ anderseits können durch Hilfsbatterien bestimmte Potentialdifferenzen angelegt werden. Durch eine verhältnismäßig kleine Potentialdifferenz $V$ zwischen $G$ und $K$ kann man die von dem glühenden Wolframdraht ausgesandten Elektronen durch das Drahtnetz in das elektrische Feld $AG$ hineinbefördern. Das elektrische Feld zwischen $A$ und $G$ ist entgegengesetzt zu dem Felde $KG$ gerichtet und die aus dem Drahtnetze kommenden Elektronen werden hier abgebremst und kehren zu dem Drahtnetz zurück. Die Potentialdifferenz $V_1$ zwischen der Platte $A$ und dem Drahtnetze $G$ nimmt man stets ein wenig größer als $V$. Die Elektronen können demnach die Platte $A$ nicht erreichen; sie werden alle zum Drahtnetze zurückkehren. Ein Galvanometer, welches in den Stromkreis $AV_1G$ eingeschaltet ist, muß dabei die Stromstärke Null anzeigen.

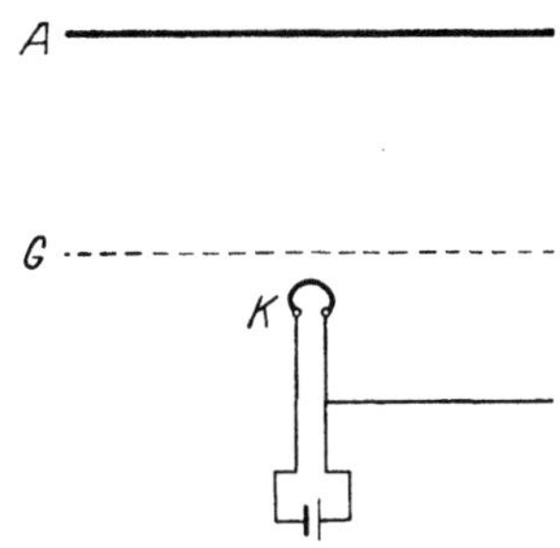

Abb. 369. Versuche von FRANK und HERTZ.

Wenn die Potentialdifferenz $V$ zwischen dem Wolframdraht und dem Gitter $G$ so groß ist, daß die Elektronen bei ihrem Eintreten durch das Gitter in den Raum $AG$ eine genügend große Energie besitzen, um das Gas in diesem Raume durch Elektronenstoß zu ionisieren, dann werden zwar bei $V_1 > V$ die Elektronen wieder in das Netz zurückbefördert, aber die neu entstandenen *positiven* Ionen werden von der Platte $A$ angezogen, und zwischen $G$ und $A$ entsteht ein elektrischer Strom.

Beobachten wir also das Galvanometer bei verschiedenen Potentialdifferenzen $V$, indem jedesmal $V_1$ größer als $V$ genommen wird, so können wir die Potentialdifferenz feststellen, welche gerade zur Ionisation des betreffenden Gases nötig ist. FRANK und HERTZ und später auch andere Physiker haben durch derartige Versuche für jedes Gas seine sog. *Ionisierungsspannung* bestimmt. In der folgenden Tabelle sind die Ionisierungsspannungen in Volt für einige Gase und Dämpfe angeführt.

| Gas | K | Na | Hg | $O_2$ | $H_2$ | $N_2$ | Ne | He |
|---|---|---|---|---|---|---|---|---|
| $V_1$ | 4,1 | 5,1 | 10,3 | 15 | 16 | 18 | 21,5 | 24,5 |

**448. Elastischer Zusammenstoß der Elektronen mit Molekülen.** Um zu untersuchen, was mit den Elektronen geschieht, deren kinetische Energie für die Stoßionisation des betreffenden Gases nicht genügt, haben FRANK und HERTZ ihre Versuchsanordnung in folgender Weise abgeändert (Abb. 370). Die Elektronen, die aus dem Wolframdraht $K$ heraustreten und das Drahtnetz durchsetzen, kommen in ein Gefäß $M$ hinein, dessen Abmessungen so groß gewählt sind, daß die Elektronen seine Wände nicht erreichen können, und alle von den Molekülen des in $M$ enthaltenen Gases reflektiert werden. Diese Reflexion ist eine diffuse, erfolgt nach allen Seiten und es wird nur ein kleiner Teil der Ionen wieder zum zentralen Teil $A$ des Netzes zurückfliegen, der größte Teil wird zerstreut und kommt nach $B$ hin. Unterhalb des Netzes $BB$ befindet sich eine ringförmige, von dem Drahtnetz isolierte Elektrode $CC$, welche mit einer Batterie Elemente und einem Galvanometer verbunden ist. Durch Beobachtung des Galvanometers bei verschiedenen Potentialdifferenzen zwischen $B$ und $C$ kann die kinetische Energie der reflektierten Elektronen bestimmt werden. FRANK und HERTZ haben gefunden, daß bei *kleinen* Geschwindigkeiten die Elektronen von den Molekülen der Gase ohne jeglichen Energieverlust reflektiert werden. Man nennt solch einen Stoß, ohne Energieverlust, vollständig *elastisch*.

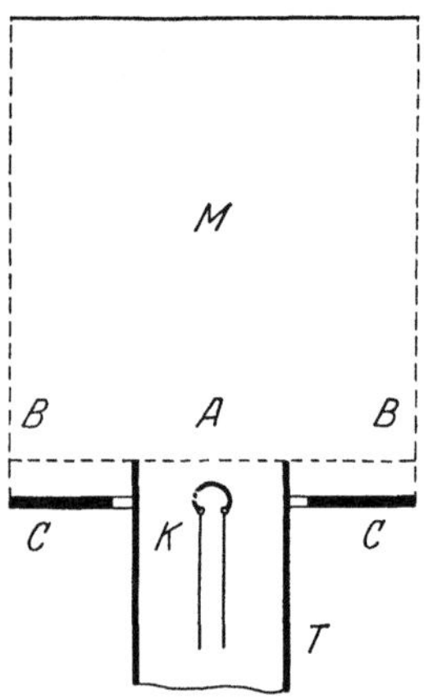

Abb. 370. Untersuchung des elastischen Stoßes.

Einen völlig elastischen Stoß der Elektronen haben FRANK und HERTZ bei Helium, Argon und beim Quecksilberdampf gefunden. Bei Wasserstoff dagegen und noch mehr beim Sauerstoff und Chlor entsteht beim Zusammenstoß ein bemerkbarer Energieverlust. Diese Ausnahmen schreiben FRANK und HERTZ der anziehenden Wirkung dieser Moleküle auf die Elektronen zu; die Erscheinung ist aber noch nicht völlig aufgeklärt.

**449. Resonanzstrahlung und Resonanzpotential.** Bei weiterer Verfolgung ihrer Versuche haben FRANK und HERTZ bemerkt, daß in den Gasen, wo der Elektronenstoß sonst völlig elastisch stattfindet, z. B. bei Helium, Argon und Quecksilber (einatomige Gase), ein Energieverlust schon unter niedrigeren Potentialen stattfindet, als es der eigentlichen Ionisierungsspannung entsprechen würde. So erhält man bei Quecksilber schon bei einer Potentialdifferenz von 4,9 Volt einen merklichen Energieverlust, obgleich die Ionisationsspannung für Quecksilber gleich 10,4 Volt ist.

FRANK und HERTZ vermuteten deshalb, daß bei 4,9 Volt der Energieverlust durch die beim Stoß erregte *Strahlung* verursacht wird. Und in der Tat gelang es diesen Forschern, diese Strahlung des Quecksilbers mit einem Ultraviolettspektrographen nachzuweisen. Bei langer Exposition erhielten FRANK und HERTZ im Spektrographen eine Linie von der Wellenlänge $\lambda = 0{,}2537\ \mu$, welche dem Quecksilberspektrum angehört.

Wir wollen hierbei besonders hervorheben, daß bei derartiger Anregung der Strahlung nicht das ganze Quecksilberspektrum ausgesandt wird, sondern nur eine einzige Linie. Eine analoge Erscheinung hat schon früher R. W. WOOD beobachtet, indem er eine mit Quecksilberdampf gefüllte Röhre mit dem ultravioletten Lichte einer Quecksilberbogenlampe bestrahlte; eine Bestrahlung mit dem

Lichte der Quecksilberlinie 0,2537 erregte in dem sonst dunklen Quecksilberdampfe eine Strahlung, deren Spektrum nur diese Linie allein enthielt. Diese Erscheinung ist der Resonanzerscheinung in der Akustiksehr ähnlich, weshalb man auch die so erregte Strahlung als *Resonanzstrahlung* bezeichnet hat. Dieselbe Resonanzlinie haben nun FRANK und HERTZ durch Ionenstoß erzeugt.

Spätere Arbeiten haben derartige Resonanzlinien auch in anderen Gasen und Dämpfen festgestellt. Jede Spektrallinie fordert für ihre Erregung eine ganz bestimmte kinetische Energie der stoßenden Elektronen, also eine ganz bestimmte Potentialdifferenz, welche man *Resonanzpotential* der entsprechenden Linie genannt hat. Das Resonanzpotential ergibt sich um so höher, je kleiner die Wellenlänge der erregten Resonanzlinie ist.

Wir können uns demnach von den Erscheinungen des Elektronenstoßes die folgende allgemeine Vorstellung bilden. Bei kleiner Stoßenergie erfolgt der Elektronenstoß völlig *elastisch*. Bei Vergrößerung des Potentials wird eine Potentialdifferenz erreicht, bei welcher die Energie der Elektronenstöße hinreicht, um die *erste* Resonanzlinie, d. h. eine Linie mit der größten Wellenlänge des betreffenden Spektrums, zu erregen. Bei Na und K genügen dazu schon etwa 2 Volt Elektronengeschwindigkeiten. Bei weiterer Steigerung des Potentials werden nacheinander auch die kleineren Wellenlängen des Spektrums erregt. Bei Potentialen von etwa 7 bis 10 Volt je nach dem Gase erscheint schon fast das ganze Spektrum; dieses Spektrum wird *Bogenspektrum* genannt. Erreichen wir endlich die *Ionisationsspannung*, so wird durch den Elektronenstoß ein linienreiches Spektrum erregt, ein sog. *Funkenspektrum*.

**450. Entladungen in Geißlerröhren.** Eine etwa 75 cm lange und 4 cm breite, von beiden Enden geschlossene Glasröhre ist mit zwei Elektroden versehen, welche wir mit einem Induktor verbinden. In der Mitte hat die Röhre einen Ansatz, welcher zur Luftpumpe führt. Wir pumpen die Luft allmählich aus und beobachten dabei die Entladung.

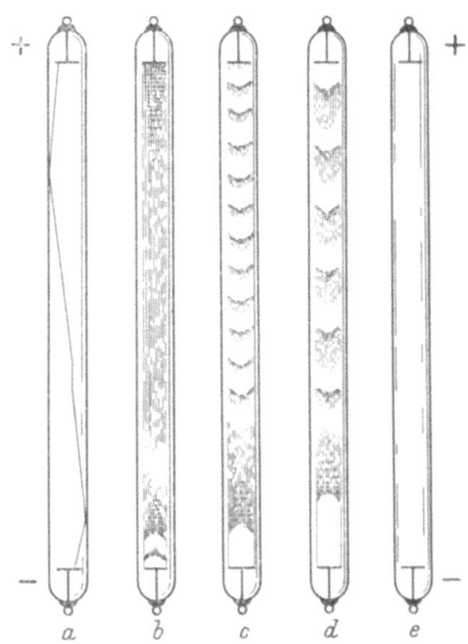

Abb. 371. Entladungen in Geißlerröhren.

Im Anfang bei etwa Atmosphärendruck erhalten wir überhaupt keine merkliche Entladung; dazu würde eine sehr große Potentialdifferenz erforderlich sein. Bei Verminderung des Drucks wird die freie Weglänge der Ionen vergrößert und sie fangen an, die Gasmoleküle durch Ionenstoß zu ionisieren; für diese Anfangsionisation genügen schon die wenigen Elektronen, welche in jedem Luftraum fast immer vorhanden sind. Zwischen den Elektroden der Röhre erscheint dann ein feiner zickzackförmiger Funke (Abb. 371a), welcher sich teilweise längs der Röhrenwand hinschlängelt. Bei weiterem Auspumpen bis zu etwa 0,01 Atmosphäre vergrößert sich die durch Stoß erzeugte Ionenzahl so weit, daß der Funke zu einer hell leuchtenden Säule sich verbreitet (Abb. 371b); wir erhalten eine *Glimmentladung*. Im Gegensatz zu der Funkenentladung scheint die Glimmentladung einen völlig kontinuierlichen Charakter zu haben. Die Farbe der Glimmentladung, d. h. ihr Spektrum, hängt natürlich von dem in der Röhre sich befindenden Gase ab, und zwar üben sogar geringe

Verunreinigungen des Gases einen erheblichen Einfluß auf das Aussehen der Glimmentladung. Im allgemeinen ist die Farbe an der Anode rötlicher und an der Kathode bläulicher. Es werden demnach in der Nähe der Kathode durch Ionenstoß kleinere Wellenlängen erregt als an der Anode, was auf eine größere kinetische Energie der Ionen an der Kathode hindeutet.

Manchmal zerfällt der positive Teil der Glimmentladung in eine große Zahl einzelner Schichten (Abb. 371c).

Beim weiteren Auspumpen des Gases wird die positive Säule immer kürzer, das negative Glimmlicht dagegen immer länger (Abb. 371d). Bei sehr großen Gasverdünnungen verschwindet zunächst die positive Säule; das negative Glimmlicht wird immer blasser und blasser und verwandelt sich endlich in reine Kathodenstrahlen, welche das Glas der Röhre zu grüner Lumineszenz erregen (Abb. 371e).

In einer ungeschichteten Entladung unterscheidet man folgende ziemlich scharf begrenzte Teile. Dicht an der Anode liegt eine sog. helle Anodenschicht *a* (Abb. 372) mit darauffolgendem schmalen dunklen Raum, welcher die Anodenschicht von einer langen *positiven Lichtsäule* abtrennt. Ebenso liegt an der Kathode eine feine Kathodenschicht *e*, darauf kommt ein dunkler Raum *de* (HITTORF, CROOKES) und endlich das negative Glimmlicht *dc*. Zwischen der positiven Lichtsäule und dem negativen Glimmlichte befindet sich der sog. FARADAYsche Dunkelraum *bc*.

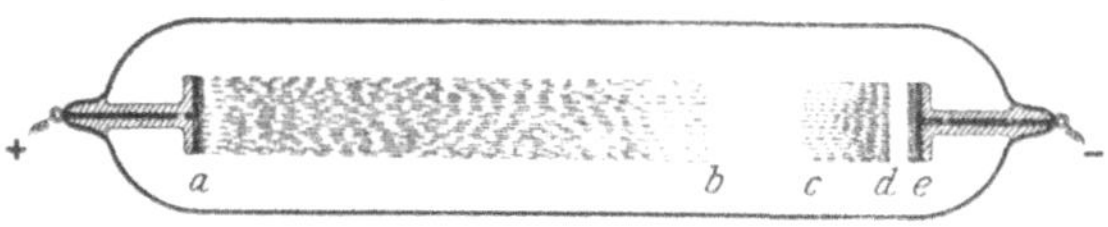

Abb. 372. Form einer Glimmentladung.

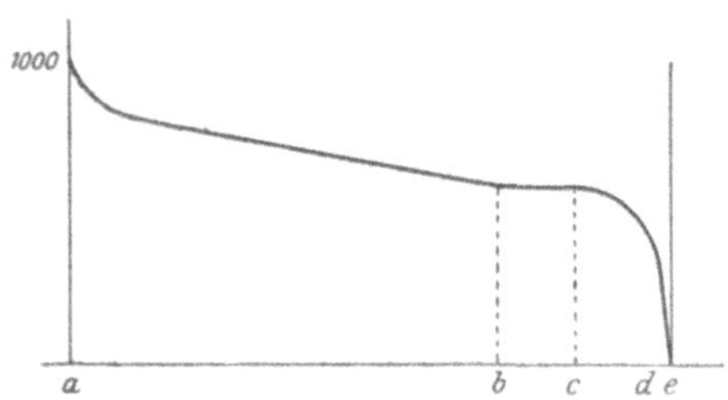

Abb. 373. Potentialverlauf in einer Glimmentladung.

**451. Kathodenfall und Anodenfall.** Untersucht man die Glimmentladung nach der Sondenmethode (S. 388, **444**), so findet man, daß das Potentialgefälle (Abb. 373) und demnach die Feldintensität nicht überall längs der Röhre dieselben sind; am stärksten ist die Feldintensität in der Nähe der Kathode und dann an der Anode, viel schwächer ist sie in der positiven Lichtsäule und im FARADAYschen Dunkelraum. Aus dem Verlauf des Potentials und der Feldstärke schließen wir (vgl. S. 388), daß an den Elektroden eine Anhäufung der Ionen stattfinden muß.

E. WARBURG hat gefunden, daß die Potentialdifferenz zwischen dem HITTORFschen Dunkelraum und dem negativen Glimmlicht für jedes Gas und für jedes Elektrodenmaterial eine konstante Größe hat; sie ist unabhängig von der Stromstärke und von den Abmessungen des Entladungsraumes, wenn nur die erste leuchtende Kathodenschicht noch nicht die ganze Kathodenfläche bedeckt. Diese Potentialdifferenz nannte WARBURG den *normalen* Kathodenfall. In der folgenden Tabelle sind die normalen Kathodenfälle für einige Gase und Kathoden in Volt angegeben:

| Gas / Kathode | $O_2$ | $H_2$ | $N_2$ | Ne | He | Luft |
|---|---|---|---|---|---|---|
| K | — | 94 | 170 | 68 | 59 | — |
| Na | — | 185 | 178 | 75 | 80 | — |
| Al | 311 | 171 | 179 | 141 | 120 | 229 |
| Cu | — | 214 | 208 | — | 177 | 375 |
| Pt | 364 | 276 | 216 | 152 | 165 | 277 |

Diese Zahlen sind noch nicht alle so genau, daß man aus ihnen irgendwelche Schlüsse ziehen könnte; dennoch bemerkt man, daß der Kathodenfall bei ein und demselben Kathodenmaterial mit der Ionisierungsspannung des Gases wächst.

Vergrößert man die Stromstärke in der Röhre, so wächst proportional mit ihr auch die von der Kathodenschicht bedeckte Fläche der Kathode; die *Stromdichte* an der Kathode bei *normalem* Kathodenfall bleibt also konstant. Hat die Kathodenschicht keinen Platz mehr auf der Kathode, so wächst mit der Stromdichte auch der Kathodenfall. So gelang es z. B. STARK, die Feldstärke in unmittelbarer Nähe der Kathode bis zu 30000 Volt/cm zu steigern, also einen sehr großen *anormalen* Kathodenfall zu erhalten. Anderseits können wir bei Benutzung von glühenden Kathoden durch künstlich erhöhte Elektronenlieferung den Kathodenfall fast völlig zum Verschwinden bringen.

An der Anode haben wir Anhäufungen von negativer Elektrizität, also von Elektronen. Deswegen bildet sich auch hier ein stärkeres elektrisches Feld aus und auch ein Anodenfall in Analogie zum Kathodenfall. Aber die Größe des Anodenfalls ist im allgemeinen viel geringer als die des Kathodenfalls und variiert wenig mit dem Gase im Entladungsraume; er beträgt etwa 18 bis 20 Volt. Durch Verunreinigungen im Anodenmaterial, namentlich mit elektronegativen Elementen, wird der Anodenfall vergrößert und kann bis zu 1000 Volt gesteigert werden. So genügte es z. B. GEHRCKE (S. 376, **432**), Spuren von Joddampf in die Entladungsröhre einzubringen, um einen starken Anodenfall und intensive Anodenstrahlen zu erzeugen.

Aus allen diesen Versuchsresultaten können wir uns die folgende allgemeine Vorstellung von dem Vorgang in einer Glimmentladung bilden.

Im ersten Moment, beim Einsetzen der Entladung, werden die positiven Gasionen an die Kathode und die Elektronen an die Anode befördert; dadurch wird ein Kathodenfall und ein Anodenfall gebildet, welche für den weiteren *stationären* Verlauf der Entladung nötig sind. Die positiven Gasionen müssen im Kathodenfall eine kinetische Energie erhalten, welche genügt, um aus der Kathode die nötige Zahl der Elektronen herauszustoßen. Die aus der Kathode herauskommenden Elektronen durchlaufen dann den Kathodenfall und erzeugen die Ionisation und das Leuchten im negativen Glimmlicht. Dabei verlieren sie offenbar ihre Energie, denn der FARADAYsche Raum bleibt dunkel. Hier erhalten sie eine neue Beschleunigung und können dann weiter die Ionisation und das Leuchten der positiven Lichtsäule besorgen. Für das Eintreten in die Anode bedürfen die Elektronen eine Energiemenge, welche sie beim Durchlaufen des Anodenfalls erlangen.

In einigen Fällen und, wie besonders G. GEHLHOFF hervorgehoben hat, namentlich in Gasgemischen erhält man eine *geschichtete* positive Lichtsäule; in diesem Falle werden die Elektronen offenbar auf ihrem Wege durch Zusammenstöße mit Gasmolekülen mehrere Male aufgehalten und dann wieder durch das elektrische Feld beschleunigt. Die Ursache der Schichtbildung ist übrigens bis jetzt noch nicht völlig aufgeklärt.

**452. Entladungen bei höheren Drucken.** Analoge Erscheinungen finden auch bei höheren Drucken statt, nur sind dabei die einzelnen Teile und Schichten der Entladung so nah aneinander, daß man sie nur in seltenen Fällen zu unterscheiden imstande ist.

Wir betrachten z. B. die Entladungserscheinung zwischen den Elektroden einer Elektrisiermaschine. Bei großem Elektrodenabstand sollte eigentlich keine Entladung zwischen den Elektroden stattfinden. Die Elektroden enthalten aber meistens an ihrer Oberfläche kleine spitzförmige Vorsprünge, an denen die Kraftlinien stark auseinandergehen und einen Potentialfall bilden, welcher genügt, um die Luft in ihrer Nähe durch Stoß zu ionisieren. Wir wissen ja, daß eine Spitzenentladung schon bei etwa 1000 Volt stattfindet. Man bemerkt im Dunkeln ein Sprühen der Elektroden. Zu derselben durch Stoßionisation hervorgebrachten Entladungsform gehört das historisch bekannte Elmsfeuer und ebenso das Sprühen der modernen Hochspannungsleitungen, welches man *Korona* genannt hat. Die Korona ist natürlich mit einem gewissen Energieverlust verknüpft.

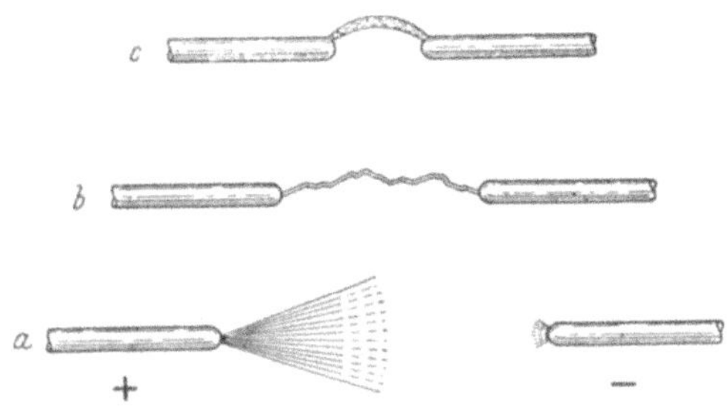


Abb. 374. Entladungen bei Atmosphärendruck.

Das verschiedenartige Aussehen des Glimmlichtes an der positiven und der negativen Spitze (Abb. 374a) ist der Verschiedenheit der Elektrizitätsträger, nämlich Ionen und Elektronen, zuzuschreiben.

Bei höheren Potentialdifferenzen oder bei kleinerem Elektrodenabstand schlägt das Sprühen der Elektroden in einen *Funken* über (Abb. 374b) oder auch in eine Reihe von disruptiven Entladungen. Es entsteht dabei der oben beschriebene Lawinenstrom von TOWNSEND. Ist die Luft durch den ersten Funken ionisiert, so gehen die nächstfolgenden Funken leichter über und folgen auch sehr exakt dem Wege des ersten Funkens. Photographiert man z. B. einen Blitz mit einer horizontal bewegten Kamera, so erhält man oft auf der Photographie mehrere Zickzacklinien, die völlig parallel zueinander gehen. Manchmal ist die erste Entladung unsichtbar und dient nur zur Vorbereitung des Weges für die darauffolgende helle Funkenentladung; wir erhalten einen sog. Entladeverzug. Auch von der zur Entladung zur Verfügung stehenden Elektrizitätsmenge, also von der Kapazität der Energiequelle, kann die Entladungserscheinung abhängen.

Bringen wir die Elektroden sehr nah aneinander (Abb. 374c), so wird die Stromdichte wachsen, die Elektroden und auch die Gasstrecke erwärmen sich und wir erhalten eine *Bogenentladung*.

**453. Bogenentladung.** Für das Stattfinden einer Bogenentladung ist vor allem das Glühen der *Kathode* unbedingt notwendig. Das können wir durch den folgenden Versuch beweisen. Wir verbinden zwei Kohlestifte mit einer Elektrizitätsquelle konstanter Potentialdifferenz von etwa 50 Volt. Wenn wir die Kohlenenden miteinander in Berührung bringen, fängt die Kontaktstelle an zu glühen, und wir können dann den Bogen auf ein paar Millimeter auseinanderziehen, ohne daß er erlischt. Unterbrechen wir jetzt den Strom auf eine kurze Zeit, z. B. auf 0,1 Sekunde, so kann der Bogen durch Einschalten des Stromes wieder gezündet werden, ohne daß die Elektroden miteinander in Berührung gebracht zu werden brauchen. Nehmen wir aber die eine Elektrode aus Kohle und die andere aus Kupfer, so gelingt die Wiederzündung des Bogens nur dann, wenn die Kohle als *Kathode* dient. Das Kupfer wird nämlich so schnell durch Wärmeleitung abgekühlt, daß beim zweiten Einschalten die Kupferkathode schon kalt ist und der Bogen nicht gezündet werden kann; man muß dazu die Elektroden wieder miteinander in Berührung bringen.

Aus demselben Grunde kann ein Lichtbogen zwischen Metallelektroden bei Wechselstrom nicht brennen; denn beim Stromwechsel wird die Kathode zur Anode und das Glühen der Anode allein kann keine Bogenentladung unterhalten.

Alle diese Erscheinungen sind leicht zu erklären, wenn man berücksichtigt, daß eine glühende Kathode die für die Bogenentladung notwendigen Thermoelektronen zu liefern hat, ebenso wie in einer Glühkathodenröhre (S. 373, **429**), nur mit dem Unterschiede, daß in der Glühkathodenröhre die Kathode durch einen Hilfsstrom geheizt wird, hier dagegen muß die Bogenentladung selbst den glühenden Zustand der Kathode unterhalten. Es ist klar, daß durch diesen Umstand die Theorie einer Bogenentladung komplizierter sein wird als die Theorie einer Vakuumröhre mit Glühkathode.

Außer der Kathode wird durch denselben Strom auch die Gasstrecke erhitzt. Wir erhalten also in der Bogenentladung eine Kombination einer glühenden Kathode mit der Flammenleitung (S. 389, **445**).

In den früher so oft verwendeten Bogenlampen wurde zur Beleuchtung meistens der weißglühende positive Kohlekrater gebraucht, weil der Krater eine viel höhere Temperatur hat als die Kathode. Das Glühen des Kraters wird durch den Aufprall schnell bewegter Elektronen hervorgebracht und hat für die Bogenentladung selbst keine so große Bedeutung wie die glühende Kathode. Man kann die Anode sogar durch innen angebrachte Wasserzirkulation abkühlen, ohne daß der Bogen erlischt; kühlt man aber die Kathode ab, so wird der Bogen überhaupt nicht brennen.

Die Thermoelektronen der glühenden Kathode setzen den normalen Kathodenfall erheblich herab, bei Kohleelektroden bis zu etwa 9 Volt; der Anodenfall von etwa 23 Volt bleibt aber bestehen. Die Potentialdifferenz in der Gasstrecke selbst hängt von der Stromstärke ab und von der Leitfähigkeit der Gase. Durch Einführen von Metallsalzen wird die Leitfähigkeit der Gasstrecke bedeutend erhöht.

Je größer die Stromdichte, desto stärker wird die Gasstrecke ionisiert und desto größer wird ihre Leitfähigkeit. Der Potentialabfall in der Gasstrecke wird demnach umgekehrt proportional der Stromstärke (AYRTONsche Formel),

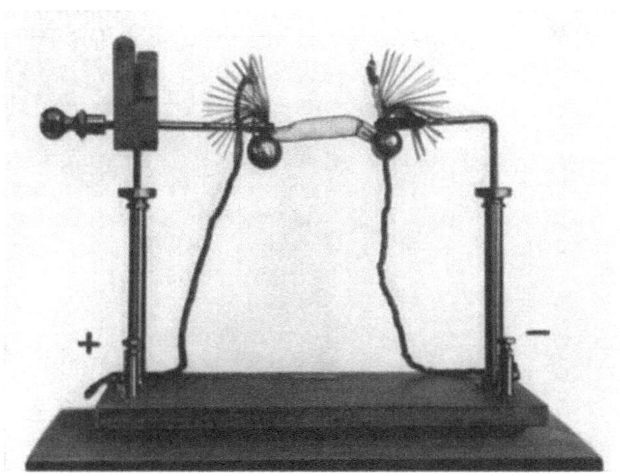


Abb. 375. Quarzlampe von HERÄUS (in Hanau).

also gerade entgegengesetzt dem OHMschen Gesetze. Für Kohleelektroden bei gewöhnlichen Bogenlampen kann man die totale Potentialdifferenz zwischen den Elektroden etwa 40 Volt annehmen.

In dem sog. Beckbogen, welcher in der letzten Zeit von G GEHLHOFF bedeutend vervollständigt wurde, ist durch Verengung des Querschnitts der Anode und Benutzung von Dochtkohlen mit Metalloxyden usw. ein großer (anormaler)

Anodenfall erreicht worden. Dadurch wurde die Flächenhelligkeit des positiven Kraters auf das sechsfache gegenüber den gewöhnlichen Kohlenelektroden erhöht, was z. B. für Scheinwerfer, wo es auf einen möglichst kleinen und hell leuchtenden Punkt ankommt, sehr wichtig ist. Für diese Bogenlampen mit vergrößertem Anodenfall ist eine Potentialdifferenz von etwa 70 Volt erforderlich.

Nachdem L. ARONS gezeigt hat (1896), daß zwischen Quecksilberelektroden in einer Vakuumröhre (also im Quecksilberdampf) eine Bogenentladung hergestellt werden kann, wurde dieselbe auch praktisch verwertet. Die grüne Farbe des Quecksilberlichtes ist für Beleuchtungszwecke nicht geeignet. Da aber das Quecksilberspektrum reich an ultravioletten Strahlen ist, die chemisch sehr wirksam sind, wird jetzt die Quecksilberlampe oft für photographische Zwecke und für Heilzwecke verwendet. Damit die ultravioletten Strahlen aus der Röhre ungehindert herauskommen können, benutzt man Röhren entweder aus sog. Uviolglas, welches für ultraviolette Strahlen viel durchdringlicher ist als das gewöhnliche Glas, oder noch besser aus Quarz. In der Abb. 375 ist so eine Quarzlampe dargestellt; sie wird jetzt oft für Laboratoriumszwecke verwendet.

Die in der Nähe der Elektroden angebrachten und fächerförmig auseinandergehenden Kupferblechstreifen dienen zur besseren Kühlung der sich stark erwärmenden Elektroden. Um den Bogen zu zünden, muß die ganze Röhre so geneigt werden, daß die beiden Quecksilbermenisken in Berührung kommen und einen Kurzschluß bilden (wie bei einem Kohlenlichtbogen). Sobald der Bogen sich gebildet hat, legt man die Röhre wieder horizontal.

**454. Charakteristik einer Entladung.** Aus dem Vorangehenden sehen wir, daß die Theorie der Gasentladung im allgemeinen zu sehr komplizierten Formeln führen muß; man zieht es demnach vor, bei praktischen Fragen ein graphisches Verfahren anzuwenden. Wir wollen an einem typischen Beispiel die von KAUFMANN vorgeschlagene Methode illustrieren.

In der Abb. 376 ist für eine Bogenentladung die Abhängigkeit der Klemmspannung $V$ von der Stromstärke $J$ dargestellt. Bei den Potentialdifferenzen von $O$ bis $V_0$ erhalten wir nur eine schwache Leitfähigkeit der Gasstrecke, angenähert nach dem OHMschen Gesetze. Bei $V_0$ setzt die erste Stoßionisation ein (Lawinenstrom), die Stromstärke wächst beim gleichzeitigen Fallen der Klemmspannung. Werden von der Kathode noch Thermoelektronen geliefert, so erhalten wir (Abb. 366 bei $d$) ein weiteres Herabfallen der Klemmspannung mit einer Verstärkung des Stromes; das ist die eigentliche Bogenentladung. Die Charakteristik ist also im allgemeinen eine *fallende*.

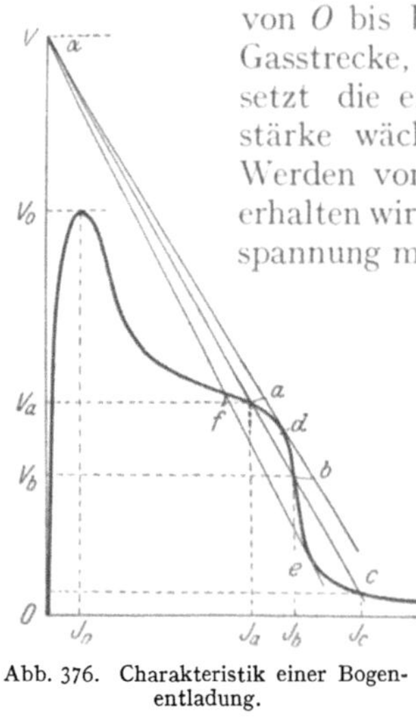

Abb. 376. Charakteristik einer Bogenentladung.

Bei einer fallenden Charakteristik kann eine Entladung nicht stabil bleiben, denn bei gegebener maximaler Potentialdifferenz wird die Stromstärke beständig wachsen, bis durch irgendeinen Umstand die Potentialdifferenz entsprechend verkleinert wird. Um die Entladung zu stabilisieren, verwendet man einen Vorschaltwiderstand; in einem metallischen Widerstand wächst nämlich die Klemmspannung mit der Stromstärke, und man kann immer so einen Widerstand wählen, daß die Gesamtcharakteristik des Vorschaltwiderstandes und der Gasentladung zusammen eine steigende wird.

Diese Frage wird durch die von KAUFMANN angegebene graphische Konstruktion in folgender Weise gelöst. Das OHMsche Gesetz für den Vorschaltwiderstand können wir auf unserer Zeichnung durch eine gerade Linie darstellen, deren Neigung gleich dem Widerstande $R$ ist

$$\operatorname{tg} \alpha = \frac{V}{J} = R .$$

Wir nehmen den Anfang der Geraden beim Punkte $V$ an, der die Potentialdifferenz der Elektrizitätsquelle darstellt, und bestimmen den Schnittpunkt dieser Geraden mit der charakteristischen Kurve der Gasentladung; der Schnittpunkt sei $a$. Dann haben wir im Vorschaltwiderstand einen Potentialabfall $J R$, welcher in der Abb. 376 durch den Abstand $(V V_a)$ dargestellt wird; gleichzeitig entspricht der Stromstärke $J_a$ in der Gasstrecke eine Klemmspannung $(O V_a)$; beide Potentialdifferenzen zusammen ergeben die Potentialdifferenz der Stromquelle $V$

$$V = J_a R + V_a ,$$

wie es auch sein soll.

Nicht jeder so gewonnene Schnittpunkt der Geraden des Vorschaltwiderstands mit der Entladungscharakteristik entspricht einer *stabilen* Entladung. Aus dem oben Gesagten ist es klar, daß für einen stabilen Zustand die Änderungen der Klemmspannung im Vorschaltwiderstande schneller erfolgen müssen als in der Gasstrecke; mit anderen Worten, die Gerade des Vorschaltwiderstandes muß im Schnittpunkte *steiler* sein als die Charakteristik der Gasentladung. Die Gerade $V_c$ z. B. hat zwei Schnittpunkte im Bereiche der Charakteristik der Bogenentladung; dabei ist der Punkt $b$ *unstabil* und die Stromstärke wird so lange steigen, bis der stabilere Punkt $c$ erreicht wird.

Vergrößern wir den Widerstand, so wird die Gerade $V_c$ steiler sein; die zwei Schnittpunkte $b$ und $c$, die der stabilen und der unstabilen Entladung entsprechen, nähern sich einander bis zum Punkte $e$. Bei weiterer Vergrößerung des Widerstandes erhalten wir nur den einen Schnittpunkt bei $f$, die Bogenentladung wird also in eine Glimmentladung übergehen.

Lassen wir den Widerstand ungeändert und verändern wir die Klemmspannung der Elektrizitätsquelle, so bleibt die Neigung der Geraden konstant und wird nur parallel zu sich selbst verschoben. Ändern wir endlich etwas an den Elektroden, ihren Abstand, ihre Form oder ihre Temperatur, oder führen wir in die Entladungsstrecke verschiedene Gase oder Dämpfe ein, so wird die charakteristische $(V J)$ Kurve verändert und ihre Schnittpunkte mit der Geraden $E J$ werden sich verschieben und können andere stabile Entladungen ergeben.

Wir sehen, daß, wenn die Charakteristiken bekannt sind, die Methode von KAUFMANN in verschiedenen Fällen uns über die Entladungserscheinungen Aufschluß geben kann; sie erlaubt uns z. B. den für die gewünschte Entladungsform nötigen Widerstand, oder auch die elektromotorische Kraft der Elektrizitätsquelle, graphisch zu berechnen.

**455. Anwendungen der Gasentladungen.** Von den verschiedenen Anwendungen der Gasentladungen in der Technik sind vor allem die bekannten Blitzableiter zu nennen. Durch Anbringen von Spitzen werden Ansammlungen großer Ladungen vorgebeugt, weil die Spitzen schon bei niedrigen Potentialen ihre Ladung verlieren. Für ein sicheres Funktionieren eines Blitzableiters muß die Spitze mit einem unoxydierbaren Überzug versehen sein und die Ableitung zur Erde möglichst gerade (minimale Selbstinduktion) und mit kleinem Widerstand ausgeführt werden.

In den elektrischen Leitungen werden an mehreren Stellen kleine, auch mit Spitzen versehene, Gasstrecken eingeführt, deren eine Elektrode mit der

Luftleitung und die andere mit der Erde verbunden ist. Schlägt ein Blitz in die Luftleitung ein, so geht die Elektrizität vorzugsweise durch die kurze Gasstrecke zur Erde über und nicht durch die parallel zur Gasstrecke liegenden Apparate, weil die letzteren größtenteils eine verhältnismäßig große Selbstinduktion haben.

Hat die betreffende Luftlinie selbst eine hohe Spannung, so wird durch den Funken im Blitzableiter eine Bogenentladung eingeleitet. Damit diese Bogenentladung möglichst schnell wieder erlischt, verwendet man zwei hornförmig nach oben auseinandergehende Kupferdrähte; der Bogen bildet sich unten, wo die zwei Drähte am nächsten sind und die glühenden Gase der Bogenentladung steigen nach oben; oben ist der Abstand zwischen den Elektroden so groß, daß der Bogen erlischt.

Eine Bogenentladung bei hohen Potentialen verwendet man für die Gewinnung der Stickstoffverbindungen (Nitrate, Salpetersäure) direkt aus der Luft.

Nicht nur die Bogenentladungen, sondern auch die Glimmentladungen werden jetzt für Beleuchtungszwecke verwendet. Der erste, welcher technisch verwendbare Apparate gebaut hat, war der Amerikaner MAC FARLAN MOOR. Er benutzte sehr lange (bis 300 m) Glasröhren von 3 cm Durchmesser, die mit Stickstoff unter 0,5 cm Barometerdruck gefüllt wurden und mit Kohleelektroden versehen waren. Eine Wechselspannung von etwa 6000 Volt wurde von einem speziell dazu eingerichteten Transformator geliefert. Das Licht der Stickstoffentladung ist rötlich und das sog. Moorlicht hat keine große Verbreitung gefunden. In der letzten Zeit wird die Glimmentladung in den Neonrohren meistens für Reklamezwecke angewandt. Das leuchtende ist dabei das negative Glimmlicht. Die Röhren werden mit Neon und auch mit Gemischen aus Neon, Helium, Stickstoff usw. gefüllt und können schon bei 110 Volt leuchten.

**456. Gleichrichter.** Der Unterschied in den Erscheinungen an der Kathode und der Anode einer Gasentladung wird in der letzten Zeit sehr oft für technische Zwecke verwendet, nämlich um einen Wechselstrom in einen Strom stets derselben Richtung zu verwandeln.

Für kleinere Stromstärken genügt für diesen Zweck eine Glimmentladung. In der Abb. 377 ist eine sog. Ventilröhre dargestellt, deren eine Elektrode in einer großen Kugel und die andere in einer engen Ansatzröhre sich befindet. An der letzteren Elektrode kann sich die Kathodenschicht nicht ausbilden und der Kathodenfall wird anormal vergrößert. Bei einer wechselnden Potentialdifferenz geht ein viel stärkerer Strom durch in dem Moment, wenn die in der breiten Kugel sich befindende Elektrode als Kathode dient; in der entgegengesetzten Richtung geht fast kein Strom durch. Der Strom wird also gleichgerichtet.

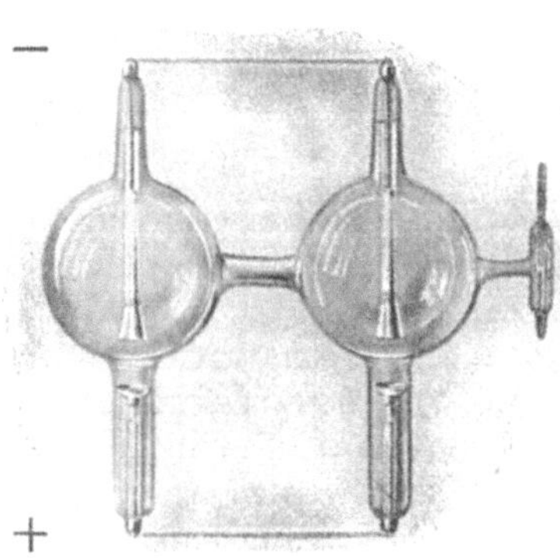

Abb. 377. Ventilröhren.

Bei sehr hohen Potentialdifferenzen bis 250000 Volt und auch bei Stromstärken bis 0,1 Ampere verwendet man als Gleichrichter die Glühkathodenröhren (S. 373, **429**). Hier kann eine Entladung nur dann stattfinden, wenn der glühende Wolframdraht als Kathode dient. Die Gleichrichtung erfolgt viel präziser als bei einer Glimmentladung. In der Abb. 378 ist eine Glühkathodenröhre dargestellt, die für Gleichrichtung der Wechselströme benutzt wird; links ist die Glühkathode und rechts die Anode. Bei großen Stromstärken und niedrigeren Potentialdifferenzen verwendet man für die Gleichrichtung von Wechselströmen eine Bogenentladung, und zwar zwischen Quecksilberelektroden im Quecksilberdampf. Wir haben schon gesehen, daß eine Bogenentladung auch nur dann stattfinden kann, wenn die Kathode sich im glühenden Zustande befindet.

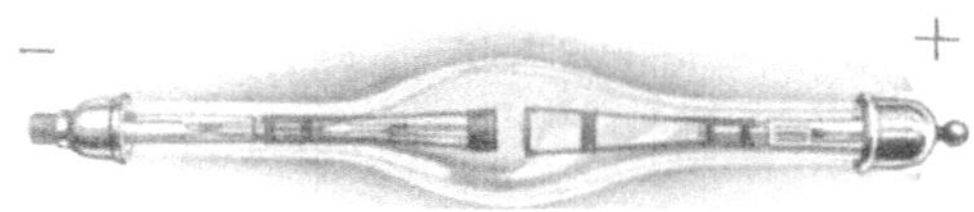

Abb. 378. Glühkathoden-Gleichrichter.

Von den technischen Gleichrichtern werden wir im III. Teile ausführlicher berichten.

# VIII. Radioaktivität.

## 1. Grunderscheinungen.

**457. Die Entdeckung von H. Becquerell.** Bekanntlich hat Röntgen die Entdeckung gemacht, daß in einer Crookesschen Röhre (S. 365, Abb. 349) außer der sichtbaren Lumineszenz der Glaswand gleichzeitig unsichtbare Strahlen erzeugt werden, und diese Entdeckung hat mehreren Forschern den Anlaß gegeben, nach analogen Strahlen auch in anderen physikalischen Erscheinungen zu suchen. Es war schon früher bekannt, daß die Uransalze unter der Wirkung des Lichts sehr stark mit grüner Farbe lumineszieren, und Becquerell stellte sich die Frage, ob dabei nicht außer der sichtbaren Lumineszenz noch eine unsichtbare Röntgenstrahlung erregt wird. H. Becquerell wickelte eine photographische Platte in schwarzes Papier ein, wie man es bei Versuchen mit Röntgenstrahlen zu tun pflegte, und legte auf das Papier einige Kristalle von Urannitrat, die vorher eine Zeitlang dem Sonnenlicht ausgesetzt waren. Nach einigen Tagen entwickelte er die Platte und fand in der Tat (1896) die vermutete Wirkung. Bei seinen weiteren Untersuchungen hat sich aber herausgestellt, daß man das Uransalz gar nicht vorher zu belichten braucht, um eine photographische Wirkung zu erhalten. Das Uran sendet fortwährend eine unsichtbare, das schwarze Papier durchdringende Strahlung aus, ohne jegliche Wirkungen von außen.

Wir werden sehen, daß außer Uran noch eine Reihe anderer Körper gefunden sind, die dieselbe Fähigkeit besitzen. Man hat diese Erscheinung *Radioaktivität* genannt und die Körper *radioaktiv*.

Außer der photographischen Wirkung sind die Strahlen radioaktiver Körper imstande, Gase zu ionisieren und auch eine sichtbare Lumineszenz in anderen nicht radioaktiven Körpern zu erregen.

**458. Untersuchung der Radioaktivität.** Die photographische Methode zum Nachweis der Radioaktivität und die mit Hilfe der Lumineszenz eignen sich nur für Vorversuche. Die Lumineszenzwirkung der Uransalze ist übrigens auch zu schwach, um beobachtet zu werden. Eine viel empfindlichere und auch genauere Methode, um die Radioaktivität verschiedener Körper nicht nur nachzuweisen, sondern auch messend zu verfolgen, ist die Elektrometermethode.

Man benutzt zu diesem Zweck einen kleinen Kasten (Ionisationskammer), in welchem zwei parallele Metallplatten isoliert aufgestellt sind (Abb. 379). Die Platten werden mit den Polen eines Elektroskops oder eines Elektrometers verbunden und geladen. Legt man auf die untere Platte $A$, welche geerdet ist, kleine Stücke irgendeines Uransalzes, so sieht man, daß die Elektroskopblättchen langsam zusammengehen. Je kleiner die Kapazität des Elektroskops und der mit ihm verbundenen Leiter, um so bemerkbarer wird sein Ladungsverlust.

Bei genaueren Messungen bestimmt man die Radioaktivität irgendeines Körpers durch Messung des von ihm erzeugten Sättigungsstromes (S. 385, **439**). Um einen Sättigungsstrom zu erhalten, genügt in den meisten Fällen eine Potentialdifferenz von 100 bis etwa 600 Volt. Die dabei entstehenden Ströme sind sehr klein, von der Größenordnung von $10^{-12}$ Ampere, und statt eines Galvanometers verwendet man meistens ein Elektrometer (S. 386, **441**).

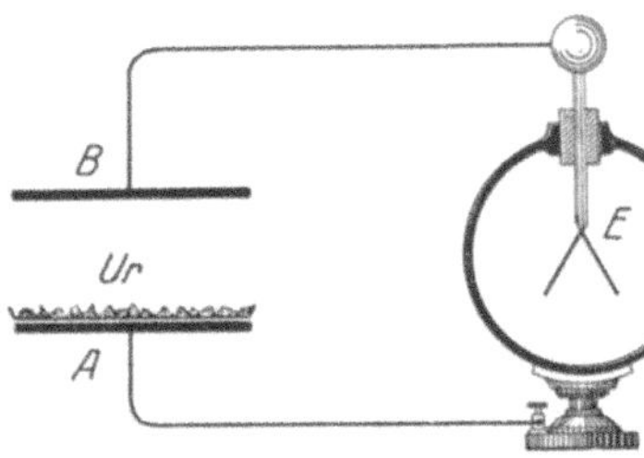

Abb. 379. Radioaktivität des Urans.

Schon die ersten messenden Versuche haben gezeigt, daß die Radioaktivität eine Eigenschaft des *Atoms* ist und bei allen Verbindungen des radioaktiven Atoms dieselbe bleibt. Es ist also für die Wirkung auf das Elektroskop gleichgültig, ob wir für unsere Versuche reines Uran, Uranoxyd oder Urannitrat benutzen, wenn nur die Menge des Urans dabei dieselbe bleibt.

**459. Thorium.** Frau SKLADOVSKA-CURIE und unabhängig von ihr W. K. SCHMIDT haben gefunden, daß außer Uran auch Thorium eine merkliche Radioaktivität besitzt.

Die photographische Wirksamkeit der Thoriumstrahlen kann man sehr einfach in folgender Weise nachweisen. Man nimmt dazu einen sog. Auerstrumpf, welcher in der Gasbeleuchtung benutzt wird, um der Gasflamme eine weißleuchtende Farbe zu geben; der Auerstrumpf enthält Thorium. Durch Verbrennen in einer Gasflamme wird der den Strumpf bedeckende Kitt entfernt. Dann breitet man das Netz des Strumpfs vorsichtig auf einem Stück Karton und bedeckt es mit einer dünnen Aluminiumfolie. Auf die Aluminiumfolie legt man eine in schwarzes Papier eingewickelte photographische Platte mit der empfindlichen Schicht nach unten, dem Strumpfe zugekehrt. Nach etwa zwei Wochen nimmt man die Platte ab, entwickelt sie und fixiert. Auf der Platte erscheint dann der Abdruck des Auerstrumpfes.

**460. Das Radium.** Bei der Untersuchung von verschiedenen Erzen, welche Uran enthalten, hat Frau CURIE die Entdeckung gemacht, daß die sog. Pechblende aus Joachimsthal in Böhmen etwa 4mal radioaktiver ist als reines metallisches Uran. Das Erz enthielt aber nicht mehr als 50% Uran. Daraus schlossen P. CURIE und seine Frau T. S. CURIE, daß diese Radioaktivität nicht vom Uran allein herrühren kann, sondern daß die Pechblende noch einen anderen unbekannten Körper enthalten muß, welcher noch stärker radioaktiv ist als Uran und Thorium. Diese Vermutung hat sich in der Tat bestätigt. Durch Bearbeitung der Pechblende mit verschiedenen chemischen Mitteln ist es Frau CURIE gelungen, ein neues bis dahin unbekanntes Element abzuscheiden, welches 1000000mal radioaktiver ist als Uran. Man nannte dieses Element Radium (1898).

Die Gewinnung des Radiums aus der Pechblende geschieht etwa in folgender Weise. Zunächst wird die Pechblende vom Uran befreit, was die Fabriken, welche Uranpräparate herstellen, meistens selbst besorgen. Aus dem nachgebliebenen Gemisch von verschiedenen Metallen und Metallverbindungen wird das Barium in Form von Chlorid oder Bromid abgesondert. Das so erhaltene Bariumsalz ergibt sich etwa 60mal radioaktiver als Uran, obgleich das gewöhnliche Barium, aus anderen Erzen keine bemerkbare Radioaktivität besitzt. Das erklärt sich dadurch, daß mit den Bariumsalzen gleichzeitig und durch dieselben chemischen

Reaktionen auch entsprechende Radiumsalze abgeschieden werden, denn Barium und Radium sind in chemischer Hinsicht einander sehr ähnlich. Die weitere Trennung des Radiums vom Barium ist gerade aus diesem letzterwähnten Grunde schwierig und kann nur durch eine sog. fraktionierte Kristallisation erreicht werden. Man löst das erhaltene Gemisch von Barium- und Radiumchlorid in Wasser, und durch Verdampfen des Wassers läßt man die Salze auskristallisieren. Man bemerkt dann, daß die Kristalle radioaktiver sind als das in der Lösung noch nachgebliebene gelöste Salz; das bedeutet eben, daß das Radiumchlorid sich leichter auskristallisiert als das Bariumchlorid. Wiederholt man den Prozeß der Auskristallisation mehrere Male, so erhält man in den Kristallen immer mehr und mehr Radiumsalze, was durch Prüfen am Elektroskop kontrolliert werden kann.

Die Ausscheidung der Radiumsalze erfordert demnach eine ganze Reihe von langwierigen Operationen und wird dadurch auch sehr kostspielig. Aus einer Tonne (1000 kg) Pechblende erhält man höchstens etwa 0,2 g Radiumchlorid oder Radiumbromid.

Etwas später ist es Frau CURIE und A. DEBIERNE auch gelungen (1910), durch Elektrolyse von Radiumchlorid chemisch reines Radium herzustellen, welches sich als sehr ähnlich dem Barium herausstellte. Sein Atomgewicht ist zu 226 bestimmt worden. DEMARCAY hat im Spektrum des Radiums hauptsächlich zwei Linien mit den Wellenlängen 0,468 $\mu$ und 0,387 $\mu$ festgestellt.

Alle diese Daten beweisen, daß wir es hier in der Tat mit einem neuen Elemente zu tun haben, welches in der MENDELEJEWschen Tabelle unter dem Barium, nämlich in der 7. Reihe, seinen Platz findet.

Charakteristisch für diese Entdeckung ist der Umstand, daß ein neues Element gefunden wurde nicht durch chemische Analyse vermittels einer Wage und nicht durch die viel empfindlichere Methode der Spektralanalyse, sondern durch elektrometrische Beobachtungen.

**461. Polonium und Aktinium.** Gleichzeitig mit der Entdeckung des Radiums hat Frau CURIE in den von ihr untersuchten Lösungen noch einen radioaktiven Körper gefunden, welchen sie *Polonium* nannte. Später haben RUTHERFORD und SCHMIDT gezeigt, daß das Polonium identisch ist mit dem aus Radium sich bildenden Radium-F.

Polonium ist nach seinen Eigenschaften dem Wismut ähnlich, und MARKWALD zeigte, daß beim Eintauchen eines Wismutstäbchens in eine Poloniumsalzlösung das Polonium auf dem Wismutstäbchen sich absetzt. Nach dieser Methode werden jetzt die Poloniumpräparate gemacht.

Endlich hat DEBIERNE aus denselben Lösungen, nach Abscheidung von Polonium, noch einen radioaktiven Stoff gefunden, welchen er *Aktinium* nannte. Aktinium ist in seinen chemischen Eigenschaften dem Thorium sehr ähnlich; seine Radioaktivität ist aber mehrere tausendmal größer als die des Thoriums.

Weitere Untersuchungen führten zur Entdeckung von einer Reihe neuer radioaktiver Stoffe, und es sind bis jetzt schon mehr als 35 radioaktive Elemente gefunden worden.

**462. Die Strahlen der radioaktiven Elemente.** Die Untersuchung der radioaktiven Strahlung von der physikalischen Seite ergab folgendes:

GIESEL hat entdeckt, daß das Radium Strahlen aussendet, welche vom Magneten ganz ebenso abgelenkt werden wie die Kathodenstrahlen. Dann haben RUTHERFORD und BECKERELL entdeckt, daß die Radiumstrahlen von einem elektrischen Felde abgelenkt werden. Außerdem stellte sich heraus, daß in der Radiumstrahlung auch *unablenkbare* Strahlen vorhanden sind, und sogar Strahlen, deren Ablenkung im elektrischen und magnetischen Felde entgegengesetzt der

Ablenkung der Kathodenstrahlen erfolgt. Alles zusammen gibt uns für die radioaktive Strahlung unter der Wirkung eines Magnetfeldes das folgende Bild (Abb. 380).

Aus einem radioaktiven Körper werden also fortwährend und ohne äußere Wirkungen drei Arten von Strahlen ausgesandt, welche man mit den Buchstaben des griechischen Alphabets $\alpha$, $\beta$, $\gamma$ bezeichnet hat.

Die $\alpha$-Strahlen sind *positiv* geladen wie Anodenstrahlen; ihre Geschwindigkeit und spezifische Ladung sind gleich

$$e/m = 5 \cdot 10^3 \text{ CGS-M}. \qquad v = \text{etwa } 2 \cdot 10^9 \text{ cm/sek.}$$

Die spezifische Ladung ist also zweimal kleiner als für ein Wasserstoffion.

Die $\alpha$-Strahlen haben die Fähigkeit, beim Zusammenstoß mit den Molekülen der Luft und anderer Gase diese letztere zu ionisieren und eine Lumineszenz zu erregen analog den Anodenstrahlen. In der Luft sind sie nur auf einer Entfernung von einigen Zentimetern von dem radioaktiven Körper bemerkbar; am Ende des Weges verlieren die $\alpha$-Strahlen plötzlich ihre Fähigkeit, zu ionisieren. Diese Entfernung, welche für jeden radioaktiven Körper charakteristisch ist, nennt man *Reichweite*.

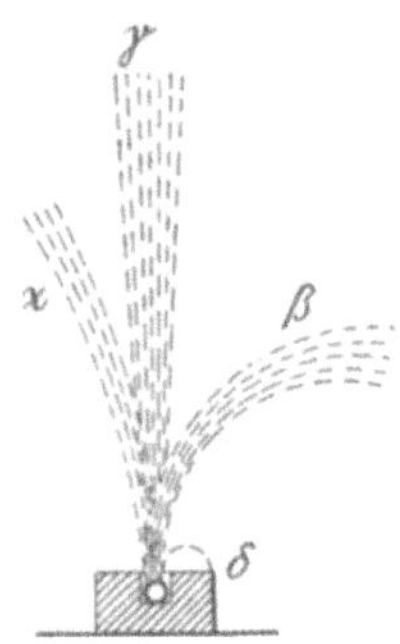


Abb. 380. Die Strahlen radioaktiver Körper.

Die $\beta$-Strahlen sind *negativ* elektrisiert und der Natur nach identisch mit den Kathodenstrahlen. Für sie ist

$$e/m = 1{,}77 \cdot 10^7 \text{ CGS-M}, \qquad v = \text{bis zu } 2{,}5 \cdot 10^{10} \text{ cm/sek.}$$

Wie wir sehen, ist die Geschwindigkeit der $\beta$-Strahlen sehr groß und kann bis zu 0,9 der Lichtgeschwindigkeit reichen.

Die $\beta$-Strahlen sind sehr leicht von den $\alpha$-Strahlen zu trennen. Es genügt dazu eine Aluminiumfolie von etwa 0,1 mm Dicke, welche fast alle $\alpha$-Strahlen zurückhält. Die Ionisierungskraft der $\beta$-Strahlen und die von ihnen erzeugte Lumineszenz ist viel schwächer als bei den $\alpha$-Strahlen.

Die $\gamma$-Strahlen haben keine elektrische Ladung und werden weder vom elektrischen noch vom magnetischen Felde abgelenkt; sie sind den Röntgenstrahlen sehr ähnlich.

Die $\delta$-Strahlen (Abb. 380) sind nichts anderes als $\beta$-Strahlen von kleinen Geschwindigkeiten, etwa von der Größe $10^7$ cm/sek und werden deshalb stark abgelenkt.

Die Radiumstrahlung ist von einer sehr großen Wärmeentwicklung begleitet. Genaue kalorimetrische Messungen haben ergeben, daß 1 g Radium in jeder Stunde 130 kleine Kalorien erzeugt.

Was die Energie der Strahlung betrifft, so gehört der größte Teil der ausgesandten Energie der $\alpha$-Strahlung, und nur etwa 10% der ganzen Energie kommt den übrigen Strahlen zu.

**463. Emanation.** E. Dorn (1900) hat gefunden, daß aus der Lösung des Radiumbromids im Wasser bei Anwärmen sich ein sehr radioaktives Gas ausscheidet. Rutherford und Soddy, welche ihn näher untersucht haben, nannten dieses Gas *Emanation*. Dabei stellte sich das folgende höchst interessante Resultat heraus. Bei der Ausscheidung der Emanation verliert das Radium etwa drei Viertel seiner Radioaktivität; nach einiger Zeit wird aber die frühere Radioaktivität wieder hergestellt. Die Radioaktivität der Emanation ist nicht beständig: nach etwa 4 Tagen vermindert sie sich auf die Hälfte; nach den folgenden 4 Tagen bleibt nur ein Viertel von der ursprünglichen Radioaktivität übrig usf.

Die Menge der Emanation, die man aus einer Radiumsalzlösung erhält, ist äußerst klein; aus einem ganzen Gramm Radium könnte man nur 0,82 $mm^3$ Emanationsgas erhalten. Die Anwesenheit dieses Gases in einer Röhre äußert sich sehr deutlich durch die von ihm hervorgerufene Lumineszenz; das Mineral Willemit wird durch die Emanation zum hellen Leuchten gebracht. Die Emanation ist in chemischer Beziehung den indifferenten Gasen, wie Helium, Argon und Neon, sehr ähnlich. Die Emanation verflüssigt sich bei $-65°$.

In der Abb. 381 ist ein Schema des Versuchs für die Verflüssigung der Emanation angedeutet. Das Gefäß $A$ enthält die Lösung eines Radiumsalzes. In der Röhre $B$ sind kleine Stücke von Willemit eingelegt und ebenso in der Flasche $C$. Wird die Röhre $B$ in ein Gefäß mit flüssiger Luft eingetaucht ($t = -100°$), so leuchtet das Willemit in dem Gefäße $C$ nicht mehr, weil die Emanation jetzt in der Röhre $B$ verflüssigt und bleibt.

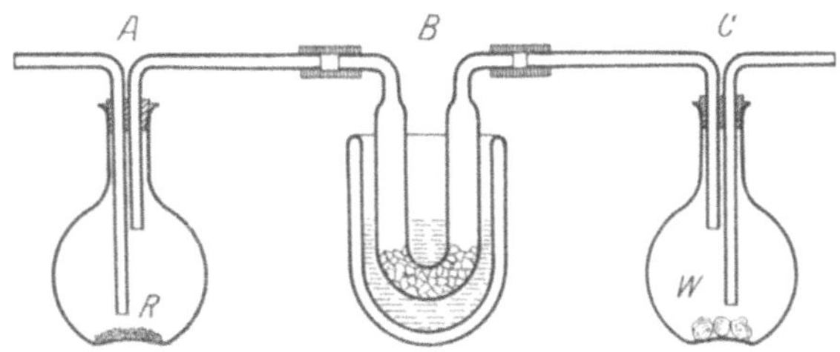

Abb. 381. Verflüssigung der Emanation.

**464. Induzierte Radioaktivität.** Der Versuch hat gezeigt, daß alle Körper, wenn sie in der Nähe des Radiums einige Zeit gelassen werden, selbst radioaktiv werden. Man nannte diese Erscheinung induzierte Radioaktivität. Genauere Untersuchungen haben aber gezeigt, daß die induzierte Radioaktivität nicht vom Radium selbst, sondern von der Emanation herrührt. In dem Gefäße $A$ (Abb. 382) sammeln wir eine gewisse Menge Emanation. Nach einer Zeit von etwa einer Stunde nehmen wir den Glaspfropfen $D$ mit dem Platindraht $C$ heraus und untersuchen ihn mit einem Elektroskop. Wir finden, daß der Platindraht durch die Wirkung der Emanation radioaktiv geworden ist.

Bei langer Exposition wird der Platindraht so stark radioaktiv, daß ein Bariumplatinzyanürschirm zum Leuchten gebracht werden kann.

Wischen wir den Platindraht mit einem Stück Papier ab, so verliert er seine Radioaktivität, indem jetzt das Papier radioaktiv wird. Verbrennt man das Papier, so bleibt die Radioaktivität in der Asche. Alles das zeigt uns, daß die induzierte Radioaktivität durch einen *festen* Körper erzeugt wird, der sich auf dem Platindrahte abgesetzt hat und mit Papier weggewischt werden kann. Die Menge dieses festen Körpers ist so klein, daß man es gar nicht sehen kann. Es könnte überhaupt seine Anwesenheit auf dem Drahte nie bemerkt werden, wenn dieser Körper nicht eine starke Radioaktivität besäße.

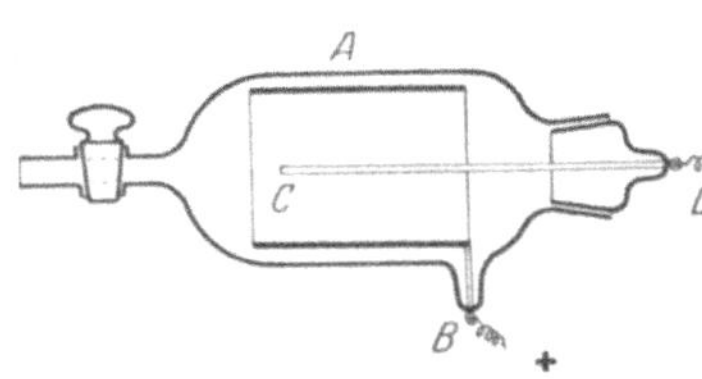

Abb. 382. Induzierte Radioaktivität.

Wir wollen noch hinzufügen, daß die Abscheidung des radioaktiven Körpers auf dem Drahte schneller vor sich geht, wenn man den Draht negativ und den Zylinder (Abb. 382) positiv ladet und zwischen $C$ und $B$ eine Potentialdifferenz von einigen tausend Volt herstellt. Das zeigt uns, daß die Moleküle des sich abscheidenden radioaktiven Körpers positiv geladen sind.

Weitere Untersuchungen des auf dem Drahte sich in dieser Weise abscheidenden Körpers haben gezeigt, daß der Körper nicht einheitlich ist, sondern ein Gemisch von mehreren radioaktiven Körpern darstellt. Die verschiedenen im

Gemisch enthaltenen Stoffe entweichen beim Erwärmen des Drahtes nacheinander bei verschiedenen Temperaturen.

Das hier skizzierte Verfahren ist überhaupt für die Untersuchung auch anderer radioaktiver Körper charakteristisch, und wir können uns hier damit begnügen.

## 2. Theorie der radioaktiven Erscheinungen.

**465. Hypothese des Atomzerfalls.** Die Grundlage für die Theorie der radioaktiven Erscheinungen bildet die Hypothese von RUTHERFORD und SODDY, nach welcher die radioaktiven Stoffe *unstabile* Systeme sind, deren Atome fortwährend zerfallen und neue Atome bilden. Sind die so gebildeten neuen Atome auch radioaktiv, so zerfallen sie weiter usf. Der Zerfall der Atome wird vom Aussenden der $\alpha$-, $\beta$-, $\gamma$-Strahlen begleitet.

Bezeichnen wir mit $q$ die Menge irgendeines radioaktiven Körpers, z. B. der Emanation, die in unserem Präparate sich befindet, und mit $\dot{q}$ die Menge derselben, welche in jeder Sekunde in niedrigere Formen zerfällt, so werden beide Größen einander proportional sein, und wir können schreiben

$$\dot{q} = -\lambda q .$$

Der sekundliche Zerfall oder die Zerfallgeschwindigkeit wird um so größer, je größer die Menge des zerfallenden Stoffes. So eine Beziehung, wo die Änderungsgeschwindigkeit $\dot{q}$ einer Größe $q$ dieser Größe selbst proportional ist, haben wir schon mehrmals getroffen (S. 255, **298**) und wir wissen, daß dann die Größe $q$ von der Zeit in folgender Weise abhängen wird

$$q = q_0 e^{-\lambda t}.$$

In der Abb. 383 stellt die fallende Kurve diese Beziehung dar. Wir sehen in der Tat, daß bei großen $q$ die Kurve steiler fällt als bei kleinen, und wenn wir das Gefälle bestimmen, d. h. die Tangente des Neigungswinkels der Kurve in irgendeinem Punkte, so werden wir sehen, daß diese Tangente proportional zu $q$ ist (vgl. S. 255, Abb. 268).

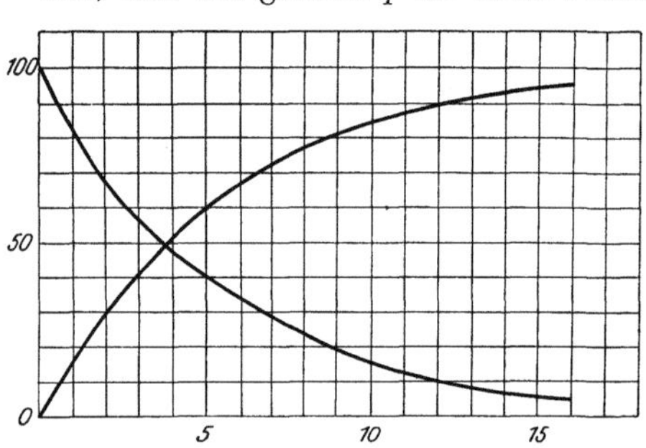

Abb. 383. Zerfall und neue Bildung der radioaktiven Substanzen.

Bei $t = 0$ ist $q = q_0$; mit anderen Worten, im Anfang der Zeit war eine Menge Substanz $q_0$ vorhanden (in der Abb. 383 100%). Je größer $\lambda$, desto steiler fällt die Kurve, desto schneller zerfällt der radioaktive Körper.

In der Abb. 383 ist die Zerfallskurve für die Emanation des Radiums gezeichnet, wobei in horizontaler Richtung die Zeit in Tagen angegeben ist. Die Kurve zeigt uns, daß die Radiumemanation nach 3,9 Tagen auf die Hälfte zerfällt. Setzen wir in unsere Formel $q/q_0 = 1/2$ und $t$ gleich 3,9 Tage $= 0{,}34 \cdot 10^6$ sek, so erhalten wir

$$q = \frac{1}{2} q_0 = q_0 e^{-\lambda t}; \qquad \lambda = \frac{\lg. 2}{0{,}34 \cdot 10^6} = 2{,}06 \cdot 10^{-6}.$$

Der Koeffizient $\lambda$ gibt an, welcher Teil der Emanation in jeder Sekunde zerfällt. Es zerfallen demnach in jeder Sekunde aus einer Million Atome nur zwei. Gleichzeitig mit diesem Zerfall müssen 2 Atome eines neuen radioaktiven Körpers entstehen, den wir in der induzierten Radioaktivität auch gefunden haben.

Manchmal wird statt des Koeffizienten $\lambda$, der einen gegebenen radioaktiven Körper charakterisieren soll, der reziproke Wert dieses Koeffizienten angegeben (vgl. S. 255, Relaxationszeit)

$$T_m = \frac{1}{\lambda}.$$

Die Größe $T$ wird die *mittlere Lebenszeit* des betreffenden Körpers genannt.

Für die Radiumemanation haben wir als mittlere Lebensdauer

$$T_m = 5 \cdot 10^5 \text{ sek} = 5{,}6 \text{ Tage}.$$

Es ist leicht einzusehen, daß die mittlere Lebensdauer $T_m$ mit der Zeit $T$, in welcher der Körper auf die Hälfte zerfällt, durch die Gleichung verknüpft ist

$$T = 0{,}69\, T_m.$$

**466. Radioaktives Gleichgewicht.** Wir haben oben erwähnt, daß, wenn man aus dem Radium durch Erwärmen die Emanation entweichen läßt, das Radium selbst nicht unverändert bleibt; seine Radioaktivität geht verloren und wächst dann wieder allmählich an, wie es in der Abb. 383 durch die ansteigende Kurve dargestellt ist. Ist die Radioaktivität des Radiums bis zur Anfangsgröße gestiegen, so kann man aus ihm durch Erwärmen wieder neue Mengen der Emanation erhalten usw.

Wir sehen daraus, daß in einem gegebenen Radiumpräparat *zwei* Prozesse gleichzeitig verlaufen: einerseits zerfällt das Radium, und es entsteht Radiumemanation, anderseits zerfällt die Emanation selbst, und es entstehen andere radioaktive Körper, welche wir in der induzierten Radioaktivität finden.

Bezeichnen wir mit $q_0$ die Zahl der vorhandenen Radiumatome und mit $\lambda_0$ seinen Zerfallskoeffizienten; dann zerfallen in jeder Sekunde $\lambda_0 q_0$ Atome des Radiums, und es entstehen ebensoviel Atome der Emanation. Bezeichnen wir weiter mit $q$ die Zahl der gleichzeitig vorhandenen Atome der Emanation und mit $\lambda$ ihren Zerfallskoeffizienten, dann zerfallen in jeder Sekunde $\lambda q$ Atome der Emanation. Ist das Radium zunächst frei von Emanation, so wird die Emanationsmenge mit der Zeit wachsen, zuerst schnell, dann aber immer langsamer (Abb. 383), ansteigende Kurve). Schließlich wird ein gewisses Maximum der Emanation erreicht, wenn die Zahl der neu entstehenden Atome gerade gleich ist der Zahl der gleichzeitig zerfallenden Atome. Es wird demnach ein radioaktives Gleichgewicht erreicht, wenn

$$\lambda_0 q_0 = \lambda q.$$

Dieses Gesetz des radioaktiven Gleichgewichts gibt uns die Möglichkeit, den Koeffizienten des einen radioaktiven Körpers $\lambda_0$ zu bestimmen, wenn der Koeffizient $\lambda$ des anderen Körpers schon bekannt ist. Man braucht dazu nur die gleichzeitig vorhandenen Mengen der zwei radioaktiven Körper $q_0$ und $q$ miteinander zu vergleichen.

**467. Ein Zahlenbeispiel.** Nach den Messungen von RAMSAY und SODDY enthält ein Gramm Radium im radioaktiven Gleichgewicht etwa 1 mm³ Emanationsgas bei normalen Verhältnissen. Nehmen wir für die Emanation das Atomgewicht (und das Molekulargewicht) gleich 222, so ergibt sich das Gewicht eines Kubikmillimeters (0,001 cm³) Emanation gleich $6 \cdot 10^{-6}$ g. Die Atomgewichte des Radiums und der Emanation können wir für diese Rechnung einander gleich annehmen und können setzen:

$$q : q_0 = 6 \cdot 10^{-6}.$$

Da wir für die Emanation durch direkte Versuche das $\lambda = 2{,}06 \cdot 10^{-6}$ bestimmt haben, so erhalten wir für das radioaktive Gleichgewicht

$$\lambda_0 = 2{,}06 \cdot 10^{-6} \cdot 6 \cdot 10^{-6} = 1{,}25 \cdot 10^{-11}.$$

Daraus ergibt sich die mittlere Lebensdauer des Radiums

$$T_m = \frac{1}{\lambda_0} = 0{,}8 \cdot 10^{11} \text{ sek} = 2536 \text{ Jahre}$$

und die Zeit, in welcher die Hälfte des Radiums zerfallen wird,

$$T = 0{,}69\, T_m = 1757 \text{ Jahre.}$$

Nun entsteht Radium selbst aus zerfallendem Uran. Zahlreiche Messungen an verschiedenen Uranerzen haben ergeben, daß die Menge des in ihnen enthaltenen Urans stets etwa 3000000mal größer ist als die des Radiums. Entspricht dies Verhältnis einem radioaktiven Gleichgewicht zwischen Uran und Radium, so zeigt das, daß die mittlere Lebensdauer des Urans auch 3000000mal größer sein muß als die des Radiums. Wir erhalten so für die mittlere Lebensdauer des Urans etwa 7500000000 Jahre und in etwa 5000000000 Jahren muß das Uran auf die Hälfte zerfallen.

**468. Das Zählen der $\alpha$-Teilchen.** CROOKES hat einen sehr einfachen Apparat erfunden, der die Wirkung der einzelnen $\alpha$-Teilchen auf einem lumineszierenden Schirm zu beobachten erlaubt. Ein kleines Körnchen Radiumpräparat wird an einem spitzförmigen Kupferstreifen $R$ (Abb. 384a) aufgeklebt und sehr nahe an einem Zinkblendenschirm $Z$ befestigt. Betrachtet man den Schirm mit einer Lupe $L$, so sieht man, wie an verschiedenen Stellen des Schirmes kleine Sternchen aufleuchten (Abb. 384b). Die aufleuchtenden Sternchen zeigen uns die Stellen des Schirmes an, welche von den aus dem Radium herausfliegenden $\alpha$-Teilchen gerade getroffen werden. CROOKES nannte seinen Apparat Spintariskop.

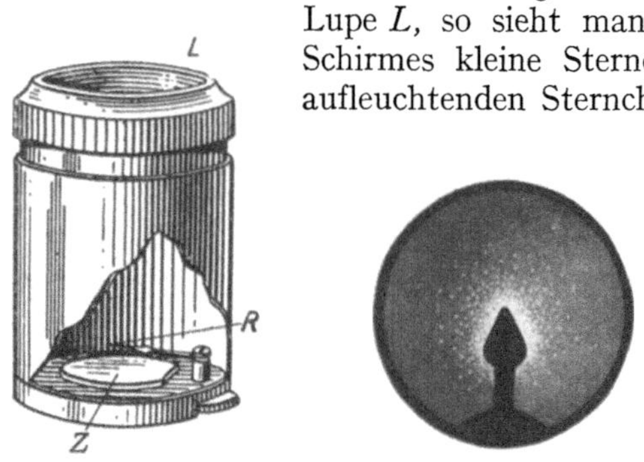


Abb. 384. Spintariskop von CROOKES.

Die Erscheinungen im Spintariskop haben auf die Idee geführt, die Zahl der aus dem Radium ausgesandten $\alpha$-Teilchen unmittelbar zu bestimmen. Dazu ist es nur erforderlich, die Versuchsbedingungen so zu wählen, daß die zur Zählung gewählten Teilchen nicht zu schnell aufeinanderfolgen, damit man genügend Zeit hat, sie zu zählen. Solche Versuche sind von REGENER mit einem lumineszierenden Schirme und von RUTHERFORD und GEIGER mit einem Elektrometer ausgeführt worden. Wir beschreiben hier die Versuche von RUTHERFORD und GEIGER, weil sie eine größere Genauigkeit zu erzielen erlauben.

In der Abb. 385 ist das Schema dieser Versuchsanordnung angegeben. In einer langen Röhre $A$ befindet sich das Radiumpräparat (Radium C, vgl. Tab. S. 411). Ein sehr kleiner Teil der vom Radium ausgesandten $\alpha$-Teilchen, etwa

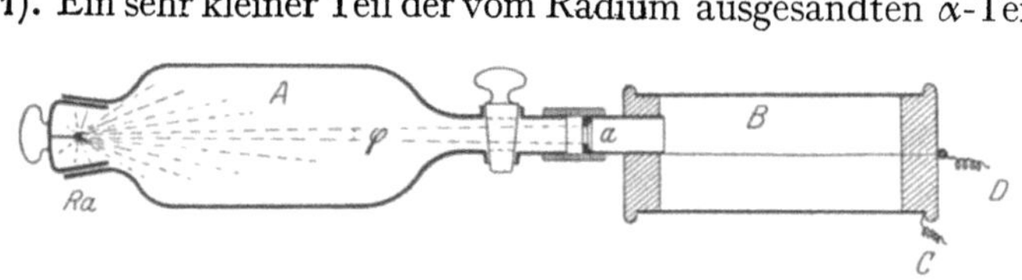


Abb. 385. Zählung der $\alpha$-Teilchen.

5 Teilchen in der Minute, treten durch ein kleines Fensterchen $a$ von 1 mm Durchmesser in die Ionisationskammer $B$. Das Fenster ist mit einem sehr dünnen

Glimmerblättchen bedeckt, damit man in $A$ ein hohes Vakuum erzeugen und gleichzeitig in $B$ ein verdünntes Gas einfüllen kann; die $\alpha$-Teilchen können das Glimmerblättchen durchdringen.

Die Ionisationskammer $B$ besteht aus einem Messingzylinder, in welchem axial ein isolierter Draht durchgezogen ist. Zwischen dem Drahte und dem Zylinder wird eine Potentialdifferenz von einigen tausend Volt angelegt. Fällt ein $\alpha$-Teilchen durch das Fenster in die Ionisationskammer hinein, so erzeugt es durch seinen Stoß Ionen, welche nach dem Axialdrahte hin fliegen. Bei der großen Potentialdifferenz zwischen dem Drahte und dem Zylinder erhalten auch die neu entstandenen Ionen eine so große kinetische Energie, daß sie ihrerseits neue Ionen erzeugen; es bildet sich zwischen den Elektroden ein Lawinenstrom (S. 390, **446**) und erzeugt eine Ablenkung des Elektrometers. Jedes Teilchen, welches in die Ionisationskammer trifft, wird auf diese Weise durch das Elektrometer angezeigt. Damit die einzelnen Ablenkungen des Elektrometers

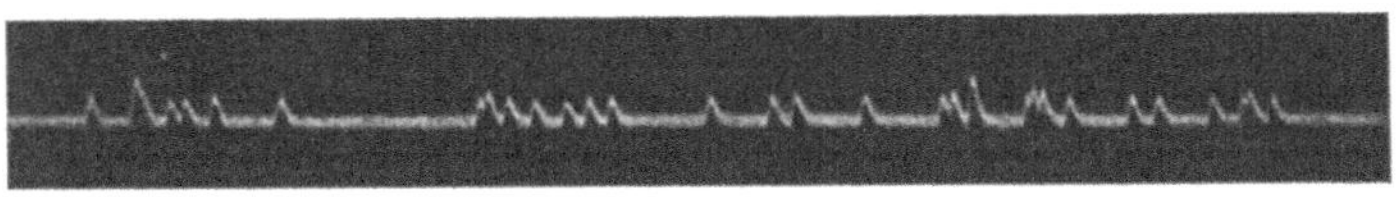

Abb. 386. Registrierung der $\alpha$-Teilchen.

sich nicht überdecken, muß das Radiumpräparat so weit vom Fenster gestellt werden, daß nicht mehr als 5 Teilchen in der Minute in die Ionisationskammer hineinkommen. Mit einem Fadenelektrometer aber und mit photographischer Registrierung können sogar bis zu 2000 Stöße in der Minute registriert werden, wodurch die Zählung der $\alpha$-Teilchen schneller und genauer gemacht werden kann. In der Abb. 386 ist ein kleiner Teil so einer Registrierkurve dargestellt; wir sehen, wie scharf die einzelnen Stöße sich voneinander trennen lassen. — Berücksichtigt man die Entfernung des Präparats von dem Fenster und die Größe des Fensters, so kann man nach der registrierter Teilchenzahl die *totale* von dem Radium in der Zeiteinheit ausgesandten Teilchenzahl berechnen. Die Rechnung ergab, daß 1 g Radium in der Sekunde $1{,}4 \cdot 10^{11}$ $\alpha$-Teilchen aussendet.

Bringt man dasselbe Präparat Radium in einen Kondensator hinein, welcher mit einem Elektrometer verbunden ist, so kann man die vom Radium in jeder Sekunde verlorene Elektrizitätsmenge bestimmen. Der Versuch zeigt, daß 1 g Radium in der Sekunde eine Elektrizitätsmenge $4{,}2 \cdot 10^{-9}$ CGS-M verliert. Durch Division der beiden Zahlen erhält man die Ladung eines jeden $\alpha$-Teilchens

$$e = \frac{4{,}2 \cdot 10^{-9}}{1{,}4 \cdot 10^{11}} = 3 \cdot 10^{-20}.$$

Wir wissen, daß ein Wasserstoffion eine Elementarladung $e = 1{,}5 \cdot 10^{-20}$ CGS-M hat und schließen daraus, daß das $\alpha$-Teilchen eine *doppelte* Ladung $2e$ trägt.

**469. Das Helium.** Die Ablenkungen der $\alpha$-Teilchen im elektrischen und magnetischen Felde haben gezeigt, daß die spezifische Ladung zweimal kleiner ist als die des Wasserstoffs. RUTHERFORD war der erste, welcher die Hypothese ausgesprochen hat, daß die $\alpha$-Teilchen des Radiums nichts anderes als Helium-Ionen sind. RUTHERFORD stützte seine Ansicht auf dem Versuchsergebnis, daß ein jedes $\alpha$-Teilchen eine Ladung $2e$ trägt, und da ihre spezifische Ladung zweimal kleiner ist als die des Wasserstoffions, so muß das Atomgewicht des $\alpha$-Teilchens *viermal* größer sein als das des Wasserstoffs. Ein Atomgewicht 4 hat eben das Helium. Daß das Helium dem Radium nahe verwandt ist, zeigt schon der

Umstand, daß in allen Erzen, wo man Radium finden kann, stets das Helium auch vorhanden ist.

Einen unmittelbaren Beweis für die Richtigkeit der RUTHERFORDschen Hypothese haben RAMSAY und SODDY geliefert. Diese Forscher haben möglichst viel Emanation gesammelt und ihr Spektrum beobachtet. Im Anfang ihrer Versuche war nur das Spektrum der Emanation zu sehen, aber nach einiger Zeit, während welcher die Emanation mehr und mehr zerfiel, kam das Spektrum des Heliums immer klarer zum Vorschein. Nach etwa 5 Tagen war das Spektrum des Heliums sehr hell zu sehen, womit die Bildung des Heliums aus der Emanation direkt nachgewiesen wurde.

In diesen Versuchen konnte man also zum ersten Male beobachten, wie aus einen Elemente, nämlich aus dem Radium, ein anderes schon bekanntes Element, nämlich das Helium, sich bildete. Es erübrigt noch, zu beweisen, daß das so gebildete Helium mit den $\alpha$-Teilchen wirklich identisch ist. Das hat RUTHERFORD durch folgende Rechnung bewiesen.

Nach den Versuchen von DEWAR erzeugt 1 g Radium in einem Tage je 0,37 mm³ Helium. Rechnet man auf eine Sekunde um, so erhält man eine sekundliche Heliumerzeugung von $5 \cdot 10^{-9}$ cm³, und da in jedem Kubikzentimeter eines beliebigen Gases bei normalen Verhältnissen $2{,}7 \cdot 10^{19}$ Moleküle (AVOGADROsche Zahl) enthalten sind, so erzeugt 1 g Radium in jeder Sekunde

$$n = 5 \cdot 10^{-9} \cdot 2{,}7 \cdot 10^{19} = 1{,}2 \cdot 10^{11}.$$

Diese Zahl ist in der Tat sehr nahe zu der Zahl der $\alpha$-Teilchen, welche RUTHERFORD und GEIGER durch unmittelbare Zählung bestimmt hatten.

Dadurch wurde endgültig bewiesen, daß die $\alpha$-Teilchen nichts anderes als Heliumatome sind, die mit der Elektrizitätsmenge $2e$ geladen sind. Später ist es SODDY gelungen, Helium auch aus Uran direkt zu erhalten.

**470. Tabelle der radioaktiven Stoffe.** Wir müssen uns hier mit einer allgemeinen und sehr kurzen Übersicht über die zahlreichen in der letzten Zeit entdeckten radioaktiven Stoffe begnügen.

Alle radioaktiven Stoffe kann man in drei große Reihen anordnen derart, daß jede Substanz ein Zerfallsprodukt von einer anderen höher stehenden Substanz darstellen wird. Wir erhalten so die Uranreihe, die Protoaktiniumreihe und die Thoriumreihe. In der beigefügten Tabelle sind diese drei Reihen angegeben. Für jedes radioaktive Element haben wir sein Zeichen und seinen Namen angegeben. In der dritten Kolonne stehen die von dem Element ausgesandten Strahlen; in der vierten die Reichweiten der $\alpha$-Strahlen, in der fünften die mittlere Lebensdauer und zuletzt das Atomgewicht. In der letzten Kolonne haben wir noch angegeben, in welcher Reihe der MENDELEJEWschen Tabelle das betreffende radioaktive Element nach seinen chemischen Eigenschaften zu stehen kommt.

Die mit fetter Schrift gedruckten Atomgewichte sind direkt bestimmt worden; die anderen ergeben sich durch Rechnung, denn ein jedes Aussenden eines $\alpha$-Teilchens muß ja das Atomgewicht des Zerfallproduktes um 4 vermindern. Die Tabelle zeigt, daß solche Rechnungen in der Tat mit den direkten Bestimmungen übereinstimmen.

Alle Radioelemente sind bei normalen Verhältnissen feste Körper, mit Ausnahme von drei Emanationen, welche gasförmig und den indifferenten Gasen, wie Argon, Helium, Neon, in ihren Eigenschaften sehr ähnlich sind; sie gehören also in die VIII. Gruppe oder Kolonne der MENDELEJEWschen Tabelle (am Ende des Buches).

*Die Uranreihe.*

| | Substanz | Strahlen | Reichweite cm | T | Atomgewicht | Gruppe | Reihe | Atomnummer |
|---|---|---|---|---|---|---|---|---|
| $U_1$ | Uran . . . . . . | $\alpha$ | 2,7 | $4{,}5 \cdot 10^9$ Jahre | 238 | VI | Siebente Reihe | 92 |
| $UX_1$ | „ $X_1$ . . . . | $\beta, \gamma$ | — | 10 Tage | 234 | IV | | 90 |
| $UX_2$ | „ $X_2$ . . . . | $\beta, \gamma$ | — | 1,2 Min. | 234 | V | | 91 |
| $U_2$ | Uran 2 . . . . . | $\alpha$ | 3,1 | $10^6$ Jahre | 234 | VI | | 92 |
| Io | Ionium . . . . . | $\alpha$ | 3,2 | $10^5$ Jahre | 230 | IV | | 90 |
| Ra | Radium . . . . | $\alpha$ | 3,4 | 1600 Jahre | 226 | II | | 88 |
| Em | Radiumemanation | $\alpha$ | 4,12 | 3,85 Tage | 222 | 0, VIII | Sechste Reihe | 86 |
| RaA | Radium A . . . | $\alpha$ | 4,72 | 3 Min. | 218 | VI | | 84 |
| RaB | „ B . . . | $\beta\gamma$ | — | 26,8 Min. | 214 | IV | | 82 |
| RaC | „ C . . . | $\beta\gamma$ | — | 19,5 Min. | 214 | V | | 83 |
| RaC′ | „ C′ . . . | $\alpha$ | 6,97 | $10^{-6}$ Sek. | 214 | VI | | 84 |
| RaD | „ D . . . | $\beta, \gamma$ | — | 16 Jahre | 210 | IV | | 82 |
| RaE | „ E . . . | $\beta, \gamma$ | — | 5 Tage | 210 | V | | 83 |
| Po | Polonium . . . . | $\alpha$ | 3,92 | 136 Tage | 210 | VI | | 84 |
| RaG | Radioblei . . . . | — | — | — | 206 | IV | | 82 |

*Die Aktiniumreihe.*

| | Substanz | Strahlen | Reichweite cm | T | Atomgewicht | Gruppe | Reihe | Atomnummer |
|---|---|---|---|---|---|---|---|---|
| Pa | Protaktinium . . | $\alpha$ | 3,67 | $10^4$ Jahre | 230 | V | Siebente Reihe | 91 |
| Ac | Aktinium . . . . | $\beta, \gamma$ | — | 20 Jahre | 226 | III | | 89 |
| RaAc | Radioaktinium . | $\alpha$ | 4,68 | 19 Tage | 226 | IV | | 90 |
| AcX | Aktinium X . . . | $\alpha$ | 4,37 | 11,5 Tage | 222 | II | | 88 |
| AcEm | Aktiniumemanation | $\alpha$ | 5,79 | 3,9 Sek. | 218 | 0, VIII | Sechste Reihe | 86 |
| AcA | Aktinium A . . . | $\alpha$ | 6,58 | $10^{-3}$ Sek. | 214 | VI | | 84 |
| AcB | „ B . . . | $\beta, \gamma$ | — | 36 Min. | 210 | IV | | 82 |
| AcC | „ C . . . | $\alpha$ | 5,51 | 2,2 Min. | 210 | V | | 83 |
| AcC″ | „ C″ . . | $\beta, \gamma$ | — | 4,8 Min. | 206 | III | | 81 |
| AcD | Aktiniumblei . . | — | — | — | 206 | IV | | 82 |

*Die Thorreihe.*

| | Substanz | Strahlen | Reichweite cm | T | Atomgewicht | Gruppe | Reihe | Atomnummer |
|---|---|---|---|---|---|---|---|---|
| Th | Thor . . . . . . | $\alpha$ | 2,72 | $1{,}5 \cdot 10^{10}$ Jahre | 232,2 | IV | Siebente Reihe | 90 |
| $MsTh_1$ | Mesothor 1 . . . | $\beta$ | — | 6,7 Jahre | 228 | II | | 88 |
| $MsTh_2$ | Mesothor 2 . . . | $\beta, \gamma$ | — | 6,2 Std. | 228 | III | | 89 |
| RaTh | Radiothor . . . . | $\alpha$ | 4,02 | 1,9 Jahre | 228 | IV | | 90 |
| ThX | Thor X . . . . . | $\alpha$ | 4,35 | 3,64 Tage | 224 | II | | 88 |
| ThEm | Thoremanation . | $\alpha$ | 5,06 | 54,5 Sek. | 220 | 0, VIII | Sechste Reihe | 86 |
| ThA | Thor A . . . . . | $\alpha$ | 5,68 | 0,14 Sek. | 216 | VI | | 84 |
| ThB | „ B . . . . . | $\beta, \gamma$ | — | 10,6 Std. | 212 | IV | | 82 |
| ThC | „ C . . . . . | $\beta$ | — | 60,8 Min. | 212 | V | | 83 |
| ThC′ | „ C′ . . . . . | $\alpha$ | 8,62 | $10^{-11}$ Sek. | 212 | VI | | 84 |
| ThD | Thoriumblei . . . | — | — | — | 208 | IV | | 82 |

Alle drei radioaktive Reihen endigen mit Blei, dessen Atomgewicht gleich 206 und 208 ist, obgleich das gewöhnliche Blei ein Atomgewicht von 207,2 hat. Es ist aber Soddy und Honigschmidt gelungen, aus den Uranerzen ein Blei auszusondern mit dem Atomgewicht 206,1 und aus den Thoriumerzen ein Blei mit dem Atomgewichte 207,8. Wir müssen demnach das gewöhnliche Blei als eine Mischung von zwei Isotopen ansehen mit den Atomgewichten 206 und 208.

## 3. Weitere Untersuchungen.

**471. Die Versuche von Wilson.** Eine sehr schöne Methode, die Bahnen der einzelnen $\alpha$-Teilchen zu beobachten, hat C. T. R. Wilson (1913) erfunden. Wir haben schon erwähnt, daß in einem ionisierten Gase die Dämpfe sich leichter kondensieren (S. 382, **436**). Diesen Umstand benutzt Wilson, um die Bahnen der $\alpha$-Teilchen zu photographieren, und zwar nach folgender Methode:

In einem Wasserdampf enthaltenen Gefäße werden aus einem Radiumpräparat $\alpha$-Teilchen emittiert und die Luft plötzlich expansiert. Die dabei sich bildenden Wassertröpfchen werden durch einen Funken beleuchtet und photographiert. Das Einlassen der $\alpha$-Teilchen, die Expansion und die Photographierung erfolgen (automatisch) so schnell hintereinander, daß die Tröpfchen noch auf den Bahnen der $\alpha$-Teilchen bleiben und keine Zeit haben, zu diffundieren.

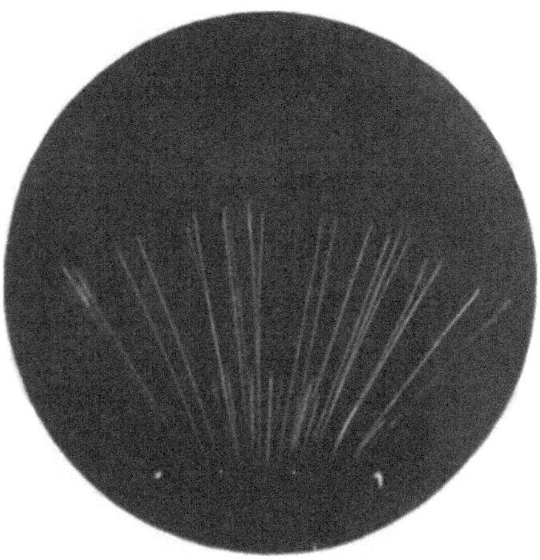

Abb. 387. $\alpha$-Strahlen (L. Meitner).

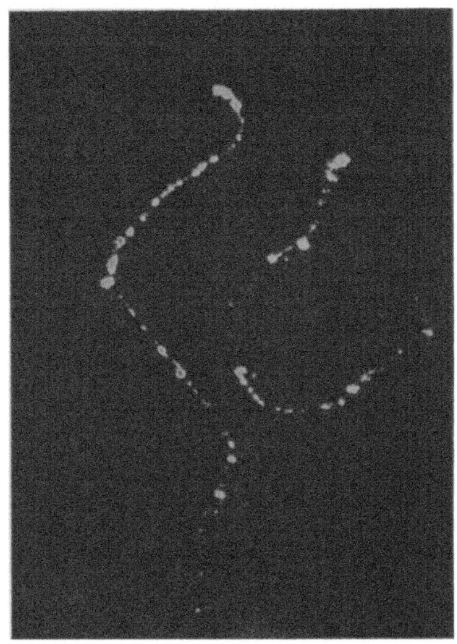

Abb. 388. $\beta$-Strahlen (L. Meitner).

Die Abb. 387 stellt eine von L. Meitner nach der Wilsonschen Methode erhaltene Photographie; hier sehen wir, wie die $\alpha$-Teilchen von einem Radiumpräparat nach allen Seiten ausgeschleudert werden. Die Bahnen der verschiedenen Teilchen sind gerade Linien und alle endigen sehr scharf (Reichweite).

In der Abb. 388 sieht man die $\beta$-Strahlen, die im Gegensatz zu den $\alpha$-Strahlen von den Gasmolekülen leicht reflektiert werden und zickzackförmige Bahnen beschreiben.

In der Abb. 389 ist eine von Wilson selbst erhaltene Photographie dargestellt; hier wurde das $\alpha$-Teilchen durch den Zusammenstoß mit einem Gasmolekül zunächst ein wenig, dann aber bei weiterer Kollision fast um 60° von seiner geradlinigen Bahn abgelenkt. Das Gasmolekül erhielt dabei auch einen so starken Stoß, daß es selbst ionisierend wirken konnte; man sieht an einer kleinen Abzweigung rechts vom Wege des $\alpha$-Teilchens den Weg des Gasmoleküls.

Eine sehr interessante Photographie ist von L. Meitner erhalten worden. In der Abb. 390 ist links das Radiumpräparat mit einer sehr dünnen Paraffinfolie bedeckt worden. Die $\alpha$-Strahlen verlieren beim Durchdringen des Paraffins einen Teil ihrer Geschwindigkeit und ihrer Reichweite. Außerdem haben sie aus den Paraffinmolekülen ein Wasserstoffatom herausgestoßen, dessen geradlinige Bahn links sehr gut zu sehen ist.

Wir fügen hier noch eine von WILSON selbst erhaltene Photographie (Abb. 391) hinzu, bei welcher ein schmaler Röntgenstrahl benutzt wurde, um die Luft zu ionisieren. Man sieht in dieser Photographie, wie auf dem Wege des Röntgenstrahls aus den Luftmolekülen Elektronen nach allen

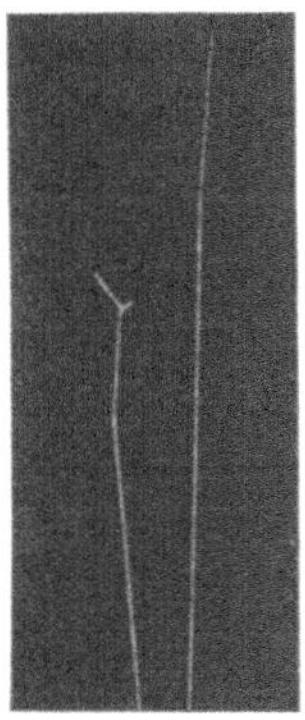

Abb. 389. Reflexion der $\alpha$-Strahlen (C. T. R. WILSON).

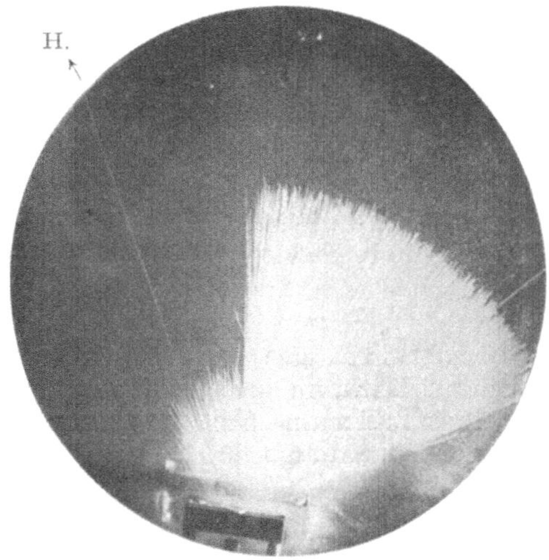


Abb. 390. Ein Wasserstoffstrahl (L. MEITNER).

Seiten mit großen Geschwindigkeiten auseinanderfliegen (Photoelektronen S. 370, **427**) und die seitlich von dem Röntgenstrahl gelegenen Gasmoleküle durch Stoß ionisieren.

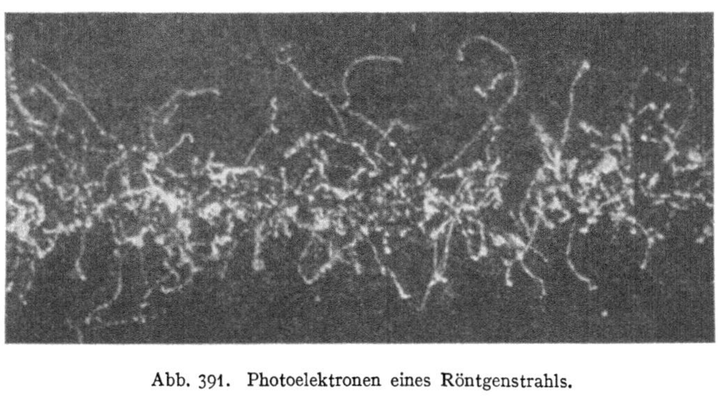

Abb. 391. Photoelektronen eines Röntgenstrahls.

**472. Ionisationsvermögen verschiedener $\alpha$-Strahlen.** Da die $\alpha$-Teilchen, d. h. Heliumatome, aus den radioaktiven Stoffen mit sehr großer Geschwindigkeit herausgeschleudert werden, so besitzen sie eine verhältnismäßig große kinetische Energie und können auf ihrem Wege eine große Zahl Gasmoleküle durch Stoß ionisieren. Jedes $\alpha$-Teilchen, z. B. des Radiums-*C*, kann auf seinem Wege bis zu $2{,}4 \cdot 10^5$ Moleküle der Luft ionisieren. Man könnte erwarten, daß am Anfang des Weges, wo doch die Geschwindigkeit des $\alpha$-Teilchens am größten ist, auch die größte Ionisation stattfindet; in Wirklichkeit ist das aber nicht der Fall. Am Anfange ihres Weges ionisieren die $\alpha$-Teilchen etwa 3 mal weniger als am Ende. Es scheint, als ob bei größeren Geschwindigkeiten die Teilchen keine Zeit haben zu ionisieren, und nur wenn ihre Geschwindigkeit bis zu etwa $6 \cdot 10^8$ cm/sek herabsinkt, wird die Ionisation sehr stark. Am Ende des Weges ist die Ionisation so stark, daß die $\alpha$-Teilchen fast ihre ganze Energie plötzlich verlieren und zu ionisieren aufhören. Das kann man auch an den WILSONschen Photographien sehr gut sehen.

Die Länge des Weges, auf welcher die $\alpha$-Teilchen die Gasmoleküle zu ionisieren imstande sind, nennt man ihre *Reichweite.*

Jedes radioaktive Element sendet $\alpha$-Teilchen aus von bestimmter Geschwindigkeit und also auch von einer bestimmten *Reichweite;* in unseren Tabellen sind diese Reichweiten angegeben. Die Anfangsgeschwindigkeit eines $\alpha$-Teilchens ist manchmal schwer zu bestimmen, die Reichweite aber kann sehr leicht mit irgendeinem lumineszierenden Stoff beobachtet und gemessen werden. GEIGER hat aber einen Zusammenhang zwischen diesen beiden Größen entdeckt, der durch die folgende empirische Formel ausgedrückt wird:

$$R = 0{,}98 \cdot 10^{-27} v^3 .$$

GEIGER hat auch gefunden, daß die Reichweite, also auch die Anfangsgeschwindigkeit, im allgemeinen desto größer ist, je schneller der Stoff zerfällt. Er hat den Zusammenhang der Reichweite mit der mittleren Lebensdauer durch folgende Formel ausgedrückt:

$$\lg T = 45 + 66\,\mathrm{GR} .$$

Wir haben hier die Koeffizienten für die Elemente der Radiumreihe eingesetzt; für die anderen zwei Reihen sind diese Zahlen ein wenig größer.

Da die GEIGERsche Formel für die gut untersuchten Elemente ziemlich genau stimmt, so können wir sie auch benutzen, um nach der beobachteten Reichweite die Lebensdauer solcher Elemente zu bestimmen, die durch direkte Versuche nicht zu bestimmen sind. So ergibt sich die mittlere Lebensdauer von Radium-$C'$ gleich $10^{-6}$ und für Thorium C′ gleich $10^{-11}$ sek (vgl. Tabelle S. 411).

Die von uns in den Tabellen angegebenen Reichweiten beziehen sich auf die Luft bei normalen Verhältnissen. Im allgemeinen ist die Reichweite umgekehrt proportional dem Druck und proportional der Temperatur des Gases. In verschiedenen Gasen ist die Reichweite ein wenig verschieden.

**473. Zerstreuung der $\alpha$-Teilchen.** Die Bewegung der $\alpha$-Teilchen in den Gasen kann man als geradlinig annehmen, wie es auch auf den Photographien von WILSON zu sehen ist, aber beim Durchgang durch dünne Metallfolien werden die $\alpha$-Teilchen zerstreut. Nach den Versuchen von GEIGER ist die Zerstreuung der $\alpha$-Teilchen desto größer, je größer das Atomgewicht des Materials der Folie ist. Die Zerstreuung oder die mittlere Ablenkung des $\alpha$-Strahls von seiner Anfangsbahn beträgt nur etwa $1{,}5^\circ$.

Außer diesen *kleinen* Ablenkungen hat aber GEIGER zwar seltene, aber sehr große Ablenkungen beobachtet, sogar bis zu $150^\circ$. In der Photographie von WILSON (Abb. 389) können wir auch zwei verschiedene Ablenkungen unterscheiden: eine ganz kleine und eine größere am Ende der Bahn, die wir als einen direkten Zusammenstoß mit dem Molekül gedeutet haben. Eine genauere Rechnung hat gezeigt, daß diese großen Ablenkungen im Vergleich zu der normalen Streuung von etwa $1{,}5^\circ$ völlig unwahrscheinlich sind; man mußte also für die anormal großen Ablenkungen nach einer anderen Ursache suchen.

RUTHERFORD sah in diesen anormalen Ablenkungen eine Hindeutung auf einen bestimmten Bau der Atome. Er hat die Hypothese aufgestellt, daß jedes Atom irgendeines Elements aus einem Zentralkerne bestehe, welcher mit positiver Elektrizität geladen ist und aus einer Schar von negativen Elektronen, welche um diesen Zentralkern nach Art eines Planetensystems zirkulieren. Ein ungeladenes Atom muß offenbar so viele Elektronen (Planeten) haben, wie der Zentralkern positive Elementarladungen enthält.

Nehmen wir diese Hypothese an, so lassen sich die anormalen wie die normalen Ablenkungen eines zwischen den Atomen fliegenden α-Teilchen in folgender Weise erklären.

Wenn das α-Teilchen in einer großen Entfernung von einem Atom vorüberfliegt, so erhält es selbstverständlich keine Ablenkung: seine Bahn bleibt eine gerade Linie. Die Ablenkung bleibt noch immer klein, wenn das α-Teilchen in die Nähe der den Kern umgebenden Elektronen kommt, denn die Masse der Elektronen ist etwa 10000mal kleiner als die des Heliums, und beim Zusammenstoß werden eher die Elektronen selbst aus dem Atom herausgestoßen; im letzteren Falle würde das eine Ionisation des Atoms zur Folge haben. Kommt aber das fliegende α-Teilchen in das *Innere* des Atoms hinein, und zwar sehr nahe am positiv geladenen Kern vorbei, so entstehen zwischen dem positiv geladenen Kerne und dem positiv geladenen α-Teilchen so starke Abstoßungskräfte, daß das Heliumatom, als leichteres, von seiner ursprünglichen Bahnrichtung um einen großen Winkel abgelenkt wird. In der Abb. 392 ist $E$ der Kern des Atoms und $a$, $b$, $c$ drei verschiedene Wege eines α-Teilchens. Ist die Bewegung des α-Teilchens gerade auf den Kern gerichtet ($a$), was natürlich sehr selten der Fall sein wird, so kommt es sehr nahe an den Kern, bis er vollständig seine Geschwindigkeit verliert und durch die Abstoßungskraft des Kernes wieder zurückbeschleunigt wird. Die Teilchen, welche den Kern nicht treffen und deren Anfangsrichtungen durch die punktierten Linien $b$ und $c$ angedeutet sind, werden weniger abgelenkt; sie beschreiben hyperbelartige Kurven $bb_1$ und $cc_1$. Die von GEIGER beobachteten starken Ablenkungen der α-Teilchen entsprechen also den Winkeln, welche die Asymptoten dieser Hyperbel miteinander bilden.

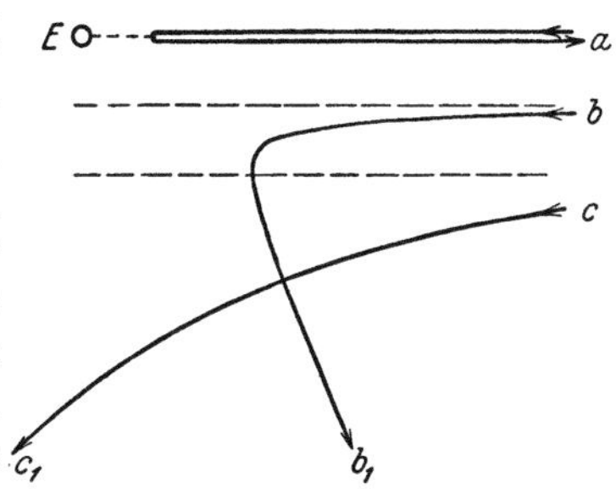

Abb. 392. Bahnen der α-Teilchen in der Nähe eines Atomkerns.

Aus derartigen von MARSDEN, CHADWIK, GEIGER u. a. angestellten Versuchen kam RUTHERFORD zum Schluß, daß der Kern der Atome nicht größer sein kann als $10^{-13}$ cm.

Berücksichtigen wir, daß die Atome im allgemeinen einen Durchmesser von der Größenordnung $10^{-8}$ cm haben, so sehen wir, daß der Kern und die ihn umgebenden Elektronen ein verhältnismäßig sehr kleines Volumen einnehmen, etwa $10^{-15}$ (eintausendbilliontel Teil) des Atomvolumens. Dadurch wird es auch erklärlich, warum die α-Teilchen bei großen Geschwindigkeiten durch die Atome hindurchfliegen können, ohne den Kern oder die Elektronen zu berühren. Nur bei kleineren Geschwindigkeiten werden sie von ihrer geraden Bahn abgelenkt und können dabei auf die Elektronen treffen und durch Herausstoßen eines Elektrons das Atom ionisieren.

Wir haben gesehen (S. 370, **426**), daß zu demselben Schluß schon früher P. LENARD gekommen ist, und zwar bei seiner Untersuchung der Absorption schnell bewegter Elektronen. Auch die Elektronen werden bei großen Geschwindigkeiten weniger absorbiert als bei kleinen.

**474. Kernladung und Atomnummer.** Die Untersuchung der Ablenkungen der α-Teilchen durch verschiedene Atome haben außer dem Kerndurchmesser auch die Größe der Ladung des Atomkerns zu berechnen erlaubt. Für Kupfer, Silber und Platin haben sich diese Ladungen zu 29, 48 und 78 ergeben, wenn man, wie immer, die Ladung des Wasserstoffions als Einheit annimmt. Vergleicht man diese Zahlen mit der Stellennummer der betreffenden Elemente in der MENDELEJEWschen Tabelle, so sieht man, daß die Kernladung dieser Atome ihrer Atomnummer gleich ist.

Bald nach diesen Versuchen hat VAN DEN BROECK (1913) eine Anzahl chemischer Tatsachen angeführt, die ebenfalls zur Hypothese führen, daß überhaupt bei allen Elementen die Ordnungszahl oder die Atomnummer gleich ihrer Kernladung sein muß. Diese Hypothese hat sich später bei anderen Erscheinungen in der Tat bestätigt.

Wir wollen also annehmen, daß die Stellung eines Elements in der MENDELEJEWschen Tabelle lediglich durch die Ladung seines Kernes bestimmt wird und nicht, wie man es früher annahm, durch sein Atomgewicht. Das Atomgewicht wächst zwar in den meisten Fällen mit der Kernladung, aber es gibt auch Ausnahmen von dieser Regel. Man vergleiche z. B. in der Tabelle (am Ende des Buches) die Atomgewichte von Argon-Kalium, Kobalt-Nickel, Tellur-Jod, Thor-Protoaktinium.

In jeder von diesen Paaren hat das vorangehende Element ein größeres Atomgewicht, als das nächstfolgende, während es doch nach dem allgemeinen MENDELEJEWschen Schema das Gegenteil sein sollte. Früher schienen diese Ausnahmen unerklärlich; jetzt wissen wir aber, daß das Atomgewicht allein nicht genügt, um die Stellung des Elements in dem MENDELEJEWschen Systeme zu bestimmen. Die Isotopen stehen ja an derselben Stelle des Systems, haben dieselben chemischen Eigenschaften, besitzen aber sehr verschiedene Atomgewichte. Die Kernladung dagegen ist für alle Isotopen derselben Atomnummer stets dieselbe. Wir kommen auf diese Frage noch am Ende dieses Buches zurück.

**475. Verschiedenheit in den $\beta$- und $\gamma$-Strahlen.** Ebenso wie die $\alpha$-Teilchen, haben auch alle von den radioaktiven Substanzen ausgesandten $\beta$-Strahlen dieselbe spezifische Ladung, nämlich die des reinen materiefreien Elektrons. Die Geschwindigkeiten, mit welchen die verschiedenen radioaktiven Elemente Elektronen emittieren, können sehr verschieden sein. So sendet Uran-X sehr starke $\beta$-Strahlen mit der Geschwindigkeit 0,48 (die Lichtgeschwindigkeit $c = 3 \cdot 10^{10}$ cm/sek dabei als Einheit angenommen); außerdem aber auch Strahlen mit anderen Geschwindigkeiten: 0,59 bis 0,96. Sehr große Geschwindigkeiten haben die vom Radium-C′ ausgesandten $\beta$-Strahlen, die bis zu dem Werte von 0,986 reichen.

L. MEITNER hat darauf aufmerksam gemacht, daß nicht alle $\beta$-Strahlen der radioaktiven Substanzen aus dem Atomkerne selbst stammen, sondern daß es $\beta$-Strahlen geben kann, die aus der Peripherie des Atoms unter der Wirkung der $\gamma$-Strahlen ausgesandt werden, also eine besondere Art Photoelektronen vorstellen.

Auch die $\gamma$-Strahlen sind bei verschiedenen radioaktiven Substanzen verschieden; ihre Verschiedenheit besteht aber nicht in der Geschwindigkeit, weil sie alle dieselbe, nämlich die Lichtgeschwindigkeit haben und auch nicht in der spezifischen Ladung, weil sie frei von Ladung sind, sondern in ihrer *Wellenlänge;* sie sind den Röntgenstrahlen ähnlich, und ihre Wellenlänge ist größtenteils kleiner als die Wellenlängen der Röntgenstrahlen.

**476. Die Verschiebungssätze bei radioaktiven Umwandlungen.** Wenn wir die oben angeführten Tabellen der radioaktiven Elemente betrachten, können wir folgende Gesetzmäßigkeit bemerken: Wenn irgendein Element ein $\alpha$-Teilchen aussendet, wird es nach seinen chemischen Eigenschaften um zwei Gruppen nach unten verschoben. So geht z. B. Uran I bei seiner Umwandlung in Uran X aus der VI. Gruppe in die IV. über. Ebenso verschiebt sich Thor bei seiner Umwandlung in Mesothor aus der IV. Gruppe in die II. usw.

Eine zweite Verschiebungsregel lautet so: Bei jeder $\beta$-Umwandlung wird die Ordnungszahl (Atomnummer) des Elements um eins erhöht. Das Atomgewicht bleibt dabei fast ungeändert, weil die Masse eines Elektrons sehr klein ist. Ein Beispiel dazu sehen wir im Uran X, welches zur IV. Gruppe gehört, das Uran $X_2$ aber gehört nach seinen chemischen Eigenschaften in die V. Gruppe.

Beide Verschiebungssätze sind fast gleichzeitig von SODDY und FAJANS aufgestellt worden.

Es ist jetzt leicht einzusehen, daß beide Verschiebungssätze als einfache Folgerungen der Hypothese von RUTHERFORD und VAN DEN BROECK sich ergeben. In der Tat, bei der Aussendung eines $\alpha$-Teilchens verliert der Kern zwei Ladungseinheiten und muß deshalb seine Ordnungszahl um 2 erniedrigen. Ebenso bei Aussendung eines Elektrons verliert der Kern eine *negative* Ladungseinheit, wird also um eine Ladungseinheit stärker *positiv* geladen und muß dementsprechend eine höhere Ordnungszahl haben.

Wir machen den Leser auf den Unterschied aufmerksam, welcher entsteht, wenn ein Elektron aus der *äußeren* Elektronenhülle des Atoms herausgestoßen wird und wenn ein Elektron *aus dem Kerne* des Atoms ausgesandt wird. Im ersten Falle erhalten wir *ein Ion desselben* Elementes, im zweiten Falle entsteht aber ein *neues* Element mit ganz anderen chemischen Eigenschaften.

**477. Radioaktive Isotopen.** Kehren wir wieder zu unserer Tabelle (S. 411) zurück. Wegen der verschiedenen bei radioaktiven Umwandlungen eingetretenen Verschiebungen erhalten wir auf ein und derselben Stelle der MENDELEJEWschen Tabelle gleichzeitig mehrere Elemente mit verschiedenen Atomgewichten. So stehen die Elemente Uran I und Uran II unter derselben Ordnungsnummer 92, in der 7. Reihe, in der V. Gruppe. Ebenso sind Radium A, Radium C′ und Polonium in der 6. Reihe der VI. Gruppe unter der Nummer 84. Solche Elemente die an derselben Stelle der MENDELEJEWschen Tabelle stehen, heißen Isotopen (Isos- gleich, Topos-Stelle). Die Isotopen sind zuerst zwischen den radioaktiven Elementen gefunden worden; später wurden sie von ASTON auch in anderen Elementen entdeckt (S. 381, **434**).

**478. Atomzertrümmerung.** Im Jahre 1919 ist es E. RUTHERFORD gelungen, durch den Stoß der $\alpha$-Teilchen von dem Strickstoffatom einen Wasserstoffatom abzuspalten.

Schon auf den Photographien von WILSON haben wir gesehen, wie unter der Wirkung eines stoßenden $\alpha$-Teilchens die Gasmoleküle ein so große Geschwindigkeit erreichen können, daß sie selbst auf andere Moleküle ionisierend wirken können. Nach den Berechnungen von C. H. DARWIN kann ein $\alpha$-Teilchen bei zentralem Stoß einem Wasserstoffatom eine etwa 1,6 mal größere Geschwindigkeit erteilen als es selbst besitzt. Anderseits ist die Reichweite nach den Versuchen von GEIGER proportional der dritten Potenz der Geschwindigkeit. Daraus geht hervor, daß das Wasserstoffatom, welches zentral von den $\alpha$-Teilchen getroffen wird, etwa 4mal größere Reichweite haben muß; die Versuche von MARSDEN haben diesen Schluß bestätigt. Als RUTHERFORD zu der Luft ein wenig Wasserstoff beigemengt und das Gemisch der Wirkung der $\alpha$-Teilchen des Radiums $C^1$ ausgesetzt hatte, erhielt er ein Aufleuchten des Zinksulfidschirms bis zu einer Entfernung von 28 cm vom Radium, obgleich die $\alpha$-Teilchen selbst nur eine Reichweite von 7 cm hatten. Auf so große Entfernungen wie 28 cm können die $\alpha$-Strahlen nicht mehr ionisierend wirken; die beobachtete Reichweite gehört also den Wasserstoffatomen. Da die Geschwindigkeit der stoßenden $\alpha$-Teilchen des Radiums gleich $2 \cdot 10^9$ war, so mußte die dabei erhaltene Geschwindigkeit der Wasserstoffteilchen $3 \cdot 10^9$ cm/sek sein.

In der Photographie von L. MEITNER (Abb. 390, S. 413) sehen wir, wie ein Wasserstoffatom aus dem Paraffinmolekül herausgestoßen wird.

Bei weiterer Verfolgung dieser Erscheinungen hat RUTHERFORD unter anderem möglichst reinen Stickstoff der Wirkung der $\alpha$-Teilchen ausgesetzt und erhielt dabei, außer der gewöhnlichen Reichweite der $\alpha$-Strahlen des Radiums C′, einige seltene Szintillationen des Zinksulfidschirmes in sehr großen Entfernungen. Die Untersuchung dieser weitfliegenden Teilchen im elektrischen und magnetischen Felde hat für sie die spezifische Ladung des Wasserstoffs ergeben. Da in dem untersuchten Stickstoff keine Spur von Wasserstoff enthalten war, so konnte der Wasserstoff nur aus dem Stickstoffatom selbst herrühren.

Durch diesen von RUTHERFORD ausgeführten Versuch ist es also zum ersten Male gelungen, aus einem chemischen Element, nämlich aus Stickstoff, ein anderes Element, nämlich Wasserstoff, herzustellen, und zwar entsteht diese Verwandlung nicht von selbst, wie in den radioaktiven Stoffen, sondern durch vorsätzlich eingeleitete äußere Wirkung, durch den Stoß der $\alpha$-Teilchen.

Selbstverständlich ist die Zahl der glücklich getroffenen Stickstoffatome nicht groß; die Rechnung zeigt, daß bei etwa $10^{10}$ (zehn Milliarden) Stößen ein Wasserstoffatom aus den Stickstoffatomen herausgestoßen werden kann. Nichtsdestoweniger hat das von RUTHERFORD erhaltene Resultat eine hohe wissenschaftliche Bedeutung.

Außer Stickstoff ist es RUTHERFORD später gelungen, auch die Atome von anderen Elementen durch den Stoß der $\alpha$-Teilchen zu zertrümmern. Er erhielt Wasserstoffatome aus Bor, Fluor, Natrium, Aluminium und Phosphor.

Es ist bemerkenswert, daß aus den Elementen, deren Atomgewicht ein Vielfaches von 4 ist (Helium), bis jetzt keine Wasserstoffatome erhalten wurden.

Der Wasserstoff, welchen man aus Aluminium und Phosphor erhält, hat eine überraschend große Reichweite. Die kinetische Energie dieser Wasserstoffatome hat sich sogar größer ergeben als die Energie der stoßenden $\alpha$-Teilchen selbst. Es scheint also, als ob das Aussenden der Wasserstoffatome aus den Kernen der Aluminium- und Phosphoratome auch eine Art radioaktiven Vorgang vorstellt, der durch den Stoß der $\alpha$-Teilchen nur eingeleitet wird. Die zukünftigen Versuche werden diese Frage aufklären.

# IX. Elektronentheorie.

## 1. Elektrische Erscheinungen.

**479. Das Elektron.** Wir haben schon gesagt (S. 337, **388**), daß die atomistische Struktur der Elektrizität zum erstenmal von H. v. HELMHOLTZ direkt aus den FARADAYschen Gesetzen gefolgert wurde (1881); seitdem hat sich diese Folgerung immer mehr und mehr bestätigt. Bei den Gasentladungen traten uns die *negativen* Elektrizitätsatome von der Materie *losgelöst* entgegen und wir nannten sie Elektronen. Die positiven Elektrizitätsatome von der Materie zu trennen, ist bis jetzt nicht gelungen. Die kleinste materielle Masse, die mit positiver Elektrizität geladen erscheint, ist das Wasserstoffatom.

Die negativen Elektrizitätsatome — *Elektronen* — spielen fast in allen physikalischen Erscheinungen eine sehr wichtige Rolle: in den Gasentladungen erscheinen sie als Kathodenstrahlen, unter der Wirkung des Lichts und der Wärme kommen Photoelektronen und Thermoelektronen zum Vorschein und endlich werden Elektronen aus den radioaktiven Substanzen als $\beta$-Strahlen ausgesandt. Dazu kommt noch eine Reihe von Erscheinungen, wo man die Elektronen nicht direkt beobachten kann, die aber ohne Zweifel auf Elektronenbewegungen zurückzuführen sind: die elektrischen Ströme in den Leitern, die Polarisation der Dielektrika, die Magnetisierung der Körper und endlich die optischen Eigenschaften der Körper.

Das Merkwürdigste bei allen diesen Erscheinungen, was man nicht genug hervorheben kann, ist das Ergebnis, daß alle Elektronen, ganz unabhängig von ihrer Entstehungsart, stets dieselbe elektrische Ladung und dieselbe Masse haben.

Auf dieser Grundlage bildete sich allmählich eine umfangreiche Elektronentheorie, die von einem einheitlichen Standpunkte aus die mannigfaltigsten physikalischen und chemischen Erscheinungen quantitativ zu erklären strebt. Als Urheber dieser Theorie sind in erster Reihe H. v. HELMHOLTZ und H. A. LORENTZ zu nennen. Bevor wir zu den einzelnen Anwendungen dieser Theorie übergehen, wollen wir kurz zusammenstellen, was wir von dem Elektron bis jetzt schon erfahren haben.

Die Ladung des Elektrons ist gleich

$$e = 4{,}774 \cdot 10^{-10} \text{ CGS-E} = 1{,}56 \cdot 10^{-20} \text{ CGS-M}.$$

Seine spezifische Ladung ist

$$\frac{e}{m} = 1{,}776 \cdot 10^{7} \text{ CGS-M}.$$

Diese Zahlen sind mit einer Genauigkeit von etwa 0,1 % bestimmt worden.

Daraus folgt unmittelbar für die Masse des Elektrons

$$m = 0{,}9 \cdot 10^{-27} \text{ g}.$$

Nehmen wir für die FARADAYsche Zahl, d. h. für die Ladung eines einwertigen Grammions

$$F = 9560 \text{ CGS-M}$$

und berücksichtigen, daß die Ladung eines einwertigen Ions gleich der Elektronenladung ist, so erhalten wir für die Zahl der Ionen in einem Grammion oder für die Zahl der Atomen in einem Grammatom, d. h. für die LOSCHMIDTsche Zahl (S. 322, **371**)

$$N = 6{,}06 \cdot 10^{23}.$$

Die Zahl der Moleküle im Kubikzentimeter eines Gases bei 0° und 760 mm Hg-Barometerdruck, d. h. die AVOGADROsche Zahl, ist demnach (S. 324, **373**)

$$N_a = \frac{6{,}06 \cdot 10^{23}}{2{,}24 \cdot 10^{4}} = 2{,}7 \cdot 10^{19}.$$

Da die spezifische Ladung des Elektrons etwa 1800mal größer ist als die spezifische Ladung eines Wasserstoffions, die Ladungen selbst aber in beiden Fällen die gleichen sind, so ist die Masse des Elektrons etwa 1800mal kleiner als die Masse eines Wasserstoffatoms.

Wenn wir die einfachste Annahme machen, das Elektron habe eine Kugelgestalt und sei gleichmäßig geladen, so erhalten wir (nach S. 318, **366**) den Halbmesser dieser Kugel von der Größenordnung

$$r = 2 \cdot 10^{-13} \text{ cm}.$$

Im Vergleich mit dem Halbmesser eines Wasserstoffatoms, wie er nach der kinetischen Gastheorie bestimmt wird (etwa $10^{-8}$ cm), ist der Halbmesser eines Elektrons etwa 50000mal kleiner.

**480. Abhängigkeit der Elektronenmasse von seiner Geschwindigkeit.** Die Elektronen in den Kathodenstrahlen und namentlich bei den radioaktiven Substanzen können sehr große Geschwindigkeiten besitzen, und nach der allgemeinen elektromagnetischen Theorie (S. 319, **367**) muß dabei eine Massenveränderung schon bemerkbar werden; es war deshalb sehr interessant und wichtig, die Gesetze dieser Veränderung an schnell bewegten Elektronen experimentell zu prüfen.

Der erste, welcher die Veränderung der Masse des Elektrons bei großen Geschwindigkeiten experimentell nachgewiesen hat, war W. KAUFMANN (1901). Er untersuchte die Ablenkung der $\beta$-Strahlen unter dem Einflusse des elektrischen und magnetischen Feldes und bestimmte auf diese Weise ihre spezifische Ladung. Die Strahlen mit kleinerer Geschwindigkeit ($v = 0{,}3\,c$) hatten eine normale spezifische Ladung $e/m = 1{,}77 \cdot 10^7$ CGS-M; die schnellsten von KAUFMANN untersuchten $\beta$-Strahlen $v = 0{,}95\,c$ hatten eine viel kleinere spezifische Ladung: $e/m = 0{,}63 \cdot 10^7$ CGS-M. Ihre Masse war also fast dreimal größer.

Die Genauigkeit der KAUFMANNschen Versuche reichte aber nicht aus, um zwischen den verschiedenen damals aufgestellten Theorien für die Massenveränderung zu entscheiden. Spätere Versuche von A. BUCHERER (1908), E. HUPKA (1910), CL. SCHAEFER und G. NEUMANN (1914) haben gezeigt, daß die von uns im I. Teile angeführte Formel von LORENTZ-EINSTEIN den Versuchsergebnissen am besten entspricht. Die Versuchsanordnung von BUCHERER und NEUMANN war im Prinzip die folgende. Die $\beta$-Strahlen eines kleinen Radiumkörnchens traten in das elektrische Feld eines ebenen Kondensators (Abb. 393), wo sie gleichzeitig der Wirkung eines senkrecht zu dem elektrischen Felde gerichteten magnetischen Feldes ausgesetzt wurden. Der gegenseitige Abstand der Kondensatorbelegungen war so klein im Vergleich zu der Weglänge der $\beta$-Strahlen im Felde, daß aus dem Kondensator nur die unabgelenkten Strahlen heraustreten konnten, d. h. die Strahlen, bei welchen die Wirkungen des elektrischen und des magnetischen Feldes sich gerade kompensierten. Für die austretenden Strahlen konnte man also die Gleichung benutzen

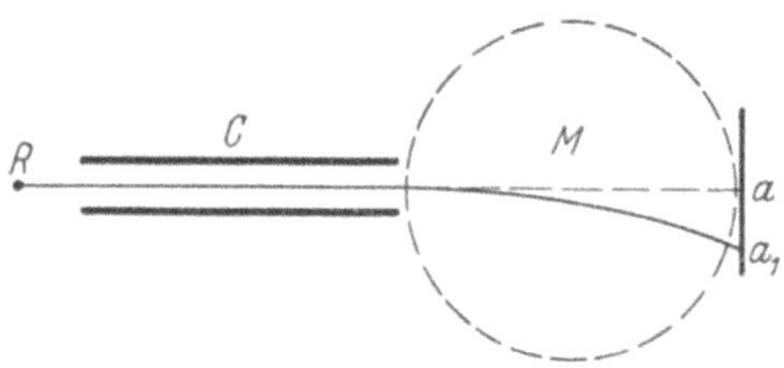

Abb. 393. Versuch von A. BUCHERER.

$$E e = e v M\,; \qquad v = \frac{E}{M}\,.$$

In dieser Gleichung sind die Feldintensitäten $E$ und $M$ direkt meßbar, und die Geschwindigkeit $v$ konnte berechnet werden. Durch passende Wahl der Feldstärken $E$ und $M$ konnte man aus dem Strahlenkomplexe des Radiums Strahlen von beliebiger und genau bestimmbarer Geschwindigkeit aussondern. Auf ihrer weiteren Bahn kamen die Strahlen unter die Wirkung eines Magnetfeldes $M$, wurden abgelenkt und trafen eine photographische Platte. Nach der so erhaltenen Ablenkung $a a_1$ (S. 368, **423**) wurde die spezifische Ladung der Strahlen bestimmt, denn ihre Geschwindigkeit war ja schon bekannt.

Die sehr genau und sorgfältig angestellten Versuche im Bereiche von $v = 0{,}4c$ bis $v = 0{,}9c$ bestätigten die LORENTZ-EINSTEINsche Formel (S. 319, **367**)

$$m = \frac{m_0}{\varkappa}\,, \qquad \varkappa = \sqrt{1 - \left(\frac{v}{c}\right)^2}\,,$$

wo $m_0$ die sog. Ruhmasse (bei $v = 0$) bedeutet. Wir wollen noch hinzufügen, daß von dem Radium $C'$ Strahlen ausgesandt werden, deren Geschwindigkeit die Größe $v = 0{,}986c$ erreicht; bei solcher Geschwindigkeit würde nach dieser Formel die Masse des Elektrons fast auf das Sechsfache wachsen.

**481. Dielektrische Polarisation.** Wir gehen jetzt zu der Anwendung der Elektronentheorie auf Dielektrika über. Wir wissen, daß die Dielektrika unter dem Einfluß eines elektrischen Feldes polarisiert werden. Vom Standpunkte der Elektronentheorie können wir uns diesen Vorgang in zweifacher Weise vorstellen:

a) Wir können annehmen, daß die Moleküle eines Körpers in ihrem gewöhnlichen normalen Zustand unpolarisiert sind, d. h. auch wenn sie Elektronen in ihrem Inneren enthalten, diese Elektronen so gleichmäßig verteilt sind, daß ihr elektrisches Feld das Feld des positiv geladenen Zentralkernes nach allen in Seiten gerade kompensiert. Derartige Moleküle werden kein elektrisches Moment besitzen; erst unter der Wirkung des äußeren elektrischen Feldes wird die gleichmäßige Verteilung der Elektronen im Molekül mehr oder weniger gestört: das Molekül erhält ein elektrisches Moment, und der Körper wird polarisiert.

b) Eine andere mögliche Annahme ist die, daß die Moleküle nicht so symmetrisch gebaut sind und schon in ihrem normalen Zustande ein *konstantes* elektrisches Moment (Dipole) besitzen; aber die Richtungen der Momente einzelner Moleküle sind im Körper so unregelmäßig verteilt und außerdem wechseln sie so schnell mit der Zeit, daß sie für die elektrische Feldintensität einen Mittelwert gleich Null ergeben (vgl. S. 24, Abb. 21). Unter der Wirkung des äußeren elektrischen Feldes werden die polarisierten Moleküle orientiert, wodurch auch der ganze Körper polarisiert erscheinen muß.

Wir wollen zunächst beide Annahmen in eine gemeinsame Formel fassen und sie später spezialisieren. Wir bezeichnen mit $n$ die Zahl der Moleküle im Kubikzentimeter und mit $\bar{p}$ den Mittelwert (nach Größe und Richtung) der im Kubikzentimeter enthaltenen Momente. Dann wird die Polarisation (S. 51, **61**) des Körpers

$$P_e = n\bar{p}.$$

Die elektrische Induktion, der Elektrisierungskoeffizient und die Dielektrizitätskonstante werden dann (S. 53, **63**)

$$D = E + 4\pi P_e = E + 4\pi \cdot n\bar{p},$$

$$\varkappa = \frac{n\bar{p}}{E}; \qquad \varepsilon = 1 + 4\pi\varkappa.$$

Bei der ersten Auffassung symmetrisch gebauter Moleküle können wir die Größe $\bar{p}$ in einzelne Bestandteile zerlegen. Jedes Elektron im Molekül wird eine gewisse Beweglichkeit besitzen und von seiner Gleichgewichtslage ablenkbar sein. Die Ablenkung $x$ können wir in erster Annäherung proportional der wirkenden Kraft $eE$ annehmen, z. B.:

$$eE = bx.$$

Die Kraft $bx$ im Moleküle, die der wirkenden äußeren Kraft $Ee$ das Gleichgewicht hält, nennt man *quasielastische* Kraft, nach Analogie zu den gewöhnlichen elastischen Kräften. Diese quasielastische Kraft ist wahrscheinlich elektromagnetischer Natur; etwas Näheres wissen wir aber von ihr nicht. Das Elektron im Molekül oder im Atom braucht man sich nicht als unbeweglich vorzustellen, es kann irgendeine Bewegung um den Kern herum (Planetenbewegung) ausführen, und der Faktor $b$ charakterisiert nur die Kraft, die man anwenden muß, um das Elektron von seiner *normalen* Bewegungsbahn abzulenken (gestörte Bahn). Wir können also ziemlich allgemein für die Polarisation den Ansatz machen

$$p = ex = \frac{e^2}{b}E.$$

Der Faktor $b$ kann im allgemeinen für verschiedene im Molekül enthaltene Elektronen verschieden sein; wir müssen demnach für die Dielektrizitätskonstante den allgemeineren Ausdruck schreiben:

$$\varepsilon = 1 + 4\pi \sum \frac{n e^2}{b} .$$

Nach dieser Theorie würde also die Dielektrizitätskonstante eines Körpers desto größer erscheinen, je größer die Zahl der im Molekül enthaltenen Elektronen und je kleiner der Faktor $b$, d. h. je leichter man das Elektron von seiner Normalbahn ablenken kann. Ist der Faktor $b$ sehr klein, so kann das Elektron von dem Molekül leicht abgetrennt werden, d. h. das Molekül wird leicht ionisiert, die Dielektrizitätskonstante wird sehr groß, bis schließlich bei $b = 0$ das Dielektrikum in einen Leiter verwandelt wird.

**482. Dipoltheorie der Polarisation.** Bei der zweiten oben angeführten Annahme von Molekülen mit *konstanten*, aber verschieden gerichteten elektrischen Momenten müssen wir noch den Einfluß der Temperatur berücksichtigen, denn die durch das Feld hervorgebrachte Orientierung der Moleküle wird durch ihre Zusammenstöße fortwährend gestört (S. 24, **30**). Bezeichnen wir mit $p_0$ das elektrische Moment des Moleküls und mit $\alpha$ den Winkel zwischen diesem Momente und der Feldrichtung, so erhalten wir in der Feldrichtung eine Komponente des elektrischen Moments $p_0 \cos\alpha$ und für die Polarisation eine Summe von solchen Gliedern

$$P = p_0 \sum n \cos\alpha .$$

Für den normalen unpolarisierten Zustand ist diese Summe gleich Null. Wie die Summe modifiziert wird, wenn einerseits ein äußeres Feld $E$ angelegt wird und anderseits die Temperaturbewegung entgegenwirkt, hat zum ersten Male LANGEVIN gezeigt. Bei der Auswertung des Mittelwerts der Polarisation in diesem Falle benutzte LANGEVIN den BOLTZMANNschen Satz für die Verteilung der potentiellen Energie auf einzelne Moleküle (S. 328, **378**)

$$e^{-\frac{\varepsilon_p}{\varkappa \vartheta}} .$$

Die potentielle Energie eines Dipols mit dem Momente $p_0$ in einem elektrischen Felde von der Intensität $E$ ist gleich

$$\varepsilon_p = -p_0 E \cos\alpha$$

und wenn wir diesen Ausdruck in die BOLTZMANNsche Verteilungsformel einsetzen und dann den Mittelwert über alle im Kubikzentimeter enthaltene Moleküle bilden (die Rechnung müssen wir hier übergehen), so erhalten wir

$$P = n p_0 L(a),$$

wo $L(a)$ die sog. LANGEVINsche Funktion bedeutet, welche wir in der LANGEVINschen Theorie des Paramagnetismus (S. 429, **488**) wieder finden werden:

$$L(a) = \frac{e^{+a} + e^{-a}}{e^{+a} - e^{-a}} - \frac{1}{a} ; \qquad \text{wobei} \qquad a = \frac{p_0 E}{\varkappa \vartheta} .$$

Hier ist $\varkappa$ die BOLTZMANNsche Konstante (S. 326, **376**) und $\vartheta$ die absolute Temperatur.

Für nicht zu große Feldstärken und nicht zu niedrige Temperaturen, d. h. bei kleinem $a$, hat die LANGEVINsche Funktion annähernd den Wert $a/3$ (S. 429, Abb. 395) und wir erhalten dann

$$P_e = n \frac{p_0^2 E}{3 \varkappa \vartheta} ; \qquad \varkappa_e = \frac{n p_0^2}{3 \varkappa \vartheta}$$

und die Dielektrizitätskonstante

$$\varepsilon = 1 + 4\pi \varkappa_e = 1 + 4\pi \frac{n p_0^2}{3 \varkappa \vartheta} .$$

Die Formel zeigt uns, daß bei der zweiten Annahme, also bei konstanten Molekulardipolen die Dielektrizitätskonstante von der Temperatur abhängen muß. Dieser Unterschied der Dipoltheorie und der Theorie von polarisierbaren Molekülen gibt uns ein Mittel an die Hand, die Körper mit Molekulardipolen von den Körpern mit völlig symmetrischen Molekülen zu unterscheiden.

Wir müssen noch hinzufügen, daß, strenggenommen, die LANGEVINsche Ableitung nur für ein System freibeweglicher Moleküle gelten kann, also für Gase und, mit einer gewissen Annäherung, auch für Flüssigkeiten.

Nun haben die Messungen der Dielektrizitätskonstante bei verschiedenen Temperaturen ergeben, daß sie für die Gase $H_2$, $O_2$, $N_2$, $CH_4$ u. a. m. *unabhängig* von der Temperatur ist. Für die Moleküle dieser Gase müssen wir demnach einen symmetrischen Bau annehmen; sie besitzen kein elektrisches Moment und werden nur durch den Einfluß des elektrischen Feldes deformiert und dabei polarisiert. Demgegenüber sind die Dielektrizitätskonstanten von $NH_3$, $SO_3$, $H_2O$ und der Alkohole von der Temperatur merklich abhängig; diese Moleküle besitzen demnach ein elektrisches Moment auch ohne Einwirkung des Feldes. Auf Grund solcher Versuche konnte man sogar das elektrische Moment z. B. eines Ammoniakmoleküls berechnen, und es ergab sich die Größe $1{,}56 \cdot 10^{-18}$. Wenn wir die Ladung des Elektrons $4{,}77 \cdot 10^{-10}$ mit dem Durchmesser eines Moleküls, etwa $10^{-8}$ cm, multiplizieren, so erhalten wir in der Tat ein elektrisches Moment von der Größenordnung $10^{-18}$.

Übrigens können ja auch die polarisierten Moleküle durch die Wirkung des Feldes noch außerdem deformiert werden; dann müßten für die Berechnung beide unsere Annahmen (Theorie von P. DEBYE) gleichzeitig benutzt werden.

**483. Versuche von TOLMAN und STEWART.** Die manigfaltigen Erscheinungen bei der Stromleitung in den Elektrolyten und bei Gasentladungen konnten ziemlich eingehend durch die Bewegung der Ionen erklärt werden. In den Metallen dagegen ist bis jetzt beim Stromdurchgang weder eine Elektrolyse noch eine Abscheidung der Ionen an den Elektroden nachgewiesen. Das kann nur dadurch erklärt werden, daß in allen Metallen die Stromleitung durch die Elektronen *allein* besorgt wird, und da die Elektronen in allen Metallen die gleichen sind, so ist irgendeine Veränderung beim Stromdurchgang auch nicht zu erwarten.

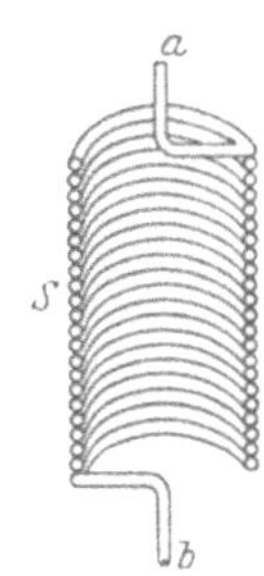

Abb. 394. Versuch von TOLMAN & STEWART.

Eine schöne Bestätigung dieser Folgerung ist durch die Versuche von R. TOLMAN und T. STEWART (1916) erbracht worden. Ihre Versuchsanordnung war im Prinzip die folgende (Abb. 394). Eine Drahtspule aus Kupfer oder aus einem anderen Metall wurde mit ihrer Symmetrieachse vertikal aufgehängt und konnte um die Vertikalachse *ab* in Rotation versetzt werden; die Spule blieb dabei dauernd mit einem empfindlichen Galvanometer verbunden. Durch Anordnung von besonderen unbeweglichen Hilfsspulen wurde das magnetische Erdfeld nach Möglichkeit kompensiert, damit die sich drehende vertikale Spule keine Induktionswirkungen vom Erdfelde erfahren konnte. Nachdem das erzielt war, wurde die Spule in Rotation versetzt und nach einer kurzen Zeit plötzlich gebremst. Dabei entstand im Galvanometer ein Stromstoß, den TOLMAN und STEWART in folgender Weise erklärten: Während der Rotation der Spule bewegten sich die Kupfermoleküle zusammen mit den im Metalle enthaltenen Elektronen; bei der Bremsung aber werden nur die Kupferionen zum Stillstand gebracht, die Elektronen dagegen sind frei beweglich und können sich weiterbewegen, so lange, bis die Reibung (der elektrische Widerstand) ihre kinetische Energie in Wärme verwandelt.

Eine quantitative Berechnung der TOLMANschen Versuche können wir am einfachsten in folgender Weise anstellen. Bezeichnen wir die Zahl der Elektronen im cm³ des Leiters mit $n$, die Masse des Elektrons mit $m$, den Drahtquerschnitt mit $S$ und seine Länge mit $l$, so erhalten wir für die Masse aller im Drahte enthaltenen freibeweglichen Elektronen $nmSl$. Erteilen wir dem Drahte eine Geschwindigkeit $v$, so wird die kinetische Energie dieser Elektronen gleich

$$\varepsilon_k = \tfrac{1}{2} nmSlv^2 .$$

Anderseits bilden dieselben Elektronen einen elektrischen Strom

$$J = nevS$$

und, wenn wir den mit diesem Strome verketteten Induktionsfluß mit $N$ bezeichnen, so können wir für seine elektromagnetische Energie die Formel (224, **264**) benutzen

$$U_{em} = \tfrac{1}{2} NJ = \tfrac{1}{2} NnevS .$$

Bei dem Elektron ist aber die kinetische Energie nichts anderes als seine elektromagnetische Energie; beide Ausdrücke sind also einander gleich zu setzen, woraus wir erhalten

$$N = \frac{m}{e} \cdot vl .$$

Wir können demnach den TOLMANschen Versuch so berechnen, als ob bei der Bremsung der Spule plötzlich ein Induktionsfluß $N$ entstanden wäre. Nun wissen wir aber, daß dabei durch den Leiter, dessen Totalwiderstand gleich $r$ ist, eine Elektrizitätsmenge durchfließen muß (S. 249, **289**)

$$e_r = \frac{N}{r} = \frac{m}{e} \cdot \frac{vl}{r} .$$

Das war eben die Elektrizitätsmenge, die TOLMAN und STEWART mit ihrem ballistischen Galvanometer gemessen haben. Da die Geschwindigkeit und die Länge des Drahtes, und ebenso der Totalwiderstand im Galvanometerkreis bekannt waren, so konnten TOLMAN und STEWART aus ihren Versuchen das Verhältnis der Ladung zur Masse $e/m$ bestimmen und erhielten in der Tat dieselbe Größe der spezifischen Ladung, die man aus anderen Versuchen für Elektronen erhalten hat.

**484. Elektronentheorie der Metalle.** Eine Theorie der metallischen Leitung auf Grund der Annahme von frei beweglichen Elektronen in den Metallen wurde von RIECKE, DRUDE, LORENTZ u. a. entwickelt. Man stellte sich die Elektronen im Metall etwa wie Gasmoleküle in einer Lösung vor und benutzte die Methoden der kinetischen Gastheorie. Dabei hat sich ergeben, daß der Temperaturkoeffizient des Widerstands für alle Metalle gleich dem Ausdehnungskoeffizienten der Gase sein soll, was in erster Annäherung mit den direkten Messungen übereinstimmt Außerdem bestätigte diese Theorie das von G. WIEDEMANN und R. FRANZ auf experimentellem Wege gefundene Gesetz (1852), daß das Verhältnis der Wärmeleitfähigkeit $\lambda$ zu der elektrischen Leitfähigkeit $\varkappa$ für alle Metalle annähernd dasselbe bleibt. Auch der Wert für dieses Verhältnis, den die Theorie gibt

$$\frac{\lambda}{\varkappa} = 3\left(\frac{\varkappa}{e}\right)^2 \vartheta = 6 \cdot 10^{-10} \qquad (\text{bei } \vartheta = 291^0 \text{ abs} = 18^0\,\text{C})$$

stimmt sehr gut mit den Versuchen überein, wie das z. B. aus der auf folgender Seite angeführten Tabelle (neuere Versuche von J. W. JAEGER und K. DIESSELHORST) zu sehen ist. Hier bedeutet $\alpha$ den Temperaturkoeffizienten des Widerstands.

| Metall | $\lambda/\varkappa \cdot 10^{10}$ | $\alpha$ |
|---|---|---|
| Kupfer . . . . . . . . . . | 6,65 | 0,0039 |
| Silber . . . . . . . . . . | 6,86 | 0,0037 |
| Nickel . . . . . . . . . . | 6,99 | 0,0039 |
| Zink . . . . . . . . . . . | 6,72 | 0,0038 |
| Blei . . . . . . . . . . . | 7,15 | 0,0040 |
| Konstantan (60 Cu+40 Ni) | 11,06 | 0,0023 |

Die Abweichungen der Versuchsresultate von der Theorie sind im allgemeinen um so größer, je kleiner die Leitfähigkeit des betreffenden Körpers ist. Leider enthalten diese Theorien einige prinzipiell wichtige Punkte, die bis jetzt nicht genügend aufgeklärt worden sind und sogar zu Widersprüchen führen, weshalb wir auf die Theorie hier nicht näher eingehen wollen.

Eine anders begründete Theorie ist von J. J. THOMSON vorgeschlagen worden. Nach seiner Auffassung sind die Elektronen im Metall nicht ganz frei, sondern sie springen fortwährend von einem Metallmolekül zum anderen über. Bei gewöhnlichen Verhältnissen erfolgt dieser Austausch von Elektronen zwischen den Molekülen nach allen Seiten gleichmäßig; durch die Wirkung des elektrischen Feldes wird er einseitig und verwandelt sich in einen elektrischen Strom. Anderseits wirkt die Wärmebewegung der Moleküle der orientierenden Kraft des elektrischen Feldes entgegen. Diese Theorie hat eine gewisse Ähnlichkeit mit der Dipoltheorie der Polarisation und führt auch zu dem LANGEVINschen Koeffizienten. Bei sehr niedrigen Temperaturen, wenn die Wärmebewegungen fast völlig aufhören, stellen sich alle Metallmoleküle parallel zum wirkenden elektrischen Felde, wodurch der Elektronenaustausch sehr erleichtert wird. Auf diese Weise kann diese Theorie auch die von KAMERLINGH ONNES entdeckte Supraleitfähigkeit (S. 113, **134**) erklären.

Beide Theorien der metallischen Leitung sind noch nicht sichergestellt, und dasselbe betrifft auch alle Folgerungen aus diesen Theorien, nämlich die Erklärungen der thermoelektrischen Erscheinungen, der Peltierwärme des Thomsoneffektes usw. Wir wollen deshalb hier auf die Einzelheiten nicht eingehen und den weiteren Fortschritt der Wissenschaft abwarten.

**485. Kontakterscheinungen.** Wenn zwei Körper in Berührung gebracht werden, so bildet sich zwischen ihnen eine Potentialdifferenz, also ein elektrisches Feld normal zur Berührungsoberfläche. Nach H. v. HELMHOLTZ (1879) entsteht diese Potentialdifferenz dadurch, daß verschiedenartige Moleküle eine im allgemeinen verschieden große Anziehungskraft (Affinität) zu der Elektrizität besitzen; nach der modernen Anschauung also zu den Elektronen. An der Berührungsstelle zweier Körper wird der eine Körper die Elektronen stärker an sich ziehen als der andere und wird sich negativ laden; der andere Körper, dessen Moleküle leichter die Elektronen verlieren, wird dabei offenbar positiv geladen. An der Berührungsfläche erhalten wir auf diese Weise eine sog. *Doppelschicht,* deren Oberflächen mit entgegengesetzten Elektrizitäten bedeckt sind und einen Abstand von der Größenordnung des Molekularabstand haben.

Auch unsere Annahme der molekularen elektrischen Dipole führt zu demselben Resultate. Jedes Dipol bildet in seiner Umgebung ein elektrisches Feld, die verschiedenartigen Dipole an der Berührungsgrenze werden sich gegenseitig beeinflussen und sich normal zu der Oberfläche einzustellen suchen, wodurch ebenfalls eine Doppelschicht gebildet wird.

Die Doppelschichthypothese erklärt sehr gut eine Reihe von beobachteten Erscheinungen, die wir nur kurz beschreiben wollen.

a) *Elektroosmose.* REUSS hat bemerkt, daß das Wasser unter der Wirkung des elektrischen Stromes durch poröse Diaphragmen durchgepreßt wird. Analoge

Erscheinungen beobachtet man auch beim Stromdurchgang durch eine mit einer Flüssigkeit gefüllte Kapillarröhre. An der Wand der Röhre oder an den Wänden der Diaphragmenporen bilden sich nämlich Doppelschichten; das Wasser erhält meistens eine *positive* Ladung und wird daher unter dem Einfluß des angelegten elektrischen Feldes in der Richtung des Stromes fortgeführt.

b) *Kataphorese.* Kleine im Wasser suspendierte Teilchen, auch wenn sie ungeladen sind, bewegen sich entgegengesetzt der Stromrichtung. Auch an diesen Teilchen müssen sich Doppelschichten bilden, und wenn die Flüssigkeit (Wasser) sich dabei positiv ladet, laden sich die Teilchen negativ, und werden entgegengesetzt der Stromrichtung wandern.

c) *Strömungsströme.* Preßt man Wasser durch poröse Diaphragmen oder durch Kapillarröhren durch, so erhält man, wie G. QUINCKE (1859) entdeckt hat, einen elektrischen Strom in der Richtung des strömenden Wassers. Auch diese Erscheinung erklärt sich sehr einfach durch die Annahme von Doppelschichten an der Berührungsgrenze zwischen Wasser und dem Material des Diaphragmas oder des Kapillarrohrs.

Wir haben hier stets Wasser als bewegte Flüssigkeit angenommen. Bei anderen Flüssigkeiten, wie z. B. Terpentin, Benzol, die sich bei Berührung mit Glas negativ laden, erhält man dieselben Erscheinungen, aber mit entgegengesetzten Vorzeichen.

Die Potentialdifferenzen in der Doppelschicht sind meistens klein, von der Größenordnung 0,05 Volt, und sie werden durch die in der Flüssigkeit gelösten Stoffe (hauptsächlich Ionen) stark verändert.

Durch die Bildung von Doppelschichten bei der Berührung von Isolatoren miteinander wird die Entstehung der Reibungselektrizität auch einigermaßen verständlich. Eine quantitative Theorie dieser Erscheinungen besitzen wir aber noch nicht.

Wollen wir die HELMHOLTZsche Auffassung auch auf die sich im Kontakt befindenden Leiter anwenden (VOLTAsche Konstantpotentiale), wie das übrigens HELMHOLTZ auch getan hat, so müssen wir hier hauptsächlich die Wirkung der Elektronen berücksichtigen, und je nach der angenommenen Elektronentheorie der Metalle erhalten wir selbstverständlich auch verschiedene Grundlagen für die Theorie der VOLTAschen Kontaktpotentialdifferenz.

## 2. Magnetische Erscheinungen.

**486. Das magnetische Feld der Elektronen.** Durch die AMPÈREsche Theorie von Molekularströmen wurden die magnetischen Erscheinungen auf elektromagnetische zurückgeführt. Der Nachweis der magnetischen Wirkungen der Konvektionsströme und die Entdeckung der Elektronen haben aber die AMPÈREsche Auffassung in zweifacher Hinsicht modifiziert. Erstens, statt der AMPÈREschen Molekularströme müssen wir jetzt in den Molekülen zirkulierende Elektronen annehmen — eine Annahme, die auch für andere Erscheinungen sich als nötig erwiesen hat. Zweitens müssen wir beachten, daß unsere jetzigen Elektronen sich von der alten Elektrizität in der Beziehung unterscheiden, daß sie eine bestimmte Masse besitzen.

Da wir über die Bewegungen der Elektronen im Molekül noch sehr wenig wissen, wollen wir die einfachsten Annahmen machen. Das Elektron soll auf einem Kreise vom Halbmesser $r$ um den positiv geladenen Kern des Atoms zirkulieren. In der Nähe des Moleküls wird dabei ein wechselndes magnetisches Feld erzeugt, aber für größere Abstände können wir mit einem Mittelwerte rechnen und das kreisende Elektron als einen konstanten Kreisstrom betrachten mit der Stromstärke

$$J = \frac{-e}{T} = \frac{-a}{2\pi}e.$$

Hier bedeutet $T$ die Umlaufszeit und $a$ die Winkelgeschwindigkeit des Elektrons. Das magnetische Moment eines solchen Stromes ist gleich (S. 214, **256**) der Stromstärke, multipliziert mit dem Flächeninhalt des Kreises:

$$p = J\pi r^2 = -\frac{a e r^2}{2}.$$

Sind $n$ solche zirkulierende Elektronen im Kubikzentimeter des Körpers enthalten und alle ihre Bahnebenen parallel gerichtet, so erhalten wir für das magnetische Moment der Volumeneinheit, oder mit anderen Worten, für die magnetische Polarisation des Körpers

$$P = -\frac{n a e r^2}{2}.$$

Wenn die Elektronenbahnen nicht alle gleichgerichtet sind, so wird die Polarisation natürlich kleiner; um diesen Umstand in unserer Formel zu berücksichtigen, wollen wir einen Koeffizienten $\eta$ einführen:

$$P = -\eta\frac{n a e r^2}{2}.$$

Bei der Aufstellung der Theorie der Magnetisierung können wir, ganz analog mit der Theorie der elektrischen Polarisation, zwei verschiedene Annahmen machen (S. 421, **481**):

a) Die zirkulierenden Elektronen sind im Molekül so symmetrisch verteilt, daß ihre magnetischen Wirkungen nach außen sich im Mittel gerade kompensieren; unter der Wirkung eines äußeren magnetischen Feldes wird diese Symmetrie gestört. Nach unserer allgemeinen Terminologie können wir das auch so ausdrücken: In dem Molekül werden beim Entstehen des äußeren Magnetfeldes elektrische Ströme induziert. Daraus sieht man schon, daß wir auf diese Weise zu einer Theorie des *Diamagnetismus* geführt werden.

b) Wir müssen aber auch die Möglichkeit zulassen, daß es Moleküle gibt, deren Elektronen nicht so gleichmäßig verteilt sind, wie wir soeben angenommen haben, und die ein gewisses magnetisches Moment schon besitzen. Die Richtungen dieser Molekularmagnete können aber im Körper so unregelmäßig verteilt sein, daß der Körper im gewöhnlichen Zustande unmagnetisiert erscheint. In solch einem Körper wird das äußere magnetische Feld zwei verschiedene Wirkungen ausüben; erstens werden in den Molekülen elektrische Ströme induziert, wie im vorangehenden Falle, und zweitens werden die Moleküle wie kleine Magnetnadeln sich längs der Feldrichtung einstellen. Die Orientierung der Molekularmagnete wird durch die Wärmebewegung teilweise wieder zerstört. Außerdem werden zwischen den Nachbarmolekülen gewisse Kräfte wachgerufen, die im Gleichgewichtszustande nicht bemerkbar waren. Alle diese Annahmen werden uns zu der Theorie des *Paramagnetismus* und des *Ferromagnetismus* führen.

**487. Diamagnetismus.** Schon W. Weber (1852) hat eine Theorie vorgeschlagen, welche den Diamagnetismus durch die in den Molekülen induzierten Ströme erklären sollte. In den diamagnetischen Körpern entsteht ja eine Polarisation, die dem wirkenden Felde *entgegen* gerichtet ist, also mit dem Felde der induzierten Ströme eine große Ähnlichkeit besitzt. Damit die in den Molekülen induzierten Ströme auch nach der Erregung eines Magnetfeldes weiter bestehen bleiben, mußte Weber die Leitfähigkeit der Moleküle unendlich groß annehmen.

Wird das äußere Magnetfeld ausgeschaltet, so entstehen in den Molekülen wiederum Induktionsströme, welche die beim Einschalten induzierten Ströme gerade aufheben. Die WEBERsche Erklärung des Diamagnetismus wurde in die Elektronentheorie von LANGEVIN eingeführt und dabei mit dem ZEEMANschen Phänomen (vgl. III. Teil) in Zusammenhang gebracht.

Wir betrachten wieder den einfachsten Fall. Ein Elektron zirkuliere auf einer Kreisbahn mit dem Halbmesser $r$; seine Bahnebene sei normal zum magnetischen Felde.

Der Induktionsfluß durch die Fläche $\pi r^2$ wird

$$N = \pi r^2 M .$$

Die elektromotorische Kraft der Induktion ist gleich (S. 246, **285**)

$$\mathcal{E} = -\frac{N}{t} = -\pi r^2 \frac{M}{t}$$

und die elektrische *Feldstärke* längs der Peripherie $2\pi r$ des Kreises

$$\frac{\mathcal{E}}{2\pi r} = E = -\frac{r}{2}\frac{M}{t} .$$

Auf das Elektron $-e$ wird also eine *Kraft* wirken

$$F = -E e = +\frac{r e}{2}\frac{M}{t} .$$

Den *Impuls* dieser Kraft während der Zeit $t$ des Entstehens des Magnetfeldes müssen wir nach den Gesetzen der NEWTONschen Mechanik dem Zuwachs der Bewegungsgröße $mv$ des Elektrons gleichsetzen:

$$F t = \frac{r e}{2} M = m(v - v_0) = m r (a - a_0) .$$

Hier bedeuten $a_0$ und $a$ die Winkelgeschwindigkeiten des Elektrons vor und nach der Induktionswirkung des Magnetfeldes.

Wir haben die Annahme gemacht, daß das Molekül im gewöhnlichen Zustande unmagnetisiert ist; wir müssen also einem jeden zirkulierenden Elektron mit der Winkelgeschwindigkeit $a_0$ ein zweites zirkulierendes Elektron mit der entgegengesetzten Winkelgeschwindigkeit $-a_0$ zuordnen, damit die magnetischen Felder beider Elektronen sich einander kompensieren. Beim Einschalten des Feldes wird das eine von den beiden zirkulierenden Elektronen beschleunigt und das andere in der entgegengesetzten Richtung zirkulierende Elektron gebremst. Wir erhalten also für diese beiden Elektronen die Gleichungen

$$a_1 - a_0 = \frac{1}{2}\frac{e}{m} M ; \qquad -(a_2 - a_0) = \frac{1}{2}\frac{e}{m} M ; \qquad a_1 - a_2 = \frac{e}{m} M .$$

Setzen wir diesen Ausdruck in die Formeln für das magnetische Moment des Moleküls und für die Polarisation des Körpers ein, so erhalten wir

$$p = -\frac{e}{m} M \frac{e}{2} r^2 ; \qquad P = -\frac{e^2 r^2}{2m} M ,$$

und folglich erhalten wir für den Magnetisierungskoeffizienten den Ausdruck

$$\varkappa = -\eta n \frac{e^2 r^2}{2m} .$$

Der Magnetisierungskoeffizient ist negativ und der betrachtete Körper demnach *diamagnetisch*, wie wir das übrigens auch erwartet haben. Die Größen $\eta$, $n$, $r$

sind uns zwar unbekannt, aber für eine Überschlagsrechnung können wir setzen $\eta = 1$, $n = 60{,}6 \cdot 10^{22}$; $r = 10^{-8}$ cm und erhalten $\varkappa$ von der Größenordnung $10^{-6}$, was im allgemeinen mit den experimentell gefundenen Zahlen übereinstimmt.

Für diamagnetische Gase muß nach dieser Theorie die Größe $k$ proportional zu der Molekülzahl $n$ im Kubikzentimeter, d. h. proportional mit dem Drucke wachsen. Irgendeine Abhängigkeit von der Bewegung der Moleküle, d. h. von der Temperatur des Gases, ist in der Formel für den Magnetisierungskoeffizienten nicht enthalten. Alle diese Folgerungen der LANGEVINschen Theorie stehen mit den Experimentaluntersuchungen von P. CURIE in gutem Einklang.

**488. Paramagnetismus.** Aus der soeben skizzierten Theorie folgt unmittelbar, daß der Diamagnetismus in allen Körpern stattfinden muß, unabhängig von dem Bau ihrer Moleküle, nur wird er in den Körpern mit unsymmetrisch gebauten Molekülen durch den hier noch hinzutretenden und viel stärkeren Paramagnetismus verdeckt.

Die Theorie des Paramagnetismus wurde auch von LANGEVIN aufgestellt, und wir haben seine Methode bei der Theorie der dielektrischen Polarisation (S. 422, **482**) schon benutzt. Wir können also jetzt den Ausdruck für die magnetische Polarisation direkt hinschreiben

$$P = n p_0 L(a) ; \qquad a = \frac{p_0 M_a}{\varkappa \vartheta} .$$

Die Magnetisierung des Körpers und ebenso seine Permeabilität wird also von dem Werte des LANGEVINschen Koeffizienten abhängen. Die Abhängigkeit der Funktion $L(a)$ von $a$ ist in der Abb. 395 angedeutet.

Für sehr große Werte von $a$, z. B. bei sehr niedrigen Temperaturen, wird die LANGEVINsche Funktion gleich 1. Die Wärmebewegung stört jetzt nicht mehr, und alle Moleküle können sich parallel zum Felde einstellen. Das bedeutet offenbar eine *magnetische Sättigung*; die Polarisation erreicht ihren größten Wert

$$P_0 = n p_0 .$$

Bei gewöhnlichen Temperaturen und namentlich für Gase ist aber $a$ meistens sehr klein, und für kleine Werte von $a$ kann man statt der LANGEVINschen Kurve $L(a)$ ihre Tangente im Nullpunkt benutzen, d. h. $L(a) = a/3$ setzen. Dann erhalten wir

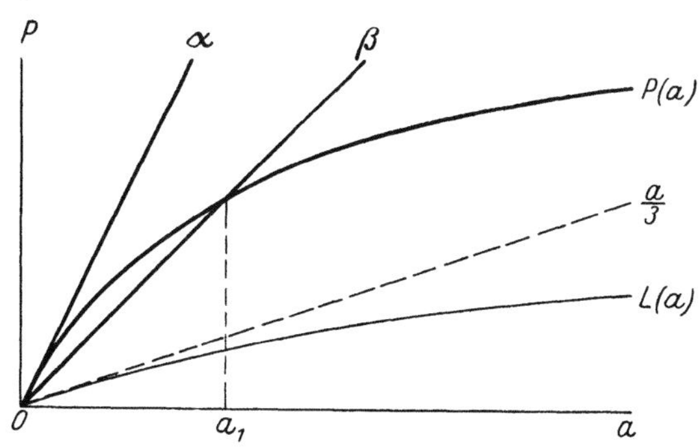

Abb. 395. LANGEVINsche Kurve.

$$P = \frac{n p_0^2}{3 \varkappa \vartheta} M_a ; \qquad \varkappa = \frac{n p_0^2}{3 \varkappa \vartheta} .$$

Der Paramagnetismus muß demnach im Gegensatz zu dem Diamagnetismus von der Temperatur abhängen, und zwar muß der Magnetisierungskoeffizient $\varkappa$ umgekehrt proportional der absoluten Temperatur sein.

Dieses Gesetz wurde schon früher von P. CURIE experimentell gefunden, aber nach der LANGEVINschen Theorie gilt das Gesetz nur in erster Annäherung, denn durch die Annahme $L(a) = a/3$ haben wir eigentlich die LANGEVINsche Kurve durch eine gerade Linie, ihre Tangente im Nullpunkt, ersetzt.

Der weitere Verlauf der LANGEVINschen Kurve kann durch Versuche mit Gasen nicht verfolgt werden, weil dazu bei gewöhnlichen Temperaturen außerordentlich starke magnetische Felder nötig wären; bei sehr niedrigen Temperaturen werden aber die Gase verflüssigt. Es ist KAMERLINGH ONEES (1923) gelungen, an einem festen Körper, nämlich am Gadoliniumsulfat ($Gd_2(SO_4)_3$; $8\,H_2O$), bei Temperaturen von 20 bis 2° (absolut), also sehr nahe am absoluten Nullpunkt und bei $M = 22000$ Gauß die LANGEVINsche Theorie zu bestätigen.

Obgleich die LANGEVINsche Theorie, strenggenommen, nur für Gase gilt (frei bewegliche Moleküle in großen Abständen voneinander), zeigen dennoch die Versuche, daß man mit ihr auch bei flüssigen und festen Körpern auskommen kann, wenn die Dichte des Körpers nicht viel größer als 1 ist. Bei größeren Dichten wird der Einfluß der Nachbarmoleküle schon bemerkbar, und wir erhalten außer dem Paramagnetismus noch den Ferromagnetismus.

**489. Ferromagnetismus.** Die Erscheinungen des Ferromagnetismus wurden schon von W. WEBER und I. EWING der Wirkung der Nachbarmoleküle zugeschrieben. Diese Wirkungen können teilweise magnetisch und teilweise mechanisch sein. P. WEISS hat sie alle durch ein äquivalentes sog. inneres *Molekularfeld* $M_i$ ersetzt, welches er proportional mit der Polarisation des Körpers annahm:

$$M_i = g P ,$$

und in der LANGEVINschen Theorie zu dem äußeren Magnetfelde $M_a$ hinzusetzte. Die LANGEVINsche Größe $a$ erhält dann den Wert

$$a = \frac{p_0 (M_a + g P)}{\varkappa \vartheta} .$$

Wir wollen nur einige interessante Folgerungen des WEISSschen Ansatzes hier anführen.

Wir nehmen an, das äußere Feld sei ausgeschaltet $M_a = 0$. Die WEISSsche Formel zeigt dann, daß dabei dennoch eine Magnetisierung im Körper nachbleiben kann, deren Wert wir erhalten, wenn wir aus den folgenden zwei Gleichungen die Polarisation $P$ berechnen:

$$P = P_0 L(a) ; \qquad P = \frac{\varkappa \vartheta}{p_0 g} a .$$

Die Lösung dieser beiden Gleichungen erhalten wir am bequemsten und am übersichtlichsten durch eine graphische Konstruktion. Wir ziehen aus dem Nullpunkt der Abb. 395 eine Gerade, welche mit der $a$-Achse einen Winkel $\beta$ bildet, indem

$$\operatorname{tg} \beta = \frac{\varkappa \vartheta}{p_0 g} .$$

Der Schnittpunkt dieser Geraden mit der LANGEVINschen Kurve $P_0 L(a)$ gibt uns offenbar die Werte von $a$ und $L(a)$, welche den *beiden* Gleichungen gleichzeitig genügen; und das ist die gesuchte Lösung.

Aus dieser Konstruktion sehen wir unmittelbar, daß wir nur in dem Falle einen Schnittpunkt erhalten können, wenn der Winkel $\beta$ kleiner ist als der Winkel $\alpha$, den die Kurve selbst mit der $a$-Achse im Nullpunkte bildet. Die Tangente des Winkels $\beta$ vergrößert sich proportional der absoluten Temperatur $\vartheta$, und wenn er endlich gleich $\alpha$ wird, also

$$\operatorname{tg} \beta = \operatorname{tg} \alpha = \frac{P_0}{3} = \frac{\varkappa \vartheta}{p_0 g} ,$$

so wird $a = 0$ und $L(a) = 0$, und die Polarisation verschwindet. Die zugehörige Temperatur nennt man den CURIEschen Punkt:

$$\Theta = \frac{p_0 g P_0}{3 \varkappa}$$

Diese sog. „kritische“ Temperatur, bei welcher der remanente Magnetismus im Körper verschwindet, ist für einige Körper von CURIE und auch anderen Forschern bestimmt worden: In Celsiusgraden ist die kritische Temperatur für Eisen $+758°$, Nickel $+374°$, Pyrrhotit $+348°$, MnP $+26°$.

Berücksichtigt man den Einfluß der Nachbarmoleküle, so erhält man statt der im vorigen Paragraphen für Gase angegebenen Formel die Temperaturabhängigkeit des Magnetisierungskoeffizienten für feste Körper in folgender Form

$$\varkappa = \frac{P}{M_a} = \frac{n p_0^2}{\varkappa(\vartheta - \Theta)}.$$

Diese Formel steht auch mit den Experimenten in gutem Einklang. Dennoch genügt auch der WEISSsche Ansatz nicht, um die komplizierten Hysteresiserscheinungen quantitativ zu beschreiben.

**490. Das Impulsmoment eines zirkulierenden Elektrons.** Wie wir schon gesagt haben, besteht ein wesentlicher Unterschied zwischen dem jetzigen *Elektron* und der früheren *Elektrizität*, weil das Elektron eine bestimmte Masse besitzt. Ein mit der Geschwindigkeit $v$ sich bewegendes Elektron bildet also nicht nur einen elektrischen Strom und ein magnetisches Feld, sondern hat auch eine bestimmte mechanische Bewegungsgröße oder einen Impulse $mv$. Zirkuliert das Elektron auf einem Kreise mit dem Halbmesser $r$, so bildet es nicht nur einen Kreisstrom mit einem bestimmten magnetischen Momente, sondern besitzt außerdem einen Impulsmoment (analog zum Kraftmoment: Produkt aus Impuls und Hebelarm) wie ein Kreisel.

Das magnetische Moment eines zirkulierenden Elektrons haben wir schon berechnet (S. 427, **486**)

$$p = -\frac{e}{2} r^2 a$$

und für sein Impulsmoment haben wir

$$J = mv \cdot r = mr^2 a.$$

Das Verhältnis dieser beiden Größen ist für alle zirkulierenden Elektronen dasselbe und unabhängig von dem Halbmesser ihrer Bahn

$$p : J = -\frac{e}{2m}.$$

Wir wollen jetzt einen Kreisel mit einem Magneten vergleichen.

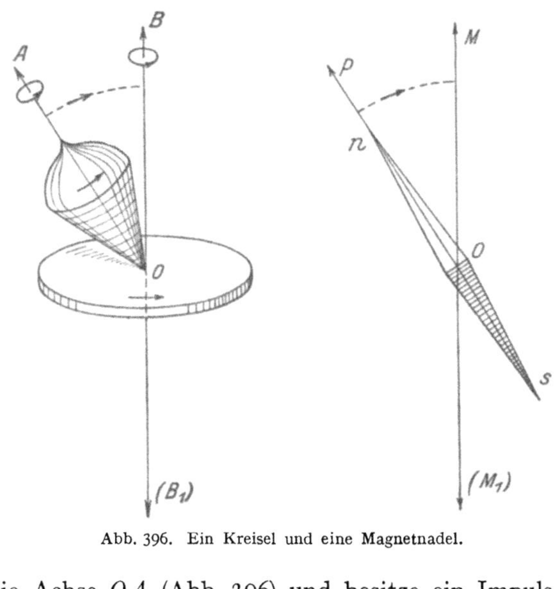

Abb. 396. Ein Kreisel und eine Magnetnadel.

Der Kreisel rotiere um die Achse $OA$ (Abb. 396) und besitze ein Impulsmoment $J$, welches, wie bekannt, dem Produkte aus seinem Trägheitsmomente und seiner Winkelgeschwindigkeit gleich ist. Wenn wir der Unterlage, auf welcher der Kreisel steht, eine Rotation um die Achse $OB$ mit der Winkelgeschwindigkeit $R$ erteilen, so werden wir bemerken, daß die Kreiselachse ihre Richtung ändert; sie sucht sich so einzustellen, daß der Winkel zwischen ihrer Rotationsrichtung und der neu hinzugefügten Rotation möglichst klein wird. Dabei müssen wir natürlich die Richtungen der Rotationsachsen $OA$ und $OB$ in bezug auf die Bewegung nach der Rechtsschraubenregel bestimmen. Ist die Rotationsachse $OB$, so wird sich die $OA$-Achse zu der $OB$-Achse heben; kehren wir die Richtung der Winkelgeschwindigkeit $R$ um (Abb. 396, $OB_1$), so wird die $OA$-Achse von der $OB$-Achse abgelenkt, wobei auch in diesem Falle der Winkel zwischen $OA$ und $OB_1$ kleiner wird. In jedem Falle streben die Rotationsachsen sich einander parallel zu stellen. Auf dieser Eigenschaft der Kreisel sind die modernen Kreiselkompasse begründet, welche sich stets in der Richtung der Rotationsachse der Erde einzustellen suchen.

Quantitativ wird diese Erscheinung in folgender Weise ausgedrückt: Der Kreisel erfährt unter der Wirkung der erzwungenen Rotation $R$ ein Kraftmoment, dessen Größe (in erster Annäherung) gleich

$$K = JR \sin (JR)$$

oder in Vektorschreibweise

$$\mathbf{K} = [\mathbf{I} \cdot \mathbf{R}].$$

Diese Formel gibt gleichzeitig die Größe und die Richtung des Kraftmoments (vgl. S. 208, **250**, Abb. 223).

Sodann betrachten wir eine Magnetnadel mit dem magnetischen Momente $p$. In einem homogenen magnetischen Felde von der Feldstärke $M$ erfährt die Nadel ein Kraftmoment (S. 175, **212**)

$$K = pM \sin (pM)$$

oder in Vektorschreibweise

$$\mathbf{K} = [\mathbf{p} \cdot \mathbf{M}].$$

Solch ein Kraftmoment wirkt z. B. auf die Kompaßnadeln im Erdfelde. Die Achse des magnetischen Kompasses stellt sich aber nicht parallel zu der Rotationsachse der Erde (geographische Meridianebene) wie der Kreiselkompaß, sondern parallel zum magnetischen Erdfelde am Beobachtungsorte (magnetischer Meridian).

Nun stellt ein zirkulierendes Elektron einen Kreisel vor und gleichzeitig einen Kreisstrom. Auf das zirkulierende Elektron wird demnach eine hinzugefügte Rotation, ebenso wie ein angelegtes Magnetfeld, ein Kraftmoment ausüben. Sind die Kraftmomente in beiden Fällen die gleichen, so folgt aus unseren Formeln, daß

$$JR = pM \qquad \text{oder} \qquad R = -\frac{e}{2m} M.$$

Wir sehen daraus, daß in bezug auf das erzeugte Kraftmoment, welche die zirkulierenden Elektronen erfahren, eine erzwungene Rotation und ein äußeres Magnetfeld einander äquivalent ist.

**491. Versuche von Einstein und de Haas.** Aus dem Vorangehenden folgt unmittelbar, daß, wenn wir einen Körper magnetisieren, wir ihm gleichzeitig ein Impulsmoment erteilen. Bezeichnen wir die magnetische Polarisation mit $P$ und das Volumen des Körpers mit $Q$, so ist $PQ$ das ganze dem Körper erteilte *magnetische Moment*. Anderseits, wenn $J$ das Trägheitsmoment des Körpers bedeutet und $R$ die erzeugte Winkelgeschwindigkeit, so ist $JR$ das totale dem Körper erteilte *Impulsmoment*. Nach dem Vorangehenden ist

$$PQ : JR = -\frac{e}{2m}.$$

Wird z. B. ein Eisenzylinder in seiner Längsrichtung magnetisiert, so erhält er dabei einen Impulsmoment und eine Winkelgeschwindigkeit um seine Längsachse

$$R = -\frac{2m}{e}\frac{PQ}{J}.$$

Diese Überlegungen sind schon von O. W. RICHARDSON (1908) ausgesprochen worden, aber erst A. EINSTEIN und W. J. DE HAAS (1915) ist es gelungen, dieselben im Versuch zu realisieren. Der Versuch wurde in folgender Weise angeordnet (Abb. 397).

An einem dünnen Glasfaden *ab* wurde ein kurzes Eisendrähtchen *bc* vertikal aufgehängt. In derselben vertikalen Richtung wirkte auf das Eisendrähtchen das Magnetfeld einer Magnetisierungsspule *d*. Durch Umschalten des Stromes in der Spule konnte das Drähtchen ummagnetisiert werden. Am Drähtchen war ein kleiner Spiegel angebracht, der die Drehungen des Drähtchens um seine Vertikalachse zu beobachten erlaubte. Die Ablenkungen waren zu klein, um gut meßbar zu sein, und EINSTEIN und DE HAAS benutzten die Resonanzerscheinung, um sie zu verstärken. Zu diesem Zweck schickte man durch die Spule einen periodisch veränderlichen Strom, dessen Frequenz der Eigenfrequenz der Drähtchenschwingungen angepaßt wurde, und man erreichte auf diese Weise eine beträchtliche Vergrößerung der zu messenden Ablenkungen. Nach den Messungen von EINSTEIN und DE HAAS und später in noch genauerer Weise von DE HAAS allein, hat sich die Größe $e/m$, die spezifische Ladung des Elektrons, zu $10^7$ ergeben; also etwa zweimal kleiner als nach Versuchen mit einzelnen Elektronen. Der Grund dieser Abweichung ist noch nicht völlig aufgeklärt worden, aber es wurde wahrscheinlich gemacht (Landé), daß durch Anwendung der Quantentheorie diese Unstimmigkeit sich beseitigen lassen wird.

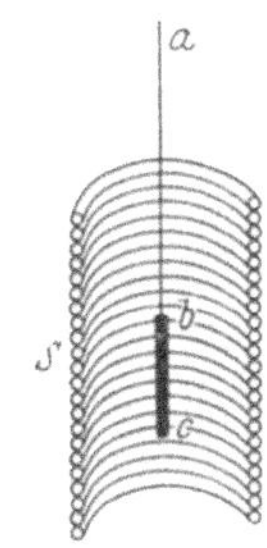


Abb. 397. Versuch von EINSTEIN und DE HAAS.

**492. Versuche von BARNETT.** In den soeben beschriebenen Versuchen wurde eine Rotation des Körpers durch Magnetisierung hervorgebracht; es muß auch eine umgekehrte Erscheinung zu beobachten sein, nämlich eine Magnetisierung, hervorgebracht durch Rotation. Dieses Experiment gelang zum ersten Male S. J. BARNETT (1914). BARNETT ließ einen Eisenzylinder um seine Symmetrieachse rotieren und beobachtete das dabei erzeugte Magnetfeld mit einem empfindlichen Magnetometer. Die Berechnung der dabei entstehenden Polarisation des Zylinders erfolgt nach derselben oben angegebenen Formel, denn eine Rotation wirkt auf die Molekularmagnete des Eisenzylinders ganz ebenso wie ein Magnetfeld von entsprechender Stärke. Aus diesen Versuchen konnte BARNETT ebenfalls die spezifische Ladung des Elektrons bestimmen und erhielt dieselbe Größe $10^7$ wie EINSTEIN und DE HAAS aus ihren Versuchen. Die Abweichung von dem normalen Werte wird auch für diesen Fall hoffentlich bald aufgeklärt werden.

**493. Kosmische Elektronen.** Schon längst hat man bemerkt, daß die Erde negativ geladen ist und ein elektrisches Feld bildet, dessen Gradient, d. h. Feldstärke, etwa 3 Volt auf 1 cm Höhe beträgt. Diese Feldstärke nimmt mit der Höhe schnell ab und bleibt nicht konstant, sondern verändert sich gleichzeitig mit anderen meteorologischen Daten.

Bei der Bildung dieses Feldes spielt eine hervorragende Rolle das in der Erdkruste enthaltene Radium, dessen Emanation in die Atmosphäre entweicht. J. ELSTER und H. GEITEL ist es sogar gelungen, eine induzierte Radioaktivität (S. 405, **464**) der aus dem Erdboden emporsteigenden Radiumemanation direkt nachzuweisen. Außer der Ladung der Erde selbst können in den höheren Schichten der Atmosphäre Elektronen durch die Einwirkung von ultraviolettem Licht der Sonne gebildet werden. Alles zusammen zeigt uns, daß unsere Atmosphäre ionisiert ist und eine gewisse, wenn auch sehr kleine Leitfähigkeit besitzt (spezifischer Widerstand von der Größenordnung von $10^{17}$ Ohm · cm), die man bei genaueren Untersuchungen zu berücksichtigen hat.

Während des Gewitters können selbstverständlich in der Atmosphäre vorübergehend viel größere Feldstärken und Leitfähigkeiten entstehen; ein Blitz kann manchmal eine Potentialdifferenz von mehreren Millionen Volt durchlaufen und einen Strom von mehreren Tausenden Ampere bilden. Aber auch ohne Gewitter finden in unserer Atmosphäre unsichtbare Entladungen statt, die sich z. B. in der Radiotelegraphie als recht unangenehme Störungen kundgeben. Endlich sind die bekannten Polarlichter auch elektrische Glimmentladungen, die in einer Höhe von etwa 40 km über dem Erdboden sich bilden. Die Polarlichter kommen meistens in den Gegenden bei 20° Polabstand vor, und zwar in den Abendstunden und in den Nachtstunden; sie treten in sehr mannigfaltigen Formen auf. Die Ursache der Polarlichter wird jetzt den Elektronen und Ionen zugeschrieben, die uns von der Sonne zugesandt werden.

Die Sonnenatmosphäre, bei ihrer über 6000° hohen Temperatur, muß offenbar stark ionisiert sein, und einige Beobachtungen deuten auf eine *negative* Ladung der Sonne hin. So hat der amerikanische Sonnenforscher G. E. HALE auf rein optischem Wege (Zeemaneffekt, vgl. III. Teil) die Entdeckung gemacht (1908), daß in der Nähe der Sonnenflecken ein Magnetfeld von mehreren Tausenden Gauß herrscht. Die Sonnenflecken sind Wirbel in der Sonnenatmosphäre und die in ihnen enthaltenen Metalldämpfe können Geschwindigkeiten von über 100 km in der Sekunde besitzen. Macht man also die Annahme, daß die Metalldämpfe geladen sind, so erscheinen ihre Magnetfelder als eine direkte Folge der elektrischen Konvektionsströme (S. 299, **344**).

Die Richtung der von HALE entdeckten Magnetfelder zeigt außerdem, daß die Ladung der Sonnenflecken *negativ* anzunehmen ist; sie enthalten also Elektronen im Überschuß.

Später konnte HALE noch nachweisen, daß die Sonne selbst als Ganzes betrachtet ebenfalls ein Magnetfeld bildet, das mit dem Magnetfeld der Erde (S. 179, Abb. 192) eine große Ähnlichkeit hat, aber etwa 100mal stärker ist.

Wir müssen noch hervorheben, daß die Sonnenflecken ebenso wie die Sonnenfackeln (*Sonnentätigkeit*) nicht konstant bleiben, sondern daß ihre Maxima sich regelmäßig nach 11,8 Jahre wiederholen. Nun haben die plötzlichen, magnetische Störungen, sog. *magnetische Stürme*, auf der Erde dieselbe Periode von 11,8 Jahren; sie müssen demnach irgendeinen Zusammenhang mit der Sonnentätigkeit haben. Eine direkte Einwirkung des Sonnenmagnetismus auf die Erde ist nicht anzunehmen, dazu würden enorme magnetische Variationen des Sonnenmagnetismus nötig sein. Die Entfernung der Erde von der Sonne ist etwa 200mal größer als der Sonnenhalbmesser und die magnetischen Wirkungen sind umgekehrt proportional der *dritten* Potenz der Entfernung (S. 168, **205**); ein magnetischer Sturm von 0,01 Gauß, wie er oft auf der Erde beobachtet wird, würde einer plötzlichen Änderung des Sonnenmagnetismus um etwa 100000 Gauß entsprechen; zu solch einer Annahme haben wir aber keinen Grund. Viel wahrscheinlicher ist daher eine andere Hypothese, nämlich, daß die Sonnenatmosphäre bei ihrer Tätigkeit Elektronen und Ionen aussendet; die Elektronen und Ionen dringen in unsere Atmosphäre ein, erzeugen hier die Polarlichter und bringen magnetische Störungen hervor. Diese Hypothese wird noch durch den Umstand bekräftigt, daß die Häufigkeit der Polarlichter dieselbe Periode von 11,8 Jahren aufweist, wie die Sonnentätigkeit und wie die magnetischen Stürme auf der Erde.

Die von der Sonne ausgesandten Elektronen kommen in die Nähe des Erdkörpers und werden hier durch die Wirkung des Erdmagnetismus von ihrer Bahn abgelenkt; dabei können sehr komplizierte schraubenförmige Bahnkurven entstehen. Die experimentellen Arbeiten von K. BIRKENLAND und die theoretischen Rechnungen von C. STÖRMER haben diese Erscheinungen in vielen Punkten klargestellt und wir wollen einige von ihren Resultaten anführen.

Wir haben schon bei den Kathodenstrahlen gesehen, daß die Elektronen, wenn sie normal zu einem Magnetfelde $M$ sich mit einer Geschwindigkeit $v$ bewegen, von ihrer geradlinigen Bahn abgelenkt werden und eine Kreisbahn mit der Krümmung

$$\frac{1}{r} = \frac{e}{m}\frac{c}{v}M$$

beschreiben (S. 368, **423**). Treffen die Elektronen das Feld nicht normal, sondern unter einem Winkel $\alpha$, so können wir immer ihre Bewegung in zwei Komponenten zerteilt denken; die Geschwindigkeit längs des Feldes $v\cos\alpha$ bleibt vom Felde unbeeinflußt, die Normalkomponente $v\sin\alpha$ wird dagegen wieder in eine Kreisbewegung verwandelt. Im Resultate wird das Elektron eine *Schraubenlinie* um die Kraftlinie als Achse beschreiben (Abb. 398a). Ist das Feld noch außerdem inhomogen, so wird die so entstehende Schraubenlinie ihre Ganghöhe fortwährend ändern. In der Abb. 398b ist eine konusförmige Kraftröhre

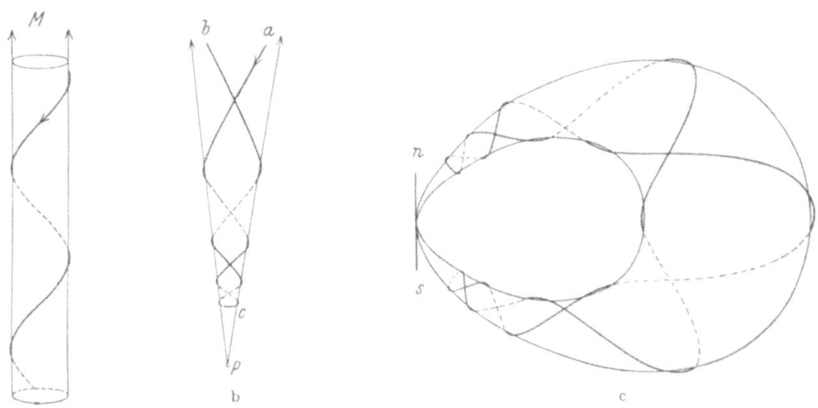


Abb. 398. Kathodenstrahlen im Magnetfelde.
a = Homogenes Feld. b = Feld eines Magnetpols. c = Feld eines Elementarmagnets.

dargestellt, die bei $a$ von einem Elektron getroffen wird. Das Elektron wendet sich um die Kraftröhre herum; aber gleichzeitig wird der Winkel $\alpha$ zwischen der Elektronenbahn und der Konusachse immer größer, bis er bei $c$ gleich $90°$ wird. Von hier ab wird der Winkel $\alpha$ größer als $90°$, d. h. wenn die Elektronenbahn bis zum Punkte $c$ eine Rechtsschraubenlinie war, so verwandelt sie sich jetzt in eine Linksschraubenlinie und das Elektron wird gezwungen, sich von der Konusspitze zu entfernen. Nun sind die Kraftröhren des Erdfeldes wie etwa Hörner gebogen (S. 179, Abb. 192) und münden mit ihren Spitzen in den Magnetpolen. Ein Elektron, wenn es eine dieser Kraftröhren trifft, wird sich wieder um dieselbe herumwinden. Zunächst bewegt sich das Elektron zu dem einen von beiden Magnetpolen; sodann, ebenso wie im konusförmigen Felde (Abb. 398b), wird er sich von der Spitze der Röhre entfernen, und, immer um die Kraftröhre sich herumwindend, zu der anderen Spitze sich nähern, wo natürlich derselbe Vorgang sich wiederholen wird (Abb. 398c). So wird das Elektron, wenn es einmal in die Nähe der Erde angekommen ist, die Erde nicht mehr verlassen und längs ihren magnetischen Kraftröhren hin und her sich schlängeln, bis seine kinetische Energie völlig erschöpft wird.

Ist aber die Geschwindigkeit des Elektrons sehr groß, seine Ablenkungen also entsprechend klein, so wird der Rückkehrpunkt $c$ (Abb. 398b) vom Elektron nicht so bald erreicht und es wird viel näher an die Pole heranfliegen können; dabei kommt das Elektron in die dichteren Schichten unserer Atmosphäre, bildet hier durch Stoßionisation (S. 390, **446**) die Polarlichter und verliert sehr schnell seine kinetische Energie. In der Abb. 399 sind einige von STRÖMER berechnete Bahnkurven solcher Elektronen angedeutet; links in der Richtung *S* muß man sich die Sonne vorstellen und die Kugel *T* rechts stellt die Erde dar; da, wo die Elektronenbahnen in die Erdatmosphäre eintreffen, entstehen Polarlichter. Die Elektronenbahnen können je nach den Bedingungen sehr verschiedene Formen haben. Aus der Theorie von STÖRMER folgt u. a., daß die meisten von ihnen auf der Abendseite und auf der Nachtseite der Erdkugel endigen müssen, was, wie wir schon gesagt haben, mit den direkten Beobachtungen der Polarlichter im Einklang steht.

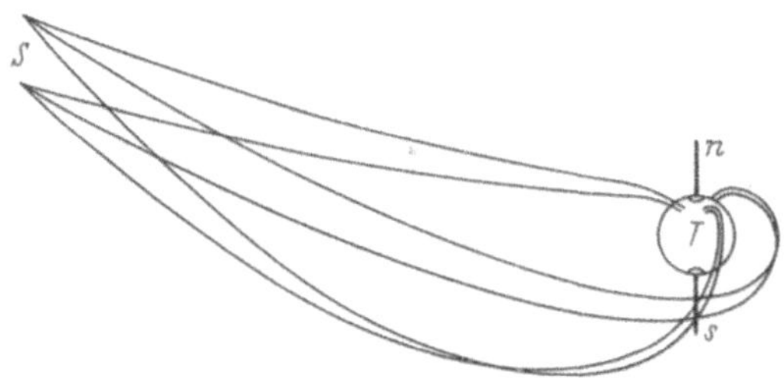

Abb. 399. Theorie des Polarlichtes von STÖRMER.

Gleichzeitig mit STÖRMER hat dieselbe Frage K. BIRKELAND von der experimentellen Seite untersucht. Eine Kugel, in deren Innerem Stromleitungen eingebettet waren, bildete ein Magnetfeld von derselben Form wie das Erdfeld; diente also als ein Modell des Erdfeldes (Terella genannt). Die Oberfläche der Kugel war mit Baryumplatinzyanür bestrichen. Wurde die Kugel in einem großen evakuierten Gefäße der Wirkung der Kathodenstrahlen ausgesetzt, so leuchtete das Baryumplatinzyanür und erlaubte die Richtung der Kathodenstrahlen bei verschiedenen Versuchsbedingungen zu untersuchen. Die Versuche

Abb. 400. Versuch von BIRKELAND und Theorie von STÖRMER.

zeigten, daß die Kathodenstrahlen bei starker Magnetisierung der Kugel sich mehr und mehr in einzelne Punkte auf der Kugeloberfläche konzentrieren, wie es nach der Theorie von STÖRMER auch sein sollte.

Von den zahlreichen Versuchsergebnissen von BIRKELAND möge es genügen, hier eine Photographie (Abb. 400) anzuführen, in der links die von BIRKELAND beobachteten Leuchterscheinungen dargestellt sind und rechts ein Drahtmodell der von STÖRMER berechneten Elektronenbahnen. Der Vergleich dieser beiden Photographien miteinander und mit den direkten Beobachtungen der Polarlichter zeigt uns, daß die Theorie, das Experiment und die Beobachtung in befriedigender Übereinstimmung miteinander stehen.

Dritter Teil.

# Wechselströme, Elektrische Schwingungen und Wellen.

## X. Wechselströme.

### 1. Schwingungslehre.

**494. Harmonische Schwingungen.** Die Theorie der harmonischen Schwingungen wird ausführlich in der Wellenlehre, in der Akustik und Optik behandelt. Da aber eine klare Vorstellung von den harmonischen Bewegungen für das Studium der Wechselströme, der elektrischen Schwingungen und Wellen unbedingt notwendig ist, wollen wir hier die Grundlagen dieser Theorie in dem Umfang, welcher uns gerade nötig ist, kurz rekapitulieren.

Wir betrachten die folgende einfache Bewegung. Auf der Peripherie des Kreises (Abb. 401) mit dem Halbmesser $OA = A$ bewege sich ein Punkt $A$ mit *gleichmäßiger* Geschwindigkeit und beschreibe die ganze Peripherie in einer Zeit $T$. Die Projektionen des Punktes $A$ auf irgendeine durch das Zentrum des Kreises gezogene Gerade, z. B. die Punkte $x$ oder $y$, werden dann periodische Bewegungen ausführen, die man *harmonische Schwingungen* nennt. Wir wollen jetzt die Formeln für harmonische Schwingungen aufstellen.

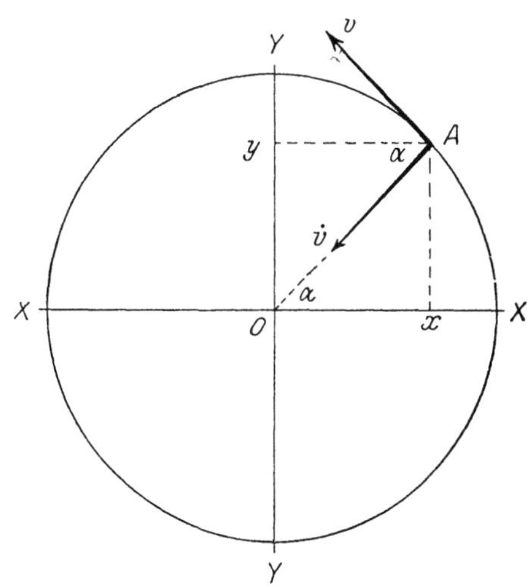

Abb. 401. Harmonische Bewegung.

Die *Lage* des Punktes $A$ können wir durch Angabe des Winkels $\alpha$ bestimmen, den der Halbmesser $OA$ mit irgendeinem Anfangshalbmesser, z. B. mit der Koordinatenachse $XX$, bildet.

Die *Winkelgeschwindigkeit* des Punktes $A$ ergibt sich durch Division des Winkels, welcher der ganzen Peripherie entspricht, also $2\pi$, durch die Umlaufzeit $T$

$$a = \frac{2\pi}{T}.$$

Die Größe $a$ ist gleich dem Winkel, welchen der Halbmesser in einer Sekunde beschreibt; wenn wir die Zeitrechnung von dem Moment anfangen, in welchem der Halbmesser $OA$ gerade mit der positiven Achse $OX$ zusammenfällt, so erhalten wir für den Winkel

$$\alpha = \frac{2\pi}{T} t = at.$$

Die *Lineargeschwindigkeit* des Punktes $A$ ergibt sich durch Division der Peripherie des Kreises $2\pi A$ durch die Umlaufzeit $T$

$$v = \frac{2\pi A}{T} = A a .$$

Die Lineargeschwindigkeit ist gleich der Winkelgeschwindigkeit, multipliziert mit dem Halbmesser $A$.

Obgleich der Punkt $A$ sich *gleichmäßig* bewegt, d. h. seine Geschwindigkeit konstant bleibt, wechselt sie dennoch fortwährend ihre Richtung, und es ist bekannt, daß eine derartige Bewegung eine Zentripetalbeschleunigung besitzt. Die Größe dieser Beschleunigung ist gleich dem Quadrate der Geschwindigkeit dividiert durch den Halbmesser des Kreises

$$\dot{v} = \frac{v^2}{A} = A\left(\frac{2\pi}{T}\right)^2 = A a^2 .$$

Jetzt betrachten wir die Projektion des Punktes $A$ auf die Achse $XX$. Die *Lage* des Punktes $x$ bestimmt sich durch seinen Abstand vom Koordinatenanfang oder vom Zentrum des Kreises $O$. Offenbar ist

$$x = A \cos\alpha = A \cos\left(\frac{2\pi}{T}\right) t = A \cos a t .$$

Die *Geschwindigkeit* $\dot{x}$ des Punktes $x$ wird in jedem Moment gleich der Projektion der Geschwindigkeit des Punktes $A$ auf die $X$-Achse sein. Aus unserer Abb. 401 sehen wir, daß bei wachsenden Winkeln, also bei *positiver* Winkelgeschwindigkeit $a$ des Punktes $A$, die Geschwindigkeit des Punktes $x$ im ersten Kreisviertel *negativ* ist. Wir schreiben also

$$\dot{x} = -v \sin\alpha = -A a \sin a t .$$

Die *Beschleunigung* $\ddot{x}$ des Punktes $x$, d. h. die Projektion der Beschleunigung $\dot{v}$ des Punktes $A$ auf die $X$-Achse, wird sein

$$\ddot{x} = -\dot{v} \cos\alpha = -A a^2 \cos a t = -a^2 x .$$

Damit haben wir alle charakteristischen Formeln für eine harmonische Bewegung erhalten.

Wir überlassen es dem Leser, sich zu überzeugen, daß die Bewegung des Punktes $y$, d. h. der Projektion des Punktes $A$ auf die $Y$-Achse, durch folgende Formeln beschrieben wird

$$y = A \sin a t , \qquad \dot{y} = A a \cos a t , \qquad \ddot{y} = -A a^2 \sin a t = -a^2 y .$$

Man erhält diese Formel auch durch eine Vergrößerung aller Winkel der $X$-Bewegung um $90°$ oder auch durch Vergrößerung der Zeit um $T/4$.

**495. Allgemeines Gesetz für die harmonischen Schwingungen.** Die Größen $x$ oder $y$ brauchen in Wirklichkeit keine Längen zu sein, denn wir können ebensogut verschiedene andere physikalische Größen durch Längen darstellen, und wenn diese Größen sich mit der Zeit nach denselben Gesetzen verändern wie $x$ oder $y$, so können wir von *harmonischen Schwingungen* dieser Größen sprechen. Wir werden in diesem Teile des Buches von Wechselströmen, von elektrischen Schwingungen, von veränderlichen elektromotorischen Kräften, Feldintensitäten, Induktionen usw. sprechen, und eine *harmonische Veränderung* dieser Größen mit der Zeit wird uns stets als Grundtypus dienen von allen periodischen Veränderungen überhaupt.

Verändert sich irgendeine Größe $z$ nach dem Gesetze

$$z = A \cos a t \qquad \text{oder} \qquad z = A \sin a t ,$$

so ist die Geschwindigkeit, mit welcher diese Veränderung vor sich geht, gleich

$$\dot{z} = -Aa\sin at \qquad \text{und} \qquad \dot{z} = +Aa\cos at .$$

Die Geschwindigkeiten, mit welchen sich diese letzteren Größen ändern (in unserem Ausgangsbeispiele die Beschleunigung des Punktes), werden demnach

$$\ddot{z} = -Aa^2\cos at \qquad \text{und} \qquad \ddot{z} = -Aa^2\sin at .$$

Aus diesen beiden Reihen von Formeln erhalten wir das folgende allgemeine Gesetz für alle harmonische Veränderungen

$$\ddot{z} = -a^2 z .$$

Treffen wir also bei unserer Untersuchung irgendein physikalisches System, bei welchem dieses Gesetz gilt, so können wir behaupten, daß dies System harmonische Schwingungen zu erzeugen imstande ist.

Das einfachste und das bekannteste Beispiel dazu bildet die elastische Kraft einer Stahlfeder oder einer Seite; die elastische Kraft ist proportional der Ablenkung $x$ der Seite und wirkt *entgegen* dieser Ablenkung. Wenn wir demnach die Kraft, d. h. Masse mal Beschleunigung $m\ddot{x}$, gleich $-bx$ setzen, so erhalten wir die oben angeführte Gleichung:

$$\ddot{x} = -\frac{b}{m}x .$$

Wir schließen daraus, daß eine Stahlfeder oder eine Seite, von ihrer Gleichgewichtslage abgelenkt, ***harmonische*** Schwingungen vollführen werden. Die Größe $a$ ergibt sich gleich

$$a = \sqrt{\frac{b}{m}} .$$

Ob wir dabei Sinusschwingungen oder Kosinusschwingungen annehmen, spielt für die Beschreibung dieser Erscheinung keine so große Rolle, denn, wie wir gleich noch näher erörtern werden, sind beide Bewegungen einander gleich. Die Sinusformel geht in die Kosinusformel über, wenn wir den Anfang unserer Zeitrechnung $t = 0$ entsprechend verschieben.

Es ist nützlich, das Grundgesetz der harmonischen Schwingungen mit einem anderen Gesetze zu vergleichen, welches wir früher bei den Extraströmen, bei den radioaktiven Umwandlungen usw. getroffen haben.

Wenn nämlich irgendeine Größe $x$ von der Zeit in exponentieller Weise abhängt

$$x = A e^{-at},$$

so ist ihre Änderungsgeschwindigkeit gleich (S. 255, **298**)

$$\dot{x} = -ax = -aAe^{-at},$$

und die Geschwindigkeit, mit welcher sich diese letztere Größe ändert, erhält man ganz analog durch nochmalige Multiplikation mit $-a$:

$$\ddot{x} = +a^2 A e^{-at}.$$

Wir erhalten also

$$\ddot{x} = +a^2 x ,$$

ein ähnliches Gesetz wie für harmonische Schwingungen, aber nicht mit einem Minuszeichen, sondern mit einem Pluszeichen.

Die Ähnlichkeit beider Gesetze beruht auf der nahen Verwandtschaft der exponentiellen und der harmonischen Funktionen; die eine Funktion geht nämlich in die andere über, wenn das Argument *imaginär* wird.

**496. Schwingungen einer Magnetnadel.** Als Beispiel wollen wir die Schwingungen einer Magnetnadel behandeln. Das magnetische Moment der Nadel bezeichnen wir mit $P$. Bildet die Nadelachse mit der Richtung der magnetischen Feldintensität einen Winkel $\alpha$, so ist das Moment der magnetischen Kräfte gleich

$$K = -MP\sin\alpha\,.$$

Das Minuszeichen bedeutet, daß die Kraft den Winkel (also auch dessen sin) zu vermindern sucht (Abb. 186, S. 174).

Nach dem NEWTONschen Grundgesetze der Mechanik ist die Kraft $F$ gleich der Masse mal Beschleunigung:

$$F = m\ddot{x} = mr\ddot{\alpha}\,,$$

wo $\ddot{\alpha}$ die Winkelbeschleunigung bedeutet. Daraus folgt, daß das Kraftmoment gleich der Winkelbeschleunigung multipliziert mit dem Trägheitsmoment $J$ der Masse $m$ ist:

$$K = Fr = mr^2\ddot{\alpha} = J\ddot{\alpha}\,.$$

Wir haben also die Beziehung

$$J\ddot{\alpha} = -MP\sin\alpha\,.$$

Beschränken wir uns auf *kleine* Ablenkungen der Nadel, bei welchen man $\sin\alpha$ gleich $\alpha$ setzen kann, so erhalten wir eine Gleichung

$$\ddot{\alpha} = -\frac{MP}{J}\alpha\,,$$

die mit dem Grundgesetze der harmonischen Bewegungen identisch ist. Daraus schließen wir, daß die Nadel bei kleinen Ablenkungen harmonische Schwingungen ausführen wird, und zwar mit einer Periode $T$, welche sich aus

$$a^2 = \left(\frac{2\pi}{T}\right)^2 = \frac{MP}{J}$$

ergibt:

$$T = 2\pi\sqrt{\frac{J}{MP}}\,.$$

Diese Formel haben wir schon früher (S. 175, **213**) benutzt, um durch Schwingungsbeobachtungen die magnetische Feldintensität verschiedener Felder miteinander zu vergleichen.

Die Schwingungsdauer ein und derselben Magnetnadel wird also in den Teilen des Feldes kleiner, die Nadel wird dort schneller schwingen, wo die magnetische Feldintensität stärker ist und auch umgekehrt.

**497. Amplitude, Periode, Phase.** Die größte Ablenkung des Punktes $x$ vom Koordinatenanfang oder überhaupt der größte Wert einer harmonisch schwingenden Größe nennt man ihre *Amplitude.*

Die Zeit $T$, nach welcher sich der ganze Schwingungsvorgang wiederholt, nennt man seine *Periode.*

Ist die Dauer einer jeden Schwingung gleich $T$ Sekunden, so wird die Zahl der Schwingungen in jeder Sekunde

$$n = \frac{1}{T}\,.$$

Diese Schwingungszahl wird *Frequenz* genannt.

Unter einer *Kreisfrequenz* versteht man die Größe der Winkelgeschwindigkeit.

$$2\pi n = \frac{2\pi}{T} = a\,.$$

Den Winkel $\alpha$ nennt man die *Phase* der Schwingung.

Zwei gleichartige harmonische Schwingungen können sich also durch ihre *Amplitude, Periode* und *Phase* unterscheiden.

Bei den Schallschwingungen bestimmt die Amplitude, oder genauer das Quadrat der Amplitude, die Energie des Schalles; die Periode bestimmt die Tonhöhe. Bei Lichtwellen bestimmt das Quadrat der Amplitude des elektrischen oder des magnetischen Feldes die Lichtenergie; die Periode der Lichtschwingungen bestimmt die Farbe des Lichts.

**498. Die Phasendifferenz.** Es seien uns zwei Punkte $x_1$ und $x_2$ (Abb. 402) gegeben, welche harmonische Schwingungen von derselben Periode vollführen und wir nehmen an, der zweite Punkt $x_2$ habe seine Schwingungen um die Zeit $t_1$ *später* angefangen als der Punkt $x_1$. In der Zeit $t_1$ hat der erste Punkt schon einen Winkel beschrieben:

$$\varphi = \frac{2\pi}{T} t_1 = a t_1 .$$

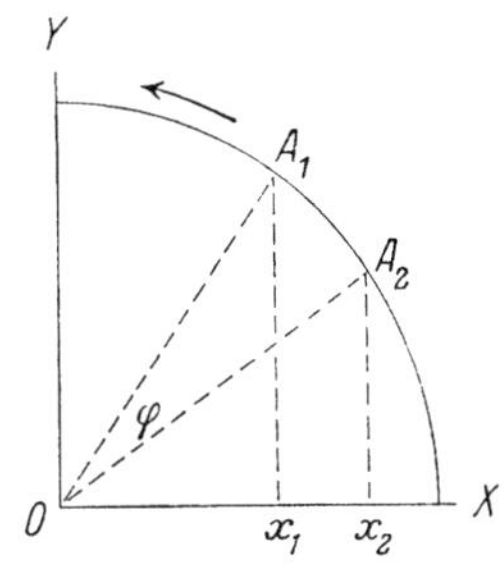

Abb. 402. Phasendifferenz.

Da beide Schwingungen dieselben Perioden haben, so werden die Geschwindigkeiten der führenden Punkte $A_1$ und $A_2$ gleich sein und der Winkel zwischen den Halbmessern $OA_1$ und $OA_2$ bleibt im ganzen Verlauf der Bewegung konstant. Die Phase der Schwingung des Punktes $x_1$ wird demnach während der Bewegung stets größer sein als die Phase des Punktes $x_2$, was wir durch die folgenden Formeln ausdrücken können

$$x_1 = A \cos at , \qquad x_2 = A \cos(at - \varphi) .$$

Der Winkel $\varphi$ wird die *Phasendifferenz* der beiden Schwingungen genannt. Die Schwingung $x_2$ hat gegen die Schwingung $x_1$ eine *Verspätung* um die Phase $\varphi$; oder wir können sagen, daß die Schwingung $x_1$ gegen $x_2$ um die Phase $\varphi$ *voreilt*.

Haben die beiden Schwingungen eine Phasendifferenz $\varphi = 90°$, d. h. eine zeitliche Verspätung um ein Viertel Periode, so wird

$$\cos\left(at - \frac{\pi}{2}\right) = +\sin at .$$

$$\sin\left(at - \frac{\pi}{2}\right) = -\cos at .$$

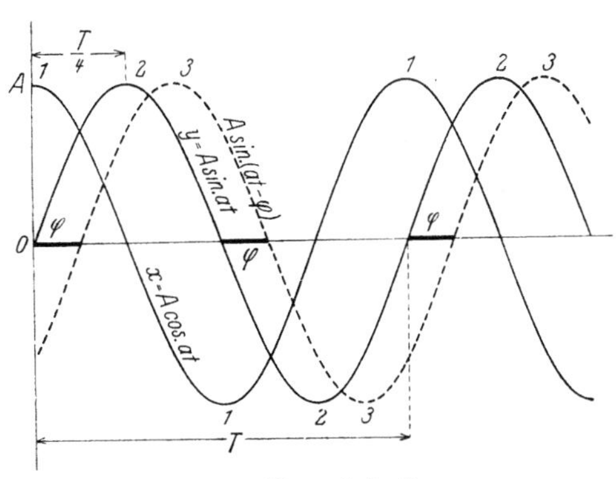

Abb. 403. Harmonische Kurven.

Ist die Phasendifferenz gleich 180°, d. h. einer halben Periode, so bedeutet das, daß die Schwingungen entgegengesetzte Zeichen haben.

**499. Graphische Darstellung harmonischer Bewegungen.** Sehr oft werden harmonisch veränderliche Größen durch eine Kurve dargestellt, indem man in horizontaler Richtung die Zeit, senkrecht dazu den entsprechenden Wert der oszillierenden Größe aufträgt und alle so erhaltenen Punkte durch eine stetige Kurve verbindet. In der Abb. 403 stellt die Kurve (1), die mit $A$ anfängt, die Schwingungen $x = A \cos at$ dar, und die Kurve (2), welche von Null anfängt, die Schwingungen des $y$ Punkts, also $A \sin at$. Beide Kurven, die Kosinusoide und die Sinusoide sind, der Form nach identisch, nur ist die zweite Kurve relativ zu der ersten um eine Viertelperiode nach rechts verschoben, was einer Phasenverspätung um $\varphi = 90^\circ$ oder um eine Viertelperiode entspricht.

Die punktierte Kurve (3) stellt eine Schwingung dar, die relativ zu der zweiten Kurve um die Phase $\varphi = at$ verspätet. Die maximalen Werte der Kurvenordinaten sind ihre Amplituden. Der Abstand von zwei benachbarten Maximalwerten in der Zeitrichtung, oder der doppelte Abstand zwischen zwei benachbarten Nullpunkten der Kurven gibt uns die Periode $T$ an.

**500. Zeitliche Mittelwerte.** Es sei uns irgendeine Größe $v$ in ihrer Abhängigkeit von der Zeit $t$ graphisch, also durch eine Kurve (Abb. 404), gegeben. Die Größe $v$ sei z. B. eine Geschwindigkeit und unsere Aufgabe sei, die mittlere Geschwindigkeit für die Zeitpanne $t_s - t_0$ zu berechnen, d. h. eine Größe, die mit der Zeit multipliziert uns den zurückgelegten Weg angibt.

Die uns gegebene Geschwindigkeitskurve wurde offenbar in folgender Weise konstruiert. Man beobachtete die Bewegung während einer möglichst kurzen Zeitdauer $t_2 - t_1$, bestimmte die zurückgelegte Weglänge $s$ und erhielt die gesuchte Geschwindigkeit durch Division der letzten Größe durch die erste:

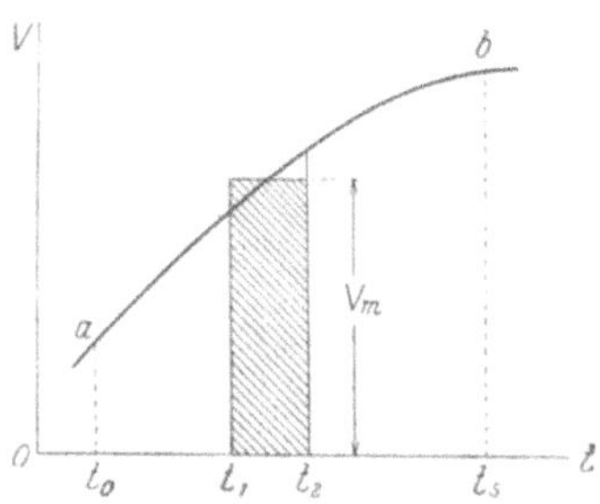

Abb. 404. Zeitlicher Mittelwert.

$$v_m = \frac{s}{t_2 - t_1}.$$

Die Zeitspanne $t_2 - t_1$ mußte so klein genommen werden, daß die so berechnete *mittlere* Geschwindigkeit sich möglichst wenig von der wahren Geschwindigkeit in dem Zeitmomente $t$ unterscheidet. Denselben Prozeß wiederholte man auch für andere Zeitmomente und stellte die Resultate durch eine Kurve (Abb. 404) dar.

Jetzt ist uns umgekehrt die Geschwindigkeit gegeben, und wir erhalten für den in der Zeitspanne $t_2 - t_1$ zurückgelegten Weg

$$s = v_m (t_2 - t_1).$$

In unserer Abbildung ist diese Größe durch die gestrichelte Fläche dargestellt. Nun können wir uns die ganze Zeit $(t_s - t_0)$ in derartige möglichst kleine Zeitspannen $(t_2 - t_1)$ zerlegt denken und alle ihre Flächeninhalte summieren; die Summe gibt uns offenbar den totalen in der Zeit $(t_s - t_0)$ zurückgelegten Weg $S$. Folglich ist

$$S = \text{Flächeninhalt } (t_0 t_s b a).$$

Dividieren wir jetzt den ganzen zurückgelegten Weg durch die vergangene Zeit, so erhalten wir die *mittlere* Größe der Geschwindigkeit für diese Zeit

$$V_m = \frac{S}{t_s - t_0}.$$

Aus dem Gesagten ist unter anderem klar, daß der zeitliche Mittelwert einer veränderlichen Größe für verschiedene Zeitspannen im allgemeinen sehr verschieden ausfallen kann.

Wir wollen jetzt einige oft vorkommende zeitliche Mittelwerte für harmonisch veränderliche Größen berechnen.

**501. Die Mittelwerte von $\sin at$ und $\cos at$.** Es sei die Geschwindigkeit eines schwingenden Punktes

$$v = v_0 \sin at = \frac{2\pi}{T} A \sin at.$$

Diese Größe ist in der Abb. 405 durch eine Kurve dargestellt. Nach den Betrachtungen des vorigen Paragraphen stellt die gestrichelte Fläche den von $t = 0$

bis $t = T/2$, den im Verlaufe einer halben Periode zurückgelegten Weg dar. Wir wissen aber, daß dieser zurückgelegte Weg gleich der doppelten Amplitude $2A$ ist.

Um die mittlere Geschwindigkeit, d. h. die mittlere Höhe unserer Kurve, zu berechnen, brauchen wir also nur $2A$ durch die Zeit $T/2$ zu dividieren und erhalten

$$v_m = \frac{4A}{T}.$$

Durch Vergleich der mittleren Größe $v_m$ mit der Maximalen $v_0$ sehen wir, daß

$$v_m = \frac{2}{\pi} v_0 = 0{,}64\, v_0 .$$

Diese Beziehungen gelten offenbar nicht nur für eine Geschwindigkeit, sondern auch für eine beliebige andere harmonisch veränderliche Größe und, da die Sinuskurve dieselbe Form hat wie die Kosinuskurve, so gilt dieselbe Beziehung auch für die letztere.

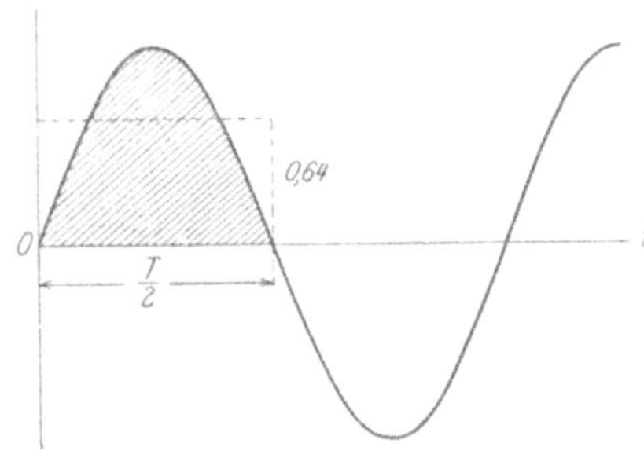

Abb. 405. Zeitlicher Mittelwert einer harmonischen Größe.

Der Mittelwert einer harmonisch veränderlichen Größe $\sin at$ oder $\cos at$ für die positive Halbperiode ist demnach gleich $2/\pi$. Für die negative Halbperiode erhalten wir dieselbe Größe, nur mit negativen Zeichen.

Der zeitliche Mittelwert von $\sin at$ und $\cos at$ im Verlauf von einer Periode oder einer ganzen Zahl von Perioden ist offenbar gleich Null.

**502. Die Mittelwerte für $\sin^2(at)$ und $\cos^2(at)$.** Wenn die Geschwindigkeit sich nach dem Gesetze $\sin(at)$ ändert, so ändert sich die kinetische Energie proportional $\sin^2(at)$. Nun wissen wir, daß

$$\sin^2 at = \tfrac{1}{2}(1 - \cos 2at).$$

Die Kurve für $\sin^2(at)$ wird also eine Kosinusoide sein, deren Symmetrielinie nicht mit der $t$-Achse zusammenfällt, sondern um das Stück

$$Om = \tfrac{1}{2}$$

höher liegt. Die Amplitude dieser Kosinusoide ist gleich der Hälfte der Amplitude der Ausgangskurve $\sin(at)$ und ihre Periode $T_1$ ist *zweimal* kleiner $T_1 = T/2$.

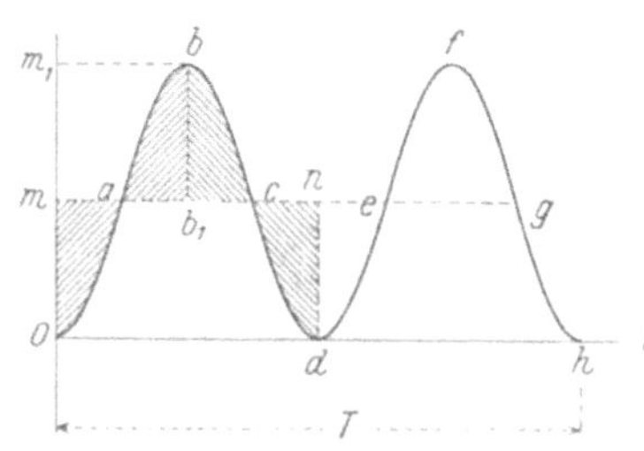

Abb. 406. Zeitlicher Mittelwert aus Quadraten einer harmonischen Größe.

Aus der Abb. 406 sehen wir unmittelbar, daß wegen der Symmetrie der Kosinusoide in bezug auf die $mng$-Linie die höherliegenden Flächenteile sich in die niedriger liegenden Ausschnitte genau einpassen lassen. Die Linie $mng$ gibt uns also direkt den Mittelwert unserer Kurve, und wir erhalten die folgende einfache Regel: Der Mittelwert der Größen $\sin^2(at)$ und $\cos^2(at)$ ist gleich $^1/_2$.

Wir haben dieses Resultat graphisch erhalten, aber wir können es auch aus den Formeln ableiten:

$$\text{Mittelwert } [\sin^2 at] = \tfrac{1}{2} - \text{Mittelwert } [\tfrac{1}{2}\cos 2at],$$

$$\text{Mittelwert } [\cos^2 at] = \tfrac{1}{2} + \text{Mittelwert } [\tfrac{1}{2}\sin 2at].$$

Die zweiten Terme dieser Formeln haben einen Mittelwert gleich Null, also gibt der erste Term den Mittelwert der linksstehenden Größe an.

Endlich können wir aus der bekannten Formel

$$\sin^2 at + \cos^2 at = 1,$$

dasselbe Resultat unmittelbar ablesen. Da die Kurven für $\sin^2$ und $\cos^2$ dieselbe Form haben und nur gegeneinander längs der $t$-Achse verschoben erscheinen, so müssen auch ihre zeitlichen Mittelwerte einander gleich sein. Nun ist aber ihre Summe stets gleich Eins; folglich bilden die Mittelwerte von $\sin^2$ und $\cos^2$ einzeln die Hälfte davon.

Die zeitlichen Mittelwerte, welche man aus den Quadraten der Größen $A\sin at$ und $A\cos at$ ausrechnet, nennt man in der Technik die *effektiven* Mittelwerte dieser Größen. Bezeichnen wir die effektiven Werte mit $A_e$, so ist

$$A_e^2 = \text{Mittelwert } (A_0 \sin at)^2 = \tfrac{1}{2} A_0^2,$$

$$A_e = \sqrt{\tfrac{1}{2}}\, A_0 = 0{,}71\, A_0 .$$

**503. Der Mittelwert eines Produktes $\sin(at)\cdot\sin(at-\varphi)$.** Wir können dieses Produkt in folgender Weise darstellen

$$\sin at\cdot\sin(at-\varphi) = \sin^2 at\cdot\cos\varphi - \sin at\cdot\cos at\cdot\sin\varphi ,$$

und wenn wir noch beachten, daß

$$\sin^2 at = \tfrac{1}{2}(1-\cos 2at)$$
$$\sin at\cdot\cos at = \tfrac{1}{2}\sin 2at ,$$

so können wir schreiben

$$\sin at\cdot\sin(at-\varphi) = \tfrac{1}{2}[\cos\varphi - \cos(2at-\varphi)] .$$

Die veränderliche Größe $\cos(2at-\varphi)$ hat die Periode $T/2$ und ihr Mittelwert für eine beliebige ganze Zahl dieser Perioden ist gleich Null; folglich ist

$$\text{Mittelwert } [\sin at\cdot\sin(at-\varphi)] = \tfrac{1}{2}\cos\varphi .$$

**504. Addition von harmonischen Größen bei derselben Periode.** Sehr oft werden wir eine Summe von mehreren harmonischen Größen zu bilden haben. So können z. B. in einem Wechselstromkreise mehrere elektromotorische Kräfte gleichzeitig wirken oder auch mehrere Wechselströme gleichzeitig entstehen; in einem Raume können mehrere harmonisch wechselnde Feldintensitäten wirken usw. Wir wollen hier annehmen, daß die zu addierenden Größen *dieselbe Richtung* im Raume haben, also *algebraisch* addierbar sind. Es sei z. B. die Summe zu berechnen

$$A\sin at + B\sin(at-\varphi) .$$

Das stellt schon einen ziemlich allgemeinen Fall vor, denn, wie wir wissen, sind die etwa vorkommenden Kosinusse nur in der Phase von den Sinussen verschieden, und die absoluten Phasen der einzelnen Schwingungen brauchen wir nicht zu berücksichtigen, weil nur ihre *relative* Phasendifferenz für die Berechnung wichtig ist.

Diese Summe wird offenbar wieder eine harmonische Bewegung darstellen, welche aber eine andere Amplitude $C$ und eine andere Phase haben kann; wir können also setzen

$$A\sin at + B\sin(at-\varphi) = C\sin(at-\varphi_1) .$$

Die Glieder mit $\sin at$ und $\cos at$ wollen wir zusammenfügen

$$(A + B\cos\varphi - C\cos\varphi_1)\sin at = (B\sin\varphi - C\sin\varphi_1)\cos at .$$

Nun muß diese Gleichung für *jeden* Zeitmoment ihre Gültigkeit beibehalten. Das ist bei beliebigem $t$ nur dann möglich, wenn die Koeffizienten bei $\sin at$ und $\cos at$ einzeln gleich Null sind, also wenn

$$A + B\cos\varphi = C\cos\varphi_1 ,$$
$$B\sin\varphi = C\sin\varphi_1 .$$

Aus diesen zwei Gleichungen können wir die gesuchten Größen $C$ und $\varphi_1$ leicht berechnen. Durch Division der zweiten Gleichung durch die erste erhalten wir

$$\operatorname{tg}\varphi_1 = \frac{B \sin\varphi}{A + B\cos\varphi}$$

und die Summe ihrer Quadrate gibt uns

$$C^2 = A^2 + B^2 + 2AB\cos\varphi\,.$$

**505. Vektordiagramm.** Die im vorigen Paragraphen gestellte Aufgabe können wir auch graphisch lösen.

Zu dem Zwecke zeichnen wir die Amplitude $A$ (Abb. 407) unter irgendeinem Winkel $at$ zu der $OX$-Achse. Von dem Punkte $A$ ab ziehen wir unter dem Winkel $\varphi$ zu der Richtung $OA$ die Gerade $AB$, deren Länge wir gleich der zweiten Amplitude $B = AB$ nehmen. Dann verbinden wir den Anfangspunkt von $OA$ mit dem Endpunkt von $AB$ und erhalten so einen Vektor $OB$. Der Vektor $OB$ stellt, wie wir sehen, nichts anderes dar als die geometrische Summe der zwei Vektoren $OA$ und $AB$. Bilden wir jetzt die Projektion aller drei Vektoren auf die $y$-Achse, so erhalten wir

$$(OA_1) + (A_1B_1) = (OB_1)$$

oder

$$A\sin at + B\sin(at - \varphi) = C\sin(at - \varphi_1),$$

und das ist nichts anderes als unsere oben aufgestellte Gleichung.

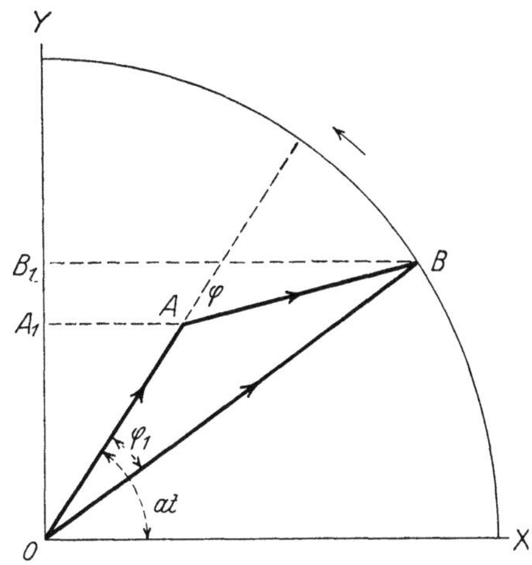

Abb. 407. Vektordiagramm.

Wir sehen daraus, daß die Amplitude und die Phase der resultierenden *algebraischen* Summe von zwei harmonischen Schwingungen sich sehr einfach durch eine *geometrische* Vektorsummation ergeben. Die von uns benutzte Konstruktion nennt man ein *Vektordiagramm* der harmonisch veränderlichen Größen.

Wir empfehlen dem Leser, selbst solche Diagramme zu zeichnen, für zwei oder auch für mehrere Größen, welche sich nach den Gesetzen von $\sin at$ oder $\cos at$ zeitlich verändern.

Das Vektordiagramm braucht nicht unbedingt aus den *Amplituden* der harmonisch veränderlichen Größen gebildet zu werden, es können dazu auch die Mittelwerte oder die Effektivwerte benutzt werden, weil alle diese Größen bei derselben Periode einander proportional sind; die Zeichnungen werden sich nur in ihrem Maßstabe unterscheiden.

Es ist auch klar, daß die Größe des Winkels $(at)$, welchen wir ja beliebig genommen haben, bei der Konstruktion keine Bedeutung hat; man kann das Diagramm bei $(at) = 0$, also bei der $X$-Achse anfangen, oder auch an der $Y$-Achse, wie es gerade bequem ist. Wir können somit die folgende allgemeine Regel aussprechen:

Mehrere harmonisch veränderliche Größen *gleicher* Periode aber verschiedener Amplitude und Phase können *algebraisch* addiert werden, indem man ihre Amplituden als gerichtete Größen, als *Vektoren* ansieht, deren relative Richtungen durch die gegenseitigen Phasendifferenzen bestimmt werden; die *geometrische* Addition dieser Vektoren im Vektordiagramm gibt uns dann die *resultierende* Schwingung nach Amplitude und Phase an.

Der Leser kann sich selbst überzeugen, daß die Änderungsgeschwindigkeit einer harmonischen Größe im Vektordiagramm stets *senkrecht* zu dieser Größe gerichtet ist, und zwar um 90° in der Phase nacheilt.

**506. Gedämpfte Schwingungen.** Bis jetzt haben wir ausschließlich harmonische Schwingungen von *konstanter* Amplitude betrachtet. Es kommt aber oft vor, daß ein schwingender Körper durch Reibungskräfte in seiner Bewegung gehemmt wird; seine Energie und seine Amplitude werden dann mit der Zeit allmählich abnehmen. In den meisten Fällen kann man die Abnahme der Amplitude mit der Zeit nach einem Exponentialgesetz annehmen

$$x = A e^{-\varkappa t} \cos a t; \qquad y = A e^{-\varkappa t} \sin a t.$$

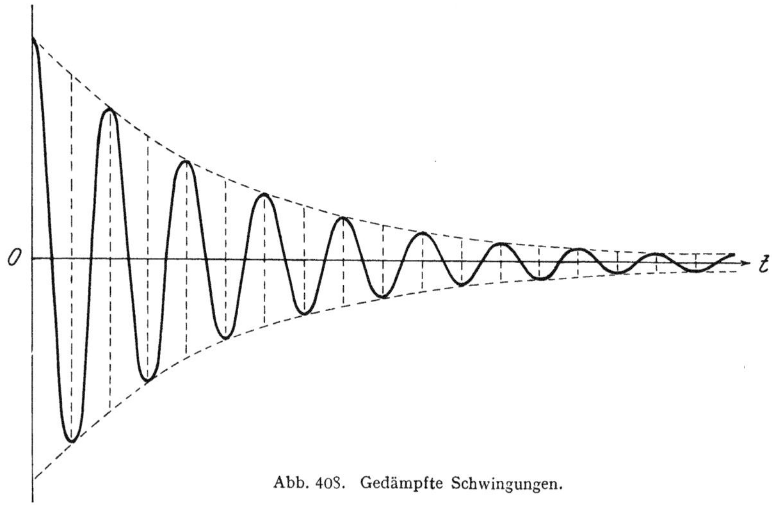


Abb. 408. Gedämpfte Schwingungen.

Die Abb. 408 stellt die erste von diesen Funktionen dar. Solche Schwingungen mit *abnehmender* Amplitude nennt man *gedämpfte* Schwingungen. Den Koeffizienten $\varkappa$ nennt man das *logarithmische* Dekrement (vgl. S. 255, **298**).

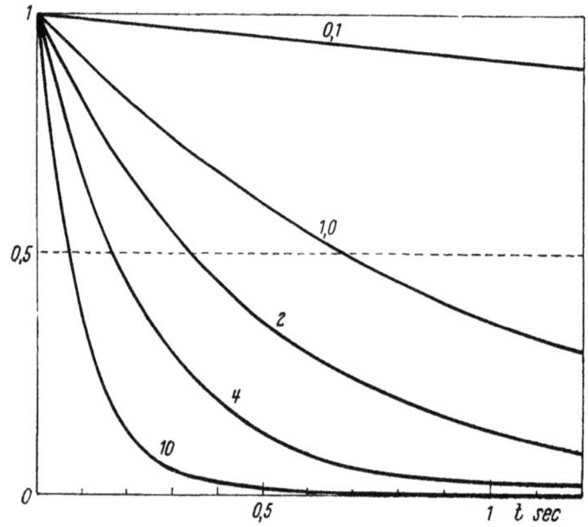


Abb. 409. Abklingungskurven.

In der Abb. 409 sind die Abklingungskurven für verschiedene Dekremente dargestellt. Sehr oft interessiert man sich nicht für die Abklingung der Schwingung im allgemeinen, sondern für die Abnahme der zwei aufeinander folgenden maximalen Ablenkungen, die einer Zeitdifferenz von einer *halben* Periode entsprechen. Das Verhältnis dieser Ablenkungen

$$x_1 : x_2 = e^{\varkappa \frac{T}{2}}$$

wird das *Dämpfungsverhältnis* genannt und der entsprechende Logarithmus $\Lambda = \varkappa \frac{T}{2}$ — das logarithmische Dekrement, bezogen auf eine Halbperiode.

Bei einer gedämpften Schwingung wirken also außer den elastischen Kräften, welche man in erster Annäherung proportional der Ablenkung $x$ vom Gleichgewichtszustand annehmen kann $(-bx)$, außerdem noch Reibungskräfte, die man in den meisten Fällen als proportional der Geschwindigkeit annehmen kann ($-r\dot{x}$). Setzen wir die Summe dieser Kräfte gleich der NEWTONschen Kraft, d. h. gleich dem Produkte aus Masse und Beschleunigung $m\ddot{x}$, so erhalten wir für die gedämpften Schwingungen die Gleichung

$$m\ddot{x} + 2r\dot{x} + bx = 0 .$$

Wir wollen uns hier mit dem Beweise, daß der oben angegebene Ausdruck für $x$ wirklich dieser Gleichung genügt, nicht aufhalten und geben nur das Resultat der Rechnung an (vgl. Anhang). Das logarithmische Dekrement $\varkappa$ hängt mit dem Reibungsfaktor $r$ in folgender Weise zusammen:

$$\varkappa = \frac{r}{2m} .$$

Die Reibungskräfte üben nicht nur auf die Amplitude der Schwingungen einen Einfluß, sondern auch auf die Periode derselben. Die Periode wird nämlich durch die *hemmende* Reibungskraft vergrößert, die Frequenz also vermindert:

$$a = \sqrt{a_0^2 - \varkappa^2} , \qquad a_0 = \sqrt{\frac{b}{m}} .$$

Hier bedeutet $a_0$ die Frequenz desselben Systems bei Abwesenheit der Reibung (S. 439, **495**).

Bei kleinem Reibungskoeffizient wird sich die Frequenz $a$ sehr wenig von der Frequenz $a_0$ unterscheiden, weil in die Formel das Quadrat dieses Koeffizienten eingeht. Bei großer Reibung $\varkappa^2 > a_0^2$ kann die Frequenz $a$ sogar imaginär werden. Das bedeutet, daß unser Ansatz für $x$ dann seine Gültigkeit verliert; statt einer gedämpften harmonischen Schwingung erhalten wir in diesen Fällen eine exponentiell abklingende Größe (vgl. Anhang).

**507. Resonanz.** Jetzt nehmen wir an, auf das schwingungsfähige System wirke außer der elastischen Kraft $-bx$ und der Reibungskräfte $-rx$ noch eine äußere Kraft, welche sich mit der Zeit harmonisch ändert; also z. B. $A_0 \sin(at)$. Dann wird für unser System die folgende Gleichung gelten

$$m\ddot{x} + r\dot{x} + bx = A_0 \sin at .$$

Unter der Wirkung der äußeren Kraft wird das System selbst ebenfalls harmonische Schwingungen ausführen, und zwar mit derselben Periode wie die Kraft, aber im allgemeinen mit einer anderen Amplitude und Phase:

$$x = A \sin(at - \varphi) .$$

Solche Schwingungen nennt man *erzwungene* Schwingungen.

Um die Amplitude $A$ und die Phasenverspätung $\varphi$ der erzwungenen Schwingung zu bestimmen, bilden wir nach dem allgemeinen Schema S. 439, **495** die Ausdrücke für die Geschwindigkeit und die Beschleunigung

$$\dot{x} = Aa\cos(at - \varphi) , \qquad \ddot{x} = -Aa^2 \sin(at - \varphi)$$

und setzen sie in unsere Gleichung ein, wobei wir noch durch $Ab$ dividieren:

$$\left(1 - \frac{a^2 m}{b}\right) \sin(at - \varphi) + \frac{r a_0}{b} \cdot \frac{a}{a_0} \cos(at - \varphi) = \frac{A_0}{Ab} \sin at .$$

Hier ist es bequem die folgenden Bezeichnungen einzuführen. Nehmen wir an, die wirkende Kraft sei *konstant* gleich $A_0$; dann werden offenbar $\dot{x} = \ddot{x} = 0$ und wir erhalten eine *statische* Ablenkung

$$A_s = \frac{A_0}{b} .$$

Das Verhältnis der dynamischen Ablenkung $A$ zu dieser statischen Ablenkung nennt man die *Vergrößerung* des resonierenden Systems

$$R = \frac{A}{A_s}.$$

Berücksichtigen wir noch den Ausdruck für die Eigenfrequenz $a_0$ bei verschwindender Dämpfung, und bezeichen wir mit $z$ (*Abstimmung*) das Verhältnis der wirkenden Frequenz $a$ zu $a_0$, so können wir unserer Gleichung die folgende Form geben

$$(1 - z^2)\sin(at - \varphi) + qz\cos(at - \varphi) = \frac{A_s}{A}\sin at,$$

$$z = \frac{a}{a_0}; \qquad a_0 = \sqrt{\frac{b}{m}}; \qquad q = \frac{r a_0}{b} = \frac{r}{\sqrt{mb}} = \frac{2\varkappa}{a_0}.$$

Wie wird das Vektorendiagramm unserer Gleichung aussehen? – Das erste Glied links $(1 - z^2)$ bildet die eine Seite des Vektorendreiecks (in Abb. 410 ist $O_a = 1$); die zweite Seite entspricht der Amplitude des zweiten Gliedes $qz$. Beide Seiten stehen senkrecht zueinander und die dritte Seite, also die Hypothenuse, ist gleich $\frac{A_s}{A}$. Daraus folgt sofort für die Phasenverspätung der Schwingung gegenüber der wirkenden Kraft

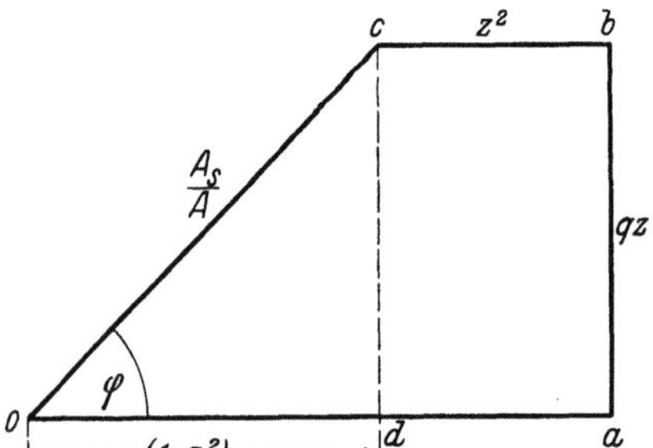

Abb. 410. Vektorendiagramm der erzwungenen Schwingungen.

$$\operatorname{tg}\varphi = q\frac{z}{1 - z^2}$$

und für die Amplitude $A$ die Gleichung:

$$A = A_s\frac{1}{\sqrt{(1 - z^2)^2 + (qz)^2}}.$$

In der Abb. 411 und 412 ist die Abhängigkeit der Amplitude der erzwungenen Schwingung und ihrer Phase von der Abstimmung $z$ bei verschiedenen Dämpfungen $q$ gezeichnet.

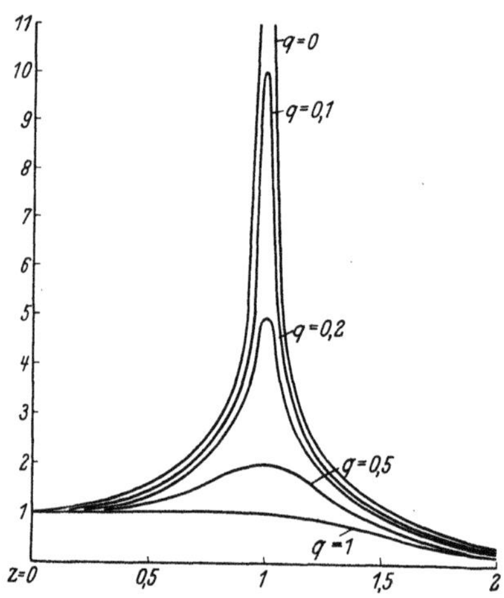

Abb. 411. Resonanzkurven.

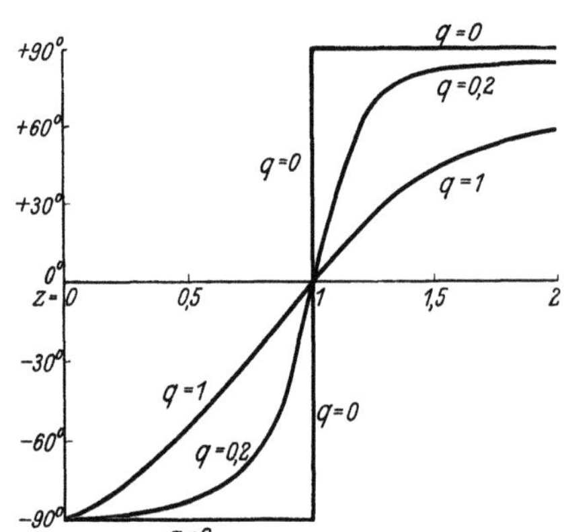

Abb. 412. Phasenkurven.

Wir wollen jetzt unsere Resultate kurz zusammenfassen:

1. Die erzwungenen Schwingungen, welche durch die Wirkung einer harmonisch veränderlichen Kraft erzeugt werden, haben dieselbe *Periode* wie die

Kraft selbst. Ein und dasselbe System kann also erzwungene Schwingungen von sehr verschiedenen Perioden vollführen; die freien Schwingungen des Systems dagegen ($A_0 = 0$) haben eine *Eigenperiode,* welche durch die Beschaffenheit des Systems selbst bestimmt wird. Auch wenn bei zu großer Reibung die freie Bewegung aperiodisch wird, bleibt die erzwungene Schwingung bei periodischer Kraft ebenfalls periodisch.

2. Die *Amplitude* der erzwungenen Schwingung ist im allgemeinen desto größer, je näher die Periode der Kraft der Eigenperiode des Systems ist, je näher die Abstimmung $z = 1$ ist. Diese Erscheinung heißt *Resonanz,* und die in der Abb. 411 gezeichneten Kurven nennt man *Resonanzkurven.*

3. Je kleiner die Dämpfung des Systems, desto größer ist die maximale Amplitude (bei $z = 1$), desto steiler steigen die Resonanzkurven zu ihrer maximalen Höhe; desto schärfer wird die Resonanz. Bei scharfer Resonanz verursacht schon eine kleine Abweichung von der Gleichstimmigkeit ($z = 1$ Unisono) eine erhebliche Verminderung der Amplitude der erzwungenen Schwingungen.

Wir müssen aber bemerken, daß bei starker Dämpfung $q$ die maximale Amplitude nicht bei $z = 1$, sondern bei

$$z = \sqrt{1 - \tfrac{1}{2} q^2}$$

erreicht wird.

4. Ist die *Periode* der Kraft *größer* als die Eigenperiode des Systems ($a^2 < a_0^2$ und $z < 1$), so eilt die erzwungene Schwingung der Kraftveränderung in der Phase *nach*; ist dagegen die Periode der Kraft *kleiner* als die Eigenperiode ($z > 1$), so eilt die erzwungene Schwingung in Phase *vor.*

5. Gleichzeitig mit den erzwungenen Schwingungen kann das betrachtete System auch eigene Schwingungen ausführen. Sind uns die Ablenkung und die Geschwindigkeit des Systems zu irgendeiner Zeit, z. B. zur Zeit $t = 0$, gegeben, so ist damit die Amplitude und die Phase der Eigenschwingung fixiert, und es ist nicht schwer, sie zu berechnen.

**508. Die Fourier sche Analyse.** Wir haben bis jetzt ausschließlich harmonische Bewegungen und harmonische Veränderungen betrachtet. Es kommen aber oft Fälle vor, in welchen die Bewegung periodisch ist, d. h. in bestimmten Zeiträumen sich immer wiederholt, und dennoch nicht harmonisch ist. In der Abb. 413 ist z. B. eine periodische Kurve gezeichnet, die weder einer Sinuskurve, noch einer Kosinuskurve ähnlich ist. In solchen Fällen ist die Anwendung des berühmten Fourierschen Satzes häufig sehr nützlich. J. B. J. Fourier hat gezeigt, daß man eine periodische Kurve beliebiger Form als eine Summe von rein harmonischen Kurven darstellen kann. Ist die Periode der gegebenen Kurve gleich $T$, so besteht die Summe aus sin und cos mit den Perioden $T, \frac{T}{2}, \frac{T}{3} \ldots$ usw., also mit den Frequenzen $a$, $2a$, $3a$ usw.

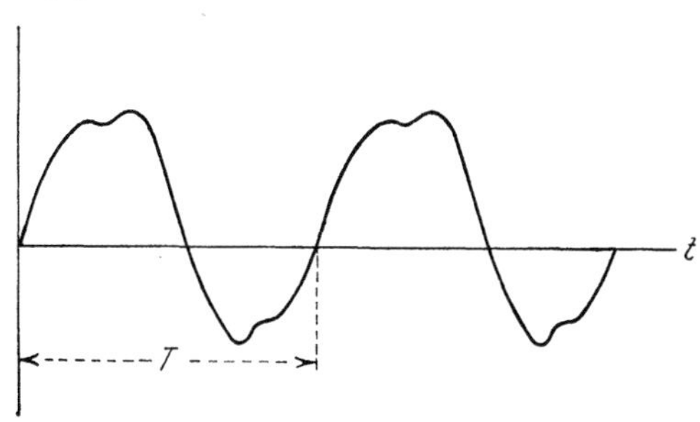


Abb. 413. Periodische Bewegung.

$$f(t) = a_0 + a_1 \cos at + b_1 \sin at + a_2 \cos 2at + b_2 \sin 2at \ldots$$
$$= a_0 + \sum c_n \sin(nat + \varphi_\varkappa).$$

Manchmal läßt sich die Zerlegung der gegebenen Funktion nur mit Hilfe einer unendlichen Zahl von Summanden erreichen.

Fourier hat auch angegeben, wie man die Amplituden und Phasen der einzelnen Terme der Reihe berechnen kann, wenn die Funktion $f$ *analytisch*, d. h. durch eine Formel, gegeben ist. Ist diese Funktion nur *graphisch* gegeben, also in Form einer periodischen Kurve, so kann man die einzelnen Amplituden auch graphisch oder sogar mit speziell dazu konstruierten Instrumenten (eine Art Planimeter) mechanisch ermitteln. Wir können uns hier mit der Beschreibung

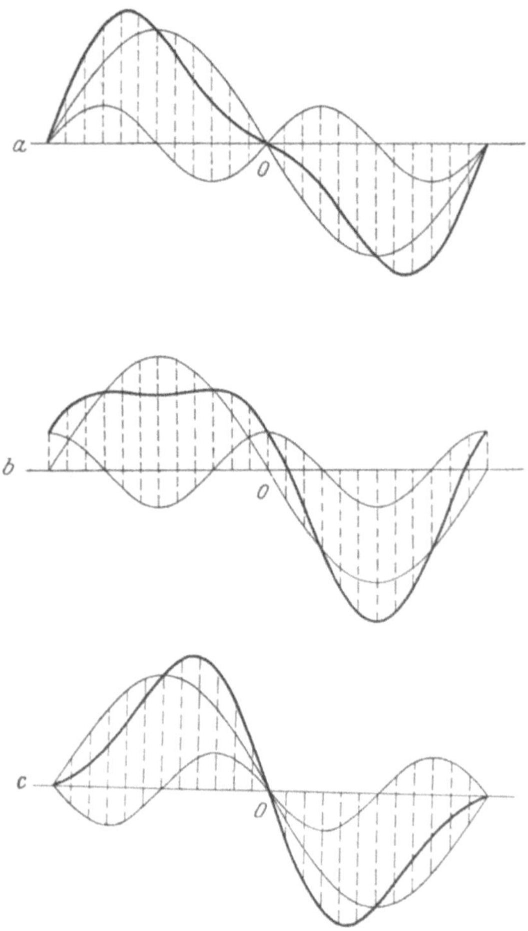


Abb. 414. Grundschwingung und *zweifache* Frequenz.

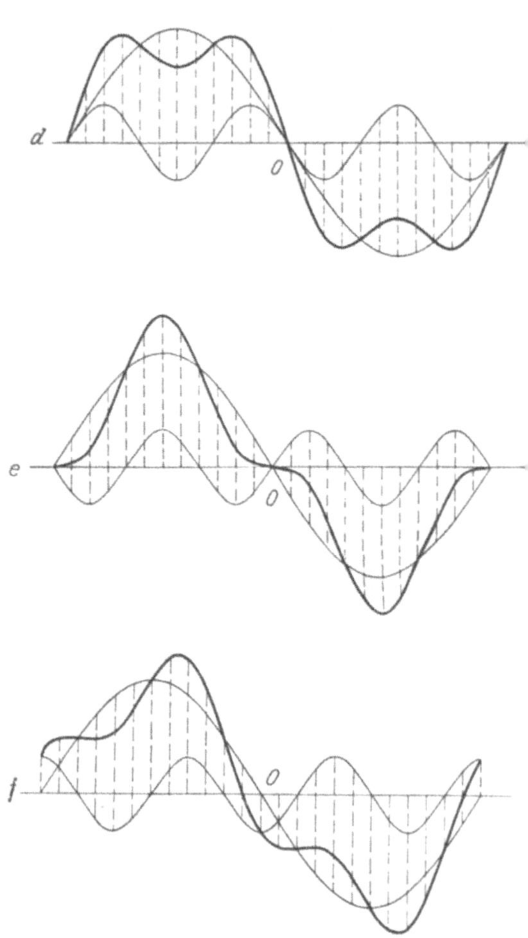


Abb. 415. Grundschwingung und *dreifache* Frequenz.

all dieser Methoden nicht aufhalten; für uns ist es nur wichtig, zu wissen, daß die Zerlegung einer periodischen Funktion in harmonisch veränderliche Funktionen eindeutig möglich ist.

Das erste Glied der Fourierschen Reihe stellt offenbar den Mittelwert von $f(t)$, weil die Mittelwerte aller anderen Glieder gleich Null sind.

Wir erinnern den Leser daran, daß man etwas Analoges der Fourierschen Analyse in der Akustik vorfindet. Es ist bekannt, daß die Schwingungen einer Seite, wie kompliziert auch ihre Form sein mag, aus einer Reihe rein *harmonischer* Schwingungen bestehen. Die Seite kann nämlich als Ganzes schwingen oder sie kann sich in zwei, drei, vier usw. gleiche Teile dabei einteilen. Die Frequenz der

Oberschwingungen ist zwei-, drei-, vier- usw. mal größer als die der Grundschwingung; dem Gehör werden diese Schwingungen als sog. *Obertöne* erscheinen. Außer dem Grundtone hört man die Oktave, die Duodezime usw. Die Obertöne können wir einzeln mit irgendeinem HELMHOLTZschen *Resonator* nachweisen. Dieser Nachweis der Existenz der Obertöne in einer schwingenden Seite ist nichts anderes als eine physikalische Realisation des allgemeinen Theorems von FOURIER.

Es ist nützlich in dieser Beziehung einige Erfahrung zu sammeln. In den beistehenden Figuren (Abb. 414 und 415) haben wir durch die fettgezogene Linie die Summen dargestellt, welche sich ergeben, wenn zu der Grundschwingung der erste (*a*, *b*, *c*) oder der zweite (*d*, *e*, *f*) Oberton hinzugefügt wird. Die zu summierenden Schwingungen können noch verschiedene Phasenverschiebung gegenüber der Grundschwingung haben.

In einzelnen einfachen Fällen kann man die in der Kurve enthaltenen harmonischen Schwingungen nach dem Augenmaß direkt vorhersagen und so die Zerlegung der Funktion vereinfachen.

## 2. Gesetze der Wechselströme.

**509. Erzeugung von Wechselströmen.** Das im vorigen Abschnitt Gesagte wird uns genügen, um die Gesetze der harmonisch veränderlichen Ströme, zu welchen fast alle in der Technik benutzten Wechselströme gehören, festzustellen. In den meisten Fällen werden die Wechselströme durch die Bewegung der Leiter im magnetischen Felde, also durch elektromagnetische Induktion, erzeugt. Wir betrachten den folgenden einfachen und typischen Fall. In einem konstanten, homogenen magnetischen Felde von der Feldintensität $M$ wird ein Stromleiter in Form einer ebenen Drahtschleife (Abb. 416) so in Rotation versetzt, daß die Rotationsachse senkrecht zum Felde gerichtet steht. Bildet die Normale

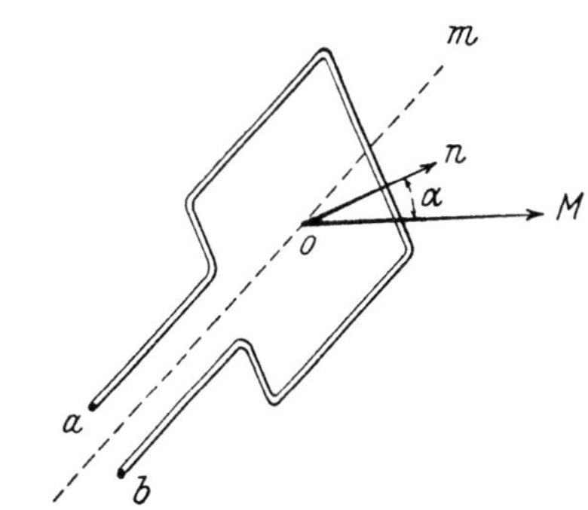


Abb. 416. Erzeugung eines Wechselstromes.

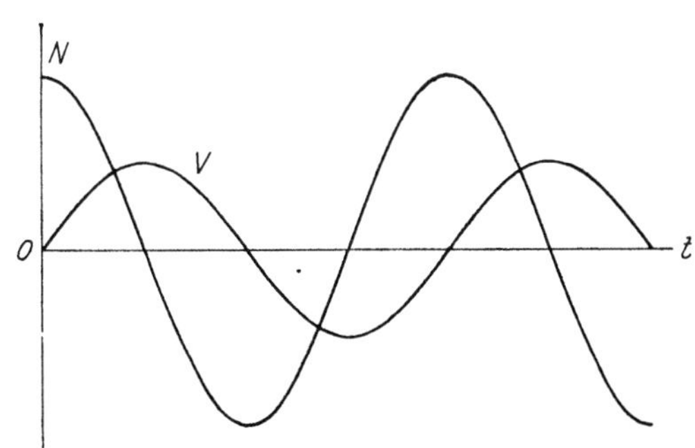


Abb. 417. Induktionsfluß und elektromotorische Kraft.

der Schleifenebene mit der Richtung des Magnetfeldes einen Winkel $\alpha$, so ist der Induktionsfluß durch die Schleife gleich

$$N = \mu M S \cos\alpha = N_0 \cos a\,.$$

Wird die Schleife in gleichmäßige Rotation versetzt, so ändert sich der Winkel $\alpha$ proportional mit der Zeit, und wenn wir die Rotationsperiode, d. h. die Zeit einer vollen Umdrehung mit $T$ bezeichnen, so können wir schreiben

$$\alpha = \frac{2\pi}{T}\,t = at \qquad \text{und} \qquad N = N_0 \cos at\,.$$

Der Induktionsfluß ändert sich also harmonisch mit der Zeit. Seine Amplitude ist $N_0$ und seine Periode ist $T$. Die Frequenz ist $n = \frac{1}{T}$ und die Kreisfrequenz gleich $a$.

Als Folge der Änderung des Induktionsflusses erscheint in der Schleife eine elektromotorische Kraft

$$E = -\dot{N},$$

welche der Änderungsgeschwindigkeit des Induktionsflusses entgegengesetzt gleich ist. Nun ändert sich der Induktionsfluß wie die Größe $x$ (S. 438, **494**), folglich wird seine Änderungsgeschwindigkeit analog zu $\dot{x}$ sein:

$$E = N_0 a \sin at .$$

Wir erhalten also in der Drahtschleife, welche gleichmäßig in einem Magnetfelde rotiert, eine harmonisch wechselnde elektromotorische Kraft

$$E = E_0 \sin at$$

mit der Amplitude

$$E_0 = \mu M S a .$$

Die Amplitude $E_0$ wird demnach um so größer, je größer die Fläche der Schleife, je stärker das Magnetfeld und je rascher die Rotation.

Die Perioden von $E$ und $N$ sind einander gleich, aber ihre Phasen sind verschieden. Die elektromotorische Kraft eilt dem Induktionsfluß um eine Viertelperiode ($\varphi = 90°$) nach (Abb. 417). Wenn der Induktionsfluß sein Maximum hat, wenn also die Schleifenebene senkrecht zum Felde steht, ist die elektromotorische Kraft gleich Null und auch umgekehrt, die elektromotorische Kraft ist dann am größten (positiv oder negativ), wenn der Induktionsfluß gleich Null ist.

**510. Ein Beispiel.** Wir nehmen die Umdrehungszeit gleich

$$T = \tfrac{1}{50} \text{ Sek.}$$

Dann erhalten wir

$$a = \frac{2\pi}{T} = 100\pi = 314 .$$

Nehmen wir die Induktion $B = 10000$ und die Fläche der Schleife gleich 100 cm², so erhalten wir für die Amplitude der elektromotorischen Kraft

$$E_0 = 10^4 \cdot 10^2 \cdot 314 \text{ CGS-M} = 3{,}14 \text{ Volt.}$$

Wir können eine $n$mal größere elektromotorische Kraft erhalten, wenn wir statt einer einzigen Schleife eine Spule aus $n$ Windungen in demselben Magnetfelde rotieren lassen.

Die soeben beschriebene Anordnung können wir als den Grundtypus aller modernen Elektromaschinen ansehen.

**511. Widerstand im Wechselstromkreise.** Fließt ein Wechselstrom in einem Leiter, welcher weder eine merkliche Selbstinduktion noch eine merkliche Kapazität besitzt (z. B. eine Glühlampe) (Abb. 418), so können wir hier direkt das Ohmsche Gesetz anwenden. Außer dem *Potentialabfall* in dem Leiter selbst brauchen wir keine anderen elektromotorischen Kräfte zu berücksichtigen. Wir erhalten

$$V_1 = V_0 \sin at , \quad J_1 = J_0 \sin at , \quad V_1 = J_1 r = J_0 r \sin at = V_0 \sin at .$$

Betrachten wir die Maximalwerte dieser veränderlichen Größen, so sehen wir, daß die *Amplituden* der Potentialdifferenz und der Stromstärke das OHMsche Gesetz befolgen:

$$J_0 = \frac{V_0}{r}.$$

Die Stromstärke und die Potentialdifferenz haben in diesem Falle gleiche Phasen (Abb. 419).

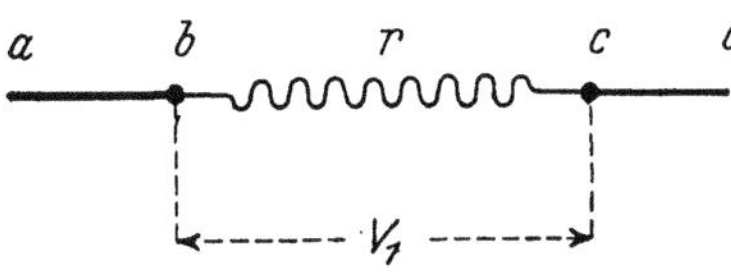


Abb. 418. Widerstand im Wechselstromkreise.

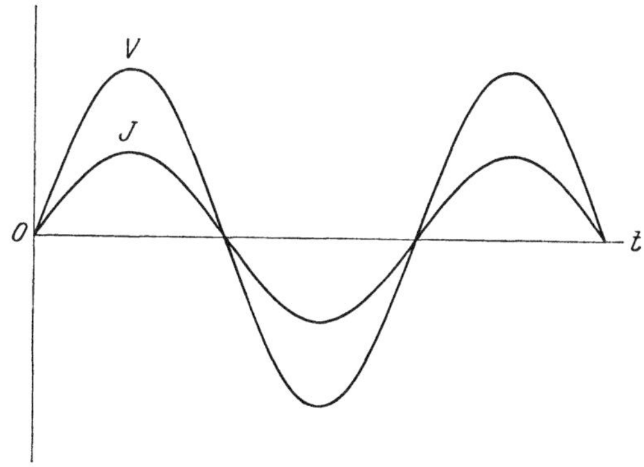


Abb. 419. Stromstärke und Potentialdifferenz sind gleichphasig.

**512. Wirkung der Selbstinduktion.** Etwas anderes erhalten wir, wenn der Stromleiter einen verschwindend kleinen Widerstand hat, aber eine verhältnismäßig große Selbstinduktion (Abb. 420), wie z. B. ein Elektromagnet. In dem Elektromagnet entsteht, beim Einschalten eines Wechselstromes, ein mit der Zeit wechselndes Magnetfeld, welches eine Quelle von neuer elektromotorischer Kraft bildet. Diese elektromotorische Kraft wirkt nach der LENZschen Regel stets dem Strome entgegen; es muß also die Stromstärke durch das Einschalten einer Selbstinduktion kleiner werden.

Aber außer der Verminderung der Amplitude wirkt die Selbstinduktion auch auf die Phase des Stromes verzögernd. Wir wissen, daß bei einem veränderlichen Strome $J$ im Leiter mit der Selbstinduktion $L$ eine elektromotorische Kraft erzeugt wird, von der Größe (S. 254, **296**)

$$E = -L\dot{J}.$$

Verändert sich die Stromstärke harmonisch

$$J = J_0 \sin at,$$

so wird die Geschwindigkeit ihrer Änderung gleich (S. 438, **494**, die Größe $y$)

$$\dot{J} = J_0\, a \cos at.$$

Die elektromotorische Kraft der Induktion erzeugt an den Enden der Spule *Potentialabfall*

$$V_2 = L J_0\, a \cos at = V_0 \cos at.$$

Vergleichen wir wieder die Amplituden der Potentialdifferenz und der Stromstärke, so erhalten wir

$$J_0 = \frac{V_0}{aL}.$$

Diese Formel kann auch in Analogie zu dem OHMschen Gesetze gebracht werden, wenn man die Größe $aL$ als einen eigenartigen sog. *induktiven* Widerstand ansieht.

Als Beispiel nehmen wir eine Spule aus dickem Kupferdraht mit einer Selbstinduktion von einem Henry. Ist die Potentialdifferenz an den Enden dieser

Spule durch die uns zur Verfügung stehende Klemmspannung einer Elektrizitätsquelle gegeben, z. B. $V_0 = 150$ Volt, und ist die Periode $T = \frac{1}{50}$ Sek., so erhalten wir für die Stromamplitude

$$J_0 = \frac{150}{100\,\pi} = 0{,}48 \text{ Amp.}$$

Eine Selbstinduktion von einem Henry bei 50 Perioden in der Sekunde ist also einem Widerstand äquivalent von

$$R = 100\pi = 314 \text{ Ohm.}$$

Bei 1000 Perioden in der Sekunde wird der äquivalente Widerstand bei derselben Selbstinduktion 20mal größer.

Bei derartigen Rechnungen muß man aber im Auge behalten, daß, wenn auch die Größe $aL$ einem Widerstande äquivalent ist, dennoch das OHMsche Gesetz nur für die *Amplitude* und nicht für die Stromstärke selbst gilt; denn die Phasen der Potentialdifferenz und der Stromstärke in der Induktionsspule sind voneinander verschieden. In der Tat, wir haben

$$V_2 = V_0 \cos at, \quad J = J_0 \sin at.$$

Das bedeutet, daß die Stromstärke eine Phasenverspätung relativ zu der Potentialdifferenz um eine Viertelperiode hat.

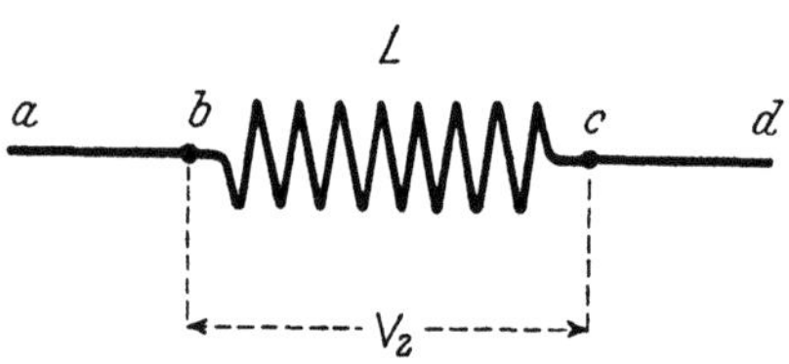


Abb. 420. Selbstinduktion im Wechselstromkreise.

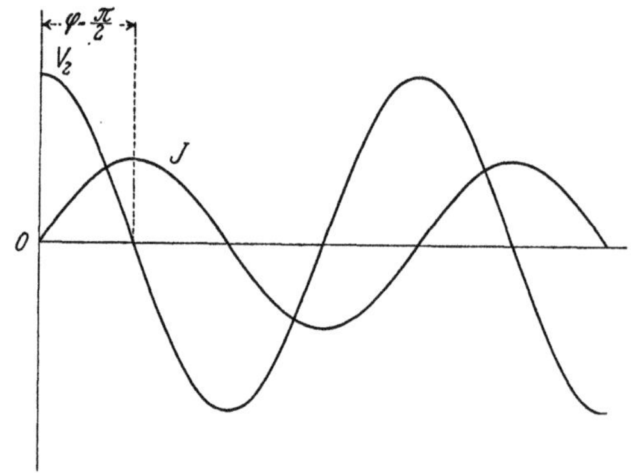


Abb. 421. Der Strom hat eine Phasenverzögerung um 90°.

Die Verhältnisse für die Stromstärke und die Potentialdifferenz in diesem Falle können wir durch die Abb. 421 darstellen.

Wenn die Stromstärke ihren maximalen Wert erreicht, so ist ihre Änderungsgeschwindigkeit am kleinsten, also muß in diesem Momente die elektromotorische Kraft der Induktion gleich Null sein, wie es auch in der Tat zutrifft.

**513. Wirkung einer Kapazität.** Schalten wir in einen Stromkreis einen Kondensator ein (Abb. 422), so kann bei einer konstanten Klemmspannung überhaupt kein Strom durchgehen, denn die Belegungen des Kondensators sind durch ein isolierendes Dielektrikum voneinander getrennt. Bei einem Wechselstrom kann zwar die Elektrizität durch das Dielektrikum des Kondensators ebensowenig durchgehen, dennoch ist in den zwei durch den Kondensator getrennten Teilen des Stromkreises ein Wechselstrom möglich. Fließt z. B. der Strom in dem Leiter *ab* nach rechts (Abb. 421), so wird die Belegung *b* des Kondensators mit positiver Elektrizität geladen; gleichzeitig ladet sich die Belegung *c* durch Influenz mit negativer Elektrizität, wobei die abgestoßene positive Elektrizität in der Richtung *cd* abfließt. Während der zweiten Hälfte der Periode, in welcher der Strom von der Belegung *b* nach links abfließt, wird die positive Elektrizität von *d* nach *c* dem Kondensator zufließen und den Kondensator zunächst entladen; nach einer Viertelperiode wird die Belegung *c* mit positiver Elektrizität geladen.

Wir erhalten demnach folgendes: der Kondensator wird periodisch umgeladen, und gleichzeitig fließt in seinen Zuleitungen ein Wechselstrom. Der Strom hat in beiden Zuleitungen *ab* und *cd* stets die gleiche Größe und die gleiche Richtung. Dennoch unterscheidet sich ein solcher Kondensatorkreis von einer ununterbrochenen Leitung in zweierlei Hinsicht: erstens hängt die Stromstärke von der Kapazität des Kondensators ab und zweitens sind die Phasen der Stromstärke und der elektromotorischen Kraft verschieden. Das können wir uns ohne jede Rechnung in folgender Weise klarmachen. Je größer die Kapazität des Kondensators, desto größere Elektrizitätsmengen werden auf seinen Belegungen bei derselben Potentialdifferenz angesammelt; die Stromstärke wird also mit der Kapazität wachsen. Ebenso ist es klar, daß in dem Moment, wo der Kondensator bis zur maximalen Potentialdifferenz geladen erscheint, die Stromstärke gleich Null wird; ihre Phasendifferenz ist also gleich 90°.

Wir nehmen an, die Potentialdifferenz an den Belegungen des Kondensators verändere sich harmonisch mit der Zeit nach der Formel

$$V_3 = V_0 \cos at .$$

Dann erhalten wir für die in der Kapazität $C$ angesammelte Elektrizitätsmenge

$$e = C V_3 = C V_0 \cos at .$$

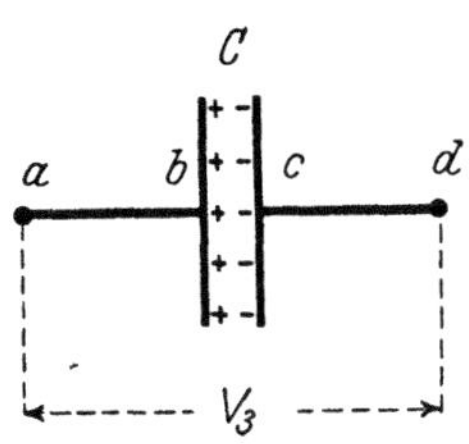


Abb. 422. Kapazität im Wechselstromkreise.

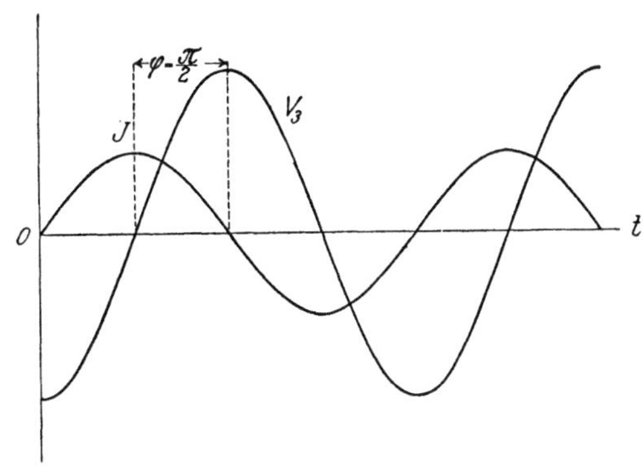


Abb. 423. Der Strom eilt vor um 90°.

Der Strom in dem Leiter *abcd* entsteht durch das Abfließen der Elektrizität von den Belegungen des Kondensators und die Stromstärke ist in jedem Moment gleich der Geschwindigkeit, mit welcher sich die Elektrizitätsmenge auf den Belegungen verändert. Die Änderungsgeschwindigkeit von $\cos at$ ist, wie wir gesehen haben (S. 439, **495**), gleich $-a \sin at$. In unserem Falle erhalten wir also für die Stromstärke

$$J = \dot{e} = -a C V_0 \sin at = -J_0 \sin at .$$

Hier ist $-J_0$ die Amplitude der Stromstärke; zu der Amplitude der Potentialdifferenz steht sie in folgender Beziehung:

$$J_0 = a C V_0 .$$

Auch diese Formel läßt sich in Analogie zu dem Ohmschen Gesetze bringen, wenn man die Größe $aC$ als eine Leitfähigkeit ansieht.

Ist $V_0$ in Volts ausgedrückt und $C$ in Farad, so erhalten wir $J$ in Ampere, wenn wir $1/aC$ in Ohmeinheiten ausdrücken.

Als Beispiel nehmen wir einen Kondensator von $C = 1$ Mikrofarad $= 10^{-6}$ Farad. Die Amplitude der Potentialdifferenz an den Klemmen des Kondensators sei gleich $V_0 = 150$ Volt, die Periode $T = {}^1/_{50}$ Sekunde (folglich ist $a = 100\pi$). Die Amplitude der Stromstärke wird dann

$$J_0 = 10^{-6} \cdot 100\pi \cdot 150 = 0{,}05 \text{ Amp.}$$

Wir sehen, daß die Kapazität von einem Mikrofarad für Wechselströme von der Periode $^1/_5$, Sekunde einem Widerstand äquivalent ist von

$$R = \frac{1}{a c} = \frac{1}{100\pi \cdot 10^{-6}} = 3200 \text{ Ohm}.$$

Eine 10mal größere Kapazität entspricht einem 10mal kleineren Widerstande. Wird die Periode des Stromes verkleinert, also die Frequenz vergrößert, so verkleinert sich entsprechend auch der äquivalente Widerstand.

Obgleich wir auch hier die Rechnung nach dem OHMschen Gesetze gemacht haben, müssen wir nicht vergessen, daß unsere Rechnung nicht die Potentialdifferenzen und die Stromstärken ergeben, sondern nur ihre Maximalwerte (Amplituden), und daß die beiden Größen eine Phasendifferenz von $T/4$ besitzen. Der letzte Umstand folgt auch aus unseren Formeln:

$$V_3 = V_0 \cos at, \qquad J = -J_0 \sin at = J_0 \cos(at + 90^0).$$

Die Beziehungen der Stromstärke und der Potentialdifferenz in einem Kondensator sind in der Abb. 423 dargestellt.

Vergleichen wir die Wirkungen der Selbstinduktion $L$ mit den entsprechenden Wirkungen der Kapazität $C$ in einem Stromkreise, in welchem eine harmonisch wechselnde Potentialdifferenzwirkt, so sehen wir, daß diese zwei Fälle einander entgegengesetzt sind. Die Größe $aL$ wirkt wie ein Widerstand, die Größe $aC$ wie eine Leitfähigkeit; im ersten Falle eilt der Strom der Potentialdifferenz in der Phase nach, im zweiten Fall eilt er voran.

**514. Widerstand, Selbstinduktion und Kapazität hintereinander geschaltet.** Jetzt gehen wir zum allgemeineren Fall über: ein Widerstand $r$, eine Selbstinduktion $L$ und eine Kapazität $C$ (Kondensator) sind hintereinander geschaltet (Abb. 424), und an den Endklemmen dieses Systems ist eine harmonisch wechselnde Potentialdifferenz angelegt*

$$E = E_0 \sin at.$$

Es soll die Stromstärke bestimmt werden. Nach Analogie mit dem Vorangehenden ist zu vermuten, daß die Stromstärke eine harmonische Funktion der Zeit sein wird, mit derselben Periode wie die elektromotorische Kraft, aber mit einer im allgemeinen anderen Phase. Wir setzen also für die Stromstärke die Formel an

$$J = J_0 \sin(at - \varphi).$$

Hier sind $J_0$ und $\varphi$ die zwei zu bestimmenden Größen. Wir schreiben zunächst die Klemmspannungen an den einzelnen Leitern hin: an den Enden des Widerstands, der Selbstinduktion und der Kapazität

$$V_1 = J_0 r \sin(at - \varphi),$$
$$V_2 = J_0 a L \cos(at - \varphi),$$
$$V_3 = -J_0 \frac{1}{aC} \cos(at - \varphi).$$

Die Summe dieser Größen muß der gegebenen Klemmspannung des ganzen Systems gleich sein. Also:

$$J_0 r \sin(at - \varphi) + J_0 u \cos(at - \varphi) = E_0 \sin at,$$

* Wir werden in diesem Kapitel elektromotorische Kräfte und Potentialdifferenzen (Klemmspannungen) mit $E$ bezeichnen, wie es in der Technik sonst üblich ist, und nicht mit $\mathcal{E}$; eine Verwechslung mit der Feldintensität (unsere frühere Bezeichnung $E$) ist hier nicht zu befürchten.

wo wir zur Abkürzung gesetzt haben

$$u = aL - \frac{1}{aC}.$$

Diese Gleichung läßt sich durch Absonderung von $\sin at$ und $\cos at$ in zwei Gleichungen zerlegen, aus welchen dann die zwei Größen $J_0$ und $\varphi$ zu bestimmen sind (vgl. S. 444, **504**). Wir wollen aber einen anderen Weg einschlagen und die

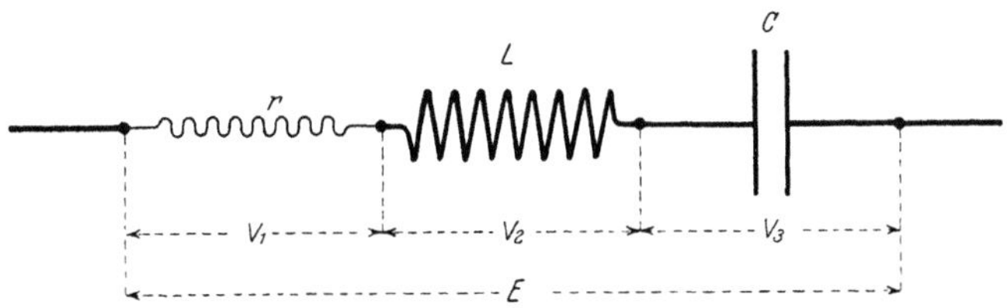


Abb. 424. Widerstand, Selbstinduktion und Kapazität im Wechselstromkreise.

Gleichung geometrisch deuten. Wir ziehen in dem Vektordiagramm (Abb. 425) einen Strahl $OA$, gleich der gegebenen Amplitude der elektromotorischen Kraft, unter irgendeinem Winkel $at$ zu der $X$-Achse. Die Strecke $OA$ benutzten wir als Hypothenuse zur Konstruktion eines rechtwinkligen Dreiecks $OBA$. Haben die zwei Katheten die Längen $J_0 u$ und $J_0 r$, so stellt das Dreieck $OAB$ unsere Gleichung dar. Um das einzusehen, bilden wir die Projektionen von $OA$, $OB$ und $BA$ auf die $Y$-Achse. Die Projektion der Hypothenuse $E_0$ auf die $Y$-Achse wird offenbar gleich sein der Summe der Pro-

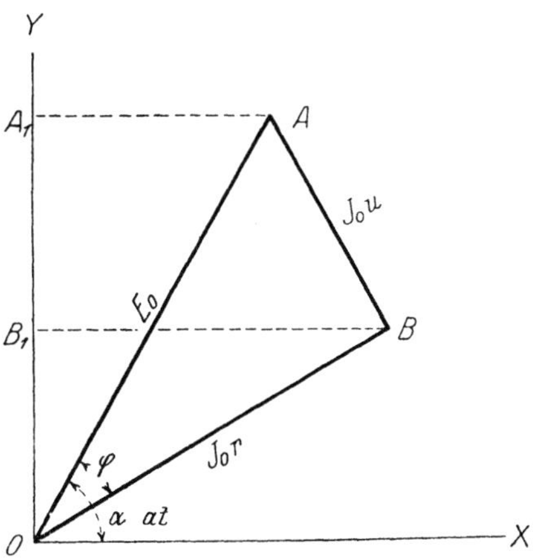


Abb. 425. Vektordiagramm eines Wechselstromkreises.

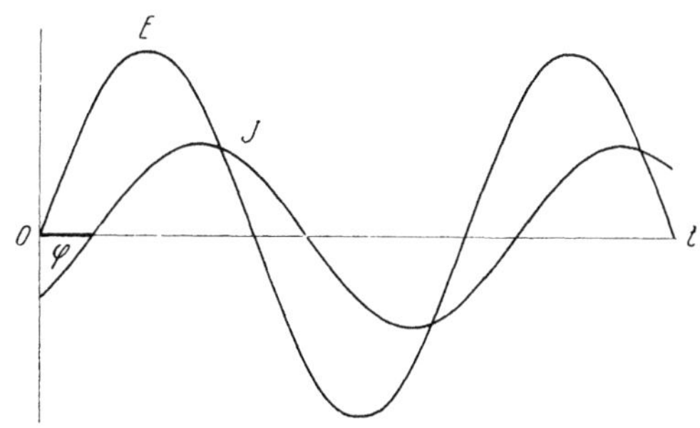


Abb. 426. Strom und Klemmspannung am Wechselstromkreise.

jektionen der zwei Katheten auf dieselbe Achse, und das fordert eben unsere Gleichung. Da die Vektoren ein *rechtwinkliges* Dreieck bilden, können wir nach dem bekannten Pitagoräischen Satz schreiben

$$(J_0 r)^2 + (J_0 u)^2 = E_0^2,$$

woraus sich die Amplitude der Stromstärke berechnet

$$J_0 = \frac{E_0}{\sqrt{r^2 + \left(aL - \frac{1}{aC}\right)^2}}.$$

Diese Formel hat auch die Form des OHMschen Gesetzes, wenn man die Größe

$$R = \sqrt{r^2 + \left(aL - \frac{1}{aC}\right)^2}$$

als einen Widerstand betrachtet. Man hat deswegen $R$ den *scheinbaren Widerstand* des Leiters genannt.

Den scheinbaren Widerstand kann man natürlich in Ohm ausdrücken. Es ist aber dabei zu beachten, daß mehrere scheinbaren Widerstände sich nicht *algebraisch*, wie die gewöhnlichen Widerstände, sondern *geometrisch* summieren. Den Widerstand $R$ kann man nämlich auch als Hypothenuse eines rechtwinkligen Dreiecks darstellen, dessen beide Katheten entsprechend gleich $r$ und $u$ sind.

Es erübrigt noch die unbekannte Phasenverspätung des Stromes gegen die elektromotorische Kraft zu bestimmen. Auch diese Größe ergibt sich unmittelbar aus unserem Vektordiagramm, denn in dem Dreieck $OAB$ stellt der Winkel $\varphi$ die Phasendifferenz zwischen dem Strom und der Potentialdifferenz dar:

$$\operatorname{tg}\varphi = \frac{u}{r} = \frac{aL - \frac{1}{aC}}{r}.$$

Durch die beiden von uns erhaltenen Formeln für $J_0$ und $\varphi$ ist die gestellte Aufgabe vollständig gelöst.

Wir empfehlen dem Leser diese nach der Methode des Vektordiagramms erhaltene Lösung durch die algebraische Lösung der Gleichung zu verifizieren. Außerdem ist es leicht, sich zu überzeugen, daß alle von uns in den vorigen 3 Paragraphen erhaltenen Formeln aus der allgemeineren Formel dieses Paragraphen als Folgerungen sich ergeben. Dabei ist zu beachten, daß die Abwesenheit einer Kapazität nicht $C = 0$, sondern $C = \infty$ entspricht. Beim Ausschalten einer Kapazität müssen wir nämlich die zwei Enden des Drahtes kurz schließen; dann wird eine beliebige Elektrizitätsmenge $e = CV$ in dem kurzgeschlossenen Leiter eine Potentialdifferenz gleich Null ergeben, und daß entspricht eben $C = \infty$.

Sind mehrere Widerstände, Selbstinduktionen und Kapazitäten hintereinander geschalten, so gelten dieselben Formeln, wenn man unter $r$, $L$ und $C$ die Summen aller dieser Größen versteht.

**515. Parallelschaltung.** Sind mehrere Leiter, welche je einen Widerstand, eine Selbstinduktion und Kapazität enthalten, parallel geschaltet, so haben ihre Enden in den Verzweigungspunkten in jedem Zeitmomente die *gleiche* Potentialdifferenz $E_0 \sin at$. Die Stromstärken in den einzelnen Leitern werden dann durch Division mit den entsprechenden scheinbaren (induktiven) Widerständen $R$ erhalten. Wir können demnach für die Amplituden dieser Größen die Gleichung schreiben

$$E_0 = J_1 R_1 = J_2 R_2 \text{ usw.,}$$

welche in voller Analogie zu den entsprechenden Gleichungen für Gleichstrom (S. 117, **139**) steht. Ein wesentlicher Unterschied gegenüber dem Gleichstrom bleibt aber bestehen, nämlich der, daß beim Wechselstrom die Größen $R$ von der Frequenz abhängen und eine Phasendifferenz zwischen $E$ und $J$ herbeiführen.

Der Gesamtstrom in allen parallel geschalteten Leitern, d. h. der Strom in den Zuleitungen zu den Verzweigungspunkten, ergibt sich einfach durch Summation der einzelnen Ströme. Wegen der Verschiedenheit in der Phase muß diese Summation *geometrisch* (im Vektordiagramm) gemacht werden.

**516. Ein Zahlenbeispiel.** Es sei eine Parallelschaltung gegeben, in welcher der eine Zweig nur einen Ohmschen Widerstand $r$ enthält, der andere Zweig dagegen nur einen sehr kleinen Widerstand, aber eine große Selbstinduktion besitzt, z. B. ein Elektromagnet.

Bei konstanter Potentialdifferenz würde fast der ganze Strom durch den Elektromagnet fließen, weil sein Widerstand klein im Vergleich zu $r$ ist. Für den Fall einer harmonisch veränderlichen Potentialdifferenz müssen wir aber die oben angeführte Bedingung schreiben

$$E_0 = J_1 r = J_2 a L \,,$$

und es kann sich ergeben, daß jetzt der Strom im Elektromagnet verschwindend klein ist im Vergleich zu der Stromstärke im nebengeschalteten OHMschen Widerstand. Der Unterschied zwischen dem Wechselstrom und dem Gleichstrom wird desto größer, je größer die Frequenz $a$ der veränderlichen Potentialdifferenz ist.

Wir nehmen eine 50kerzige Metallampe, welche einen Widerstand von etwa 360 Ohm hat und eine verschwindend kleine Selbstinduktion, und schalten sie parallel zu einem Elektromagneten, dessen Windungen einen Widerstand von 1 Ohm und eine Selbstinduktion von 10 Henry haben.

Bei konstanter Potentialdifferenz von 120 Volt erhalten wir

$$\text{in der Lampe} \qquad J_1 = \frac{120}{360} = 0{,}33 \text{ Amp.,}$$

$$\text{im Elektromagnet} \qquad J_2 = \frac{120}{1} = 120 \text{ Amp.}$$

Bei einer harmonisch veränderlichen Potentialdifferenz mit der Frequenz 50 und der Amplitude $E_0 = 120$ Volt, erhalten wir für die Amplituden der Stromstärken

$$\text{in der Lampe} \qquad J_1 = \frac{120}{360} = 0{,}33 \text{ Amp.,}$$

$$\text{im Elektromagnet} \quad J_2 = \frac{120}{10 \cdot 100\pi} = 0{,}004 \text{ Amp.}$$

Den Widerstand $r = 1$ Ohm im Elektromagnet konnten wir vernachlässigen. Bei einer zehnfachen Frequenz erhalten wir in der Lampe dieselbe Stromstärke wie im vorigen Fall und wie beim Gleichstrom, aber im Elektromagnet wird die Stromstärke bei dieser Frequenz noch 10mal kleiner.

**517. Widerstand und Kapazität parallel geschaltet.** Dieselbe Glühlampe sei mit einem Kondensator von 1 Mikrofarad $= 10^{-6}$ Farad parallel geschaltet. Bei einer konstanten elektromotorischen Kraft erhalten wir einen Strom nur in der Lampe, denn durch den Isolator des Kondensators kann keine Elektrizität durchgehen. Bei derselben Wechselspannung wie oben erhalten wir

$$\text{in der Lampe wieder} \quad J_1 = \frac{120}{360} = 0{,}33 \text{ Amp.,}$$

$$\text{im Kondensatorzweig} \quad J_3 = 120 \cdot 100\pi \cdot 10^{-6} = 0{,}04 \text{ Amp.}$$

Je größer die Frequenz, desto stärker wird der Strom im Kondensatorzweig. Bei hochfrequenten Strömen kann schon eine sehr kleine Kapazität starke Ströme durchlassen.

**518. Selbstinduktion und Kapazität parallel geschaltet.** Sehr interessant ist noch der Fall, wo eine Selbstinduktion und eine Kapazität parallel geschaltet sind (Abb. 427). Für die Amplituden der Stromstärken erhalten wir dann

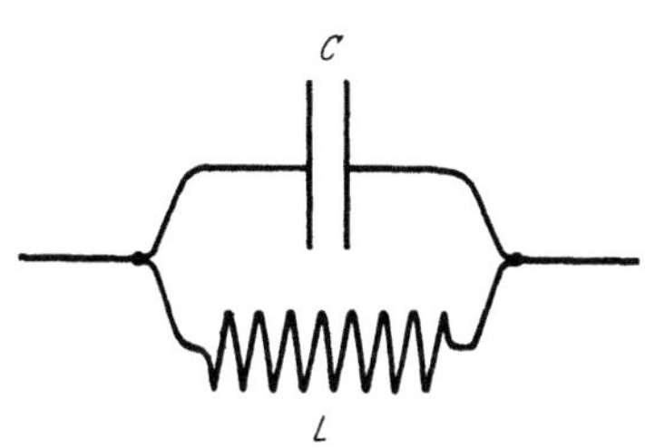

Abb. 427. Selbstinduktion und Kapazität nebeneinander geschaltet.

$$E_0 = J_2 a L = J_3 \frac{1}{aC} \,.$$

Was aber die Phasen der Ströme anbetrifft, so wird in dem Selbstinduktionszweige die Stromstärke gegen die Klemmspannung in Phase um $T/4$ verspäten und in dem Kapazitätszweige um ebensoviel vorangehen. Die zwei parallel geschalteten Ströme werden demnach gegeneinander eine Phasendifferenz $T/2$ haben, d. h. sie werden *entgegengesetzt* gerichtet sein. In dem Verzweigungspunkte, wo die beiden Ströme sich vereinigen und einen gemeinsamen Strom in der Hauptleitung bilden, erscheint somit nur ihre *Differenz* zur Geltung. Der Hauptstrom wird also kleiner sein als jeder von den zwei parallel geschalteten Strömen, was beim ersten Blick sonderbar erscheinen kann.

Für den Hauptstrom haben wir in diesem Falle die Gleichung

$$J = J_2 - J_3 = E_0\left(\frac{1}{aL} - aC\right).$$

Bei einer Selbstinduktion von 10 Henry und einer Kapazität von 1 = Mikrofarad, bei der Amplitude der Wechselspannung 120 Volt und einer Frequenz $n = 50$ erhalten wir

in der Selbstinduktion $J_2 = \frac{120}{10 \cdot 100\pi} = 0{,}038$ Amp.,

im Kapazitätszweige $J_3 = 120 \cdot 100\pi \cdot 10^{-6} = 0{,}037$ Amp.,

in der Hauptleitung $J = J_2 - J_3 = 0{,}001$ Amp.

**519. Resonanz.** Wir wollen jetzt die Abhängigkeit der Stromstärke in einer Leitung von der Frequenz näher betrachten. Unsere Grundformel

$$J_0 = \frac{E_0}{\sqrt{r^2 + \left[aL - \frac{1}{aC}\right]^2}}$$

können wir graphisch veranschaulichen, indem wir die Kreisfrequenzen $a$ als Abszissen und die entsprechenden Stromstärken $J$ als Ordinaten auftragen. Die Amplitude der Klemmspannung soll konstant bleiben. Es ist einleuchtend, daß diese graphische Darstellung mit der Darstellung der Abhängigkeit der Größe $1/R$, d. h. der scheinbaren Leitfähigkeit von der Frequenz des Stromes, gleichwertig ist.

Aus unserer Formel für die Stromstärke können wir direkt sehen, daß die maximale Stromstärke dann erreicht wird, wenn der scheinbare Widerstand am kleinsten wird; das wird dann der Fall sein, wenn der von $a$ abhängige zweite Term gleich Null wird, also

$$aL = \frac{1}{aC}, \qquad a^2 = \left(\frac{2\pi}{T}\right)^2 = \frac{1}{LC}.$$

Um die maximale Stromstärke zu erreichen, müssen wir die Periode der elektromotorischen Kraft so wählen, daß

$$T = 2\pi\sqrt{LC}.$$

Dabei erhalten wir für die Amplitude der maximalen Stromstärke

$$J_0 = \frac{E_0}{r}.$$

Je kleiner der Widerstand, desto größer wird die maximale Stromstärke. Die Erreichung einer maximalen Stromstärke bei einer ganz bestimmten Frequenz, indem die höheren und niedrigeren Frequenzen eine kleinere Stromstärke ergeben, erinnert uns an die Erscheinung der Resonanz in der Akustik. Wir wissen ja, daß eine gespannte Seite oder eine Resonanzröhre von bestimmter Länge nur von einem ganz bestimmten Tone stark angeregt wird, indem sie auf niedrigere oder höhere Töne fast gar nicht reagiert. Verschiedene Tonhöhen entsprechen verschiedenen Frequenzen der Tonschwingungen. Die Resonanzerscheinungen in schwingungsfähigen Systemen haben wir schon in der Schwingungslehre besprochen (S. 448, **507**). Auch in dem jetzt betrachteten Fall erhalten wir für die Stromstärke in ihrer Abhängigkeit von der Frequenz analoge Resonanzkurven (Abb. 428).

Je kleiner der elektrische Widerstand, desto steiler erheben sich die Resonanzkurven zu ihrem Maximum. Das ist eine ganz allgemeine Regel.

In der Technik ist die Frequenz des Wechselstromes meistens gleich 50 Perioden in der Sekunde, und dem entspricht

$$a^2 = \frac{1}{LC} = (100\pi)^2 = \text{annähernd } 10^5.$$

Nehmen wir einen Leiter mit der Selbstinduktion von 10 Henry und der Kapazität von $C = 10^{-6}$ Farad, so erhalten wir $1/LC = 10^5$, was sehr nahe zu $(100\pi)^2$ ist. Bei einem Widerstand von 10 Ohm und einer Potentialdifferenz von 150 Volt erhalten wir eine Stromstärke von 15 Amp.

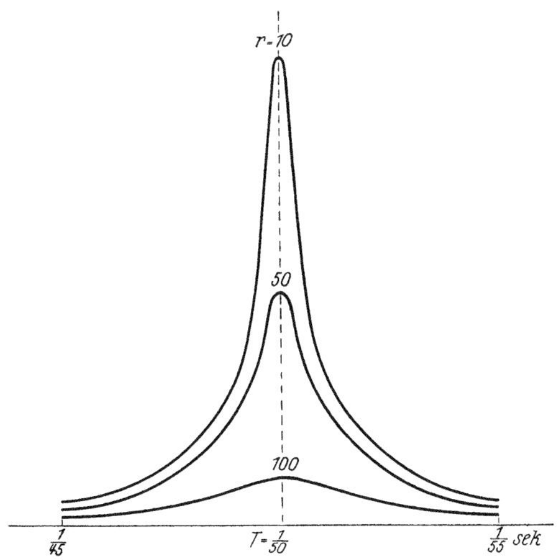

Abb. 428. Stromresonanz.

Eine Stromstärke von 15 Amp. ist an sich nicht so groß, aber wenn wir die dieser Stromstärke entsprechenden Potentialdifferenzen berechnen, so erhalten wir sehr große Werte. An den Enden der Selbstinduktion ist z. B. die Potentialdifferenz gleich

$$V = JaL = 15 \cdot 100\pi \cdot 10 = 47000 \text{ Volt}.$$

Eine so große Potentialdifferenz kann schon für die Isolation der angewandten Induktionsspule gefährlich werden.

**520. Elektrische Schwingungen.** Wenn wir bei parallelgeschalteter Selbstinduktion und Kapazität den Resonanzfall realisieren, d. h. die Versuchsbedingungen so wählen, daß

$$aL = \frac{1}{ac},$$

so werden die zwei Ströme $J_2$ und $J_3$ entgegengesetzt gleich; ihre Summe, d. h. der Strom in der Hauptgleichung, wird gleich Null. Dieses paradoxe Resultat muß so verstanden werden. Hat das Leitersystem einen verschwindend kleinen Widerstand $r = 0$ und lassen wir den Strom allmählich bis zu seinem Maximum steigen, und dann die Hauptleitung ausschalten ($J = 0$), so wird die Elektrizität in diesem System weiter schwingen. Die Kapazität wird sich mit der Periode $T$ fortwährend umladen, und das Magnetfeld in der Selbstinduktionsspule wird in demselben Tempo, aber mit $T/2$ Phasenverspätung, seine Richtung wechseln.

Natürlich ist der von uns betrachtete Fall nur ein Idealfall. In Wirklichkeit kann der Widerstand nicht gleich Null sein und die Elektrizität wird nicht ewig hin und her schwingen, sondern allmählich verschwinden. Ebenso kommt z. B. ein Pendel durch den Reibungswiderstand allmählich zur Ruhe.

Die Periode

$$T = 2\pi\sqrt{LC},$$

mit welcher die Elektrizität in dem System $LC$ schwingt, nennt man die *Eigenperiode* des Systems. Wir sehen also, daß ein Leiter mit einer bestimmten Selbstinduktion und Kapazität eine ganz bestimmte *Eigenperiode* für elektrische Schwingungen besitzt.

Stellen wir dieses Ergebnis mit dem Resultate des vorigen Paragraphen nebeneinander, so erhalten wir den Satz: In einem System von Leitern erhält man bei gegebener harmonisch wechselnder elektromotorischer Kraft den stärksten Strom (die Stromresonanz) in dem Falle, wo die Periode der elektromotorischen Kraft der Eigenperiode des Systems gleich ist.

Dieser Satz gilt ganz allgemein für alle resonierenden Systeme (vgl. S. 449, **507**).

**521. Die beim Wechselstrom durchfließende Elektrizitätsmenge.** Bei einem Wechselstrom fließt die Elektrizität während der einen Hälfte der Periode in der einen Richtung und während der anderen Hälfte der Periode in der entgegengesetzten Richtung. Nehmen wir den Mittelwert der durchgeflossenen Elektrizität während einer ganzen Periode, so erhalten wir bei einem harmonischen Wechselstrom offenbar Null. Wir wollen aber den Mittelwert für eine *halbe* Periode berechnen.

Da der harmonische Wechselstrom sich durch die Formel

$$J = J_0 \sin at$$

darstellen läßt, so ist sein halbperiodischer zeitlicher Mittelwert gleich (S. 443, **501**)

$$J_m = \frac{2}{\pi} J_0 = 0{,}67\, J_0$$

und die während einer Halbperiode durchgeflossene Elektrizitätsmenge ist

$$e = J_m \frac{T}{2} = \frac{T}{\pi} J_0 .$$

**522. Stromleistung im Ohmschen Widerstand.** Ein Leiter, welcher keine Selbstinduktion und keine Kapazität enthält, verhält sich beim Wechselstrom ganz ebenso wie beim Gleichstrom. Wir können für die Leistung des Stromes, d. h. für die in jeder Sekunde vom Strom geleistete Arbeit schreiben

$$W = EJ = rJ^2 = rJ_0^2 \sin^2 at .$$

Die Leistung bleibt also nicht konstant, sondern verändert sich mit der Zeit. Es gibt Zeitmomente, in welchen die Leistung Null ist, nämlich wenn $\sin at = 0$ wird; und eine maximale Leistung $J_0^2 r$ erhalten wir in den Zeitmomenten, wo $\sin^2 at = 1$ wird: das tritt zweimal in jeder Periode ein.

Den mittleren Wert dieser veränderlichen Leistung erhalten wir, wenn wir für den zeitlichen Mittelwert von $\sin^2 at$ den Wert $1/2$ benutzen (S. 443, **502**). Die *mittlere* Leistung eines Wechselstromes ist also gleich

$$W = \tfrac{1}{2} r J_0^2 = \tfrac{1}{2} E_0 J_0 .$$

Wir schreiben diese Formel so, um

$$W = \frac{E_0}{\sqrt{2}} \cdot \frac{J_0}{\sqrt{2}} = E_e J_e .$$

Die Stromstärke $J_e$ stellt hier den Mittelwert aus den *Quadraten* der veränderlichen Stromstärken $J$ und man nennt sie die *effektive Stromstärke.*

Ganz ebenso nennt man den aus den Quadraten ermittelten Mittelwert der elektromotorischen Kraft $E_e$ die *effektive* elektromotorische Kraft.

Die Formel für die mittlere Leistung eines Wechselstromes in einem Ohmschen Widerstand hat also dieselbe Form wie für einen Gleichstrom, wenn wir für die Rechnung die effektiven Werte der Spannung und des Stromes benutzen.

**523. Die Leistung eines Wechselstromes im allgemeineren Falle.** Enthält das Leitersystem außer einem OHMschen Widerstand noch eine Selbstinduktion und eine Kapazität, so berechnet sich die mittlere Leistung in folgender Weise. Es sei die Potentialdifferenz an den Endpunkten des Systems gleich

$$E = E_0 \sin at$$

und die ihr entsprechende Stromstärke

$$J = J_0 \sin(at - \varphi).$$

Die Stromleistung in *jedem Moment* ergibt sich einfach als Produkt dieser beiden Größen

$$W = EJ = E_0 J_0 \sin at \cdot \sin(at - \varphi).$$

Diese Leistung ist auch mit der Zeit veränderlich. Wir erhalten ihren zeitlichen Mittelwert, wenn wir statt $\sin at \cdot \sin(at - \varphi)$ dessen zeitlichen Mittelwert einsetzen (vgl. S. 444, **503**)

$$W_m = E_0 J_0 \frac{\cos\varphi}{2} = \frac{E_0}{\sqrt{2}} \cdot \frac{J_0}{\sqrt{2}} \cos\varphi = E_e \cdot J_e \cos\varphi.$$

Wir haben so die in der Elektrotechnik oft verwendete Formel für die Leistung eines Wechselstromes erhalten. Für die Arbeit eines Wechselstromes während einer Zeit $t$ haben wir

$$U_m = W_m t = E_e J_e \cos\varphi \cdot t.$$

Die größte Leistung erhält man dann, wenn $\cos\varphi = 1$. Dieser Fall tritt ein, erstens, wenn das Leitersystem lediglich aus einem OHMschen Widerstand besteht und zweitens, wenn die Wirkungen der Selbstinduktion und der Kapazität sich einander kompensieren, wie es z. B. bei der Resonanz der Fall ist. Die Formel für den Fall größter Leistung ist mit der Gleichstromformel identisch

$$U_m = E_e J_e.$$

Ein anderer Grenzfall tritt ein, wenn $\cos\varphi = 0$ ist. Dieser Fall ist nur möglich, wenn der Widerstand des Systems verschwindend klein ist. Die elektromotorische Kraft und die Stromstärke können dabei sehr große Werte haben und dennoch wird bei so einem Wechselstrome im Mittel keine Arbeit geleistet.

Wir werden diesen Fall im § **525** näher studieren.

**524. Ein Zahlenbeispiel.** Ein Induktor, welcher Funken von etwa 30 cm Länge zu erhalten erlaubt, besteht aus zwei Spulen.

Die primäre Spule enthält wenige auf einem Eisenkerne gewickelte Windungen, hat einen Widerstand von 0,2 Ohm und eine Selbstinduktion $L = 0{,}03$ Henry.

Die Sekundärspule mit einer sehr großen Zahl von Windungen feinen und gut isolierten Drahtes hat einen Widerstand von 25000 Ohm und eine Selbstinduktion von 40 Henry.

Wir verbinden jede dieser Spulen *einzeln* mit der Elektrizitätsquelle, indem jedesmal die andere Spule offen bleibt.

Die Elektrizitätsquelle liefert eine harmonische Wechselspannung mit der Periode $^1/_{50}$ Sek. und der Amplitude 120 Volt.

Wir erhalten dabei für die Amplituden der Stromstärken

$$J_1 = \frac{120}{\sqrt{(0{,}2)^2 + (100\pi \cdot 0{,}03)^2}} = 12{,}7 \text{ Amp.},$$

$$J_2 = \frac{120}{\sqrt{(25000)^2 + (100\pi\, 40)^2}} = 0{,}008 \text{ Amp.}$$

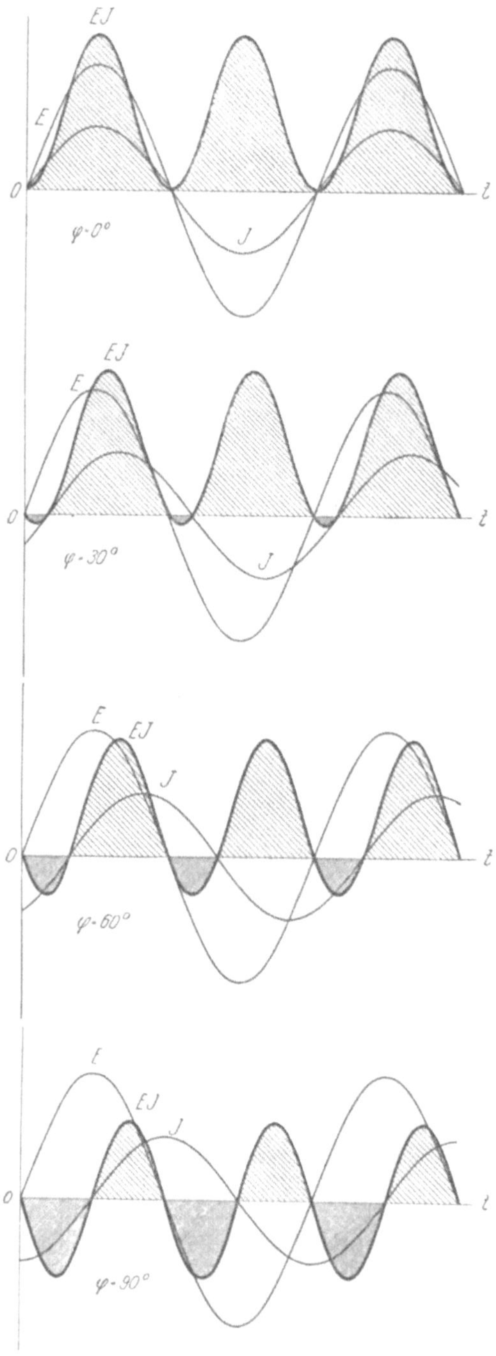


Abb. 429. Leistung im Wechselstromkreise.

Es ist leicht zu sehen, daß in der Primärspule hauptsächlich ihre Selbstinduktion wirkt, in der Sekundärspule aber ihr Widerstand.

Die Phasenverspätungen der Ströme gegenüber der Klemmspannung sind in diesen Spulen:

$$\operatorname{tg}\varphi_1 = \frac{100\pi \cdot 0{,}03}{0{,}2} = 47\,;$$

$$\varphi_1 = 88{,}7\,^\circ; \qquad \cos\varphi_1 = 0{,}022\,,$$

$$\operatorname{tg}\varphi_2 = \frac{100\pi \cdot 40}{25\,000} = 0{,}5\,;$$

$$\varphi_2 = 25{,}5^\circ; \qquad \cos\varphi_2 = 0{,}895\,.$$

Die Leistungen der Ströme sind

$$W_1 = \frac{120 \cdot 12{,}7}{2} \cdot 0{,}022 = 16{,}7\,\text{Watt},$$

$$W_2 = \frac{120 \cdot 0{,}008}{2} \cdot 0{,}895 = 0{,}4\,\text{Watt}.$$

**525. Die Arbeitsweise des Wechselstromes.** Es ist nützlich, die Arbeitsweise eines Wechselstromes in seinen verschiedenen Phasen näher zu verfolgen.

Zu dem Zwecke wollen wir die Kurven der Klemmspannung und der Stromstärke für die verschiedenen Fälle, wenn $\varphi = 0$, 30, 60 und 90° aufzeichnen (Abb. 429). In dieselben Zeichnungen tragen wir die Kurven ein, welche das Produkt $EJ$ für jedes Zeitmoment darstellen, also die Leistung.

Betrachten wir die Leistungskurven, so sehen wir, daß sie teilweise oberhalb der $t$-Achse, teilweise unterhalb der $t$-Achse verlaufen. Positiv ist die Leistung, wenn beide Faktoren positiv oder beide negativ sind, und negativ wird die Leistung in den Momenten, wo der Strom und die Spannung entgegengesetzte Zeichen haben. Aus dem Umstande, daß die Leistung zeitweise positiv und zeitweise negativ ist, schließen wir, daß die Energie im ersten Falle aus der Elektrizitätsquelle in das Netz strömt und im zweiten Falle aus dem Netze wieder zurück zu der Elektrizitätsquelle.

Die in unseren Zeichnungen gestrichelten Flächen stellen die Energiemengen dar, welche in einer gewissen Zeit, nämlich zwischen zwei Nullpunkten der Leistungskurve, entweder in das Netz hin- oder aus dem Netze zu der Elektrizitätsquelle zurückfließen. Sind die positiven, oberhalb der Zeitachse gelegenen Flächenstücke größer als die negativen, so fließt in einer Periode dem Netze mehr Energie zu als es zurückfließt; in dem entgegengesetzten Falle wirkt das Netz als Energiequelle.

Bei $\varphi = 0$, also bei einem Netz, welches ausschließlich OHMsche Widerstände enthält, ist die Energiezufuhr in jedem Moment positiv. Wächst der Winkel $\varphi$, so fließt ein Teil der zugeführten Energie zurück und endlich bei $\varphi = 90°$, welcher Fall eintritt, wenn der Widerstand des Leitungsnetzes klein im Vergleich zu seiner Induktivität ist, wird die Leistungskurve symmetrisch zu der $t$-Achse; das Netz verbraucht im Mittel keine Energie. Wieviel Energie in einer Viertelperiode $T/4$ dem Netze zugeführt wird, ebensoviel Energie wird während der Zeit der nächsten Viertelperiode vom Netze an die Energiequelle wieder zurückgegeben. Die Energie pendelt hin und her, ohne verbraucht zu werden.

**526. Das Pendeln der Energie.** Das Pendeln der Energie findet nicht nur im letzten Falle statt, wo $\cos\varphi = 0$ ist, sondern auch in anderen Fällen; aber im allgemeinen pendelt nicht die von der Quelle gelieferte Gesamtenergie, sondern nur ein Teil derselben. Das können wir am einfachsten aus unserer Formel für die Leistung sehen:

$$W = E_0 J_0 \sin at \cdot \sin(at - \varphi) = E_e J_e[\cos\varphi - \cos(2at - \varphi)]\,.$$

In dieser Formel ist das erste Glied

$$W_m = E_e J_e \cos\varphi$$

von der Zeit unabhängig und stellt die Leistung vor, welche immerfort vom Netze verbraucht wird; sie wird auf unseren Zeichnungen durch eine parallel zu der Zeitachse und im Abstande $E_e J_e \cos\varphi$ gezeichnete Gerade dargestellt. Diese Gerade ist nichts anderes als die Symmetrieachse der Leistungskurve. Das zweite Glied

$$W_p = -E_e J_e \cos(2at - \varphi)$$

ist bald positiv, bald negativ und stellt die pendelnde Energie dar. Die Periode, mit welcher die Energie hin und her pendelt, ist gleich der Hälfte der Periode des Stromes. Das sieht man direkt aus der Formel, denn eine doppelte Kreisfrequenz $2a$ bedeutet eben eine halbfache Periode. Man sieht es aber direkt auch aus unseren Zeichnungen.

Wir wollen den einseitigen Mittelwert der pendelnden Energie berechnen. Zu dem Zwecke müssen wir den Mittelwert der Größe $E_e J_e \cos(2at - \varphi)$ für ihre Halbperiode, d. h. für $T/4$, bestimmen und dann mit der Zeit $T/4$ multiplizieren.

Nun ist der Mittelwert der Größe $\cos(2at - \varphi)$ für eine halbe Periode gleich $2/\pi$ (S. 443, **501**). Folglich ist die in dieser Zeit durchgeflossene Energiemenge

$$U_1 = E_e J_e \frac{2}{\pi} \cdot \frac{T}{4} = \frac{E_e J_e}{a} = \frac{E_0 J_0}{2a}\,.$$

Um die Bedeutung dieser Formel klarer einzusehen, betrachten wir folgende Spezialfälle.

Der Leiter bestehe lediglich aus einer Selbstinduktion $L$. Dann haben wir

$$E_0 = J_0 a L$$

und folglich für den einseitigen Energiefluß

$$U_1 = \tfrac{1}{2} L J_0^2$$

und das ist gerade die Energiemenge, welche in dem Magnetfelde der Selbstinduktion bei dem Maximalstrom $J_0$ enthalten ist (S. 261, **303**).

Ist im Leiter nur eine Kapazität vorhanden, so haben wir

$$J_0 = a C E_0, \quad U_1 = \tfrac{1}{2} C E_0^2,$$

und das ist gerade die Energiemenge, welche im Dielektrikum des Kondensators bei der Potentialdifferenz $E_0$ enthalten ist (S. 83, **98**).

Jetzt wird es klar, was mit der Energie bei ihrem Pendeln zwischen dem Netze und der Energiequelle vorgeht. Die Energie fließt in das Netz hinein und wird teilweise durch den OHMschen Widerstand in Wärme verwandelt; der andere Teil der Energie sammelt sich während des einen Viertels der Periode in den magnetischen und elektrischen Feldern des Netzes, um in der nächsten Viertelperiode aus diesen Stellen wieder zu der Energiequelle zurückzufließen.

Selbstverständlich wird das Zurückströmen der Energie aus der Selbstinduktion und der Kapazität nur dann *vollständig* vor sich gehen, wenn keine andere speziell konstruierte Abflußstellen der Energie (Transformatoren, Motoren) im Netze vorhanden sind.

Ist eine Selbstinduktion und eine Kapazität parallel geschaltet und wir haben einen Resonanzfall (S. 459, **518**), so bleibt die Energie des Netzes konstant; sie pendelt im Netze selbst und geht von der Selbstinduktion zu der Kapazität und wieder zurück. Die Periode der Energieschwingungen ist auch in diesem Falle gleich der Hälfte der Periode des Stromes und der Klemmspannung. Wir überlassen es dem Leser, sich selbst zu überzeugen, daß im Falle der Resonanz, wo

$$a L = \frac{1}{a C}$$

ist, die maximalen Energien im Magnetfelde der Selbstinduktion und im elektrischen Felde des Kondensators einander gleich sind.

**527. Der Transformator.** Im Vorangehenden haben wir die Wirkung des Widerstands, der Selbstinduktion und der Kapazität in einem Leitersystem mit harmonisch wechselnder elektromotorischen Kraft studiert; wir wollen jetzt die Wirkung der gegenseitigen Induktion von zwei Leitersystemen untersuchen.

Auf ein und demselben Eisenkerne seien zwei Spulen gewickelt. Die eine Spule, welche wir die *Primärspule* nennen wollen, sei an eine Quelle von harmonisch veränderlicher Klemmspannung angelegt, die Sekundärspule bleibe einstweilen ungeschlossen. Dieser Fall ist mit dem von uns schon betrachteten Falle einer Selbstinduktion im Netze identisch. Schließen wir aber die Sekundärspule durch irgendeinen Leiter, so entstehen in ihr Induktionsströme, welche nach der LENZschen Regel den wirkenden Kräften entgegenwirken werden, d. h. ein Magnetfeld erzeugen werden, welches das Magnetfeld der Primärspule *schwächt*.

Mit der Schwächung des Magnetfeldes in der Primärspule wird auch ihre Wirkung in dem Primärnetz geschwächt, d. h. der Primärstrom wird *stärker*. Eine Schließung der Sekundärspule hat also eine Verstärkung des Primärstromes zur Folge.

Wir wollen diese Erscheinung quantitativ verfolgen.

Wir nehmen zunächst zur Vereinfachung und Übersichtlichkeit unserer Rechnung an, daß beide Spulen die gleiche Zahl von Windungen haben und so eng aneinander gewickelt sind, daß sie beide von demselben Induktionsfluß durchsetzt werden; es soll also keine magnetische Streuung stattfinden. In diesem Falle werden auch die elektromotorischen Kräfte in beiden Spulen einander gleich sein:

$$E_1 = E_2 = -n \dot{N} = E_0 \sin a t.$$

Die Änderungsgeschwindigkeit des magnetischen Induktionsflusses ist hier

$$\dot{N} = -\frac{E_0}{n}\sin at.$$

Es ändert sich demnach der Induktionsfluß selbst nach dem Gesetze (S. 438, **495**)

$$N = \frac{E_0}{na}\cos at.$$

Ist die Sekundärspule noch nicht geschlossen, was man in der Elektrotechnik als *Leerlauf* des Transformators bezeichnet, so können wir den Induktionsfluß durch die Stromstärke nach der Formel von HOPKINSON (S. 230, **268**) ausdrücken:

$$N = \mu\frac{4\pi n S}{l}J = \mu\frac{4\pi n S}{l}J_0\cos at.$$

Vergleichen wir diese Formel mit der vorangehenden und bezeichnen wir den Selbstinduktionskoeffizient der Primärspule mit $L$, so erhalten wir (S. 258, **300**)

$$L = \mu\frac{4\pi n^2 S}{l} = 4\pi\mu n_0^2\cdot Q, \qquad E_0 = aL\cdot J_0.$$

Diese Beziehung zwischen den Amplituden der Stromstärke und der Klemmspannung haben wir schon früher in ganz anderer Weise erhalten (S. 453, **512**). Die Stromstärke $J$ bei offener Sekundärspule nennt man den *Leerlaufstrom.*

Jetzt schließen wir die Sekundärspule. Die elektromotorische Kraft in dieser Spule ist uns schon bekannt, und wenn uns die Zusammensetzung des Sekundärnetzes bekannt ist, können wir auch die Stromstärke in ihm nach Größe und Phase berechnen. Diese Stromstärke sei $J_2$.

Bezeichnen wir die uns für diesen Fall noch unbekannte Stromstärke in der Primärspule mit $J_1$, so erhalten wir für den Induktionsfluß, welcher jetzt von der primären und der sekundären Spule zusammen erzeugt wird,

$$N = \mu\frac{4\pi S}{l}n(J_1 + J_2).$$

Die Größe $N$ in dieser Formel ist dieselbe wie früher, denn der Induktionsfluß im Transformator wird direkt durch die uns gegebene Klemmspannung $E_1$ der Primärspule festgelegt (vgl. die erste Formel dieses Paragraphen). Da wir nun annehmen, daß die primäre Klemmspannung uns nach Größe und Phase ein für alle Male gegeben ist, unabhängig davon, ob der Transformator arbeitet oder nicht, so ist dadurch auch der Induktionsfluß $N$ gegeben.

Beim Arbeiten unseres vereinfachten Transformators werden sich also nur die Stromstärken in beiden Spulen verändern, aber nicht die Klemmspannungen und nicht der gesamte Induktionsfluß.

Vergleichen wir jetzt unsere Formel für den Induktionsfluß beim Leerlauf und beim Arbeiten des Transformators, so sehen wir, daß

$$J = J_1 + J_2.$$

Wir haben also ein sehr einfaches Gesetz für den arbeitenden Transformator gefunden, nämlich: die Summe der Ströme in beiden Spulen ist in allen Fällen gleich dem Leerlaufstrome.

Man muß aber nicht vergessen, daß beide Ströme *Wechselströme* sind und verschiedene Phasen haben können. Ihre algebraische Summe wird also im

Vektordiagramm als eine *geometrische* Summe von zwei Vektoren erscheinen. Wir können also für den Transformator das folgende Vektordiagramm aufstellen (Abb. 430).

Wir ziehen die gegebene harmonisch veränderliche Klemmspannung der Primärspule vertikal nach oben $E_1$; der Induktionsfluß $N$ muß senkrecht dazu stehen (Phasenverspätung von 90°) und nach rechts gezogen werden. Die Stromstärken $J_1$ und $J_2$ müssen ein Dreieck bilden, in welchem der Leerlaufstrom in Phase mit dem Induktionsfluß $N$ bleiben muß. In diesem Dreieck sind uns die Seiten $J$ und $J_2$ schon bekannt nach Größe wie nach Richtung (nach Phase). Wir können also die gesuchte Größe $J_1$ sehr leicht konstruieren. Aber auch unabhängig von dieser Konstruktion können wir die primäre Stromstärke $J_1$ aus unseren Gleichungen bei bekannten $J$ und $J_2$ berechnen.

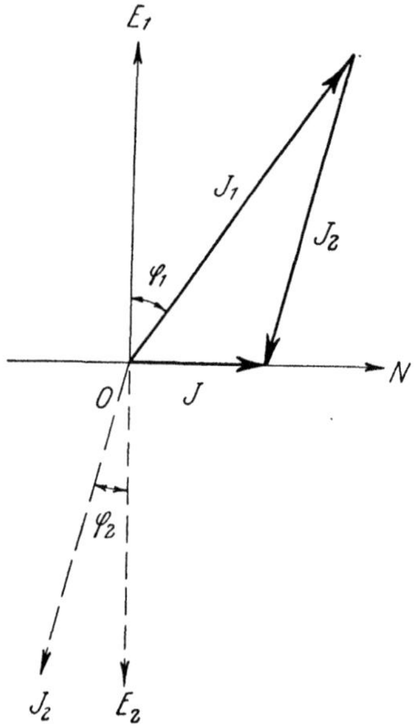

Abb. 430. Transformatordiagramm.

Das Vektordiagramm hat aber den großen Vorzug, daß es sehr anschaulich ist und eine leichte Orientierung in den verschiedensten Fällen der Praxis erlaubt.

Man pflegt die Klemmspannung der Sekundärspule entgegengesetzt zu der primären Spannung zu zeichnen, wie es bei uns durch die punktierte Gerade $E_2$ angezeigt ist. Dann zeichnet man auch die sekundäre Stromstärke, wie alle andere Größen, vom Koordinatenanfang ab und erhält so in der Zeichnung unmittelbar den Winkel $\varphi_2$, d. h. die Phasenverspätung des Primärstromes gegenüber der primären Klemmspannung.

Aus unserem Vektordiagramm (Abb. 430) können wir folgendes direkt ablesen:

Erstens sehen wir, daß bei kleinem Leerlaufstrom, was ja bei der großen Selbstinduktion der Primärspule sehr oft der Fall sein wird, die Ströme in der Sekundär- und in der Primärspule fast entgegengesetzt gleich sein werden.

Zweitens sehen wir, daß bei Stromentnahme aus der Sekundärspule die Stromstärke in der Primärspule nicht nur seiner Größe nach verändert wird, sondern auch in der Phase; der Winkel $\varphi_1$ wird verkleinert und die von der Elektrizitätsquelle gelieferte Leistung $W = \mathrm{E}_1 J_1 \cos\varphi$ wird gleichzeitig vergrößert. Beim Leerlauf sind Stromstärke und Klemmspannung zueinander rechtwinklig und die Leistung ist gleich Null.

Erinnern wir uns noch dessen, was wir von dem Pendeln der Energie (S. 465, **526**) gesagt haben, so können wir die Arbeit eines Transformators noch in folgender Weise schildern.

In der Zeit von einer Viertelperiode fließt die Energie durch die Primärspule in den Transformator hinein und sammelt sich in Form von magnetischer Energie seines Induktionsflusses

$$U_m = \tfrac{1}{2} L J_0^2, \qquad L = 4\pi\mu n_0^2 \cdot Q\,.$$

In der darauffolgenden Viertelperiode fließt die aufgespeicherte Energie teilweise in das Sekundärnetz und teilweise wieder zurück zu der Energiequelle des Primärnetzes. Je größer das Volumen $Q$ des Transformators, desto mehr kann sein Magnetfeld in dieser Zeit Energie aufspeichern.

Die mittlere Leistung eines Transformators, d. h. die Energiemenge, welche in der Zeiteinheit durch den Transformator vom Primärnetz zum Sekundärnetz in maximo durchfließen kann, wird demnach

$$W = \frac{U_m}{T/4}.$$

Wir sehen daraus, daß ein gegebener Transformator bei gegebenem Volumen $Q$ desto mehr Leistung übertragen kann, je kleiner die Periode, d. h. je größer die Frequenz des verwendeten Stromes ist.

**528. Der technische Transformator.** Im vorigen Paragraphen haben wir das Schema eines Transformators rechnerisch behandelt. Im Prinzip stimmt unser Schema mit den wirklichen technischen Transformatoren überein; dennoch unterscheidet sich ein technischer Transformator von unserem schematischen Transformator hauptsächlich in folgendem.

Vor allem haben die beiden Spulen eines Transformators meistens verschiedene Windungszahlen. Dieser Umstand ist leicht zu berücksichtigen, denn wir haben uns schon früher klargemacht (S. 281, **327**), daß bei verschiedenen Windungszahlen auch die Klemmspannungen an den beiden Spulen verschieden sein werden, nämlich

$$E_1 : E_2 = n_1 : n_2 .$$

Außerdem werden die magnetomotorischen Kräfte, welche von jeder Spule erzeugt werden und folglich auch der Induktionsfluß $N$ für jede Spule einen anderen Koeffizienten haben, denn der von einer Spule erzeugte Induktionsfluß ist ja ihrer Windungszahl proportional. Bezeichnen wir die Windungszahlen entsprechend mit $n_1$ und $n_2$, so müssen wir jetzt unsere Gleichung für den Induktionsfluß bei Leerlauf und bei belastetem Transformator in folgender Weise schreiben

$$N = \mu \frac{4\pi S}{l} n_1 J = \mu \frac{4\pi S}{l} (n_1 J_1 + n_2 J_2) .$$

Wir sehen daraus, daß das von uns aufgestellte Gesetz, daß die Summe der Arbeitsströme stets gleich dem Leerlaufstrom sein muß, beim wirklichen Transformator nicht für die Ströme selber, sondern für die Produkte aus der Windungszahl und der entsprechenden Stromstärken gilt. Das Gesetz gilt nicht für Ampere, sondern für die Amperewindungen:

$$n_1 J = n_1 J_1 + n_2 J_2 .$$

Wenn wir das berücksichtigen, so können wir unser Transformatorendiagramm eigentlich unverändert lassen, wenn wir nur, nicht die Klemmspannungen selbst, sondern den Quodienten aus der Klemmspannung und der Windungszahl der Spulen, d. h. die elektromotorische Kraft in *einer* Windung zu zeichnen; außerdem muß man nicht die Ströme selbst, sondern die Amperewindungen im Transformatordiagramm einzeichnen.

Wir empfehlen dem Leser irgendeinen Transformator durchzurechnen, d. h. anzunehmen, daß die Sekundärspule zunächst offen ist (Leerlauf) und dann durch einen allmählich abnehmenden Widerstand geschlossen wird. Bei gegebener Klemmspannung der Primärspule wird zunächst die elektromotorische Kraft und die Stromstärke in der Sekundärspule nach Größe und Phase berechnet. Dann wird nach dem Leerlaufstrom und dem Sekundärstrome der Strom in der Primärspule bestimmt. Strom und Spannung in der Primärspule ergeben endlich die von der Elektrizitätsquelle gelieferte Leistung. Es ist sehr lehrreich, alle diese Größen als Funktionen der Belastung der Sekundärspule darzustellen.

Außer der Windungszahl werden bei Berechnung eines technischen Transformators noch verschiedene andere Umstände berücksichtigt, welche wir nur kurz erwähnen wollen.

Erstens wird in einem technischen Transformator nicht die gesamte Energie der primären Spule in die sekundäre Spule transportiert; ein Teil geht im Transformator selbst verloren. Die Spulen werden durch den Strom erwärmt und in dem Eisenkern wird ein Teil der magnetischen Energie durch Hysteresis und Foucaultströme in Wärme verwandelt. Aber alle diese Verluste sind bei den modernen Transformatoren sehr gering und betragen bei gut gebauten Transformatoren nicht mehr als 1%.

Zweitens haben wir in unserem Schema angenommen, daß der gesamte Induktionsfluß der Primärspule auch die Sekundärspule durchsetzt. In Wirklichkeit wird eine gewisse, wenn auch sehr kleine Streuung, stets vorhanden sein. Die Wirkung einer Streuung wird dieselbe sein, als ob vor den Spulen des Transformators und außerhalb desselben noch kleine Selbstinduktionsspulen vorgeschaltet wären. Unser Diagramm bleibt also gültig nach Abzug der äußeren Spulen.

Drittens bleibt die Klemmspannung der Elektrizitätsquelle nicht ganz unabhängig von der Belastung des Transformators, obgleich im allgemeinen dafür gesorgt wird, daß diese Klemmspannung möglichst konstant bleibt.

Endlich ist noch die Abhängigkeit der Permeabilität des Eisens von der Feldstärke zu berücksichtigen. Wir verweisen auf die speziellen technischen Lehrbücher, wo die Wirkung aller dieser Umstände in allen ihren Einzelheiten besprochen werden.

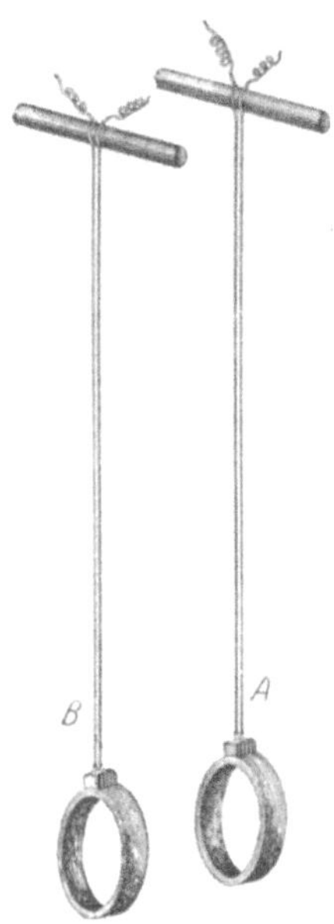


Abb. 431. Zwei Spulen.

**529. Die mechanischen Wirkungen der Wechselströme aufeinander.** Wir nehmen zwei leichte Spulen, die an langen biegsamen Zuleitungsdrähten, also leicht beweglich, aufgehängt sind (Abb. 431) und schicken zwei Wechselströme durch diese Spulen. Wir bezeichnen die Amplituden der Ströme in diesen Spulen mit $J_1$ und $J_2$, und ihre Phasendifferenz mit $\varphi$. Die elektromagnetischen Wirkungen der Spulen aufeinander werden im allgemeinen von ihrer Form und ihrer gegenseitigen Lage abhängen; jedenfalls wird diese Wirkung proportional zu der Stromstärke in jeder von diesen beiden Spulen sein, also proportional zu dem Produkt

$$J_1 J_2 \sin a t \cdot \sin(a t - \varphi) .$$

Wir wissen, daß dieses Produkt eine mit der Zeit veränderliche Größe vorstellt, welche ihr Zeichen immerfort wechselt. Die zwei Spulen werden also periodisch angezogen und voneinander abgestoßen. Nun ist die Frequenz der technischen Wechselströme meistens so groß ($T = {}^1/_{50}$ sek. oder 50 Perioden in der Sekunde), daß die Spulen dem schnellen Wechsel der Kraft nicht folgen können. Dennoch bleibt eine mittlere Kraftwirkung übrig, und wir können sogar diesen Mittelwert (S. 444, **503**) angeben: er muß proportional zu

$$\tfrac{1}{2} J_1 J_2 \cos\varphi$$

sein. Ob wir eine Anziehung oder eine Abstoßung der zwei Spulen beobachten werden, hängt also außer von der Richtung der Spulen noch von der Phasendifferenz ihrer Ströme, nämlich vom $\cos\varphi$, ab.

Sind die beiden Ströme phasengleich und haben die Windungen der Spulen gleiche Richtung, so werden wir eine Anziehung beobachten. Verändern wir die Phase des einen Stromes, so wird der Faktor $\cos\varphi$ verkleinert, und die Anziehung wird kleiner, bis die Phasendifferenz gleich $\varphi = 90°$ wird, $\cos\varphi = 0$; dann wird die mittlere Kraftwirkung der Spulen aufeinander auch gleich Null sein. Vergrößern wir die Phasendifferenz noch weiter ($\varphi > 90°$), so wird der $\cos\varphi$ negativ, und bei derselben gegenseitigen Richtung der Spulen geht die Anziehung in die Abstoßung über. Alle diese Fälle sind leicht mit unseren Spulen zu beobachten.

Wir bemerken noch, daß, wenn wir die eine von den Spulen um 180° umdrehen, so wechselt ihr Magnetfeld sein Zeichen. Ein Zeichenwechsel des Magnetfeldes und der ihm entsprechenden Stromstärke ist mit einer Phasenverschiebung um 180 gleichbedeutend.

**530. Versuche von Elihu Thomson.** Die Kraftwirkungen der Wechselströme aufeinander bei *gleichzeitigen* Induktionswirkungen lassen sich durch die Anordnungen von E. Thomson sehr schön demonstrieren. Bei diesen Versuchen wird der eine von den beiden aufeinanderwirkenden Strömen von der Elektrizitätsquelle geliefert, der andere entsteht durch Induktion.

Auf einem vertikal aufgestellten Elektromagneten mit herausragendem Kern $A$ ist ein dicker Kupferring $B$ aufgesetzt. Schicken wir durch den Elektromagnet einen Wechselstrom und halten den Kupferring mit der Hand fest, so werden wir merken, wie sich der Kupferring schnell erwärmt. Wir haben hier nämlich einen Transformator vor uns, in welchem die Sekundärspule nur aus einer einzigen Windung (Kupferring) besteht. Bei dem kleinen Widerstande des Ringes entstehen in ihm sehr starke Induktionsströme, welche die Wärmewirkungen hervorbringen.

Wie wir schon wissen, haben diese Induktionsströme eine fast entgegengesetzte Phase gegenüber den Primärströmen und werden demnach von ihnen abgestoßen. Läßt man den Ring los, so fliegt er hoch empor (Abb. 432).

Den Ring $B$ kann man über dem Elektromagnet oder in der Mitte einer größeren Spule um eine Vertikalachse drehbar anordnen (Abb. 433). Benutzt man $A$ als Primärspule und schickt einen Wechselstrom durch,

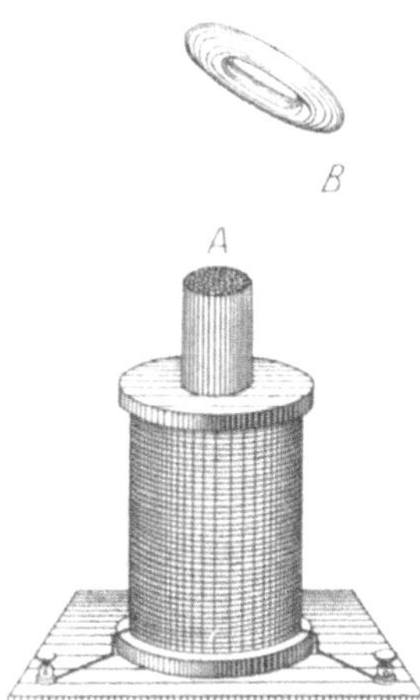

Abb. 432.

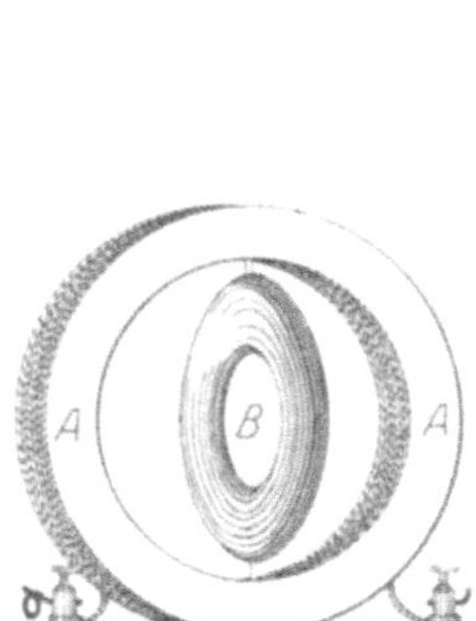

Abb. 433.

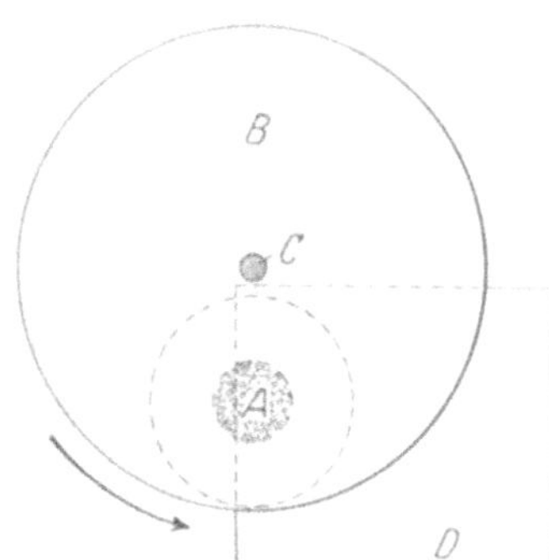

Abb. 434.

Versuche von Elihu Thomson

so dreht sich sofort der innere Ring so um, daß seine Achse normal zu der Achse der Primärspule zu stehen kommt. Das erklärt sich sehr einfach: der innere Ring wird von der Primärspule stets abgestoßen, und kann nur dann in Ruhe bleiben, wenn in ihm keine Ströme induziert werden, d. h. wenn seine Ebene parallel zum Magnetfelde der Primärspule steht.

Es ist nützlich, diesen Fall näher zu untersuchen. Bezeichnen wir den Winkel, den die Achsen der beiden Spulen miteinander bilden, mit $\alpha$. Der Induktionsfluß der Primärspule durch die Sekundärspule ist proportional zu $\cos\alpha$ und der im Ringe induzierte Strom wird auch zu derselben Größe $\cos\alpha$ proportional sein. Das Moment der Kraft, mit welcher das Magnetfeld der Primärspule auf die Sekundärspule wirkt, ist aber (S. 215, **257**) proportional zu $\sin\alpha$. Im ganzen ist also das Moment der Kraftwirkung auf den Ring proportional zu dem Produkte

$$2\sin\alpha\cos\alpha = \sin 2\alpha .$$

Wir sehen daraus, daß, wenn der Ring parallel zu der Spule steht ($\alpha = 0$) und ebenso wenn der Ring normal zu der Spule steht ($\alpha = 90°$), in beiden Fällen das Kraftmoment gleich Null ist. Dennoch sind beide Fälle verschieden, denn im ersten Falle ist das Gleichgewicht labil, im zweiten aber stabil. In der Tat, wenn wir im ersten Falle den Ring nur ein wenig aus seiner parallelen Lage verdrehen, entsteht ein Kraftmoment, welches den Ring noch weiter zu drehen sucht. Der Leser möge die Richtung der Kräfte zeichnerisch verfolgen. Das größte Kraftmoment erhalten wir offenbar für $\sin 2at = 1$, also bei $\alpha = 45°$.

Wir beschreiben noch den folgenden Versuch von Elihu Thomson.

Über dem Elektromagnet des ersten Versuchs befestigen wir eine horizontale, um eine Vertikalachse frei drehbare Scheibe (Abb. 434 ist eine Ansicht von oben). Die Achse der Scheibe ist zu dem Elektromagnet exzentrisch angebracht. Schicken wir durch den Elektromagnet einen Wechselstrom, so werden in der Scheibe Induktionsströme entstehen, welche erstens die Scheibe erwärmen und außerdem sie in der Richtung ihrer Drehachse weg von dem Elektromagnet abstoßen (wie den Ring im ersten Versuche); die Scheibe sitzt aber auf ihrer Achse fest und kann dieser Abstoßungskraft nicht folgen. Nun schieben wir zwischen $A$ und $B$ eine Kupferplatte $D$ ein. Es werden dann Induktionsströme auch in $D$ entstehen. Da nach der Lentzschen Regel diese Ströme den Strömen der Primärspule entgegengesetzt sind, so werden sie die Induktionswirkungen in $B$ vermindern. Daß das wirklich der Fall ist, läßt sich auch in der ersten Versuchsanordnung zeigen, indem man über den Elektromagnet $A$ (Abb. 432) einen Kupferbecher fest aufsetzt; dann springt der Kupferring nicht mehr weg.

Schieben wir die Kupferplatte aus dem Felde zur Hälfte heraus, wie es in der Abb. 434 angedeutet ist, so werden gleichzeitig Induktionsströme in $B$ und in $D$ entstehen; sie werden gleiche Richtung haben und werden sich gegenseitig anziehen. Als Folge davon erhalten wir eine Drehung der Scheibe in der in der Abb. 434 angegebenen Richtung.

**531. Das Einschalten eines Leitersystems bei Wechselspannung.** Es sei uns eine harmonisch wechselnde Klemmspannung und ein Leitersystem gegeben. Nach den oben angegebenen Formeln können wir die Stromstärke in unserem Leitersystem berechnen; es sei

$$J = J_0 \cos at .$$

Diese Formel gilt aber nur nach einer gewissen Zeit nach dem Einschalten, wenn alle durch das Einschalten erregten Extraströme (S. 255, **298**) schon abgeklungen sind (stationärer Zustand). Unsre Formel gibt nämlich für $t = 0$, den Strom $J = J_0$, wo doch in Wirklichkeit der Strom beim Einschalten gleich Null sein muß. Wollen wir also unsere Formel so vervollkommnen, daß sie auch die Stromstärke in den ersten Momenten nach dem Einschalten richtig beschreibt, so müssen wir die beim Einschalten entstehenden Extraströme berücksichtigen.

Früher haben wir für den Extrastrom eine Exponentialformel angenommen; jetzt wissen wir aber, daß das nicht immer richtig ist, denn in einem Leitersystem, welches Selbstinduktionen und Kapazitäten enthält, können elektrische Schwingungen entstehen; bei stets vorhandenen Widerständen werden diese Schwingungen nach ihrem Entstehen allmählich abklingen. Das sind für uns jetzt die *Extraströme* (S. 254, **298**) beim Einschalten. Berücksichtigen wir dieses, so können wir für die Stromstärke im Falle einer ***konstanten*** elektromotorischen Kraft die folgende Formel schreiben

$$J = J_0(1 - e^{-\varkappa t}\cos a_0 t),$$

die bei *aperiodischer* Abklingung des Extrastromes in unsere frühere Formel (S. 256, **298**) übergeht:

$$J = J_0(1 - e^{-\varkappa t}).$$

Man vergleiche die Abb. 435 mit der Abb. 269 (S. 255).

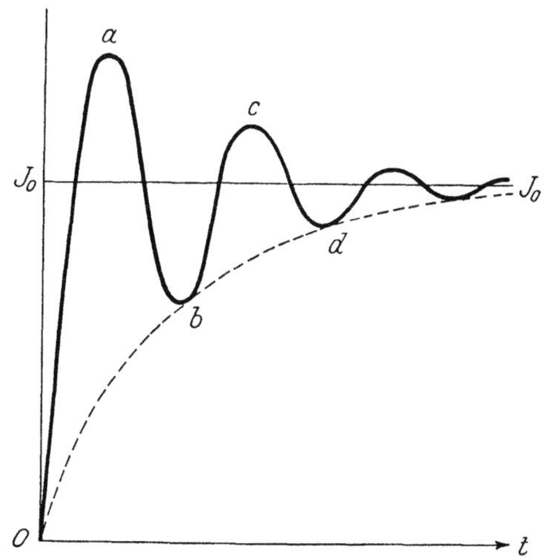


Abb. 435. Einschalten eines Gleichstromes.

Im Falle einer harmonisch veränderlichen elektromotoriechen Kraft erhalten wir offenbar beim Einschalten ebenfalls Extraströme von analoger Form. Setzen wir

$$J = J_0(\cos at - e^{-\varkappa t}\cos a_0 t),$$

so erhalten wir jetzt für den Moment des Einschaltens $t = 0$ auch $J = 0$, und nach einer genügend großen Zeit, mathematisch gesprochen für $t = \infty$, erhalten wir das oben angegebene Resultat $J_0 \cos at$ für den stationären Wechselstrom·

Ist das Leitersystem so beschaffen, daß der Strom in ihm aperiodisch abklingt, so erhalten wir für die Stromstärke die Formel

$$J = J_0(\cos at - e^{-\varkappa t}).$$

Dieser Fall ist in der Abb. 436 dargestellt. Der stationäre Wechselstrom und der Extrastrom sind einzeln durch feinere Linien angedeutet und ihre Summe durch eine fettere Linie. Die Abbildung zeigt, daß die Summe dieser zwei Ströme erheblich größere Maximalwerte $J_2$ annehmen kann als jeder von den Strömen einzeln.

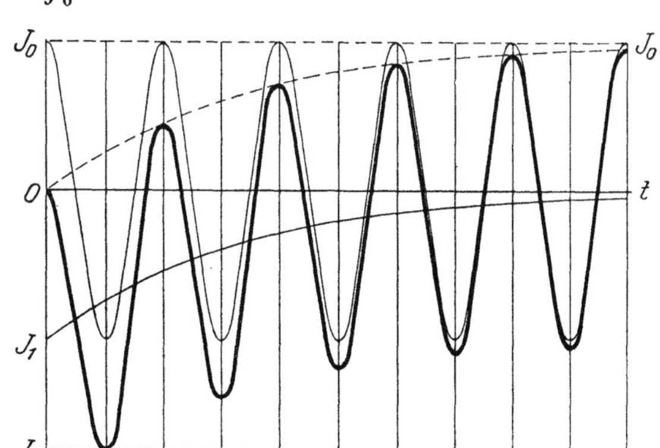


Abb. 436. Einschalten eines Wechselstromes.

Dieselbe Bemerkung betrifft auch die den Strömen entsprechenden Potentialdifferenzen; sie können ebenso beim Einschalten viel höhere Werte erreichen als bei weiterem stationären Stromverlauf. Um gefährlichen Spannungen vorzubeugen, muß das Einschalten möglichst allmählich geschehen.

Wir bemerken noch, daß, wenn wir das Einschalten geradezu in dem Moment besorgen, für welchen $J = 0$ ist, so entsteht überhaupt kein Extrastrom, und der Wechselstrom arbeitet so, als ob er seinen stationären Zustand stets gehabt hat.

## 3. Mehrphasenströme.

**532. Zweiphasenstrom.** Unter dem Namen Mehrphasenströme versteht man ein System von Strömen derselben Periode, aber verschiedener Phase; es kommen praktisch nur zwei Systeme in Betracht: Zweiphasen- und Dreiphasensystem.

Denken wir uns in dem Schema Abb. 416, S. 451 statt einer Stromschleife deren zwei, und ihre Ebenen seien senkrecht zueinander (Abb. 437); dann erhalten wir in beiden Schleifen je eine harmonische elektromotorische Kraft derselben Periode und derselben Amplitude. Da aber in der einen Schleife der Induktionsfluß sein Maximum erreicht, wenn er in der anderen Schleife

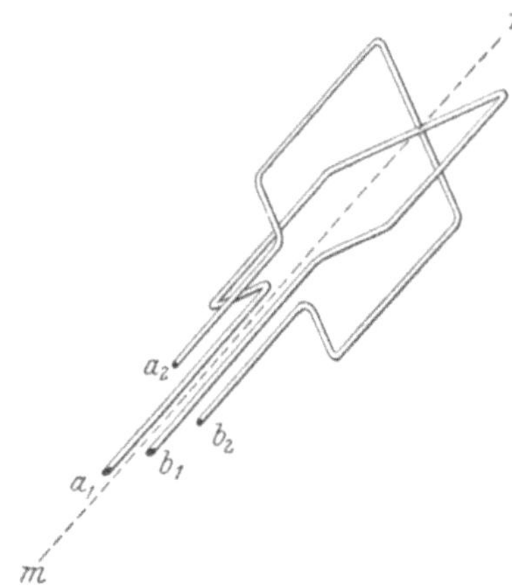


Abb. 437.

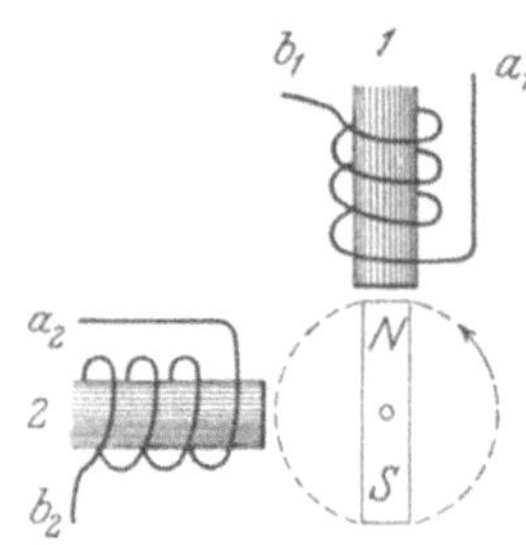


Abb. 438.

Entstehung eines Zweiphasenstromes.

Null ist, so werden die Induktionsflüsse, die elektromotorischen Kräfte und bei gleichen Bedingungen auch die Ströme gegeneinander eine Verspätung um eine Viertelperiode haben. Wir erhalten also in den zwei Stromschleifen die folgenden zwei elektromotorischen Kräfte

$$E_1 = E_0 \sin at, \quad E_2 = E_0 \sin(at - 90°).$$

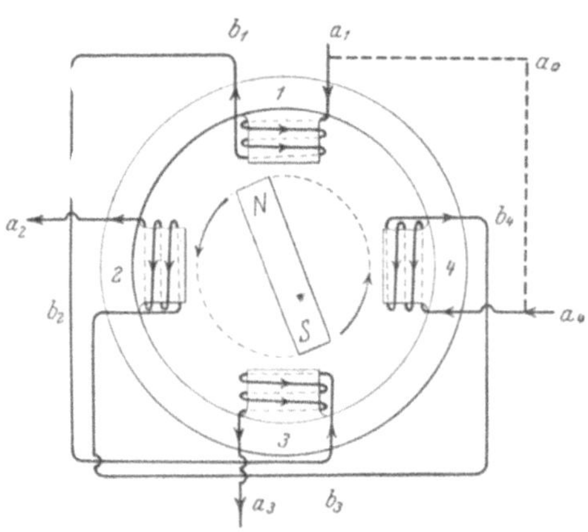


Abb. 439. Vierphasengenerator.

Dasselbe Resultat können wir erhalten, wenn wir die Schleifen oder sogar ganze Spulen in Ruhe lassen, dafür aber das wirkende Magnetfeld um dieselben herumrotieren lassen; es kommt ja nur auf die relative Bewegung des Feldes und des Leiters hinaus. In der Abb. 438 sind zwei unbewegliche Spulen gezeichnet, welche senkrecht zueinander angeordnet sind. In ihrer Nähe wird ein Magnet oder besser ein Elektromagnet $NS$ in gleichmäßige Rotation versetzt. Dadurch wird in den beiden Spulen elektromotorische Kräfte mit einer Phasendifferenz von $90°$ erzeugt.

Wenn wir statt zwei Spulen deren vier symmetrisch anordnen (Abb. 439), so erhalten wir vier elektromotorische Kräfte mit den Phasendifferenzen 0, 90, 180 und $270°$ (ein Vierphasensystem). Dabei entstehen in zwei diametral liegenden Spulen gleiche und entgegengesetzte elektromotorische Kräfte; wir können diese Spulen so hintereinanderschalten, daß ihre elektromotorischen Kräfte gleiche Phasen haben und sich addieren. Dann erhalten wir wieder wie im vorigen

Falle zwei um 90° gegeneinander verschobene elektromotorische Kräfte (ein Zweiphasensystem).

**533. Dreiphasenstrom.** Ganz nach demselben Schema können wir auch drei Systeme von Leitern in einer Maschine so anordnen, daß wir einen Dreiphasenstrom erhalten. In der Abb. 440 sind drei und in der Abb. 441 sind sechs Spulen um einen rotierenden Elektromagneten angeordnet. In beiden Fällen erhalten wir drei elektromotorische Kräfte von der Form

$$E_1 = E_0 \sin at\,, \qquad E_2 = F_0 \sin(at - 120^\circ)\,, \qquad E_3 = E_0 \sin(at - 240^\circ)\,.$$

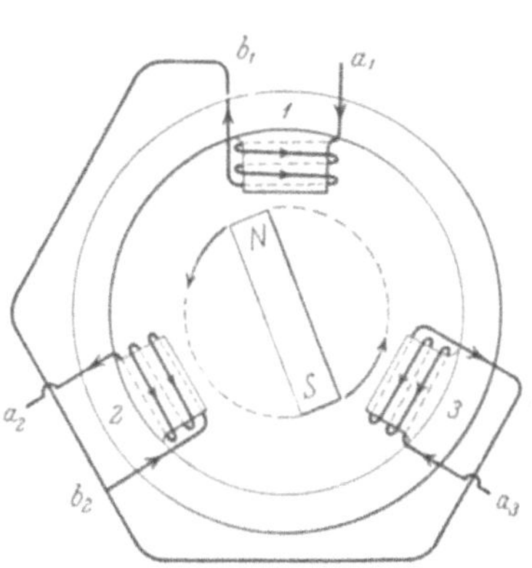


Abb. 440.

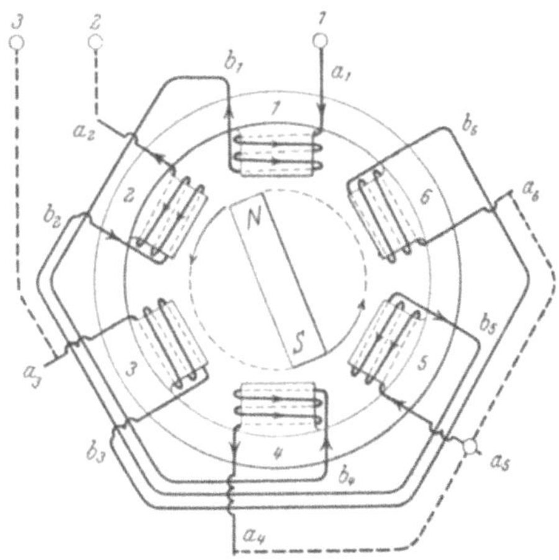


Abb. 441.

Dreiphasengenerator.

Diese drei elektromotorischen Kräfte sind in der Abb. 442 in ihrer Abhängigkeit von der Zeit dargestellt. Das sind drei Sinusoide, welche gegeneinander um $T/3$, d. h. um 120°, in Phase verschoben sind.

**534. Zahl der Stromleiter im Dreiphasensystem.** Wir haben schon beim Zweiphasensystem gesehen, daß die zwei diametral gegenüberliegenden Spulen zu einem Leiter in Hintereinanderschaltung verbunden werden können. Ganz ebenso können wir auch bei der Dreiphasenmaschine (Abb. 441) verfahren und erhalten so *drei* Leitersysteme. Drei Leiter haben offenbar *sechs* Enden oder Klemmen. Nun bestimmt die Induktion in den Spulen nicht die *absoluten* Potentiale aller dieser Klemmen, sondern nur ihre *Potentialdifferenzen*. Wir können also die eine Klemme jeder Spule mit der Erde verbinden oder alle drei an einen gemeinsamen Leiter anschließen. In der Abb. 440 und 441 sind z. B. alle $b$-Klemmen miteinander verbunden, was mit den noch übriggebliebenen drei $a$-Klemmen im ganzen *vier* Stromleiter gibt. Stellen wir uns vor, die gemeinsame $b$-Klemme sei mit jeder $a$-Klemme durch drei gleiche Leiter verbunden; dann werden die drei Ströme, welche aus den $a$-Klemmen herauskommen, durch die vierte

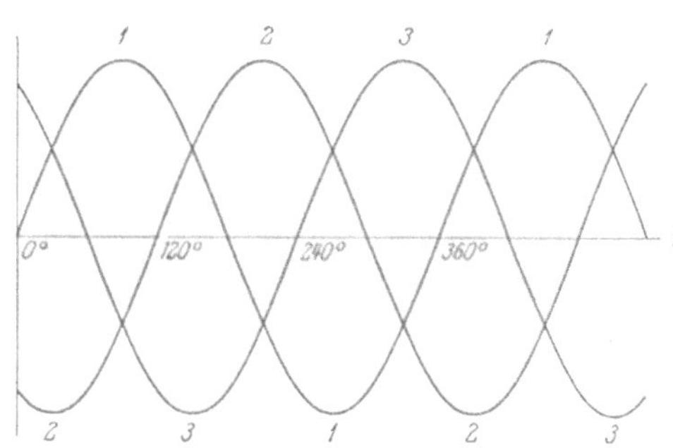


Abb. 442. Dreiphasenstromkurven.

*b*-Klemme wieder zu der Maschine zurückfließen müssen. Nun ist es leicht zu beweisen, daß, wenn alle drei Widerstände einander gleich sind oder, wie man sich ausdrückt, wenn alle drei Stromleiter *gleich belastet* sind, die Summe der Ströme gleich Null ist:

$$J_0 \sin at + J_0 \sin(at - 120°) + J_0 \sin(at - 240°) = 0\,.$$

Diese Beziehung kann leicht bewiesen werden, indem man diese Summe durch Öffnen der Klammern direkt ausrechnet, oder wenn man das entsprechende Vektorendiagramm zeichnet. Drei gleiche Amplituden mit einer Phasendifferenz von je 120° bilden nämlich ein gleichschenkliges Dreieck, und ihre geometrische Summe ist gleich Null (das Dreieck ist ja geschlossen).

Da nun der Strom im vierten *b*-Leiter den Wert Null hat, kann der Leiter einfach fortbleiben. In der elektrotechnischen Praxis besteht in der Tat ein Dreiphasensystem meistens aus *drei* Stromleiter, die man zur Abkürzung mit „drei Phasen“ zu bezeichnen pflegt.

Was geschieht nun mit dem Strome, wenn die drei Phasen nicht gleichmäßig belastet sind und der vierte, sog. Nulleiter, schon fortgelassen ist? Die Antwort auf diese Frage ergibt sich von selbst. Da der vierte Stromleiter nicht da ist, so müssen die Ströme in den anderen drei Leitern im Vektordiagramm ein *geschlossenes* Dreieck bilden. Das Dreieck braucht aber dabei kein gleichschenkliges zu sein, und die Phasendifferenzen der Ströme sind nicht mehr gleich 120°.

**535. Dreieckschaltung und Sternschaltung.** Die Spulen, in denen die Wechselspannungen induziert werden, können in verschiedener Weise miteinander geschaltet werden. Wir wollen hier nur die zwei öfter vorkommenden Schaltungen betrachten: die Dreieckschaltung und die Sternschaltung.

In der Abb. 443 ist die Dreieckschaltung schematisch dargestellt; es ist leicht zu ersehen, daß die Potentialdifferenzen zwischen den Klemmen (*1*, *2*), (*2*, *3*) und (*3*, *4*) gleich den elektromotorischen Kräften sind, welche in den Spulen *a*, *b* und *c* induziert werden.

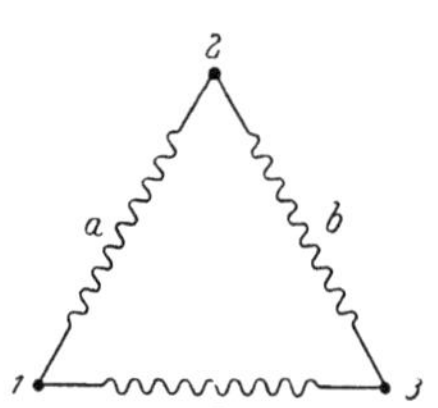

Abb. 443. Dreieckschaltung.

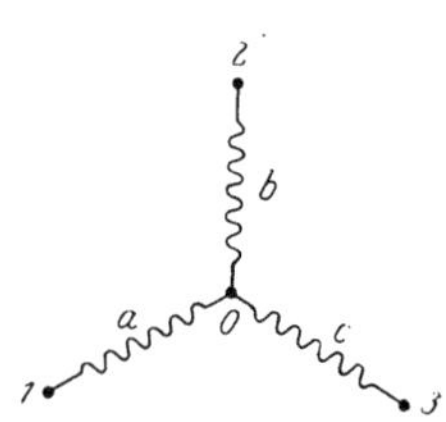

Abb. 444. Sternschaltung.

Bei der Sternschaltung (Abb. 444) erhalten wir zwischen den Klemmen *1* und *2* eine Spannung gleich der Summe der Spannungen in den Spulen *a* und *b*. Berücksichtigen wir, daß der Nullpunkt *0* zwischen diesen beiden Spulen liegt, so müssen wir für die resultierende Spannung die Differenz nehmen

$$E = E_0 \sin(at) - E_0 \sin(at - 120°) = E_0 2 \sin(60°) \cos(at - 60°)\,,$$
$$E = \sqrt{3} \cdot E_0 \sin(at + 30°)\,.$$

Die Sternschaltung ergibt also eine um $\sqrt{3}$ größere Klemmspannung als die Dreieckschaltung.

Was aber die Stromstärken anbetrifft, so ergibt sich gerade das entgegengesetzte Resultat. In der Tat, wir erhalten bei der Sternschaltung (Abb. 444), z. B. in dem Stromleiter, welcher mit der Klemme *1* verbunden wird, dieselbe Stromstärke wie in der Spule *a*. Bei der Dreieckschaltung (Abb. 443) dagegen fließen zu der Klemme *1* zwei Ströme gleichzeitig; aus der Spule *a* und aus der Spule *c*.

In unseren Abb. 440 und 441 ist eine Sternschaltung angewandt.

Nicht nur in den Maschinen selbst, sondern auch beim Einschalten von Leitern an die drei Klemmen *1, 2, 3* eines Dreiphasensystems kann man beide Schaltungsweisen anwenden; zuweilen wird auch eine Kombination von beiden Schaltungsweisen gebraucht.

Nach dem soeben gesagten wird es dem Leser nicht schwer, in den verschiedenen in der Praxis vorkommenden Fällen sich schnell zu orientieren.

**536. Mehrpolige Maschinen.** In allen bis jetzt von uns angegebenen Anordnungen für die Erzeugung von Wechselströmen war die Periode der elektromotorischen Kraft gleich der Umdrehungszeit der Maschine. In der Technik wird fast immer ein Wechselstrom von 50 Perioden in der Sekunde gebraucht; dazu müßten also die induzierenden Elektromagnete 50 Umdrehungen in der Sekunde oder 3000 Umdrehungen in der Minute machen. Bei großen Maschinen wird diese Umdrehungszahl wegen der dabei entstehender Zentrifugalkraft schon unbequem. Es läßt sich aber die Umdrehungszahl vermindern, wenn man die Zahl der induzierenden Magnetpole vergrößert. In der Abb. 445 hat der induzierende Magnet zwei Paar Pole. Bei jeder Umdrehung wird bei dieser Anordnung das Magnetfeld in jeder Spule *viermal* statt *zweimal* seine Richtung ändern, und um dieselbe Frequenz zu erhalten, müssen wir zweimal langsamer drehen. Bei *n* Paar Magnetpolen kann die Rotationsgeschwindigkeit *n* mal kleiner sein.

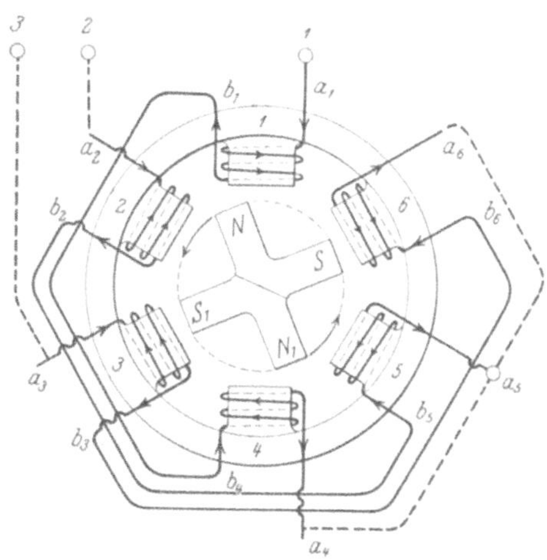


Abb. 445. Mehrpolige Maschinen.

Außerdem ist zu beachten, daß bei zwei Paar Magnetpolen die diametral liegenden Spulen gleichzeitig durch gleichnamige Pole induziert werden; sie erhalten also auch *gleichphasige* elektromotorische Kräfte und müssen entsprechend miteinander verbunden werden (vgl. Abb. 445 mit Abb. 441).

**537. Das magnetische Drehfeld.** Ein Mehrphasenstrom wird oft benutzt, um ein sich drehendes Magnetfeld zu erzeugen.

Am einfachsten kann man sich das an dem Beispiel eines Zweiphasenstromes klarmachen.

Es seien z. B. zwei gleiche harmonisch wechselnde Magnetfelder gegeben (zwei Spulen), die senkrecht zueinander angeordnet sind. Ihre Amplituden und Perioden seien gleich, aber die Phasen um 90° gegeneinander verschoben.

$$M_1 = M_0 \sin at\,,$$
$$M_2 = M_0 \sin(at - 90) = M_0 \cos at\,.$$

Da beide Felder rechtwinklig zueinander stehen, so wird in jedem Zeitmoment das resultierende Feld gleich der Hypothenuse (Abb. 446)

$$M = \sqrt{M_1^2 + M_2^2} = M_0 \sqrt{\sin^2 at + \cos^2 at} = M_0\,.$$

Die Größe der resultierenden Feldstärke bleibt also konstant. Die Richtung des resultierenden Feldes ergibt sich aus

$$\operatorname{tg}\alpha = \frac{M_1}{M_2} = \frac{M_0 \sin at}{M_0 \cos at} = \operatorname{tg} at\,, \qquad \text{also} \qquad \alpha = at\,.$$

Wir sehen, daß der Winkel $\alpha$ proportional der Zeit wächst. Das resultierende Magnetfeld dreht sich demnach gleichmäßig in der positiven Richtung (vgl. Abb. 446) und macht eine volle Umdrehung in der Zeit $T$. Setzen wir in das Drehfeld eine Kompaßnadel ein, so wird sie sich in demselben Sinne drehen wie das Feld. Schalten wir die eine von den zwei Spulen um, dann wird das harmonisch schwingende Feld sein Zeichen, d. h. seine Phase, um 180° ändern, und wir erhalten ein Drehfeld mit *entgegengesetzter* Drehung.

Ferraris war der erste, welcher bemerkt hat, daß solch ein Drehfeld einem sich drehenden Magneten äquivalent ist und analoge Wirkungen ausüben kann. Bringen wir z. B. in das Drehfeld einen Kupferzylinder hinein, so werden in ihm Induktionsströme entstehen, ganz wie in dem Versuche von Arago mit dem rotierenden Magnet (S. 253, **294**). Ist der Kupferzylinder auf einer Achse drehbar befestigt, so wird er in Rotation versetzt. Nach diesem sog. Ferrarisschen Prinzip werden jetzt Meßinstrumente und Elektromotoren gebaut.

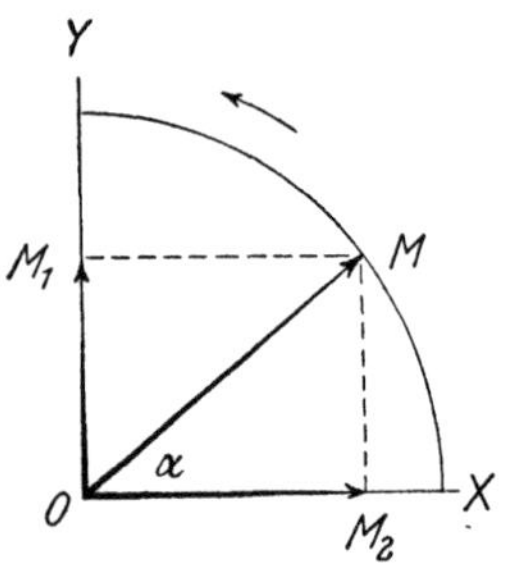

Abb. 446. Drehfeld.

Bei einem Dreiphasenstrom erhält man ganz dieselben Erscheinungen, was z. B. aus der Abb. 440 zu ersehen ist. Die drei Spulen erzeugen jede ein pulsierendes Magnetfeld, da aber ihre Phasen gegeneinander um 120° verschoben sind, so erhalten wir das maximale Feld in einem bestimmten Momente bei der Spule (*1*), dann nach einem Drittel der Periode, bei der Spule (*2*) und noch nach einem Drittel der Periode, bei der Spule (*3*) usw. Mit anderen Worten, wir erhalten auch hier ein Drehfeld, dessen Umdrehungsperiode gleich $T$ ist.

Wir empfehlen dem Leser, durch graphische Konstruktion, d. h. durch geometrische Summation der zu verschiedenen Zeitmomenten von den drei Spulen erzeugten Feldstärken, sich zu überzeugen, daß die Größe des Magnetfeldes stets dieselbe bleibt und nur seine Richtung im Raume gleichmäßig rotiert.

Auch in einem Dreiphasendrehfelde wird ein aufgehängter Kupferzylinder in lebhafte Rotation versetzt. Auf diesem Prinzip sind die modernen Dreiphasenmotoren gebaut.

Vertauschen wir irgend zwei Phasen (Zuleitungen) im Dreiphasensystem miteinander, so verwandelt sich die erzeugte Drehung des Kupferzylinders in die entgegengesetzte.

Aus der Abb. 444 können wir auch sehen, daß bei mehrpoliger Anordnung ein Drehfeld erzeugt werden kann, dessen Umdrehungsperiode doppelt oder dreimal so groß ist als die Periode des Stromes.

## 4. Deformation der Stromkurve.

**538. Die Form der Wechselstromkurve.** Wir haben bis jetzt ausschließlich die Fälle untersucht, wo die elektromotorische Kraft und die Stromstärke nach dem Gesetze $\sin at$ oder $\cos at$ sich mit der Zeit verändern. In der Praxis gibt es aber oft Fälle, wo die elektromotorische Kraft oder die Stromstärke sich nach einem anderen Gesetze verändern, und wir müssen jetzt die Regel für solche komplizierteren Fälle aufstellen.

Zunächst kann schon die Elektrizitätsquelle selbst einen Wechselstrom liefern, dessen Kurve eine Abweichung von dem Sinusgesetz zeigt. Die Erzeugungsmethode von Wechselströmen, welche wir oben (S. 451, **510**) angegeben haben, stellt nur ein vereinfachtes Schema dar, welches in Wirklichkeit aus verschiedenen Gründen nie in seiner vollen Reinheit realisierbar ist. In den elektrotechnischen Maschinen ist erstens das induzierende magnetische Feld nicht ideal homogen, die Magnetpole enthalten Vorsprünge und Vertiefungen, in welche die stromführenden Leiter eingelegt werden; zweitens gebraucht man statt einer sich gleichmäßig drehenden Stromschleife verschieden geformte Wicklungen, deren einzelne Teile nicht gleichzeitig das Magnetfeld scheiden usw. Aus allen diesen Ursachen erhält man oft elektromotorische Kräfte von der Form Abb. 447a, die von einer Sinuskurve erheblich abweicht.

Nun hat aber die elektrotechnische Praxis gezeigt, daß *reine* Sinuskurven in den meisten Fällen vorzuziehen sind, und man hat sich deshalb bemüht, Elektromaschinen zu bauen, die möglichst reine harmonisch veränderliche elektromotorische Kräfte liefern.

Die Form Abb. 447a läßt sich dadurch ein wenig verbessern, daß man mehrere Stromschleifen, die nicht gleichzeitig, sondern mit einer gewissen Phasenverschiebung das Magnetfeld schneiden, in einem Stromleiter hintereinander

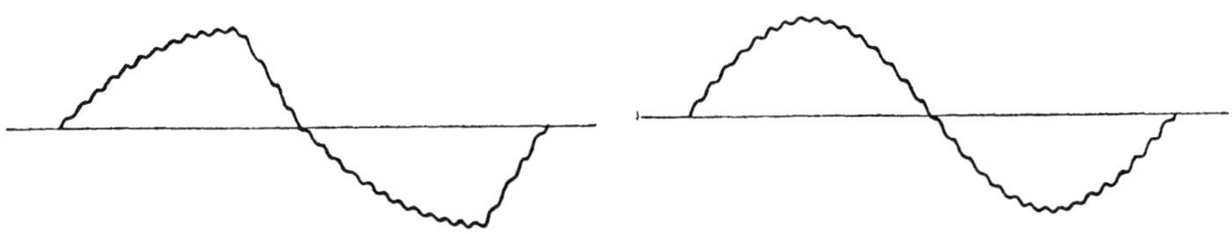

a b

Abb. 447. Formen der Kurvenspannung.

verbindet. Man erhält so die Kurve Abb. 447b. Bei den modernen Maschinen sind die Abweichungen der Spannungskurve von einer *rein harmonischen* Kurve meistens nicht größer als 1%.

Aber wenn auch unsere Elektrizitätsquelle eine ideal reine harmonische Spannungskurve liefern würde, kann dennoch die Stromkurve von der Sinusform abweichen, wenn der scheinbare Widerstand der eingeschalteten Leiter nicht konstant bleibt, sondern selbst von der Stromstärke abhängt. Die Veränderungen des Widerstandes können ja von der Temperatur abhängen, die Selbstinduktion und die Kapazität kann durch irgendwelche eintretenden Bewegungen der Leiter gegeneinander verändert werden usw.

Wir begnügen uns hier mit der Besprechung von zwei Ursachen, welche die Kurvenform des Stromes verändern können, nämlich: erstens die Abhängigkeit der Permeabilität von der magnetischen Feldstärke und zweitens die Abhängigkeit des Widerstands von der Stromstärke. Beide Erscheinungen haben in der letzten Zeit eine praktisch wichtige Bedeutung erhalten.

**539. Veränderliche Permeabilität.** Es sei die Klemmspannung an einem Elektromagnet durch die Formel gegeben

$$E_1 = E_0 \cos a t .$$

Durch eine ähnliche Formel wird auch die Änderungsgeschwindigkeit $N$ des Induktionsflusses im Elektromagnet ausgedrückt. Der Induktionsfluß $N$ selbst und die Induktion $B$ werden eine um 90° spätere Phase haben:

$$B = B_0 \sin a t .$$

Anderseits kann die Induktion durch die Feldstärke und durch die Stromstärke im Elektromagnet ausgedrückt werden (S. 259, **300**):

$$B = \mu M = 4\pi \mu n_0 J .$$

Würde die Permeabilität konstant sein, so würde sich auch die Stromstärke $J$ harmonisch mit der Zeit ändern. Da das nicht der Fall ist und da die

Abhängigkeit der Induktion $B$ von der magnetischen Feldstärke nicht durch eine Formel ausgedrückt werden kann, sondern nur graphisch als $(BM)$-Charakteristik uns gegeben wird, so bleibt uns nichts anderes übrig, als nach den gegebenen $(B)$-Werten für jeden Zeitmoment die entsprechenden $(M$-) und $(J$-)Werte graphisch zu ermitteln. Am bequemsten läßt sich das in folgender Weise machen:

Neben der $(BM)$-Charakteristik (Abb. 448, links, oben) in der Verlängerung der $OM$-Achse ziehen wir die Zeitachse $OX$ und senkrecht dazu die den verschiedenen Zeiten entsprechenden Induktionen $B$. In der Verlängerung der $OB$-Achse nehmen wir eine zweite Zeitachse $OY$ und auf ihr eine Strecke, die die Periode $T$ darstellen soll. Irgendeinem Zeitpunkte $t$ der $OX$-Achse wird auf der $OY$-Achse ein Zeitpunkt $t_1$ entsprechen.

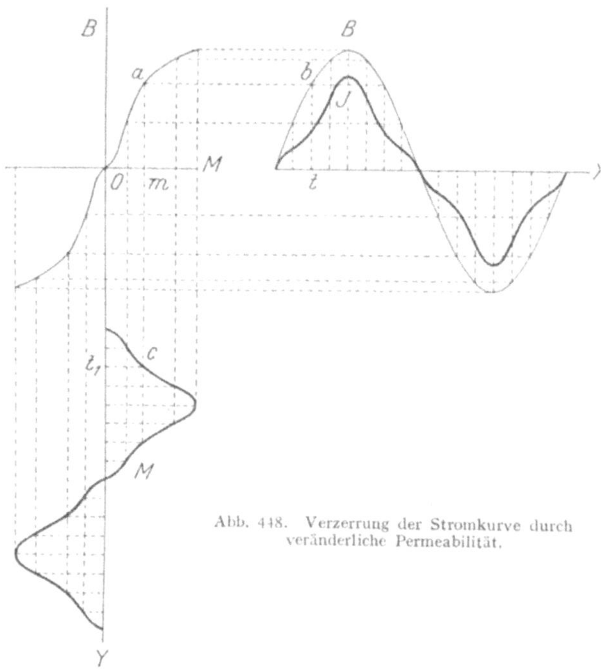


Abb. 448. Verzerrung der Stromkurve durch veränderliche Permeabilität.

In dem Zeitmoment $t$ hat die Induktion $B$ die Größe $tb$; ihr entspricht in der $BM$-Charakteristik der Punkt $a$ und eine Feldstärke $Om$. Zeichnen wir $t_1c = Om$, so erhalten wir einen Punkt der $M$-Kurve, welcher dem Punkte $b$ der $B$-Kurve entspricht. Ganz nach demselben Verfahren erhalten wir auch alle anderen Punkte der $M$-Kurve.

Die Stromstärke ist stets proportional zu der Feldstärke. Wir können also die erhaltene $M$-Kurve als Stromstärkekurve ansehen, nur in einem anderen Maßstabe. Zur besseren Übersicht tragen wir die Stromstärkekurve auf dieselbe $OX$-Achse auf, wo wir die $B$-Kurve haben.

Aus dieser letzten Zeichnung sehen wir erstens, daß die Stromkurve sich erheblich von einer Sinusoide unterscheidet: in den Maximalstellen der Induktion hat die Stromkurve starke Buckel. Das erklärt sich einfach dadurch, daß bei großen Induktionen die Permeabilität kleiner wird; gleichzeitig sinkt die Selbstinduktion, und die Stromstärke steigt.

Wir sehen weiter, daß die Stromkurve auch nach der Deformation symmetrisch in bezug auf die Zeitachse bleibt. Es fließt also durch den Stromleiter dieselbe Elektrizitätsmenge in der positiven wie in der negativen Richtung; die mittlere Stromstärke für eine ganze Periode ist gleich Null wie bei einem harmonischen Strom.

Endlich sehen wir, daß die Nullpunkte der Stromkurve mit den Nullpunkten der $B$-Kurven zusammenfallen, wie es auch bei konstanter Permeabilität der Fall sein würde. Eine Phasenverschiebung ist durch eine veränderliche Permeabilität nicht hervorgebracht.

**540. Wirkung der Hysteresis.** Jetzt wiederholen wir die ganze Konstruktion, aber mit Benutzung einer Hysteresiskurve als $(BM)$-Charakteristik. Die Konstruktion ist ohne weiteres aus der Abb. 449 verständlich.

In diesem Falle erhalten wir auch eine deformierte Stromkurve, welche aber noch komplizierter aussieht als die vorangehende. In ihr sind die Stromstärken bei steigender Induktion größer als bei fallender; das ist eben die Folge der Hysteresis. Außerdem sehen wir, daß die Nullstellen der Kurve sich nach links verschoben haben. Die $B$-Kurve ist nicht mehr in gleicher Phase mit der $J$-Kurve, wie das bei hysteresisfreier Charakteristik der Fall war. Nun hat die $B$-Kurve selbst eine Verspätung gegenüber der Spannungskurve um 90°; folglich wird die Phasendifferenz zwischen der Spannung und dem Strome jetzt *kleiner* als 90°. Das bedeutet, daß die mittlere Leistung nicht mehr Null bleibt. Dieses Ergebnis steht in vollem Einklang mit dem, was wir schon früher von der Hysteresiserscheinung gesagt haben. Die Hysteresis ist stets von einer Verwandlung der elektrischen Energie in Wärme begleitet (S. 189, **231**).

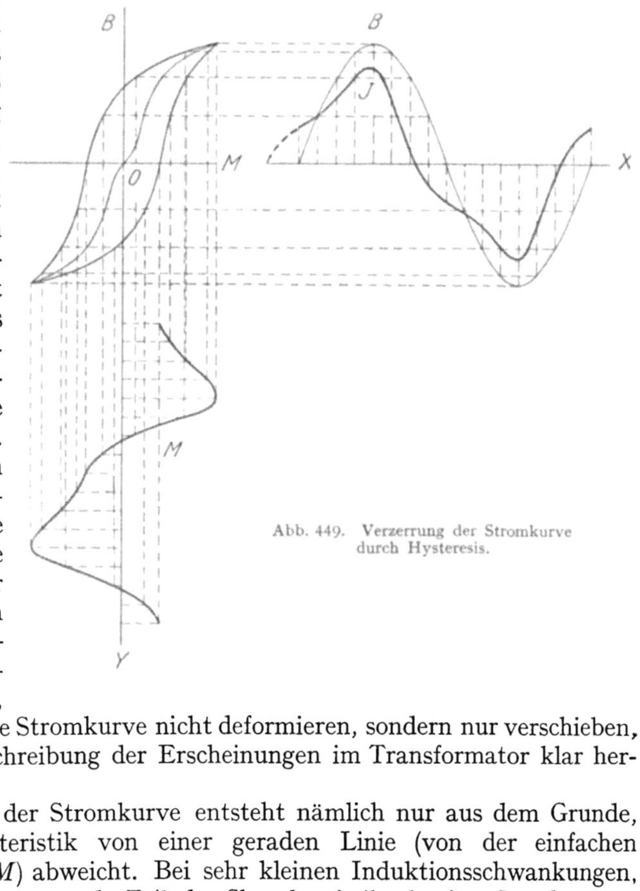


Abb. 449. Verzerrung der Stromkurve durch Hysteresis.

Wenn der Eisenkern nicht genügend unterteilt ist (FOUCAULTsche Ströme), so wird die Stromkurve noch mehr deformiert und noch mehr nach links verschoben. Die FOUCAULTsche Erscheinung allein, *ohne Hysteresis*, kann die Stromkurve nicht deformieren, sondern nur verschieben, wie es aus unserer Beschreibung der Erscheinungen im Transformator klar hervorgeht.

Eine Deformation der Stromkurve entsteht nämlich nur aus dem Grunde, weil die $(BM)$-Charakteristik von einer geraden Linie (von der einfachen Proportionalität $B$ zu $M$) abweicht. Bei sehr kleinen Induktionsschwankungen, wenn der in Betracht kommende Teil der Charakteristik als eine Gerade angesehen werden darf, bleibt die Form der Stromkurve der Form der Spannungskurve ähnlich.

**541. Gleichrichtung des Wechselstromes.** Die Charakteristik der magnetischen Induktion und Feldstärke, die wir im vorigen Paragraphen benutzt haben, ist völlig symmetrisch gebaut, d. h. sie hat dieselbe Form für positive wie für negative Werte der betreffenden Größen. Als Folge davon haben wir auch für die Stromstärke eine symmetrische Kurve erhalten und die mittlere Stromstärke für eine volle Periode war in allen Fällen gleich Null.

Es gibt aber Leiterkombinationen, deren Widerstand von der Richtung abhängt.

So haben wir z. B. in der Glühkathodenröhre (S. 401, **456**) einen Leiter, welcher nur in einer Richtung den Strom durchläßt. Man nennt solche Leitung *unipolar*, oder auch *einseitige Leitung*. Bei der Ventilröhre haben wir eine analoge Erscheinung, nur ist die Einseitigkeit der Leitung hier nicht so vollkommen wie bei den Glühkathodenröhren.

Wenn man in eine Wasserlösung von doppeltkohlensaurem Natron eine Eisenelektrode und eine Aluminiumelektrode eintaucht, so geht der Strom nur dann in merklicher Stärke durch, wenn das Aluminium die Kathode bildet, nicht aber in der entgegengesetzten Richtung. Hier haben wir auch einen Fall von unipolarer Leitung. Ebenso ist der bekannte Wehneltunterbrecher (S. 284, **329**) ein einseitiger Leiter.

Es gibt einige Kristalle, die in der drahtlosen Telephonie als Detektoren der elektromagnetischen Wellen benutzt werden, die im Kontakte mit einer Stahlspitze nur dann den Strom durchlassen, wenn der Kristall den negativen und die Stahlspitze den positiven Pol bilden.

Wenn wir ein Gleichstromgalvanometer in einen Wechselstromkreis mit harmonisch veränderlicher elektromotorischer Kraft einschalten, so kann der Galvanometerzeiger den schnellen Veränderungen des Stromes nicht folgen und wird auf dem Nullpunkte stillstehen. Schalten wir aber in demselben Stromkreis irgendeinen von den obengenannten *einseitigen* Leitern, so erhalten wir im Galvanometer einen Ausschlag. Dieser Ausschlag zeigt offenbar den zeitlichen Mittelwert des Stromes an; bei einer symmetrischen Stromkurve war dieser Mittelwert gleich Null.

Alle Leiterkombinationen mit einseitiger Leitfähigkeit nennt man *Gleichrichter*.

Wir betrachten jetzt die $(VJ)$-Charakteristik eines einseitigen Leiters von der Form Omn Abb. 450. Diese Kurve ist asymmetrisch; bei negativer elektromotorischer Kraft ist die Stromstärke so klein, daß man sie ganz vernachlässigen darf und einfach annehmen, daß der Leiter nur in einer Richtung den Strom durchläßt. Solche Charakteristiken haben z. B. die Glühkathodenröhren.

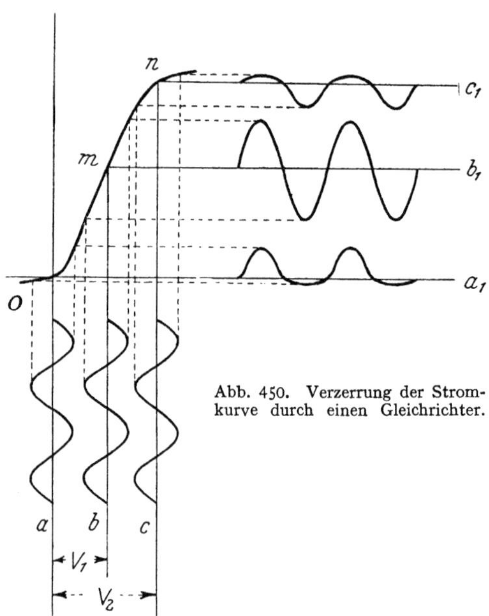

Abb. 450. Verzerrung der Stromkurve durch einen Gleichrichter.

Die gegebene Klemmspannung sei rein harmonisch (Abb. 450a). Ist die Amplitude der Klemmspannung so klein, daß in ihrem Bereiche die Charakteristik als geradlinig angesehen werden darf, so wird auch die Stromstärke eine sinusförmige Kurve haben, in welcher aber die negativen Teile fehlen (Abb. 450$a_1$). Wenn wir aber in die Kette außer der harmonisch wechselnden elektromotorischer Kraft noch eine konstante elektromotorische Kraft $V_1$ einschalten, so müssen wir für die Konstruktion der Stromkurve nicht den Punkt 0, sondern den Punkt $m$ der Charakteristik benutzen. In diesem Bereiche ist aber die Charakteristik geradlinig und symmetrisch. Bei einer harmonisch-veränderlichen elektromotorischen Kraft (Abb. 450b) erhalten wir jetzt auch eine harmonisch-veränderliche Stromstärke (Abb. 450$b_1$). Eine Gleichrichtung ist nicht mehr vorhanden.

Vergrößern wir die konstante elektromotorische Kraft bis $V_2$ und kommen wir zum Punkte $n$, wo die Charakteristik wieder merklich von der geraden Linie abweicht, so erhalten wir wieder eine Gleichrichtung, aber jetzt in der entgegengesetzten Richtung (Abb. 450 $c_1$).

**542. Technische Gleichrichter.** In der letzten Zeit werden in der Starkstromtechnik oft Quecksilberdampf-Gleichrichter verwendet, welche von COOPER-HEWITT erfunden sind. In der Abb. 451 ist ein solcher Gleichrichter schematisch gezeichnet. Ein Glasbehälter $AKB$ enthält in seinem unteren Teile das Quecksilber $K$ und oben Quecksilberdampf. $AA$ sind zwei Graphitelektroden und $B$ ist eine Glocke, welche zum Auffangen des sich kondensierenden Quecksilberdampfes dient, wobei die Quecksilbertropfen aus der Glocke $B$ auf die Elektrode $K$ wieder zurückfallen. Der Wechselstrom wird von der Spule $DEF$ eines Transformators geliefert. Um den Quecksilberboden zu zünden, neigt man die Glasglocke ein wenig, bis die Quecksilberelektrode $K$ eine Hilfselektrode $C$ berührt. Beim Kurzschluß verdampft das Quecksilber und es bilden sich so viele Ionen, daß der Bogen zwischen den Elektroden $K$ und $A$ gezündet wird. Die Elektrode $C$ dient also nur zum Zünden. Das Quecksilber $K$ behält bei der Entladung stets eine hohe Temperatur, die Kohleelektroden $A$ bleiben aber kalt; es kann demnach der Strom nur von einer der beiden Kohleelektroden zu der Quecksilberelektrode fließen und nicht umgekehrt. Der aus $DEF$ kommende Wechselstrom kann während einer Halbperiode von $A_1$ zu $K$ gehen und während der nächsten Halbperiode von $A_2$ zu $K$; in beiden Fällen erhalten wir in der Leitung $KE$ einen Strom in der Richtung von $K$ nach $E$. Wir sehen also, daß durch die Anordnung von zwei Anoden in dem Gleichrichter *beide* Halbperioden des Wechselstromes gleichgerichtet werden. Wir erhalten einen pulsierenden Strom (Abb. 453), deren mittlere Stärke gleich (vgl. S. 443, **501**)

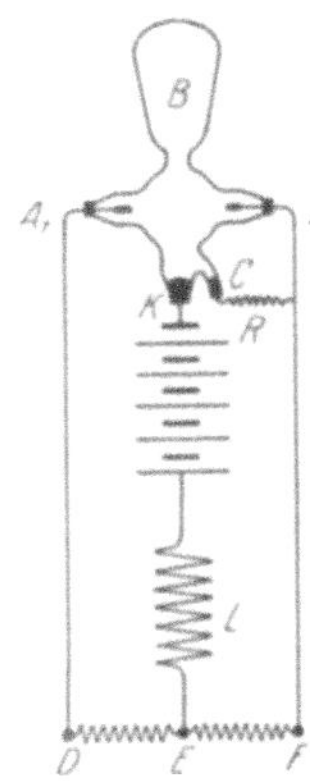


Abb. 451. Quecksilberdampf-Gleichrichter für Wechselstrom.

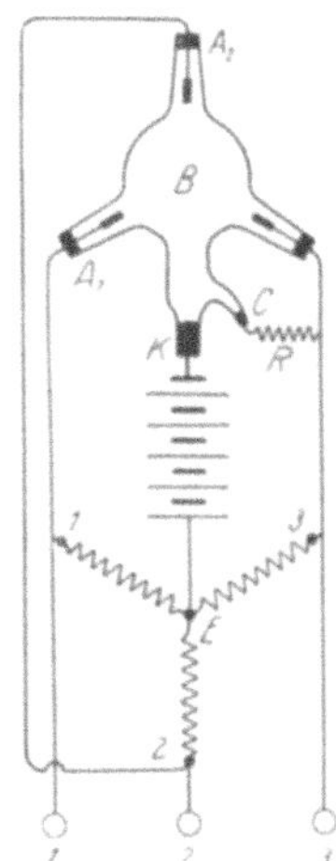


Abb. 452. Quecksilberdampf-Gleichrichter für Dreiphasenstrom.

$$J_m = \frac{2J_0}{T}.$$

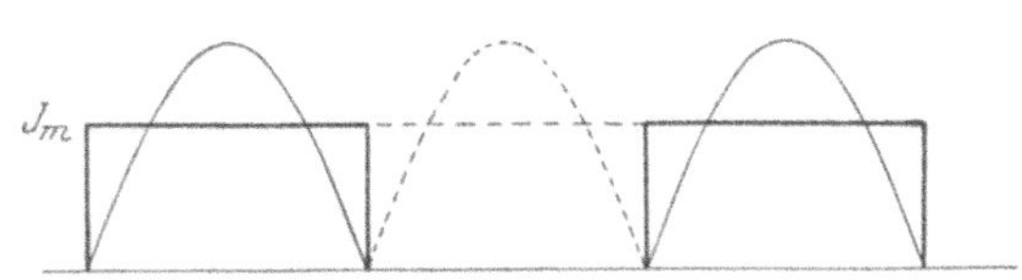


Abb. 453. Pulsierender Strom beim Gleichrichter.

Damit aber der Strom nicht bis zu Null herabfällt und überhaupt ein wenig ausgeglichen wird, benutzt man eine Selbstinduktion $L$. Zwischen $K$ und $L$ ist in der Abb. 451 noch eine Akkumulatorenbatterie gezeichnet, welche durch den gleichgerichteten Wechselstrom auf diese Weise geladen werden kann.

In der Abb. 452 haben wir ein Schema für die Schaltung eines Gleichrichters beim Dreiphasenstrom.

Für sehr starke Ströme werden jetzt Eisenbehälter gebraucht, in welchen die Kohlenanoden isoliert befestigt sind. Es gibt Quecksilberdampf-Gleichrichter, die bis zu 100 Kilowatt Belastung aushalten und einen Nutzeffekt von etwa 90% ergeben.

Für die Gleichrichtung eines hochgespannten Wechselstroms, wie er in den Hochspannungstransformatoren erzeugt wird, gebraucht man Glühkathodenröhren. Ein Gleichrichter für 150000 Volt ist in der Abb. 454 schematisch dargestellt; man schaltet eine Selbstinduktion und einen Kondensator ein, um die Stromschwankungen ein wenig zu verringern.

In der Abb. 455 sind zwei Glühkathodenröhren parallel geschaltet (nach Analogie mit dem Quecksilberdampfgleichrichter; Abb. 451). In unserer Zeichnung sind die Klemmen, welche die Abnahme eines gleichgerichteten Stromes erlauben, mit + und — bezeichnet. Der Kondensator $C$ dient auch hier als Elektrizitätssammler, um die Stromschwankungen zu vermindern.

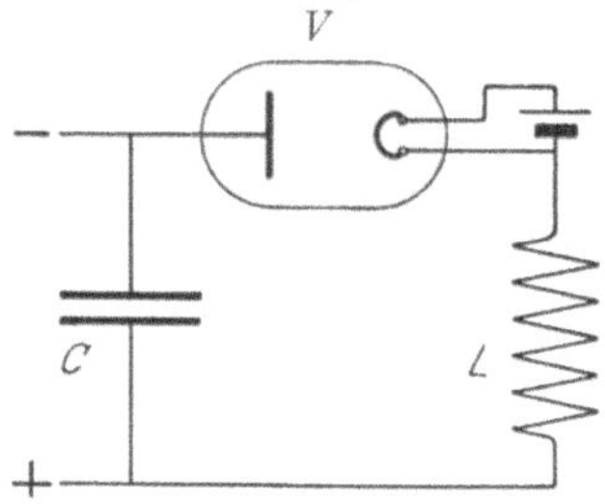


Abb. 454. Gleichrichter mit Selbstinduktion und Kapazität.

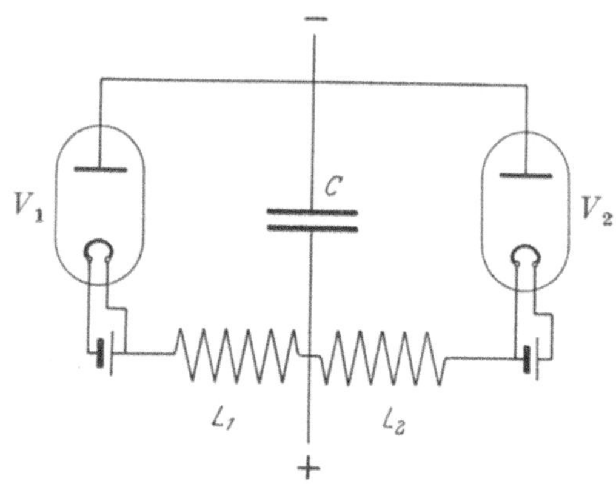


Abb. 455. Zwei Gleichrichter in Parallelschaltung.

Die Abb. 456 stellt eine Schaltung dar, in welcher zwei Gleichrichter hintereinander geschaltet sind, jeder mit einem Hilfskondensator. Die Wirkung einer derartigen Schaltung erinnert sehr an die Wirkungsweise einer gewöhnlichen Ventilpumpe. Wenn wir uns in $L$ einen hin und her gehenden Kolben vorstellen und in $V_1$ und $V_2$ zwei Ventile, die sich nur nach der einen Seite öffnen (für die Elektronen öffnen sich beide Ventile nur nach links) und endlich in $C_1$ und $C_2$ zwei Windkessel, welche gewöhnlich bei Wasserpumpen aufgestellt werden, um die Wasserstöße zu mildern, so wird uns die Wirkung der gezeichneten Schaltung von selbst klar.

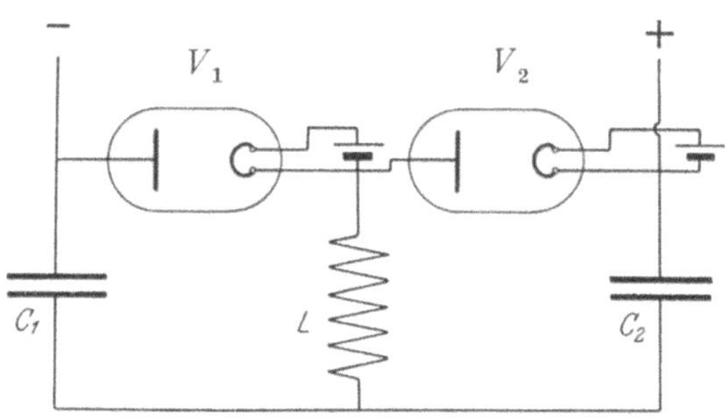


Abb. 456. Zwei Gleichrichter hintereinandergeschaltet.

In der Abb. 457 ist die gegebene Wechselspannung punktiert gezeichnet. Die Kurven $C_1$ und $C_2$ stellen die Wirkung je eines Gleichrichters mit seiner Kapazität dar; die Kapazität wirkt wie ein Windkessel, oder wie ein Reservoir, so daß die Spannung nicht der gegebenen Spannungskurve folgt, sondern viel langsamer abfällt. — Dadurch erhält man im Apparat eine resultierende Span-

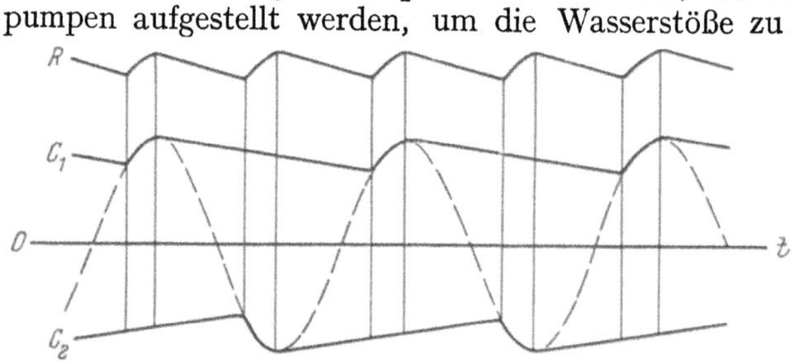


Abb. 457. Ausgeglichene Spannungskurve bei zwei Gleichrichtern.

nung $R$ von fast doppelter Höhe und mit verhältnismäßig kleinen Schwankungen. Wir sehen also, daß mit dieser Gleichrichterschaltung eine sehr vollkommene Gleichrichtung des Wechselstromes erzielt werden kann.

**543. Veränderliche Selbstinduktion.** Wir wenden uns wieder zu der $(BM)$-Charakteristik des Eisens. Sind in der Charakteristik die beiden Größen $B$ und $M$ in ein und demselben Maßstabe gezeichnet, so stellt die Neigung ($\operatorname{tg}\alpha$) der Tangente zu der Charakteristik in irgendeinem Punkte die Permeabilität $\mu$ des Eisens in der Nähe dieses Punktes dar. Die Neigung der Charakteristik wird aber bei Annäherung an den Sättigungspunkt immer kleiner und gleichzeitig nimmt auch die Permeabilität $\mu$ ab. Die Abhängigkeit der Permeabilität von der Feldstärke ist in der Abb. 195 (S. 185, **226**) dargestellt. Bei einer Feldstärke $M = 20$ ist die Permeabilität etwa 3 mal kleiner als bei $M=2{,}5$. Man benutzt diesen Umstand, um die Selbstinduktion irgendeiner Drosselspule zu verändern. Zu dem Zweck wickelt man auf den Eisenkern der Drosselspule noch eine zweite Spule, die mit einem *konstanten* Strome gespeist wird. Man kann die Windungszahl und die Stromstärke in der Hilfsspule so wählen, daß bei der Überlagerung der konstanten magnetischen Feldintensität und veränderlichen, die Schwankungen der letzteren in der Nähe eines beliebigen Punktes der $(BM)$-Charakteristik vor sich gehen. Jedem Punkte entspricht ein bestimmter *mittlerer* Wert der Permeabilität (Tangentenneigung) und eine ihr proportionale Größe der Selbstinduktion der Spule. Aus der Abb. 458 sehen wir, daß, wenn wir mit dem konstanten Strom eine Feldstärke $M_2$ erzeugen, die Selbstinduktion der Spule für den Wechselstrom kleiner sein wird als bei der Feldstärke $M_1$ (vgl. hierzu S. 259, **301**).

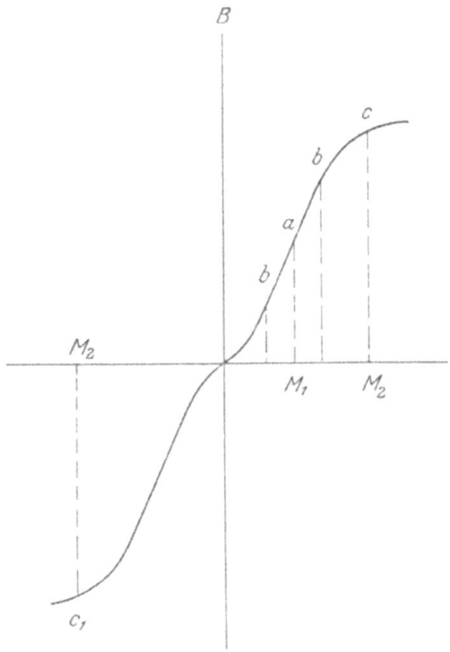

Abb. 458. Magnetische $(BM)$ Charakteristik.

**544. Frequenztransformator.** Die Verwendung einer Hilfsspule mit konstantem Strome in einem Transformator erlaubt uns die Frequenz des Stromes zu vervielfachen. Von allen zu diesem Zwecke vorgeschlagenen Schaltungen wollen wir nur eine anführen, welche uns am übersichtlichsten scheint.

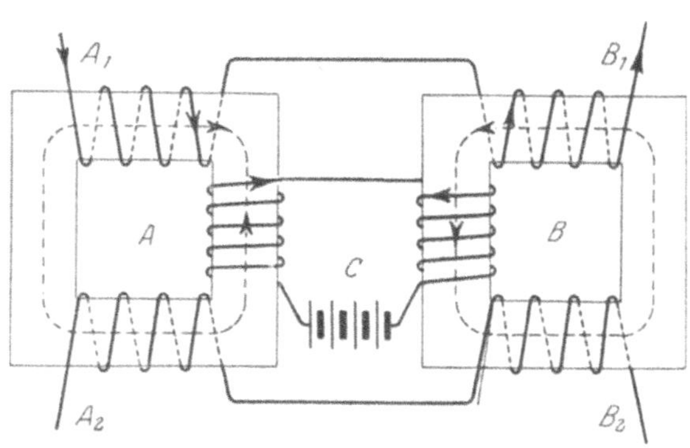

Abb. 459. Frequenztransformator.

Zwei Transformatoren (Abb. 459) haben ihre Primärspulen $A$ und $B$ in Hintereinanderschaltung. Die mit konstantem Strome gespeisten Hilfsspulen $CC$

sind so bemessen, daß ihr magnetisches Feld schon nah an dem Sättigungspunkte des Eisens liegt. Dadurch wird erreicht, daß bei symmetrisch schwingender Feldintensität (Abb. 460a) der Primärspulen die Induktion nur *einseitig* sich verändert, sie läßt sich nämlich nur *vermindern* (Abb. 460b), aber nicht merklich vergrößern. Die Felder der Hilfsspulen in den beiden Transformatoren sind entgegengesetzt gerichtet. Die Induktion wird also abwechselnd bald in dem einen Transformator, bald in dem anderen vermindert; die asymmetrischen Induktionskurven (Abb. 460b) werden in beiden Transformatoren eine Phasenverschiebung von einer halben Periode haben. Wir können den Vorgang auch so beschreiben: In unserer Charakteristik (Abb. 458) arbeitet die eine Spule bei $c$ und die andere bei $c_1$. Die Sekundärspulen erhalten also während jeder Halbperiode des Primärstromes einen Induktionsstoß, und zwar abwechselnd, in einer Halbperiode die eine und in der nächsten Halbperiode die andere Spule. Beide Sekundärspulen sind aber hintereinander geschaltet und erzeugen zusammen in der Sekundärleitung einen Wechselstrom von doppelter Frequenz (Abb. 460c).

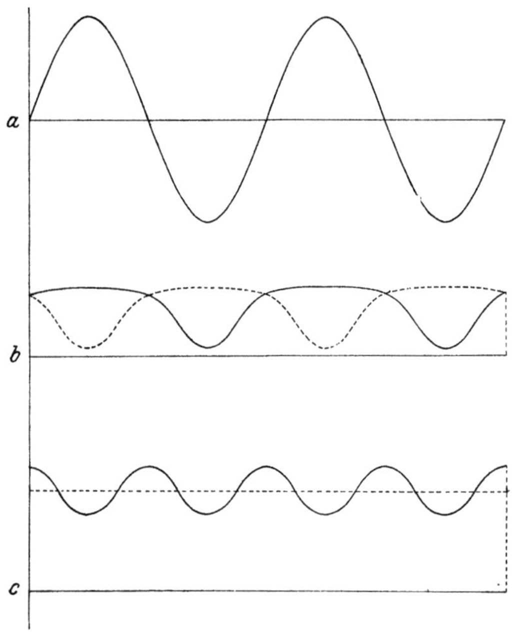


Abb. 460. Frequenztransformation.

Nach analoger Methode läßt sich die Frequenz verdreifachen, vervierfachen usw.

**545. Anwendung der Fourierschen Analyse.** Wir haben hier die verschiedenen Ursachen besprochen, welche die Form der Kurven der Wechselspannung, des Wechselstromes, der Induktion usw. verändern. Bei diesen *deformierten* Kurven sind unsere für rein *harmonische* Kurven abgeleiteten Sätze nicht ohne weiteres anwendbar. In diesen Fällen kann aber der Fouriersche (S. 449, **509**) Satz angewendet werden. Man zerlegt die gegebene komplizierte Kurve in einfachere *harmonische* Kurven und behandelt dann jedes Glied dieser Zerlegung nach den von uns für die harmonischen Wechselspannungen und Wechselströme gefundenen Sätzen.

Ohne auf die Einzelheiten solcher Rechnungen einzugehen, können wir dennoch die folgenden allgemeinen Regeln aussprechen.

Ist uns irgendeine periodisch wechselnde elektromotorische Kraft beliebiger Kurvenform gegeben, so kann ein gewöhnlicher Ohmscher Widerstand die Kurvenform nicht verändern. Die Form der Stromkurve wird dieselbe sein wie der gegebenen Klemmspannung.

Etwas anderes erhalten wir beim Einschalten einer Selbstinduktion in den Stromkreis. Wir wissen, daß die Selbstinduktion einem Widerstande $aL$ äquivalent ist, wo $a$ die Frequenz bedeutet. Es werden demnach in der Stromkurve die Amplituden der höheren Frequenzen verhältnismäßig kleiner sein als in der Spannungskurve; die Stromkurve wird einer harmonischen Kurve *ähnlicher* sein.

Eine Kapazität dagegen ist einem scheinbaren Widerstand $1/aC$ äquivalent und hat gerade die entgegengesetzte Wirkung: die höheren Frequenzen werden in der Stromkurve *mehr hervortreten* als in der Spannungskurve.

Gleichzeitig mit den Amplituden werden auch die Phasen der einzelnen Glieder der FOURIERschen Reihe durch die Selbstinduktion und durch die Kapazität verändert, und zwar ebenfalls im entgegengesetzten Sinne.

## 5. Instrumente und Messungen.

**546. Amperemeter und Voltmeter.** Die gewöhnlichen Gleichstromgalvanometer mit einer beweglichen Magnetnadel oder mit einer beweglichen Spule (Deprez-Darsonval) können bei Wechselstrommessungen nicht benutzt werden, denn die beweglichen Teile dieser Galvanometer können gewöhnlich dem schnellen Wechseln (50 Perioden in der Sekunde) des Stromes nicht folgen. Nur für ganz spezielle Zwecke werden schwingende Galvanometer gebaut, wobei zur Steigerung der Empfindlichkeit oft das Resonanzprinzip benutzt wird: man wählt die Eigenperiode des schwingenden Systems gleich der Stromperiode.

Die Weicheiseninstrumente (S. 272, **314**) und die Hitzdrahtinstrumente (S. 275, **318**) können ebensogut für Wechselstrom wie für Gleichstrom gebraucht werden. Selbstverständlich muß dann die Konstruktion solcher Instrumente so gestaltet werden, daß die Einflüsse der Induktion und Kapazität, der FOUCAULT-Ströme und der Hysteresis in den Instrumenten selbst nach Möglichkeit vermieden werden.

Der Unterschied in der Konstruktion eines Amperemeters und eines Voltmeters ist derselbe wie bei einem Gleichstrom (S. 273, **316**).

Auf der Skala werden fast ausschließlich die *effektiven* Werte (S. 462, **522**) der entsprechenden Größen — Ampere und Volt — angegeben.

**547. Elektrodynamische Meßinstrumente.** Speziell für Wechselströme werden Instrumente gebaut, welche auf elektrodynamischen Wirkungen gegründet sind — nach Art eines Dynamometers (S. 272, **313**) —, also mit zwei Spulen, welche von demselben Strom durchlaufen werden.

In der Abb. 461 ist ein von BENISCHKE konstruiertes Instrument schematisch dargestellt. Das Schema erinnert an den Apparat von ELIHU THOMSON (S. 471, **530**). Hier ist $M$ ein Elektromagnet, welcher mit dem zu messenden Wechselstrom gespeist wird. In der unbeweglichen Spule $B$ und in der drehbar angeordneten Kupferscheibe $S$ werden Ströme induziert, welche sich gegenseitig anziehen. Dadurch wird die Scheibe in Drehung versetzt, und ihrer Ablenkung wirkt eine auf der Achse sitzende Spiralfeder entgegen. Die Ablenkung ist proportional der Stromstärke. Ein kleiner Hilfsmagnet $m$ dient zur Dämpfung der Bewegung der Scheibe, damit sie möglichst ohne Schwingungen sich in die Gleichgewichtslage einstellt.

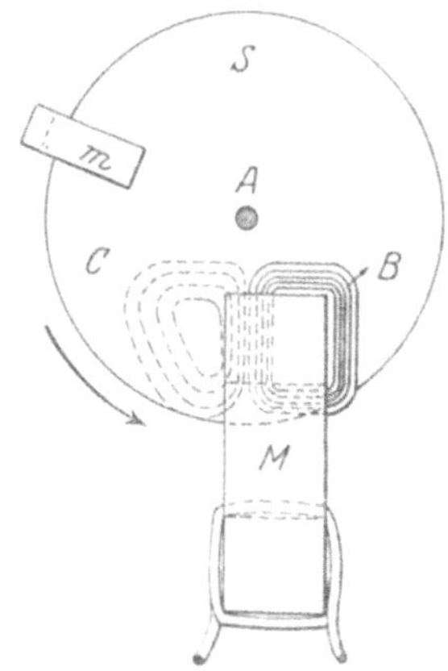

Abb. 461. Induktionsinstrument nach BENISCHKE.

In der Abb. 462a und im Aufriß in der Abb. 462b ist ein Instrument nach dem sog. Ferrarisprinzip dargestellt. Der zu messende Strom verzweigt sich; der eine Teil speist die Elektromagnete $N$, der andere Teil die Elektromagnete $M$. Durch eine passend gewählte Selbstinduktion wird in diesen beiden Zweigen eine Phasendifferenz der Ströme von 90° erzeugt. Zwischen den Polen der Elektromagnete $M$ und $N$ entsteht ein Drehfeld (S. 478, **537**), welches dem Kupferzylinder $AA$ eine Drehung erteilt. Ebenso wie in dem vorangehenden Instrumente wirkt dieser Drehung eine Spiralfeder entgegen. Auf derselben Achse mit dem Kupferzylinder $AA$ sitzt eine Aluminiumscheibe $BB$, in welcher die kleinen Magnete FOUCAULTsche Ströme induzieren, wodurch die Bewegung des ganzen Systems gedämpft wird.

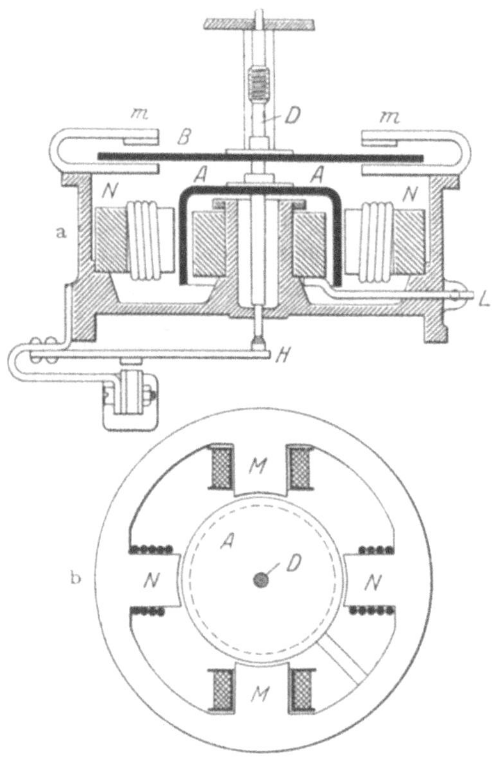


Abb. 462. Induktionsinstrument nach dem Ferrariprinzip.

**548. Wattmeter.** Die Konstruktion eines Wattmeters für Wechselstrom ist dieselbe wie für Gleichstrom (S. 274, **317**). Es sind aber auch spezielle Wattmeter möglich nach dem Induktionsprinzip. Ein Wattmeter enthält zwei Spulen; die eine Spule hat einen sehr großen Widerstand, in ihr fließt ein Strom, welcher mit der *Spannung* gleichphasig ist, die andere Spule dagegen, mit einem kleinen Widerstand, läßt den *Strom* durch, ohne seine Phase zu verändern. Die Kraftwirkungen solcher zwei Spulen sind proportional zu dem Produkte $E_e J_e \cos\varphi$ (S. 470, **529**), und das ist gerade die zu messende Leistung (S. 463, **523**).

Die Effektivwerte der Spannung $E_e$ und des Stromes $J_e$ können wir direkt an den Voltmetern und Amperemetern ablesen; für die Bestimmung der Leistung eines Gleichstromes $EJ$ genügt das auch. Bei einem Wechselstrom müssen wir aber außerdem noch die Phasenverschiebung $\varphi$ des Stromes gegenüber der Spannung kennen. Solche Instrumente, welche die Phase $\varphi$ angeben, sind auch erfunden worden, meistens nach dem Prinzipe eines Drehfelds, denn die Wirkung eines Drehfeldes ist ja von der Phasendifferenz der zwei veränderlichen Magnetfelder abhängig. Dennoch ist es viel bequemer, die Leistung an einem Wattmeter direkt abzulesen, als dazu drei Instrumente — Amperemeter, Voltmeter und Phasenmesser — zu verwenden.

Die Verbindung der zwei Spulen des Wattmeters mit der Leitung, in welcher man die Leistung messen will, ist in der Abb. 463 dargestellt. Hat man alle drei Instrumente zur Verfügung — Voltmeter, Amperemeter und Wattmeter —, wie das meistens der Fall ist, so kann man offenbar auch die Phase des Stromes bestimmen, denn

$$W = E_0 J_0 \cos\varphi\,.$$

In einem Dreiphasensystem muß die Leistung aller drei Leiter einzeln bestimmt werden; durch Summieren der so erhaltenen Werte erhält man die Gesamtleistung im System.

Wir betrachten ein System von drei Leitern (10), (20) und (30) in Sternschaltung (Abb. 464). Die Stromspule des Wattmeters schalten wir zunächst in die (10) Leitung bei $a$. Die Spannungsspule müßten wir eigentlich an die Punkte $a$

und $O$ anschalten; oft liegt aber der Nullpunkt $O$ unbequem weit von den Instrumenten. Wir können aber uns einen *künstlichen Nullpunkt* beim Instrumente selbst bilden, indem wir drei große Widerstände (10), (20), (30) (Abb. 464 oben) zu einer Sternschaltung zusammensetzen. Der künstliche Nullpunkt $o$ wird dann dasselbe Potential besitzen wie der wahre Nullpunkt $O$, und wir können ihn bei unseren Messungen mit der Spannungsspule $V$ des Wattmeters verbinden. So erhalten wir die Leistung in dem Leiter (110). Ganz ebenso bestimmen wir die Leistungen in den anderen zwei Leitern, wenn wir die Stromspule $A$ in $b$ und in $c$ einschalten.

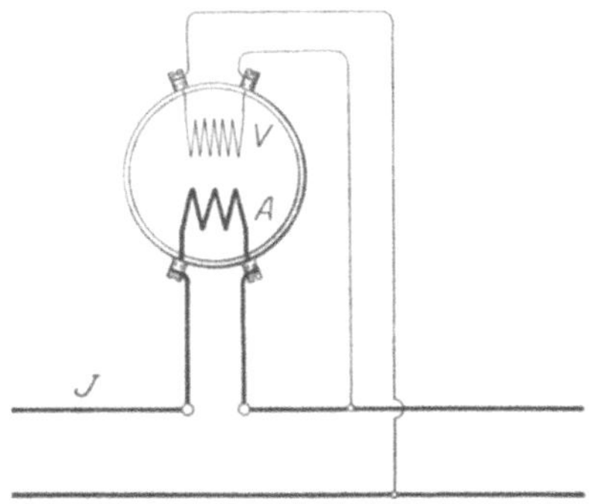

Abb. 463. Wattmeter bei Wechselstrommessungen.

**549. Meßwandler.** Sind die Ströme in der Leitung zu stark für das Meßinstrument, so kann man wie beim Gleichstrom eine Abzweigung (Schunt) benutzen und dann die am Instrumente abgelesenen Werte auf die wahren Werte der Hauptstromleitung umrechnen (S. 273, **315**). Beim Wechselstrome lassen sich für diesen Zweck auch Transformatoren verwenden, welche eine zu hohe Spannung oder einen zu starken Strom in einem bestimmten Verhältnis vermindern. In der Abb. 465 ist das Schema der Anwendung solcher Meßwandler angedeutet. Die Meßwandler erlauben bei starken Strömen eine größere Genauigkeit zu erzielen als die Abzweigungen.

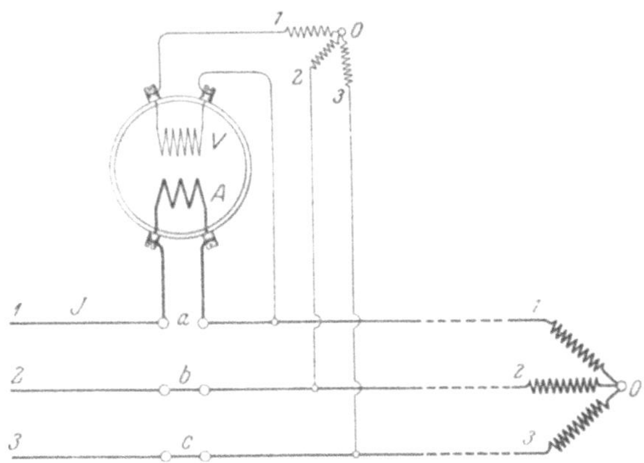

Abb. 464. Wattmeter im Dreiphasensystem.

**550. Direkte Bestimmung der Selbstinduktion und der Kapazität.** Mit einem Voltmeter und einem Amperemeter läßt sich direkt der scheinbare Widerstand bestimmen

$$R = \frac{E_e}{J_e}.$$

Ist die Kapazität des Leiters verschwindend klein, so ist

$$R_1 = \sqrt{r^2 + (aL)^2}.$$

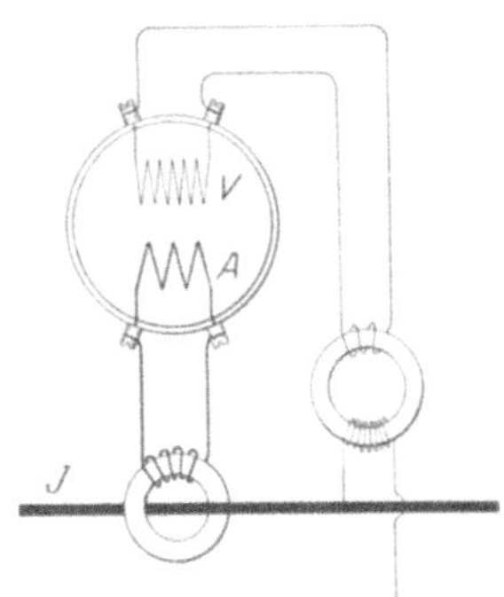

Abb. 465. Strom- und Spannungswandler beim Wattmeter.

Die Frequenz des Wechselstromes ist in den meisten städtischen Wechselstromnetzen gleich 50 Perioden in der Sekunde, also

$$a = \frac{2\pi}{T} = 100\pi.$$

Wenn wir also den Widerstand $r$ kennen, oder wenn wir ihn mit einem Gleichstrome bestimmen, so ergibt sich aus $R_1$ der Selbstinduktionskoeffizient.

Ist die Selbstinduktion der Leitung verschwindend klein, aber nicht die Kapazität, so erhalten wir ebenso

$$R_2 = \sqrt{r^2 + \left(\frac{1}{aC}\right)^2}\,.$$

Die Phase des Stromes ergibt sich in beiden diesen Fällen wie folgt

$$\operatorname{tg}\varphi_1 = \frac{aL}{r}\,, \qquad \operatorname{tg}\varphi_2 = -\frac{1}{raC}\,.$$

Die Leistung berechnet man nach der Formel

$$W_m = E_e J_e \cos\varphi\,.$$

Haben wir noch ein Wattmeter zur Verfügung, so können wir unsere Resultate noch verifizieren, denn durch Division der Wattmeterangabe durch das Produkt (Volt·Ampere) erhalten wir $\cos\varphi$, und bei bekanntem Widerstande können die Selbstinduktion oder die Kapazität berechnet werden.

**551. Die Brückenmethode mit Wechselstrom** (vgl. S. 345, **395**). Wollen wir die Selbstinduktionskoeffizienten von zwei Spulen miteinander vergleichen, so können wir dazu die Brückenmethode benutzen. Wir schalten die Spulen in die zwei Zweige $L_1$ und $L_2$ der Brücke, analog den Widerständen (Abb. 466). Da die Selbstinduktionen einem Widerstande $aL$ äquivalent sind, so haben wir für die Bedingung, daß in dem Telephonzweig $T$ kein Strom fließt

$$L_1 : L_2 = (AB) : (BC)\,.$$

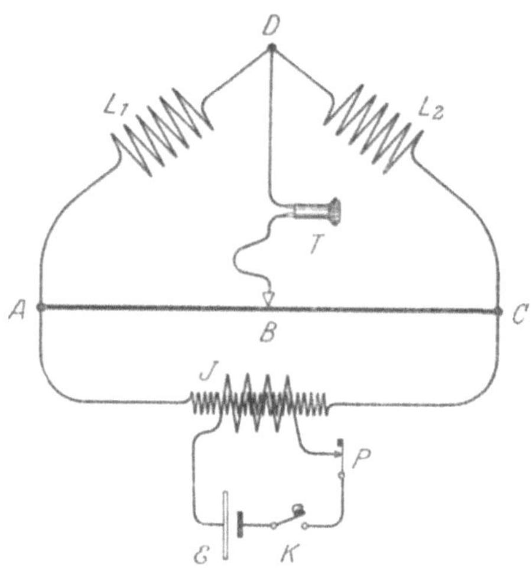


Abb. 466. Messung der Selbstinduktion.

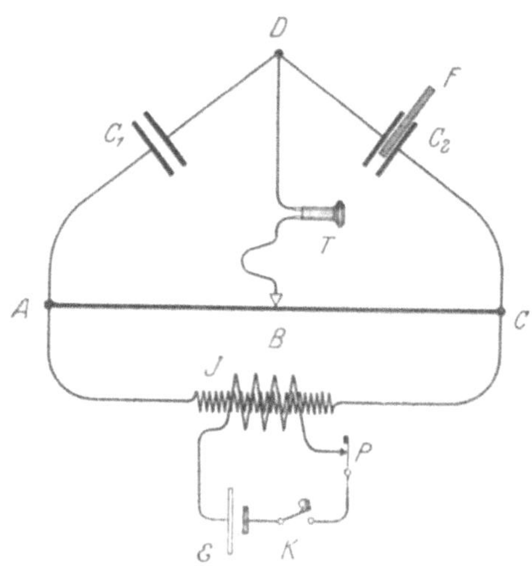


Abb. 467. Messung der Kapazität.

Wir sehen, daß die Frequenz des Stromes auf diese Messung keinen Einfluß hat. Ganz ebenso können wir zwei Kapazitäten vergleichen (Abb. 467)

$$C_2 : C_1 = (AB) : (BC)\,.$$

W. Nernst hat nach dieser Methode die Dielektrizitätskonstanten verschiedener Flüssigkeiten bestimmt. Die Flüssigkeit füllt den Luftzwischenraum im Kondensator $C_1$ aus; die Kapazität des Vergleichkondensators $C_2$ wird durch Zwischenschiebung einer Glasplatte $F$ so verändert, daß im Telephon $T$ ein Tonminimum entsteht.

Es muß aber bemerkt werden, daß die soeben angegebenen Beziehungen nur dann den richtigen Wert der Selbstinduktion und der Kapazität ergeben, wenn die Widerstände der Zweige $AD$ und $DC$ vernachlässigt werden können. Ist das nicht der Fall, so müssen, streng genommen, für das Verstummen des Telephons im Zweige $BD$ *zwei* Bedingungen gleichzeitig erfüllt werden:

*Erstens* müssen die Amplituden der Ströme in den Zweigen $(AD)$ und $(DC)$ sich verhalten wie die Widerstände $(AB)$ und $(BC)$.

*Zweitens* müssen noch ihre *Phasen* gleich sein.

Die erste Bedingung allein ist zwar notwendig, aber nicht hinreichend, denn zwei Ströme gleicher Amplitude und verschiedener Phase können einander nicht kompensieren. Damit beide Bedingungen gleichzeitig erfüllt werden und wir im Telephon das beste Tonminimum erhalten, müssen z. B. beim Vergleich von zwei Selbstinduktionskoeffizienten die folgenden zwei Gleichungen befriedigt werden:

$$\sqrt{r_1^2 + (aL_1)^2} : \sqrt{r_2^2 + (aL_2)^2} = (AB) : (BC) \qquad \text{und} \qquad \operatorname{tg}\varphi = \frac{aL_1}{r_1} = \frac{aL_2}{r_2}.$$

Aus beiden Gleichungen erhalten wir

$$r_1 : r_2 = L_1 : L_2 = (AB) : (BC).$$

Diese Bedingung wird in den uns gegebenen Spulen meistens nicht erfüllt sein. Durch einen Zusatzwiderstand in die eine von den zwei Leitungen $AD$ oder $DC$ können wir nach einigem Probieren das erwünschte Gleichgewicht in der Brücke erzielen.

Analoge Bedingungen gelten auch bei Kapazitätsbestimmungen.

**552. Frequenzmesser.** In der Technik finden oft Instrumente Verwendung, welche die Frequenz direkt zu beobachten und zu kontrollieren erlauben; sie sind meistens auf dem Resonanzprinzip gegründet.

Vor dem Pole eines Elektromagnets *M* (Abb. 468) befindet sich eine Anzahl biegsamer Stahlfedern *b*, welche nach steigender Schwingungsdauer angeordnet sind. Die Stahlfedern werden von dem mit Wechselstrom gespeisten Elektro-

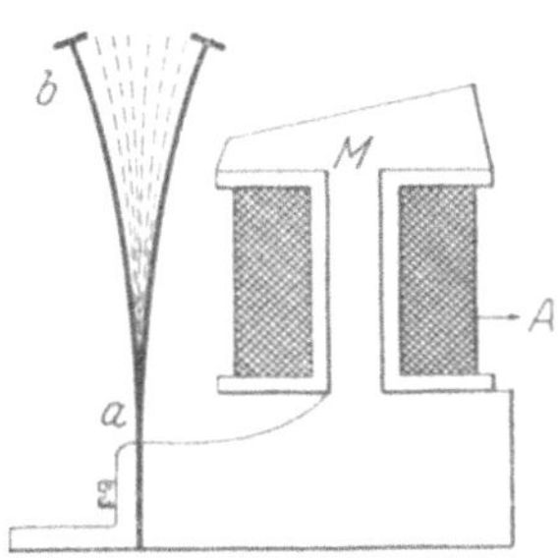


Abb. 468. Frequenzmesser.

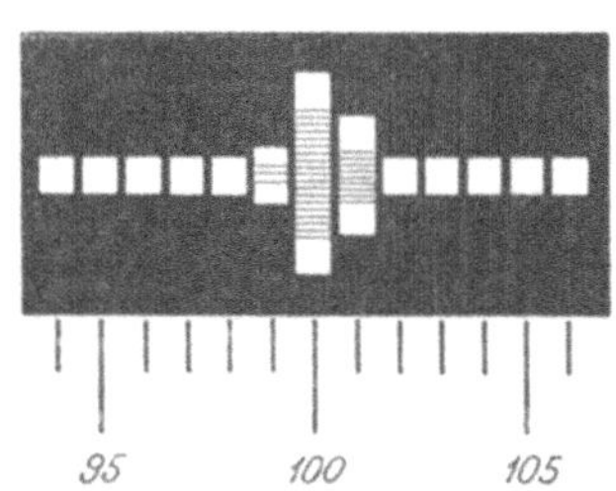


Abb. 469. Die Schwingungen der Zungen im Frequenzmesser.

magnet in Schwingungen versetzt, wobei jedesmal die größte Amplitude der Schwingung bei der Stahlfeder sich einstellt, deren Selbstperiode der Periode des Stromes gleich ist; alle anderen Federn werden mit erheblich kleineren Amplituden schwingen. Die Stahlfedern haben weiß gefärbte Enden, welche man durch ein Glasfenster sehen kann. Die Abb. 469 zeigt, daß die Feder für die Frequenz 100* am stärksten schwingt. Die Verschiedenheit in den Amplituden

* In der Technik wird manchmal die Frequenz nach der Zahl der Stromwechsel in der Sekunde benannt; 100 Stromwechsel entsprechen 50 Perioden.

der benachbarten Federschwingungen erlauben uns die Frequenz noch präziser zu bestimmen; sie ist etwa 100,5 zu schätzen.

Analoge Instrumente können auch für die Bestimmung der Rotationsgeschwindigkeiten irgendwelcher Maschinen verwendet werden. Man setzt auf die Maschinenachse einen Magnet auf, welcher in benachbarten unbeweglichen Spulen Induktionsströme erzeugt; diese Ströme läßt man auf die Stahlfedern des Frequenzmessers wirken. Die Amplituden der schwingenden Stahlfedern lassen dann die Periode oder die Frequenz der Rotation bestimmen.

**553. Oszillograph.** Die Instrumente, welche die Stromkurve automatisch aufzuzeichnen erlauben, nennt man *Oszillographen*. Die verbreitetsten Oszillographen werden nach dem von BLONDEL (1902) angegebenen Prinzip gebaut, in England von Duddell und in Deutschland von Siemens & Halske.

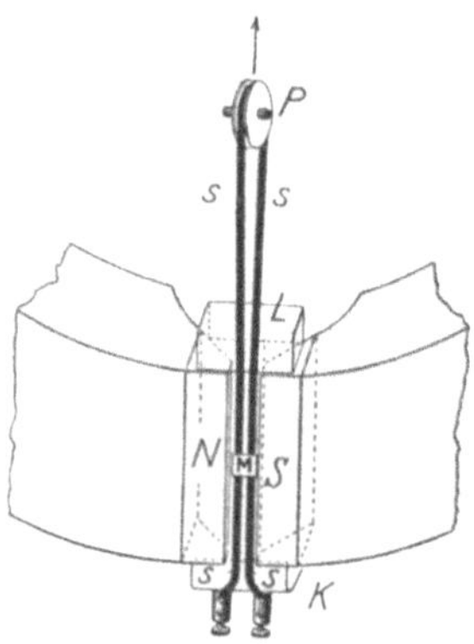


Abb. 470. Oszillograph nach DUDDELL.

Eine sehr leichte Stromschleife befindet sich in dem engen Schlitze (Abb. 470) eines starken Elektromagnets. Der Elektromagnet wird von einem konstanten Strome gespeist; in die Schleife schickt man den zu untersuchenden Wechselstrom. Die zwei Drähtchen der Schleife geraten unter der elektrodynamischen Wirkung des Magnetfeldes in entgegengesetzte Oszillationen, und ein kleines Spiegelchen $M$ erlaubt diese Schwingungen zu beobachten oder zu registrieren. In der Abb. 471 ist die ganze Anordnung zur Aufnahme von Stromkurven schematisch angegeben.

Das Licht einer Bogenlampe $S$ wird vermittels eines Linsensystems $C$ (Kondensor) auf den Spalt $D$ konzentriert und die Linse $L$ entwirft das Spaltbild auf den Schirm $B$; bevor aber der Lichtstrahl zu dem Schirme kommt, wird er erstens von dem Spiegelchen $O$ des Oszillographen und zweitens vom rotierenden Polygonalspiegel $A$ reflektiert. Außerdem steht zwischen $A$ und $B$ noch eine Zylinderlinse (in der Abbildung nicht gezeichnet),

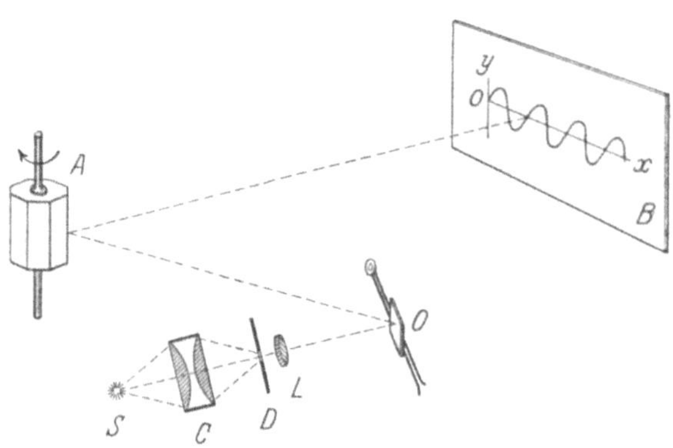


Abb. 471. Anordnung der Apparate für Oszillographenaufnahmen.

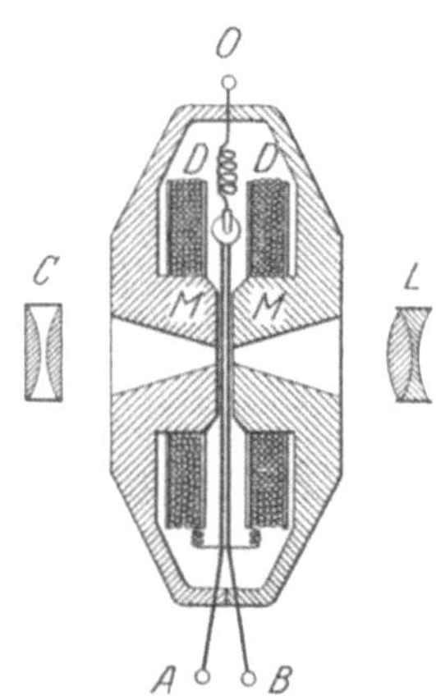


Abb. 472. Oszillograph von GANS.

die das Spaltbild auf dem Schirme $B$ zu einem Lichtpunkte zusammenschrumpfen läßt. Die Bewegung des Spiegelchens allein verschiebt den Lichtpunkt in der Richtung $OY$, das Papier bewegt sich gleichmäßig in der Richtung $OX$. Beide Bewegungen zusammen ergeben die Form der Stromkurve. Statt der Papierbewegung kann der sich drehende Polygonalspiegel $A$ verwendet werden, und dann kann die Kurve auf dem ruhenden Schirme beobachtet oder auf einer ruhenden photographischen Platte fixiert werden.

Der Oszillograph von GANS (Abb. 472) und ebenso die Saitengalvanometer, welche auch als Oszillographen verwendet werden können, haben keine Spiegelchen. Die Drähtchen selbst werden auf das photographische Papier projiziert.

Bei dem BLONDELLschen Oszillographen erhalten wir eine schwarze Kurve auf weißem (nicht belichtetem) Papier. Beim Saitengalvanometer erhalten wir umgekehrt eine weiße Kurve auf dem durch Lichtwirkung geschwärzten Papier.

Für manche Zwecke werden Oszillographen gebaut (Siemens & Halske), welche mehrere Schleifen enthalten. Dann kann man Stromkurven und Spannungskurven von mehreren Leiterzweigen gleichzeitig aufzeichnen.

Die folgenden zwei Kurven sind von G. BENISCHKE mit einem SIEMENSschen Oszillographen aufgezeichnet. In beiden Fällen ist die Grundkurve

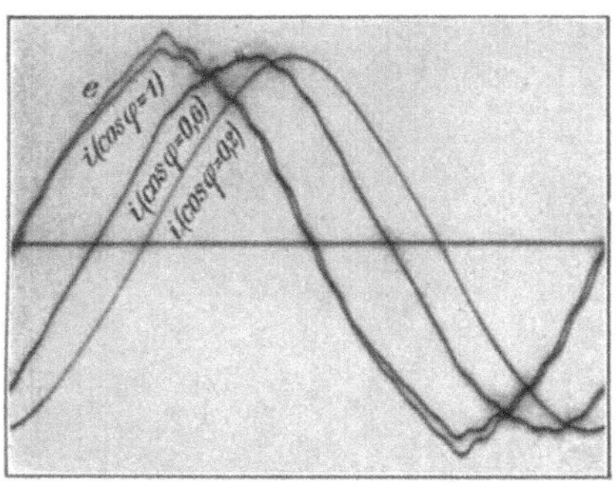


Abb. 473. Wirkung einer Selbstinduktion.

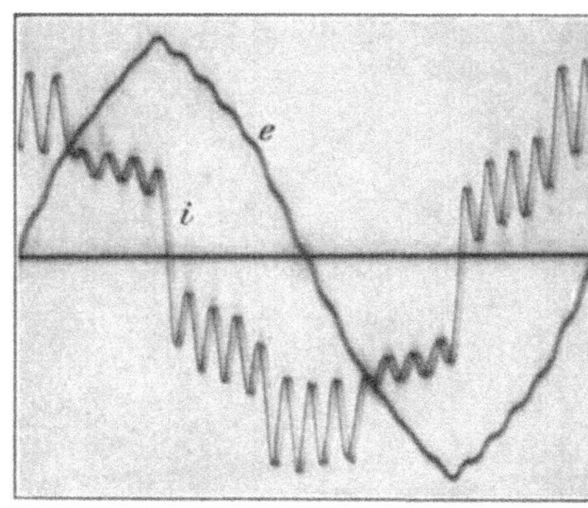


Abb. 474. Wirkung einer Kapazität.

der Spannung eine nicht ganz reine Sinuskurve. Beim Einschalten einer Selbstinduktion (Abb. 473) erhält man eine Stromkurve mit einer Phasenverspätung, und außerdem ist die Kurve durch das Herabdrücken der Obertöne ausgeglichen. In der Abb. 474 ist eine Kapazität eingeschaltet worden. Hier sehen wir umgekehrt ein Voreilen des Stromes gegen die Spannungskurve und gleichzeitig erscheinen die Obertöne ausgeprägter (vgl. S. 486, **545**).

Die Abb. 475 zeigt uns die Deformation der Stromkurve durch die Hysteresis im Eisen, mit einem GANSschen Oszillographen aufgenommen.

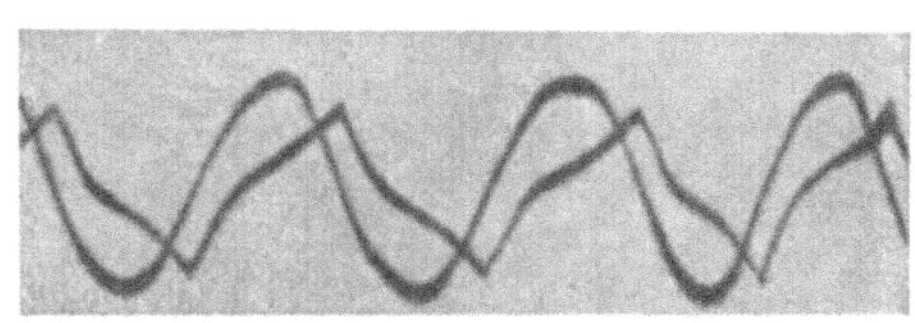

Abb. 475. Wirkung der Hysteresis.

Damit die Kurvenform wirklich treu wiedergegeben wird, ist es nötig, daß die Eigenschwingungen der Meßschleife möglichst klein seien und möglichst weit von den zu registrierenden Schwingungen liegen. Anderseits können die Eigenschwingungen nicht zu klein genommen werden, weil dann das Instrument zu unempfindlich wird. Größtenteils kann man für die Frequenzen bis 3000 eine Eigenfrequenz der Meßschleife etwa 10000 gebrauchen. Unter diesen Bedingungen erhält man bei einer Entfernung von 1 m einen Ausschlag des Lichtflecks auf dem photographischen Papier von etwa 1 mm für 1 Milliampere Stromstärke.

Nach demselben Prinzip wie die Oszillographen werden noch spezielle Instrumente gebaut, welche schnell veränderliche biologische Ströme registrieren, z. B. die sog. Aktionsströme des menschlichen Herzens. Solche Instrumente nennt man Elektrokardiographen.

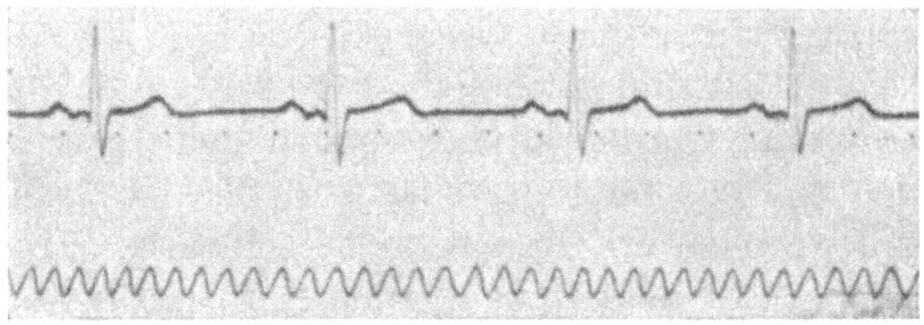

Abb. 476. Elektrokardiogramm.

Die Abb. 476 stellt ein solches Elektrokardiogramm dar, in dem zum Vergleich gleichzeitig die Schwingungen einer Stimmgabel von der Periode 0,1 Sekunde registriert worden sind.

**554. Braunsche Röhre.** Die beschriebenen Oszillographen können für sehr hohe Frequenzen höher als etwa 50000 nicht mehr verwendet werden. Das bewegliche System kann nicht so leicht gemacht werden, daß es den schnellen Schwingungen des Stromes mit genügender Präzision folgt. In diesen Fällen kann man das von F. Braun erfundene Instrument verwenden, in welchem die Rolle des Stromleiters ein Bündel Kathodenstrahlen übernimmt. Bei der geringen Masse der Kathodenstrahlen macht sich ihre Trägheit bei schnell veränderlichen Strömen nicht bemerkbar.

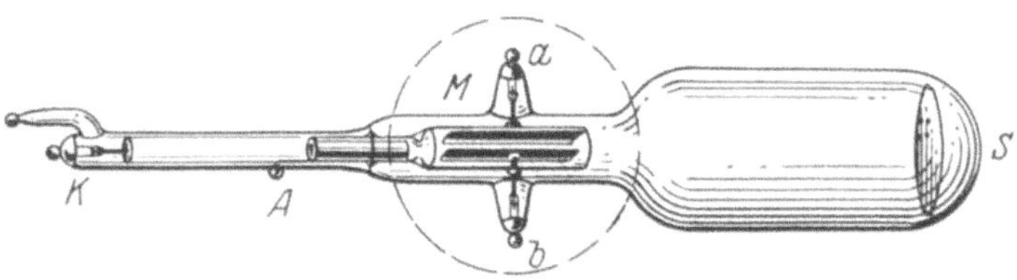


Abb. 477. Braunsche Röhre.

In einer etwa 50 cm langen Glasröhre (Abb. 477) treten aus *K* Kathodenstrahlen aus, die, durch ein kleines Diaphragma begrenzt, auf dem gegenüberliegenden leuchtenden Schirme *S* einen kleinen Lichtfleck bilden. Da die lumineszierende Substanz auf einem Glimmerblatt in sehr dünner Schicht aufgetragen ist, so kann der Lichtpunkt auch von der Außenseite *S* beobachtet oder photographiert werden. Auf dem Wege zwischen dem Diaphragma und dem Leuchtschirm kann der Kathodenstrahl der Wirkung des Magnetfeldes *M* einer Drahtspule ausgesetzt werden.

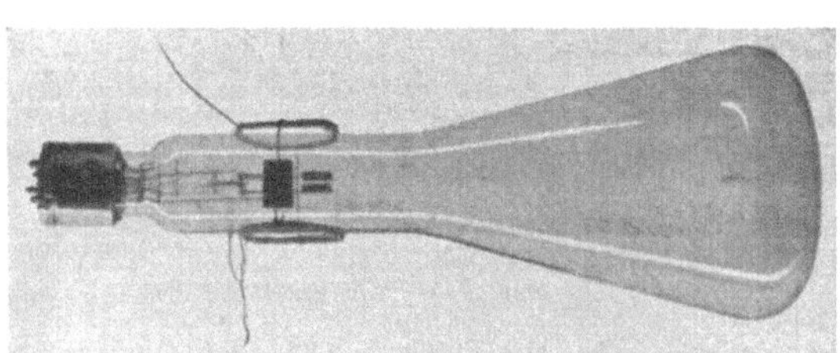

Abb. 478. Braunsche Röhre mit einer Glühkathode.

Schickt man durch diese Spule einen Wechselstrom, so wird der Lichtpunkt zu einem langen Streifen ausgezogen. Die Länge dieses Streifens kann durch Regulierung der Stromstärke passend genommen werden. Betrachtet man diesen Streifen in einem rotierenden Spiegel wie beim Oszillographen, so sieht man die Form der Stromkurve; auf diese Weise kann die Stromkurve auch photographisch fixiert werden. Manchmal wird senkrecht zu der Spule des zu untersuchenden Stromes noch eine zweite auch mit Wechselstrom gespeiste Spule angeordnet. Sind die Ströme in beiden Spulen gleichphasig, so entsteht auf dem

Schirme eine gerade Linie, welche bei gleicher Amplitude der beiden Ablenkungen einen Winkel von 45° mit den Ablenkungen je einer Spule bildet. Haben die beiden Felder eine Phasendifferenz, so erhält man statt einer geraden Linie eine Ellipse (Abb. 479, a). Bei einer Phasendifferenz von 90° erhält man bei gleichen Amplituden einen Kreis. Überhaupt erhält man hier dieselben Kurven wie in der Akustik bei den sog. LISSAJOUschen Figuren. Die Kreisfigur bedeutet nichts anderes als ein magnetisches Drehfeld (S. 478, **537**).

Wenn der Strom in der einen Spule kein Sinusstrom ist, sondern eine irgendwie verzerrte Kurve besitzt, so werden auch die LISSAJOUschen Abbildungen auf dem Lumineszenzschirme entsprechend verzerrt. In der Abb. 479, b ist eine durch Hysteresiswirkung verzerrte Abbildung dargestellt. Durch ein einfaches graphisches Verfahren kann nach dieser Abbildung die verzerrte Stromkurve selbst rekonstruiert werden.

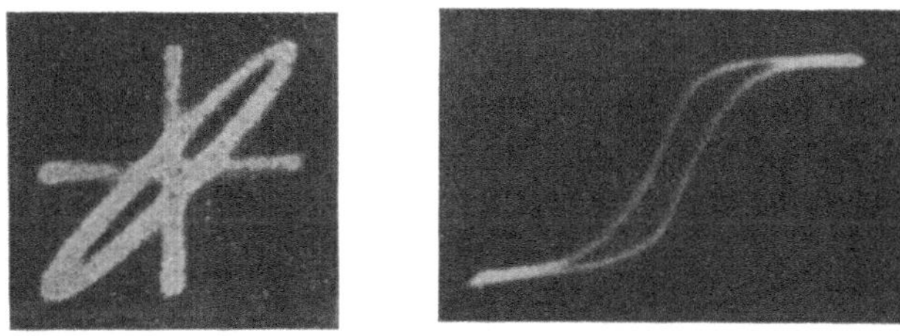

a b

Abb. 479. Oszillogramme der BRAUNschen Röhre.

Statt der magnetischen können auch elektrostatische Felder zur Ablenkung der Kathodenstrahlen benutzt werden (Abb. 477, a b).

In der Abb. 477 ist eine BRAUNsche Röhre (Western Electric Co.) dargestellt, in welcher eine Glühkathode angebracht ist; dadurch ist es möglich für den Betrieb der Röhre einen verhältnismäßig *niedrig*gespannten Strom zu verwenden, etwa 300 Volt, und für die elektrostatische Ablenkung der Kathodenstrahlen weniger als 10 Volt. Ein Nachteil der niederen Spannung ist eine schwache Lichtwirkung auf dem Lumineszenzschirme; es müssen deshalb beim Photographieren der Kurve eine große Anzahl von Perioden gebraucht werden, was natürlich nur bei streng periodischen Vorgängen möglich ist.

## 6. Gleichstrommaschinen.

**555. Allgemeines.** In diesem Kapitel wollen wir die wichtigsten Typen der in der Elektrotechnik gebrauchten Maschinen möglichst kurz beschreiben, und zwar nur die Grundprinzipe ihrer Wirkung, ohne auf die Einzelheiten ihrer Konstruktion einzugehen.

Die Maschinen, welche die mechanische Energie der verschiedenen Dampf-, Wasser- oder Gasmotoren in elektrische Energie umwandeln, nennt man Dynamomaschinen oder Dynamos oder auch Generatoren. Wechselstromgeneratoren werden manchmal Alternatoren genannt.

In jeder Maschine unterscheidet man zwei Hauptbestandteile: erstens die Magnete oder Elektromagnete, die das induzierende Magnetfeld erzeugen, man nennt sie auch *Induktoren*, und zweitens ein System von Leitern oder Spulen, welche in dem von den Induktoren erzeugten Magnetfelde bewegt werden, man nennt sie *Anker*.

Da die Induktionswirkung nur von der *relativen* Bewegung dieser zwei Teile der Dynamomaschinen abhängt, so erhalten wir offenbar dasselbe Resultat, ob wir den Anker relativ zum Induktor oder umgekehrt den Induktor relativ zum Anker bewegen. Man wählt diejenige Konstruktion, welche aus praktischen

Gründen vorteilhafter ist. Von allen Bewegungen ist die Rotation offenbar die bequemste; sie wird auch fast ausschließlich verwendet. Bei Wechselstrommaschinen werden manchmal der Induktor und der Anker einander so ähnlich, daß man nur den feststehenden Teil der Maschine von dem rotierenden durch die Namen *Stator* oder Ständer und *Rotor* oder Läufer voneinander unterscheidet.

**556. Faradaysche Dynamomaschine.** Die prinzipiell einfachste Dynamomaschine für Gleichstrom ist die von Faraday selbst angegebene. Eine Kupferscheibe rotiert zwischen den Polen eines starken Elektromagneten, dessen Magnetfeld senkrecht zur Scheibenebene und parallel zur Rotationsachse gerichtet ist. Bei der Rotation wird jeder Halbmesser der Scheibe fortwährend die Induktionslinien des Magnetfeldes schneiden, und wir erhalten zwischen der Achse und der Peripherie der Scheibe eine gewisse Potentialdifferenz (S. 251, **291**).

Die Faradaysche Dynamomaschine hat sich in der Praxis nicht eingeführt, weil die erzeugte Spannung verhältnismäßig klein ist, man muß sehr schnelle Rotationsgeschwindigkeiten benutzen und dann wird der Gleitkontakt bei *b* sehr unsicher.

**557. Der Ring von Pacinotti-Gramm.** Eine viel größere elektromotorische Kraft bei langsameren Rotationen erhalten wir, wenn wir statt der Scheibe eine Spule im Magnetfelde rotieren lassen. Wir haben auch diesen Fall schon berechnet (S. 452, **510**); in einer einzigen Schleife haben wir bei 50 Umdrehungen in der Sekunde bei $B = 10000$ und $S = 100\ \text{cm}^2$ eine elektromotorische Kraft von 3,14 Volt erhalten. Nehmen wir eine Spule mit 100 Windungen, so erhalten wir schon 315 Volt. Aber diese Konstruktion gibt uns keine *konstante* elektromotorische Kraft, sondern eine mit der Zeit *harmonisch* wechselnde. Wollen wir dennoch auf diese Weise einen konstanten Strom erhalten, so müssen wir irgendeinen Umschalter, sog. Kommutatoren, oder irgendeinen Gleichrichter anwenden. Eine mechanische Anordnung, welche die in der Maschine erzeugte Wechselspannung in eine konstante Spannung umwandelt, haben unabhängig voneinander der Italiener Pacinotti und der Franzose Gramm erfunden.

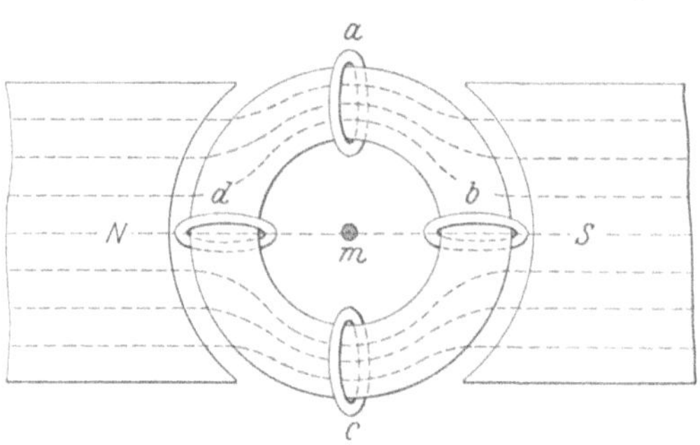

Abb. 480. Eine Schleife im Magnetfelde.

Um eine möglichst klare Vorstellung von dieser Erfindung zu gewinnen, denken wir uns in einem Magnetfelde $NS$ (Abb. 480) einen Eisenring oder einen hohlen Eisenzylinder eingesetzt. Auf den Eisenring winden wir eine einzige Stromschleife *a* und stellen uns vor, der Zylinder drehe sich mit der Schleife zusammen um seine Symmetrieachse, welche durch den Punkt *m* senkrecht zu unserer Zeichnung geht. Während dieser Drehung wird die Schleife *a* nacheinander die Lagen *a, b, c, d* und wieder *a* annehmen. Die Zahl der durch die Schleife gehenden Induktionslinien wird dabei fast ebenso verändert wie in dem Falle einer rotierenden Schleife (S. 451, **509**). Wir erhalten also auch jetzt eine (annähernd) harmonisch wechselnde elektromotorische Kraft. Das Maximum der elektromotorischen Kraft wird in den Lagen *d* und *b* sein, wo der Induktionsfluß sein Minimum hat, und umgekehrt die elektromotorische Kraft wird durch Null durchgehen, wenn die Schleife in den Lagen *a* oder *c* sich befindet.

Nehmen wir statt einer Schleife eine Spule (Abb. 481), verbinden ihre zwei Enden mit zwei auf der Drehachse sitzenden Kupferringen, und legen an diese Ringe zwei Bürsten an, die mit der Außenleitung leitend verbunden sind, so erhalten wir bei der Rotation des ganzen Ankers im Magnetfelde in der Außenleitung einen Wechselstrom. Wir können diesen Wechselstrom in einen Strom mit *gleichbleibender* Richtung umwandeln, d. h. ihn gleichrichten, wenn wir die Außenleitung in dem Moment, wo der Strom sein Zeichen wechselt, plötzlich umschalten, kommutieren. Das Umschalten kann die Maschine selbst besorgen. Zu diesem Zwecke setzen wir auf die Ankerachse statt der zwei Schleifringe (Abb. 481) zwei durch einen isolierenden Schlitz voneinander getrennte Halbzylinder (Abb. 482). Der Schlitz muß so angeordnet sein, daß er gerade unter die Bürsten kommt, wenn der Strom durch seinen Nullwert durchgeht. Bei dieser Anordnung bleibt die Stromstärke in der Spule von der Form $Oabcd$ (Abb. 483), in der Außenleitung dagegen erhalten wir einen pulsierenden gleichgerichteten Strom von der Form $Oab$, $bc_1d$ usw.

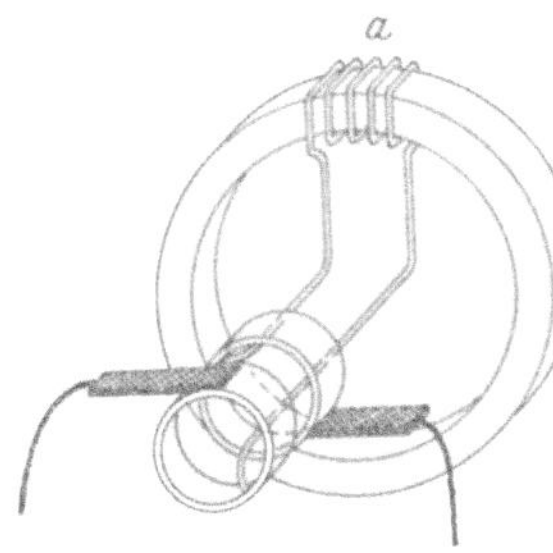


Abb. 481. Erzeugung eines Wechselstromes.

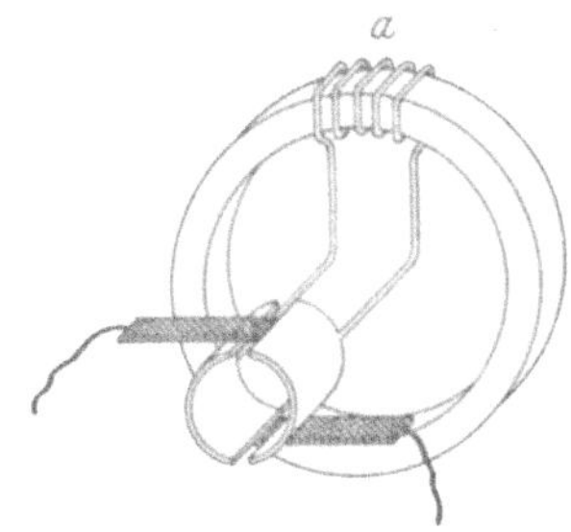


Abb. 482. Gleichrichtung des Wechselstromes.

Der so erhaltene gleichgerichtete Strom ist bei weitem nicht konstant. Wir können aber diesen Mangel durch Anwendung von *mehreren* Spulen korrigieren.

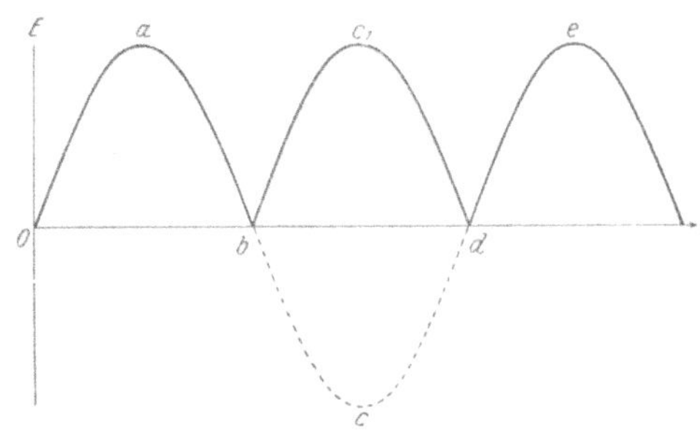


Abb. 483. Gleichgerichtete Wechselstromkurve.

In der Abb. 484 sind zwei diametral gegenüberliegende Spulen dargestellt, welche mit denselben Halbzylindern verbunden sind. Bei dieser Anordnung erhalten wir dasselbe Resultat wie bei einer Spule: die elektromotorische Kraft der Maschine bleibt dieselbe, nur ihr innerer Widerstand wird zwei mal kleiner, weil die zwei Spulen in bezug auf die Außenleitung parallelgeschaltet erscheinen.

Etwas Neues erhalten wir, wenn wir zu diesem Spulenpaar noch ein zweites hinzufügen, deren Stellung auf dem Ringe senkrecht zu dem ersten Paar fixiert ist (Abb. 485). Alle Spulen schalten wir hintereinander, und den Kommutator machen wir jetzt aus vier voneinander isolierten Teilen. Bei dieser Konstruktion erhalten wir folgendes.

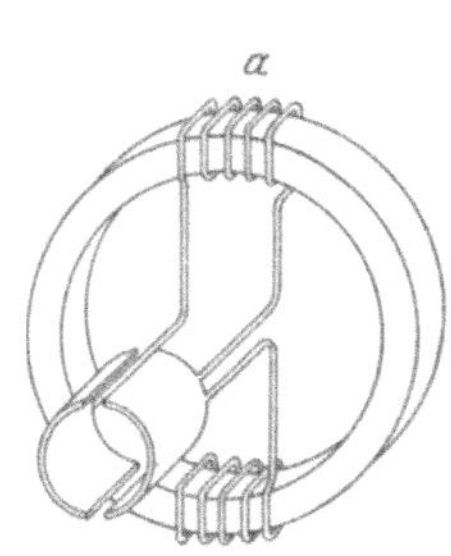


Abb. 484.

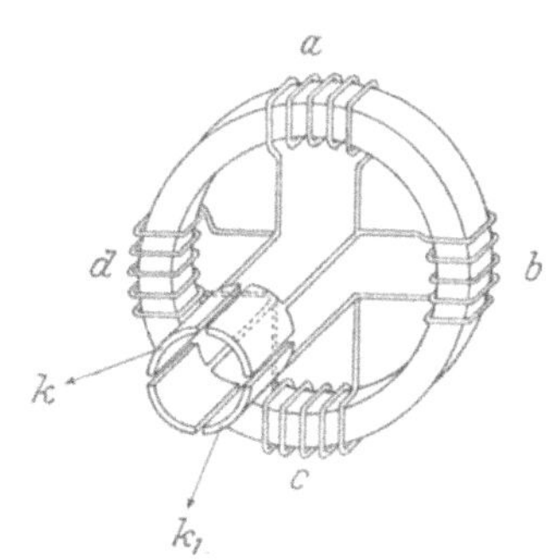


Abb. 485.

Zusammensetzung eines GRAMMschen Ringes.

In jedem Spulenpaar wird eine harmonische elektromotorische Kraft induziert, nur sind die zwei elektromotorischen Kräfte in der Phase um 90° gegeneinander verschoben.

Die Bürsten *k*, welche die Spulen mit der Außenleitung verbinden, berühren stets nur ein Paar der Kollektorplatten, indem die anderen freibleiben. In bezug auf die Außenleitung erscheinen also die zwei Hälften der Ringleitung parallelgeschaltet; aber die elektromotorischen Kräfte, die in den zwei Spulen eines jeden Halbringes wirken, addieren sich.

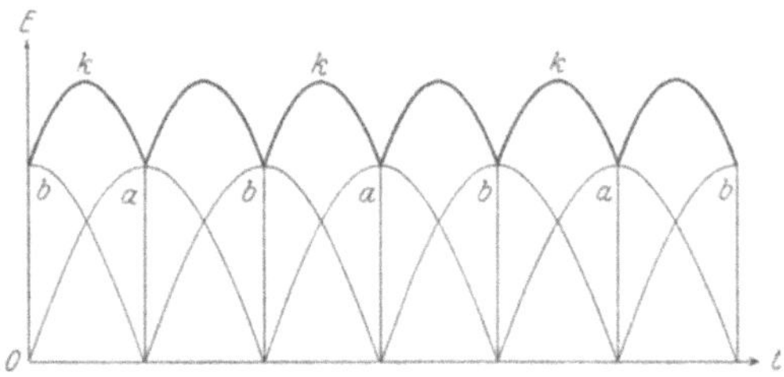


Abb. 486. Elektromotorische Kraft der Maschine bei 2 Spulenpaaren.

Jedesmal, wenn die elektromotorische Kraft irgendeiner Spule durch ihren Nullwert geht, also ihr Zeichen ändert, geht der entsprechende Schlitz des Kommutators unter der Bürste vorbei, und die Spule wird in bezug auf die Außenleitung umgeschaltet. In der Außenleitung erhalten wir also einen Strom von stets derselben Richtung.

Um die Stromkurve für diesen Fall zu erhalten, brauchen wir nur die zwei Kurven der Abb. 483 um 90° in der Phase gegeneinander zu verschieben und dann sie zusammenzuaddieren. Wir erhalten so die stark ausgezogene Kurve der Abb. 486.

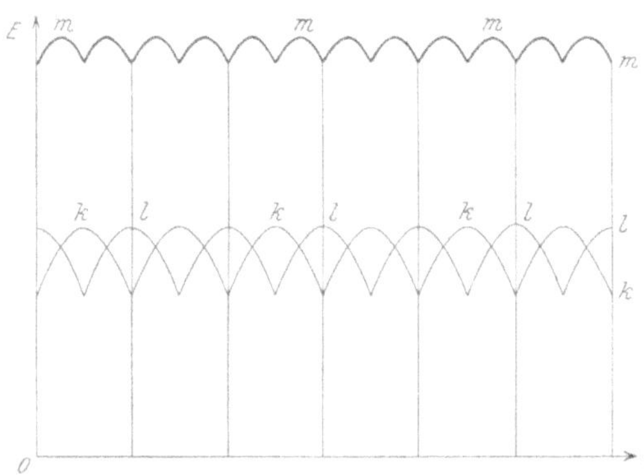


Abb. 487. Elektromotorische Kraft der Maschine bei 4 Spulenpaaren.

Wir sehen, daß bei zwei Paar Spulen die Stromschwankungen schon kleiner sind als bei einem Paar. Bei vier Spulenpaaren werden die Stromschwankungen noch kleiner (Abb. 487) usf.

In der Abb. 488 ist ein Pacinotti-Grammscher Ring mit acht Spulenpaaren gezeichnet. Für die Erzeugung eines möglichst konstanten Stromes ist es also vorteilhaft, den ganzen Ring in so viele Spulenpaare einzuteilen, wie es nur praktisch möglich ist, und gleichzeitig ebensoviel voneinander isolierte Kollektorplatten auf der Achse anzubringen. Bei großen Maschinen wird oft jede Drahtwindung einzeln mit je einer Kollektorplatte verbunden.

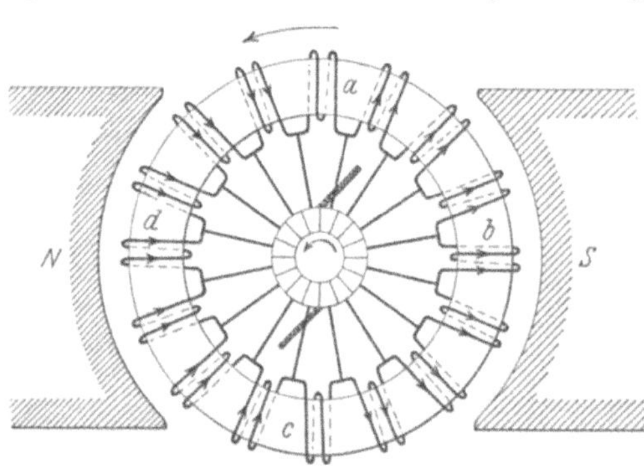


Abb. 488. Pacinotti-Grammscher Ring.

Aus unserer kurzen Beschreibung folgt unmittelbar, daß die Bürsten an den Stellen des Kollektors anliegen müssen, wo die elektromotorische Kraft der entsprechenden Schleife ihr Zeichen wechselt. Wir erhalten also die allgemeine Regel: Die Bürstenlinie muß stets senkrecht zu dem induzierenden Magnetfelde stehen.

**558. Der Siemenssche Trommelanker.** Die Wicklung und die Reparatur der Spulen des Pacinotti-Grammschen Ringankers ist nicht bequem auszuführen. Viel vorteilhafter ist der von Siemens vorgeschlagene Trommelanker, wo man die einzelnen schon fertig gewickelten Spulen einfach aufsetzen kann. Die Abb. 489, 490, 491, in welchen die Spulen des Trommelankers dargestellt sind, entsprechen den Abb. 481, 482 und 485 des Ringankers. Die SIEMENSsche

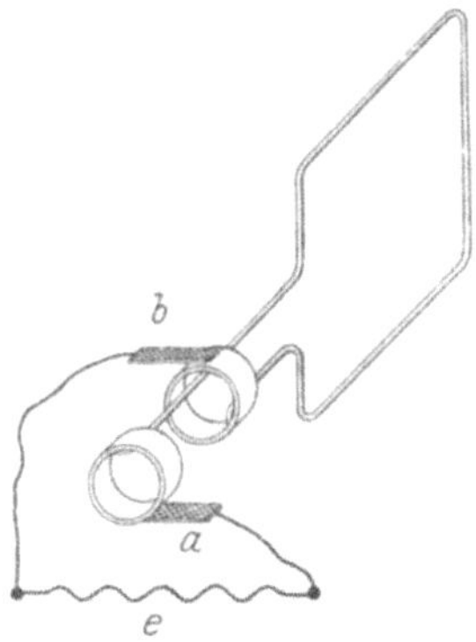


Abb. 489.

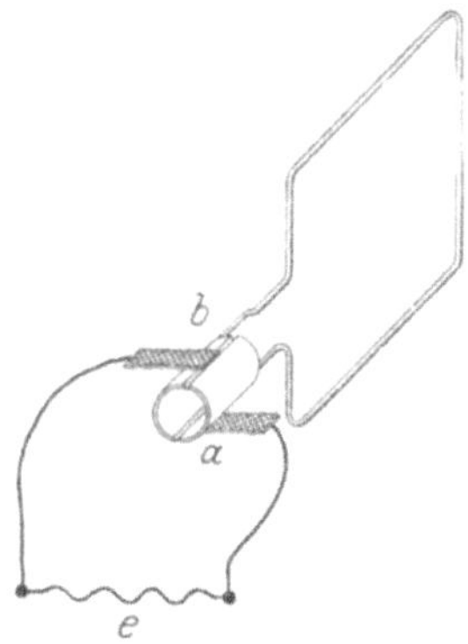


Abb. 490.
Siemensscher Trommelanker.

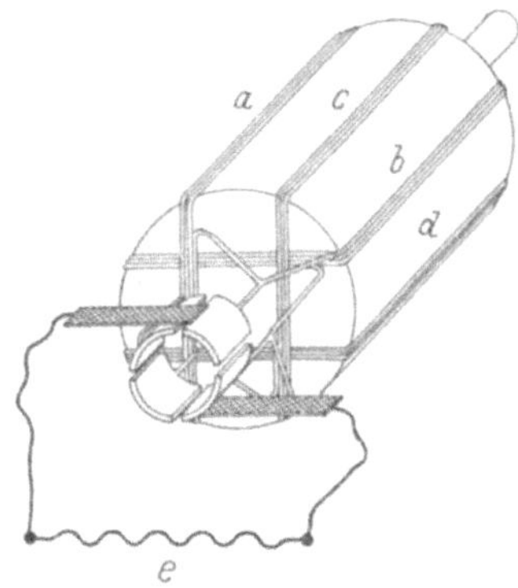


Abb. 491.

Trommelwicklung ist auch in anderer Beziehung vorteilhafter; die Drahtlänge der Spulen bei gleicher umkreister Fläche ist beim Trommelanker kleiner als beim Ringanker, was man aus den Abb. 492 und 493 ohne weiteres sehen kann. Sonst ist die Wirkung der beiden Ankerformen die gleiche.

Der Ringanker wird jetzt selten gebraucht, und wir haben ihn nur deshalb beschrieben, weil an ihm die Zeichnungen sich übersichtlicher gestalten.

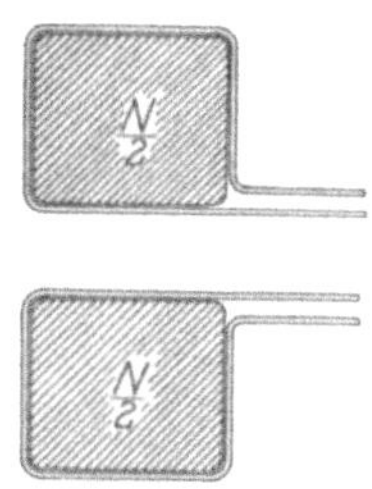


Abb. 492. Durchschnitt eines Ringankers.

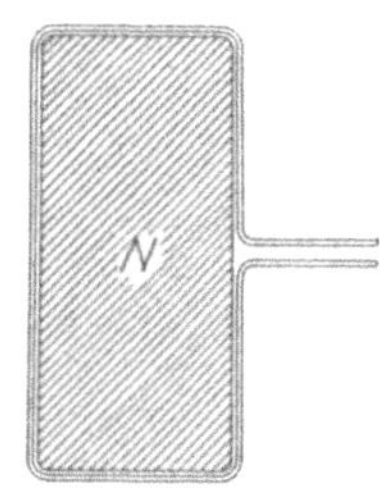


Abb. 493. Durchschnitt eines Trommelankers.

**559. Ankerrückwirkung.** Wenn wir in der Abb. 488 in den einzelnen Drähten die Stromrichtungen durch Pfeile andeuten, so werden wir sehen, daß in der einen Hälfte des Ringes (bei uns in der rechten Hälfte) alle Ströme radial vom Zentrum zur Peripherie auseinandergehen; in der anderen Hälfte (links) gehen sie umgekehrt von der Peripherie zum Zentrum. Zeichnen wir die Richtung des Magnetfeldes dieser Ströme, so erhalten wir in dem Eisenringe zwei Magnetfelder, die parallelgeschaltet sind (in der Abb. 488 gehen die Induktionslinien in beiden Hälften des Rings von unten nach oben); die Induktionslinien des Ankers kommen also bei *a* aus dem Eisen des Ankers heraus und bilden hier einen Nordpol, indem gleichzeitig bei *c* ein Südpol gebildet wird. Wenn also der Anker durch die Außenleitung geschlossen wird und in ihm ein elektrischer Strom fließt, erzeugt er sein *eigenes* magnetisches Feld. Dieses Feld steht im Raume fest, denn seine Richtung ist ja durch die Stellung der Bürsten fixiert.

Bei der Berechnung der elektromotorischen Kraft der Maschine müssen wir das magnetische Feld des Ankers auch berücksichtigen, denn relativ zu diesem feststehenden Felde bewegen sich die Drähte des GRAMMschen Ringes. Im ganzen also wirken auf den Anker zwei induzierende Magnetfelder: das Feld des Induktors und das Feld des Ankers; das Resultierende dieser zwei Felder ist eben das induzierende Feld für den rotierenden Anker.

Diese Erscheinung wird die *Rückwirkung* des Ankers genannt; sie ist übrigens eine direkte Folge der LENZschen Regel (S. 244, **284**).

Die Bürstenlinie und folglich auch das Feld des Ankers müssen stets zu dem wirkenden resultierenden Felde senkrecht stehen.

Die Abb. 494 stellt einen Gleichstromdynamo mit Trommelanker dar. Die Rotationsrichtung ist hier entgegengesetzt der Rotationsrichtung der Abb. 488 und die Bürsten sind in der Rotationsrichtung schon verschoben. Wir empfehlen dem Leser an dieser Zeichnung die Richtung der induzierten Ströme im Anker selbst zu verifizieren. Hier ist $M_0$ die Feldintensität des Induktors, $M$ das resultierende Feld und senkrecht dazu $M_1$ das Ankerfeld.

Es ist klar, daß, je größer das Ankerfeld, d. h. je größer die Stromstärke in seinen Windungen, desto größer wird der Winkel zwischen $M$ und $M_0$ und desto mehr müssen die Bürsten in der Bewegungsrichtung des Ankers verschoben werden. Bei wechselnder Belastung der Maschine sollten eigentlich auch die Bürsten ihre Lage ändern.

Stehen aber die Bürsten nicht richtig, also nicht genau senkrecht zu dem induzierenden Gesamtfelde, so wird die Umschaltung der unter der Bürste sich befindenden Spule nicht im Moment der Stromwendung geschehen, sondern früher oder später, wodurch in der durch die Bürste kurzgeschlossenen Spule starke Extraströme entstehen werden, die eine Funkenbildung verursachen.

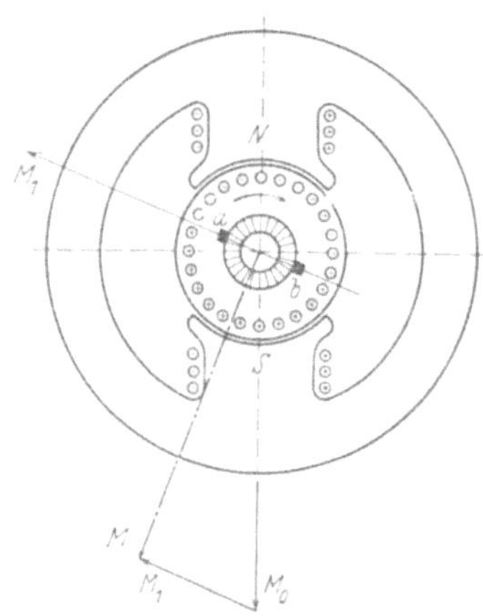


Abb. 494. Ankerrückwirkung.

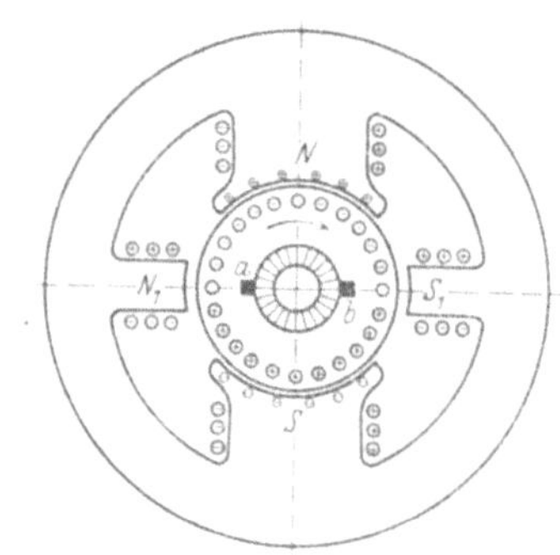


Abb. 495. Gleichstromdynamomaschine mit Wendepolen.

In den modernen Maschinen werden oft außer den gewöhnlichen Induktoren noch sog. Wendepole (Abb. 495) senkrecht zu den Induktoren angeordnet. Die Spulen der Wendepole werden von demselben Strom durchflossen wie der Anker und erzeugen ein Magnetfeld, welches gleich und entgegengesetzt dem Ankerfelde ist. Dadurch wird die Rückwirkung des Ankerfeldes aufgehoben, und die Bürstenstellung wird von der Belastung der Maschine unabhängig.

In unserer Abb. 495 ist, außer den Wendepolen, noch eine sog. Kompensationswicklung in dem Eisen der Feldmagnete angedeutet. Diese Kompensationswicklung wird auch vom Ankerstrome gespeist und dient zur vollständigeren Beseitigung der Feldverzerrung, die durch die Ankerrückwirkung hervorgehoben wird. Gleichstrommaschinen mit Wendepolen und Kompensationswicklung stellen den vollkommensten Typus der modernen Gleichstromdynamo vor.

**560. Die elektromotorische Kraft der Gleichstrommaschine.** Bei dem Ringanker sind die beiden Hälften der Wicklung parallelgeschaltet. Bezeichnen wir die mittlere elektromotorische Kraft jeder Spule mit $e_m$, so erhalten wir bei $m$ Spulen die gesamte elektromotorische Kraft der Maschine

$$E = \tfrac{1}{2} m e_m .$$

Im GRAMMschen Ring umfaßt jede Spule in maximo die Hälfte des totalen Induktionsflusses der Induktoren (genauer des induzierenden Feldes) (Abb. 492). Während der Rotation verändert sich also der Induktionsfluß in *jeder* Spule nach dem Gesetze

$$\tfrac{1}{2} N \cos at ,$$

und die elektromotorische Kraft jeder Spule ist

$$e = \tfrac{1}{2} N a \cos at = e_0 \cos at .$$

Wir wissen (S. 443, **501**), daß der Mittelwert dieser Größe für *zwei* gleichgerichtete Halbperioden gleich ist

$$e_m = \frac{2}{\pi} e_0 = \frac{2}{\pi} \frac{Na}{2} = \frac{2N}{T} .$$

Setzen wir hier statt $1/T$ die sekundliche Tourenzahl der Maschine $n$ ein, so erhalten wir für die gesamte elektromotorische Kraft der Maschine die folgende leicht im Gedächtnis zu behaltende Formel

$$E = \tfrac{1}{2} m e_m = m n N .$$

In praktischen Einheiten haben wir

$$E = m n N \cdot 10^{-8} \text{ Volt.}$$

In einem Trommelanker ist die Zahl der Spulen halb so groß, aber dafür geht durch jede Spule der gesamte Induktionsfluß durch, wie das aus der Abb. 493 zu sehen ist. Für die elektromotorische Kraft erhalten wir demnach auch bei dem Trommelanker denselben Ausdruck.

**561. Mehrpolige Maschinen.** Wir haben eine Dynamomaschine betrachtet, deren Induktor zweipolig ist. Will man dieselben Wirkungen bei kleineren Rotationsgeschwindigkeiten des Ankers erhalten, so muß man (S. 477, **536**) zu mehrpoligen Typen übergehen. Bei einer vierpoligen Maschine (Abb. 496) z. B. wird eine volle Periode der elektromotorischen Kraft schon bei einer halben Umdrehung der Maschine erhalten.

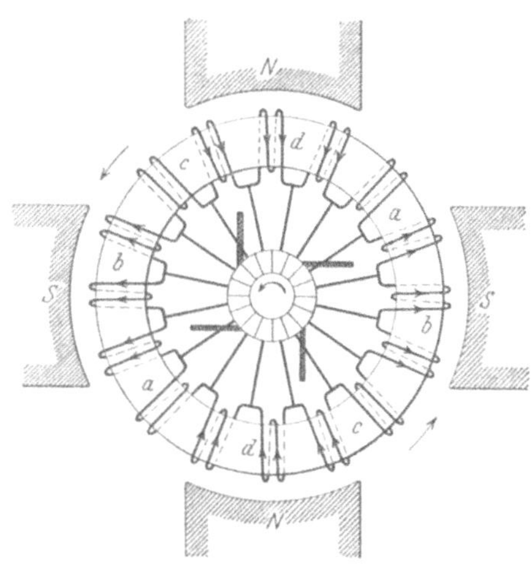

Abb. 496. Vierpolige Gleichstrommaschine.

In einer vierpoligen Maschine erhalten wir statt zwei Punkte, wo die elektromotorische Kraft durch Null durchgeht und ihr Zeichen wechselt, deren *vier*. Wir müssen an diesen Punkten also zwei Paar Bürsten anlegen, um den Strom gleichzurichten. Überhaupt, wie wir sehen, ist eine vierpolige Maschine zwei zweipoligen Maschinen äquivalent. Die beiden so erhaltenen Maschinen kann man hintereinander oder parallel schalten.

**562. Die Klemmspannung der Maschine** Wie bei jeder Elektrizitätsquelle, so auch bei der Gleichstromdynamo, müssen wir ihre elektromotorische Kraft von ihrer Klemmspannung unterscheiden (vgl. S. 118, **140**). Bei dem inneren Widerstande $R$ ist die Klemmspannung $V$

$$V = E - RJ.$$

Sie ist also von dem Strome oder, wie man sagt, von der Belastung abhängig. Um diese Abhängigkeit nach Möglichkeit zu vermindern, wird der innere Widerstand der Maschinen nach Möglichkeit klein gemacht; es werden für die Wicklung dicke Drähte gebraucht.

**563. Selbsterregung.** Wir haben bis jetzt die Frage offengelassen, durch welche Mittel das induzierende Magnetfeld einer Dynamomaschine erzeugt wird. In der früheren Zeit wurden dazu konstante Magnete verwendet oder von irgendeiner anderen Elektrizitätsquelle gespeiste Elektromagnete.

Dauermagnete als Induktoren werden noch jetzt bei kleinen Dynamos, bei Telephonen (Anruf) oder bei Zündung der Gase in den Benzinmotoren usw. verwendet. Fremderregte Elektromagnete wurden durch das von WERNER SIEMENS erfundene Selbsterregungsprinzip völlig verdrängt.

SIEMENS hat nämlich gezeigt, daß man den Strom zur Speisung der Induktoren von dem Anker selbst entnehmen kann. Am Anfang der Arbeit, wo doch im Anker noch kein Strom fließt, genügt der im Eisen der Induktoren stets vorhandene Restmagnetismus, um die erste schwache elektromotorische Kraft in der Maschine zu erregen. Ist das erreicht, so bewirkt der vom Anker zugeführte Strom eine Verstärkung des primären Magnetfeldes; gleichzeitig wird auch die elektromotorische Kraft verstärkt, welche ihrerseits einen noch stärkeren Strom liefert usw.

Die maximal erreichte elektromotorische Kraft wird durch die Sättigung des Eisens bedingt und hängt von der Konstruktion der Maschine ab.

Alle Gleichstrommaschinen kann man in folgende vier Klassen einteilen:

1. Maschinen mit Fremderregung, bei welcher der Strom für die Induktoren von einer anderen Elektrizitätsquelle geliefert wird.

2. Die Hauptschlußmaschine hat die Anker- und die Magnetwicklungen *hintereinander* geschaltet.

3. In der Nebenschlußmaschine erregt eine Abzweigung vom Ankerstrome die Magnete.

4. Kompoundmaschinen, deren Induktoren mit zwei Wicklungen gleichzeitig versehen sind, die in beiden letzten Typen einzeln vorkommen.

**564. Fremderregte Maschinen.** Da hier die Magnete eine selbständige Elektrizitätsquelle haben, so ist das Induktorfeld von der Belastung der Maschine unabhängig. Die elektromotorische Kraft wird wegen der Rückwirkung des Ankers mit der Belastung fallen. Die Klemmspannung wird außerdem noch dadurch kleiner, daß bei höherer Belastung ein größerer Potentialabfall in dem Anker selbst hervorgebracht wird. Will man dennoch die Klemmspannung solch einer Maschine konstant erhalten, so muß man bei steigender Belastung auch das Magnetfeld stärker erregen, soweit es überhaupt möglich ist.

**565. Hauptschlußmaschine.** Werden die Induktoren unmittelbar von dem Ankerstrom gespeist (Abb. 497), so vergrößert sich bei stärkerer Belastung auch das erregte Magnetfeld von selbst. Dennoch bleibt bei dieser Maschine die Klemmspannung nicht konstant. In der Abb. 498 ist eine Charakteristik einer Hauptschlußmaschine gezeichnet, indem als Abszissen der äußere Widerstand und als Ordinaten die zugehörige elektromotorische Kraft $E$ und Klemmspannung $V$ angegeben sind.

Steht die Maschine offen (Leerlauf), d. h. ist der äußere Widerstand unendlich groß ($R = \infty$), so werden die Induktoren gar nicht erregt; die Maschine arbeitet nur mit dem Restmagnetismus der Induktoren wie eine magnetelektrische Maschine. Ihre elektromotorische Kraft und auch ihre Klemmspannung sind sehr klein.

Verkleinern wir allmählich den äußeren Widerstand $R$, so wächst die Erregung des Magnetfeldes, und gleichzeitig wächst auch die elektromotorische Kraft. Die Klemmspannung wächst nicht so schnell wie die elektromotorische

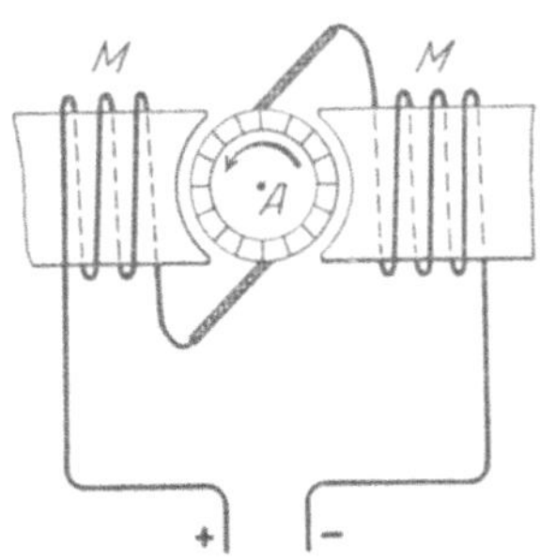


Abb. 497. Hauptschlußmaschine.

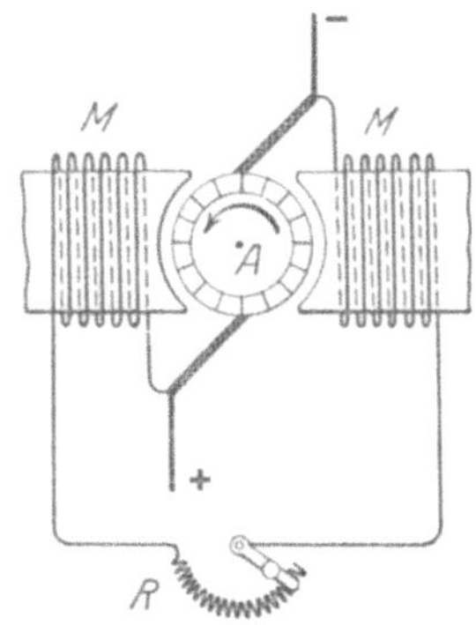


Abb. 499. Nebenschlußmaschine.

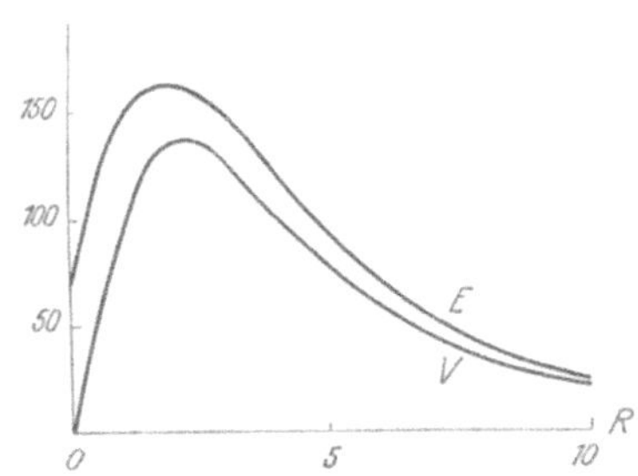


Abb. 498. Charakteristik einer Hauptschlußmaschine.

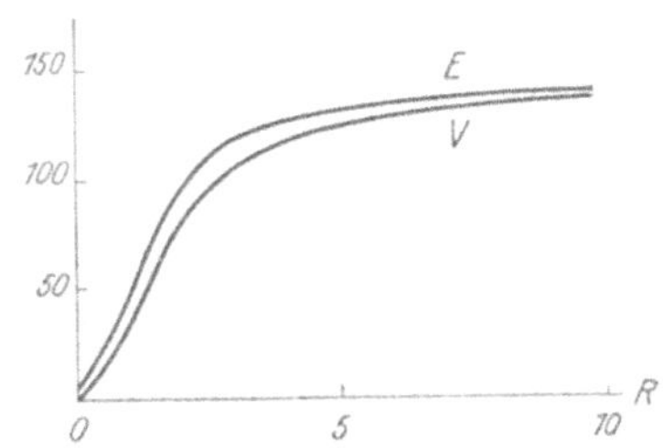


Abb. 500. Charakteristik einer Nebenschlußmaschine.

Kraft, weil durch die stärkere Belastung ein größerer Teil der elektromotorischen Kraft durch den inneren Widerstand verbraucht wird.

Ist die Maschine kurzgeschlossen, also $R = 0$, so wird natürlich die Klemmspannung gleich Null. Die elektromotorische Kraft wird durch die starke Rückwirkung des Ankers verkleinert, aber der Ankerstrom erreicht dabei dennoch sein Maximum.

Will man die Klemmspannung einer Hauptschlußdynamo regulieren, so bleibt nichts übrig, als einen Regulierwiderstand in die Hauptleitung einzuschalten, was stets mit einem Energieverlust verbunden ist.

**566. Nebenschlußmaschine.** Viel vorteilhafter ist in dieser Beziehung die Schaltung der Induktoren *parallel* zu dem Anker (Abb. 499). Man macht dabei die Wicklung der Elektromagnete mit einer großen Zahl Windungen und entsprechend großem Widerstande, damit von dem Ankerstrom nur ein kleiner Teil (etwa 10%) in die Elektromagnete abgezweigt wird. Die ($RE$)- und ($RV$)-Charakteristiken dieser Maschine sind in der Abb. 500 dargestellt. Bei unendlich großem äußeren Widerstande (Leerlauf) ist die elektromotorische Kraft und die Klemmspannung am größten, denn der von dem Anker abgezweigte Strom erregt das Induktorfeld. Die Rückwirkung des Ankers ist dabei klein. Das Maximum der elektromotorischen Kraft wird durch die Sättigung im Eisen beschränkt.

Verkleinern wir den äußeren Widerstand, so tritt die Erscheinung der Rückwirkung hervor, und die Differenz zwischen der elektromotorischen Kraft und der Klemmspannung wird immer größer.

In dieser Maschine können wir die Klemmspannung dadurch regulieren, daß wir in dem Induktorzweig, also im Nebenschluß, einen Regulierwiderstand einschalten (Abb. 499, $R$). Je größer dieser Widerstand gemacht wird, desto schwächer wird das Magnetfeld und die elektromotorische Kraft der Maschine.

Da jetzt der Regulierwiderstand nicht im Hauptzweige, sondern im Nebenzweige steht, wo die Stromstärke ohnehin klein ist, ist der Energieverlust im Regulierwiderstande sehr gering.

**567. Kompoundmaschine.** Aus den Charakteristiken der beiden letzten Maschinentypen sehen wir, daß in der Hauptschlußmaschine bei nicht zu großer Belastung die $(V\,R)$-Charakteristik im wesentlichen eine fallende ist, bei der Nebenschlußmaschine ist sie im Gegenteil eine steigende. Man erhält eine viel konstantere Klemmspannung, wenn man beide Typen in einer Maschine vereinigt. Man konstruiert zu diesem Zweck die Induktoren mit zwei verschiedenen Wicklungen: die eine von ihnen aus dickem Drahte wird mit dem Anker und der Außenleitung hintereinander geschaltet, und die andere, aus dünnem Drahte und vielen Windungen, wird von dem Anker abgezweigt. Man erhält dadurch eine annähernd konstante Klemmspannung der Maschine bei verschiedenen Belastungen.

**568. Gleichstrommotor.** Jede Dynamomaschine läßt sich auch als Motor verwenden. Schicken wir z. B. durch die Schleifbürsten der FARADAYschen Scheibenmaschine (S. 251, **291**, Abb. 264) einen Strom von irgendeiner fremden Elektrizitätsquelle in derselben Richtung, wie in der Abb. 264 angegeben, so wird die Scheibe in Rotation versetzt, und es ist leicht zu sehen, daß die Rotationsrichtung dabei *entgegengesetzt* der sein wird, welche die Scheibe als Dynamomaschine hatte (vgl. S. 226, **265**, Abb. 241).

Diese Regel ist ganz allgemein und unabhängig von der Konstruktion der Maschine; sind alle Stromrichtungen im Induktor wie im Anker die gleichen, so muß die Maschine als Motor und als Generator entgegengesetzte Rotation haben. Arbeitet die Maschine als Generator, so verwandelt sie die mechanische Arbeit in elektrische Energie, welche in die Außenleitung geschickt wird. Arbeitet die Maschine als Motor, so verwandelt sich die aus der Außenleitung kommende elektrische Energie in mechanische Arbeit.

Wir empfehlen dem Leser zur Übung, diese Regel an den einfachsten oben angeführten Zeichnungen anzuwenden.

Dabei ist noch folgendes zu berücksichtigen. Eine Umkehrung der Stromrichtung in der Außenleitung genügt noch nicht, um auch dem Motor eine entgegengesetzte Rotation zu erteilen. Um das zu erreichen, müssen wir nämlich die Stromrichtung *entweder* in den Induktoren *oder* in dem Anker allein ändern. Ändern sich beide Stromrichtungen gleichzeitig, so erhält man eine Rotation wieder in derselben Richtung.

**569. Anlassen eines Motors.** Verbinden wir einen Motor mit einer äußeren Elektrizitätsquelle von konstanter Spannung $E_0$, und fängt der Motor an zu rotieren, so entstehen durch diese Bewegung in der Ankerspule Induktionsströme. Ob die Rotation durch die Wirkung einer mechanischen Kraft erzeugt wird wie bei der Dynamomaschine oder durch eine elektromagnetische Kraft wie beim Motor, ist für das Entstehen der Induktionsströme belanglos. Wir erhalten also auch im Motor an seinen Bürsten eine elektromotorische Kraft von der Größe (S. 501, **560**):

$$E = mnN \cdot 10^{-8} \text{ Volt}.$$

Diese elektromotorische Kraft wird der äußeren Spannung $E_0$ entgegengesetzt sein, und die Stromstärke wird von diesen beiden Spannungen abhängen

$$J = \frac{E_0 - E}{R} = \frac{E_0 - mnN}{R}.$$

Wir sehen daraus, daß bei steigender Rotationsgeschwindigkeit des Motors die Stromstärke immer kleiner wird.

Beim Einschalten eines Motors ist seine Umdrehungszahl gleich Null, und die Stromstärke gleich

$$J = \frac{E_0}{R}$$

Da der innere Widerstand $R$ des Ankers immer sehr klein ist, so kann die Stromstärke sehr groß werden. Wenn also der Motor aus irgendwelchen Gründen nicht schnell genug seine normale Rotationsgeschwindigkeit annimmt, so kann seine Ankerwicklung durch diesen starken Strom gefährdet werden. Um dieser Gefahr zu entgehen, schaltet man gewöhnlich einem größeren Motor einen sog. *Anlaßwiderstand* $r$ vor. Die Stromstärke im Motoranker wird dann gleich

$$J = \frac{E_0 - mnN}{R + r}.$$

Im Moment des Einschaltens ($n = 0$) wird die Stromstärke durch die Größe des Vorschaltwiderstandes $r$ bestimmt. Bei darauffolgender allmählich steigender Rotationsgeschwindigkeit $n$ schaltet man auch den Anlaßwiderstand allmählich aus; ist die maximale Rotationsgeschwindigkeit endlich erreicht, so kann der Anlaßwiderstand ganz ausgeschaltet werden.

Das Ausschalten eines Motors bedarf keiner so großen Vorsicht wie das Einschalten beim Anlassen.

**570. Die Rotationsgeschwindigkeit des Motors.** Wir können die Motorgleichung so schreiben

$$nmN = E_0 - RJ.$$

Da die Größe $RJ$, d. h. der Potentialabfall, im Anker größtenteils klein gegen die Spannung $E_0$ ist, so haben wir annähernd

$$n = \frac{E_0}{mN}.$$

Die Rotationsgeschwindigkeit vergrößert sich demnach proportional der äußeren Spannung und umgekehrt proportional dem Induktionsfluß des Magnetfeldes.

Den letzten Umstand benutzt man, um die Geschwindigkeit eines Nebenschlußmotors zu regulieren. Man schaltet in den Induktorzweig einen Widerstand ein (Abb. 499, $R$). Wird dieser Widerstand vergrößert, so wird der Strom in den Induktorwindungen und das Magnetfeld *schwächer*; die Rotationsgeschwindigkeit des Ankers wird aber dabei *größer*. Das Ausschalten des Widerstands im Induktorzweige *verkleinert* die Rotationsgeschwindigkeit des Motors.

Ein Nebenschlußmotor hat also in bezug auf seine Regulierbarkeit einen großen Vorteil gegenüber dem Hauptschlußmotor. Der letzte aber erzeugt beim Anlassen ein viel größeres Kraftmoment, weshalb man dem Hauptschlußmotor überall da den Vorzug gibt, wo beim Anlassen ein großes Kraftmoment zu überwinden ist, wie z. B. bei den elektrischen Bahnmotoren.

**571. Übersicht.** Die Einzelheiten über den Bau der Gleichstrommaschinen und Motoren kann der Leser in den elektrotechnischen Lehrbüchern finden. Die folgenden kurzen Angaben mögen genügen, um eine allgemeine Übersicht zu erlauben. (Vgl. Abb. 507, S. 511.)

Die Induktoren der Gleichstrommaschinen werden nach den allgemeinen Formeln für Elektromagnete berechnet, welche wir (S. 234, **274**) angegeben haben. Die Induktion wird aus praktischen Gründen nicht höher genommen als etwa 8000 bis 15000. Das Material für die Induktoren ist meistens Stahlguß mit möglichst großer Permeabilität. Hysteresis spielt hier keine Rolle, weil das Magnetfeld in den Induktoren konstant bleibt.

Der Anker wird zwischen den Magneten mit möglichst kleinem Luftzwischenraum eingesetzt, denn der Luftzwischenraum hat, wie wir wissen (S. 235, **274**), einen großen magnetischen Widerstand. Das Eisen des Ankers muß auch eine möglichst große Permeabilität besitzen, aber außerdem muß berücksichtigt werden, daß in den Ankerspulen *Wechselströme* fließen, welche Hysteresisverluste und Verluste durch Foucaultsche Ströme verursachen. Um diese letztere zu vermindern, bildet man den Ankerkern aus einzelnen dünnen (etwa 0,5 mm) Blechen, welche aus legiertem Eisen mit geringem Hysteresisverlust (S. 190, **231**) gefertigt werden.

Die Wicklung des Ankers kann nach sehr verschiedenen Methoden gemacht werden, auf welche wir hier nicht eingehen können.

Die einzelnen Kupferstege des Kollektors müssen voneinander gut isoliert sein; meistens wird dazu dünnes Glimmer verwendet.

Früher hat man die Bürsten aus biegsamen Drähten zusammengestellt, jetzt werden sie meistens aus Kohle gemacht. Die Bürsten müssen gut an dem Kollektor anliegen, um einen möglichst kleinen Übergangswiderstand zu bilden und dennoch nicht zu stark angepreßt sein, damit die Reibung nicht zu groß wird.

Der Nutzeffekt sehr großen Gleichstrommaschinen kann bis 95% steigen; bei kleineren Maschinen fällt er bis etwa 65%. Der Nutzeffekt hängt im allgemeinen auch von der Belastung ab (S. 143, **170**).

Als treibende Kraft für kleinere Dynamos dienen Dampfmaschinen, Gasmotoren oder Benzinmotoren. Große Dynamos werden entweder durch Wasserturbinen oder Dampfturbinen getrieben. Sehr oft sitzen die Dynamos direkt auf der Achse einer Dampfturbine; man nennt so eine Einrichtung *Turbodynamo*.

## 7. Wechselstrommaschinen.

**572. Wechselstromgeneratoren.** Die Wechselstromgeneratoren werden vorwiegend für hohe Spannungen gebaut, weil dabei, wie wir sehen werden, die Energieübertragung auf größere Entfernungen sich vorteilhafter ergibt. Eine Anwendung von hoher Spannung in den beweglichen Teilen der Maschine, im Rotor, ist nicht ratsam, und man ordnet deshalb den Anker unbeweglich, also als *Stator* an und läßt die mit Gleichstrom gespeisten Induktoren rotieren.

Bei der fast überall in den Zentralen eingeführten Frequenz von 50 Perioden in der Sekunde verwendet man meistens mehrpolige Maschinen, um die Rotationsgeschwindigkeit kleiner machen zu können. Bei kleinen Rotationsgeschwindigkeiten kann der Induktor direkt auf der Achse irgendeines Motors sitzen.

In den Abb. 439, 441, 445 haben wir schon die verschiedenen Anordnungen zur Erzeugung von Mehrphasenströmen betrachtet. Zu diesen Zeichnungen müssen wir bemerken, daß sie nur ein möglichst klares Schema darstellen sollen; in Wirklichkeit haben meistens die Maschinen keine so stark herausragende Magnetpole und werden nach verschiedenen Methoden gewickelt.

In den Abb. 501a und b ist eine sog. Wellenwicklung des Stators einer Wechselstrommaschine gezeichnet. Bei der Bewegung der Induktorpole $NS$ in der mit dem Pfeil $v$ angegebenen Richtung werden in allen senkrecht zur Bewegung eingelegten Kupferstäben elektromotorische Kräfte *gleicher* Phase erregt, wie das in der Zeichnung durch die Stromrichtung $J$ angedeutet ist.

In derselben Zeichnung sieht man in den Ankerblechen (Abb. 501 a) noch ein System freier Löcher. Füllt man dieses Löchersystem mit noch zwei Wellenwicklungen aus (Abb. 501 c), so erhält man in den drei Wicklungen zusammen ein Dreiphasensystem.

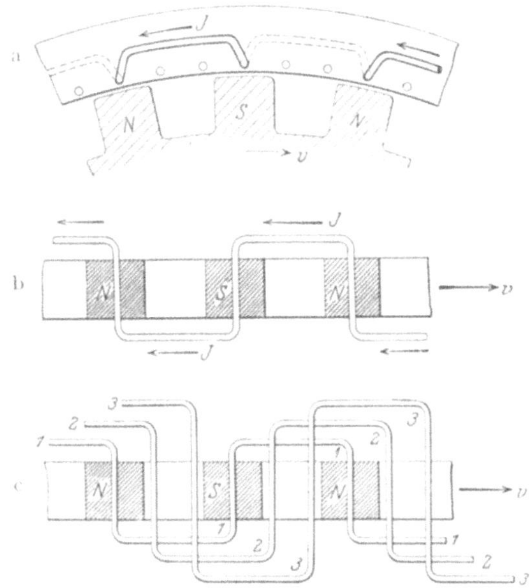

Abb. 501. Wechselstromgenerator (schematisch).

Der Gleichstrom für die Induktoren wird entweder von einer Akkumulatorenbatterie oder von einer Gleichstrommaschine geliefert. Der Gleichstrom wird vermittels Bürsten und Schleifringen den Induktoren zugeführt.

**573. Synchronmotoren.** Jeder Wechselstromgenerator kann in einen Wechselstrommotor verwandelt werden. Die Verhältnisse sind aber hier nicht so einfach wie bei den Gleichstrommaschinen.

Wir betrachten das Schema Abb. 502, in welcher $N$, $S$ konstante Elektromagnete darstellen und $a$, $b$, $c$ die verschiedenen Lagen irgend*eines* Poles des Rotors. Ist z. B. der *Südpol* des Rotors in der Lage $a$, so wird er vom Südpol $S$ des Stators abgestoßen und vom Nordpol $N$ angezogen; er wird sich also in der Richtung $SN$ bewegen. Sobald er aber den Nordpol $N$ erreicht hat (Lage $b$), muß er seinen Magnetismus ändern, der in ihm fließende Wechselstrom muß gerade über seinen Nullwert durchgehen, damit in der Lage $c$ der Rotorpol von dem Nordpol $N$ des Stators jetzt abgestoßen und weiter in derselben Richtung getrieben wird. Wir sehen daraus, daß ein solcher Motor stets in derselben Richtung nur dann getrieben wird, wenn seine Geschwindigkeit der Frequenz des Stromes genau angepaßt ist. Die Zeit, welche der Rotorpol braucht, um von einem Südpol zum nächsten Nordpol des Stators zu kommen, muß genau gleich einer Halbperiode des Wechselstromes sein.

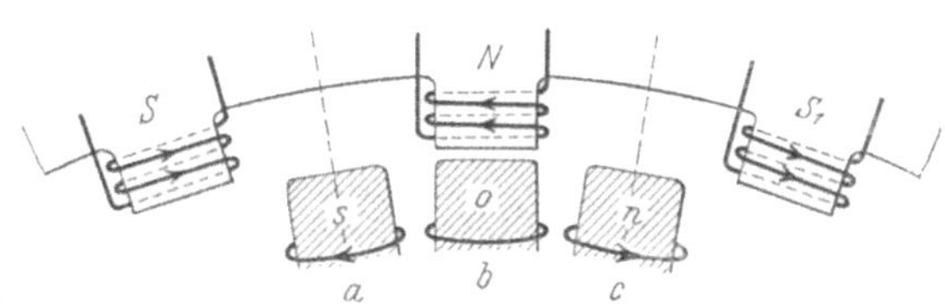

Abb. 502. Wirkungsweise eines Synchromotors.

Derartige Motoren, deren Umlaufgeschwindigkeit durch die Frequenz des Stromes bedingt wird, nennt man *Synchronmotoren*.

Es ist klar, daß ein Synchronmotor von selbst nicht anlaufen kann; man muß ihm zunächst eine bestimmte Rotationsgeschwindigkeit erteilen, oder wie man es nennt, *synchronisieren* und dann erst ihn selbst weiter arbeiten lassen. Wird der Motor durch irgendeinen Umstand, z. B. durch eine *zu große* Belastung, gebremst und kommt außer Takt, so kann er nicht weiterarbeiten und bleibt stehen. In dieser Beziehung sind die Synchronmotoren unbequem; aber in den Fällen, wo es hauptsächlich auf eine genau auszuhaltende Rotationsgeschwindigkeit ankommt, werden sie oft benutzt.

**574. Asynchronmotoren.** Viel bequemer sind in dieser Beziehung die sog. Asynchronmotoren; sie können beim Einschalten von selbst anlaufen und auch verschiedene Umlaufsgeschwindigkeiten beim Arbeiten haben. Asynchronmotoren werden meistens nach dem FERRARISschen Prinzip mit Benutzung eines magnetischen Drehfeldes gebaut (S. 478, **537**).

Der Stator eines Dreiphasenmotors (Abb. 503) besteht aus einem ringförmigen, aus dünnem Eisenblech zusammengestellten Zylinder, in deren Nuten (nach

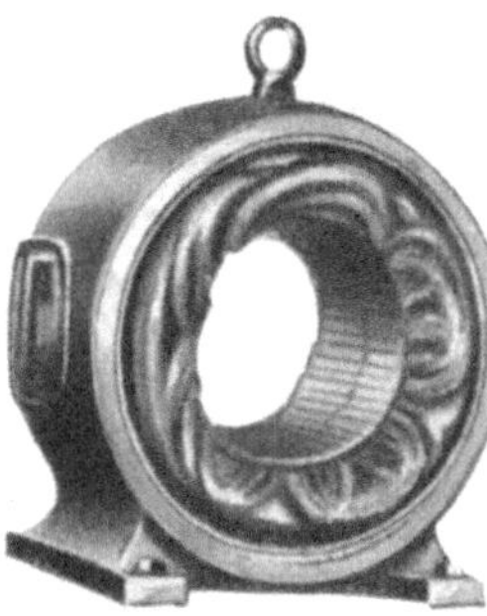

Abb. 503. Ständer eines Drehstrommotors.

Abb. 504. Ein Kurzschlußanker.

Abb. 505. Anker mit Schleifringen.

dem Schema Abb. 501) die drei Phasen einer Dreiphasenwicklung eingelegt sind. Meistens werden dabei drei oder sechs Pole gebildet; im ersten Falle erhält man ein Drehfeld mit 3000 Umdrehungen in der Minute, im zweiten Falle mit 1500 Umdrehungen.

Als Rotor würde die von uns früher beschriebene ARAGOsche Scheibe oder auch der FERRARISsche Zylinder nicht vorteilhaft sein, denn obgleich die induzierten Ströme dabei sogar sehr stark sein könnten, werden die von ihnen umkreisten Flächen sehr klein sein; die Kraftwirkung auf einen Strom ist aber proportional seinem magnetischen Momente, also proportional zu der vom Strome umrandeten Fläche (S. 215, **257**). Aus diesem Grunde macht man die Rotorwicklung entweder aus einzelnen parallelgeschalteten Kupferstäben (Kurzschlußläufer oder Käfigläufer (Abb. 504) oder man benutzt eine analoge Dreiphasenwicklung wie beim Stator (Abb. 505). Bei dieser Wicklungsweise können die von den einzelnen Windungen umrandeten Flächen groß gemacht werden.

**575. Die Arbeitsweise eines Drehstrommotors.** In einem Drehstrommotor haben wir demnach zwei Wicklungen, eine im Stator und die andere im Rotor, welche einander sehr ähnlich sind.

Wenn wir den Rotor festhalten, so werden in seinen Wicklungen Wechselströme induziert, ganz nach denselben Gesetzen wie in einem Transformator (S. 466, **527**). Die Frequenz des Wechselstromes im Rotor wird der gegebenen Frequenz $a_0$ im Stator gleich sein.

Lassen wir den Rotor los, und erreicht er eine Umdrehungsgeschwindigkeit $a$ (bei $n$-Umdrehungen in der Sekunde ist die Winkelgeschwindigkeit $a = 2\pi n$), so wird die *relative* Geschwindigkeit der Rotorwicklung zum Drehfeld des Stators gleich $(a_0 - a)$ sein. Man nennt diese Differenz die *Schlüpfung* des Rotors. Es ist klar, daß die Frequenz des Stromes im Rotor gleich der Schlüpfung sein wird.

Erreicht die Rotationsgeschwindigkeit des Rotors die Rotationsgeschwindigkeit des Drehfeldes $(a_0 = a)$, so wird die Schlüpfung gleich Null, das Magnetfeld wird relativ zum Rotor stillstehen; im Rotor werden dann überhaupt keine Ströme induziert. Der Motor kann also ohne Schlüpfung nicht arbeiten.

Wir können solch einem Motor eine noch schnellere Rotation $a > a_0$ durch einen äußeren Kraftaufwand erteilen; dann wird die Schlüpfung negativ. In diesem Falle wird der aus der Leitung kommende Wechselstrom nur für die Induktion gebraucht; der Stator wird zum Induktor und der Motor wird zu einem Generator.

Das Kraftmoment, mit welchem der Stator auf den Rotor wirkt, ist offenbar proportional dem Produkte der Stromstärken im Stator und im Rotor und außerdem dem $\cos\varphi$ ihrer relativen Phase (S. 470, **529**)

$$M = C \cdot J_1 J_2 \cos\varphi .$$

Beim Anlassen des Motors, wenn der Rotor noch stillsteht, werden die Ströme in der Rotorwicklung am stärksten. Dennoch bleibt dabei das Kraftmoment klein, weil in der kurzgeschlossenen Rotorwicklung der Widerstand meistens klein ist und die Selbstinduktion groß; die Phasenverspätung des Rotorstromes gegen den Statorstrom wird fast 90° sein und der $\cos\varphi$ fast Null. In der Praxis ist es aber meistens wünschenswert, gerade beim Anlassen ein möglichst großes Kraftmoment zu erzeugen. Das erreicht man durch einen Anlaßwiderstand in der Rotorwicklung. In der Abb. 506 sind die drei Schleifringe der Rotorwicklung eines Drehstromrotors dargestellt, deren Bürsten mit den drei sternförmig angeordneten Widerständen *1, 2, 3* verbunden sind. Stellt man den Stern *B* auf *a, b, c*, so sind die Widerstände in die Rotorwicklung eingeschaltet und man kann dann die Wechselstromleitung *A* durch den Schlüssel *K* mit dem Stator verbinden. Ist der Rotor schon im Gange, so wird die Schlüpfung und die Frequenz des in der Rotorwicklung induzierten Stromes kleiner; dadurch vergrößert sich von selbst $\cos\varphi$ und der Anlaßwiderstand wird überflüssig. Damit der Widerstand nicht unnütz Energie verzehrt, schaltet man ihn allmählich aus, indem man den Stern *B* auf die Kontakte *1, 2, 3* zurückdreht.

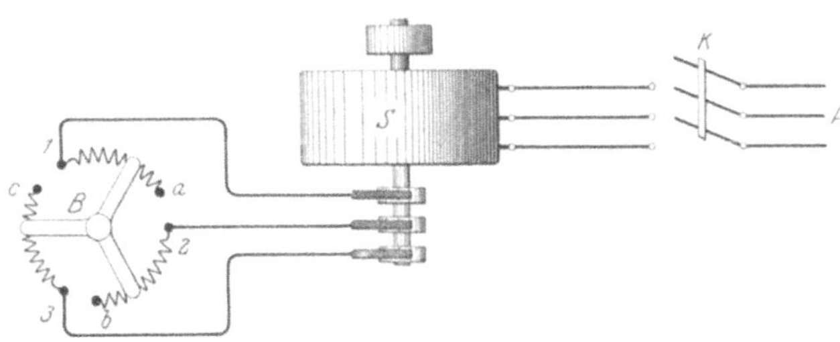

Abb. 506. Anlassen eines Drehstrommotors.

Wir sehen also, daß beim veränderlichen Kraftmoment auch die Schlüpfung verändert wird. Der Motor kann bei sehr verschiedenen Belastungen arbeiten, aber seine Rotationsgeschwindigkeit bleibt nicht konstant; je stärker die Belastung, desto kleiner wird die Geschwindigkeit.

**576. Kollektormotoren.** Zum Schluß wollen wir noch eine Type von Motoren erwähnen, welche in der letzten Zeit Verwendung gefunden hat.

Die Motoren mit einem Drehfeld müssen mindestens drei Zuleitungsdrähte haben, was bei einigen Anwendungen, z. B. bei den elektrischen Bahnen, nicht bequem ist. Anderseits ist die Verwendung von Wechselstrom in mehreren Beziehungen vorteilhafter als Gleichstrom. Man hat deshalb versucht, die

Gleichstrommotoren mit einem einfachen (einphasigen) Wechselstrom zu treiben. Wir haben schon gesagt (S. 504, **568**), daß bei Umkehrung des Stromes gleichzeitig im Induktor und im Anker eines Gleichstrommotors seine Umdrehungsrichtung nicht geändert wird; man kann also einen Gleichstrommotor auch durch einen Wechselstrom betreiben. In einem gewöhnlichen Wechselstrome geschehen diese Umkehrungen sehr schnell, nämlich 100mal in der Sekunde. Das spielt in unserem Falle keine große Rolle; nur müssen die Eisenkerne des Motors aus dünnen Eisenblechen zusammengestellt werden, damit keine FOUCAULTschen Ströme entstehen. Dennoch ist ein Gleichstrommotor zum Arbeiten mit Wechselstrom nicht gut verwendbar, weil dabei an den Kollektorbürsten starke Funken entstehen, welche den Kollektor verderben. Die Anwendung von Wendepolen (S. 500, **559**) kann die Funkenbildung sehr verringern.

Eine andere Lösung dieser Aufgabe erhält man bei Ausnutzung der Induktionswirkungen des Wechselstromes (sog. *Induktionsmotoren*). Man schickt den Wechselstrom nur durch die Induktoren und schließt den Anker über die Bürsten kurz. Stehen die Bürsten unter 45° zum induzierenden Felde, so erhalten wir eine Anordnung, welche analog ist zu dem E. THOMSONschen Versuch (Abb. 433, S. 471). Jede Windung des Ankers erhält von dem induzierenden Wechselfelde ein Drehmoment proportional zu $\cos\alpha$ und die Drehmomente aller Windungen addieren sich zu einem Gesamtdrehmoment des Ankers. In dem Versuche von E. THOMSON konnte sich der Ring $B$ nur soweit drehen, bis er senkrecht zum Felde zu stehen kam. In einem Anker mit Kollektorbürsten werden aber die einzelnen Drahtwindungen immerfort kommutiert und das Gesamtmoment des Magnetfeldes auf den Anker bleibt konstant.

Die Schaltungsweise solcher Kollektormotoren kann in sehr verschiedener Weise geschehen; es sind auch hier Wendepole nützlich usw.

**577. Das Schema einer Energieübertragung.** Bei Energieübertragung auf große Entfernungen ist ein gewisser Verlust der Energie in den Leitungen nicht zu umgehen. Ist die Spannung in den Leitern nicht außergewöhnlich hoch und ist für eine gute Isolation gesorgt, so wird der Energieverlust hauptsächlich durch die JOULEsche Wärme verursacht. Wir wissen, daß die JOULEsche Wärme ($J^2 r$) proportional dem Widerstande ist. Wollten wir den Widerstand der Leitung verkleinern, so müßten wir bei gegebener Entfernung den Querschnitt der Drähte groß nehmen, und das wäre mit einem erheblichen Kostenaufwand verbunden. Viel vorteilhafter ist es, die Stromstärke nach Möglichkeit zu verringern. Wir können nämlich dieselbe Energie $EJ$ vermittelst schwacher Ströme übertragen, wenn wir nur die Spannung $E$ entsprechend höher nehmen. Bei zu hohen Spannungen entstehen zwar Schwierigkeiten bei der Herstellung einer genügend guten Isolation der Leitung, es treten auch noch Verluste hinzu, wegen Glimmentladungen (Korona) in der Luft usw.; dennoch ist es der modernen Elektrotechnik gelungen, alle diese Schwierigkeiten zu überwinden und man hat schon Fernleitungen mit gutem Erfolg gebaut, welche eine Spannung bis zu 500000 Volt haben. Hochspannungsleitungen bis zu 100000 Volt sind jetzt keine Seltenheit mehr. Auf kleine Entfernungen und namentlich in den städtischen Netzen, welche unterirdisch geführt werden, begnügt man sich mit Spannungen von 10000 Volt.

Es sind wohl schon Generatoren gebaut worden mit einer Spannung bis 15000 Volt; für eine Energieübertragung auf große Entfernungen ist das zu wenig. Anderseits kann eine sehr hohe Spannung nicht direkt den Motoren, Lampen u. a. zugeführt werden; das würde für die an den Empfangsapparaten und Maschinen beteiligten Menschen gefährlich sein. Beide Erwägungen fordern also eine Transformation der Spannung, welche bei einem Wechselstrom sehr einfach

Abb. 507. Gleichstrommaschine (Siemens-Schuckert).
Oben in der Mitte der Ständer (Induktor) vierpolig und mit Wendepolen, an beiden Seiten die abgenommenen Lagerschilder. Unten der Läufer (Anker) mit Kollektor, und rechts die Bürstenhalter.

Abb. 508. Drehstrommotor (Siemens-Schuckert).
Oben der Ständer mit zwei abgenommenen Lagerschildern; vorne ein Kurzschlußläufer mit Ventilationseinrichtung.

zu erreichen ist; beim Gleichstrom würde eine Spannungstransformation mit fast unüberwindlichen Schwierigkeiten verbunden sein.

Nach dem Gesagten ergibt sich das Schema einer Energieübertragung in folgender Weise (Abb. 509). In $G$ ist ein Wechselstromgenerator aufgestellt, dessen Stator mit der Primärwicklung eines Transformators $a_1$ verbunden wird.

Abb. 509. Schema einer Energieübertragung.

Die Sekundärspule $a_2$ des Transformators liefert den hochgespannten Strom in die Fernleitung. Am Empfangsorte der Energie steht wieder ein Transformator $b_2$, welcher die Spannung auf den nötigen Grad heruntertransformiert. Seine niedervoltige Spule $b_1$ wird mit den Lampen, Motoren usw., welche meistens für 110 und 220 Volt eingerichtet sind, direkt verbunden.

# XI. Elektrische Schwingungen und Wellen.

## 1. Elektrische Schwingungen.

**578. Schwingende Entladung.** Schon längst hat man vermutet, daß eine Funkenentladung nicht nur aus einem einzigen Ausgleich der entgegengesetzten Elektrizitäten bestehe, sondern daß die Kapazitäten sich dabei manchmal umladen und eine zweite entgegengesetzt gerichtete Entladung herbeiführen. SAVARY (1826) hat z. B. bemerkt, daß die Magnetisierung einer Stahlnadel durch den Entladestrom einer Leidener Flasche bald in der einen, bald in der anderen Richtung erfolgt.

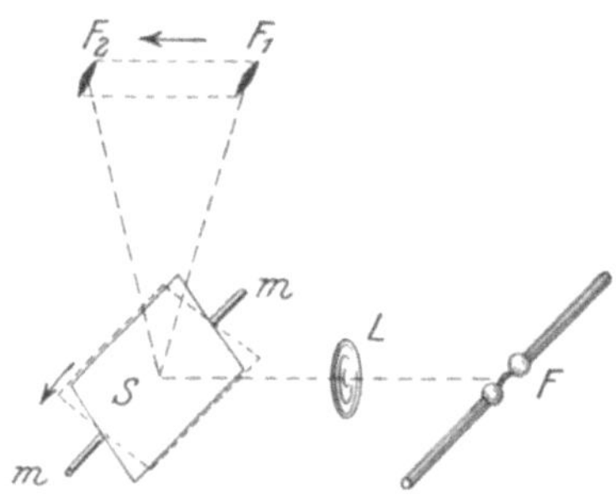


Abb. 510. Versuch von FEDDERSEN.

Genauere Untersuchungen über schwingende Entladung sind von FEDDERSEN (1862) angestellt worden. In der Abb. 510 ist die FEDDERSENsche Versuchsanordnung angegeben.

Die Funkenentladung $F$ wird vermittels einer Linse $L$ und eines Spiegels $S$ in $F_1$ projiziert. Bei der Rotation des Spiegels wird das Bild des Funkens mit großer Geschwindigkeit in der Richtung von $F_1$ nach $F_2$ bewegt. Würde der Funke nur aus einer einzigen Entladung bestehen, so würde das Bild des Funkens in $F_1$ nur in der Richtung nach $F_2$ auseinandergezogen, und nach der Länge $F_1F_2$ könnten wir die Dauer der Entladung bestimmen. Der Versuch zeigt aber, daß die Funkenentladung nicht stetig ist (Abb. 511) und daß bei der Entladung abwechselnd bald der eine, bald der andere Pol des Funkens heller leuchtet. Das erklärt sich einfach dadurch, daß die Pole abwechselnd positiv und negativ geladen werden; wir wissen ja, daß bei einer Gasentladung die positive und die negative Elektrode im allgemeinen verschieden leuchten. Die Funkenentladung ist also periodisch alternierend. Wenn wir die Rotationsgeschwindigkeit des Spiegels und den Abstand $SF$ kennen, können wir die Periode dieser Schwingungen bestimmen. FEDDERSEN hat gezeigt, daß die Periode proportional der Quadratwurzel aus der Selbstinduktion und der Kapazität der Leiter ist, wie es nach der von W. THOMSON (Lord KELWIN) angegebenen Formel auch sein sollte. Wir wollen diese Erscheinung sogleich näher betrachten.

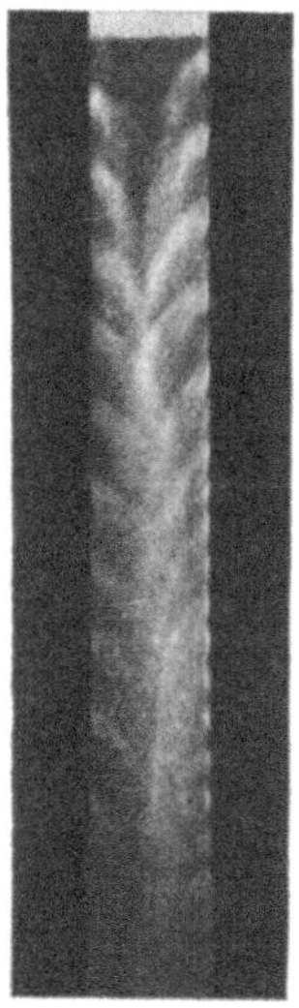

Abb. 511. Photographie einer schwingenden Entladung (nach BATTELLI).

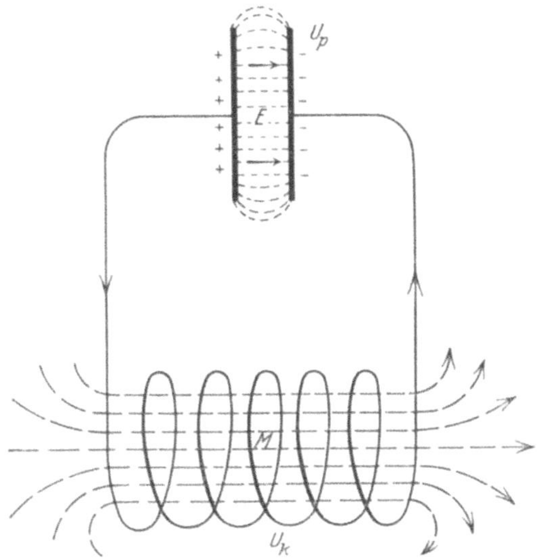


Abb. 512. Ein elektrischer Schwingungskreis.

**579. Der Schwingungsvorgang.** Verbinden wir die Belegungen eines geladenen Kondensators, z. B. einer Leidener Flasche, durch einen Kupferdraht (Abb. 512), so bildet sich in dem letzteren ein elektrischer Strom. Der Entladestrom wird aber nicht plötzlich einsetzen, sondern allmählich anwachsen, denn jeder Leitungsdraht besitzt eine gewisse Selbstinduktion, welche beim Anwachsen des Stromes eine entgegengesetzt gerichtete elektromotorische Kraft erzeugt. Das Anwachsen des Stromes wird eine desto größere Zeit in Anspruch nehmen, je größer die Selbstinduktion des Schließungsdrahtes ist (vgl. S. 255, **298**). Haben sich die Elektrizitäten der beiden Belegungen gegenseitig neutralisiert und ist die Potentialdifferenz bis zu Null herabgesunken, so müßte eigentlich der ganze Entladungsvorgang sein Ende nehmen. Dem ist es aber nicht so, denn beim Verschwinden des Stromes in dem Leiter erzeugt die Selbstinduktion eine neue elektromotorische Kraft (Extraöffnungsstrom), welche in derselben Richtung wie der erlöschende Strom wirkt und den Strom noch weiter treibt. Der Kondensator wird also nicht nur entladen, sondern sogar *umgeladen*; die Potentialdifferenz seiner Belegung wird gleich und entgegengesetzt der Anfangspotentialdifferenz. Der umgeladene Kondensator kann auch nicht im Gleichgewichte bleiben, er wird wieder, aber in entgegengesetzter Richtung entladen und nochmals umgeladen usw. Diesen Vorgang nennt man elektrische Schwingungen.

Unter der Periode der elektrischen Schwingungen versteht man die Zeit, welche die Elektrizität (z. B. die positive) braucht, um von der einen Belegung zu der anderen und wieder zurück zu gelangen.

Gleichzeitig mit den elektrischen Schwingungen erhalten wir in unserer Anordnung auch Schwingungen der Energie. Laden wir den Kondensator von der Kapazität $C$ bis zu einer Potentialdifferenz $V_0$, so erteilen wir ihm eine elektrische Energiemenge (S. 83, **98**)

$$U_e = \tfrac{1}{2} C V_0^2.$$

Bei der Entladung, wenn die entgegengesetzten Elektrizitäten längs dem Verbindungsleiter einen Strom $J$ bilden, geht die elektrische Energie allmählich in magnetische Energie des elektrischen Stromes über. Wenn die Potentialen der Belegungen sich ausgleichen, die elektrische Energie also verschwindet, erreicht der Strom seine maximal große $J_0$, und die ganze Energie erscheint in Form der magnetischen Energie des Stromes, welche bei der Selbstinduktion $L$ des Verbindungsleiters die Größe hat (S. 261, **303**)

$$U_m = \tfrac{1}{2} L J_0^2.$$

Nach der darauffolgenden Viertelperiode wird die magnetische Energie wieder in elektrische Energie des Kondensators verwandelt usw. Die Energie pendelt zwischen dem Kondensator und der Selbstinduktion des Leiterkreises hin und her, und es ist leicht zu sehen, daß die Periode der Energieschwingungen gerade die Hälfte der Periode der elektrischen Schwingungen ausmacht.

Wir haben hier stillschweigend angenommen, daß die Energie bei diesen Schwingungen nirgends verlorengeht; nach dieser Annahme müßten die Schwingungen unendlich lange fortdauern. In Wirklichkeit aber ist jeder Stromdurchgang durch einen Leiter mit einem Energieverlust (JOULEsche Wärme) verbunden und jede folgende Schwingung wird weniger Energie enthalten als die vorangehende. Die Potentialdifferenzen in den Belegungen des Kondensators werden immer kleiner und kleiner, die Ströme im Leiter immer schwächer und der ganze Schwingungsvorgang wird allmählich abklingen (vgl. S. 446, **506**).

**580. Analogie mit den Pendelschwingungen.** Eine sehr weitgehende Analogie zu den soeben beschriebenen Erscheinungen haben wir in den bekannten Pendelschwingungen. Lenken wir einen Pendel (Abb. 513) von seiner vertikalen Gleichgewichtslage ab, so heben wir seine Masse $m$ auf eine gewisse Höhe $h$ (Potentialdifferenz).

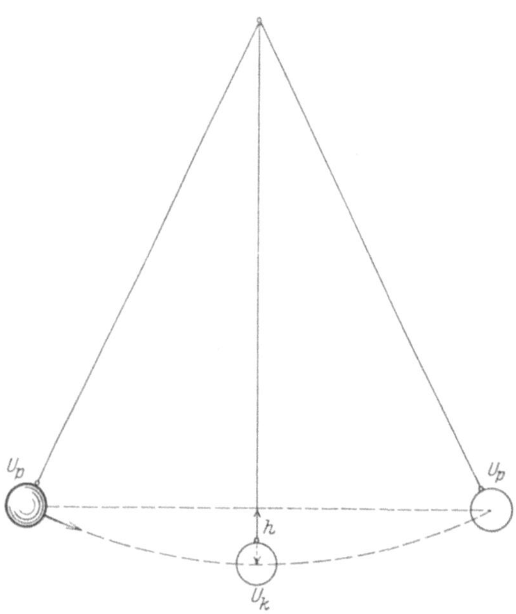

Abb. 513. Pendelschwingungen.

Lassen wir den Pendel los, so fängt er an zu fallen, d. h. seiner Gleichgewichtslage sich zu nähern (Entladung). Ist er in diese Gleichgewichtslage angelangt, so bleibt er nicht in Ruhe, denn beim Fallen hat er eine Geschwindigkeit und kinetische Energie erhalten und wird sich weiter in derselben Richtung bewegen, bis er auf der entgegengesetzten Seite wieder dieselbe Höhe $h$ erreicht hat (Umladung).

Unter der Periode einer Schwingung versteht man die Zeit, welche der Pendel braucht, um von der einen Grenzlage bis zu der entgegengesetzten und zurück zu gelangen.

Wir wissen, daß die potentielle Energie eines Massenpunktes $m$, welcher auf eine Höhe $h$ gehoben wird, gleich ist

$$U_p = mgh.$$

In der Gleichgewichtslage ist $h = 0$ und die potentielle Energie verschwindet; dafür erscheint aber in der bewegten Pendelkugel eine kinetische Energie von dem Betrage

$$U_k = \tfrac{1}{2} m v^2.$$

Diese kinetische Energie verwandelt sich bei neuer Hebung der Kugel wieder in die potentielle Energie usf.

Die Periode der Energieschwingungen ist auch hier gleich der halben Periode der Schwingungen der Pendelkugel.

Vergleichen wir die Pendelschwingungen mit den elektrischen Schwingungen, so sehen wir, daß die elektrische Energie mit der potentiellen Energie und die magnetische Energie mit der kinetischen Energie in Analogie stehen.

Bei dieser Beschreibung der Pendelschwingungen haben wir die Energieverluste nicht berücksichtigt. In Wirklichkeit wirken in jedem Pendel verschiedene Reibungskräfte, welche die Bewegung des Pendels hemmen. Der Pendel kann also nicht ewig schwingen, seine Schwingungen werden allmählich ihre Amplitude verkleinern oder, wie man es nennt, die Schwingungen werden gedämpft.

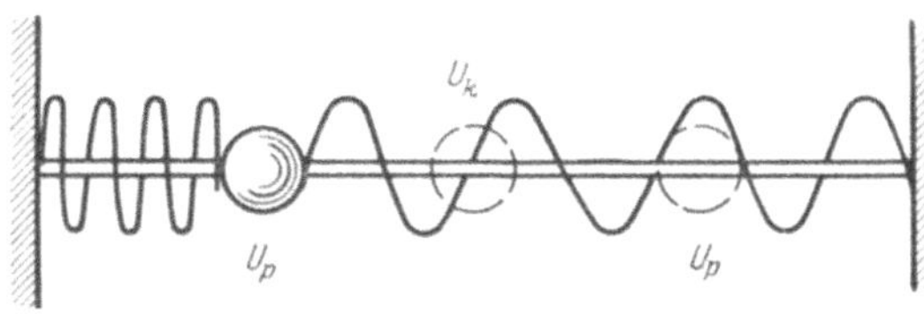

Abb. 514. Schwingungen einer Spiralfeder.

In der Abb. 514 sind noch die Schwingungen einer Kugel unter der Wirkung einer Spiralfeder dargestellt. Man vergleiche die Abb. 512, 513, 514 miteinander in bezug auf die potentielle $U_p$ und kinetische $U_k$ Energien.

**581. Die Formel von Lord Kelvin.** Die Theorie der schwingenden Entladung ist von W. Thomson (Lord Kelvin 1853) gegeben worden. Wir können hier die Thomsonsche Formel in folgender Weise erhalten:

Ein Kondensator von der Kapazität $C$ sei bis zu einer Potentialdifferenz $V$ geladen. Die auf jeder Belegung dabei enthaltende Elektrizitätsmenge ist

$$e = CV.$$

Wird der Kondensator entladen oder ändert sich überhaupt die Elektrizitätsmenge $e$, so wird auch die Potentialdifferenz $V$ in gleicher Weise geändert. Die Änderungsgeschwindigkeit der Elektrizitätsmenge $e$ ist der Änderungsgeschwindigkeit $\dot{V}$ der Potentialdifferenz proportional, nämlich

$$\dot{e} = C\dot{V}.$$

Die Größe $\dot{e}$, d. h. die Geschwindigkeit, mit welcher sich die Elektrizitätsmenge ändert, ist offenbar gleich dem Strome $J$ in dem Verbindungsleiter.

Nun bleibt der Strom $J$ auch nicht unverändert, und seine Änderungsgeschwindigkeit können wir durch die Formel ausdrücken

$$\dot{J} = C\ddot{V}.$$

Anderseits muß ja die Potentialdifferenz im Kondensator stets gleich sein der Potentialdifferenz an den Enden der Selbstinduktion, d. h. gleich der elektromotorischen Kraft der Selbstinduktion des Verbindungsleiters. Nach dem Grundgesetze der Induktion haben wir

$$V = -L\dot{J}.$$

Beide Formeln zusammen geben uns die Beziehung

$$V = -LC \cdot \ddot{V}$$

oder

$$\ddot{V} = -\frac{1}{LC} V .$$

Vergleichen wir diese Beziehung mit dem Grundgesetze für harmonische Schwingungen (S. 439, **495**)

$$\ddot{x} = -a^2 x = -\left(\frac{2\pi}{T}\right)^2 x ,$$

so sehen wir, daß sie der Form nach identisch sind. Wir folgern daraus *erstens*, daß die Potentialdifferenz $V$ sich mit der Zeit harmonisch verändern muß, z. B.

$$V = V_0 \cos a t ,$$

und *zweitens*, daß der Proportionalitätsfaktor $LC$ die Periode dieser Veränderungen in folgender Weise bestimmt:

$$T = 2\pi \sqrt{LC} .$$

Das ist die berühmte THOMSONsche Formel.

Wir bemerken sofort, daß die von uns gefundene Eigenperiode des Leitersystems, bestehend aus einer Kapazität und Selbstinduktion, vollständig mit der Resonanzperiode (S. 461, **520**) zusammenfällt, wie es auch nach der allgemeinen Theorie der Resonanz sein soll.

Wir untersuchen jetzt die Energieverhältnisse.

Die elektrische Energie des Kondensatorfeldes ist gleich

$$U_e = \tfrac{1}{2} C V^2 = \tfrac{1}{2} C V_0^2 \cos^2 a t .$$

Die Stromstärke, d. h. die Änderungsgeschwindigkeit der Elektrizitätsmenge ergibt sich

$$J = C\dot{V} = -C V_0 a \sin a t .$$

Folglich ist die magnetische Energie in der Selbstinduktion

$$U_m = \tfrac{1}{2} L J^2 = \tfrac{1}{2} L C^2 a^2 V_0^2 \sin^2 a t .$$

Setzen wir hier

$$a^2 = \frac{1}{LC} \cdot$$

so erhalten wir

$$U_m = \tfrac{1}{2} C V_0^2 \sin^2 a t .$$

Und die Summe dieser beiden Energien ist

$$U_e + U_m = \tfrac{1}{2} C V_0^2 (\cos^2 a t + \sin^2 a t) = \tfrac{1}{2} C V_0^2 .$$

Diese Summe ist konstant und ist der Anfangsenergie des geladenen Kondensators gleich.

Wir konnten auch umgekehrt verfahren, nämlich aus der Konstanz der Summe der beiden Energien die Größe $a$ bestimmen und auf diese Weise zu der THOMSONschen Formel gelangen. Wir überlassen es dem Leser selbst durchzuführen.

Endlich können wir die THOMSONsche Formel auch durch folgende Überlegungen erhalten. Machen wir die Hypothese, daß die Elektrizität in dem Leiterkreise, bestehend aus Kapazität und Selbstinduktion, *harmonische* Schwingungen vollführt. Die Klemmspannung der Kapazität ist offenbar gleich der Klemmspannung der Selbstinduktion (vgl. Abb. 512); auch die Stromstärke muß in jedem Moment in $C$ und in $L$ die gleiche sein, denn der Stromkreis hat keine Abzweigungen. Folglich müssen die scheinbaren Widerstände ebenfalls gleich sein (453, **512**; 455, **513**), d. h.

$$R = \frac{1}{aC} = aL\,,$$

woraus die THOMSONsche Formel direkt folgt.

**582. Die Methode von H. HERTZ.** Um elektrische Schwingungen in einem Leitersystem zu erzeugen, muß man zunächst den Kondensator laden; da aber der Kondensator durch die Selbstinduktion kurz geschlossen ist, so werden die Ladungen sich neutralisieren, noch ehe wir Zeit haben, dem Kondensator die gewünschte Potentialdifferenz zu erteilen. HERTZ hat deshalb den folgenden Kunstgriff angewandt: er hat den Verbindungsleiter der Kondensatorbelegungen an einer Stelle unterbrochen und die so erhaltenen Enden des Leitungsdrahtes mit zwei polierten Kugeln versehen. Diese Anordnung erlaubt den Kondensator so hoch aufzuladen, bis zwischen den polierten Kugeln ein Funke überspringt. Ist das geschehen, so bildet der Funke, d. h. die durch hohe Temperatur glühend gemachte Luft, eine leitende Überbrückung der zwei voneinander getrennten Leiterstücken des Kondensators, und die in dem letzteren gesammelten Elektrizitäten können sich entladen und elektrische Schwingungen bilden. Durch unvermeidliche Energieverluste wird natürlich die Stromstärke allmählich sinken und die Funkenstrecke ihre Leitfähigkeit verlieren; dann erlöscht der Funke und die elektrischen Schwingungen klingen ab.

In den Abb. 515 und 516 sind zwei solche HERTZsche *Vibratoren* dargestellt. In dem einen ist die Funkenstrecke in dem Verbindungsleiter, in dem anderen in dem Kondensator selbst eingeschaltet. An den Kügelchen sind die Zuleitungsdrähte angebracht, welche das Laden des Kondensators ermöglichen.

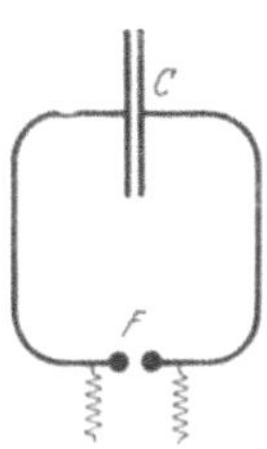


Abb. 515.

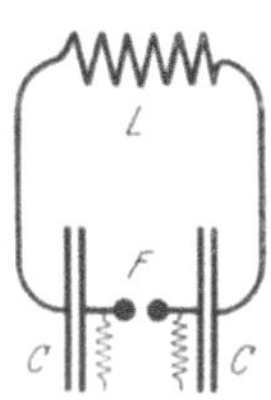


Abb. 516.

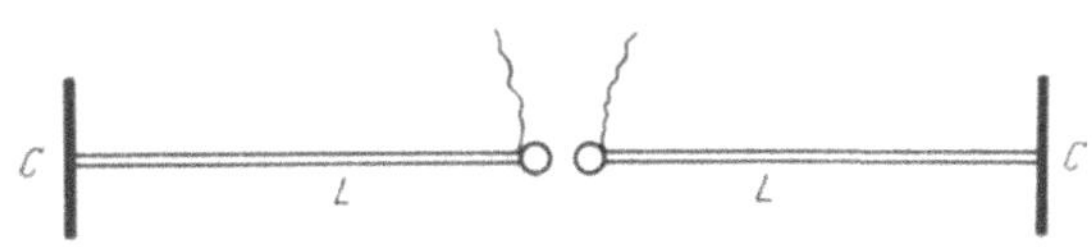


Abb. 517.

Verschiedene HERTZsche Vibratoren.

Die Funkenstrecke $F$ darf nicht zu kurz genommen werden, damit der Anfangspotential und die Ladeenergie möglichst groß wird; anderseits muß der Funke nicht zu lang sein, um die Schwingungen vorzeitig nicht zu unterbrechen. Bei verschiedenen Versuchsbedingungen kann die Funkenlänge, je nach der verfügbaren Energie, von 0,01 mm bis zu 1 cm variieren.

**583. Beispiele von Vibratoren.** Wir nehmen eine große Leidener Flasche (S. 89, **102**) von einer Kapazität $C = 10^{-9}$ Farad und verbinden ihre Belegungen durch einen kreisförmig gebogenen Kupferdraht von 1,5 m Länge und 0,5 cm Dicke. Der Leiter wird eine Selbstinduktion von etwa $L = 1{,}5 \cdot 10^{-6}$ Henry haben. Das von uns gebildete System aus Kapazität und Selbstinduktion wird eine Schwingungsperiode haben

$$T = 2\pi\sqrt{CL} = 2\pi\sqrt{1{,}5\cdot 10^{-15}} = 24\cdot 10^{-8}\,\text{Sekunden}.$$

Wir erhalten also etwa vier Millionen Schwingungen in der Sekunde. Wir können noch größere Frequenzen erhalten, wenn wir die Kapazität und die Selbstinduktion kleiner nehmen. Bei zehnfacher Verkleinerung beider Größen wird die Schwingungsfrequenz verzehnfacht, denn $\sqrt{10\cdot 10}=10$. Die Leidener Flasche wird dabei schon ziemlich klein. Eine weitere Verminderung der Kapazität können wir erreichen, wenn wir die Belegungen des Kondensators weiter voneinander entfernen, wie z. B. in der Abb. 517. Der letzte Vibratortypus besteht aus einem einzigen, nur durch die Funkenstrecke unterbrochenen, geraden Draht mit kleinen Scheiben an seinen Enden. Dennoch besitzt auch dieser Draht eine gewisse, wenn auch sehr kleine Kapazität und eine kleine Selbstinduktion.

In der Abb. 518 ist ein Vibrator gezeichnet, welchen H. HERTZ bei seinen berühmten Versuchen mit elektrischen Strahlen benutzt hat und mit welchem er eine Frequenz $5\cdot 10^8$ (eine halbe Milliarde) in der Sekunde erreicht hat.

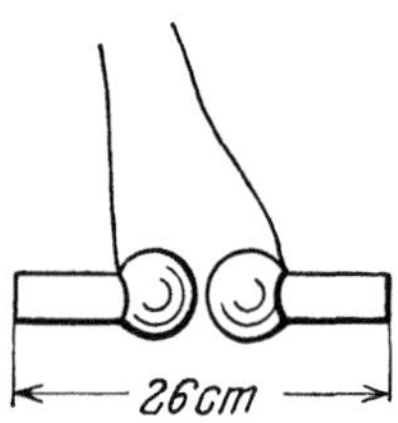

Abb. 518. HERTZscher Vibrator.

Man muß aber beachten, daß, je kleiner die Kapazität des Leiters, desto weniger Energie bei einer bestimmten Grenzspannung wir in ihm sammeln können. Die Beobachtung der elektrischen Schwingungen wird also mit der Vergrößerung der Frequenz im allgemeinen immer schwieriger.

**584. Gedämpfte Schwingungen.** Wir haben schon gesagt, daß die elektrischen Schwingungen wegen Energieverlust allmählich abklingen. Die Energieverluste können entweder im Leitungsdraht oder auch in dem Funken (JOULEsche Wärme) stattfinden. Ist die Selbstinduktion mit einem Eisenkern versehen, so entstehen auch Energieverluste durch Hysteresis und FOUCAULTsche Ströme. Sind in der Nähe des Vibrators andere Leitersysteme aufgestellt, in welchen elektrische Ladungen oder elektrische Ströme induziert werden, so entsteht ein Übergang der Energie zu den Nachbarsystemen. Wir werden weiter noch eine Ursache des Energieverlustes kennenlernen, nämlich die elektromagnetische Strahlung. Durch alle diese Ursachen werden die elektrischen Schwingungen mehr oder weniger gedämpft. Als erste Annäherung können wir annehmen, daß das Abklingen der Schwingungen nach demselben Gesetze stattfindet, welches wir schon in der allgemeinen Schwingungslehre angeführt haben (S. 446, **506**), nämlich

$$V = V_0 e^{-kt} \cos a t .$$

Diese Formel gilt in voller Strenge, wenn der Energieverlust ausschließlich durch die JOULEsche Wärme verursacht wird. Der Koeffizient $k$ ergibt sich dann

$$k = \frac{R}{2L} .$$

Ist die Amplitude der Schwingungen zu irgendeiner Zeit gleich $A_1$ und ist nach Verlauf einer Periode $T$ die Amplitude auf den Wert $A_2$ gesunken, so haben wir für das logarithmische Dekrement einer *vollen* Periode

$$\delta = kT = \lg \frac{A_1}{A_2} .$$

Für ungedämpfte Schwingungen ($A_1 = A_2$) ist das Dekrement gleich Null.

Die oben angeführte Formel sowie die Abb. 408, S. 446, bezieht sich auf die *Potential*schwingungen des Kondensators, welcher zur Zeit $t = 0$ bis zur maximalen Potentialdifferenz $V_0$ geladen war; die Stromstärke im Schließungskreis war dabei gleich Null. Für die Veränderung der Stromstärke mit der Zeit erhalten wir offenbar die Formel

$$J = J_0 e^{-kt} \sin a t .$$

**585. Ein Beispiel.** In der Abb. 519 ist eine Stromkurve dargestellt, welche von J. ZENNECK mit einer BRAUNschen Röhre aufgenommen wurde. Der Kondensator hatte dabei eine Kapazität von $7{,}8 \cdot 10^{-6}$ Farad und die Selbstinduktion $L = 0{,}09$ Henry. Aus diesen Daten berechnet sich die Schwingungsperiode

$$T_0 = 2\pi \sqrt{7{,}8 \cdot 10^{-6} \cdot 0{,}09} = 0{,}005 \text{ sek.}$$

Messen wir die Stromamplituden an der Abb. 519, so erhalten wir: 15 mm; 7,5 m und 3,7 mm. Das Verhältnis der zwei benachbarten Amplituden ist stets gleich 2.

Daraus ergibt sich das logarithmische Dekrement für eine Periode

$$\delta = kT = \lg(2) = 0{,}7$$

und der Koeffizient

$$k = 140\,.$$

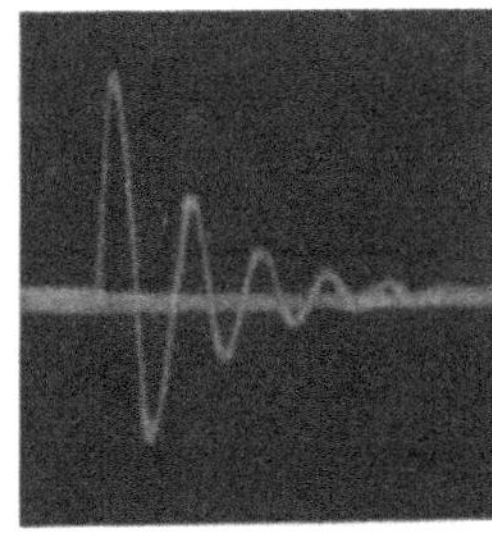

Abb. 519. Stromkurve gedämpfter Schwingungen (nach ZENNECK).

Unsere Rechnung ist nicht ganz korrekt, denn wir haben bei der Berechnung der Periode der Schwingungen den Einfluß der Dämpfung nicht berücksichtigt. Nach S. 447, **506** wird nämlich die Frequenz durch die Dämpfung vermindert:

$$a^2 = a_0^2 - k^2\,.$$

Setzen wir hier unsere Werte ein

$$a_0^2 = \frac{1}{7{,}8 \cdot 10^{-6} \cdot 0{,}09} = 1{,}4 \cdot 10^6\,, \qquad k^2 = 1{,}96 \cdot 10^4\,,$$

so sehen wir, daß der Einfluß der Dämpfung zu vernachlässigen ist. Wenn wir aber den Koeffizient $k$ durch Vergrößerung des Widerstandes etwa 10mal größer machen, dann wird die Dämpfung schon so groß ($k^2 > a_0^2$), daß die Entladung *aperiodisch* abklingt.

**586. Erregung der HERTZschen Schwingungen.** Der HERTZsche Vibrator wurde früher meistens mit einem RUHMKORFschen Induktor geladen. Nehmen wir an, der Vibrator erzeuge $10^6$ (eine Million) Schwingungen in der Sekunde und habe ein Dekrement $0{,}7 = \lg(2)$. Bei diesem Dekrement wird die Amplitude jeder folgenden Schwingung stets 2mal kleiner als der vorangehenden; schon nach 10 Schwingungen wird sich die Amplitude um das $2^{10} = 1024$fache verkleinern. Die 10 Schwingungen werden eine Zeit von nur 0,00001 Sekunden einnehmen, nach welcher der Vibrator als schwingungsfrei angesehen werden darf.

Anderseits kann ein Induktorium mit einem rotierenden Unterbrecher nur etwa 1000mal in der Sekunde den Kondensator des Vibrators aufladen. Wir sehen daraus, daß der Vibrator, welcher in einer Zeit von 0,00001 Sekunde seine Schwingungen beendigt hat, noch 0,00099 Sekunden zu warten hat, bis er den nächsten Impuls vom Induktorium erhält.

Der Nutzeffekt dieser Anordnung ist also sehr klein. Um ihn zu vergrößern, muß man entweder die Dämpfung des Vibrators verkleinern, was nicht immer möglich ist, oder die Impulse der Elektrizitätsquelle häufiger machen. Das letztere kann man z. B. so erzielen. An das Induktorium wird ein Leitersystem mit größerer Periode und größerer Energiekapazität angeschlossen; dieses Leitersystem wird nun als Energiequelle (vgl. unten Teslatransformator) für das zweite, schneller schwingende System benutzt. Man erhält auf diese Weise im zweiten System so viel Impulse in jeder Sekunde, wie das erste System Perioden hat.

**587. Der HERTZsche Resonator.** Bei den schnellen Schwingungen, welche H. HERTZ zum ersten Male realisiert hat, war die Energie so gering, daß er zum

Nachweis der Schwingungen die Resonanzmethode anwenden mußte. HERTZ benutzte also außer einem elektrischen *Vibrator* noch einen elektrischen *Resonator*.

Wenn wir in der Nähe eines Vibrators ein zweites schwingungsfähiges System anordnen und das erste System auf das zweite induzierend wirken lassen, so werden auch im zweiten System elektrische Schwingungen erregt. Die Induktion kann entweder durch elektrostatische Kräfte, wie in der Abb. 520, oder durch magnetische Kräfte, wie in der Abb. 521, erreicht werden. Es kann auch das

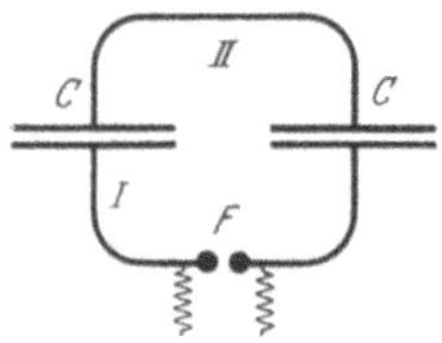


Abb. 520. Vibrator und Resonator in Kapazitätskopplung.

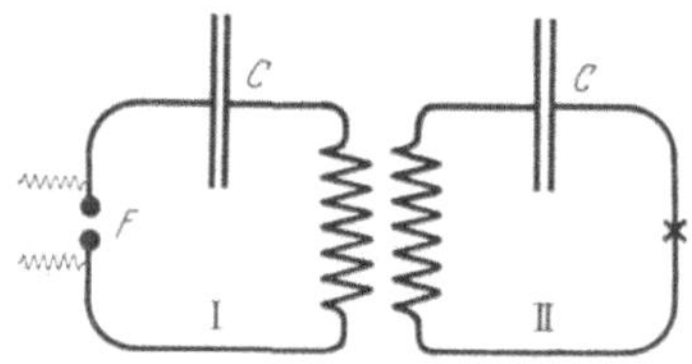


Abb. 521. Vibrator und Resonator mit induktiver Kopplung.

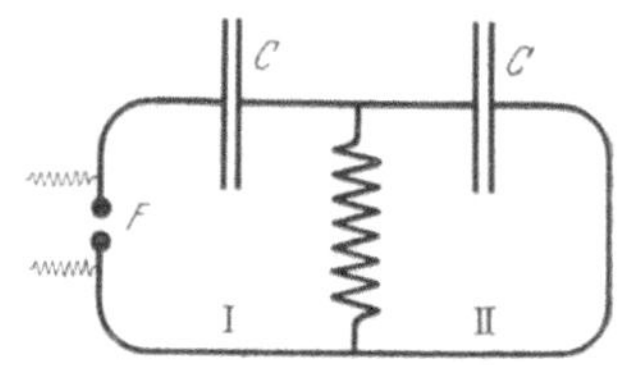


Abb. 522. Vibrator und Resonator in Abzweigung.

zweite System einfach vom ersten abgezweigt werden (Abb. 522). Die erste Schaltungsmethode wird Kapazitätskopplung genannt, die zweite Induktionskopplung; die Kopplung kann je nach der dazu verwendeten Kapazität oder gegenseitiger Induktion, eine *feste* oder eine *lose* sein.

Die im zweiten System auf diese Weise erzeugte Schwingung wird dann am stärksten, wenn beide Systeme dieselbe Eigenperiode besitzen, wie wir das in der Theorie der Resonanz im allgemeinen festgestellt haben (S. 448, **507**). Die zwei Systeme können dabei verschiedene Kapazitäten und verschiedene Selbstinduktionen enthalten, nur müssen sie auf die gleiche Eigenperiode abgestimmt werden, um den größtmöglichsten Effekt zu erhalten.

Es muß also sein

$$L_1 C_1 = L_2 C_2 .$$

Für die Demonstration der elektrischen Resonanz eignet sich sehr gut die folgende von LODGE angegebene Anordnung (Abb. 523). Man stellt zwei gleiche Leidener Flaschen nebeneinander. Der Schließungsdraht $abc$ der einen Flasche ist mit einer Funkenstrecke $F$ versehen; dieses System bildet den Vibrator. In dem Drahte der zweiten Flasche ist eine kleine Geißlerröhre $g$ eingeschaltet und außerdem läßt sich seine Länge durch Verschieben der Querbrücke $ef$ verändern; dieses System bildet den Resonator. Wird der Vibrator durch ein Induktorium erregt, so werden durch elektromagnetische Induktion auch im Resonator elektrische Schwingungen erregt. Verschieben wir den Bügel $ef$ nach irgendeiner Richtung, so werden wir leicht die Stelle finden können, für welche eine Resonanz eintritt, denn die Geißlerröhre wird dabei hell aufleuchten.

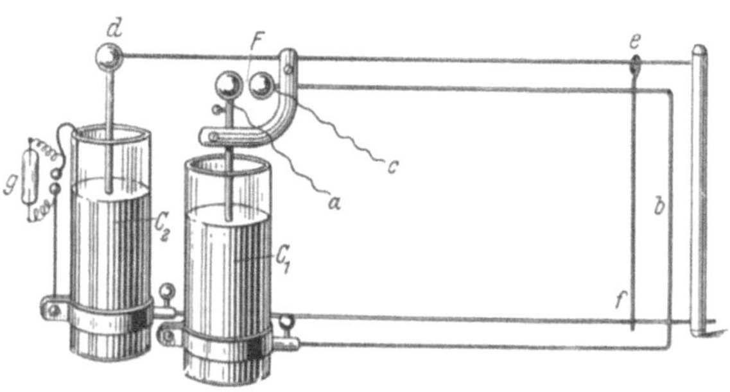


Abb. 523. Resonanzversuch von LODGE.

Bei gleichen Kapazitäten der Flaschen wird das dann eintreten, wenn die Schließungsdrähte in beiden Systemen die gleiche Länge (gleiche Selbstinduktion) haben.

Ein anderer Apparat für viel schnellere Schwingungen ist in der Abb. 524 dargestellt. Hier ist $AA$ ein geradliniger, etwa 1 m langer Kupferdraht von 1 cm Durchmesser, in dessen Mitte eine Funkenstrecke $F$ mit zwei polierten Messingkugeln angebracht ist. Bei $F$ werden die Zuleitungsdrähte vom Induktorium angeschaltet.

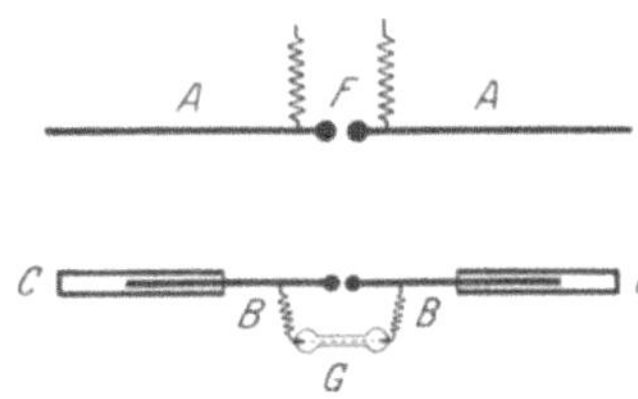


Abb. 524. Resonanzversuch von HERTZ.

Parallel zu diesem Vibrator ist ein zweiter ebensolcher Leiter aufgestellt, der an Stelle der Funkenstrecke eine Geißlerröhre $G$ enthält. Auf den Drähten dieses Resonators sind Messingröhren $CC$ aufgesetzt, durch deren Verschiebung die Länge des Leiters verändert werden kann. Ist die Länge $CC$ größer oder kleiner als $AA$, so leuchtet die Geißlerröhre fast gar nicht und nur, wenn beide Systeme gleich sind, leuchtet die Röhre hell auf.

**588. Detektoren für elektrische Schwingungen.** Apparate, welche die elektrischen Schwingungen nachzuweisen erlauben, nennt man *Detektoren.* Bei H. HERTZ dienten als Detektoren kleine Fünkchen im Resonator, die er mit einer Lupe beobachtet hat. Nach der Länge des erhaltenen Fünkchens konnte HERTZ sogar die Intensität der Schwingungen wenigstens annähernd abschätzen. Wir haben soeben ein Geißlerrohr als Detektor benutzt.

Ein sehr empfindliches Reagens auf elektrische Schwingungen hat BRANLY gefunden. Eine kurze Glasröhre $K$ (Abb. 525) wird mit Metallfeilspänen gefüllt und in den Resonanzkreis eingeschaltet. Parallel zu dieser Röhre schaltet man

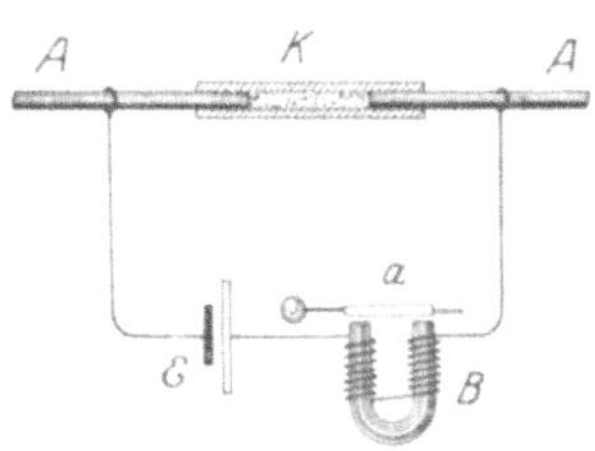


Abb. 525. BRANLYscher Detektor.

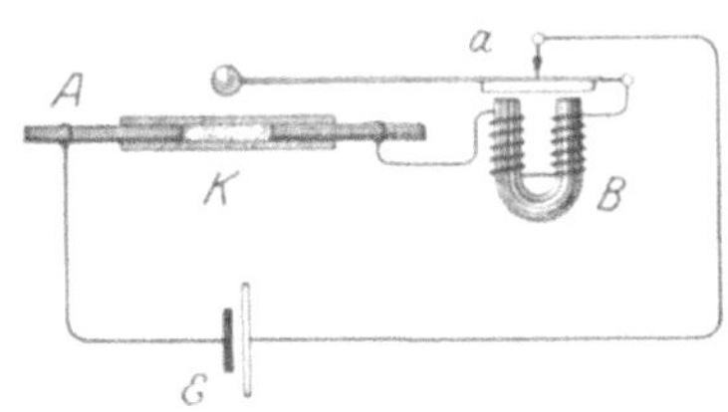


Abb. 526. Detektor mit automatischer Regenerierung.

ein galvanisches Element $\mathcal{E}$ und eine gewöhnliche elektrische Glocke $B$ (die Glocke kann auch durch ein Galvanometer ersetzt werden). Der Widerstand der Metallfeilspäne, welche ja eine große Zahl schlechter Kontakte miteinander bilden, ist so groß, daß die Glocke durch ein Element von etwa 2 Volt nicht zum Tönen gebracht werden kann. Entstehen aber im System $AA$ elektrische Schwingungen, so entstehen zwischen den Feilspänen kleine Fünkchen, die einen besseren Kontakt herstellen; der Widerstand des Röhrchens mit den Feilspänen wird etwa 100mal kleiner und die Glocke fängt an zu funktionieren. Auch wenn die elektrischen Schwingungen schon aufgehört haben, tönt die Glocke weiter; man muß der Röhre einen kleinen Schlag erteilen, um zwischen den Feilspänen die schlechten Kontakte wieder herzustellen. BRANLY nannte seinen Apparat „*Kohärer*“.

Um nicht jedesmal das Röhrchen mit der Hand anstoßen zu brauchen, haben fast gleichzeitig POPOFF (Rußland) und MARKONI (Italien) eine automatisch wirkende Anordnung benutzt, welche aus einem kleinen Elektromagneten $B$ (Abb. 526) und einem Hammer $a$ besteht und mit der Glocke hintereinander geschaltet wird. Treffen die elektrischen Schwingungen auf die Feilspäne und wird der Strom in dem Leiterkreis $AKB$ verstärkt, so fängt die Glocke an zu tönen, aber gleichzeitig schlägt der Hammer auf die Glasröhre an und der Ton wird unterbrochen. Eine Glocke verwendet man nur zur bequemen Demonstration dieser Erscheinung, sonst kann man auch die Wirkung des Kohärers mit einem Galvanometer beobachten, oder sogar einen Schreibapparat, wie beim Telegraphieren, damit betätigen lassen.

Außer dem BRANLYschen Kohärer wurden später noch mehrere andere Detektoren erfunden: der elektrolytische Unterbrecher von WEHNELT kann z. B. auch dazu verwendet werden; eine kleine Magnetnadel kann durch die elektrischen Schwingungen entmagnetisiert werden usw. In der Radiotelegraphie verwendet man jetzt nur zwei Typen von Detektoren, nämlich den *Kristalldetektor* und die *Glühkathodenröhre,* von welchen wir im nächsten Kapitel berichten werden.

Zum Schluß sei noch bemerkt, daß alle diese Detektoren eine einseitige (unipolare) Leitfähigkeit haben.

**589. Meßinstrumente.** Wir haben schon gesagt, daß H. HERTZ die Intensität der elektrischen Schwingungen nach der Länge der von ihnen erzeugten Fünkchen beurteilt hat.

Viel genauer läßt sich die Potentialdifferenz im HERTZschen Resonator mit einem empfindlichen Elektrometer bestimmen. Dazu eignen sich aber nur solche Elektrometer oder solche Elektrometerschaltungen, bei welchen die Ablenkung proportional dem *Quadrate* der Spannungsamplitude ist; dann werden beide Halbperioden der Wechselspannung in gleicher Richtung auf das Elektrometer wirken.

Außerdem können für Strommessungen Hitzdrahtinstrumente benutzt werden. Die Hitzdrahtinstrumente müssen in diesem Falle schon ziemlich empfindlich sein.

Bei sehr hohen Frequenzen (über eine Milliarde) werden die Ströme so schwach, daß die technischen Hitzdrahtinstrumente nicht empfindlich genug sind. Man benutzt dann Bolometer (PALZOV) oder Thermoelemente (KLEMENČIČ).

Das von PALZOV konstruierte Bolometer (Abb. 527) besteht aus einem sehr dünnen (0,02 mm) Eisendraht, welcher zwischen den Punkten $abcd$ zu einem Viereck ausgespannt wird. Die Punkte $a$ und $b$ werden in einen Zweig einer WHEATSTONschen Brücke eingeschaltet, und zu den Punkten $c$ und $d$ werden die elektrischen Schwingungen zugeführt. Die Schwingungen erwärmen den Draht, sein Widerstand wird vergrößert, und das kann man mit der WHEATSTONschen Brücke messend verfolgen.

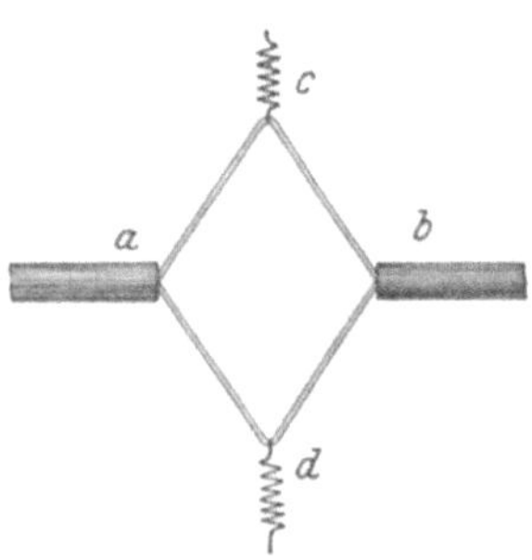

Abb. 527. Bolometer von PALZOV.

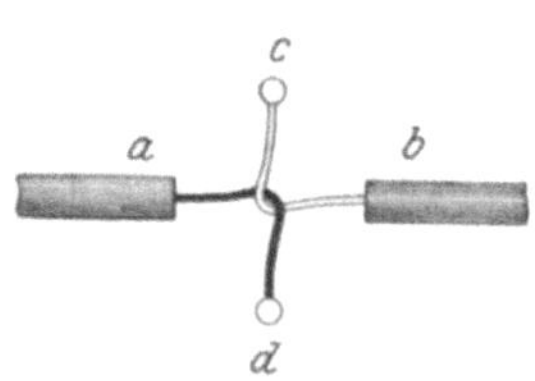

Abb. 528. Thermoelement von KLEMENČIČ.

Das Thermoelement von KLEMENČIČ (Abb. 528) enthält zwei sich umschlingende Drähtchen: das eine Drähtchen ist aus Eisen, das andere aus Konstantan. Die Ströme der elektrischen Schwingungen oszillieren in der Richtung $cd$ und erwärmen die Lötstelle der zwei Drähte. Die dadurch erregte elektromotorische Kraft gibt im Zweige $ab$ einen Strom, den man mit einem empfindlichen Galvanometer messen kann. Um die Wirkung der Ströme zu erhöhen, hat P. LEBEDEV das Thermoelement in ein Vakuumgefäß eingeschlossen; dabei wird keine Wärme durch die Wärmeleitfähigkeit und Konvektion in der Luft verloren und das Thermoelement erwärmt sich viel stärker; die Empfindlichkeit kann durch diese Anordnung etwa 50mal vergrößert werden. Denselben Kunstgriff kann man auch beim Bolometer anwenden.

Wir erwähnen hier noch ein von BOYS erfundenes Instrument. Zwischen den Polen eines starken Elektromagnets (Abb. 529) sind auf einem Quarzfaden zwei dünne Drähtchen aus Bismut und Antimon aufgehängt und bilden zusammen eine leitende Schleife. Erwärmt man die Lötstelle *ab*, so entsteht in der Schleife ein thermoelektrischer Strom; die Schleife erhält dabei im Magnetfelde eine Ablenkung, die man mit dem Spiegel *M* beobachten kann. Dank dem kleinen Widerstande der Schleife und der kleinen Direktionskraft des Quarzfadens ist das Instrument sehr empfindlich. BOYS hat gezeigt, daß man mit diesem Instrumente die Strahlung des Mondes und der Sterne messen kann. Das Instrument nennt man Thermogalvanometer.

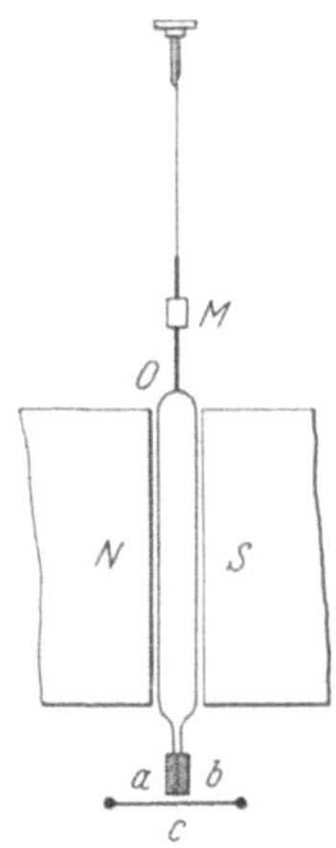

Abb. 529. BOYS-DUDDELLscher Thermogalvanometer.

DUDDELL hat das BOYSsche Thermogalvanometer für elektrische Schwingungen verwendet, indem er in der Nähe der Lötstelle *ab* einen dünnen Draht *c* befestigte, welcher durch elektrische Schwingungen erwärmt wird. Die Wärme wird durch Strahlung der Lötstelle *ab* übergeben und die Schleife wird im Magnetfelde abgelenkt.

Die Empfindlichkeit aller hier erwähnten Instrumente können wir kurz in folgender Weise charakterisieren.

Ein Hitzdrahtinstrument kann bei 1 mm Ausschlag etwa 0,001 Ampere angeben; das Thermoelement in der Luft gibt bis zu 0,0003 Ampere und im Vakuum etwa 0,00001 Ampere an; das Thermogalvanometer hat eine Empfindlichkeit von 0,0000001 Ampere.

**590. Gekoppelte Systeme.** Die einfachen Gesetze der Resonanz, die wir früher abgeleitet haben (S. 447, **507**), gelten nur unter der Bedingung, daß der Resonator auf die Schwingungen des Vibrators keinen merklichen Einfluß ausübt. Befinden sich aber beide Systeme sehr nah zueinander und sind die Resonatorschwingungen sehr stark, so kann eine Rückwirkung des Resonators auf den Vibrator stattfinden, wodurch die Erscheinung komplizierter wird.

Solche aufeinander wirkende Schwingungssysteme nennt man *gekoppelte* Systeme. Man unterscheidet eine lose und eine feste Kopplung. Bei loser Kopplung, also ohne bemerkbarer Rückwirkung, sind die Gesetze der einfachen Resonanz anwendbar. Bei fester Kopplung entstehen in beiden gekoppelten Systemen statt einer einzigen Frequenz *zwei* verschiedene Frequenzen.

Bevor wir zu den elektrisch gekoppelten Systemen übergehen, wird es nützlich sein, die Wirkung der Kopplung am folgenden einfachen Apparate sich klarzumachen.

In einem etwa 1 m hohem Holzrahmen hängt (Abb. 530) ein schweres Pendel *A* (Vibrator) und daneben drei leichte Pendel *B*, *C*, *D* verschiedener Länge (Resonatoren). Läßt man den Pendel *A* in der Richtung des oberen Querbalkens schwingen, so wird der Balken um einige Millimeter der Länge nach hin und her verschoben, weil die hölzernen Vertikalständer ein wenig nachgeben. Durch die Bewegungen des Balkens werden alle drei Pendel *B*, *C* und *D* gleichzeitig und in gleicher Weise in Bewegung gesetzt, aber nur der Pendel *C*, dessen Eigenperiode der Periode des Pendels *A* gleich ist, erreicht eine sehr große Amplitude; die anderen bewegen sich sehr wenig.

Die Länge, also auch die Eigenperiode des Pendels $A$, läßt sich durch Verschiebung seiner Linse längs des Steges in weiten Grenzen verändern; ebenso kann man durch Eintauchen der Enden der Pendel $B$, $C$, $D$ ins Wasser oder durch Anbringen irgendwelcher Reibungskräfte die Dämpfung der Resonatoren verändern. Wir können also mit diesem Apparate die verschiedensten Erscheinungen des Mitschwingens studieren. Der Einfluß der Verstimmung

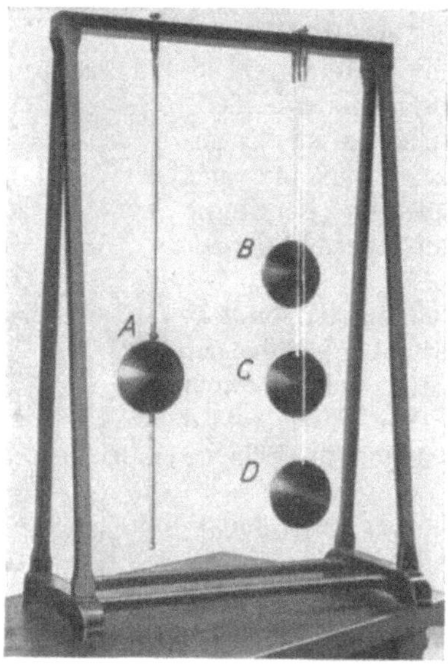

Abb. 530. Resonanz der Pendelschwingungen.

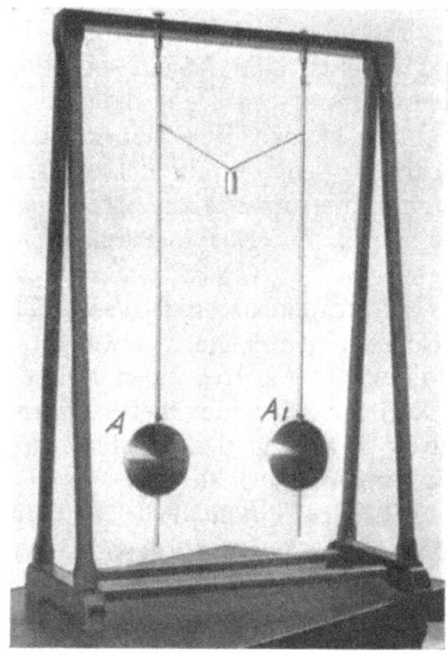

Abb. 531. Gekoppelte Pendel nach OBERBECK.

zwischen dem Vibrator und dem Resonator sowie der Einfluß der Dämpfung des letzteren auf die Amplitude und Phase, das Eintreten der Resonanz und die Erscheinungen im Anfangsstadium des Mitschwingens können mit diesem Apparate bequem beobachtet werden.

Die Rückwirkung der leichten Pendel $B$, $C$ und $D$ auf das schwere Pendel $A$ ist hier so gering, daß die einfachen Resonanzgesetze noch ihre volle Gültigkeit behalten.

Jetzt hängen wir an Stelle der leichten Pendel $B$, $C$ und $D$ ein einziges und ebenso schweres Pendel wie $A$ (Abb. 531). Durch Ablenkung des Pendels $A$ von seiner Gleichgewichtslage lassen wir ihn schwingen. Auch jetzt wird der Oberbalken dem Pendel $A_1$ eine Bewegung erteilen, aber um eine bemerkbare Amplitude bei dem schweren Pendel $A_1$ zu erzeugen, braucht man eine viel größere Energie als bei den leichten Pendeln; die dazu nötige Energie muß von dem Pendel $A$ geliefert werden. In der Tat zeigt auch der Versuch, daß gleichzeitig mit der Vergrößerung der Amplitude des Pendels $A_1$ die Amplitude des Pendels $A$ vermindert wird. Nach einer gewissen Zeit bleibt das Pendel $A$ vollständig stillstehen; seine gesamte Energie ist zu dem Pendel $A_1$ übergegangen.

Von diesem Momente an erscheint das Pendel $A_1$ als das wirkende und erteilt dem Pendel $A$ seinerseits eine schwingende Bewegung; das Pendel $A$ vergrößert daher seine Amplitude auf Kosten der Schwingungsenergie des Pendels $A_1$. Nach einer gewissen Zeit bleibt auch das Pendel $A_1$ stehen und die ganze Energie ist zu dem Pendel $A$ wieder zurückgekehrt; dann fängt das Spiel von neuem an usw.

Die Energie schwingt also zwischen den zwei Pendeln $A$ und $A_1$ hin und her. Je fester die zwei Pendel miteinander gekoppelt sind, desto schneller wird die Energie von $A$ nach $A_1$ übergehen und wieder zurückkehren. In unserem Apparat können wir die Kopplung dadurch vergrößern, daß wir die Stege der Pendel durch einen Faden miteinander verbinden und an dem Faden ein Gewicht aufhängen (Abb. 531).

In der Abb. 532 sind die Schwingungen von zwei stark gekoppelten Systemen graphisch dargestellt; die Schwingungen sind hier außerdem gedämpft.

Es ist leicht zu beweisen, daß eine Schwingung mit periodisch veränderlicher Amplitude, wie das bei unseren Pendeln der Fall war und wie es in der Abb. 532 dargestellt ist, *zwei* Schwingungen verschiedener Frequenz äquivalent ist. Von der Wirkung der Dämpfung wollen wir absehen. Eine einfache Rechnung ergibt nämlich

$$2A\cos\delta t\cdot\cos a t = A\cos(a+\delta)\,t + A\cos(a-\delta)\,t\,.$$

In dieser Gleichung haben wir links eine Schwingung von der Frequenz $a$ mit einer veränderlichen Amplitude und rechts eine Summe von zwei Schwingungen verschiedener Frequenz. Dabei ist $\pm\delta$ die Abweichung von der Normalfrequenz $a$, welche ohne Kopplung stattfindet.

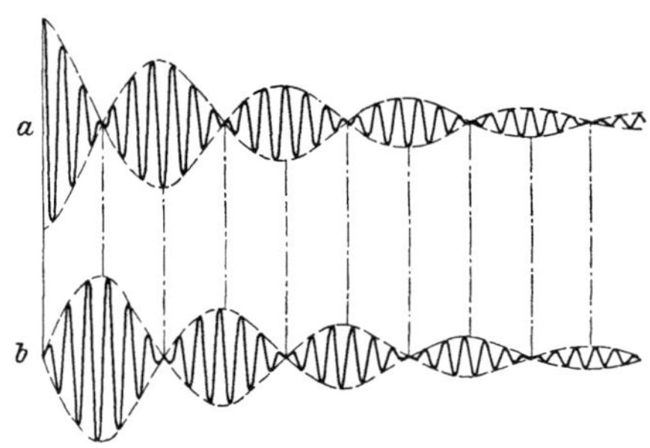


Abb. 532. Gekoppelte Schwingungen (nach J. ZENNECK).

Ganz analoge Erscheinungen erhält man bei elektrischen Schwingungen in gekoppelten Systemen (Abb. 520, 521, 522).

Wir wollen hier nur die magnetische Kopplung (Abb. 521) näher betrachten. Man nennt die Größe

$$k = \sqrt{\frac{L_{12}\cdot L_{21}}{L_1\cdot L_2}}\,,$$

den Kopplungskoeffizienten der zwei durch die gegenseitige Induktion $L_{12}$ gekoppelten Leitersysteme (S. 260, **302**).

Hat jedes System einzeln die Eigenperiode $T_0$, so entstehen in beiden Systemen durch die Kopplung $k$ zwei Perioden

$$T_1 = T_0\sqrt{1+k}\,,\qquad T_2 = T_0\sqrt{1-k}$$

und zwei verschiedene Frequenzen

$$a = \frac{2\pi}{T} = \frac{2\pi}{T_0\sqrt{1\pm k}} = \frac{a_0}{\sqrt{1\pm k}}\,.$$

Bei nicht zu starker Kopplung, d. h. bei kleinem $k$, kann man auch schreiben

$$a = a_0(1\pm\tfrac{1}{2}k)\,.$$

**591. Erzeugung schwach gedämpfter Schwingungen.** Die HERTZsche Methode liefert ziemlich stark gedämpfte Schwingungen, und das ist aus verschiedenen Gründen nicht wünschenswert. Erstens ist dabei die Resonanz nicht so ausgeprägt und zweitens wird die Leistung des Generators durch die eintretenden Pausen in der Schwingungserzeugung nicht voll ausgenutzt.

Man hat deshalb versucht, die Schwingungen nicht direkt aus dem Vibrator, sondern aus dem Resonator zu entnehmen. Der Resonator braucht keine Funkenstrecke zu enthalten und sein Widerstand kann klein genommen werden; die im Resonator erregten Schwingungen können also eine erheblich kleinere Dämpfung haben als in einem HERTZschen Vibrator. Nun bildet aber der Resonator mit dem Vibrator ein gekoppeltes System, und bei enger Kopplung erhält man gleichzeitig *zwei* verschiedene Frequenzen. M. WIEN hat aber gezeigt, daß man diesen Nachteil dadurch beseitigen kann, daß man den Vibrator nur so lange schwingen läßt, bis seine Energie zum zweiten System übergegangen ist; in diesem Moment muß der Vibrator aufhören zu funktionieren und den Resonator allein weiter schwingen lassen. Wir erhalten für diesen Fall die Schwingungskurven der Abb. 533.

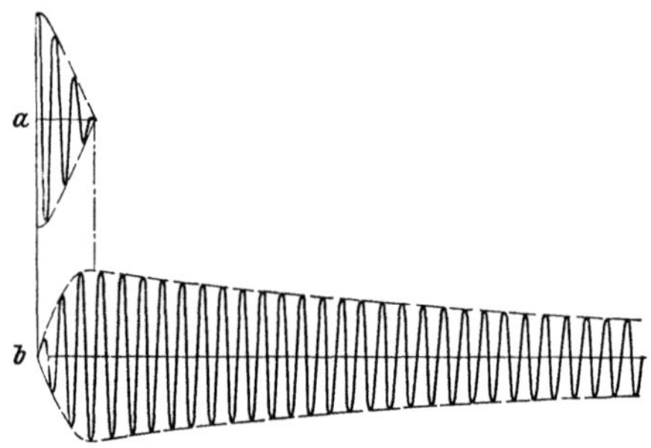

Abb. 533. WIENsche Stoßerregung.

Das Verschwinden der Schwingung im Vibrator wird dadurch erzielt, daß man den Funken zwischen ebenen Elektroden überspringen läßt oder in einer Wasserstoffatmosphäre einrichtet; die einmal erloschene Funkenstrecke wird durch die Rückwirkung des Resonators nicht wieder gezündet und der Resonator schwingt allein weiter. Eine neue Aufladung des Vibrators bis zum Funkenübersprung erregt das System wieder usf. Diese Methode nennt man „Stoßerregung".

**592. Die Aufrechterhaltung der Schwingungen durch einseitig wirkende Kräfte.** Stellen wir uns vor, wir haben ein Pendel vor uns und die obere Kurve Abb. 534 stelle die Schwingungen dieses Pendels dar, indem die Zeitachse horizontal genommen ist.

Durch unvermeidliche Reibung würden diese Pendelschwingungen allmählich abklingen. Wir wollen aber dem Pendel mit der Hand *einseitige* Stöße erteilen und auf diese Weise seine Schwingungen auf konstanter Amplitude aufrechthalten. Ist unsere Hand in einer Entfernung $OA$ von der Gleichgewichtslage des Pendels fixiert, so werden wir instinktiv das Pendel nur in den Momenten $c$ und $c'$ anstoßen, in den Zeitmomenten $a$ und $a'$ dagegen wird unsere Hand ein wenig nachgeben, um die Schwingungen des Pendels nicht zu stören.

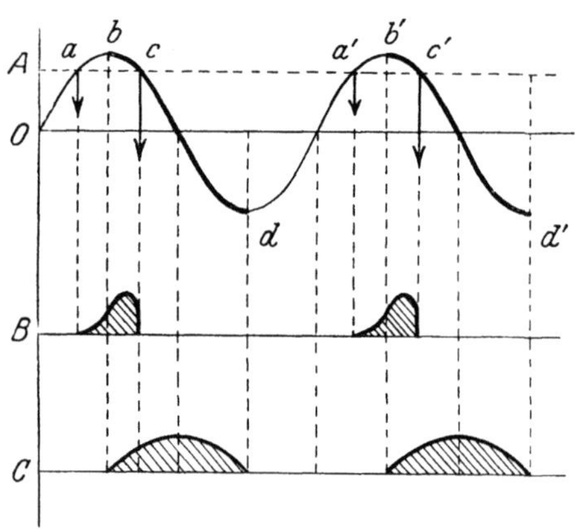

Abb. 534. Schema einer Schwingung bei einseitig wirkender Kraft.

Ist unsere Hand nicht fixiert, sondern frei, so wird es offenbar am vorteilhaftesten sein, wenn die einseitigen Stöße in dem *zweiten* und *dritten* Viertel der Periode erfolgen, wie es in der Abb. 534, $A$ durch dickere Kurvenstücke angedeutet ist.

Unter diesem Gesichtspunkte wollen wir einige automatisch wirkende Mechanismen betrachten, welche durch einseitig wirkende Kräfte in Schwingungen konstanter Amplitude unterhalten werden.

Das bekannteste Beispiel bildet die elektrische Hausglocke oder der Hammerunterbrecher im Induktorium. Beim Stromschluß wird der Hammer vom Elektromagnet angezogen, wodurch der Strom nach einer kurzen Zeit wieder unterbrochen wird; verschwindet der Strom und mit ihm das Magnetfeld, so geht der Hammer zurück und erzeugt einen neuen Stromschluß usw. Damit der Hammer mit konstanter Amplitude ohne Dämpfung schwingen kann, muß ihm von dem Magnetfelde bei jedem Stromschluß eine gewisse Energiemenge zugeführt werden. Nun bleibt die Kraftrichtung während des Stromschlusses unverändert, die Bewegungsrichtung aber ändert ihr Zeichen. Die geleistete Arbeit und die dem Hammer erteilte Energie ist von *a* bis *b* negativ und von *b* bis *c* positiv. Damit die Schwingungsamplitude des Hammers konstant bleibt, muß die positive Arbeit größer sein als die negative; es muß also bei *ab* die Kraft kleiner sein als bei *bc*. Bei der Hausglocke und bei dem Hammerunterbrecher wird diese Bedingung dadurch erfüllt, daß der Schließungsstrom nicht sofort seine volle Stärke erreicht, sondern (Abb. 534 *B*) wegen der Selbstinduktion des Schließungskreises nur allmählich ansteigt. Außerdem wird manchmal an dem Hammer noch eine Kontaktfeder angebracht, welche die Stromunterbrechung verzögert.

Ein anderes Beispiel ist das folgende: Auf der Achse eines Elektromotors wird ein Pendel vermittels einer Muffe aufgehängt (Abb. 535). Die Reibung in der Muffe wird so einreguliert, daß der Motor bei seiner Drehung das Pendel nur bis zu einer gewissen Höhe mitnehmen kann. Ist die maximale Höhe erreicht, so fällt das Pendel zurück und bewegt sich *entgegen* der Rotation der Achse. Bei dieser letzten Bewegung ist aber die Reibung der Muffe gegen die Achse kleiner als im ersten Falle, und das Pendel kann sogar über die Gleichgewichtslage hinaus auf die andere Seite hinüberschwingen. Auf einer gewissen Höhe angelangt, bleibt das Pendel stehen und wird sofort von der Achse des Motors wieder mitgenommen usw. Wir haben also hier auch eine Anordnung, bei welcher eine *einseitig* wirkende Kraft Schwingungen erzeugt, und die oben aufgestellte Bedingung für die Energie wird dadurch erfüllt, daß die Reibung der Muffe auf der Achse bei größerer Relativgeschwindigkeit kleiner wird als bei kleinerer.

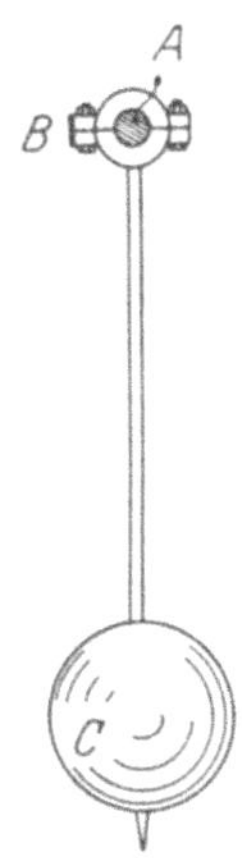

Abb. 535. Pendel auf einer rotierenden Achse.

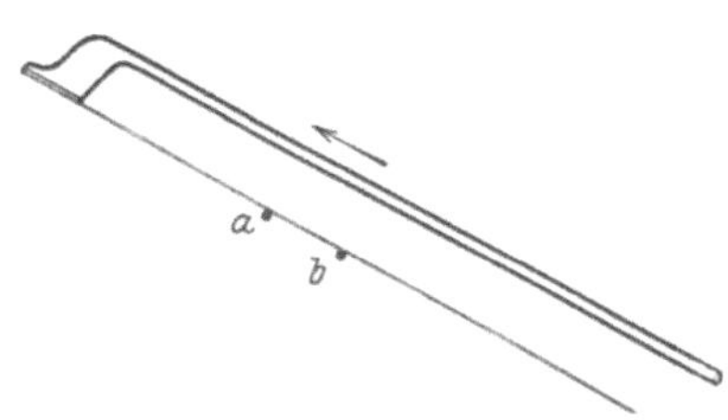

Abb. 536. Schwingungen einer Violinseite.

Einen ganz analogen Fall haben wir beim Violinbogen (Abb. 536). Beim Fortschreiten z. B. in der Richtung *ba* zieht der Violinbogen die Saite mit, aber nur bis zu einer gewissen maximalen Spannung der Saite; dann reißt sich die Saite los und gleitet längs *ab* zurück, bewegt sich also entgegengesetzt dem Violinbogen. Nach einer halben Periode ihrer Schwingung erreicht die Saite ihre Maximalablenkung bei *b*, bleibt hier einen Augenblick stehen und kann von dem Bogen wieder mitgenommen werden usf. Auch der Violinbogen kann nur deshalb die Schwingungen der Saite aufrecht halten, weil die Reibung zwischen ihm und der Saite bei relativer Bewegung kleiner ist als bei relativer Ruhe.

In beiden letzten Beispielen arbeitet die einseitige Kraft nach dem Schema Abb. 534, *C*.

**593. Umwandlung von Gleichstrom in Wechselstrom.** Elektrische Schwingungen lassen sich auch durch *einseitig* wirkende Kräfte, d. h. mit Hilfe einer konstanten Potentialdifferenz aufrechterhalten. So hat DUDDELL eine Methode erfunden, um den Gleichstrom in einen Wechselstrom zu verwandeln. Seine Anordnung ist in der Abb. 537 dargestellt. Das Schema ist der Anordnung von HERTZ sehr ähnlich, nur mit der Abänderung, daß statt der Funkenstrecke hier ein VOLTAscher Bogen benutzt wird. Der VOLTAsche Bogen erlaubt zwar keine so große Potentialdifferenzen zu erlangen wie der Funke, dafür bleibt aber die

Schwingungserzeugung kontinuierlich und man erhält ungedämpfte Schwingungen von konstanter Amplitude.

In der DUDDELLschen Anordnung sind zwei Systeme $(+FL_1-)$ und $CLF$ durch den Lichtbogen miteinander gekoppelt. Im ersten System können wir den Strom als konstant annehmen, denn durch die vorgeschalteten großen Selbstinduktionen $L_1$ wird die Abzweigung des Wechselstromes vom zweiten System $LC$ fast völlig unterdrückt. Im System $CL$ dagegen kann wegen der eingeschalteten Kapazität $C$ überhaupt kein Gleichstrom fließen. Elektrische Schwingungen können aber in diesem System entstehen, und ihre Periode wird annähernd gleich $T = 2\pi\sqrt{LC}$ sein. Selbstverständlich können diese Schwingungen nur dann auf konstanter Amplitude bleiben, wenn die Elektrizitätsquelle dafür sorgt, daß die verlorene Energie stets nachgeliefert wird, und das ist in der Tat der Fall, wie wir sogleich sehen werden. Wir wissen, daß die Bogenentladung eine fallende $(VJ)$ Charakteristik besitzt (S. 398, **454**). Wenn also der Gleichstrom im Bogen in derselben Richtung fließt wie der Wechselstrom des Systems $CL$, wird die Klemmspannung am Bogen und auch folglich am System $CL$ kleiner; im entgegengesetzten Falle wird sie größer. Das ist aber gerade das, was wir brauchen, denn in der Halbperiode, wo der Strom durch den Bogen $F$ von $L$ nach $C$, also entgegen dem Gleichstrome fließt, muß die obere Belegung des Kondensators $C$ positiv geladen werden. Der Wechselstrom allein würde, wegen der dämpfenden Wirkung des Widerstands, dieselbe Potentialdifferenz im Kondensator nicht herstellen können. In diesem Moment hilft aber die vergrößerte Klemmspannung des Bogens und besorgt die Nachladung des Kondensators bis zur normalen Potentialdifferenz, so daß die Schwingungsamplitude immer konstant bleibt.

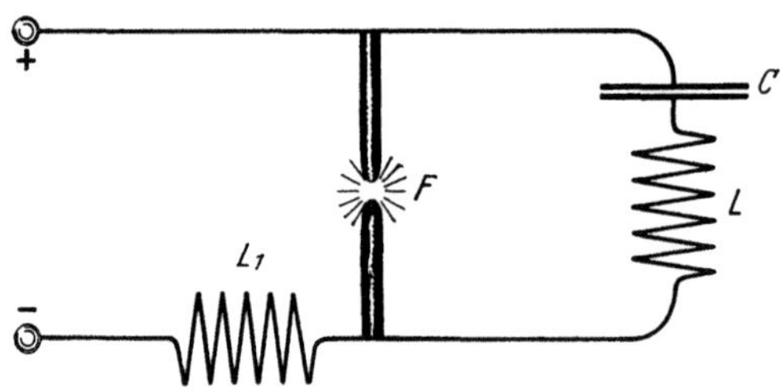

Abb. 537. DUDDELLsche Anordnung.

Daß im System $LCF$ wirklich elektrische Schwingungen erregt werden, kann man in folgender einfachen Weise zeigen. Die in dem Bogen brennenden (glühenden) Gase werden nämlich durch den Wechselstrom periodisch erwärmt, sie ändern dadurch ihren Druck und ihr Volumen. Diese Änderungen übertragen sich auf die angrenzende Luft, und wir erhalten, gleichzeitig mit den elektrischen Schwingungen im System $LC$, Luftschwingungen in der Umgebung von $F$.

Wählt man die Kapazität und die Selbstinduktion so, daß die Frequenz der elektrischen Schwingungen im System $CLF$ nicht niedriger als 50 und nicht höher als etwa 5000 wird, so kann man die Luftschwingungen des Lichtbogens hören. Auf diese Weise läßt sich mit der DUDDELLschen Anordnung auch die Formel von THOMSON $T = 2\pi\sqrt{LC}$ in einem Auditorium sehr schön demonstrieren. Bei Vergrößerung der Kapazität oder der Selbstinduktion wird die Frequenz der elektrischen Schwingungen verkleinert und dementsprechend hört man einen *niedrigeren* Ton im Lichtbogen. Bei Verminderung von $C$ oder $L$ wird der Ton *höher*. Man kann mit dieser Anordnung sogar bis zur Hörgrenze kommen und elektrische Schwingungen von einer Frequenz über 30000 erzeugen. Die Töne mit der Frequenz über 30000 werden von unserem Ohr nicht mehr empfunden.

Für präzise Messungen ist aber die DUDDELLsche Anordnung nicht geeignet, denn die Frequenz der Schwingungen hängt auch von dem Widerstande des Lichtbogens selbst ab und der letztere kann nicht konstant gehalten werden.

Außerdem besitzt die Bogenentladung eine Art Hysteresis; ihre Charakteristik ist bei steigender und bei fallender Stromstärke verschieden und bildet eine Schleife, die mit der Erhöhung der Frequenz immer breiter wird. Die Bogenentladung hat also eine gewisse Trägheit, der Zustand stellt sich nicht schnell genug ein, weshalb man nach der DUDELLschen Methode auch keine sehr großen Frequenzen erhalten kann. Eine Zeitlang wurde die von RUHMER vervollkommnete DUDELLsche Methode in die Radiotechnik eingeführt; sie ist aber jetzt fast vollständig durch die Anwendung der Glühkathodenröhren verdrängt.

**594. Dreielektrodenröhre.** LEE DE FOREST (1907) in Amerika und R. v. LIEBEN (1910) in Deutschland haben in der Glühkathodenröhre (S. 373, **429**) eine dritte Elektrode angebracht, wodurch ein Apparat von vielseitiger Verwendung geschaffen wurde. Die Vervollkommnungen in der Herstellung hoher Vakua haben dem Funktionieren solcher Dreielektrodenröhren eine solche Sicherheit und Dauerhaftigkeit gegeben, daß sie jetzt mit anderen elektrotechnischen Maschinen an die Reihe gestellt werden können. Wir wollen die Wirkung einer solchen Röhre an dem Schema (Abb. 538) betrachten.

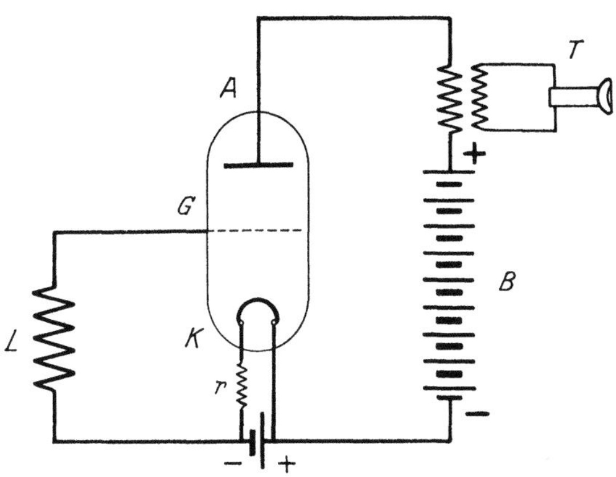

Abb. 538. Dreielektrodenröhre als Verstärker.

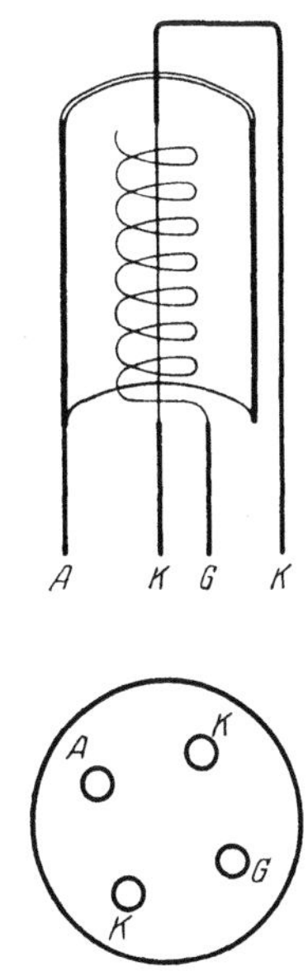

Abb. 539. Schema einer Dreielektrodenröhre.

Es sei $A$ eine plattenförmige Anode und $K$ eine durch eine Hilfsbatterie (etwa 4 bis 6 Volt) in glühendem Zustande erhaltene Kathode (Wolframdraht). Die Röhre sei höchst evakuiert. Zwischen Anode und Kathode ist eine dritte gitterförmige Elektrode $G$ eingesetzt. Schickt man einen elektrischen Strom von der Batterie $B$ durch die Röhre in der Richtung $AK$ (in der entgegengesetzten Richtung kann ja der Strom nicht gehen), so fliegen die Elektronen aus dem glühenden Drahte $K$ durch das Gitter $G$ hindurch zu der Anode $A$. Ein Teil der Elektronen wird dabei auch auf das Gitter $G$ fallen, namentlich in dem Falle, wenn das Gitter positiv geladen ist; das Gitter wird also eine Art Verzweigungsstelle des Elektronenstromes bilden. In wirklich ausgeführten Röhren (Abb. 539) ist das Gitter meistens zylinderförmig und umgibt den Glühdraht; die Anodenplatte ist auch zylinderförmig und umgibt das Gitter.

Wir wollen jetzt die Wirkungsweise solch einer Röhre, wenigstens annähernd, quantitativ verfolgen.

Wir bezeichnen mit $E_g$ das Potential der Gitterelektrode und mit $E_a$ das Potential der Platte $A$, indem wir das Potential des Wolframdrahtes $K$ als Null annehmen. Da das Gitter zu dem Glühdraht näher steht als die Anode, so wird seine Wirkung auf die Elektronen auch stärker sein. Wir können die Wirkung beider Elektroden auf die Elektronen in erster Annäherung durch eine äquivalente (summarische) Potentialdifferenz $E_s$ darstellen

$$E_s = E_g + DE_a\,,$$

wo der Faktor $D$ kleiner als Eins angenommen ist. Den Faktor $D$ nennt man *Durchgriff* der Röhre; er hängt von der gegenseitigen Lage der Elektroden und von den Gitteröffnungen ab und ist für verschieden konstruierte Röhren im allgemeinen verschieden.

Die Stromstärke, d. h. die Zahl der in der Sekunde von der Glühkathode wegbeförderten Elektronen, wird eine gewisse Funktion der summarischen Potentialdifferenz $E_s$ sein:

$$J_s = f(E_s)\,.$$

wir können für diese Abhängigkeit wieder dieselbe Charakteristik zeichnen wie für eine Zweielektrodenröhre (Abb. 355, S. 373).

Wie wir schon oben bemerkt haben, geht ein Teil dieses Gesamtstromes zum Gitter $J_g$ und der andere Teil $J_a$ zur Anode, folglich ist

$$J_s = J_g + J_a = f(E_g + DE_a)\,.$$

Wir werden uns weiter hauptsächlich für die Abhängigkeit der Stromstärke $J_a$ im Anodenkreise von der Potentialdifferenz $E_g$ zwischen Gitter und Glühdraht interessieren, denn das Potential der Anode wird in den praktischen Anwendungen meistens konstant gehalten oder erfährt nur sehr kleine Schwankungen. Außerdem ist der Gitterstrom meistens so klein, daß man ihn im Vergleich zu dem Anodenstrom vernachlässigen kann. Wir können demnach folgende vereinfachte Formel schreiben

$$J_a = f(E_g + DE_a)\,.$$

Aus dieser Formel sehen wir erstens, daß, wenn die Anode $A$ dasselbe Potential hat wie der Glühdraht $K$, also $E_a$ gleich Null ist, der Strom $J_a$ mit der Potentialdifferenz $E_g$ dieselbe Charakteristik ergibt wie früher bei der Zweielektrodenröhre, was ja auch zu erwarten war (Abb. 540). Aus derselben Formel folgt dann weiter, daß die Erhöhung des Anodenpotentials bis zu der Größe $E_a$ dieselbe Wirkung hat wie eine Erhöhung des Potentials des Gitters um die Größe $DE_a$. Lassen wir jetzt die Größe $E_a$ konstant, so erhalten wir für $(J_a E_g)$ offenbar dieselbe Kurve wie früher, wenn wir zu allen $E_g$-Potentialen die Größe $DE_a$ addieren, d. h. wenn wir das Nullpotential des Gitters um die Größe $DE_a$ nach rechts verschieben. Wir können aber, wenn wir wollen, den Nullpunkt in unserer Zeichnung auf seiner Stelle lassen, dafür aber die charakteristische Kurve um ebensoviel $DE_a$ nach links verschieben (Abb. 540, $E = 100$ Volt).

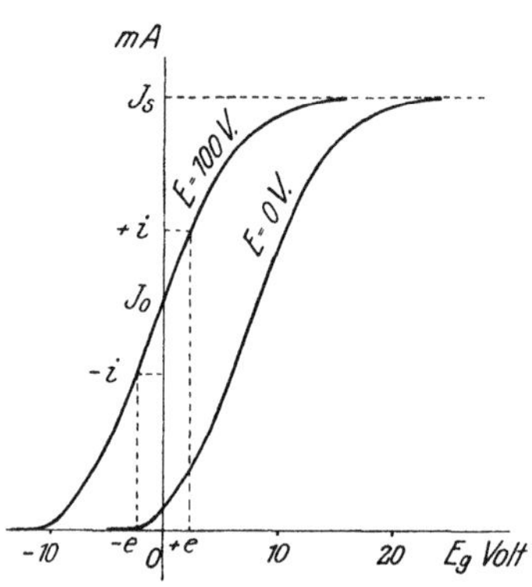

Abb. 540. Charakteristik einer Dreielektrodenröhre.

Aus dem Gesagten folgt, daß wir dieselbe Form der Charakteristik für beliebige Anodenpotentiale verwenden können, wenn wir nur den Nullpunkt der Gitterpotentiale für jeden Anodenpotential entsprechend (um $DE_a$) nach rechts verschieben oder, was auf dasselbe hinauskommt, die Charakteristik ohne Änderung ihrer Form um ebensoviel nach links verschieben.

Das ist die Grundregel für eine angenäherte Berechnung des Stromes in der Röhre bei verschiedenen Anodenpotentialen. Für sehr genaue Versuche wird der lineare Ansatz $(E_g + DE_a)$ nicht mehr genügen und der Faktor $D$ bleibt nicht konstant. Gleichzeitig wird auch die Form der Charakteristik $(E_g J_a)$ bei verschiedenen Anodenpotentialen verschieden. Für genauere Versuche genügt also eine einzige Charakteristik nicht mehr und es müssen für verschiedene Anodenpotentiale die Charakteristiken durch Versuche bestimmt werden. In den meisten Fällen wird uns aber unser angenäherter Ansatz genügen.

**595. Elektronenröhre als Verstärker.** Wir betrachten jetzt die Schaltung der Abb. 538. Hier bedeutet $L$ irgendein Generator für Wechselstrom; das kann z. B. auch die Sekundärspule eines Transformators sein. Die Batterie $B$ wählen wir so groß, daß das Nullpotential des Gitters ungefähr in der Mitte des geradlinigen Teiles der Charakteristik liegt (Abb. 540; 100 Volt), und schalten in den Anodenkreis vermittels eines Transformators ein Telephon $T$ ein. Wenn bei dieser Schaltung das Potential des Gitters unter der Wirkung des Generators $L$ zwischen den Grenzen $\pm e$ schwankt (Abb. 540), so wird gleichzeitig die Stromstärke im Anodenkreise zwischen den Grenzen $\pm i$ schwanken. Im Telephon $T$ werden wir diese Schwankungen als einen Ton empfinden, wenn überhaupt die Schwankungsfrequenz zwischen 30 und 10000 liegt.

Die Stromschwankungen $\pm i$ können viel stärker gemacht werden als die Stromschwankungen im Generator $L$, weil die Energie für den Strom $i$ nicht aus der Leitung $L$, sondern direkt aus der Ortsbatterie $B$ geliefert wird.

Die Verstärkung der Röhre wird offenbar durch die Größe

$$S = \frac{i}{e}$$

charakterisiert, die man die *Steilheit* der Charakteristik der Röhre nennt. Aus dieser Beschreibung sehen wir, daß die Dreielektronenröhre hier als eine Art elektrisches Telephonrelais wirkt (S. 241, **280**); sie hat aber vor den anderen Relais den großen Vorzug, daß die Verstärkung für alle Frequenzen dieselbe bleibt und also bei beliebig zusammengesetzter Form der Schwingungskurve diese Form nicht verzehrt.

Es ist bekannt, daß die Tonfarbe und die Verschiedenheit der Vokale der menschlichen Sprache von der Form der Schwingungskurve abhängen. Eine treue Wiedergabe der Schwingungsform ist also für das Telephongespräch von großer Bedeutung. Wir müssen aber beachten, daß eine treue Wiedergabe der Tonfarbe bei der Verstärkung des Telephonstromes mit einer Dreielektrodenröhre nur dann erhalten wird, wenn die Potentialschwankungen $\pm e$ des Gitters noch im geradlinigen Bereiche der Charakteristik bleiben. Sind die Schwankungen $\pm$ zu groß oder haben wir die Anodenspannung nicht richtig genommen, so daß zwischen den Grenzen $\pm e$ sich schon merklich gekrümmte Stellen der Charakteristik befinden, so wird die Proportionalität bei der Verstärkung nicht mehr genau erfüllt sein und die Kurvenform, also auch die Tonfarbe wird entstellt.

Wenn man nicht alle in $L$ entstehenden Wechselströme verstärken will, sondern nur einige von einer ganz bestimmten Frequenz, was z. B. nicht beim Telephongespräch, sondern bei Empfang von elektrischen Schwingungen sehr oft vorkommt, so kann man dazu die Erscheinung der Resonanz benutzen. In der Abb. 541 ist $LC$ ein System, bestehend aus Selbstinduktion $L$ und Kapazität $C$, welches auf eine bestimmte Frequenz $a$ abgestimmt werden kann; dank der Resonanzerscheinung wird dann im Gitter und im Anodenkreis hauptsächlich nur diese Frequenz hervortreten.

Genügt eine einzige Verstärkung noch nicht, so kann man mehrere Verstärkungsröhren hintereinander schalten, indem man den Anodenkreis einer jeden

34*

vorangehenden Röhre vermittels eines Transformators auf den Gitterkreis der nächstfolgenden Verstärkungsröhre wirken läßt. In der Praxis wird selten mehr als eine dreifache Verstärkung gebraucht. Ist die Verstärkung bei jeder Röhre z. B. eine 10fache, so geben drei hintereinandergeschaltete Röhren eine 1000fache Verstärkung. Bei noch größeren Verstärkungen wird schon die Kurvenform des verstärkten Stromes deformiert. Bei Telephonverstärkung muß noch berücksichtigt werden, daß wir alle Wechselströme, die in den Empfangsapparat gelangen, gleichzeitig verstärken und auf diese Weise verschiedene Nebengeräusche im Telephon hören werden, welche wir gar nicht hören wollen und welche unser Gespräch nur stören. Endlich können, wie wir weiter sehen werden, in dem Verstärker selbst Wechselströme entstehen, welche in noch stärkerem Maße störend wirken können.

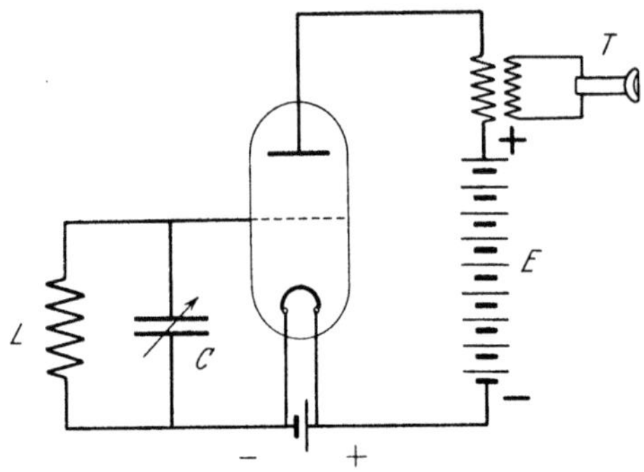

Abb. 541. Dreielektrodenröhre mit einem Resonanzkreis.

Barkhausen ist es gelungen, im Laboratorium sogar eine 10000fache Verstärkung zu erreichen; aber so große Verstärkungen erfordern schon eine gewisse Experimentierkunst, um nützlich verwendet zu werden. Auch mit einem stark vergrößernden Mikroskop ist ja nicht so einfach zu arbeiten.

Mit einer 10000fachen Verstärkung hat u. a. Barkhausen eine neue Erscheinung entdeckt. Beim Ummagnetisieren von Eisenstäben hat er gewisse Geräusche wahrgenommen (Schroteffekt), welche ohne Verstärkung völlig unhörbar waren. Die so wahrgenommenen Geräusche scheinen darauf zu deuten, daß das Ummagnetisieren eines Eisenstabes nicht stetig vor sich geht, sondern stoßweise, indem die einzelnen Elementarmagnete zu verschiedenen Zeiten ihre Richtung ändern.

**596. Der Gitterkreis.** Wir haben oben angenommen, daß der Strom im Gitterkreis verschwindend klein ist. Das kann man auch wirklich erreichen, wenn man dem Gitter ein gegen den Glühdraht negatives Potential erteilt; aus der Charakteristik (S. 530, Abb. 540) sehen wir, daß eine Potentialdifferenz von $-1$ Volt schon genügt, um die Stromstärke in dem Gitterkreis fast völlig auf Null zu reduzieren. Man verbindet zu diesem Zweck das Gitter mit dem *negativen* Ende des Glühdrahts durch einen Widerstand $r$ (Abb. 538).

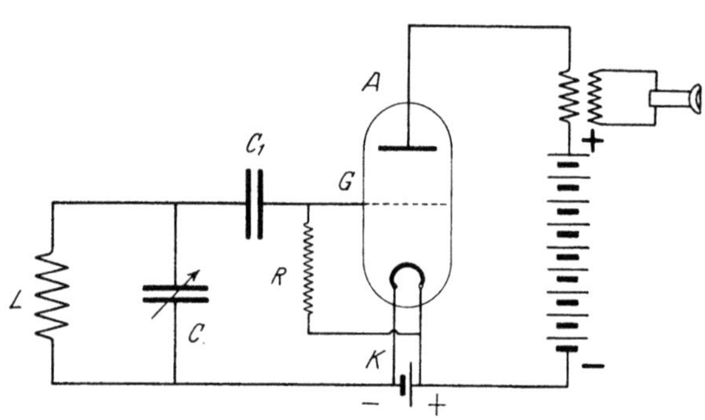

Abb. 542. Hochfrequenzverstärker.

Manchmal schaltet man zwischen dem Gitter und dem Schwingungskreise $LC$ eine Kapazität ein (Abb. 542, $C_1$). Bei dieser Schaltung bleibt das Gitter isoliert. Wirkt auf das Gitter eine Wechselspannung, so wird, wegen der Gleichrichterwirkung des Systems $GK$, der Strom nur in einer Richtung gehen und das Gitter wird sich um so stärker negativ laden, je stärker die Amplitude der Wechselspannung. Damit sich das Gitter bei Ruhepausen wieder entladet, ist ein Widerstand $R$ von etwa 10 Millionen Ohm eingeschaltet. Dieser Widerstand ist so groß, daß während der Arbeit das Gitter dennoch genügend isoliert von $K$ bleibt.

**597. Verstärker mit Rückkoppelung.** Man kann die Verstärkerwirkung noch vergrößern, wenn man den Anodenkreis mit dem Gitterkreis koppelt, wie es z. B. in der Abb. 543 angezeigt ist. Bei dieser Schaltung wird ein Teil der Wechselstromenergie vom Anodenkreis zum Gitterkreis abgegeben. Selbstverständlich muß die Schaltung im Kopplungstransformator $M$ so gemacht werden, daß die durch diese Kopplung in dem Gitterkreise erregten Induktionsströme in Phase mit den im Gitterkreise selbst entstehenden Strömen arbeiten, sonst wird die Kopplung die Gitterströme nicht verstärken, sondern ihnen entgegenwirken (vgl. S. 526, **592**).

Ist das Gitter an einen Resonanzkreis angeschlossen (Abb. 543), so erfüllt die Rückkopplung noch einen anderen Zweck. Wir wissen, daß die Resonanzkurve desto steiler wird, je kleiner der Widerstand oder allgemeiner, je geringer die Energieverluste im Resonanzkreise sind; am schärfsten wäre die Resonanzabstimmung in dem Falle, wenn der resonierende Kreis ohne jeglichen Energieverlust arbeiten würde. Praktisch läßt sich der Widerstand nicht auf Null herabdrücken, aber der Energieverlust kann durch die Rückkopplung fortwährend nachgeliefert werden. Wenn man die Rückkopplung so einrichtet, daß sie gerade soviel Energie nachliefert, wie in dem Resonanzkreise verlorengeht, so wird der Resonator so arbeiten, als ob sein innerer Widerstand gleich Null wäre. Die Resonanz wird dann äußerst scharf.

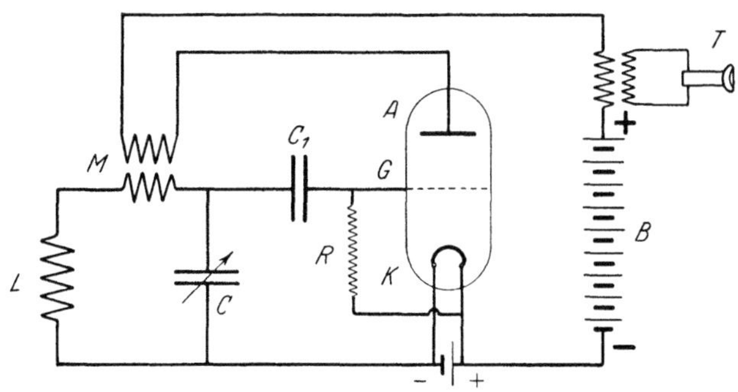

Abb. 543. Schema einer Dreielektrodenröhre mit Rückkoppelung (Verstärker und Generator).

**598. Dreielektrodenröhre als Generator.** Vergrößern wir die Rückkopplung immer mehr und mehr, so kommen wir endlich zu einem Zustande, bei welchem die Energiezufuhr von dem Anodenkreise zum Gitterkreise *größer* wird, als der gleichzeitige Energieverlust in dieser letzteren. Dann fängt die Röhre an wie ein Generator von elektrischen Schwingungen zu arbeiten. Ist der Schwingungsvorgang durch irgendeinen Stoß eingeleitet, so bleibt er auch weiter bestehen. Die ganze Anordnung ist dann im Prinzip denen analog, welche wir in den mechanischen Beispielen (S. 527, **592**) betrachtet haben, und es behält auch hier die dort angeführte Regel ihre Gültigkeit. Der von der Anodenbatterie gelieferte Gleichstrom wird auf diese Weise teilweise in Wechselstrom verwandelt.

Die einzelnen Phasen dieses Vorgangs können wir uns in folgender Weise klarmachen. Schließen wir den Anodenstromkreis, so wird die Stromstärke allmählich anwachsen. Dadurch wird in der Sekundärspule des Transformators $M$ und auch in dem Gitterkreise eine elektromotorische Kraft induziert, welche die Elektronen von ihrem Wege, zwischen dem Glühdrahte und dem Gitter, ablenkt und so den Anodenkreisstrom, wenn nicht ganz unterbricht, so doch beträchtlich schwächt. Die Schwächung des Anodenstromes bewirkt sofort eine entgegengesetzte elektromotorische Kraft im Gitterkreise, das Gitter ladet sich um und läßt die Elektronen frei durch: dann wird der Anodenstrom wieder anwachsen und das Spiel fängt von neuem an. Die Wirkung des Anodenstroms auf dem Gitterkreis kann man durch die Kurven Abb. 534, S. 526 darstellen.

Die Dreielektrodenlampen als Schwingungserzeuger erhalten jetzt in der radiotelegraphischen Praxis mehr und mehr an Bedeutung und verdrängen allmählich alle anderen Schwingungserzeuger. Man baut derartige Lampengeneratoren für Leistungen bis zu 10 Kilowatt und durch Parallelschaltung von mehreren Röhren kann man elektrische Schwingungen von einigen hundert Kilowatt erzeugen. Die Frequenz der erzeugten Schwingungen hängt von der Kapazität und der Selbstinduktion des Gitterkreises ab und kann in großen Grenzen variiert werden. Ist eine gewisse Frequenz eingestellt, so bleibt sie sehr konstant und fast unabhängig von der Belastung. Das ist der große Vorzug der Glühkathodengeneratoren gegenüber anderen Generatoren elektrischer Schwingungen.

**599. Methode von Barkhausen.** H. Barkhausen (1920) hat eine originelle Methode entdeckt, mit Hilfe von einer Glühkathodenröhre elektrische Schwingungen von sehr hoher Frequenz zu erzeugen. Barkhausen und Kurz haben bemerkt, daß, wenn man das Gitter positiv relativ zum Heizdraht bis zu etwa 200 Volt ladet und der Anode auch eine negative Spannung erteilt, so erhält man in den Drähten, die mit der Anode oder dem Gitter verbunden werden, elektrische Schwingungen. Diese Erscheinung erklärt sich in folgender Weise. Die Elektronen des Hitzdrahts fliegen zunächst zu dem positiv geladenen Gitter, wobei einige Elektronen durch das Gitter hindurchfliegen; hier werden sie aber von der negativen Anodenspannung gebremst und wieder zurückbefördert; in dem Felde zwischen Gitter und Heizdraht erfahren sie dann eine neue Beschleunigung zur Anode, werden wieder von ihr zurückgestoßen usf. Man erhält also zwischen dem Gitter und der Anode hin und her fliegende Elektronen, d. h. elektrische Schwingungen.

Barkhausen ist es gelungen, auf diese Weise ungedämpfte elektrische Wellen längs Drähten und im Raume von etwa 1 Meter Wellenlänge zu erzeugen.

**600. Tesla-Transformator.** Bei elektrischen Schwingungen von hoher Frequenz wechselt das Magnetfeld seine Größe und Richtung ebenso schnell wie die Ströme, und alle Induktionserscheinungen werden dadurch sehr stark. Durch Resonanz läßt sich diese Wirkung noch verstärken.

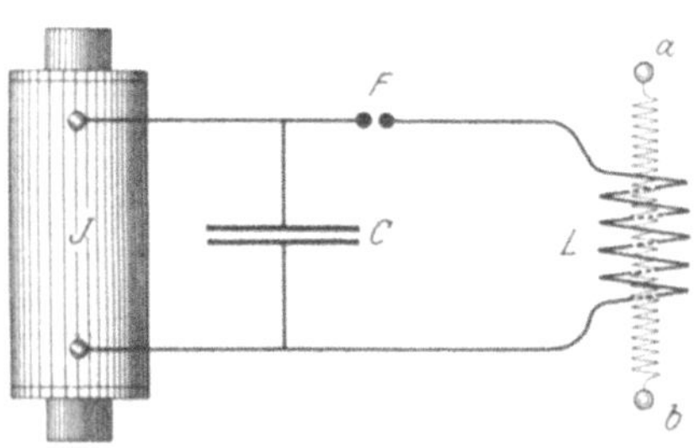

Abb. 544. Teslatransformator.

Man pflegt diese Erscheinungen mit Hilfe einer Anordnung zu demonstrieren, die von Tesla herrührt (Teslatransformator).

Ein Induktor $J$ (Abb. 544) liefert die hohe Spannung, um einen Kondensator $C$ (eine Leydener Flasche) periodisch zu laden. Der Kondensator entladet sich wie bei der Hertzschen Anordnung durch die Funkenstrecke $F$ und die Selbstinduktion $L$ und erzeugt in dem Kreise $CFL$ gedämpfte elektrische Schwingungen. Die Selbstinduktion $L$ dient ihrerseits als Primärspule im Transformator, dessen sekundäre Spule $ab$ aus sehr vielen Windungen besteht. Die Spule $ab$ hat keine besondere Kondensatoren, aber jede Spule besitzt ja schon eine gewisse, wenn auch sehr kleine Kapazität. Nun kann man die Sekundärspule $a\,b$ so wählen, daß sie mit dem Primärvibrator $CFL$ in Resonanz steht; dann werden die Potentialschwingungen zwischen $a$ und $b$ am größten. Theoretisch muß dazu das Produkt $LC$ in beiden Systemen dieselbe Größe haben. Da aber erstens die Kapazität der Spule $a\,b$

unbekannt ist und außerdem bei verhältnismäßig starker Kopplung in jedem von den gekoppelten Kreisen *zwei* verschiedene Frequenzen entstehen (S. 525, **590**), so verfährt man am besten halb theoretisch, halb empirisch. Die Spannungen in der Sekundärspule werden nämlich so hoch, daß man bei geerdeter Klemme $b$ an der Klemme $a$ im Dunklen eine Glimmentladung beobachten kann. Man verändert die Windungszahl in der Sekundärspule oder die Kapazität $C$ in dem Primärkreis in der Nähe der Resonanz so lange, bis das Leuchten der Klemme $a$ am stärksten wird. Bei richtiger Abstimmung beider Kreise erhält man aus $a$ starke Funken von mehreren Zentimetern Länge. TESLA hat in dieser Weise meterlange Funken erhalten.

Verbindet man mit $a$ einen langen isoliert aufgehängten Draht, wobei der Primärkreis auch entsprechend umgestimmt werden muß, so bildet der Draht um sich herum ein elektrisches Feld von hoher Frequenz. Außer den Glimmentladungen am Drahte selbst kann man in seiner Nähe starkes Leuchten von langen elektrodenlosen GEISSLERschen Röhren beobachten und noch andere effektvolle Experimente ausführen.

Man hoffte die Teslaströme auch für Beleuchtungszwecke zu verwenden; bis jetzt hat sich aber diese Methode praktisch nicht ausarbeiten lassen.

Die hochfrequenten Ströme haben eine eigentümliche physiologische Wirkung. Indem man bei einem gewöhnlichen Wechselstrom von 50 Perioden in der Sekunde eine Stromstärke von 0,01 Ampere schon unangenehm empfindet und stärkere Ströme sogar gefährlich werden, kann man bei etwa 100000 Perioden eine Stromstärke von 0,5 Ampere ganz leicht aushalten, ohne daß sich die Muskeln dabei kontrahieren. Natürlich ist die Empfindlichkeit bei verschiedenen Menschen im allgemeinen verschieden.

Man kann mit dem Teslatransformator z. B. den folgenden Versuch anstellen. Man steht auf einem Isolator (z. B. eine Mikanitplatte) und hält den einen Pol einer Glühlampe fest in der Hand, indem der andere Pol mit der Klemme $a$ der Sekundärspule des Teslatransformators verbunden wird. Die Lampe leuchtet sehr hell, was einer Stromstärke von etwa 0,5 Ampere entspricht; die Hand spürt aber dabei fast gar nichts. Hier müssen wir noch den Umstand hervorheben, daß der Wechselstrom in der Lampe gar nicht geschlossen erscheint, denn der Menschenkörper ist ja isoliert aufgestellt. Man darf aber nicht vergessen, daß der Menschenkörper, wie auch jeder andere Leiter eine gewisse Kapazität gegenüber der Erde bildet und eine Kapazität kann einen Wechselstrom durchlassen, wobei die Stromstärke nach der Gleichung (S. 455, **513**) bestimmt wird:

$$J = aCE.$$

Bei hohen Frequenzen (bei großem $a$) können wir demnach auch bei kleiner Kapazität erhebliche Stromstärken erhalten.

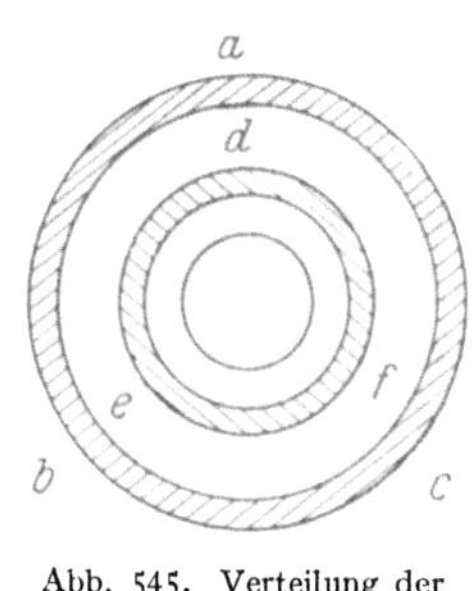

Abb. 545. Verteilung der Wechselströme im Drahtquerschnitte.

**601. Ungleichmäßige Stromverteilung im Leiterquerschnitt.** Die starken Induktionswirkungen der hochfrequenten Ströme äußern sich noch in der folgenden Erscheinung. Es sei $abc$ in Abb. 545 der Querschnitt eines Kupferdrahtes. Wir können uns den Kupferdraht in einzelne röhrenförmige Leiter zerlegt denken, welche alle offenbar parallel geschaltet sind. Ein Gleichstrom würde sich im ganzen Querschnitt gleichmäßig verteilen und die Stromdichte in der inneren Röhre $def$ würde dieselbe sein wie in der äußeren Röhre $abc$ (in der Abb. 545 sind beide röhrenförmige Teile des Querschnittes gestrichelt). Beim Wechselstrome und namentlich bei hoher Frequenz ist aber für die Stromverteilung nicht der OHMsche Widerstand allein maßgebend, sondern der sog. *scheinbare* Widerstand; es muß noch die Selbstinduktion des Leiters berücksichtigt werden. Nun ist die Selbstinduktion eines Drahtes um so größer, je kleiner sein Halbmesser; die Selbstinduktion der inneren Röhre *def* wird also größer sein als die Selbstinduktion der äußeren Röhre *abc*. Aus diesem Grunde wird in der äußeren Röhre die Stromdichte größer als in der inneren. Dazu kommt noch die Wirkung der gegenseitigen Induktion der einzelnen Teile des Leiters aufeinander: die äußeren Teile des Querschnitts wirken auf die inneren und schwächen die inneren Ströme noch mehr. Aus diesen beiden Gründen erhalten wir folgendes:

1. Die Stromdichte ist in den äußeren Teilen des Leiterquerschnitts größer als in den inneren. Der Strom, wie man sich ausdrückt, wird nach der Oberfläche des Leiters gedrängt (sog. *Hautwirkung* oder nach dem englischen Worte skin -Haut auch *Skineffekt* genannt).

2. Die Leitfähigkeit des Leiters ist nicht seinem Querschnitt proportional, denn die inneren Teile tragen zu der Leitfähigkeit des Leiters viel weniger bei als die äußeren. Bei sehr hohen Frequenzen wird der Strom so stark nach der Oberfläche gedrängt, daß man statt eines massiven Leiters einen hohlen nehmen kann, ohne eine merkliche Erhöhung des Widerstandes für Hochfrequenz zu erhalten.

3. Wegen der Verdrängung des Stromes nach der Oberfläche, also zu größeren Halbmessern, wird der Selbstinduktionskoeffizient des Drahtes ein wenig vermindert.

Um ein Beispiel anzuführen, können wir folgendes angeben: bei einem Wechselstrom von 50 Perioden in der Sekunde ist der Widerstand eines Leitungsdrahtes von 2 cm Durchmesser etwa um 3% größer als beim Gleichstrom und bei einem Leiter von 2 mm Durchmesser nur um 0,0003% größer.

Gehen wir zu einer Periode $T = 10^{-6}$ Sekunde über, so erhalten wir für einen Leitungsdraht von 2 mm Durchmesser eine etwa siebenfache Widerstandsvergrößerung gegenüber dem Gleichstrom.

Ist der Draht nicht gerade, sondern z. B. in eine Spule gewunden, so kommt noch eine Unsymmetrie der Stromverteilung im Leiterquerschnitt hinzu; die Stromdichte wird an der inneren Seite der Spule größer als an der äußeren.

**602. Stromstärke im Leiterkreise bei Hochfrequenz.** Zu der soeben erwähnten ungleichmäßigen Verteilung der Stromdichte in dem Leiterquerschnitt kommt bei großer Frequenz noch eine ungleichmäßige Verteilung des Stromes längs des Leiters hinzu. Bei allen unseren Rechnungen haben wir angenommen, daß die Stromstärke im ganzen Leiter dieselbe Größe hat. Daß das nicht immer der Fall sein kann, sieht man z. B. an dem geradlinigen HERTZschen Vibrator (Abb. 524); die größte Stromstärke ist hier in der Mitte des Vibrators bei $F$; an den Enden muß offenbar die Stromstärke gleich Null sein, denn hier grenzt der Leiter an einen Isolator und die Elektrizität kann sich nicht weiter bewegen.

Dasselbe können wir auch von der Sekundärspule des TESLAschen Transformators sagen (Abb. 544, S. 534), wo keine Kondensatoren angeschaltet sind. Sind die Endkapazitäten des Leiters groß, so können wir annähernd das System so betrachten, als ob in der Selbstinduktionsspule der Strom der ganzen Länge nach die gleiche Größe habe und im Kondensator gleich Null wäre. Solche Ströme, bei denen diese Annäherung genügend genau ist, nennt man *quasistationäre* Ströme.

Es ist aber klar, daß dieses nur eine Annäherung an die Wirklichkeit darstellt, und daß die Kapazität und die Selbstinduktion streng genommen nicht räumlich voneinander getrennt werden können. Ebenso wie beim geraden

HERTZschen Vibrator, so auch bei der TESLAschen Sekundärspule ist die Elektrizitätsbewegung in der Mitte am stärksten und wird bei Annäherung an die Enden immer kleiner und kleiner, bis sie an den Enden selbst gleich Null wird. Dementsprechend werden auch die elektrischen Ladungen sich nicht nur an den Enden anhäufen, sondern auch in einem gewissen Abstand von den Enden verbreitet sein; nur die Mitte der Selbstinduktion, wo der Strom am stärksten ist, bleibt ohne Ladungen.

Diese unstationären Stromverteilungen wollen wir im nächstfolgenden Abschnitt eingehender erläutern.

## 2. Elektrische Wellen längs Drähten.

**603. Durchgehende Welle.** Ein Induktorium $J$ (Abb. 546) diene als Elektrizitätsquelle für einen HERTZschen Vibrator $FOO$, welcher durch Kapazitätskopplung mit ein Paar langen Kupferdrähten $OZ$ verbunden ist. Die Anfangskapazitäten der beiden Drähte werden unter der Wirkung des schwingenden Vibrators abwechselnd mit positiver und negativer Elektrizität geladen und die induzierten Elektrizitäten breiten sich längs der Drähte in der Pfeilrichtung aus. Die Versuche mit sehr langen Leitungen und mit einzelnen Stromstößen haben gezeigt, daß die Ausbreitungsgeschwindigkeit der Elektrizität der Lichtgeschwindigkeit annähernd gleich ist.

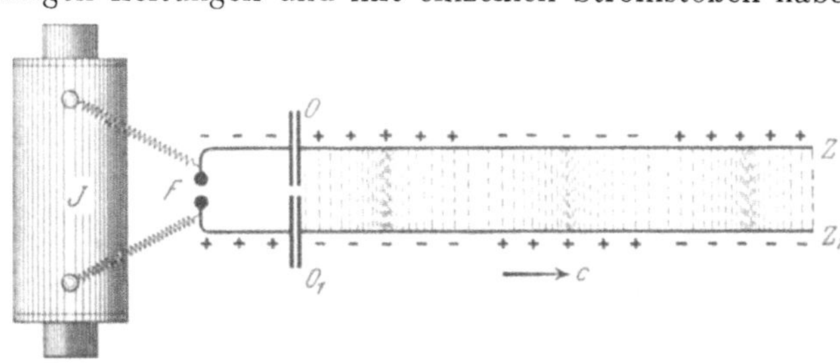

Abb. 546. Elektrische Wellen längs Drähten.

Dieser Fall der Elektrizitätsbewegung unterscheidet sich wesentlich von dem bis jetzt studierten, denn wir haben bei allen Rechnungen vorausgesetzt, daß der elektrische Strom im ganzen Leiter dieselbe Größe und Richtung hat wie beim Gleichstrom, so auch beim Wechselstrom. In dem betrachteten Falle ist unsere Voraussetzung offenbar nicht erfüllt, denn die Dichte der bewegten Elektrizität ist an verschiedenen Stellen der beiden Drähte verschieden und, da alle Elektrizitäten sich mit *derselben* Geschwindigkeit $c = 3 \cdot 10^{10}$ cm/sek bewegen, so werden die Ströme, entsprechend den verschiedenen Elektrizitätsdichten, an verschiedenen Stellen auch verschieden sein müssen. Bei gleicher Bewegungsrichtung bilden die entgegengesetzten Ladungen sogar entgegengesetzt gerichtete Ströme.

Die ganze Erscheinung können wir in folgender Weise beschreiben: unter der Wirkung der elektrischen Schwingungen im HERTZschen Vibrator entstehen in den Anfangspunkten der beiden Drähte ebenfalls elektrische Schwingungen, die sich längs der Leitungsdrähte verbreitern und *elektrische Wellen* bilden.

Eine ganz analoge Erscheinung haben wir z. B. bei einer gespannten Saite. Erteilen wir irgendeinem Punkte der Saite transversale, d. h. normal zur Längsrichtung gerichtete harmonische Bewegungen, so werden sich diese Bewegungen weiter fortpflanzen und eine fortschreitende Wellenbewegung bilden. Ist die Länge des Seiles groß genug, so wird sich die Welle lange Zeit stets in derselben Richtung (ohne Reflexion) ausbreiten.

Wir wollen der Einfachheit halber voraussetzen, daß die Ausbreitung auch bei unserem elektrischen Versuche ohne Störungen nur in einer Richtung geschieht.

Die elektrischen Kraftlinien stehen (Abb. 546) normal zu den Drähten und bewegen sich zusammen mit den Elektrizitäten. Die magnetischen Kraftlinien müssen normal zu den elektrischen Kraftlinien und zu ihrer Bewegungsrichtung stehen; sie werden also zwischen den beiden Drähten normal zur Zeichnungsebene sein und in ihrem weiteren Verlauf jeden Draht umschlingen. Die magnetische Feldstärke wird dort am größten sein, wo der Strom am stärksten ist; da aber alle Elektrizitäten sich mit gleicher Geschwindigkeit bewegen, so wird offenbar die Stromstärke dort am größten, wo die elektrische Dichte am größten ist. Wir sehen daraus, daß in dem von uns betrachteten System von *fortschreitenden* elektomagnetischen Wellen die elektrischen Ströme und die magnetischen Feldstärken längs Drähten ganz ebenso verteilt sind wie die elektrischen Dichten und die elektrischen Feldintensitäten.

**604. Wellenformel.** Den Umstand, daß nämlich in der betrachteten Wellenbewegung in jedem Punkte alle Größen — elektrische Dichte, Stromstärke, elektrische und magnetische Feldstärken — einander proportional sind, können wir benutzen, um alle diese Größen gleichzeitig zu betrachten. Die Verteilung dieser Größen längs der Drähte ist in der Abb. 547 in Form einer Sinuskurve darzustellen; diese Kurve muß man sich in der Richtung $c$ gleichmäßig bewegt denken, wie es in der Abb. 547 durch die punktierte Kurve auch angedeutet ist.

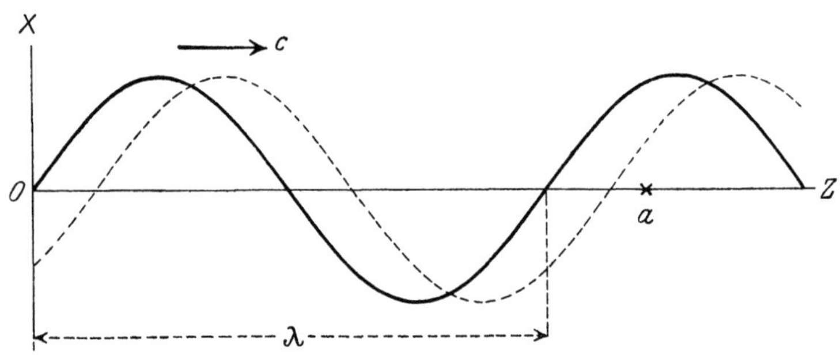


Abb. 547. Fortschreitende Welle.

Wir nehmen an, im Vibrator und in den Anfangspunkten unserer Leitung verändere sich z. B. die Elektrizitätsmenge nach einem harmonischen Gesetze

$$x = A \cdot \sin at.$$

Jede in den Belegungen $OO_1$ entstandene Elektrizitätsmenge wird in dem Nachbarpunkte der Leitung eine neue Elektrizitätsmenge influenzieren (vgl. Abb. 546); dieser Nachbarpunkt wirkt durch neue Influenz auf den folgenden Nachbarpunkt usw. Nach einer gewissen Zeit $t_1$ sei diese Influenzwirkung in einer Entfernung $z$ vom Anfangspunkte erschienen. In diesem Punkte $z$ werden alle Veränderungen ganz in derselben Weise vor sich gehen wie in dem Anfangspunkte $z = 0$. Die Elektrizitätsmengen, die elektrischen Ströme und Feldstärken werden bald größer, bald kleiner und werden mit derselben Periode wie im Anfangspunkte ihr Zeichen wechseln, nur werden alle Vorgänge im Punkte $z$ zu einer um $t_1$ späteren Zeit erfolgen als im Punkte $z = 0$. Wir können demnach die Schwingungen im Punkte $z$ durch die Formel darstellen

$$x = A \sin a (t - t_1).$$

Bezeichnen wir die Geschwindigkeit der Ausbreitung der Wellen mit $c$, so ist offenbar

$$t_1 = \frac{z}{c},$$

und wir erhalten

$$x = A \sin a \left(t - \frac{z}{c}\right).$$

Man nennt diese Formel die *Wellenformel.*

Nach dieser Formel können wir jede Größe, nämlich die elektrische Dichte, die Stromstärke und die beiden Feldstärken in jedem Punkte $z$ und zu jeder Zeit $t$ berechnen, wenn wir die Amplitude $A$ im Anfangspunkte kennen und uns die Frequenz $a$ und die Ausbreitungsgeschwindigkeit $c$ gegeben sind.

a) Betrachten wir irgendeinen fixen Punkt, nehmen also $z = \text{konst.}$, so erhalten wir in diesem Punkte harmonische Schwingungen nach dem Sinusgesetz

$$x = A \sin(at - \varphi); \qquad \varphi = \frac{2\pi}{Tc} \cdot z.$$

Die Phasenverspätung $\varphi$ der Schwingungen wird proportional zu $z$ wachsen.

b) Betrachten wir alle Punkte in einem bestimmten Momente $t = \text{konst.}$, so erhalten wir eine Verteilung der $x$-Werte längs des Drahtes nach demselben Gesetze

$$x = A \sin\left(\psi - \frac{a}{c} z\right); \qquad \psi = at.$$

Die Phase $\psi$ wächst proportional der Zeit. Das bedeutet aber, daß die Kurve ohne Änderung ihrer Gestalt sich mit einer gleichmäßigen Geschwindigkeit in der $Z$-Richtung bewegt.

Für eine Welle, die in der entgegengesetzten Richtung mit derselben Geschwindigkeit sich bewegt, erhalten wir die Formel

$$x = A \sin a\left(t + \frac{z}{c}\right).$$

**605. Wellenlänge.** Unter der Wellenlänge versteht man die Länge $\lambda$, welche die Welle in der Zeit von einer Periode $T$ durchläuft. Bei der Geschwindigkeit $c$ wird nach dieser Definition

$$\lambda = cT.$$

Setzen wir dieses in die Wellenformel ein, so erhalten wir

$$x = A \sin 2\pi\left(\frac{t}{T} \mp \frac{z}{\lambda}\right) = A \sin\frac{2\pi}{\lambda}(ct \mp z).$$

Es ist leicht einzusehen, daß die Punkte, welche voneinander im Abstande einer Wellenlänge $\lambda$ sind, dieselbe Phase haben. Die Größen $x$ der Welle, welche einen Abstand von einer halben Wellenlänge $\lambda/2$ haben, sind einander gleich, aber entgegengesetzt. Der Leser möge sich selbst nach der angegebenen Formel und auch nach der Zeichnung (Abb. 547) darüber überzeugen.

**606. Stehende Wellen.** Bewegen sich zwei Wellenzüge in entgegengesetzten Richtungen und haben sie gleiche Amplituden und Wellenlängen, so bilden sie eine sog. *stehende* Welle.

Die Bildung einer stehenden Welle ist in der Abb. 548 dargestellt. Die dünn gezeichneten Kurven stellen die zwei Wellen zu verschiedenen Zeiten dar; jede von ihnen bewegt sich in der mit dem Pfeile angegebenen Richtung; von einer Zeichnung bis zu der nächstfolgenden ist jede von den beiden Wellen um ein Achtel der Wellenlänge vorgerückt. Die stark ausgezeichnete Kurve stellt die Summe beider Wellenzüge dar.

Wir sehen, daß die Summe der zwei Wellenzüge auch eine Sinusoide bildet, die aber keine fortschreitende Bewegung hat, sondern auf derselben Stelle bleibt und nur ihre Amplitude periodisch ändert. Es gibt Stellen in der stehenden Welle, welche stets eine verschwindend kleine Amplitude haben (sie sind in der Zeichnung durch punktierte Linien miteinander verbunden); diese Punkte nennt man *Knoten*. Anderseits besitzen die Punkte, welche in der Mitte zwischen den Knoten liegen, die größte Amplitude; man nennt diese Punkte der Welle *Bäuche*. Die

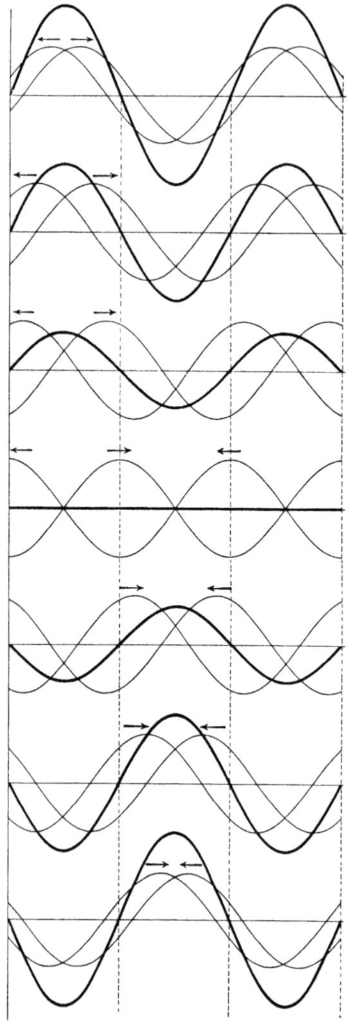
Abb. 548. Bildung einer stehenden Welle.

Entfernungen zwischen den Knoten und ebenso zwischen den Bäuchen sind gleich einer halben Wellenlänge. Die Entfernung zwischen einem Knoten und dem nächsten Bauche ist gleich einer Viertelwellenlänge.

Zu demselben Resultate kommen wir, wenn wir die zwei Formeln der in entgegengesetzter Richtung fortschreitenden Wellen zusammen addieren:

$$x = A \sin 2\pi \left(\frac{t}{T} - \frac{z}{c}\right) - A \sin 2\pi \left(\frac{t}{T} + \frac{z}{c}\right)$$

$$= 2A \sin 2\pi \frac{z}{\lambda} \cdot \cos 2\pi \frac{t}{T}.$$

Wir empfehlen dem Leser diese Formel mit der Abb. 548 zu vergleichen und den Unterschied zwischen einer fortschreitenden und einer stehenden Welle sich an der Abb. 547 und 549 möglichst klarzumachen.

**607. Reflexion elektrischer Wellen.** Eine stehende elektrische Welle kann man durch Reflexion einer fortschreitenden Welle erhalten, und zwar nach den folgenden zwei Methoden.

Erstens können die zwei Drähte $OZ$ und $O_1Z_1$ (Abb. 546) isoliert voneinander endigen. Dann kann die zu den Enden ankommende Elektrizität nicht mehr weiterfließen und wird sich an den Endpunkten allmählich ansammeln, wie in den Belegungen eines Kondensators; nach einer Viertelperiode wird die Ladung und auch die Feldintensität am Ende sein Maximum erreichen. Dann fängt die Elektrizität an, in der *entgegengesetzten* Richtung zu fließen. Wir erhalten so an den Endpunkten der Drähte $Z$ und $Z_1$ eine Rückwirkung, oder eine *Reflexion* der elektrischen Ladungen und mit ihnen auch eine Reflexion der elektrischen Ströme und der beiden Feldintensitäten. Wir können demnach die Endpunkte $Z$ als eine Quelle neuer elektrischer Wellen auffassen, welche sich entgegengesetzt der primären Welle ausbreiten. Beide

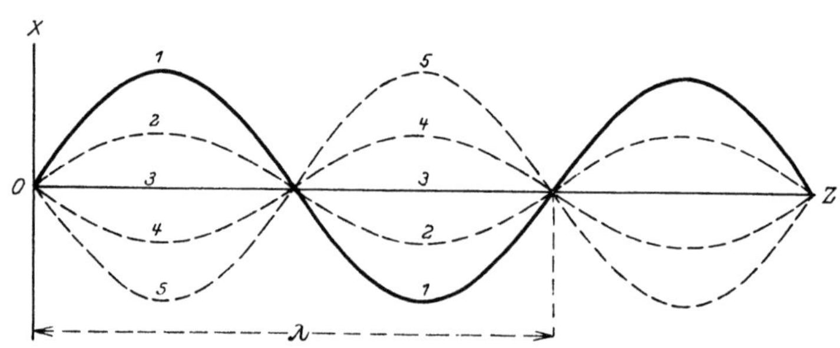

Abb. 549. Stehende Welle.

Wellen zusammen, die einfallende und die reflektierte, bilden eine stehende Welle nach dem Schema des vorigen Paragraphen.

Die Anfangspunkte $O$ und die Endpunkte $Z$, in welchen die Elektrizitätsmengen und die elektrischen Feldintensitäten am stärksten schwingen, bilden also *Bäuche* für diese Größen. Der elektrische Strom und die magnetische Feldintensität dagegen, welche an diesen Enden stets Null bleiben müssen, bilden hier *Knotenpunkte*. Daraus sehen wir, daß für eine gute Ausbildung der stehenden elektrischen Wellen die Länge der Drähte $OZ$ und $O_1Z_1$ ein *ganzzähliges* Vielfaches von einer halben Wellenlänge sein muß.

Einen etwas anderen Fall erhalten wir, wenn wir die Enden der zwei Drahtleitungen miteinander durch einen Querdraht oder, wie man es nennt, durch eine Brücke leitend verbinden. In diesem Falle kann die elektrische Welle, welche längs $OZ$ zu der Brücke angekommen ist, einfach über die Brücke zu dem Drahte $Z_1$ hinübergehen und dann in der Richtung $Z_1O_1$ zurücklaufen. Ebenso kann die Welle $O_1Z_1$ über die Brücke $Z_1Z$ und dann in der Richtung $ZO$ sich ausbreiten. Wir erhalten also auch in diesem Falle eine Art Reflexion der beiden Wellen von der Brücke und im Resultate wieder eine stehende Welle wie im vorigen Falle, nur mit dem Unterschied, daß an der Brücke jetzt die Elektrizitätsmengen und die elektrischen Feldintensitäten stets Null bleiben, also einen Knoten bilden. Die Ströme und die magnetischen Felder dagegen können sich gerade in der Brücke gut ausbilden, und für sie ist die Brücke ein Bauch.

Bei dieser Anordnung ist der Anfang der Leitung für den Strom ein Knoten, das Ende $Z$ aber ein Bauch; für eine gute Ausbildung der stehenden Wellen ist es also in diesem Falle nötig, daß die Länge $OZ$ eine *ungerade* Zahl von Viertelwellenlängen ausmacht.

Vergleichen wir die fortschreitende elektrische Welle mit der stehenden, so bemerken wir noch einen Unterschied: in der fortschreitenden Welle waren die Maxima der elektrischen Dichte und der elektrischen Feldstärke stets an denselben Stellen wie die Maxima der Stromstärken und der magnetischen Feldstärke; in der stehenden Welle dagegen fallen die Bäuche der elektrischen Kraft mit den Knoten der magnetischen Kraft zusammen und die elektrischen Knoten mit den magnetischen Bäuchen.

**608. Der offene Vibrator.** Wir haben schon oben bemerkt, daß die THOMSONsche Formel $T = 2\pi\sqrt{LC}$ (S. 516, **581**) auf einen geradlinigen offenen HERTZschen Vibrator nicht direkt anwendbar ist, denn die Kapazität und die Selbstinduktion der Leiter haben wir nur für die Fälle einer stationären Verteilung definiert. Im Falle eines geradlinigen HERTZschen Vibrators erscheinen die Kapazität und die Selbstinduktion nicht getrennt, sondern teilweise miteinander verschmolzen.

Um diese Komplikation zu umgehen, wollen wir für die Berechnung der Periode des Vibrators einen anderen Weg einschlagen. Wir wollen den geradlinigen Vibrator als einen Draht ansehen, längs welchem sich elektrische Wellen fortpflanzen. An den Enden des Vibrators werden diese Wellen reflektiert; es bildet sich eine stehende Welle, die wir im vorigen Paragraphen betrachtet haben. Offenbar kann in einem solchen geradlinigen Vibrator nur dann eine stehende Welle sich ausbilden, wenn an den Enden Bäuche der elektrischen Feldintensitäten und Knoten des elektrischen Stromes sind. Diese Bedingung kann nur erfüllt werden, wenn die Länge des Vibrators ein ganzes Vielfaches von der halben Wellenlänge der elektrischen Wellen bildet. Bezeichnen wir mit $n$ eine ganze Zahl, so haben wir

$$n\frac{\lambda}{2} = l\,.$$

Im einfachsten Falle, wenn $n = 1$ ist, erhalten wir

$$\lambda = 2l$$

und daraus die Periode

$$T = \frac{\lambda}{c} = \frac{2l}{c}.$$

Die Verteilung des elektrischen Potentials und der elektrischen Ströme ist in der Abb. 550 dargestellt.

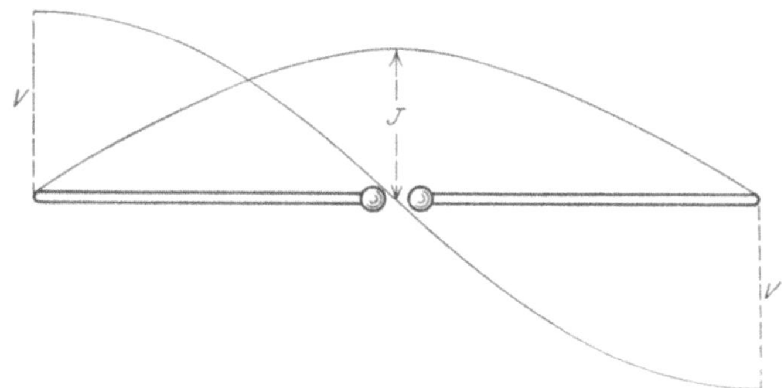


Abb. 550. Verteilung des Potentials und des Stromes in einem geradlinigen Vibrator.

Die Verteilung der elektrischen Kräfte in einem geradlinigen Resonator kann man sehr schön vermittels kleiner Geißlerröhrchen demonstrieren. Die an den Enden hängenden Röhren leuchten bei der Resonanz hell auf; die mittlere Röhre bleibt dunkel und die dazwischen hängenden Röhren haben eine mittlere Helligkeit.

**609. Die Methoden von Lechner-Blondlot.** In seinen ersten Experimenten mit elektrischen Wellen längs Drähten hat Hertz nur einen einzigen Draht verwendet. Die Anwendung von zwei Drähten, welche wir von vornherein angenommen haben, rührt von Lecher her. Bei der Lecherschen Anordnung werden die elektrischen sowie die magnetischen Felder der Wellen hauptsächlich in dem Raume zwischen den zwei Drähten konzentriert und die Wellen werden durch das Nähern irgendeines Leiters (z. B. des Experimentators selbst) nicht so stark beeinflußt wie bei einem einzigen Drahte.

Statt der elektrischen Kopplung des Vibrators mit dem Drahtsystem hat Boldlot eine magnetische Kopplung vorgeschlagen. Dann können die Kapazitäten kleiner genommen werden, um Schwingungen von größerer Frequenz zu erhalten. In der Abb. 551 ist die Anordnung von Blodlot dargestellt.

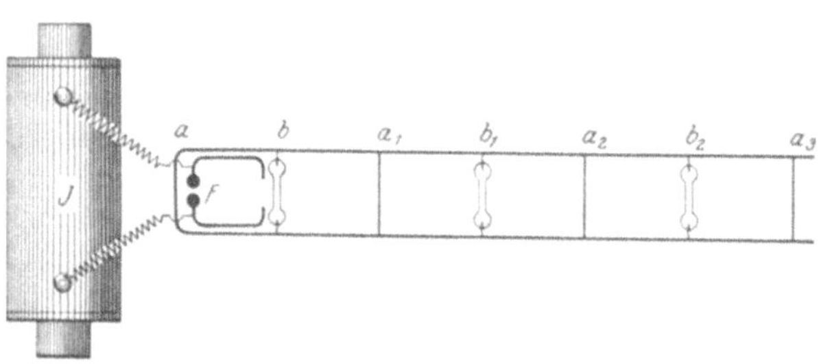


Abb. 551. Anordnung von Lecher-Blondlot.

Vom Induktor $J$ gehen zwei Zuleitungsdrähte zu der Funkenstrecke $F$ eines Vibrators, welcher aus zwei dicken, etwas gebogenen Drähten, besteht. In der Nähe des Vibrators ist ein Resonator $a\,b$ angebracht, der sich weiter in zwei parallele Drähte fortsetzt. Der Abstand der Drähte kann je nach dem Zweck der Anordnung verschieden groß genommen werden. Für Versuche im Auditorium nimmt man diesen Abstand gewöhnlich etwa 10 cm; für Meßzwecke hat man sogar einen Abstand von 1 cm verwendet; dann muß aber die Parallelführung der Drähte viel genauer ausgeführt werden.

Im Punkte $a_1$ sind die beiden Drähte überbrückt und die Länge von der Mitte der Brücke $a$ bis zu der Mitte der Brücke $a_1$ ist gleich einer halben Wellenlänge. Das Leitersystem $a\,a_1$ bildet also einen Resonator, mit welchem der Vibrator magnetisch gekoppelt ist. In den Brücken $a$ und $a_1$ haben wir je einen Bauch für die Stromstärke. Bei $b$ dagegen haben wir einen Bauch für die elektrische Kraft; hier können wir unsere Geißlerröhren anlegen und ihr Aufleuchten wird uns über die Stärke der elektrischen Schwingungen im System $a\,b\,a_1$ Aufschluß geben.

Bei genauen messenden Versuchen werden statt der Geißlerröhren Thermoelemente gebraucht; das Thermoelement muß aber im Bauche der Stromstärke eingeschaltet werden, also in der Brücke. Verschieben wir die Brücke $a_1$ hin und her, so können wir den Kreis $a\,b\,a$ auf Resonanz mit dem Vibrator sehr genau einstimmen, denn die Dämpfung dieses Resonators ist sehr gering.

Haben wir ein möglichst starkes Leuchten der Röhre $b$ erzielt, so lassen wir die Brücke auf der Resonanzstelle und legen bei $b_1$ ein zweites Röhrchen auf und bei $a_2$ eine zweite Brücke. Ein Teil der Ströme des Systems $a\,a_1$ geht dann über die Brücke zu dem System $a_1 b_1 a_2$ über. Durch Verschieben der Brücke $a_2$ können wir auch diesen Kreis auf Resonanz einstellen usw. Indem wir so mehrere Brücken hintereinander legen, können wir durch Mittelwertbildung die Wellenlänge der Schwingungen sehr genau bestimmen.

Wir können auch anders verfahren. Wir lassen das Röhrchen $b$ und die Brücke $a_1$ auf ihrer Stelle, wodurch ein wohldefiniertes und schwach gedämpftes Schwingungssystem $a\,b\,a_1$ festgelegt wird. Dann verschieben wir eine zweite Brücke $a_2$ längs der Drähte von $a_1$ immer weiter. Wir werden dabei bemerken, daß die Röhre $b$ bald heller, bald dunkler leuchtet. Jedesmal, wenn der Abstand der zwei Brücken $a_1 a_2$ ein ganzzahliges Vielfaches von einer halben Wellenlänge bildet, leuchtet die Röhre hell auf; in anderen Fällen leuchtet sie viel schwächer. Bei dieser Methode erhalten wir also eine Resonanz, wenn die Länge $b\,b_1$ des Drahtes ein *Vielfaches* von der halben Wellenlänge bildet.

Dieser Versuch ist einem bekannten akustischen Versuche analog. Eine Saite wird auf Resonanz mit einer anderen schwingenden Saite abgestimmt. Verlängert man allmählich die resonierende Saite, so erhalten wir eine erste Resonanz, wenn die Saite der ersten gleich ist und die Länge einer halben Wellenlänge hat. Bei weiterer Verlängerung erhalten wir eine zweite Resonanz, wenn die resonierende Saite zwei halben Wellenlängen gleich wird. Bei weiterer Verlängerung erhalten wir drei halbe Wellenlängen usf. Dabei schwingt die resonierende Saite nicht mit der Frequenz ihres Grundtones, sondern mit der doppelten und dreifachen Frequenz. Im allgemeinen hat nämlich die Saite nicht eine einzige Eigenfrequenz, wie z. B. das Pendel, sondern deren mehrere (theoretisch unendlich viele), welche ein ganzes Vielfaches von der Grundfrequenz bilden. Die Töne und die Wellen, die diesen höheren Frequenzen entsprechen, nennt man in der Akustik *Obertöne* und *Oberfrequenzwellen*. Diesen Ausdruck hat man auch in die Elektrizitätslehre übernommen; man spricht von Grundschwingungen und von Oberschwingungen eines elektrischen Vibrators oder eines Resonators.

**610. Analogie mit stehenden Luftwellen.** Wir haben früher (S. 514, **580**) die elektrischen Schwingungen mit den Schwingungen eines Pendels verglichen. Die elektrischen Schwingungen in einem geradlinigen Drahte können wir ebenso mit den Luftschwingungen in einer akustischen Röhre vergleichen. In der akustischen Röhre ist nämlich die Masse ebenso wie die Selbstinduktion im geradlinigen Vibrator nicht in einem Punkte, sondern gleichmäßig längs der Röhre verteilt.

In der Abb. 552 ist eine Glasröhre dargestellt, in der man nach der KUNDTschen Methode stehende Luftwellen erzeugen und beobachten kann. Eine Kartonscheibe $A$ sitzt am Ende eines etwa 1 m langen Glasstabes, den man durch Reibung zu longituinalen Schwingungen erregen kann. Von der schwingenden Scheibe $A$ pflanzen sich dann längs der Röhre Luftschwingungen aus, die am festsitzenden Pfropfen $B$ reflektiert werden und auf diese Weise ein System stehender Wellen bilden. In der Röhre wird feiner Korkstaub verteilt, der durch die Luftbewegung aufgewirbelt wird. Dreht man die Röhre vorsichtig um ihre Längsachse, so bleibt der Korkstaub in den Knoten, wo keine Luftbewegung

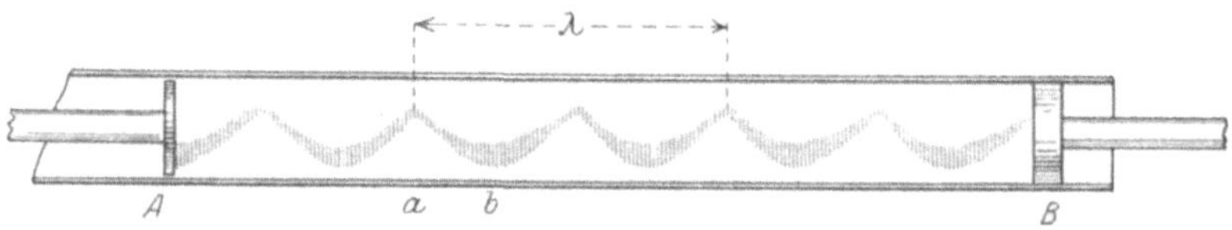

Abb. 552. KUNDTsche Röhre.

stattfindet, fast unbeweglich; in den Bäuchen aber fliegt er zu den niedrigeren Stellen der Röhre hin und bildet so periodische, girlandenähnliche Figuren (Abb. 552). An der reflektierenden Wand $B$ muß ein Knoten liegen und in der Nähe der Scheibe $A$ ein Bauch. Damit die Staubfiguren sich möglichst scharf ausbilden können, muß offenbar der Abstand $AB$ einer ungeraden Zahl der Viertelwellenlängen gleich genommen werden, was durch Ausprobieren leicht erreicht werden kann. Die KUNDTschen Staubfiguren erlauben eine sehr genaue Messung der Wellenlängen des Schalles: bei $a$ sind die Knoten, bei $b$ die Bäuche der Welle, und ihr Abstand ist gleich einer Viertelwellenlänge.

Die Luftbewegung in einer solchen Röhre entsteht infolge einer Druckdifferenz in zwei benachbarten Punkten der Luft längs der Röhre; ebenso wird die Elektrizitätsbewegung längs Drähten durch eine Potentialdifferenz hervorgerufen. Betrachten wir einen Teil der Welle zwischen zwei Knoten $a$ der Luftbewegung, so erhalten wir an den Enden, wo keine Luftbewegungen stattfinden, *Bäuche* der Druckschwankungen; in der Mitte bleibt der Druck konstant, hier haben wir einen *Knoten*. Ganz analog in einem Vibrator: an seinen Enden entstehen Bäuche des Potentials und in der Mitte liegt ein Knoten.

Anderseits haben wir in der Mitte zwischen zwei Knoten bei $b$ die stärksten Luftbewegungen, also einen Bauch der Luftwellen und ebenso in der Mitte des Vibrators einen Bauch für elektrische Ströme.

Zwischen der Länge einer beiderseits geschlossenen Röhre und der Wellenlänge der Schwingungen besteht dieselbe Beziehung wie für elektrische Wellen:

$$n \frac{\lambda}{2} = l .$$

Mit dem elektrischen Resonator (Abb. 524, S. 521) können wir den folgenden lehrreichen Versuch machen. Nähern wir dem Resonator irgendeinen geerdeten Leiter, so muß die Kapazität des Resonators und gleichzeitig auch seine Eigenschwingungsdauer verändert werden; die Resonanz wird zerstört. Da aber das elektrische Feld nicht gleichmäßig im Resonator verteilt ist und am stärksten in der Nähe der Enden ist, so wird der geerdete Leiter nur in dem Falle störend wirken, wenn man ihn in die Nähe der Enden des Resonators bringt; das Leuchten der Geißlerröhren wird erheblich schwächer. Bringt man aber den Leiter in die Nähe der Mitte des Resonators, also zum Bauche der Ströme, so hat er fast gar keinen Einfluß auf die Resonanz. Man kann sogar diesen Punkt direkt mit der Erde verbinden.

Ganz analog in der akustischen Röhre. Öffnen wir ein Ende der Röhre, so wird ihr Eigenton beträchtlich verändert; eine Öffnung in der Mitte hat dagegen fast gar keinen Einfluß auf die Tonhöhe. Wir können sogar die Röhre in zwei Hälften zerschneiden und nur die eine Hälfte als Resonator benutzen.

**611. Messung der Fortpflanzungsgeschwindigkeit der elektrischen Wellen.** Man hat schon längst versucht, die Fortpflanzungsgeschwindigkeit der Telegraphensignale längs Telegraphenleitungen zu messen und hat auch in der Tat eine Geschwindigkeit von der Größenordnung der Lichtgeschwindigkeit gefunden. Aber die so gemessene Geschwindigkeit ist keine präzis definierbare Größe und hängt von mehreren Nebenumständen ab; außer dem Widerstande, der Selbstinduktion und der Kapazität der Leitung hängt die Geschwindigkeit noch von der *Form* der Signalskurve ab. Die Kurve bleibt während der Fortpflanzung nicht konstant, sie deformiert sich usw. Viel einfachere Verhältnisse erhält man, wenn man für derartige Versuche rein *harmonische* Wellen benutzt, bei welchen man von einer ganz bestimmten und präzis definierten Fortpflanzungsgeschwindigkeit reden kann. Zu diesem Zwecke bilden die soeben beschriebenen Wellenlängenmessungen einen ersten Schritt. Nun ist die Wellenlänge mit der Fortpflanzungsgeschwindigkeit durch die Formel

$$\lambda = Tc$$

verknüpft und wir müssen außer $\lambda$ noch die Periode $T$ kennen. Bei seinen ersten Versuchen mit elektrischen Wellen hat HERTZ die Periode seines Vibrators theoretisch berechnet und für die Größe $c$ einen Wert erhalten, der sehr nahe zu der Lichtgeschwindigkeit steht. THROWBRIDGE und DUANE haben für diesen Zweck die Methode von FEDDERSEN mit dem rotierenden Spiegel benutzt und sie dabei erheblich vervollkommnet. Bei einer Wellenlänge von 5700 cm erhielten sie $T = 2 \cdot 10^{-7}$, woraus sich ergibt

$$c = \frac{5700}{2 \cdot 10^{-7}} = \text{etwa } 3 \cdot 10^{10} \text{ cm/sek.}$$

**612. Der Einfluß des umgebenden Mediums.** Wenn wir den Leitungsdraht, in welchem elektrische Schwingungen stattfinden, in ein Medium eintauchen, dessen Dielektrizitätskonstante $\varepsilon$ und Permeabilität $\mu$ von Eins verschieden sind, so wird auch die Kapazität und die Selbstinduktion des Leiters statt $C$ und $L$ die Größe $\varepsilon C$ und $\mu L$ haben. Dadurch wird die Periode der Schwingungen $T = 2\pi\sqrt{CL}$ um $\sqrt{\varepsilon\mu}$ größer.

Dieser Schluß behält seine Gültigkeit auch für einen geradlinigen Vibrator von HERTZ. Da aber die Periode eines geradlinigen Vibrators oder Resonators mit seiner Länge und der Wellenlänge $\lambda$ durch die Formel verknüpft ist

$$Tc = \lambda = 2l,$$

so sehen wir, daß die Verlängerung der Periode bei konstanter Länge $l$ nichts anderes als eine Verminderung der Fortpflanzungsgeschwindigkeit $c$ bedeutet. Das könnten wir auch direkt daraus schließen, daß bei einer vollen Schwingung die Elektrizität im geraden Vibrator von einem Ende bis zum anderen und zurück, also die doppelte Länge des geraden Vibrators durchlaufen muß. Die Periode kann nur größer werden, wenn die Geschwindigkeit kleiner geworden ist.

Wir schließen also, daß die Fortpflanzungsgeschwindigkeit der elektromagnetischen Wellen längs Drähten, die in ein Medium von der Dielektrizitätskonstante $\varepsilon$ und der Permeabilität $\mu$ eingetaucht sind, gleich sein muß:

$$c_1 = \frac{3 \cdot 10^{10}}{\sqrt{\varepsilon\mu}} \text{ cm/sek.}$$

Das ist eben das berühmte MAXWELLsche Gesetz (S. 311, **358**), welches wir früher aus ganz anderen Erwägungen abgeleitet haben.

Aus der Beziehung:

$$\lambda = c_1 T$$

schließen wir, daß, wenn die Perioden der Schwingungen gegeben sind, die Wellenlängen sich verhalten wie die Fortpflanzungsgeschwindigkeiten:

$$\lambda_1 : \lambda_2 = c_1 : c_2 .$$

Wir können diese Beziehung benutzen, um entweder das MAXWELLsche Gesetz experimentell zu verifizieren oder bei unmagnetischen Körpern ($\mu = 1$) die Dielektrizitätskonstante zu bestimmen.

In der Abb. 553 ist eine Anordnung dargestellt, welche das MAXWELLsche Gesetz sehr gut zu demonstrieren erlaubt.

Die Länge des Resonators *a b a* gibt uns die halbe Wellenlänge der Schwingungen in Luft an. Weiter gehen die Drähte des LECHERschen Systems durch einen mit der zu untersuchenden Flüssigkeit gefüllten Trog durch. Füllt man den Trog z. B. mit Petroleum und verschiebt man die Brücke längs der Drähte,

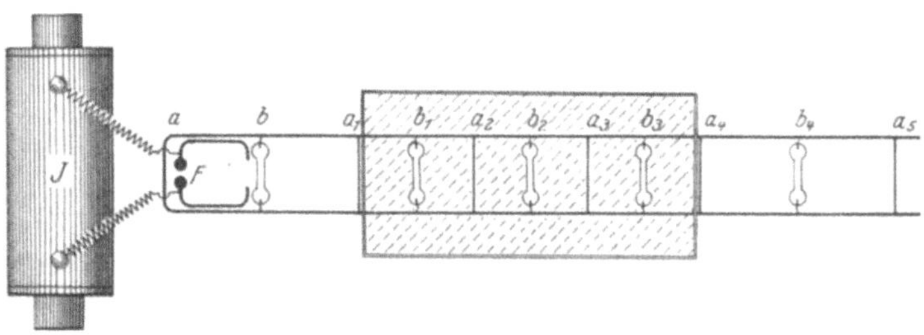


Abb. 553. Abhängigkeit der Wellenlänge von dem umgebenden Medium.

so erhält man ein Aufleuchten des Röhrchens ebenso wie in Luft; nur werden jetzt die Abstände, bei denen das Aufleuchten erfolgt, etwa 1,4mal kleiner. Da die Dielektrizitätskonstante des Petroleums gleich 2 ist, so muß auch in der Tat nach MAXWELL die Fortpflanzungsgeschwindigkeit der Wellen um $\sqrt{2} = 1{,}4$mal kleiner sein.

Einen analogen Versuch kann man auch mit Luftwellen anstellen: Wenn man die KUNDTsche Röhre mit Kohlensäure füllt, werden die Wellenlängen um etwa 25 % kleiner.

Nach dieser Methode haben COHN und AHRONS die Dielektrizitätskonstante des Wassers bestimmt; wegen der Leitfähigkeit des Wassers kann man nämlich diese Größe nach den statischen Methoden nicht bestimmen. Sie erhielten im Wasser eine 9mal kleinere Wellenlänge und also auch 9mal kleinere Geschwindigkeit als in der Luft. Daraus ergibt sich die Dielektrizitätskonstante des Wassers zu 81.

Nach derselben Methode hat P. DRUDE eine große Zahl Flüssigkeiten untersucht und dabei die Entdeckung gemacht, daß bei einigen Flüssigkeiten die Fortpflanzungsgeschwindigkeit für verschiedene Wellenlängen verschieden ist. In der Optik nennt man diese Erscheinung die *Dispersion* der Wellen. Später haben auch andere Forscher eine Dispersion der elektrischen Wellen in verschiedenen Körpern beobachtet.

Alle diese Entdeckungen bilden schon Ausnahmen aus dem einfachen MAXWELLschen Gesetze, nach welchem die Fortpflanzungsgeschwindigkeit von der Wellenlänge unabhängig bleiben sollte. Wir werden weiter sehen, wie man die MAXWELLsche Theorie ergänzen muß, um auch die Dispersion quantitativ beschreiben zu können.

**613. Absorption der elektrischen Wellen.** Werden die Drähte des LECHERschen Systems in eine *leitende* Flüssigkeit eingetaucht, so erhält man außer den elektrischen Strömen in den Drähten noch Ströme in der umgebenden Flüssigkeit; die leitende Flüssigkeit spielt in diesem Falle die Rolle einer stetigen Brücke zwischen den beiden Drähten. Selbstverständlich werden diese Nebenströme einen Energieverlust der Wellenbewegung hervorbringen; die elektrische Energie wird sich in Wärme verwandeln und die Amplitude der Welle wird beim Fortschreiten in der Flüssigkeit immer kleiner und kleiner.

Diese Verminderung der Amplitude der elektrischen Wellen beim Eindringen in einen leitenden Körper erfolgt nach demselben Gesetze wie die Verminderung der Amplitude der Schwingungen bei der Dämpfung. Wir wissen, daß die *zeitliche* Dämpfung der Schwingungen nach dem Gesetze erfolgt

$$e^{-kt},$$

und ganz analog erfolgt auch die *räumliche* Dämpfung oder die Absorption der elektrischen Wellen nach dem Gesetze

$$e^{-px}.$$

Der Koeffizient $p$ hängt in erster Annäherung (bei hohen Frequenzen) von der Leitfähigkeit $k$ des Mediums und der Frequenz $a$ der Wellen in folgender Weise ab

$$p = \sqrt{2\pi k a}.$$

In schwach leitenden Elektrolyten hat A. EICHENWALD nach der COHNschen Methode diese Abhängigkeit durch direkte Versuche bestätigt. Die elektrischen Wellen von einem Resonator mit bestimmter Frequenz wurden längs Drähten in die Flüssigkeit eingeleitet und die Energie der Wellen in verschiedenen Abständen von der Eintrittsstelle in die Flüssigkeit mit einem Bolometer oder einem Thermoelemente gemessen. Die Abnahme der Energie in ihrer Abhängigkeit von dem zurückgelegten Wege ist in der Abb. 554 für 0,1 proz. Schwefelsäurelösung und einer 1 proz. Chlornatriumlösung dargestellt; die Wellenlänge war dabei etwa 1 m. Die Kurven bestätigen die MAXWELLsche Theorie.

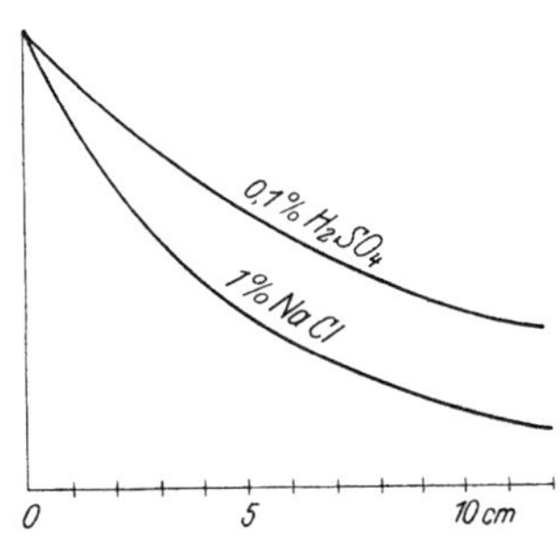


Abb. 554. Absorption der elektrischen Wellen in Elektrolyten.

Spätere Versuche anderer Forscher, namentlich P. DRUDE, haben gezeigt, daß es auch Flüssigkeiten gibt, deren Absorption viel größer ist, als es nach ihrer Leitfähigkeit zu erwarten wäre. Zuckerlösungen, Glyzerin u. a. m. haben einen sehr großen Absorptionskoeffizient, obgleich sie fast gar nicht leitend sind. Außerdem hat sich herausgestellt, daß die Absorption in diesen Flüssigkeiten in ganz anderer Weise von der Wellenlänge abhängt, als es nach der MAXWELLschen Theorie sein sollte. P. DRUDE, KOLLY, IWANOV u. a. haben z. B. in reinem Wasser eine ausgesprochene Absorption der elektrischen Wellen für einige Wellenbereiche gefunden. Derartige Absorptionserscheinungen sind also vom Standpunkte der MAXWELLschen Theorie *anomal* und müssen durch neue Hypothesen erklärt werden.

**614. Versuche von BJERKNES.** Die soeben beschriebenen Versuche erlauben die Absorption der elektrischen Wellen nur in *schwach* leitenden Flüssigkeiten zu verfolgen. Bei den Metallen ist die Absorption so groß, daß die elektrischen

Wellen in einer Tiefe von einem Hundertstel Millimeter schon kaum nachweisbar werden. Die Absorption in Metallen kann aber nach einer ganz anderen Methode bestimmt werden.

Wir haben schon gesagt, daß die Dämpfung der Schwingungen in elektrischen Vibratoren und Resonatoren hauptsächlich durch die JOULEsche Wärme hervorgebracht wird. Anderseits haben wir uns schon klargemacht, daß die elektrischen Schwingungen in geraden Resonatoren als stehende Wellen aufgefaßt werden können. Daraus folgt unmittelbar, daß die Dämpfung der Schwingungen und die Absorption der elektrischen Wellen im Material des Resonators in innigem Zusammenhang stehen müssen, denn sie haben einen gemeinsamen Ursprung.

Über die Dämpfung der elektrischen Schwingungen in Resonatoren hat V. BJERKNES (1893) Versuche angestellt. Er hat Resonatoren aus Eisendraht hergestellt, deren Oberfläche mit einem elektrolytisch niedergesetzten Kupferüberzug bedeckt wurde. Durch Beobachtung des Mitschwingens und Feststellung der *Form* der Resonanzkurven (S. 448, **507**) hat BJERKNES die Dämpfungskonstante der Resonatoren bei verschiedener Dicke des Kupferüberzuges bestimmt. Die Versuche haben gezeigt, daß, je dicker man den Kupferüberzug nimmt, desto kleiner wird die Dämpfung der Resonatorschwingungen. Hat aber der Kupferüberzug eine Dicke von etwa 0,01 erreicht, so hat eine weitere Vergrößerung dieser Dicke auf die Dämpfung keinen Einfluß mehr; der Resonator verhält sich so, als ob er aus massivem Kupfer hergestellt wäre.

Aus diesen Versuchen sehen wir erstens, daß bei so hohen Frequenzen, wie sie BJERKNES benutzt hat (etwa eine Million), die elektrischen Ströme nicht den ganzen Querschnitt des Leiters ausfüllen, sondern nur eine dünne Schicht an seiner Oberfläche. Dieses Resultat war auch nach unseren früheren Betrachtungen über den sog. „Hauteffekt" (S. 536, **601**) der Wechselströme zu erwarten. Aber die Deutung der Erscheinung wird jetzt anders. Früher haben wir von einer *Verdrängung* der Ströme aus dem Inneren des Leiters zu der Oberfläche gesprochen, jetzt dagegen sprechen wir von dem *Eindringen* der Wellen in das Innere des Leiters. Das sind eben zwei verschiedene Standpunkte, von welchen man ein und dieselbe Erscheinung betrachten kann.

Auf Grund seiner Dämpfungsmessungen in Resonatoren hat BJERKNES die Absorptionskurven für elektrische Wellen in einigen Metallen gezeichnet (Abb. 555).

Wir machen darauf aufmerksam, daß der Maßstab für die Längen in der Abb. 555 etwa 3000mal größer gewählt ist als in der Abb. 554, um die Kurven genügend klar zeichnen zu können. Das ist auch nicht zu verwundern, denn die Leitfähigkeit und folglich auch die Absorption in den Metallen ist mehrere tausendmal größer als in den Elektrolyten.

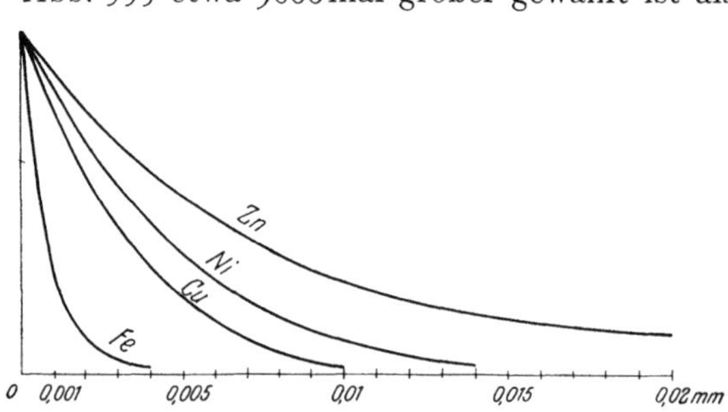

Abb. 555. Versuche von BJERKNES.

Die Absorption der elektrischen Wellen in leitenden Körpern hängt nicht nur von ihrer Leitfähigkeit ab, sondern auch von ihrer Permeabilität; auch die Hysteresiserscheinungen spielen dabei eine Rolle. Es sind Körper gefunden worden, deren Absorption stärker variiert, als nach der einfachen Theorie zu erwarten war; eine derartige anomale Absorption ist von ARKADJEV im Eisen gefunden worden.

**615. Demonstrationsversuche von Seibt.** Um die stehenden Wellen in Drähten in einem größeren Auditorium zu demonstrieren, ist es vorteilhaft, größere Perioden und größere Wellenlängen zu nehmen, weil dabei die Energie der Schwingungen leicht groß gemacht werden kann. Bei *langen* Wellen wird aber das Lechersche System schon unbequem; es würde in einem Zimmer keinen Platz mehr finden. Man gebraucht deshalb statt der geraden Drähte spiralförmig gewundene Spulen.

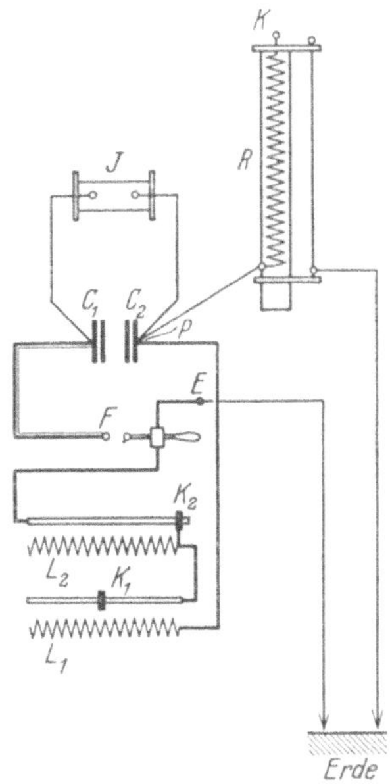


Abb. 556. Schema der Seibtschen Anordnung.

In der Abb. 556 ist eine solche von Seibt vorgeschlagene Anordnung dargestellt. Hier ist $J$ der Induktor, $C_1$ und $C_2$ die Kapazität und $F$ die Funkenstrecke; weiter ist $L$ eine regulierbare Selbstinduktion; alles zusammen bildet einen Vibrator von veränderlicher Frequenz.

Zu diesem Vibrator können verschiedene Spulen als Resonatoren direkt angeschlossen werden. In der Abb. 557 stehen zwei solche Spulen $A$ und $B$ nebeneinander. Verändert man die Schwingungsdauer des Vibrators durch Veränderung der Selbstinduktion, so wird entweder die eine oder die andere Spule zu starken Resonanzschwingungen angeregt. Die Resonanz äußert sich durch lange Funken an den Endklemmen der Spulen.

Nimmt man eine lange Spule und befestigt parallel zu ihrer Achse einen mit der Erde verbundenen Draht (Abb. 558), so erhält man an den Stellen der Spule helle Glimmentladungen, wo das elektrische Feld seinen Bauch hat. Verkleinert man allmählich die Schwingungsdauer des Vibrators, so gelingt es, auf der Resonanzspule mehrere Bäuche zu erhalten (Abb. 557); in der Resonanzspule werden dabei nicht die Grundschwingung, sondern auch ihre Oberschwingungen erregt. Mit anderen Worten, man erhält in ihr stehende Wellen, wie im Lecherschen System.

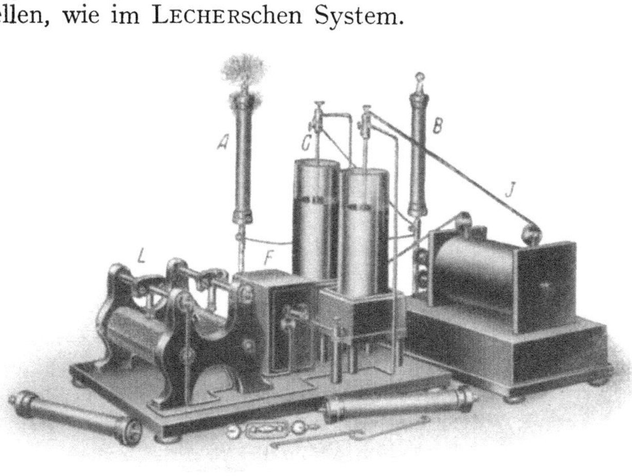


Abb. 557. Resonanzversuche von Seibt.

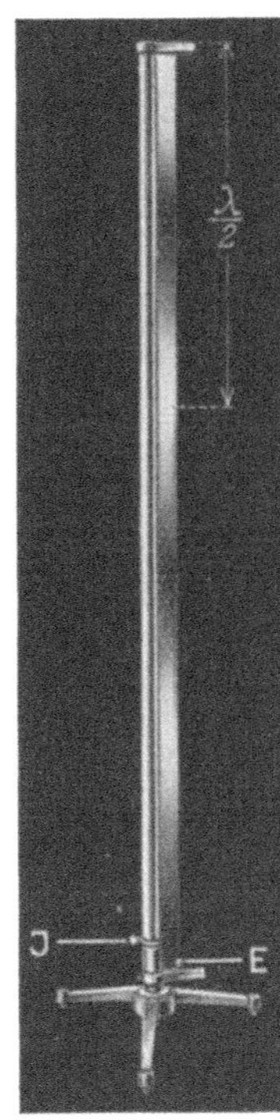


Abb. 558. Stehende Wellen längs einer Spule.

## 3. Elektromagnetische Wellen im Raume.

**616. Der Übergang von den Wellen längs Drähten zu den Wellen im freien Raume.** Wir haben im vorigen Abschnitt die Ausbreitung der elektrischen Wellen längs Drähten studiert. Nach der MAXWELLschen Theorie können die elektrischen Wellen in Isolatoren auch ohne Drähte (drahtlos) sich fortpflanzen. Wenn wir die elektromagnetischen Erscheinungen in einem LECHERschen System betrachten, werden wir leicht bemerken, daß alle elektromagnetischen Vorgänge sich eigentlich im Isolator zwischen den Drähten abspielen; in dem die Drähte umgebenden Medium ist auch die ganze elektromagnetische Energie der Wellen konzentriert. Bei sehr guter Leitfähigkeit der Drähte, was wir auch angenommen haben, hängt die Ausbreitungsgeschwindigkeit der Wellen lediglich von der Beschaffenheit dieses Mediums ab. Wenn wir uns die Drähte weit entfernt denken und nur das elektromagnetische Feld zwischen ihnen betrachten, so können wir die MAXWELLschen Gesetze direkt so anwenden, als ob die Drähte gar nicht vorhanden wären. Wir haben in der Tat die MAXWELLschen Gesetze für die Fortpflanzungsgeschwindigkeit und Absorption der elektrischen Wellen schon angewandt, ohne den Einfluß der Drähte zu berücksichtigen.

Dennoch waren die Drähte bei unseren Versuchen sehr nützlich, denn sie hatten den Zweck, die elektromagnetischen Wellen in einem bestimmten Raume zu konzentrieren und in einer bestimmten Richtung zu führen; ohne diesen Kunstgriff würden sich die Wellen nach allen Seiten ausbreiten und ihre Beobachtung wäre viel schwieriger.

**617. Ausbreitung der elektromagnetischen Welle im Isolator.** Es ist sehr wichtig, den Mechanismus der Ausbreitung der elektromagnetischen Wellen in allen Einzelheiten und von verschiedenen Standpunkten zu betrachten.

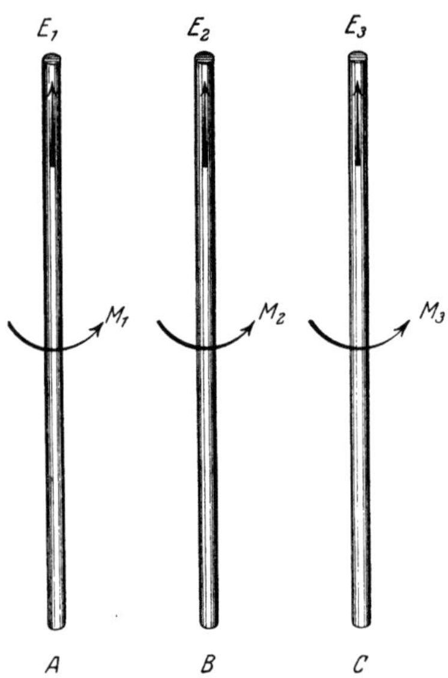


Abb. 559. Ausbreitung der elektromagnetischen Wellen in einem System von Stäben.

Es sei $A$ (Abb. 559) ein Teil eines geradlinigen Vibrators. Wir stellen in einiger Entfernung parallel zu $A$ einen zweiten Leiter auf. Das schnell wechselnde Magnetfeld $M_1$ des Vibrators wird im Leiter $B$ elektrische Ströme induzieren. Aber nach den MAXWELLschen Anschauungen entstehen diese Ströme nur dadurch, daß in dem Leiter $B$ ein elektrisches Wechselfeld induziert wird, welches auch dann entstehen würde, wenn der Stab $B$ kein Leiter, sondern ein Isolator wäre; in einem Isolator können aber keine Leitungsströme, sondern lediglich Verschiebungsströme erzeugt werden. Wir erhalten also unter der Wirkung des Vibrators $A$ in dem benachbarten Isolator $B$ ein elektrisches Wechselfeld. Nach der zweiten Hypothese von MAXWELL erzeugt dieses elektrische Wechselfeld rings um $B$ herum ein wechselndes Magnetfeld $M_2$; das Magnetfeld $M_2$ induziert in dem benachbarten Isolator $C$ wieder ein elektrisches Wechselfeld usw. Auf diese Weise pflanzen sich die elektromagnetischen Felder immer weiter und weiter fort. Wir haben hier von *einzelnen* dielektrischen Stäben nur deswegen gesprochen, um an die von uns schon studierten Vorgänge in Drähten anzuknüpfen; aber nicht die Stabform ist das Wichtige, sondern die relative Lage der elektrischen und magnetischen Wechselfelder, denn die Schwingungen werden sich auch in einem *stetigen* Isolator und sogar in reinem Äther nach demselben Schema ausbreiten.

**618. Das Feld des Hertzschen Vibrators.** H. Hertz hat das Feld eines kurzen geradlinigen Vibrators nach der Maxwellschen Theorie berechnet und durch Zeichnungen illustriert (Abb. 560a bis e).

Zunächst sei der Vibrator ungeladen. Indem nun die Ladungen an seinen Enden allmählich anwachsen, verbreiten sich die elektrischen Kraftlinien (Abb. 560a u. 560b). Nach einer Viertelperiode ist die Ladung im Maximo und die Elektrizitäten gehen von den Enden des Vibrators wieder zurück (Abb. 560c). Die Kraftlinien müssen den Elektrizitäten folgen. Sie besitzen aber eine gewisse *Trägheit* und verspäten ein wenig; in dem Moment, wo die Ladungen im Vibrator sich gegenseitig neutralisiert haben und folglich die Kraftlinienenden miteinander verschmelzen, bleiben die entfernteren Teile der Kraftlinien noch bestehen; als Folge dieser Verspätung erscheinen die Kraftlinien *in sich geschlossen* (Abb. 560d u. 560e). In der Abb. 560e sehen wir den Anfang der zweiten Hälfte der Schwingungsperiode des Vibrators. Es bildet sich ein neues System von Kraftlinien, aber von entgegengesetzter Richtung. Die früher gebildeten Linien werden von den neuen Linien auseinandergedrängt. Nach Verlauf der zweiten Halbperiode werden auch diese neu entstandenen Kraftlinien in sich geschlossen und das Spiel fängt mit einer neuen Periode von neuem an (Abb. 560a).

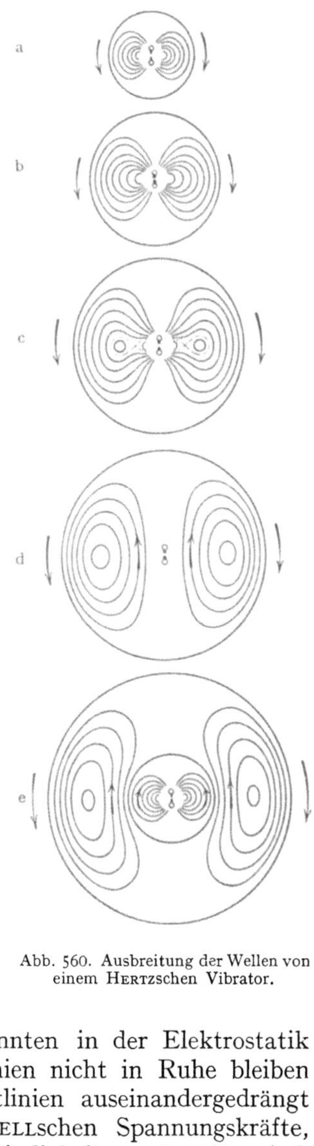

Abb. 560. Ausbreitung der Wellen von einem Hertzschen Vibrator.

Senkrecht zu den sich bewegenden elektrischen Kraftlinien werden magnetische Kraftlinien gebildet (vgl. Abb. 321, S. 309) und das ganze elektromagnetische Feld breitet sich von dem Vibrator in Form von Kugelwellen nach allen Richtungen aus.

Dank der schönen Illustrationen von H. Hertz können wir diesen interessanten Vorgang in allen Einzelheiten verfolgen. Dabei tritt uns eine ganz neuartige Erscheinung entgegen, nämlich die Bildung von *in sich geschlossenen* elektrischen Kraftlinien. In der Elektrostatik haben wir solche in sich geschlossene Kraftlinien nie beobachtet. Dort hatten alle elektrische Kraftlinien Anfangspunkte in positiven elektrischen Ladungen und Endpunkte in negativen Ladungen. In dieser Beziehung ist also das elektrische Feld eines Vibrators von einem elektrostatischen Felde wesentlich verschieden.

In sich geschlossene elektriche Kraftlinien konnten in der Elektrostatik schon deswegen nicht vorkommen, weil solche Linien nicht in Ruhe bleiben können. Wir haben schon gesagt, daß die Kraftlinien auseinandergedrängt werden, es wirken ja zwischen ihnen die Maxwellschen Spannungskräfte, welche sie in Bewegung setzen und ihnen eine Geschwindigkeit von $3 \cdot 10^{10}$ cm/sek erteilen (vgl. S. 308, **356**).

**619. Elektromagnetische Strahlung.** Gleichzeitig mit dem elektrischen und dem magnetischen Felde wird von einem HERTZschen Vibrator nach allen Seiten auch elektromagnetische Energie ausgesandt. Diese Erscheinung wird *elektromagnetische Strahlung* oder auch kürzer *elektrische Strahlung* genannt. Wir erinnern den Leser daran, daß die Größe und die Richtung der Energieströmung, also in unserem Falle der Energiestrahlung, ganz allgemein durch den POYNTIGschen Vektor (S. 313, **360**)

$$\mathbf{P} = \frac{c}{4\pi}[\mathbf{E}\cdot\mathbf{M}] = \frac{c}{4\pi} E M \sin(\mathbf{E}\mathbf{M})$$

bestimmt wird, welcher stets senkrecht zu dem elektrischen und dem magnetischen Felde (nach der Schraubenregel $E - M - P$) steht.

Nach der von H. HERTZ entwickelten Theorie kann das elektromagnetische Feld eines Vibrators in *drei* Teilen zerlegt werden, welche sehr verschiedene Gesetze befolgen.

Im ersten und zweiten Teilfelde sind die Feldintensitäten umgekehrt proportional der dritten und der zweiten Potenz der Entfernung; dieses Feld wird also auf große Entfernungen kaum bemerkbar sein. Außerdem hat das magnetische und das elektrische Feld in der Nähe des Vibrators eine Phasendifferenz von 90°; das Produkt aus beiden harmonisch wechselnden Feldintensitäten, d. h. der POYNTINGsche Energiefluß wird demnach einen Mittelwert gleich Null ergeben; die Energie pendelt dabei hin und her und wird nicht in die Ferne ausgestrahlt.

Im dritten Teilfelde sind die Feldintensitäten umgekehrt proportional der *ersten* Potenz der Entfernung vom Vibrator und haben *gleiche* Phasen. Dieser Teil kommt also für die Ausstrahlung allein in Betracht. Nach den Rechnungen von HERTZ ist der Mittelwert der von einem Vibrator in der Zeiteinheit ausgestrahlten Energie gleich

$$W = \frac{16\pi^4}{3\lambda^4} c p_0^2 \frac{\text{erg}}{\text{sek}}.$$

Hier ist $p_0$ die Amplitude des elektrischen Momentes des Vibrators.

Die Formel zeigt, daß die Energiestrahlung umgekehrt proportional der vierten Potenz der Wellenlänge $\lambda$ ist. Große Energiemengen lassen sich demnach viel leichter mit langen Wellenlängen ausstrahlen als mit kurzen. Deshalb wurden früher auch in der Radiotechnik vorwiegend lange Wellen benutzt. Die kürzesten elektrischen Wellen, mit denen man im Laboratorium bis jetzt experimentiert hat, hatten eine Länge von ein paar Millimeter.

Ein HERTZscher Vibrator strahlt nicht nach allen Seiten gleichmäßig. Die stärkste Strahlung erhält man normal zur Vibratorlänge, und in der Richtung des Vibrators findet überhaupt keine Strahlung statt, wie man das auch aus der Abb. 560 direkt sehen kann.

Die Resultate der HERTZschen Rechnungen beziehen sich streng genommen nur auf einen sehr kurzen Vibrator; sie behalten aber ihren Wert auch für andere Fälle, weil wir jeden Vibrator von endlicher Länge in kleine elementare Vibratoren zerteilt denken können und dann das Gesamtfeld und die Gesamtausstrahlung dieses Systems von Vibratoren nach den HERTZschen Formeln berechnen. Ohne auf derartige Rechnungen einzugehen, wollen wir diese Betrachtungsweise benutzen, um einen wichtigen Fall zu diskutieren.

Wir vergleichen einen geradlinigen Vibrator mit einem geschlossenen (Abb. 561a und b). Im geradlinigen Vibrator werden alle seine vier Teile *ab*, *bc*, *cd*, *de* in jedem Moment von Strömen gleicher Richtung durchflossen. In dem geschlossenen Vibrator dagegen fließt der Strom in *ab* nach oben, wenn gleichzeitig in $cd$ der Strom nach unten fließt. Die zwei elementaren Vibratoren $ab$ und $cd$ werden also entgegengesetzt gerichtete Felder erzeugen; ebenso auch die zwei Vibratoren $bc$ und $de$. Daraus schließen wir, daß ein geschlossener Vibrator im allgemeinen und bei sonst gleichen Bedingungen weniger ausstrahlen wird als ein offener Vibrator.

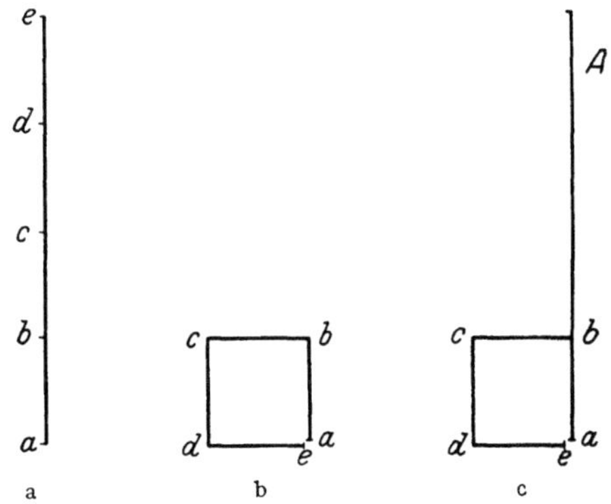

Abb. 561. Die Ausstrahlung verschiedener Vibratoren.

Denken wir uns an dem geschlossenen Vibrator noch einen geradlinigen Draht angeschlossen (Abb. 561c). In diesem Drahte werden die abgezweigten Ströme ebenfalls elektrische Schwingungen bilden. Wenden wir auf dieses System die HERTZschen Rechnungen an, so sehen wir, daß der zugefügte geradlinige Leiter im Vergleich zum geschlossenen System stark ausstrahlen wird, und kann demnach die Strahlung eines in sich geschlossenen Vibrators erheblich vergrößern. Man nennt solch einen strahlenden Nebenleiter die *Antenne.*

**620. Das Prinzip von HUYGENS.** In der allgemeinen Wellenlehre und besonders in der Optik wird oft das sog. HUYGENSsche Prinzip benutzt. Den Grundgedanken von HUYGENS können wir bei den elektromagnetischen Wellen in folgender Weise beschreiben. Ist uns das elektrische sowie das magnetische Wechselfeld auf irgendeiner geschlossenen Fläche zu irgendeiner Zeit gegeben, so können wir den weiteren Verlauf der elektromagnetischen Wellen berechnen, wenn wir die gegebene Fläche als einen strahlenden Körper betrachten, d.h. wenn wir auf dieser Fläche ein System von HERTZschen Vibratoren entsprechend verteilen und ihr Feld berechnen. Diese fingierten Vibratoren können uns die etwa unbekannten wahren Vibratoren ersetzen.

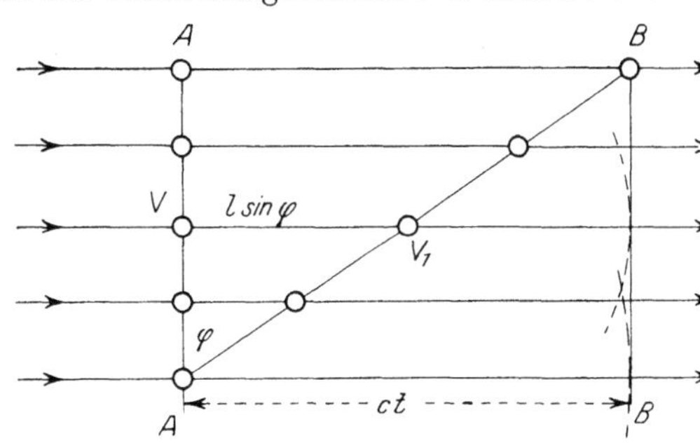

Abb. 562. Anwendung des HUYGENSschen Prinzips auf ebene Wellen.

Wir wollen dieses Prinzip auf zwei einfache Fälle anwenden.

Es sei uns das elektromagnetische Feld in der Ebene $AA$ (Abb. 562) gegeben. Die elektrische Feldintensität sei überall die gleiche und sei normal zur Zeichnung gerichtet; auch die magnetischen Feldintensitäten sollen überall die gleichen sein und eine Richtung parallel zu $AA$ haben. Alle Wechselfelder sollen in der Ebene $AA$ *dieselbe Phase* haben. Eine derartige Ebene nennt man — *Wellenebene.* Die Richtung der Energieströmung oder des Strahles ist senkrecht zu dieser Ebene, also parallel zu $AB$.

Es fragt sich nun, was für eine Wellenfläche erhalten wir nach einer gewissen Zeit $t$? — Um diese Frage zu beantworten, können wir nach HUYGENS in der gegebenen Ebene $AA$ uns ein System von Vibratoren verteilt denken, deren Achse längs des elektrischen Feldes gerichtet ist, also bei uns senkrecht zur Zeichnung steht (in der Abb. 562 durch kleine Kreise $V$ angedeutet), und deren Schwingungen überall die gleiche Amplitude und Phase haben. Jeder von diesen fingierten Vibratoren wird in der Zeit $t$ eine Kugelwelle vom Halbmesser

$$r = ct$$

aussenden und die gemeinsame einhüllende (tangierende) Fläche aller dieser Kugelwellen wird uns nach HUYGENS die resultierende Wellenfläche zur Zeit $t$ darstellen. In diesem einfachen Falle ist es ohne weiteres klar, daß die einhüllende Fläche die Wellenebene $BB$ ergibt.

Jetzt wollen wir annehmen, die Wellenebene $AA$ sei uns nicht direkt gegeben, sondern nur die von ihr erzeugten Felder in einer Ebene $AV_1B$. In diesem Falle werden zwar die in $AV_1B$ fingierten Vibratoren $V_1$ auch alle gleich sein und senkrecht zu unserer Zeichnung stehen, aber sie werden verschiedene Phasen haben; denn je weiter in der Richtung $AB$, ein Vibrator $V_1$ von dem entsprechenden Vibrator $V$ sein wird, desto größer wird auch seine Phasenverspätung. Bezeichnen wir die Abstände der Vibratoren vom Punkte $A$ in der Ebene $AV_1B$ mit $l$, so wird ihr Abstand von $AA$ gleich $l \sin\varphi$ sein und die Phasenverspätung in der Zeit gleich

$$t_1 = \frac{l \sin\varphi}{c},$$

wo $c$ die Ausbreitungsgeschwindigkeit der Wellen bedeutet. Wenn wir in diesem Falle die HUYGENSsche Konstruktion wiederholen, um die Wellenfläche, d. h. die Fläche *gleicher Phasen*, zu finden, müssen wir die Halbmesser der Kugelwellen der verschiedenphasig schwingenden Vibratoren auch verschieden nehmen: je größer die Phasenverspätung des Vibrators $V_1$, desto kleiner muß der Halbmesser genommen werden, damit man alle Kugelwellen mit *derselben* Phase erhält. Für einen Vibrator, der im Abstande $l$ von $A$ sich befindet, muß der Halbmesser gleich sein

$$r = c(t - t_1) = ct - l \sin\varphi.$$

Konstruieren wir alle diese Kugelwellen, so erhalten wir offenbar wieder die Wellenebene $BB$, wie es auch sein soll.

Diese überaus einfachen Überlegungen wollen wir jetzt an die Erscheinung der Reflexion und Brechung der elektrischen Wellen anwenden.

**621. Reflexion an einer leitenden Ebene.** Es sei $MN$ (Abb. 563) die Schnittlinie der leitenden Ebene mit der Zeichnung; beide Ebenen seien senkrecht zueinander.

In der Wellenebene $AA$ des einfallenden Strahles sei das elektrische Feld senkrecht zur Zeichnung und das magnetische Feld parallel zur Zeichnung, ebenso wie in der Abb. 562. Die leitende Ebene $MM$ denken wir uns aus einzelnen

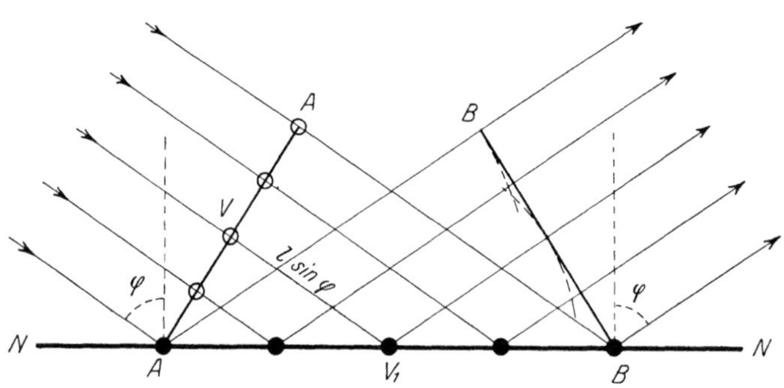


Abb. 563. Reflexion der elektrischen Strahlen.

sehr gut leitenden Drähten zusammengestellt (Vibratoren $V_1$), deren Achsen senkrecht zur Zeichnung stehen (mit schwarzen Kreisen angedeutet). Unter der Wirkung des einfallenden Strahles werden diese Vibratoren zur Mitschwingung erregt, und wenn die Leitfähigkeit der Ebene sehr groß ist, werden die Phasen dieser Schwingungen entgegengesetzt der Phasen der einfallenden Welle sein. In die Ebene selbst wird aus diesem Grunde keine Strahlung eindringen können, denn das Feld der mitschwingenden Vibratoren wird das Feld des einfallenden Strahles gerade kompensieren. Auf der Seite des einfallenden Strahles dagegen bilden die Vibratoren eine neue sog. reflektierte Welle und, wenn wir ihre Wellenfläche nach HUYGENS konstruieren, so erhalten wir die Ebene $BB$ (die Zeichnung Abb. 563 erhalten wir einfach durch Umbiegen der Abb. 562 um die Linie $AB$).

Damit die Phasen in der Ebene $BB$ ebenso alle gleichwerden wie in der Ebene $AA$, muß offenbar die Bedingung erfüllt werden

$$t_1 = \frac{l \sin\varphi}{c} = \frac{l \sin\varphi_1}{c}$$

oder

$$\varphi = \varphi_1 .$$

Der Reflexionswinkel muß dem Einfallswinkel gleich sein. Wir haben somit aus der HUYGENSschen Konstitution das bekannte Reflexionsgesetz für Wellenbewegungen erhalten.

Ganz nach demselben Schema können wir auch den anderen Fall behandeln, bei welchem die magnetischen Kraftlinien normal zur Zeichnungsebene liegen und mit demselben Resultat. Wir empfehlen es dem Leser selbst zu machen.

Wir schließen also ganz allgemein: Eine gut leitende Oberfläche ist für elektrische Wellen dasselbe wie ein gut polierter Spiegel für die Lichtwellen.

Die Energie der reflektierten elektrischen Strahlen ist aber nicht immer gleich der Energie der einfallenden Wellen, denn ein Teil der Energie geht in den von uns fingierten Leitungsdrähten in JOULEsche Wärme verloren. Wir wissen aber, daß das Eindringen der elektrischen Schwingungen in den Leiter auf eine desto kleinere Oberflächenschicht stattfindet, je größer die Frequenz der Wellen und je größer die Leitfähigkeit des Leiters (S. 548, **613**). Für die schnellen elektrischen Schwingungen, welche HERTZ beobachtet hat, von der Frequenz $10^8$, genügt eine etwa 0,01 mm dicke Kupferschicht, um die Welle wie von einem vollkommenen Spiegel zu reflektieren.

Die Reflexion wird desto vollständiger, je besser der reflektierende Körper die Elektrizität leitet.

**622. Brechung der elektrischen Strahlen.** Fallen die elektrischen Wellen auf einen isolierenden Körper, so werden sie auch reflektiert, aber nur teilweise; ein Teil der Strahlen geht in den Isolator hinein. Nach dem MAXWELLschen Gesetze wird die Ausbreitungsgeschwindigkeit in dem Isolator durch die Formel dargestellt

$$c_1 = \frac{c}{\sqrt{\varepsilon\mu}}; \qquad \frac{c}{c_1} = \sqrt{\varepsilon\mu} = \nu .$$

Das Verhältnis der Ausbreitungsgeschwindigkeiten $\nu$ in beiden angrenzenden Dielektrika ist nichts anderes als der Brechungsexponent des zweiten Körpers relativ zum ersten, und wir müssen auch bei elektrischen Wellen wie bei den optischen Wellen eine Brechung der Strahlen erwarten. Die Konstruktion der gebrochenen Strahlen erfolgt in ganz derselben Weise wie der reflektierte, nur mit der Abänderung, daß wir jetzt für die gebrochene Welle die Radien $Al$, entsprechend der $\nu$ mal kleineren Wellengeschwindigkeit auch $\nu$ mal kleiner zeichnen müssen. Wir erhalten so im zweiten Medium wieder eine Wellenebene, welche aber mit der Trennungsebene der beiden Dielektrika einen kleineren Winkel bildet. Aus der Bedingung für die Phasengleichheit in der Wellenebene folgt

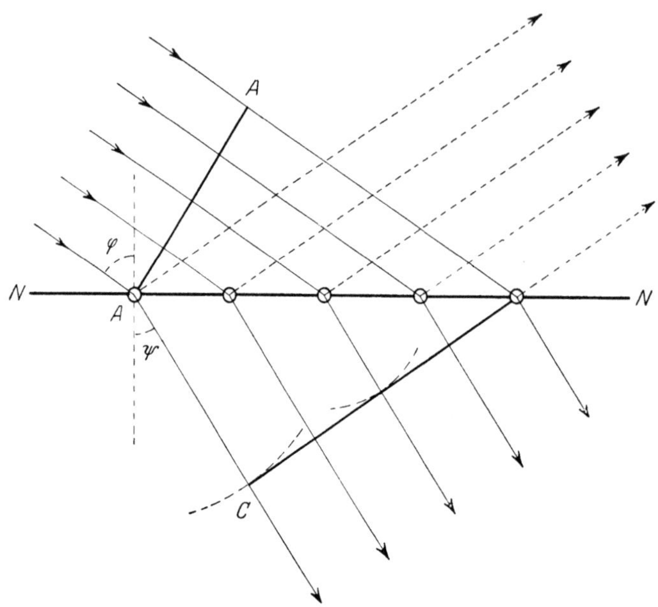


Abb. 564. Reflexion und Brechung der elektrischen Strahlen.

ebenso wie früher:

$$t_1 = \frac{l \sin\varphi}{c} = \frac{l \sin\psi}{c_1}$$

oder

$$\frac{\sin\varphi}{\sin\psi} = \frac{c}{c_1} = \nu\,,$$

das bekannte Brechungsgesetz.

**623. Brechungsgesetz der Kraftlinien und der Strahlen.** Wir wollen zeigen, daß das Brechungsgesetz der elektromagnetischen Wellen auch ohne Benutzung des HUYGENSschen Prinzips abzuleiten ist, direkt aus den von uns früher aufgestellten Grenzbedingungen für die elektrischen und die magnetischen Induktionen und Feldstärken (vgl. S. 53, **64**). Wir nehmen für beide Körper $\mu = 1$ an und nur die Dielektrizitätskonstanten $\varepsilon_1$ und $\varepsilon_2$ verschieden. Dann lauten die Grenzbedingungen:

$$D_n = \varepsilon_1 E_{n1} = \varepsilon_2 E_{n2}\,, \qquad B_n = M_{n1} = M_{n2}\,,$$
$$E_{t1} = E_{t2}\,, \qquad M_{t1} = M_{t2}\,.$$

Wir betrachten wieder den Fall, wo das elektrische Feld senkrecht zur Zeichnung steht; in der Abb. 565 sind die Richtungen der magnetischen Feldintensitäten in dem einfallenden, dem reflektierten und dem durchgehenden Strahle für diesen Fall angegeben. Wir schreiben zunächst die Grenzbedingung für die Normalkomponenten der magnetischen Induktion ($\mu = 1$), wobei wir im ersten Medium die Summe der Induktionen des einfallenden und des reflektierten Strahles nehmen müssen:

$$(M_e + M_r)\sin\varphi = M_d \sin\psi\,.$$

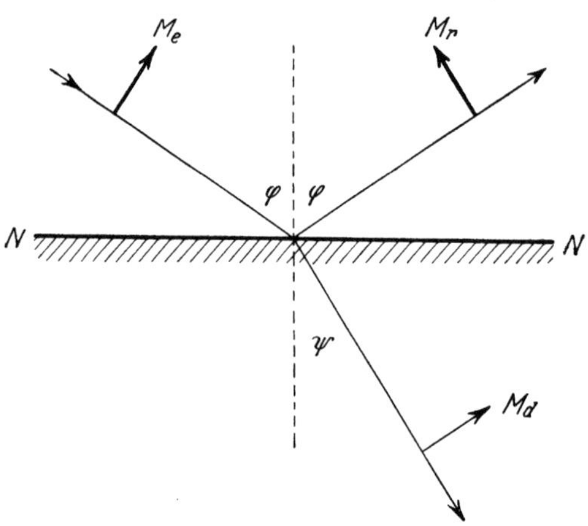


Abb. 565. Reflexion und Brechung.

Die Bedingungen für die Tangentialkomponenten der elektrischen Feldintensität lauten

$$E_e + E_r = E_d\,.$$

Zwischen der elektrischen und der magnetischen Feldintensität ist in jedem von den beiden Medien noch die Beziehung zu berücksichtigen (S. 312, **359**)

$$\sqrt{\varepsilon}\, E = \sqrt{\mu}\, M$$

Setzen wir dies in die erste Gleichung ein und dividieren sie durch die zweite Gleichung, so erhalten wir

$$\sqrt{\varepsilon_1}\sin\varphi = \sqrt{\varepsilon_2}\sin\psi .$$

oder

$$\frac{\sin\varphi}{\sin\psi} = \sqrt{\frac{\varepsilon_2}{\varepsilon_1}} = \frac{c_1}{c_2} = \nu .$$

Wir empfehlen dem Leser selbst, den anderen Fall zu behandeln, wo die elektrischen Feldintensitäten in der Einfallsebene der Strahlen (in der Zeichnungsebene) liegen.

Durch diese Ableitung ist das Brechungsgesetz der elektromagnetischen Wellen zu dem Brechungsgesetze der Kraftlinien (S. 56, **66**) in einen innigen Zusammenhang gebracht.

**624. Totalreflexion.** Besitzt das zweite Dielektrikum eine *kleinere* Dielektrizitätskonstante, also eine größere Fortpflanzungsgeschwindigkeit der elektromagnetischen Wellen, als das erste ($\nu < 1$), so kann der Fall eintreten, daß

$$\sin\psi = \frac{\sin\varphi}{\nu}$$

größer als Eins wird, was für reelle Winkel nicht möglich ist. Man schließt daraus, daß bei diesen Bedingungen ein gebrochener Strahl überhaupt unmöglich wird, und daß der einfallende Strahl dabei wie von einem vollkommenen Spiegel total reflektiert wird. Dieser Schluß wird auch in der Tat durch den Versuch mit den sog. totalreflektierenden optischen Prismen bestätigt.

Für uns bleibt aber dabei die Frage offen, wie steht es mit den elektrischen und magnetischen Kraftlinien, deren Brechungsgesetz keine Totalreflexion zuläßt (S. 56, **66**).

Die Antwort auf diese Frage ergibt sich in folgender Weise. Das elektromagnetische Feld muß auch während der Totalreflexion in das zweite Medium eindringen, wie es die Grenzbedingungen der Felder fordern. Die Grenzbedingungen gelten aber nicht für die Amplituden, sondern für die wechselnden Feldintensitäten selbst. Wir haben im vorigen Paragraphen das Brechungsgesetz der elektromagnetischen Wellen abgeleitet unter der Annahme, daß die Phasen der Schwingungen in der einfallenden und der reflektierten Welle einander gleich wären. Diese Annahme führt bei der Totalreflexion zu einem Absurdum $\sin\psi > 1$. Wenn wir aber diese Annahme fallen lassen und die Grenzbedingungen nicht auf die Amplituden, sondern auf die wechselnden Feldgrößen selbst anwenden, so erhalten wir bei der Totalreflexion zwar keinen konstanten, aber mit der Zeit wechselnden *reellen* Winkel $\psi$. Gleichzeitig mit dem elektromagnetischen Felde wird auch die Energie der einfallenden Welle in das zweite Medium eindringen, aber ihre Richtung wird fortwährend wechseln: wenn die Energie an irgendeiner Stelle in das zweite Medium eintritt, wird sie an einer anderen Stelle der Grenzoberfläche in das erste Medium wieder zurückkehren. Auf diese Weise entsteht die Erscheinung der Totalreflexion.

**625. Kraftlinien der Strahlen bei Reflexion und Brechung.** Es ist sehr interessant, die FARADAYsche Darstellungsweise des Feldes durch Kraftlinien auch auf die Reflexion und Brechung der Strahlen anzuwenden.

In der Abb. 566 ist das Feld einer ebenen Welle dargsstellt, wobei die Kraftliniendichte entsprechend der Feldintensitäten einer Sinuswelle verteilt sind

Ohne auf die Einzelheiten der Rechnung einzugehen, geben wir hier zwei von A. EICHENWALD ausgeführte Kraftlinienzeichnungen der elektromagnetischen Wellen bei gewöhnlicher Reflexion und bei Totalreflexion. Die punktierten Linien stellen die Kraftlinien dar und die stark ausgezogenen geben die Richtungen des Energieflusses (der Strahlen) an.

Beide Zeichnungen muß man in der Richtung $OX$ sich bewegend denken.

In der Abb. 567 werden die Wellen teilweise reflektiert und teilweise gebrochen. Unter der Grenze $OX$ hat der gebrochene Strahl eine konstante Richtung und dieselbe Linienverteilung wie in der Abb. 566. Oberhalb der Grenze $OX$ ist das Kraftfeld viel komplizierter, weil es aus einer Überlagerung von zwei Feldern entstanden ist: der einfallenden und der reflektierten Welle. An der Grenze werden die Kraftlinien und die Energielinien gebrochen. Dabei befolgen die Kraftlinien das Gesetz

$$\frac{\operatorname{tg}\alpha_1}{\operatorname{tg}\alpha_2} = \frac{\varepsilon_1}{\varepsilon_2}$$

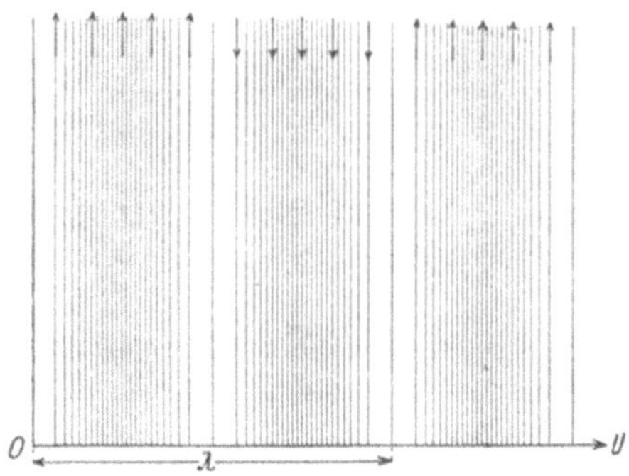


Abb. 566. Kraftlinien einer ebenen Welle.

und gleichzeitig die Energielinien (die Strahlen) die Gesetze

$$\varphi_1 = \varphi, \qquad \frac{\sin\varphi}{\sin\psi} = \nu = \frac{c_1}{c_2} = \sqrt{\frac{\varepsilon_2}{\varepsilon_1}}.$$

Die Abb. 568 stellt eine Totalreflexion dar. Wir sehen, daß auch bei der Totalreflexion das Feld in das zweite Medium hineindringt, aber der Energiefluß, d. h. die Strahlen, bilden hier *gekrümmte* girlandenähnliche Linien; die Energie kehrt in das erste Medium wieder zurück.

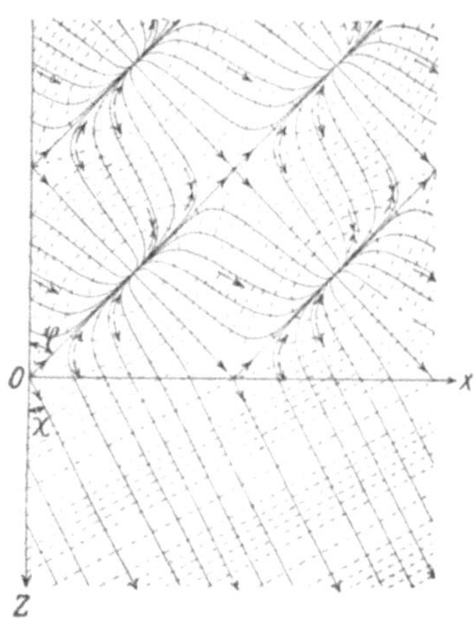


Abb. 567. Kraftlinien und Energielinien bei Reflexion und Brechung.

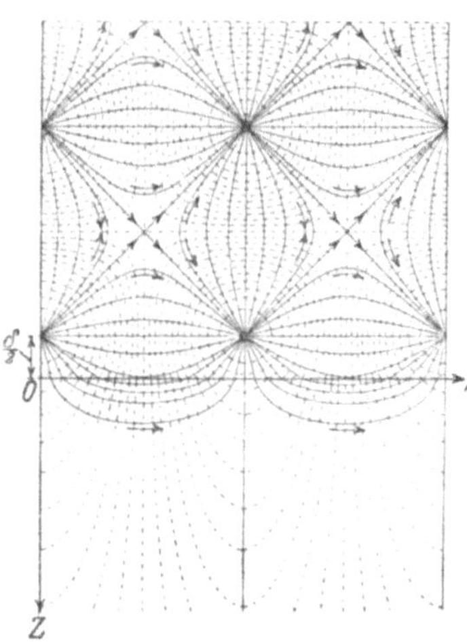


Abb. 568. Kraftlinien und Energielinien bei Totalreflexion.

Das elektromagnetische Feld dringt bei der Totalreflexion nur auf eine sehr geringe Tiefe in das zweite Medium ein; dennoch läßt sich dieses Feld auch experimentell mit einem Thermoelement nachweisen.

**626. Die Hertzschen Versuche.** Alle Schlußfolgerungen, welche Maxwell aus seiner Theorie gezogen hat, sind von H. Hertz (1888) experimentell auf das glänzendste bestätigt worden. Wir wollen hier die klassischen Hertzschen Versuche in der Form beschreiben, wie sie meistens vorgeführt werden; sie unterscheiden sich von den HERTZschen Originalversuchen nur dadurch, daß die ganze Apparatur durch Anwendung eines empfindlicheren Detektors bequemer zu handhaben ist.

HERTZ hat bei seinen Versuchen einen in der Abb. 518, S. 518 dargestellten Vibrator benutzt mit einer Wellenlänge von 60 cm und seine zylindrischen Spiegel waren 2 m hoch. Wir nehmen einen Vibrator, welcher elektrische Wellen von 20 cm aussendet und können uns mit Spiegeln von etwa 60 cm Höhe begnügen. Je kürzer die Wellenlänge, desto kleiner können die Spiegel genommen werden.

In der Abb. 569 ist die ganze Anordnung gezeichnet. Ein kleines Induktorium *J* von zwei Akkumulatoren *E* gespeist, ist mit einem etwa 8 cm langen geraden Vibrator verbunden; der Vibrator ist in seiner Mitte wie bei HERTZ durch eine einige Millimeter lange Funkenstrecke unterbrochen. Für die Erzeugung starker Wellen ist es vorteilhaft, die Funkenstrecke oder auch den ganzen Vibrator in Petroleum einzutauchen. Die Achse des Vibrators ist in der Achse eines zylindrischen Parabolspiegels *A* befestigt. Der Spiegel kann aus Zinkblech oder auch aus einzelnen Kupferdrähten hergestellt sein; die Drähte müssen aber parallel der Vibratorachse gehen, also parallel zu den elektrischen Kräften seines Feldes, damit in ihnen Induktionsströme erzeugt werden können, was, wie wir gesehen haben, für das Zustandekommen der Reflexion wesentlich ist.

In der Achse eines anderen ebenso konstruierten Spiegels *B* befindet sich der Resonator. An Stelle der Funkenstrecke enthält der Resonator einen Kohärer (S. 521, **588**) oder irgendeinen anderen *Indikator* der elektrischen Wellen.

Man stellt die beiden Spiegel in einem Abstande von einigen Metern parallel auf, schließt den Primärstrom des Induktoriums und erregt so in dem Vibrator elektrische Schwingungen. Die elektrischen Wellen gehen teilweise direkt vom Vibrator zum Resonator über; teilweise werden sie von dem Parabolspiegel *A* reflektiert und bilden einen Bündel paralleler Strahlen. Die Strahlen werden von dem zweiten Parabolspiegel *B* aufgenommen und in seiner Achse im

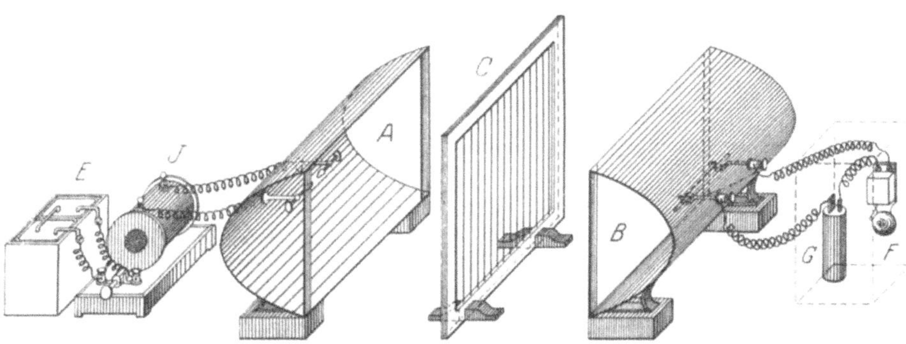


Abb. 569. HERTZsche Versuche.

Resonator konzentriert. Dank der Spiegelanordnung sind diese Wellen stark genug, um auf etwa 10 bis 20 m Entfernung mit ziemlich einfachen Mitteln beobachtet und demonstriert zu werden. In der Abb. 569 ist für Demonstrationszwecke bei *F* eine Glocke aufgestellt, die durch die Kohärerwirkung des Resonators zum Tönen gebracht wird.

Wir stellen zwischen den beiden Spiegeln irgendeinen Schirm *C* auf. Ist der Schirm aus einem isolierenden Material angefertigt, z. B. aus Glas, Hartgummi oder auch aus einem schlecht leitenden Holz, so gehen die Wellen fast ungehindert durch und erregen den Resonator. Ist aber der Schirm aus einem leitenden Material, oder stellen wir uns selber zwischen die Spiegel (der menschliche Körper ist ebensogut leitend wie eine wässerliche Salzlösung), so erhalten wir im Resonator keine Schwingungen mehr.

Wenn wir die Spiegel so anordnen, wie es in der Abb. 570 angezeigt ist und bei $CC$ einen Metallschirm aufstellen, so können wir zeigen, daß der Reflexionswinkel der Strahlen am Metall gleich dem Einfallswinkel ist. Verdrehen wir nämlich den Schirm $CC$ nach irgendeiner Seite, so fallen die Strahlen nicht mehr auf den Resonator und die Glocke im Kohärerkreis tönt nicht mehr.

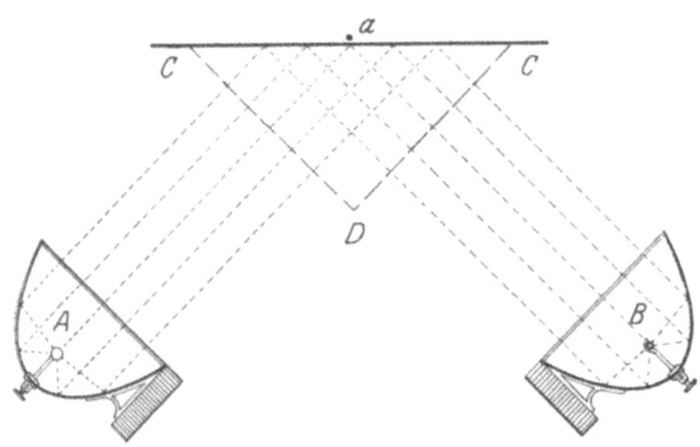


Abb. 570. Reflexion (und Totalreflexion).

In der Anordnung Abb. 571 kann man die Brechung der elektrischen Strahlen in einem Paraffin- oder in einem Ebonitprisma zeigen. Der Versuch ergibt für den Brechungsindex des Paraffins $\nu_p = 1{,}4$ und des Ebonits $\nu_e = 1{,}7$. Aus den Dielektrizitätskonstanten dieser Stoffe erhalten wir in der Tat nach dem MAXWELLschen Gesetze:

$$\sqrt{2} = 1{,}4 \quad \text{und} \quad \sqrt{3} = 1{,}7\,.$$

Mit einem rechtwinkligen Ebonitprisma in der Stellung $CCD$ (Abb. 570) läßt sich auch die Totalreflexion beobachten. Die Strahlen fallen auf die innere Hypothenusenfläche des Prismas unter einem Winkel von 45° und können hier nicht gebrochen werden, weil nach der Rechnung der Sinus des Austrittswinkels schon größer als Eins sich ergibt

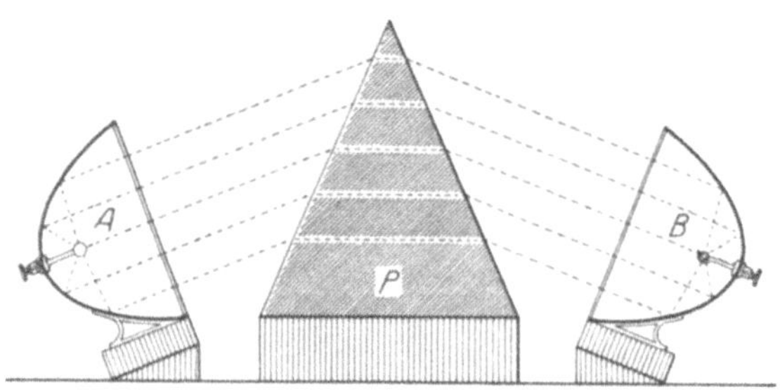


Abb. 571. Brechung.

$$\sin\psi = \sin 45^\circ \cdot \sqrt{3} = 1{,}2\,.$$

Stellt man in der Nähe der Hypothenusenebene $CC$ von außen bei $a$ eine Antenne auf, so kann man die Wellen auffangen und auf diese Weise demonstrieren, daß bei der Totalreflexion die elektrischen Wellen auch in das zweite Medium eindringen, aber nur auf eine sehr geringe Tiefe.

**627. Polarisation der elektrischen Strahlen.** HERTZ hat gezeigt, daß die von seinem Vibrator ausgesandten Strahlen polarisiert sind. Dieser Ausdruck ist der Optik entnommen und bedeutet im allgemeinen folgendes:

Sind in einer Wellenbewegung die Schwingungen transversal, d. h. senkrecht zur Fortpflanzungsrichtung, so liegen sie in der Wellenebene $XY$ (Abb. 572) normal zum Strahle. In dieser Ebene sind aber noch sehr verschiedene Richtungen möglich; die Schwingungen können sogar ihre Richtung fortwährend wechseln, obgleich sie stets transversal bleiben. Solch eine Transversalwelle nennt man *unpolarisiert*; in ihr haben alle Ebenen, welche durch den Strahl gelegt werden, dieselben physikalischen Eigenschaften. Als Beispiel für eine unpolarisierte Transversalwelle kann uns das Licht irgendeiner gewöhnlichen Lichtquelle dienen.

Die Lichtstrahlen können aber auch polarisiert werden. Schickt man z. B. das Licht durch eine Turmalinplatte *P* (Abb. 572) senkrecht zur Achse *OP* dieses Kristalls, so erhalten die verschiedenen Ebenen, welche man durch den Strahl legen kann, verschiedene physikalische Eigenschaften. Das beweist man, indem man den Strahl eine zweite Turmalinplatte durchdringen läßt. Die zweite Turmalinplatte läßt den Strahl nur dann durch, wenn beide Turmalinachsen parallel gerichtet sind (Abb. 573 a). Steht die Achse der zweiten Turmalinplatte senkrecht zur ersten, so geht das Licht gar nicht durch (Abb. 573 b). Die erste Turmalinplatte hat also den Strahl polarisiert, sie diente als *Polarisator*. Die zweite Turmalinplatte diente zum Nachweis der Polarisation, man nennt sie *Analysator*.

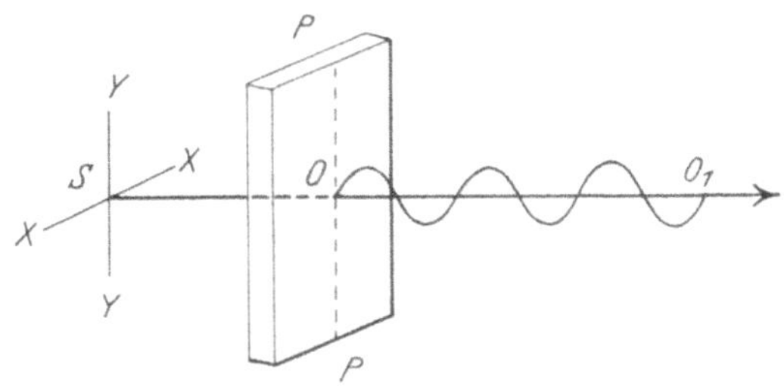

Abb. 572. Polarisation eines Lichtstrahls mit einer Turmalinplatte.

Die Möglichkeit, die Lichtstrahlen zu polarisieren, beweist schon, daß sie Transwellen sind, denn longitudinale Wellen, deren Schwingungen in der Richtung des Strahles stattfinden, können überhaupt nicht polarisiert werden. Für longitudinale Wellen behält eine beliebige, durch den Strahl gelegte Ebene dieselben physikalischen Eigenschaften. Die Luftschwingungen in einer Orgelpfeife bilden Longitudinalwellen.

Daß die elektrischen Wellen transversal sind, haben wir schon mehrmals erwähnt. In den Zeichnungen von HERTZ (Abb. 560, S. 551) liegt das elektrische Feld in der Zeichnungsebene und das magnetische Feld senkrecht dazu; die beiden Ebenen haben also verschiedene physikalische Eigenschaften, und die Wellen eines HERTZschen Vibrators müssen wir polarisierte Transversalwellen nennen.

Wir können mit diesen Wellen einen Versuch machen, welcher dem Versuche mit der Turmalinplatte sehr ähnlich ist.

Wir stellen die beiden Spiegel wieder parallel zueinander und zwischen ihnen einen Holzrahmen mit einem System von parallelen Drähten (Abb. 569); man nennt es HERTZsches Gitter. Stellen wir die Drähte parallel zu der Vibratorachse, d. h. parallel zur Ebene der elektrischen Feldintensität, so werden in

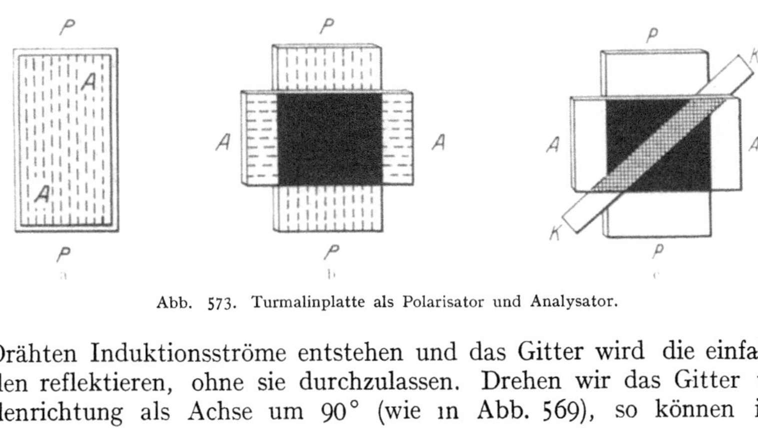

Abb. 573. Turmalinplatte als Polarisator und Analysator.

den Drähten Induktionsströme entstehen und das Gitter wird die einfallenden Strahlen reflektieren, ohne sie durchzulassen. Drehen wir das Gitter um die Strahlenrichtung als Achse um 90° (wie in Abb. 569), so können in dem

Gitter (normal zu den Drähten) keine Ströme mehr induziert werden; es kann demnach auch keine Reflexion entstehen und die Strahlen werden durch das Gitter ungehindert zum Resonator durchgehen.

Jetzt stellen wir den Vibrator vertikal und den Resonator horizontal (oder auch umgekehrt), also senkrecht zueinander. In dieser gegenseitigen Lage können sie aufeinander nicht mehr wirken (vgl. Abb. 573 b). Auch wenn wir zwischen ihnen das HERTZsche Gitter vertikal oder horizontal aufstellen, erhalten wir keine Wirkung. Drehen wir aber das Gitter um 45°, so wird der Resonator sofort angeregt; die Glocke $F$ fängt an zu tönen. Das erklärt sich folgendermaßen (Abb. 574). Das vertikale elektrische Feld $E$ der Vibratorwelle kann man sich in zwei Teile zerlegt denken: die eine Komponente parallel zu den Drähten und die andere senkrecht dazu. Die erste Komponente des Feldes wird von den Drähten zurückreflektiert, die zweite wird durch das Gitter durchgelassen. Wir erhalten also hinter dem Gitter eine Welle, deren elektrisches Feld $E_1$ um 45° gegen die Achse des Resonators gerichtet ist. Dieses Feld können wir wieder in zwei Komponenten zerlegen und es wird jetzt der Resonator nur durch die Komponente $E_2$ erregt, welche längs seiner Achse wirkt.

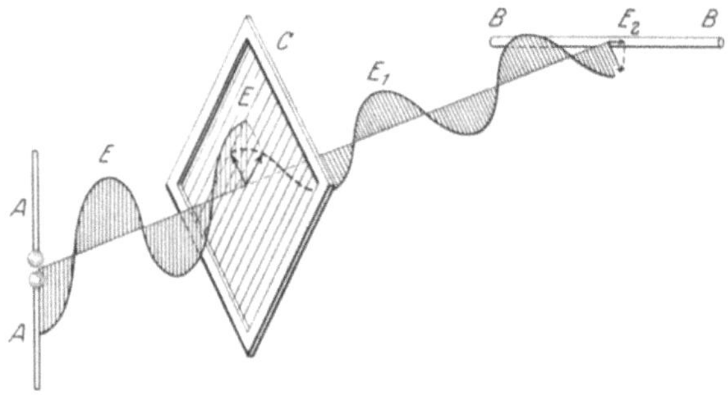


Abb. 574. Der HERTZsche Gitterversuch.

Obgleich also das vertikale Vibratorfeld $E$ nicht imstande war, den horizontalen Resonator zu erregen, ist durch die Wirkung des Gitters eine Welle entstanden, dessen Horizontalkomponente auf den Resonator wirken konnte.

Einen analogen Versuch kann man auch mit den Lichtstrahlen anstellen. Sind zwei Turmalinplatten senkrecht zueinander gestellt, so geht das Licht, wie wir gesehen haben, durch die zweite Turmalinplatte nicht durch (Abb. 573 b). Schieben wir aber zwischen den beiden Platten noch eine dritte ein und stellen ihre Achse unter 45° zu den Achsen der beiden anderen Platten, so wird ein Teil des Lichtes durch die zweite Platte wieder durchgehen (Abb. 573 c).

**628. Interferenz der elektrischen Strahlen.** Die Erscheinung der Interferenz der Strahlen kann man nach L. BOLTZMANN demonstrieren, wie es in der Abb. 575 dargestellt ist. Die Strahlen des Vibrators $A$ werden von dem Spiegel $C$ zum Resonator $B$ reflektiert. Der Spiegel $C$ besteht aus zwei Teilen; die Hälfte $C_1$ des Spiegels kann ein wenig weiter von $B$ geschoben werden. Dabei wird ein Teil der Strahlen einen längeren Weg bis zum Resonator zu durchlaufen haben und wird in $B$ später ankommen. Erfolgt die Verspätung um eine *halbe* Periode der elektrischen Schwingungen, so werden

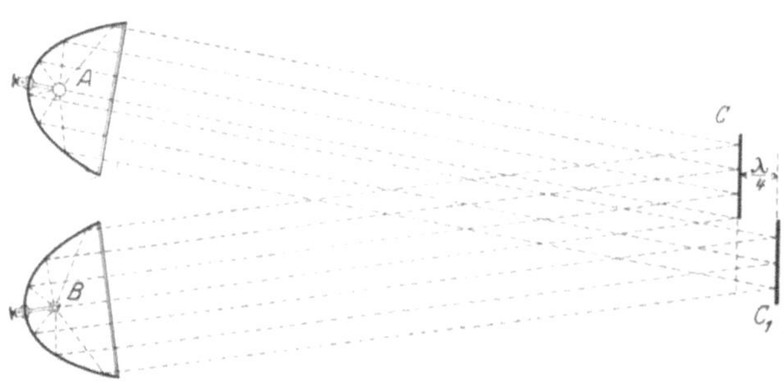


Abb. 575. Der BOLTZMANNsche Spiegelversuch.

die Wirkungen der beiden Hälften des Strahles sich aufheben; der Resonator wird nicht erregt. Das wird offenbar dann der Fall sein, wenn die Verschiebung der einen Hälfte des Spiegels gegen die andere gleich einer Viertelwellenlänge sein wird: die Wegdifferenz um eine halbe Wellenlänge entspricht einer Phasendifferenz von 180°.

Nach dieser Methode können wir die Wellenlänge unseres Vibrators direkt durch den Versuch bestimmen.

**629. Stehende elektrische Wellen.** Es ist H. HERTZ gelungen, auch stehende elektrische Wellen im Raume (ohne Drahtleitungen) herzustellen und nachzuweisen. Die Strahlen von einem in der Achse des Parabolspiegels befestigten Vibrators fielen normal zu einer reflektierenden metallischen Ebene. Die einfallende und die reflektierte Welle bildeten dabei ein System von stehenden Wellen, welche HERTZ mit einem Resonator in verschiedenen Abständen von der reflektierenden Ebene untersuchte. In der Ebene des Spiegels selbst ergab sich dabei ein Knoten der elektrischen Feldintensität, wie es auch zu erwarten war. Der Metallspiegel verhielt sich hier wie eine Brücke im LECHERschen System.

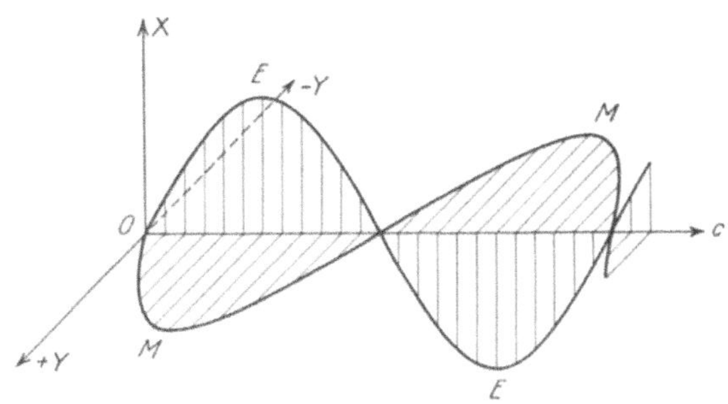

Abb. 576. Einfallende Welle.

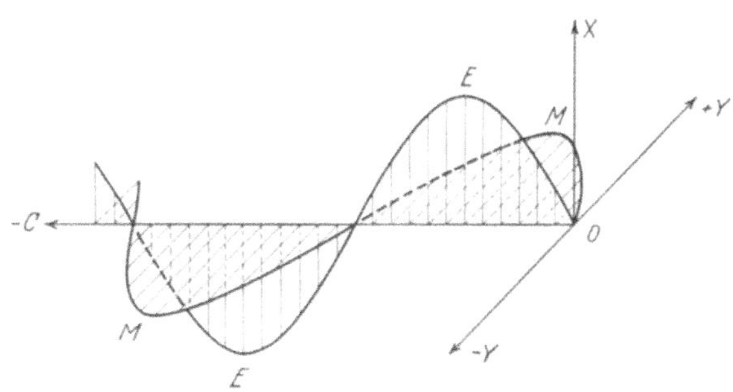

Abb. 577. Reflektierte Welle.

Es ist nützlich, die Erscheinung der stehenden Wellen im Raume auch unabhängig von der Ausbreitung der Wellen längs Drähten zu betrachten.

In der Abb. 576 haben wir eine elektromagnetische Welle dargestellt, die sich in der Richtung *c* (nach rechts) mit Lichtgeschwindigkeit ausbreitet.

Trifft diese Welle einen Metallspiegel, so wird sie reflektiert, d. h. es entsteht eine neue in der entgegengesetzten Richtung (nach links) fortschreitende Welle (Abb. 577).

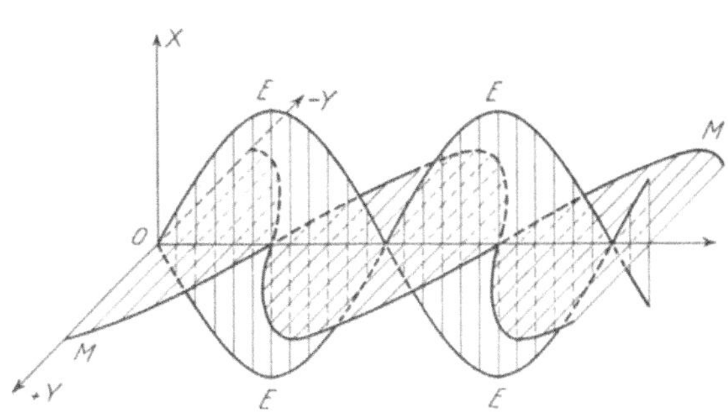


In beiden Wellen müssen die Richtungen

$$E,\ M \text{ und } c$$

ein Rechtsschraubensystem bilden (S. 308, **356**).

Vergleichen wir diese zwei Wellen miteinander, so sehen wir, daß, wenn wir die elektrischen Felder so aufeinander legen, daß ihre Richtungen zusammenfallen, die entsprechenden Richtungen der magnetischen Felder gerade entgegengesetzt gerichtet sein werden; und auch umgekehrt, wenn die magnetischen Felder zusammenfallen, werden die elektrischen Felder entgegengesetzt gerichtet.

Daraus folgt, daß in der resultierenden stehenden Welle (Abb. 578) die Knoten und Bäuche der beiden Felder nicht zusammenfallen können; dort, wo ein Knoten der elektrischen Feldintensität gebildet wird, wird sich ein Bauch für die magnetische Feldintensität ergeben und auch umgekehrt (vgl. S. 541, **607**, S. 544, **610**). Das hat auch HERTZ durch Versuche bestätigt gefunden.

**630. Doppelbrechung der elektrischen Wellen.** Es ist bekannt, daß die Lichtstrahlen in einigen Kristallen eine Doppelbrechung erfahren, d. h. aus *einem* einfallenden Lichtstrahle entstehen *zwei* gebrochene Strahlen, und zwar stehen die Polarisationsebenen der gebrochenen Strahlen senkrecht zueinander. Die Doppelbrechung des Lichts wurde von FRESNELL durch die Annahme erklärt, daß die Elastizitätskoeffizienten in der Richtung der drei Kristallachsen verschieden sind. Auch in ihren elektrischen und magnetischen Eigenschaften zeichnen sich die kristallinischen Körper dadurch aus, daß bei ihnen die Dielektrizitätskonstante sowie die Permeabilität längs den drei Achsen verschieden sein können. Da nach MAXWELL von diesen beiden Konstanten die Fortpflanzungsgeschwindigkeit der elektromagnetischen Wellen abhängt, so müssen wir, wenn wir die Theorie von FRESNELL in die elektromagnetische Sprache übersetzen, bei den Kristallen auch eine Doppelbrechung der elektromagnetischen Wellen erwarten. Die elektromagnetische Theorie der Doppelbrechung wurde von MAXWELL aufgestellt.

P. LEBEDEV ist es gelungen, sehr kurze elektromagnetische Wellen herzustellen, etwa 100mal kürzer als die ersten Wellen von HERTZ. Mit diesen Wellen konnte er alle HERTZschen Versuche wiederholen, da aber die Wellen 100mal kleiner waren, so konnte auch die ganze Apparatur entsprechend kleiner genommen werden. Die HERTZschen Spiegel waren bei LEBEDEV nur 2 cm hoch (statt 2 m) usw.

Nach den Versuchen von BOLTZMANN wußte man schon, daß der rhombische Schwefel längs seinen drei Achsen verschiedene Dielektrizitätskonstanten besitzt. LEBEDEV fertigte ein Prisma aus natürlichem rhombischen Schwefelkristall, untersuchte es mit elektrischen Wellen und fand in der Tat eine Doppelbrechung. Der einfallende elektrische Strahl zerteilte sich im Schwefelkristall in zwei Strahlen, die senkrecht zueinander polarisiert waren. Außerdem wurde die MAXWELLsche Beziehung $\sqrt{\varepsilon} = \nu$ (bei $\mu = 1$) für die verschiedenen Kristallrichtungen bestätigt. Aus einem Schwefelkristall und einer dünnen Ebonitplatte konnte LEBEDEV eine Art Nikol bauen und noch andere optische Erscheinungen der Doppelbrechung mit elektrischen Wellen nachahmen.

Wir wollen noch hinzufügen, daß die von LEBEDEV nachgewiesene Doppelbrechung in einem gut isolierenden Schwefelkristall zu unterscheiden ist von der Doppelbrechung, welche auch bei einem unkristallinischen Körper entstehen kann, wenn z. B. der Körper eine orientierte *Leitfähigkeit* besitzt, wie z. B. feuchtes Holz usw. In einer Holzplatte wurde eine Doppelbrechung der elektrischen Wellen von RIGHI und MACK beobachtet.

## 4. Radiotechnik.

**631. MARCONIS Erfindung.** Bald nach der HERTZschen Entdeckung haben sich mehrere Forscher bemüht, die elektrischen Wellen für die Telegraphie nutzbar zu machen; dem stand aber die schwache Wirkung der HERTZschen Wellen auf die damals bekannten Empfangsapparate entgegen. Die Erfindung des Kohärers von BRANLY (1890) gab diesen Bemühungen einen starken Anstoß. So benutzte A. POPOV (in Kronstadt 1895) den Kohärer mit automatischer Regenerierung (Abb. 526, S. 521) zur Registrierung der atmosphärischen Entladungen; es gelang ihm auch, auf eine Entfernung von etwa 4 km mit Hilfe von elektromagnetischen Wellen zu telegraphieren. Aber der erste technisch brauchbare Apparat ist von dem italienischen Ingenieur G. MARCONI ausgearbeitet worden (1895). Seine damalige Anordnung war im Prinzip der HERTZschen Anordnung sehr ähnlich. Ein Vibrator wurde auf der Sendestation aufgestellt und ein Resonator auf der Empfangsstation. MARCONI benutzte

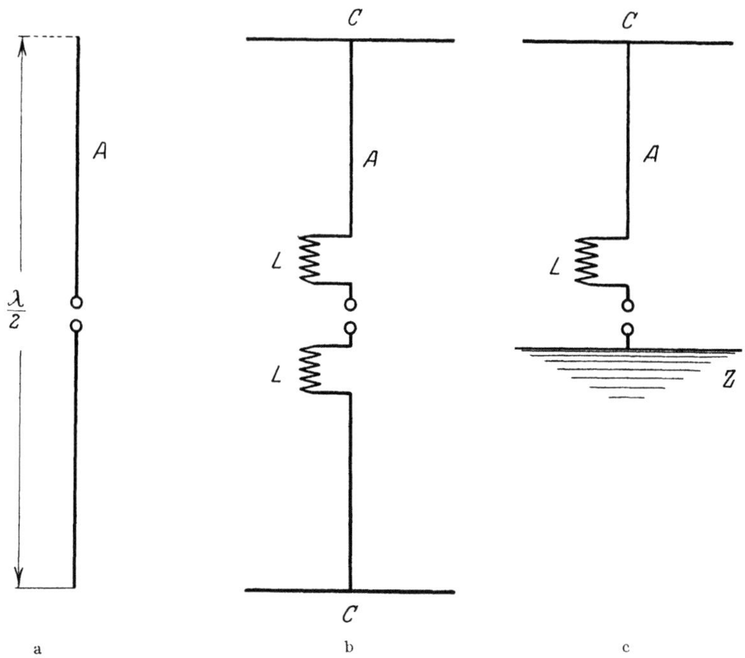


Abb. 579. Antennen.

kilometerlange Wellen, um eine möglichst große Energie der Strahlung zu erhalten. Die Benutzung von langen Wellen hatte aber zwei unangenehme Folgen. Erstens mußten die HERTZschen Spiegel fortbleiben und man mußte sich an das Telegraphieren gleichzeitig nach allen Richtungen gewöhnen, und zweitens war es technisch unmöglich, einen geradlinigen Vibrator von einigen Kilometer Länge (Abb. 579 a) vertikal aufzustellen. MARCONI hat die letzte Schwierigkeit dadurch überwunden, daß er durch Einschalten von Selbstinduktionen $L$ (Abb. 579 b) den Leiter möglichst verkürzte und Enkapazitäten $C$ anbrachte. Außerdem hat er die Antenne (Abb. 561, S. 553) erfunden. In einigen Fällen hat er sogar die Hälfte der Antenne durch eine Erdverbindung ersetzt (Abb. 579c); bei gutleitender Erdoberfläche oder auf dem See wirkte die Hälfte des Vibrators ebensogut wie der ganze Vibrator.

Der Vibrator der Sendestation wurde durch ein großes Induktorium mit einem Morseschlüssel in der Primärspule zur Schwingung erregt. Von der Sendeantenne breiteten sich nach allen Richtungen längs der Erdoberfläche elektromagnetische Wellen aus und trafen unter anderem auf die Empfangsantenne

In dem Empfangsresonatorsystem war ein Kohärer mit automatischer Regenerierung eingeschaltet und außerdem ein gewöhnlicher Telegraphenapparat von MORSE.

Bei jedem kurzdauernden Wellenzuge zeichnete der Morseapparat auf dem vorbeirollenden Papierstreifen einen Punkt auf und beim langdauernden Wellenzuge einen längeren Strich. Es konnte also das MORSEsche Alphabet auch bei der MARCONIschen Anordnung direkt benutzt werden.

Durch verschiedene technische Vervollkommnungen ist es MARCONI gelungen, in kurzer Zeit auf immer größere Entfernungen zu telegraphieren und jetzt hat sich seine Erfindung zu einem umfangreichen Gebiet der Elektrotechnik entwickelt.

Man hat diesen Zweig der Elektrotechnik früher als drahtlose Telegraphie oder auch Funkentelegraphie bezeichnet; jetzt hat sich der Name Radiotechnik eingebürgert. Radius bedeutet den Strahl und Radiotechnik bedeutet die Technik der elektromagnetischen Strahlen oder Wellen. Manchmal wird dieser Zweig der Technik auch Hochfrequenztechnik genannt, zum Unterschied von der Wechselstromtechnik, welche gewöhnlich mit viel kleineren Frequenzen arbeitet.

Wir wollen hier nur die wichtigsten Prinzipe der Radiotechnik kurz anführen, ohne auf die Einzelheiten der Apparate einzugehen.

**632. Ungedämpfte Wellen.** Die Ausbreitung der Wellen nach allen Seiten von der Antenne wirkte störend. Bei mehreren gleichzeitig arbeitenden Sendestationen wurde ein störungsfreier Empfang der Telegramme unmöglich. Hier half die Anwendung der Resonanzerscheinung. Man stimmte den Empfangsresonator so ab, daß er möglichst stark von der Welle erregt wurde, die man empfangen wollte und auf andere die Antenne treffenden Wellen möglichst wenig reagierte. Eine Aussonderung der gewünschten Welle durch Resonanz ist aber nur dann gut möglich, wenn die Welle *wenig gedämpft* ist, was bei der HERTZschen und ebensowenig bei der MARCONIschen Anordnung bei weitem nicht der Fall war. Man mußte demnach nach Mitteln suchen, um Wellen mit möglichst kleiner Dämpfung oder noch besser ganz ohne Dämpfung zu erzeugen. Den ersten Schritt in dieser Richtung hat F. BRAUN gemacht, indem er gekoppelte Systeme (S. 524, **590**) anwandte. Bei BRAUN war das primäre System mit einer HERTZschen Funkenstrecke versehen und in sich geschlossen; es war so dimensioniert, daß in ihm eine beträchtliche Energiemenge gesammelt werden konnte. Das zweite mit dem ersten gekoppelte System hatte keine Funkenstrecke und besaß eine sehr kleine Dämpfung; es enthielt eine Antenne und diente nur dem Zweck, die in dem Primärsystem aufgespeicherte Energie allmählich in den Raum auszustrahlen (Abb. 561 c, S. 553). Die Empfangsstation war bei BRAUN der Sendestation ähnlich und mit einem Kohärer wie bei MARCONI. Bei der geringen Dämpfung wurde die Abstimmung schärfer und der Empfang der Telegramme sicherer.

Der Nachteil der BRAUNschen Anordnung, daß in gekoppelten Systemen gleichzeitig *zwei* verschiedene Wellen entstehen, wurde durch die Anwendung der WIENschen Stoßerregung beseitigt (S. 525, **591**).

Endlich hat POULSEN die Methode von DUDDELL (S. 528, **593**) weiter ausgearbeitet und vervollkommnet, um elektrische Schwingungen konstanter Amplitude zu erzeugen. Die Potentialdifferenz bei einer Bogenentladung ist aber zu klein, um kräftige elektrische Schwingungen zu erzeugen, wenn man nicht dafür sorgt, daß der Bogen beim Aufladen des Kondensators auf ein Moment erlischt. Das erzielte POULSEN durch mehrere Mittel: er benutzte spezielle mit Wasser gekühlte Elektroden, er ließ den Bogen in einer wasserstoffhaltigen Atmosphäre brennen und bewirkte ein schnelles Auslöschen des Bogens durch ein Magnetfeld. Auf diese Weise ist es in der Tat POULSEN gelungen, starke elektrische Schwingung von sehr konstanter Amplitude zu erhalten, wodurch nicht nur eine scharf abgestimmte Radiotelegraphie, sondern auch eine Radiotelephonie ermöglicht wurde.

Jetzt sind alle diese Erfindungen durch die Vervollkommnung der *Hochfrequenzmaschinen* und in noch größerem Maße durch die Anwendung der *Glühkathodenröhren als Generatoren* der elektrischen Wellen vollständig verdrängt worden.

**633. Hochfrequenzmaschinen.** Im Prinzip unterscheiden sich die Hochfrequenzmaschinen von den gewöhnlichen Generatoren für 50 Perioden in der Sekunde nicht wesentlich; aber bei den hohen Frequenzen, die man bei der Radiotelegraphie braucht, entstehen gewisse Schwierigkeiten. Um von diesen Schwierigkeiten eine Vorstellung zu geben, führen wir die folgende kleine Rechnung an.

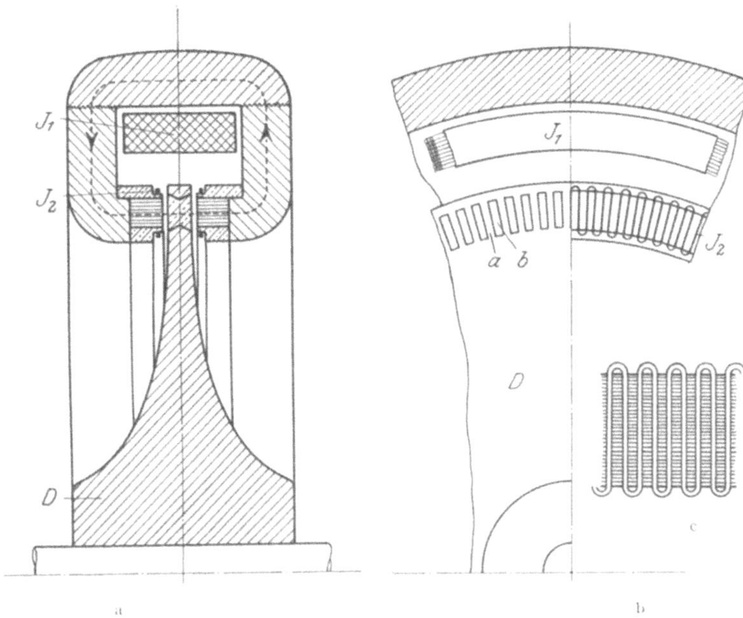


Abb. 580. Hochfrequenzmaschine von ALEXANDERSON.

Wollen wir z. B. einen Generator bauen für Wellen von etwa 3 km ($3 \cdot 10^5$ cm) Länge, also für eine Frequenz

$$3 \cdot 10^{10} : 3 \cdot 10^5 = 10^5 \text{ Perioden in der Sekunde,}$$

und nehmen wir die Geschwindigkeit der Induktoren zu 100 m/sek ($10^4$ cm/sek), was an sich schon eine ziemlich große Geschwindigkeit vorstellt, so erhalten wir für die Entfernung zwischen zwei benachbarten Polen

$$10^4 : 10^5 = 0{,}1 \text{ cm},$$

also nur etwa 1 mm. Auf diesem kleinen Raume müssen der Eisenkern und die Spulenwindungen Platz nehmen. Außerdem erfordert die bei so großer Geschwindigkeit entstehende Zentrifugalkraft eine sehr starke Befestigung der Induktorspulen. Um diese Schwierigkeit zu umgehen, werden in den modernen Hochfrequenzmaschinen die Induktorspulen sowie die Ankerspulen unbeweglich in dem Stator angeordnet und ihre gegenseitige Induktionswirkung wird durch die Bewegung des Eisens allein hervorgebracht.

In der Abb. 580 a ist die Skizze einer Maschine von ALEXANDERSON angegeben. Hier ist $J_1$ die mit Gleichstrom gespeiste Magnetisierungsspule, welche in einem hohlen Eisenring eingelegt ist, und $J_2$ ist eine wellenförmige Ankerwicklung (Abb. 580c). Der magnetische Kreis der Magnetisierungsspule und der Ankerwicklung wird durch eine zwischen den Polen frei durchgehende Stahlscheibe $D$ geschlossen, wobei nur sehr schmale Luftzwischenräume übrigbleiben. Die Stahlscheibe ist am Rande mit einem System äquidistanten und mit Bronze ausgefüllten Löchern $b$ (Abb. 580b) versehen. Bei der Rotation der Stahlscheibe $D$ wird der Magnetkreis des Stators periodisch entweder durch Stahl $a$ oder durch Bronze $b$ geschlossen, wodurch der magnetische Induktionsfluß periodisch verändert wird und einen Wechselstrom erzeugt. Die Ausfüllung der Löcher der Stahlscheibe mit Bronze hat nur den Zweck, ihre Oberfläche möglichst glatt zu gestalten und die Luftreibung zu vermindern.

Der Statorring kann verschieden konstruiert sein, wie man aus den Abb. 581 a und 581 b sehen kann (LATOUR, BETHENOT, ARCO, VOLGDIN). In allen Zeichnungen sind die entsprechenden Teile mit gleichen Buchstaben bezeichnet.

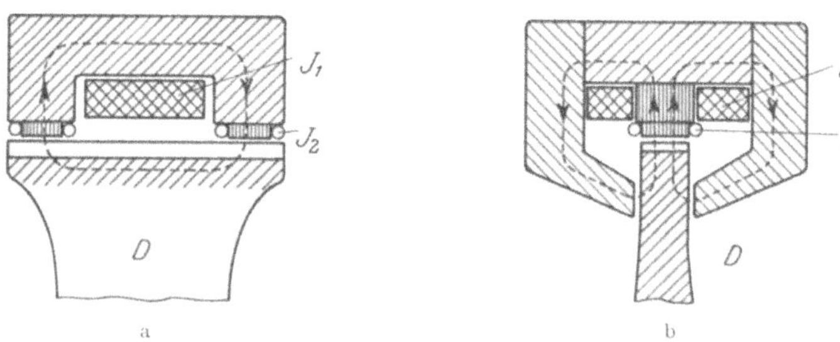


Abb. 581. Konstruktion des Statorringes in Hochfrequenzmaschinen.

Man baut jetzt solche Hochfrequenzmaschinen von 100 bis 500 KW Leistung; die maximale Frequenz ist etwa 30000, d. h. für Wellenlängen bis zu 10 km Länge. Die Rotationsgeschwindigkeit der modernen Maschinen kann vermittels besonderer sinnreich konstruierten Rotationsregler mit einer Genauigkeit von 0,01% konstant erhalten werden. Mit derselben Genauigkeit bleibt also auch die entsandte Wellenlänge konstant. Die Konstanz der Wellenlänge ist beim Resonanzempfang sehr wichtig, denn schon eine kleine Änderung der Frequenz würde die Wirkung auf einen scharf abgestimmten Resonator erheblich ändern.

Will man eine Sendestation mit kleineren Wellenlängen als 10 km einrichten, so benutzt man Frequenztransformatoren (S. 485, **544**). In Nauen bei Berlin sind zwei Generatoren aufgestellt zu je 500 KW und einer Frequenz von 8000 Perioden in der Sekunde. Diese Frequenz wird dann auf 16000 und 32000 transformiert; im letzten Falle erhält man eine Wellenlänge von 9400 m. Die letzte Frequenz kann nochmals verdoppelt werden durch einen dritten Frequenztransformator, aber selbstverständlich wird der Nutzeffekt der Anordnung dadurch vermindert. Der Wirkungsgrad des ersten Transformators ist 90, des zweiten 75, des dritten etwa 60%; alle drei Transformatoren haben also einen Nutzeffekt von nur etwa 40%.

Die Hochfrequenzmaschinen geben nicht ganz reine harmonische Wechselströme. Um die Schwingungen von den Obertönen möglichst zu befreien, läßt man die Maschinen nicht direkt auf die Antenne arbeiten, sondern schaltet zwischen ihnen noch einen Resonanzkreis ein, der nur die Grundfrequenz zu der Antenne durchläßt, die Obertöne aber abfiltriert.

**634. Die Röhrensender.** Durch die Anwendung der rückgekoppelten Glühkathodenröhren ist ein Hochfrequenzgenerator (S. 533, **598**) geschaffen, der gegenüber den Hochfrequenzmaschinen erhebliche Vorzüge besitzt. Die ganze Anordnung enthält keine schnell bewegten Teile, die Frequenz kann durch einfache Veränderung der Kapazität oder der Selbstinduktion des Schwingungskreises verändert werden und, einmal eingestellt, bleibt die Frequenz ohne besondere Regulatoren mit großer Genauigkeit konstant. Durch Parallelschaltung von mehreren Röhren kann eine Leistung von 100 KW erzeugt werden. Für Sendestationen mittlerer Größe genügen schon etwa 10 KW für die Antennenleistung.

Der Wechselstrom bei den Röhrensendern ist auch nicht rein harmonisch und es sind auch hier Resonanzfilter zwischen dem Vibrator und der Antenne nützlich. Der Wirkungsgrad der Röhrensender ist etwa 50% und fast unabhängig von der Frequenz.

Die Senderöhre erlaubt verhältnismäßig kurze Wellen von etwa 25 m Länge herzustellen, wobei die Anwendung der HERTZschen Spiegel wieder technisch möglich wird. Das hat einen zweifachen Vorteil: erstens erteilt man den Strahlen eine bestimmte Richtung und zweitens erscheint dabei wenigstens ein Teil der Strahlen parallelgerichtet und die Energie fällt nicht so stark mit wachsender Entfernung ab wie bei den gewöhnlichen Antennen. Der Energiemangel bei kurzen Wellen wird auf diese Weise durch Parallelrichtung der Strahlen kompensiert.

In der letzten Zeit hat sich herausgestellt, daß die kurzen Wellen ungeachtet ihrer kleinen Energie in sehr großen Entfernungen empfangen werden können (vgl. unter § **641**).

Röhrengeneratoren mit Spiegeln werden schon jetzt oft benutzt.

**635. Telephonische Sendestation.** Der Unterschied zwischen einer telegraphischen und einer telephonischen Sendestation besteht hauptsächlich darin, daß man in der ersten einen Morseschlüssel und in der zweiten ein Mikrophon benutzt. Durch den Morseschlüssel werden die Wellenzüge in bestimmten Zeitmomenten entweder eingeleitet oder vollständig unterbrochen. Durch die Wirkung eines Mikrophons wird nur die Amplitude der Wellen entsprechend den auf die Mikrophonmembran auffallenden Luftschwingungen verändert. Man nennt jetzt so eine Welle mit veränderter Amplitude eine *modulierte* Welle. Die Antenne einer telephonischen Sendestation sendet also eine modulierte elektromagnetische Welle aus, welche in dem Empfangsapparate wieder in Tonschwingungen verwandelt werden muß.

So einfach auch im Prinzip diese Anordnung scheinen mag, treten bei ihrer praktischen Ausführung eine Reihe Schwierigkeiten entgegen, besonders wenn man die Tonfarbe, also auch die Sprachlaute möglichst genau wiedergeben will.

Das gewöhnliche Mikrophon läßt sich in den Schwingungskreis der Sendestation nicht direkt einschalten, denn ein Mikrophonkreis muß außerdem mit Gleichstrom gespeist werden. Es müssen also Abzweigungen oder Transformatoren benutzt werden. Die Stromschwankungen in einem Mikrophonkreise sind größtenteils für die drahtlose Telephonie nicht stark genug, und es müssen Niederfrequenzverstärker angewendet werden u. a. m.

Die folgende Methode ist sehr interessant. Man schaltet in den Schwingungskreis eine nicht zu große Selbstinduktion (Drosselspule) ein, auf deren Eisenkerne noch eine zweite Spule sitzt. Die letzte Spule ist in den Mikrophonkreis eingeschaltet und wird von einem konstanten Strom durchflossen. Man dimensioniert diese Spule derart, daß der Eisenkern nahe an dem Sättigungspunkte magnetisiert wird. Die Schwingungen der Mikrophonmembran verändern die

Stromstärke und gleichzeitig die Selbstinduktion (S. 485, **543**) der Drosselspule, wodurch die Schwingungen des Generators moduliert werden.

Verwendet man als Generator eine Glühkathodenröhre, so wird oft der Mikrophonkreis induktiv mit dem Gitterkreis der Generatorröhre gekoppelt.

**636. Marconis Antenne.** Die vom Generator gelieferte Schwingungsenergie wird der Antenne zur Strahlung übergeben. Der Antennenkreis selbst wird durch zusätzliche Kapazität und Selbstinduktion auf die Sendefrequenz abgestimmt. Zur Reinigung der Wellen werden, wie gesagt, zwischen dem Generator und der Antenne noch Resonanzfilter eingeschaltet. Aus den mannigfaltigen Antennenformen, welche ausprobiert wurden, haben sich größtenteils nur zwei Hauptformen eingebürgert, nämlich die *T*-Form und die *F*-Form (Abb. 582). Die horizontalen Teile dieser Antennen werden auf besonderen hölzernen oder auch eisernen Masten aufgehängt; der vertikale Draht wird an irgendeiner Stelle des horizontalen Drahtsystems angeschaltet.

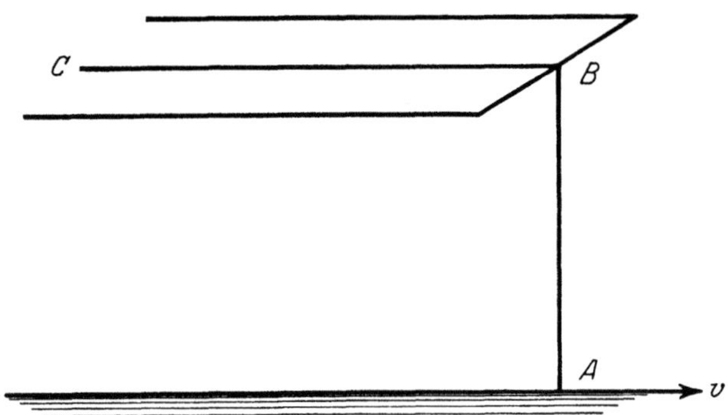

Abb. 582. Marconissche Antenne.

Je höher die Antenne, desto größer ist ihre Reichweite. Bei den größten Stationen hat die Antennenhöhe etwa 150 m. Der Eifelturm in Paris dient auch als Antennenmast und hat eine Höhe von 300 m.

Der Ersatz der unteren Hälfte der Antenne durch eine Erdverbindung (Abb. 579 c) kann nur dann seinen Zweck erreichen, wenn die Erdschicht in der Nähe der Antenne als genügend leitend angenommen werden kann. Bei den Seeschiffen genügt die Verbindung mit dem Seewasser. In einer zu trockenen und ungenügend leitenden Erdoberfläche wird manchmal in einer geringen Tiefe unter der Erdoberfläche ein Drahtnetz eingegraben. Genügt das nicht, so wird die untere Hälfte der Antenne unentbehrlich, sie kann aber anders geformt sein als die obere Hälfte. Man nennt in diesem Falle die untere Hälfte der Antenne *das Gegengewicht.* Bei den Luftschiffen ist das Gegengewicht in allen Fällen nötig.

Hat die Antenne eine asymmetrische Form, so erfolgt auch ihre Strahlung nicht nach allen Seiten gleichmäßig. Die oft verwendete, von Marconi angegebene Form der Antenne (Abb. 582) strahlt vorwiegend nur nach der mit dem Pfeil angegebenen Richtung *CB*.

Dementsprechend ist auch der Empfang der Strahlung mit solchen Antennen stärker, wenn die Wellen in der Richtung *BC* die Antenne treffen, als in anderen Richtungen. Nach den theoretischen Untersuchungen von Sommerfeld ist die Richtwirkung solcher unsymmetrischer Antennen von dem Grade der Leitfähigkeit der Erdoberfläche abhängig. Die Richtwirkung kann demnach mit dem Wetter und dem Feuchtigkeitsgehalt der Erde wechseln. Die sicherste Richtwirkung besitzen natürlich die Parabolspiegel, die bei kleinen Wellenlängen auch benutzt werden.

**637. Die Braunsche Antenne.** Statt der geradlinigen Antenne hat Braun eine spulenförmige Antenne vorgeschlagen. Wir haben uns schon klargemacht (S. 553, Abb. 561), warum eine Spule für die Ausstrahlung elektromagnetischer

Wellen nicht so geeignet ist wie ein geradliniger Draht; auch beim Empfang wird eine Spule weniger wirksam sein als ein geradliniger Leiter. Dennoch hat die von BRAUN vorgeschlagene Form als Empfangsantennen gewisse Vor-

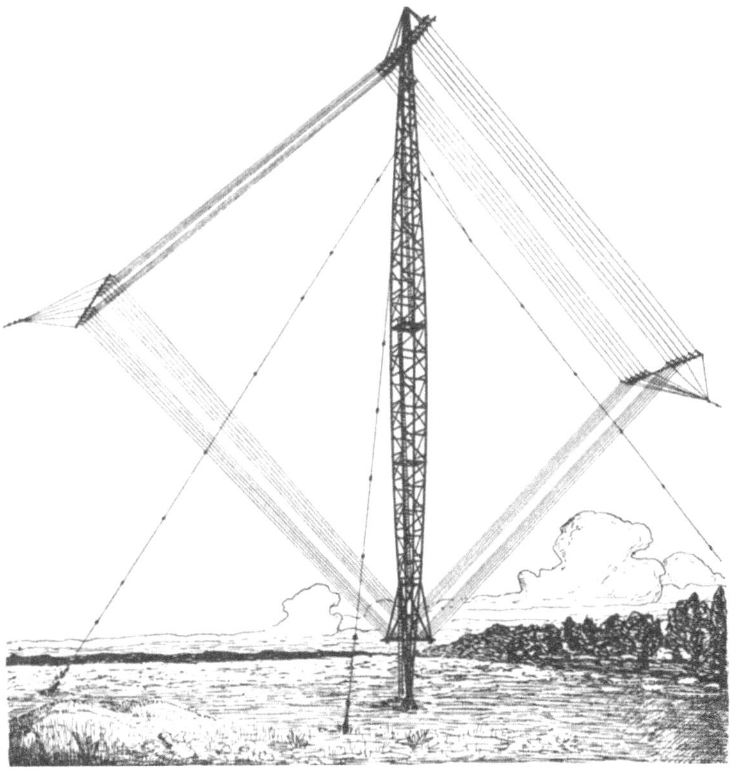

Abb. 583. BRAUNsche Antenne.

züge gegenüber den geradlinigen Antennen, die bei einigen Anwendungen nutzbar gemacht werden können.

Die BRAUNsche Rahmenantenne hat von den geradlinigen Antennen den Vorzug, daß sie die *Richtung* der empfangenen Wellen zu bestimmen erlaubt.

Es sei $OC$ (Abb. 584) die Richtung der ankommenden Welle. Das elektrische Feld der Welle sei normal zu der Zeichnung; das magnetische Feld wird dann in der Richtung $MM$ liegen. Bildet der Rahmen mit der Richtung der Wellen einen Winkel $\alpha$, so bildet die Normale zu der Rahmenspule denselben Winkel $\alpha$ mit der Richtung des Magnetfeldes $MM$. Der magnetische Induktionsfluß durch die Rahmenfläche ist gleich

$$N = SM\cos\alpha$$

und die in der Spule wirkende elek-

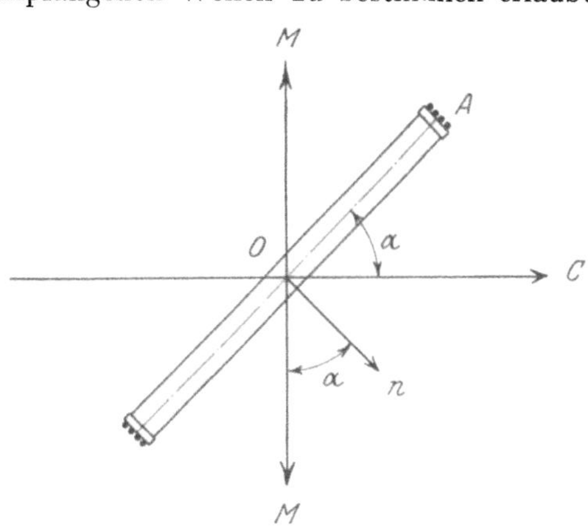


Abb. 584. Wirkung der Strahlung auf eine Rahmenantenne.

tromotorische Kraft wird

$$E = -n\dot{N} = -nS\dot{M}\cos\alpha\,,$$

wo $n$ die Windungszahl der Spule bedeutet. Die größte elektromotorische Kraft erhalten wir offenbar dann, wenn wir den Rahmen so um die Vertikalachse drehen, daß $\cos\alpha = 1$, also $\alpha = 0$ wird. Die kleinste Kraft wird bei $\alpha = 90°$ sein.

Beobachten wir die in der Rahmenspule induzierten Ströme bei langsamer Drehung des Rahmens, also bei verschiedenen Winkeln $\alpha$, so können wir nach dem Maximum oder praktischer nach dem Minimum der Wirkung die Richtlinie der Wellen bestimmen. Ob die Welle von rechts oder von links kommt, bleibt unbestimmt, denn bei einer Umdrehung um 180° bleibt die Wirkung dieselbe.

Zwei Rahmenantennen erlauben aber nicht nur die Richtung, sondern auch die Entfernung einer Sendestation zu bestimmen. Aus der Abb. 585 sehen wir in der Tat, daß, wenn z. B. in $O$ die Sendeantenne sich befindet und in $A$ und $B$ zwei Rahmenantennen gleichzeitig auf Minimum der Wirkung eingestellt sind, so kann man die Winkel $\alpha$ und $\beta$, welche die Rahmen mit der Basis $AB$ bilden, direkt messen. Ist die Basislänge $AB$ bekannt, so kann das ganze Dreieck $AOB$ und folglich auch die Entfernung $O$ von $AB$ rechnerisch konstruiert werden. Dieselbe Methode benutzt man ja in der Geodäsie bei der Bestimmung der Entfernung irgendeines Gegenstandes $O$; man visiert denselben vermittels zweier Theodolite an, oder überhaupt mittels zweier Instrumente für Winkelmessung (Goniometer) und bestimmt die zwei Winkel $\alpha$ und $\beta$.

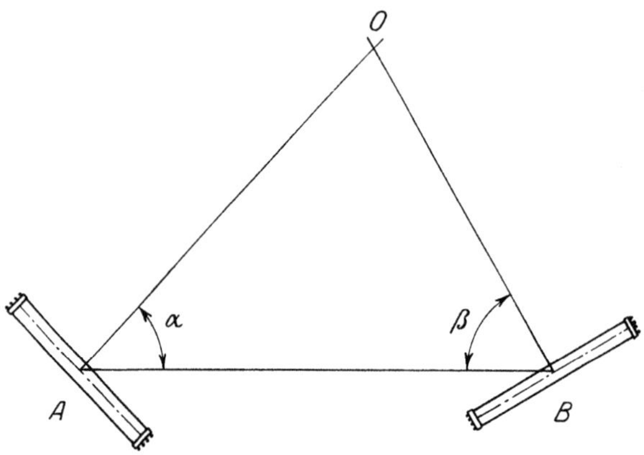

Abb. 585. Elektromagnetisches Goniometer.

Zwei Braunsche Rahmenantennen können demnach als *elektromagnetische Goniometer* verwendet werden.

Ein elektromagnetisches Goniometer hat bei weitem nicht die Genauigkeit eines optischen Goniometers, die ersteren sind aber auch dann verwendbar, wenn man den Punkt $O$ gar nicht sehen kann, z. B. bei Nebelwetter oder des Nachts. Der Punkt $O$ muß aber elektromagnetische Strahlen aussenden, die mit den Rahmenantennen empfangen werden können.

Eine andere nützliche Eigenschaft der Rahmenantenne besteht darin, daß die Empfangsstation in unmittelbarer Nähe einer Sendestation aufgestellt werden kann; man stellt den Rahmen auf ein Minimum der Wirkung der Nachbarsendestation und kann dann die von weitem ankommenden Wellen ungestört empfangen.

In Geltov, also nur etwa 30 km Entfernung von Nauen, ist eine Braunsche Rahmenantenne aufgestellt in Form von einem Viereck mit 28 m Seitenlänge (Abb. 583). Obgleich die Nauensche Station fast ununterbrochen Wellen von 400 KW aussendet, bleiben sie auf die Rahmenantenne in Geltov ohne Wirkung und die Geltovsche Station kann Nachrichten aus Amerika ungestört empfangen.

Die Rahmenantenne wird durch atmosphärische Störungen weniger beeinflußt als die Stabantenne. Manchmal genügt schon ein Rahmen von nur einem Quadratmeter, um einen guten Empfang zu erzielen; allerdings wird dabei eine Verstärkung des Empfangs unentbehrlich.

**638. Detektorwirkung.** Für den Empfang der elektromagnetischen Wellen werden, wie wir schon wissen, sog. Detektoren gebraucht. Der früher fast ausschließlich gebrauchte BRANLYsche Kohärer ist jetzt durch viel sicherer funktionierende Kristalldetektoren verdrängt. Bei größeren Anforderungen an Präzision werden Glühkathodenröhren verwendet. Beide Apparate funktionieren dabei als Gleichrichter.

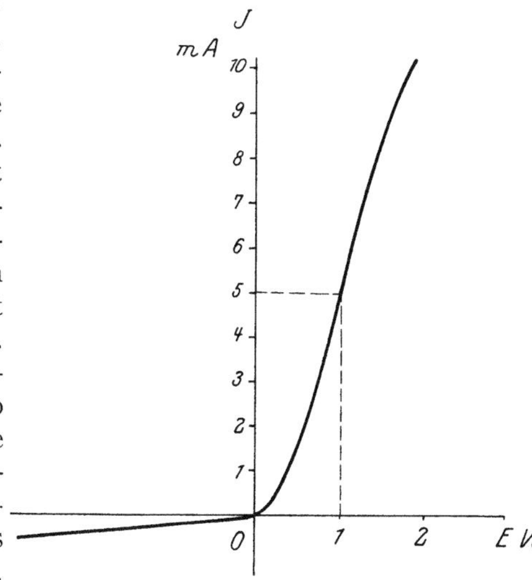


Abb. 586. Charakteristik eines Kristalldetektors.

Schon im Jahre 1874 hat F. BRAUN eine sog. unipolare Leitfähigkeit bei einigen Kristallen beobachtet. Nehmen wir z. B. ein kleines Stück Bleiglanz (PbS), Pyrit (FeS), oder Karborundum (SiC) usw. und bringen eine Stahlspitze in Kontakt mit der Kristalloberfläche, so erhalten wir in der Kontaktstelle eine einseitige Leitfähigkeit (Gleichrichtung); der Strom geht viel leichter vom Kristall zur Stahlspitze als in der umgekehrten Richtung durch. Die Charakteristik eines Kristalldetektors ist in der Abb. 586 dargestellt.

Nehmen wir an, die Antenne empfange einen telephonischen modulierten Wellenzug von der Form Abb. 587 a. Den schnellen elektrischen Schwingungen kann die Telephonmembran nicht folgen, und wenn das auch der Fall wäre, würde unser Ohr sie nicht wahrnehmen können, denn das Ohr ist für Frequenzen höher als 10000 fast völlig unempfindlich. Ob die Amplituden der Schwingungen dabei konstant bleiben oder veränderlich (moduliert) sind, tut nichts zur Sache. Etwas anderes erhalten wir, wenn wir diese Schwingungen gleichrichten, z. B. durch einen Kristalldetektor durchschicken. Dann erhalten sie die Form Abb. 587b). Die Telephonmembran kann zwar auch jetzt den schnellen

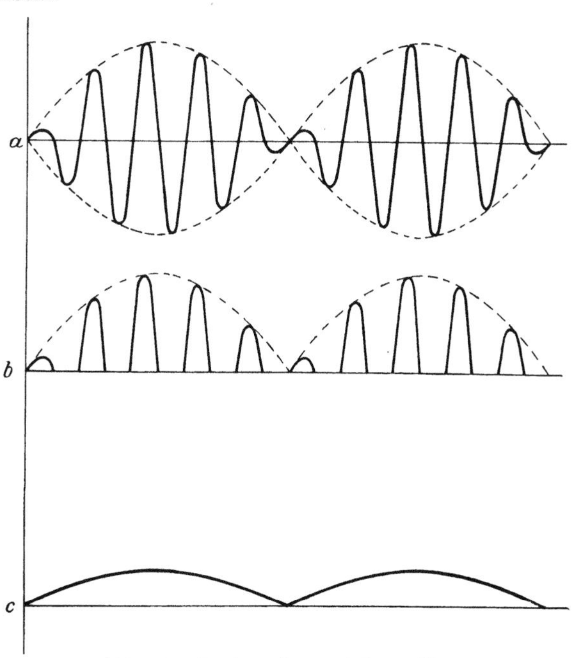


Abb. 587. Empfang einer modulierten Welle.

Schwingungen nicht folgen, aber sie wird *einseitig* abgelenkt und desto mehr, je größer die Amplitude der elektrischen Schwingungen. Da die Amplitude fortwährend schwankt, wird auch die Ablenkung der Membran schwanken, wie es in der Abb. 587c dargestellt ist. Diese Schwankungen haben aber eine viel niedrigere Frequenz als die elektrischen Schwingungen selbst und können vom Ohre wahrgenommen werden. Außerdem entsprechen sie vollkommen den Schwankungen der Mikrophonmembran auf der Sendestation. Auf diese Weise wird das Gespräch durch die elektromagnetischen Wellen vermittelt.

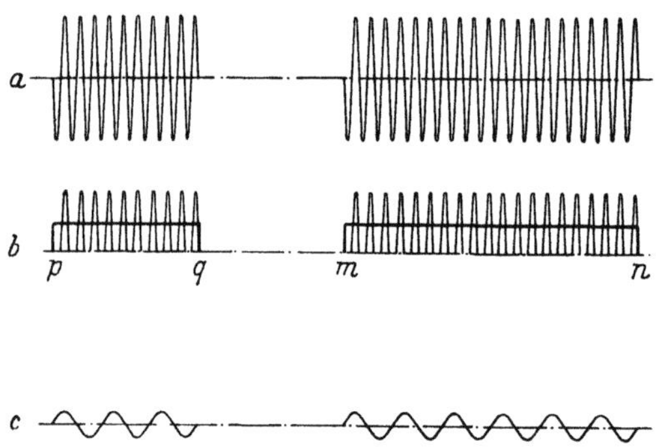

Abb. 588. Empfang der Morsezeichen.

Ganz analog können wir auch die telegraphischen Morsezeichen mit einem Detektor empfangen. Die Form der elektrischen Schwingungen beim Schließen und Öffnen des Morseschlüssels ist in der Abb. 588a dargestellt; die kleinere Zahl von Schwingungsperioden stellt einen Punkt und die größere Zahl einen Strich dar. Nach der Gleichrichtung erhalten wir die Kurve Abb. 588b. Schicken wir diesen gleichgerichteten Strom durch einen Saitengalvanometer, so erhalten wir Ablenkungen der Saite, wie es die stark ausgezogene Linie anzeigt. Wir können diese Ablenkung photographisch registrieren und so das Telegramm empfangen.

In der Praxis werden aber die Morsezeichen größtenteils mit einem Telephon abgehört und sofort als Buchstaben niedergeschrieben. Für diesen Zweck genügt der Detektor allein noch nicht. Die Telephonmembran wird zwar durch den Detektorstrom ganz in derselben Weise abgelenkt wie ein Galvanometer, also nach dem Schema Abb. 588b; aber eine konstante Ablenkung der Telephonmembran können wir nicht hören. Nur wenn die Membran ihre Stellung ändert, also in den Zeitmomenten $p$, $q$, $m$, $n$, werden wir einzelne Stöße wahrnehmen; das genügt uns aber nicht, die Punkte, Striche und Pausen der Telegramme voneinander zu unterscheiden. Um diese Schwierigkeit zu umgehen, muß man den Detektorstrom irgendwie, z. B. durch einen Unterbrecher, oder einen sog. Summer periodisch verändern. Dann werden die Ablenkungen der Telephonmembran nach Abb. 588c erfolgen und die Morsezeichen lassen sich gut abhören.

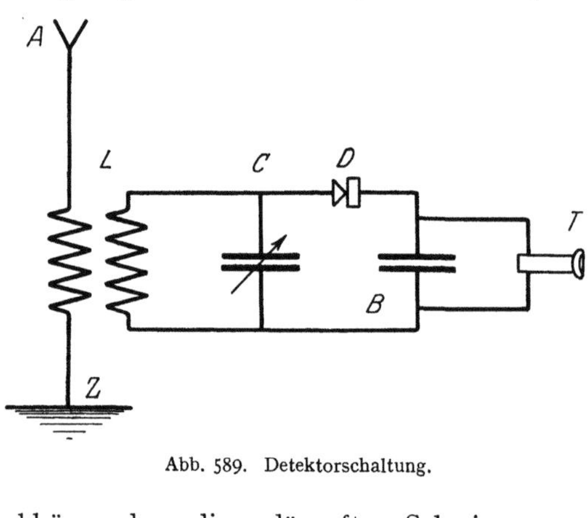

Abb. 589. Detektorschaltung.

In früheren Zeiten, bei Verwendung gedämpfter Schwingungen, konnte man das Telegramm auch ohne Unterbrecher abhören, denn die gedämpften Schwingungen waren selbst etwa 1000mal in der Sekunde unterbrochen. Nach der Zahl der Unterbrechung, also nach dem Tone im Telephon, konnte man sogar die verschiedenen Sendestationen voneinander unterscheiden. Bei ungedämpften Wellen ist das nicht mehr möglich. Dafür erhalten wir aber die Möglichkeit einer genauen Abstimmung und einen ungestörten Empfang der gewünschten Sendestation, was natürlich viel wichtiger ist.

In der Abb. 589 ist ein einfaches Schema einer Empfangsstation mit einem Detektor $D$ angegeben. Hier ist $LC$ der Abstimmungskreis mit einer veränderlichen Kapazität $C$. Parallel zum Telephone $T$ ist ein sog. Blockkondensator eingeschaltet. Dieser Kondensator läßt die hochfrequenten Ströme leichter durch als die Selbstinduktion des Telephons; die niedrige Frequenz geht aber vorwiegend durch das Telephon. Das ist eben, was wir nötig haben.

**639. Schwebungsempfang.** Eine andere interessante Methode, einen hörbaren Ton im Telephon zu erhalten, ist von R. A. FESSENDEN vorgeschlagen und wird jetzt auch für andere Zwecke verwendet. Man stellt auf der Empfangsstation einen Hochfrequenzgenerator auf, dessen Periode man gegen die Periode der zu empfangenen Wellen ein wenig verstimmt ist. Läßt man beide Frequenzen gleichzeitig auf den Empfangsapparat wirken, so erhält man eine Erscheinung, die in der Akustik unter dem Namen von Schwebungen bekannt ist. Die Frequenz der Schwebungen ist gleich der Differenz der Frequenzen der beiden Schwingungen, der von der Sendestation empfangenen und der im Generator der Empfangsstation erzeugten.

Auch in diesem Falle müssen wir hervorheben, daß diese Schwebungen im Telephon ebensowenig zu hören sind wie das Schwanken der Amplitude der elektrischen Wellen. Es ist auch ohne weiteres klar, daß, wenn wir die einzelnen Schwingungen nicht hören können, so können wir auch ihre Summe nicht hören. Nur nach der Gleichrichtung erhalten wir einseitige Ablenkungen der Telephonmembran, welche wir als einen Ton empfinden können (Abb. 587).

Hat die ankommende Welle z. B. eine Länge von 3000 m, also eine Frequenz 100000 und erzeugen wir in unserem Generator eine Frequenz 101000, oder eine Frequenz 99000, so werden wir im Telephon mit Detektor eine Frequenz 1000 hören, was einem hohen $C$ einer Sopranstimme entspricht.

Der Schwebungsempfang (auch *heterodyn* genannt) hat noch eine andere nützliche Eigenschaft, nämlich die, daß man damit manchmal eine noch schärfere Aussonderung der gewünschten Welle erzielen kann als durch die Resonanz allein. Gesetzt den Fall, auf unseren Empfangsapparat wirken gleichzeitig drei nah aneinander liegende Frequenzen 99000, 100000 und 101000, welche auf unseren Resonator fast die gleiche Wirkung ausüben. Wir erzeugen in dem Ortsgenerator eine Frequenz 101000 und erhalten dann folgendes. Die Wellen mit der Frequenz 101000 werden wir überhaupt nicht hören, die mittlere Frequenz gibt uns einen Schwebungston 1000 und die niedrigste — einen Schwebungston 2000 — also eine Oktave höher. Ein so großer Unterschied in den zwei Tönen (eine Oktave) erlaubt uns nur die Telegraphenzeichen abzuhören, welche uns interessieren; der andere Ton wird uns dabei nicht stören.

Der Schwebungsempfang wird auch in der Telephonie verwendet. Nur muß in diesem Falle die Schwebungsfrequenz so hoch genommen werden, daß sie nicht mehr hörbar ist (ultraheterodyn); sie hat dann nur den Zweck einer scharfen Abstimmung.

Wir können selbstverständlich die zahlreichen Schaltungen, die in der letzten Zeit für den Radioempfang erfunden sind, hier nicht besprechen und verweisen den Leser auf die Fachliteratur.

**640. Wellenmesser.** Zu den sonst üblichen Messungen, welche wir schon bei Gleich- und Wechselstrom und bei elektrischen Schwingungen beschrieben haben, kommt hier hauptsächlich noch die Wellenmessung hinzu.

Ein Wellenmesser ist im Prinzip ein Schwingungskreis mit möglichst kleiner Dämpfung; er enthält eine Selbstinduktion $L$ und eine Kapazität $C$.

Eine Spule dient zur Kopplung mit dem zu untersuchenden Kreise und eine andere Spule zur Kopplung mit irgendeinem Meßinstrument. Bei starken Strömen kann ein Hitzdrahtinstrument (S. 522, **589**) verwendet werden, bei schwachen Strömen ein Thermoelement. Bei entsprechender Eichung können auch verschiedene Detektoren (Gleichrichter) mit Gleichstromgalvanometer verwendet werden.

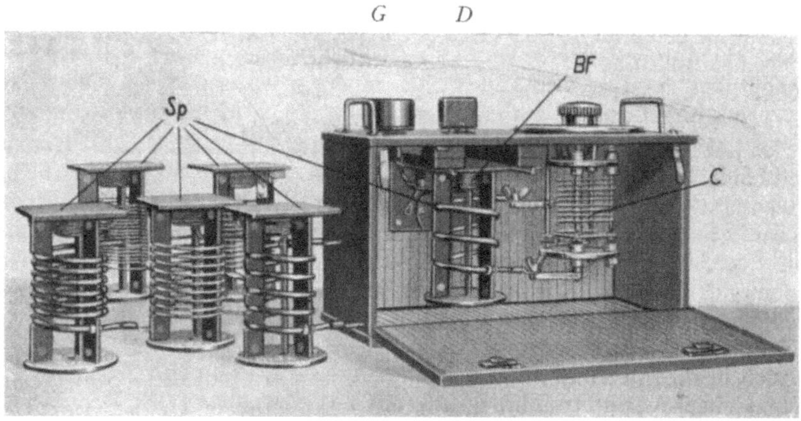


Abb. 590. Wellenmesser (Telefunken).
$C$ = Variable Kapazität, $Sp$ = Auswechselbare Spulen, $G$ = Galvanometer, $D$ = Detektor (vgl. Abb. 589).

Man gebraucht meistens eine konstante Selbstinduktion und eine direkt in Wellenlängen geeichte veränderliche Kapazität. Die Selbstinduktionsspulen sind auswechselbar (Abb. 590), wodurch der Bereich der Wellenlängenmessung bedeutend erweitert werden kann. Die dem Apparat beigegebene Eichung der Kapazität auf Wellenlängen kann dabei unverändert benutzt werden.

In der Tat, aus den Gleichungen

$$\lambda_1 = c T_1 = c\, 2\pi \sqrt{L_1 C}\,, \qquad \lambda_2 = c T_2 = c\, 2\pi \sqrt{L_2 C}\,, \qquad \frac{\lambda_1}{\lambda_2} = \sqrt{\frac{L_1}{L_2}}.$$

sehen wir, daß bei Vertauschung der einen Spule durch die andere die Skalenangaben des Kondensators mit der Quadratwurzel aus dem Verhältnisse der Selbstinduktionen dieser Spulen zu multiplizieren sind.

Bei der Bestimmung der Wellenlänge genügt es, den Wellenmesser mit einem Detektor und Telephon auszurüsten. Will man noch die Dämpfung der Schwingungen bestimmen, so sind geeichte Meßinstrumente nötig, um die Form der Resonanzkurve bei verschiedener Verstimmung abnehmen zu können. Je flacher die Resonanzkurve, desto größer ist die Dämpfung im Schwingungskreise (S. 548, **614**).

Ein Wellenmesser kann auch benutzt werden, um verschiedene Kapazitäten oder Selbstinduktionen miteinander zu vergleichen. Man schaltet die Kapazitäten oder die Induktionen in den Schwingungskreis ein und bestimmt die dabei eintretenden Veränderungen in den Wellenlängen.

Bei allen derartigen Messungen mit hochfrequenten Strömen muß auf die etwaigen Kapazitäten der Zuleitungsdrähte geachtet werden (S. 536, **602**) und zur Vermeidung der dadurch entstehenden Fehler müssen die Leiterteile mit großen Potentialdifferenzen möglichst weit voneinander gehalten werden. Auf gute und rationell gewählte Erdung ist ebenfalls zu achten.

**641. Ausbreitung der Radiowellen.** Die Ausbreitung der elektromagnetischen Wellen in Isolatoren und Halbleitern haben wir schon mit der HERTZschen

Anordnung studiert. Nach der HERTZschen Theorie sollten die Amplituden der Wellen der Radiotechnik proportional der Entfernung von der Antenne abnehmen. Aber die zahlreichen Versuche von L. W. AUSTIN u. a. haben gezeigt, daß diese Abnahme schneller erfolgt, was auf einen Verlust der Energie hindeutet (Streuung, Absorption). Aus den Versuchen hat man für die Amplitude in ihrer Abhängigkeit von der Entfernung die folgende Formel aufgestellt

$$A = \frac{A_0}{R} e^{-0{,}0015 \frac{R}{\sqrt{\lambda}}}.$$

wo die Wellenlänge $\lambda$ und die Entfernung $R$ in Metern ausgedrückt sind.

Bei den langen Wellen, welche in der Radiotechnik meistens gebraucht werden, wirken die auf ihrem Wege sich treffenden Hindernisse, wie Häuser, Wald und sogar Berge, nicht so stark wie bei kleineren Wellen. Es wurden dennoch einige Erscheinungen auch bei den Radiowellen beobachtet, die auf eine Ablenkung der Wellen (Beugung) durch Berge deuteten. Aber das Resultat von AUSTIN in offenem See ist auf eine gewisse Absorption der Wellen in der Luft zurückzuführen (Ionisation). Anderseits wirken leitende Seeoberflächen wie die Leitungsdrähte bei dem LECHERschen System.

Es ist bemerkenswert, daß die Radiowellen tatsächlich der krummen Erdoberfläche folgen können; das erlaubt uns sogar, mit den Antipoden radiotelegraphisch zu verkehren.

Auf der Station Nauen ist ein interessanter Versuch ausgeführt worden. Man sendete ein Morsezeichen aus und registrierte automatisch die Sendezeichen und die Empfangszeichen gleichzeitig. Dabei stellte sich heraus, daß die Empfangszeichen eine Verspätung gegenüber den Sendezeichen um 0,135 Sekunden haben. Nehmen wir für die Peripherie des Großen Erdkreises die Länge 40000 km an und für die Wellengeschwindigkeit 300000 km in der Sekunde, so erhalten wir in der Tat

$$\frac{40}{300} = 0{,}133 \text{ Sekunden}.$$

Die Station hat also ihre eigene Welle empfangen, nachdem die Welle um die Erde herumgegangen ist.

In der letzten Zeit hat man bemerkt, daß kurze Radiowellen eine unerwartet große Reichweite haben. Für Wellenlängen von etwa 1000 m verliert schon die AUSTINsche Formel ihre Gültigkeit; es gelingt jetzt, mit Wellen von etwa 20 m und mit einer Leistung von nur 100 Watt auf eine Entfernung von 20000 km (also bis zu den Antipoden) zu telegraphieren. Diese Entdeckung hat die Großstationen veranlaßt, von den langen auf kurze Wellen überzugehen.

Was aber die Erklärung dieser Tatsache betrifft, so haben KENNELY und HEAVISIDE die Annahme gemacht, daß in den höheren Gegenden unserer Atmosphäre die Luft ionisiert ist und eine verhältnismäßig gut leitende, also reflektierende, Schicht bildet. Die Annahme einer solchen Schicht ist an sich sehr wahrscheinlich und steht mit der Theorie der Nordlichter (S. 434, **493**) in gutem Einklang. Wenn die Leitfähigkeit der Schicht nicht sehr groß ist, so kann sie auf kurze Wellen wie ein reflektierender Spiegel wirken, die längeren Wellen aber größtenteils durchlassen; die große Reichweite der kurzen Wellen wird auf diese Weise verständlich.

MARCONI hat gefunden, daß an den Orten der Erdoberfläche, wo gerade ein Sonnenaufgang oder Sonnenuntergang stattfindet, die Radiowellen am meisten gestört werden.

Auch diese Erscheinung führt zu derselben Annahme einer Ionisierung der oberen Schichten unserer Atmosphäre.

Die atmosphärischen Entladungen, auch wenn sie unsichtbar bleiben, haben auf den Empfang einen Einfluß: man hört im Telephon unregelmäßige Geräusche (knacken, raspeln).

Der Umstand, daß die Radiowellen sich nach allen Seiten von der Antenne ausbreitet, wird jetzt in dem allgemein bekannten Rundfunk ausgenutzt. Außerdem sendet nach allen Richtungen der Eiffelturm in Paris und Königwusterhausen bei Berlin täglich meteorologische Nachrichten. Der Eiffelturm und Nauen geben auch bestimmte Zeitpunkte an, welche zur Regulierung der Uhren dienen können.

Für das Weitere verweisen wir den Leser auf die reiche und mannigfaltige radiotechnische Literatur.

# XII. Elektromagnetische Atomstrahlung.

## 1. Lichtstrahlen.

**642. Elektromagnetische Lichttheorie.** Aus der formellen Ähnlichkeit der Gesetze für die Ausbreitung des elektromagnetischen Feldes und des Lichtes und aus der Gleichheit der Geschwindigkeit der beiden Ausbreitungen hat Maxwell geschlossen, daß beide Erscheinungen ihrem Wesen nach gleich sind. Wir haben gesehen, wie glänzend die Maxwellsche Theorie durch die Hertzschen Versuche mit elektromagnetischen Wellen bestätigt wurde und wie ähnlich die Hertzschen Versuche den entsprechenden Versuchen mit Lichtstrahlen sind. Wir wollen jetzt die Folgerungen der Maxwellschen Theorie an den Erscheinungen der Lichtstrahlen selbst prüfen.

Die erste Folgerung, daß die Lichtstrahlen sich ebenso wie die elektrischen Wellen im Vakuum (Lichtäther) mit der Geschwindigkeit $c = 3 \cdot 10^{10}$ cm/sek ausbreiten müssen, und daß diese Geschwindigkeit gleich dem Verhältnisse der elektrostatischen zu den elektromagnetischen Einheiten sein muß, entspricht den Tatsachen. Das Verhältnis der elektrischen Einheiten läßt sich aber aus rein elektrischen Messungen ermitteln und vor Maxwell konnte man gar nicht begreifen, welchen Zusammenhang derartige Versuche mit den optischen und astronomischen Lichtgeschwindigkeitsmessungen haben könnten.

Weiter wird in der Optik bewiesen, daß das Licht transversale Wellen vorstellt, denn die Lichtstrahlen lassen sich polarisieren (S. 561, **627**). Die elektromagnetischen Wellen lassen sich auch polarisieren, ja noch mehr, die Wellen eines Hertzschen Vibrators sind schon polarisiert. In jeder polarisierten Welle kann man zwei senkrecht zueinander stehende Ebenen physikalisch unterscheiden. Wir haben schon beim Versuche mit einer Turmalinplatte die Ebene, welche durch die Kristallachse von der senkrecht dazu stehenden Ebene unterschieden.

Bei den früheren optischen Theorien, welche die optischen Wellen zu anderen mechanischen Wellen z. B. zu den Transversalwellen in festem Körper in Parallele stellte, entstand die Frage, welche von den zwei Ebenen die Schwingungen des Lichts enthalten und welche senkrecht zu den Lichtschwingungen stehe. Die verschiedensten zu diesem Zweck angestellten optischen Versuche konnten aber diese Frage nicht eindeutig entscheiden; alle Versuche zeigten nur, daß die zwei Ebenen physikalisch verschieden sind. Man konnte die Versuchsergebnisse ebensogut deuten, wenn man z. B. die Schwingungsebene des Lichts längs der Turmalinachse annahm oder auch senkrecht dazu.

Vom Standpunkte der elektromagnetischen Lichttheorie erhält diese Frage eine ganz andere Form.

Beide Ebenen sind Schwingungsebenen: in der einen Ebene schwingt das *elektrische* Feld, in der anderen das *magnetische*. Es erübrigt also noch, zu bestimmen, wie diese beiden Felder in einem polarisierten Lichtstrahle liegen. Zahlreiche direkte wie auch indirekte Versuche haben uns zu der Überzeugung geführt, daß das elektrische Feld im Lichtstrahle parallel zu den früher so genannten Lichtschwingungen anzunehmen ist, und daß das magnetische Feld parallel zu der Polarisationsebene des polarisierten Lichtstrahles liegt.

Wir wollen einige von diesen Versuchen hier anführen.

Erstens hat O. WIENER bei seinen Versuchen mit stehenden Lichtwellen (1890) gefunden, daß in der Ebene des reflektierenden Metallspiegels ein Knoten derjenigen Lichtwirkung entsteht, welche das Chlorsilber der photographischen Schicht zersetzen. Da eine chemische Zersetzung stets durch elektrische Kräfte und nicht durch magnetische Kräfte erfolgt, müssen wir an dem Metallspiegel einen Knoten der elektrischen Feldintensität annehmen, wo wir nach der früheren Theorie einen Knoten der Lichtschwingungen angenommen haben.

DU BOIS und H. RUBENS (1904) haben den HERTZschen Gitterversuch mit Wärmestrahlen wiederholt. Die Wellenlänge der Wärmestrahlen war 0,024 mm und die aus einem silbernen Glasüberzug oder aus Platin hergestellten Gitter hatten einen Stababstand von 0,005 und 0,025 mm.

F. BRAUN hat durch starke elektrische Entladungen feine Metalldrähte zerstäubt und erhielt dabei auf der Glasunterlage eine halbdurchsichtige Metallschicht, die sich den Lichtstrahlen gegenüber ganz analog den HERTZschen Gittern bei den elektromagnetischen Wellen verhielt. BRAUN hat deshalb angenommen, daß bei der Zerstäubung der Drähte auf dem Glase feine Metallgitter sich bildeten, deren Fasern normal zu dem zerstäubten Drahte verliefen. Die Gitterstruktur war zwar mit dem Mikroskope nicht zu sehen, aber die Lichtabsorption war am größten, wenn die Lichtschwingungen parallel zu den supponierten Gitterfasern waren und eine viel kleinere Absorption, wenn man die Metallschicht um 90° drehte. Die Abb. 591 stellt eine von BRAUN erhaltene Photographie dar, in welcher die Drahtzerstäubung zwischen gekreuzten Polarisator $P$ und Analysator $A$ unter einen Winkel von 45° gestellt wurde. Das Feld ist dunkel und nur die Metallschicht erscheint hell. Dieser Versuch ist dem HERTZschen Gitterversuch (S. 562, **627**, 574) vollständig analog; nur sind hier die Gitterstäbe nicht mehr zu unterscheiden und die Wellenlänge ist millionenmal kleiner als bei HERTZ. Analoge Versuche hat BRAUN noch mit anderen faserigen Strukturen angestellt.

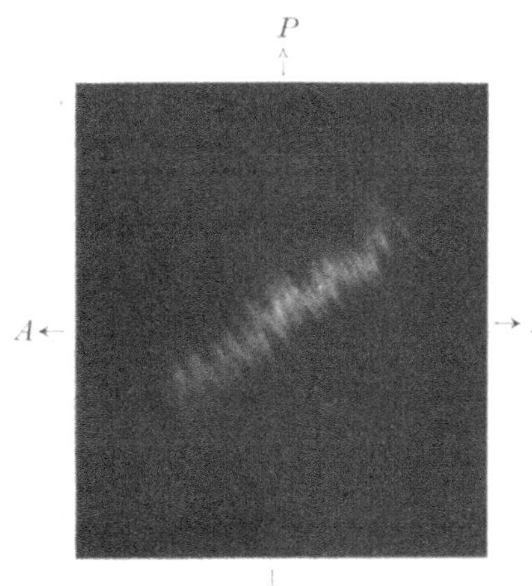


Abb. 591. BRAUNscher Gitterversuch.

Wir erinnern den Leser noch an die Versuche von ELSTER und GEITEL mit dem photoelektrischen Effekt (S. 371, **427**), bei welchem sie ein leichteres Ablösen der Elektronen von einer Metallplatte erhielten, wenn die Schwingungsebene des Lichtes normal zur Metalloberfläche stand.

Alle diese Versuche und noch mehrere andere beweisen, daß die Ebene, welche wir früher schlechthin als Schwingungsebene des Lichtes genannt haben, die Schwingungen der *elektrischen* Feldintensität enthält und die Ebene, welche wir früher Polarisationsebene genannt haben, den Schwingungen der *magnetischen* Feldstärke des Lichtes parallelgerichtet ist.

Die Turmalinplatte wirkt also ganz analog dem HERTZschen Gitter.

**643. Die elektromagnetische Energie der Lichtstrahlen.** Nach MAXWELL muß ein jeder Lichtstrahl ein elektrisches und ein magnetisches Feld enthalten, und es ist interessant, diese Feldstärken z. B. in einem Sonnenstrahle zu berechnen.

Die Messungen der Sonnenstrahlung haben ergeben, daß jeder Quadratzentimeter der Erdoberfläche etwa drei kleine Kalorien in der Minute von der Sonnenstrahlung erhält. In einer Minute durchläuft der Sonnenstrahl eine Länge von $3 \cdot 10^{10} \cdot 60$ cm; die drei Kalorien sind also in einem Volumen von $3 \cdot 10^{10} \cdot 60\ \mathrm{cm}^3$ enthalten. Die Energiedichte des Sonnenstrahles ist demnach gleich

$$U = \frac{3}{3 \cdot 10^{10} \cdot 60} \frac{\mathrm{cal}}{\mathrm{cm}^3} = \frac{3 \cdot 4{,}2 \cdot 10^7}{3 \cdot 10^{10} \cdot 60} \frac{\mathrm{erg}}{\mathrm{cm}^3} = 0{,}7 \cdot 10^{-4} \frac{\mathrm{erg}}{\mathrm{cm}^3}.$$

Die Hälfte dieser Energie ist elektrisch, die andere Hälfte magnetisch. Aus der Formel für die Energiedichte eines elektrischen oder eines magnetischen Feldes (S. 312, **359**) erhalten wir z. B. für die magnetische Feldintensität (bei $\mu = 1$)

$$\frac{\mu \mathrm{M}^2}{8\pi} = 0{,}35 \cdot 10^{-4} \frac{\mathrm{erg}}{\mathrm{cm}^3}.$$

$$\mathrm{M} = 0{,}03 \text{ Gauß}.$$

Diese Feldintensität ist etwa 15 mal kleiner als die magnetische Feldintensität auf der Erdoberfläche und etwa millionenmal kleiner als das Feld unserer modernen Elektromagnete.

Ein direkter Nachweis des magnetischen Feldes der Lichtstrahlen ist deshalb schwierig, weil das Feld äußerst schnell seine Richtung wechselt, denn die Lichtstrahlen haben eine mittlere Frequenz von etwa hundert Billionen. Aber indirekt sind diese Folgerungen durch zahlreiche Versuche bestätigt worden.

**644. Die Brechung und Absorption der Lichtstrahlen.** Nach der MAXWELLschen Theorie muß der Brechungsindex der Lichtstrahlen von der Dielektrizitätskonstante und von der Permeabilität abhängen nach der Formel:

$$\nu = \frac{c}{c_1} = \sqrt{\varepsilon\mu}.$$

Da für die meisten nichtleitenden Körper $\mu = 1$ angenommen werden kann, so muß die Beziehung gelten $\nu = \sqrt{\varepsilon}$. In der Tat gilt diese Beziehung für die meisten Gase und einige gut isolierende Flüssigkeiten, z. B.:

| | | |
|---|---|---|
| Wasserstoff . . . . . . . . | $\nu = 1{,}000138$ | $\sqrt{\varepsilon} = 1{,}000132$ |
| Luft . . . . . . . . . . . | 1,000294 | 1,000295 |
| Kohlensäure . . . . . . . | 1,000449 | 1,000473 |
| Petroleum . . . . . . . . | 1,39 | 1,4 |

Für Alkohol und Wasser dagegen haben wir:

| | | |
|---|---|---|
| Alkohol . . . . . . . . . . | $\nu = 1{,}36$ | $\sqrt{\varepsilon} = 5$ |
| Wasser . . . . . . . . . . | 1,33 | 9 |

Ebenso einige andere Körper bilden Ausnahmen aus der MAXWLLschen Regel. Eine allgemeine Gültigkeit kann das MAXWELLsche Gesetz schon deshalb nicht haben, weil die Lichtbrechung, wie bekannt, von der Wellenlänge des Lichtes abhängt. Die prismatische Zerlegung des Lichtes in verschiedene Farben, also nach verschiedenen Wellenlängen (Dispersion) steht schon mit dem MAXWELLschen Gesetze im Widerspruch.

Die Absorption der elektromagnetischen Wellen und also auch der Lichtstrahlen wird nach der MAXWELLschen Theorie durch die Leitfähigkeit des Körpers bedingt. Daraus würde folgen, daß alle Leiter das Licht absorbieren müßten, d. h. undurchsichtig sein sollten, und alle Isolatoren durchsichtig.

Diese Folgerung wird in den gutleitenden Metallen bestätigt, die in der Tat alle undurchsichtig sind; ebenso sind die Isolatoren, wie z. B. Quarz, Glas, Petroleum alle durchsichtig. Dagegen ist Hartgummi ein vorzüglicher Isolator und dabei undurchsichtig; die wässerigen Lösungen von Salzen und Säuren (Elektrolyte) sind fast alle durchsichtig, sie besitzen aber schon eine so große Leitfähigkeit, daß die elektromagnetischen Wellen von etwa einem Meter Länge in ihnen stark absorbiert werden.

Auch in bezug auf Absorption erleidet die MAXWELLsche Lichttheorie zahlreiche Ausnahmen.

Mit der Absorption der Wellen hängt ihre Reflexion innig zusammen und nach der MAXWELLschen Theorie muß ein leitender Körper von der Leitfähigkeit $k$ ein Reflexionsvermögen $r$ haben, nach dem folgenden Gesetz

$$r = 1 - \frac{1}{\sqrt{kT}},$$

wo $T$ die Periode der Wellen bedeutet. Dieses Gesetz hat in den Versuchen von E. HAGENS und H. RUBENS (1903) eine glänzende Bestätigung gefunden. HAGEN und RUBENS haben das Reflexionsvermögen der Metalle, Silber, Kupfer, Platin, Eisen u. a. für Wärmestrahlen von der Wellenlänge 1,2 $\mu$ bestimmt und, obgleich diese Metalle sehr verschiedene Leitfähigkeit besitzen, hat sich die angegebene Relation durchweg bestätigt. Auch das Emissionsvermögen dieser Metalle für Wärmestrahlen haben diese Forscher mit der MAXWELLschen Formel im Einklange gefunden. Wir sehen daraus, daß für Metalle die MAXWELLsche Theorie bis zu den Wellenlängen 1, 2 $\mu$ ihre Gültigkeit behält. Für kürzere Wellen erhält man aber Abweichungen: so absorbiert z. B. Silber die blauen Strahlen viel weniger als die roten u. a. m.

**645. Resonanztheorie der Dispersion und Absorption.** Die MAXWELLsche Theorie wurde von H. v. HELMHOLTZ durch die Annahme ergänzt, daß die Körper schwingungsfähige Elektronen enthalten; dadurch wurden sehr viele von den oben angeführten Widersprüchen des Experiments mit der Theorie beseitigt. Wir geben hier einen kurzen Abriß der HELMHOLTZschen Theorie.

Durch das elektrische Feld des einfallenden Lichtes werden nämlich die Elektronen zur Mitschwindung erregt und nach den allgemeinen Gesetzen der Resonanz (S. 488, **507**) erhalten sie dann statt der statischen Ablenkung $A_s$ von ihrer Gleichgewichtslage eine dynamische Ablenkung

$$A = R A_s,$$

wo $R$ den Resonanzfaktor bedeutet. Dementsprechend wird auch die Polarisation $P$ von der gewöhnlichen statischen Polarisation $P_s$, welche wir in der MAXWELLschen Theorie berücksichtigt haben, abweichen; außerdem wird noch eine Phasendifferenz zwischen dem wirkenden elektrischen Felde des Lichtes und der induzierten Polarisation eintreten.

Wir wollen der Übersichtlichkeit halber annehmen, daß der Dämpfungskoeffizient $q$ unter der Wurzel des Resonanzfaktors (S. 448, **507**) so klein ist, daß wir für den letzteren schreiben können:

$$R = \frac{1}{1 - z^2} = \frac{a_0^2}{a_0^2 - a^2}\,.$$

dann brauchen wir die Phasendifferenzen nicht zu berücksichtigen. Diese Annahme bedeutet eine verhältnismäßig kleine Dämpfung der resonierenden Elektronen, was auch meistens der Wirklichkeit entsprechen wird. Multiplizieren wir mit diesem Faktor $R$ die statische Polarisation und schreiben, wie früher (S. 53, **63**, S. 421, **481**)

$$D = E + 4\pi P = E(1 + 4\pi R k),$$

so erhalten wir für die *dynamische* Dielektrizitätskonstante den Ausdruck:

$$\varepsilon_d = 1 + 4\pi R k = 1 + \frac{4\pi k a_0^2}{a_0^2 - a^2}.$$

Die Quadratwurzel aus diesem Ausdruck soll nach MAXWELL den Brechungsexponent des Körpers darstellen. Wir sehen, daß jetzt der Brechungsexponent von der Frequenz des einfallenden Lichtes $a$ abhängen wird, also eine Dispersion der Lichtstrahlen eintreten muß. Der Gang der Dielektrizitätskonstante $\varepsilon_d$ und folglich auch der Dispersion ist in der Abb. 592 dargestellt. Wir wollen diese Kurve näher betrachten.

Bei $a = 0$ erhalten wir dieselbe Formel für Dielektrizitätskonstante wie in der Elektrostatik, wie es auch sein soll, denn ein konstantes elektrisches Feld hat eine unendlich lange Periode und eine Frequenz gleich Null. Mit wachsender Frequenz und beim Annähern an die Eigenfrequenz $a_0$ des resonierenden Systems wird der Brechungsexponent immer größer. Das entspricht auch dem, was wir gewöhnlich beobachten; in einem Glasprisma werden z. B. die violetten Lichtstrahlen (kleinere Wellenlänge bis $0{,}4\,\mu$, größere Frequenz) stärker gebrochen als die roten Strahlen (Wellenlänge bis $0{,}8\,\mu$, kleinere Frequenz).

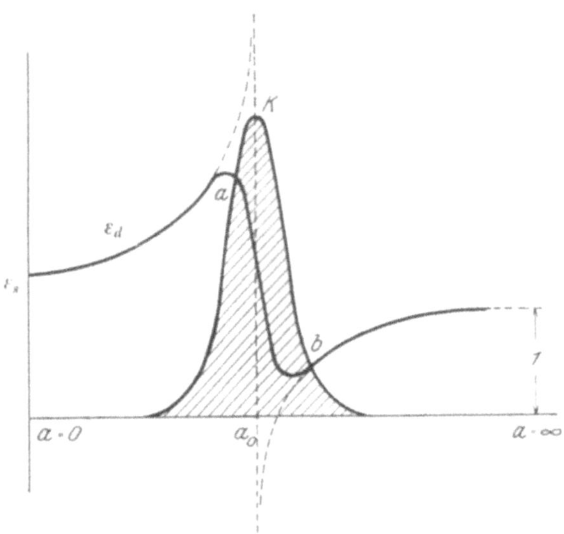

Abb. 592. Absorption und Dispersion des Lichts.

Bei $a = a_0$, also bei Resonanz, würde unsere Formel eine unendlich große Dielektrizitätskonstante ergeben. Beim Übergang zu den Frequenzen, die größer als die Eigenfrequenz der Elektronen sind, entsteht im Resonanzfaktor ein *plötzlicher* Zeichenwechsel von $+\infty$ zu $-\infty$ (punktierte Linie Abb. 592). Aber wir wissen schon (S. 449, **507**), daß dies nur durch die Vernachlässigung der Dämpfung hervorgebracht wird. Berücksichtigt man aber die Dämpfung der Elektronenschwingungen, so erhält man einen *allmählichen* Übergang zu den höheren Frequenzen, wie es in der Abb. 592 durch die stark ausgezogene Kurve angegeben ist. In diesem Bereich erhalten wir eine *Verminderung* des Brechungsexponenten mit *steigender* Frequenz; man nennt so eine Dispersion *anomal*. Eine anomale Dispersion ist schon vor der Aufstellung dieser Theorie in stark gefärbten Flüssigkeiten, wie Fuchsinlösung, von CHRISTIANSEN (1870) entdeckt worden und spätere Versuche haben auch die von der Theorie angegebene

Abhängigkeit der anomalen Dispersion von der Frequenz im allgemeinen bestätigt.

Außer der Dispersion muß in einem Körper, welcher resonierende Elektronen enthält, auch eine Absorption des Lichtes stattfinden, denn die Elektronen werden beim Mitschwingen ihre Energie teilweise in Wärme umwandeln, teilweise ausstrahlen; beide Ursachen bedingen eine Dämpfung ihrer Eigenschwingungen. Je größer die Amplitude des Mitschwingens, desto größer wird der Energieverlust und entsprechend auch die Absorption des Lichtes. Die Absorption muß also nach der Resonanztheorie bei der Frequenz am größten sein, welche der Eigenfrequenz der Elektronen entspricht. Diese Folgerung wird durch die bekannte Identität der Absorptionsspektra der Körper mit den entsprechenden Emissionsspektren bestätigt; diese Identität der Spektra wurde schon von den Entdeckern der Spektralanalyse, von KIRSCHHOF und BUNSEN, durch eine Art Resonanzerscheinung erklärt.

Die Abhängigkeit der Absorption von der Frequenz (Abb. 592 gestrichelt) wird nach dieser Theorie durch eine Kurve dargestellt, welche sehr ähnlich der uns schon bekannten Resonanzkurve ist. Je größer die Dämpfung des resonierenden Systems, desto flacher ist die Resonanzkurve und desto verwaschener und breiter wird der Absorptionsstreifen des Körpers erscheinen. In Gasen und Dämpfen sind die Absorptionsstreifen sehr schmal; folglich haben hier die Elektronenschwingungen eine kleine Dämpfung.

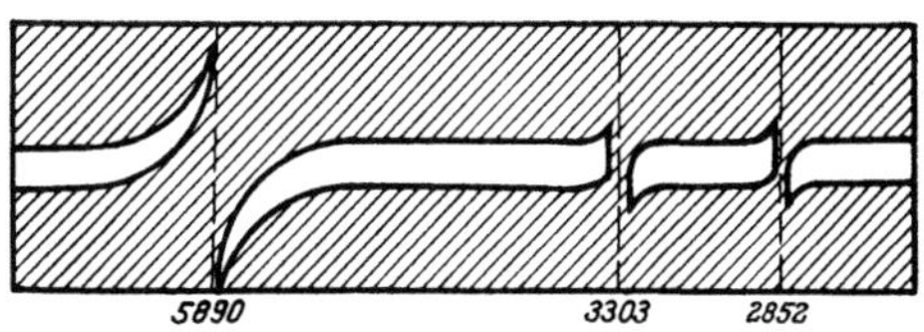

Abb. 593. Versuch von WOOD mit dem Natriumspektrum.

In einem schmalen und starken Absorptionsstreifen muß der Brechungsexponent schnell wechseln; die anomale Dispersion wird hier ausgeprägter erscheinen. Eine schöne Bestätigung dieser Regel haben wir in den Versuchen von WOOD. Bei WOOD ging ein weißer Lichtstrahl durch ein hohles mit Natriumdampf gefülltes Prisma durch und wurde spektroskopisch untersucht. Die Ablenkungen des Lichts im Dampfprisma erfolgten senkrecht zu der Länge des Spektrums, das Spektrum erschien also gekrümmt (Abb. 593) und man konnte die Abhängigkeit des Brechungsexponents des Natriumdampfs von der Wellenlänge des Lichts direkt beobachten. Die Krümmung des Spektrums in der Nähe der Absorptionslinie $\lambda = 0{,}589\,\mu$ entspricht in der Tat der theoretischen Kurve Abb. 592.

In der Abb. 593 sehen wir außer der anomalen Dispersion in der gelben D-Linie des Natriumdampfes noch eine schwächer ausgeprägte anomale Dispersion in den zwei ultravioletten Linien. Im allgemeinen wird also in dem Ausdrucke für den Brechungsexponent eine Summe von mehreren Resonanztermen stehen. So haben z. B. NICHOLS und RUBENS eine Dispersionsformel für Quarz angegeben, welche sehr gut mit direkten Versuchsergebnissen übereinstimmt und drei Resonanzterme enthält. Quarz bleibt dabei für die sichtbaren Lichtstrahlen durchsichtig, weil diese drei Resonanzfrequenzen im Ultrarot liegen ($\lambda = 8{,}5\,\mu$, $9{,}02\,\mu$ und $20{,}75\,\mu$).

Gehen wir endlich zu sehr hohen Frequenzen über, so werden die Resonanzterme, welche die Frequenz $a$ im Nenner enthalten, immer kleiner und kleiner, und für sehr kleine Wellenlängen wird der Brechungsexponent schließlich gleich *Eins* (Abb. 592, bei $a = \infty$). Auch diese Folgerung aus der Resonanztheorie entspricht den Tatsachen, denn die kurzwelligen Röntgenstrahlen werden überhaupt nicht gebrochen.

**646. Doppelbrechung.** Die Doppelbrechung des Lichtes in den Kristallen ist bekanntlich von einer Polarisation der beiden gebrochenen Strahlen begleitet und FRESNEL ist es gelungen, alle Erscheinungen der Doppelbrechung quantitativ zu beschreiben durch die Annahme von *drei* verschiedenen Elastizitätskoeffizienten für Lichtschwingungen längs den drei Hauptachsen des Kristalls. In der elektromagnetischen Lichttheorie müssen wir ebenfalls längs den drei Kristallachsen im allgemeinen *drei* verschiedene Dielektrizitätskonstanten und drei verschiedene Permeabilitäten annehmen; aber praktisch genügt schon die erste Annahme allein, denn die Permeabilität kann für Lichtschwingungen gleich Eins angenommen werden.

Bei der Beschreibung der LEBEDEVschen Versuche (S. 564, **630**) mit der Doppelbrechung der elektrischen Strahlen haben wir schon das MAXWELLsche Gesetz $\sqrt{\varepsilon} = \nu$ für alle drei Achsen des Schwefels bestätigt gefunden. Bei der von LEBEDEV benutzten Frequenz $(6 \cdot 10^{10})$ konnte also für die Berechnung des Brechungsexponenten der statische Wert der Dielektrizitätskonstante genommen werden. Für Lichtschwingungen $(6 \cdot 10^{14})$ müssen wir noch die Resonanztheorie berücksichtigen, und zwar in folgender Form. Auf die Elektronen in einem dreiachsigen Kristall können bei ihrer Ablenkung aus der Gleichgewichtslage Kräfte wirken, deren Größe von der Richtung der Ablenkung abhängt. Dadurch können im allgemeinen drei verschiedene Eigenfrequenzen entstehen. Dementsprechend werden in einem Kristall auch drei verschiedene Absorptionen, je nach der Richtung der elektrischen Schwingungen, stattfinden. Man beobachtet in der Tat z. B. beim Turmalin, daß die Absorption von der Richtung der Lichtschwingungen relativ zu den Kristallachsen abhängt; ebenso in anderen sog. pleochroitischen Kristallen hängt die Farbe des durchgehenden Lichtes von der Richtung der Lichtschwingungen. Nach der Resonanztheorie muß eine verschiedene Absorption auch verschiedene *dynamische* Dielektrizitätskonstanten ergeben und folglich eine Doppelbrechung, die noch dazu für verschiedene Frequenzen verschieden sein wird (Dispersion der Doppelbrechung).

Eine Doppelbrechung kann auch in isotropen Körpern durch Wirkung von Druck oder Zug erzeugt werden. Das zeigt uns, daß eine Deformation des Körpers auch auf die Eigenfrequenzen seiner Elektronen einen Einfluß ausübt. Eine Theorie dieser Erscheinungen ist erst im Anfangsstadium.

Einen künstlichen Plochroismus hat F. BRAUN durch Färbung von faserigen Strukturen erzeugt und die von ihm hergestellten HERTZschen Gitter für Lichtstrahlen sind dem dichroitischen Turmalin ähnlich.

**647. Zeemaneffekt.** P. ZEEMAN hat die Entdeckung gemacht (1895), daß das Spektrum einer Natriumflamme durch die Wirkung eines Magnetfeldes verändert wird. Blickt man in der Richtung der magnetischen Kraftlinien, so sieht man statt einer einzigen gelben Spektrallinie (Abb. 594 a) deren zwei; jede von diesen beiden Linien ist zirkularpolarisiert, und zwar ist die mit kleinerer Frequenz rechts polarisiert (Abb. 594 b) und die mit größerer Frequenz links polarisiert.

Blickt man auf die Natriumflamme in der Richtung senkrecht zum magnetischen Felde, so sieht man im Spektroskop drei Linien, welche linear polarisiert sind; in der mittleren Linie schwingt das Licht parallel dem Magnetfelde und in den beiden anderen Linien senkrecht dazu (Abb. 594 c).

Die ZEEMANsche Entdeckung wurde von LORENTZ durch die Elektronentheorie erklärt.

Nehmen wir an, das Elektron schwinge im Natriumatom in der Richtung $LL$ (Abb. 595). Wirkt auf das Elektron ein Magnetfeld senkrecht zu unserer Zeichnung, so wird es von seiner geradlinigen Bahn abgelenkt (wie ein Kathodenstrahl S. 367, **423**) und beschreibt eine Kurve $OaA$; beim Zurückgehen beschreibt das Elektron eine andere Kurve $AbO$ usw. Das Elektron wird also statt einer geradlinigen harmonischen Schwingung einzelne Schleifen beschreiben in der Reihenfolge *A*, *B*, *C*, *D* usf. Wir können diese Bewegung auch so auffassen, als ob die Schwingungsrichtung des Elektrons *L L* sich allmählich um die Feldrichtung *O* als Achse drehe; diese Drehung wird Präzession genannt. In der

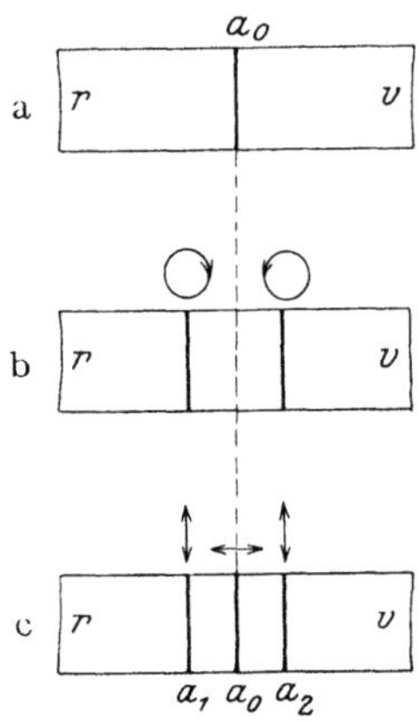


Abb. 594. Zeemaneffekt.

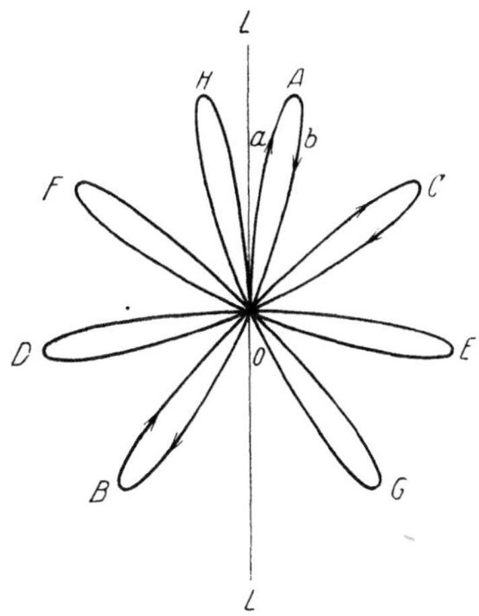


Abb. 595. Elektronenschwingungen mit Präzession.

Abb. 595 ist die Präzession *negativ,* d. h. sie erfolgt entgegengesetzt der in der Geometrie angenommenen positiven Richtung der wachsenden Winkel. Würde das Elektron eine positive Ladung haben, so würde auch seine Präzessionsbewegung positiv.

Es ist bekannt, daß eine harmonische Schwingungsbewegung sich in zwei Zirkularbewegungen zerlegen läßt, die mit gleicher Periode, aber in entgegengesetzten Richtungen erfolgen. Eine harmonische Bewegung mit Präzession kann man auch durch zwei Zirkulationen darstellen: die zwei zu addierenden Umlaufsbewegungen müssen aber *verschiedene* Perioden (Frequenzen) haben. Wir empfehlen dem Leser das durch eine graphische Konstruktion und gleichzeitig analytitsch zu beweisen. Durch diese Zerlegung erhalten wir aus der Abb. 595 die Abb. 594b, wodurch die ZEEMANsche Entdeckung erklärt wird.

Wir können aber den Zeemaneffekt auch in anderer Weise und sogar direkter erklären. In einem Natriumatom können wir Elektronen annehmen, die kreisförmige Bahnen um den Atomkern beschreiben; es können links- und rechtszirkulierende Elektronen vorhanden sein, aber alle mit derselben Umlaufszeit, also derselben Frequenz. Das Atom wird ein Spektrum Abb. 594a aussenden. Durch die Wirkung des Magnetfeldes werden im Atom Induktionsströme erregt, mit anderen Worten die Bewegungen der Elektronen werden verändert. Die Elektronen, welche um die Feldrichtung als Achse positiv zirkulieren (in der Richtung der Ampèreschen Ströme), erhalten unter der Wirkung des Magnetfeldes eine *Beschleunigung* und die in der entgegengesetzten Richtung zirkulierenden Elektronen werden durch die Feldwirkung *gebremst.* Es entstehen demnach die zwei Bewegungen, die in der Abb. 594b dargestellt sind. Diese Erklärung des Zeemaneffektes fällt aber mit der LANGVINschen Theorie des Diamagnetismus zusammen (S. 428, **487**). Die LANGEVINsche Theorie erklärt also beide Erscheinungen gleichzeitig.

Wenn der Leser die Abb. 595 aufmerksam betrachtet, so wird er sehen, daß die vom Elektron beschriebenen Schleifen auch ein Magnetfeld erzeugen, welches von der Zeichnungsebene zu dem Beobachter gerichtet ist, also gerade entgegengesetzt dem wirkenden Felde; dadurch wird ebenfalls eine diamagnetische Erscheinung hervorgebracht. Wir sehen also, daß beide Erklärungsweisen vom Zeemanphänomen zum Diamagnetismus führen.

Wir können demnach unsere früheren Formeln der LANGEVINschen Theorie auch direkt benutzen und für die Frequenzänderung der Elektronen die folgende Beziehung schreiben

$$a - a_0 = \pm \frac{e}{m} \frac{M}{2}.$$

Dabei müssen wir noch beachten, daß ein rechts zirkulierendes *negatives* Elektron einen *links* zirkularpolarisierten Strahl ergibt. Nach der Theorie muß demnach beim Zeemanphänomen der links zirkularpolarisierte Strahl eine *größere* Frequenz haben als der rechts zirkularpolarisierte Strahl, wie es in der Abb. 594b auch in der Tat dargestellt ist.

Nach derselben Formel konnte ZEEMAN auch die Größe $e/m$, d. h. die spezifische Ladung der in der LORENTZschen Theorie angenommenen Elektronen bestimmen und seine Rechnung ergab $e/m = 1{,}77 \cdot 10^7$, also denselben Wert wie für Kathodenstrahlen (S. 368, **424**). Für die allgemeine Elektronentheorie ist das ein äußerst wichtiges Resultat.

Wir haben bis jetzt nur die Elektronen betrachtet, deren Schwingungen *senkrecht* zu dem Magnetfelde erfolgen. Nun kann auf die *längs* des Magnetfeldes schwingenden Elektronen das Magnetfeld keine Wirkung ausüben, ihre Frequenz bleibt ungeändert. Bei der Betrachtung des Spektrums in der Richtung der magnetischen Kraftlinien können wir aber die dieser Frequenz entsprechende Spektrallinie nicht sehen, denn das würde einer *longitudinalen* Lichtwelle entsprechen, welche ja unmöglich ist. Beobachten wir dagegen das Spektrum in der Richtung senkrecht zum Felde, so erscheinen alle drei Frequenzen gleichzeitig (Abb. 594c). Die unveränderte Frequenz $a_0$ in der Mitte und die beiden veränderten Frequenzen von beiden Seiten. Die Schwingungen der letzteren erfolgen senkrecht zum Felde, denn sie stellen nur die Projektion der früher von uns betrachteten Zirkularschwingungen vor.

Wir sehen daraus, wie die LORENTZsche Elektronentheorie alle Einzelheiten des von ZEEMAN entdeckten Phänomens quantitativ erklärt. Die späteren genaueren Untersuchungen von ZEEMAN und von anderen Forschern haben gezeigt, daß diese Theorie nur in erster Annäherung richtig sein kann, denn das ZEEMANsche Phänomen kann in viel komplizierteren Formen erscheinen. Die komplizierteren Fälle können nur unter Hinzuziehung der sog. Quantentheorie erklärt werden.

**648. Faradayeffekt.** Eine Wirkung des Magnetfeldes auf optische Erscheinungen hat schon viel früher FARADAY entdeckt, nämlich die magnetische Drehung der Polarisationsebene des Lichtes in einigen Körpern. Wir werden gleich zeigen, daß das Faradayphänomen und das Zeemanphänomen zueinander in enger Beziehung stehen.

Es gibt einige Körper, wie Quarz, Zucker u. a. m., welche die Eigenschaft haben, die Schwingungsebene des Lichtes um den Lichtstrahl als Achse zu drehen. FRESNEL hat diese Erscheinung auf eine andere Erscheinung zurückgeführt, nämlich auf die verschiedene Fortpflanzungsgeschwindigkeit des rechts und des links polarisierten Strahles in diesem Körper. Denselben Kunstgriff haben auch wir im vorigen Paragraph benutzt, um eine lineare Schwingung in zwei Zirkulationen zu zerlegen. Berücksichtigen wir diese Zerlegung einerseits und die HELMHOLTZsche Resonanztheorie der Dispersion anderseits, so erhalten wir die Theorie des Faradayphänomens, wie sie H. v. HELMHOLTZ selbst, noch bevor die ZEEMANsche Entdeckung gemacht wurde, aufgestellt hat. In der Tat, wenn ein Magnetfeld die Strahlung eines Körpers, d. h. die Eigenperiode seiner Elektronen, verändert, so muß nach der Resonanztheorie auch eine entsprechende Änderung in der Absorption und der Dispersion erfolgen. In einem solchen Körper muß demnach ein rechts polarisierter Strahl und ein links polarisierter Strahl verschieden absorbiert werden. Ein direkter Versuch von COTTON hat diese Folgerung auch bestätigt. Gleichzeitig mit der Absorption wird auch der Brechungsexponent verändert: ein rechts und ein links polarisierter Lichtstrahl müssen also verschiedene Fortpflanzungsgeschwindigkeiten haben und das ist nach FRESNEL einer Drehung der Polarisationsebene äquivalent.

Für die Beobachtung und Messung des Faradayphänomens werden die Pole des Elektromagneten mit einer Durchbohrung versehen, in deren zwei Nikols, ein Polarisator und ein Analysator eingefaßt sind (Abb. 596). Stellt man beide Nikols senkrecht zueinander, so erscheint das Lichtfeld vollständig dunkel. Zwischen die Pole des Elektromagneten legt man ein Stück schweres Flintglas ein. Erregt man das Magnetfeld, so erscheint das Lichtfeld hell und man muß den Analysatornikol um einen gewissen Winkel in der Richtung der Ampèreströme drehen, um die Dunkelheit im Gesichtsfelde wiederherzustellen. Die Drehung der Polarisationsebene ist proportional dem Magnetfelde und dem Wege des Lichtstrahles in dem untersuchten Körper; sonst ist die Drehung für verschiedene Körper im allgemeinen verschieden.

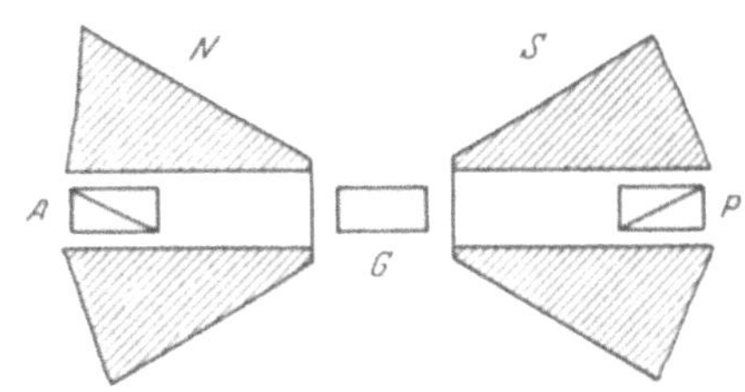

Abb. 596. Versuch von FARADAY. Magnetische Drehung der Polarisationsebene.

Zu derselben Gruppe von Erscheinungen gehören auch die von KERR entdeckten Änderungen des Polarisationszustandes des Lichtes bei Reflexion von magnetisiertem Eisen, denn die Reflexion hängt von der Absorption und der Brechung ab und im Eisen kann das Magnetfeld besonders starke Veränderungen hervorbringen.

**649. Starkeffekt.** Im Jahre 1913 entdeckte J. STARK die Wirkung eines elektrischen Feldes auf die Spektrallinien beim Wasserstoff, Helium u. a. In der Abb. 597 ist die Zerspaltung einer Wasserstofflinie $H_\delta$ im elektrischen Felde dargestellt. Alle Linien sind linear polarisiert; die obere Reihe stellt die Schwingungen parallel zum elektrischen Felde dar und die untere Reihe die Schwingungen senkrecht zum Felde. Die Länge der Linien soll die Intensität annähernd darstellen.

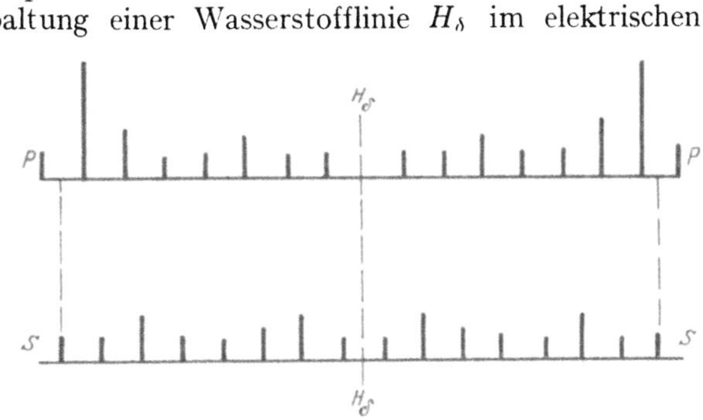

Abb. 597. Starkeffekt.

Diese Erscheinung bildet ein gewisses Gegenstück zum Zeemanphänomen, aber sie läßt sich nicht so einfach durch die Elektronentheorie erklären, auch nicht in erster Annäherung, denn ein konstantes elektrisches Feld kann nach der Elektrontheorie nur die Gleichgewichtslage eines Elektrons im Atom verändern (vgl. S. 447, **507**), aber nicht seine Schwingungsdauer.

Eine quantitative Beschreibung des Starkeffekts ebenso wie des komplizierteren Zeemanphänomens gibt die Quantentheorie, wo beide Erscheinungen unter einem gemeinsamen Standpunkte betrachtet werden.

Wir wollen noch hinzufügen, daß die Versuche mit dem Starkeffekt viel schwieriger sind als beim Zeemaneffekt. In einer Flamme oder auch in einem Geißlerrohr, die für Spektralbeobachtungen dienen, läßt sich ein starkes elektrisches Feld nicht herstellen, weil die leuchtenden Dämpfe und Gase eine erhebliche Leitfähigkeit besitzen. STARK benutzte deshalb Wasserstoffkanalstrahlen und stellte das wirkende elektrische Feld unmittelbar hinter der durchlöcherten Kathode her, wo die Kanalstrahlen gerade heraustreten und wo die Leitfähigkeit des Gasraumes so klein ist, daß STARK ein elektrisches Feld von etwa 100000 Volt auf cm dauernd erhalten konnte. Aber auch bei so starkem Felde war die Aufspaltung der Spektrallinie sehr klein.

**650. Elektrooptischer Kerreffekt.** J. KERR (1875) hat im Glas und später in Schwefelkohlenstoff und anderen Flüssigkeiten einen Einfluß des elektrischen Feldes auf die Fortpflanzungsgeschwindigkeit des Lichtes entdeckt. Nach der Resonanztheorie der Absorption und Dispersion konnte man dieses Kerrphänomen als direkte Folgerung des Starkeffektes ansehen; dem ist aber nicht so. Der Starkeffekt muß natürlich auch einen Einfluß auf die Absorption und Dispersion ergeben, aber offenbar ist dieser Einfluß sehr klein und die von KERR entdeckte Erscheinung muß man anderen Ursachen zuschreiben.

Die Untersuchungen von J. KERR und anderen Forschern haben gezeigt, daß ein starkes elektrisches Feld, senkrecht zum Strahle gerichtet, eine Art Doppelbrechung erzeugt; die Geschwindigkeit des Strahles, wenn die Lichtschwingungen parallel zum elektrischen Felde erfolgen, wird kleiner (der Brechungsexponent also größer) als wenn die Schwingungsebene senkrecht zum Felde steht. Man nennt diese Doppelbrechung *positiv*. Eine positive Doppelbrechung erhält man in Schwefelkohlenstoff, Toluol, Benzol, Chlorbenzol; dagegen in Chloroform, Bromoform u. a. erweist sich die Doppelbrechung *negativ*. Das allgemeine Gesetz dieser Doppelbrechung kann man in der Formel

$$\nu_e - \nu_0 = \lambda B E^2$$

ausdrücken, wo $\nu$ die zwei unter der Wirkung des elektrischen Feldes entstandenen Brechungsexponenten bedeuten und $\lambda$ die Wellenlänge des Lichtes und $B$ eine für den betreffenden Körper geltende Konstante. Wir sehen, daß die Doppelbrechung proportional der *zweiten* Potenz der Feldstärke $E$ wächst. Bei Umkehrung der Feldstärke bleibt also die Doppelbrechung unverändert und das erlaubt ein Wechselfeld für die Versuche anzuwenden. Die Konstante $B$ für Schwefelkohlenstoff ist gleich $3 \cdot 10^{-7}$, für Chlorbenzol etwa 3,6mal größer, beim Chloroform ist sie etwa von derselben Größe wie beim Schwefelkohlenstoff, aber von dem entgegengesetzten Zeichen; bei Nitrobenzol ist der Kerreffekt besonders groß. Auch in Gasen und Dämpfen ist der Kerreffekt beobachtet worden. In festen Körpern erscheint der Kerreffekt mit der Elektrostriktion zusammen, und es ist noch nicht in allen Fällen gelungen, beide Erscheinungen voneinander zu trennen.

Eine interessante Theorie des Kerreffekts hat LANGEVIN vorgeschlagen. LANGEVIN nimmt an, daß die Moleküle der obengenannten Flüssigkeiten eine unsymmetrische Gestalt haben und unter der Wirkung des elektrischen Feldes orientiert werden (vgl. S. 421, **481**); dadurch erhält der Körper in der Richtung des Feldes und senkrecht dazu verschiedene Eigenschaften, und auch die Größe $k_d$, welche wir den dynamischen Elektrisierungskoeffizienten genannt haben, in der Richtung des Feldes und senkrecht dazu verschieden erscheinen kann. Die Theorie von LANGEVIN wird durch die Versuche im allgemeinen bestätigt und seine Annahme hat demnach eine sehr große Wahrscheinlichkeit.

**651. Lichtdruck.** Daß eine elektromagnetische Strahlung auf den Körper einen Druck ausüben muß, hat MAXWELL aus seiner Theorie der FARADAYschen Spannungen (S. 294, **338**; S. 313, **361**) direkt gefolgert. Daraus folgt unmittelbar, daß auch das Licht einen Druck ausüben muß. Die Existenz des Lichtdruckes wurde zuerst von P. LEBEDEV in Moskau und später von NICKOLSON und HULL in Amerika experimentell nachgewiesen.

Die Berechnung des Lichtdruckes geschieht in derselben Weise, wie die Berechnung der elektromagnetischen Druckkraft überhaupt; man muß nämlich in allen Fällen die *Differenz* der elektromagnetischen Energien an beiden Seiten der betreffenden Oberfläche berücksichtigen (S. 295, **339**).

Fällt z. B. das Licht normal auf eine geschwärzte, also absorbierende Platte, so wird an der Innenseite der Oberfläche das Licht in unregelmäßige Wärmebewegungen verwandelt, die bei der Berechnung des Drucks eines Lichtstrahles nicht in Betracht kommen. Es bleibt nur der Außendruck übrig, und nach MAXWELL ist er gleich der Energiedichte des auffallenden Lichtstrahles.

Fällt das Licht auf einen vollkommen reflektierenden Spiegel, so ergeben die einfallenden und die reflektierten Strahlen zusammen eine *doppelte* Energiedichte und einen doppelt so großen Druck als bei der absorbierenden Platte.

Nach dem Gesagten ist es ohne weiteres klar, wie man den Lichtdruck auf eine teilweise reflektierende und teilweise absorbierende Platte berechnen muß.

In der Abb. 598 ist die LEBEDEVsche Versuchsanordnung schematisch dargestellt. An einem dünnen Glasfaden $ab$ hängt ein aus Glas angefertigtes Kreuz, dessen Horizontalarme zwei kleine Flügelchen tragen. Die Lichtstrahlen wurden auf das eine oder auf das andere Flügelchen konzentriert und die durch den Lichtdruck hervorgebrachten Ablenkungen des Hebelarmes wurden mit dem Spiegel $S$ nach der POGGENDORF-GAUSSschen Methode beobachtet. Die ganze Anordnung befand sich in einem hochvakuierten Gefäße, damit die Luftbewegungen nicht stören. Die Energie der Lichtstrahlen wurde kalorimetrisch bestimmt.

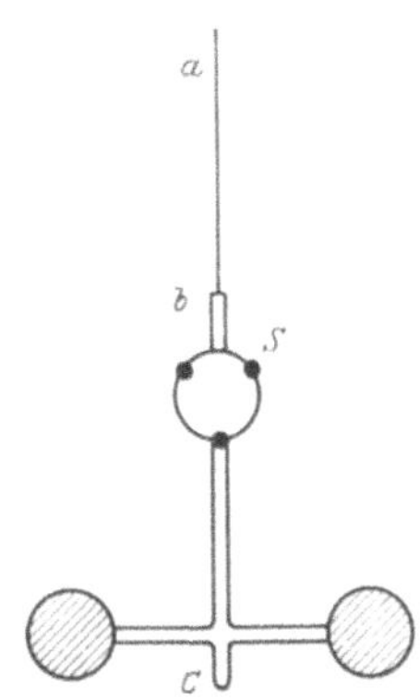

Abb. 598. Versuch von LEBEDEV.

Die Versuche gaben eine bis auf etwa 0,5% genaue Bestätigung der MAXWELLschen Theorie.

Alle Gase haben ein Brechungsexponent sehr nahe gleich eins, so daß der Lichtdruck auf Gase hauptsächlich nur von ihrer Absorption abhängt. Diese Folgerung der MAXWELLschen Theorie ist von P. LEBEDEV durch besondere und höchst subtile Messungen an Gasen direkt bestätigt worden.

Die Druckkräfte des Lichtes dienen jetzt zur Erklärung einiger kosmischen Phänomene. LEBEDEV und ARRHENIUS haben durch den Lichtdruck die Entstehung und die Form der Kometenschweife erklärt und EDDINGTON hat den Lichtdruck auf die Kosmogonie der Sterne angewandt.

**652. Die Versuche von FIZEAU.** Wenn wir die Lichtgeschwindigkeit in irgendeinem Körper mit $c_1$ bezeichnen und der Körper befindet sich in Bewegung in der Richtung des Lichtstrahles, so wird die *resultierende* Geschwindigkeit des Lichtes relativ zum ruhenden Beobachter gleich

$$c_1 = c_1' + w$$

sein, wo $w$ die Geschwindigkeit des Körpers bedeutet. Wir müssen aber beachten, daß nach der MAXWELLschen Theorie die Lichtgeschwindigkeit $c_1'$ in einem bewegten Körper nicht dieselbe Größe hat wie beim ruhenden Körper. Um das einzusehen, schreiben wir wieder die MAXWELLschen Gleichungen in der Form, wie wir sie früher benutzt haben (S. 311, **358**)

$$\nu' M = \varepsilon E \; ; \qquad \nu' E = \mu M \; ; \qquad \nu' = \frac{c}{c_1'} \, .$$

Aus diesen Gleichungen folgt unmittelbar das MAXWELLsche Gesetz für den Brechungsexponenten $\nu'$

$$(\nu')^2 = \varepsilon \mu \, .$$

In einem bewegten Körper wirken aber außer den in diese Formel eingehenden Feldintensitäten noch die durch die Bewegung erzeugten, denn jeder bewegte elektrisch polarisierter Körper erzeugt ein magnetisches Feld (RÖNTGEN) und jeder magnetisch polarisierte Körper erzeugt ein elektrisches Feld (WILSON). Auf Grund der LORENTZschen Gleichungen (S. 315, **364**) müssen wir in unsere Formel links noch die *induzierten* Feldintensitäten hinzufügen; wir erhalten dann

$$\nu' M - w_c M = \varepsilon E \; ; \qquad \nu' E - w_c E = \mu M \; ; \qquad w_c = \frac{w}{C} \, .$$

Die LORENTZsche Korrektion der Gleichungen (S. 316, **364**) haben wir fortgelassen, weil sie von der zweiten Ordnung in $w_c$ ist und die Versuche von FIZEAU, von welchen gleich die Rede sein wird, besitzen keine so große Genauigkeit, um Größen zweiter Ordnung $(w_c)^2$ berücksichtigen zu müssen. Jetzt erhalten wir für den Brechungsexponent im bewegten Körper

$$(\nu' - w_c)^2 = \varepsilon \mu = \nu^2 \, , \qquad \nu = \frac{c}{c_1}$$

und für die resultierende Lichtgeschwindigkeit relativ zum ruhenden Beobachter

$$c_1 = c_1' + w = c_1 + \left(1 - \frac{1}{\nu^2}\right) w \, .$$

Dieselbe Formel hat schon FRESNEL aus der elastischen Lichttheorie erhalten, wobei er die Annahme gemacht hat, daß der Körper bei seiner Bewegung einen Teil des Lichtäthers mitnimmt und der Faktor $\left(1 - \frac{1}{\nu^2}\right)$ wird deshalb der FRESNELsche Mitführungskoeffizient genannt.

Wir erinnern den Leser daran, daß wir denselben Mitführungskoeffizienten

$$1 - \frac{1}{\nu^2} = \frac{\varepsilon - 1}{\varepsilon} \, .$$

schon in den von RÖNTGEN und EICHENWALD angestellten Versuchen mit bewegten Dielektrika im elektrischen Felde (S. 300, **345**) benutzt haben; durch diesen Faktor wurde nämlich statt der elektrischen Induktion $D$ die elektrische Polarisation $P$ in die Formeln eingeführt und nach der Elektronentheorie werden im bewegten Körper nur die polarisierten Moleküle, nicht aber der zwischen ihnen sich befindende Äther bewegt.

Wir sehen, wie nach der elektromagnetischen Lichttheorie beide Erscheinungen in eine innige Beziehung zueinander gesetzt werden.

Die FRESNELsche Theorie wurde von FIZEAU durch den folgenden äußerst sinnreich angestellten Versuch bestätigt.

Aus der Lichtquelle $L$ (Abb. 599) geht ein Lichtstrahl zum Spiegelsystem $S_1$, $S_2$, $S_3$ und kommt nach dreifacher Reflexion in das Fernrohr $F$ hinein. In $P$ steht eine schwach versilberte Glasplatte, welche die Hälfte des Strahles reflektiert und die Hälfte durchläßt. Durch diese Platte wird also der Lichtstrahl in zwei Hälften geteilt: die eine Hälfte beschreibt den Weg $PS_1S_2S_3P$ und die andere Hälfte einen gerade entgegengesetzten Weg $PS_3S_2S_1P$. In $P$ angelangt werden die Strahlen wieder geteilt: ein Teil geht zur Lichtquelle zurück und der andere Teil kommt in das Fernrohr. Im Fernrohre bilden die beiden vereinigten Strahlen eine Interferenzfigur, d. h. ein System von Interferenzstreifen, welche den verschiedenen Gangunterschieden der in dem Strahl $LSF$ enthaltenen Elementarstrahlen entsprechen. Wenn wir irgendeinen zusätzlichen Gangunterschied im System hervorbringen, z. B. durch Einschalten zwischen den Spiegeln einer Glasplatte oder durch Temperaturveränderung der Luft, so werden die Interferenzstreifen sofort verschoben und nach dieser Verschiebung kann man die Veränderung der Lichtgeschwindigkeit berechnen.

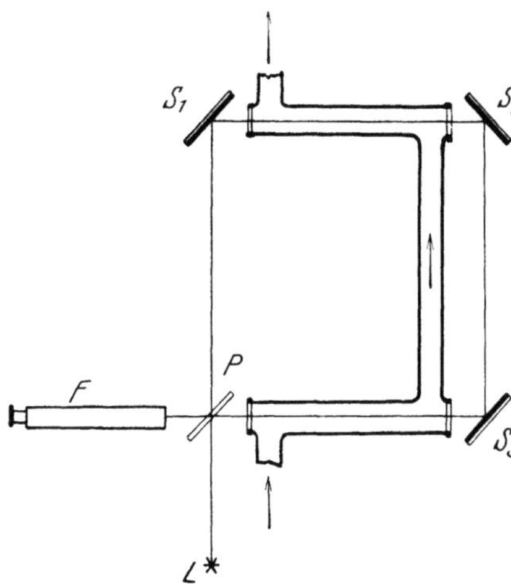

Abb. 599. Versuch von FIZEAU.

Bei FIZEAU befand sich zwischen den Spiegeln ein System von Röhren, durch welche das Wasser mit großer Geschwindigkeit strömte. Die Wasserröhren waren mit Glasfenster versehen, damit die Lichtstrahlen durch sie hindurchgehen konnten. Aus der Abb. 599 ist leicht zu ersehen, daß die Richtung des Wasserstromes mit der Richtung des einen Teilstrahles $PS_3S_2S_1P$ zusammenfällt, der Richtung des anderen Strahles aber entgegengesetzt ist. Dadurch wird in den zwei Teilstrahlen ein Gangunterschied erzeugt und die Interferenzstreifen im Fernrohr werden verschoben. Die Größe dieser Verschiebung entsprach der FRESNELschen Theorie; folglich wird auch die oben angeführte elektromagnetische Theorie durch die FIZEAUschen Versuche bestätigt.

Die späteren mit größerer Genauigkeit angestellten Versuche von MICHELSON, MORLEY und von ZEEMAN haben die Resultate von FIZEAU im wesentlichen bestätigt.

Wir müssen noch hinzufügen, daß die neuere Relativitätstheorie diesen Versuchen eine andere Deutung gibt: nach der Relativitätstheorie bleibt die Lichtgeschwindigkeit in einem bewegten Körper dieselbe wie in einem ruhenden, aber die Zusammensetzung der Geschwindigkeiten $c_1$ und $w$ erfolgt nach anderen Gesetzen. Die Endformel bleibt in erster Annäherung der FRESNELschen Formel gleich.

**653. Der Versuch von MICHELSON.** Schon MAXWELL hat auf die Möglichkeit hingewiesen, durch Messung der Lichtgeschwindigkeit auf der Erdoberfläche die Bewegung der Erde im Raume zu bestimmen, ohne dabei irgendwelche andere Himmelskörper beobachten zu müssen. Ebenso wie durch Beobachtung der Pendelschwingungen nach FOUCAULT die Rotation der Erde bestimmt werden kann, könnte man also durch Messung der Relativgeschwindigkeit des Lichtes die fortschreitende Bewegung der Erde im Sonnensystem feststellen. Nun ist die Erdgeschwindigkeit etwa gleich 30 km in der Sekunde und ihr Verhältnis zu der Lichtgeschwindigkeit ist gleich

$$\frac{9}{e} = \frac{30 \cdot 10^3 \cdot 10^2}{3 \cdot 10^{10}} = 10^{-4} = 0{,}0001\,.$$

Der Versuch muß also entsprechend genau gemacht werden. Eine direkte Messung der Lichtgeschwindigkeit mit solch einer Genauigkeit ist bis jetzt nicht möglich. Geschwindigkeitsdifferenzen können aber mit sehr viel höherer Genauigkeit gemessen werden, wenn man die Erscheinung der Interferenz des Lichtes dazu benutzt.

So einen Apparat (Interferometer) hat A. MICHELSON erfunden und mit ihm den folgenden Versuch realisiert (1881). Der Lichtstrahl einer Lichtquelle $L$ (Abb. 600) trifft eine um 45° gestellte schwach versilberte Glasplatte (wie bei FIZEAU). Der Strahl teilt sich hier: die Hälfte geht zu dem Spiegel $S_1$, die andere Hälfte zum Spiegel $S_2$ hin. Nach der Reflexion an diesen Spiegeln gehen die Strahlen wieder zurück, werden durch die Platte $P$ wieder zerteilt und kommen endlich in das Fernrohr des Beobachters $F$ hinein, wo sie eine Inferenzfigur bilden.

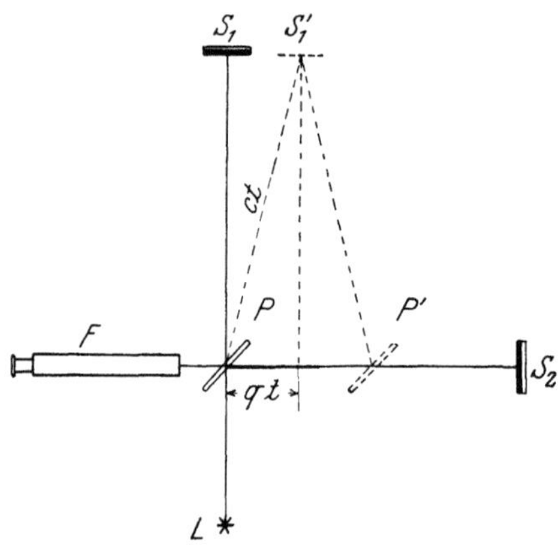

Abb. 600. Versuch von MICHELSON.

Die ganze Anordnung war bei MICHELSON auf einer dicken Steinplatte montiert, die auf Quecksilber schwamm, und man konnte, ohne die geringste Erschütterung oder Deformation hervorzubringen, den Apparat um die Vertikalachse drehen. Nehmen wir an, die Linie $PS_2$ sei *parallel* der Erdbewegung gerichtet. Wir bezeichnen die Lichtgeschwindigkeit im Weltraume mit $c$ und die Geschwindigkeit der fortschreitenden Bewegung der Erde mit $q$; dann wird die *relative* Geschwindigkeit des Lichtes auf der Erde in der Richtung $PS_2$ gleich $c - q$ und in der entgegengesetzten Richtung gleich $c + q$. Die Zeit, welche der Lichtstrahl braucht, um die Apparatenlänge $PS_2 = l$ hin und zurück zu durchlaufen, ist also gleich

$$t_2 = \frac{l}{c+q} + \frac{l}{c-q} = \frac{2lc}{c^2 - q^2} = \frac{2l}{c} \cdot \frac{1}{\varkappa^2}; \qquad \varkappa^2 = 1 - \left(\frac{q}{c}\right)^2.$$

Die andere Hälfte des Lichtstrahles, welche *senkrecht* zu der Erdbewegung fortschreitet, muß, um den bewegten Spiegel $S_1$ einzuholen, im Weltraume den Weg $PS_1'$ beschreiben. Bezeichnen wir die dazu nötige Zeit mit $t$, so wird $PS_1' = ct$. Der von dem Spiegel $S_1$ in derselben Zeit zurückgelegte Weg ist gleich $qt$ und aus der Zeichnung erhalten wir nach dem Pithagoräischen Satze

$$(ct)^2 = (qt)^2 + l^2,$$

woraus sich die zum Durchlaufen des Weges $PS_1'P$ nötige Gesamtzeit ergibt

$$t_1 = 2t = \frac{2l}{\sqrt{c^2 - q^2}} = \frac{2l}{c} \cdot \frac{1}{\varkappa}; \qquad \varkappa = \sqrt{1 - \left(\frac{q}{c}\right)^2}.$$

Wenn die Entfernungen der Spiegel von der Platte $P$ einander gleich sind, erhalten wir für die Zeitdifferenz der beiden Lichtstrahlen

$$t_2 - t_1 = \frac{2l}{c}\left(\frac{1}{\varkappa^2} - \frac{1}{\varkappa}\right).$$

Wir multiplizieren diesen Ausdruck mit der Lichtgeschwindigkeit $c$ und dividieren mit der Wellenlänge $\lambda$ des benutzten Lichts; wir erhalten dann die Wegdifferenz der beiden Strahlen, ausgedrückt in Wellenlängen, als Einheit:

$$\delta = \frac{2l}{\lambda}\left(\frac{1}{\varkappa^2} - \frac{1}{\varkappa}\right).$$

Die im Fernrohr dabei beobachtete Interferenzfigur kann uns von dieser Wegdifferenz noch gar nichts sagen, denn die Lage der Interferenzstreifen wird durch die Art der Aufstellung bedingt und kann durch eine kleine Verschiebung der Spiegel vollständig verändert werden.

Jetzt drehen wir den ganzen Apparat vorsichtig, d. h. möglichst ohne Deformation, um die Vertikalachse auf 90°, bis die Länge $PS_1$ mit der Erdbewegung zusammenfällt. Die Rollen der beiden interferierenden Strahlen werden dabei gegeneinander vertauscht. Die Hälfte des Strahles, welche in der früheren Lage des Apparates gegen die andere Hälfte eine Verspätung $\delta$ hatte, wird jetzt um ebensoviel früher ankommen, und wir werden die gleiche, aber entgegengesetzte Wegdifferenz $-\delta$ der beiden Strahlenhälften erhalten. *Im Vergleich* zu der ersten Beobachtung muß demnach die Interferenzfigur jetzt verschoben erscheinen, und zwar muß die Verschiebung einer Wegdifferenz

$$\delta - (-\delta) = 2\delta$$

entsprechen. Wir können diesen Ausdruck vereinfachen, wenn wir die Größen höherer Ordnung von $(q/c)^2$ vernachlässigen und schreiben

$$2\delta = \frac{4l}{\lambda}\left(\frac{1}{1-\beta^2} - \frac{1}{\sqrt{1-\beta^2}}\right) = \frac{4l}{\lambda}\left[1 + \beta^2 - \left(1 + \frac{1}{2}\beta^2\right)\right] = \frac{2l}{\lambda}\beta^2 .$$

Bei MICHELSON war der Apparat so eingerichtet, daß der Lichtstrahl den Weg zwischen den Spiegeln mehrere Male hin und zurück durchlaufen konnte, ehe er in das Beobachtungsfernrohr hineinkam: wir können also für $l$ die gesamte Lichtweglänge von etwa 12 m einsetzen. Für die Wellenlänge $\lambda$ nehmen wir die des Natriumlichts $\lambda = 6 \cdot 10^{-5}$ cm und erhalten dann

$$\frac{2l}{\lambda}\beta^2 = \frac{24 \cdot 10^2}{6 \cdot 10^{-5}} 10^{-8} = 0{,}4 .$$

Obgleich MICHELSON mit seinem Apparate eine Verschiebung der Interferenzstreifen von 0,01 Streifenbreite sicher nachweisen imstande war, konnte er bei diesem Versuch die erwartete Verschiebung dennoch nicht feststellen. Der Versuch erwies sich also als *negativ*.

Es entstand also ein Widerspruch mit der Theorie und um ihn zu erklären, mußte man nach neuen Hypothesen suchen; eine solche Hypothese wurde von FIZGERALD und von H. A. LORENTZ in folgender Form vorgeschlagen: alle Körper (und folglich auch der MICHELSONsche Apparat) haben die Eigenschaft, sich bei ihrer Bewegung im Raume zu deformieren, und zwar in der Richtung der Bewegung im Verhältnis $\varkappa$ sich zu verkürzen. Wenn wir den ersten Lichtweg $(t_2)$ mit $\varkappa$ multiplizieren, so erhalten wir in der Tat für beide Lichtwege die gleiche Zeit $t_1 = t_2$; das Umdrehen des Apparates kann also keine Verschiebung der Interferenzstreifen hervorbringen. H. A. LORENTZ hat auch rein elektromagnetische Ursachen angeführt, welche diese Hypothese rechtfertigen. Wir bemerken dabei, daß in dem MICHELSONschen Versuche der Faktor $\varkappa$ *derselbe* ist wie in der LORENTZschen Korrektion der MAXWELLschen Gleichungen (S. 316, **364**).

Einen anderen Weg hat EINSTEIN eingeschlagen. EINSTEIN hat den MICHELSONschen Versuch (zusammen mit noch anderen negativen Versuchen) zu einem allgemeinen Prinzip erhoben, nach welchem eine absolute Bewegung im Weltraume überhaupt nicht nachweisbar sei.

Nach EINSTEIN muß in einem bewegten Körper nicht nur die Länge $l$ mit $\varkappa$ multipliziert werden (Längendeformation), sondern auch die Zeit (Zeitdeformation). Multiplizieren wir unsere Zeiten $t_1$ und $t_2$ noch mit $\varkappa$, so werden sie nicht nur einander gleich wie bei LORENTZ, sondern es wird auch die *relative* Geschwindigkeit des Lichtes auf der Erdoberfläche $\frac{2l}{t} = c$, d. h. gleich der Geschwindigkeit des Lichtes in ruhenden Körpern. Die EINSTEINsche Theorie liegt aber außerhalb des Rahmens dieses Buches und wir können auf sie hier nicht eingehen.

## 2. Röntgenstrahlen.

**654. Die Entdeckung von RÖNTGEN.** Im Jahre 1895 hat RÖNTGEN eine epochemachende Entdeckung gemacht; er bemerkte, daß die CROOKESsche Entladungsröhre eine neue Art von Strahlen aussendet, die zwar mit dem Auge nicht wahrgenommen werden, aber eine starke Lumineszenz im Bariumplatinzyanürschirm erregen. Bei näherer Untersuchung hat sich ergeben, daß diese Strahlen von den Stellen der Glasröhre ausgehen, wo die Kathodenstrahlen auftreffen. Es hat sich weiter herausgestellt, daß nicht nur das Glas der Röhre, sondern auch alle anderen Körper die Röntgenstrahlen aussenden können, wenn sie von den Kathodenstrahlen getroffen werden; namentlich die schweren Metalle erwiesen sich für die Erzeugung von Röntgenstrahlen am geeignetsten.

Die Röntgenstrahlen haben folgende Eigenschaften. Sie gehen durch das Glas der CROOKESschen Röhre durch und unterscheiden sich dadurch von den Kathodenstrahlen; sie werden weder von einem elektrischen noch von einem magnetischen Felde beeinflußt.

Die Gase werden durch Röntgenstrahlen ionisiert und erhalten eine merkliche Leitfähigkeit. Wenn man ein geladenes Elektroskop sogar von weitem mit Röntgenstrahlen bestrahlt, verliert es sofort seine Ladung, weil nämlich die Luft in seiner Umgebung leitend wird.

Die Röntgenstrahlen erzeugen, wie gesagt, eine starke Lumineszenz und übertreffen in dieser Beziehung die ultravioletten Strahlen. Die Körper, welche sonst zu der Demonstration der Ultraviolettlumineszenz dienen, wie z. B. ein mit feinen Kristallchen von Bariumplatinzyanür bestrichener Karton, lumineszierte stark in grünlichgelber Farbe unter der Wirkung der Röntgenstrahlen. Mit einem solchen Bariumplatinzyanürschirm hat eben RÖNTGEN seine Entdeckung gemacht. Der Unterschied zwischen den ultravioletten Strahlen und den Röntgenstrahlen ist aber der, daß die letzteren durch den Karton ungehindert durchgehen können, die ersten aber nicht. Wir können demnach bei der Beobachtung der Röntgenlumineszenz die freie Kartonfläche der Quelle der Röntgenstrahlen zuwenden, die Bariumplatinzyanürschicht dem Auge des Beobachters zugekehrt ist. Die Strahlen dringen durch den Karton durch und erregen die Lumineszenz der Schicht.

Befindet sich zwischen der Strahlenquelle und dem Karton irgendein Körper, so wird von dem Körper im allgemeinen ein Teil der Röntgenstrahlung abgeschirmt. Auf dem lumineszierenden Schirme werden wir daher einen mehr oder minder dunklen Schatten des betreffenden Körpers sehen.

Endlich wirken die Röntgenstrahlen, ebenso wie die sichtbaren Lichtstrahlen und die unsichtbaren ultravioletten Strahlen, auf die photographische Platte. Wir können also bei den Untersuchungen der Röntgenstrahlen den lumineszierenden Schirm durch eine photographische Platte ersetzen und so die Erscheinung fixieren. Bei der Aufnahme solcher Schattenbilder kann die photographische Platte in undurchsichtiges schwarzes Papier eingewickelt werden; es kann sogar die Platte in einer Holzkassette liegen. Der ganze Versuch kann bei Tagesbeleuchtung ausgeführt werden, denn das gewöhnliche Licht geht durch das Papier und das Holz nicht durch, die Röntgenstrahlen dagegen können fast ungeschwächt ihre Wirkung auf die photographische Platte ausüben.

Aus verschiedenen Röntgenröhren und bei verschiedenen Bedingungen erhält man auch verschiedene Röntgenstrahlen. Die Röntgenstrahlen, welche von den Körpern stark absorbiert werden, hat RÖNTGEN *weiche* Strahlen genannt, die durchdringliche Strahlung *harte* Strahlen.

Da die Natur der Strahlen bei den ersten Untersuchungen noch nicht festgestellt werden konnte, hat RÖNTGEN die von ihm entdeckten Strahlen X-Strahlen genannt.

Der Versuch zeigt, daß im allgemeinen die X-Strahlen die Körper um so leichter durchdringen, je kleiner die Dichte des Körpers ist. Am wenigsten durchdringlich für die X-Strahlen ist das Blei und seine Verbindungen; am besten läßt die X-Strahlen das Aluminium durch. Aluminium ist sogar durchdringlicher als Glas, was durch den folgenden hübschen Versuch demonstriert werden kann. Man nimmt eine Aluminiumplatte mit einer Öffnung in der Mitte und bedeckt die Öffnung mit einer Glasscheibe; diese Öffnung ist bei gewöhnlichem Lichte wie ein Fenster durchsichtig. Schiebt man aber die Aluminiumplatte zwischen einer Röntgenröhre und einem Bariumplatinzyanürschirm ein, so sieht man auf dem Schirm gerade das Entgegengesetzte: einen dunklen Schatten von der Glasscheibe auf einem verhältnismäßig hellen Grunde.

Die Knochen des Menschen sind weniger durchlässig als die Muskeln und die Haut, und dieser Umstand erlaubte RÖNTGEN, zum erstenmal das Gerippe eines lebenden Menschen durch die Haut und die Muskeln hindurch zu beobachten. Es ist jetzt allgemein bekannt, welch großen Nutzen diese Entdeckung für die angewandte und wissenschaftliche Medizin gebracht hat.

Die Röntgenstrahlen üben eine starke physiologische Wirkung aus und werden jetzt zu therapeutischen Heilzwecken in mannigfaltigster Weise verwendet. Anderseits muß der mit Röntgenstrahlen Experimentierende eine gewisse Vorsicht verwenden. Es ist klar, daß die Strahlen dort ihre photochemische Wirkung am meisten ausüben, wo sie stark absorbiert werden; weiche Strahlen werden daher schon auf die Haut wirken und Hautentzündungen hervorrufen, harte Strahlen können analoge Wirkungen in der Nähe der Knochen ausüben. Es muß noch beachtet werden, daß man die Wirkung der Strahlen nicht im Moment der Bestrahlung empfindet, sondern nach einer gewissen Zeit, manchmal erst am anderen Tage. Um sich von den Wirkungen der X-Strahlen zu schützen, gebraucht man Bleischirme, Bleischürzen usw. Den Lumineszenzschirm bedeckt man während der Beobachtung mit einem bleihaltigen Glase, oder man zieht eine Bleimaske oder Brillen aus Bleiglas an.

**655. Röntgenröhren.** Die modernen Röntgenröhren kann man in zwei große Klassen einteilen: die gewöhnlichen, früher ausschließlich verwendeten Röhren mit *kalter* Kathode und Gasfüllung und zweitens die Coolidgeröhren mit Glühkathode und einem möglichst hohen Vakuum.

Wir beschreiben zunächst die gewöhnlichen Röntgenröhren.

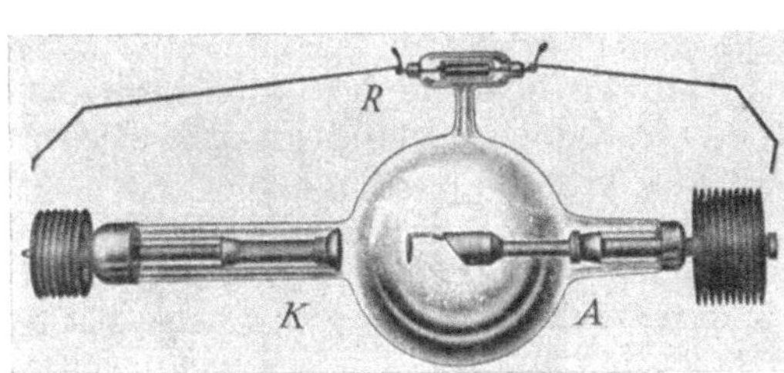

Abb. 601. Röntgenröhre.

In einem kugelförmigen Glasgefäß (Abb. 601) ist der außer der Kathode und Anode noch eine dritte Elektrode gegenüber der Kathode befestigt, welche man Antikathode nennt. Die Antikathode wird von den Kathodenstrahlen getroffen und sendet X-Strahlen aus. Als Antikathodenmaterial erwies sich am besten

Wolfram, dank seinem hohen Schmelzpunkte (etwa bei 3300°) und großer Wärmeleitfähigkeit, denn die Kathodenstrahlen erzeugen beim Aufprallen auf die Antikathode eine erhebliche Wärmemenge. Die Lage der Anode in der Röhre hat keine große Bedeutung; mit ihr wird meistens die Antikathode außen durch einen Draht verbunden, damit die auf der Antikathode sich sammelnde negative Elektrizität abfließen kann. Aus der Antikathode gehen nach allen Richtungen die Röntgenstrahlen aus, aber am stärksten in der Richtung *normal* zur Oberfläche.

Ist die Röhre für Diagnostik bestimmt oder überhaupt für photographische Zwecke, so muß die Röntgenstrahlenquelle in der Antikathode möglichst punktförmig sein; bei einer punktförmigen Quelle werden alle Schatten sehr scharf. Anderseits, wenn man alle Elektronen in ein und denselben Punkt der Antikathode auffallen läßt, was durch eine entsprechend konkav geformte Kathode leicht zu erzielen ist, so wird der Brennfleck zu stark erwärmt und kann sogar schmelzen. Man macht also den Brennfleck so klein wie möglich (von 3 bis 5 mm Durchmesser) und um schärfere Schatten zu bekommen, stellt man die Röhre möglichst weit von dem schattenwerfenden Körper und von dem Schirm.

Ist die Röhre dagegen für Therapie bestimmt, so braucht der Brennfleck nicht so klein zu sein; dafür muß aber für gute Abführung der Wärme von der Antikathode gesorgt werden. Die Röntgendiagnostik und Photographie nehmen nämlich nur einige Sekunden Zeit in Anspruch, die Bestrahlung bei Therapie dauert manchmal einige Stunden.

Die durch die stoßenden Elektronen zum Glühen erwärmte Antikathode kann die in ihr okkludierte Gase freilassen und das Vakuum der Röhre verderben. Die Gase erhöhen zwar die Leitfähigkeit der Röhre und die Stromstärke wird dadurch größer, aber die Geschwindigkeit der Elektronen wird kleiner und die erzeugten Röntgenstrahlen werden *weicher*. Bei sehr weichen Strahlen wird der Unterschied zwischen den Schatten der Knochen und der Muskeln schon so klein, daß man sie nicht gut unterscheiden kann.

Dieser Nachteil wird vermieden, wenn man beim Evakuieren der Röhren das Glas und gleichzeitig alle inneren metallischen Teile erwärmt und auf diese Weise sie von den absorbierten Gasen nach Möglichkeit befreit. Außerdem werden Antikathoden oft mit sog. Rippenkühlung (Abb. 601) oder mit Wasserkühlung (Abb. 602) eingerichtet.

Bei Gasentladungen findet noch eine andere Erscheinung statt, nämlich die *Kathodenzerstäubung*. Beim Heraustreten aus dem Metall reißen die Elektronen Metallpartikelchen mit sich, welche als feiner Staub die innere Glaswand der Röhre bedecken. Am wenigsten von allen Metallen wird Aluminium zerstäubt. Auch wirkt bei dieser Erscheinung der Gasinhalt der Röhre; Quecksilberdampf erhöht die Zerstäubung, andere Gase setzen sie herab. Man füllt deshalb die Röntgenröhren manchmal mit Argon.

Die Kathodenstrahlen rufen in der Antikathode sog. sekundäre Kathodenstrahlen hervor. Die sekundären Kathodenstrahlen haben zwar eine geringere Geschwindigkeit, aber sie sind doch imstande, ihrerseits Röntgenstrahlen zu erzeugen. Man sieht z. B., wie die Glaswand der Röhre gegenüber der Antikathode grünlich luminesziert; sie sendet dabei auch Röntgenstrahlen aus. Alle solche Nebenquellen der Röntgenstrahlen werden das Schattenbild auf dem Leuchtschirme und auf der photographischen Platte durch Nebenschatten verderben. Zur Verbesserung des Bildes verwendet man Bleischirme mit kleiner Öffnung, sog. *Blenden*, welche die fremde Strahlung abblenden.

Die sekundären Kathodenstrahlen haben noch eine unangenehme Folge; die Antikathode wird dabei selbst zur Kathode und fängt an zu zerstäuben. Die

Antikathode kann aber aus Aluminium nicht gemacht werden, weil dazu ein schwereres Metall wie Wolfram unbedingt nötig ist. Wir sehen also, daß die Kathode und die Antikathode einer Röntgenröhre mit der Zeit zerstäubt werden. Das sieht man schon daran, daß die Oberfläche der Röhre innen geschwärzt wird. Der auf der Oberfläche sich niedersetzende Metallstaub absorbiert wegen seiner starken Oberflächenwirkung das in der Röhre noch enthaltene Gas; dadurch wird der Widerstand der Röhre immer größer und größer, bis sie schließlich überhaupt keinen Strom durchläßt. Durch entsprechende Erhöhung der Potentialdifferenz kann man zwar durch die Röhre einen Strom durchschicken, aber man erhält dabei sehr harte X-Strahlen, die wegen der kleinen Stromstärke sehr schwach sind.

Wir sehen daraus, daß eine gewöhnliche Röntgenröhre bald weiche, bald harte Strahlen geben kann und, um eine bestimmte Härte der Strahlen zu erhalten, muß noch irgendeine Vorrichtung getroffen werden, welche den Gasinhalt der Röhre zu regulieren erlaubt. Von allem zu diesem Zweck erfundenen Einrichtungen ist wohl die einfachste und verbreitetste die sog. Osmoregulierung. In einem kleinen Nebenröhrchen wird ein kurzes Palladiumdrähtchen eingeschmolzen. Das Palladium hat die Eigenschaft, namentlich beim Erwärmen Wasserstoffgas durchzulassen. Erwärmt man das äußere Ende des Drähtchens mit einer Spirituslampe, so geht ein wenig Wasserstoff in die Röhre hinein und die Röhre wird weicher. Es sind auch andere Regulatoren erfunden worden. Dennoch ist eine solche Gasdruckregulierung in einer Röntgenröhre immer eine unsichere Manipulation, und man hat oft vorgezogen, einen Vorrat von mehreren Röhren von verschiedener Härte sich anzuschaffen und jedesmal die zu wählen, welche dem Zwecke am besten paßt.

**656. Coolidgeröhre.** Die Idee, eine Glühkathode in der Röntgenröhre anzuwenden, haben fast gleichzeitig COOLIDGE in Amerika und LILIENFELD in Wien realisiert. Wir wollen hier die Coolidgeröhre beschreiben, weil ihre Konstruktion einfacher ist. Wir müssen hervorheben, daß beide Typen von Röhren

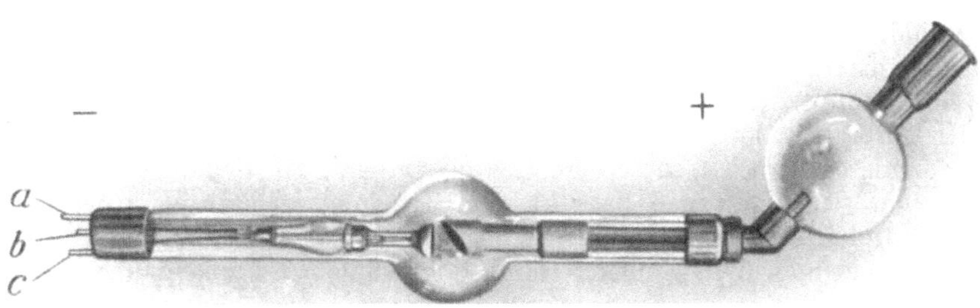


Abb. 602. Coolidgeröhre mit Wasserkühlung.

ihre Vorzüge gegenüber den gewöhnlichen Röntgenröhren nur dann voll entwickeln konnten, als man gelernt hat, ein hohes und dauerhaftes Vakuum in den Röhren herzustellen.

In der Coolidgeröhre (Abb. 602) besteht die Kathode aus einem feinen, in Form einer Spirale gewundenen Wolframdraht, welcher durch einen elektrischen Strom in glühendem Zustande unterhalten wird und die für den Stromdurchgang nötigen Thermoelektronen liefert. Die Stromstärke und die Intensität der Röntgenstrahlen wird hier also von der Größe der Oberfläche der Kathode und von ihrer Glühtemperatur abhängen. Die Geschwindigkeit der Kathodenstrahlen hängt von der angelegten Potentialdifferenz ab; von der letzteren wird also auch der Härtegrad der Strahlen abhängen. Daraus sehen wir, daß wir bei einer Coolidgeröhre die Möglichkeit haben, die Intensität und die Härte der Strahlen ganz unabhängig voneinander zu regulieren, was bei den gewöhnlichen Röhren nicht möglich ist.

Da die Coolidgeröhre für den Stromdurchgang keiner Gasfüllung bedarf und im Gegenteil bei ihrer Herstellung möglichst sorgfältig vom Gase befreit werden muß, so fallen auch alle obenerwähnten Komplikationen mit der Gasregulierung fort.

Die Abb. 603 stellt drei verschiedene Photographien eines Kniegelenks dar, welche mit ein und derselben Coolidgeröhre gemacht worden sind. Die Stromstärke war in allen Fällen 0,004 Ampere. Die Strahlen waren in der ersten

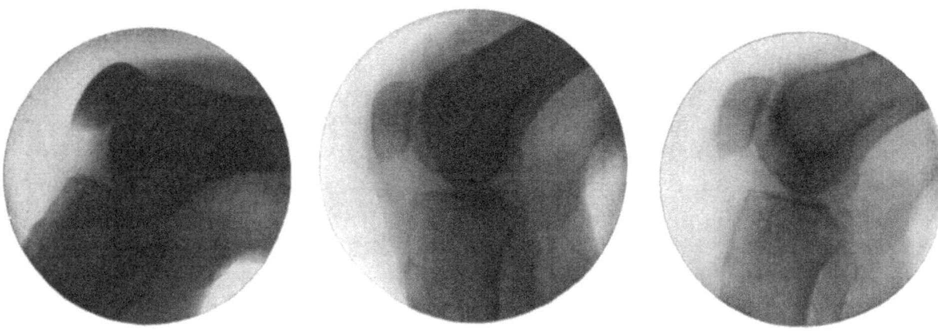

a) 30000 Volt b) 50000 Volt c) 70000 Volt

Abb. 603. Röntgenphotographien eines Kniegelenks.

Aufnahme (30000 Volt) zu weich; bei der letzten Aufnahme waren sie zu hart und nur bei der zweiten Aufnahme mit einer Potentialdifferenz von 50000 Volt sind die besten Bedingungen erzielt worden.

Es sind schon Coolidgeröhren gebaut worden, welche bis zu 14 kW Leistung aushalten. Man verwendet Potentialdifferenzen von 50000 bis 200000 Volt und Stromstärken von 3 bis 200 Milliampere.

**657. Röntgentechnik.** Um die Röntgenröhre oder die Coolidgeröhre zu betätigen, braucht man meistens hohe Spannungen. Elektrostatische Maschinen sind für diesen Zweck nicht geeignet, weil sie eine zu kleine Leistung haben, Akkumulatoren sind wegen ihrer kleinen Spannung zu unbequem; es bleiben also nur Induktoren, d. h. im allgemeinen Transformatoren übrig.

Bei kleinen Röhren genügen Induktoren mit einer Funkenlänge von etwa 25 bis 50 cm. Will man intensivere Strahlen erzeugen, so muß außer der hohen Spannung der Induktor auch eine genügende Stromstärke liefern; seine Spulen müssen eine nicht zu dünne Drahtwicklung haben und müssen für eine entsprechend große Leistung berechnet werden. Eine mittlere Stromstärke von 5 Milliampere genügt schon für die meisten diagnostischen Zwecke. Bei sehr kurzer Belastung, welche Dessauer benutzt hat, z. B. $^1/_{500}$ Sekunde, können Ströme von 400 Milliampere durch eine gewöhnliche Röntgenröhre durchgeschickt werden.

Wir wissen, daß bei Verwendung der üblichen Unterbrecher die Sekundärspulen der Induktoren einen Wechselstrom liefern. Eine Röntgenröhre erfordert aber einen Gleichstrom oder wenigstens einen Strom, der stets in gleicher Richtung geht. Ein Strom in der entgegengesetzten Richtung, auch wenn er verhältnismäßig schwach ist, kann für eine Röntgenröhre schädlich sein, denn dabei würde die heiße Antikathode als Kathode wirken und Elektronen aussenden, welche die gegenüberliegende Röhrenwand erhitzen und die Antikathode zerstäuben. Man verwendete daher früher in der Sekundärspule eine Ventilröhre zur Gleichrichtung des Stromes (S. 400, **456**).

In den modernen Röntgeneinrichtungen benutzt man meistens Transformatoren, welche direkt von dem städtischen Wechselstrom mit 50 Perioden gespeist werden. Man erhält dabei natürlich auch in der Sekundärspule einen Wechselstrom, den man dann durch irgendeinen Apparat gleichrichten muß. Eine Zeitlang wurden dazu mechanische Kommutatoren gebraucht, die von einem Synchronmotor angetrieben wurden. Derartige Kommutatoren sind aber recht unbequem; sie enthalten schnell rotierende Teile, geben bei der Kommutierung starke Funken und erzeugen ein ziemlich unangenehmes Geräusch. Man ist deshalb in der letzten Zeit zu den Glühkathodengleichrichtern übergegangen. In der Abb. 604 ist das Schema einer Röntgeneinrichtung gezeichnet mit Glühkathodengleichrichter. In dieser Zeichnung sind $V_1$ und $V_2$ zwei Gleichrichterröhren, die mit zwei Kapazitäten $C$ an die Sekundärspule eines Transformators $T$ angeschaltet sind. Die inneren Belegungen der Zylinderkondensatoren dienen als Elektrizitätsquelle für die Coolidgeröhre $R$; $M$ ist ein Milliamperemeter. Die Kondensatoren dienen dazu, um den gleichgerichteten, pulsierenden Strom nach Möglichkeit auszugleichen (vgl. S. 484, **542**, Abb. 457).

Ein Kondensator von etwa 5000 cm Kapazität genügt schon, um die Potentialdifferenz von 200000 Volt bis auf etwa 3,5% konstant zu erhalten.

Der zur Erwärmung der Glühkathoden der Gleichrichter und der Coolidgeröhre nötige Strom kann auch von der städtischen Wechselstromzentrale entnommen werden (in Abb. 604, $H$). Durch Regulierung der

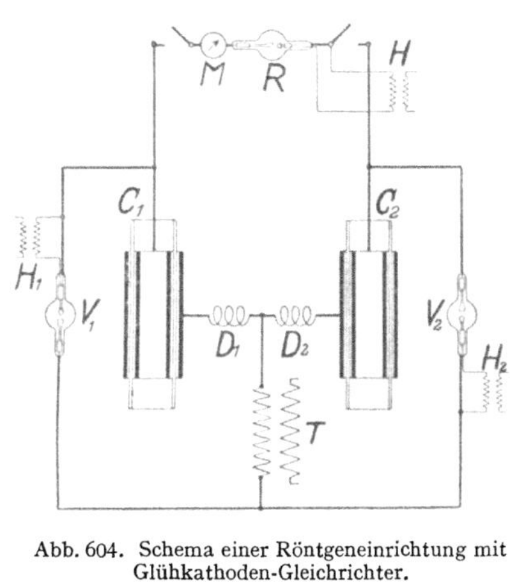


Abb. 604. Schema einer Röntgeneinrichtung mit Glühkathoden-Gleichrichter.

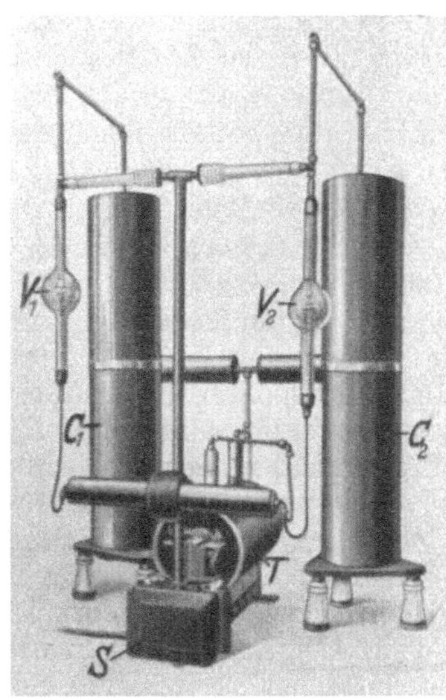


Abb. 605. Die Außenansicht einer modernen Röntgeneinrichtung.

Spannung des Haupttransformators verändert man die Härte der Strahlen, durch Regulierung des Heitzstromes kann die Intensität der Strahlen verändert werden.

Die Abb. 605 stellt die Außensicht einer Röntgeneinrichtung nach diesem Schema dar (Stabilivolt von Siemens-Reiniger-Veifa). Die Zylinderkondensatoren sind etwa 3 m hoch. Das Kabel $S$ führt zum Schalttisch.

Mit den modernen Vervollständigungen in der Röntgentechnik ist das Anwendungsgebiet der Röntgenstrahlen entsprechend erweitert worden. Man hat schon kinematographische Aufnahmen der Herzbewegungen mit Röntgenstrahlen gemacht. Bei Verwendung von zwei Röhren gleichzeitig können stereoskopische Röntgenbilder erzeugt werden; durch das Reliefsehen ist es leichter, in dem Röntgenbilde sich zu orientieren. Auch Stereometer sind für Röntgenstrahlen gebaut worden, um die Lage irgendeines Objektes im Innern des menschlichen Körpers messend genau feststellen zu können.

In der Technik dienen die Röntgenstrahlen, um das Innere der Metalle zu untersuchen oder fertige metallische Gegenstände auf ihre Homogenität zu prüfen u. a. m.

**658. Die Natur der Röntgenstrahlen.** Wir haben schon erwähnt, daß die Röntgenstrahlen von den sie erzeugenden Kathodenstrahlen wesentlich verschieden sind, denn sie sind nicht geladen. Anderseits hat man bei ihnen weder eine Reflexion noch eine Brechung konstatieren können, wodurch sie sich von den gewöhnlichen Lichtstrahlen unterscheiden. Dennoch sind die Röntgenstrahlen ihrem Wesen nach mit den Lichtstrahlen identisch, sie besitzen aber eine viel kleinere Wellenlänge.

STOKES hat die Hypothese aufgestellt, daß die Röntgenstrahlen sehr kurze elektromagnetische Impulse sind, die bei der plötzlichen Geschwindigkeitsänderung der Elektronen an der Antikathode entstehen. Ein bewegtes Elektron führt nämlich außer seinem elektrischen Felde noch ein magnetisches Feld mit sich. Beim plötzlichen Stillstand des Elektrons an der Antikathode verschwindet das Magnetfeld, und nach MAXWELL muß dabei im umgebenden Dielektrikum ein elektrisches Feld induziert werden, welches dann in Form von einer Impulswelle in den Raum ausgestrahlt wird (vgl. S. 309, Abb. 321). Je größer die Geschwindigkeit der Elektronen und je plötzlicher das Magnetfeld verschwindet, desto kürzer wird der elektromagnetische Impuls der erzeugten Strahlung. Aus dieser Hypothese folgt, daß die harten X-Strahlen einem kürzeren Impuls und einer kürzeren Wellenlänge entsprechen, die weichen X-Strahlen dagegen einer längeren Wellenlänge.

Die STOKESsche Hypothese wird noch dadurch bekräftigt, daß die Röntgenstrahlen eine große Ähnlichkeit mit den kurzwelligen ultravioletten Strahlen haben: sie sind unsichtbar, erregen eine starke Lumineszenz, sie wirken auf die photographische Platte, erzeugen den photoelektrischen Hertz-Hallwachs-Effekt und ionisieren die Luft. Alle diese Eigenschaften haben auch die ultravioletten Strahlen, aber im allgemeinen in geringerem Maße.

Das Fehlen einer regelmäßigen Reflexion der Röntgenstrahlen erklärt sich ebenso ungezwungen durch ihre kleine Wellenlänge. Die gewöhnlichen Spiegel ergeben eine regelmäßige Reflexion des Lichtes, weil sie relativ zu der Wellenlänge des sichtbaren Lichtes als genügend „glatt" angenommen werden können. In Wirklichkeit aber besteht die reflektierende Oberfläche aus einzelnen Molekülen, und bei kleinen Wellenlängen wird sie schon „rauh" erscheinen; die Reflexion wird nicht mehr regelmäßig, sondern *diffus*. Eine diffuse Reflexion des Lichtes erfolgt z. B. am weißen Papier. Die ultravioletten kurzwelligen Strahlen werden aber sogar am gut polierten Metallspiegel schon merkbar diffus reflektiert usw.

Was endlich die Brechung betrifft, so haben wir schon bei der Besprechung der Dispersionstheorie bemerkt, daß bei sehr kleinen Wellenlängen schließlich der Brechungsindex gleich Eins werden muß (S. 582, **645**), und das heißt ja nichts anderes, als daß bei kleinen Wellenlängen eine Brechung nicht stattfindet.

**659. Polarisation der X-Strahlen.** Die soeben erwähnte Diffusion oder Streuung der X-Strahlen erfolgt nicht nur an der Oberfläche der Körper, sondern auch im Inneren derselben. Die X-Strahlen werden dank ihrer kleinen Wellenlänge von den einzelnen Molekülen und Atomen ebenso diffus reflektiert oder zerstreut wie z. B. das gewöhnliche Licht von den Staubteilchen in einer trüben Flüssigkeit. Wir wissen aber aus der Optik, daß eine Diffusion des Lichtes stets von einer Polarisation desselben begleitet wird. Schickt man einen *polarisierten* Lichtstrahl durch eine trübe Flüssigkeit durch, z. B. durch das Wasser, welches durch Zusatz von ein wenig alkoholischer Schellacklösung getrübt ist, so kann man den Weg des Lichtstrahles im trüben Wasser sehr gut sehen, aber nicht von allen Seiten. Blickt man in der Richtung der Polarisationsebene des Strahles, so sieht man die Lichtsäule sehr gut; in der Richtung der Lichtschwingungen dagegen scheint das Wasser ganz gleichmäßig und schwach beleuchtet. Diese Erscheinung gab dem englischen Physiker C. G. BARKLA den Anstoß, einen analogen Versuch mit Röntgenstrahlen anzustellen.

Um die Versuchsanordnung klarer zu übersehen, stellen wir uns vor (Abb. 606), die Linie $KA$ sei der Weg der Kathodenstrahlen, welche plötzlich an der Antikathode $A$ gebremst werden. Aus der Antikathode gehen nach allen Richtungen Röntgenstrahlen aus, und einige von ihnen fallen auf den Körper $O$ auf, wo sie diffus zerstreut werden. Aber diese Diffusion kann nicht nach allen Richtungen gleichmäßig erfolgen, denn der Strahl $AO$ ist schon polarisiert. In der Tat, das magnetische Feld der fliegenden Elektronen liegt in den Ebenen, welche senkrecht zu $AK$ liegen; beim Verschwinden dieses Feldes während des Aufpralles der Elektronen an die Antikathode wird ein elektrisches Feld induziert, welches senkrecht zu dem Magnetfeld stehen muß, also dieselbe Richtung hat wie $AK$. Daraus folgt, daß in dem Röntgenstrahl $AO$ die elektrische Feldintensität $E$ parallel (Abb. 606) zu der Ebene $KAO$ stehen muß. Bei der Streuung der Strahlen im Körper $O$ bleibt die Schwingungsrichtung $YY$ erhalten. Wir wissen aber, daß die elektromagnetischen Wellen transversal sind, und daß eine längs $YY$ stattfindende Schwingung sich in derselben $YY$-Richtung nicht ausbreiten kann. Die Röntgenstrahlen werden daher hauptsächlich in der Richtung $XX$ von dem Körper $O$ zerstreut.

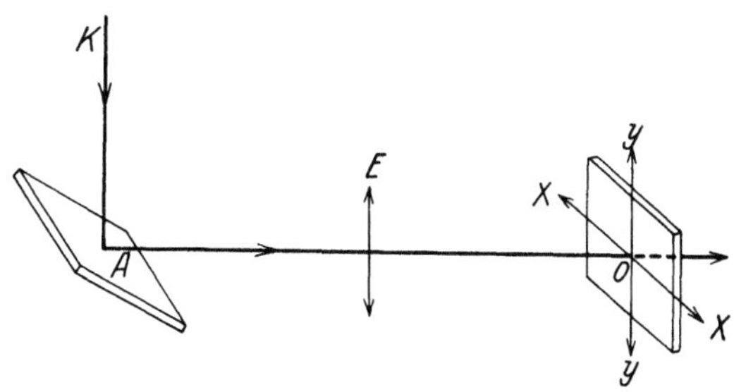

Abb. 606. Polarisation der Röntgenstrahlen.

BARKLA hat die Intensität der zerstreuten X-Strahlen nach allen Richtungen normal zum einfallenden Strahle $AO$ untersucht und gefunden, daß in der Tat die Diffusion in der $XX$-Richtung am stärksten erfolgt. Dadurch ist erstens die Hypothese von STOKES bestätigt worden, und zweitens ist gezeigt worden, daß die Röntgenstrahlen polarisiert sind, also *transversale* elektromagnetische Wellen vorstellen.

**660. Sekundäre Röntgenstrahlen.** Zu der soeben gegebenen schematischen Beschreibung der BARKLAschen Versuche muß aber hinzugefügt werden, daß die Polarisation des Strahles $AO$ in Wirklichkeit keine so vollständige ist, wie es nach der Impulstheorie von STOKES sein sollte. Bei hohen Potentialdifferenzen in der Röntgenröhre, d. h. bei großen Geschwindigkeiten der Elektronen, werden in der Antikathode außer der STOKESschen impulsiven Welle auch noch andere Wellen erzeugt, die nicht von den gebremsten Elektronen, sondern von den Atomen der Antikathode ausgesandt werden. Die Wellenlängen dieser Strahlen hängen nicht von der Art der Bremsung der auffallenden Elektronen ab, sondern vom Material der Antikathode selbst. Man hat deshalb diese Strahlen *charakteristische* Strahlen des Antikathodenmaterials genannt. Die charakteristischen Strahlen haben eine gewisse Analogie mit den sichtbaren Strahlen, welche z. B. in der Glaswand einer Röntgenröhre durch die Elektronenstöße der Kathodenstrahlen erzeugt werden.

Die Schwingungsrichtung der charakteristischen Strahlen ist nicht so unmittelbar von der Richtung der Elektronenstöße abhängig, und sie sind deshalb nicht polarisiert. Bei den BARKLAschen Versuchen werden die charakteristischen Strahlen störend wirken; der Unterschied der Strahlung in den $XX$- und $YY$-Richtungen wird nicht so groß, wie es bei vollständiger Polarisation sein sollte. Um sich von diesem störenden Einfluß der charakteristischen Strahlung der Antikathode nach Möglichkeit zu befreien, muß die Geschwindigkeit der Elektronen $KA$, also die Potentialdifferenz in der Röhre, möglichst klein genommen werden.

Das ist aber noch nicht alles. Wenn die Röntgenstrahlen auf irgendeinen Körper treffen, bemerkt man außer der diffusreflektierten Primärstrahlung noch eine neue, sog. *sekundäre* Strahlung, die unter der Wirkung der primären, einfallenden Strahlen im Körper $O$ selbst entsteht. Die Erscheinung der Sekundärstrahlen, welche auch charakteristisch für den sie aussendenden Körper sind und für verschiedene Körper verschieden sein können, erinnert uns an die sichtbaren Lumineszenzerscheinungen, welche unter der Wirkung des ultravioletten Lichtes in den Körpern entstehen. Wir haben schon früher gesehen, daß unter der Wirkung der Röntgenstrahlen die Kriställchen des Bariumplatinzyanürs ein gelblichgrünes Lumineszenzlicht aussenden; in analoger Weise können die Röntgenstrahlen auch eine *unsichtbare* Lumineszenz, d. h. charakteristische, sekundäre Röntgenstrahlen in einem Körper erzeugen.

Für die sichtbare Lumineszenz hat STOKES eine ganz allgemeine Regel aufgestellt: Die Wellenlänge der Lumineszenzstrahlen ist stets *größer* als die Wellenlänge der primären, erregenden Strahlen. Lumineszierte z. B. irgendein Körper mit gelblichgrünem Lichte, so können die roten Strahlen mit größerer Wellenlänge in ihm diese Lumineszenz nicht erzeugen; es müssen dazu violette oder noch besser ultraviolette Strahlen benutzt werden. Dieselbe STOKESsche Regel gilt auch für die Röntgenstrahlen. Für die Erregung der charakteristischen Strahlen müssen stets Strahlen von relativ *kleineren* Wellenlängen, also relativ *härtere* Röntgenstrahlen benutzt werden.

Die Versuche von BARKLA haben gezeigt, daß die Abhängigkeit der Streuung der primären Röntgenstrahlen von der Richtung viel ausgeprägter ist, wenn man den zerstreuenden Körper aus Kohle, Paraffin oder Papier nimmt; bei diesen Körpern werden die Sekundärstrahlen nicht bemerkbar.

Zum Schluß wollen wir noch hinzufügen, daß unter der Wirkung der Röntgenstrahlen in dem bestrahlten Körper außer der charakteristischen Strahlung auch sekundäre Kathodenstrahlen entstehen können. Auch diese Erscheinung hat ihr Analogon bei den Lichtstrahlen. Wir wissen nämlich, daß unter der Wirkung der Lichtstrahlen, hauptsächlich von Lichtstrahlen kleiner Wellenlänge, mehrere Körper ihre negative elektrische Ladung verlieren, d. h. Kathodenstrahlen aussenden. Diese Erscheinung haben wir früher unter dem Namen Photoelektrizität beschrieben (S. 371, **427**).

Die volle Aufklärung aller dieser komplizierten Erscheinungen konnte erst dann erreicht werden, als man die Wellenlänge der Röntgenstrahlen wirklich messen lernte, und das wurde durch die LAUEsche Entdeckung möglich.

**661. Die Entdeckung von LAUE.** Die Wellenlänge der Röntgenstrahlen durch direkte Versuche zu bestimmen, wollte lange Zeit nicht gelingen. HAGA und WIND (1903) waren die ersten, die eine Beugungserscheinung an einem keilförmigen Bleispalt erhalten haben und sie konnten sogar die Größenordnung der Wellenlänge der benutzten Röntgenstrahlen annähernd bestimmen. Die Wellenlänge ergab sich $\lambda = 4 \cdot 10^{-9}$, also etwa 10000 mal kleiner als die Wellenlängen des sichtbaren Lichtes. Dabei wurde es klar, daß bei so kleinen Wellenlängen die bei den Lichtstrahlen üblichen Methoden der Wellenlängenmessung, z. B. mit Beugungsgittern, nicht benutzt werden könnten. Das wird uns aus folgender einfachen Rechnung klar: Der Gitterabstand in den feinsten ROWLANDschen Gittern ist von der Größenordnung von $b = 1\ \mu$. Ein gelber Lichtstrahl mit der Wellenlänge $\lambda = 0{,}5\ \mu$ wird bei diesem Gitter einen Beugungswinkel geben:

$$\sin\alpha = \frac{\lambda}{b} = 0{,}5\ ; \qquad \alpha = 30^\circ .$$

Ist aber die Wellenlänge 10000 mal kleiner, wie es bei den Röntgenstrahlen der Fall ist, so wird auch der Ablenkungswinkel 10000 mal kleiner, also unmeßbar.

M. v. LAUE in München kam auf die schöne Idee, für die Beobachtung der Beugung der Röntgenstrahlen nicht die künstlichen Gitter zu benutzen, sondern die viel feineren natürlichen Gitter, die wir in den kristallinischen Körpern haben. Nach den Anschauungen von HAUY und BRAVAIS (1850) bestehen nämlich die Kristalle aus regelmäßig angeordneten Molekülen, welche sog. *räumliche Kristallgitter* bilden.

Die Beugungserscheinungen in derartigen Raumgittern sind natürlich komplizierter als in den ebenen oder konkaven Gittern von ROWLAND, aber das Prinzip bleibt dasselbe, und wenn wir die Abstände der Moleküle voneinander im Kristallgitter von der Größenordnung $b = 10^{-8}$ cm annehmen, so erhalten wir bei der Wellenlänge $\lambda = 10^{-9}$ cm einen Ablenkungswinkel von der Größenordnung

$$\sin\alpha = \frac{\lambda}{b} = 0{,}1\ ; \qquad \alpha = 6^\circ ,$$

was der Beobachtung gut zugänglich ist.

FRIEDRICH und KNIPPING haben mit der von LAUE angegebenen Versuchsanordnung die Beugung der Röntgenstrahlen in der Tat nachgewiesen (1913). Die Versuchsanordnung ist in der Abb. 607 schematisch dargestellt. Aus der Antikathode einer Röntgenröhre tritt der durch zwei Diaphragmen $SS$ begrenzte Röntgenstrahl $AB$ in den Kristall $K$ ein und fällt dann auf die photographische Platte $P$. Nach mehrstündiger Exposition fand man auf der Platte außer dem zentralen schwarzen Fleck $B$ der ungebeugten Strahlung noch ein System symmetrisch angeordneter schwächerer Flecke, wie es nach der Theorie von LAUE auch zu erwarten war.

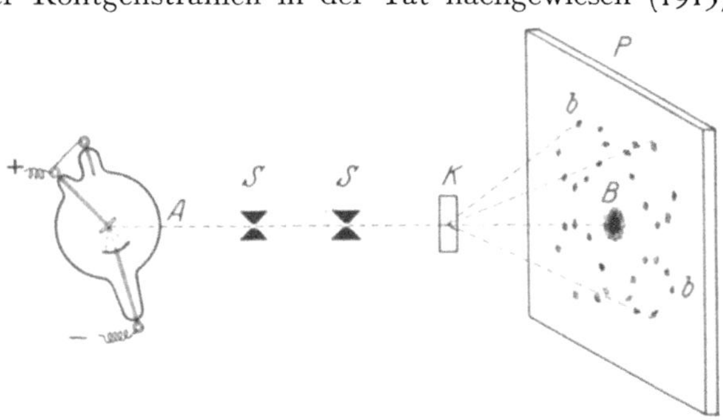

Abb. 607. Der Versuch von LAUE.

Wir können hier in die Theorie von LAUE nicht eingehen und wollen die Erscheinung in elementarer Weise von dem von BRAGG und gleichzeitig von G. WULFT vorgeschlagenen Standpunkte betrachten.

In einem Kristall lassen sich durch die regelmäßig angeordneten Moleküle mehrere Systeme von parallelen Ebenen legen. Es seien z. B. (Abb. 608) $MN$ drei solche parallele Ebenen irgendeines von diesen Systemen. Jeder einfallende Röntgenstrahl $AO$ wird von den einzelnen Molekülen der Ebene $MON$ nach allen Seiten zerstreut, aber nach der HUYGENSschen Konstruktion (Abb. 563, S. 554) werden die Strahlen eine regelmäßig reflektierte Welle nur in der Richtung $OB$ bilden, welche einen ebenso großen Winkel mit der Ebene $MN$ bildet wie der einfallende Strahl. Von der Ebene $MON$ wird nur ein sehr kleiner Teil der Röntgenstrahlen reflektiert, denn die Strahlen dringen in den Kristall tiefer ein, treffen eine zweite Ebene $MPN$, werden von dieser wieder teilweise reflektiert, dann von einer dritten, vierten Ebene usw. Wir erhalten also in der

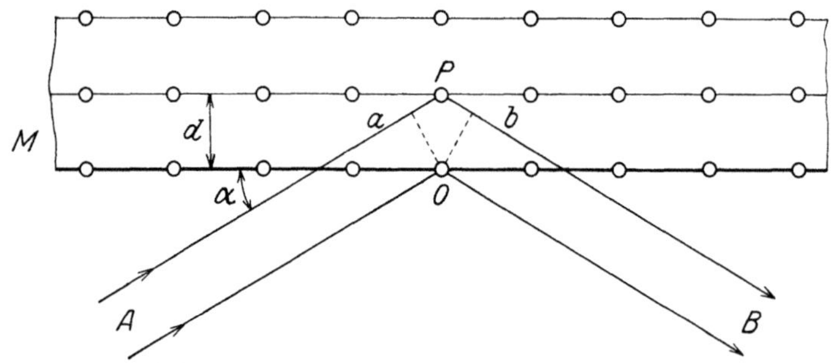


Abb. 608. Reflexion der Röntgenstrahlen an Kristallgittern.

Richtung $OB$ oder $PB$ ein System von reflektierten Strahlen, deren Wirkungen sich summieren. Bei der Bildung dieser Summe müssen wir aber beachten, daß die verschiedenen Teilstrahlen verschiedene Phasen haben; der Strahl $APB$ z. B., welcher von der weiter gelegenen Ebene $MPN$ reflektiert wird, wird relativ zu dem Strahle $AOB$ eine gewisse Verspätung haben. Wir wollen diese Verspätung berechnen. Wenn wir von $O$ die Senkrechten $Oa$ und $Ob$ ziehen, so können wir für die betrachteten zwei Strahlen ihre Wegdifferenz $(aPb)$ so ausdrücken:

$$(aPb) = 2d \sin\alpha ,$$

wo $d$ den Abstand der Ebenen $MPN$ und $MON$ bedeutet.

Die beiden Strahlen $AOB$ und $APB$ werden in $B$ nur dann wieder *gleichphasig* erscheinen und sich in ihrer Wirkung *summieren*, wenn die Wegdifferenz $(aPb)$ einem ganzen Vielfachen der Wellenlänge gleich ist, denn eine Wegdifferenz von einer Wellenlänge ist einer Phasendifferenz von $360°$ äquivalent. Die stärkste Reflexion von den beiden Ebenen zusammen erhalten wir demnach, wenn

$$2d \sin\alpha = n\lambda .$$

Dieselbe Bedingung wird auch für die nächstfolgende parallele Ebene gelten, und wir schließen ganz allgemein, daß eine bemerkbare Reflexion von dem betrachteten System von Parallelebenen nur in der Richtung zu erwarten ist, welche der soeben aufgestellten Bedingung genügt. Bei allen anderen Einfallswinkeln des Röntgenstrahles erhalten wir überhaupt keinen regulär reflektierten Strahl, sondern nur eine verwaschene, diffuse Reflexion.

Nun lassen sich durch die das Kristallgitter bildenden Moleküle *mehrere* Systeme von parallelen Ebenen durchlegen, welche verschiedene Richtungen und verschiedene Abstände voneinander haben können. Das kann man z. B. aus den Zeichnungen 609 leicht sehen. Die benachbarten Moleküle bilden hier einen Würfel (reguläres Kristallsystem), und den ganzen Kristall muß man sich aus solchen Würfeln zusammengestellt denken. In solch einem Kristall können wir ein System von Ebenen parallel zu den Würfelebenen legen

(Abb. 609a), oder parallel zu den Kanten (Abb. 609b), oder endlich parallel zu der in der Abb. 609c angegebenen Ebene $ACH$ usw.

In analoger Weise können wir in den Raumgittern anderer Kristallsysteme Molekularebene konstruieren. Die von diesen verschieden orientierten, parallelen

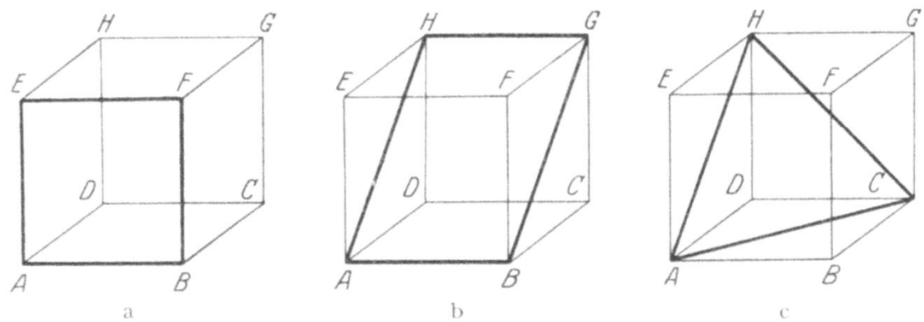


Abb. 609. Verschiedene Ebenen im Würfelgitter.

Ebenen reflektierten Strahlen, wenn sie der oben angegebenen Bedingung genügen, werden auf der photographischen Platte in der LAUEschen Anordnung ein System von einzelnen Flecken geben, wie wir das in der Abb. 607 angedeutet haben.

**662. Spektrograph für Röntgenstrahlen.** Wir geben in der Abb. 610 das Schema eines von BRAGG und SIEGBAHN konstruierten Apparates, welcher die Wellenlänge der Röntgenstrahlen sehr genau zu messen erlaubt.

Hier ist wieder $AK$ der Röntgenstrahl und $K$ eine Kristallplatte, z. B. ein Stück kristallinischen Chlornatriums (Steinsalz). Die Platte ist im Zentrum eines kreisförmigen Zylinders aufgestellt und kann um die Zylinderachse gedreht werden. Auf der Innenfläche des Zylinders ist ein photographischer Film aufgezogen. BRAGG hat übrigens statt dessen eine Ionisationskammer benutzt und die reflektierten Strahlen vermittels ihrer Ionisationswirkung an verschiedenen Stellen der Zylinderperipherie gemessen. Würde $ASK$ ein gewöhnlicher Lichtstrahl sein und $K$ ein reflektierender Spiegel, so würde bei jeder Lage des Spiegels, also für einen beliebigen Einfallswinkel $\alpha$, auch einen reflektierten Strahl $Ka$, $Kb$ usw. entstehen; auf dem photographischen Film würden wir überall eine mehr oder weniger starke Schwärzung erhalten. Mit den Röntgenstrahlen wird es anders, denn eine starke Reflexion wird nur in der Richtung erfolgen, für welche die oben aufgestellte Relation gerade gilt. Statt einer *stetigen* Schwärzung des photographischen Films erhalten wir jetzt einzelne scharf begrenzte schwarze Linien. Es ist klar, daß in der oben angegebenen Bedingung $n = 1$ dem *kleinsten* Winkel des reflektierten Strahles entspricht. Besteht also der Röntgenstrahl aus verschiedenen Wellenlängen, so wird jeder von ihnen ein besonderer Winkel $\alpha_1$ entsprechen. Wir erhalten auf diese Weise

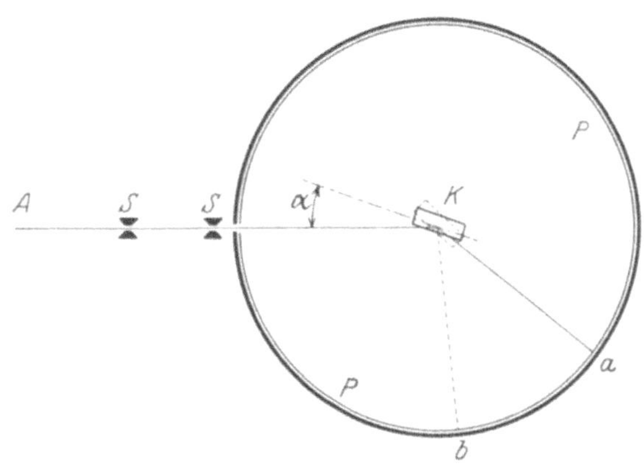


Abb. 610. Spektrograph für Röntgenstrahlung.

auf dem Film ein ganzes Spektrum der untersuchten Röntgenstrahlung und können alle Wellenlängen $\lambda$ dieses Spektrums unter Benutzung der Gleichung

$$2d \sin\alpha = \lambda$$

bestimmen, wenn wir die Abstände $d$ in dem benutzten Kristalle kennen und die Winkel $\alpha$ im Spektrographen messen. Das ganze Verfahren erinnert jetzt an die Spektrographie des sichtbaren Lichtes mit einem ROWLANDschen Gitter.

Die Analogie erstreckt sich noch weiter. Auf einer anderen Stelle des Filmes bei größerem Winkel $\alpha$ erhalten wir ein zweites Spektrum, nämlich da, wo für dieselben Wellenlängen dieselbe Bedingung, aber mit $n = 2$ genügt wird

$$2d \sin\alpha = 2\lambda\,.$$

Dieses Spektrum nennt man Spektrum *zweiter* Ordnung. Man kann Spektren noch höherer sogar bis zur zwölften Ordnung erhalten. Je höher die Ordnung des Spektrum, desto weiter werden die einzelnen Linien voneinander abstehen, aber die Linien selbst werden schwächer.

Ist die Entfernung $d$ der Ebenen für irgendein Kristall genau bekannt, so können wir aus den so erhaltenen Spektrogrammen die Wellenlängen des gegebenen Röntgenstrahles berechnen.

Statt den Kristall zu drehen, können wir, wie es DEBYE und SCHERER (1916) getan haben, in der Achse des Zylinders eine Glasröhre mit dem zu untersuchenden Kristallpulver aufstellen. Die einzelnen Kristallchen im Pulver werden zwar sehr verschiedene Orientierung zu dem einfallenden Röntgenstrahl haben, aber nur diejenige Orientierung wird eine starke Reflexion ergeben, welche der oben angeführten Bedingung genügt. Wir erhalten auch nach dieser Methode ein Spektrogramm, welches uns die relative Größe der Abstände der Kristallebenen voneinander zu bestimmen erlaubt. Die Methode von DEBYE und SCHERER ist besonders wertvoll für die Untersuchung der Kristalle, welche in großen Stücken nicht zu haben sind, und außerdem für die Untersuchung der Struktur fester Körper, welche oft ein Kristallgefüge vorstellen.

**663. Struktur der Kristalle.** Aus der angeführten Formel folgt, daß wir nach dem Spektrogramm von LAUE nur das *Verhältnis* zwischen den Größen $d$ und $\lambda$ bestimmen können, nicht aber diese Größen selbst.

Ganz wie in einem Lichtspektrographen, wo wir für die Bestimmung der Wellenlängen den Abstand der einzelnen Striche im Gitter kennen müssen, so müssen wir auch für die Röntgenspektrogramme den Abstand $d$ der reflektierenden Ebenen im benutzten Kristall möglichst genau kennen. Dazu kommt noch der Umstand, daß, wie wir schon gesagt haben, in ein und demselben Kristall nicht ein einziges, sondern gleichzeitig mehrere Systeme reflektierender Ebenen vorhanden sind.

Die Feststellung der richtigen Verhältnisse und die Bestimmung der Molekülanordnungen in einer großen Zahl von Kristallen verdanken wir den zwei englischen Physikern W. H. BRAGG und W. L. BRAGG (Vater und Sohn; 1913). Um die verschiedenen im Kristall möglichen Molekülebenen voneinander zu unterscheiden, haben sich BRAGG von dem Prinzip leiten lassen, daß von den Ebenen eine stärkere Reflexion erfolgen muß, die eine größere Zahl Moleküle enthalten und deren Moleküle eine größere Masse haben. Um eine allgemeine Idee von derartigen Untersuchungen zu geben, wollen wir hier den einfachsten von BRAGG untersuchten Fall eines Chlornatriumkristalles anführen.

Steinsalz gehört zu einem kubischen Kristallsystem; in ihm müssen also die Chlor- und Natriumatome kubisch angeordnet sein. Aber ihre gegenseitige Lage ist dadurch noch nicht vollständig bestimmt und es sind mehrere Annahmen möglich. Nun haben die Untersuchungen von BRAGG mit einer und derselben Wellenlänge $\lambda$ des Röntgenstrahles ergeben, daß im Steinsalz *drei* Systeme von Ebenen enthalten sein müssen, deren Abstände sich wie

$$d:d_1:d_2 = 1:0{,}71:0{,}58$$

verhalten.

Wir überlassen es dem Leser, selbst zu beweisen, daß die in den Abb. 609a, b, c durch fette Striche angegebenen Ebenen drei Systeme im Kristall bilden, deren Abstände sich verhalten wie

$$1:\frac{1}{\sqrt{2}}:\frac{1}{\sqrt{3}} = 1:0{,}71:0{,}58\,.$$

Das sind gerade die Verhältnisse, welche BRAGG aus ihren Versuchen gefunden haben.

Außerdem zeigten die Spektrogramme, daß das zuletzt erwähnte System von Ebenen ($d_2$) ein *doppeltes* System bildet, indem einer jeden Ebene mit starker Reflexion eine Ebene mit schwächerer Reflexion folgt. Die verschieden starke Reflexion kann nur dadurch entstanden sein, daß die Ebenen mit verschiedenen Atomen besetzt sind: das stärker reflektierende System muß Chloratome enthalten (Atomgewicht 35,5) und das schwächer reflektierende nur die Natriumatome (Atomgewicht 23).

Aus allen diesen Merkmalen haben die BRAGGs den Schluß gezogen, daß die Atome im Steinsalz so angeordnet sein müssen, wie es die Abb. 611 darstellt. In der Zeichnung sind die Atome des Chlors und des Natriums durch schwarze und weiße Kreise bezeichnet. Alle Natriumatome bilden ein System von Würfeln, bei welchen die Atome die Ecken und die Mitten der Flächen besetzen; die Chloratome für sich bilden ein ebensolches Würfelsystem. Beide Systeme sind so gegeneinander verschoben, daß ein jedes Chloratom symmetrisch und in gleichen Entfernungen von sechs Natriumatomen umgeben ist (Abb. 611), und ebenso ist jedes Natriumatom von sechs Chloratomen in symmetrischer Weise umgeben.

Daß diese Anordnung in der Tat den Versuchsergebnissen entspricht, können wir uns in folgender Weise überzeugen:

Wir legen erstens ein System von Ebenen parallel zu den Würfelflächen (Abb. 609a). Diese Ebenen enthalten in Abb. 611 beide Arten Atome in gleicher Zahl. Zweitens legen wir Ebenen parallel zum Schnitt $ABGH$ des Würfels (Abb. 609b); auch diese Ebenen enthalten in Abb. 611 Atome beider Art, aber ihr gegenseitiger Abstand ist kleiner

$$d:d_1 = 1:\frac{1}{\sqrt{2}}\,.$$

Drittens endlich legen wir das Ebenensystem parallel zum Schnitt $ACH$ (Abb. 609c). Dieses System hat einen Ebenenabstand

$$d:d_2 = 1:\frac{1}{\sqrt{3}}$$

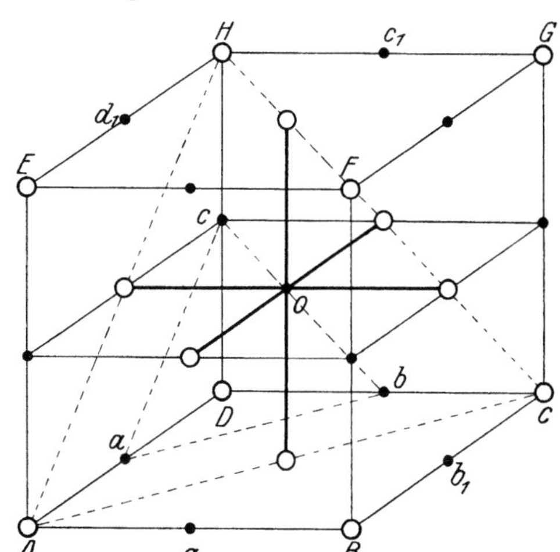

Abb. 611. Anordnung der Atome im Kristall.

und bildet in der Tat ein *doppeltes* System, denn der Schnitt $ACH$ (Abb. 611) enthält nur weiße Kugeln, und die ihm parallelen Schnitte $abc$ und $a_1b_1c_1d_1$

enthalten nur schwarze Kugeln. Die ersten können wir als Natriumatome ansehen und die zweiten als Chloratome oder auch umgekehrt.

Braggs haben auch gezeigt, daß alle anderen Annahmen über die Verteilung der Atome im Kristall den Versuchsergebnissen widersprechen.

Nachdem die Anordnung der Atome im Kristall einmal festgestellt ist, läßt sich auch die Größe $d$ berechnen.

Aus unserer Zeichnung sehen wir, daß ein jedes Atom (Chlor oder Natrium) ein Volumen $d^3$ im Kristall einnimmt. Ein Molekül Chlornatrium hat also das Volumen $2d^3$.

Wir wissen, daß ein Grammolekül Chlornatrium

$$\mathrm{Cl} + \mathrm{Na} = 35{,}5 + 23 = 58{,}5 \text{ g}$$

wiegt und wie jedes andere Grammolekül (S. 322, **371**) $60{,}6 \cdot 10^{22}$ Moleküle enthält. Jedes Molekül des Chlornatriums wiegt also

$$m = \frac{58{,}5}{60{,}6 \cdot 10^{22}} = 0{,}97 \cdot 10^{-22} \text{ g}.$$

Durch Division dieser Zahl durch das vom Chlornatriummolekül im Steinsalz eingenommene Volumen $2\,d^3$ erhalten wir offenbar das spezifische Gewicht des Steinsalzes, welches wir andererseits ziemlich genau kennen: $\delta = 2{,}164$. Wir können demnach schreiben

$$\frac{m}{2d^3} = 2{,}164\,,$$

woraus sich der gesuchte Abstand $d$ ergibt

$$d = 2{,}814 \cdot 10^{-8}\,.$$

Diese Zahl ist allen weiteren Kristallmessungen zugrunde gelegt.

In analoger Weise ist den beiden Braggs und auch einer Reihe anderer Forscher gelungen, die relative Lage und Entfernungen der Atome in einer großen Zahl von Kristallen zu bestimmen.

Aus allen diesen Resultaten wollen wir hier nur eines anführen, um die große Bedeutung solcher Kristallstrukturbestimmungen zu illustrieren.

Kohlenstoff kristallisiert in zwei Formen: Diamant und Graphit. Die Untersuchung mit Röntgenstrahlen haben gezeigt, daß im Diamant jedes Kohlenstoffatom von je vier benachbarten Kohlenstoffatomen symmetrisch umgeben ist,

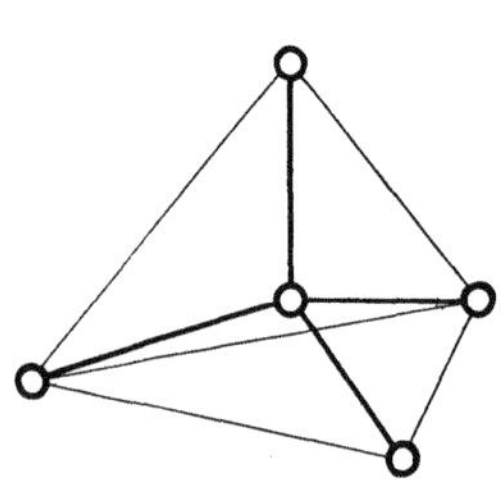

Abb. 612. Kohlenstoffatome im Diamant.

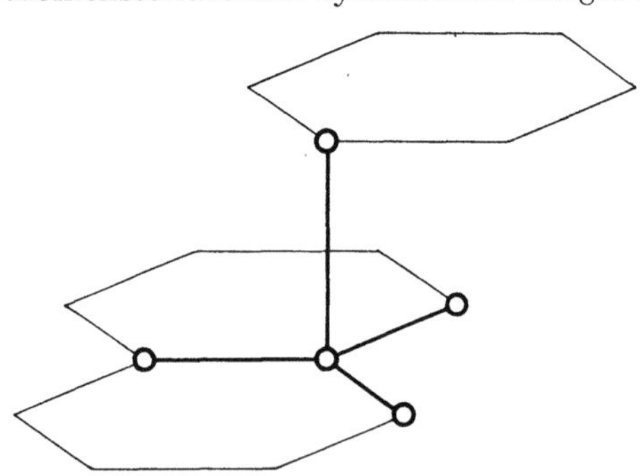

Abb. 613. Kohlenstoffatome im Graphit.

wie es in der Abb. 612 dargestellt ist. Diese Anordnung entspricht der Vierwertigkeit des Kohlenstoffes, die von den Chemikern in den sog. *aliphatischen* Verbindungen schon früher angenommen wurde. Im Graphit dagegen bilden die Kohlenstoffatome Sechsecke (Abb. 613). Das entspricht wieder einer anderen

Annahme der Chemiker: eine derartige Anordnung der Kohlenstoffatome wird im Benzolmolekül und den sog. *aromatischen* Verbindungen angenommen. Die Resultate der Kristallanalyse vermittels der Röntgenstrahlen erbrachten also eine glänzende Bestätigung der schon früher von den Chemikern gemachten Annahmen, die aber auf ganz anderen Erwägungen fußten.

Die genaue Bestimmung der Entfernung der Atome in verschiedenen Kristallen gibt uns die Möglichkeit, bei weiteren Untersuchungen der Röntgenstrahlen ein Kristall zu wählen, welches zu der zu messenden Wellenlänge der Röntgenstrahlen am besten paßt. Die Wellenlängen der Röntgenstrahlen sind meistens von etwa $0{,}05 \cdot 10^{-8}$ bis etwa $10 \cdot 10^{-8}$ cm. Die Entfernungen $d$ sind: im Steinsalz $d = 2{,}814$, im Quarz $d = 4{,}247$ und im Glimmer $d = 10{,}1$.

**664. Die Spektra der Röntgenstrahlen.** Die Untersuchung der Spektra der Röntgenstrahlen nach der LAUEschen Methode hat folgendes ergeben.

Benutzt man als Antikathode irgendein Material und verändert man nur die Potentialdifferenz in der Röntgenröhre, so erhält man bei verhältnismäßig niedrigen Potentialdifferenzen bis zu etwa 50000 Volt *kontinuierliche* Spektra. In der Abb. 614 ist die Intensität der Strahlen in Abhängigkeit von der Wellenlänge für verschiedene Potentialdifferenzen von 20000 bis 50000 Volt für eine Wolframantikathode dargestellt. Qualitativ entspricht das auch der STOKESschen Impulshypothese, denn ein Wellenimpuls besitzt eigentlich keine bestimmte Wellenlänge und kann nach dem FOURIERschen Satze als eine kontinuierliche Reihe von verschiedenen Wellenlängen angesehen werden.

Diese Spektra nennt man *Bremsspektra* der Kathodenstrahlen.

Wir bemerken noch in der Abb. 614, daß jede Spektralkurve an den kleineren Wellenlängen eine *scharfe* Grenze hat. Multiplizieren wir diese Grenzwellenlänge

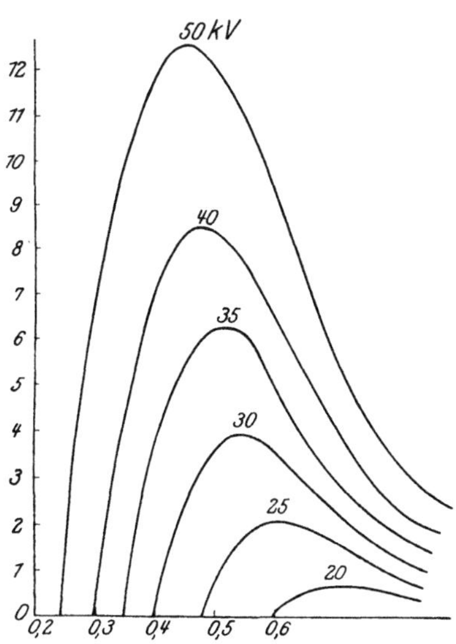


Abb. 614. Bremstrahlung (nach ULLREY).

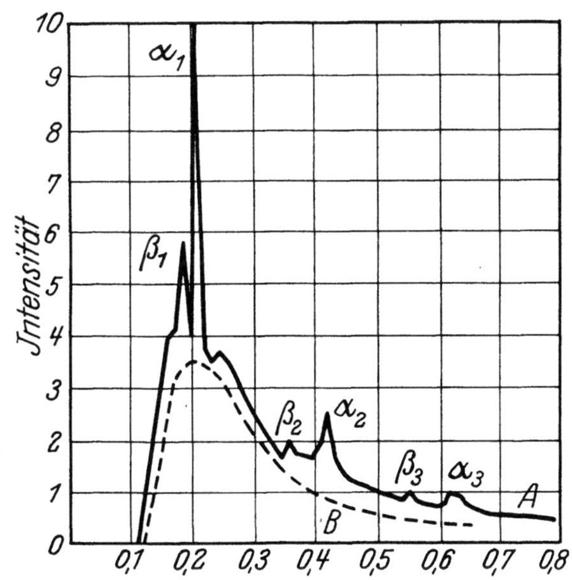


Abb. 615. Charakteristische Strahlung von WOLFRAM (nach HULL).

mit der entsprechenden Potentialdifferenz in der Röntgenröhre, so erhalten wir für alle Spektra dieselbe Zahl:

$$20 \cdot 0{,}6 = 40 \cdot 0{,}3 = 50 \cdot 0{,}24 \text{ usw.}$$

Die Existenz einer scharfen Grenze im Spektrum und die soeben angegebene

Gesetzmäßigkeit kann durch die STOKESsche Hypothese allein nicht erklärt werden; wir werden aber auf diesen Umstand in der Quantentheorie wieder zurückkommen.

Lassen wir die Potentialdifferenz bei derselben Wolframantikathode noch höher als 50000 Volt steigen, so erhalten wir außer dem kontinuierlichen Spektrum noch ein Linienspektrum. In der Abb. 615 bedeutet die punktierte Linie das kontinuierliche Spektrum bei 50000 Volt und bei 100000 Volt treten die scharfen Linien $\alpha$ und $\beta$ schon klar hervor. Dieselben Linien wiederholen sich in der Abb. 615 auch weiter, weil die Spektra von der ersten, zweiten und dritten Ordnung im Spektrograph gleichzeitig erscheinen. Dieses Linienspektrum ist nichts anderes als das *charakteristische* Spektrum des Materials der Antikathode.

Die charakteristische Strahlung ist von BARKLA entdeckt worden (1906) lange bevor man die Wellenlängen der Röntgenstrahlen zu bestimmen wußte. BARKLA hat auf die Existenz solcher charakteristischen Strahlen aus seinen Versuchen über Absorpion geschlossen. Dabei konnte er sogar zwei Arten von Strahlen unterscheiden: weniger absorbierbare, harte Strahlen nannte BARKLA K-Strahlen und die stärker absorbierbaren, weiche Stahlen nannte er L-Strahlen. Jetzt wissen wir, daß die K-Strahlen eine kleinere und die L-Strahlen eine größere Wellenlänge haben; außerdem sind jetzt noch weichere M- und N-Strahlen entdeckt worden und es hat sich herausgestellt, daß jede von diesen Strahlenarten aus mehreren Wellenlängen bestehen und eine sog. *Serie* bilden.

Die erste systematische Untersuchung der charakteristischen Röntgenspektra chemischer Elemente ist von H. G. J. MOSELEY ausgeführt worden. Wir werden diese Untersuchungen im Zusammenhang mit der Quantentheorie im nächsten Abschnitt besprechen.

**665. Tabelle der elektromagnetischen Wellen.** Zum Schluß dieses Kapitels geben wir hier eine kleine Tabelle aller bis jetzt experimentell realisierten elektromagnetischen Wellen. Es bedeutet $\nu$ die sekundliche Periodenzahl und $\lambda$ die Wellenlänge im Vakuum. Alle Zahlenangaben sind der Übersichtlichkeit halber abgerundet*).

| | $\nu = 1/T$ | $\lambda = cT$ |
|---|---|---|
| Konstanter elektrischer Strom . . . . . . . | 0 | $\infty$ |
| Gewöhnlicher Wechselstrom . . . . . . . . | $5 \cdot 10$ | 6000 km |
| Telephonströme . . . . . . . . . . . . . . | $5 \cdot 10^2$ | 600 km |
| Radiotelegraphie, lange Wellen . . . . . . . | $5 \cdot 10^4$ | 6 km |
| Radiotelegraphie, kurze Wellen . . . . . . . | $5 \cdot 10^6$ | 60 m |
| HERTZsche Wellen . . . . . . . . . . . . . | $5 \cdot 10^8$ | 60 cm |
| Wellen von RIGHI . . . . . . . . . . . . . | $5 \cdot 10^9$ | 6 cm |
| Wellen von LEBEDEV . . . . . . . . . . . | $5 \cdot 10^{10}$ | 6 mm |
| Wellen von NICHOLS & TEAR . . . . . . . | $5 \cdot 10^{11}$ | 0,6 mm |
| Ultrarote Strahlen von RUBENS . . . . . . | $5 \cdot 10^{12}$ | 60 $\mu$ |
| Gelbes Licht . . . . . . . . . . . . . . . | $5 \cdot 10^{14}$ | 0,6 $\mu$ |
| Ultraviolette Strahlen (SCHUMANN, LYMAN) . | $5 \cdot 10^{15}$ | 0,06 $\mu$ |
| Weiche Röntgenstrahlen . . . . . . . . . . | $5 \cdot 10^{16}$ | 6 $\mu\mu$ |
| Harte Röntgenstrahlen . . . . . . . . . . . | $5 \cdot 10^{18}$ | 60 $\mu\mu\mu$ |
| $\gamma$-Strahlen . . . . . . . . . . . . . bis etwa | $5 \cdot 10^{20}$ | 0,6 $\mu\mu\mu$ |

Das Zeichen $\mu$ bedeutet ein tausendstel Millimeter, was man ein *Mikron* nennt; jedes folgende hinzugefügte $\mu$ bedeutet eine noch 1000mal kürzere Länge.

$$\mu = 10^{-3}\,\text{mm} = 10^{-4}\,\text{cm},$$
$$\mu\mu = 10^{-3}\mu = 10^{-7}\,\text{cm},$$
$$\mu\mu\mu = 10^{-3}\mu\mu = 10^{-10}\,\text{cm}.$$

*) Vgl. auch die graphische Darstellung dieser Tabelle auf S. 637.

Es sind noch folgende Einheiten für die Wellenlängen im Gebrauch:

ANGSTRÖM Å $= 10^{-8}$ cm.

SIEGBAHN X $= 10^{-11}$ cm.

Zu dieser Tabelle wollen wir noch folgendes hinzufügen:

2. Die Tonschwingungen, welche unser Gehör empfinden kann, liegen zwischen den Frequenzen 10 und 10000 Schwingungen in der Sekunde, aber die Töne, welche in der Musik verwendet werden und für die Charakterisierung der Tonfarbe und Vokale praktisch in Betracht kommen, haben eine maximale Frequenz von etwa 4000. Mit einer von GALTON erfundenen Pfeife können wir Luftschwingungen von einer Frequenz 50000 herstellen und Luftwellen von 0,6 cm nachweisen, aber unser Ohr kann diese Wellen schon nicht mehr hören.

3. Die Geschwindigkeit der Luftwellen ist gleich 330,7 m/sec; die Geschwindigkeit der elektromagnetischen Wellen im Vakuum ist gleich 300000 km/sek. Es werden demnach die elektromagnetischen Wellen im Vakuum etwa 1000000mal ($10^6$) länger sein als die Luftwellen derselben Frequenz.

4. Die Wellen der Radiotelegraphie haben manchmal eine Länge bis 20 km; die kurzen Radiowellen etwa 20 m.

5. Die kürzesten ungedämpften Wellen, die man bis jetzt mit den Glühkathodenröhren als Generatoren erhalten hat, haben eine Länge von etwa 1 m. RIGHI hat mit elektromagnetischen Wellen von etwa 6 cm Länge experimentiert; LEBEDEV hat mit Wellen von 0,6 cm Länge die Doppelbrechung der elektromagnetischen Wellen im Schwefelkristall nachgewiesen. LAMPA hat mit Wellen von 0,4 cm und BAER sogar mit Wellen von 0,2 cm einige Versuche angestellt; LEWITSKAYA, ARKADIEWA, NICHOLS und TEAR u. a. gingen sogar bis zu Wellenlängen von 0,2 mm herunter; die Wellen waren aber schon sehr stark gedämpft.

6. Zur Erzeugung noch kürzerer Wellen eignen sich die gewöhnlichen elektrischen Methoden nicht mehr, die Länge des Vibrators wird zu kurz und die Energie der Wellen wird zu klein. Praktischer ist es in diesem Gebiet die Moleküle und Atome selbst zur Strahlung zu erregen. In dem sog. ultraroten, dem Auge nicht wahrnehmbaren Gebiet sind von RUBENS und BAEYER im Quecksilberspektrum einer Quarzlampe Strahlen entdeckt worden von der Wellenlänge 0,3 mm. Diese Wellenlänge kommt schon sehr nah an die von LEBEDEV und LAMPA untersuchten Wellen. RUBENS ist es gelungen zu zeigen, daß die Reflexion der ultraroten Wellen an Metallspiegeln von der Leitfähigkeit des Metalls in der Weise abhängt, wie es nach der MAXWELLschen Theorie für elektromagnetische Wellen auch sein sollte. Hartgummi und Pappe lassen diese Wellen durch (vgl. S. 581, **644**).

7. Das von unserem Auge empfundene sichtbare Spektrum erstreckt sich über einen verhältnismäßig kleinen Bereich der Wellenlängen: vom *roten* Ende mit der Wellenlänge etwa 0,8 $\mu$ bis zum violetten Ende mit der Wellenlänge 0,4 $\mu$.

8. Die Frequenz der ersten elektromagnetischen Wellen von HERTZ war etwa 1000000mal größer als die der Telephonströme; eine noch millionmal größere Frequenz hat das sichtbare Licht und wiederum millionenfach ist die Frequenz der $\gamma$-Strahlen.

## 3. Quantentheorie.

**666. Strahlung der Körper.** Bekanntlich können die materiellen Körper unter gewissen Bedingungen elektromagnetische Strahlen aussenden, deren Wellenlänge nicht von ihrer Kapazität und Selbstinduktion abhängt, sondern von ihrer inneren atomaren und molekularen Beschaffenheit. Die Erregung dieser Strahlung kann in verschiedener Weise erfolgen: durch hohe Temperatur, durch Elektronenstoß und endlich durch die Wirkung anderer Strahlung. Mit Hilfe eines Prismas oder mit Hilfe der Interferenz und Beugung in speziell dazu gebauten Apparaten — Spektroskope oder Spektrographen — können wir die uns interessierende Strahlung analysieren, d. h. in einzelne harmonische Wellen zerlegen. Wir erhalten dabei das sog. *Spektrum* der untersuchten Strahlung. Ein Spektrum wird durch die Angabe der Intensität einer jeden in ihm vorkommenden Wellenlänge vollständig beschrieben.

Die Untersuchung der Spektra kann je nach der Wellenlänge in verschiedener Weise geschehen. Ein kleiner Bereich des Spektrums, die Strahlen mit den Wellenlängen zwischen 0,8 und 0,4 $\mu$, sind unserem Auge unmittelbar zugänglich. Die mit größeren Wellenlängen, sog. ultrarote Strahlen, untersucht man durch ihre Wärmewirkung, also mit einem Bolometer oder einem Thermoelement (S. 155, **184**). Die Intensität des sichtbaren Lichtes und der ultravioletten Strahlen kann auch nach einer photographischen Methode bestimmt werden; oder es können dazu die photoelektrischen oder ionisierenden Wirkungen der Strahlen benutzt werden (S. 371, **427**).

Zahlreiche Spektraluntersuchungen der verschiedensten Körper und unter verschiedenen Bedingungen haben gezeigt, daß man alle Spektra in zwei große Gruppen einteilen kann: *kontinuierliche* Spektra und *diskontinuierliche* oder Linienspektra.

Kontinuierliche Spektra erhält man in den festen und flüssigen Körpern bei *hohen Temperaturen*. Ein kontinuierliches Spektrum, und zwar mit einer scharfen Grenze an kleinen Wellenlängen, senden auch die Antikathoden der Röntgenröhren; das ist das Spektrum der STOKESschen *impulsiven* Welle (S. 609, **664**). Die Linienspektra werden von Gasen und Dämpfen ausgestrahlt entweder bei hoher Temperatur, z. B. in der Bunsenflamme, oder unter der Wirkung der elektrischen Entladung (Elektronenstoß) in den Geißlerröhren. Diskontinuierliche Spektra senden auch die Antikathoden der Röntgenröhren bei hohen Potentialdifferenzen.

**667. Strahlung des schwarzen Körpers.** Die Linienspektra der Körper unterscheiden sich von den kontinuierlichen Spektra nicht nur durch ihr äußeres Aussehen, sondern auch dadurch, daß sie *charakteristisch* für den strahlenden Körper sind. Diesen Umstand benutzt die chemische Spektralanalyse, wenn sie durch Spektralbeobachtungen die chemische Zusammensetzung eines Körpers bestimmen will. Ganz ebenso können wir nach den charakteristischen Linienspektra einer Röntgenröhre die Zusammensetzung des Materials der Antikathode bestimmen.

Die kontinuierlichen Spektra der glühenden festen oder flüssigen Körper sind gar nicht charakteristisch; auf ihnen läßt sich keine chemische Analyse gründen, denn alle glühenden Körper strahlen bei einer gewissen Glühtemperatur fast dasselbe Spektrum aus. Vielmehr läßt sich nach dem Spektrum des Körpers seine Temperatur bestimmen. Bekanntlich glüht ein Körper bei niedriger Temperatur *rot*, bei höherer Temperatur *gelb* und endlich bei sehr hohen Temperaturen *weiß*. Es sind auch Apparate gebaut worden, welche durch Spektralbeobachtung die Temperatur z. B. eines Ofens, zu bestimmen erlauben.

Aber auch diese sog. Temperaturstrahlung der Körper ist dennoch nicht ganz unabhängig von der Beschaffenheit des strahlenden Körpers. Nach dem berühmten KIRCHHOFFschen Gesetz wird ein Körper nur dann eine *reine* Temperaturstrahlung emittieren, wenn er alle Strahlen unabhängig von ihrer Wellenlänge *vollständig* absorbiert. Solch einen Körper nennt man *absolut schwarz*.

KIRCHHOFF selbst hat auch angegeben, wie man einen solchen absolut schwarzen Körper realisieren kann. Man muß dazu einen *hohlen* Körper nehmen mit einer verhältnismäßig kleinen Öffnung. Irgendein Lichtstrahl, der durch diese Öffnung in das Innere des Körpers eintritt, wird dort an der Innenfläche teilweise absorbiert, teilweise reflektiert. Der reflektierte Strahl trifft dann einen anderen Teil der Innenfläche, wird wieder absorbiert und reflektiert usf. Wann und nach welcher Zahl von Reflexionen der Strahl die Öffnung wieder treffen und endlich in den Außenraum wieder heraustreten wird, hängt von der relativen Größe der Öffnung und des Innenraumes ab. Je kleiner die Öffnung, desto weniger wahrscheinlich wird es, daß der Strahl bald aus dem Kasten heraustritt; auch wenn er es tut, so wird er durch die mehrmalige Reflexion an der Innenwand schon sehr abgeschwächt sein.

Eine kleine Öffnung im großen Kasten wird demnach alle sie treffenden Strahlen unabhängig von ihrer Wellenlänge fast vollständig absorbieren; sie wird einen schwarzen Körper darstellen.

Daß man auf diese Weise in der Tat einen schwarzen Körper erhält, kann man sich durch den folgenden sehr einfachen Versuch überzeugen. Man nimmt einen würfelförmigen Holzkasten von etwa 50 cm Seitenlänge, macht in der Mitte einer seiner Wände eine runde Öffnung von etwa 5 cm Durchmesser und bestreicht die Außenwände des Kastens mit irgendeiner matten, schwarzen Farbe, z. B. mit Ruß; die inneren Wandoberflächen des Kastens können dabei eine beliebige Farbe haben. Blickt man von einiger Entfernung auf die Öffnung, so sieht man, daß sie noch schwärzer erscheint als Ruß.

Ein absolut schwarzer Körper muß nach KIRCHHOFF ein Spektrum emittieren, in welchem die Verteilung der Energie auf Strahlen verschiedener Wellenlänge nur von der Temperatur abhängen kann. Es wurde damit die wichtige Aufgabe gestellt, die Strahlung eines absolut schwarzen Körpers, z. B. eine *Hohlraumstrahlung*, experimentell und theoretisch zu untersuchen.

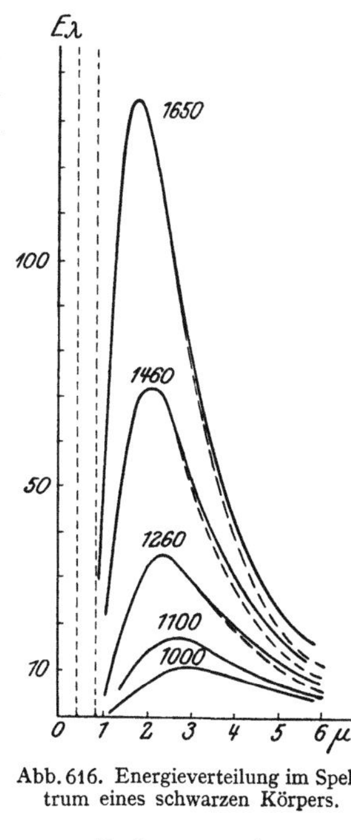

Abb. 616. Energieverteilung im Spektrum eines schwarzen Körpers.

Das von KIRCHHOFF vorgeschlagene Experiment wurde zum ersten Male von O. LUMMER und E. PRINGSHEIM realisiert (1899). Ein Rohr aus Porzellan oder aus Kohle wurde durch den elektrischen Strom im glühenden Zustande erhalten und die aus der Röhrenöffnung heraustretende Strahlung wurde mit einem Spektrometer untersucht. Aus den zahlreichen und sehr genau ausgeführten Versuchen dieser Forscher entnehmen wir die in der Abb. 616 dargestellten Kurven. Hier ist die Abhängigkeit der Strahlungsintensität von der Wellenlänge bei verschiedenen Temperaturen angegeben. Die Messungen erstreckten sich über Temperaturen von 200 bis 1700° (absoluter Temperatur). Bei diesen Temperaturen ist die Intensität der sichtbaren Strahlung, deren Bereich in der Abb. 616 durch zwei punktierte Linien angezeigt ist, noch zu schwach, um meßbar zu sein. Die meisten Messungen sind deshalb nur in dem ultraroten Spektrum ausgeführt worden; zur Messung wurde ein lineares Bolometer benutzt.

Aus den angeführten Kurven sehen wir folgendes:

1. Mit steigender Temperatur steigt die Energie der Strahlen aller Wellenlängen stark empor. Die Gesamtstrahlung hat sich nach besonders dazu von LUMMER und PRINGSHEIM angestellten Versuchen proportional zur *vierten* Potenz der absoluten Temperatur ergeben.

Dieses Gesetz wurde schon früher von STEPHAN gefunden und von BOLTZMAN aus thermodynamischen Betrachtungen abgeleitet. Die Versuche haben den genauen Wert des Proportionalitätsfaktors festgestellt:

$$S = 7{,}64 \cdot 10^{-15} \cdot \vartheta^4 \frac{\text{erg}}{\text{cm}^3}.$$

2. Die Intensität der Strahlung wächst mit der Temperatur nicht für alle Wellenlängen in gleicher Weise: bei kürzeren Wellenlängen wächst sie rascher als bei längeren. Dieses Ergebnis konnten wir eigentlich auch erwarten, denn das Glühen ist bei niedriger Temperatur rot und bei hoher Temperatur weiß; es treten also zu den roten Strahlen bei Erhöhung der Temperatur blaue und violette Strahlen in größerer Menge hinzu. Bei jeder Temperatur gibt es in der Energieverteilung im Spektrum ein *Maximum* der Intensität; dieses Maximum verschiebt sich mit steigender Temperatur stets zu den kleineren Wellenlängen (Abb. 616). Wenn wir die Wellenlänge $\lambda_m$ der maximalen Intensität im Spektrum mit der entsprechenden Temperatur $\vartheta$ multiplizieren, so erhalten wir für alle Kurven dieselbe Größe, nämlich

$$\lambda_m \cdot \vartheta = 0{,}288 \text{ cm} \cdot \text{grad}.$$

Dieses sog. Verschiebungsgesetz wurde von W. WIEN theoretisch abgeleitet.

3. Was endlich die Form der Kurven betrifft, so konnte sie theoretisch lange Zeit nicht erklärt werden. Bedenkt man aber, daß die Energieverteilung im Spektrum eines absolut schwarzen Körpers nach KIRCHHOFF unabhängig von der Zusammensetzung des Körpers sein muß, und daß die Energien der einzelnen strahlenden Moleküle in fortwährendem Wechsel sind, so wird die Vermutung nahegelegt, daß diese Energieverteilung analog der Verteilung der kinetischen Energie der Gasmoleküle sein wird (S. 327, **377**). Man müßte also die LUMMER-PRINGSHEIMschen Kurven aus den allgemeinen Gesetzen der ungeordneten Erscheinungen, d. h. aus der Wahrscheinlichkeitstheorie, ableiten können. Derartige Rechnungen sind auch in der Tat angestellt worden. In der Abb. 611 sind einige auf solche Weise theoretisch aufgestellte Kurven gestrichelt gezeichnet; ihre Abweichungen von den experimentell ermittelten Kurven sind aber zu groß, um sie durch etwa möglichen Versuchsfehler erklären zu können.

**668. Die Quantentheorie von M. PLANK.** Endlich ist es M. PLANK gelungen (1900), die Theorie mit dem Experimente durch eine neue Hypothese im Einklang zu bringen. Diese Hypothese ist jetzt nicht nur für die Theorie der Temperaturstrahlung, sondern für die gesamte Molekularphysik von fundamentaler Bedeutung geworden. Wir geben hier eine kurze Auswahl von den mannigfaltigen Anwendungen der PLANKschen Hypothese.

Die PLANKsche Annahme besteht darin, daß die Energie der strahlenden Moleküle nicht in beliebiger Weise und nicht stetig veränderlich ist, sondern nur in gewissen Portionen oder Quanten, und daß jede Strahlung nur eine *ganze* Zahl solcher Quanten enthalten kann. Eine Neuberechnung der Energieverteilung nach der Wahrscheinlichkeitstheorie, aber unter der neuen Annahme, hat aber gezeigt, daß das Energiequantum $\varepsilon$ keine konstante Größe ist, also nicht etwa wie die Masse oder die Elektrizitätsladung des Elektrons, sondern daß es proportional der Frequenz anzunehmen ist:

$$\varepsilon = h\nu.$$

Für verschiedene Wellenlängen muß demnach auch das Energiequantum verschieden angenommen werden; der Proportionalitätsfaktor $h$ bleibt aber für alle Wellenlängen, für alle Temperaturen und für alle Körper derselbe.

Mit dieser Annahme erhielt PLANK für die Energieverteilung im Spektrum des absolut schwarzen Körpers die folgende Formel

$$E_\lambda = \frac{c^2 h}{\lambda^5} \cdot \frac{1}{e^x - 1}\,; \qquad x = \frac{\varepsilon}{\varkappa\vartheta} = \frac{h\nu}{\varkappa\vartheta}\,.$$

Hier ist $x$ dieselbe Größe wie bei MAXWELL, nur mit der Abänderung, daß jetzt die Energie $\varepsilon$ gleich $h\nu$ gesetzt wird (vgl. S. 327, **377**).

Diese Formel stellt nun die Versuchsergebnisse von LUMMER und PRINGSHEIM sehr genau dar und namentlich in der letzten Zeit haben sehr genaue Messungen von A. RUBENS die PLANKsche Formel so genau bestätigt, daß man die Quantenhypothese als ein sicheres Fundament für die weiteren Forschungen annehmen konnte.

**669. EINSTEINsche Theorie der Photoelektrizität.** Bald nach dem Erscheinen der PLANKschen Theorie hat STARK darauf aufmerksam gemacht, daß man die PLANKsche Beziehung $\varepsilon = h\nu$ benutzen könne, um zu erklären, warum die Energie der Photoelektronen desto größer wird, je höher die Frequenz des auffallenden Lichtes (S. 371, **427**). Endlich hat EINSTEIN gezeigt, daß für die photoelektrischen Erscheinungen die folgende Beziehung anzunehmen ist:

$$\varepsilon = h\nu = \frac{mv^2}{2} + P\,.$$

In dieser Formel ist $\varepsilon$ ein Energiequant des Lichtes mit der Frequenz $\nu$; die Gleichung spricht aus, daß dieses Energiequant in einem photoelektrischen Prozesse verbraucht wird: erstens um dem Elektron die kinetische Energie $\frac{mv^2}{2}$ zu erteilen und zweitens $P$ um das Elektron von der Oberfläche des Metalls loszulösen.

Als Beispiel für die Anwendung des EINSTEINschen Gesetzes nehmen wir die Versuche von LADEBURG (S. 371, **427**). Bei Bestrahlung mit Licht von der Wellenlänge $\lambda = 0{,}2\,\mu$ also $\nu = 1{,}5 \cdot 10^{15}$, erhielt LADENBURG eine Geschwindigkeit der Photoelektronen $10^8$ cm/sek. Nehmen wir die Kontaktpotentialdifferenz von der Größenordnung 1,5 Volt, also $1{,}5 \cdot 10^8$ CGS-M an, so erhalten wir

$$\tfrac{1}{2} mv^2 = 6{,}54 \cdot 10^{-27} \cdot 1{,}5 \cdot 10^{15} - 1{,}5 \cdot 10^8 \cdot 1{,}56 \cdot 10^{-20} = 7{,}5 \cdot 10^{-12} \text{ erg.}$$

Wenn wir hier die Masse des Elektrons gleich $m = 0{,}9 \cdot 10^{\ 12}$ g einsetzen, erhalten wir für die Geschwindigkeit

$$v = 1{,}2 \cdot 10^8\,,$$

was mit dem Resultate der LADEBURGschen Versuche im Einklang steht.

**670. Versuche von MILLIKAN.** Die genauesten Versuche zur Prüfung des EINSTEINschen Gesetzes und zur gleichzeitigen Bestimmung der PLANKschen Konstante $h$ hat MILLIKAN angestellt. Bevor wir zur Beschreibung dieser Versuche übergehen, wollen wir eine wichtige Bemerkung vorausschicken.

Die Geschwindigkeiten der Photoelektronen bei einer gegebenen Wellenlänge des auffallenden Lichtes können sehr verschieden sein, denn die Verteilung der kinetischen Energie auf einzelne Elektronen folgt nicht den Quantengesetzen, sondern denselben MAXWELLschen Gesetzen, wie sie für Gasmoleküle gelten (S. 327, **377**). Wenn daher ein Energiequantum auf die Metalloberfläche auffällt, so werden in den meisten Fällen die Elektronen nur *einen Teil* dieses Energiequantums auf sich nehmen; ihre Geschwindigkeiten werden also im allgemeinen kleiner sein, als wenn sie einem *ganzen* Energiequantum entsprechen würden. Das EINSTEINsche Gesetz gibt uns nur die *maximal* mögliche Geschwindigkeit an.

Dieser Umstand wurde von MILLIKAN bei seinen Versuchen in folgender Weise berücksichtigt:

Durch das Diaphragma *b* (Abb. 617) fällt ein Lichtstrahl auf die Metallplatte *A*. Zwischen *b* und *A* ist ein Gitter *G* aufgestellt, welches mit der Platte *A* durch eine Batterie Elementen und ein Galvanometer verbunden ist. Die Batterie wird so gestellt, daß das Potential der Platte höher wird als des Gitters und die aus der Platte kommenden Elektronen von dem elektrischen Felde abgebremst werden; ein Teil der Elektronen, nämlich die mit kleinerer Geschwindigkeit, werden dabei zu der Platte *A* zurück befördert. Indem wir das elektrische Feld zwischen *A* und *G* allmählich wachsen lassen und das Galvanometer beobachten, können wir die Potentialdifferenz feststellen, welche gerade nötig ist, um alle, sogar die schnellsten Elektronen, von *G* nach *A* zurückzutreiben, also den Strom im Galvanometer auf Null herabzusetzen. Die in dieser Weise bestimmte ***maximale*** Potentialdifferenz gibt uns unmittelbar die Geschwindigkeit der schnellsten Elektronen an. In der Abb. 618 rechts unten sehen wir, wie die Stromstärke bei Bestrahlung einer Lithiumplatte mit ultraviolettem Lichte mit wachsender Potentialdifferenz zwischen *A* und *G* zu Null herabsinkt; wir sehen auch, daß man diesen Nullpunkt sehr genau feststellen kann.

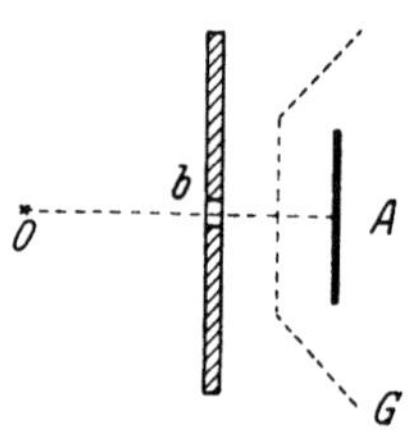

Abb. 617. Versuch von MILLIKAN (Schema).

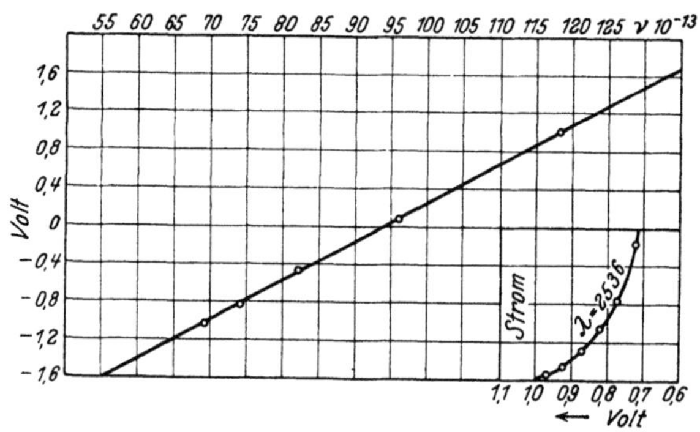

Abb. 618. Versuche von MILLIKAN.

Die Platte und das Gitter befanden sich bei den MILLIKANschen Versuchen in einem gut evakuierten Glasgefäß. Die Oberfläche der Platte wurde von Zeit zu Zeit mit einem speziell dazu konstruierten Messer abgeschabt, um sie möglichst rein zu halten. Das Messer befand sich im Inneren des Gefäßes und wurde durch einen Elektromagneten von außen in Bewegung gesetzt. Die Kontaktpotentialdifferenz des Metalles der Platte *A* wurde durch besondere Versuche bestimmt ohne die Platte aus dem Gefäße herauszunehmen. Wir sehen, daß MILLIKAN die größte Sorgfalt angewendet hat, um die Versuche möglichst rein zu machen.

Die Versuche wurden mit fünf verschiedenen Wellenlängen des Quecksilberspektrums gemacht, und zwar mit Platten *A* aus Natrium und Lithium. Die Resultate sind in der Abb. 618 zusammengestellt. Hier dienen als Abszissen die Frequenzen des einfallenden Lichtes und als Ordinaten die Potentialdifferenz zwischen der Platte und dem Gitter. Die Abhängigkeit wird durch eine gerade Linie dargestellt, und das bedeutet eben, daß beide Größen einander genau proportional sind, wie es auch das EINSTEINsche Gesetz fordert. Die Tangente des Neigungswinkels der erhaltenen Geraden gibt uns das Verhältnis $\varepsilon$ zu $\nu$, also die PLANKsche Konstante $h$. Die Versuche von MILLIKAN ergeben für diese Größe den Wert

$$h = 6{,}55 \cdot 10^{-27}\ \mathrm{erg} \cdot \mathrm{sek}.$$

**671. Erregung der Strahlung durch Elektronenstoß.** Die EINSTEINsche Gleichung kann auch auf die Erscheinungen angewandt werden, welche den photoelektrischen Erscheinungen in gewisser Hinsicht entgegengesetzt sind, nämlich auf die Erregung der Strahlung durch Elektronenstoß (S. 392, **449**). In diesem Falle ist uns die kinetische Energie $\varepsilon$ der stoßenden Elektronen gegeben und wir können die Frequenz $\nu$ voraus berechnen.

Bei großer Stoßenergie können wir die Arbeit $P$ vernachlässigen und das EINSTEINsche Gesetz in der folgenden vereinfachten Form anwenden

$$V e = \varepsilon = h\nu = \frac{h c}{\lambda} \qquad \text{oder} \qquad V \cdot \lambda = \frac{h c}{e}.$$

Drücken wir die Potentialdifferenz $V$ in Volt ($10^8$ CGS-M) und die Wellenlänge $\lambda$ in Mikron ($10^{-4}$ cm) aus, so erhalten wir

$$V\,(\text{Volt}) \cdot \lambda\,(\text{Mikron}) = 1{,}234\,.$$

Wir wollen dieses Gesetz auf zwei Fälle anwenden: auf die Erregung der Röntgenstrahlen und auf die Erregung der sog. Resonanzstrahlung.

Nach der STOKESschen Hypothese senden die an der Antikathode plötzlich gebremsten Elektronen eine impulsive Welle mit einem kontinuierlichen Spektrum von sehr verschiedenen Wellenlängen. Nach der Quantentheorie können aber alle diese Frequenzen ein Maximum, nämlich $\nu = \frac{\varepsilon}{h}$ nicht übersteigen. Es muß demnach das Spektrum an einer bestimmten minimalen Wellenlänge scharf abbrechen. Das finden wir in der Tat in der Abb. 614, S. 609. Außerdem muß zwischen dieser minimalen Wellenlänge und der Potentialdifferenz in der Röhre die oben angegebene Beziehung gelten, was ebenso durch den Versuch bestätigt wird. Man hat sogar derartige Versuche benutzt, um aus ihnen die PLANKsche Konstante $h$ zu berechnen und hat dieselbe Zahl gefunden wie LUMMER und PRINGSHEIM aus der Strahlung des schwarzen Körpers und MILLIKAN aus dem photoelektrischen Effekt.

Bei der Beschreibung der Versuche von FRANK und HERTZ (S. 392, **449**) haben wir erwähnt, daß für die Erregung der Quecksilberlinie $\lambda = 0{,}2537$ eine Geschwindigkeit der Elektronen von 4,9 Volt nötig ist. Das entspricht vollständig dem Gesetze von EINSTEIN, denn

$$4{,}9 \cdot 0{,}2537 = 1{,}234\,.$$

Dasselbe Gesetz wird auch bei der Erregung der anderen Linien durch Elektronenstoß bestätigt.

**672. Lumineszenz.** Für die Lumineszenzerscheinungen ist schon längst von STOKES eine Regel aufgestellt worden, daß nämlich das erregende Licht stets eine kleinere Wellenlänge (größere Frequenz) haben muß als das zu erregende Lumineszenzlicht des betreffenden Körpers. LENARD, welcher die Lumineszenzerscheinungen eingehend experimentell studiert hat, ist zu dem Schlusse gekommen, daß eine Lumineszenzerscheinung eigentlich aus *zwei* gesonderten Prozessen bestehe: zunächst werden unter dem Einfluß des erregenden Lichtes aus den Molekülen des Körpers Elektronen ausgesandt — es entsteht ein photoelektrischer Effekt; sodann kehren die ausgesandten Elektronen zu den Molekülen zurück, wobei sie durch Stoß eine Strahlung erregen. Der erste Teil dieser Annahme wird durch die Photographien von WILSON direkt bestätigt (S. 413, **471**, Abb. 391). Wir können hier sehen, wie die Elektronen unter der Wirkung eines Röntgenstrahles aus den Molekülen nach allen Seiten herausgeschleudert werden. Sie beschreiben zwischen den Molekülen zickzackförmige Wege, bis sie von irgendeinem Molekül wieder aufgefangen werden.

Nehmen wir die LENARDsche Hypothese an, so kann die STOKESsche Regel direkt aus dem EINSTEINschen Gesetze gefolgert werden.

In der Tat kann ja beim photoelektrischen Effekte die Energie $\varepsilon$ des ausgelösten Elektrons nicht größer als $h\nu_1$ sein, wo $\nu_1$ die Frequenz der primären Strahlung bedeutet; also

$$\varepsilon \leqq h\nu_1 .$$

Ganz ebenso beim zweiten Prozeß kann das Produkt $h\nu_2$ für das erregte Lumineszenzlicht nicht größer sein als die Energie des stoßenden Elektrons

$$h\nu_2 \leqq \varepsilon .$$

Aus diesen beiden Gleichungen folgt

$$\nu_2 < \nu_1 \quad \text{oder} \quad \lambda_2 > \lambda_1 ,$$

d. h. die STOKESsche Regel.

**673. Comptoneffekt.** Bei der Untersuchung des Spektrums einer diffusen Reflexion der Röntgenstrahlen am Paraffin und am Graphitpulver bemerkte A. H. COMPTON (1922), daß die Wellenlänge der reflektierten Strahlen ein wenig größer ist als die Wellenlänge der einfallenden Strahlen. Am größten wird dieser Unterschied, wenn der reflektierte Strahl *senkrecht* zu dem einfallenden gerichtet ist; die Wellenlängen beider Strahlen werden einander gleich, wenn beide Strahlen dieselbe oder entgegengesetzte Richtungen haben. Wir haben also hier mit einer eigenartigen diffusen Reflexion zu tun, die wir bei den Lichtstrahlen nie beobachtet haben.

Die Erklärung dieser Erscheinung wurde von COMPTON selbst und von DEBYE fast gleichzeitig gegeben, und zwar auf Grund der Quantentheorie.

Wir wissen (S. 314, **362**), daß eine elektromagnetische Strahlung einen Impuls mit sich führt, welcher sich z. B. in dem Lichtdrucke äußert. Wenn die Röntgenstrahlen die äußeren Elektronenhüllen der Atome treffen, so üben sie auf die Elektronen einen Stoß aus und verlieren dabei einen Teil ihrer Energie; eine kleinere Energie muß aber nach der Quantentheorie im reflektierten Strahl eine kleinere Frequenz, also eine größere Wellenlänge, ergeben. Berechnet man auf diese Weise die Wellenlänge $\lambda_r$ der reflektierten Strahlung, so erhält man die folgende Beziehung

$$\lambda_r - \lambda_e = \frac{2h}{mc} \sin^2 \frac{\Theta}{2} .$$

Die Vergrößerung der Wellenlänge ist also für alle Wellenlängen dieselbe und hängt ab von dem Winkel $\Theta$, welcher der reflektierte Strahl mit dem einfallenden bildet. Die Formel entspricht vollständig der Entdeckung von COMPTON.

Es ist W. BOTHE und C. T. R. WILSON sogar gelungen, nach den photographischen Methoden des letzteren (S. 412, **471**) die Rückstoßelektronen beim Comptoneffekt nachzuweisen.

Wir müssen noch hinzufügen, daß in der reflektierten Strahlung außer den Strahlen, die den Comptoneffekt zeigen, auch noch Strahlen vorhanden sind, bei denen die Wellenlänge ungeändert bleibt. In diesem Umstande müssen wir auch den Grund sehen, warum wir bei den Lichtstrahlen bis jetzt keinen Comptoneffekt beobachtet haben.

**674. Gesetzmäßigkeiten in den Linienspektren.** Die diskontinuierlichen Spektra der Elemente enthalten oft eine sehr große Zahl einzelner Linien, die sehr unregelmäßig verteilt sind. Irgendwelche Gesetzmäßigkeit in der Verteilung der Linien kann man nicht bemerken. Eingehende Untersuchungen haben aber gezeigt, daß einige von den Linien einander ähnlich sind, sei es, daß sie gleich scharf oder in gleicher Weise verwaschen sind; manche Linien sind doppelt

(Dublett), manche sind dreifach usw. Auch nach ihren Entstehungsbedingungen konnte man die Linien klassifizieren. LOKYER hat gefunden, daß einige Linien nur bei hohen Temperaturen entstehen. LENARD hat gezeigt, daß die ionisierten Metalldampfmoleküle ein anderes Spektrum aussenden als die neutralen usw.

Nach allen derartigen Merkmalen konnte man die einzelnen zusammengehörigen Linien zu sog. *Serien* zusammenfassen, was im allgemeinen keine so einfache Aufgabe war, denn die Serien in den sichtbaren Spektra greifen oft übereinander und erscheinen im Spektrum vermischt miteinander. Nachdem aber die einzelnen Serien eines Spektrums ausgesondert waren, ist es auch gelungen, in ihnen gewisse Gesetzmäßigkeiten zu entdecken. W. A. BALMER war der erste, welcher für die Wellenlängen des Wasserstoffspektrums die folgende Formel aufstellte

$$\frac{1}{\lambda} = R\left(\frac{1}{n^2} - \frac{1}{k^2}\right) \qquad R = 109\,677\,.$$

Hier bedeuten $n$ und $k$ zwei beliebige *ganze* Zahlen und $R$ eine für alle Linien konstante Größe. Nimmt man für $n$ irgendeine bestimmte ganze Zahl an und für $k$ eine Reihe von ganzen Zahlen von $(n+1)$ bis unendlich, so erhält man die Wellenlängen $\lambda$ *einer Serie* des Spektrums. Damit $\lambda$ positiv bleibt, muß natürlich $k$ stets größer genommen werden als $n$. Bei $k = \infty$ erhält man die *kürzeste* Wellenlänge der Serie. Nimmt man für $n$ eine andere ganze Zahl, so erhält man in derselben Weise eine andere Serie usf.

Wie genau die bekanntesten Linien des Wasserstoffspektrums durch die BALMERsche Formel dargestellt werden, zeigt die folgende Tabelle:

| $n = 1$ | $k = 3$ | $k = 4$ | $k = 5$ | $k = 6$ |
|---|---|---|---|---|
| Bezeichnung | $\alpha$ | $\beta$ | $\gamma$ | $\delta$ |
| $\lambda$ beobachtet | 6563,07 | 4861,52 | 4340,64 | 4101,90 |
| $\lambda$ berechnet | 6563,04 | 4861,49 | 4340,66 | 4101,90 |

Später haben mehrere Forscher, und namentlich RYDBERG, analoge Formeln auch für andere Elemente aufgestellt. Die Zahlen $n$ und $k$ sind für andere Elemente komplizierter, aber die konstante $R$ (RYDBERGsche Zahl) ist für alle Spektra fast die gleiche. Die Spektren der chemisch ähnlichen Elemente hatten auch eine gewisse Ähnlichkeit miteinander; es rückte im allgemeinen das Spektrum mit wachsendem Atomgewicht nach der violetten Seite hin.

Auf Grund seiner Untersuchung der charakteristischen Röntgenspektra ist MOSELEY zu einer Formel gekommen, die ganz analog der BALMERschen gebaut ist, aber gleichzeitig für *alle* Elemente ihre Gültigkeit beibehält:

$$\frac{1}{\lambda} = R(Z - s)^2\left(\frac{1}{n^2} - \frac{1}{k^2}\right).$$

Hier ist $R$ wieder die RYDBERGsche Konstante, $n$ und $k$ zwei *ganze* Zahlen; $Z$ bedeutet die Atomnummer des betreffenden Elementes und $s$ eine Konstante, deren Wert für verschiedene Serien ein wenig verschieden ist.

Diese Formel stellt die Wellenlängen $\lambda$ des Röntgenspektrums ebenso genau dar wie die BALMERsche Formel die Wellenlängen des Wasserstoffspektrums, sie ist aber viel allgemeiner, denn sie umfaßt die charakteristischen Röntgenspektra *aller* Elemente gleichzeitig.

Es ist noch wichtig, zu bemerken, daß dieser einfache Zusammenhang, wie MOSELEY bewiesen hat, nur für die *Atomnummern* (*Ordnungszahlen*) Z der Elemente sich ergibt, nicht aber für ihre Atomgewichte.

Moseley hat die Resultate seiner Untersuchungen in der Abb. 619 dargestellt; die Elemente sind hier nach ihren Atomnummern geordnet und ihre Spektra desto mehr nach links verschoben, je kleiner die Wellenlängen. In der Abb. 620 ist dieselbe Darstellungsmethode für alle Elemente von den Ordnungszahlen von 11 (Natrium) bis 83 (Wismut) durchgeführt. Der Maßstab für die Wellenlängen ist hier gleich $10^{-8}$ cm, d. h. gleich einer Ångström-Einheit. Wir sehen hier die einzelnen $K$-, $L$- und $M$-Serien parabelähnliche Kurven bilden; wie es nach der Moseleyschen Formel auch sein soll. Zu diesen drei Serien ist von Dolejsek im Siegbahninstitut noch eine $N$-Serie (1923) entdeckt worden, nämlich

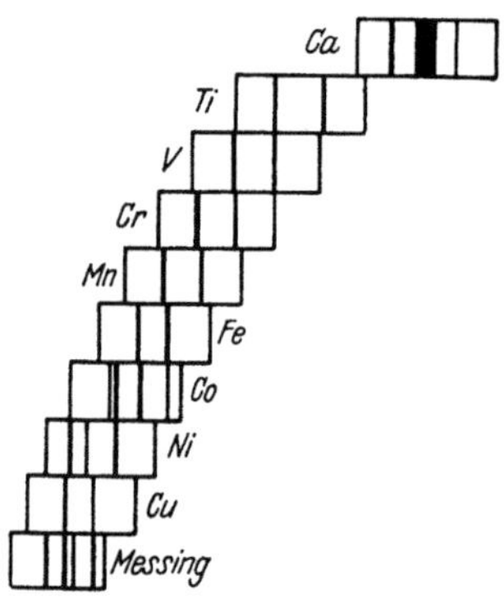


Abb. 619. Charakteristische Röntgenspektra nach Moseley.

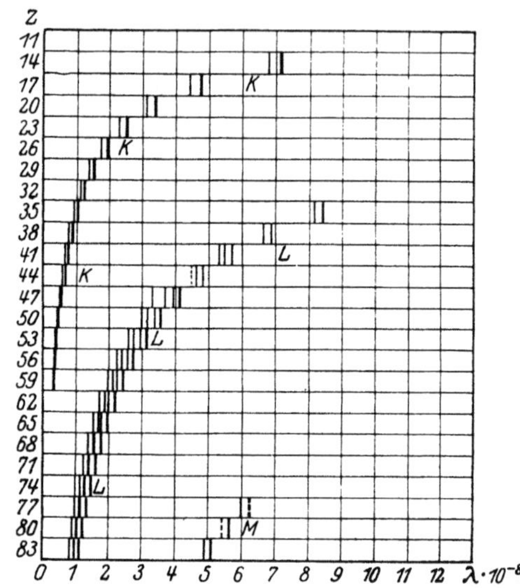


Abb. 620. Die $K$-, $L$- und $M$-Serien der Röntgenspektra.

bei Thorium (90) und in Uran (92); die $N$-Serie liegt aber schon außerhalb unserer Tabelle.

Aus dieser Tabelle sehen wir, daß die einzelnen Serien der Röntgenspektra ein und desselben Elements nicht so vermischt sind wie in den sichtbaren Spektren. Dadurch wird es auch erklärlich, warum Barkla diese Serien auch ohne Spektralanalyse, nur durch Beobachtung ihrer verschiedenen Absorption, unterscheiden konnte. Die von Barkla benannten $K$- und $L$-Strahlen entsprechen in der Moseleyschen Formel $n = 1$ und $n = 2$.

Die späteren Untersuchungen anderer Forscher haben die Resultate von Moseley im allgemeinen bestätigt.

**675. Das Wirkungsquantum.** Bevor wir zur Theorie der Linienspektra übergehen, müssen wir das früher angeführte Quantengesetz verallgemeinern. Wir haben schon hervorgehoben, daß das Energiequantum keine konstante Größe darstellt und nur der Faktor $h$ in allen Fällen konstant bleibt. Betrachten wir die Größe $h$ für sich, so sehen wir, daß sie ein Produkt aus der Energie und der Zeit vorstellt:

$$h = \frac{\varepsilon}{\nu} = \varepsilon \cdot T .$$

Die Energie läßt sich als Produkt einer Kraft und des zurückgelegten Weges darstellen, folglich wird

$$h = (\text{Kraft} \cdot \text{Zeit})\,\text{Weg} = p \cdot s .$$

Das Produkt aus der Kraft und der Zeit ihrer Wirkung nennt man *Impuls* $p$ und das Produkt aus Impuls und dem zurückgelegten Wege $s$ nennt man die

*Wirkung*. Die Wirkung hat demnach eine gewisse Analogie mit der Arbeit, nur daß in der Formel für die Wirkung der Impuls statt der Kraft eingeht.

Die Größe $h$ nennt man das PLANKsche *Wirkungsquantum*.

Wir können die Wirkung noch in anderer Form darstellen, welche für uns bequemer sein wird. An Stelle des Impulses setzen wir die ihm gleiche Bewegungsgröße $mv$ ein und statt des Weges $s$ das Produkt aus der Geschwindigkeit $v$ und der Zeit $t$. Dann erhalten wir

$$p \cdot s = (mv^2) \cdot t\,.$$

Diese Formel (ebenso wie die entsprechende Formel für die Arbeit einer Kraft $Fs$) gilt nur, wenn der Impuls auf dem Wege $s$, also während der Zeit $t$ *konstant* bleibt. Ist der Impuls veränderlich, so müssen wir in diese Formel den Mittelwert des Impulses auf dem Wege $s$ nehmen oder den Mittelwert der Größe $(mv^2)$ während der Zeit $t$

$$\text{Wirkung} = (mv^2)_m \cdot t\,.$$

Wir können jetzt die Grundhypothese der Quantentheorie in folgender Weise formulieren: Bei jedem periodischen molekularen Prozeß ist die Wirkung während einer Periode ein *ganzes Vielfaches* des elementaren Wirkungsquantums $h$:

$$(mv^2)_m T = nh\,,$$

wo $n$ eine ganze Zahl bedeutet.

Diese Formel wollen wir sogleich auf zwei typische Fälle anwenden: auf ein schwingendes Elektron (Oszillator) und auf ein im Kreise zirkulierendes Elektron (Rotator).

Im ersten Falle verändert sich $v$ *harmonisch* und der Mittelwert von $(mv^2)$ ist gleich (S. 443, **502**):

$$(mv^2)_m = \tfrac{1}{2} m v_0^2\,,$$

d. h. gleich der *Gesamtenergie* des schwingenden Elektrons. Die Quantenbedingung wird

$$\varepsilon T = nh \qquad \text{oder} \qquad \varepsilon = n \cdot h\nu\,,$$

d. h. die von uns schon früher benutzte Formel von PLANK.

Bei einem Rotator bleibt die Größe $mv^2$ konstant und die Wirkung während einer Periode wird gleich $mv^2T$. Die Quantenbedingung ist in diesem Falle

$$mv^2T = nh \qquad \text{oder} \qquad \varepsilon = n \cdot 2h\nu\,.$$

Wir sehen daraus, daß die allgemeinere Quantenhypothese für den Oszillator und für den Rotator verschiedene Gesetze aufstellt.

**676. Gesamtenergie eines Rotators.** Wir betrachten jetzt das Atommodell von RUTHERFORD mit der Kernladung $e_0$ und einem Elektron von der Ladung $-e$, welches um den Kern auf einem Kreise vom Halbmesser $r$ rotiert. Ganz analog wie für einen um die Sonne kreisenden Planeten, müssen wir auch in diesem Falle die Anziehungskraft der Zentrifugalkraft gleichsetzen, damit das Elektron stets auf demselben Kreise rotieren bleibt (Keplerbedingung):

$$\frac{e_0 e}{r^2} = \frac{mv^2}{r} \qquad \text{oder} \qquad r m v^2 = Z e^2\,,$$

wo $Z$ das Verhältnis der Kernladung zu der Elektronladung, mit anderen Worten die Atomnummer bedeutet.

Die potentielle Energie des Elektrons im Felde des Zentralkernes ist gleich

$$U_p = -\frac{e_0 e}{r} = -mv^2\,.$$

Dabei haben wir den Nullpunkt der potentiellen Energie bei $r = \infty$ angenommen; außerdem haben wir hier sogleich auch die Keplergleichung benutzt.

Die kinetische Energie des rotierenden Elektrons ist gleich

$$U_k = \tfrac{1}{2} m v^2$$

und folglich seine Gesamtenergie

$$U = U_p + U_k = -\tfrac{1}{2} m v^2 = -\frac{Z e^2}{2r}.$$

Für das Folgende wird es bequemer sein, wenn wir in allen unseren Formeln die Winkelgeschwindigkeit $a$ des Elektrons einführen durch die Formel

$$a = \frac{2\pi}{T} = 2\pi\nu.$$

Dann erhalten wir die Keplergleichung

$$m r^3 a^2 = Z e^2$$

und die Quantenbedingung für den betrachteten Rotator

$$m v^2 \cdot T = 2\pi m r^2 a = n h.$$

**677. Die Theorie von Bohr.** Dem dänischen Physiker Niels Bohr ist es gelungen (1913), die Gesetzmäßigkeiten in den Linienspektra aus der Quantentheorie abzuleiten, wobei er die folgenden Hypothesen annehmen mußte.

1. Bohr nahm die Hypothese von Rutherford an: die Atome sollen aus einem positiv geladenen Kern bestehen, um welchen eine Anzahl Elektronen zirkulieren.

Wir wollen uns hier nur auf das Wasserstoffatom mit einem einzigen Elektron beschränken, und die Bahn des Elektrons kreisförmig annehmen. Dann können wir die im vorigen Paragraphen abgeleitete Formel direkt anwenden.

Nach dem Keplergesetze

$$m r^3 a^2 = Z e^2$$

können die Abstände der Planeten von der Sonne und in unserem Falle die Abstände des Elektrons von dem Kern beliebig sein, wenn nur das Elektron eine dem Keplergesetze entsprechende Umlaufzeit hat.

Bei der Anwendung auf atomare Prozesse müssen wir aber noch die Quantenbedingung berücksichtigen

$$2\pi m r^2 a = n h.$$

Beide Gleichungen zusammen geben uns

$$r_n = n^2 \frac{h^2}{4\pi^2 m e^2 Z}, \qquad a_n = \frac{1}{n^3} \cdot \frac{8\pi^3 m e^4}{h^3} Z^2.$$

Nach der Quantentheorie können demnach die Entfernungen $r$ des Elektrons vom Kern, in welchem das Elektron *stationär* zirkuliert, nicht beliebig sein (nicht so wie bei den Planeten). Die kleinste Entfernung würde $n = 1$ entsprechen, und die anderen möglichen Entfernungen verhalten sich zu dieser kleinsten Entfernung wie die Quadrate der ganzen Zahlen

$$1^2 : 2^2 : 3^2 : 4^2 \ldots = 1 : 4 : 9 : 16 \ldots$$

Auf diesen Bahnen werden die Umlaufzeiten $T$ des Elektrons wie die dritten Potenzen derselben Zahlen sich verhalten.

Nach der früheren Anschauung, welche wir z. B. bei der Erklärung des Zeemanschen Phänomens benutzt haben, hat man die Umdrehungszahl des Elektrons einfach der Frequenz des von ihm ausgesandten Lichtes gleichgesetzt.

Mit Berücksichtigung der Quantentheorie würde man dann ein Spektrum erhalten, dessen Frequenzen sich wie die dritten Potenzen der ganzen Zahlen verhalten. Das würde aber den beobachteten Linienspektren auch nicht annähernd entsprechen. N. BOHR war also gezwungen, zwei weitere Hypothesen hinzuzufügen, nämlich:

2. Die auf den Quantenbahnen zirkulierenden Elektronen senden überhaupt keine Strahlung aus; und

3. Nur wenn das Elektron von einer Bahn mit größerer Gesamtenergie auf eine andere Bahn mit kleineren Energie herunterfällt, wird eine Strahlung in den Raum ausgesandt. Die Frequenz dieser Strahlung wird nach der Quantenbedingung für einen Oszillator bestimmt:

$$U_k - U_n = h\nu .$$

Berechnen wir die Gesamtenergie des Elektrons auf irgendeinem $n$-ten Kreise

$$U_n = -\frac{2m\pi^2 e^4}{h^2 n^2} Z^2$$

und bilden die Differenz der Energien des $k$-ten und des $n$-ten Kreises, so erhalten wir für die Frequenz $\nu$ der ausgesandten Strahlung beim Herunterfallen des Elektrons aus dem $k$-ten auf das $n$-te Niveau

$$\nu = \frac{2m\pi^2 e^4}{h^3} Z^2 \left(\frac{1}{n^2} - \frac{1}{k^2}\right) \quad \text{oder} \quad \frac{1}{\lambda} = \frac{2m\pi^2 e^4}{h^3 c} Z^2 \left(\frac{1}{n^2} - \frac{1}{k^2}\right)$$

Diese Formel stimmt in der Tat mit den empirisch aufgestellten Formeln von BALMER und RYDBERG der Form nach überein. Ja noch mehr: wenn wir hier die uns bekannten Zahlenwerte

$$h = 6{,}55 \cdot 10^{-27}; \qquad \frac{e}{mc} = 1{,}77 \cdot 10^7; \qquad e = 4{,}77 \cdot 10^{-10};$$

einsetzen, so erhalten wir den richtigen Wert für die RYDBERGsche Konstante

$$R = \frac{2m\pi^2 e^4}{h^3 c} = 1{,}09 \cdot 10^5 \text{ cm}^{-1}.$$

Diese wundervolle Übereinstimmung der BOHRschen Theorie mit der Erfahrung zwingt uns, die BOHRschen Hypothesen einstweilen anzunehmen, obgleich sie mit der MAXWELLschen Theorie im Widerspruch stehen; denn ein zirkulierendes Elektron sollte nach der MAXWELLschen Theorie einen zirkular polarisierten Lichtstrahl aussenden, wie wir das schon bei der Erklärung des Zeemaneffektes (S. 585, **647**) angenommen haben. Nach BOHR sendet ein auf einer Quantenbahn zirkulierendes Elektron überhaupt keine Strahlung aus. Übrigens sind auch die Quantenbedingungen selbst mit der MAXWELLschen Theorie bis jetzt nicht in Einklang gebracht worden, und wir müssen den zukünftigen Fortschritten der Wissenschaft überlassen, diese Widersprüche aufzuklären.

**678. Das Wasserstoffatom.** Wir wollen die BOHRsche Theorie an einem einfachen Beispiel illustrieren. Nach RUTHERFORD soll ein Wasserstoffatom aus einem positiv geladenen Kern bestehen, mit einem einzigen um ihn herumzirkulierenden Elektron. In diesem Falle müssen wir $Z = 1$ nehmen.

Wir erhalten dann für die *kleinste* Kreisbahn des Elektrons mit $n = 1$:

$$r_1 = \frac{h^2}{4\pi^2 m e^2} = 0{,}53 \cdot 10^{-8} \text{ cm}.$$

Das stimmt mit der Größenordnung des Wasserstoffatoms überein. Für andere Elemente mit größerer Atomnummer $Z$ würden wir einen entsprechend kleineren Abstand des Elektrons erhalten.

In der Abb. 621 sind die ersten fünf nach der Quantentheorie möglichen Kreisbahnen des Elektrons dargestellt und mit *K, L, M, N, O* bezeichnet.

Nehmen wir an, das Elektron zirkuliere auf der ersten *K*-Bahn ohne zu strahlen, und wir stoßen es aus dieser Bahn weit heraus. Das Wasserstoffatom erscheint dann mit positiver Elektrizität geladen, stellt also ein Wasserstoffion vor. Das Elektron wird vom Wasserstoffion angezogen und kann auf die *K*-Bahn

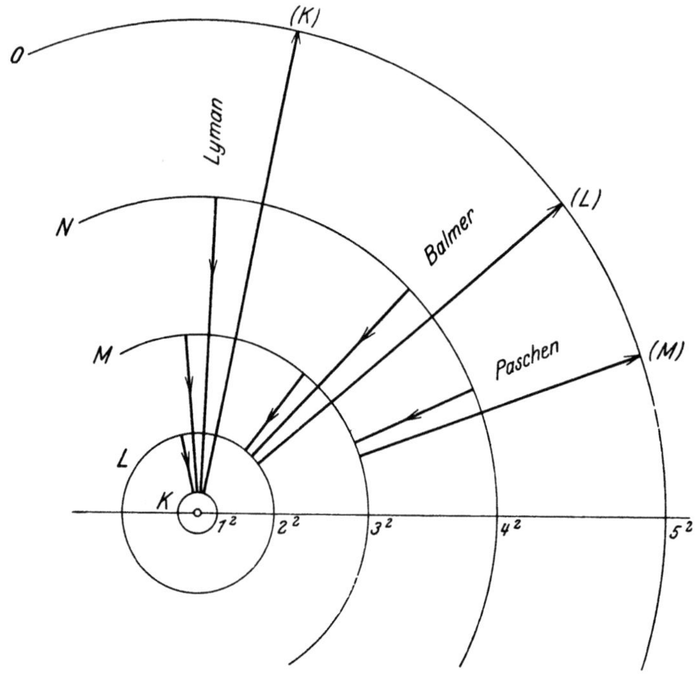


Abb. 621. Erzeugungsschema der Linienspektra des Wasserstoffs.

wieder herunterfallen. Dabei wird eine Strahlung ausgesandt, deren Frequenz und Wellenlänge sich nach der oben abgeleiteten Formel bestimmt mit $n = 1$ und $k = \infty$

$$\lambda = \frac{1}{R} = 0{,}091\,\mu\,.$$

Stoßen wir das Elektron nicht so stark an und wird es durch den Stoß nur auf ein höheres *L*-, *M*-, *N*-Niveau gehoben, so strahlt es beim Herunterfallen auf das *K*-Niveau Spektrallinien aus, die sich mit $k = 2, 3, 4$ usw. berechnen lassen. In den verschiedenen Atomen eines strahlenden Wasserstoffgases werden die Elektronen von verschiedenen Niveaus auf das *K*-Niveau herunterfallen und alle zusammen ergeben ein Linienspektrum, eine sog. *K*-Serie, die, wie wir sehen, im Ultravioletten liegt und experimentell von LYMAN studiert wurde.

Fallen die Elektronen nicht alle auf die *K*-Bahn, sondern auch auf die *L*-Bahn, so müssen wir bei der Berechnung der Frequenz in unsere Formel $n = 2$ einsetzen und erhalten dann die uns schon bekannte Balmerserie mit der kleinsten Wellenlänge

$$\lambda = \frac{4}{R} = 0{,}37\,\mu\,.$$

Diese Serie liegt im sichtbaren (violetten) Gebiet.

Fallen endlich die Elektronen auf die $M$-Bahn ($n = 3$), so strahlen sie ein ultrarotes Spektrum aus, welches von PASCHEN entdeckt wurde.

In der letzten Zeit ist noch eine vierte Serie von BRACKETT entdeckt worden, welche durch das Herabfallen des Elektrons auf die vierte Quantenbahn erzeugt wird und noch weiter im Ultraroten liegt als die PASCHENsche Serie.

Die BOHRsche Theorie hat noch in einer anderen Weise eine schöne Bestätigung erfahren. Man hat nämlich früher dem Wasserstoff noch Linienserien zugeschrieben, welche sich in die Formeln

$$\frac{1}{\lambda_1} = R\left(\frac{1}{(1,5)^2} - \frac{1}{k^2}\right) \quad \text{und} \quad \frac{1}{\lambda^2} = R\left(\frac{1}{2^2} - \frac{1}{(m+\frac{1}{2})^2}\right)$$

zusammenfassen läßt. In diesen Formeln sind aber außer den ganzen Zahlen auch noch Brüche enthalten, was der Quantentheorie widersprechen würde. Die späteren sorgfältig von A. FOWLER und von F. PASCHEN angestellte Versuche haben aber gezeigt, daß dies Spektrum nicht dem Wasserstoff, sondern dem ionisierten Helium gehört. Nun hat der Heliumkern eine zweifache Ladung $2e$; ein *ionisiertes* Heliumatom unterscheidet sich also von dem nicht ionisierten Wasserstoffatom nur dadurch, daß für ihn in der BOHRschen Formel $Z = 2$ und $Z^2 = 4$ genommen werden muß. Führen wir diesen Faktor 4 in den Klammerausdruck ein, so erhalten wir in den Klammern nur *ganze* Zahlen, wie es nach der BOHRschen Theorie auch sein soll:

$$\frac{1}{\lambda_1} = R\,4\left(\frac{1}{3^2} - \frac{1}{k^2}\right) \quad \text{und} \quad \frac{1}{\lambda_2} = R \cdot 4\left(\frac{1}{4^2} - \frac{1}{k^2}\right).$$

Aus diesem Beispiele sehen wir schon, daß nach der Theorie ein ionisierter Dampf ein anderes Spektrum aussenden wird als ein Dampf mit ungeladenen Molekülen, was mit den Versuchsergebnissen von LENARD (S. 389, **445**) im Einklang steht.

**679. Charakteristische Röntgenspektra.** Wenn wir die BOHRsche Formel mit der von MOSELEY experimentell aufgestellten Formel vergleichen

$$\frac{1}{\lambda} = R(Z^2 - s)\left(\frac{1}{n^2} - \frac{1}{k^2}\right),$$

so finden wir einen Unterschied: der Faktor $Z^2$ erscheint um die Größe $s$ vermindert. Das erklärt sich in folgender Weise. Ein Atom von höherer Atomnummer, also mit einer entsprechend größeren Kernladung $Ze$, enthält in ungeladenem Zustande $Z$ Elektronen, die um den Kern herum auf verschiedenen Quantenbahnen herumkreisen, also ein ganzes Planetensystem bilden. Die Elektronen wirken abstoßend aufeinander, wodurch die Anziehungskraft des Kernes auf die einzelnen Elektronen abgeschwächt oder, wie man sich ausdrückt, *abgeschirmt* wird. Diese Abschirmung kommt in der Formel durch die Größe $s$ zum Ausdruck. Es ist auch zu erwarten, daß die Abschirmung desto größer sein wird, je höher (weiter vom Kern) das vom Elektron besetzte Niveau liegt. Das hat auch MOSELEY bei seinen Versuchen gefunden.

Stellen wir uns die in der Abb. 621 dargestellten Niveaus mit Elektronen besetzt vor, so werden wir leicht einen Unterschied in der Erregung des langwelligen Lichtes (äußere Elektronen) und der Röntgenstrahlen (innere Elektronen) begreifen.

Die äußeren Elektronen können durch Elektronenstoß (FRANK und HERTZ) oder durch Lichtstrahlung von einem niedrigeren auf ein beliebiges höheres Niveau gehoben werden und dann beim Herunterfallen die entsprechende Spektrallinie aussenden. Die inneren Elektronen dagegen können auf ein höheres Niveau im allgemeinen nicht gehoben werden, weil die höheren Niveaus schon von anderen Elektronen besetzt sind. Um die charakteristischen Röntgenstrahlen zu erregen, muß man demnach eine genügende Stoßenergie (Potentialdifferenz) zur Verfügung haben, um das betreffende Elektron aus dem Atom ganz herauszustoßen. Ist das aber geschehen, so können die höher liegenden Niveaus nicht im Gleichgewicht bleiben und zerfallen alle gleichzeitig; von jedem höher liegenden Niveau fallen die Elektronen auf das niedriger liegende herunter, um die freigewordenen Plätze zu besetzen. Wir erhalten dabei also nicht eine *einzige* Linie wie bei den äußeren Elektronen, sondern eine ganze Serie von Linien, die der Endbahn entspricht, aus welcher das Elektron herausgestoßen wurde. Auch diese Folgerung der Theorie wird durch die Versuche bestätigt.

Aus der Abb. 615, S. 609, sehen wir, daß die charakteristischen Strahlen des Wolframs nur bei etwa 100000 Volt Potentialdifferenz zum Vorschein kommen, obgleich für die Erregung der Linien $\lambda = 0{,}2$ Å eine Potentialdifferenz von etwa 60000 Volt schon genügen würde. Die Potentialdifferenz 100000 ist aber nötig, um die kleinste Wellenlänge der $K$-Serie zu erregen, und bei dieser Erregung erscheinen *alle* Linien der $K$-Serie gleichzeitig.

**680. Absorption.** Die Gesetze, die wir für die Emission der Linienspektra aufgestellt haben, finden wir in den entsprechenden Absorptionsspektren wieder. Eine Absorption muß offenbar dann erfolgen, wenn ein Elektron unter der Wirkung der einfallenden Strahlung auf ein höheres Niveau gehoben wird, denn dazu muß eine gewisse Energiemenge dem einfallenden Strahle entnommen werden. In welcher Weise dieser Vorgang sich im Atom abspielt, ist bis jetzt noch nicht aufgeklärt worden, nur die Energiebilanz und die nach der Quantentheorie daraus folgende Frequenz der Strahlung ist unserer Rechnung zugänglich. Jedenfalls können wir nach dem im vorangehenden Paragraphen Gesagten einen wesentlichen Unterschied in den Absorptionsgesetzen der Lichtstrahlen und der Röntgenstrahlen erwarten.

Alle Arten von Strahlen erleiden beim Eintreten in einen Körper eine zweifache Veränderung: sie werden erstens von den einzelnen Atomen und Molekülen diffus reflektiert — zerstreut, und zweitens werden sie absorbiert. Je kleiner die Wellenlänge, desto größer ist im allgemeinen die Zerstreuung der Strahlen. Nach Rayleigh erscheint uns der Himmel blau, weil eben die blauen Strahlen eine kürzere Wellenlänge haben und stärker zerstreut werden. Die Röntgenstrahlen werden von den einzelnen Atomen zerstreut, und zwar um so stärker, je mehr Elektronen in dem betreffenden Atom enthalten sind, je höher also seine Ordnungszahl $Z$ ist. Diesen Umstand hat ja schon Bragg (S. 607, **663**) benutzt, um die Atome des Natriums von den Chloratomen im Steinsalzkristall zu unterscheiden.

Zweitens bewirkt eine Strahlung ebenso wie ein stoßendes Elektron eine Abtrennung der Elektronen von den Atomen, eine Ionisation, die sich in dem Photoeffekt und in der Lumineszenzerscheinung kundgibt. Auch diese Wirkung und die dabei stattfindende Absorption wird für Röntgenstrahlen größer als für die langwelligen Lichtstrahlen sein.

Die Lichtstrahlen bei ihrer verhältnismäßig kleinen Frequenz können die Elektronen aus den inneren Atomniveaus nach außen nicht befördern; das können nur harte Röntgenstrahlen leisten. Wenn aber die Lichtstrahlen auf die *äußeren* Elektronen wirken, so können sie dieselben auf sehr verschiedene Niveaus heben. Dabei können ganz analog wie beim Elektronenstoß (S. 392, **449**) *einzelne* Resonanzlinien des Spektrums erregt werden. Jedenfalls wird auch nach der Quantentheorie wie nach der früheren Resonanztheorie (S. 582, **645**), das Absorptionsspektrum der Lichtstrahlen dem Emissionsspektrum des absorbierenden

Körpers völlig gleich sein. Das stimmt bekanntlich auch mit den direkten Beobachtungen überein.

Etwas anderes erhalten wir bei den Röntgenstrahlen. Damit ein Röntgenstrahl eine sekundäre charakteristische Strahlung erregen kann, muß seine Frequenz *größer* sein als die größte Frequenz der erregten Strahlung, denn es muß ein Elektron aus dem innersten Niveau herausgestoßen werden. Schicken wir z. B. eine Röntgenstrahlung mit kontinuierlichem Spektrum durch eine Metallplatte, so werden alle größeren Wellenlängen, auch wenn sie dem charakteristischen Emissionsspektrum des Metalles entsprechen, fast ohne Absorption durchgelassen und nur an einer bestimmten Stelle des Spektrums, die der ***kleinsten*** Wellenlänge irgendeiner Serie des Emissionsspektrums des untersuchten Metalles entspricht, setzt plötzlich eine starke Absorption ein. Statt eines charakteristischen aus einzelnen Linien bestehenden Absorptionsspektrums erhalten wir eine kontinuierliche Absorption mit einer scharfen Grenze. Diese Erscheinung kann die frühere Resonanztheorie nicht erklären.

**681. Theorie von Sommerfeld.** Die von uns nur an den einfachsten Fällen illustrierte Bohrsche Theorie umfaßt noch andere kompliziertere Spektra. Sie ist namentlich von A. Sommerfeld wesentlich verallgemeinert worden.

Sommerfeld führte in die Theorie außer den Kreisbahnen der Elektronen auch elliptische Bahnen ein, wobei er gezeigt hat, wie die Quantentheorie aus der unendlichen Mannigfaltigkeit der Keplerellipsen nur einige auswählt, welche durch ihre Größe, ihre Form und ihre gegenseitige Lage sich auszeichnen.

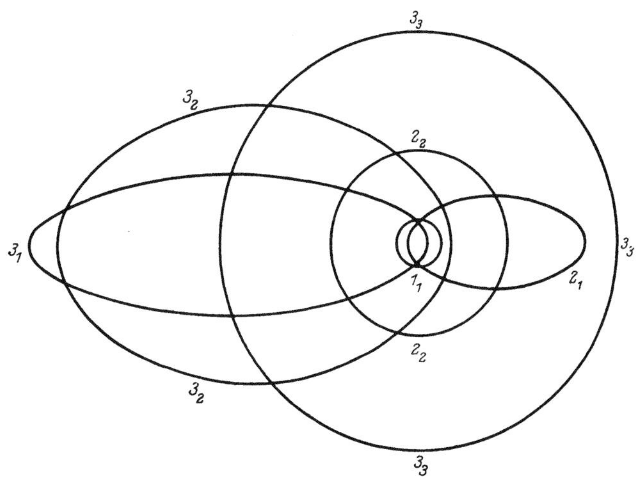

Abb. 622. Ellipsenbahnen nach Sommerfeld.

In der Abb. 622 sind einige nach Sommerfeld mögliche Elektronenbahnen gezeichnet. Die kleinste Bahn kann nur kreisförmig sein. Die zweite kann entweder kreisförmig oder elliptisch sein, wobei aber das Achsenverhältnis der Ellipse gleich 1 : 2 sein muß. Auf der dritten Bahn kann das Elektron außer dem Kreise noch zwei verschiedene Ellipsen beschreiben mit den Achsenverhältnissen 1 : 3 und 2 : 3 usf. Jede von diesen Bahnen wird also durch *zwei* ganze Quantenzahlen charakterisiert, z. B. $2_1$ oder $3_2$; bei den Kreisbahnen sind beide Quantenzahlen gleich.

Was die Lage der Bahnen im Raume betrifft, so können sie natürlich im allgemeinen ganz beliebig sein; wenn aber auf das Elektron irgendeine äußere Kraft wirkt, z. B. ein elektrisches oder ein magnetisches Feld, also eine bestimmte Richtung festgelegt wird, so kommt eine *dritte* Quantenbedingung hinzu, und die Bahnebenen müssen mit der Feldrichtung bestimmte Winkel bilden. In der Abb. 623 sind z. B. drei solche mögliche Bahnenlagen dargestellt. Auf jeder von diesen erlaubten Quantenbahnen kann das Elektron ohne zu strahlen, zirkulieren und besitzt natürlich eine bestimmte Energie. Die Differenz der Energien auf verschiedenen Quantenbahnen bestimmt, wie bei Bohr, die Schwingungsfrequenz der ausgesandten Strahlung, wenn das Elektron von der einen Bahn auf die andere übergeht.

Die Einführung der elliptischen Elektronenbahnen mit verschiedener Neigung gegeneinander brachte wichtige Folgen mit sich.

Diese Bahnen werden nämlich unter dem Einfluß eines äußeren magnetischen oder elektrischen Feldes ihre Form und Lage verändern, wobei auch die Energie der auf diesen Bahnen kreisenden Elektronen sich verändern muß. Bei der Bildung der Energiedifferenzen und Auswertung der ausgesandten Frequenz muß noch die gegenseitige Richtung des Feldes und der betrachteten Elektronenbahn berücksichtigt werden. Auf diese Weise haben SOMMERFELD, SCHWARZSCHILD und EPSTEIN Theorien des ZEEMANschen und des STARKschen Phänomens gegründet, welche alle Einzelheiten dieser Erscheinungen quantitativ beschreiben. Die frühere Elektronentheorie ohne Hinzuziehung der Quantentheorie konnte nur die einfachsten Fälle des ZEEMANschen Effektes in sich aufnehmen und war überhaupt nicht imstande, die von STARK entdeckte Wirkung des elektrischen Feldes (S. 587, **649**) auf die Strahlung zu erklären.

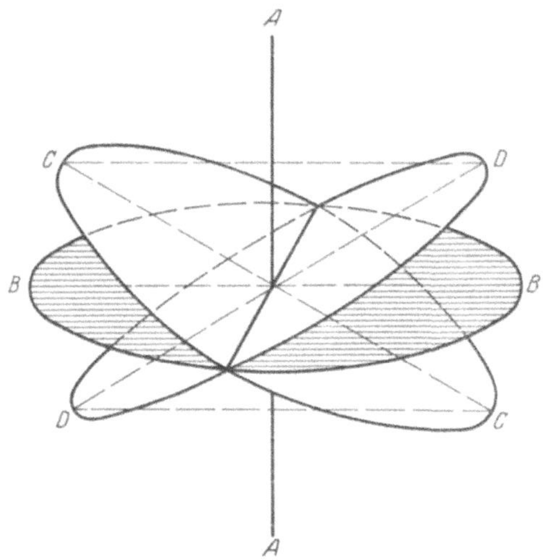


Abb. 623. Orientierung der Bahnen im Raume um eine Achse (nach SOMMERFELD).

Eine elliptische Bewegung unterscheidet sich aber von der Kreisbewegung noch in anderer Hinsicht: die Geschwindigkeit des Elektrons längs der Bahn bleibt nicht konstant. Bei Annäherung an den Kern wird die Geschwindigkeit größer und bei Vergrößerung der Entfernung vom Kerne wird sie kleiner. Das folgt unter anderem direkt aus dem Erhaltungssatze der Energie und wird bei den Planetenbewegungen auch tatsächlich beobachtet. Nun sind aber die Geschwindigkeiten der Elektronen im Atom sehr groß. Nach unseren Formeln (S. 622, **677**) ist (bei $n = 1$):

$$v = r a = \frac{2\pi e^2}{h} Z = 2 \cdot 10^8 \cdot Z \text{ cm/sec.}$$

Bei großen Atomnummern $Z$ wird diese Geschwindigkeit schon von der Größenordnung der Lichtgeschwindigkeit und wir wissen, daß bei so großen Geschwindigkeiten die Masse des Elektrons nicht mehr konstant angenommen werden darf. SOMMERFELD hat gezeigt, daß durch diesen Umstand die Ellipsenbahnen der Elektronen eine Präzessionsbewegung erhalten, d. h. die Richtung der Ellipsenachsen werden sich mit der Zeit ändern (Abb. 624, vgl. Abb. 585, S. 595). Solche Präzessionsbewegungen lassen sich in zwei Ellipsenbewegungen mit zwei verschiedenen Umlaufzeiten zerlegen; diesen zwei Bewegungen sind auch zwei *verschiedene* Energiewerte zuzuschreiben. Bei der Berechnung der Frequenz nach der Quanten-

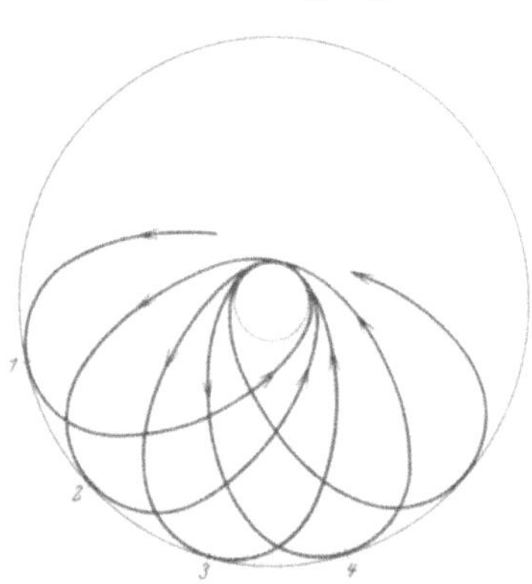


Abb. 624. Ellipsenbahnen mit Präzessionsbewegung (nach SOMMERFELD).

theorie erhalten wir demnach statt einer einzigen *zwei* verschiedene Frequenzen und im Spektrum müssen wir statt einer Linie ein *Dublett* erhalten.

Diese von SOMMERFELD aufgestellte Theorie der Feinstruktur der Spektrallinien hat sich in den Spektren fast aller Elemente auf das glänzendste bestätigt. Man konnte sogar aus den beobachteten Abständen der Linien im Dublett das Gesetz für die Abhängigkeit der Masse von der Geschwindigkeit verifizieren, wobei sich die LORENTZ-EINSTEINsche Formel (S. 319, **367**) bestätigt hat.

In der letzten Zeit ist die Quantentheorie außer Wasserstoff auch auf die Spektra noch anderer Elemente angewandt worden; aber wegen der großen Zahl der zirkulierenden Elektronen werden die Rechnungen natürlich viel komplizierter.

**682. Versuche von STERN und GERLACH.** Die SOMMERFELDsche Annahme einer Richtungsquantelung im Raume wurde durch direkte Versuche von O. STERN und W. GERLACH (1921) in folgender Anordnung bestätigt. Ein Silberkügelchen *A* (Abb. 625) wird bis zur Glühtemperatur erhitzt; das Silber verdampft, und in der sorgfältig evakuierten Röhre werden aus der Silberkugel Silberatome nach allen Seiten ausgeschleudert. Ein Teil dieser Silberatomstrahlen, durch ein Diaphragma begrenzt, kommt in ein inhomogenes magnetisches Feld *NS* hinein. Würden sich die Silberatome wie kleine Magnetnadeln verhalten, so würden sie dorthin fliegen, wo das Magnetfeld stärker ist (S. 174, **212**). Der Versuch zeigt aber, daß nur ein Teil der Atomstrahlen nach *b* abgelenkt wird, der andere Teil nach *a* hin (wie ein diamagnetischer Körper). Nach der SOMMERFELDschen Quantentheorie mußte man das auch erwarten, denn die Elektronen im Silberatom, wenn sie in ein Magnetfeld kommen, können auf der senkrecht zur Feldrichtung orientierten Bahn *BB* (Abb. 623) entweder rechts oder links zirkulieren; mit anderen Worten ihr magnetisches Moment kann entweder in der Richtung des Feldes oder ebensogut entgegengesetzt dieser Richtung sich einstellen; die nächsten Nachbarlagen sind aber nach der Quantentheorie nicht erlaubt. Als Folge davon werden die Silberatome, deren magnetisches Moment mit der Richtung des Feldes zusammenfällt, zu den Stellen des Feldes abgelenkt, wo das Feld *stärker* wirkt, die Silberatome dagegen, deren magnetisches Moment der Richtung des Feldes entgegengesetzt ist, werden zu den schwächeren Stellen des Magnetfeldes abgelenkt. Da die Zwischenlagen nach der Quantentheorie nicht möglich sind, so muß zwischen *a* und *b* die Platte *ab* frei von Silberatomen bleiben, wie es in der Tat bei STERN und GERLACH der Fall war.

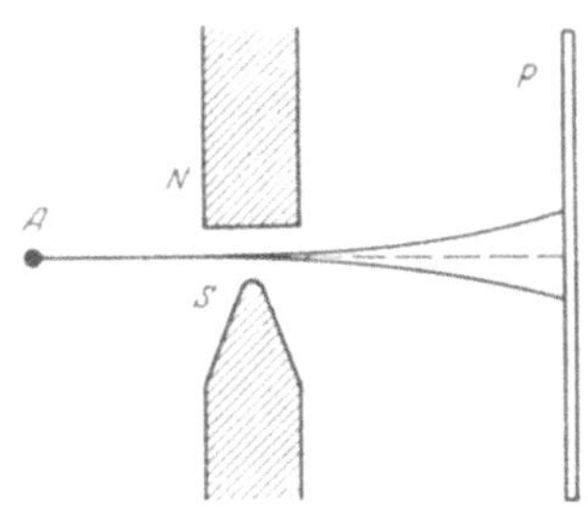

Abb. 625. Versuch von STERN und GERLACH.

**683. Atombau.** Wir haben an mehreren Stellen dieses Buches die Hypothese von RUTHERFORD (S. 415, **473**) über den Bau der Atome benutzt, aber durch die Anwendung der Quantentheorie auf die Linienspektra sind unsere Kenntnisse über den Atombau vertieft worden und wir können jetzt ausführlicher auf diese Frage eingehen.

Die Atome aller Elemente bestehen nach RUTHERFORD aus einem positiv geladenen Zentralkern, um welchen eine Schar von Elektronen zirkuliert. Die Ladung des Kernes ist $Z$ mal größer als die Elementarladung eines Elektrons, wobei $Z$ die Atomnummer oder Ordnungszahl des betreffenden Elementes bedeutet. Im ungeladenen Atom muß offenbar die Zahl der Elektronen auch gleich $Z$ sein.

Es entsteht die Frage: wie sind die $Z$ Elektronen im Atome verteilt?

Nach dem, was wir von den Gesetzen der Emission und der Absorption der Lichtstrahlen einerseits und der Röntgenstrahlen anderseits erfahren haben, müssen wir alle in einem Atom enthaltenen Elektronen in zwei Klassen einteilen: die *äußeren* Elektronen und die *inneren* Elektronen. Wir können uns die ganze Elektronenschar eines Atoms auf die einzelnen, durch die Quantentheorie bestimmten Niveaus ($K, L, M, N, \ldots$) verteilt denken.

Von den Elektronen des *äußersten* Niveaus werden die gewöhnlichen Lichtspektra emittiert, von ihnen werden die elektrischen Kräfte der Atome abhängen (Ionenbildung) und offenbar auch die chemischen Wirkungen zwischen den Atomen verschiedener Elemente. Es ist nämlich jetzt in noch höherem Maße als früher wahrscheinlich geworden, daß die chemischen Kräfte auch elektrischen Ursprungs sind. Nun zeigt uns die MENDELEJEVsche Tabelle (S. 632), daß die chemischen Eigenschaften der Atome eine gewisse Periodizität besitzen; die in jeder Vertikalreihe stehenden Elemente sind einander sehr ähnlich. Wir schließen daraus, daß der Bau der *äußeren* Elektronenschalen in den Atomen einer Vertikalreihe auch einander ähnlich sein muß.

Von den Elektronen der *inneren* Schalen hängt die Emission der Röntgenstrahlen ab; hier geben uns die MOSELEYschen Untersuchungen Aufschluß. Von einer Periodizität ist hier aber nichts zu sehen. Im Gegenteil: ein und dieselbe (mit denselben Konstanten) Formel umfaßt das gesamte Spektrum irgendeiner Linienserie eines beliebigen Elementes; nur die Größe $Z$, d. h. die Kernladung, muß für verschiedene Atome natürlich verschieden angenommen werden. Das deutet darauf hin, daß die inneren Elektronenschalen aller Atome gleich gebaut sind.

Auf diesen Grundlagen wollen wir versuchen, die verschiedenen Atome synthetisch aufzubauen.

Das einfachste von den Atomen, nämlich das Wasserstoffatom, haben wir schon konstruiert. Es besteht aus einem einfach geladenen Kern und einem einzigen um ihn kreisenden Elektron. Der kleinste mögliche Abstand des Elektrons von dem Kern ist gleich $0{,}5 \cdot 10^{-8}$ cm. Dieser Abstand ist zwar klein, aber dennoch etwa 100000mal größer als der Durchmesser des Elektrons selbst oder des Kernes (S. 415, **473**, S. 419, **479**). Im Wasserstoffgas unter gewöhnlichen Bedingungen sind stets zwei Wasserstoffatome zu einem Molekül miteinander verbunden. Wie dieses Molekül gebildet wird, ist noch unbekannt; man weiß nur, daß für die Trennung der zwei Atome des Wasserstoffmoleküls eine Energie angewandt werden muß, welche, auf die Elementarladung $e$ als Einheit bezogen, gleich 2,9 Volt ist. Wollen wir von dem so erhaltenen Wasserstoffatom sein Elektron wegnehmen, also ein Wasserstoffion bilden, so müssen wir noch eine Energie von 13,5 Volt leisten. Im ganzen, um das Wasserstoffmolekül zu ionisieren, brauchen wir demnach $2{,}9 + 2 \cdot 13{,}5 = 29{,}9$ Volt.

Das nächstfolgende einfache Atom ist das Heliumatom: der Heliumkern ist zweifach geladen und wird von zwei Elektronen umkreist. Um ein Elektron vom ungeladenen Heliumatom wegzunehmen, also ein Heliumion zu bilden, braucht man 23,5 Volt.

Beim ionisierten Helium bleibt nur ein Elektron übrig (Abb. 626), wodurch es einem Wasserstoffatom in seinem Bau sehr ähnlich wird; wir haben auch gesehen, daß das ionisierte Helium ein Spektrum aussendet, welches man früher für ein Wasserstoffspektrum gehalten hat (S. 625, **678**). Wir wollen diese Ähnlichkeit benutzen, um die Arbeit zu berechnen, welche nötig ist, um das Heliumion von seinem Elektron zu befreien, also ein zweifach geladenes Heliumatom oder das sog. $\alpha$-Teilchen zu bilden. Die Ladung des Heliumkernes ist zweimal größer als die des Wasserstoffkernes, und außerdem ist der Halbmesser der $K$-Bahn im

Helium zweimal kleiner. Aus beiden Gründen zusammen muß die Ablösungsarbeit für das letzte Elektron beim Helium viermal größer sein als beim Wasserstoff: $4 \cdot 13{,}5 = 54$ Volt. Für die zweifache Ionisierung eines Heliumatoms sind also 80 Volt nötig, was auch mit den Versuchsergebnissen im Einklang steht.

Mit dem Helium ist die erste Reihe der MENDELEJEVschen Tabelle abgeschlossen. Die zweite Reihe fängt mit Lithium an, dessen Kernladung (Ordnungszahl) $Z = 3$ ist. Wollen wir dieses Atom wasserstoffähnlich gestalten, so müssen wir in der äußeren Schale *ein einziges* Elektron zirkulieren lassen; es bleiben für die innere Schale nur zwei Elektronen nach. Dadurch ist aber die erste $K$-Schale für alle Elemente fixiert. — Die auf der $K$-Bahn zirkulierenden zwei Elektronen werden von dem Kern viel fester gehalten als das Elektron der äußeren Schale; das Lithium wird dann die Eigenschaft haben, sein äußeres Elektron leicht abzugeben, also ein einwertiges positives Ion zu bilden, was den Tatsachen auch wirklich entspricht.

Indem wir weiter die Kernladung jedesmal um eins vergrößern und gleichzeitig ein Elektron auf der äußeren (zweiten) Schale zusetzen, erhalten wir die Konstruktion der Atome von Beryllium, Bor, Kohlenstoff, Stickstoff, Sauerstoff, Fluor und endlich Neon. Bei Neon wird die äußere Schicht acht Elektronen enthalten. Jetzt müssen wir eine neue Periode anfangen, d. h. eine neue Schale mit einem einzigen Elektron annehmen, weil das nächstfolgende Natriumatom dem Lithiumatom in seinen chemischen Eigenschaften ähnlich sein muß.

Aus dem Gesagten ist es schon klar, wie wir diesen Aufbau der Atome auch weiter fortsetzen können, um alle Atome der MENDELEJEVschen Tabelle zu erhalten. In der hier angeführten kleinen Tabelle ist die Konstruktion der Atome der letzten Vertikalreihe der MENDELEJEVschen Tabelle, d. h. der Atome der sog. Edelgase, angedeutet.

| | *K* | *L* | *M* | *N* | *O* | *P* | *Z* |
|---|---|---|---|---|---|---|---|
| Helium | 2 | — | — | — | — | — | 2 |
| Neon | 2 | 8 | — | — | — | — | 10 |
| Argon | 2 | 8 | 8 | — | — | — | 18 |
| Krypton | 2 | 8 | 18 | 8 | — | — | 36 |
| Xenon | 2 | 8 | 18 | 18 | 8 | — | 54 |
| Emanation | 2 | 8 | 18 | 32 | 18 | 8 | 86 |

In der Abb. 626 sind einige von den Atomen schematisch dargestellt, nämlich: Wasserstoff H, einfach ionisiertes Helium + He, neutrales Helium He, zwei Isotopen des Lithiums $Li^6$ und $Li^7$, Fluor F, Neon Ne, Natrium Na und je ein Isotop des Chlors und des Argons.

Die Figuren müssen selbstverständlich nur als Schemata verstanden werden; die Elektronen brauchen in Wirklichkeit gar nicht auf Kreisen verteilt zu sein, wie wir es zur besseren Übersicht gezeichnet haben.

Aus dem soeben skizzierten Bau der Atome können wir einige wichtige Schlüsse ziehen.

Erstens sehen wir, daß alle in der letzten Vertikalreihe der MENDELEJEVschen Tabelle stehenden sog. Edelgase auf ihrer äußersten Schale je acht Elektronen enthalten. Die Edelgase bilden keine chemischen Verbindungen mit anderen Elementen; offenbar ist die Konfiguration aus acht Elektronen besonders stabil.

Die Elemente der ersten Vertikalreihe enthalten auf ihrer äußeren Schale nur ein Elektron, welches ihnen durch äußere Wirkungen leicht entnommen werden kann; dabei werden *positive* Ionen gebildet. Man nennt auch diese Elemente positiv. In der siebenten Vertikalreihe dagegen stehen elektronegative Elemente, sie bilden *negative* Ionen, nehmen also leicht noch ein Elektron auf.

Periodisches System der Elemente.

| Periode | Gruppe I a | Gruppe I b | Gruppe II a | Gruppe II b | Gruppe III a | Gruppe III b | Gruppe IV a | Gruppe IV b | Gruppe V a | Gruppe V b | Gruppe VI a | Gruppe VI b | Gruppe VII a | Gruppe VII b | Gruppe VIII a | Gruppe VIII b |
|---|---|---|---|---|---|---|---|---|---|---|---|---|---|---|---|---|
| I | | | | | | | | | | | | | | **1** H | | **2** He |
| II | **3** Li | | **4** Be | | | **5** B | | **6** C | | **7** N | | **8** O | | **9** F | | **10** Ne |
| III | **11** Na | | **12** Mg | | | **13** Al | | **14** Si | | **15** P | | **16** S | | **17** Cl | | **18** Ar |
| IV | **19** Ka | | **20** Ca | | **21** Sc | | **22** Ti | | **23** V | | **24** Cr | | **25** Mn | | **26** Te **27** Co **28** Ni | |
| | | **29** Cu | | **30** Zn | | **31** Ga | | **32** Ge | | **33** As | | **34** Se | | **35** Br | | **36** Kr |
| V | **37** Rb | | **38** Sr | | **39** Y | | **40** Zr | | **41** Nb | | **42** Mo | | **43** Ma | | **44** Ru **45** Rh **46** Pd | |
| | | **47** Ag | | **48** Cd | | **49** In | | **50** Sn | | **51** Sb | | **52** Te | | **53** J | | **54** X |
| VI | **55** Cs | | **56** Ba | | **57 bis 71** Seltene Erden | | **72** Hf | | **73** Ta | | **74** W | | **75** Re | | **76** Os **77** Ir **78** Pt | |
| | | **79** Au | | **80** Hg | | **81** Fl | | **82** Pb | | **83** Bi | | **84** Po | | **85** — | | **86** Em |
| VII | **87** — | | **88** Ra | | **89** Ac | | **90** Th | | **91** Pa | | **92** U | | | | | |

Seltene Erden.

| 57 | 58 | 59 | 60 | 61 | 62 | 63 | 64 | 65 | 66 | 67 | 68 | 69 | 70 | 71 |
|---|---|---|---|---|---|---|---|---|---|---|---|---|---|---|
| La | Ce | Pr | Nd | — | Sm | Eu | Gd | Tb | Dy | Ho | Er | Tu | Yb | Cp |

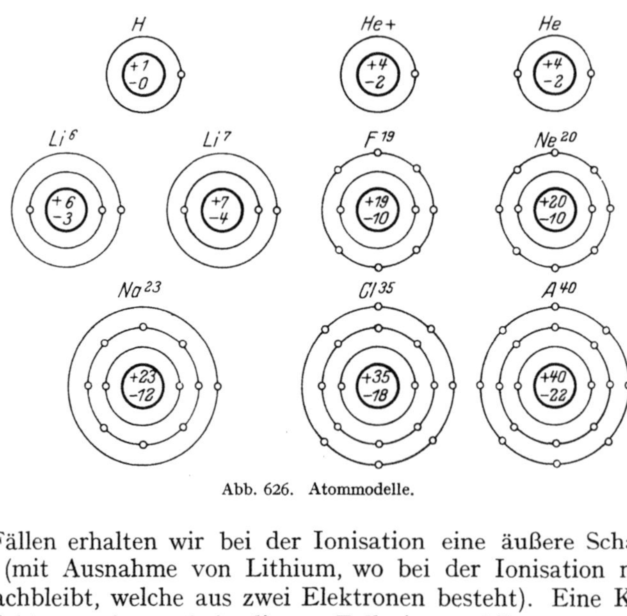


Abb. 626. Atommodelle.

In beiden Fällen erhalten wir bei der Ionisation eine äußere Schale aus acht Elektronen (mit Ausnahme von Lithium, wo bei der Ionisation nur die erste *K*-Schale nachbleibt, welche aus zwei Elektronen besteht). Eine Konfiguration aus acht Elektronen ist auch in diesem Fall eine stabile.

Chemische Elemente.

| Ord-nungs-zahl | Symbol | Element | Ver-bindungs-gewicht | Iso-topen-zahl | Ord-nungs-zahl | Symbol | Element | Ver-bindungs-gewicht | Iso-topen-zahl |
|---|---|---|---|---|---|---|---|---|---|
| 1 | H | Wasserstoff | 1,008 | — | 47 | Ag | Silber | 107,88 | 2 |
| 2 | He | Helium | 4 | — | 48 | Cd | Cadmium | 112,4 | 6 |
| 3 | Li | Lithium | 6,04 | 2 | 49 | In | Indium | 114,8 | — |
| 4 | Be | Beryllium | 9,02 | — | 50 | Sn | Zinn | 118,7 | 8 |
| 5 | B | Bor | 10,82 | 2 | 51 | Sb | Antimon | 121,8 | 2 |
| 6 | C | Kohlenstoff | 12,00 | — | 52 | Te | Tellur | 127,5 | 3 |
| 7 | N | Stickstoff | 14,008 | — | 53 | J | Jod | 126,92 | — |
| 8 | O | Sauerstoff | 16 | — | 54 | X | Xenon | 130,2 | 9 |
| 9 | F | Fluor | 19,00 | — | 55 | Cs | Cäsium | 132,8 | — |
| 10 | Ne | Neon | 20,2 | 3 | 56 | Ba | Barium | 137,4 | 2 |
| 11 | Na | Natrium | 23,00 | — | 57 | La | Lanthan | 138,9 | — |
| 12 | Mg | Magnesium | 24,32 | 3 | 58 | Ce | Cer | 140,2 | 2 |
| 13 | Al | Aluminium | 26,97 | — | 59 | Pr | Praseodym | 140,9 | — |
| 14 | Si | Silicium | 28,06 | 3 | 60 | Nd | Neodym | 144,3 | 4 |
| 15 | P | Phosphor | 31,04 | — | 61 | — | — | — | — |
| 16 | S | Schwefel | 32,07 | — | 62 | Sm | Samarium | 150,4 | — |
| 17 | Cl | Chlor | 35,46 | 2 | 63 | Eu | Europium | 152,0 | — |
| 18 | Ar | Argon | 39,88 | 2 | 64 | Gd | Gadolinium | 157,3 | — |
| 19 | K | Kalium | 39,10 | 2 | 65 | Tb | Terbium | 159,2 | — |
| 20 | Ca | Calcium | 40,07 | 2 | 66 | Dy | Dysprosium | 162,5 | — |
| 21 | Sc | Scandium | 45,10 | — | 67 | Ho | Holmium | 163,5 | — |
| 22 | Ti | Titan | 48,1 | 2 | 68 | Er | Erbium | 167,7 | — |
| 23 | V | Vanadium | 51,0 | — | 69 | Tu | Thulium | 169,4 | — |
| 24 | Cr | Chrom | 52,01 | — | 70 | Yb | Ytterbium | 173,5 | — |
| 25 | Mn | Mangan | 54,93 | — | 71 | Cp | Cassiopeium | 175,0 | — |
| 26 | Fe | Eisen | 55,84 | 2 | 72 | Hf | Hafnium | 178,6 | — |
| 27 | Co | Kobalt | 58,97 | — | 73 | Ta | Tabtal | 181,5 | — |
| 28 | Ni | Nickel | 58,68 | 2 | 74 | W | Wolfram | 184,0 | — |
| 29 | Cu | Kupfer | 63,57 | 2 | 75 | Re | Rhenium | — | — |
| 30 | Zn | Zink | 65,37 | 4 | 76 | Os | Osmium | 190,9 | — |
| 31 | Ga | Gallium | 69,72 | 2 | 77 | Ir | Iridium | 193,1 | — |
| 32 | Ge | Germanium | 72,60 | 3 | 78 | Pt | Platin | 195,2 | — |
| 33 | As | Arsen | 74,96 | — | 79 | Au | Gold | 197,2 | — |
| 34 | Se | Selen | 79,2 | 6 | 80 | Hg | Quecksilber | 200,6 | 6 |
| 35 | Br | Brom | 79,92 | 2 | 81 | Tl | Thallium | 204,4 | 3 |
| 36 | Kr | Krypton | 82,9 | 6 | 82 | Pb | Blei | 207,2 | 7 |
| 37 | Rb | Rubidium | 85,5 | 2 | 83 | Bi | Wismut | 209,0 | 5 |
| 38 | Sr | Strontium | 87,6 | 2 | 84 | Po | Polonium | 210 | 7 |
| 39 | Y | Yttrium | 89,0 | — | 85 | — | — | — | — |
| 40 | Zr | Zirkonium | 91,2 | 4 | 86 | Em | Emanation | 222 | 3 |
| 41 | Nb | Niobium | 93,5 | — | 87 | — | — | — | — |
| 42 | Mo | Molybdän | 96,0 | — | 88 | Ra | Radium | 226,0 | 4 |
| 43 | Ma | Masurium | — | — | 89 | Ac | Actinium | — | 2 |
| 44 | Ru | Ruthenium | 101,7 | — | 90 | Th | Thorium | 232,1 | 6 |
| 45 | Rh | Rhodium | 102,9 | — | 91 | Pa | Protactinium | 230 | 3 |
| 46 | Pd | Palladium | 106,7 | — | 92 | U | Uran | 238,2 | 2 |

Aus der Abb. 626 sehen wir, daß bei Lithium und Natrium die äußerste Schale ein Elektron enthält; bei Fluor und Chlor dagegen fehlt ein Elektron, um eine stabile Schale aus acht Elektronen zu bilden. Man kann in diesem Umstande einen Grund sehen, warum sich die chemischen Verbindungen Fluor-Lithium und Chlor-Natrium so leicht bilden; das fehlende Elektron in den erstgenannten Atomen wird von den zweitgenannten Atomen zu einer stabilen Konfiguration aus acht Elektronen ergänzt. Eine Bestätigung dieser Ansicht haben DEBYE und SCHERER durch ihre Versuche mit der Streuung der Röntgenstrahlen am Fluor-Lithium-Kristall erbracht. Die Reflexionsvermögen der Lithiumatomen und der Fluoratomen verhielten sich wie 2:10, obgleich die Elektronenzahlen dieser Atome sich wie 3:9 verhalten. Bei der Bildung des Fluor-Lithiums ist also ein Elektron vom Lithium zum Fluor übergegangen.

In analoger Weise könnte man annehmen, daß bei der Bildung des Wassers die Elektronen der zwei Wasserstoffatome die freien Plätze in der äußeren Schale eines Sauerstoffatoms einnehmen, um wieder eine achtelektronige Schale zu bilden. Allerdings sind alle derartigen Schlüsse nur als vorläufig zu betrachten; einen sicheren Boden werden sie nur dann erhalten, wenn sie *quantitativ* formuliert und auch quantitativ durch Versuche bestätigt werden.

Viel sicherer sind wir bei der Erklärung der physikalischen Erscheinungen. Der Vorgang der Ionisation und die dazu nötige Energiemenge (Ionisierungsspannung) ist für eine große Zahl von Atomen genau festgestellt worden. Die in diesem Abschnitte angeführten Theorien der Emissionsspektra werden ebenfalls durch die Erfahrung in allen Einzelheiten quantitativ bestätigt. Wir sind in der Erforschung der Struktur der Atome jedenfalls auf einem richtigen Wege.

**684. Der Atomkern.** Von dem inneren Bau des Atomkernes wissen wir einstweilen fast gar nichts; nur von dem Inhalte der Atomkerne haben wir einige Kenntnisse. Vor allem zeigen die Erscheinungen der Radioaktivität, daß einige Atome, wie z. B. das Radiumatom, in ihren Kernen Heliumatome enthalten, denn sie senden $\alpha$-Teilchen aus. Damit z. B. aus einem Uranatom ein Bleiatom wird, müssen aus der ersten acht Heliumatome herausfliegen. Gleichzeitig mit den $\alpha$-Teilchen werden von den Atomen der radioaktiven Elemente auch Elektronen ausgesandt ($\beta$-Strahlen), welche nicht aus den äußeren Schalen, sondern aus dem Inneren des Kernes stammen und eine Geschwindigkeit besitzen, deren Größe bis nah an die Lichtgeschwindigkeit reicht. Endlich senden die Kerne der radioaktiven Atome $\gamma$-Strahlen aus, die an Frequenz die gewöhnlichen Röntgenstrahlen weit übertreffen. Alles deutet darauf hin, daß im Kerne positive und negative Ladungen elektrische Felder von außergewöhnlicher Stärke bilden und große Energiemengen konzentriert enthalten. Die epochemachenden Arbeiten von RUTHERFORD mit der Zertrümmerung der Atome haben gezeigt, daß in mehreren Atomkernen auch Wasserstoffatome enthalten sind. Endlich hat die Entdeckung der Isotopen von ASTON mit durchweg ganzzahligen Atomgewichten wieder zu der alten Hypothese von PROUT geführt, daß die Atome aller chemischen Elemente aus Wasserstoffatomen zusammengebaut sind.

Man nennt jetzt dieses Uratom — das *Proton.*

Wenn wir die Zahl der in einem Atom enthaltenen Protonen mit $A$ (Atomgewicht) bezeichnen und die im Kerne eingeschlossene Elektronenzahl mit $B$, so wird die Differenz dieser Zahlen uns die positive Ladung des Kernes, also die Atomnummer oder Ordnungszahl $Z$, angeben

$$A - B = Z.$$

Alle Isotopen, die auf einer und derselben Stelle der MENDELEJEVschen Tabelle stehen, haben dasselbe $Z$, aber verschiedene $A$, sie müssen daher auch eine verschiedene Zahl $B$ der Elektronen in ihrem Kerne enthalten. Das haben wir in der Abb. 626, S. 632, an den zwei Isotopen des Lithiums illustriert. Der Kern des ersten Isotopen enthält sechs Protonen und drei Elektronen, der Kern des zweiten — sieben Protonen, dafür aber nur vier Elektronen. Die entsprechenden Zahlen für die anderen Atomkerne sind in der Abb. 626 in den Zentralkreisen angegeben.

Der Kern des Heliumatoms, welcher in Form von $\alpha$-Teilchen aus den radioaktiven Elementen herausgeschleudert wird, enthält demnach vier Protonen und zwei Elektronen. Diese vier Protonen sind offenbar sehr fest miteinander verbunden, denn die $\alpha$-Teilchen haben die Fähigkeit, andere Kerne zu zertrümmern, bleiben aber dabei selbst unzerstört. Auch der Umstand, daß RUTHERFORD gerade aus den Elementen kein Wasserstoffatom herauszustoßen vermochte, deren Atomgewicht ein Vielfaches von dem Heliumatomgewichte bildet, scheint darauf hinzudeuten, daß diese Atomkerne wahrscheinlich eine ganze Zahl von Heliumatomen enthalten, welche nicht so leicht in Protonen zerfallen.

Ein Proton unterscheidet sich dennoch von dem Wasserstoffatom nicht nur dadurch, daß es mit positiver Elektrizität geladen ist wie das Wasserstoffion, sondern noch dadurch, daß es ein Atomgewicht genau gleich 1,000 hat; ein Wasserstoffatom hat aber ein Atomgewicht gleich 1,0077. Diese Differenz könnte man dadurch erklären, daß das Wasserstoffatom im Protonzustande eine andere Energie besitzt und daher auch eine andere Masse hat. Wir haben schon früher hervorgehoben, daß die Masse eines Körpers einer elektromagnetischen Energie äquivalent ist (S. 315, **363**). Die elektromagnetische Energie kann aber bei derselben Elektrizitätsmenge je nach ihrer Verteilung im Kern verschieden sein. Wir können also annehmen, daß, wenn z. B. vier Wasserstoffatome sich zu einem Heliumatom vereinigen, sie an Energie sowie an Masse verlieren. Diesen Verlust können wir sehr leicht berechnen.

Ein Grammatom wiegt 1,0077 g, und der Massenverlust von 4 Grammatomen Wasserstoff bei der Bildung eines Grammatoms (4 g) Helium wird sein

$$m = 4(1{,}0077 - 1) = 0{,}0308\,\mathrm{g}.$$

Diese Masse entspricht einem Energieverlust

$$mc^2 = 0{,}0308 \cdot 9 \cdot 10^{20} = 0{,}277 \cdot 10^{20}\,\mathrm{Erg} = 6{,}5 \cdot 10^{15}\,\mathrm{cal}.$$

Es ist klar, daß man dieselbe Energiemenge anwenden muß, um das Helium wieder in Wasserstoffatome zu zertrümmern. Nun ist aber diese Energiemenge etwa 5000000mal größer als die, welche für die Bildung eines Grammatoms Wasser aus Sauerstoff und Wasserstoff nötig ist, was mit der außerordentlichen Stabilität des $\alpha$-Teilchens, von welcher oben die Rede war, übereinstimmt.

# Schlußwort.

Wir sind von den Grundgesetzen von COULOMB, BIOT-SAVART, AMPÈRE und FARADAY ausgegangen und haben uns dann der FARADAYschen Anschauung über die elektrischen und magnetischen Kraftlinien angeschlossen. Durch die MAXWELLsche Theorie des elektromagnetischen Feldes wurde ein stetiger Übergang zu den optischen Erscheinungen geschaffen, und die Entdeckungen von HERTZ und RÖNTGEN haben das kleine unserem Gesichtssinne zugängliche Lichtspektrum nach großen und kleinen Wellenlängen außerordentlich erweitert. Die zuerst von J. THOMSON ausgesprochenen und dann von LORENTZ und EINSTEIN zu einem gewissen Abschluß gebrachten Begriffe des elektromagnetischen Impulses und der elektromagnetischen Masse erlauben uns auch, die mechanischen Erscheinungen in das Gebiet der Elektrizitätslehre einzuschließen. Elektrizität, Magnetismus, Optik und Mechanik, also fast die ganze Physik wird jetzt von den Gesetzen des elektromagnetischen Feldes beherrscht.

Anderseits wurde von HELMHOLTZ die atomistische Theorie der Elektrizität geschaffen, die zu der Elektronentheorie führte, mit allen ihren elektrischen, magnetischen, optischen und chemischen Anwendungen. Endlich erlaubten die Entdeckungen der Radioaktivität von BECQUERELL und CURIE, und die weiteren Forschungen von RUTHERFORD, in das Innerste der Atome einzudringen, deren Bau zu erforschen und die MENDELEJEVsche Tabelle der chemischen Elemente elektromagnetisch zu deuten. Die Chemie samt allen ihren Abzweigungen ist auf diese Weise zu einer Elektrochemie geworden.

Alles zusammen eröffnet uns ein *elektromagnetisches Weltbild* von wunderbarer Einheitlichkeit und erhabener Schönheit.

# Das elektromagnetische Spektrum.

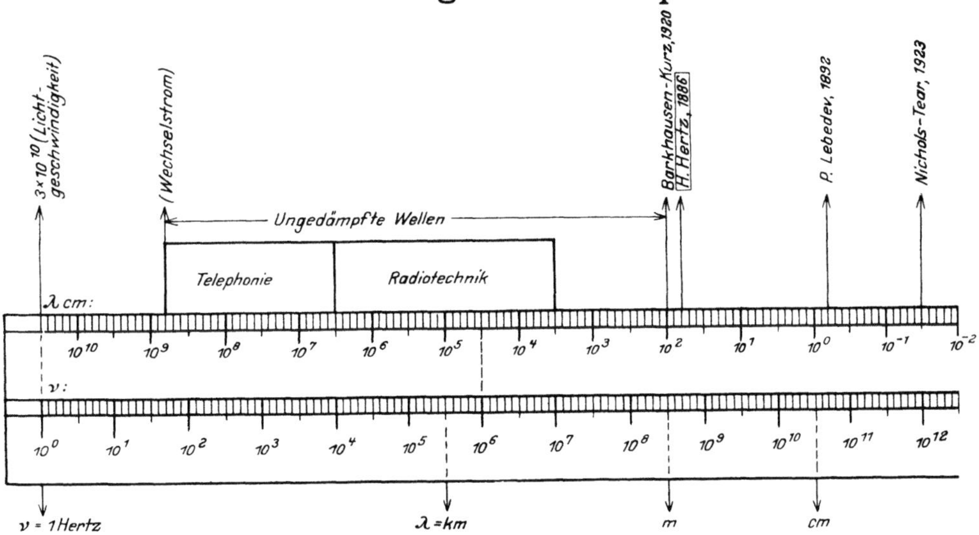


Abb. 627. Elektromagnetische Wellen.

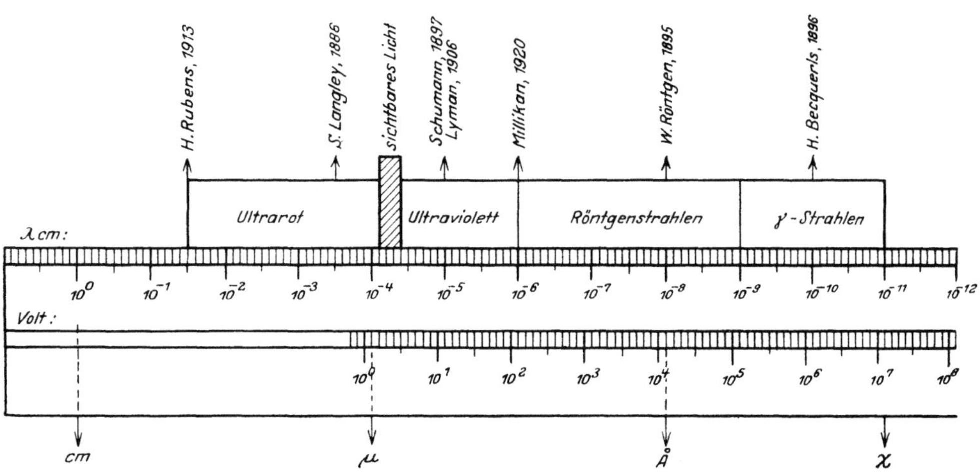


Abb. 628. Strahlung der Atome.

*Anmerkungen.* 1. Die Wellenlängen und Frequenzen sind hier in einem sog. logarithmischen Maßstabe (nach Lord RAYLEIGH) angeordnet; 1 cm entspricht einem Verhältnisse 1 : 10. Da die Frequenz $\nu$ mit der Wellenlänge $\lambda$ durch die Gleichung verknüpft ist

$$\nu \cdot \lambda = c = 3 \cdot 10^{10}\,\text{cm},$$

so ist der Maßstab für die Frequenzen nach *links* verschoben, und zwar um 10,5 cm. Ganz ebenso folgt aus der Gleichung der Quantentheorie

$$V(\text{Volt}) \cdot \lambda(\text{cm}) = 1{,}234 \cdot 10^{-4},$$

daß der Maßstab für die Voltzahl gegenüber dem Maßstabe der Wellenlängen um 3,9 cm nach *rechts* verschoben erscheint.

2. Das ganze Spektrum haben wir hier in zwei Hälften geteilt; obgleich die elektromagnetischen Wellen in beiden Hälften ihrem Wesen nach identisch sind, unterscheiden sie sich doch nach ihrer Entstehungsart. Die MAXWELLsche Theorie in ihrer klassischen Form beherrscht die erste Hälfte des Spektrums; die Quantentheorie hauptsächlich die zweite Hälfte.

3. Die Unterteilung — Telephonie, Radiotechnik, Ultraviolett usw. — soll nur als eine allgemein orientierende Klassifikation dienen.

# Allgemeine physikalische Konstanten.

(September 1926) *.

## a) Mechanische Konstanten.

| | |
|---|---|
| Gravitationskonstante | $6{,}6_5 \cdot 10^{-8}$ dyn · cm² · g⁻² |
| Normale Schwerebeschleunigung | 980,665 cm · $sec^{-2}$ |
| Schwerebeschleunigung bei 45° Breite | 980,616 cm · $sec^{-2}$ |
| 1 Meterkilogramm (mkg) | $0{,}980665 \cdot 10^{8}$ erg |
| Normale Atmosphäre (atm) | $1{,}01325_3 \cdot 10^{6}$ dyn · $cm^{-2}$ |
| Technische Atmosphäre | $0{,}980665 \cdot 10^{6}$ dyn · $cm^{-2}$ |
| Maximale Dichte des Wassers bei 1 atm | 0,999973 g · $cm^{-3}$ |
| Normales spezifisches Gewicht des Quecksilbers | 13,5955 |

## b) Thermische Konstanten.

| | |
|---|---|
| Absolute Temperatur des Eispunktes | $273{,}2_0{}^{\circ}$ |
| Normales Litergewicht des Sauerstoffes | 1,42900 g · $l^{-1}$ |
| Normales Molvolumen idealer Gase | $22{,}414_5 \cdot 10^{3}$ $cm^3$ |
| Gaskonstante für ein Mol | $0{,}8204_5 \cdot 10^{2}$ $cm^3$-atm · $grad^{-1}$ <br> $0{,}8313_2 \cdot 10^{8}$ erg · $grad^{-1}$ <br> $0{,}8309_0 \cdot 10^{1}$ int joule · $grad^{-1}$ <br> $1{,}985_8$ cal · $grad^{-1}$ |
| Energieäquivalent der 15°-Kalorie (cal) | $4{,}184_2$ int joule <br> $1{,}1623 \cdot 10^{-6}$ int k-watt-st <br> $4{,}186_3 \cdot 10^{7}$ erg <br> $4{,}268_8 \cdot 10^{-1}$ mkg |

## c) Elektrische Konstanten.

| | |
|---|---|
| 1 internationales Ampere (int amp) | $1{,}0000_0$ abs amp |
| 1 internationales Ohm (int ohm) | $1{,}0005_0$ abs ohm |
| Elektrochemisches Äquivalent des Silbers | $1{,}11800 \cdot 10^{-3}$ g · int $coul^{-1}$ |
| Faraday-Konstante für ein Mol und Valenz 1 | $0{,}9649_4 \cdot 10^{5}$ int coul |
| Ionisier.-Energie/Ionisier.-Spannung | $0{,}9649_4 \cdot 10^{5}$ int joule · int $volt^{-1}$ |

## d) Atom- und Elektronenkonstanten.

| | |
|---|---|
| Atomgewicht des Sauerstoffs | 16,000 |
| Atomgewicht des Silbers | 107,88 |
| LOSCHMIDTsche Zahl (für 1 Mol) | $6{,}06_1 \cdot 10^{23}$ |
| BOLTZMANNsche Konstante $k$ | $1{,}372 \cdot 10^{-16}$ erg · $grad^{-1}$ |
| $^1/_{16}$ der Masse des Sauerstoffatoms | $1{,}650 \cdot 10^{-24}$ g |
| Elektrisches Elementarquantum $e$ | $1{,}592 \cdot 10^{-19}$ int coul <br> $4{,}77_4 \cdot 10^{-10}$ $dyn^{1/2}$ · cm |
| Spezifische Ladung des ruhenden Elektrons $e/m$ | $1{,}76_6 \cdot 10^{8}$ int coul · $g^{-1}$ |
| Masse des ruhenden Elektrons $m$ | $9{,}02 \cdot 10^{-28}$ g |
| Geschwindigkeit von 1-Volt-Elektronen | $5{,}94_5 \cdot 10^{7}$ cm · $sec^{-1}$ |
| Atomgewicht des Elektrons | $5{,}46 \cdot 10^{-4}$ |

## e) Optische und Strahlungskonstanten.

| | |
|---|---|
| Lichtgeschwindigkeit (im Vakuum) | $2{,}998_5 \cdot 10^{10}$ cm · $sec^{-1}$ |
| Wellenlänge der roten Cd-Linie (1 atm, 15° C) | $6438{,}470_0 \cdot 10^{-8}$ cm |
| RYDBERGsche Konstante für unendl. Kernmasse | 109737,1 $cm^{-1}$ |
| SOMMERFELDsche Konstante der Feinstruktur | $0{,}729 \cdot 10^{-2}$ |
| STEFAN-BOLTZMANNsche Strahlungskonstante $\sigma$ | $5{,}7_5 \cdot 10^{-12}$ int watt · $cm^{-2}$ · $grad^{-4}$ <br> $1{,}37_4 \cdot 10^{-12}$ cal · $cm^{-2}$ · $sec^{-1}$ · $grad^{-4}$ |
| Konstante des WIENschen Verschiebungsgesetzes | 0,288 cm · grad |
| WIEN-PLANCKsche Strahlungskonstante $c_2$ | 1,43 cm · grad |

## f) Quantenkonstanten.

| | |
|---|---|
| PLANCKsches Wirkungsquantum $h$ | $6{,}55 \cdot 10^{-27}$ erg · sec |
| Quantenkonstante für Frequenzen $\beta = h/k$ | $4{,}77_5 \cdot 10^{-11}$ sec · grad |
| Durch 1-Volt-Elektronen angeregte Wellenlänge | $1{,}233 \cdot 10^{-4}$ cm |
| Radius der Normalbahn des H-Elektrons | $0{,}529 \cdot 10^{-8}$ cm |

---

* Aus dem „Handbuch der Physik". Herausgegeben von H. GEIGER und KARL SCHEEL. Berlin: Julius Springer.

# Anhang.

# Die MAXWELLsche Theorie.

## I. Einleitung.

**1. Eine Vorbemerkung.** Wir haben in diesem Buche die Anwendung der Symbole der Differential- und Integralrechnung vermieden, und zwar aus mehreren Gründen: Vor allem sollte die Darstellung *elementar* gehalten werden, um das Studium der elektromagnetischen Erscheinungen auch denen zu ermöglichen, die die höhere Mathematik nicht genügend beherrschen, außerdem wollten wir die Aufmerksamkeit des Lesers vorwiegend auf die Grundtatsachen und die Grundgesetze des elektromagnetischen Feldes lenken. Der Begriff des elektromagnetischen Feldes erfordert aber an sich schon eine gewisse Anstrengung der Einbildungskraft und eine große Übung, um mit diesem Begriffe nicht nur formal, sondern vollbewußt operieren zu können; die noch etwa hinzutretenden rein analytischen Schwierigkeiten würden dabei nur hemmend wirken.

Damit ist aber nicht gesagt, daß wir bei unserer Darstellung auch die Methoden der höheren Mathematik ganz vermeiden konnten; im Gegenteil, fast in jedem Kapitel haben wir von sehr kleinen Längen (S. 63, **73**; 199, **241**), sehr kleinen Flächenstücken (S. 34, **41**; 170, **206**) und von Elementarvolumina gesprochen (S. 9, **10**), die den Differentialen der höheren Mathematik entsprechen. Auch unsere Definition des Gradienten eines elektrischen Potentials (S. 69, **82**) und der Änderungsgeschwindigkeit der Kraftlinienzahl fällt mit der Definition der Differentialkoeffizienten $\frac{dV}{dl}$, $\frac{dN}{dt}$ zusammen. Endlich kommt bei uns eine Summierung, die man Integration nennt, an mehreren Stellen vor (S. 74, **87**; 200, **242**; 255, **298** usw.), allerdings nur für die einfachsten Fälle. Alles das läßt sich auch bei einer elementaren Darstellung nicht umgehen, wenn man, wie in unserem Falle, auf *quantitative* Beziehungen besonderen Wert legen will.

**2. Übergang zu der Infinitesimalrechnung.** Bevor wir aber zur expliziten Anwendung der Infinitesimalrechnung übergehen, müssen wir eine wichtige Bemerkung vorausschicken. Ein Differentialkoeffizient, wie z. B.

$$E = -\frac{dV}{dl},$$

wo $dV$ die Potentialdifferenz in zwei benachbarten Punkten einer Kraftlinie, $dl$ die Entfernung dieser Punkte und $E$ die elektrische Feldintensität bedeuten, ist streng genommen ein *Grenzwert*, den der Quotient aus $dV$ und $dl$ erreicht, wenn beide Größen stetig und unbegrenzt sich vermindern. Nun ist aber ein stetiger Übergang zu unendlich kleinen Größen bei physikalischen Körpern nicht ohne weiteres möglich, weil die Körper selbst unstetig sind und aus einzelnen Molekülen, Atomen und Elektronen bestehen. Lassen wir $dl$ immer kleiner und kleiner werden, so kommen wir zu einer Länge von $10^{-8}$ cm (Größenordnung des Molekularabstandes) und stoßen hier auf die Schwierigkeit, dem Elemente $dl$ irgendeine bestimmte Größe und irgendeine bestimmte Richtung zu geben; die Länge $dl$ muß ja zwei Punkte des Körpers (zwei Moleküle) miteinander verbinden. Auch wenn wir in irgendeinem Zeitmomente eine bestimmte Größe und Richtung für $dl$ annehmen, würde sich dieselbe im nächsten Momente, infolge der Wärmebewegung der Moleküle, vollständig ändern.

Dieses einfache Beispiel zeigt uns schon, daß wir bei der Anwendung der Differential- und Integralrechnung auf wirkliche physikalische Körper die physikalischen Linienelemente durch *ideale* mathematische Linien ersetzen müssen, die *stetig* verlaufen und eine bestimmte *mittlere* Richtung haben, die von den Wärmebewegungen der Moleküle unabhängig bleibt.

Was wir von einem Linienelement gesagt haben, gilt natürlich in gleicher Weise auch für ein Flächenelement und ein Volumenelement.

Wir wollen noch ein einfaches Beispiel näher betrachten. Die Dichte $\varrho$ eines Körpers definiert man als den Quotienten aus seiner Masse $m$ und seinem Volumen $Q$.

In den Fällen, wo der Körper inhomogen ist, führt diese Definition auf den Differentialkoeffizienten

$$\varrho = \frac{dm}{dQ},$$

der für verschiedene Punkte des Körpers verschiedene Größe haben kann. Wenn wir aber das Volumen $dQ$ immer kleiner nehmen, so wird bei der Größenordnung eines Molekularvolumens seine Masse sich fortwährend ändern, und zwar in *unstetiger* Weise; eine plötzliche Änderung der Masse wird nämlich entstehen, wenn z. B. ein Elektron aus dem Volumen $dQ$ herausgeschleudert wird oder ein neues Elektron in das Volumen hineinfliegt. Auch die Dichte $\varrho$ des Körpers wird sich demnach fortwährend unstetig ändern. Um einen konstanten Wert für die Dichte annehmen zu dürfen, müssen wir das betrachtete Elementarvolumen *nicht zu klein* nehmen, und zwar von solch einer Größe, daß die durch die Molekularbewegungen entstehenden Dichteänderungen vernachlässigt werden können.

Andererseits darf das Elementarvolumen $dQ$ auch *nicht zu groß* genommen werden, denn wir wollen ja dies Elementarvolumen als ein Differential behandeln und aus solchen Elementarvolumina geometrische Körper, Parallelepipeda, Kugel u. a. m. zusammenstellen, mit möglichst *glatter* Oberfläche. Es ist klar, daß bei verschiedenen Anforderungen an die Glätte der Körper wir auch die Größe des Elementarvolumens verschieden wählen müssen.

Ein instruktives Beispiel zu dem soeben Gesagten bildet die Erscheinung der Wellenreflexion. Die langwelligen Schallwellen z. B. können von einem aus einzelnen Baumstämmen gebildeten Saum eines Waldes regelmäßig reflektiert werden und ein Echo bilden; für kürzere Wellen, d. h. für höhere Töne, würde dazu ein Gebüsch mehr passen. Die Reflexion der sichtbaren Lichtstrahlen erfordert schon sorgfältig polierte Silberspiegel, und für die kürzesten ultravioletten Strahlen und noch mehr für die Röntgenstrahlen genügt die beste Politur nicht mehr, um eine regelmäßige Reflexion zu erhalten.

Dieselbe Bemerkung betrifft nicht nur die Erscheinungen bei materiellen, aus Molekülen bestehenden Körper, sondern auch den materienfreien Raum, den wir Äther nennen. Auch im reinen Äther brauchen die elektrischen und magnetischen Feldintensitäten nicht stetig verteilt zu sein, obgleich wir sie bei unseren Rechnungen als stetig annehmen. Bringen wir z. B. eine Ladung in das elektrische Feld hinein, so wird die beobachtete Kraftwirkung und also auch die Feldintensität ein Mittelwert aus allen Kräften und Feldintensitäten, die im Bereiche des von der Ladung eingenommenen Volumens wirken, und zwar nicht nur ein räumlicher Mittelwert, sondern auch ein zeitlicher Mittelwert; die Feldintensität kann sich nämlich in Wirklichkeit so schnell nach Größe und Richtung ändern, daß wir es mit unseren Instrumenten gar nicht bemerken können.

Auf diese idealen Mittelwerte beziehen wir die von uns aufgestellten Gesetze, und auf diese Mittelwerte werden wir auch die Regeln der Differential- und Integralrechnung anwenden.

Die Frage, wie klein die Elementarvolumina im reinen Äther genommen werden können, ohne auf Unstetigkeiten zu stoßen, können wir einstweilen nicht beantworten; jedenfalls müssen wir die Möglichkeit zulassen, daß unsere auf Mittelwerte sich beziehenden Gesetze des elektromagnetischen Feldes für sehr kleine Volumina ihre Gültigkeit verlieren können.

**3. Bezeichnungen.** Wir geben hier eine kurze Übersicht von den von uns gewählten Bezeichnungen und Symbolen.

| | | | |
|---|---|---|---|
| Länge | $l, s, x$ | Winkel | $\alpha, \beta, \gamma$ |
| Fläche | $S$ | Raumwinkel | $\varphi$ |
| Volumen | $Q$ | Masse | $m$ |
| Zeit | $t$ | Temperatur | $\vartheta$ |
| Geschwindigkeit | $v, \dot{s}, \dot{x}$, | Winkelgeschwindigkeit | $\dot{\alpha} = 2\pi/T = a$ |
| Lichtgeschwindigkeit | $c$ | Periode | $T$ |
| Beschleunigung | $\dot{v}, \ddot{s}, \ddot{x}$ | Impuls | $I = Ft = mv$ |
| Kraft | $F = m\ddot{s}$ | Kraftmoment | $K = Fr$ |
| Arbeit, Energie | $U = Fs$ | Stromstärke | $J$ |
| Leistung, Effekt | $W = F\dot{s}$ | Stromdichte | $i$ |

| | Elektrisch | Magnetisch |
|---|---|---|
| Polstärke | $e$ | $m$ |
| Feldintensität | $E$ | $M$ |
| Induktion | $D$ | $B$ |
| Permeabilität | $\varepsilon$ | $\mu$ |
| Potential | $V_e$ | $V_m$ |
| Motorische Kraft | $\mathcal{E}_e$ | $\mathcal{E}_m$ |
| Energiedichte | $U_e$ | $U_m$ |

**4. Vektoren.** Die Vektoren (gerichtete Größen; S. 28, **34**), wenn sie in Vektorformeln eingehen, bezeichnen wir mit *fetter* Schrift *

$$\mathbf{F},\ \mathbf{E},\ \mathbf{M}.$$

Der Betrag des Vektors, als eine *skalare* Größe betrachtet, wird in gewöhnlicher Schrift geschrieben

$$F,\ E,\ M.$$

Die Projektion eines Vektors auf irgendeine Achse (Richtung) $s$ oder $X$ oder $Y$ wird mit einem entsprechenden Index angedeutet

$$F_s,\ E_x,\ M_y.$$

Die Vektoren werden bekanntlich *geometrisch* addiert. Aus der beigefügten Abb. 629 wird der Leser leicht sehen können, was die Formeln bedeuten:

$$\mathbf{A} + \mathbf{B} = \mathbf{C},$$
$$\mathbf{A} - \mathbf{B} = \mathbf{D}.$$

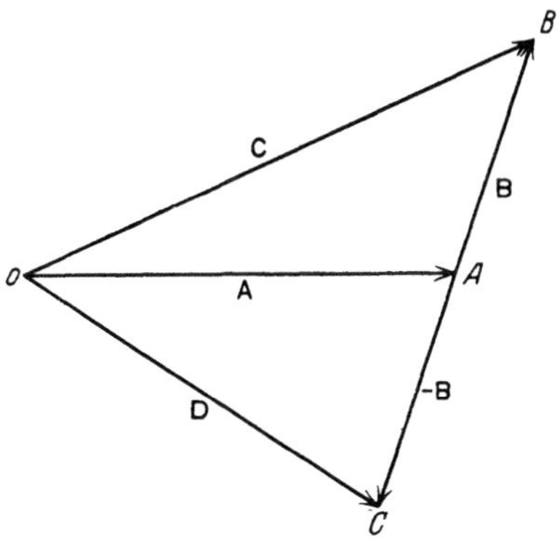


Abb. 629.

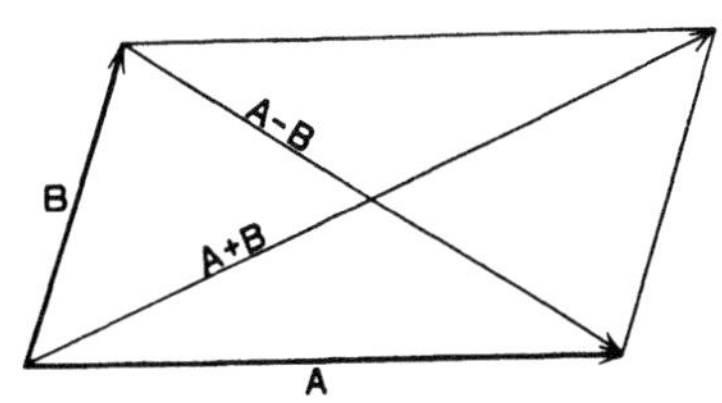


Abb. 630.

In einem aus den Vektoren **A** und **B** gebildeten Parallelogramme bildet die eine Diagonale die Summe und die andere die Differenz der beiden Vektoren (Abb. 630). Dabei müssen die Richtungen der Vektoren mit einem *Pfeil* angegeben werden, sonst bleibt ihr Zeichen unbestimmt. Kehren wir die Richtung eines Vektors in die entgegengesetzte um (Abb. 629), so wechselt der Vektor sein Zeichen. Der skalare Betrag des Vektors bleibt aber derselbe.

**5. Produkte von Vektoren.** Bei den Vektoren unterscheidet man zwei Arten von Produkten: ein *skalares* Produkt und ein *vektorielles* Produkt.

Zu den *skalaren* Produkten gehört z. B. die Arbeit einer Kraft $F$ längs eines Weges $s$ (Abb. 631)

$$U = Fs \cdot \cos(Fs) = F_s s.$$

Das ist eine skalare Größe und wird bezeichnet mit

$$U = (\mathbf{F} \cdot \mathbf{s}).$$

Zu den *Vektorprodukten* gehört z. B. das Moment einer Kraft $F$, die an einem Hebel $s$ angreift und denselben um die Achse $K$ zu drehen strebt (Abb. 632)

$$K = Fr \sin(Fr).$$

Das Kraftmoment ist eine Vektorgröße und wird so bezeichnet:

$$\mathbf{K} = [\mathbf{F} \cdot \mathbf{s}].$$

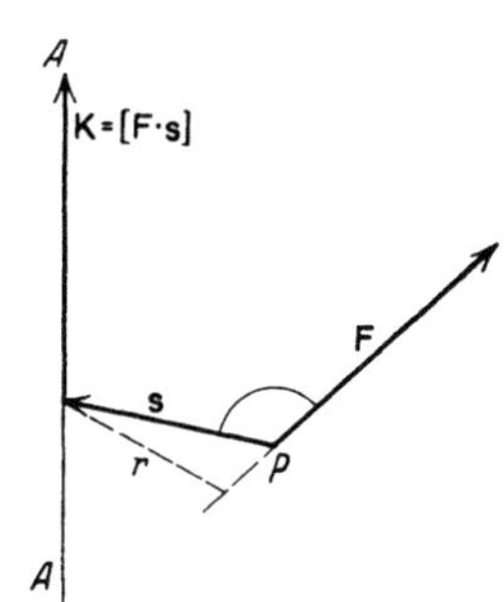


Abb. 632.

Dieser Vektor $K$ steht senkrecht zu den Vektoren $F$ und $s$ und seine Richtung wird in bezug auf die Richtungen der Vektoren $F$ und $s$ nach der Rechtsschraubenregel bestimmt (S. 193, **235**; S. 208, **250**).

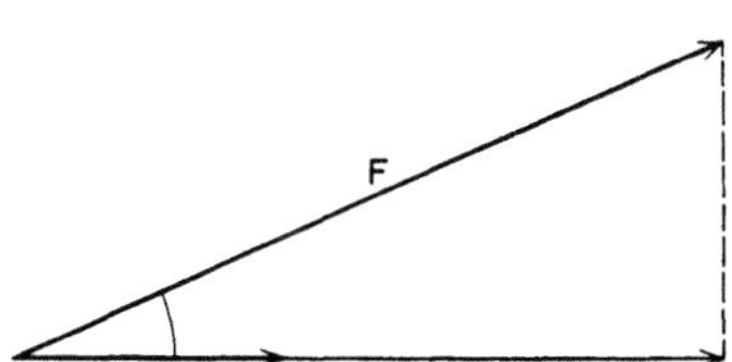


Abb. 631.

Es ist zu beachten, daß

$$[\mathbf{F} \cdot \mathbf{s}] = -[\mathbf{s} \cdot \mathbf{F}]$$

* In Deutschland wird für die Vektoren meistens fette gotische Schrift benutzt; die von uns gewählte Bezeichnung rührt von O. Heaviside her. Heaviside war einer der ersten, der die Vektorschreibweise ausgearbeitet und in seinen Rechnungen benutzt hat.

ist, aus dem einfachen Grunde, weil

$$\sin(Fs) = -\sin(sF).$$

Wir machen den Leser noch darauf aufmerksam, daß bei uns (Abb. 632) die Richtung des Hebelarmes von dem Angriffspunkt der Kraft zu der Achse genommen ist; würden wir die entgegengesetzte Richtung als positiv annehmen, so würde auch das Vektorprodukt sein Zeichen ändern oder, was dasselbe bedeutet, die zwei Vektoren **F** und **s** würden ihre Stellen in den eckigen Klammern miteinander vertauschen.

Aus der Definition eines Vektorproduktes von zwei Vektoren **A** und **B**

$$S = AB\sin(AB), \qquad \mathbf{S} = [\mathbf{A}\,\mathbf{B}]$$

sehen wir, daß sein Betrag $S$ gleich dem Flächeninhalte des von diesen zwei Vektoren gebildeten Parallelogramms ist (Abb. 633), und seine Richtung mit der *positiven* Normale zu der Parallelogrammfläche zusammenfällt. Die positive Richtung $+n$ wird entweder nach Rechtsschraubenregel aus den beiden gegebenen Richtungen von **A** und **B** bestimmt, oder man schreibt der Umrandung des Parallelogramms einen bestimmten *Umlaufsinn* zu (Abb. 633 $OABCO$) und bestimmt wieder nach der Rechtsschraubenregel die positive Normale. Das gibt uns den Anlaß, ein beliebiges ebenes Flächenstück (Abb. 635) als einen Vektor zu betrachten; sein Betrag nehmen wir gleich dem Flächeninhalte des Flächenstücks und seine Richtung bestimmen wir nach der Rechtsschraubenregel, wenn der Umlaufsinn der Umrandung des Flächenstücks schon fixiert ist (Abb. 634).

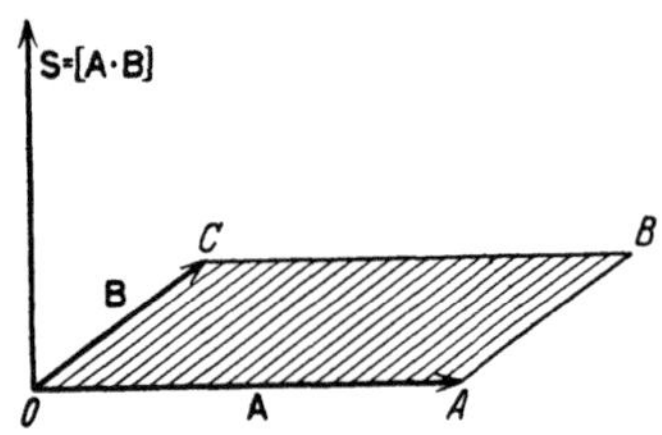


Abb. 633.

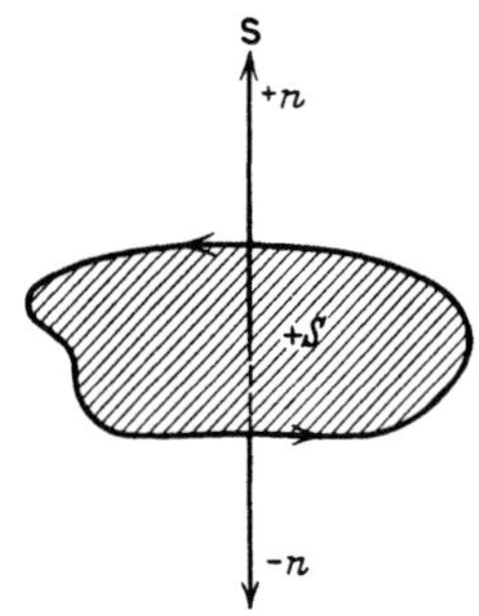


Abb. 634.

Wenn die zwei gegebenen Vektoren senkrecht zueinander stehen, so ist offenbar

$$(\mathbf{A}\cdot\mathbf{B}) = 0, \qquad [\mathbf{A}\cdot\mathbf{B}] = AB.$$

Sind beide Vektoren parallel, so ist

$$(\mathbf{A}\cdot\mathbf{B}) = AB, \qquad [\mathbf{A}\cdot\mathbf{B}] = 0.$$

Wenn wir den Vektor

$$\mathbf{S} = [\mathbf{A}\cdot\mathbf{B}],$$

was ja einen Flächeninhalt darstellt, mit einem dritten Vektor **C** skalar multiplizieren, so erhalten wir offenbar das Volumen des Parallelepipedons (Abb. 635)

$$Q = (\mathbf{C}[\mathbf{A}\cdot\mathbf{B}]) = C\cos(CS)\cdot AB\sin(AB),$$

das aus den drei Vektoren **A**, **B** und **C** gebildet wird. Nun kann dasselbe Volumen in dreifacher Weise berechnet werden, indem man seine drei verschiedenen Seitenflächen als Grundflächen ansieht und schreibt:

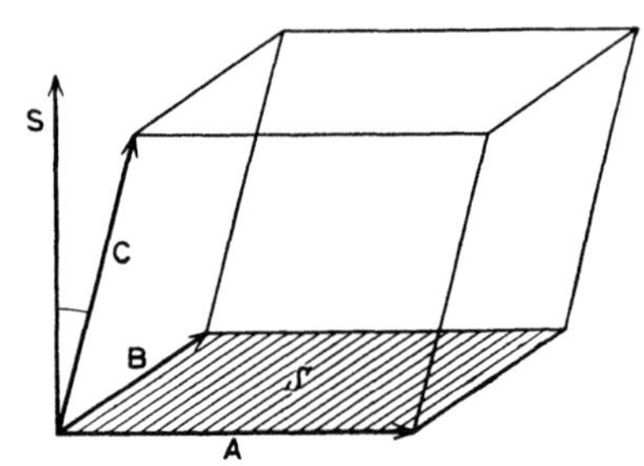


Abb. 635.

$$Q = (\mathbf{C}[\mathbf{A}\,\mathbf{B}]) = (\mathbf{A}[\mathbf{B}\,\mathbf{C}]) = (\mathbf{B}[\mathbf{C}\,\mathbf{A}]).$$

Die Vektoren können demnach in diesem Produkte, ohne den Wert von $Q$ zu ändern, verschiedene Stellen annehmen, wenn nur die Reihenfolge $ABCA$ erhalten bleibt. Diese Eigenschaft des betrachteten Produktes ist oft sehr nützlich.

Wir wollen noch ohne Beweis hinzufügen, daß auch bei den Vektoren die folgenden Formeln gelten:

$$[(\mathbf{A}+\mathbf{B})\,\mathbf{C}] = (\mathbf{A}\,\mathbf{C}) + (\mathbf{B}\,\mathbf{C}),$$
$$[(\mathbf{A}+\mathbf{B})\,\mathbf{C}] = [\mathbf{A}\,\mathbf{C}] + [\mathbf{B}\,\mathbf{C}] \quad \text{usw.}$$

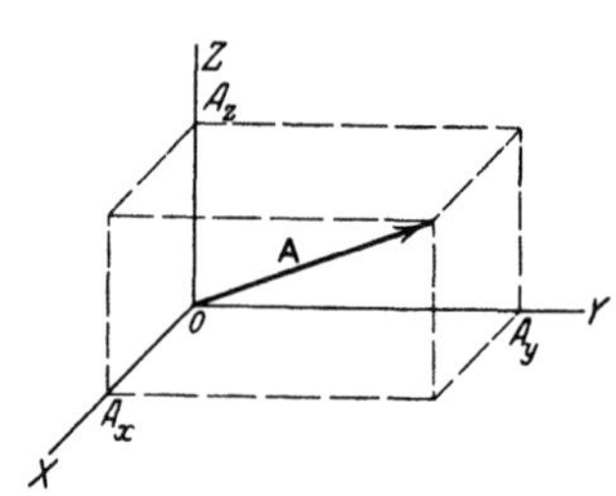


Abb. 636.

**6. Koordinaten.** Wir beschränken uns hier auf rechtwinklige, geradlinige (Kartesische) Koordinaten $X$, $Y$, $Z$, die miteinander ein Rechtsschraubensystem bilden (Abb. 636). Ein beliebiger Vektor **A** kann durch Angabe seiner drei Projektionen auf die Koordinatenachsen $A_x$, $A_y$, $A_z$ vollständig beschrieben werden. Betrachten wir diese Projektionen als Vektoren, so können wir schreiben

$$\mathbf{A} = \mathbf{A}_x + \mathbf{A}_y + \mathbf{A}_z.$$

Als skalare Größen betrachtet, ergeben sie die bekannte Gleichung

$$A^2 = A_x^2 + A_y^2 + A_z^2 .$$

Bei der geometrischen Addition von mehreren Vektoren werden die entsprechenden Projektionen dieser Vektoren algebraisch summiert.

Wenn wir in das skalare Produkt zweier Vektoren ihre Projektionen auf die Koordinatenachsen einsetzen, erhalten wir

$$(\mathbf{A} \cdot \mathbf{B}) = (\mathbf{A}_x + \mathbf{A}_y + \mathbf{A}_z) \cdot (\mathbf{B}_x + \mathbf{B}_y + \mathbf{B}_z) .$$

Bei der Ausführung der Multiplikation ist zu beachten, daß die *senkrecht* zueinander gerichteten Vektoren im skalaren Produkte verschwinden, wir erhalten also die sehr wichtige Formel

$$(\mathbf{A} \cdot \mathbf{B}) = A_x B_x + A_y B_y + A_z B_z .$$

Wenn wir das Vektorprodukt von zwei Vektoren in ähnlicher Weise behandeln

$$[\mathbf{A} \cdot \mathbf{B}] = [(\mathbf{A}_x + \mathbf{A}_y + \mathbf{A}_z) \cdot (\mathbf{B}_x + \mathbf{B}_y + \mathbf{B}_z)]$$

und dabei berücksichtigen, daß zwei *parallele* Vektoren ein Vektorprodukt gleich Null ergeben, erhalten wir einen Vektor

$$[\mathbf{A} \cdot \mathbf{B}] = \mathbf{C} = \mathbf{C}_x + \mathbf{C}_y + \mathbf{C}_z ,$$

dessen Projektionen auf die Koordinatenachsen durch folgende Formeln ausgedrückt werden

$$C_x = A_y B_z - A_z B_y ,$$
$$C_y = A_z B_x - A_x B_z .$$
$$C_z = A_x B_y - A_y B_x .$$

Diese Formeln kommen sehr oft in den verschiedensten physikalischen Anwendungen vor und wir empfehlen dem Leser sie im Gedächtnis einzuprägen, was bei einiger Aufmerksamkeit und Übung sehr leicht gelingt.

Setzt man $A$ und $B$ gleich der Einheit, so erhält man aus den Formeln dieses Paragraphen die $\cos\alpha$ und $\sin\alpha$ des Winkels $\alpha$ zwischen zwei Linien im Raume, deren Richtungen durch die cos der Winkel gegeben sind, die sie mit den Koordinatenachsen bilden (vgl. Analytische Geometrie).

Wir empfehlen, die Formeln für das Vektorprodukt bei den Gleichungen von J. J. Thomson und H. A. Lorentz anzuwenden (S. 306, **354**; S. 307, **355**; S. 315, 316, **364**).

## II. Das elektrostatische Feld.

**7. Elektrische Kraft, Feldstärke, Induktion.** Jetzt wollen wir die im ersten Kapitel in elementarer Weise dargestellte Theorie des elektrostatischen Feldes durch Anwendung der Infinitesimalrechnung ergänzen und erweitern.

Nach dem Coulombschen Gesetze wirken zwei in Punkten konzentrierte elektrische Ladungen $e_1$ und $e$ aufeinander mit einer Kraft

$$F = \frac{e_1}{\varepsilon r^2} e ,$$

wo $r$ den gegenseitigen Abstand der Punkte und $\varepsilon$ die Dielektrizitätskonstante des Mediums bedeuten. Die elektrische Kraft $F$ ist eine Vektorgröße, und wenn auf die Ladung $e$ von seiten mehrerer anderen Ladungen noch andere Kräfte wirken, werden sie alle *geometrisch* addiert. Aber die resultierende Kraft bleibt in allen Fällen proportional zu der Elektrizitätsmenge $e$, auf welche sie wirkt. Das erlaubt uns, eine neue Vektorgröße einzuführen, nämlich die elektrische Feldintensität $E$, als die Kraft auf die Einheitsladung $e = 1$; dann können wir für die elektrische Kraft die allgemeine Formel schreiben (S. 29, **35**, **36**)

$$F = E e , \qquad E = \frac{F}{e} .$$

Außerdem wird die elektrische Induktion durch die Formel definiert

$$D = \varepsilon E .$$

Alle diese Größen sind Vektoren, die einander proportional sind und für einen beliebigen Punkt des Feldes dieselbe Richtung haben.

Eine Ausnahme bilden die kristallinischen Körper, für welche die Abhängigkeit der Induktion $D$ von der Feldstärke $E$ ein wenig komplizierter ist. Man muß nämlich den Vektor $E$ zunächst nach den Richtungen der drei Hauptachsen des Kristalls zerlegen und jede Komponente $E_x$, $E_y$, $E_z$ mit einem besonderen Koeffizienten $\varepsilon_1$, $\varepsilon_2$, $\varepsilon_3$ multiplizieren, um die Komponenten der Induktion nach denselben drei Richtungen zu erhalten:

$$D_x = \varepsilon_1 E_x; \qquad D_y = \varepsilon_2 E_y; \qquad D_z = \varepsilon_3 E_z.$$

Daraus geht hervor, daß in kristallinischen Körpern die Richtungen der elektrischen Feldintensität und der Induktion im allgemeinen nicht zusammenfallen werden. In Wirklichkeit ist zwar der Unterschied zwischen den Koeffizienten $\varepsilon$ im Kristalle nicht groß (S. 99, **113**), das genügt aber, um z. B. die Erscheinungen der Doppelbrechung (S. 583, **646**) hervorzurufen.

**8. Der Induktionsfluß.** Für ein ebenes Flächenstück in einem homogenen Felde haben wir den Induktionsfluß $N$ definiert (S. 34, **41**) als Produkt aus der Induktion $D$, dem Flächeninhalte $S$ und dem cos des Winkels zwischen dem Vektor $D$ und der positiven Normalen $n$ zum Flächenstücke $S$

$$N = DS\cos(Dn).$$

Um den Induktionsfluß durch eine krumme Fläche und in einem inhomogenen Felde zu berechnen, müssen wir die Fläche in einzelne kleine Flächenstücke zerteilen, die so klein sein müssen, daß das Feld in jedem von ihnen als homogen und das Flächenstück selbst als eben angenommen werden darf. Dann wird der Induktionsfluß durch das Flächenelement gleich

$$dN = D \cdot dS \cdot \cos(Dn) = D_n\, dS,$$

und der ganze Induktionsfluß oder die totale Kraftlinienzahl, die die Fläche durchsetzt, wird durch eine Summe oder ein Integral

$$N = \int D_n\, dS,$$

ausgedrückt. Diese Größe ist ein Skalar. Das Flächenelement $d\mathbf{S}$ ist nämlich ein Vektor (S. 642, **5**), dessen Richtung mit der Flächennormale zusammenfällt, und $(\mathbf{D} \cdot d\mathbf{S})$ ist ein skalares Produkt aus zwei Vektoren. Wenn wir noch das Flächenelement als ein Parallelogramm von zwei Längenelementen $d\mathfrak{l}$ und $d\mathfrak{s}$ betrachten, so wird $d\mathbf{S}$ zu einem Vektorprodukte

$$d\mathbf{S} = [d\mathfrak{l} \cdot d\mathfrak{s}]$$

und der Induktionsfluß zu einem Produkt aus drei Vektoren:

$$dN = (\mathbf{D} \cdot [d\mathfrak{l} \cdot d\mathfrak{s}]).$$

Der Induktionsfluß ist demnach ein Skalar.

**9. Der GAUSSsche Satz.** Das elektrische Feld sei durch eine Punktladung $e$ erzeugt, und ein Flächenelement $dS$ werde aus dem Punkte $e$ unter einem körperlichen Winkel $d\varphi$ gesehen (Abb. 637). Würde das Flächenelement auf der Oberfläche der Kugel liegen, deren Zentrum in $e$ ist, so könnten wir setzen

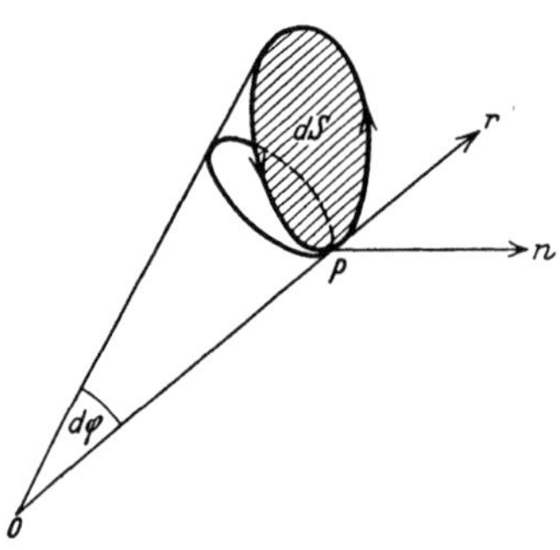

Abb. 637.

$$dS_0 = r^2 \cdot d\varphi.$$

Unser Flächenelement $dS$ bildet aber mit der Kugeloberfläche einen Winkel; denselben Winkel bilden miteinander die Normalen der Kugeloberfläche und des Flächenstücks $dS$. Da das Flächenelement sehr klein ist, können wir es als eben ansehen und für seine Projektion auf die Kugeloberfläche schreiben

$$dS_0 = dS \cdot \cos(rn).$$

Daraus erhalten wir einen Ausdruck für den körperlichen Winkel

$$d\varphi = \frac{dS \cdot \cos(rn)}{r^2}.$$

Wir berechnen jetzt den Induktionsfluß durch das Flächenstück $dS$ im Felde einer einzelnen Ladung. Da die Induktion gleich ist

$$D = \frac{e}{r^2},$$

so erhalten wir

$$dN = D \cdot dS \cdot \cos(Dn) = e\,\frac{dS \cdot \cos(Dn)}{r^2},$$

und der Vergleich mit dem Ausdruck für den Raumwinkel $d\varphi$ ergibt uns

$$dN = e\, d\varphi.$$

Hier wird der Winkel $d\varphi$ positiv genommen, wenn die Kraftlinien des Feldes mit der positiven Normalen des Flächenstücks $dS$ einen spitzen Winkel bilden; im entgegengesetzten Fall wird er negativ.

Diese von GAUSS gegebene Formel enthält auch den Satz für geschlossene Flächen (S. 36, **43**). In der Tat, wenn das Flächenstück sich zu einer Fläche verbreitet und die Ladung $e$ von allen Seiten umschließt, so wird der Sehwinkel zu $4\pi$ und der totale Induktionsfluß zu

$$N = 4\pi e .$$

Befinden sich im Inneren einer geschlossenen Fläche mehrere Ladungen, so wird der totale Induktionsfluß durch diese Fläche gleich

$$N = 4\pi \sum e .$$

Wir können den GAUSSschen Satz auch noch so ausdrücken. Jede Ladung $e$ sendet in das Feld $4\pi e$ Kraftlinien; alle Kraftlinien fangen in positiven Ladungen an und endigen in negativen Ladungen; im Felde selbst haben sie keine Enden.

Wir haben festgestellt, für *geschlossene* Flächen die *äußere* Normale als positiv anzunehmen; die austretenden Kraftlinien werden also positiv (Ausfluß) gerechnet und die eintretenden Kraftlinien (das Einfließen) als negativ.

Die außerhalb der geschlossenen Fläche liegenden Ladungen senden ihrerseits Kraftlinien nach allen Seiten aus und auch durch unsere Fläche, aber wegen der Geschlossenheit der Fläche muß jede Kraftlinie, wenn sie in das Innere der Fläche eingetreten ist, an irgendeiner anderen Stelle der Fläche auch wieder heraustreten, denn im Felde selbst kann sie nicht endigen. Im ersten Falle muß die Kraftlinie *negativ* gerechnet werden, im zweiten Falle *positiv*. Solche Linien tragen also zu der Totalsumme $N$ nichts bei und brauchen bei der Berechnung der Totalinduktion nicht berücksichtigt zu werden (S. 38, Abb. 36).

Sind die gegebenen Ladungen in dem von der Fläche begrenzten Volumen $Q$ nicht in einzelnen Punkten konzentriert, sondern mit einer gewissen Volumendichte $\varrho$ verbreitet, dann können wir die ganze von der Fläche umfaßte Elektrizitätsmenge als ein Integral darstellen

$$e = \int \varrho \, dQ ,$$

und der GAUSSsche Satz erscheint in folgender Form

$$N = \oint D_n \, dS = 4\pi \int \varrho \, dQ .$$

**10. Differentialform und Integralform des GAUSSschen Satzes.** Wir betrachten ein kleines rechtwinkliges Parallelepipedon mit den Kanten $dx$, $dy$, $dz$ parallel zu den Koordinatenachsen (Abb. 638). Sein Volumen ist

$$dQ = dx \cdot dy \cdot dz$$

und die in ihm eingeschlossene Elektrizitätsmenge

$$e = \varrho \cdot dx \cdot dy \cdot dz .$$

Das Parallelepipedon hat drei Paar einander gegenüberliegende, parallele Flächen. Wir berechnen den Induktionsfluß durch jedes Paar einzeln.

Durch die Fläche $dy \cdot dz$ (Abb. 639: 01230), die in der Koordinatenebene $YZ$ liegt, ist der Induktionsfluß gleich

$$dN_1 = -D_x \cdot dy \cdot dz .$$

Das Minuszeichen steht hier, weil die Außennormale, die wir als positiv annehmen, an diesem Flächenstück nach der *negativen* Seite der $X$-Achse zeigt. Die Größe $-D_x$ bedeutet also schon das Produkt aus $D$ und $\cos(DX)$. An der gegenüberliegenden Fläche des Parallelepipedons (Abb. 639: *oabco*) kann die Induktion $D$ im allgemeinen eine andere Größe haben, und der Induktionsfluß wird

$$dN_2 = +D'_x \cdot dy dz .$$

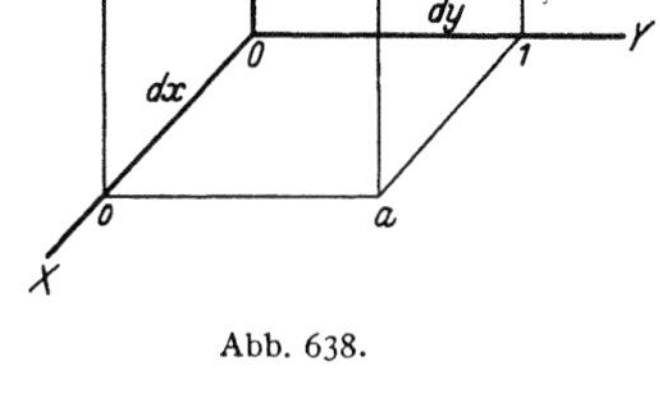

Abb. 638.

Die zwei Größen $D_x$ und $D'_x$ können wir in Beziehung zueinander setzen, wenn wir beachten, daß die Differenz $(D'_x - D_x)$, bezogen auf die Einheit des Abstandes $dx$ zwischen den zwei gegenüberliegenden Flächen $dy \cdot dz$, bei unbegrenzter Verminderung dieses Abstandes in die partielle Ableitung der Funktion $D$ nach $x$ übergeht:

$$\text{limen}\left(\frac{D'_x - D_x}{dx}\right) = \frac{\partial D_x}{\partial x} .$$

Wir können demnach für die Differenz (oder für das Differential) schreiben

$$D'_x - D_x = \frac{\partial D_x}{\partial x} dx$$

und für den Induktionsfluß durch die beiden gegenüberliegenden Flächenstücke

$$dN_x = dN_1 + dN_2 = \frac{\partial D_x}{\partial x} \cdot dx\,dy\,dz = \frac{\partial D_x}{\partial x} dQ.$$

Ganz in derselben Weise erhalten wir für die beiden Flächenstücke $dz \cdot dx$

$$dN_y = \frac{\partial D_y}{\partial y} dQ$$

und für die beiden Flächenstücke $dx \cdot dy$

$$dN_z = \frac{\partial D_z}{\partial z} dQ.$$

Der totale Induktionsfluß durch alle Flächen des Parallelepipedons ist gleich der Summe aller drei von uns ausgerechneten Induktionsflüsse, und nach dem GAUSSschen Satze muß diese Summe gleich $4\pi$ mal der in dem Parallelepipedon eingeschlossenen Elektrizitätsmenge sein. Folglich erhalten wir

$$\frac{\partial D_x}{\partial x} + \frac{\partial D_y}{\partial y} + \frac{\partial D_z}{\partial z} = 4\pi\varrho.$$

Wir haben hier links und rechts das Volumen $dQ$ gestrichen.

Diese Beziehung eines Vektors $D$ zu einem Skalar $\varrho$ findet sich so oft in den verschiedensten Gebieten der Physik, daß man für sie einen besonderen Namen, nämlich *Divergenz* und eine besondere abgekürzte Bezeichnung vorgeschlagen hat:

$$\operatorname{div} \mathbf{D} = 4\pi\varrho.$$

In einem von Ladungen freien Raume ist offenbar

$$\operatorname{div} \mathbf{D} = 0.$$

Der GAUSSsche Satz schreibt sich in dieser Bezeichnung so

$$\oint (\mathbf{D} \cdot d\mathbf{S}) = \int \operatorname{div} \mathbf{D} \cdot dQ.$$

Links steht ein sog. Flächenintegral, und zwar muß es auf eine geschlossene Fläche angewandt werden, was durch einen Kreis im Integralzeichen angedeutet wird; rechts steht ein Volumenintegral. Der GAUSSsche Satz erlaubt uns also statt einer Flächenintegration eine Volumenintegration auszuführen, wobei wir statt des Vektors $D$ seine Divergenz für die Rechnung benutzen müssen. In vielen Fällen bietet das erhebliche Vorteile und vereinfacht die Rechnung, wie wir das auch bei der elementaren Darstellung schon gesehen haben.

**11. Unstetigkeiten.** Die in dem Integralsatz von GAUSS stehende Größe $\varrho$ kann beliebig gegeben sein und sogar unstetig im Raume verteilt sein, nur muß sie überall *endlich* sein, damit auch das Integral endlich bleibt. Der Vektor $D$ muß aber im Felde *stetig* verteilt sein, sonst werden seine Differentialkoeffizienten, die in der Divergenz vorkommen, unendlich. Wir wissen aber, daß die Induktion im allgemeinen im elektrischen Felde stetig verläuft, und nur an geladenen Oberflächen bildet sie einen plötzlichen Übergang oder einen Sprung (S. 42, **50**)

$$D_{n1} - D_{n2} = 4\pi\sigma.$$

Außerdem wird die Induktion in einer Punktladung sogar unendlich groß (bei $r = 0$)

$$D = \frac{e}{r^2}.$$

In Wirklichkeit aber nehmen die Ladungen stets ein gewisses Volumen ein; wenn wir aber, um die Rechnung zu vereinfachen, sie als Oberflächenladungen und als Punktladungen behandeln wollen, so müssen wir alle diese Unstetigkeitsstellen aus dem Felde durch entsprechend gelegte Flächen ausschließen und sie zu dem rechtsstehenden Integrale als gegebene Ladungen hinzufügen:

$$\oint D_n\,ds = \int \operatorname{div} D \cdot dQ + 4\pi \cdot \sum e.$$

**12. Das Potential.** Die Arbeit einer Kraft $F$ auf dem Wegelemente $ds$ ist gleich

$$U = F \cdot ds \cdot \cos(F \cdot ds).$$

Das Längenelement wird so klein gedacht, daß die Größe der Kraft und der Winkel $(F \cdot ds)$ auf dem ganzen Wege $ds$ als konstant angenommen werden darf. Setzen wir hier die elektrische Kraft $F$, ausgedrückt durch die Feldstärke $E$, ein,

$$U = e E\, ds \cdot \cos(E \cdot ds)$$

und dividieren die Arbeit durch $e$, d. h. beziehen die Arbeit auf die Elektrizitätseinheit, so erhalten wir die Potentialdifferenz (S. 63, **74**) in den Endpunkten des Wegeelements $ds$

$$-dV = E_s\, ds.$$

Hier ist $E_s$ die Projektion der Feldstärke auf die Richtung des Wegelementes $ds$ und links steht das Minuszeichen, weil die Potentiale in der Richtung der Feldstärke abfallen (S. 69, **82**). Wir können demnach die Projektion der Feldstärke auf eine *beliebige* Richtung $s$ durch eine partielle Ableitung des Potentials in dieser Richtung darstellen

$$E_s = -\frac{\partial V}{\partial s}.$$

Nehmen wir die Richtung $s$ parallel den Koordinatenachsen $X$, $Y$, $Z$, so erhalten wir die Komponenten der Feldintensität längs dieser Achsen

$$E_x = -\frac{\partial V}{\partial x}; \qquad E_y = -\frac{\partial V}{\partial y}; \qquad E_z = -\frac{\partial V}{\partial z}.$$

Das größte Potentialgefälle erhalten wir in der Richtung, für welche

$$\cos(E s) = 1$$

ist, also in der Richtung der Feldstärke selbst oder der Kraftlinien. Dieses Potentialgefälle nennt man das *negative Gradient* des Potentialfeldes und bezeichnet

$$E = -\operatorname{grad} V = -\nabla V = -\frac{dV}{dn}.$$

Hier bedeutet $n$ die Normale zu den Äquipotentialflächen (S. 69, **82**).

Die soeben aufgestellten Gleichungen erlauben uns bei gegebenen Potentialen die Feldstärke nach Größe und Richtung für jeden Punkt des Feldes einfach durch Differentiation zu berechnen.

In manchen Fällen ist es in der Tat viel bequemer, bei gegebenen Ladungen zuerst die Potentiale des Feldes zu berechnen und aus diesen die Feldstärken. Die Gleichungen für das Potential sind nämlich deshalb einfacher zu behandeln, weil das Potential eine *skalare* Größe darstellt, die Feldstärken aber ein Vektorfeld bilden. Zerlegt man die Feldstärke in Komponenten längs den Achsen $X$, $Y$, $Z$, so können diese Komponenten (jede Achse für sich) als Skalare behandelt (z. B. algebraisch addiert) werden. Durch diese Methode (ganz wie in der analytischen Geometrie) wird das Vektorfeld auf drei skalare Felder reduziert.

Das Potential im Felde einer Punktladung $e$ ist gleich (S. 84, **99**)

$$V = \frac{e}{\varepsilon r}.$$

Sind die Ladungen mit einer Volumendichte $\varrho$ im Raume verteilt, so ist

$$V = \int \frac{\varrho\, dQ}{\varepsilon r}.$$

**13. Bedingungen für die Existenz eines Potentials.** Nicht ein jedes Feld kann auf ein Potential zurückgeführt werden. In der Tat, wenn uns irgendein elektrisches Feld durch seine Feldstärken gegeben ist und wir wollen seine Potentiale bestimmen, so müssen wir, nachdem irgendein Nullpotential $V_1$ (S. 68, **81**) gewählt ist, für alle Punkte des Feldes das Integral

$$V_2 - V_1 = \int_1^2 E_s\, ds$$

auswerten. Dies Integral wird aber nur dann einen bestimmten (eindeutigen) Wert haben, wenn die Arbeit des Einheitspols ($e = 1$) vom ersten Punkte zum zweiten von der Form und der Länge des Weges unabhängig ist und nur von der Lage des Anfangspunktes und des Endpunktes des Weges abhängt. Wir haben schon hervorgehoben (S. 70, **83**), daß im elektrostatischen Felde das wirklich der Fall ist, weil in einem solchen Felde alle Kraftlinien in positiven Ladungen anfangen und in negativen Ladungen endigen; in sich geschlossene Kraftlinien gibt es in einem elektrostatischen Felde nicht. Würde solch eine Linie im Felde statisch (dauernd) bleiben können, so würde ein Einheitspol, längs dieser

Kraftlinie fortschreitend, zuletzt in seinen Ausgangspunkt wieder eintreffen und dabei eine gewisse Arbeit leisten; auf die Einheit der Elektrizitätsmenge bezogen, würde das eine bestimmte Potentialdifferenz in *ein und demselben* Punkte des Feldes ergeben. Das Potential würde also in einem solchen Felde nicht eindeutig bestimmbar sein. Man sagt von solchen Feldern (zu denen also das elektrostatische Feld nicht gehört), das Feld sei kein Potentialfeld oder das Feld habe kein Potential. Alle sog. Wirbelfelder, welche in *sich geschlossene* Linien oder Bewegungen enthalten, haben kein Potential.

Die Bedingung für die Existenz eines Potentials können wir demnach in folgender Integralform darstellen

$$\oint E_s\,ds = 0\,.$$

Der Kreis im Integralzeichen soll einen in sich *geschlossenen* Integrationsweg bedeuten.

Wir haben früher die Arbeit eines Einheitspols auf einem in sich geschlossenen Wege die *elektromotorische* (und entsprechend im magnetischen Felde die *magnetomotorische*) *Kraft* (S. 228, **266**) genannt, und sie mit $\mathcal{E}_e$ bezeichnet; folglich muß

$$\mathcal{E}_e = \oint E_s\,ds = 0\,.$$

**14. Der STOKESsche Satz.** Wir wollen jetzt die Bedingung der Existenz eines Potentials im Felde in einer Differentialform darstellen. Zu diesem Zwecke betrachten wir in der Koordinatenebene $YZ$ ein elementares Rechteck $dy \cdot dz$ (Abb. 639) und berechnen die Arbeit, welche ein Einheitspol auf dem Wege 01230 leisten würde.

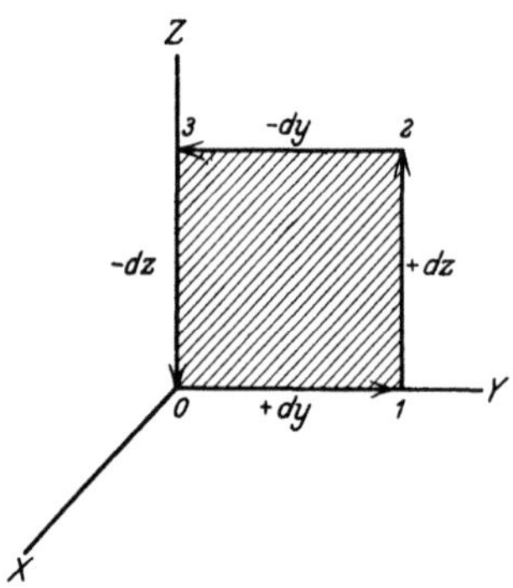


Abb. 639.

Auf dem Wege 01, wo die Projektion der Kraft (bei $e = 1$) gleich $E_y$ ist, erhalten wir eine Arbeit

$$dV_1 = +E_y\,dy\,.$$

Auf dem Wege 12, welcher nicht durch den Koordinatennullpunkt geht, kann die Feldstärke einen anderen Wert $E'$ haben, und für die Arbeit müssen wir schreiben

$$dV_2 = E_z'\,dz\,.$$

Auf dem Wege 23, also entgegen der $+Y$-Richtung, haben wir

$$dV_3 = -E_y'\,dy$$

und endlich auf dem Wege 30, der wieder durch den Koordinatenanfang geht

$$dV_y = -E_z\,dz\,.$$

Die elektromotorische Kraft, auf dem in sich geschlossenen Wege 01230 ist also gleich

$$\mathcal{E}_x = (E_z' - E_z)\,dz - (E_y' - E_y)\,dy\,.$$

Die mit einem Strich bezeichneten Größen können wir (ebenso wie S. 646) wieder zu den Größen ohne Strich in Beziehung setzen. Die Differenz $(E_z' - E_z)$, bezogen auf die Einheit der Entfernung $dy$ zwischen den Punkten 0 und 1, wird bei verschwindendem $dy$ gleich der partiellen Ableitung der Größe $E_z$ nach $y$ sein

$$\text{limen}\left(\frac{E_z' - E_z}{dy}\right) = \frac{\partial E_z}{\partial y}\,; \qquad E_z' - E_z = \frac{\partial E_z}{\partial y}\,dy$$

und ganz ebenso wird

$$\text{limen}\left(\frac{E_y' - E_y}{dz}\right) = \frac{\partial E_y}{\partial z}\,; \qquad E_y' - E_y = \frac{\partial E_y}{\partial z}\,dz\,.$$

Für die elektromotorische Kraft auf dem Wege 01230 erhalten wir also

$$\mathcal{E}_x = \left(\frac{\partial E_z}{\partial y} - \frac{\partial E_y}{\partial z}\right) dy\,dz\,.$$

Diesen Ausdruck können wir als einen *Vektorfluß* (S. 645) ansehen, wenn wir unter

$$w_x = \frac{\partial E_z}{\partial y} - \frac{\partial E_y}{\partial z}$$

die Projektion dieses Vektors auf die $X$-Achse verstehen. Da wir offenbar ganz analoge Formeln erhalten werden, wenn wir statt des Flächenstücks $dy \cdot dz$ ebensolche Flächenstücke $dz \cdot dx$ und $dx \cdot dy$ in den $ZX$- und $XY$-Ebenen betrachten, so können wir für die Projektionen des von uns eingeführten Vektors $w$ folgende Formel hinschreiben:

$$w_x = \frac{\partial E_z}{\partial y} - \frac{\partial E_y}{\partial z}; \qquad w_y = \frac{\partial E_x}{\partial z} - \frac{\partial E_z}{\partial x}; \qquad w_z = \frac{\partial E_y}{\partial x} - \frac{\partial E_x}{\partial y}.$$

Vektoren von dieser Form begegnet man oft auch in anderen Gebieten der Physik. In der Hydrodynamik z. B. gibt ein derartiger Vektor die Größe und die Richtung der Drehbewegungen der Flüssigkeitsteilchen an, wenn $E$ die fortschreitende Geschwindigkeit dieser Teilchen bedeutet. Man hat deshalb solche Vektoren ganz allgemein *Wirbelvektoren* benannt und für sie ein besonderes Zeichen *curl* (vom englischen — Wirbel, Rotation) eingeführt. In Vektorform schreiben sich unsere drei Gleichungen in folgender abgekürzten Weise

$$\mathbf{w} = \operatorname{curl} \mathbf{E}.$$

Wir können jetzt unsere Bedingung für die Existenz eines Potentials in folgender Form hinstellen: in einem Potentialfelde muß überall der Wirbelvektor verschwinden

$$\mathbf{w} = \operatorname{curl} \mathbf{E} = 0.$$

Wenn wir unsere Rechnungen in diesem Paragraphen aufmerksam betrachten, so werden wir leicht bemerken, daß wir eine Integration längs der Umrandung 01230 eines Flächenstücks $dy \cdot dz$ durch eine Flächenintegration ersetzt haben, wobei wir den Vektor $\mathbf{E}$ durch einen anderen Vektor $\mathbf{w} = \operatorname{curl} \mathbf{E}$ ersetzt haben.

Wir können dies Verfahren auch auf endliche Flächen verallgemeinern. Zu diesem Zweck zerteilen wir die gegebene Fläche $S$ in einzelne Elementarflächenstücke $dS$ (vgl. Abb. 233, S. 218) und schreiben für jedes Flächenstück die soeben erhaltene Gleichung. Bei der Summation aller dieser Gleichungen erhalten wir auf der rechten Seite offenbar den totalen Fluß des Vektors $w$ durch unsere Fläche $S$; auf der linken Seite aber werden sich die Integrale längs den Grenzlinien der Elementarflächen alle aufheben, denn jede Grenzlinie wird bei der Integration zweimal, und zwar in entgegengesetzten Richtungen durchstreift (vgl. Abb. 233, S. 218). Es bleibt also nur das Integral längs der Umrandung der ganzen Fläche $S$ übrig. Wir können also für ein Flächenstück *endlicher* Größe die folgende Gleichung schreiben:

$$\oint (\mathbf{E} \cdot d\mathbf{s}) = \int (\mathbf{w} \cdot d\mathbf{S}).$$

Nach diesem von STOKES herrührenden Satze, der dem GAUSSschen Satze (S. 646, **10**) analog ist, können wir ein Linienintegral in ein Flächenintegral verwandeln, indem wir statt der motorischen Kraft eines Vektors $\mathbf{E}$ einen Vektorfluß des Vektors $\mathbf{w} = \operatorname{curl} \mathbf{E}$ berechnen. Den STOKESschen Satz werden wir bei der Behandlung des Magnetfeldes elektrischer Ströme benutzen.

**15. Differentialgleichung von LAPLACE-POISSON.** Hat das Feld ein Potential und ist die Dielektrizitätskonstante im Felde überall die gleiche, so können wir in unserer Gleichung

$$\operatorname{div} \mathbf{E} = \frac{\partial E_x}{\partial x} + \frac{\partial E_y}{\partial y} + \frac{\partial E_z}{\partial z} = 4\pi \frac{\varrho}{\varepsilon};$$

die Feldstärken durch die Potentialgradienten ausdrücken (S. 647, **12**) und erhalten

$$\operatorname{div} \cdot \operatorname{grad} V = \frac{\partial^2 V}{\partial x^2} + \frac{\partial^2 V}{\partial y^2} + \frac{\partial^2 V}{\partial z^2} = -4\pi \frac{\varrho}{\varepsilon}.$$

Diese partielle Differentialgleichung zweiter Ordnung ist für den $\varrho = 0$ von LAPLACE und für den hier vorkommenden allgemeineren Fall von POISSON aufgestellt worden. Dieselbe Gleichung findet sich bei der Berechnung des Gravitationsfeldes und noch in vielen anderen physikalischen Feldern, weshalb man für sie eine abgekürzte Bezeichnung eingeführt hat, nämlich

$$\operatorname{div} \cdot \operatorname{grad} V = \nabla^2 V = -4\pi \frac{\varrho}{\varepsilon}.$$

Mit der Lösung dieser Gleichung unter verschiedenen Bedingungen an den Grenzen des Feldes (sog. Grenzbedingungen) beschäftigt sich ein sehr wichtiges Kapitel der höheren Mathematik, und wir können hier darauf nicht näher eingehen.

In dem einfachsten Falle, wenn alle Ladungen gegeben sind und das Feld unbegrenzt ist, können wir die Lösung dieser Gleichung direkt hinschreiben (S. 647, **12**):

$$V = \int \frac{\varrho}{\varepsilon r} \, dQ.$$

Haben wir die Potentiale berechnet, so bestimmen sich die Feldintensität und die Induktion nach den Formeln

$$\mathbf{E} = -\operatorname{grad} V\,; \qquad \mathbf{D} = \varepsilon \mathbf{E}\,.$$

Sind außer den gegebenen Ladungen noch einige Leiter und Dielektrika im Felde vorhanden, deren induzierte Ladungen nicht direkt gegeben werden, sondern erst bestimmt werden sollen, so ist die Lösung der Aufgabe schon viel schwieriger. Wir haben in diesem Buche einige einfache Fälle dennoch berechnen können (vgl. Elektrostatik). Die dabei zu erfüllenden Grenzbedingungen lauten für einen Leiter (S. 46, **55**) so

$$D_n = 4\pi\sigma\,; \qquad E_t = D_t = 0\,; \qquad E_i = 0\,;$$

und für die Oberfläche eines Dielektrikums müssen die normalen und tangentiellen Komponenten der Induktion und der Feldintensität folgenden Bedingungsgleichungen genügen (S. 53, **63**):

$$D_{n1} = D_{n2}\,; \qquad E_{t1} = E_{t2}\,.$$

**16. Das Potential im Felde einer Punktladung.** Das Feld einer Punktladung $e$ ist durch die Formel für die Feldintensität vollständig beschrieben

$$E = \frac{e}{\varepsilon r^2}\,,$$

wenn man noch hinzufügt, daß der Vektor $E$ die Richtung des Radiusvektors $r$ hat. Dieses Feld hat ein Potential, und wir empfehlen dem Leser zur Übung das durch Bildung des curl $\mathbf{E}$ zu beweisen. Da die Potentialdifferenz

$$V_2 - V_1 = -\int_1^2 E_s\,ds$$

in diesem Felde vom Wege unabhängig ist, wollen wir zur Vereinfachung längs des Radiusvektors integrieren. Wir erhalten so

$$V_2 - V_1 = -\int_1^2 \frac{e}{\varepsilon}\,\frac{dr}{r^2} = \frac{e}{\varepsilon}\left(\frac{1}{r_2} - \frac{1}{r_1}\right).$$

Nehmen wir das Nullpotential im Unendlichen, so wird das Potential in einer Entfernung $r$ von der Punktladung (vgl. S. 84, **99**)

$$V = \frac{e}{\varepsilon r}\,.$$

Im Punkte $e$ selbst ist das Potential unendlich groß. Wenn aber die Ladungen mit einer endlichen Volumendichte verteilt sind, so bleibt das Potential auch in den Ladungen selbst endlich und stetig, wie wir das sofort noch näher erörtern werden.

Ist die Volumendichte der Elektrizität gleich $\varrho$, so kann die Elektrizitätsmenge in einem Elementarvolumen $dQ$ so dargestellt werden:

$$de = \varrho\,dQ\,,$$

ihr Potential im Abstande $r$ wird

$$dV = \frac{\varrho}{\varepsilon r}\,dQ\,.$$

Das Potential aller gegebenen Volumenladungen erhalten wir durch Integration über alle geladenen Volumina

$$V = \int \frac{\varrho}{\varepsilon r}\,dQ\,.$$

Diese Summe ist eine *algebraische* Summe, denn die Potentiale sind skalare Größen; die Entfernung $r$ von den Elementarvolumina $dQ$ bis zu dem Punkte, wo wir das Potential berechnen wollen, werden im allgemeinen für verschiedene Elementarvolumina auch verschieden groß sein; die Rechnung wird nicht immer einfach sein.

**17. Das Potential eines Dipols.** Als Beispiel für die Anwendung der Potentiale wollen wir das Feld eines Dipols berechnen. Ein Dipol sei aus zwei gleichen und entgegengesetzten elektrischen Polen $\pm e$ gebildet, die in einer sehr kleinen Entfernung $d\mathbf{l}$ voneinander sich befinden. Das elektrische Moment des Dipols ist gleich

$$\mathbf{P} = e\,d\mathbf{l}\,.$$

Das ist eine Vektorgröße, deren Richtung mit der Richtung von $d\mathbf{l}$ zusammenfällt; in dieser Richtung hat sich die positive Elektrizität relativ zu der negativen Elektrizität bei der Bildung des Dipols verschoben (S. 169, **206**).

Das Potential des Dipols wird in jedem Punkte gleich der Summe von den zwei Potentialen der einzelnen das Dipol bildenden Ladungen sein (S. 168, Abb. 176)

$$V = \frac{e}{r_1} - \frac{e}{r_2} = e\left(\frac{1}{r_1} - \frac{1}{r_2}\right) = e\,\frac{r_2 - r_1}{r_1 r_2}.$$

Beim Übergang zu der unendlich kleinen Länge $dl$ erhalten wir (vgl. S. 169, **206**)

$$V = P\,\frac{\cos(Pr)}{r^2} = P\,\frac{\cos\alpha}{r^2}.$$

Das Potential eines Dipols ist demnach umgekehrt proportional der zweiten Potenz der Entfernung $r$ und hängt noch von dem Winkel ab, den die Dipolachse mit den Radiusvektor bildet.

Es ist nützlich, sich zu merken, daß man das Potential eines Dipols aus der Feldstärke eines Pols erhält, wenn man die Feldstärke des letzteren mit der Dipollänge skalar multipliziert

$$V = (\mathbf{E}\cdot d\mathbf{l}) = \frac{e}{r^2}\,dl\cos(Pr) = P\,\frac{\cos(Pr)}{r^2} = P\,\frac{\cos\alpha}{r^2}.$$

Um jetzt die Komponenten der Feldintensität nach irgendeiner Richtung im Felde eines Dipols zu berechnen, braucht man nur das Potential nach dieser Richtung partiell zu differenzieren. Wir wählen die eine Richtung längs des Radiusvektors $r$ (Abb. 640) und die andere senkrecht dazu, und zwar in der Richtung der wachsenden Winkel $\alpha$ zwischen der Dipolachse und dem Radiovektor; also in der Richtung $ds = r\cdot d\alpha$.

Wir erhalten diese zwei Komponenten in folgender Form

$$E_r = -\frac{\partial V}{\partial r} = P\,\frac{2\cos\alpha}{r^3}; \qquad E_s = -\frac{\partial V}{r\,d\alpha} = P\,\frac{\sin\alpha}{r^3}.$$

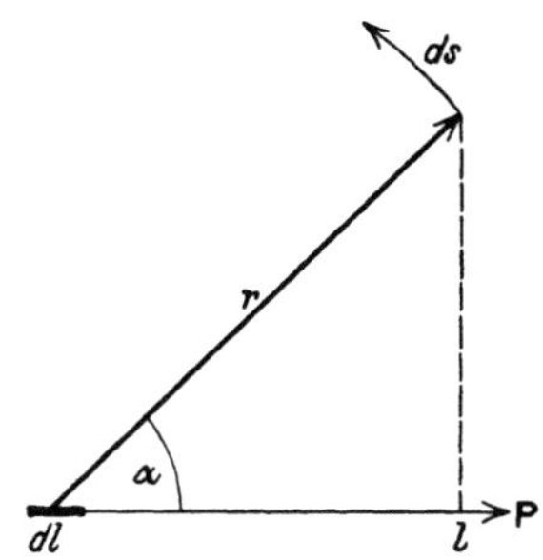

Abb. 640.

Diese Formeln stimmen mit unseren früheren Formeln für einen magnetischen Dipol, d. h. einen Elementarmagnet (S. 169, **205**) überein.

**18. Eine homogen polarisierte Kugel.** Die Feldstärken im Felde einer mit gleichmäßiger Volumendichte geladener Kugel haben wir schon berechnet (S. 44, **52**) und gefunden, daß im Außenraume die Feldstärke dieselbe ist wie bei einer Punktladung

$$E_a = \frac{e}{r^2}.$$

Durch skalare Multiplikation mit $dl$ erhalten wir das Potential einer gleichmäßig polarisierten Kugel im Außenraume

$$V_a = (\mathbf{E}_a\cdot d\mathbf{l}) = e\,dl\,\frac{\cos\alpha}{r^2} = P\,\frac{\cos\alpha}{r^2},$$

also dasselbe Feld wie bei einem Dipol im Zentrum, was auch zu erwarten war.

Im Inneren einer geladenen Kugel ist die Feldstärke (S. 44, **52**)

$$E_i = \frac{4\pi}{3}\varrho r$$

und folglich das Potential einer polarisierten Kugel gleich

$$V_i = (\mathbf{E}_i\,d\mathbf{l}) = \frac{4\pi}{3}(\varrho\,dl)\,r\cos\alpha = \frac{4\pi}{3}P_e l,$$

wo $P_e$ die elektrische Polarisation (Moment der Volumeneinheit [S. 50, **61**] bedeutet und $l$ die Projektion des Radiusvektor auf die Polarisationsrichtung.

Wir sehen, daß die Potentiale in der Richtung der Polarisationsachse $l$ gleichmäßig wachsen, folglich ist die Feldstärke in der polarisierten Kugel konstant

$$\mathbf{E} = -\frac{\partial V_i}{\partial l} = -\frac{4\pi}{3}P_e$$

in voller Übereinstimmung mit dem, was wir schon früher gefunden haben (S. 172, **208**).

**19. Eine leitende Kugel im homogenen Felde.** Es sei uns ein homogenes Feld von der Feldstärke $E$ gegeben, und wir bringen in dieses Feld eine leitende Kugel hinein. Die Kugel wird durch Influenz geladen (polarisiert), und zwar so stark, daß in ihrem Inneren ihr eigenes inneres Feld das gegebene Feld gerade aufhebt. Unter Benutzung der Formel des vorigen Paragraphen erhalten wir sofort die Größe der Polarisation

$$P_e = \frac{3}{4\pi} E$$

und nach der allgemeinen Beziehung (zwischen Polarisation und der Ladungsdichte [S. 51, **61**])

$$P_e \cos\alpha = \sigma$$

auch die Oberflächenladung der leitenden Kugel, wenn im Außenraume $\varepsilon = 1$ ist,

$$\sigma = \frac{3}{4\pi} E \cos\alpha .$$

Multiplizieren wir die Polarisation mit dem Volumen der Kugel vom Halbmesser $a$, so erhalten wir das totale elektrische Moment der geladenen Kugel

$$P = \frac{4\pi}{3} a^3 P_e = a^3 E .$$

Diese Größe nehmen wir als Moment eines elementaren Dipols an, welches wir im Zentrum der Kugel fingieren und können dann die von der Kugel erzeugten Feldstärken im Außenraume berechnen (S. 651, **17**). Wir erhalten dabei die normale und tangentiale Komponente bei $r = a$

$$E_r = 2E\cos\alpha , \qquad E_s = E\sin\alpha .$$

Da die Komponenten des gegebenen Feldes in denselben Richtungen (vgl. Abb. 640) gleich

$$E\cos\alpha ; \qquad -E\sin\alpha$$

sind, so erhalten wir das *resultierende* normale und tangentielle Feld in unmittelbarer Nähe der Kugeloberfläche:

$$E_n = 3E\cos\alpha ; \qquad E_t = 0 .$$

Das tangentielle Feld ist gleich Null, wie es auch an einer leitenden Oberfläche sein soll (S. 650, **15**). Aus der Normalkomponente erhalten wir die Oberflächendichte; es soll nämlich sein (S. 44, **56**)

$$4\pi\sigma = 3E\cos\alpha ,$$

was mit dem oben angegebenen Werte von $\sigma$ im Einklang steht.

## III. Das elektromagnetische Feld.

**20. Die magnetomotorische Kraft.** Wir haben aus den Gesetzen von BIOT-SAVART und AMPÈRE

$$F_{\mathrm{BS}} = \frac{mJ\,dl}{r^2} \sin(rJ) ; \qquad F_{\mathrm{Am}} = BJ\,dl \sin(rJ)$$

ausgehend, die Arbeit berechnet, die ein magnetischer Einheitspol beim einmaligen Umkreisen des Stromes zu leisten hat (S. 228, **266**). Für diese *magnetomotorische Kraft* können wir in unserer jetzigen Schreibweise (vgl. S. 648, **13**) die Formel schreiben:

$$\mathcal{E}_m = \oint M_s\,ds = 4\pi J .$$

Die Stromstärke $J$ wollen wir noch durch die Normalkomponente der Stromdichte $i_n$ und den Querschnitt des Leiters $S$ ausdrücken

$$\oint M_s\,ds = 4\pi \int i_n\,dS$$

oder in Vektorform

$$\oint (\mathbf{M} \cdot d\mathbf{s}) = 4\pi \int (\mathbf{i} \cdot d\mathbf{S}) .$$

Vergleichen wir diese Formel mit dem STOKESschen Satz (S. 649, **14**), so sehen wir, daß die Stromdichte einen Wirbelvektor der magnetischen Feldintensität darstellt

$$4\pi\mathbf{i} = \operatorname{curl}\mathbf{M} ,$$

und wir erhalten sofort eine Beziehung der magnetischen Feldstärke in irgendeinem Punkte zu der daselbst herrschenden Stromdichte in Form von drei partiellen Differentialgleichungen

$$4\pi i_x = \frac{\partial M_z}{\partial y} - \frac{\partial M_y}{\partial z} ; \qquad 4\pi i_y = \frac{\partial M_x}{\partial z} - \frac{\partial M_z}{\partial x} ; \qquad 4\pi i_z = \frac{\partial M_y}{\partial x} - \frac{\partial M_x}{\partial y} .$$

Ist das magnetische Feld überall gegeben, so können wir nach diesen Formeln die Richtung und die Größe der Stromdichte in jedem Punkte durch eine einfache Differentiation erhalten. Die umgekehrte Aufgabe, bei gegebenen Stromdichten das Magnetfeld zu berechnen, d. h. die Gleichungen zu integrieren, ist nicht so einfach. Dennoch hat die Mathematik auch für diesen Fall entsprechende Methoden ausgearbeitet, wie wir gleich zeigen werden.

**21. Das Vektorpotential.** Wir führen zu diesem Zwecke eine neue Hilfsgröße ein durch die Gleichung

$$\mathbf{M} = \operatorname{curl} \mathbf{A}\,.$$

Diese Formel allein würde die Größe $\mathbf{A}$ noch nicht eindeutig definieren, denn jeder Vektor $\mathbf{B}$, dessen $\operatorname{curl} \mathbf{B} = 0$ ist, würde mit dem Vektor $\mathbf{A}$ zusammen derselben Gleichung

$$\mathbf{M} = \operatorname{curl}(\mathbf{A} + \mathbf{B})$$

genügen. Wir wollen deshalb zu der angegebenen Beziehung noch die Einschränkung hinzufügen, der Vektor $\mathbf{A}$ soll überall divergenzfrei bleiben, d. h. seine Linien sollen durchweg in sich geschlossen sein

$$\operatorname{div} \mathbf{A} = 0\,.$$

Wir setzen nun diese Formeln in die Gleichungen des vorigen Paragraphen ein

$$\operatorname{curl} \cdot \operatorname{curl} \mathbf{A} = 4\pi \mathbf{i}\,.$$

Um das linksstehende Symbol explizite darzustellen, berechnen wir seine $X$-Komponente

$$(\operatorname{curl} \cdot \operatorname{curl} \mathbf{A})_x = \frac{\partial}{\partial y} (\operatorname{curl} \mathbf{A})_z - \frac{\partial}{\partial z} (\operatorname{curl} \mathbf{A})_y = \frac{\partial}{\partial y}\left(\frac{\partial A_y}{\partial x} - \frac{\partial A_x}{\partial y}\right) - \frac{\partial}{\partial z}\left(\frac{\partial A_x}{\partial z} - \frac{\partial A_z}{\partial x}\right).$$

Wenn wir hier die Größe $\frac{\partial}{\partial x}\frac{\partial A_x}{\partial x} - \frac{\partial}{\partial x}\frac{\partial A_x}{\partial x} = 0$ hinzuaddieren und die Summanden entsprechend ordnen, so erhalten wir

$$(\operatorname{curl} \cdot \operatorname{curl} \mathbf{A})_x = \frac{\partial}{\partial x}\left(\frac{\partial A_x}{\partial x} + \frac{\partial A_y}{\partial y} + \frac{\partial A_z}{\partial z}\right) - \frac{\partial^2 A_x}{\partial x^2} + \frac{\partial^2 A_x}{\partial y^2} + \frac{\partial^2 A_x}{\partial z^2} = \frac{\partial}{\partial x} (\operatorname{div} \mathbf{A}) - \nabla^2 A_x$$

und, da der Vektor $\mathbf{A}$ divergenzfrei sein soll, erhalten wir endlich

$$\nabla^2 A_x = -4\pi i_x\,.$$

Wir haben also für die $X$-Komponente des Vektors $\mathbf{A}$ die Laplace-Poissonsche Gleichung erhalten, und es ist klar, daß wir analoge Gleichungen auch für die anderen zwei Komponenten des Vektors erhalten werden. Die Lösung dieser Gleichungen für ein unbegrenztes Feld ohne Nebenbedingungen ist uns bekannt (S. 649, **15**), und wir können einfach hinschreiben

$$A_x = \int \frac{i_x}{r}\, dQ\,; \qquad A_y = \int \frac{i_y}{r}\, dQ\,; \qquad A_z = \int \frac{i_z}{r}\, dQ\,.$$

Diese Formeln erlauben uns, bei gegebenen Stromdichten das Feld des Vektors $\mathbf{A}$ zu bestimmen; ist das geschehen, so erlauben weiter die drei Gleichungen

$$\mathbf{M} = \operatorname{curl} \mathbf{A}$$

durch einfache Differentiation auch das Magnetfeld der Ströme zu berechnen.

Wir sehen daraus, daß die Größe $\mathbf{A}$ eine gewisse Analogie mit dem Potential $V$ hat. Im Gegensatz zu dem skalaren Potentiale $V$ elektrischer Ladungen nennt man den Vektor $\mathbf{A}$ das Vektorpotential des magnetischen Feldes elektrischer Ströme.

Das Vektorpotential ist somit auf drei skalare Potentiale $A_x$, $A_y$, $A_z$ zurückgeführt, und wir können alle Methoden, die beim skalaren Potential zur Berechnung des Feldes dienen, auch hier benutzen.

**22. Lineare Ströme.** In der Praxis hat man oft mit linearen Stromleitern zu tun, deren Querschnitt klein im Vergleich zu ihrer Länge ist. Für diese Fälle lassen sich die Formeln für die Vektorpotentiale vereinfachen.

Wir setzen das Volumen $dQ$ gleich dem Produkte aus dem Querschnitte $dS$ und der Länge $dl$ des Leiters

$$dQ = dS \cdot dl\,,$$

dann erhalten wir z. B. für die $X$-Komponente

$$i_x dQ = i\,dS \cdot dl \cos(dlX) = J \cdot dx\,,$$

wo $J$ die Stromstärke bedeutet, und entsprechende Ausdrücke für die anderen Komponenten. Die Stromstärken bleiben längs der Länge des Leiters konstant und können deshalb außerhalb des Integralzeichens geschrieben werden. Wir erhalten in diesem Falle für die Vektorpotentiale

$$A_x = J\int \frac{dx}{r}; \qquad A_y = J\int \frac{dy}{r}; \qquad A_z = J\int \frac{dz}{r}.$$

**23. Berechnung der Induktivität.** Es sei eine Stromschleife gegeben, und wir wollen den von ihr umfaßten Induktionsfluß berechnen. Wir legen durch diese Schleife irgendeine Fläche und zerteilen sie in kleine Flächenelemente $dS$. Der Induktionsfluß durch jedes Flächenelement ist gleich

$$dN = \mu M_n dS,$$

und die totale von der Stromschleife umfaßte Kraftlinienzahl wird sein

$$N_{12} = \mu \int M_n dS.$$

Nach dem STOKESschen Satze (S. 649, **14**) können wir statt dieses Flächenintegrals ein Linienintegral längs der Umrandung dieser Fläche, d. h. längs der Stromschleife selbst, ausrechnen; dabei müssen wir aber statt des Vektors $\mathbf{M} = \operatorname{curl}\mathbf{A}$ den Vektor $\mathbf{A}$ selbst im Integral benutzen

$$N_{12} = \mu\int(\operatorname{curl}\mathbf{A}\cdot d\mathbf{S}) = \mu\int(\mathbf{A}\cdot d\mathfrak{l}_1).$$

Das Vektorpotential ist durch die gegebenen Ströme bestimmt

$$\mathbf{A}_e = J\int\frac{d\mathfrak{l}_2}{r},$$

wo wir mit $\mathfrak{l}_2$ die Elementarlänge der gegebenen Ströme bezeichnet haben. Setzen wir das unter das Integralzeichen ein, so erhalten wir

$$N_{12} = J\mu\int\frac{(d\mathfrak{l}_1\cdot d\mathfrak{l}_2)}{r} = J\cdot L_{12}.$$

Der Koeffizient bei der Stromstärke ist, wie wir wissen (S. 257, **299**) nichts anderes als der Induktionskoeffizient.

Haben wir z. B. zwei drahtförmige Leiter, und wir wollen ihren gegenseitigen Induktionskoeffizienten berechnen, so müssen wir folgendermaßen verfahren. Wir zerteilen jeden Leiter in Längenelemente $dl_1$ und $dl_2$, die klein im Verhältnis zu ihrem gegenseitigen Abstande sind, und bilden für jedes Elementenpaar in allen möglichen Kombinationen das skalare Produkt

$$(d\mathfrak{l}_1\cdot d\mathfrak{l}_2) = dl_1\cdot dl_2\cos(dl_1\cdot dl_2)$$

und summieren dann

$$L_{12} = \mu\int\frac{(d\mathfrak{l}_1\cdot d\mathfrak{l}_2)}{r}.$$

Für die Berechnung eines Selbstinduktionskoeffizienten ist diese Methode nicht direkt anwendbar, denn in diesem Falle können sehr kleine Abstände $r$ zwischen den Längenpaaren vorkommen; das heißt aber nichts anderes, daß wir bei der Berechnung des Selbstinduktionskoeffizienten den Drahtquerschnitt nicht mehr vernachlässigen dürfen. Wir haben auch in der Tat gesehen, daß der Selbstinduktionskoeffizient eines Leiters von seinem Querschnitt merklich abhängt (S. 259, **300**).

In einigen Fällen läßt sich der Selbstinduktionskoeffizient nach anderen Methoden annähernd berechnen (vgl. z. B. S. 258, **300**); wir können aber hier darauf nicht eingehen.

**24. Elektromagnetische Induktion.** Wir haben die FARADAYsche Entdeckung der elektromagnetischen Induktion in folgender Gleichung ausgedrückt (S. 246, **285**)

$$\mathcal{E}_e = -\dot{N}.$$

Die elektromotorische Kraft der Induktion ist gleich der zeitlichen Verminderung (in der Elektrotechnik wird dazu auch das Wort *Schwund* gebraucht) der vom Stromleiter umfaßten Kraftlinienzahl.

Nach Analogie mit dem Vorangehenden können wir dieses Gesetz auch in vektorieller Form schreiben

$$\mathcal{E}_e = \oint(\mathbf{E}\cdot d\mathfrak{s}) = -\frac{d}{dt}\int(\mathbf{B}\cdot d\mathbf{S})$$

oder auch

$$\operatorname{curl}\mathbf{E} = -\frac{d}{dt}\mathbf{B}.$$

Haben wir mit linearen Strömen zu tun, so kann der Induktionsfluß durch die Induktionskoeffizienten ausgedrückt werden, und wir erhalten

$$\mathcal{E}_e = L_{11}\dot{J}_1 + L_{12}\dot{J}_2 .$$

**25. Elektrische Schwingungen.** Wir betrachten einen Stromkreis, bestehend aus einer Selbstinduktion $L$, einem Widerstande $r$ und einer Kapazität $C$. Wird der Kondensator mit einer Elektrizitätsmenge $e$ geladen und zirkuliert im Stromkreise ein Strom $J$, so entstehen, wie wir wissen (S. 456, **514**), in den obengenannten drei Teilen des Stromkreises die folgenden Potentialdifferenzen

$$V_2 = L\dot{J}; \qquad V_1 = rJ; \qquad V_3 = \frac{e}{C}.$$

Wenn keine anderen elektromotorischen Kräfte im Stromkreise wirken, so muß die Summe dieser drei Größen gleich Null sein:

$$L\dot{J} + rJ + \frac{1}{C}e = 0.$$

Die Stromstärke können wir durch die Elektrizitätsmenge $e$ ausdrücken

$$J = \frac{de}{dt} = \dot{e},$$

und in unsere Gleichung einsetzen

$$L\ddot{e} + r\dot{e} + \frac{1}{C}e = 0.$$

Diese Gleichung ist von derselben Form wie die von uns schon früher (S. 447, **506**) in der allgemeinen Schwingungslehre betrachteten Gleichung

$$m\ddot{x} + r\dot{x} + bx = 0.$$

Da wir aber damals die Lösung ohne Beweis angegeben haben, wollen wir sie hier nachträglich verifizieren. Wir setzen also

$$x = A e^{-\varkappa t}\sin at$$

und differenzieren es zweimal nach der Zeit

$$\dot{x} = -A\varkappa e^{-\varkappa t}\sin at + A a e^{-\varkappa t}\cos at,$$

$$\ddot{x} = +A\varkappa^2 e^{-\varkappa t}\sin at - 2Aa\varkappa e^{-\varkappa t}\cos at - Aa^2 e^{-\varkappa t}\sin at.$$

Setzen wir das in unsere Gleichung ein, so erhalten wir

$$[m(\varkappa^2 - a^2) - r\varkappa + b]\sin at + [ar - 2a\varkappa m]\cos at = 0.$$

Damit diese Bedingung zu jeder Zeit $t$ erfüllt bleibt, müssen die Faktoren bei $\sin at$ und bei $\cos at$ jeder für sich Null sein, und wir erhalten zwei Gleichungen

$$(\varkappa^2 - a^2) - \frac{r\varkappa}{m} + \frac{b}{m} = 0; \qquad r - 2\varkappa m = 0,$$

aus denen folgt, daß

$$\varkappa = \frac{r}{2m} \qquad \text{und} \qquad a_e = \sqrt{a_0^2 - \varkappa^2},$$

wo $a_0$ die Eigenfrequenz bei verschwindenden Reibungskräften $r = 0$ bedeutet

$$a_0 = \sqrt{\frac{b}{m}}.$$

Bei der Anwendung dieses Resultats auf unser elektrisches Problem müssen wir setzen

$$m = L; \qquad r = r; \qquad b = \frac{1}{C}$$

und erhalten ($a_e$ bedeutet die Eigenfrequenz)

$$a_0 = \frac{1}{\sqrt{LC}}; \qquad \varkappa = \frac{r}{2L}; \qquad a_e = a_0\sqrt{1 - \frac{r^2C}{4L}}.$$

Wir sehen daraus, wie die Eigenfrequenz und die Dämpfung des Stromkreises von seiner Selbstinduktion, seinem Widerstand und seiner Kapazität abhängen. Die Amplitude bleibt natürlich unbestimmt; ebenso unbestimmt bleibt auch die Phase, denn wir können im $\sin at$ eine beliebige Phase $\varphi$ noch hinzusetzen, ohne daß die Lösung seine Gültigkeit verliert. Die Amplitude und die Phase der Eigenschwingungen hängt von den Anfangsbedingungen ab.

**26. Aperiodische Bewegung.** Es können Fälle vorkommen, wo $\varkappa \geqslant a_0$ ist, und dann wird die Größe

$$a = \sqrt{a_0^2 - \varkappa^2}$$

gleich Null oder imaginär, Vom physikalischen Standpunkte betrachtet, bedeutet das, daß unser Ansatz versagt, und wir müssen nach einer anderen Lösung unserer Gleichung suchen. Vom mathematischen Standpunkte bedeutet aber ein imaginärer Winkel eine reelle Exponentialfunktion (EULERsche Formeln). Wir setzen deshalb

$$x = A e^{-\varkappa_1 t},$$

differenzieren wieder zweimal nach der Zeit $t$

$$\dot{x} = -A\varkappa_1 e^{-\varkappa_1 t}; \qquad \ddot{x} = A\varkappa_1^2 e^{-\varkappa_1 t}$$

und setzen es in unsere Gleichung ein. Wir erhalten jetzt

$$m\varkappa_1^2 - r\varkappa_1 + b = 0; \qquad \varkappa_1 = \frac{r}{2m} \pm \sqrt{\left(\frac{r}{2m}\right)^2 - \frac{b}{m}}$$

oder mit Benutzung der früheren Bezeichnungen

$$\varkappa_1 = \varkappa \pm \sqrt{\varkappa^2 - a_0^2}; \qquad \varkappa = \frac{r}{2m}; \qquad a_0^2 = \frac{b}{m}.$$

Für das logarithmische Dekrement haben wir also zwei mögliche Werte, und wir können, je nach den Anfangsbedingungen für $x$ und $\dot{x}$, die Koeffizienten in dem Ausdruck

$$x = A_1 e^{-\varkappa_1 t}, \qquad A_2 e^{-\varkappa_2 t}$$

entsprechend wählen.

Bei den elektrischen Systemen erhalten wir demnach eine aperiodische Entladung statt einer gedämpften Schwingung, wenn der Widerstand so groß ist, daß

$$\frac{r}{2L} \geqslant \frac{1}{\sqrt{LC}}; \qquad r \geqslant 2\sqrt{\frac{L}{C}}.$$

Enthält der Stromkreis überhaupt keine merkliche Kapazität, was, wie wir wissen (S. 458, **514**), in unseren Formeln einem Werte $C = \infty$ entspricht, so wird jedenfalls $r > 0$ sein, und wir müssen einen aperiodischen Vorgang erwarten. Diesen Fall haben wir schon in den sogenannten Extraströmen (S. 255, **298**) vor uns gehabt. Die Gleichung

$$L\dot{J} + RJ = 0$$

ist ein Spezialfall unserer allgemeinen Gleichung, indem hier $b = 0$ ist und folglich $a_0 = 0$, $\varkappa_1 = 2\varkappa = R/L$ und $\varkappa_2 = 0$; also

$$J = A_1 e^{-\varkappa_1 t} + A_2.$$

Für den Extraschließungsstrom ist $A_2 = J_0$ und $A_1 = -J_0$; für den Extraöffnungsstrom ist $A_2 = 0$.

**27. Erzwungene elektrische Schwingungen.** Wirkt in dem soeben betrachteten Stromkreise eine harmonisch veränderliche elektromotorische Kraft, so erhalten wir die folgende Gleichung

$$L\ddot{e} + r\dot{e} + \frac{1}{C}e = V_0 \sin at.$$

Ein Vergleich mit der von uns früher schon gelösten Gleichung (S. 447, **507**) gibt uns sofort die gewünschte Lösung, nämlich es ist

$$e = A\sin(at - \varphi);$$

$$A_s = CV_0; \qquad z = \frac{a}{a_0} = a\sqrt{LC}; \qquad q = \frac{r}{\sqrt{bm}} = rCa_0 = r\sqrt{\frac{C}{L}};$$

$$\operatorname{tg}\varphi = \frac{qz}{1 - z^2}; \qquad A = \frac{A_s}{\sqrt{(1 - z^2)^2 + (qz)^2}}.$$

Haben wir die Elektrizitätsmenge $e$ auf diese Weise bestimmt, so berechnet sich die Potentialdifferenz und die Stromstärke aus den Beziehungen

$$V_3 = \frac{e}{C}\,; \qquad J = \dot{e}\,; \qquad V_1 = r\dot{e}\,; \qquad V_2 = L\ddot{e}\,.$$

**28. Elektromagnetische Wellen.** Die Grundgleichungen des elektromagnetischen Feldes haben nach MAXWELL die folgende Form (S. 305, **353**)

$$\mathcal{E}_m = 4\pi J_t\,; \qquad \mathcal{E}_e = -\dot{N}_m\,.$$

Wir wollen uns hier nur auf den Fall beschränken, wo keine Leitungsströme und keine Konvektionsströme vorhanden sind und das elektromagnetische Feld in einem Isolator verläuft. Dann schreiben sich die MAXWELLschen Gleichungen

$$\mathcal{E}_m = \dot{N}_e\,; \qquad \mathcal{E}_e = -\dot{N}_m$$

oder in der Differentialform

$$\operatorname{curl}\mathbf{M} = \dot{\mathbf{D}}\,; \qquad \operatorname{curl}\mathbf{E} = -\dot{\mathbf{B}}\,.$$

Hier ist der Verschiebungsstrom $\dot{\mathbf{D}}$, ebenso wie früher der Totalstrom $J_t$, in elektromagnetischen Einheiten ausgedrückt. Wir wollen hier die elektrische Feldstärke $E$ einführen und dabei das elektrostatische Maßsystem benutzen; dann müssen wir durch $c$ dividieren (S. 291, **334**). In der zweiten Gleichung ist die elektromotorische Kraft ebenfalls im elektromagnetischen Maßsystem ausgedrückt; beim Übergang zu den elektrischen Feldstärken $E$ wollen wir das elektrostatische System benutzen und müssen deshalb die linke Seite dieser Gleichung mit $c$ multiplizieren (S. 291, **334**). Wir erhalten dann die MAXWELLschen Gleichungen in folgender Form

$$\operatorname{curl}\mathbf{M} = \frac{\varepsilon}{c}\frac{d}{dt}\mathbf{E}\,; \qquad \operatorname{curl}\mathbf{E} = -\frac{\mu}{c}\frac{d}{dt}\mathbf{M}$$

oder, wenn wir sie auf kartesische Koordinaten beziehen und ausführlich schreiben

$$\frac{\partial M_z}{\partial y} - \frac{\partial M_y}{\partial z} = \frac{\varepsilon}{c}\frac{d}{dt}E_x\,, \qquad \frac{\partial E_z}{\partial y} - \frac{\partial E_y}{\partial z} = -\frac{\mu}{c}\frac{d}{dt}M_x\,,$$

$$\frac{\partial M_x}{dz} - \frac{\partial M_z}{\partial x} = \frac{\varepsilon}{c}\frac{d}{dt}E_y\,, \qquad \frac{\partial E_x}{\partial z} - \frac{\partial E_z}{\partial x} = -\frac{\mu}{c}\frac{d}{dt}M_y\,,$$

$$\frac{\partial M_y}{\partial x} - \frac{\partial M_x}{\partial y} = \frac{\varepsilon}{c}\frac{d}{dt}E_z\,, \qquad \frac{\partial E_y}{\partial x} - \frac{\partial E_x}{\partial y} = -\frac{\mu}{c}\frac{d}{dt}M_z\,.$$

Wir spezialisieren diese Gleichungen für den Fall einer ebenen Welle (S. 308, **356**, Abb. 319) und setzen:

$$E_x = E_z = 0\,; \qquad E_y = E\,; \qquad M_x = M_y = 0\,; \qquad M_z = M\,.$$

Außerdem sollen die Erscheinungen in jeder Ebene, die normal zur $X$-Achse gelegt wird, überall dieselben sein und folglich alle Ableitungen nach $x$ und $y$ verschwinden. Dann bleiben für uns nur die folgenden zwei Differentialgleichungen übrig

$$-\frac{\partial M}{\partial x} = \frac{\varepsilon}{c}\frac{\partial E}{\partial t}\,; \qquad \frac{\partial E}{\partial x} = -\frac{\mu}{c}\frac{\partial M}{\partial t}\,.$$

Wir differenzieren die erste Gleichung nach $t$ und die zweite nach $x$ und können dann $M$ eliminieren; differenzieren wir aber die erste Gleichung nach $x$ und die zweite nach $t$, so läßt sich $E$ eliminieren. Wir erhalten für beide Fälle folgende zwei Gleichungen:

$$\frac{\partial^2 E}{\partial x^2} = \frac{\varepsilon\mu}{c^2}\frac{\partial^2 E}{\partial t^2}\,; \qquad \frac{\partial M}{\partial x^2} = \frac{\varepsilon\mu}{c^2}\frac{\partial^2 M}{\partial t^2}\,.$$

Beide Gleichungen haben dieselbe Form

$$\frac{\partial^2}{\partial x^2}F = \frac{\varepsilon\mu}{c^2}\frac{\partial^2}{\partial t^2}F\,.$$

Diese Gleichung ist sehr bekannt; sie ist mit der Gleichung für die Transversalwellen einer gespannten Saite identisch und hat die allgemeine Lösung

$$F = f_1(x - c_1 t) + f_2(x + c_1 t)\,.$$

Die zwei Funktionen $f_1$ und $f_2$ können beliebige Form haben, nur sollen die Variablen $x$ und $t$ in der Kombination $(x \mp c_1 t)$ auftreten. Daß diese Funktionen der Differentialgleichung genügen, kann man sich durch direkte Differentiation überzeugen. In der Tat, es ist

$$\frac{\partial^2}{\partial x^2} F = f_1'' + f_2'',$$

$$\frac{\partial^2}{\partial t^2} F = c_1^2 (f_1'' + f_2'') .$$

Es muß also die Konstante $c_1$ so gewählt werden, daß

$$c_1^2 = \frac{c^2}{\varepsilon\mu}; \qquad c_1 = \frac{c}{\sqrt{\varepsilon\mu}} .$$

Es erübrigt noch zu erklären, was die von uns hingeschriebenen Lösungen *physikalisch* bedeuten. Zu dem Zwecke betrachten wir die Funktion $f_1$ an zwei verschiedenen Punkten $x_1$ und $x_2$ und zu zwei verschiedenen Momenten $t_1$ und $t_2$

$$f_1(x_1 - c_1 t_1), \qquad f_1(x_2 - c_1 t_2)$$

und setzen

$$x_1 = x_2 - c_1(t_2 - t_1) .$$

Dann werden beide Funktionen einander gleich.

Was wir soeben mit den Formeln gemacht haben, können wir in Worten so ausdrücken. Die Verteilung der elektrischen Kraft, welche zur Zeit $t_1$ im Punkte $x_1$ war, wiederholt sich ohne Änderung ihrer Form zu einer späteren Zeit $t_2$ im Punkte $x_2$. Das ganze elektrische Feld bewegt sich also in der Richtung $+X$ ohne Formänderung mit konstanter Geschwindigkeit $c_1$

$$c_1 = \frac{x_2 - x_1}{t_2 - t_1} .$$

Die Funktion $f_2$ unterscheidet sich von der Funktion $f_1$ nur durch das Zeichen beim $c_1$. Sie stellt also ein Feld dar, das sich in der Richtung der negativen $X$-Achse mit derselben Geschwindigkeit $c_1$ bewegt.

Ganz ebenso bewegt sich auch das magnetische Feld. Aus unseren Ausgangsgleichungen erhalten wir eine Beziehung zwischen den Amplituden des elektrischen und des magnetischen Feldes. Wenn wir z. B.

$$M = M_0 f_1(x - c_1 t); \qquad E = E_0 f_1(x - c_1 t)$$

annehmen, so erhalten wir

$$\frac{\partial M}{\partial x} = M_0 f_1'; \qquad \frac{\partial E}{\partial t} = -c_1 E_0 f_1'$$

und folglich aus der Gleichung

$$-\frac{\partial M}{\partial x} = \frac{\varepsilon}{c}\frac{\partial E}{\partial t}: \qquad M_0 = \frac{\varepsilon}{c}\frac{c}{\sqrt{\varepsilon\mu}} E_0 ,$$

$$\sqrt{\mu}\, M_0 = \sqrt{\varepsilon}\, E_0 .$$

Dasselbe Resultat haben wir schon früher (S. 312, **359**) erhalten.

Die Formel

$$c_1 = \frac{c}{\sqrt{\varepsilon\mu}}$$

nennt man das MAXWELLsche Gesetz der Ausbreitungsgeschwindigkeit des elektromagnetischen Feldes. Für das Vakuum ist $\varepsilon = \mu = 1$, und die Größe

$$c = 3 \cdot 10^{10}\ \text{cm/sek}$$

ist gleich der Lichtgeschwindigkeit im Vakuum.

Die Vektoren $E$ und $M$ stehen senkrecht zu der Fortpflanzungsgeschwindigkeit; die Wellen sind also *transversal*, ebenso wie die Lichtwellen. Nach MAXWELL ist aber die Transversalität der Lichtwellen (S. 578, **642**) gerade dadurch bedingt, daß sie nichts anderes als elektromagnetische Wellen vorstellen.

# Namen- und Sachverzeichnis.

Druck der Spamerschen Buchdruckerei in Leipzig.

GPSR Compliance

*The European Union's (EU) General Product Safety Regulation (GPSR) is a set of rules that requires consumer products to be safe and our obligations to ensure this.*

*If you have any concerns about our products, you can contact us on ProductSafety@springernature.com*

In case Publisher is established outside the EU, the EU authorized representative is:

Springer Nature Customer Service Center GmbH
Europaplatz 3
69115 Heidelberg, Germany

**Batch number: 10683525**

Printed by Printforce, the Netherlands